Win-Q

자동화설비 산업기사 필기

시대에듀

편·저·자·약·력

신원장

現 용산철도고등학교 교사
국민대학교 기계공학과(학사 및 석사) 졸업

 끝까지 책임진다! 시대에듀!
QR코드를 통해 도서 출간 이후 발견된 오류나 개정법령, 변경된 시험 정보, 최신기출문제, 도서 업데이트 자료 등이 있는지 확인해 보세요! **시대에듀 합격 스마트 앱**을 통해서도 알려 드리고 있으니 구글 플레이나 앱 스토어에서 다운받아 사용하세요.
또한, 파본 도서인 경우에는 구입하신 곳에서 교환해 드립니다.

편집진행 윤진영·최 영 | **표지디자인** 권은경·길전홍선 | **본문디자인** 정경일·조준영

PREFACE

자동화설비기능사를 처음 집필할 때, 적절한 수험교재가 없어서 수험생들이 좀 더 쉽게 넓은 영역을 교재 한 권으로 공부할 수 있도록 하자는 마음으로 시작했습니다. 다행히 자동화설비기능사 교재 발간 후 여러 수험생들이 필기시험에 많은 도움을 받았다고 하고 합격률도 제법 상승하는 것 같아 보람을 느꼈습니다. 이후 자동화설비기능사 합격자들이 다음으로 도전할 자동화설비산업기사를 살펴보니 수험자도 적고 합격률도 상당히 낮고, 시험도 어렵다고 생각하여 많은 분들이 도전하지 못하는 것이 안타까웠습니다. 자동화설비산업기사는 비슷한 종목의 기사자격도 있지만, 기사 못지않게 수준이 높아서 그만큼 현장에서도 인정해 줍니다. 그러나 시험을 준비하려고 해도 시중에 출판되어 있는 교재는 매우 두꺼워 시험 준비에 두려움을 주는 것 같습니다.

자동화설비산업기사 자격시험은 마스터만을 선발하는 것이 아니라 해당 종목에 해당 정도의 능력을 부여하는 60점 합격선을 갖는 시험이라 학습 분야가 넓고 내용이 제법 깊은 부분도 있지만, 모든 분야를 완벽하게 학습할 필요는 없습니다. 자동화설비산업기사 수험서 한 권 안에 4~5과목에 이르는 학습량을 충분히 제공할 수도 없고, 이미 학교 또는 현장에서 학습한 내용의 자격시험 준비를 긴 시간을 들여 처음부터 다시 학습할 필요도 없다고 생각합니다. 이러한 관점과 안타까움에 집필 시점부터 '가능한 한 가볍게, 가능한 한 얇게, 가능한 한 필요한 것만 그러나 가능한 한 빠짐없이' 학습할 수 있는 수험서를 만들고자 노력했고, 그만큼 필요한 부분만 추려내고자 심혈을 기울여 문제영역을 분석하고 영역에 따라 적절한 해설을 달아 놓았습니다. 자동화설비산업기사는 자동화 분야, 기계 분야, 전기 분야, 전자 분야, 재료 분야, 제어 분야 등 여러 전공을 가진 분들께서 함께 준비하시는 종목이다 보니, 자신의 전공에 따라 교재 내용의 설명을 이해하기 어려운 부분이나 깊이가 좀 부족하게 느껴지는 부분이 있을 수 있습니다. 그러나 수험에는 충분할 것으로 여깁니다. 혹시 학술적으로 설명에 이견이 있는 부분은 수험서인 만큼 한국산업인력공단의 기출문제가 안내하는 대로 설명하였습니다. 부족한 부분은 본 교재 뒷부분의 참고서적 등을 직접 참고하거나 학습하고 있는 학교나 현장의 교재의 도움을 얻으면 좋고, 본 교재의 기출문제와 해설을 중심으로 학습하여도 충분할 것으로 생각됩니다.

학습이든, 집필이든, 출간이든, 수험이든 결국 자기 힘으로 하는 것 같지만 도와주는 손길이 있고, 은혜를 베푸는 손길이 있다는 것을 기억하고 있습니다. 수험생 여러분도 자신의 노력만 믿고 의지하다가 포기하지 마시고 도움을 구하고 힘내셔서 단 열매를 함께 드시기 바랍니다.

물 맑은 동쪽 고을에서 신원장

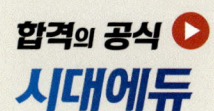

자격증 · 공무원 · 금융/보험 · 면허증 · 언어/외국어 · 검정고시/독학사 · 기업체/취업
이 시대의 모든 합격! 시대에듀에서 합격하세요!
www.youtube.com → 시대에듀 → 구독

[자동화설비산업기사] 필기

시험안내

개요
메커트로닉스 기술의 발전에 따라 생산자동화가 비약적으로 발전하여 거의 모든 제품 생산에 적용되고 있다. 이러한 현대 산업의 구조상 숙련된 기능과 공학적 지식을 동시에 갖추고 새로운 기술 습득에 중추적인 역할을 담당할 인력이 필요하게 되었다. 이에 따라 생산자동화 분야에 대한 공학적 기본기술과 중상급 정도의 숙련기능을 겸비하여 생산자동화에 필요한 자동화 시스템을 운용할 수 있는 인력을 양성하고자 자격을 제정하였다.

수행직무
단위 기계별 생산(가공 · 조립 · 포장)품의 입고 · 출고 및 고정과 이송에 관한 부분 자동화 제어시스템을 구축하고 정비하는 업무를 수행한다.

시험일정

구분	필기원서접수 (인터넷)	필기시험	필기합격 (예정자)발표	실기원서접수	실기시험	최종 합격자 발표일
제1회	1월 중순	2월 초순	3월 중순	3월 하순	4월 중순	6월 중순
제2회	4월 중순	5월 초순	6월 중순	6월 하순	7월 중순	9월 중순
제3회	7월 하순	8월 초순	9월 초순	9월 하순	11월 초순	12월 하순

※ 상기 시험일정은 시행처의 사정에 따라 변경될 수 있으니, www.q-net.or.kr에서 확인하시기 바랍니다.

시험요강

❶ 시행처 : 한국산업인력공단
❷ 시험과목
　㉠ 필기 : 1. 자동제어 2. 기계요소 설계 3. 공유압
　㉡ 실기 : 자동화설비 실무
❸ 검정방법
　㉠ 필기 : 객관식 4지 택일형, 과목당 20문항
　㉡ 실기 : 작업형(4시간 30분)
❹ 합격기준
　㉠ 필기 : 100점을 만점으로 하여 과목당 40점 이상, 전 과목 평균 60점 이상
　㉡ 실기 : 100점을 만점으로 하여 60점 이상

검정현황

필기시험

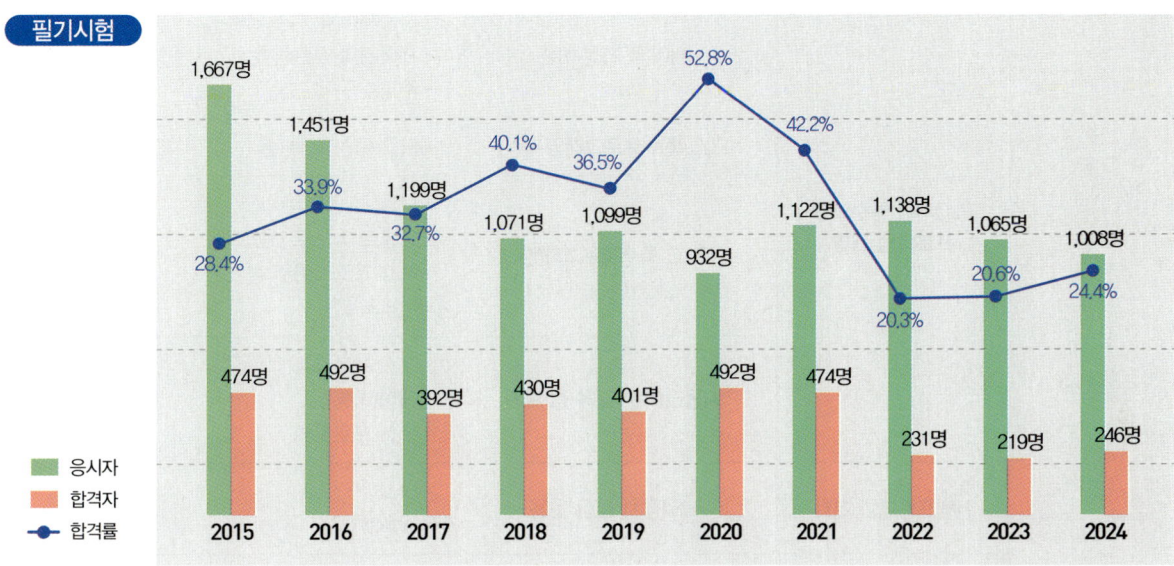

실기시험

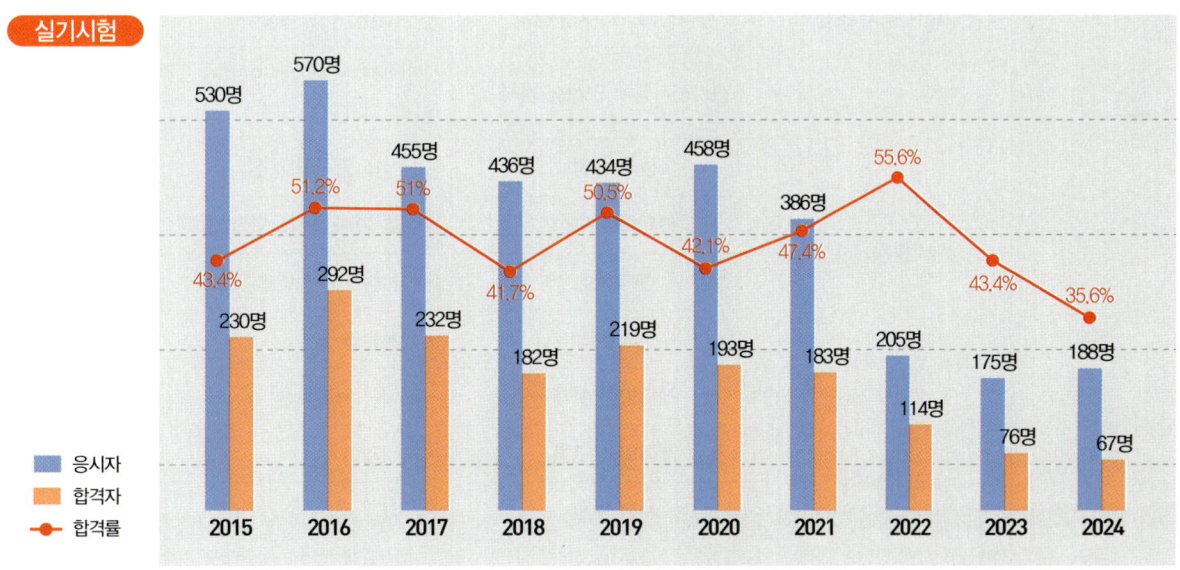

출제기준

필기과목명	주요항목	세부항목	세세항목
자동제어	PLC제어 특수모듈 프로그램 개발	제어의 기초 이론	• 자동제어의 기본 개념 • 제어계의 전달함수 • 주파수 응답
		PLC 특수프로그래밍 준비	• PLC 구성과 특성
		PLC 특수프로그래밍	• 모듈 간 인터페이스 • 아날로그 프로그램 작성 • PLC 프로그램 작성 • 논리회로
		시뮬레이션 및 수정 보완	• PLC 프로그램 디버깅 • 데이터 통신 • 통신 프로토콜
	HMI프로그램 개발	HMI장치 통합 운용	• HMI • SCADA
	전기전자장치 조립	전기전자장치 조립	• 전기전자 조립 공구와 장비 • 전기전자 부품
		전기전자장치 기능검사	• 전류전압저항 측정
		전기전자장치 안전성 검사	• 전기전자장치 검사방법 • 계측기기 유지 보수
	센서 활용기술	센서 선정	• 센서의 종류와 특성
		센서회로 구성	• 신호 변환, 전송, 처리, 출력
		센서신호	• 센서신호 측정방법
		센서관리	• 센서관리
	모터제어	제어방식 설계	• 모터구조와 특성
		제어회로 구성	• 모터제어기
		시험 운전	• 제어기 간 상호 인터페이스
		유지 보수	• 모터관리

필기과목명	주요항목	세부항목	세세항목
기계요소 설계	체결요소 설계	요구기능 파악	• 체결요소 기계적 특성
		체결요소 선정	• 체결요소
		체결요소 설계	• 체결요소 풀림 방지 • 체결요소 강도
	조립도면 작성	부품 규격 확인	• 운동용 기계요소 • 체결용 기계요소 • 제어용 기계요소
		도면 작성	• 도면 양식 • 투상법과 도형의 표시방법
	조립도면 해독	부품도와 조립도 파악	• 치수공차 및 기하공차 • 표면거칠기 및 열처리 기호 • 가공기호
공유압	공기압제어	공기압제어 방식 설계	• 공기압 기초 • 공기압제어 • 공기압축기 • 공기압밸브 • 공기압 액추에이터 • 공기압 기타 기기
		공기압제어회로 구성	• 공기압제어회로 기호 • 공기압제어회로
		시험 운전	• 공기압기기 관리
	유압제어 (공기압제어와 같이)	유압제어 방식 설계	• 유압 기초 • 유압제어 • 유압펌프 • 유압밸브 • 유압 액추에이터 • 유압 기타 기기
		유압제어회로 구성	• 유압제어회로 기호 • 유압제어회로
		시험 운전	• 유압기기 관리

[자동화설비산업기사] 필기

구성 및 특징

핵심이론

필수적으로 학습해야 하는 중요한 이론들을 각 과목별로 분류하여 수록하였습니다. 시험과 관계없는 두꺼운 기본서의 복잡한 이론은 이제 그만! 시험에 꼭 나오는 이론을 중심으로 효과적으로 공부하십시오.

10년간 자주 출제된 문제

출제기준을 중심으로 출제 빈도가 높은 기출문제와 필수적으로 풀어보아야 할 문제를 핵심이론당 1~2문제씩 선정했습니다. 각 문제마다 핵심을 찌르는 명쾌한 해설이 수록되어 있습니다.

FORMULA OF PASS · SDEDU.CO.KR

STRUCTURES

과년도 기출문제

지금까지 출제된 과년도 기출문제를 수록하였습니다. 각 문제에는 자세한 해설이 추가되어 핵심이론만으로는 아쉬운 내용을 보충 학습하고 출제경향의 변화를 확인할 수 있습니다.

2016년 제1회 과년도 기출문제

제1과목 기계가공법 및 안전관리

01 다듬질면 상태의 평면검사에 사용되는 수공구는?
① 트러멜
② 나이프 에지
③ 실린더 게이지
④ 앵글 플레이트

해설
② 나이프 에지 : 다듬질면 상태의 평면검사에 사용되는 수공구
④ 앵글 플레이트 : 수가공작업을 위해 공작물을 수직 위치를 유지하는 데 사용하는 등 다양한 용도를 가진 지그형 공구

02 총형 커터에 의한 방법으로 치형을 절삭할 때 사용하는 밀링 커터는?
① 베벨 밀링 커터
② 헬리컬 밀링 커터
③ 인벌류트 밀링 커터
④ 하이포이드 밀링 커터

해설
인벌류트 밀링 커터는 커터의 이 모양이 기어의 이홈 모양으로 구성되었다.

03 선반작업 시 공구에 발생하는 절삭저항 중 가장 큰 것은?
① 배분력
② 주분력
③ 마찰분력
④ 이송분력

해설
선반작업 시 공구에 발생하는 절삭저항 중 가장 큰 것은 주분력이다.

04 지름 10mm, 원추 높이 3mm인 고속도강 드릴로 두께가 30mm인 연강판을 가공할 때 소요시간은 약 몇 분인가? (단, 이송은 0.3mm/rev, 드릴의 회전수는 667rpm이다)
① 6
② 2
③ 1.2

해설
$N = \dfrac{t+}{f}$
$T = \dfrac{N}{n}$

05 열경화성
분으로
절단용
① 고무
② 비닐
③ 셀룰
④ 레지

해설
• 셀락(Sh
도 작업
• 고무(Ru
• 레지노
트(Bake
• 비닐(Vi

242 ■ PART 02 과년도 + 최근 기출복원문제

2025년 제1회 최근 기출복원문제

제1과목 자동제어

01 다음 중 물체의 위치, 각도, 자세 등의 변위를 제어량으로 하는 제어방식은?
① 서보제어
② 자동조정
③ 추종제어
④ 프로그램 제어

해설
제어의 제어량에 따른 분류
• 서보제어(Servo Control) : 물체의 위치, 각도, 방위, 자세 등의 기계적 변위를 제어량으로 읽어 제어하는 시스템
• 프로세스 제어(Process Control) : 제어량이 상태값인 압력, 온도, 유량, 밀도 등일 때의 제어방식
• 자동조정(Automatic Regulation) : 제어량이 주로 전기적 및 기계적 양(주파수, 전압, 전류, 습도, 회전속도, 힘 등)을 제어하는 것

02 열처리로의 온도제어는 어느 것에 속하는가?
① 비율제어
② 정치제어
③ 추종제어
④ 프로그램 제어

해설
제어목표에 따른 분류
• 정치제어 : 제어량을 일정 목표값에 유지시키는 것이 목적인 제어(예 주파수 제어, 발전기의 조속기, 자동전압조정장치 등)
• 추종제어 : 목표 대상값이 변동하는 경우 목표값에 정확히 추종하도록 하는 제어(예 서보제어, 요격 미사일의 미사일 추격 등)
• 프로그램 제어 : 제어량 변동이 미리 프로그래밍된 제어(예 무인 열차가 출발 후 정점 가속하여 목적지에서 감속 후 정차하는 과정에서의 속도)
• 비율제어 : 목표값이 다른 변수와 비례관계를 가질 때 변수에 따른 비율제어를 실시(예 열처리로의 온도제어)

03 보드선도에서 −3dB점이란 기준 크기의 얼마인가?
① $\dfrac{1}{2}$
② $\dfrac{1}{\sqrt{2}}$
③ $\dfrac{1}{3}$
④ $\dfrac{1}{\sqrt{3}}$

해설
$dB = 20\log\dfrac{V_{out}}{V_{in}}$ 형태이며 $-3dB$은 $20\log\dfrac{1}{\sqrt{2}}$, $3dB$은 $20\log\sqrt{2}$, $10dB$은 $20\log\sqrt{10}$

04 1차 지연요소 $G(s) = \dfrac{1}{1+Ts}$ 인 제어계의 절점 주파수에서의 이득[dB]으로 옳은 것은?
① −3
② −4
③ −5
④ −6

해설
$db = 20\log A = 20\log\left|\dfrac{1}{1+Ts}\right| = 20\log\dfrac{1}{\sqrt{T^2\omega^2+1}}$
$= 20\log_{10}\left(\sqrt{T^2\omega^2+1}\right)^{-1} = -10\log_{10}(T^2\omega^2+1)$
$= -10\log_{10}2 = -3.0dB \left(\because \text{절점 주파수}(\omega) = \dfrac{1}{T}\right)$

※ 출제되는 함수의 종류가 많지 않고, 절점의 값은 특이값이므로, 계산하지 않고 암기하는 것도 좋은 학습방법이 될 수 있다.

612 ■ PART 02 과년도 + 최근 기출복원문제

1 ① 2 ① 3 ② 4 ① 정답

최근 기출복원문제

최근에 출제된 기출문제를 복원하여 가장 최신의 출제경향을 파악하고 새롭게 출제된 문제의 유형을 익혀 처음 보는 문제들도 모두 맞힐 수 있도록 하였습니다.

최신 기출문제 출제경향

[자동화설비산업기사] 필기

- 실효 전류값
- 디지털 / 아날로그 변환
- 전달함수
- 논리식
- 특성방정식
- 도면 투상, 선의 종류
- 나사에 작용하는 힘
- 기계요소에 작용하는 전단력
- 자동하중 브레이크
- 압력의 단위
- 밸브의 구조
- 공압회로도
- 유압기기의 구조

- 피드백 제어계
- 래더선도 작성 시 주의사항
- 변위단계선도
- 열전대 / 열전쌍
- 치수기입법
- 표면 프로파일 파라미터
- 가공 줄무늬 방향기호
- 응력
- 실린더의 종류
- 유압펌프의 비교
- 속도제어회로
- 루브리케이터

2022년 1회 | **2022년 2회** | **2023년 1회** | **2023년 2회**

- 래더선도 작성법
- 제어의 종류
- PLC 단자
- 연산증폭기의 특성
- 기계요소에 작용하는 전단력
- 밀링가공의 가공속도
- 체결요소의 종류
- 굽힘 모멘트의 계산
- 기어의 치형
- 유압기호
- 공압 서비스 유닛
- 유압펌프의 종류
- 유압이 작용하는 힘

- 라플라스 역변환
- 스캔타임
- 노이즈(Noise) 개선전략
- 스테핑 모터
- 치수공차
- 표면거칠기
- 스프링을 도시하는 방법
- 압력 파이프 선정 시 유의점
- 오일저장탱크
- 압력 릴리프 밸브의 분류
- 베인펌프
- 유체퓨즈

TENDENCY OF QUESTIONS

2024년 1회
- 자동화 시스템의 유지보수
- 제동비
- 감쇠비
- 신호흐름선도
- 입력부의 노이즈 개선전략
- 기하공차의 종류
- 구성인선의 발생원인
- 가공 줄무늬 방향의 기호
- 키의 종류
- 도면의 종류
- 전자계전기 사용시 주의사항
- 펌프의 부식을 촉진시키는 요인
- 왕복형 압축기

2024년 2회
- 수위계
- 컴파일
- 리액턴스
- 서미스터
- 보전의 효과
- 스퍼기어의 도시방법
- 삼침법
- 표면거칠기 측정법
- NPL식 각도게이지
- 홀딩토크
- 수격현상 방지 대책
- 레이놀즈 수
- 공동현상(캐비테이션)

2025년 1회
- 제어의 제어량에 따른 분류
- 제어목표에 따른 분류
- D/A 변환기의 변환방식
- 클램프 미터의 특징
- CNC 공작기계 반이송방식
- 인벌류트 치형
- 실린더의 종류
- 나사산의 각도측정방법
- 서비스 유닛의 각 구성요소
- 공유압 변환기의 기호
- 밸브의 고착현상 사전 예방방법
- 레귤레이터의 역할

2025년 2회
- HMI 주요 구성방식
- 사다리형 D/A 변환기의 특징
- 공진
- 서보전동기의 제어방식 및 특징
- 펄스열 제어
- 중간 끼워맞춤 시 고려사항
- 비교측정방식의 장점
- 오토콜리메이터
- 진공발생기의 작동방식
- 릴리프 밸브의 동작원리 및 설치 시 고려사항
- 유압실린더 작동 불량의 원인
- 공기압축기의 역할

이 책의 목차

빨리보는 간단한 키워드

PART 01 | 핵심이론

CHAPTER 01	PLC제어 특수모듈 프로그램 개발	002
CHAPTER 02	장치의 활용	065
CHAPTER 03	기계요소 설계	138
CHAPTER 04	공유압제어	214

PART 02 | 과년도 + 최근 기출복원문제

2016년	과년도 기출문제	242
2017년	과년도 기출문제	298
2018년	과년도 기출문제	354
2019년	과년도 기출문제	410
2020년	과년도 기출문제	464
2021년	과년도 기출복원문제	501
2022년	과년도 기출복원문제	520
2023년	과년도 기출복원문제	552
2024년	과년도 기출복원문제	584
2025년	최근 기출복원문제	612

빨간키

빨리보는 간단한 키워드

CHAPTER 01 PLC제어 특수모듈 프로그램 개발

- **자동제어의 특징** : 연계작업, 반복작업, 시스템 이해, 무인 운영 가능, 설비 및 프로그램 필요

- **닫힌 루프제어, 피드백제어, 폐회로제어, 정량제어**

- **제어의 분류** : 제어량에 따라(서보, 프로세스, 자동 조정), 목표에 따라(정치, 추종, 프로그램, 비율), 동작에 따라(연속, 불연속), 방식에 따라(최적, 적응, 디지털)

- **라플라스 변환테이블**

	함수명	$f(t)$	$F(s)$		함수명	$f(t)$	$F(s)$
1	단위 충격	$\delta(t)$	1	8	지수 n차 경사	$t^n e^{-at}$	$\dfrac{n!}{(s+a)^{n+1}}$
2	단위 계단	$u(t)=1$	$\dfrac{1}{s}$	9	cos 함수	$\cos\omega t$	$\dfrac{s}{s^2+\omega^2}$
3	단위 경사	t	$\dfrac{1}{s^2}$	10	sin 함수	$\sin\omega t$	$\dfrac{\omega}{s^2+\omega^2}$
4	포물선	t^2	$\dfrac{2}{s^3}$	11	지수 감쇠 cos	$e^{-at}\cos\omega t$	$\dfrac{s+a}{(s+a)^2+\omega^2}$
5	n차 경사	t^n	$\dfrac{n!}{s^{n+1}}$	12	지수 감쇠 sin	$e^{-at}\sin\omega t$	$\dfrac{\omega}{(s+a)^2+\omega^2}$
6	지수 감쇠	e^{-at}	$\dfrac{1}{s+a}$	13	쌍곡선 함수	$\cos\eta t$	$\dfrac{s}{s^2-\omega^2}$
7	지수 감쇠 경사	te^{-at}	$\dfrac{1}{(s+a)^2}$	14	쌍곡선 함수	$\sin\eta t$	$\dfrac{\omega}{s^2-\omega^2}$

- **전달함수** : 어떤 제어요소에 단위 임펄스 함수를 입력으로 넣어 얻은 출력인 임펄스 응답의 라플라스 변환

- **전달함수 제어요소**

  - 비례요소 : $G(s) = \dfrac{Y(s)}{X(s)} = K$

  - 미분요소 : $G(s) = \dfrac{Y(s)}{X(s)} = Ks$

- 적분요소 : $G(s) = \dfrac{Y(s)}{X(s)} = \dfrac{K}{s}$

- 1차 앞선요소 : $G(s) = \dfrac{Y(s)}{X(s)} = \dfrac{V_o(s)}{V_i(s)} = K(s+a)$

- 1차 지연요소 : $G(s) = \dfrac{Y(s)}{X(s)} = \dfrac{b}{s+a}$

- 2차 지연요소 : $G(s) = \dfrac{Y(s)}{X(s)} = \dfrac{c}{s^2 + as + b}$

■ **블록선도를 이용한 전달함수식** : 직렬 등가 변환, 병렬 등가 변환, 되먹임 결함

■ **PID제어** : 비례제어, 미분제어, 적분제어, PID제어(비례·미분·적분을 모두 적용, 정밀도와 성능 뛰어난 제어)

■ **입력** : 임펄스 입력, 계단 입력

■ **기준 시험 입력신호**
- 임펄스 신호 : 엄밀한 시스템 분석
- 계단신호 : 고정 목표값일 경우의 정상 상태 오차
- 경사신호 : 일정 속도를 갖는 목표값일 경우의 정상 상태 오차
- 포물선 신호 : 가속 목표값일 경우, 정상 상태 오차

■ **정상 상태 오차** : 정상 상태에서 정해진 입력신호에 대한 입력과 출력의 차

■ **특성방정식**

$$G(s) = \dfrac{K\omega_n^2}{s^2 + 2\zeta\omega_n s + \omega_n^2}$$

감쇠비		0		1	
값의 영역	$\zeta < 0$		$0 < \zeta < 1$		$1 < \zeta$
제동 상태	불안정	무제동	아(亞)제동	임계제동	과(過)제동

■ **시간 응답**
- 입력에 의한 시간에 따른 출력을 시간 응답
- 입력을 가했을 때 나타나는 출력이 시간 경과에 따라 어떻게 변하느냐를 관찰

▎과도 응답
- 지연시간 : 응답값이 희망값의 50% 진행되는 데 요하는 시간
- 상승시간 : 응답이 희망값의 10%에서 90%까지 도달하는 시간
- 정착시간 : 응답이 희망값의 5% 이내로 들어올 때까지의 시간
- 오버슈트 : 응답 중에 생기는 입력과 출력 사이의 최대 편차량
- 제2오버슈트 : 두 번째로 큰 편차값
- 감쇠비 : $\dfrac{\text{제2오버슈트}}{\text{최대오버슈트}}$

▎주파수 응답
- 입력 주파수에 대해 진폭과 위상차가 생긴 응답
- 진폭비, 위상차 파악

▎안정도 : 어떠한 입력에 대해 일정하게 반응하는 것을 안정하다고 하며 얼마나 안정한가에 대한 표현

▎안정도 판별법 : 특성방정식의 근, Routh-Hurwitz 판별법, 나이퀴스트 판별법, 근궤적법, 보드선도

▎보드선도 : 어떤 시스템의 주파수 응답을 가로축은 주파수 w의 대수눈금(Logarithmic Scale)으로, 세로축은 주파수에 대한 주파수 전달함수의 크기(진폭비) $|G(jw)|$의 dB값과 주파수 전달함수의 위상각 $\theta \angle G(jw)$을 나타내도록 그린 선도

▎보상회로
- 지상보상 : $G_{\text{lag}}(s) = \dfrac{s + z_c}{s + p_c}$
- 진상보상 : $G_{\text{lead}}(s) = K_c \dfrac{s + z_c}{s + p_c}$

▎서보기구의 제어 : 개방회로, 반폐쇄회로, 폐쇄회로, 복합회로 제어방식

▎공작기구의 서보
- 반폐쇄회로방식
- 서보모터 : 제어에 따라 제어량을 따르도록 구성된 제어시스템에서 사용하는 모터
- 리졸버 : 서보기구에서 회전각을 검출하는 데 전기적 원리를 사용하여 검출하는 전기기기
- 인코더 : 검출기

▌ PLC 회로도 방식

회로도 방식	표 현
래더 다이어그램	(래더 다이어그램 그림)
명령어 방식	STR NOT 00 STR 01 AND Y50 …
논리기호 방식	(논리기호 회로도)
불 대수 방식	$A \cdot (B + \overline{A}) = \cdots\cdots$

▌ PLC의 구성

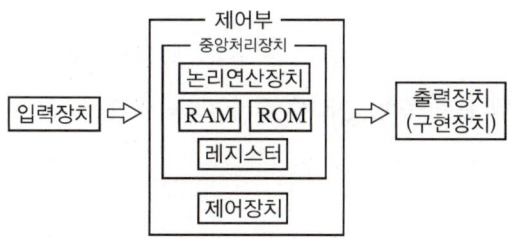

▌ **PLC 명령어 체계** : 기본 명령어, 응용 명령어, 특수 명령어

▌ **PLC 특수모듈** : 아날로그 입력모듈, 고속 카운터모듈, 위치제어모듈, 온도센서모듈, PLC통신모듈(상위 링크, PLC 링크, I/O 링크, 리모트 I/O 링크, 필드버스)

▌ **작동선도 중 변위단계선도** : 실린더의 동작을 작동시간과 관계없이 일정 간격으로 그려 스텝 번호로 표시

▌ **분해능** : 얼마나 자세히 분해하여 디지털화하여 표현하느냐를 나타내는 능력

▌ **마이크로프로세서 명령 수행** : 명령어 인출, 해동, 실행, 데이터 인출

▌ **인터럽트** : 실행 도중 특수 상태 발생에 따라 특수 상태 먼저 처리

- **레지스터** : 누산기, 저장 레지스터, 데이터 레지스터, 상태 레지스터, 인덱스 레지스터, 부동 소수점 레지스터, 스택, 세그먼트 레지스터, 포인터 레지시터, 버퍼 레지스터, 시프트 레지스터 등

- **PLC 프로그램 언어** : 니모닉(Mnemonic), 래더(Ladder), SFC(Sequential Function Chart) 등이 있다.

- **PC 프로그래밍 언어** : 프로그래밍 언어는 고급언어, 어셈블리어, 기계어 정도로 구분한다. 기계어로 갈수록 PC는 이해하기 쉽지만 사람은 이해하기 어렵다.

- **PC 프로그래밍의 변수 정의** : 정적변수, 자동변수, 레지스터 변수, 지역변수, 전역변수 등으로 정의

- **시퀀스 회로**
  - 기초회로 : AND 회로, OR 회로, NOT 회로
  - 응용회로 : 한시동작회로, 순시동작회로, 순시동작 한시복귀회로, 기동우선회로, 자기유지회로, 일치회로, 우선동작 순차제어회로, 신입신호 우선회로, 인터로크 회로, 플립플롭 회로(RST, JK, D, T)

- **PLC 프로그램 접속** : RS-232C, USB, Ethernet, Modem 등

- **접지** : 제1종 접지(고압 및 특별고압 등), 제2종 접지(저합측 전위 유지 목적), 제3종 접지(400V 미만 기계기구 등)

- **노이즈 개선 전략**
  - 입력부 : 스파크 킬러, 환류 다이오드, 배리스터 등
  - 전원부 : 구분, 차례, 실드, EMI 필터 등
  - 출력부 : 스파크 킬러, 누설전류 잡기, 정전압 회로 등

- **입력모듈** : 외부 기기로부터의 신호를 CPU의 연산부로 전달해 주는 역할

- **출력모듈** : CPU의 연산부에서 생성된 신호를 외부기기로 전달해 주는 역할

- **A/D 변환기** : 계수 비교형, 축차 비교형(근사형), 2중 경사 적분법, 병렬 비교형

- **D/A 변환기** : 사다리형(R-2R Ladder) 변환기

■ 마이크로프로세서 명령구조에 따른 분류
- CISC(Complex Instruction Set Computer)
  - CPU가 처리 가능한 명령어를 모두 내장
  - 복잡하지만 하드웨어 호환성이 좋음
  - 인텔 x86계열 CPU, 펜티엄 4에서 사용
- RISC(Reduced Instruction Set Computer)
  - CPU에 내장된 명령어를 줄여 놓음
  - 명령어가 고정된 길이 명령어를 사용
  - 명령어는 단일 사이클로 실행
  - 처리속도가 빨라 대용량 데이터 고속처리에 선호
  - AVR, PIC, AMD의 CPU 및 인텔의 최신 CPU

■ 버스
- 어드레스 버스 : 메모리의 특정 장소나 입출력장치의 특정 포트를 지정하는 Address가 실림
- 데이터 버스 : 각 장치 사이에 주고받는 정보가 실림
- 제어버스 : CPU 내부 또는 외부로부터 시스템 동작을 제어하는 신호가 실림

■ 인터럽트 순위 : 데이지 체인을 이용하는 방법, 폴링을 이용하는 방법

■ 프로그램 카운터
- 명령어 주소 레지스터
- 다음 수행될 명령어의 주소를 가지고 있는 레지스터

■ 레지스터 : 메모리보다 매우 빠르게 정보를 읽거나 쓸 수 있는 작은 규모의 기억장치로 명령어가 실행 중일 때 CPU가 사용 중인 내부 데이터를 일시적으로 저장하는 곳

■ 상태 레지스터(Status Register, Flag Register) : 산술과 논리연산의 결과로 나오는 자리올림, 부호, 0 여부, 1의 짝홀 파악 등의 상태를 기억하는 레지스터

■ 포인터 레지스터 : 명령어 포인터(IP) 레지스터, 스택 포인터(SP) 레지스터, 베이스 포인터(BP) 레지스터

■ 스택(Stack) : 기억장치에 데이터를 일시적으로 겹쳐 쌓아 두었다가 필요할 때에 꺼내서 사용하는 임시기억장치로 LIFO(Last In First Out)의 성질을 갖는다.

■ **스캔타임** : PLC에서 프로그램을 한 사이클 실행하는 데 소요되는 시간이다.

■ **마이크로 컨트롤러** : 마이크로프로세서와 입출력 모듈을 하나로 만들어 단순화시킨 컴퓨팅 시스템이다.

■ **PC 프로그래밍**
  • 변수 정의 : 정적변수, 자동변수, 레지스터 변수, 지역변수, 전역변수 등으로 정의

■ **LD(Ladder Diagram) 명령어 예시**

기 능	기 호	작동 설명
a접점	─┤ ├─	지정된 접점의 ON/OFF 정보를 연산한다.
b접점	─┤/├─	지정된 접점의 ON/OFF 정보를 연산한다.
출력코일	─( )─	출력코일까지의 연산결과를 출력한다.
세트 출력코일	─(S)─	입력조건이 ON되면 지정한 출력코일이 ON되고, 리셋 출력코일이 ON이 되기 전까지 ON 상태를 유지한다.
리셋 출력코일	─(R)─	입력조건이 ON되면 지정한 출력코일이 OFF되고, 세트 출력코일이 ON이 되기 전까지 OFF 상태를 유지한다.
ON 딜레이 타이머	TON BOOL─IN Q─BOOL TIME─PT ET─TIME	입력조건이 ON되는 순간부터 타이머의 경과시간이 증가하여 설정시간에 도달하면 타이머 출력이 ON된다.
OFF 딜레이 타이머	TOF BOOL─IN Q─BOOL TIME─PT ET─TIME	입력조건이 ON되면 타이머 출력이 ON되었다가 입력조건이 OFF되는 순간부터 타이머의 경과시간이 증가하여 설정시간에 도달하면 타이머 출력이 OFF된다.
가산(UP) 카운터	CTU BOOL─CU Q─BOOL BOOL─R CV─INT INT─PV	펄스가 입력될 때마다 현재값이 1씩 증가하여 설정값 이상이면 카운터 출력이 ON된다.
감산(DOWN) 카운터	CTD BOOL─CD Q─BOOL BOOL─D CV─INT INT─PV	펄스가 입력될 때마다 카운터 현재값이 1씩 감소하여 현재값이 0 이하이면 카운터 출력이 ON된다.

장치의 활용

- **HMI** : 기기와 기기 간의 접속, 인간과 기기 간의 접속을 원활하게 하는 것으로, 인간과 기계의 상호 의사 전달을 지원하는 시스템이다.

- **SCADA(Supervisory Control and Data Acquisition)** : 집중원격감시제어시스템 또는 감시제어데이터 수집시스템

- **HMI 그래픽의 구성요소** : 버튼, 램프, 계기, 그래프, 표시계 등

- **조립공구** : 드라이버, 플라이어, 니퍼, 렌치, 드릴, 인두 등

- **조립 부품** : 베이스, 인덱스, 스테핑 모터, 모터 드라이버, 컨베이어, 이젝터, 밸브터미널 등

- **테스터** : 회로시험기, 전원 테스트 램프, 오실로스코프, 애널라이저 등

- **안전성 측정** : 내전압, 통전, 절연, 내압, 절연저항, 누설전류 등

- **옴의 법칙** : $I = \dfrac{V}{R}$

- **정전용량의 합성** : $\dfrac{1}{C} = \dfrac{1}{C_1} + \dfrac{1}{C_2} + \dfrac{1}{C_3}$

- **패러데이 법칙** : $\varepsilon = -\dfrac{d\phi_B}{dy}$ (여기서, ϕ_B : 자기선속, ε : 기전력)

- **정현파의 최댓값, 평균값, 실횻값 관계**
  - $V_{\text{ave}} = \dfrac{2}{\pi} V_{\max} \fallingdotseq 0.637 V_{\max}$
  - $V_p = \dfrac{1}{\sqrt{2}} V_{\max} \fallingdotseq 0.707 V_{\max}$

- **임피던스** : $Z = R + j\omega L + \dfrac{1}{j\omega C}$

- **반도체** : N형과 P형 반도체는 전자냐 정공이냐에 따라 구분

- **다이오드** : 2단자 반도체, 1방향 전류 흐름 및 차단 역할

- **포토다이오드** : 다이오드에 입사되는 빛이 증가함에 따라 흐르는 전류가 증가

- **발광다이오드** : 순방향 전압이 가해졌을 때 발광

- **트랜지스터** : 증폭작용, 스위치 역할

- **전계효과 트랜지스터** : FET은 Gate와 Source 사이에 흘러갈 전류의 역방향 전류를 인가하여 Drain과 Source의 전류 제어

- **센서의 특징** : 전기적 특성이 좋을 것, 환경적 충격에 강할 것, 호환성이 좋을 것, 재현성·내구성·안정성이 우수할 것, 검출하고자 하는 물리량에 따라 출력이 가급적 직선적일 것

- **센서의 분류** : 접촉식, 비접촉식, 기타(계측용, 속도, 온도, 압력 등)

- **포토 인터럽터**
    - 발광부와 수광부가 서로 마주 보는 구조
    - 중간 차단 등으로 인해 발광부 빛이 수광부에 들어가지 않으면 감지
    - 자동문 작동 중지 센서 등에 사용
    - 소형 경량이며 고신뢰성, 고정밀도

- **정전용량형 근접센서** : 검출체가 센서에 접근하면 검출전극과 Earth 간 정전용량이 증가하는 것을 이용, 물체가 접근하면 발진 주파수가 변화, 전기신호로 변환, 검체의 종류, 색상 등의 영향을 받지 않음

▌ 로터리 인코더
- 회전 방향의 기계적 변위량을 디지털량에 변환하는 위치센서를 총칭
- 인크리멘털식, 절대식
- 광전식, 자기방식, 정전용량의 변화 이용식, 접점식

▌ 서보모터
- 회전력이 아닌 제어가 목적
- 자유로운 제어
- 작은 관성, 기동-제동이 자유로워야 함, 즉시성, 방향에 따른 일정한 회진력

▌ 퍼텐쇼미터
- 회전체의 각도를 검출하는 용도나 볼륨 조절 용도로도 사용
- 전체 행정거리를 0~10V의 신호전압으로 검출하는 원리를 사용

▌ 서보레디
전원 공급 후 컨트롤러가 이상 유무를 확인하기 전에 모터 드라이버 측에서 컨트롤러로 보내는 준비신호

▌ 스테핑 모터
- 원하는 각도를 조정하는 간단한 원리와 구조의 모터
- 회전각의 각각을 스텝
- 홀딩토크 발생, 관성 부하에 취약
- 가변 릴럭턴스형(VR(Variable Reluctance) Type), 영구자석형(PM(Permanent Magnet) Type), 하이브리드형(Hybrid Type)으로 구분
- 회전량 : 스텝각 $\theta_s[°] \times$ 펄스수 $n[pulse]$
- 회전속도 : 스텝각 $\theta_s[°] \times$ 분당 발생 펄스수 $n[pulse/min]$
- 분당 회전수 : $N[rpm] = n \times \theta_s \times \dfrac{1}{360}$

CHAPTER 03 기계요소 설계

- **도면의 양식** : 표제란, 도면의 크기(A3 : 297×420), 재단마크 및 중심마크, 도면의 구역

- **척 도**
  - 현척 : 같은 비율
  - **축척** : 도면에 너 작게 그림
  - 배척 : 도면에 더 크게 그림

- **선의 우선순위** : 외형선 > 숨은선 > 절단선 > 중심선 > 무게중심선 > 치수보조선

- **선의 굵기**
  선의 넓은 굵기(아주 굵은 선) : 보통 굵기(굵은 선) : 좁은 굵기(가는 선)의 비 = 4 : 2 : 1

- **전개도**
  - 평행선을 이용하는 방법 : 각종 각기둥과 원기둥에 적합한 방법
  - 방사선을 이용하는 방법 : 각종 각뿔과 원뿔에 적합한 방법
  - 삼각형을 이용하는 방법 : 꼭짓점이 먼 각뿔, 원뿔 등을 삼각형으로 분할하여 그리는 방법

- **치수기입법** : 직렬 치수기입, 병렬 치수기입, 누진 치수기입, 좌표 치수기입

- **공 차**
  - 한계치수 : 기준치수에 첨자로 기록된 위치수 공차 / 아래치수 공차를 더하거나 **뺀** 값
  - 치수공차 : 위치수 공차 − 아래치수 공차(또는 최대 허용 한계치수 − 최소 허용 한계치수)
  - IT 공차 : 제품 제작 수준이나 실효성을 일반화하는 관점에서 치수를 구분하여 같은 구분에 속하는 치수들에 대해서는 같은 공차를 적용하는 방법

제도기호

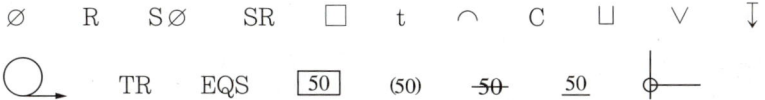

끼워맞춤 : 헐거운 끼워맞춤, 억지 끼워맞춤, 중간 끼워맞춤

기하공차 : 모양공차, 자세공차, 위치공차, 흔들림 공차 등이 있으며 관계 형상, 형체 간의 오차를 정의

최대실체크기 : 최대실체조건이란 도면 중 실체를 갖는 영역의 부피가 가장 크게 될 때의 조건을 의미

가공기호

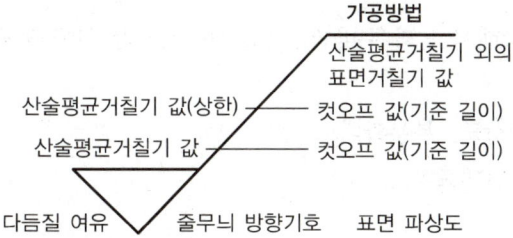

기어 그리기
- 이끝원은 굵은 실선으로 그린다.
- 피치원은 가는 1점쇄선으로 그린다.
- 이뿌리원은 가는 실선으로 그린다. 단, 축에 직각 방향으로 단면 투상할 경우에는 굵은 실선으로 그린다.

나사 표시방법
나사산의 감김 방향 / 나사산의 줄의 수 / 나사의 호칭 / 나사의 등급

베어링의 호칭

| 계열번호 | 안지름 번호 | 접촉각 기호 | 보조기호 |

■ 핀의 호칭지름

- 테이퍼 핀 : 가는 쪽
- 슬롯 테이퍼 핀 : 슬롯 벌어지기 전 가는 쪽
- 분할 핀 : 분할되기 전 가는 쪽

■ 키의 호칭

표준번호 / 종류 및 호칭치수 / 길이 / 끝 모양의 특별 지정 / 재료

■ 스프링의 도시
: 코일 스프링, 벌류트 스프링, 스파이럴 스프링 및 접시 스프링은 일반적으로 무하중 상태에서 그리고, 겹판 스프링은 스프링판이 수평인 하중이 가해진 상태에서 그린다.

■ 단면도와 투상도 연습

- 투상법 : 제1각법(1면 각 위에 물체를 올려놓고 투영, 투상도 배치가 좌우 바뀜), 제3각법(3면 각 위에 물체를 올려놓고 보이는 대로 투영)
- 각종 투상도 : 보조투상도, 국부투상도, 회전투상도, 부분투상도, 부분확대도 등
- 각종 단면도 : 온 단면도, 한쪽 단면도, 부분 단면도, 회전 단면도

■ 스퍼기어의 제도방법
: 이끝원 굵은 실선, 피치원 가는 1점쇄선, 이뿌리원 가는 실선

■ 나사의 표시방법

나사산의 감김 방향	나사산의 줄의 수	나사의 호칭	나사의 등급

■ 구름베어링의 호칭

계열번호	안지름 번호	접촉각 기호	보조기호

■ 핀의 호칭 예시
: 평행 핀-h7 5×25-A1

■ 키의 호칭

표준번호	종류 및 호칭치수	길이	끝 모양의 특별지정	재료
KS B 1311	평행키 10 × 8 폭 × 높이	× 25 × 길이	양끝 둥굶	SM45C

CHAPTER 04 공유압제어

■ **공압의 특징**

장 점	단 점
• 에너지원을 쉽게 얻을 수 있다.	• 에너지 변환 효율이 나쁘다.
• 힘의 전달 및 증폭이 용이하다.	• 위치제어가 어렵다.
• 속도·압력·유량 등의 제어가 쉽다.	• 압축성에 의한 응답성의 신뢰도가 낮다.
• 보수·점검 및 취급이 쉽다.	• 윤활장치를 요구한다.
• 인화 및 폭발의 위험성이 작다.	• 배기 소음이 있다.
• 에너지 축적이 작다.	• 이물질에 약하다.
• 과부하의 염려가 작다.	• 힘이 약하다.
• 환경오염의 우려가 작다.	• 출력에 비해 값이 비싸다.
• 고속 작동에 유리하다.	• 균일한 속도를 얻을 수 없다.

■ **보일-샤를의 법칙** : 보일의 법칙과 샤를의 법칙을 조합한 식

$PV = nRT$

■ **연속의 법칙** : $Q = AV = A_1 V_1 = A_2 V_2$

■ **베르누이의 정리** : $\dfrac{P}{\gamma} + \dfrac{V^2}{2g} + z = \dfrac{P_1}{\gamma} + \dfrac{V_1^2}{2g} + z_1 = \dfrac{P_2}{\gamma} + \dfrac{V_2^2}{2g} + z_2 = H$

■ **압축공기 공급 유닛** : 공기탱크, 공기여과기, 압력조정기, 윤활기 등

■ **절대압** : 절대압 = 계기압력 + 대기압

■ **1기압** : 1atm = 760mmHg = 10.33mAq = 1.03323kgf/cm² = 1.013bar = 1,013hPa

■ **밸브의 구조** : 기본구조(스풀형, 포핏형, 슬라이드형), 중립위치(오픈, 탠덤, 플로트, 클로즈드)

■ **압력제어밸브** : 릴리프, 감압, 시퀀스, 무부하, 카운터 밸런스 등

■ **유량제어밸브** : 교축, 일방향 유량제어, 급속 배기, 압력보상형 유량제어밸브 등

- **방향제어밸브** : 이압밸브, 포트 / 위치에 따른 명칭이 달린 밸브

- **유압유의 특징** : 비압축성, 내열성, 내화학성, 적정 점도, 청결성

- **축압기(어큐뮬레이터)** : 맥동 방지

- **실린더의 종류** : 단동, 복동, 양로드, 쿠션 내장, 충격, 탠덤 실린더 등

- **실린더 내부 압력** : 작용력 = 압력 × 면적

- **공압모터**
  - 공기의 압력(동력)을 이용하여 기계적인 회전력을 발생
  - 반경류 피스톤, 축류 피스톤, 베인, 기어, 터빈, 요동모터

- **유압펌프**

  기어, 베인, 피스톤 펌프 비교

구 분	기어펌프	베인펌프	피스톤 펌프
주요 특징	오물과 점도가 높은 곳에 사용 가능하다.	베인의 마모에 의한 압력 저하가 발생되지 않는다.	밸브가 필요 없으며 고장이 적다.

- **펌프의 효율** : 펌프 전효율 = 용적효율 × 기계효율

- **공유압회로** : 미터 인 회로, 미터 아웃 회로, 블리드 오프 회로

- **시퀀스 제어** : 미리 정해진 순서에 따라 제어의 각 단계를 순서대로 진행해 나가는 제어

- **유접점 회로과 무접점 회로**
  - 유접점 회로는 회선을 이어서 원하는 회로를 구성한 것이고, 무접점 회로는 IC 집적회로에 프로그램 등을 이용하여 논리회로를 구성한 것
  - 무접점 릴레이의 장점 : 빠른 반응속도, 무스파크, 무마모, 무소음, 소형 제작 가능

PART 01

핵심이론

CHAPTER 01　PLC제어 특수모듈 프로그램 개발
CHAPTER 02　장치의 활용
CHAPTER 03　기계요소 설계
CHAPTER 04　공유압제어

CHAPTER 01 PLC제어 특수모듈 프로그램 개발

핵심이론 01 자동제어

① 자동제어의 정의
   ㉠ 제어 : 어떤 물리량의 상태를 원하는 목적에 알맞은 작용을 하도록 조절하는 것
   ㉡ 자동제어 : 제어를 사람의 손에 의하지 않고 컴퓨터, 시스템, 기계 등에 의해 자동적으로 시행하는 것
   ㉢ 자동화 : 작업의 전부 또는 일부를 사람이 직접 조작하지 않고 자동제어기술에 의해 도구나 기계 등이 자동으로 작동하는 것

② 자동제어의 특징
   ㉠ 개별적으로 시행하던 작업을 연계한다.
   ㉡ 기계를 이용한 반복작업이 가능하게 한다.
   ㉢ 시스템을 이해하고 과정에 대한 이해가 요구된다.
   ㉣ 정보를 활용하여 무인 운영시스템을 적용할 수 있다.
   ㉤ 설비와 프로그램 구축이 요구된다.

③ 자동제어 시스템의 구성
   ㉠ 블록선도 : 각 요소를 블록으로 나타내어 입출력 사이의 관계를 나타내는 다이어그램
   ㉡ 입력(목표값) : 자동제어 시스템이 달성하고자 하는 목표
   ㉢ 조작량 : 제어 대상에 가하는 입력
   ㉣ 제어량 : 조작량에 따른 출력
   ㉤ 외란 : 의도하지 않는 조작량
   ㉥ 제어요소 : 제어 대상에 조작량을 제공하는 요소
   ㉦ 동작신호 : 제어요소에 가하는 입력신호

◎ 조절부(제어기)와 조작부(액추에이터)

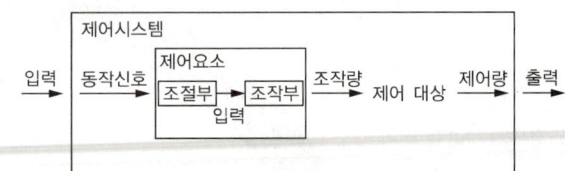

10년간 자주 출제된 문제

1-1. 생산설비에 자동제어기법을 적용한 경우의 특징이 아닌 것은?
① 원자재비 증가
② 연속작업 가능
③ 제품 품질의 균일화
④ 정밀한 작업 가능

1-2. 제어계에 있어서 제어량을 지배하기 위해서 제어 대상에 가하는 양은?
① 기준 입력 ② 동작신호
③ 제어량   ④ 조작량

1-3. 자동제어에서 전기식 조절기의 특성이 아닌 것은?
① 크기가 작다.
② 동작 실현성이 쉽다.
③ 신호 전송이 빠르고 쉽다.
④ 스파크에 대한 방폭에 유의할 필요가 없다.

1-4. 다음 자동제어 시스템의 주요 구성요소 중에서 오차를 찾아내는 부분은?
① Block
② Direct Arrow
③ Takeout Point
④ Summing Point

【해설】

1-1
원자재비가 특별히 늘어야 할 이유는 없다. 오히려 실수를 줄여 재료의 손실을 줄여야 한다.

1-2
④ 조작량 : 제어 대상에 가하는 입력
① 기준 입력 : 목표값 입력
② 동작신호 : 움직임을 읽도록 나타나는 신호
③ 제어량 : 조작량에 따른 출력

1-3
조절부의 신호를 전기식으로 제어하는 것으로 크기가 작고 제어가 신속·정확·간편한 반면, 정전이나 전기충격 등 전기적인 제어 특성의 영향을 받는다.

1-4

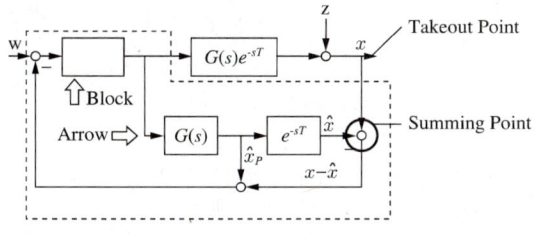

정답 1-1 ① 1-2 ④ 1-3 ④ 1-4 ④

핵심이론 02 피드백에 따른 제어의 구분

① **열린 루프제어(개회로제어, 정성적 제어)**
 출력값이 목표값에 일치하는지 점검하지 않고, 목표값 또는 입력을 주면 정해진 제어를 시행하는 제어이다. 시퀀스 제어와 자동 세탁기나 무인 제어 신호등 등이 이에 해당된다.

목표값 →동작신호→ 제어기 →조작량→ 제어대상 →제어량→ 출력

② **닫힌 루프제어(피드백 제어, 폐회로제어, 정량적 제어, Feedback Control)**
 ㉠ 출력값이 목표값에 이르도록 입력값을 조정하는 피드백 제어(Feedback Control)이다.
 ㉡ 개회로제어보다는 신호를 추출하고 목표값과 비교하는 등의 설비(궤환요소)가 더 필요하다.
 ㉢ 개회로제어에 비해 정확한 제어가 가능하다.
 ㉣ 피드백 과정에서 목표값 또는 기준 입력에 대한 출력의 시간적 변화가 발생하는데, 이를 시간 응답이라 한다.
 ㉤ 사용되는 신호
  • 입력신호(기준신호) : 목표치에 의한 신호
  • 동작신호 : 조작을 명령하는 신호
  • 검출신호 : 센서 등을 통한 검출부로부터의 신호
  • 오차신호(조절신호) : 피드백에 의해 제어계가 소정의 작동을 하는 데 필요한 신호를 만들어서 조작부에 보내 주는 신호

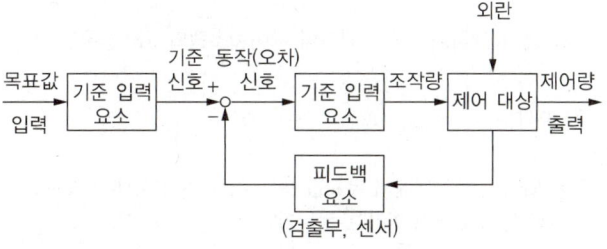

③ **반폐쇄회로제어**
 CNC 공작기계 등에서 서보모터의 축 또는 볼스크루의 회전각도를 통하여 위치를 검출하는 방식이다.

④ 외란이 있는 폐회로제어 : 외란이란 주변환경의 영향 등 예측할 수 없는 변수가 제어시스템 안에 개입된 것으로, 외란이 작용하면 정상적인 제어에도 잘못된 결과를 산출할 수 있다. 이런 경우는 정상 입력과 외란을 입력으로 간주한 제어를 결합한 제어시스템으로 생각하면 된다.

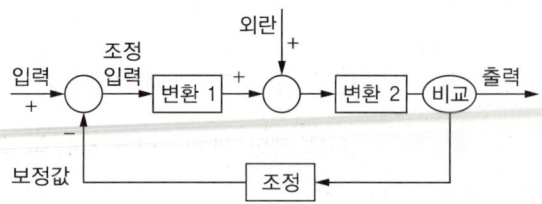

10년간 자주 출제된 문제

2-1. 개회로제어 시스템(Open Loop Control System)을 적용하기에 적합하지 않은 제어계는?
① 외란변수의 변화가 매우 작은 경우
② 여러 개의 외란변수가 존재하는 경우
③ 외란변수에 의한 영향이 무시할 정도로 작은 경우
④ 외란변수의 특징과 영향을 확실히 알고 있는 경우

2-2. 미리 정해 놓은 순서에 따라 제어의 각 단계를 차례차례 진행시키는 제어는?
① 추종제어
② 최적제어
③ 시퀀스 제어
④ 피드포워드 제어

2-3. 되먹임 제어(Feedback Control)의 특징이 아닌 것은?
① 목표값에 정확히 도달하기 쉽다.
② 순차적으로 제어과정이 진행된다.
③ 제어계가 복잡하고 비용이 비싸다.
④ 외부 조건의 변화에 의한 영향을 줄일 수 있다.

2-4. 순차 제어시스템과 되먹임 제어시스템의 차이점은?
① 조절부
② 조작부
③ 출력부
④ 비교부

2-5. 되먹임 제어계에서 목표값 또는 기준 입력에 대한 출력의 시간적 변화를 무엇이라고 하는가?
① 진폭 감쇠비
② 시간 응답
③ 최대오버슈트
④ 되먹임

2-6. 제어장치에 있어서 목표치에 의한 신호와 검출부로부터의 신호에 의거, 제어계가 소정의 작동을 하는 데 필요한 신호를 만들어서 조작부에 보내 주는 부분은?
① 검출부
② 입력부
③ 조절부
④ 출력부

|해설|

2-1
외란변수는 미리 예측하여 계에 반영할 수 있거나 미미할 경우 개회로제어를 적용할 수 있으나 외란변수를 고려하여 시스템 설계를 해야 할 경우는 폐회로제어를 적용하는 것이 좋다.

2-2
시퀀스 제어는 순서대로 차례차례 진행시켜서 순차제어라고도 한다. 출력이 입력에 영향을 주지 못하는 개루프제어(열린 루프제어, Open Loop Control)의 대표적인 방법이다.

2-3
순차제어는 개루프제어의 방법이다.

2-4
피드백 제어(Feedback Control)는 개회로제어보다는 신호를 추출하고 목표값과 비교하는 등의 설비(궤환요소)가 더 필요하지만 개회로제어에 비해 정확한 제어가 가능하다.

2-5
피드백 과정에서 목표값 또는 기준 입력에 대한 출력의 시간적 변화가 발생하는데, 이를 시간 응답이라 한다.

2-6
사용되는 신호
- 입력신호(기준신호) : 목표치에 의한 신호
- 동작신호 : 조작을 명령하는 신호
- 검출신호 : 센서 등을 통한 검출부로부터의 신호
- 오차신호(조절신호) : 피드백에 의해 제어계가 소정의 작동을 하는 데 필요한 신호를 만들어서 조작부에 보내 주는 신호

정답 2-1 ② 2-2 ③ 2-3 ② 2-4 ④ 2-5 ② 2-6 ③

핵심이론 03 분류 기준에 따른 제어의 종류

① 제어량에 따른 분류
  ㉠ 서보제어(Servo Control) : 물체의 위치·각도·방위·자세 등의 기계적 변위를 제어량으로 읽어 제어하는 시스템
  ㉡ 프로세스 제어(Process Control) : 제어량이 상태값인 압력·온도·유량·밀도 등일 때의 제어방식
  ㉢ 자동조정(Automatic Regulation) : 제어량이 전기적 및 기계적 양(주파수, 전압, 전류, 습도, 회전속도, 힘 등)을 주로 제어하는 것

② 제어목표에 따른 분류
  ㉠ 정치제어 : 제어량을 일정 목표값에 유지시키는 것이 목적인 제어(예 주파수 제어, 발전기의 조속기, 자동전압조정장치 등)
  ㉡ 추종제어 : 목표 대상값이 변동하는 경우 목표값에 정확히 추종하도록 하는 제어(예 서보제어, 요격 미사일의 미사일 추격 등)
  ㉢ 프로그램 제어 : 제어량의 변동이 미리 프로그래밍된 제어(예 무인열차가 출발 후 점점 가속하여 목적지에서 감속 후 정차하는 과정에서의 속도)
  ㉣ 비율제어 : 목표값이 다른 변수와 비례관계를 가질 때 변수에 따른 비율제어를 실시(예 열처리로의 온도제어)

③ 제어동작에 따른 분류
  ㉠ 연속제어 : 목표값에 이를 때까지 지속적으로 제어(비례제어, 미분제어, 적분제어, 비례-미분-적분 제어)
  ㉡ 불연속제어 : 목표값에 ±편차를 인정하여 범위를 벗어나는 경우에만 제어하거나 일정시간 간격을 두어 제어하는 제어(샘플값 제어, On-off 제어)

④ 제어방식에 따른 분류
  ㉠ 최적제어(Optimal Control) : 목표값에 최소 시간, 최소 연료, 최소 에너지 시스템 등 제한된 조건에 순응하여 가장 빨리 달성하도록 제어하는 방법
  ㉡ 적응제어(Adaptive Control) : 목표값을 제어하기 위한 제어변수 중 알기 힘든 변수가 있을 때 이를 적절히 변경하여 목표에 이를 수 있도록 제어하는 방법
  ㉢ 디지털 제어(Digital Control) : 신호·명령 등 제어 수단을 디지털화된 수단으로 사용하는 제어로, 공작기계 제어 대상의 수치제어(Numerical Control)가 예이다.

10년간 자주 출제된 문제

3-1. 제어량의 종류를 기준으로 온도, 압력, 유량, 액면 등의 상태량을 제어량으로 하는 제어는?
① 프로세스 제어　② 서보기구
③ 시퀀스 제어　④ 자동조정

3-2. 제어량을 어떤 일정한 목표값으로 유지하는 것을 목적으로 하는 정치제어에 속하지 않는 것은?
① 주파수 제어
② 발전기의 조속기
③ 자동전압조정장치
④ 잉크젯 프린터 헤드 위치제어

3-3. 열처리로의 온도제어는 어느 것에 속하는가?
① 프로그램 제어　② 정치제어
③ 추종제어　④ 비율제어

3-4. 제어시스템 내의 신호를 어떤 양자화된 신호로 제어하는 제어는?
① 서보제어　② 적응제어
③ 최적제어　④ 디지털 제어

[해설]

3-1
제어량에 따른 분류
- 서보제어(Servo Control) : 물체의 위치·각도·방위·자세 등의 기계적 변위를 제어량으로 읽어 제어하는 시스템
- 프로세스제어(Process Control) : 제어량이 상태값인 압력·온도·유량·밀도 등일 때의 제어방식으로 프로세서에 가해지는 외란의 억제를 목적으로 함
- 자동조정(Automatic Regulation) : 제어량이 전기적 및 기계적 양(주파수, 전압, 전류, 습도, 회전속도, 힘 등)을 주로 제어하는 것

※ 제어량에 따른 분류에 관한 문제는 서보제어, 프로세스 제어, 자동조정이 돌아가면서 매년 출제되고 있다.

3-2
정치제어의 3가지 예는 잘 알아 두어야 한다. 위치제어는 서보제어를 통해 시행한다. 서보제어는 추종제어의 예이다.

3-3
제어목표에 따른 분류
- 정치제어 : 제어량을 일정 목표값에 유지시키는 것이 목적인 제어
  (예 주파수 제어, 발전기의 조속기, 자동전압조정장치 등)
- 추종제어 : 목표 대상값이 변동하는 경우 목표값에 정확히 추종하도록 하는 제어(예 서보제어, 요격 미사일의 미사일 추격 등)
- 프로그램 제어 : 제어량의 변동이 미리 프로그래밍된 제어(예 무인열차가 출발 후 점점 가속하여 목적지에서 감속 후 정차하는 과정에서의 속도)
- 비율제어 : 목표값이 다른 변수와 비례관계를 가질 때 변수에 따른 비율제어를 실시(예 열처리로의 온도제어)

3-4
디지털 제어(Digital Control) : 신호·명령 등 제어수단을 디지털화된 수단으로 사용하는 제어로, 공작기계 제어 대상의 수치제어(Numerical Control)가 예이다.

정답 3-1 ① 3-2 ④ 3-3 ④ 3-4 ④

핵심이론 04 퍼지제어(Fuzzy Control)

① 판단의 유연성을 부과한 제어시스템으로, 인간의 논리적 접근이 가능하다. 퍼지논리의 주된 목표는 정확한 것이라기보다는 근사적인 추론 형태를 취급하기 위해 체계적인 계산기법과 개념을 전개하는 데 있다.

② 퍼지제어의 특성
  ㉠ 개념적으로 이해하기 쉽다.
  ㉡ 어떤 임의의 주어진 시스템에 대해서 초기 문제 외에도 다른 문제로의 확장성이 좋다.
  ㉢ 부정확한 정보에 대하여 허용범위가 크다.
  ㉣ 임의의 복잡한 비선형시스템을 모델링할 수 있다.
  ㉤ 대부분의 경우, 퍼지시스템은 기존 제어기법들과의 혼합하여 사용된다.
  ㉥ 일상적인 언어를 기본으로 하고 있다.
  ㉦ 유연하여 외란에 강하다.

10년간 자주 출제된 문제

4-1. 퍼지제어의 특징이 아닌 것은?
① 추론에 의한 인간의 판단에 가까운 제어가 가능하다.
② 많은 관측치를 입력하여 조작량을 얻어 낼 수 있다.
③ PID와 같은 선형제어가 연산의 근본이다.
④ 외란에 강하다.

4-2. 퍼지제어를 이용함으로써 제어특성을 개선할 수 있는 대상 공정으로 적합하지 않은 것은?
① 생물체 발효 공정
② 냉각수 저장조 온도제어
③ 시멘트 회전 혼합기
④ 소각로 연소제어

[해설]

4-1

퍼지제어의 특성
- 개념적으로 이해하기 쉽다.
- 어떤 임의의 주어진 시스템에 대해서 초기 문제 외에도 다른 문제로의 확장성이 좋다.
- 많은 기존 관측값을 입력하여 조작량을 얻어 낼 수 있으므로 부정확한 정보에 대하여 허용범위가 크다.
- 임의의 복잡한 비선형시스템을 모델링할 수 있다.
- 대부분의 경우, 퍼지시스템은 기존 제어기법들과 혼합하여 사용된다.
- 일상적인 언어를 기본으로 하고 있다.
- 유연하여 외란에 강하다.

4-2

일반적으로 퍼지제어는 비용이 많이 들더라도 효과적인 제어를 시스템에 맡기기 위한 체계에 설치를 한다. 작업자가 이해하기 쉬운 단순한 지시를 하고 비선형성을 갖는 제어에 적절하다. 온도제어의 경우, 퍼지제어로 맡기기에는 제어 대상이 너무 단순하여 온도가 내려가면 가열하고, 온도가 올라가면 가열을 멈추는 수준의 제어이면 충분하므로 비용 효율성이 떨어진다.

정답 4-1 ③ 4-2 ②

핵심이론 05 전달함수의 정의

① 전달함수란 어떤 제어요소에 단위 임펄스 함수를 입력으로 넣어 얻은 출력인 임펄스 응답의 라플라스 변환이다.

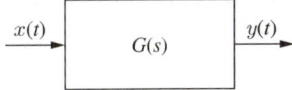

입력 $x(t)$와 출력 $y(t)$라 하면 각 라플라스 변환은 다음과 같은 관계를 갖는다.

$$Y(s) = G(s)X(s)$$

② $G(s) = \dfrac{Y(s)}{X(s)}$의 관계를 전달함수로 정의하기도 한다. 이 경우 시간 0초 이전의 남아 있는 값은 모두 없다고 가정한다. 즉, 모든 초기 조건은 0이라고 가정한다.

③ 전달함수가 1이 되는 경우는 입력이 단위 충격인 경우이다.

라플라스 변환 이후 $F(s) = \int_0^\infty f(t)\, e^{-st}\, dt = 0$

이 되려면, $s = 0$이거나 $t = 0$이어야 한다. 이 의미는 입력시간 ≈ 0이거나 복소함수가 0이어야 한다.

- 라플라스 변환테이블

	함수명	$f(t)$	$F(s)$
1	단위 충격	$\delta(t)$	1
2	단위 계단	$u(t) = 1$	$\dfrac{1}{s}$
3	단위 경사	t	$\dfrac{1}{s^2}$
4	포물선	t^2	$\dfrac{2}{s^3}$
5	n차 경사	t^n	$\dfrac{n!}{s^{n+1}}$
6	지수 감쇠	e^{-at}	$\dfrac{1}{s+a}$
7	지수 감쇠 경사	te^{-at}	$\dfrac{1}{(s+a)^2}$
8	지수 n차 경사	$t^n e^{-at}$	$\dfrac{n!}{(s+a)^{n+1}}$

	함수명	$f(t)$	$F(s)$
9	cos 함수	$\cos\omega t$	$\dfrac{s}{s^2+\omega^2}$
10	sin 함수	$\sin\omega t$	$\dfrac{\omega}{s^2+\omega^2}$
11	지수 감쇠 cos	$e^{-at}\cos\omega t$	$\dfrac{s+a}{(s+a)^2+\omega^2}$
12	지수 감쇠 sin	$e^{-at}\sin\omega t$	$\dfrac{\omega}{(s+a)^2+\omega^2}$
13	쌍곡선 함수	$\cos h\omega t$	$\dfrac{s}{s^2-\omega^2}$
14	쌍곡선 함수	$\sin h\omega t$	$\dfrac{\omega}{s^2-\omega^2}$

④ 전달함수는 제어시스템을 표현한다. 입력이 전달함수에 의해 변화되어 출력값이 나오므로 입력값이 변한다고 전달함수가 변하는 것은 아니다.

10년간 자주 출제된 문제

5-1. 전달함수를 정의할 때 고려해야 할 사항 중 가장 적합하게 표현하고 있는 것은?

① 입력만을 고려한다.
② 주파수를 고려한다.
③ 시간영역 특성만을 고려한다.
④ 모든 초깃값을 0으로 고려한다.

5-2. 전달함수의 일반적인 식으로 옳은 것은?

① 전달함수 = 목표값/제어량
② 전달함수 = 제어량/목표값
③ 전달함수 = (초깃값을 0으로 한 입력의 라플라스 변환값)/(초깃값을 0으로 한 출력의 라플라스 변환값)
④ 전달함수 = (초깃값을 0으로 한 출력의 라플라스 변환값)/(초깃값을 0으로 한 입력의 라플라스 변환값)

|해설|

5-1
전달함수를 정의할 때 모든 초깃값을 0, 즉 시간 0초 이전의 모든 남아 있는 값은 없다고 가정한다.

5-2
전달함수란 어떤 제어요소에 단위 임펄스 함수를 입력으로 넣어 얻은 출력인 임펄스 응답의 라플라스 변환이다.

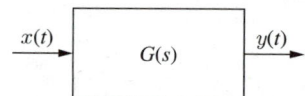

입력 $x(t)$와 출력 $y(t)$라 하면, 각 라플라스 변환은 다음과 같은 관계를 갖는다.
$Y(s) = G(s)X(s)$
즉, $G(s) = \dfrac{Y(s)}{X(s)}$

정답 5-1 ④ 5-2 ④

핵심이론 06 간단한 제어요소의 전달함수

모든 요소에서 입력을 $x(t)$, 출력을 $y(t)$라 하고, $Y(s) = G(s)X(s)$ 이다.

① 비례요소

입력과 출력이 비례상수를 갖는 관계이다. 대표적으로 $F = K\delta$(압축력 = 용수철 상수 × 압축 길이)의 관계를 갖는 용수철 같은 경우가 비례요소로
$y(t) = Kx(t)$ 이므로, $G(s) = \dfrac{Y(s)}{X(s)} = K$ 로 표현한다.

② 미분요소

입력과 출력이 입력요소의 미분과 비례관계를 이루는 것으로 속도계용 발전기, 인덕턴스 회로, RC 미분회로, 마찰-스프링 시스템 등이 예이다.
$y(t) = K\dfrac{d}{dt}x(t)$ 이므로, $G(s) = \dfrac{Y(s)}{X(s)} = Ks$

③ 적분요소

입력의 적분은 출력과 비례관계를 갖는다. 예를 들어 공기 압축 실린더의 경우, 입력인 공기의 적분량이 출력과 비례한다. 수위계, RC 적분회로 등이 예이다.
$y(t) = K\int x(t)dt$ 이므로, $G(s) = \dfrac{Y(s)}{X(s)} = \dfrac{K}{s}$ 의 관계로 표현한다.

④ 1차 앞선요소

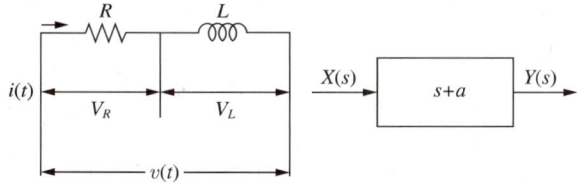

그림과 같은 RL 직렬회로의 경우 입력 $i(t)$가 들어가면 전압 강하 $v(t)$가 일어나는 회로에서 출력에 입력의 미분값이 더해지는 요소로,
$G(s) = \dfrac{Y(s)}{X(s)} = \dfrac{V_o(s)}{V_i(s)} = K(s+a)$ 의 관계가 되는 함수이다.

⑤ 1차 지연요소

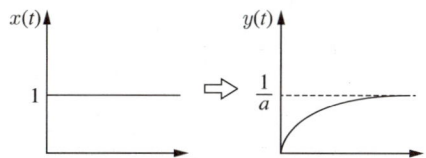

㉠ 그림처럼 입력이 들어가도 시간이 지연되어 출력이 나오는 RLC 직렬회로, 수위계 등을 1차 지연제어요소라고 한다.

㉡ $G(s) = \dfrac{Y(s)}{X(s)} = \dfrac{b}{s+a}$ 의 관계가 되는 함수이다.

㉢ 시정수(Time Constant) : 정상 상태의 63.2%까지 걸리는 시간으로, 시정수가 작을수록 응답속도가 빠르다.

⑥ 2차 지연요소

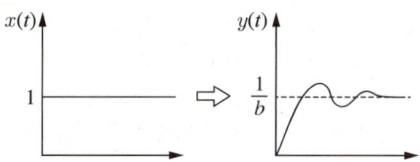

㉠ 그림처럼 전달함수의 분모가 s의 2차식이 되어 입력 후에 결과값이 진동하여 접근하는 요소를 2차 지연요소라고 한다.

㉡ $G(s) = \dfrac{Y(s)}{X(s)} = \dfrac{c}{s^2 + as + b}$ 의 관계가 되는 함수이다.

⑦ 낭비시간요소

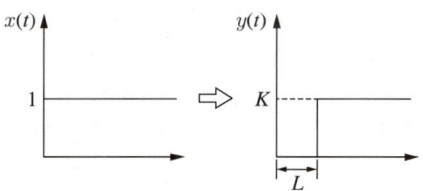

$y(t) = Kx(t-L)$ 이므로 $G(s) = \dfrac{Y(s)}{X(s)} = Ke^{-Ls}$
(L : 동작 지연시간)의 관계가 되는 함수이다.

⑧ 표준 2차 제어시스템

$$M(s) = \frac{\omega_n^2}{s^2 + 2h\omega_n s + \omega_n^2}$$

여기서, h : 감쇠비
ω_n : 고유 주파수

10년간 자주 출제된 문제

6-1. 다음 중 1차 지연요소의 전달함수는?(단, K : 이득 상수, T : 시정수, s : 라플라스 연산자)

① $K/(1+sT)$
② $K/(1+sT_1+s^2T_2)$
③ Ls
④ $1+Ls+Ks^2$

6-2. 1차 시스템의 시정수에 관한 설명으로 옳은 것은?

① 시정수가 클수록 오버슈트가 크다.
② 시정수가 클수록 정상 상태 오차가 작다.
③ 시정수가 작을수록 응답 속도가 빠르다.
④ 시정수는 정상 상태 오차에 영향을 주지 않는다.

6-3. 제어요소의 전달함수에 대한 설명 중 틀린 것은?

① 비례요소 : K
② 1차 지연요소 : $K/(1+Ts^2)$
③ 적분요소 : $1/Ts$
④ 미분요소 : Ts

6-4. 감쇠비 $h=0.4$, 고유 주파수 $\omega_n = 1\text{rad/sec}$인 2차계의 전달함수는?

① $\dfrac{1}{s^2+0.4s+1}$
② $\dfrac{0.16}{s^2+0.4s+1}$
③ $\dfrac{1}{s^2+0.8s+1}$
④ $\dfrac{0.16}{s^2+0.8s+1}$

|해설|

6-1

1차 지연 제어요소의 전달함수는 $G(s) = \dfrac{Y(s)}{X(s)} = \dfrac{b}{s+a}$ 의 형태이므로 $\dfrac{K}{1+sT} = \dfrac{\dfrac{K}{T}}{\dfrac{1}{T}+s}$ 가 1차 지연함수이다.

6-2

시정수(Time Constant) : 정상 상태의 63.2%까지 걸리는 시간으로, 시정수가 작을수록 응답속도는 빠르다.

6-3

1차 지연요소가 되려면 전달함수의 분모에 있는 s의 차수가 1차여야 한다. ②는 s^2이 0이 아닌 계수를 가지고 있어서 2차 지연요소가 된다.

6-4

$$M(s) = \frac{\omega_n^2}{s^2+2h\omega_n s+\omega_n^2} = \frac{1^2}{s^2+2\cdot 0.4\cdot 1\cdot s+1^2}$$
$$= \frac{1}{s^2+0.8s+1}$$

정답 6-1 ① 6-2 ③ 6-3 ② 6-4 ③

핵심이론 07 시스템의 모델링

① 전기계 기본요소들의 모델링
  ㉠ 변위가 에너지의 축적으로 나타나는 요소
  $$E = \int e(q)\,dq$$
  • 예시 : 커패시터
  $$E = \int e(q)\,dq = \int \frac{q}{C}\,dq = \frac{q^2}{2C}$$
  ㉡ 물리량이 에너지의 축적으로 나타나는 요소
  • 예시 : 인덕턴스
  $$축적에너지(E) = \int i(\lambda)\,d\lambda = \int \frac{\lambda}{L}\,d\lambda = \frac{\lambda^2}{2L}$$
  ㉢ 저항요소 : 에너지 축적은 일어나지 않음
  • 예시 : 저항 $(i) = \dfrac{\Delta V}{R}$

② 동적 시스템에서의 모델링
  ㉠ 변위가 에너지의 축적으로 나타나는 요소
  • 예시 : 스프링
  $$E = \int \phi(x)\,dx$$
  ㉡ 물리량이 에너지의 축적으로 나타나는 요소
  • 예시 : 운동량
    - 운동량 = 질량 × 속도
    $\left(즉,\ 속도 = \dfrac{운동량}{질량}\ 으로\ 볼\ 때\right)$
    - 운동에너지
  $$E = \int \phi(p)\,dp = \int \frac{p}{m}\,dp = \frac{p^2}{2m}$$
  ㉢ 저항요소 : 에너지 축적은 일어나지 않음(적분하지 않음)
  • 예시 : 댐퍼
  $$F = b\,\Delta v$$

③ 기본 시스템에서 사용하는 물리량의 비교
직선운동의 모델링과 비교한 각 시스템의 모델링

직선운동	회전운동	전기력
힘	토크	전압
속도	각속도	전류
운동량	각 운동량	걸리는 자속
작용한 전체 힘	작용한 전체 토크	작용한 전체 전압
시간에 대한 적분으로 표현		
변위	각 변위	전하량
출력	출력	전력
운동에너지	운동에너지	자계에너지
위치에너지	위치에너지	기전력의 합
질량	관성 모멘트	인덕턴스

④ 시스템 모델링의 적용
  ㉠ 저항

  입력전류 $i(t)$와 출력 V_r의 관계는
  $V_r(t) = R\,i(t)$이고, 라플라스 변환을 하면
  $R\,I(s)$가 된다.

  ㉡ 인덕턴스

  입력전류 $i(t)$와 출력 V_L의 관계는
  $V_L(t) = L\dfrac{d}{dt}i(t)$이고, 라플라스 변환을 하면
  $V(s) = Ls\,I(s)$가 된다.

  ㉢ 커패시턴스

  입력전류 $i(t)$와 출력 V_C의 관계는
  $V_c(t) = \dfrac{1}{C}\int i(t)\,dt$이고, 라플라스 변환을 하면
  $V(s) = \dfrac{1}{Cs}\,I(s)$가 된다.

ㄹ 제어요소 조합의 전달함수
- RC 직렬회로망에서 입력 $v_i(t)$, 출력 $v_o(t)$일 때 $G(s)$는

$$G(s) = \frac{V_o(s)}{V_i(s)} = \frac{\frac{1}{Cs}}{R + \frac{1}{Cs}} = \frac{1}{RCs + 1}$$

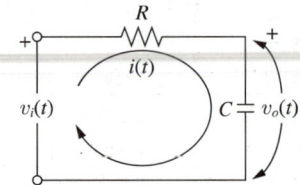

ㅁ 점성마찰이 있는 탄성시스템에서 힘 입력 $f(t)$, 변위 $y(t)$가 출력일 때 $G(s)$는

$$G(s) = \frac{Y(s)}{F(s)} = \frac{1}{Ms^2 + Ds + K}$$

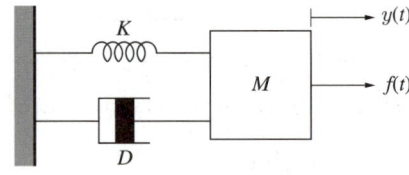

여기서, K : 탄성체
D : 완충기(Damper)

10년간 자주 출제된 문제

7-1. 다음 그림과 같은 회로에서 입력전류에 대한 출력전압의 전달함수는?(단, s : 라플라스 연산자이다)

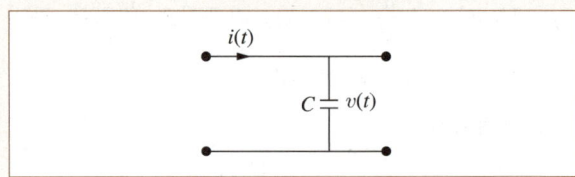

① Cs　　② $1/Cs$
③ $C/1 + sT$　　④ C

7-2. 질량이 M인 물체에 힘 F를 가하여 거리 x만큼 이동한 물리계의 전달함수는?(단, 초기 조건은 0이다)

① Ms　　② Ms^2
③ $\dfrac{1}{Ms}$　　④ $\dfrac{1}{Ms^2}$

7-3. 다음 회로에서 양단에 걸리는 전압 $V(s)$는?

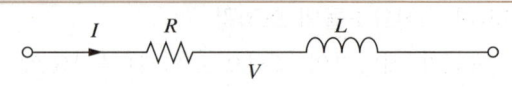

① $V(s) = RI(s) + sLI(s)$
② $V(s) = 1/RI(s) + sLI(s)$
③ $V(s) = RI(s) + 1/LI(s)$
④ $V(s) = RI(s) + 1/(sL)I(s)$

7-4. 공진 시 직렬 RLC 회로의 위상각은?
① $-90°$
② $+90°$
③ 0
④ 리액턴스에 의존

7-5. RLC 공진회로에 대한 설명 중 틀린 것은?
① 병렬공진 시 임피던스는 최대가 된다.
② 직렬공진 시 전류의 크기는 최대가 된다.
③ 공진 시 전압과 전류의 위상은 이상(異相)이 된다.
④ 병렬공진 시 전압과 전류의 위상은 동상(同相)이 된다.

7-6. 다음 그림과 같은 기계시스템에서 $f(t)$를 입력으로 하고 $x(t)$ 출력으로 하였을 때의 전달함수는?

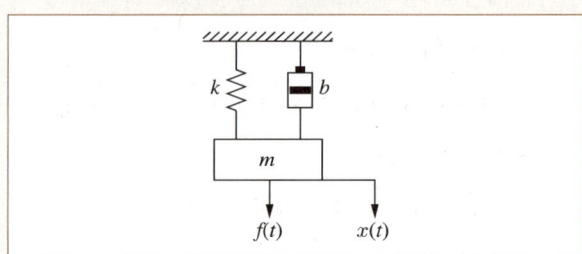

① $ms^2 + bs + k$　　② $\dfrac{1}{ms^2 + bs + k}$
③ $\dfrac{s}{ms^2 + bs + k}$　　④ $\dfrac{k}{ms^2 + bs + k}$

10년간 자주 출제된 문제

7-7. 다음 회로에서 시정수(Time Constant)는?

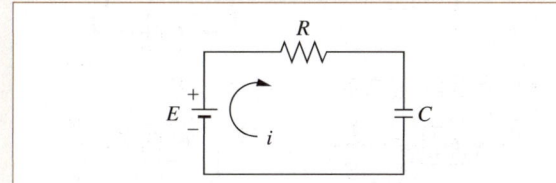

① RC
② $\dfrac{C}{R}$
③ $\dfrac{R}{C}$
④ $\dfrac{1}{RC}$

7-8. RL 직렬회로에 인가되는 전압의 주파수가 감소하면 위상각은?

① 증가한다.
② 감소한다.
③ 변함없다.
④ 일정시간 증가 후 감소한다.

[해설]

7-1

$$V(t) = \frac{1}{C}\int i(t)dt, \quad V(s) = \frac{1}{Cs}I(s), \quad G(s) = \frac{V(s)}{I(s)} = \frac{1}{Cs}$$

7-2

전달함수
F와 X를 이어 주는 전달함수는

$$G(s) = \frac{X(s)}{F(s)} = \frac{1}{Ms^2} \; (\because \text{모든 초기 조건은 0이다})$$

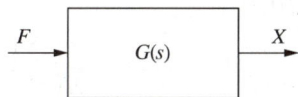

7-3

$$V(t) = Ri(t) + L\frac{d}{dt}i(t)$$
$$V(s) = RI(s) + LsI(s) = (R+Ls)I(s)$$
$$G(s) = \frac{V(s)}{I(s)} = (R+Ls)$$

7-4
공진은 위상이 같아지는 순간에 생긴다.

7-5
공진이란 진파가 같게 되는 현상을 의미하며 전압과 전류의 위상은 동상이 된다.

7-6
점성마찰이 있는 탄성시스템에서 힘 입력 $f(t)$, 변위 $y(t)$가 출력일 때 $G(s)$는

$$G(s) = \frac{Y(s)}{F(s)} = \frac{1}{Ms^2 + Ds + K}$$

7-7

시정수(Time Constant) : 정상 상태의 63.2%까지 걸리는 시간

RC 회로에서 $G(s) = \dfrac{1}{RCs+1} = \dfrac{\frac{1}{RC}}{s + \frac{1}{RC}}$

1차 지연시스템 $G(s) = \dfrac{a}{s+a}$ 일 때

시정수$(t) = \dfrac{1}{a} = \dfrac{1}{\frac{1}{RC}} = RC$

정답 7-1 ② 7-2 ④ 7-3 ① 7-4 ③ 7-5 ③ 7-6 ② 7-7 ① 7-8 ②

핵심이론 08 블록선도를 이용한 전달함수식

① 등가변환

㉠ 직렬 등가변환
- $G_1(s)$, $G_2(s)$ 두 전달함수가 직렬연결되면 그 곱으로 전체를 나타낸다.
- $X(s) \rightarrow [G_1(s)] \rightarrow C(s) \rightarrow [G_2(s)] \rightarrow Y(s)$
- $C(s) = G_1(s)X(s)$, $Y(s) = G_2(s)C(s)$
  → $Y(s) = [G_1(s)G_2(s)] \cdot X(s)$

㉡ 병렬 등가변환
- $G_1(s)$, $G_2(s)$ 두 전달함수가 병렬연결되면 그 합으로 전체를 나타낸다.
- $Y_1(s) = G_1(s)X(s)$, $Y_2(s) = G_2(s)X(s)$
  → $Y(s) = [Y_1(s) + Y_2(s)]$
  $= [G_1(s) + G_2(s)] \cdot X(s)$

㉢ 등가변환 정리
- 교환
- 직렬 결합
- 병렬 결합
- 가산점을 앞으로 이동하는 경우

- 가산점을 뒤로 이동하는 경우
- 인출점을 앞으로 이동하는 경우
- 인출점을 중간 뒤로 이동하는 경우

② 되먹임(Feedback) 결합

㉠ 결합점에서 피드백 결합이 있는 결합

㉡
$Y_1(s) = G_1(s)X(s)$, $Y_2(s) = G_2(s)X(s)$
$E(s) = R(s) - B(s) = R(s) - H(s)C(s)$
$C(s) = G(s)E(s) = G(s)[R(s) - H(s)C(s)]$
$= G(s)R(s) - G(s)H(s)C(s)$
$C(s)(1 + G(s)H(s)) = G(s)R(s)$
$\dfrac{C(s)}{R(s)} = \dfrac{G(s)}{(1 + G(s)H(s))}$
$T(s) = \dfrac{G(s)}{(1 + G(s)H(s))} \left(\because T(s) = \dfrac{C(s)}{R(s)} \right)$

10년간 자주 출제된 문제

8-1. 다음 그림의 전달함수 $\left[\dfrac{C}{R}\right]$로 옳은 것은?

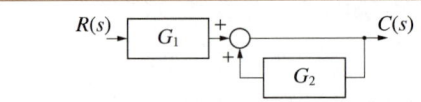

① $\dfrac{G_1}{1 + G_2}$ ② $\dfrac{G_1}{1 - G_2}$

③ $\dfrac{G_1 G_2}{1 - G_2}$ ④ $\dfrac{1}{1 + G_1 G_2}$

10년간 자주 출제된 문제

8-2. 다음 블록선도의 전체 전달함수를 구하는 식으로 옳은 것은?

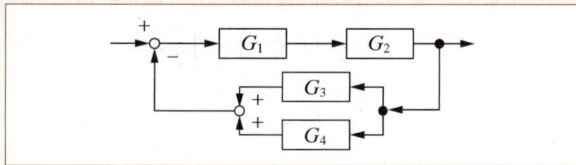

① $G = \dfrac{G_3 + G_4}{1 + G_1 G_2}$

② $G = \dfrac{G_3 + G_4}{1 - G_1 G_2}$

③ $G = \dfrac{G_1 G_2}{1 + G_1 G_2 (G_3 + G_4)}$

④ $G = \dfrac{G_1 + G_2}{1 - G_1 G_2 (G_3 + G_4)}$

8-3. 다음 블록선도에서 $C(s)$는?

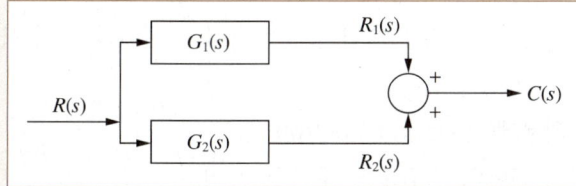

① $C(s) = G_1(s) + G_2(s)$
② $C(s) = G_1(s) \cdot G_2(s)$
③ $C(s) = [G_1(s) \cdot G_2(s)] R(s)$
④ $C(s) = [G_1(s) + G_2(s)] R(s)$

8-4. 다음 그림의 전달함수값으로 옳은 것은?

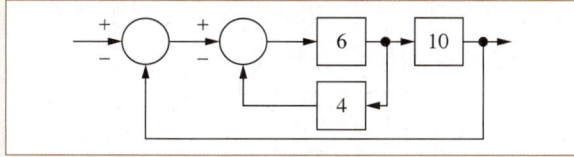

① 0.6 ② 0.7
③ 0.8 ④ 0.9

8-5. 다음 그림에서 전달함수 G는?

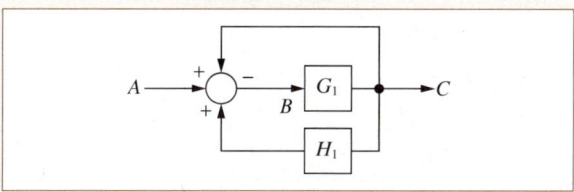

① $\dfrac{G_1}{1 + H_1 G_1 - G_1}$ ② $\dfrac{G_1}{1 + G_1 - G_1 H_1}$

③ $\dfrac{G_1 A}{1 + H_1 G_1 - G_1}$ ④ $\dfrac{G_1 A}{1 + A G_1 - G_1 H_1}$

8-6. 다음 그림에서 $R(s) = 101$, $C(s) = 10$일 때 전달함수 G의 값은?

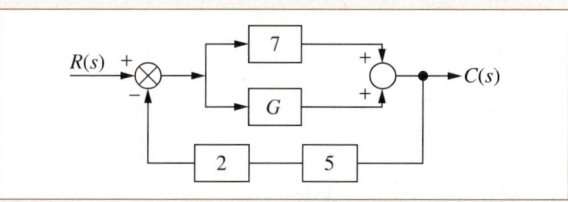

① 3 ② 6
③ 9 ④ 12

〔해설〕

8-1

$\dfrac{C(s)}{R(s)} = \dfrac{\text{입력부터 출력 경로에 있는 함수}}{1 - \text{폐루프(1) 경로에 있는 함수} - \text{폐루프(2) 경로에 있는 함수}}$

$= \dfrac{G_1}{1 - G_2}$

8-2

전달함수

문제의 블록선도는 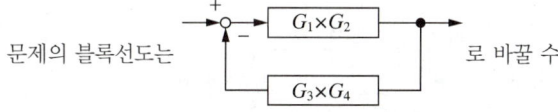 로 바꿀 수

있고, 피드백 블록선도는 $T(s) = \dfrac{G(s)}{1 + G(s) H(s)}$ 이므로

$G(s) = G_1 \cdot G_2$, $H(s) = G_3 + G_4$를 대입하면,

$T(s) = \dfrac{G_1 G_2}{1 + G_1 G_2 (G_3 + G_4)}$

8-3

$R_1(s) = G_1(s) \cdot R(s)$, $R_2(s) = G_2(s) \cdot R(s)$

$C(s) = R_1(s) + R_2(s) = G_1(s) R(s) + G_2(s) R(s)$

$= (G_1(s) + G_2(s)) \cdot R(s)$

[해설]

8-4

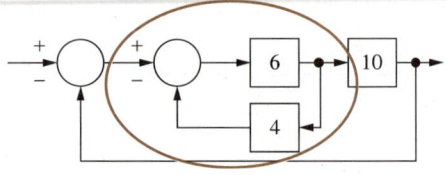

동그라미 부분을 먼저 합성하면,

$T_1(s) = \dfrac{6}{1+6\cdot 4} = \dfrac{6}{25} = 0.24$

나머지 부분을 합성하면,

$T(s) = \dfrac{2.4}{1+0.24\cdot 10} = \dfrac{2.4}{3.4} = 0.706$

8-5

가산점에 신호가 3개 들어오면 두 부분으로 나누어 접근한다.

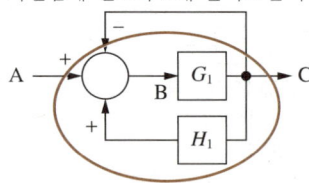

부호에 주의하여 동그라미 부분을 먼저 변환하면,

$G(2) = \dfrac{G_1}{1 - G_1 H_1}$

나머지를 변환하면

$G(T) = \dfrac{C}{A} = \dfrac{G(2)}{1+G(2)} = \dfrac{\dfrac{G_1}{1-G_1 H_1}}{1+\dfrac{G_1}{1-G_1 H_1}} = \dfrac{G_1}{1-G_1 H_1 + G_1}$

8-6

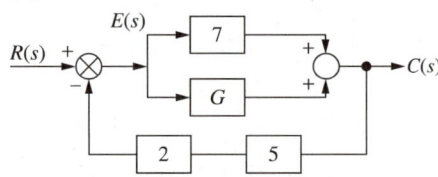

계산의 편의를 위해 $E(s)$를 삽입하여 정리하면,

$E(s) = R(s) - (2 \times 5) \times C(s)$
$C(s) = E(s) \times (7+G)$
$E(s) = 101 - 10 \times 10 = 1$
$10 = E(s) \times (7+G) = 7+G$
$G = 3$

정답 8-1 ② 8-2 ③ 8-3 ④ 8-4 ② 8-5 ② 8-6 ①

핵심이론 09 전달함수 – PID 제어

① 비례제어(Proportional Control)
  ㉠ 가장 단순하며 입력과 출력이 단순 함수관계인 제어
  ㉡ 구성비용이 저렴하나 정밀도가 낮음
  ㉢ 상승시간이 짧음
  ㉣ 오버슈트를 크게 함
  ㉤ 안정된 상태에서도 잔류편차가 있음
  ㉥ 이득(Gain)을 조정함
  ㉦ 제어편차에 비례한 수정동작을 함

② 미분제어(Derivative Control)
  ㉠ 입력과 출력과의 관계 속도를 제어
  ㉡ 제어편차가 검출될 때 편차가 변화하는 속도에 비례하여 조작량을 가감
  ㉢ 대규모 공장 등의 정밀도보다 적절한 속도가 중요한 곳에 사용
  ㉣ 응답 속도를 개선한 제어이며 P 제어와 함께 사용(속응성)

③ 적분제어(Integral Control)
  ㉠ 제어의 정밀도에 주목한 제어
  ㉡ 느린 제어 속도
  ㉢ Off-set 소멸시키고 잔류편차가 작음
  ㉣ 구성이 예민하고 비용이 높음
  ㉤ 목적에 따라 정밀도를 개선한 제어

④ PID 제어
  ㉠ 위의 비례·적분·미분을 모두 적용한 제어
  ㉡ 정밀도와 성능이 가장 뛰어난 제어

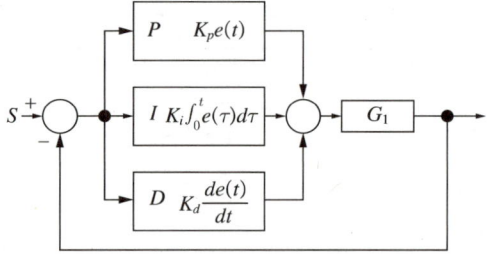

$MV(t) = K_p e(t) + K_i \displaystyle\int_0^t e(\tau)d\tau + K_d \dfrac{de(t)}{dt}$

10년간 자주 출제된 문제

9-1. 다음 제어기 중에서 제어 목표값에 빨리 도달하도록 미분동작을 부가하여 응답 속도만 개선한 것은?
① P 제어기   ② PI 제어기
③ PD 제어기 ④ PID 제어기

9-2. Off-set을 소멸시키고 잔류편차가 작지만 출력의 발산 가능성이 있는 제어기는?
① 비례제어기   ② 비례적분제어기
③ 비례미분제어기   ④ 비례적분미분제어기

9-3. 피드백 제어시스템의 제어동작에 대한 설명으로 옳은 것은?
① 미분동작은 잔류편차를 없애 준다.
② 비례적분동작은 오버슈트량을 줄여 주고 응답 속도가 향상된다.
③ 비례·적분·미분동작은 과도 응답 특성을 개선하고 잔류편차를 없애 주므로 정상 상태 특성을 개선한다.
④ 비례미분동작은 목표차의 변화나 외란에 대해 항상 잔류편차가 발생한다.

9-4. 다음 전달함수에 대한 설명 중 옳지 않은 것은 무엇인가?

$$G(s) = K_p\left(1 + \frac{1}{sT_i} + sT_D\right)$$

① K_p를 조절기의 비례 이득이라고 한다.
② T_D는 리셋률(Reset Rate)이라 한다.
③ T_i는 적분시간이다.
④ 이 조절기는 비례적분미분 동작조절기이다.

9-5. PD 제어기는 제어계의 과도 특성 개선을 위해 쓰인다. 이것에 대응하는 보상기는?
① 과도보상기   ② 동상보상기
③ 지상보상기   ④ 진상보상기

9-6. 다음 중 불연속형 조절기는?
① 비례동작기구   ② 비례적분동작기구
③ 2위치동작조절기   ④ 비례미분동작기구

해설

9-1
미분동작(Derivative Control)을 부가한 제어기는 PD 제어기이다.

9-2
적분제어
- Integral Control
- 제어의 정밀도에 주목한 제어
- Off-set 소멸시키고 잔류편차가 작음
- 구성이 예민하고 비용이 높음
- 기본 P 제어에 특징에 따라 정밀도를 개선한 PI 제어

9-3
- 안정된 상태에서도 잔류편차가 있다.
- 적분동작은 응답 속도가 느려진다.
- 비례제어(Proportional Control)
  - 가장 단순하며 입력과 출력이 단순 함수관계인 제어
  - 구성비용이 저렴하나 정밀도가 낮음
  - 안정된 상태에서도 잔류편차가 있음
  - 이득(Gain)을 조정함
- 미분제어(Derivative Control)
  - 입력과 출력과의 관계 속도를 제어
  - 대규모 공장 등의 정밀도보다 적절한 속도가 중요한 곳에 사용
  - 응답 속도를 개선한 제어이며 P 제어와 함께 사용(속응성)

9-4
리셋률은 $\frac{1}{T_i}$, T_D는 미분시간이다.

9-5
상(狀)을 보상하기 위해 상을 미리 보내진 진(進)상 보상을 하는지, 늦춰진 지(遲)상 보상을 하는지를 판단한다. 비례미분제어는 제어 목표값에 빨리 도달하도록 하는 제어이므로 진상에 대해 보상한다.

9-6
2위치동작조절은 ON/OFF 제어와 같은 형태의 제어를 의미한다. 불연속이 생기게 되어 있다.

정답 9-1 ③ 9-2 ② 9-3 ③ 9-4 ② 9-5 ④ 9-6 ③

핵심이론 10 제어계 해석 – 입력

① 입력의 종류 : 임펄스 입력, 계단 입력, 시간의 1차식에 비례하는 입력, 시간의 2차식에 비례하는 입력, 사인 입력 등으로 나뉜다.

② 임펄스 입력
  ㉠ $\Delta t = 0$일 때 입력$(t) = \infty$인 입력
  ㉡ 충격 입력을 임펄스 입력으로 간주
  ㉢ 임펄스 입력에 따른 응답을 임펄스 응답이라 하며 $R(s) = 1$로 나타낸다.

③ 계단 입력
  ㉠ 일정 간격으로 입력값이 불연속적으로 변하는 입력 또는 구간에 따른 정수 입력
  ㉡ 대부분의 경우 단위 계단 입력을 사용하여 해석하는데, 다른 입력의 응답이 유추 가능하기 때문이다.

④ 여러 기준 시험 입력신호의 예
  ㉠ 과도 응답 및 정상 상태 응답용
  • 임펄스 신호 입력(Impulse Input) : 임펄스 응답 / 주로 엄밀한 시스템 분석
  • 계단신호 입력(Step Input) : 계단 응답 / 정치제어와 같이 고정 목표값일 경우의 정상 상태 오차를 구할 때
  • 경사신호 입력(Ramp Input) : 일정 속도를 갖는 목표값일 경우의 정상 상태 오차를 구할 때
  • 포물선 신호 입력(Parabolic Input), 가속 입력(Acceleration Input) : 미사일처럼 가속도를 갖는 목표값일 경우의 정상 상태 오차를 구할 때
  ㉡ 정상 상태 응답용
  • 정현파 입력(Sinusoidal Input) : 주파수 응답의 기본형태로 정상 상태에 응답할 때 가정한다.

⑤ 정상 상태 오차
  ㉠ 오차 : 입력과 출력의 차
  $E(s) = R(s) - C(s)$
  ㉡ 정상 상태 오차 : 정상 상태에서 정해진 입력신호에 대한 입력과 출력의 차
  $e(\infty) = \lim_{t \to \infty} e(t) = \lim_{s \to 0} sE(s) = \lim_{s \to 0} \frac{sR(s)}{1 + G(s)}$

10년간 자주 출제된 문제

10-1. 주파수 응답에 주로 사용되는 입력은?
① 계단 입력
② 임펄스 입력
③ 램프 입력
④ 정현파 입력

10-2. 어떤 제어계에 대하여 단위 1인 크기의 계단 입력에 대한 응답을 무엇이라 하는가?
① 과도 응답
② 선형 응답
③ 정상 응답
④ 인디셜 응답

10-3. 자동제어계를 해석할 때 기준 입력신호로 사용되지 않는 함수는?
① 전달함수
② 임펄스 함수
③ 단위 계단함수
④ 단위 경사함수

10-4. 개루프 전달함수 $G(s) = \dfrac{s+2}{s^2}$ 시스템에서 단위 계단 입력 $r = 1$이 들어올 때, 폐루프 시스템의 정상 상태 오차는?
① 0
② 1
③ 2
④ ∞

[해설]

10-1

여러 기준 시험 입력신호의 예
- 과도 응답 및 정상 상태 응답용
  - 임펄스 신호 입력(Impulse Input) : 임펄스 응답 / 주로 엄밀한 시스템 분석
  - 계단신호 입력(Step Input) : 계단 응답(Indicial Response) / 정치제어와 같이 고정 목표값일 경우의 정상 상태 오차를 구할 때
  - 경사신호 입력(Ramp Input) : 일정 속도를 갖는 목표값일 경우의 정상 상태 오차를 구할 때
  - 포물선 신호 입력(Parabolic Input), 가속 입력(Acceleration Input) : 미사일처럼 가속도를 갖는 목표값일 경우의 정상 상태 오차를 구할 때
- 정상 상태 응답용
  - 정현파 입력(Sinusoidal Input) : 주파수 응답의 기본 형태로 정상 상태에 응답할 때 가정

10-2

인디셜 응답(Indicial Response)의 용어적 의미가 계단 입력에 대한 응답이다.

10-3

기준입력 신호
- 임펄스 신호 입력은 임펄스 응답
- 계단신호 입력은 계단 응답
- 경사신호 입력, 포물선 신호 입력, 가속 입력

10-4

계단 입력이므로 $R(s) = \dfrac{1}{s}$

$$e(\infty) = \lim_{t \to \infty} e(t) = \lim_{s \to 0} sE(s) = \lim_{s \to 0} \dfrac{sR(s)}{1+G(s)}$$

$$\lim_{s \to 0} \dfrac{sR(s)}{1+G(s)} = \lim_{s \to 0} \dfrac{s \cdot \dfrac{1}{s}}{1+\dfrac{s+2}{s^2}} = \lim_{s \to 0} \dfrac{s^2}{s^2+s+2} = 0$$

정답 10-1 ④ 10-2 ② 10-3 ① 10-4 ①

핵심이론 11 제어계의 해석 – 응답과 특성방정식

① 응 답
  ㉠ 시스템에 입력이 들어가고 나오는 출력을 응답이라 한다.
  ㉡ 응답은 시간 응답과 주파수 응답으로 구분한다.

② 1차 시스템의 단위 계단 응답
  ㉠ 전달함수가 1차 시스템이라면,
  $$G(s) = \dfrac{K}{\tau s + 1}$$
  $R(s) = 1/s$이므로 $y(t) = K\left(1 - e^{-\frac{t}{\tau}}\right)$
  (단, K : Gain, τ : 시간 상수)
  ㉡ 1차 시스템 해석 : 기준 입력 $R(s)$가 단위 계단함수, 단위 램프함수, 단위 임펄스 함수인 경우 정상 상태와 과도 응답 상태를 해석

③ 2차 시스템의 단위계단 응답
  ㉠ 전달함수가 2차 시스템이라면,
  $$G(s) = \dfrac{K\omega_n^2}{s^2 + 2\zeta\omega_n s + \omega_n^2}$$
  여기서, ω_n : 고유 진동수
  ζ : 감쇠비, 제동비, 감쇠계수

④ 특성방정식
  2차 시스템의 단위 계단 응답에서 분모만 따로 등식으로 구성한 $s^2 + 2\zeta\omega_n + \omega_n^2 = 0$을 특성방정식이라 한다. 특성방정식의 근은 ζ의 값에 따라 복소평면 위의 위치가 달라진다. 따라서 ζ를 감쇠비, 제동비라 하고, ζ값에 따라 다음 표와 같이 제동 상태가 달라진다.

감쇠비		0		1	
값의 영역	$\zeta < 0$		$0 < \zeta < 1$		$1 < \zeta$
제동 상태	불안정	무제동	아(亞)제동	임계제동	과(過)제동

10년간 자주 출제된 문제

11-1. 다음 중 감쇠비 $\delta = 0.2$이고, 고유 각 주파수 $\omega_n = 1\text{rad/s}$인 2차 지연요소의 전달함수는 무엇인가?

① $\dfrac{1}{s^2 + 0.2s + 1}$

② $\dfrac{1}{s^2 + 0.2s + 0.04}$

③ $\dfrac{0.04}{s^2 + 0.4s + 1}$

④ $\dfrac{1}{s^2 + 0.4s + 1}$

11-2. 전달함수의 특성방정식 $s^2 + 2\zeta\omega_n + \omega_n^2 = 0$에서 ζ를 제동비(Damping Ratio)라고 할 때, $\zeta = 1$인 경우 생기는 것은?

① 무제동(Non Damping)
② 임계제동(Critical Damping)
③ 과제동(Over Damping)
④ 아제동(Under Damping)

11-3. $G(s) = \dfrac{s^2 + 5s + 1}{s^2 + 9s + 20}$으로 표시되는 계통에 있어서의 특성근은 얼마인가?

① 4, 5   ② 2, 3
③ -4, -5   ④ 2, -3

해설

11-1

$$G(s) = \frac{K\omega_n^2}{s^2 + 2\zeta\omega_n s + \omega_n^2}$$

여기서, ζ : 감쇠비
ω_n : 고유 진동수
$\dfrac{1}{\sigma} = \dfrac{1}{\zeta\omega_n}$: 2차 시스템의 시간 상수
$\omega_d = \omega_n\sqrt{1-\zeta^2}$: 감쇠 진동수

$\zeta = 0.2$, $\omega_n = 1$, 또, 별다른 조건이 없으므로 $K = 1$

$\therefore \dfrac{1 \times 1}{s^2 + 2 \times 0.2 \times 1s + 1} = \dfrac{1}{s^2 + 0.4s + 1}$

11-2

제동비에 따른 제동의 상태

감쇠비		0		1	
값의 영역	$\zeta < 0$		$0 < \zeta < 1$		$1 < \zeta$
제동 상태	불안정	무제동	아(亞)제동	임계제동	과(過)제동

11-3

분자를 상수로 만들었을 때, 분모 = 0으로 만든 식이 특성방정식이다.

$G(s) = \dfrac{s^2 + 5s + 1}{s^2 + 9s + 20} = \dfrac{s^2 + 9s + 20 - 4s - 16 - 3}{s^2 + 9s + 20}$

$= 1 + \dfrac{-4s - 16 - 3}{s^2 + 9s + 20}$

$= 1 + \dfrac{-4(s+4)}{(s+5)(s+4)} + \dfrac{-3}{(s+5)(s+4)}$

$= 1 + \dfrac{-4}{(s+5)} + \dfrac{-3}{(s+5)(s+4)}$

정답 11-1 ④ 11-2 ② 11-3 ③

핵심이론 12 제어계의 해석 – 시간 응답

① 시간 응답
  ㉠ 입력에 의한 시간에 따른 출력을 시간 응답이라 한다.
  ㉡ 입력을 가했을 때 나타나는 출력이 시간 경과에 따라 어떻게 변하느냐를 관찰한다.
  ㉢ 시간 응답은 과도 응답과 정상 상태 응답으로 구분이 가능하다.

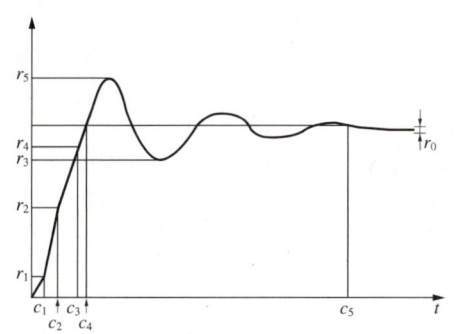

② 과도 응답 : 안정된 출력을 얻기까지 과도기적인 응답으로, 위 그래프에서는 c_5까지의 시간 응답이다.
  ㉠ 지연시간(Delay Time) : 응답값이 희망값의 50% 진행되는 데 요하는 시간으로 위 그래프에서 r_2가 희망값의 50%라면 c_2는 지연시간이다.
  ㉡ 상승시간(Rise Time) : 응답이 희망값의 10%에서 90%까지 도달하는 시간으로, 위 그래프에서 r_1이 희망값의 10%, r_4가 90%라면 $c_3 - c_1$은 상승시간이다.
  ㉢ 정착시간(Setting Time, 응답시간, 정정시간) : 응답이 희망값의 5% 이내로 들어올 때까지의 시간으로, 위 그래프에서 0부터 c_5까지(목표가 오차 5% 이내인 경우)이다.
  ㉣ 오버슈트(Over Shoot) : 응답 중에 생기는 입력과 출력 사이의 최대 편차량으로, 위 그래프에서 r_5가 목표값이다.
  ㉤ 제2오버슈트 : 두 번째로 큰 편차값으로, 위 그래프에서 r_3가 목표값이다.
  ㉥ 감쇠비 : 오버슈트가 한 번에 감쇠되는 정도를 의미하며 식은 다음과 같이 표현한다.

$$감쇠비 = \frac{제2오버슈트}{최대오버슈트}$$

③ 정상 상태 응답 : 안정된 출력 응답으로 위 그래프에서 c_5 이후의 응답이다.

10년간 자주 출제된 문제

12-1. 제어계의 시간영역 동작에서 백분율 최대오버슈트의 의미는 다음 중 어느 것인가?
① 제2오버슈트 / 최대오버슈트 × 100
② 최대오버슈트 / 제2오버슈트 × 100
③ 최대오버슈트 / 최종값 × 100
④ 최종값 / 최대오버슈트 × 100

12-2. 다음 중 과도 응답에 관한 설명으로 틀린 것은?
① 오버슈트는 응답 중에 생기는 입력과 출력 사이의 최대 편차량을 말한다.
② 지연시간(Delay Time)이란 응답이 최초로 희망값의 10% 진행되는 데 요하는 시간을 말한다.
③ 감쇠비 = 제2의 오버슈트 / 최대오버슈트이다.
④ 상승시간(Rise Time)이란 응답이 희망값의 10%에서 90%까지 도달하는 시간을 말한다.

12-3. 제어계의 시간영역에서의 성능에 해당되지 않는 것은?
① 퍼센트 오버슈트   ② 정착시간
③ 상승시간   ④ 감 도

해설

12-1
목표하고자 하는 값의 몇 %나 오버하였는지를 표현하는 방법으로 최대오버슈트/최종값×100으로 표현한다.

12-2
지연시간(Delay Time)이란 응답이 최초로 희망값의 50% 진행되는 데 요하는 시간을 말한다.

12-3
① 오버슈트(Over Shoot) : 응답 중에 생기는 입력과 출력 사이의 최대 편차량
② 정착시간(Setting Time) : 응답이 희망값의 5% 이내로 들어올 때까지의 시간
③ 상승시간(Rise Time) : 응답이 희망값의 10%에서 90%까지 도달하는 시간

정답 12-1 ③ 12-2 ② 12-3 ④

핵심이론 13 제어계 – 주파수 응답

① 입력으로 정현파가 들어왔을 때 출력은 일정시간 후 정상 상태에서 같은 모양의 정현파가 응답된다. 입력이 $A\sin(\omega t)$와 같은 형태이면 출력은 $B\sin(\omega t - \theta)$과 같은 형태로 나타난다.

② 진폭비 : 입력 진폭과 출력 진폭의 비이다.
입력과 출력이 ①의 예와 같을 때

$$진폭비 = \frac{출력의\ 진폭}{입력의\ 진폭} = \frac{B}{A}$$

③ 위상차 : 출력의 위상각과 입력의 위상각 간의 차이다.
입력과 출력이 ①의 예와 같을 때 위상차는 θ이다.

④ 주파수 응답 : 입력 주파수에 대해 진폭과 위상차가 생긴 응답이다.

⑤ 주파수 전달함수
전달함수 $G(s)$인 시스템에서 $A\sin(\omega t)$ 입력한 주파수 응답은 $G(j\omega)$, 즉 s 대신 $j\omega$를 대입한 주파수 전달함수 복소 벡터의 절댓값과 위상각으로 구한다.

10년간 자주 출제된 문제

13-1. 주파수 전달함수 $G(j\omega) = \dfrac{1}{1+j\omega T}$의 복소수 평면에서의 벡터궤적의 모양은?(단, ω값이 0에서 ∞이다)
① 원
② 반 원
③ 직 선
④ 타 원

13-2. 다음 중 주파수 영역에서 자동제어계를 해석할 때 기본으로 많이 사용되는 것은?
① 계단 입력
② 등속 입력
③ 등가속 입력
④ 정현파 입력

13-3. 선형 제어시스템에서 $r(t) = 100\sin 500t$를 시스템에 입력으로 하였더니 $y(t) = 50\sin(500t - 60°)$의 출력이 발생하였다. 이 시스템의 입력 대비 출력의 진폭비와 위상차는?
① 진폭비 : 0.5, 위상차 : 30°
② 진폭비 : 0.5, 위상차 : 60°
③ 진폭비 : 2.0, 위상차 : 30°
④ 진폭비 : 2.0, 위상차 : 60°

|해설|

13-1

$$G(j\omega) = \frac{1}{1+j\omega T} = \frac{1-j\omega T}{1+\omega^2 T^2} = \frac{1}{1+\omega^2 T^2} - \frac{\omega T}{1+\omega^2 T^2}j$$

ω값이 양수만 나타나고 $\omega = 0$일 때 실수 1, $\omega = \infty$일 때 0이며, T를 임의의 값 1로 생각하고 $\omega = 0.5$일 때, $\omega = 2$일 때를 확인해 보면 4사분면에서만 벡터의 궤적은 다음 그림과 같이 나타난다.

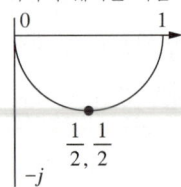

주파수 전달함수외 예가 몇 개 되지 않으므로 나올 때마다 알아두어야 한다.

13-2

입력으로 정현파가 들어왔을 때 출력은 일정시간 후 정상 상태에서와 같은 모양의 정현파가 응답된다. 이 응답을 주파수 응답이라 하며 주파수 응답을 보기 위해서는 정현파를 입력하여야 한다.

13-3

$r(t) = 100\sin 500t$의 진폭은 100, 위상은 0
$y(t) = 50\sin(500t - 60°)$의 진폭은 50, 위상은 $-60°$
따라서, 진폭비는 $50/100 = 0.5$, 위상의 차이는 $0-(-60°) = 60°$

정답 13-1 ② 13-2 ④ 13-3 ②

핵심이론 14 안정도

① 안정(Stable) : 시간이 지나도 어떤 값에 수렴하고 변하지 않으면 안정이라 하고, 어떤 값에 수렴하지 못하고 진동하거나 이탈하면 불안정이라 한다.

② 안정도 : 어떠한 입력에 대해 일정하게 반응하는 것을 안정하다고 하며 얼마나 안정한가에 대한 표현이다.

③ 안정도 판별법 : 안정도를 판단하는 방법으로, 일반적으로는 단위 계단 입력에 따른 출력으로 판별한다.
  ㉠ 전달함수의 특성방정식의 근이 하나라도 복소평면의 1, 4사분면에 있으면 불안정이다.
  ㉡ 특성방정식이 3차 이상이면 근을 구해서 판별이 어려우므로 따로 판별법을 사용한다.
  ㉢ Routh-Hurwitz 판별법, 나이퀴스트 판별법, 근궤적법, 보드선도 등이 있다.

④ Routh-Hurwitz 판별법 : 절대 안정도를 판단하는 방법으로, 특성방정식이 다음 조건을 만족시키면 안정한 것으로 판단한다.
  ㉠ 모든 계수의 부호가 같다.
  ㉡ 어떤 항의 계수도 0이 아니다.
  ㉢ Routh 표에서 제1열의 모든 값의 부호가 변하지 않는다. 예를 들어,
  특성방정식이 $s^4 + 2s^3 + 5s^2 + 3s + 4 = 0$이라 할 때, =1, =2를 만족하므로 Routh 표를 구한다(이해하기 쉽도록 각 항의 계수를 모두 다르게 선정하였으므로 계수에 따른 숫자를 따라 살펴본다).

	1열		
s^4	1	5	4
s^3	2	3	0
s^2	$-\dfrac{1\times 3 - 2\times 5}{2} = 3.5$	$-\dfrac{1\times 0 - 2\times 4}{2} = 4$	
s^1	$-\dfrac{2\times 4 - 3.5\times 3}{3.5} = \dfrac{5}{7}$	$-\dfrac{2\times 0 - 3.5\times 0}{3.5} = 0$	
s^0	$-\dfrac{3.5\times 0 - \dfrac{5}{7}\times 4}{\dfrac{5}{7}} = 4$		

음영이 있는 곳의 값이 기본 계수이다. 나머지 s^3 이하는 a, b를 1열 기준으로 한 $-\dfrac{ad-bc}{b}$ 식에 의해 구한다. 1열 모든 값의 부호가 변하지 않으므로 이 제어시스템은 안정하다.

⑤ 나이퀴스트 판별법
  ㉠ 전달함수의 식을 정리하면, $\dfrac{a(s-z_1)(s-z_2)(s-z_3)\cdots(s-z_n)}{b(s-p_1)(s-p_2)(s-p_3)\cdots(s-p_n)}$으로 표현할 수 있고, 이때 $z_1, z_2, z_3 \cdots z_n$은 특성방정식의 근들과 일치한다. 즉 $z_1, z_2, z_3 \cdots z_n$이 s 평면 우반면 존재 여부를 판별하면 안정도 판별이 가능하다.
  ㉡ $z_1, z_2, z_3 \cdots z_n$의 s 평면 우반면 존재 여부를 벡터궤적을 이용하여 판별하는 방법이다.

⑥ 근궤적
  ㉠ 시간영역에서의 제어계를 해석·설계하는 데 유용하다.
  ㉡ 근궤적은 $G(s)H(s)$의 극점에서 출발하여 영점에서 종착한다.
  ㉢ 근궤적의 수 : 모든 영점과 극점은 각각 근궤적이 발생되어야 하므로,
    • 영점의 수가 극점보다 많으면 근궤적의 개수는 영점의 수만큼 존재
    • 극점의 수가 영점보다 많으면 근궤적의 개수는 극점의 수만큼 존재
  ㉣ 근궤적은 실수축에 대칭이며 따라서 실수축에서 교차한다.
  ㉤ 점근선의 개수는 극점과 영점의 차의 수만큼 발생한다.

⑦ 이득 여유와 위상 여유
  ㉠ 이득 여유 : 안정한 어떤 시스템이 몇 % 증폭 여유가 있을 때 이것을 dB 단위로 표시한 것

ⓒ 위상 여유 : $|G(j\omega)|$가 0dB일 때의 주파수를 이득 통과 주파수라고 하며, 이득 통과 주파수에서의 위상과 $-180°$와의 차이
ⓒ 이득 여유와 위상 여유가 있을 때의 시스템은 안정
ⓔ 보드선도에서도 이득 여유와 위상 여유를 읽어 내 시스템의 안정/불안정을 판독 가능

10년간 자주 출제된 문제

14-1. 다음 중 제어시스템의 안정도 판별방법이 아닌 것은?
① 나이퀴스트 판별법
② 보드선도
③ 블록선도
④ 루스-허위츠 판별법

14-2. 되먹임 제어계의 안정도와 가장 관련이 깊은 것은?
① 역률
② 효율
③ 시정수
④ 이득 여유

14-3. 주파수 영역에서 시스템의 응답성 및 안정성을 표시하기 위한 값이 아닌 것은?
① 대역폭
② 이득 여유
③ 위상 여유
④ 피크시간

14-4. $G(s) \cdot H(s) = \dfrac{K(s+3)}{s(s+1)^3(s+2)}$에서 근궤적의 수는?
① 4
② 5
③ 6
④ 7

14-5. 다음 중 점근 안정한 시스템은?
① 특성방정식이 $s^2+2s-3=0$인 시스템
② 특성방정식이 $s^2-4s+3=0$인 시스템
③ 전달함수가 $G(s) = \dfrac{1}{(s+1)(s+2)}$로 주어진 시스템
④ 전달함수가 $G(s) = \dfrac{1}{(s-1)(s-2)}$로 주어진 시스템

14-6. 제어계가 안정하려면 특성방정식의 근이 다음 그림과 같은 s-평면에서 어느 곳에 위치하여야 하는가?

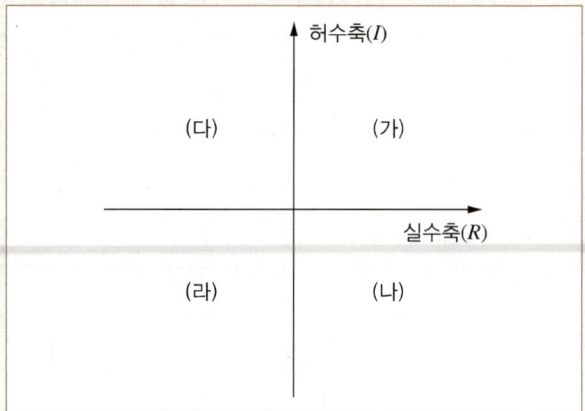

① (가), (나)
② (가), (다)
③ (나), (라)
④ (다), (라)

14-7. 근궤적의 대칭에 대한 설명으로 옳은 것은?
① 대칭성이 없다.
② 원점과 대칭이다.
③ 실수축과 대칭이다.
④ 허수축과 대칭이다.

14-8. 특성 방정식 $s^4+3s^3+2s^2+5s+k=0$으로 표시되는 시스템이 안정되려면 k의 범위는?
① $0<k<3$
② $0<k<\dfrac{1}{3}$
③ $0<k<\dfrac{9}{5}$
④ $0<k<\dfrac{5}{9}$

|해설|

14-1

안정도 판별법
- 안정도를 판단하는 방법으로, 일반적으로는 단위 계단 입력에 따른 출력으로 판별함
- 전달함수의 특성방정식의 근이 하나라도 복소평면의 1, 4사분면에 있으면 불안정
- 특성방정식이 3차 이상이면 근을 구해서 판별하기 어려우므로 따로 판별법을 사용
- Routh-Hurwitz 판별법, 나이퀴스트 판별법, 근궤적법, 보드선도 등이 있음

[해설]

14-2
제어계를 설계하기 위해 필요한 요소로 이득 여유(Gain Margin)와 위상 여유(Phase Margin)가 있다.

14-3
대역폭은 시스템의 응답성을, 이득 여유와 위상 여유는 안정성을 표시한다. 피크시간이란 시스템 성능 지표의 하나이다.

14-4
근궤적의 수
모든 영점과 극점은 각각 근궤적이 발생되어야 하므로,
- 영점의 수가 극점보다 많으면 근궤적의 개수는 영점의 수만큼 존재
- 극점의 수가 영점보다 많으면 근궤적의 개수는 극점의 수만큼 존재

따라서, 극점이 더 많고, 극점은 분모가 5차식이므로 5개(중복근 포함)

14-5
전달함수의 특성방정식의 근이 하나라도 복소평면의 1, 4사분면에 있으면 불안정이다.
① $s^2 + 2s - 3 = 0$의 근은 -3과 1
② $s^2 - 4s + 3 = 0$의 근은 3과 1
④ 특성방정식이 $(s-1)(s-2)=0$ 이므로 근은 1과 2

14-6
특성방정식의 근이 하나라도 1, 4사분면에 있으면 불안정이다.

14-7
근궤적은 실수축에 대칭이며, 실수축에서 교차한다.

14-8
모든 계수의 부호가 같다고 가정하고 k가 0이 아니라면 Routh-Hurwitz 판별법을 이용할 수 있다.

	1열		
s^4	1	2	k
s^3	3	5	0
s^2	$-\dfrac{1\times 5 - 3\times 2}{3} = \dfrac{1}{3}$	$-\dfrac{1\times 0 - 3k}{3} = k$	
s^1	$-\dfrac{3k - 5/3}{1/3} = 5 - 9k$		
s^0	$-\dfrac{0 - k(5 - 9k)}{5 - 9k} = k$		

정답 14-1 ③ 14-2 ④ 14-3 ④ 14-4 ②
　　　14-5 ③ 14-6 ④ 14-7 ④ 14-8 ④

핵심이론 15 전달함수의 보드(Bode)선도

① 20세기 초 Bode(Hendrik W. Bode)에 의해 개발되었다.

② 주파수 응답을 직교좌표계상에 도표로 나타내었다.

③ 어떤 시스템의 주파수 응답을 가로축은 주파수 ω의 대수 눈금(Logarithmic Scale)으로, 세로축은 주파수에 대한 주파수 전달함수의 크기(진폭비) $|G(j\omega)|$의 dB값과 주파수 전달함수의 위상각 $\theta \angle G(j\omega)$을 나타내도록 그린 선도이다.

④ 선도를 이용하여 각 극점, 영점의 응답으로부터 전체 응답 크기, 위상을 쉽게 볼 수 있다.

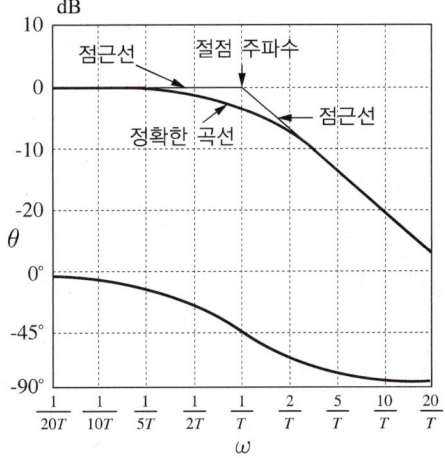

⑤ 보드선도 읽는 법
　㉠ $dB = 20\log A$ 형태로 나타내어 그린다.

예를 들어, 전달함수가 $G(s) = s + a$인 경우
$G(j\omega) = j\omega + a = a\left(j\dfrac{\omega}{a} + 1\right)$로 변환이 가능하고
$20\log G(j\omega)$로 표현하면 다음과 같다.

$$20\left[\log a + \log\left(j\dfrac{\omega}{a} + 1\right)\right]$$

따라서, $\omega = 0$일 때 $20\log a$가 초깃값이 되고, $\dfrac{\omega}{a} = 1$인 ω에서 실수부와 허수부 계수가 같아져서

$$\angle(j\omega) = \angle 45°$$

ⓒ 전달함수가 $G(s) = s + a$인 형태이면 $j\omega$의 계수가 양수이므로 양의 기울기 형태로 나타나고, 전달함수 $G(s) = \dfrac{1}{s+a}$ 형태이면 $j\omega$의 계수가 음수이므로 음의 기울기 형태로 나타난다.

ⓒ 절점 이후의 기울기는 $\log G(j\omega)$ 앞의 계수이다. 따라서 $j\omega$ 계수와 20의 곱이 기울기이다.
예를 들어, 전달함수가
$G(s) = \dfrac{1}{s^3}$, $G(j\omega) = \dfrac{1}{(j\omega)^3}$ 이라면,
세로축은 $20\log(j\omega)^{-3} = -60\log j\omega$ 이 되므로 기울기는 -60이다.

ⓓ 그래프의 절점은 $G(j\omega) = a(bj\omega + c)$ 또는 $G(j\omega) = \dfrac{1}{a(bj\omega + c)}$ 형태라면 절점에서 그래프의 기울기가 1이 되므로 $b\omega = c$가 되는 ω에서 나타난다.

ⓔ 계산오차는 극점이나 영점이 가까이 있으면 커진다.

ⓕ 통과대역의 이득, 차단 주파수, 이득 변화율을 그림으로 표현한다.

ⓢ 주요 dB 환산, 기준 크기와의 비교
$\mathrm{dB} = 20\log A$
$20\log \sqrt{2} = 20 \times \dfrac{1}{2}\log 2 = 10 \times 0.3010 ≒ 3\mathrm{dB}$
$20\log \dfrac{1}{\sqrt{2}} = 20 \times -\dfrac{1}{2}\log 2$
$\qquad\qquad = -10 \times 0.3010 ≒ -3\mathrm{dB}$
$20\log \sqrt{10} = 20 \times \dfrac{1}{2}\log 10 = 10 \times 1 = 10\mathrm{dB}$

⑥ 기본 제어요소의 보드선도

㉠ 모든 전달함수는 비례요소, 미분요소, 적분요소, 1차 앞선요소, 1차 지연요소, 2차 지연요소, 낭비요소로 구성되어 있으므로, 각 기본 제어요소의 보드선도의 크기·위상·이득을 알고 있어야 한다.

요소	전달함수 형태	크기
비례요소	$G(s) = K$	$\|G(j\omega)\| = K$
미분요소	$G(s) = s$	$\|G(j\omega)\| = \omega$
적분요소	$G(s) = \dfrac{1}{s}$	$\|G(j\omega)\| = \dfrac{1}{\omega}$
1차 앞선요소	$G(s) = s + a$ $G(s) = Ts + 1$	$\|G(j\omega)\| = \sqrt{\omega^2 + a^2}$ $\|G(j\omega)\| = \sqrt{T^2\omega^2 + 1^2}$
1차 지연요소	$G(s) = \dfrac{a}{s+a}$ $G(s) = \dfrac{1}{Ts+1}$	$\|G(j\omega)\| = \dfrac{a}{\sqrt{\omega^2+a^2}}$ $\|G(j\omega)\| = \dfrac{1}{\sqrt{T^2\omega^2+1^2}}$

요소	위상	이득
비례요소	$\theta = \angle K = 0°$	$\mathrm{Gain} = 20\log_{10} K[\mathrm{dB}]$
미분요소	$\theta = \angle j\omega = 90°$	$\mathrm{Gain} = 20\log_{10}\omega[\mathrm{dB}]$
적분요소	$\theta = \angle \dfrac{1}{j\omega} = -90°$	$\mathrm{Gain} = 20\log_{10}\dfrac{1}{\omega}$ $= -20\log_{10}\omega[\mathrm{dB}]$
1차 앞선요소	$\theta = \angle (j\omega + a)$ $= \tan^{-1}\dfrac{\omega}{a}°$ $\theta = \angle (jT\omega + 1)$ $= (\tan^{-1} T\omega)°$	$\mathrm{Gain} = 20\log_{10}\sqrt{\omega^2 + a^2}$ $= 10\log_{10}(\omega^2 + a^2)[\mathrm{dB}]$ $\mathrm{Gain} = 20\log_{10}(\sqrt{T^2\omega^2 + 1})$ $= 10\log_{10}(T^2\omega^2 + 1)[\mathrm{dB}]$
1차 지연요소	$\theta = \angle -(j\omega + a)$ $= -(\tan^{-1}\dfrac{\omega}{a})°$ $\theta = \angle -(jT\omega + 1)$ $= -(\tan^{-1} T\omega)°$	$\mathrm{Gain} = 20\log_{10}(\sqrt{\omega^2 + a^2})^{-1}$ $= -10\log_{10}(\omega^2 + a^2)[\mathrm{dB}]$ $\mathrm{Gain} = 20\log_{10}(\sqrt{T^2\omega^2 + 1})^{-1}$ $= -10\log_{10}(T^2\omega^2 + 1)[\mathrm{dB}]$

※ 2차 지연요소와 낭비요소는 표로 나타내기 복잡할 뿐만 아니라 산업기사에서 출제될 가능성이 매우 낮으므로 따로 언급한다.

㉡ 2차 지연요소의 경우
- 전달함수에 대한 이득은 $\omega = 0\mathrm{rad/sec}$일 때 0이다.
- 고유 주파수에 가까우면 감쇠비에 따라 다르다.
- ω가 고유 주파수일 때
$\mathrm{Gain} = -20\log_{10}(2 \times 감쇠비)$
- ω가 고유 주파수보다 많이 크면
$\mathrm{Gain} ≒ 40\log_{10}\left(\dfrac{고유\ 주파수}{\omega}\right)$

10년간 자주 출제된 문제

15-1. 주파수 전달함수가 $G(j\omega) = 1 + j$일 때 보드선도의 위상은?

① 0° ② 45°
③ 90° ④ 180°

15-2. 다음 그림과 같은 형태의 보드(Bode)선도를 가지는 전달함수는?

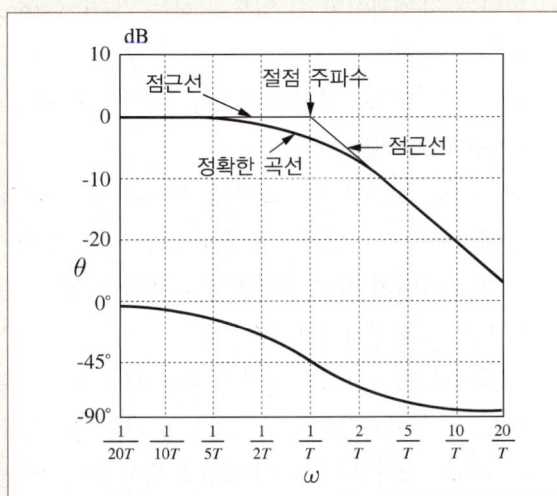

① $G(s) = 1/Ts$ ② $G(s) = 1/Ts^2$
③ $G(s) = 1/Ts^3$ ④ $G(s) = 1/(Ts+1)$

15-3. 전달함수 $G(s) = 1/(s+2)^2$에서 $\omega = 10$rad/sec에서의 Bode 선도의 기울기[dB/dec]는?

① -40 ② -20
③ 0 ④ 20

15-4. 1차 지연요소 $G(s) = \dfrac{1}{1+Ts}$인 제어계의 절점 주파수에서의 이득[dB]으로 옳은 것은?

① -3 ② -4
③ -5 ④ -6

15-5. 전달함수 $G(s) = 1 + Ts$인 제어계에서 $\omega T = 1,000$일 때 이득은 약 몇 dB인가?

① 40 ② 50
③ 60 ④ 70

15-6. 보드선도에서 -3dB점이란 기준 크기의 얼마인가?

① $\dfrac{1}{2}$ ② $\dfrac{1}{\sqrt{2}}$
③ $\dfrac{1}{3}$ ④ $\dfrac{1}{\sqrt{3}}$

|해설|

15-1
전달함수의 실수부와 허수부 계수가 같으므로 위상각은 45°
$\theta = \angle(j\omega + \omega) = \tan^{-1}\dfrac{\omega}{\omega}° = 45°$

15-2
기울기가 -20이므로 세로축 $20\log A$의 계수가 없는
$G(s) = \dfrac{1}{s+a}$ 형태이다.

절점의 가로축 값이 $\dfrac{1}{T}$이므로 $G(s) = \dfrac{b}{s+\dfrac{1}{T}} = \dfrac{c}{Ts+1}$,

초깃값이 0이므로 $20\log c = 0$, 그러므로 $c = 1$

즉, $G(s) = \dfrac{1}{Ts+1}$

15-3
절점 이후의 기울기는 $\log G(j\omega)$ 앞의 계수이다. 따라서 $j\omega$ 계수와 20의 곱이 기울기이다.
$G(s) = \dfrac{1}{(s+2)^2} = (s+2)^{-2}$

따라서 $20\log G(s) = -40\log(s+2)$이다.
절점은 $\omega = 2$rad/sec, 문제에서는 $\omega = 10$rad/sec에서의 기울기를 묻고 있으므로 -40이다.

15-4
Gain $= 20\log_{10}(\sqrt{T^2\omega^2+1})^{-1} = -10\log_{10}(T^2\omega^2+1)$
$= -10\log_{10} 2 = -3.0$dB $\left(\because \text{절점 주파수}(\omega) = \dfrac{1}{T}\right)$

15-5
Gain $= 20\log_{10}(\sqrt{T^2\omega^2+1}) = 10\log_{10}(T^2\omega^2+1)$
$= 10\log_{10}(1,000^2+1) \fallingdotseq 10\log_{10}10^6$
$= 60$dB

15-6
dB $= 20\log\dfrac{V_{out}}{V_{in}}$ 형태이며 -3dB은 $20\log\dfrac{1}{\sqrt{2}}$, 3dB은 $20\log\sqrt{2}$, 10dB은 $20\log\sqrt{10}$

정답 15-1 ② 15-2 ④ 15-3 ① 15-4 ① 15-5 ③ 15-6 ②

핵심이론 16 보상회로

① **지상보상** : 제어기를 삽입하면 전체 시스템의 주파수 응답에서 위상각이 늦어지는 보상

㉠ 삽입되는 전달함수는 $G_{\text{lag}}(s) = \dfrac{s+z_c}{s+p_c}$ 에서

$$z_c > p_c$$

㉡ 선택하는 z_c, p_c값을 작게 하여 주파수가 작은 영역에서만 영향을 미치도록 함

② **진상보상** : 제어기를 삽입하면 전체 시스템의 주파수 응답에서 위상각이 빨라지는 보상

㉠ 삽입되는 전달함수는 $G_{\text{lead}}(s) = K_c \dfrac{s+z_c}{s+p_c}$ 에서

$$z_c < p_c,\ K_c = \dfrac{p_c}{z_c}$$

㉡ 선택하는 z_c, p_c값을 이득 여유나 위상 여유와 비슷하게 하여 이에 영향을 미치도록 함

10년간 자주 출제된 문제

16-1. 다음 중 전달함수 $G(s) = (s+b)/(s+a)$를 갖는 회로가 지상보상회로의 특성을 갖기 위한 조건은?(단, a와 b의 값은 절댓값이다)

① $a > b$ ② $b > a$
③ $s = b$ ④ $s = a$

16-2. 다음 중 전달함수 $G(s) = (s+b)/(s+a)$를 갖는 회로가 진상보상회로의 특성을 갖기 위한 조건은?(단, a와의 b 값은 절댓값이다)

① $a > b$ ② $b > a$
③ $s = b$ ④ $s = a$

[해설]

16-1
삽입되는 전달함수 $G_{\text{lag}}(s) = \dfrac{s+z_c}{s+p_c}$ 에서 $z_c > p_c$

16-2
삽입되는 전달함수는 $G_{\text{lead}}(s) = K_c \dfrac{s+z_c}{s+p_c}$ 에서 $z_c < p_c$, $K_c = \dfrac{p_c}{z_c}$

정답 16-1 ② 16-2 ①

핵심이론 17 서보기구

① **서보제어(Servo Control) / 서보기구(Servo System)**

㉠ 물체의 위치·각도·방위·자세 등의 기계적 변위를 제어량으로 읽어 제어하는 시스템이다.

㉡ 서보(Servo)는 어떤 기준과 출력을 비교하여 피드백(Feedback)함으로써 목적한 입력값에 가장 적합하게 자동제어할 수 있도록 하는 기구(System)를 의미한다.

㉢ 서보기구에서는 안정성과 응답성이 중요하다.

② **서보기구의 제어방식**

㉠ 개방회로 제어방식 : 피드백 제어가 없는 방식

㉡ 반폐쇄회로 제어방식 : 출력을 검출하여 제어하기보다는 입력에 따른 계산값을 이용하여 제어하는 방식으로 회전각을 이용한다.

㉢ 폐쇄회로 제어방식 : 출력을 검출하여 피드백 제어를 시행하는 방식으로 직선 이동량을 이용한다.

㉣ 복합회로 제어방식 : 반폐쇄회로 제어방식을 이용한 피드백 제어이다.

③ **공작기계의 서보기구**

㉠ 반폐쇄회로방식을 적용하여 공작기계(NC 선반 등)에서 서보모터의 축 또는 이송나사의 회전수나 리졸버를 이용하여 회전각을 검출하고 이를 계산하여 피드백한다.

㉡ 서보모터 : 제어기의 제어에 따라 제어량을 따르도록 구성된 제어시스템에서 사용하는 모터로서, 정확한 구동을 위해 큰 가속을 내거나 급정지에 적합하도록 구성한다. 서보모터는 서보기구 내에서 구동장치로 사용된다.

㉢ 리졸버 : 서보기구에서 회전각을 검출하는 데 전기적 원리를 사용하여 검출하는 전기기기이다.

㉣ 커플링 : NC 기계의 동력 전달을 위해 서보모터와 볼스크루 축을 직접 연결하여 연결 부위의 백래시 발생을 방지하는 기계요소이다.

ⓒ 인코더 : 회전하는 물체의 속도, 각속도 등을 측정하며, 회전축에 측정하고자 하는 회전체의 축을 서로 연결하여 돌아가는 방향과 횟수를 정밀하게 측정하여 속도값을 얻는다. 공작기계에서는 주로 로터리 형식을 사용한다.

④ 서보동작원리

㉠ 서보모터의 회전량과 이동거리는 지령 펄스의 수에 따른다. 1pps(pulse per second)는 1초간 지령된 펄스의 수를 의미한다.

㉡ 서보모터 제어는 펄스를 몇 번 주었느냐에 따라 제어된다.

㉢ 서보모터의 속도는 펄스에 주어지는 주파수로 조절된다. 즉, 같은 시간 동안 펄스가 주어졌더라도 그 주파수가 높으면 더 많은 회전(또는 이동)을 하게 된다.

10년간 자주 출제된 문제

17-1. 수치제어 공작기계 시스템에서 서보회로 구성 시 속도와 위치를 측정하고 이를 이용하여 속도나 위치를 제어하는 제어방식은?

① 병렬방식
② 개루프방식
③ 폐루프방식
④ 하이브리드 방식

17-2. 다음 그림에서 CNC 공작기계의 서보제어방식으로 옳은 것은?

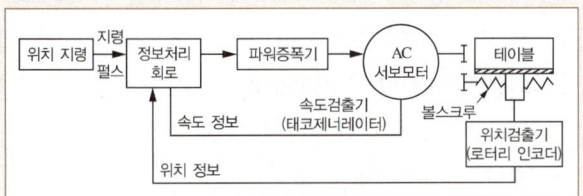

① 개방회로방식
② 복합회로방식
③ 폐쇄회로방식
④ 반폐쇄회로방식

17-3. 다음 서보모터를 사용하여 구동시키는 제어방식 중 CNC 공작기계에 가장 많이 사용되는 방식은?

① 개방회로방식
② 폐쇄회로방식
③ 반폐쇄회로방식
④ 복합회로서보방식

17-4. 자동조타장치의 키는 항해하려는 방위를 설정하는 것으로 소형 서보기구를 통해 배의 방위 캠퍼스를 피드백받는데, 배의 방위 캠퍼스에 의해 측정된 값(θ_2)이 30°, 배의 키값(θ_1)이 60°가 입력된다면 서보기구의 목표값(θ)으로 옳은 것은?

① 30°
② 90°
③ -30°
④ -90°

17-5. 인코더를 이용해서 검출하기 어려운 것은?

① 모터의 토크 검출
② 모터의 회전 방향 검출
③ 모터의 회전속도 검출
④ 기계장치의 이송거리 검출

해설

17-1

닫힌 루프제어(피드백 제어, 폐회로제어, Feedback Control)
출력값이 목표값에 이르도록 입력값을 조정하는 피드백 제어(Feedback Control)이다. 개회로제어보다는 설비가 더 필요하지만 개회로제어에 비해 정확한 제어가 가능하다.

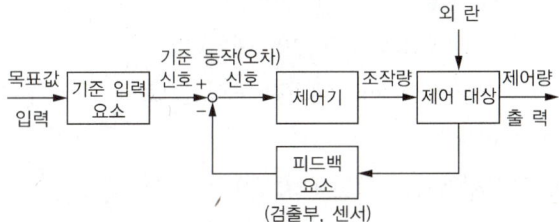

17-3

반폐쇄회로방식은 CNC 공작기계 등에서 서보모터의 축 또는 볼스크루의 회전각도를 통하여 위치를 검출하는 대표적인 방식이다.

17-4

문제를 적절히 해석하면, 현재 방위가 전방 기준 30°인데, 배의 키를 전방 기준 60°로 맞추고자 한다면, 서보기구를 얼마만큼 보정하여 주어야 하느냐를 묻는 것이다. 당연히 30°를 추가로 보정하여야 60°가 된다. 다양한 해석이 가능한 문구이지만 위와 같이 해석해야 하는 이유는 서보기구가 보정의 역할을 하는 기구이기 때문이다. 즉, 서보기구가 ±a를 통해 목표값을 찾아가도록 하는 역할을 한다는 것을 생각하면 해설과 같이 해석해야 맞다.

17-5

인코더는 회전하는 물체의 속도, 각속도 등을 측정하며, 회전축에 측정하고자 하는 회전체의 축을 서로 연결하여 돌아가는 방향과 횟수를 정밀하게 측정하여 속도값을 얻는다.

정답 17-1 ③　17-2 ④　17-3 ③　17-4 ①　17-5 ①

핵심이론 18 PLC제어의 정의 및 특징

① PLC(Programmable Logic Controller)는 반도체 집적회로를 이용하여 프로그램을 통해 논리회로를 결성하여 프로그램제어를 할 수 있도록 구성된 무접점회로의 대표적인 예로, 여러 가지 프로그램이 시중에 상용화되어 교육기관, 산업현장 등에서 쓰이고 있다. PLC제어를 하기 위해서는 CPU가 있는 컴퓨터를 이용하여 프로그램을 구성하고, 구성된 프로그램을 커넥터를 통해 제어 대상의 키트에 연결함으로써 Logic 제어를 실시한다. 제어회로 과정이 육안에서 생략되고 출력결과만 각 포트와 연결된 액추에이터를 연결함으로써 구현하는 형태의 시스템이다.

② 릴레이제어
  ㉠ 어떤 신호 하나에 여러 접점이 반응하도록 설계된 릴레이를 이용하여 제어한다.
  ㉡ 유접점제어의 대표적인 예이다.
  ㉢ 컴퓨터 없이 하드웨어적 구성만으로도 제어가 가능하다.

③ 릴레이제어와 비교한 PLC제어의 특징
  ㉠ 시스템 확장 및 유지 보수가 용이하다.
  ㉡ 산술·논리연산이 가능하다.
  ㉢ 컴퓨터 등과 같은 외부장치와 통신이 가능하다.
  ㉣ 제어내용의 변경이 간단하다.
  ㉤ 전용 프로그램을 사용한다.
  ㉥ 회로 배선이 간소화된다.
  ㉦ 신뢰성이 향상된다.
  ㉧ 보수가 용이하다.
  ㉨ 비밀 유지가 용이하다.

④ PLC 프로그래밍의 실제
  ㉠ PLC 프로그램은 PLC 제작사에서 프로그램을 함께 공급한다.
  ㉡ 현재 국내에서 많이 사용하는 PLC
    • LS 산전에서 개발한 XG Series
    • 군함도로 유명한 미쓰비시(Mitsubishi)에서 생산하는 Melsec Series
    • 철강·조선 분야에서 사용하는 Siemens PLC
    • 그 외 미국의 ABE나 일본의 OMRON 등에서 보급
  ㉢ 각각의 PLC는 자체 프로그램을 공급하고 있으며 모두 LD 방식을 사용할 수 있도록 되어 있다.
  ㉣ LD Type 프로그램에서 사용하는 접점은 다음 회로도와 같이 표시된다.

⑤ PLC 연산
  ㉠ 회로도 방식

회로도 방식	표 현
래더 다이어그램	(래더 회로도)
명령어 방식	STR NOT 00 STR 01 AND Y50 …
논리기호 방식	(논리 게이트 회로)
불 대수 방식	$A \cdot (B + \overline{A}) = \cdots\cdots$

  ㉡ 래더도 방식 : PLC 프로그램 중 계전기 시퀀스도를 직접 기입 또는 표시할 수 있는 장점 때문에 최근에 가장 많이 사용되며, 프로그램을 작성하면 사다리 모양이 되는 프로그램 방식이다.

  ㉢ 래더 다이어그램
  PLC 프로그램은 표현방식은 래더 다이어그램을 이용하여 구성한다.

종 류	a접점	b접점	펄스 상승 a접점	펄스 하강 a접점
래더 다이어그램	─┤├─	─┤/├─	─┤↑├─	─┤↓├─
명령 종류	LD	LDI	LDP	LDF

종류	AND 조건	NOR	OR	NAND
래더 다이어그램	─┤├─┤├─	─┤/├─┤/├─	─┤├─┬─ ─┤├─┘	─┤/├─┬─ ─┤/├─┘
명령 종류	AND (직렬로 a 접점 붙임)	ANDI (직렬로 b 접점 붙임)	OR (병렬로 a 접점 붙임)	ORI (병렬로 b 접점 붙임)

첫 번째 그림은 a접점의 정상 상태 열림 입력기호를 넣고, 명령 데이터를 이용하여 이 접점이 릴레이 접점인지 일반 입력인지 등을 명령할 수 있도록 구성되어 있다. 또한, AND 조건 그림에서 직렬로 a접점을 연결한 경우는 AND 관계를 형성하여 AND 명령을, 병렬로 a접점을 연결한 경우에는 OR 관계를 형성하여 OR 명령을 요구함을 알 수 있다.

10년간 자주 출제된 문제

18-1. 범용 PLC가 갖추고 있는 기능이 아닌 것은?
① 영상처리　　② A/D 변환
③ 데이터 전송　④ 논리연산

18-2. 릴레이 제어와 비교한 PLC 제어의 특징이 아닌 것은?
① 시스템 확장 및 유지 보수가 용이하다.
② 산술・논리연산이 가능하다.
③ 컴퓨터 등과 같은 외부장치와 통신이 가능하다.
④ 수정・변경은 릴레이 제어방식보다 어렵다.

18-3. PLC 명령어 중 회로도 좌측 제어 모선에서 직접 인출되는 논리 스타트를 나타내는 명령어는?
① NAND　　② NOR
③ AND　　　④ LD

18-4. 다음 PLC 프로그래밍 방식 중 회로도 방식에 속하지 않는 것은?
① 래더도 방식　② 명령어 방식
③ 논리기호 방식　④ 플로차트 방식

18-5. PLC에서 CPU의 자기진단기능으로 발견될 수 없는 이상은?
① 메모리 이상　　② 각종 링크 이상
③ 입출력 버스 이상　④ 입출력 접점 이상

해설

18-1
PLC 제어를 하기 위해서는 CPU가 있는 컴퓨터를 이용하여 프로그램을 구성하고, 구성된 프로그램을 커넥터를 통해 제어 대상의 키트에 연결함으로써 Logic 제어를 실시할 수 있도록 한다. 이 중 교류/직류변환(A/D Inverting), 데이터 전송, 논리연산 등은 PLC가 처리하는 기능이다. HMI에서 화면을 사용하기는 하지만 이를 영상 기능이라고 보기는 어렵다.

18-2
릴레이 제어와 비교한 PLC(Programmable Logic Controller) 제어의 특징
• 시스템 확장 및 유지 보수가 용이하다.
• 산술・논리연산이 가능하다.
• 컴퓨터 등과 같은 외부장치와 통신이 가능하다.
• 제어내용의 변경이 어렵다.
• 전용 프로그램을 사용한다.
• 회로 배선이 간소화된다.
• 신뢰성이 향상된다.
• 보수가 용이하다.
• 비밀 유지가 용이하다.

18-3
좌측 제어 모(母)선에서 나오는 첫 명령으로는 LD, LDI 등이 가능하며 NAND, NOR, AND 등은 그 앞에 다른 명령 입력이 있는 경우에 사용한다.

18-4
PLC 연산 회로도 방식 : 래더 다이어그램, 명령어 방식, 논리기호 방식, 불 대수 방식

18-5
물리적 이상은 제어시스템의 자가 이상에서 발견하기 어렵다. 접점 이상은 기계적 이상이다.

정답 18-1 ①　18-2 ④　18-3 ④　18-4 ④　18-5 ④

핵심이론 19 PLC 구성장치

① PLC의 구성은 컴퓨터처럼 입력장치, 논리연산장치, 제어장치, 출력장치(구현장치)로 구성된다.

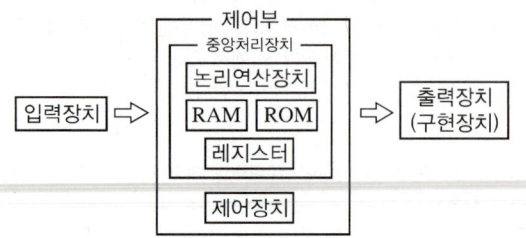

㉠ 제어연산부(중앙처리장치)
- CPU(Central Processing Unit, 중앙처리장치) : 컴퓨터의 가장 중요한 부분으로서, 명령을 해독하고 산술논리연산이나 데이터 처리를 실행하는 장치이다.
- ALU(Arithmetic Logic Unit) : 중앙처리장치의 일부로 컴퓨터 명령어 내에 있는 연산자들에 대해 연산과 논리동작을 담당한다.
- RAM(Random Access Memory) : 주기억장치로 사용된다. PLC의 데이터 영역과 사용자 프로그램은 변경이 가능해야 하므로 RAM 영역에 저장한다.
- ROM(Read Only Memory) : 기록되어 있는 정보를 읽어 올 수만 있고 쓸 수 없는 메모리이다.
  ※ 전기적으로만 지울 수 있는 PROM으로 칩의 한 핀에 전기적 신호를 가해 줌으로써 내부 데이터가 지워지게 되어 있는 EPROM도 있다.
- 프로그램 로더(Loader) : 오프라인에 있는 특정 프로그램을 주기억장치에 가져와 잘 실행될 수 있도록 프로그램 입력·모니터링·편집의 역할을 한다. 프로그램을 주기억장치에 기억시키는 것을 로딩이라고 한다.

㉡ 입력부(입력장치)
- 각종 스위치 : 명령 및 지시 입력
- 검출 스위치 및 센서 : 위치 정보, 작동 정보 입력
- 그 외에도 각종 기능성 기계에 연결한 OMR(Optical Mark Reader)과 같은 입력장치가 있음

㉢ 출력부(출력장치)
- 각종 액추에이터, 모터, 밸브, 열원 등 작동 및 제어결과를 실행하는 부분
- 각종 기능성 출력장치가 있음(COM(Computer Output Microfilm), 프로젝터, 플로터 등)

㉣ 입출력부의 요구 조건
- 외부기기와 전기적 규격이 일치해야 한다.
- 외부기기로부터의 노이즈가 CPU로 전달되지 않도록 해야 한다.
- 외부기기와의 연결방법이 쉬워야 한다.

② PLC 메모리의 종류
㉠ 사용자 프로그램 메모리 : 작성한 프로그램이 저장되는 영역, 변경 가능한 RAM을 이용
㉡ 데이터 메모리 : 입출력 릴레이, 보조 릴레이, 타이머와 카운터의 접점 상태 및 설정값, 현재값 등의 정보 저장, 변경 가능한 RAM을 이용
㉢ 시스템 메모리 : PLC 제작사가 사용하는 메모리
㉣ 레지스터 메모리 : 짧은 기억을 위해 사용하는 메모리로, 일반적으로 현재 계산을 수행 중인 값을 저장하는 데 사용
㉤ 명령 주소 레지스터(프로그램 카운터, PC) : 다음에 실행될 주소를 가지고 있는 레지스터로 프로그램의 실행을 계수하며, 내용이 어드레스 버퍼로 전송된 직후 1씩 증가한다. 소프트웨어의 명령에 의해 카운터가 불연속적일 수 있다.

③ PLC의 주요 구성
㉠ 기본모듈 : 기본 베이스(각 모듈 장착용), 입력모듈, 출력모듈, 메모리 모듈, 통신모듈
㉡ 특수기능 모듈
- A/D 변환모듈 : 아날로그 신호를 받아 디지털 신호로 변환시켜 주는 모듈
- D/A 변환모듈 : 디지털 신호를 받아 아날로그 신호로 변환시켜 주는 모듈
- 위치결정 모듈 : PLC에서 받은 정보를 속도 생성자로 만들어 서보 드라이브와 통신하는 모듈

- 고속 카운터 : 아주 짧게 공급되는 펄스신호를 적산(카운팅)하는 모듈. 인코더의 신호를 PLC가 이용하거나 PLC의 제어를 인코더 등으로 통제할 때 사용
- 그 외에도 PID 제어모듈, 프로세스 제어모듈, 열전대 입력모듈(온도제어 모듈), 인터럽트 입력모듈, 아날로그 타이머 모듈 등이 있음

④ PLC에 의한 제어시스템의 분류
  ㉠ 단독시스템 : 제어 대상 기계와 PLC가 1:1의 관계를 갖는 시스템이다. 대개의 경우 릴레이 제어반의 대치 정도에 해당된다.
  ㉡ 집중시스템 : 1대의 PLC로 여러 개의 제어 대상물을 동작시키는 제어시스템으로 서로 연계된 작업을 실시할 때 사용한다. 1대의 PLC 기계 정지로 다른 기계도 정지되는 단점이 있다.
  ㉢ 분산시스템 : 제어 대상에 대하여 각각의 PLC가 제어를 담당하고 상호 연계동작에 필요한 제어신호를 시스템 상호 간에 송수신할 수 있는 제어시스템이다. 집중시스템처럼 하나의 기기 고장에 의해 전체 시스템이 다운되는 일을 방지할 수 있다는 장점이 있다.
  ㉣ 계층시스템 : 컴퓨터와 PLC을 결합하여 생산 정보의 종합적인 관리 운용까지 행하는 제어시스템이다.

10년간 자주 출제된 문제

19-1. PLC에서 제어내용을 기억해 두는 메모리로, 필요에 따라 기억내용을 소멸 또는 기억시키는 것은?
① 제어용 메모리   ② 프로그램 메모리
③ 입출력 메모리   ④ 연산제어부

19-2. PLC 메모리부에 대한 설명으로 틀린 것은?
① 사용자 프로그램은 RAM에 보존된다.
② RAM 영역의 정보를 전지로 보존할 수 있다.
③ EPROM에 쓰기(Write)된 프로그램은 소거할 수 없다.
④ PLC를 동작시키는 시스템 프로그램은 ROM에 존재한다.

19-3. PLC 프로그램 로더의 주요기능이 아닌 것은?
① 프로그램 입력
② 전원 안정화
③ 프로그램 모니터링
④ 프로그램 편집

19-4. PLC의 중추적 역할을 담당하며, 연산부와 레지스터부로 구성된 장치는?
① 중앙처리장치   ② 기억장치
③ 출력장치   ④ 입력장치

19-5. 다음 중 프로그램 카운터를 설명한 것으로 적당한 것은?
① CPU 안에 정보가 저장되고, 처리될 장소를 제공한다.
② CPU의 상태를 제어한다.
③ 프로그램에서 다음에 수행될 명령어의 주소를 기억한다.
④ 입출력 신호를 제어한다.

19-6. PLC의 입출력장치의 요구사항에 해당하지 않는 것은?
① 외부기기와 전기적 규격이 일치해야 한다.
② 디지털 방식의 외부기기만 사용할 수 있다.
③ 입출력의 각 접점 상태를 감시할 수 있어야 한다.
④ 외부기기로부터의 노이즈가 CPU 쪽에 전달되지 않도록 해야 한다.

｜해설｜

19-1
PLC 메모리의 종류
- 사용자 프로그램 메모리 : 작성한 프로그램이 저장되는 영역, 변경 가능한 RAM을 이용
- 데이터 메모리 : 입출력 릴레이, 보조 릴레이, 타이머와 카운터의 접점 상태 및 설정값, 현재값 등의 정보 저장, 변경 가능한 RAM을 이용
- 시스템 메모리 : PLC 제작사가 사용하는 메모리
- 레지스터 메모리 : 짧은 기억을 위해 사용하는 메모리로 일반적으로 현재 계산을 수행 중인 값을 저장하는 데 사용된다.

19-2
프로그램 쓰기, 지우기가 가능하도록 제작된 ROM이 EPROM(Erasable Programmable ROM)이다.

19-3
프로그램 로더(Loader) : 오프라인에 있는 특정 프로그램을 주기억장치에 가져와 잘 실행될 수 있도록 프로그램을 입력·모니터링·편집하는 역할을 한다.

[해설]

19-3
프로그램 로더(Loader) : 오프라인에 있는 특정 프로그램을 주기억장치에 가져와 잘 실행될 수 있도록 프로그램을 입력·모니터링·편집하는 역할을 한다.

19-4
PLC의 구성은 컴퓨터처럼 입력장치, 논리연산장치, 제어장치, 출력장치(구현장치)로 구성된다.

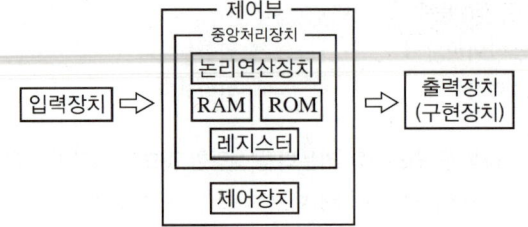

- 입력부(입력장치)
  - 각종 스위치 : 명령 및 지시 입력
  - 검출 스위치 및 센서 : 위치 정보, 작동 정보 입력
- 출력부(출력장치)
  - 각종 액추에이터, 모터, 밸브, 열원 등 작동 및 제어결과를 실행하는 부분

19-5
명령 주소 레지스터(프로그램 카운터, PC) : 다음에 실행될 주소를 가지고 있는 레지스터로 프로그램의 실행을 계수하며, 내용이 어드레스 버퍼로 전송된 직후 1씩 증가한다. 소프트웨어의 명령에 의해 카운터가 불연속적일 수 있다.

19-6
아날로그 방식의 외부기기 입력을 사용하기도 한다. A/D 컨버터를 이용하면 가능하다.

입출력부의 요구조건
- 외부기기와 전기적 규격이 일치해야 한다.
- 외부기기로부터의 노이즈가 CPU로 전달되지 않도록 해야 한다.
- 외부기기와의 연결방법이 쉬워야 한다.

정답 19-1 ② 19-2 ③ 19-3 ② 19-4 ① 19-5 ③ 19-6 ②

핵심이론 20 PLC 특수 프로그래밍 준비하기

① 응용 명령어 활용
  ㉠ PLC 명령어 체계
   - 기본 명령어 : 시퀀스 논리를 해결하기 위한 접점이나 코일에 관한 명령어, 타이머, 카운터 처리 명령어
   - 응용 명령어 : 문법적으로 논리처리를 실행하는 명령어나 데이터 처리를 위한 명령, 사칙연산 명령 등
     - 명령의 형식

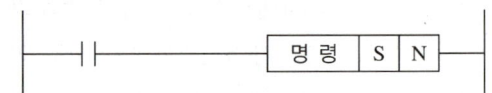

명령의 종류에 따라 S자리와 N자리의 의미가 달라진다.

예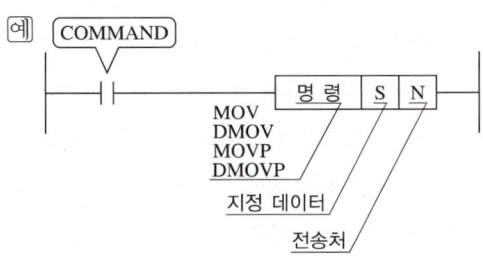

[데이터 전송 명령]

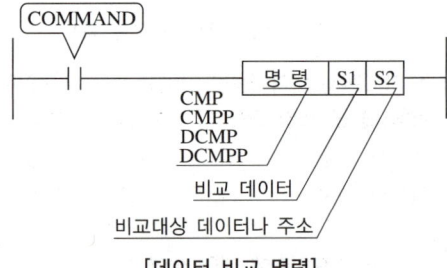

[데이터 비교 명령]

- 데이터 처리 명령
  ⓐ 데이터 전송 명령 : 데이터 레지스터나 타이머, 카운터의 현재 값 레지스터에 격납되어 있는 수치나 입출력 디바이스, 내부 데이터 등의 릴레이 조합으로 표현된 수치를 다른 요소 사이에서 단순히 이동시키거나 정수로 기록하는 명령

ⓑ 데이터 비교 명령 : 데이터 레지스터나 타이머, 카운터의 현재 값, 레지스터에 격납되어 있는 데이터 값, P, M 등의 릴레이 조합으로 표현되는 수치를 다른 요소 사이에서 비교하는 명령

ⓒ 비교연산 명령 : LOAD, AND 등 비교연산을 통해 참이면 ON을 실현하는 명령

ⓓ 이동 명령 : 레지스터에 저장된 데이터를 입력신호에 따라 지정된 비트만큼 이동시키는 명령

ⓔ 산술 명령 : 수치 데이터를 더하거나 빼거나 곱하거나 나누는 명령

ⓕ 사칙연산 명령 : 덧셈, 뺄셈, 곱셈, 나눗셈

ⓖ 변환 명령 : BCD ↔ BIN 으로 변환하는 명령
- BIN(Binary Number) : 2진수를 의미
- BCD(Binary Coded Decimal) : 10진수를 2진화하여 4비트로 표현한 코드

ⓗ 분기 명령 : 시퀀스의 일부를 실행하지 않는 명령. 비상사태 발생 시 처리해서는 안 되는 프로그램이나 특정한 상황에서 처리하지 말아야 하는 프로그램 등에 사용하는 명령

ⓘ Loop 명령 : 지정된 시퀀스 범위를 지정 횟수만큼 반복 실행하는 명령

- 특수 명령어 : 특수 모듈의 처리 데이터를 Read/Write하는 등의 명령어

② 특수모듈 선정

㉠ 특수모듈 : PLC의 CPU로 처리하기 힘든 정보를 PLC CPU로 전달하기 위해 개발된 모듈이다. A/D 변환모듈, D/A 변환모듈, 서보모터 등의 신호 입력을 위한 모듈부터 프린터, 리더기 등과 연결하기 위해 각종 모듈이 개발되고 있다.

㉡ 특수모듈의 필요성
- 네트워크 보급 확대
- 고속, 고정밀도 위치결정시스템 사용 증대
- 모니터링 요구 강화
- 정보기기 접속 요구
- PLC의 적용 분야 확대

㉢ 특수모듈의 종류
- 아날로그 입력모듈 : 아날로그 신호를 디지털 신호로 바꾸는 모듈
  - 아날로그의 양을 전압(1~5V, 0~10V, -10~+10V)이나 전류(4~20mA, 0~20mA)로 변환
  - 예를 들어, -10~+10V의 경우 -10V는 0, 1.25mV는 1, 10V는 16,000으로 출력
  - 0~20mA의 경우 0mA는 0, 1.25μA 는 1, 20mA는 16,000으로 출력

- 고속 카운터모듈
  - PLC 스캔타임은 1,000분의 1초가 최대이므로, 그보다 높은 속도는 별도의 모듈이 필요하다.
  - 고속 카운터모듈을 이용하면 1만 카운트/초~50만 카운트/초
  - CPU 카운터와의 차이
    ⓐ 설정값에 도달되어도 카운터는 정지하지 않고 최댓값까지 카운트한다.
    ⓑ 프로그램 및 위상차에 의한 가산 및 감산이 가능하다.
    ⓒ 2상 입력 시 1체배, 2체배, 4체배 기능이 있다.
    ⓓ 설정값과 일치신호 외에 대소 비교신호가 있다.
    ⓔ 설정값의 일치신호는 모듈 자체에서 출력 가능하다.

- 위치제어모듈
  - 위치결정 컨트롤러에 비교한 PLC 위치결정모듈 사용 시 장점
    ⓐ PLC 한 대로 시퀀스 제어와 위치제어 실현이 가능하다.
    ⓑ NC코드에 익숙하지 않은 PLC 기술자에 의한 위치제어가 가능하다.
    ⓒ PLC 메모리를 이용한 위치 데이터 기억이 가능하다.
    ⓓ 네트워크를 이용한 위치 데이터 외부 이용이 가능하다.
    ⓔ 모듈의 자가진단기능 이용이 가능하다.
    ⓕ 모니터를 이용한 맨머신(Man-machine) 인터페이스 개선이 가능하다.
- 온도센서모듈
  - 열전대 입력모듈 : 열전대센서에 의해 검출된 온도 데이터를 부호가 있는 16비트 바이너리 데이터로 변환하여 디지털값으로 출력하는 모듈이다.
  - 측온저항체 입력모듈 : 온도에 따라 저항이 변하는 금속의 특성을 이용하여 저항을 측정하고, 디지털로 변환한다.
- PLC 통신모듈 : 네트워크 시스템상에서 최하위의 각종 입출력기기와 실시간 제어를 실현하기 위한 링크 기능
  - 상위 링크 : PC와 PLC를 접속하는 것
  - PLC 링크 : 링크용 CPU나 전용 PLC 모듈 사용하여 I/O 데이터를 송수신한다. PLC 간 링크에는 내부 릴레이를 이용하므로 입출력 점 소모가 없다.
  - I/O 링크 : 리모트 입출력 모듈, 액추에이터, 근접센서, 전자밸브, 포토센서, 인버터, A/D 모듈, D/A 모듈, 포지션 컨트롤러 등 말단 입출력기와 통신을 실시한다.
  - 리모트 I/O링크 : PLC의 입출력모듈을 기계쪽에 배치하며, 통신케이블을 이용하여 PLC와 연결하는 방법이다. PLC I/O모듈이 추가되지만 외선 공사비가 대폭 절감된다.
  - 필드버스(Fieldbus, 시리얼 전송시스템) 링크 : 상위 컨트롤러 PLC나 워크스테이션 등과 센서군, 전자밸브군, 계측기, 모터, 릴레이 등을 시리얼 전송으로 링크하는 시스템이다. 배선의 설치비용이 대폭 절감되고 설비보전이 용이하며 시스템 확장이 유연하다. 긴 배선으로 인한 유도전류 노이즈 대책에 좋다.

10년간 자주 출제된 문제

20-1. PLC 명령어 체계 분류에 속하지 않는 것은?
① 기본 명령어
② 특수 명령어
③ 응용 명령어
④ 사용자 명령어

20-2. PLC의 CPU로 처리하기 힘든 아날로그 신호, 온도 정보, 위치 정보 등을 PLC CPU로 전달하기 위해 개발된 장치는?
① 센서
② 모니터
③ 인버터
④ 특수모듈

20-3. PLC의 입출력모듈에 접속하지 않고 한 가닥의 통신선에 의해 바로 PLC의 통신모듈에 접속만으로 시스템 배선이 완료되어 배선의 설치비용이 대폭 절감되는 장점과 더불어 메인티넌스가 용이하고 시스템의 확장성이 유연하며, 장거리 배선으로 인한 유도전류 노이즈 대책에도 좋은 PLC 통신시스템은?
① 상위 링크
② I/O 링크
③ 리모트 I/O 링크
④ 필드버스 링크

[해설]

20-1
PLC 명령어는 기본 명령어, 응용 명령어, 특수 명령어로 구분한다.

20-2
특수모듈 : PLC의 CPU로 처리하기 힘든 정보를 PLC CPU로 전달하기 위해 개발된 모듈로 A/D 변환모듈, D/A 변환모듈, 서보모터 등의 신호 입력을 위한 모듈부터 프린터, 리더기 등과 연결하기 위해 각종 모듈 등이 개발되고 있다.

20-3
필드버스(Fieldbus, 시리얼 전송시스템) 링크 : 상위 컨트롤러 PLC나 워크스테이션 등과 센서군, 전자밸브군, 계측기, 모터, 릴레이 등을 시리얼 전송으로 링크하는 시스템이다. 배선의 설치비용이 대폭 절감되고 설비보전이 용이하며 시스템 확장이 유연하다. 긴 배선으로 인한 유도전류 노이즈 대책에 좋다.

정답 20-1 ④ 20-2 ④ 20-3 ④

핵심이론 21 공정도와 배선도

① 장치 공정의 표현방법

㉠ 운동의 시간적 순서에 의한 서술적 표현
- 장치 운동 특성을 정확히 표현하기 어렵다.
- 장치가 복잡해지면 운동 순서를 쉽게 요약할 수 없다.

㉡ 기호에 의한 표시법(간략적 표시법)
- 정해진 기호에 의해 운동 상태를 나타낸다.
- 실린더의 전진이나 모터의 정회전은 +, 반대는 -로 표시한다.
- 동시 스텝은 ( )로 묶어서 표현한다.
- 운동 순서를 간단명료하게 표현 가능하다.

㉢ 테이블 표현법
- 액추에이터와 각 스텝을 행과 열로 배열하여 표현할 수 있다.
- 예

	1Step	2Step	3Step	4Step	5Step
실린더 1	전 진	후 진			
실린더 2				전 진	후 진
컨베이어		회 전	정 지		
모 터				회 전	정 지

㉣ 그래프에 의한 표시법
- 작동선도
  - 시퀀스 차트라고 하며 동작 순서가 명확히 나타난다.
  - 변위단계선도가 대표적이다.
  - 예

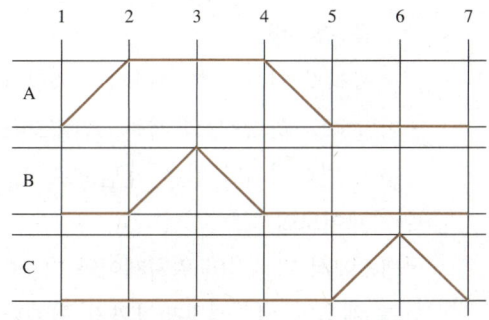

> **변위단계선도의 작성 규칙**
> - 각 난의 간격은 실린더(액추에이터)의 작동시간과 관계없이 일정한 간격으로 그린다.
> - 실린더의 동작은 스텝번호선에서 변화시켜 그린다.
> - 2개 이상의 실린더가 동시에 운동을 개시하고 종료 시점이 다른 경우에는 그 종료점은 각각 다른 스텝번호로 그린다.
> - 작동 중 실린더의 상태가 변화할 때, 즉 행정 중간에서 작동속도의 변화가 있는 경우에는 중간 스텝을 나타낸다.
> - 작동 상태의 표시는 실린더의 전진을 1, 후진을 0으로 나타내거나 전진, 후진 등의 표시를 사용한다.

- 시간선도 : 작동선도와 유사하지만 스텝별 선도가 아니라 열에 시간을 기재해 넣는 방식이다.
  - 예

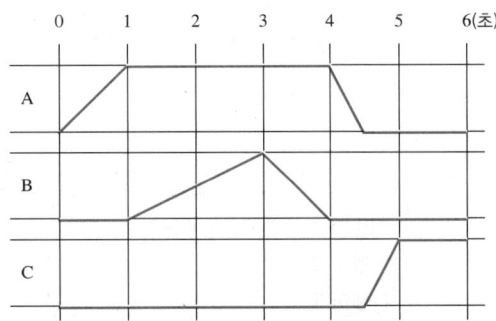

② 배선도
  ㉠ I/O 기기의 인터페이스
   - 아날로그 입력모듈의 배선
     - 보통 접속 가능한 입력기기의 수를 채널로 표시한다.
     - 종류 : 2, 4, 8, 16채널형
     - 입력신호 : 전압입력형, 전류입력형, 전압/전류 겸용형
     - 물리적 배선 이후 파라미터 세팅이 필요하다.
   - 아날로그 출력모듈의 배선 : 입력모듈과 신호 흐름이 반대이지만 같은 개념으로 배선
  ㉡ 위치제어모듈
   - PLC에서 기본적인 위치제어와 더불어 서보모터를 채용한 위치결정제어까지 시행한다.
   - 별도의 보드를 사용하지 않고 PLC를 이용하여 위치제어가 가능하여 많이 사용된다.
   - 배선은 서보드라이버 종류에 따라 달라지며, 커넥터 핀 배열도 참고해야 한다.
   - PLC 위치제어시스템의 특성
     - 위치제어의 다양성
     - 위치제어, 속도제어, 피드제어, 포인트 운전 등 다양한 단축 운전이 가능하다.
     - 원호보간, 직선보간, 헬리컬보간, 타원보간 등 다축 운전이 가능하다.
     - 운전 중 전환제어 가능 : 위치/속도, 속도/위치, 위치/토크
     - 원점복귀제어 기능이 다양하다.
     - 운전 데이터는 축마다 400개를 설정할 수 있다.

③ 안전 및 유의사항
  - 공정도 작성법은 특별히 규정되어 있지 않으나 회사마다 표준원칙을 가지고 표현한다.
  - PLC 특수기능모듈의 물리적 배선은 메이커가 제공하는 결선도를 참조하여 배선도를 작성한다.
  - PLC 특수기능모듈의 기능적 인터페이스, 즉 파라미터 세팅은 프로그램 작성의 중요한 문법과 데이터가 되므로 작업 시 특히 주의가 요구된다.
  - PLC 특수모듈 프로그램 개발은 외부 작용변수를 고려한 프로그램 및 구조적, 간략화된 프로그램을 작성하기 위한 PLC 특수기능 프로그래밍 업무 분야에 적용한다.
  - 이 능력단위는 PLC의 특수기능 I/O 및 명령어를 사용하는 업무 분야에 적용하는 것으로 반드시 PLC 기본 모듈 프로그램 개발과정을 이수한 후 수행하여야 한다.
  - PLC 프로그래밍을 할 수 있는 장비는 컴퓨터 또는 노트북 등을 포함하여야 하며 프로그램 결과를 확인할 수 있는 소프트웨어나 하드웨어 장비가 요구된다.

10년간 자주 출제된 문제

21-1. 다음 중 시간선도는?

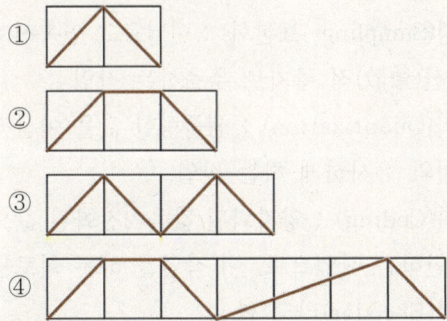

21-2. PLC 위치제어시스템의 특성으로 적절하지 않은 것은?
① 위치제어, 속도제어, 피드제어, 포인트 운전 등 다양한 단축 운전이 가능하다.
② 원호보간, 직선보간, 헬리컬보간, 타원보간 등 다축 운전이 가능하다.
③ 운전 중 위치제어에서 속도제어로 전환제어가 가능하다.
④ 원점으로 복귀하려면 시스템을 종료하는 경우이어야 한다.

해설

21-1
시간선도는 작동선도와 유사하나 스텝별 선도가 아니라 열에 시간을 표현해 넣는 방식이다. ①, ②, ③도 모두 1초 단위의 시간선도라고 할 수도 있고, ④도 보기 외의 다른 조건이 있다는 가정이 있다면 작동선도라고 할 수 있으나 자격시험의 선택형 문제를 해결할 때는 가장 질문에 맞는 것을 골라야 하며 답이 2개 이상으로 보이는 경우도 그중 답에 더 가까운 것을 선택해야 한다.

21-2
PLC 위치제어시스템의 특성
- 위치제어의 다양성
- 위치제어, 속도제어, 피드제어, 포인트 운전 등 다양한 단축 운전이 가능하다.
- 원호보간, 직선보간, 헬리컬보간, 타원보간 등 다축 운전이 가능하다.
- 운전 중 전환제어 가능 : 위치/속도, 속도/위치, 위치/토크
- 원점복귀제어 기능이 다양하다.
- 운전 데이터는 축마다 400개 설정이 가능하다.

정답 21-1 ④ 21-2 ④

핵심이론 22 PLC 모듈 간 인터페이스

① PLC 하드웨어 구조

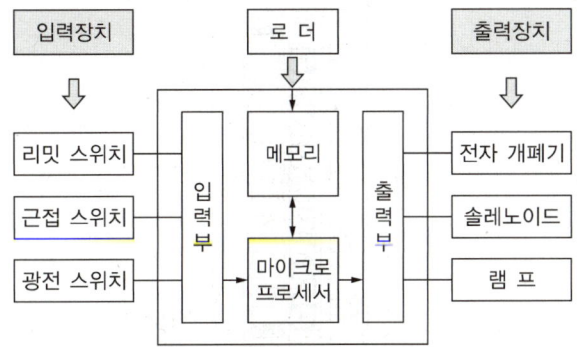

㉠ 그림의 입력부, 출력부가 PLC의 입력모듈, 출력모듈이 연결되는 것

㉡ 입력모듈
- 작동원리 : 외부 기기로부터의 신호를 CPU의 연산부로 전달해 주는 역할을 수행한다.
- 구조 예시

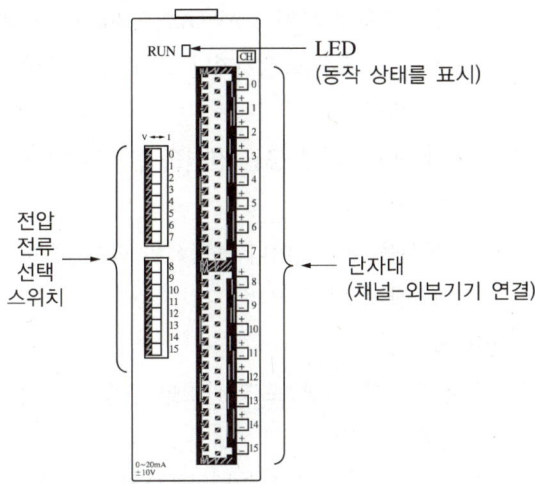

[XGF 입력모듈 구조 예시]

- 종류 : DC 24V 전기신호 또는 AC 110/220V 전기신호를 이용하며, A/D 모듈과 고속 카운터 모듈이 있다.

㉢ 출력모듈
- 작동원리 : CPU의 연산부에서 생성된 신호를 외부기기로 전달해 주는 역할을 수행한다.

- 구조 예시

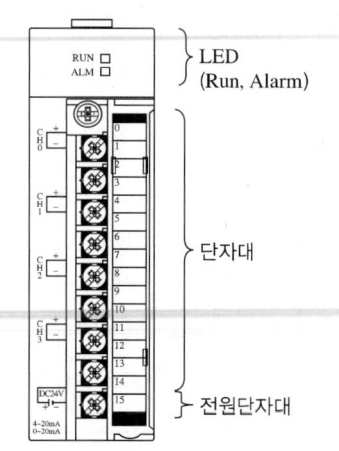

[XGF 출력모듈 구조 예시]

ㄹ 모듈 연결 시 주의사항
- 교류와 아날로그 출력모듈의 외부 출력신호를 별도의 케이블을 사용할 것(교류측에서 발생하는 서지 또는 유도 노이즈의 영향 고려)
- 전선은 주위온도, 허용하는 전류를 고려해서 선정할 것(최대 사이즈 AWG22($0.3mm^2$) 이상 권장)
- 배선 시 고온 발생기기나 물질 근접 주의할 것(합선 우려)
- 단자대에 외부 공급 전원을 인가하기 전 극성 확인 필요
- 배선을 고압선이나 동력선과 함께 배선 금지(유도 장애 발생 우려)

② 인버터
㉠ A/D 변환 : 아날로그 신호를 전송 가능한 디지털 신호로 변환
㉡ D/A 변환 : 전송 및 가공된 디지털 신호를 아날로그 신호로 변환
㉢ 인버터(변환기)
- 분해능 : 연속적인 아날로그 신호를 디지털 신호로 변환하려면 각 스텝으로 나누어야 하는데 얼마나 자세히 분해하여 디지털화하여 표현하느냐를 나타내는 능력이다. 분해능이 높으면 고성능 변환기이며 고용량을 필요로 한다.

- 분해능 계산

  n비트의 경우 $\dfrac{1}{2^n - 1}$로 분해 가능

- 샘플링(Sampling, 표본화) : 아날로그 연속신호를 이산(離散)적 주기로 추출하는 작업
- 양자화(Quantization) : 샘플링한 값을 이산적 진폭치와 유사하게 하는 작업
- 부호화(Coding) : 양자화된 값을 2진화된 값으로 변환하는 작업으로, 이 작업을 하는 회로를 인코더(Encoder)라고 함

㉣ A/D 변환기
- 계수 비교형 변환기
  - 컨버터 발생 전압이 아날로그 입력보다 커질 때까지 비교한다.
  - 회로가 단순하지만 변환시간이 길고, 신호의 크기가 커진다.
- 축차 비교형(근사형) 변환기
  - SAR(Successive Approximation Register)을 이용, 계수 비교형에서 속도 개선
  - 비교적 빠르고, 비교적 저렴하며, 비교적 분해능이 높다.
- 2중 경사 적분법 변환기
  - 일정한 시간 동안 아날로그 입력신호를 적분하고 나서 계수기를 리셋한 후에 다시 기준전압을 적분기의 출력이 0이 될 때까지 적분하여 그 시간을 측정한다.
  - 앞의 적분시간 동안의 충전 전하량과 뒤의 적분시간 동안의 방전 전하량은 같도록 계산한다.
  - 아날로그 입력신호를 적분하므로 입력신호의 잡음에 대하여도 안정된 변환 특성을 가진다.
  - 변환시간이 늦고, 저속으로 동작하는 시스템에 사용한다.

- 병렬 비교형 변환기
  - 아날로그 신호를 여러 개의 비교기로 비교하는 방식이다.
  - 변환시간이 빠르다.
  - 높은 분해능을 위해서는 회로와 비교기가 많이 필요하여 가격이 비싸다.
ⓒ D/A 변환기
- 저항 수자를 이용하여 아날로그 신호로 변화하다
- 콘덴서를 이용하여 아날로그 신호로 변환한다.
- 사다리형(R-2R Ladder) 변환기
  - 어느 접점에서나 2R 병렬접속이 보여 1노드당 전류치 반감할 수 있는 구조이다.
  - 회로 구성이 간단하고 두 종류의 저항으로 구성 가능하다.

10년간 자주 출제된 문제

22-1. 서미스터를 통해 들어오는 온도 측정값을 마이크로컴퓨터의 메모리에 저장하기 위해 필요한 인터페이스 장치는?

① D/A 변환기
② A/D 변환기
③ AC/DC 변환기
④ DC/AC 변환기

22-2. 다음 변환기 중 특성이 다른 것은?

① 사다리형 변환기
② 병렬 비교형 변환기
③ 축차 근사형 변환기
④ 2중 경사 적분법 변환기

22-3. 4비트 D/A 변환기의 백분율 분해능(%)은?

① 2.67% ② 4.67%
③ 6.67% ④ 8.67%

22-4. 출력이 0.5mV/℃인 열전대센서에서 0~200℃의 온도 범위를 분해능 0.5℃로 측정하고자 할 때, 필요한 A/D 변환기의 최소 비트수는?

① 6 ② 7
③ 8 ④ 9

해설

22-1
- A/D 변환 : 아날로그 신호를 전송 가능한 디지털 신호로 변환한다.
- D/A 변환 : 전송 및 가공된 디지털 신호를 아날로그 신호로 변환한다.

22-2
사다리형 변환기는 D/A 변환기이고, ②, ③, ④는 A/D 변환기이다.

22-3
분해능 계산

사용 비트에 따라 n비트의 경우 $\frac{1}{2^n - 1}$로 분해 가능하다.

따라서 4비트의 경우 $\frac{1}{2^4 - 1} = \frac{1}{15} ≒ 0.0667$이다.

∴ 6.67%

22-4
사용 비트에 따라 n비트의 경우 $\frac{1}{2^n - 1}$로 분해 가능하다.

200℃의 온도범위를 0.5℃ 단위로 분해하므로 400step 이상으로 분해가 가능해야 한다.

$\frac{1}{400} = \frac{1}{2^n - 1}$, $2^n \geq 401$, $2^8 = 256$, $2^9 = 512$

∴ $n \geq 9$

정답 22-1 ② 22-2 ① 22-3 ③ 22-4 ④

핵심이론 23 마이크로프로세서

① 마이크로프로세서 일반
  ㉠ 기억, 연산, 제어장치 등이 갖춰져 컴퓨팅(연산)을 할 수 있도록 만들어진 정보처리장치 또는 논리회로
  ㉡ 전기신호를 이용한 시퀀스 제어와 달리 프로그램을 기억하여 작업을 작성·기억·변경·처리하는 역할
  ㉢ 구 조

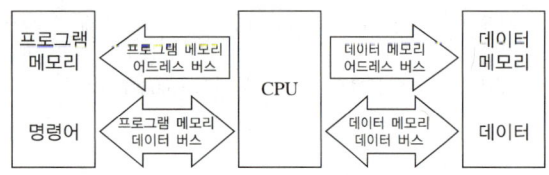

  ㉣ 이용 시 특장점
    • 고성능 제품을 작고, 가볍고, 저렴하게 만들 수 있다.
    • 집적형으로 부품을 간단하게 사용할 수 있다.
    • 배선 등의 작업을 줄일 수 있다.
    • 제품의 신뢰도가 높아진다.
  ㉤ 마이크로프로세서의 연산방식
    • 덧셈 연산자를 이용한다.
    • 뺄셈은 보수를 이용한다.
    • 곱셈은 덧셈을 빠르게 반복한다.
    • 나눗셈은 보수를 이용하여 뺄셈을 반복한다.
    • 곱셈과 나눗셈에 시간이 오래 걸리므로 테이블을 이용하여 찾아 출력하는 방식을 사용한다.
  ㉥ 명령어 구조에 따른 분류
    • CISC(Complex Instruction Set Computer)
      – CPU가 처리 가능한 명령어를 모두 내장하고 있다.
      – 복잡하지만 하드웨어 호환성이 좋다.
      – 인텔의 과거 x86계열 CPU, 펜티엄 4에서 사용한다.
    • RISC(Reduced Instruction Set Computer)
      – CPU에 내장된 명령어를 줄여 놓았다.
      – 명령어가 고정된 길이 명령어를 사용한다.
      – 명령어는 단일 사이클로 실행한다.
      – 처리속도가 빨라 대용량 데이터 고속처리에 선호한다.
      – AVR, PIC, AMD의 CPU 및 인텔의 최신 CPU
  ㉦ 마이크로프로세서의 명령 수행
    • 명령어 인출(OP Code Fetch) : 기억장치에 저장된 명령어가 레지스터로 옮겨진다.
    • 명령어 해독(OP Code Decoding) : 레지스터의 명령어가 기계어로 변역된다.
    • Execution(실행, 수행) : 번역된(해독된) 명령에 의한 데이터 처리
    • 데이터 인출(Data Fetch) : Execution 중 필요한 데이터를 인출한다.

② 마이크로프로세서 관련 기초 개념
  ㉠ 단일 칩 마이크로컴퓨터
    • 마이크로컴퓨터 : 일반 PC의 기능은 하지만, 간단하게 필요한 구성만 배치하는 작은 컴퓨터이다.
    • 단일 보드 마이크로컴퓨터 : 마이크로컴퓨터 중 부품을 기판 한 장에 배치한 것이다.
    • 단일 칩(One Chip) 마이크로컴퓨터 : VLSI 등 칩 하나에 마이크로컴퓨터의 모든 기능을 넣은 것이다.
    • 마이크로컨트롤러 : 제어를 목적으로 한 단일 칩 마이크로컴퓨터를 지칭한다.
  ㉡ 산술논리연산 장치(ALU ; Arithmetic and Logic Unit)
    • 산술연산과 비교 판단의 연산을 담당하는 장치
    • 가산기(Adder), 보수기(Complementer), 시프터(Shifter), 오버플로(Overflow) 검출기
  ㉢ 채 널
    • 주기억장치와 입출력장치의 데이터를 전송하는 전용처리기를 채널(Channel) 또는 IOP(Input Output Processor)라고 한다.

- 입출력 명령을 해독하여 동작을 지시하고 작업 종료 시 CPU에게 알려 주는 역할을 한다.
- 입출력장치와 CPU의 실행속도차를 줄이기 위해 사용한다.

㉣ 버 스
- 마이크로프로세서와 각 장치가 정보를 교환하는 전송로이다.
- 어드레스 버스 : 메모리의 특정 장소나 입출력장치의 특정 포트를 지정하는 Address가 실린다.
- 데이터 버스 : 각 장치 사이에 주고받는 정보가 실린다.
- 제어버스 : CPU 내부 또는 외부로부터 시스템 동작을 제어하는 신호가 실린다.

㉤ DMA(Direct Memory Access)
- 주기억장치에 직접 접근하는 기능을 의미한다.
- 주변장치에서 접근하도록 한다.
- 메모리 접근 시 CPU를 거치지 않으므로 작업속도가 향상된다.
- 작업 완료를 인터럽트로 보고받는다.

㉥ 인터럽트
- 실행 도중 특수한 상태가 발생하면 제어장치의 조정에 의해 특수한 상태를 처리한 후 먼저 수행하던 프로그램으로 되돌아가 계속 실행한다.
- 발생요인
  - 정전 발생
  - 오버플로 발생
  - 입출력장치의 작업 완료
- 인터럽트 순위
  - 인터럽트가 동시에 발생할 때 먼저 서비스할 인터럽트를 결정하기 위함이다.
  - 데이지 체인을 이용하는 방법으로, 직렬로 연결된 장치 중 가까운 것부터 처리한다.
  - 폴링을 이용하는 방법 : 여러 개의 입출력 주변장치 중 어느 장치로부터 인터럽트가 발생되었는지 CPU가 주변장치를 하나씩 순차적으로 점검하여 인터럽트를 요구한 장치를 찾아내는 방식이다.
- 인터럽트 처리 : 인터럽트 발생 시 해당 어드레스(이를 벡터 어드레스라고 함)로 점프한다.

10년간 자주 출제된 문제

23-1. 마이크로프로세서와 기억장치, 입출력 인터페이스, 타이머 등과 같은 주변장치들을 통합하여 하나의 칩으로 구현한 것은?
① PLC
② 개인 컴퓨터
③ 마이크로미터
④ 마이크로컨트롤러

23-2. 마이크로컴퓨터 시스템에서 상호 필요한 정보를 주고받는 데는 버스(Bus)를 이용하는데, 다음 중 해당되지 않는 버스는?
① 명령 버스
② 어드레스 버스
③ 데이터 버스
④ 제어 버스

23-3. 마이크로프로세서가 실행 도중 특수한 상태가 발생하면 제어장치의 조정에 의해 특수한 상태를 처리한 후 먼저 수행하던 프로그램을 되돌아가는 조작은?
① Interrupt
② Controlling
③ Trapping
④ Subroutine

23-4. 여러 개의 입출력 주변장치 중 어느 장치로부터 인터럽트가 발생되었는지 CPU가 주변장치를 하나씩 순차로 점검하여 인터럽트를 요구한 장치를 찾아내는 방식은?
① 데이지 체인
② 벡 터
③ 폴 링
④ 핸드셰이킹

10년간 자주 출제된 문제

23-5. 중앙처리장치(CPU)의 주요 기능이 아닌 것은?
① 메모리로 데이터를 전송한다.
② 외부 인터럽트에 응답하여 처리한다.
③ 프로그램 명령을 인출, 해독, 실행한다.
④ DMA(Direct Memory Access)를 처리한다.

|해설|

23-1
마이크로컨트롤러 : 제어를 목적으로 한 단일 칩 마이크로컴퓨터를 지칭한다.

23-2
버 스
- 마이크로프로세서와 각 장치가 정보를 교환하는 전송로이다.
- 어드레스 버스 : 메모리의 특정 장소나 입출력장치의 특정 포트를 지정하는 Address가 실린다.
- 데이터 버스 : 각 장치 사이에 주고받는 정보가 실린다.
- 제어버스 : CPU 내부 또는 외부로부터 시스템 동작을 제어하는 신호가 실린다.

23-3
인터럽트(Interrupt) : 실행 도중 특수한 상태가 발생하면 제어장치의 조정에 의해 특수한 상태를 처리한 후 먼저 수행하던 프로그램으로 되돌아가는 조작이다.

23-4
- 폴링(Polling) : 여러 개의 입출력 주변장치 중 어느 장치로부터 인터럽트가 발생되었는지 CPU가 주변장치를 하나씩 순차적으로 점검하여 인터럽트를 요구한 장치를 찾아내는 방식
- 핸드셰이킹 : 통신 대상 간 통신 채널의 변수를 동적으로 설정하는 과정
- 데이지 체인(Daisy Chain) : 체인을 연결하듯 장치들을 걸고 걸어 연결하는 방식
- 벡터 어드레스 : 인터럽트가 발생한 어드레스

23-5
DMA(Direct Memory Access)는 주변장치에서 주기억장치에 직접 접근하는 기능을 의미한다. 메모리 접근 시 CPU를 거치지 않으므로 작업속도가 향상된다.

정답 23-1 ④ 23-2 ① 23-3 ① 23-4 ③ 23-5 ④

핵심이론 24 마이크로프로세서 레지스터 및 메모리

① 마이크로프로세서 레지스터 및 메모리
  ㉠ 프로그램 카운터
    - 명령어 주소 레지스터라고 한다.
    - 다음에 수행될 명령어의 주소를 가지고 있는 레지스터이다.
    - 명령어가 인출된 후 다음 명령어 주소값이 올라온다.
  ㉡ 레지스터(Register) : 메모리보다 매우 빠르게 정보를 읽거나 쓸 수 있는 작은 규모의 기억장치로, 명령어가 실행 중일 때 CPU가 사용 중인 내부 데이터를 일시적으로 저장하는 곳이다.
    - 누산기(Accumulator) : 산술과 논리연산의 중간값을 임시적으로 보관하기 위한 레지스터
    - 저장 레지스터(Storage Register) : 주기억장치로 보내는 데이터를 임시적으로 저장하는 레지스터
    - 데이터 레지스터(Data Register) : 연산을 위한 데이터를 일시적으로 기억하는 레지스터
    - 상태 레지스터(Status Register, Flag Register) : 산술과 논리연산의 결과로 나오는 자리올림, 부호, 0 여부, 1의 짝홀 파악 등의 상태를 기억하는 레지스터
    - 인덱스 레지스터(Index Register) : 명령 주소를 수정하거나 색인 주소를 지정할 때 사용하는 레지스터
    - 부동소수점 레지스터(Floating Point Register) : 부동소수점 연산에 사용되는 레지스터
    - 스택(Stack) : 기억장치에 데이터를 일시적으로 겹쳐 쌓아 두었다가 필요할 때에 꺼내서 사용하는 임시 기억장치로, LIFO(Last In First Out)의 성질을 갖는다.
    - 세그먼트 레지스터
      - 세그먼트라고 하는 메모리의 한 영역에 대한 주소를 지정한다.

- CS 레지스터 : 프로그램의 코드 세그먼트의 시작 주소를 포함하고, 명령어의 주소를 산출한다.
- DS 레지스터 : 프로그램의 데이터 세그먼트의 시작주소를 포함하고, 데이터 위치를 산출한다.
- SS 레지스터 : 메모리상에 스택의 구현을 가능하게 하고, 스택의 현재 워드를 산출한다.
- ES 레지스터 : 문자 데이터 연산에 사용한다.
- 포인터 레지스터 : 명령어 포인터(IP) 레지스터, 스택포인터(SP) 레지스터, 베이스 포인터(BP) 레지스터
- 버퍼 레지스터 : 중앙처리장치 또는 기억장치의 동작속도와 외부 버스로 연결된 입출력장치의 동작속도
- 시프트 레지스터 : 데이터를 시프트시키는 형태로 직렬, 병렬의 입출력을 결합한 레지스터

ⓒ 주소 지정방식
- 사용할 데이터를 저장하는 방법을 의미한다.
- 지정방식의 종류
  - 암묵적 지정방식 : 데이터의 위치를 지정하지 않고 누산기나 스택의 데이터를 암묵적으로 지정한다.
  - 즉시지정방식 : 명령어 자체에 데이터를 가지고 있는 방식이다.
  - 직접지정방식 : 사용할 자료의 번지를 알고 직접 지정하는 방식이다.
    ⓐ 주소지정방식 중 데이터에 접근이 가장 빠르다.
    ⓑ 데이터에 직접 접근한다.
    ⓒ 저장 공간과 데이터의 길이가 관련이 있다.
  - 간접지정방식 : 사용할 자료의 주소를 저장하는 방식이다.
    ⓐ 주소를 기억하므로 프로그램 기술상 활용성이 높고 많은 유효 주소가 발생한다.
    ⓑ 간접하는 만큼의 접근성이 멀어지므로, 속도가 느려진다.

ⓓ 메모리
- 데이터를 저장하는 장치이다.
- 메모리 IC의 종류
  - RAM(Random Access Memory) : 프로그램이나 데이터를 일시 저장할 수 있는 기억장치
  - SRAM(Static RAM) : 정적(靜的) 임의 접근 기억장치
  - DRAM(Dynamic RAM) : 동적(動的) 임의 접근 기억장치, 휘발성 기억장치, 기억을 유지하기 위해 전원 재공급이 필요하다.
  - SDRAM(Synchronous Dynamic RAM) : 동기식 DRAM, 작동 시 펄스를 주어 Refresh된다.
  - ROM(Read Only Memory) : 저장해 놓으면 읽기만 가능하고 변경은 불가능한 장치이다.
  - PROM(Programmable Read Only Memory) : 사용자가 프로그램은 가능하나 ROM에 기록할 수 없는 기억매체이다.
  - EEPROM(Electrically Erasable Programmable Read-Only Memory) : 사용자가 프로그램이 가능하고 전기적인 삭제가 가능한 메모리이다.
- 메모리 IC의 구조

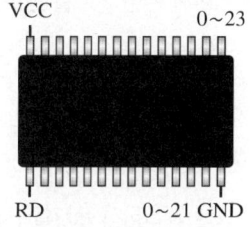

- 주소(어드레스, Address)는 24bit(0~23)를 이용하므로 2^{24} = 16,777,216개를 저장할 수 있다.
- 한 번에 저장하는 메모리는 22bit(0~21)를 이용하므로 한 번에 22bit 데이터를 저장할 수 있다.

10년간 자주 출제된 문제

24-1. 마이크로컴퓨터를 이용한 제어장치에서 프로그램이나 데이터를 일시 저장할 수 있는 기억장치는?
① CPU
② RAM
③ ROM
④ I/O 인터페이스

24-2. 마이크로프로세서를 구성하는 주요 부분 중 메모리보다 매우 빠르게 정보를 읽거나 쓸 수 있는 작은 규모의 기억장치는?
① 레지스터
② ALU
③ 제어부
④ 내부 버스

24-3. 인터럽트 발생 시 복귀 주소를 기억시키는 데 사용되는 것은?
① 스 택
② 누산기
③ PC
④ 인덱스 레지스터

24-4. 세그먼트 레지스터(Segment Register)의 분류에 속하지 않는 것은?
① BS(Base Segment Register)
② CS(Code Segment Register)
③ DS(Data Segment Register)
④ SS(Stack Segment Register)

24-5. 마이크로프로세서의 구성요소 중 조건 코드 레지스터 또는 플래그 레지스터라고도 하며, 산술논리 연산장치에서 수행한 최근의 처리결과에 관한 정보를 담고 있는 것은?
① 범용 레지스터
② 상태 레지스터
③ 누산기 레지스터
④ 명령어 레지스터

24-6. 다음 중 스택 메모리의 특성을 나타낸 것은?
① FIFO 기억장치
② LIFO 기억장치
③ LILO 기억장치
④ FILO 기억장치

24-7. 마이크로프로세서의 어드레스 단자가 16개이고, 데이터 단자가 8개일 때 메모리의 최대 크기는?
① 64kbyte
② 128kbyte
③ 256kbyte
④ 512kbyte

24-8. 직접주소지정방식의 특징이 아닌 것은?
① 주소지정방식 중 가장 빠르다.
② 대용량 기억장치의 주소를 나타내는 데 적합하다.
③ 메모리 참조를 하지 않고 데이터를 처리하는 방식이다.
④ 데이터 길이에 제약을 받는다.

24-9. 다음 기억장치들 중 재생 전원이 필요한 것은?
① EEPROM
② PROM
③ SRAM
④ DRAM

24-10. 서브루틴에 뛰어들 때에 서브루틴 프로그램이 끝난 다음 주프로그램의 어드레스가 저장되는 장소는?
① 스 택
② 데이터 레지스터
③ 프로그램 카운터
④ HEAP(힙) 메모리

【해설】

24-1

RAM(Random Access Memory) : 프로그램이나 데이터를 일시 저장할 수 있는 기억장치

24-2

- 메모리보다 매우 빠르게 정보를 읽거나 쓸 수 있는 작은 규모의 기억장치를 레지스터라고 한다.
- 산술논리연산 장치(ALU ; Arithmetic and Logic Unit)는 산술 연산과 비교 판단의 연산을 담당하는 장치이다.
- 내부 버스는 기억, 연산, 제어 기능을 실현하기 위한 CPU와 주기억장치, 입출력장치, 외부 기억장치, 주변장치, 통신처리 장치 등의 제어부 사이를 연결하는 버스이다.

24-3

② 누산기 : 연산결과를 일시적으로 저장하는 기억장치
① 스택 : 기억장치에 데이터를 일시적으로 겹쳐 쌓아 두었다가 필요할 때에 꺼내서 사용하는 임시 기억장치
④ 인덱스 레지스터 : 명령 주소를 수정하거나 색인 주소를 지정할 때 사용하는 레지스터

[해설]

24-4
세그먼트 레지스터 : CS 레지스터, DS 레지스터, SS 레지스터, ES 레지스터

24-5
상태 레지스터(Status Register, Flag Register) : 산술과 논리연산의 결과로 나오는 자리올림, 부호, 0 여부, 1의 짝홀 파악 등의 상태를 기억하는 레지스터

24-6
스택(Stack) : 기억장치에 데이터를 일시적으로 겹쳐 쌓아 두었다가 필요할 때에 꺼내서 사용하는 임시 기억장치로, LIFO(Last In First Out)의 성질을 갖는다.

24-7
어드레스 단자가 16개이므로 $2^{16} = 65,536$개만큼의 데이터가 저장 가능하며, 한 번에 저장 가능한 크기는 8bit = 1byte이므로(데이터 단자 8개), 메모리 최대 크기는 $2^{16} = 65,536$byte이다.
$2^{16} = 2^{10} \times 2^{6}$byte $= 2^{6}$kbyte($\because$ 1kbyte $= 2^{10}$byte)
$\therefore$ 메모리 전체 크기는 2^{6}kbyte = 64kbyte

24-8
직접주소지정방식
- 주소지정방식 중 데이터에 접근이 가장 빠르다.
- 데이터에 직접 접근한다.
- 저장 공간과 데이터의 길이가 관련이 있다.

24-9
- PROM(Programmable Read Only Memory) : 사용자가 프로그램은 가능하나 ROM에 기록할 수 없는 매체
- EEPROM(Electrically Erasable Programmable Read-Only Memory) : 사용자가 프로그램이 가능하고 전기적인 삭제도 가능한 메모리
- SRAM(Static RAM) : 정적(靜的) 임의 접근 기억장치
- DRAM(Dynamic RAM) : 동적(動的) 임의 접근 기억장치, 휘발성 기억장치, 기억을 유지하기 위해 전원 재공급이 필요하다.

24-10
스택(Stack) : 기억장치에 데이터를 일시적으로 겹쳐 쌓아 두었다가 필요할 때에 꺼내서 사용하는 임시 기억장치로, LIFO(Last In First Out)의 성질을 갖는다.

정답 24-1 ② 24-2 ① 24-3 ② 24-4 ① 24-5 ④
24-6 ② 24-7 ① 24-8 ② 24-9 ④ 24-10 ①

핵심이론 25 PLC 프로그래밍

① 스캔타임 : PLC에서 프로그램을 한 사이클 실행하는 데 소요되는 시간
  ㉠ PLC 프로그램은 프로그램을 이용하여 시퀀스 제어를 시행하므로 순차에 따라 시행되도록 구성되어 있다.
  ㉡ 반복되는 동작을 시행할 때는 다시 프로그램의 처음부터 제어를 시행하게 된다.
  ㉢ 이때 첫 행부터 프로그램을 모두 리딩하여 실행한 후 첫 행으로 다시 이동하여 제어하게 된다.
  ㉣ 이러한 첫 행부터 마지막 행까지 한 번 리딩하여 시행하는 시간을 스캔타임이라 한다.

② 스텝(Step) : PLC 명령어의 최소 단위로 a접점, b접점, 출력코일 등의 명령이 1스텝에 해당한다.

③ 디버깅(Debugging) : PLC 제어 프로그램에서 프로그램의 오류를 찾거나 연산과정을 추적하는 행위

④ PLC 프로그래밍 언어
  ㉠ 니모닉(Mnemonic), 래더(Ladder), SFC(Sequential Function Chart) 등이 있음
  ㉡ 니모닉(Mnemonic) : 어셈블리 언어 형태의 문자 기반 언어로 휴대용 프로그램 입력기(Handy Loader)를 이용한 간단한 로직의 프로그래밍에 주로 사용
  ㉢ 래더(Ladder) : 사다리 형태로 전원을 생략하여 로직을 표현하는 릴레이 로직과 유사한 도형 기반의 언어

10년간 자주 출제된 문제

25-1. PLC에서 프로그램을 한 사이클 실행하는 데 소요되는 시간을 무엇이라 하는가?
① 로딩타임(Loading Time)
② 딜레이 타임(Delay Time)
③ 스캔타임(Scan Time)
④ 코딩타임(Coding Time)

10년간 자주 출제된 문제

25-2. 다음 PLC 프로그램을 실행하는 데 걸리는 시간은 총 몇 ms인가?

> 총 5,000스텝의 PLC 프로그램으로 입력 응답시간 5ms, 출력 응답시간 15ms, 1명령어 실행시간이 $2\mu s$ 이다.

① 25　　② 30
③ 35　　④ 85

25-3. 다음 그림과 같은 형태의 PLC 프로그램 언어는?

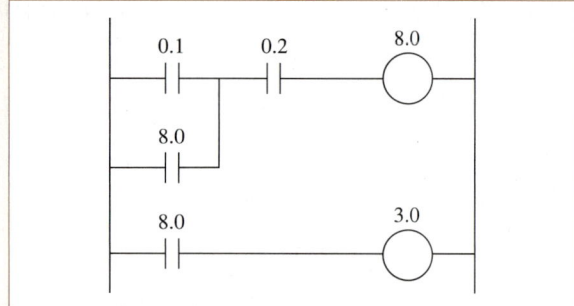

① Statement List
② Ladder Diagram
③ Function Block Diagram
④ Sequential Function Chart

25-4. PLC의 래더 다이어그램 명령어로서 적당하지 않은 것은?

① 릴레이 래더 명령
② 연산 명령
③ 데이터 처리 명령
④ 어셈블리 명령

25-5. 다음 그림과 같은 PLC 래더 다이어그램의 최소 실행 스텝수는?

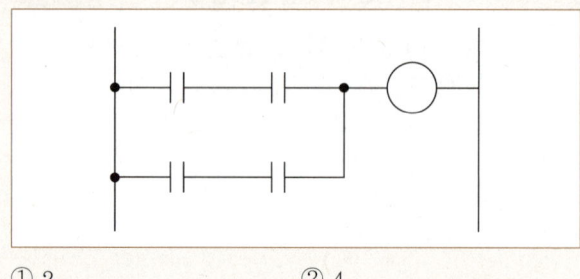

① 2　　② 4
③ 6　　④ 8

25-6. PLC 제어 프로그램에서 프로그램의 오류를 찾거나 연산과정을 추적하는 것은?

① Debug　　② Restart
③ Scan Time　　④ Parameter

25-7. 다음 PLC 래더 다이어그램의 설명으로 틀린 것은?

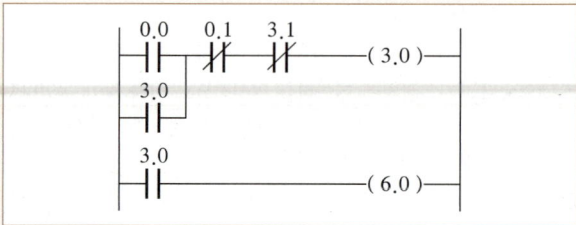

① 0.0은 입력이다.　　② 0.1은 기동이다.
③ 3.1은 인터로크이다.　　④ 3.0은 자기유지이다.

해설

25-1
스캔타임 : PLC에서 프로그램을 한 사이클 실행하는 데 소요되는 시간

25-2
- 명령당 1step으로 계산하면 5,000step은 $10,000\mu s = 10ms$
- 총시간 = 입력 응답 + 출력 응답 + 수행시간
  = 5 + 15 + 10 = 30ms

25-3
래더(Ladder) : 사다리 형태로 전원을 생략하여 로직을 표현하는 릴레이 로직과 유사한 도형 기반의 언어

25-4
PLC 래더 다이어그램은 접점과 코일을 이용한 회로 논리 기반 언어이고, 어셈블리 명령은 CPU에 직접 명령을 내리는 형태로 보통 장비 제조사가 제공해 주어야 한다. 즉, 래더 프로그램은 어셈블리와 호환되지 않는다.

25-5

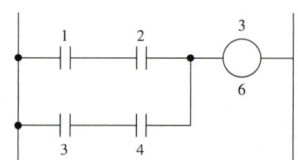

25-6
디버깅(Debugging) : PLC 제어 프로그램에서 프로그램의 오류를 찾거나 연산과정을 추적하는 행위

25-7
0.0은 기동입력이며, 0.1은 3.1과 마찬가지로 인터로크이다.

정답 25-1 ③　25-2 ②　25-3 ②　25-4 ④　25-5 ③　25-6 ①　25-7 ②

핵심이론 26 PLC 프로그램 작성

① PLC 프로그램 작성 순서

데이터 메모리 할당 → 프로그램 작성 → 입출력 어드레스 할당 → 프로그램 컴파일 → 프로그램 전송 → 프로그램 저장/종료

② 각 단계별 실제

㉠ 데이터 메모리 할당

- 변수의 표현방식
  - 직접변수방식 : 제조 회사에 의해 지정된 메모리 영역의 어드레스를 사용한다. 직접변수는 %I, %Q로 시작되는 입출력변수, %M으로 시작되는 내부 메모리변수로 구분한다.
  - 네임드변수방식 : 사용자가 이름을 부여하고 사용한다. 변수의 이름은 한글 8자, 영문 16자까지 사용 가능하며 한글, 영문, 숫자 및 밑줄 문자(_)를 조합하여 사용 가능하다(대소문자 구분 없음).
- 예

종류\\내용	어드레스 (직접변수)	네임드변수 (간접변수)	비 고
입력 릴레이	%IX0.0.1	기동 PBS	• 입출력 어드레스는 직접변수의 이름으로 사용한다. • 네임드변수의 이름은 사용자가 규칙에 따라 임의로 정한다. • 타이머, 카운터 등에는 직접변수가 없다.
	%IX0.0.2	운전 PBS	
	%IX0.0.3	정지 PBS	
출력 릴레이	%QX0.1.0	공통 출력	
	%QX0.1.1	기동 출력	
	%QX0.1.2	운전 출력	
내부 릴레이	%MX1	내부 R1	
	%MX2	내부 R2	
타이머		타이머	

㉡ 프로그램 작성

- 프로그래밍 언어로 제어회로를 구성하는 작업으로, 컴퓨터를 이용하여 프로그램을 작성한다.
- 코딩 : 작성한 시퀀스 제어의 내용을 PLC에서 사용하는 언어의 형태로 변환하는 작업이다.
- 로딩 : 컴퓨터로 프로그램 입력장치를 이용하여 프로그램을 메모리에 기억시키는 작업이다.

- LD(Ladder Diagram) 명령어 예시

기 능	기 호	작동 설명
a접점	─┤ ├─	지정된 접점의 ON/OFF 정보를 연산한다.
b접점	─┤/├─	지정된 접점의 ON/OFF 정보를 연산한다.
출력코일	─( )─	출력코일까지의 연산결과를 출력한다.
세트 출력코일	─(S)─	입력조건이 ON되면 지정한 출력코일이 ON되고, 리셋 출력코일이 ON이 되기 전까지 ON 상태를 유지한다.
리셋 출력코일	─(R)─	입력조건이 ON되면 지정한 출력코일이 OFF되고, 세트 출력코일이 ON이 되기 전까지 OFF 상태를 유지한다.
ON 딜레이 타이머	TON BOOL─IN Q─BOOL TIME─PT ET─TIME	입력조건이 ON되는 순간부터 타이머의 경과시간이 증가하여 설정시간에 도달하면 타이머 출력이 ON된다.
OFF 딜레이 타이머	TOF BOOL─IN Q─BOOL TIME─PT ET─TIME	입력조건이 ON되면 타이머 출력이 ON되었다가 입력조건이 OFF되는 순간부터 타이머의 경과시간이 증가하여 설정시간에 도달하면 타이머 출력이 OFF된다.
가산(UP) 카운터	CTU BOOL─CU Q─BOOL BOOL─R CV─INT INT─PV	펄스가 입력될 때마다 현재값이 1씩 증가하여 설정값 이상이면 카운터 출력이 ON된다.
감산 (DOWN) 카운터	CTD BOOL─CD Q─BOOL BOOL─D CV─INT INT─PV	펄스가 입력될 때마다 카운터 현재값이 1씩 감소하여 현재값이 0 이하이면 카운터 출력이 ON된다.

- 래더선도 작성 시 주의사항
  - 회로 중간이 끊어지지 않도록 한다.
  - 출력 심벌은 반드시 오른쪽 끝에 배치한다.
  - 모든 심벌에 명칭을 붙여야 한다.
  - 부가회로는 아래로 전개한다.
  - 같은 번호의 릴레이가 중복 출력되어서는 안 된다.

– 하나의 링에서 여러 개로 파생되지 않도록 한다.
• 프로그램 작성 예시

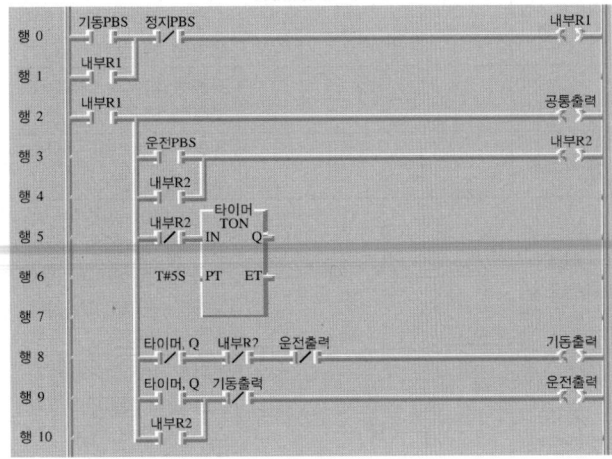

ⓒ 입출력 어드레스 할당
• 프로그래머가 작성한 로직에 따라 입력 어드레스(예 %IX0.0.1, %IX0.0.2, %IX0.0.3…)에 입력장치를 할당하고 출력 어드레스(예 %QX1.0.1, %QX1.0.2, %QX1.0.3…)에 출력장치를 할당하여 프로그램이 작동체와 구동할 수 있도록 할당한다.
• 주소(어드레스) 부여방식은 입력은 %IX, 출력은 %QX로 식별하고 베이스번호, 슬롯번호, 접점번호 순으로 표현한다.

ⓔ 프로그램 컴파일
• 실행파일을 생성하는 과정이다.
• 프로그램이 자체 검토를 실행하고 오류가 발생하면 메시지를 발생한다.
• 수정 및 편집을 시행한다.

ⓜ 프로그램 전송
• PLC 프로그래밍은 프로그래머가 변수들을 이용하여 일반적으로 PLC 프로그램이 설치되어 있는 PC를 이용하여 작성하므로 실제 작동을 제어할 PLC CPU로 프로그램을 입혀 주는(써 주는, Write) 과정이 필요하다.

• PC와 PLC의 네트워크 연결이 필요하다(RS232C, USB 메모리, Ethernet 등 여러 방식 사용 가능).
• PC의 프로그램을 PLC에 쓰기 위해서는 PLC의 CPU모드를 PAUSE나 REMOTE 모드로 선택한다.
• PLC에 선택 레버나 스위치가 있다.

PLC의 운전모드	
RUN	PLC CPU에서 프로그램을 연산, 실행하는 모드
STOP	연산을 정지
Remote	모드 키의 위치를 STOP 모드에서 PAU/REM 모드로 전환할 때에 선택되는 모드로, 컴퓨터에서 작성한 프로그램을 PLC로 전송할 수 있게 해 줌
PAUSE	프로그램의 연산을 일시 정지시키는 모드로, 해제 시 이전부터 연결 실행

• PC의 프로그램에서 온라인–접속–쓰기 모드로 전송한다.
• PC와 PLC가 연결된 상태에서 PLC가 작동하는 경우 PC에서 PLC의 작동 상태를 모니터할 수 있다.

ⓗ 프로그램 저장 및 종료
• PC와 PLC는 서로 읽고 쓰기가 가능하고 편집도 가능하므로, 작동 종료 전에는 저장을 시행하는 것이 좋다. PLC에도 저장이 가능하고 PC에도 저장이 가능하다.
• PLC에 저장된 프로그램을 PC에서 불러오기도 가능하다.
• PC에 작성된 프로그램을 PLC에 쓰면 PLC에 있던 이전 프로그램은 사라진다.

10년간 자주 출제된 문제

26-1. PLC 프로그램의 작성 순서로 옳은 것은?

① 데이터 메모리 할당 → 프로그램 작성 → 입출력 어드레스 할당 → 프로그램 컴파일 → 프로그램 전송 → 프로그램 저장/종료
② 프로그램 작성 → 입출력 어드레스 할당 → 데이터 메모리 할당 → 프로그램 컴파일 → 프로그램 전송 → 프로그램 저장/종료
③ 프로그램 작성 → 입출력 어드레스 할당 → 프로그램 컴파일 → 데이터 메모리 할당 → 프로그램 전송 → 프로그램 저장/종료
④ 프로그램 작성 → 입출력 어드레스 할당 → 데이터 메모리 할당 → 프로그램 전송 → 프로그램 컴파일 → 프로그램 저장/종료

26-2. 다음 그림의 명령어에 대한 설명으로 옳은 것은?

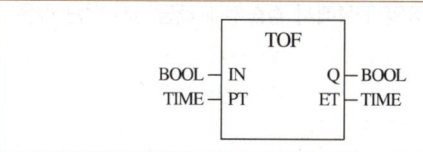

① 펄스가 입력될 때마다 현재값이 1씩 증가하여 설정값 이상이 되면 카운터 출력이 ON된다.
② 펄스가 입력될 때마다 현재값이 1씩 증가하여 설정값 이상이 되면 카운터 출력이 OFF된다.
③ 입력조건이 ON되는 순간부터 타이머의 경과시간이 증가하여 설정시간에 도달하면 타이머 출력이 ON된다.
④ 입력조건이 ON되면 타이머 출력이 ON되었다가 입력조건이 OFF되는 순간부터 타이머의 경과시간이 증가하여 설정시간에 도달하면 타이머 출력이 OFF된다.

해설

26-2
- On Delay Timer : 입력조건이 ON되는 순간부터 타이머의 경과시간이 증가하여 설정시간에 도달하면 타이머 출력이 ON된다.
- Off Delay Timer : 입력조건이 ON되면 타이머 출력이 ON되었다가 입력조건이 OFF되는 순간부터 타이머의 경과시간이 증가하여 설정시간에 도달하면 타이머 출력이 OFF된다.
- 가산 카운터 : 펄스가 입력될 때마다 현재값이 1씩 증가하여 설정값 이상이 되면 카운터 출력이 ON된다.
- 감산 카운터 : 펄스가 입력될 때마다 현재값이 1씩 감소하여 현재값이 0 이하이면 카운터 출력이 ON된다.

정답 26-1 ① 26-2 ④

핵심이론 27 시퀀스 제어

① 시퀀스 제어란 입력에서 출력까지 미리 정해진 순서에 따라 각 단계를 순서대로 진행해 나가는 제어로, 비교·검출·조정 등을 실시하지 않는다.

② 제어의 분류

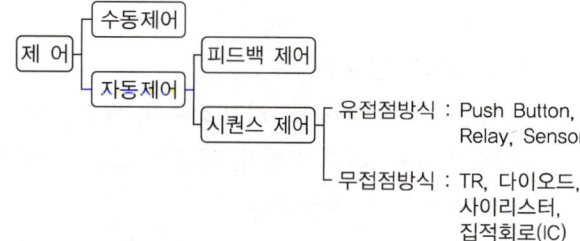

③ 시퀀스 제어의 입력부
  ㉠ 스위치 : 수동 또는 자동으로 신호를 입력하거나 접점을 완성하는 장치
    - 누름 버튼 스위치 : 눌러서 신호를 입력하는 스위치
    - 유지형 스위치 : 셀렉터 스위치, 토글 스위치처럼 조작을 가하면 반대 조작이 있을 때까지 조작 시의 접점 상태를 유지하는 스위치
    - 나이프 스위치 : 단상용 또는 3상용으로 사용되며, 보통 퓨즈가 내장되어 있다.
    - 리밋 스위치 : 전기신호를 기계적 구동력으로 전환하여 사용하는 스위치로, 그림의 롤러 부분에 접촉하여 신호를 발생시킨다.

  ㉡ a접점 / b접점
    - a접점 : 일반적인 스위치로 작동 시 닫히고, 평소에 열려 있는 접점

- b접점 : a접점과 반대로 평소에 닫혀 있고, 작동 시 열리는 접점

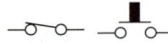

- c접점 : a + b접점 형태로 단락을 어느 쪽에 두느냐에 따라 열림과 닫힘을 선택할 수 있는 접점

④ 시퀀스 제어의 검출부
  ㉠ 검출부 : 검출 스위치로 리밋 스위치, 광전 스위치, 근접 스위치, 리드 스위치, 플로트 스위치, 열전쌍, 센서 등이 사용된다.
  ㉡ 서보장치 : 어떤 장치의 상태를 기준이 되는 것과 비교하고, 안정이 되는 방향으로 피드백(Feedback)해 주어 적합한 출력이 나오도록 해 주는 장치
  ㉢ 센서 : 종류와 방법은 다양하지만, 원하는 동작 또는 상황을 감지하여 입력신호로 사용하는 장치

⑤ 유접점 회로와 무접점 회로
  ㉠ 유접점 회로는 회선을 이어서 원하는 회로를 구성한 것이고, 무접점 회로는 IC 집적회로에 프로그램 등을 이용하여 논리회로를 구성한 것이다.
  ㉡ 유접점 회로는 직접 회선을 선택하여 구성할 수 있고, 비교적 전기적으로 자유롭게 구성이 가능하다. 그러나 부피를 차지하고 반응속도가 발생하며, 동작 시 발생하는 스파크 등도 고려하여야 하고, 복잡한 회로를 구성한 경우에는 다시 읽어 내기 어렵다.
  ㉢ 무접점 회로는 전기적으로 이미 구성된 조건에 맞추어 구성하여야 하지만, 매우 작은 부피로 구성이 가능하며 접점 스파크, 반응속도 등을 고려할 필요가 없다. 프로그램 등의 특성에 따라 조정·검토 등에 유리한 면도 있다.

㉣ 무접점 릴레이의 장단점

장 점	단 점
• 전기기계식 릴레이에 비해 반응속도가 빠르다. • 동작 부품이 없으므로 마모가 없어 수명이 길다. • 스파크 발생이 없다. • 무소음 동작이다. • 소형으로 제작이 가능하다.	• 닫혔을 때 임피던스가 높다. • 열렸을 때 새는 전류가 존재한다. • 순간적인 간섭이나 전압에 의해 실패할 가능성이 있다. • 가격이 좀 더 비싸다.

10년간 자주 출제된 문제

27-1. 다음 중 시퀀스 제어에 속하지 않는 것은?
① 전기로의 온도제어
② 자동판매기 제어
③ 교통신호등 제어
④ 컨베이어 제어

27-2. 시퀀스 제어의 구성에서 검출부에 해당되지 않는 것은?
① 온도 스위치　　　② 타이머
③ 압력 스위치　　　④ 리밋 스위치

27-3. 다음의 유접점 시퀀스 회로도와 PLC의 프로그램 표가 있을 때 ( ) 안에 들어갈 내용을 순서대로 올바르게 표현한 것은?(단, PLC의 명령은 입력(R), 출력(W), AND(A), OR(O), NOT(N)이다)

Step	OP	Add
0	R	0.1
1	(가)	(나)
2	(다)	(라)
3	W	8.0
4	(마)	(바)
5	W	3.0

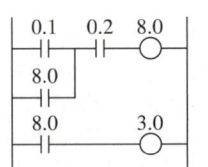

　　(가)　(나)　(다)　(라)　(마)　(바)
① O → 8.0 → A → 0.2 → R → 8.0
② A → 0.2 → R → 8.0 → O → 8.0
③ O → 8.0 → R → 8.0 → A → 0.2
④ O → 8.0 → A → 0.2 → W → 8.0

10년간 자주 출제된 문제

27-4. 유접점 시퀀스의 단점이 아닌 것은?
① 소비전력이 비교적 작다.
② 동작속도가 느리다.
③ 기계적 진동·충격에 약하다.
④ 접점 등의 마모로 수명이 짧다.

27-5. 계전기 방식과 비교한 전자제어방식의 특징으로 틀린 것은?
① 수명이 길다.
② 동작속도가 빠르다.
③ 전기적 노이즈에 강하다.
④ 입력과 출력의 확장성이 우수하다.

해설

27-1
시퀀스 제어는 조건에 따라 동작이 변화하기보다 정해진 순서에 따라 순차적으로 제어한다.

27-2
검출부 : 검출 스위치로 리밋 스위치, 광전 스위치, 근접 스위치, 리드 스위치, 플로트 스위치, 열전쌍, 센서 등이 사용된다.

27-3
프로그램을 잘 몰라도 시퀀스도를 보고 순서대로 관계를 읽으면 풀 수 있다. Step 0에서 입력(R)을 넣고 접점 0.1을 넣었다. 접점 0.2로 갈 수도 있으나 출력(W) 8.0, 3.0이 모두 Step에 제시되어 있으므로 (가)는 OR(O) 관계의 접점 8.0 (나)를 읽고 그 다음 AND(A) 관계(다)의 접점 0.2 (라)를 읽는다. 출력 8.0을 지난 후 입력(R) (마) 접점 8.0(바)를 거쳐 출력(W) 접점 3.0이 연결되어 있는 것을 읽는다.

27-4
무접점 제어에서 사용하는 전류가 더 낮다.

27-5
접점이 기계적인 계전기(릴레이)에 비해 무접점으로 인지되는 전자제어방식의 릴레이는 전기적 노이즈에 약한 단점이 있다.

정답 27-1 ① 27-2 ② 27-3 ① 27-4 ① 27-5 ③

핵심이론 28 시퀀스 제어의 회로

① 회로 읽는 법

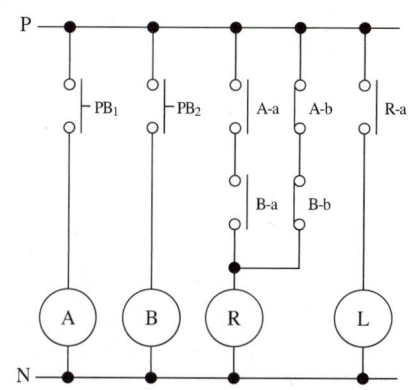

위의 가로선은 + 전선이고, 아래의 가로선은 - 전선이며 회로가 각각 병렬로 연결된 형상이므로 전원은 각각 모두 연결되어 있다. 시퀀스 제어회로는 순차제어회로이므로 병렬로 되어 있다 하여 한꺼번에 작동되는 것으로 읽는 것이 아니라, 좌에서 우로(또는 회로에 따라 위에서 아래로) 한 줄씩 앞줄이 시행된 후 다음 줄이 시행되는 방식으로 읽어야 한다. ⓡ이 연결된 세 번째 줄의 경우는 연결된 두 라인이 병렬로 연결된 것으로 읽어야 한다.

Ⓐ 릴레이에 신호가 들어가면 다음 그림처럼 릴레이 스위치가 작동한다.

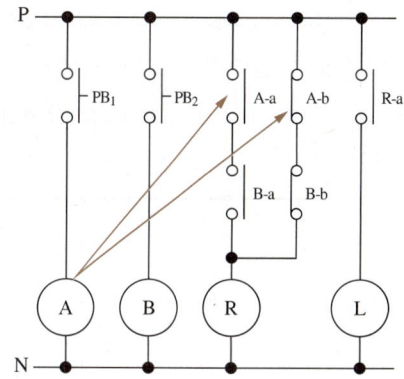

② 기초회로
　㉠ AND 회로 : A×B×C의 연산을 수행하고 연결된 스위치가 모두 입력되어야 출력이 나오는 회로이다.

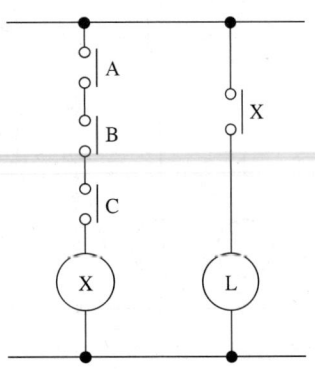

　㉡ OR 회로 : A + B + C의 연산을 수행하고 연결된 스위치 중 하나만 입력되어도 출력이 나오는 회로이다.

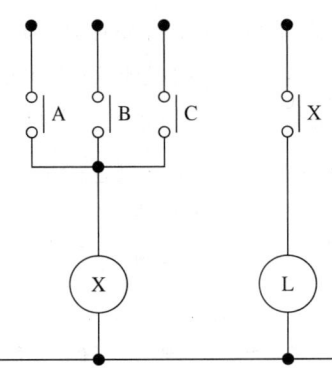

　㉢ NOT 회로 : 입력된 신호와 반대 출력이 나오는 회로로, 다음 그림에서 X-relay가 b접점으로 연결되어 있다.

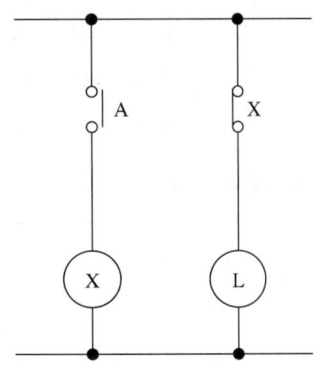

　㉣ 한시동작회로 : 입력이 들어간 후 어느 정도 시간이 지났다가 동작하는 회로이다.
　㉤ 순시동작회로 : 입력이 들어간 후 바로 동작하는 회로이다.
　㉥ 순시동작 한시복귀회로 : 입력과 동시에 동작하였다가 일정시간이 지나면 복귀하는 회로이다.

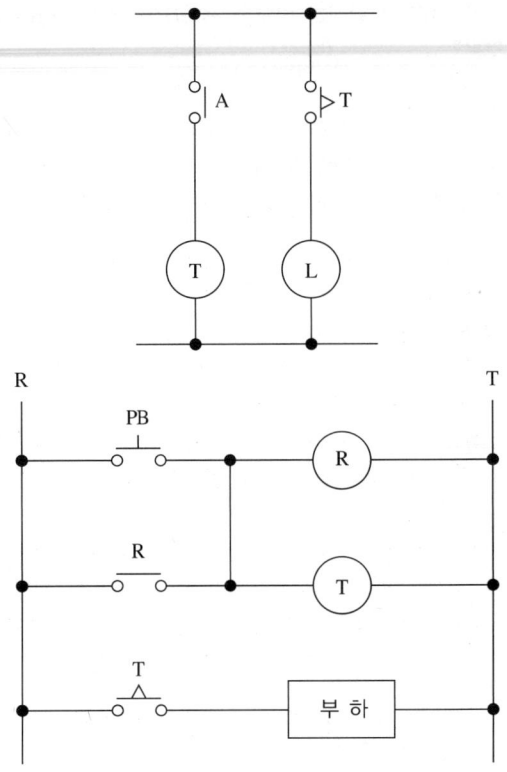

　㉦ 기동우선회로 : 기동신호(a접점)와 정지신호(b접점)가 혼선될 경우, 항상 기동신호가 먼저 들어와야 정지신호 여부가 유효할 수 있도록 설계된 회로이다. 정지우선회로는 A와 B를 바꾸어 설치한다.

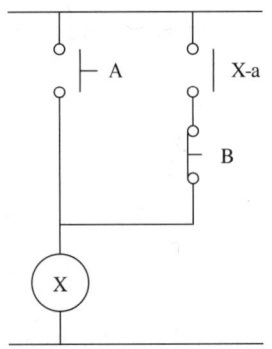

ⓞ 자기유지회로 : 한 번 입력이 들어가면 릴레이에 의해 자기 릴레이를 계속 ON하고 있도록 유지하는 회로이다. 다음 그림에서 A에 의해 X에 신호가 들어가면 X-relay가 ON이 되어 X에 계속 신호를 입력한다.

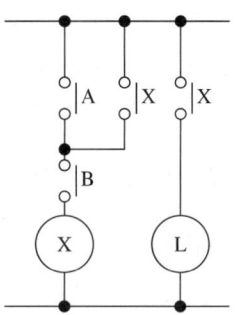

ⓩ 일치회로 : A와 B의 신호가 일치할 때만 출력이 발생하는 회로이다.

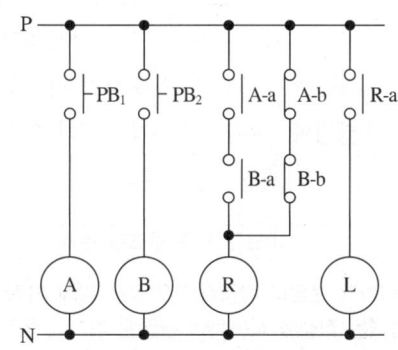

ⓧ 우선동작 순차제어회로 : X_1이 입력되어야 X_2 입력이 유효할 수 있고, X_2가 입력되어야 X_3의 입력이 유효할 수 있다. 즉, X_1 다음 X_2, X_2 다음 X_3가 입력되도록 설계된 회로이다.

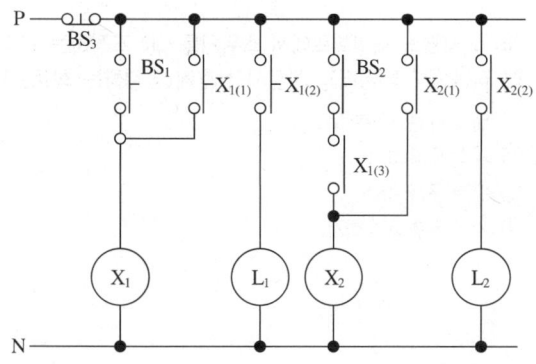

ⓒ 신입신호 우선회로 : 새로 입력된 신호의 값을 우선 반영하도록 설계된 회로이다. 다음 그림에서 보면 X_1이 살아 있는 상태에서 X_2가 입력되면 $X_{2(3)}$ B접점이 X_1을 끊고 작동하도록 설계되어 있다.

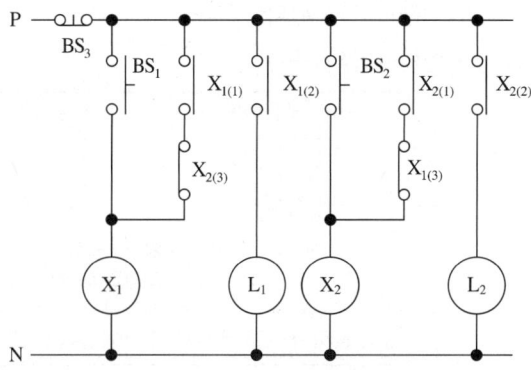

ⓔ 인터로크회로 : 신입신호 우선회로와는 달리 서로의 신호가 서로에게 간섭을 주지 않도록, 즉 Cross Checking하도록 둘 이상의 계전기가 동시에 동작하지 않도록 설계된 회로이다.

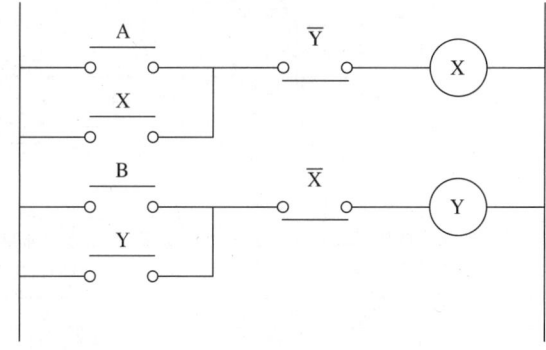

ⓟ 캐스케이드회로 : 신호 간섭을 피하기 위해 에너지원 공급을 순차로 하는 회로이다. 회로가 다소 복잡하게 될 가능성이 있고, 밸브를 직렬로 연결하게 되며, 이에 따라 압력이 저하하여 스위칭 시간이 길어지게 된다. 그러므로 캐스케이드 밸브를 5개 이상 사용하게 되면 회로 작동 자체에 영향을 줄 수도 있다.

ⓗ 플립플롭회로/플리커회로
- 1 또는 0과 같이 하나의 입력에 대하여 항상 그에 대응하는 출력이 발생하게 하고, 다음에 새로운 입력이 주어질 때까지 그 상태를 안정적으로 유지하는 회로로서, 컴퓨터 집적회로 속에서 기억소자로 활용된다.
- 플립플롭의 종류

	RST 플립플롭			JK 플립플롭		
기호	S Q R $\bar{Q}$ (SEr/CLA)			J Q K $\bar{Q}$ (SEr/CLA)		
동작	T가 1일 때에만 RS F/F 동작, T가 0일 때에는 입력 R, S의 상태에 무관하여 앞의 출력 상태를 유지함			2개의 입력이 동시에 1이 되었을 때 출력 상태가 불확정되지 않도록 한 것으로 이때 출력 상태는 반전됨		
진리표	S	R	Q_{n+1} 동작	J	K	Q_{n+1} 동작
	0	0	Q_n 불변	0	0	Q_n 불변
	0	1	0 리셋	0	1	0 리셋
	1	0	1 세트	1	0	1 세트
	1	1	불확정 불변	1	1	Q_n' 반전
	D 플립플롭			T 플립플롭		
기호	D T (FF J/K SEr/CLA Q/$\bar{Q}$ R_D) / D CLK Q $\bar{Q}$			T CLK (J/K SEr/CLA Q/$\bar{Q}$)		
동작	D 입력의 1 또는 0의 상태가 Q 출력에 그대로 Set됨			클록 펄스가 가해질 때마다 출력 상태가 반전됨		
진리표	D	clk	Q_{n+1}	T		Q_{n+1}
	1		1	0		Q_n
	0		0	1		Q_n'

- 플리커회로 : 신호등의 점멸등과 같이 설정시간 간격으로 ON과 OFF를 반복하는 회로

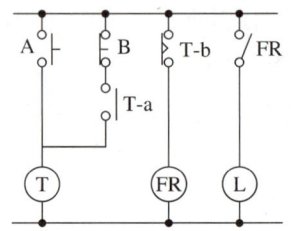

㉮ 촌동(Inching)회로
- 한 마디 또는 1인치 정도만 움직이는 회로라는 의미로 버튼을 누르는 동안만 동작하는 회로이다. 누르는 동안 잠깐 움직인다고 하여 PB_2 부분을 촌동회로라 한다. 촌동회로는 사용자가 의도하는 동안만 작동하므로 인지하지 못하는 동작에 의한 사고를 방지한다.

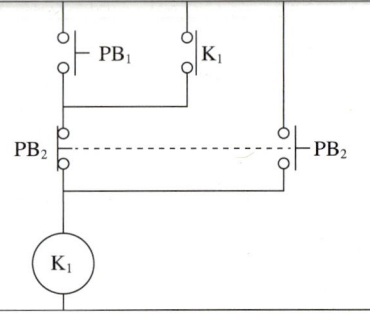

- PB_1을 누르면 K_1이 자기유지에 의해 작동한다.
  - PB_2를 누르면 자기유지가 해지되면서 PB_2 a 접점에 의해 K_1이 작동한다.
  - PB_2를 떼면 K_1 멈춘다.

10년간 자주 출제된 문제

28-1. 기기의 보호나 작업자의 안전을 위해 기기의 동작 상태를 나타내는 접점을 사용하여 관련된 기기의 동작을 금지하는 회로는?
① 자기유지회로
② 오프 딜레이 회로
③ 인터로크회로
④ 타이머회로

28-2. 시퀀스 제어회로에서 스위치를 ON 조작하는 것과 동시에 작동하고 타이머의 설정시간 후에 정지하는 회로는?
① 일정시간동작회로
② 지연동작회로
③ 반복동작회로
④ 지연복귀동작회로

10년간 자주 출제된 문제

28-3. 다음 PLC 프로그램에 대한 회로로 가장 적합한 것은?

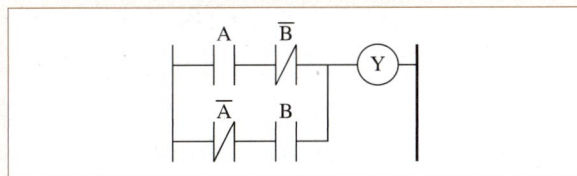

① 일치회로 ② Ex-OR 회로
③ OR 회로 ④ AND 회로

28-4. PLC로 사회자 1명에 출연자 4명이 참가한 퀴즈게임회로를 작성하려고 할 때 출연자 1명에 걸어 주어야 할 b접점의 최소 개수는 몇 개인가?(단, 사회자의 초기화 조작 스위치는 포함하지 않는다)

① 1개 ② 2개
③ 3개 ④ 4개

28-5. 5개의 T-FF(플립플롭)으로 구성된 카운터회로에 입력 클록 주파수가 8MHz일 경우 마지막 플립플롭의 출력 주파수[kHz]는?

① 150 ② 250
③ 300 ④ 350

28-6. RS 플립플롭(Flip-Flop)에서 SET(S) 입력에 0, RESET(R) 입력에 1을 입력하면 출력(Q)은?

① Low(0) ② High(1)
③ 불확실 ④ 이전 상태 유지

28-7. JK 플립플롭(Flip-Flop)의 입력신호가 J = 0, K = 1일 때 출력 Q는?

① 불 변 ② 1(set)
③ 0(reset) ④ 토글(Toggle)

|해설|

28-1

인터로크회로: 신입신호 우선회로와는 달리 서로의 신호가 서로에게 간섭을 주지 않도록, 즉 Cross Checking하도록 둘 이상의 계전기가 동시에 동작하지 않도록 설계된 회로이다.

28-2

② 지연동작회로 : 입력이 들어가고 일정시간 후 동작하는 회로
③ 반복동작회로 : 동작 패턴이 반복되는 회로
④ 지연복귀동작회로 : 복귀동작이 지연되는 회로

28-3

여러 방법으로 확인 가능하나 진리표를 이용해 보면, 서로 다른 신호일 때만 Y에 출력이 발생한다.

A	B	Y
0	0	0
0	1	1
1	0	1
1	1	0

28-4

퀴즈게임은 인터로크회로를 사용하며 출연자 A, B, C, D 중 A 출연자의 회로 라인에는 B, C, D 세 사람의 입력에 따른 b접점이 들어와야 인터로크가 완성된다.

28-5

카운터회로를 문제와 같이 출력을 바로 입력에 연결하면 마지막 플립플롭에서는 $\frac{1}{2^5}$의 주파수가 출력된다.

$8,000\text{kHz} \times \frac{1}{2^5} = 250\text{kHz}$

28-6

	RST 플립플롭
동작	T가 1일 때에만 RS F/F 동작, T가 0일 때에는 입력 R, S의 상태에 무관하여 앞의 출력 상태를 유지
진리표	S R Q_{n+1} 동작 0 0 Q_n 불변 0 1 0 리셋 1 0 1 세트 1 1 불확정 불변

28-7

JK 플립플롭	동 작	진리표
J SET Q K CLR $\overline{Q}$	2개의 입력이 동시에 1이 되었을 때 출력 상태가 불확정되지 않도록 한 것으로, 이때 출력 상태는 반전됨	J K Q_{n+1} 동작 0 0 Q_n 불변 0 1 0 리셋 1 0 1 세트 1 1 Q_n' 반전

정답 28-1 ③ 28-2 ① 28-3 ② 28-4 ③ 28-5 ② 28-6 ① 28-7 ③

핵심이론 29 프로그램 확인 및 수정 보완

① PLC에 입력된 프로그램에 대한 완전성 검사방법
  ㉠ 프로그램의 시뮬레이션 기능 활용
    • 시뮬레이터의 예시

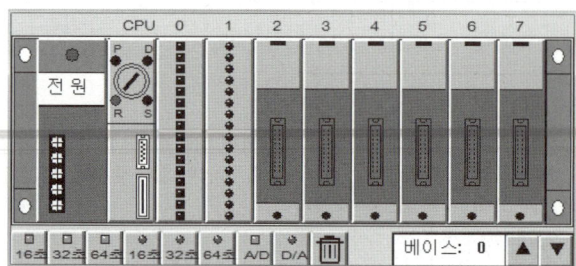

    • PLC 편집 및 모니터 프로그램의 서브프로그램으로 그림과 같은 시뮬레이터를 장착한다.
    • 사용하는 기종의 PLC와 같은 구성을 그래픽상으로 구현하여 시뮬레이팅한다.
  ㉡ 조작 스위치 박스, 트레이너 등을 활용한 시운전
    • 트레이너의 예시

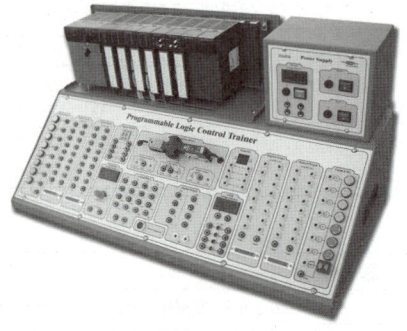

    • 상단의 PLC의 입출력 모드의 입출력 접점을 크게 확대하여 바나나 잭 등으로 쉽게 연결할 수 있도록 구성한다.
    • 상단의 PLC에 작성된 프로그램을 쓴 후 트레이너의 입출력 접점을 트레이너의 스위치 및 액추에이터에 연결하여 프로그램을 확인한다.
    • 시뮬레이터는 그래픽상 램프의 ON/OFF만으로 프로그램 결과를 확인해야 하므로 다소 추상적인 단점이 있는데, 트레이너는 실제 스위치와 구동으로 테스트해 볼 수 있는 장점이 있다.
  ㉢ 강제(수동) 입출력을 통한 시운전
    • 시뮬레이터와 모의장치를 이용한 시운전에서 프로그램이 실행되면 프로그램의 모니터가 시작되고, 강제 입력을 원하는 접점 위치에서 마우스를 더블클릭하여 변수 강제 입력 대화상자로 내부 값 변경을 선택하거나 변경한다.
    • 프로그래머가 프로그램을 이해하고 있는 상태에서 시운전하는 것이 안전하다.
    • 프로그램의 파트프로그램을 확인하고자 할 때 활용하면 적합하다.

② PLC 프로그램 실행 전 점검 및 수정 보완
  ㉠ 점검 대상
    • PLC 접속
      - 접속방법 : RS-232C, USB, Ethernet, Modem 등을 이용한다.
      - 접속 설정 : PLC와의 연결 구조에 따라 로컬, Remote 1, Remote 2로 설정한다.
      - 접속 시 오류 대처
        ⓐ RS-232C 통신 시
          • RS-232C 케이블이 PC와 PLC가 잘 연결되었는지 확인한다.
          • PC에 연결된 COM 포트번호가 접속 설정의 COM 포트번호와 일치하는지 확인한다.
          • RS-232C 케이블의 결선이 끊어짐 없이 잘 연결되었는지 확인한다.
          • PLC가 정상 동작 상태인지 확인한다.
        ⓑ USB로 접속 시
          • USB 케이블이 PC와 PLC에 잘 연결되었는지 확인한다.
          • PC에서 USB 장치 인식이 잘되었는지 확인한다.

• PC와 PLC를 USB 케이블로 연결한 후 [제어판]-[시스템]-[하드웨어 탭]-[장치관리] 버튼을 눌러 [장치관리자] 대화상자에서 PLC가 PC에 잘 인식되었는지 확인한다.

ⓒ 프로그램 쓰기, 읽기 : [온라인]-[접속] 상태에서 PC 프로그램에 작성된 프로그램을 PLC로 [쓰기] 하거나 PLC에서 [읽기] 할 수 있다.

ⓒ PLC 이력관리 : PC와 PLC를 [온라인]-[접속] 상태에서 [에러/경고 상세 정보] 대화창을 통해 전원 차단 이력/에러 이력/모드 전환 이력 등을 확인할 수 있다.

③ PLC 트러블 슈팅

ⓐ 기계 작동 상태, 전원 인가 상태, 입출력기기 상태, 배선 상태, 표시창의 상태를 확인한 후 PLC 작동 상태나 프로그램 내용을 점검한다.

ⓑ STOP 모드에서 전원을 OFF/ON하여 이상에 대한 소거가 있는지 확인한다.

ⓒ 고장요인의 추정 : PLC 본체, 입출력기기, 입출력 모듈, PLC 프로그램의 오류 등을 추정한다.

• PLC 프로그램의 오류로 추정되는 경우 PLC RUN 모드에서 수정방법
 - 접속 후 [프로젝트]-[PLC로부터 열기]로 프로그램을 열기
 - PLC와 접속 후 [모니터 시작], [런 중 수정 시작], [런 중 수정 취소], [런 중 수정 쓰기], [런 중 수정 종료] 기능을 이용하여 RUN 중 수정 가능하다.

10년간 자주 출제된 문제

PLC 프로그램 실행 전 점검 및 수정 보완에 관한 설명 중 옳지 않은 것은?

① PC와 PLC를 [온라인]-[접속] 상태에서 [읽기] 대화창을 통해 전원 차단 이력/에러 이력/모드 전환 이력 등을 확인할 수 있다.
② PLC와 접속 후 [모니터 시작], [런 중 수정 시작], [런 중 수정 취소], [런 중 수정 쓰기], [런 중 수정 종료] 기능을 이용하여 RUN 중 수정이 가능하다.
③ PC와 PLC를 RS-232C를 이용하여 접속할 때 접속 오류가 발생한다면 PC에 연결된 COM 포트번호가 접속 설정의 COM 포트번호와 일치하는지 확인해야 한다.
④ PC와 PLC를 USB를 이용하여 접속할 때 접속 오류가 발생한다면 [제어판]-[시스템]-[하드웨어 탭]-[장치관리] 버튼을 눌러 [장치관리자] 대화상자에서 PLC가 PC에 잘 인식되었는지 확인한다.

해설

PC와 PLC를 [온라인]-[접속] 상태에서 [에러/경고 상세 정보] 대화창을 통해 전원 차단 이력/에러 이력/모드 전환 이력 등을 확인할 수 있다.

정답 ①

핵심이론 30 통신(1)

① 접지
  ㉠ 접지의 종류
    • 제1종 접지
      - 고압 및 특별고압 기계기구 외부, 변압기 안정 권선이나 유휴권선 그리고 전압조정기의 내장 권선, 특고압 계기용 변성기 2차 측, 피뢰기, 피뢰침, 항공장해 등 및 항공장해 등과 접속된 절연 변압기 부하측 전로, 전기 집진장치의 케이블 금속제(방호장치 및 피복)
    • 제2종 접지
      - 고압 또는 저압이 혼합되어 닿은 경우 저압측 전위 유지가 목적
      - 고압 전로 또는 특별고압 전로와 저압 전로를 결합하는 변압기의 저압측의 중성점 또는 1단자 등
      - 특고압과 저압이 결합한 경우 $16mm^2$ 이상, 다중접지된 특고압과 저압 또는 고압과 저압이 결합한 경우 $6mm^2$ 이상, 접지저항값은 75Ω보다 작아야 하며, 고압측이 비접지인 경우 10Ω 이하
    • 제3종 접지
      - 400V 미만인 기계기구의 외부, 고압 계기용 변성기 2차 측, 고압 보호망 또는 보호망, 사람이 접촉할 우려가 없는 기계기구
      - $2.5mm^2$ 이상의 연동선, $1.25mm^2$ 이상의 연동연선 또는 $0.75mm^2$ 이상의 다심 코드성이나 캡타이어 케이블, 접지저항값은 100Ω 이하
  ㉡ PLC에서는 미세한 스파크 등을 방지하고, 전류 안정성을 도모하며, 외래 잡음으로부터 방지를 목적으로 하여 3종 접지에 해당한다.
  ㉢ 잡음 대책용 접지의 경우 특별히 전원부와 제어부, 기타 기기를 따로 접지할 필요가 있다.

② 프로세서의 통신방식에는 직렬통신과 병렬통신이 있다.
  ㉠ 병렬통신
    • 대량의 정보를 빨리 한꺼번에 처리 가능하며 성능이 우수하다.
    • 기술적인 어려움이 있고 비용이 비싸다.
    • PC의 경우 본체 내부에 배치한 주변기기 간 통신 등 짧은 거리에 많이 사용한다.
  ㉡ 직렬통신
    • 비용 절감이 크다. 최근에는 프로세서의 성능이 개선되어 직렬통신으로도 충분히 속도를 내므로 많이 사용한다.
    • 비동기식 통신과 동기식 통신으로 나누어진다.
      - 비동기식과 동기식의 차이는 전송 시 리시버(Receiver)의 상태를 확인하느냐 안 하느냐의 여부에 있다.
      - 확인하는 것이 동기식, 리시버의 상태에 무관하게 전송하면 비동기식이다.
      - 비동기식을 일반적으로 UART(범용 비동기화 송수신기, Universal Asynchronous Receiver Transmitter)라고 한다.
      - UART는 노이즈에 약하고 통신거리에 제약이 있다.
      - 비동기 데이터 통신구조

비트	1	2	3	4	5	6	7	8	9	10	11
종류	시작비트 (Start Bit)	데이터 비트 (Data Bit)								패리티 비트 (Parity Bit)	종료비트 (Stop Bit)
용도	통신 시작을 알림	본 데이터 전송								오류 검증, 사용 안 함, 짝수·홀수 구분	통신의 종료를 알림

      - Ethernet은 LAN에서 가장 많이 사용하는 통신기술이며 수많은 종류로 발전해 가고 있다.

③ 시리얼 통신
  ㉠ 비동기식 포트
  ㉡ 시리얼 통신에서는 1바이트를 8개의 비트로 분리해서 한 번에 1비트씩 통신선로로 전송한다.
  ㉢ RS(Recommend Standard) : 권장표준, Number RS232, RS423은 통신속도가 늦고 거리도 짧지만 비용 절감이 크다.
  ㉣ RS232와 RS422는 전이송방식(Full Duplex)을 사용하지만 RS485는 반이송방식(Half Duplex)을 사용한다.
    • 전이송방식(전이중방식) : 통신방법 중 양자 동시 통신 가능
    • 반이송방식(반이중방식) : 화자 통신이 청자 수신만 가능
    • 단방향 전송방식 : 화자와 청자가 정해진 통신방식
  ㉤ 시리얼 통신의 전송속도 baud rate는 전송속도 bps를 바탕으로 1bit가 전송되는 데 필요한 시간을 의미한다.
  ㉥ RS232 핀 포트 사양
    • DCD(Data Carrier Detect) : 입력
    • RXD(Receive Data) : 입력
    • TXD(Transmit Data) : 출력
    • DTR(Data Terminal Ready) : 출력
    • GND(Ground)
    • DSR(Data Set Ready) : 입력
    • RTS(Request To Send) : 출력
    • CTS(Clear To Send) : 입력
    • RI(Ring Indicator) : 입력
    ※ TXD ⇄ RXD, RTS ⇄ CTS, DTR ⇄ DSR
④ 전송방식
  ㉠ 폴링(Polling) : 접촉되어 있는 대상이 데이터를 원하는지 체크하여 전송하는 방식
  ㉡ 인터럽트(Interrupt) : 연산 중이더라도 데이터 발생 시 즉시 전송하는 방식
  ㉢ DMA(Direct Memory Access) : 직접 메모리 접근 방식, 주변장치가 메모리에 직접 접근하는 기능
  ㉣ 핸드셰이킹(Hand Shaking) : 전송 전 동적으로 상호 변수를 확인하는 상태
⑤ 전송속도는 bps(Bit Per Second)를 사용하며 초당 전송량으로 표시

10년간 자주 출제된 문제

30-1. PLC 사용 시 접지하는 목적에 해당되지 않는 것은?
① 누설전류에 의한 감전을 방지한다.
② 센서부의 입력신호를 증폭하여 명확히 한다.
③ PLC 제어반과 대지 간의 전위차를 '0'으로 한다.
④ 혼입한 잡음을 대지로 배제하여 잡음의 영향을 감소시킨다.

30-2. PLC 설치 시의 접지방법 중 가장 양호한 방법은?

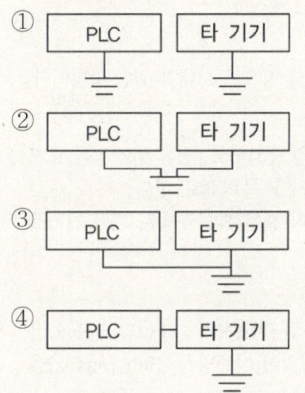

30-3. PLC와 주변기기의 통신방식 중 송신과 수신에 같은 회선을 사용하므로 반이중방식으로만 통신이 가능한 것은?
① RS232   ② RS422
③ RS485   ④ Ethernet

30-4. 데이터를 1개의 케이블을 통해 1bit씩 전송하는 방식으로 전송속도는 느리지만, 설치비용이 저렴한 데이터 전송방식은?
① 병렬전송방식
② 직렬전송방식
③ 반이중전송방식
④ 전이중전송방식

10년간 자주 출제된 문제

30-5. UART를 이용한 데이터의 직렬(Serial)전송을 구성하기 위한 세트에 포함되지 않는 것은?
① 스 톱
② 체 크
③ 스타트
④ 패리티

30-6. PLC의 RS232C 커넥터를 이용하여 PC와 직접 연결하려고 한다면, RXD 단자는 상대편의 어느 단자와 연결해야 하는가?
① DCD
② DTR
③ RXD
④ TXD

30-7. 시리얼 통신의 전송속도를 나타내는 것은?
① bit
② bus
③ baud
④ byte

해설

30-1
접지는 스파크 방지 및 누설전류를 땅으로 보내기 위한 방법이다.

30-2
- PLC에서는 미세한 스파크 등을 방지하고, 전류 안정성을 도모하며, 외래 잡음으로부터 방지를 목적으로 한다.
- 잡음 대책용 접지의 경우 특별히 전원부와 제어부, 기타 기기를 따로 접지할 필요가 있다.

30-3
- RS232와 RS422는 전이송방식(전이중방식, Full Duplex)을 사용하지만 RS485는 반이송방식(반이중방식, Half Duplex)을 사용한다.
- Ethernet은 LAN에서 가장 많이 사용하는 통신기술이며 수많은 종류로 발전하고 있다.

30-4
직렬통신 : 비용 절감이 크다. 최근에는 프로세서의 성능이 개선되어 직렬통신으로도 충분히 속도를 내므로 많이 사용한다.

30-5
비동기 데이터 통신구조

비트	1	2	3	4	5	6	7	8	9	10	11
종류	시작 비트 (Start Bit)	데이터 비트 (Data Bit)								패리티 비트 (Parity Bit)	종료 비트 (Stop Bit)
용도	통신 시작을 알림	본데이터 전송								오류 검증, 사용 안 함, 짝수·홀수 구분	통신의 종료를 알림

30-6
RS 232 핀 포트 사양
- DCD(Data Carrier Detect) : 입력
- RXD(Receive Data) : 입력
- TXD(Transmit Data) : 출력
- DTR(Data Terminal Ready) : 출력
- GND(Ground)
- DSR(Data Set Ready) : 입력
- RTS(Request To Send) : 출력
- CTS(Clear To Send) : 입력
- RI(Ring Indicator) : 입력

※ TXD ⇄ RXD, RTS ⇄ CTS, DTR ⇄ DSR

30-7
시리얼 통신의 전송속도 baud rate는 전송속도 bps를 바탕으로 1bit가 전송되는 데 필요한 시간을 의미한다.

정답 30-1 ② 30-2 ① 30-3 ③ 30-4 ② 30-5 ② 30-6 ④ 30-7 ①

핵심이론 31 통신(2)

① 통신망

  ㉠ 브로드 밴드(Broad Band, 광대역) : 브로드 밴드 네트워킹은 하나의 전송매체에 여러 채널의 데이터를 실어서 동시에 전송하는 통신방식을 의미한다.

  ㉡ 베이스 밴드(Base Band, 기저대역) : 모든 신호가 갖고 있는 주파수 대역을 의미한다. 베이스 밴드 네트워킹은 단말기의 출력신호를 변조 없이 그대로 전송함을 의미한다.

  ㉢ 캐리어 밴드(Carrier Band, 반송파 대역) : 반송파(搬送波)의 반(搬, 옮길 반)은 무언가 신호를 담아 옮기는 전파를 의미한다. 반송파 대역은 이렇게 사용되는 전파 대역이다.

  ㉣ LAN(Local Area Network, 근거리 통신망)
  - 토큰 링 : 단말이 접속되는 노드(Node) 사이를 링 모양으로 접속하여 상호간 정보를 주고받도록 연결하는 방식
  - Gigabit Ethernet : 고속 LAN 서비스의 일종
  - 무선 랜 : 무선을 이용한 근거리 네트워크 통신을 총칭

② 노이즈(Noise) 개선 전략

  ㉠ PLC와 PC 주변에는 수많은 접점이 발생하며 저항과 의도하지 않은 미약한 전기신호들이 발생할 가능성이 높다. 이를 노이즈라고 한다.

  ㉡ 입력부의 노이즈
  - 스파크 킬러나 서지킬러의 저항값을 조절하거나 설치 위치를 조정한다.
  - DC 릴레이에 환류 다이오드(Free Wheeling Diode/Flyback Diode)를 설치한다.
  - 포토커플러는 동적 범위를 늘리고 잡음을 무시하는 데 도움이 된다.
  - 배리스터(전압에 따라 저항이 비례하는 전자부품)를 사용한다.

  ㉢ 전원부의 노이즈
  - 제어부(PLC 쪽)의 전원과 전동부(Motor 쪽)의 전원을 따로 둔다.
  - 제어선은 차폐(Shield)선을 사용한다.
  - 실드 트랜스나 절연 트랜스를 사용한다.
  - EMI 필터 등을 사용한다.

  ㉣ 출력부의 노이즈
  - 스파크 킬러를 설치한다.
  - 전압·저항을 조절하거나 누설전류를 잡아낸다.
  - 정전압회로를 사용한다.

  ㉤ 잡음 여유(Noise Margin) : 디지털 논리소자에서 출력전압은 입력전압에 비하여 어느 정도 여유가 있는 안전한 값으로 출력되는데, 이때의 여유를 의미한다. 잡음이 발생하더라도 그 다음에 접속되는 입력의 논리값에는 영향을 주지 않는다.

③ 기타 연결도구(Tool)

  ㉠ CC-LINK : 연결지점 수가 적고 지점 간 거리가 길 때 공사비 절감을 위해 사용한다.

  ㉡ 동축케이블, 광케이블 : 광역통신수단

  ㉢ USB 장치 및 케이블
  - PC와 PLC, PLC와 주변기기 간 직접 통신을 위한 수단
  - USB 버스 플러그 앤 플레이 설치를 지원하는 외부 버스
  - 직렬 버스장치를 연결
  - OS 종료 없이도 연결 또는 분리가 가능

④ PLC의 자가진단기능

  ㉠ 현재 자동화가 발전되어 가며 공정이 무인화되어 가므로 각 기기의 자가진단기능이 점점 요구된다.

  ㉡ 각 프로세서는 시스템 운전 시 발생되는 고장 검출 기능을 가지고 있다.

  ㉢ 메모리 상태 파악, 배터리 전압 저하 체크, 코딩 시 에러 확인, 전원 공급 상태를 확인한다.

  ㉣ Watchdog Timer 기능이란 설정시간을 지켜보고 있는 시스템적 도구를 의미한다.

10년간 자주 출제된 문제

31-1. 하나의 전송매체에 여러 채널의 데이터를 실어서 동시에 전송하는 방식의 통신방식은?

① 토큰 링(Token Ring)
② 베이스 밴드(Base Band)
③ 브로드 밴드(Broad Band)
④ 캐리어 밴드(Carrier Band)

31-2. PLC 입력부에서 신호에 포함된 노이즈가 PLC 내부장치로 전달되지 않도록 하기 위해 채택되는 회로요소는?

① CPU
② 퓨 즈
③ 트라이악
④ 포토커플러

31-3. 다음 중 PLC의 자가진단기능과 거리가 먼 것은?

① 메모리 액세스 타임 체크 기능
② 배터리 전압 저하 체크 기능
③ Code Error 및 Syntax Check 기능
④ Watchdog Timer 기능

해설

31-1
① 토큰 링 : 단말이 접속되는 노드(Node) 사이를 링 모양으로 접속하여 상호간 정보를 주고받도록 연결하는 LAN의 일종
② 베이스 밴드(Base Band, 기저대역) : 모든 신호가 갖고 있는 주파수 대역을 의미
④ 캐리어 밴드 : 무언가 신호를 담아 옮기는 전파를 의미

31-2
④ 포토커플러 : 절연 트랜스 역할을 하여 동적 범위를 늘리고 잡음을 무시하는 데 도움이 된다.
① CPU는 중앙처리장치이며 설치 여부와 노이즈는 무관하다.
② 퓨즈는 과전류를 방지하기 위한 안전장치이다.
③ 트라이악은 양방향 사이리스터를 의미하며, 사이리스터는 3단 반도체 소자이다.

31-3
메모리 액세스 타임을 체크할 수 있지만, 의미 있는 진단은 아니다.

PLC의 자가진단기능
- 현재 자동화가 발전되어가며 공정이 무인화되어 가므로 각 기기의 자가진단기능이 점점 요구된다.
- 각 프로세서는 시스템 운전 시 발생되는 고장 검출기능을 가지고 있다.
- 메모리 상태 파악, 배터리 전압 저하 체크, 코딩 시 에러 확인, 전원 공급 상태를 확인한다.
- Watchdog Timer 기능이란 설정시간을 지켜보고 있는 시스템적 도구를 의미한다.

정답 31-1 ③ 31-2 ④ 31-3 ①

CHAPTER 02 장치의 활용

핵심이론 01 HMI 장치의 운용

① HMI의 개념
  ㉠ MMI(Man Machine Interface)와 HMI(Human Machine Interface)
    • 일반적으로 컴퓨터, 기계, 장치, 시스템과 그것을 이용하는 사람 간의 인터페이스로 시각, 청각, 촉각적인 것을 모두 포함한다.
    • 사람이 컴퓨터 간의 명령, 제어, 통신기술 또는 컴퓨터를 운영 가능하게 하는 물리적인 요소들과 GUI와 더불어서 버튼, 마이크, 조이스틱 마우스, 펜, 키보드 등과 같은 입력장치와 CRT, LED와 같은 출력장치 등도 모두 포함한다.
    • MMI : 작업자와 설비 간에 인터페이스를 쉽고 편하게 해 주는 목적으로 발전된 개념이다.
    • HMI
      - MMI 기능에 인간중심적 사고에서 '인격을 부여하였다.'는 의미이다.
      - 기기와 기기 간의 접속, 인간과 기기 간의 접속을 원활하게 하는 것으로, 인간과 기계의 상호 의사 전달을 지원하는 시스템이다. 인터페이스를 담당하는 입출력 시스템과 그와 관련된 소프트웨어 기술이 있다.
      - 사람과 기계의 커뮤니케이션을 도와주는 다양한 방법이 동원되는 장치이다.

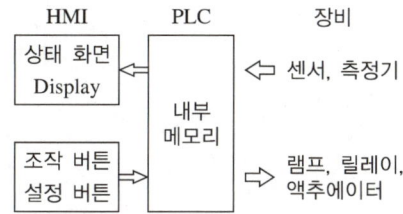

  ㉡ HMI 소프트웨어의 주요 기능
    • 사용자의 편리성을 도모하기 위한 직관적이면서도 쉽게 사용 가능한 GUI 환경
    • 개방된 시스템 구조
    • 현장 정보 DB화 및 동적 그래픽 디스플레이, 트렌딩, 리포팅, 한글처리 기능
    • 로직 자동제어, 사용자 정의의 프로그램 추가
    • 네트워크 연결, 이중화 시스템 지원
    • 다양하고 화려한 그래픽 환경 제공
    • 강력한 프로그래밍 툴 지원
    • 인터넷과 맞물려 COM(Component Object Model)으로 발전
    • COM + /DCOM(Distributed COM) 표준화 기술
    • 단순한 제어노드 관제로부터 배치 자동화, 프로세서 제어, 설비 결과물로서 고도 지능화된 제어 솔루션 기능
  ㉢ HMI 적용 분야
    • 철강, 석유화학 등 플랜트 자동화
    • 정수시설, 오폐수처리 등 수처리 분야
    • 발전소, 발전설비 등 전력 분야
    • 로봇 및 자동화기기, 모바일기기 등 조립산업 분야
    • IBS, 주차설비 등 빌딩 자동화 분야
    • 소각설비 등 특수산업 분야
    • 시멘트, 보일러설비, 자동차, 통신, 우주항공, 가전 등 유틸리티 제어 분야

② SCADA의 개념
  ㉠ SCADA(Supervisory Control and Data Acquisition)
    - 집중원격감시제어시스템 또는 감시제어데이터 수집시스템
    - 통신경로상의 아날로그 또는 디지털 신호를 사용하여 원격장치의 상태 정보 데이터를 원격 소장치(Remote Terminal Unit)로 수집, 수신, 기록, 표시
    - 중앙제어시스템이 원격장치를 감시제어하는 시스템
    - 발전·송배전시설, 석유화학플랜트, 제철공정시설, 공장 자동화시설 등 여러 종류의 원격지 시설장치를 중앙집중식으로 감시제어하는 시스템
  ㉡ SCADA 시스템의 주요 기능(ANSI/IEEE 권고안)
    - 원격장치의 경보 상태에 따라 미리 규정된 동작을 하는 감시시스템의 기능인 경보기능
    - 원격 외부장치를 선택적으로 수동, 자동 또는 수·자동 복합으로 동작하는 감시제어기능
    - 원격장치의 상태 정보를 수신, 표시·기록하는 감시시스템의 지시·표시기능
    - 디지털 펄스 정보를 수신, 합산하여 표시·기록에 사용할 수 있도록 하는 기능
③ HMI 기계장비의 종류
  ㉠ PLC(CHAPTER 01 해당 핵심이론 참조)
  ㉡ 계측장치
    - 각종 물리량이나 현상을 측정 또는 계량하기 위한 기계기구의 총칭
    - 계측장치의 분류
      - 자연현상을 연구하기 위한 과학계기
      - 항공 및 선박의 운항에 필요한 정보를 얻기 위한 항해계기
      - 산업공정 프로세스의 조업관리를 위한 공업계기
      - 환자의 증세를 감시하는 의료계기
      - 전압, 전류, 전력, 주파수 등 전기적인 양을 측정하는 전기계측기기
      - 온도, 조도, 속도 등 물리량을 측정하는 전기계측기기

10년간 자주 출제된 문제

1-1. HMI에 대한 설명으로 옳지 않은 것은?
① 직관적이며 쉬운 GUI를 제공한다.
② 입력장치로 사용하며 출력의 기능도 있다.
③ 사용 시 전문프로그래머의 확인이 필요하며 기술적 이해도가 높아야 한다.
④ 철강, 석유화학 등 플랜트 자동화, 정수시설, 오폐수처리 등 수처리 분야에서도 널리 사용한다.

1-2. 다음은 HMI의 구조를 나타낸 그림이다. (a)에 해당하는 적당한 방법은?

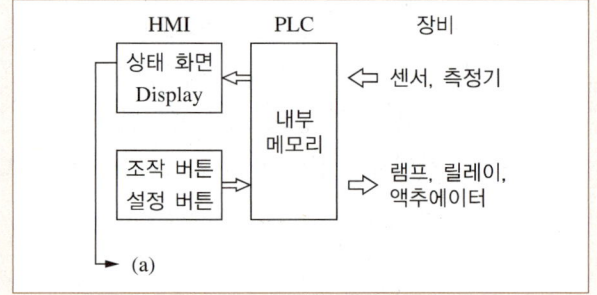

① 스크립트   ② 소스코드
③ 그래픽   ④ 데이터베이스

|해설|

1-1
HMI는 전문성이 낮은 비전문가도 쉽게 오퍼레이팅이 가능하도록 구성한 입력장치로, 모니터링 기능을 함께 제공하므로 출력기능도 포함한다.

1-2
HMI는 기계장비의 상태를 모니터링 및 조작하는 기능이므로 화면상에 실물과 가까운 그래픽으로 표현하여 사용자의 이해를 높인다.

정답 1-1 ③ 1-2 ③

핵심이론 02 HMI 기능

① HMI 특징
  ㉠ PC 환경에 영향을 받는다.
  ㉡ 편리한 사용환경
   • HMI S/W는 Windows OS 환경을 지원하도록 설계되어 있다.
   • Windows에서 제공하는 다양하고 편리한 사용자 인터페이스를 제공한다.
   • 멀티태스킹, 멀티스레드, ActiveX, OLE Automation, OPC(OLE for Process Control) 기술은 시스템 개발자와 사용자 모두에게 업무의 효율을 높일 수 있도록 한다.
  ㉢ 개방형 시스템
   • HMI 시스템은 대부분 개방형 시스템으로 설계되어 외부의 시스템, 사용자 응용프로그램, 상용 패키지들과 데이터를 주고받을 수 있어 시스템의 확장성과 유연성을 높일 수 있다.
   • HMI 시스템은 다양한 하드웨어를 위한 I/O 드라이버를 지원하며, OLE Automation을 이용한 프로그램 간의 데이터 교환 등을 지원한다.
   • 어떤 I/O 디바이스를 사용할 것인지를 시스템 개발자 또는 사용자가 결정할 수 있다.
   • Ethernet 기반의 LAN, 인터넷 등을 통한 네트워크를 구축하여 현장이 아닌 곳에서도 공정 진행 상태를 감시할 수 있다.
  ㉣ 유연한 시스템을 구성할 수 있다.
  ㉤ 신속한 성능 향상 : PC 기반 시스템이기 때문에 PC 성능 향상에 따라 시스템 성능 향상이 가능하다.

② HMI 시스템의 구성
  ㉠ HMI/SCADA 시스템은 시스템의 규모에 맞추어 다양한 형태로 구성 가능하다.
  ㉡ STAND-ALONE 시스템
   • 단위 공정이나 소규모의 단순 자동화에 사용한다.
   • 하위 I/O 디바이스와의 통신에 의한 데이터 수집 및 저장, 실시간, 이력 데이터베이스 관리, HMI 기능 등이 포함된다.
  ㉢ 분산(Client/Server)시스템 : STAND-ALONE 시스템으로 처리하기 힘들어 세부 공정을 분산하고자 하는 경우에 적용한다. 감시/제어용 시스템과 I/O 서버, 파일 서버 등으로 구성되어 네트워크를 형성하며, 시스템의 확장 또한 용이하다.
  ㉣ 이중화 시스템
   • 고도의 신뢰성이 요구되는 시스템에 이용한다. 최근 많은 HMI시스템이 이중화를 기본으로 제공하고 있다.
   • Line 이중화 : PLC 등의 디바이스 포트와 라인을 이중화 구성하는 방식이다.
   • 서버 이중화 : 2대의 서버컴퓨터를 동기화시켜 이중화하는 방식으로, 프라이머리 서버 고장 시 스탠드바이 서버로 자동절체를 통해 신뢰성 있는 시스템을 구성한다.

③ HMI 적용 분야
  ㉠ 공정 자동화시스템(Process Automation System)
   • 생활수준의 향상으로 청정환경에 대한 요구로 주목된다.
   • 오폐수처리, 실시간 물관리, 소각로 감시/제어 및 공정, 컴퓨터를 통해 물류의 프로세스를 통합 감시/제어하는 시스템
  ㉡ 공장 자동화시스템(Factory Automation System)
   • 공장의 생산설비의 가동 상태와 생산 현황을 감시하고, 현장에서 제공되는 데이터를 실시간으로 수집·분석한다.
   • 네트워크를 통해 상위 시스템에 전송하여 손쉽게 생산현장을 감시/제어 및 관리할 수 있는 시스템이다.

- 생산관제시스템, 생산공정 감시/제어시스템, 자동창고시스템, 설비진단 및 관리시스템, 계측기시스템 등
ⓒ 빌딩 자동화시스템(Building Automation System)
  - 빌딩설비를 자동 운영하고, 이상 발생 시에 대비한다.
  - 빌딩 운영의 고도화, 운영 인력의 감소, 에너지의 효율적 이용에 의한 에너지 절약과 관리업무의 체계화를 위한 시스템이다.
  - 네트워크를 통한 각종 자원을 공유하고 보안시스템과 연동한다.
  - IIS(Integrated IBS System, 통합관제시스템), 빌딩 자동제어시스템, 방범시스템, 방재시스템
ⓔ 원격감시/제어시스템(Tele-metering & Tele-control System)
  - 데이터 통신기술을 이용하여 원거리에 떨어져 있는 각종 설비를 계측하고 감시/제어하는 자동화시스템이다.
  - 무인방송설비, 제조라인, 무인기지국 감시 및 실시간 물관리시스템 등에 응용한다.
  - 설비의 실시간 감시로 유지보수의 신속성 및 설비 가동의 효율성을 높이며 종합 감시·분석으로 업무의 효율화를 극대화함으로써 시설 통합 운전의 의한 인력 및 비용의 절감효과를 볼 수 있다.
  - 무인기지국 원격감시시스템/하수처리장, 유량계, 상수도, 정수장 통합관리시스템, 실시간 물관리시스템/유·무인 등대 통제소 원격감시시스템/냉각탑 원격감시시스템

③ HMI 기능 설계 순서
  ㉠ HMI 소프트웨어의 개발은 시중에 판매되는 HMI 전용 개발 소프트웨어를 활용하는 방법이다. 비주얼 베이직(Visual Basic), C/C++ 등과 같은 프로그래밍 언어를 이용하여 직접 개발하는 방법으로 나눈다.
  ㉡ 기능 설정
  - 프로그램에서 해당 장비, 메이커 등을 선택(제조사 등에서 장치 드라이버 제공)한다.
  - 통신방법 설정
    - 직렬통신방법
    - 직렬통신 RS232C를 사용한다.
    - 고성능을 요구하여 RS422, RS485 등의 통신을 사용하는 경우 직렬통신보드를 사용한다.
    - 몇몇 PLC를 포함한 통신장비는 전용보드를 사용한다.
    - Ethernet 통신
      ⓐ TCP/IP를 이용한 통신이다.
      ⓑ Ethernet카드와 랜케이블을 이용하여 통신한다.
      ⓒ 빠른 속도와 원거리 통신, 다중 접속 등 장점으로 많이 사용한다.
      ⓓ Ethernet 드라이버 설치 단계 : IP주소 할당 → TCP/IP 설치와 환경 설정 → TCP/IP 통신테스트
  - 네트워크 설정 : 대규모 시스템의 경우 여러 개의 Server와 Client를 이용하여 시스템의 부하를 분산하거나 이중화를 위한 다양한 방식의 네트워크를 구성할 수 있어야 하고, HMI 시스템에서는 이러한 네트워크 체계에 따라 설정이 필요하다.
  - I/O 리스트 작성 : PLC와 연결되는 각종 디바이스의 IO 방식(Digital, Analog Input/Output)과 종류를 정리하여 I/O 리스트를 작성한다.
  ㉢ 드라이버 및 데이터베이스 구성
  ㉣ 그래픽 생성
  ㉤ 추가 기능 작업
  - Trend 작성
  - Report 작성
  - Alarm List 작성

10년간 자주 출제된 문제

2-1. HMI 기능설계 순서로 적절한 것은?
① 통신 설정 → I/O 리스트 작성 → 드라이버 생성 → 그래픽 생성
② 그래픽 생성 → 통신 설정 → 드라이버 생성 → I/O 리스트 작성
③ 통신 설정 → 프로그래밍 → 코딩 변환 → 그래픽 적용
④ I/O 리스트 작성 → 프로그래밍 → 그래픽 생성 → 통신 설정

2-2. 데이터 통신기술을 이용하여 원거리에 떨어져 있는 각종 설비를 계측하고 감시/제어하는 자동화시스템을 일컫는 용어는?
① HMI
② SCADA
③ TCP/IP
④ TTS(Tele-metering & Tele-control System)

[해설]

2-1
하드웨어를 연결하고 그 환경에 맞게 그래픽을 생성할 필요가 있다.

2-2
원격감시/제어시스템(Tele-metering & Tele-control System)
- 데이터 통신기술을 이용하여 원거리에 떨어져 있는 각종 설비를 계측하고 감시/제어하는 자동화시스템이다.
- 무인방송설비, 제조라인, 무인기지국 감시 및 실시간 물관리 시스템 등에 응용한다.
- 설비의 실시간 감시로 유지보수의 신속성 및 설비 가동의 효율성을 높이며 종합 감시·분석으로 업무의 효율화를 극대화함으로써 시설 통합 운전의 의한 인력 및 비용의 절감효과를 볼 수 있다.
- 무인기지국 원격감시시스템/하수처리장, 유량계, 상수도, 정수장 통합관리시스템, 실시간 물관리 시스템/유·무인 등대 통제소 원격감시시스템/냉각탑 원격감시시스템

정답 2-1 ① 2-2 ④

핵심이론 03 HMI 화면 구성

① **HMI 화면**
   ㉠ HMI 화면은 터치모니터 형태의 입력기이기도 하고, 디스플레이를 볼 수 있는 출력기이기도 하다.
   ㉡ HMI 화면은 개발자가 원하는 대로 구성하여 입력변수, 출력변수 모두 사용 가능하다.
   ㉢ 개발자의 실력에 따라 보기 편하고 아름다운 그래픽을 제공할 수 있다.
   ㉣ 문자를 이용하지 않고 구성이 가능하므로 사용자나 작업자에게 직관적인 정보를 제공할 수 있다.
   ㉤ 연결된 PC를 통해 HMI 화면을 자유롭게 구성할 수 있으므로 여러 자동화에서 유용한 입출력 단말기로 사용 가능하다.

② **HMI 화면 구성요소**
   ㉠ HMI는 기계장비의 상태를 모니터링 및 조작하는 기능이므로 화면상에 실물과 가까운 그래픽으로 표현하여 사용자의 이해를 높인다.
   ㉡ 그래픽 구성요소를 직접 그리기도 하지만 대부분 HMI 개발 툴에서 제공하고 요소를 속성 지정 변경하여 사용한다.
   - 그래픽의 구성요소
     - 일반버튼 : ON/OFF를 즉시 동작, 한시 동작, 지연 동작 등으로 설정하여 사용한다.
     - 다중버튼 : 작업단계는 1, 2, 3, 4, 5, 운전모드는 자동 – 반자동 – 수동 선택 등 다양한 다중 선택에 사용한다.
     - 설정값 버튼 : 상수 설정, 증감 설정 등을 텍스트, 숫자, 그래프, 색상 등으로 사용한다.
     - 램프 : 이미지를 이용하여 출력 상태를 확인하는 HMI 그래픽 요소이다.
     - 계기 : 숫자나 다이얼로 출력 상태를 표시하는 그래픽 요소이다.

- 트랜드 그래프 : 값의 현재값, 최솟/최댓값, 상/하한값 등을 그래프로 표시하는 형태이다.
- 데이터 표시계 : 숫자, 문자, 일자, 시간, 요일 등 그 외 사용자가 지정하는 데이터를 표시한다.
- 상태 표시 : 그래픽 애니메이션을 이용하여 가시적으로 출력 또는 작동 상태를 표시한다.

- HMI 화면 배치
  - 단일 페이지 구성
    ⓐ 복잡하지 않은 모니터링 또는 동작을 한 화면으로 구성하여 화면 내 요소의 변화로만 통제하는 방식이다.
    ⓑ 한눈에 모니터링, 동작 지시가 가능하다.
  - 다중 페이지 구성
    ⓐ 메인 화면과 서브 화면으로 구성하여 통제하는 장면에 따라 페이지를 구성하는 방식이다.
    ⓑ HMI를 통해 통제 장면별로 좀 더 자세한 모니터 및 지시가 가능하다.
    ⓒ 전체 페이지를 통일성과 일관성 있는 디자인으로 구성할 필요가 있다.

③ HMI 화면의 종류
  ㉠ 공정 모니터링 화면
  ㉡ 트렌드(Trend) 화면 : 생산량 및 각종 측정 데이터 값을 시간에 따른 그래프로 나타내는 것으로서 전체 흐름 데이터의 추세를 분석할 수 있는 화면
  ㉢ 데이터 조회 화면 : 생산량, 불량 개수, 측정 데이터 등 데이터베이스에 저장된 자료를 조회할 수 있는 화면
  ㉣ IO 모니터링 화면 : 각종 센서, 액추에이터 등 입출력 IO의 ON/OFF 상태를 모니터링할 수 있는 화면
  ㉤ 수동 조작 화면 : 설비를 구성하는 각각의 요소를 구동 및 제어하고자 할 때 지정된 각 동작 부위에 해당되는 버튼을 이용하여 조작할 수 있는 화면
  ㉥ 환경설정 화면 : 사용자 권한관리, 통신환경, 생산 모델 변경 등 각종 사용조건을 변경하고 설정하는 화면

10년간 자주 출제된 문제

그래픽의 구성요소에 대한 설명으로 적절하지 않은 것은?

① 일반버튼 : ON/OFF를 즉시 동작, 한시 동작, 지연 동작 등으로 설정하여 사용
② 다중버튼 : 1, 2, 3, 4, 5, 단 자동-반자동-수동 선택 등 다양한 다중 선택에 사용
③ 설정값 버튼 : 이미지를 이용하여 출력 상태를 확인하는 HMI 그래픽 요소
④ 트랜드 그래프 : 값의 현재값, 최솟/최댓값, 상/하한값 등을 그래프로 표시하는 형태

해설

- 일반버튼 : ON/OFF를 즉시 동작, 한시 동작, 지연 동작 등으로 설정하여 사용한다.
- 다중버튼 : 작업단계는 1, 2, 3, 4, 5, 운전모드는 자동-반자동-수동 선택 등 다양한 다중 선택에 사용한다.
- 설정값 버튼 : 상수 설정, 증감 설정 등을 텍스트, 숫자, 그래프, 색상 등으로 사용한다.
- 램프 : 이미지를 이용하여 출력 상태를 확인하는 HMI 그래픽 요소이다.
- 계기 : 숫자나 다이얼로 출력 상태를 표시하는 그래픽 요소이다.
- 트랜드 그래프 : 값의 현재값, 최솟/최댓값, 상/하한값 등을 그래프로 표시하는 형태이다.
- 데이터 표시계 : 숫자, 문자, 일자, 시간, 요일 등 그 외 사용자가 지정하는 데이터를 표시한다.
- 상태 표시 : 그래픽 애니메이션을 이용하여 가시적으로 출력 또는 작동 상태를 표시한다.

정답 ③

핵심이론 04 전기전자장치 조립

① 기계장치의 설치와 유지보수를 위해 전기전자장치의 선정과 조립작업의 이해가 필요하다.

② 전기전자회로의 각종 부품

　㉠ 전자회로의 예

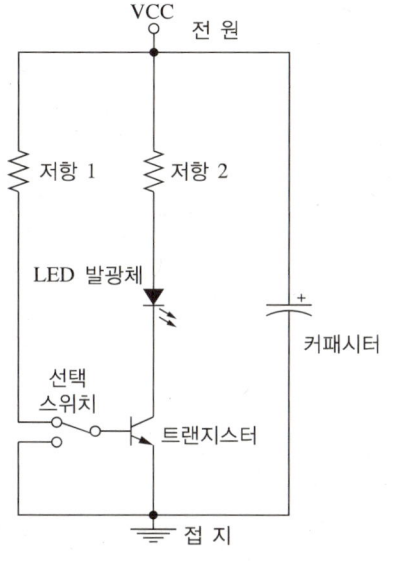

　㉡ 전기회로도 구성품 기호와 내용

기 호	설 명
	구성품의 리드와이어가 달린 커넥터
	ECU와 같은 일렉트로닉 구성품
	한 개의 커넥터에 여러 개의 배선이 연결됨(점선으로 표기)
	한 개의 구성 부품에 서로 다른 여러 개의 커넥터가 연결됨
	전체 해당 구성 부품

기 호	설 명
	접속된 와이어
	접속되지 않은 와이어
	조인트 커넥터(릴레이 박스 안에 위치)
	커넥터를 사용한 와이어 접속
	부분 구성 부품

　㉢ 배 선
- 커넥터(Connector) : 암수 커넥터로 구분하여 전선을 연결하도록 만든 장치이다.
- 하네스(Harness) : 말과 마차를 연결해 주는 마구를 의미하는 용어로, 전기신호 전달을 위해 가공·구성·결속한 배선품이다. 커넥터의 다발을 안정적으로 결속하는 것과 같은 효과가 있다.

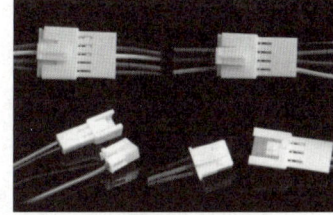
[하네스]

[커넥터]

③ 회로도 기호의 부품 명칭

회로도 기호	명 칭	회로도 기호	명 칭
U4 UA7805/TO	정전압 IC (TO-220)		저항기
Y1	수정 발진자		반고정 가변 저항기

회로도 기호	명 칭	회로도 기호	명 칭
핀 헤더 J1 1,2,3	핀 헤더 3p	가변저항 기호	가변 저항기
Q1	NPN형 트랜지스터	서미스터 기호	서미스터
3 2 1 / 6 5 4	암 커넥터	트랜스포터 기호 4,8	트랜스포터
1 2 3 / 4 5 6	수 커넥터	L1	인덕터
LS1 릴레이 기호	릴레이	트랜스포머 기호 4,6,8	트랜스포머
R2 어레이 저항 기호	어레이 저항	무극성 커패시터 기호	무극성 커패시터
F1 퓨즈 기호	퓨 즈	유극성 커패시터 기호	유극성 커패시터
푸시 버튼 스위치 기호	푸시 버튼 스위치	다이오드 기호	다이오드
단로 스위치 기호	단로(SPDT) 스위치	제너 다이오드 기호	제너 다이오드
복로 스위치 기호	복로(SPDT) 스위치	발광 다이오드 기호	발광 다이오드
접지 기호	접 지	트랜지스터 기호	트랜지스터
구성품 접지 기호	구성품 접지		

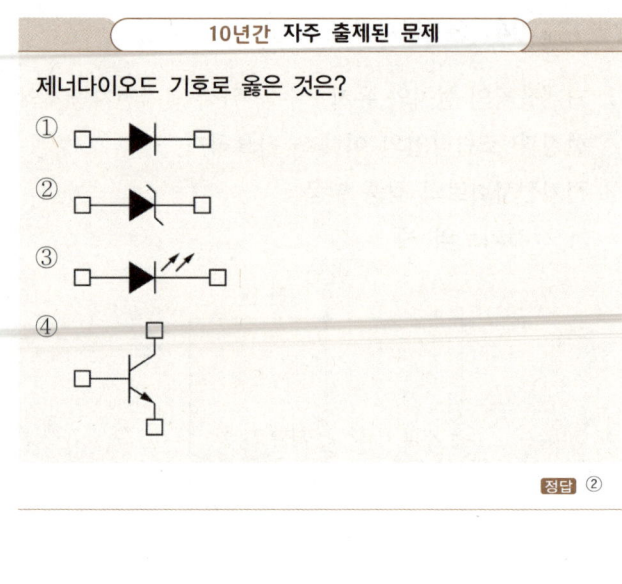

10년간 자주 출제된 문제

제너다이오드 기호로 옳은 것은?

① (다이오드 기호)
② (제너다이오드 기호)
③ (발광다이오드 기호)
④ (트랜지스터 기호)

정답 ②

핵심이론 05 조립공구 및 조립 부품

① 조립공구

㉠ 드라이버 : 나사, 볼트 등을 풀거나 조일 수 있도록 손잡이와 날 끝에 십자(十字)나 일자(一字) 모양의 단단한 양각을 부착해 놓은 공구이다.

㉡ 플라이어(Pliers) : 집기, 절단, 구부리기, 압착 등 다양한 작업을 할 수 있도록 중심부에 힌지를 달고 손잡이와 집게로 구성된 수공구이다.

㉢ 롱노즈플라이어(Long Nose Pliers) : 플라이어 중 집게 부분이 길어서 '코가 긴 플라이어'라는 명칭을 가진 공구로, 플라이어에 비해 예민하게 집을 수 있는 공구이다.

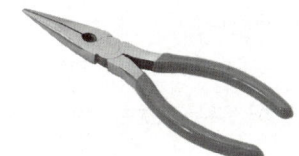

㉣ 와이어 스트리퍼(Wire Stripper) : 니퍼의 전선 피복을 벗기는 기능을 특화한 공구이다. 안쪽에 커터, 중앙부에 전선 종류별로 스트리퍼가 장착되어 있고 제일 끝에 롱노즈플라이어를 혼합하여 제품화한 공구이다.

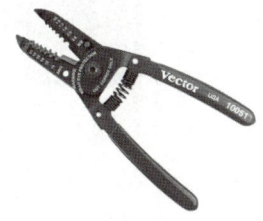

㉤ 니퍼(Nipper) : 공구 부분이 게의 집게발처럼 생겨서 니퍼라는 명칭을 가진 공구로, 전선을 자르거나 전선 커버를 벗겨낼 때 사용한다.

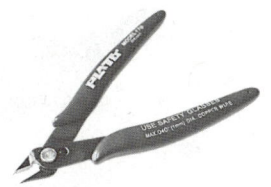

㉥ 렌치(Wrench) : 비틀고 토션(Torsion)을 일으키거나 볼트머리, 너트 등에 힘을 주어 회전시키는 공구이다.

㉦ 소켓렌치(Socket Wrench) : 볼트나 너트의 머리에 소켓을 끼워 사용하는 렌치로, 일 방향성 톱니를 장착하여 한 방향으로만 힘을 받게 할 수 있고 위치를 조정하는 래칫이 내장되어 래칫렌치(Ratchet Wrench)라고도 한다.

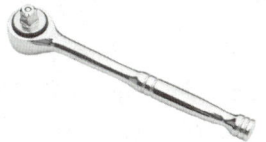

㉧ 전동드릴 : 전동기의 힘을 이용하여 드릴링하는 수동공구로, 연동척에 드릴날을 물어서 드릴로 사용하기도 하고, 드라이버 날을 물어서 전동드라이버로 사용하기도 한다. 충전형·유선형, 시계·반시계 방향 회전, 해머링 기능 등 많이 사용되는 만큼 다양한 기능이 추가되어 다양한 제품이 있다.

ⓩ 납땜용 인두 : 펜처럼 생긴 공구로, 펜 끝부분을 땜납을 녹일 온도로 가열하여 납땜작업을 하는 전열기이다.

ⓒ 인두 받침대 : 연속적으로 납땜작업을 실시할 때 뜨거운 전기인두를 안전하게 거치하는 데 사용한다.

㉮ 납 흡입기 : 주사 흡입기처럼 생긴 공구로, 녹은 납을 흡입할 때 사용한다.

② **조립 부품**

  ㉠ 조립 베이스
  - 조립 베이스(Assembly Base)의 크기 : 1,000 × 800mm 알루미늄 플레이트
  - 입출력을 위한 플레이트를 제외한 실제 장착 가능한 공간 : 800 × 880mm
  - 슬롯의 간격 : 20mm

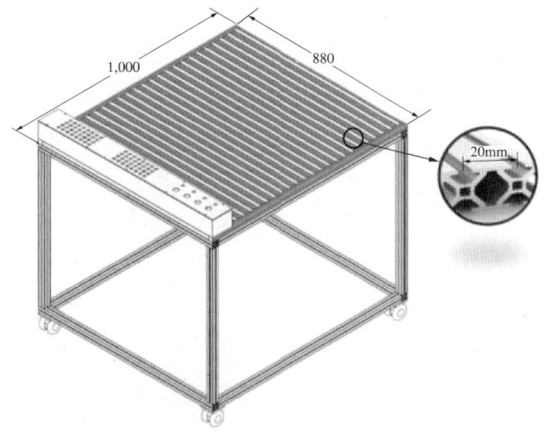

ⓒ 인덱스 테이블
- 회전 테이블을 일정 각도로 회전시켜 다양한 공정이 순차적으로 수행되도록 하는 장치이다.
- 모터, 유압, 공압 등으로 구동되며 많은 산업군에서 다양하게 적용된다.

[인덱스 테이블]

ⓒ 스테핑 모터
- 인덱스 테이블은 스테핑 모터에 의해 회전한다.
- 스테핑 모터는 PLC 제어신호에 따라 정해진 각도, 정해진 방향으로 회전한다.
- 회전각도와 속도제어가 용이하여 자동화에서 많이 사용한다.

㉣ 스테핑 모터 드라이버 : PLC에서 신호를 받아 스테핑 모터 구동신호를 보내 주는 장치이다.

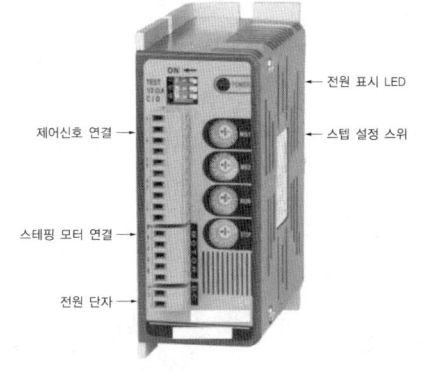

㉤ 컨베이어
- 일정한 거리를 자동적·연속적으로 재료나 물품을 운반하는 기계장치이다.
- 공장 내에서 부품이나 재료의 운반, 반제품의 이동, 항만·광산 등에서 석탄·광석 화물의 운반, 건설현장에서 모래 등의 운반에 널리 사용한다.

- 공장 내에서는 이동작업대로의 역할을 병행하여 라인식 대량 생산방식의 기반이 된다.
ⓑ 진공발생기(이젝터, Ejector)
  - 공급 포트에 공급된 압축공기가 진공발생기 내부의 상대적으로 큰 공간으로 공급되면 압력은 높아지고 유체의 속도는 느려진다. 작은 단면적의 배기 포트의 입구를 지나면서 압력은 대기압보다 낮아지고 속도가 빨라지게 되면서 부압(마이너스(-) 압력)이 발생되고, 진공 포트로 압력 평형을 이루기 위해 대기가 유입되어 진공이 발생한다.
  - 진공력에 의하여 대상물을 부착할 수 있게 하며 물건을 집어 올릴 수 있도록 하는 역할을 한다.
ⓢ 솔레노이드 밸브 터미널 : 모든 솔레노이드 밸브에 공통적으로 공급되는 라인(1 공급, 3, 5 배기)을 서브 베이스의 공압 연결구와 배기 포트를 통해 연결하여 많은 수의 솔레노이드 밸브를 효율적인 공압 배선으로 함께 구성할 수 있도록 한 장치이다.

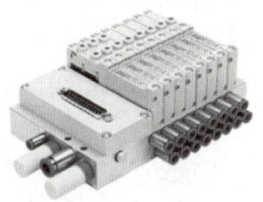

10년간 자주 출제된 문제

인덱스 테이블을 회전하는 신호를 제공하며 PLC 제어신호에 따라 정해진 각도, 정해진 방향으로 회전시키는 제어가 용이하여 자동화에서 많이 사용하는 기기는?

① 래칫렌치 ② 솔레노이드
③ 컨베이어 ④ 스테핑 모터

|해설|

스테핑 모터
- 인덱스 테이블은 스테핑 모터에 의해 회전한다.
- 스테핑 모터는 PLC 제어신호에 따라 정해진 각도, 정해진 방향으로 회전한다.
- 회전각도와 속도제어가 용이하여 자동화에서 많이 사용한다.

정답 ④

핵심이론 06 전기전자장치 기능 확인, 측정

① 회로시험기(테스터)를 이용한 측정

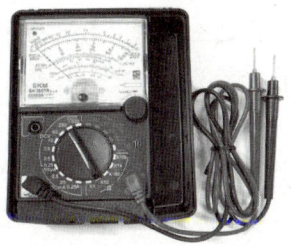

㉠ 회로시험기
  - 측정 대상에 탐촉자를 접촉시키고 전류의 흐름, 전압의 크기, 저항의 크기 등을 측정하는 기기이다.
  - 눈금 읽는 방법
    - 중심부의 로터리 레버를 이용하여 측정하고자 하는 전류, 전압, 저항을 선택한다.
    - 측정 대상의 범주(전류량, 전압의 크기, 저항의 크기)를 예측하여 선택한다.
    - 선택한 범주에 맞게 눈금을 읽는다.

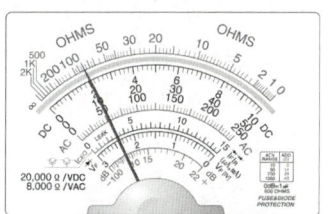

  - 그림의 경우 레버가 저항 ×10에 맞춰져 있고 바늘은 80을 가리키고 있으므로 800Ω으로 읽는다.
  - 무전원 테스트 램프
    - 전기의 도통을 확인하기 위해 전기가 흐르면 램프가 켜지도록 탐촉자 + 전선 + 램프로 간단히 만든 테스터이다.

- 주로 자동차 등 일상에서 사용하는 전기를 측정하며, 예측되는 전압에 적합한 램프를 선택해야 안전하다.
- 자체 전원 테스트 램프 : 무전원 테스트 램프가 전기가 흐르고 있는지 활성전기를 측정한다면, 자체 전원 테스트 램프는 검사 대상체가 전원이 인가되지 않은 상태에서 결선되었는지 또는 합선되었는지를 측정하기 위한 테스트 램프이다.
- 전류계, 전압계, 저항계
  - 흐르는 전류, 전압 또는 저항을 측정하기 위한 측정기이다.
  - 주로 회로시험기로 측정이 가능하지만 고전력, 고압 및 정밀전압, 정밀저항 등을 측정하기 위해서는 전용 측정기를 사용한다.
  - 암페어 미터기의 경우는 고전력 측정 상황이 많으므로 주변 자기장을 이용하는 고리형 측정기를 사용한다.
  - 고리형 측정기(훅 미터(Hook Meter), 클램프 미터(Clamp Meter))는 도선을 벗겨 접촉할 필요가 없으며 주로 회로시험보다는 전력 측정 상황에서 사용한다.

ⓒ 기능검사 측정기
- 오실로스코프
  - 전기신호의 그래프를 그리는 장치이다.
  - 신호가 시간에 따라 어떻게 변화하는지를 표시한다.
  - 세로축을 전압, 가로축을 시간으로 설정하여 전기신호의 파형을 표시하는 계측기이다.
  - 아날로그/디지털 변환기(A/D 변환기)와 메모리를 이용한다.
  - 검출한 전기신호를 전부 표시하는 것이 아니기 때문에 갑자기 발생하는 이상신호를 놓칠 수 있다.

- 스펙트럼 애널라이저

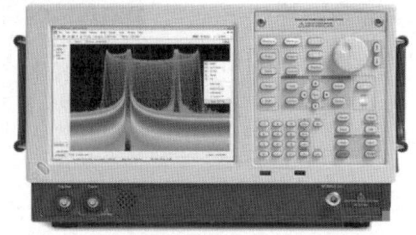

  - 세로축을 전력 또는 전압, 가로축을 주파수로 설정하여 전기신호를 표시한다.
  - 검출한 전기신호는 화면의 왼쪽에서 오른쪽을 향해서 주기적으로 스위프되는 점으로 표시한다.
  - 모든 대역의 전기신호를 일괄해서 표시하는 디지털 샘플링 방식(실시간 방식)으로도 표시한다.
  - 전기장 강도 측정, EMC(ElectroMagnetic Compatibility, 전자파 양립성) 관련 잡음 레벨의 측정 시 사용한다.

- 로직 애널라이저

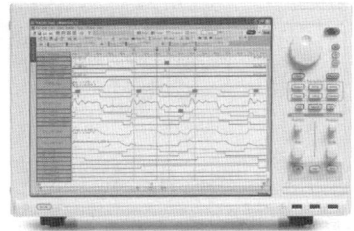

  - 디지털회로 또는 디지털시스템으로부터 입력되는 여러 개의 디지털 신호를 수집하여 저장하고, 원하는 시점에 표시장치에 표시한다.
  - 전기신호를 '하이(High)'와 '로(Low)' 두 종류의 값으로 표시한다.
  - 버스 인터페이스를 측정하기 위해서 16~64 등 많은 입력 채널을 갖추고 있다.
  - 버스 인터페이스의 프로토콜로 디코드해서 표시하거나 타이밍 차트로 표시한다.

- 네트워크 애널라이저

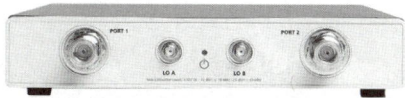

- 고주파 회로나 마이크로파 회로, 고주파 디바이스 등의 고주파 특성을 측정한다.
- 고주파 신호를 입력하고, 반사 전력과 통과 전력을 측정하는 것으로 고주파 특성을 파악한다.
- 스미스 차트를 화면에 직접 표시한다.
- 고주파/마이크로파 회로나 안테나의 임피던스 정합을 확보하는 작업이 시각적으로 실행 가능하다.

② 조립된 장치의 기능 확인

㉠ 전기전자장치의 기능 측정
- 기능시험은 장치 내에서 수행되는 각각의 기능들의 동작 수행 상태를 확인한다.
- 기능시험을 하고자 하는 기능의 요구사항이나 설정값은 설계 규격서 안에 표현한다.
- 요구사항과 설계 규격서 내에 있는 기능 목록을 기준으로 시험 기준을 정한다.
- 기능시험은 통합시험(Integration Test)과 인수시험(Acceptance Test)으로 구분된다.
- 주로 기능의 정확성 또는 신뢰성 등을 시험한다.

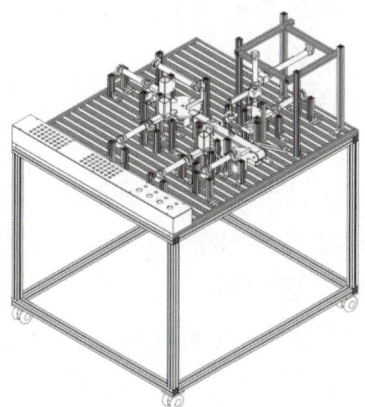

[구성된 전기전자장치]

㉡ 전기전자장치의 기능 검증방법
- 시스템 내에서 수행되는 기능들의 동작 상태를 확인한다.
- 각 기능들의 규격서에 대하여 그 기능을 시험한다.
- 시험되는 기능은 요구사항 또는 설계 규격서에 표현되어 있다.
- 요구사항과 설계 규격서 내에 있는 기능 목록으로부터 테스트 케이스를 선정한다.
- 기능시험의 목적 : 시스템 내의 여러 기능 수행 정확도를 시험한다.
- 데이터는 측정시스템평가(Measurement System Analysis)를 통해 신뢰로운 데이터를 선정한다.
- 형식 검증(Formal Verification)으로도 목표 부분의 철저한 테스트가 가능하다.
- 검증계획의 시작 : 어느 부분을 테스트할 것인지를 파악한다.
- 테스트 중인 설계에 적용할 입력 시나리오를 결정한다.

㉢ 전기전자장치의 기능시험에서 발견되는 오류의 종류 : 부정확한 기능, 누락된 기능, 인터페이스 오류, 성능상의 오류, 초기화나 종료 시에 발생되는 오류, 자료구조상의 오류

㉣ 전기전자장치 작동 평가의 고려사항
- 전기전자장치에 대한 작동 평가는 문제를 이해하는 동안 제시된 기술적 요구 목적들과의 비교를 위해 장치의 수적인 측정치를 바탕으로 하여야 하며, 측정방법은 타당한 비교가 되도록 충분히 정확하고 정밀해야 한다.
- 전기전자장치에 대한 작동을 평가하는 동안 장치의 설계에서 어떤 특징들이 개선되어야 하는지 지시가 있어야 하며, 목표 설계치 성능을 가져오기 위해서는 얼마나 되어야 하는지 알려 주어야 한다.

- 전기전자장치에 대한 작동 평가 절차는 제조과정과 노화, 환경적 변화 등의 외부적인 변수들의 영향력이 포함되어야 한다.

④ 전기전자장치의 기능 측정 요구사항
  ㉠ 기능적 시스템의 요구사항
    - 시스템이 할 일을 기술할 것
    - 시스템의 기능을 입출력과 예외 상황과 함께 기술할 것
    - 명세서는 완전하고 일관성이 있을 것
    - 사용사에 의해서 요구되는 모든 항목이 정의될 것(완전성)
    - 요구사항이 모순되는 정의를 가지지 말아야 할 것(일관성)
  ㉡ 비기능적 요구사항
    - 시스템에 의해서 제공되는 특정 기능과는 관련이 없는 요구사항
    - 시스템, 성능, 보안성, 가용성 등을 규정
    - 실제로 맞추지 못하는 시스템의 기능을 활용하여 요구사항에 대한 적절한 방법을 찾아야 함
    - 시스템 개발 시의 품질과 제약조건은 적용하고, 리스크는 제거하거나 완화시켜야 함
    - 이 요구사항은 시스템 개발에 사용될 프로세서에 제한을 가하게 됨

③ 기능검사 데이터의 이해
  ㉠ 기능검사 데이터를 분석하기 위해서는 측정시스템(MSA ; Measurement System Analysis)의 평가를 통하여 프로세스의 산포 중 측정시스템에 의한 오차를 수치화해야 한다.
  ㉡ 가지고 있는 데이터와 수집된 데이터는 신뢰할 수 있도록 데이터 변동 유형 및 원인 분석을 통하여 관리되어야 한다.
  ㉢ 편의(Bias)
    - 기준값과 관측된 측정값의 평균 간의 차이로, 편의가 작으면 정확성이 높다.
    - 편의의 발생원인
      - 기준값 마스터의 오차
      - 계측기의 노화
      - 눈금이 잘못된 계측기
      - 잘못된 특성값 측정
      - 교정을 잘못했을 경우
      - 작업자가 계측기를 올바르게 사용하지 못한 경우
  ㉣ 안정성(Stability)
    - 같은 기준 시료(측정 대상) 또는 같은 시료의 한 특성에 대해 장기간 측정할 때 얻어지는 측정값 총변동이다.
    - 총변동량이 적으면 안정성이 높다.
    - 안정성이 낮아지는 원인은 계측기의 물성 등에 영향을 받기 때문이다.
  ㉤ 선형성(Linearity)
    - 관측값이 어떤 선형적인 특징을 나타내는 것을 의미한다.
    - 관측값의 편의의 총합으로도 표현 가능하다. 즉, 관측값의 편의의 합이 선형성이 낮아진다.
    - 선형성이 낮아지는 원인
      - 계측기가 작동범위 내의 낮은 쪽과 높은 쪽에서 적절히 교정되지 않은 경우
      - 최소 또는 최대 마스터의 오차
      - 도구의 노화
      - 측정도구의 내부 설계 특성
  ㉥ 반복성(Repeatability)
    - 같은 시료의 동일 특성을 같은 계측기를 이용하여 한 명의 평가자가 여러 번 측정하여 구한 측정값의 변동이다.
    - 반복성이 낮아지는 원인
      - 노후된 계측기를 사용한 경우
      - 설계적인 오류로 인한 계측기 내재적인 도구 산포

- 도구의 위치에 따른 산포
- 환경적 요인 : 조명, 소음
- 신체적 요인 : 시력

ⓧ 재현성(Reproducibility)
- 같은 시료의 동일 특성을 같은 계측기를 이용하여 다른 평가자들에 의해 구해진 측정값 평균의 변동이다.
- 재현성이 낮아지는 원인
  - 작업자들의 측정방법, 테크닉의 차이
  - 작업자가 게이지의 사용법 및 읽는 법을 올바르게 배우지 못한 경우
  - 측정절차 및 방법이 명확하지 않은 경우
- 작업자들의 일관성을 돕기 위한 JIG가 필요하다.

10년간 자주 출제된 문제

6-1. 다음 보기에서 설명하는 기기는?

| 보기 |
- 전기신호의 그래프를 그리는 장치이다.
- 신호가 시간에 따라 어떻게 변화하는지를 표시한다.
- 세로축을 전압, 가로축을 시간으로 설정하여 전기신호의 파형을 표시하는 계측기이다.

① 로직 애널라이저
② 스펙트럼 애널라이저
③ 마이크로스코프
④ 오실로스코프

6-2. 측정의 안정성(Stability)에 대한 의미에 대한 설명으로 옳지 않은 것은?

① 같은 기준 시료(측정 대상) 또는 같은 시료의 한 특성에 대해 장기간 측정할 때 얻어지는 측정값 총변동이다.
② 총변동량이 적으면 안정성이 높다.
③ 안정성이 낮아지는 원인은 계측기의 물성 등에 영향을 받기 때문이다.
④ 관측값들의 편의의 총합으로도 표현 가능하다.

|해설|

6-1

오실로스코프
- 전기신호의 그래프를 그리는 장치이다.
- 신호가 시간에 따라 어떻게 변화하는지를 표시한다.
- 세로축을 전압, 가로축을 시간으로 설정하여 전기신호의 파형을 표시하는 계측기이다.
- 아날로그/디지털 변환기(A/D 변환기)와 메모리를 이용한다.
- 검출한 전기신호 전부를 표시하는 것이 아니기 때문에 갑자기 발생하는 이상신호를 놓칠 수 있다.

6-2
관측값들의 편의의 총합으로도 표현 가능한 것은 선형성에 대한 설명이다.

정답 6-1 ④ 6-2 ④

핵심이론 07 전기전자장치 안전성 검사

① 전기전자장치의 안전검사 항목
　㉠ 내전압 시험 테스트 : 제품의 회로와 접지 사이에 고압을 인가해서 제품이 고압에 견디는 능력을 측정한다.
　㉡ 절연저항 테스트 : 제품에 사용된 전기 절연 특성을 측정한다.
　㉢ 누설전류 테스트 : AC 전원과 접지 사이에 흐르는 전류가 안전규격을 넘지 않는지를 점검한다.
　㉣ 접지 연속성 테스트 : 제품 표면에 노출된 전도성 금속 부분과 파워시스템(Power System) 접지 사이의 경로를 점검한다.

② 전기적 쇼크
　㉠ 전기적 쇼크와 그에 따른 피해요인
　　• 가장 중요한 피해는 인체를 통해서 전류가 흐를 때 발생한다.
　　• 인체에 흐르는 전류량에 영향을 주는 요인
　　　- 전압이 AC 및 DC인가?
　　　- 접촉 부위의 전도성 정도(젖은 부위 또는 마른 부위)
　　　- 신체의 크기와 특질(신체의 임피던스)
　　　- 접촉 지속시간
　　　- 접촉면의 넓이
　㉡ 사용자 안전기준
　　• 국제전기규격(National Electrical Code)
　　　- 젖은 장소에서의 GFCI(Ground Fault Current Interrupters)를 요구한다.
　　　- 안전장치 0.5mA보다 큰 접지전류가 수 m[sec] 이상 동안 존재하면 자동적으로 전원을 차단한다.
　　• 전원의 주파수(초당 사이클, 단위 : Hz)
　　　- 인체에 전류가 흐를 때 영향, 반응의 결정적 요소이다.
　　　- 인체에 전기 접촉 시 DC 전압보다 50/60Hz의 AC 전원처럼 낮은 주파수의 전압이 더욱 즉각적이고 큰 피해를 준다.
　　　- AC 1차 전압 접촉 시 사용자 보호를 위한 설계가 중요하다.
　　• 안전규격의 공통 요구사항
　　　- 미세한 누설전류(Leakage Current)
　　　- 견고한 제품 케이스
　　　- 사용자에게 직접 노출되지 않고 절연성분이 뛰어난 커넥터

③ 안전성 검사시험 판정기준
　㉠ 기능시험 : 의도한 기간 내 안전된 품질 확보를 위해 상품의 기획 단계에서부터 출하 후 실제 사용 상태까지를 고려하여 각 단계별 제품 사양에 대한 동작 및 성능 확인, 실증을 위하여 실시하는 시험이다.
　㉡ 치명 불량 : 감전, 화재 등 인명과 재산에 피해를 줄 가능성이 내재되어 반드시 개선이 필요하다.
　㉢ 중 불량 : 실용상 외관, 구조, 성능에 뚜렷하게 지장이 있다고 인정되는 불량이나 진행성에 의해 단기간 내에 같은 불량 발생이 예측되므로 반드시 개선이 필요하다.
　㉣ 경 불량 : 외관, 구조, 성능에 있어서 다소 지장이 있으나 제품의 기능을 상실과는 무관한 정도의 불량으로 개선에 대한 합의가 필요하다.

④ 안전성 검사측정기
　㉠ 내전압 시험기
　　• 목 적
　　　- 얼마만큼의 전압이 인가되었을 때 견딜 수 있는가를 테스트한다.
　　　- 절연의 완벽성 여부, 파손 위험의 여부, 이물질 개입 또는 비정상적인 근접 부위가 있는지 테스트한다.
　　　- 제품의 전기적 안전성, 품질을 가늠한다.

- 시험 대상(위치)
  - 모터나 트랜스포머, 릴레이, 발전기, 차량용 부품과 냉장고, 세탁기, 전기밥솥 등 : 충전부(전기 인입선)과 비충전부(접지될 수 있거나 사람의 손이 닿는 외부 금속체) 사이
  - 모터 : 권선과 코어 사이, 충전부와 비충전부 사이
  - 트랜스 : 1차 코일과 코어 사이, 1차 코일과 2차 코일 사이, 2차 코일과 코어 사이, 충전부와 비충전부 사이

ⓒ 절연·내압시험기
- 절연저항시험기와 내압시험기를 일체화한 시험기이다.
- 전기기기나 전기부품의 절연시험과 내압시험을 연속으로 실시한다.
- 시험을 간단하고 효율적으로 실시한다.

ⓓ 통전시험기
- 전기기기의 회로가 끊어진 곳이나 접속이 불량한 곳이 있는지 시험한다.
- 시험방법
  - 먼저 회로시험기의 전환 스위치를 저항 측정범위(OHM) 중 낮은 범위로 놓은 후
  - 시험하려는 전기회로나 전기기구 플러그의 두 단자에 시험 막대를 대고 저항값을 읽는다.
  - 통전시험 결과 전기기구에 따라 고유의 저항값을 가리키면 통전(정상) 상태이고, 지침이 움직이지 않으면(∞Ω) 단선 또는 접속 불량 상태이다.
  - 지침이 0Ω이나 너무 작은 값을 가리키면 단락(합선) 상태이다.

ⓔ 절연저항시험기
- 도체는 절연물로 도체를 싸거나 도체를 애자로 지지하여 절연한다.
- 전기기계·기구는 공기 절연, 진공밸브 절연, 가스(SF6) 절연 및 절연유 등으로 절연한다.
- 절연물이 파괴되면 누전에 의한 화재, 감전에 의한 재해 또는 고압설비의 경우 파급 사고 등 큰 사고로 이어질 우려가 있다.

ⓕ 누설전류시험기
- AC 전원을 사용하는 모든 제품에는 전원이 들어와 동작 중일 때 약간의 누설전류가 흐른다.
- AC 전원부부터 제품의 접지경로를 통해 전원 코드의 접지단자가 연결된 대지접지(Earth Ground)로 흐른다.
- 접지단자가 없는 제품이나 접지가 제대로 연결되지 않은 제품은 제품의 금속 부분에 전위가 형성된다.
- 접지단자를 사용하지 않는 제품은 최대 누설전류가 0.5mA를 넘지 않도록 규제한다.
- 누설전류가 규제치를 넘는 제품은 전원 코드에 접지단자를 설치한다.

⑤ 안전성 검사인증 테스트
ⓐ 내전압(Dielectric Strength) : WV(Withstanding Voltage) 또는 HPV(High Potential Voltage)
- 내전압 테스트 : 피측정체(DUT ; Device Under Test)의 절연성분에 고압을 가하는 테스트
- 정상 동작 전압보다 아주 높은 전압을 인가한다(정상 동작 전압×2 + 1,000V).
  예 120V나 240V에 동작되는 제품의 테스트 전압 : 1,250~1,500VAC
- 목적 : 전기적으로 위험한 부분과 위험하지 않은 부분 사이의 내전압, 절연 장벽의 적합성 여부를 판단한다.
- 내전압(절연) 장벽
  - 위험한 회로와 사용자가 접촉할 수 있는 부분(또는 제품 표면) 사이에 형성한다.

- 잠재하는 전기적 위험으로의 노출로부터 사용자를 보호한다.
- 내전압 장벽을 확인함으로써 정상적인 동작 상태에서와 한 선(AC 전원의 라인과 내추럴 중 하나)이 끊어진 상태에서 전기적 쇼크 위험으로부터의 보호가 가능한지를 검사한다.
- 내전압 테스트의 가장 일반적인 테스트 부분은 AC 1차 회로와 사용자가 접촉할 수 있는 도체 부분(접지) 사이뿐 아니라, AC 1차 회로와 2차 저전압 회로 사이이다.

ⓒ 절연저항(Insulation Resistance) 테스트
- 두 테스트 포인트 사이의 실제 저항을 알아내기 위해 실시한다.
- 내전압 테스트와는 달리 누설전류값 대신 저항값을 읽는다(그 외는 비슷한 시험).
- 전기적으로 절연되어 있는 두 지점 사이의 절연저항을 측정한다.
- 전류의 흐름을 방해하기 위한 전기적 절연이 얼마나 효과적으로 되어 있는가를 판정한다.
- 제품이 생산된 직후 일정 기간 사용한 후 절연의 상태 검사에 유용하다.
- 정기적 실시로 절연 파괴 전에 절연 불량 판별이 가능(절연파괴는 큰 피해 발생)하다.
- 테스트 절차 4단계 : 충전(Charge), 유지(Dwell), 측정(Measure), 방전(Discharge)

ⓒ 누설전류(Leakage Current) 테스트
- AC를 사용하는 모든 제품에는 동작 중 약간의 누설전류가 발생한다.
- 전원부로부터 제품의 접지경로를 통해 전원 코드의 접지단자가 연결된 대지접지로 흐른다.
- 접지단자가 없거나 접지가 미비한 제품은 금속 부분에 전위가 형성된다.
- 사람이 전위가 형성된 부분에 접촉 시 누설전류가 사람의 몸으로 흐른다.
- 접지단자를 사용하지 않는 제품의 최대 누설전류 : 0.5mA 이하(의료장비는 기기에 따라 훨씬 낮게 설정함)
- 누설전류가 규제치를 넘는 제품은 전원 코드에 접지단자가 필요하다.

ⓔ 접지 연속성(Ground Continuity) 테스트
- 표면에 노출된 전도성 금속 부분과 전원부 접지 사이의 접지경로를 테스트한다.
- 접지경로는 전기 쇼크로부터 보호하는 가장 기본적인 수단이다.
- 제품 표면 등 전원이 연결된다면 높은 전류가 접지경로를 통해 접지로 흘러 차단기가 동작 또는 퓨즈 단절을 통해 사용자를 보호한다.
- 낮은 DC전류(1Amp 미만)를 이용한다. 접지단자와 제품의 노출된 금속부(접지경로)의 낮은 저항 성분을 검사한다.

ⓜ 극성(Polarization) 테스트
- 제품의 전원 플러그(세 단자 또는 뉴트럴단자가 조금 더 큰 2단자 플러그)가 제대로 연결되었는지를 검사한다.
- 육안검사 또는 결선의 도통 상태 검사로 확인한다.
- 라인(Line)단자와 뉴트럴(Neutral)단자가 서로 바뀌지 않았는지를 검사한다.

ⓗ 접지도통(Ground Bond) 테스트
- 접지도통경로를 검사 시 25~30A의 높은 전류와 낮은 전압을 이용한다.
- 접지회로의 저항을 측정하여 연결의 완벽함 여부를 검사한다.
- 제품 문제 발생 시 상황을 테스트하는 것으로 접지 연속성 테스트와 비슷하다.
- 제품 문제 발생 시 전류는 접지회로를 통해 흐르는 데 전류를 흘려보낼 수 있는 한계가 충분히 높고 경로의 내부저항이 충분히 낮다면 보호회로가 완벽하게 작동한다.

- 접지회로가 충분히 높은 전류를 흘려보낼 수 없거나 내부저항이 매우 높다면 회로차단기가 동작하지 않고, 퓨즈는 끊어지지 않아 사람의 몸을 통해 전류가 흐를 가능성 높다.
ㅅ 생산라인 테스트
  - 미국의 시험기관 : 내전압 테스트, 접지연속성 테스트를 요구한다.
  - 유럽의 시험기관 : 내전압과 접지 연속성, 접지도통 테스트를 요구한다.
  - 인증기관들은 자신들의 규격에 맞도록 생산라인 테스트 장비의 주기적인 교정을 요구한다.
  - 인증기관에서는 제품과 제품 테스트 절차를 확인하기 위해 정기적으로 사후검사를 실시한다.
  - 생산자 : 항상 교정인증서와 검사서류를 비치하도록 요구한다.

10년간 자주 출제된 문제

7-1. 전기전자장치 테스트에 대한 설명으로 옳지 않은 것은?

① 내전압 테스트 : 제품의 회로와 접지 사이에 전류를 인가하여 통전능력을 확인하는 시험
② 절연저항 테스트 : 제품에 사용된 전기 절연 특성을 측정
③ 누설전류 테스트 : AC 전원과 접지 사이에 흐르는 전류가 안전규격을 넘지 않는지를 점검
④ 접지 연속성 테스트 : 제품 표면에 노출된 전도성 금속 부분과 파워시스템(Power System) 접지 사이의 경로를 점검

7-2. 사용자 전기 쇼크를 예방하기 위한 국제전기규격(National Electrical Code)의 요구와 그에 대한 설명으로 옳지 않은 것은?

① '젖은 장소에서의 GFCI(Ground Fault Current Interrupters)'를 요구한다.
② 안전장치 2mA보다 큰 접지전류가 수 m[sec] 이상 동안 존재하면 자동적으로 전원을 차단하도록 요구한다.
③ 인체에 전기 접촉 시 DC 전압보다 일상의 AC 전원 전압이 더욱 즉각적이고 큰 피해를 준다.
④ 전원의 주파수는 인체에 흐를 때 영향을 주는 결정적인 요소이다.

|해설|

7-1
내전압 테스트는 전압에 견디는 힘을 측정하여야 하므로 고압전류를 인가하여야 한다.

7-2
- 국제전기규격(National Electrical Code)
  - '젖은 장소에서의 GFCI(Ground Fault Current Interrupters)'를 요구한다.
  - 안전장치 0.5mA보다 큰 접지전류가 수 m[sec] 이상 동안 존재하면 자동적으로 전원을 차단한다.
- 전원의 주파수(초당 사이클, 단위 : Hz)
  - 인체에 전류가 흐를 때 영향, 반응의 결정적 요소이다.
  - 인체에 전기 접촉 시 DC 전압보다 50/60Hz의 AC 전원처럼 낮은 주파수의 전압이 더욱 즉각적이고 큰 피해를 준다.
  - AC 1차 전압 접촉 시 사용자 보호를 위한 설계가 중요하다.

정답 7-1 ① 7-2 ②

핵심이론 08 기초 전기

① 전 기
  ㉠ 물질 내부의 구성 중 자유전자가 힘을 얻어 흐르는 흐름이며 에너지를 가진다.
  ㉡ 실제 자유전자는 음극(-)에서 양극(+)으로 흐르지만, IEC의 규정에 따라 전기의 흐름은 양극(+)에서 음극(-)으로 흐르는 것으로 정의한다.
  ㉢ 전기의 양을 '전류'라 하며 암페어[A] 단위를 사용한다.
  ㉣ 내용상 전류가 전기의 양이지만, 암페어[A]로 전기의 양을 표현하기에는 기준이 없어 불완전하다. 이를 위해 1초당 흐르는 전기의 양을 표현할 필요가 있으며, 이를 '전기량', '전하량'이라고 하고 쿨롱[C]이란 단위를 사용한다.
  ㉤ 전하량은 $Q = I \times t$ (Q : 전하량, I : 전류, t : 시간(초))로 표현하며, 단위는 1C = 1A × 1s, 1A = 1C/s이다.
  ㉥ 전하 하나가 가지고 있는 전하량은 물질에 상관없이 같다고 쿨롱이 정의하였다.
  이 전하량은 $e = 1.602 \times 10^{-19}$C이다.
  따라서 1C을 일으키려면,
  $$\frac{1C}{1.602 \times 10^{-19}C} = 6.24 \times 10^{18} 개$$
  의 전하가 필요하다.
  ㉦ 전기의 흐르는 압력을 전압이라 하며 전압은 전위차에 의해 발생한다. 단위는 볼트[V]를 사용한다.
  ㉧ 전기의 흐름을 방해하는 요소를 저항이라 하며, 단위는 옴[Ω]을 사용한다.

② 주파수
  ㉠ 자유전자는 극성(-)을 갖고 있고, 이 자유전자의 흐름을 만들기 위해서는 극성을 이용한다. 전기는 극성을 접근시켜 만든다. 극성을 접근시킬 때 회전체를 이용하고, 이 회전체에 달린 극성은 한 바퀴 또는 반 바퀴 돌 때마다 자유전자를 잡아당기므로 만들어진 흐름, 즉 전기는 일정한 주기를 가지고 극성을 갖게 된다. 이 극성에 따른 움직임이 사이클(Cycle)이며, 발전 시 회전수에 따라 1초에 생긴 사이클 수가 결정된다. 이러한 초당 사이클수를 주파수라고 하며 헤르츠[Hz] 단위를 사용한다.

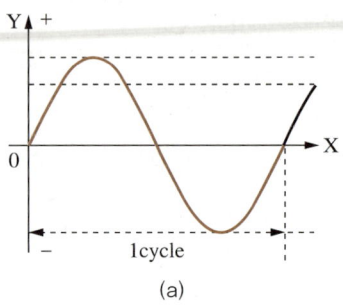

(a)

  ㉡ 교류의 주파수
  그림 (a)에서 한 사이클을 만드는 데 극성을 단 회전체가 한 바퀴 돈다고 하였다. X축을 각속도라고 본다면 1cycle은 2π이다. 만약 이 회전체의 각속도가 1초에 60바퀴를 돈다고 하면 각속도(ω)는 $120\pi/s$가 되고 주파수(f)는 ㉠의 설명에 의해 60Hz가 된다. 따라서 주파수와 각속도의 관계는 $\omega = 2\pi f$가 되고, 1cycle에 걸리는 시간을 주기[T]라고 하면 $\omega = \frac{2\pi}{T}$가 된다.

10년간 자주 출제된 문제

8-1. 전류에 대한 설명으로 틀린 것은?
① 전류는 기전력이라고도 한다.
② 암페어[A]를 단위로 사용한다.
③ 전류는 도체 내의 자유전자들의 움직임으로 발생된다.
④ 회로 내 임의의 점에서의 전류의 크기는 매 초 그 지점을 통과하는 전하량으로 정한다.

8-2. 다음 중 SI 단위계의 물리량과 기본 단위가 올바르게 된 것은?
① 전류 : T   ② 길이 : V
③ 시간 : s   ④ 질량 : m

10년간 자주 출제된 문제

8-3. 전기에 관한 설명으로 틀린 것은?
① 전류는 음(-)극에서 양(+)극으로 흐른다.
② 전자는 음(-)극에서 양(+)극으로 이동한다.
③ 전기적인 압력의 차이를 전압이라 한다.
④ 전기저항은 도체의 길이에 비례하고 도체의 단면적에 반비례한다.

8-4. 어떤 도선에 5A의 전류를 1분간 흘렸다면 이 도선을 통하여 이동한 전하량은 몇 C인가?
① 3
② 20
③ 180
④ 300

8-5. 전자 1개의 전기량은 약 몇 쿨롱[C]인가?
① 1.6×10^{-19}
② 9.1×10^{-31}
③ -1.6×10^{-19}
④ -9.1×10^{-31}

8-6. 전극이 수시로 바뀌는 교류의 주파수를 나타내는 식은? (단, 회전하는 코일의 각속도는 ω이다)
① $\dfrac{\pi}{2\omega}$
② $\dfrac{2\omega}{\pi}$
③ $\dfrac{2\pi}{\omega}$
④ $\dfrac{\omega}{2\pi}$

8-7. 다음 중 전압에 대한 설명으로 틀린 것은?
① 전지를 직렬로 연결하면 각각의 전지전압을 합한 전압이 전체 전압이다.
② 저항의 각 단자에 걸린 전위의 차이를 전압이라 한다.
③ 도선의 전압은 그 저항값과 흐르는 전류의 곱으로 구할 수 있다.
④ 도선에서 전류를 흐르기 어렵게 하는 물질의 작용을 전압이라 한다.

8-8. 전압을 나타내는 단위는?
① 옴[Ω]
② 볼트[V]
③ 와트[W]
④ 암페어[A]

해설

8-1
전압을 기전력이라고도 한다.

8-2
- T : 테슬라, 자속밀도를 나타내는 단위
- V : 볼트, 전압을 나타내는 단위
- m : 미터, 길이를 나타내는 단위

8-3
실제 자유전자는 음극(-)에서 양극(+)으로 흐르지만, IEC의 규정에 따라 전기의 흐름은 양극(+)에서 음극(-)으로 흐르는 것으로 정의한다.

8-4
1C/sec = 1A, 즉 1초 동안 1A가 흐를 때의 전하량을 1C이라 한다. 60초 동안 5A가 흐르면 300C의 전하량을 갖는다.

8-5
전자 1개의 전기량은 $e = 1.602 \times 10^{-19}$ C이며
참고로 전자 극성이 -이므로 -1.6×10^{-19} C
$1C = \dfrac{1C}{1.602 \times 10^{-19} C} = 6.24 \times 10^{18}$ 개의 전자가 필요하다.

8-6
회전체의 각속도가 1초에 60바퀴를 돈다고 하면 각속도(ω)는 120π/sec 되고, 주파수(f)는 60Hz가 된다. 따라서 주파수와 각속도의 관계는 $\omega = 2\pi f$가 된다.

8-7
도선에서 전류를 흐르기 어렵게 하는 물질의 작용을 저항이라 한다.

8-8
① 옴[Ω] : 저항의 단위
③ 와트[W] : 전력의 단위
④ 암페어[A] : 전류의 단위

정답 8-1 ① 8-2 ③ 8-3 ① 8-4 ④ 8-5 ③ 8-6 ④ 8-7 ④ 8-8 ②

핵심이론 09 저 항

① **옴의 법칙**
㉠ 흐르는 전기의 양(전류)는 전기의 압력(전압)에 비례하고 저항(저항)에 반비례한다는 법칙이다.

$$I = \frac{V}{R}$$

여기서, I : 전류
V : 전압
R : 저항

㉡ 표면적으로 이 세 요소의 관계는 산술적 적용이 가능하며 일반적으로 다음 그림과 같이 학습한다.

$V = IR \quad I = V/R \quad R = V/I$

② **직병렬연결**
㉠ 전기를 사용하는 곳은 저항이다.
㉡ 이 저항을 한 도선 위에 연속해서 연결한 것을 직렬연결이라 한다.

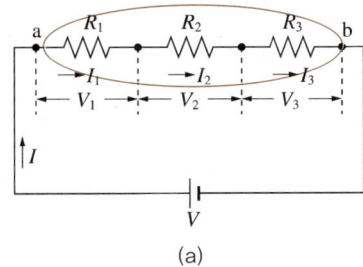

(a)

- 직렬연결의 경우 전체 전압이 각각의 저항 크기에 따라 비례하여 강하한다.
  $V = V_1 + V_2 + V_3, \quad V_1 : V_2 : V_3 = R_1 : R_2 : R_3$
- 전류는 합성저항과 전압과의 관계에서 구하며 합성저항은 직렬의 경우,
  $\sum R = R_T = R_1 + R_2 + R_3, \quad I = \frac{V}{R_T}$ 과 같다.
- 각 저항에 걸리는 전류는
  $I_1 = \frac{V_1}{R_1}, \quad I_2 = \frac{V_2}{R_2}, \quad I_3 = \frac{V_3}{R_3}$ 과 같다.

㉢ 저항을 그림 (a)와 같이 도선에서 각각 따로 연결하여 다시 도선으로 연결한 형태를 병렬연결이라 한다.

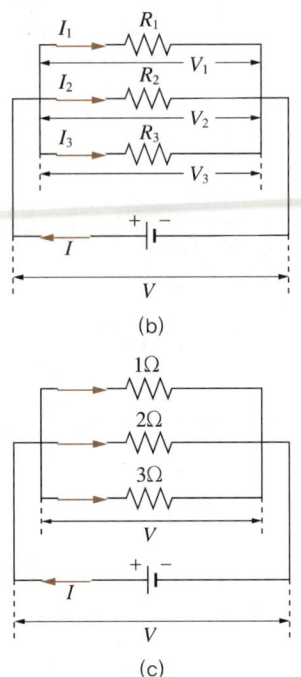

(b)

(c)

- 병렬연결의 경우 전체 전압이 각각의 저항에 상관없이 일정하게 강하한다. 우리가 일반적으로 가정에서 사용하는 배선은 병렬연결을 사용하는데, 이렇게 하면 각 제품에 일정한 전압을 공급할 수 있다.

  $V = V_1 = V_2 = V_3$

- 그림 (a)에서 만약 R_1이 R_2보다 크다면, 흐르는 전류는 저항이 큰 쪽보다 작은 쪽으로 우회해서 흐르게 된다(물의 흐름을 상상하면 적절하다).
- 합성저항을 구하는 방법은 다음과 같다.

  $$\frac{1}{R_T} = \frac{1}{R_1} + \frac{1}{R_2} + \frac{1}{R_3}$$

  만약 저항 n개가 있다면,

  $$\frac{1}{R_T} = \frac{1}{R_1} + \frac{1}{R_2} + \frac{1}{R_3} + \cdots + \frac{1}{R_n}$$

그림 (c)와 같다면

$$\frac{1}{R_T} = \frac{1}{1} + \frac{1}{2} + \frac{1}{3} = \frac{6+3+2}{6} = \frac{11}{6}$$

$$\therefore R_T = \frac{6}{11} \Omega$$

- 전체 저항이 5V라면 전류는

$$I = \frac{5}{\frac{6}{11}} = \frac{55}{6} A$$

- 다른 계산식을 대입해 보면, 같은 전압이 걸려 있고, 병렬로 저항이 많이 달릴수록 합성저항은 작아지게 되며 작은 저항을 만들기 위해 필요한 전류량은 (분모가 작아지므로) 점점 커진다. 지속적으로 같은 전압을 공급하는 조건 아래에서 많은 부하(저항, 전기제품)를 달아서 가동할수록 전기를 많이 사용하게 된다.

ⓒ 저항의 종류
  - 고정저항
    - 탄소피막저항 : 세라믹 로드에 탄소 분말을 피막으로 입힌 뒤 나선형으로 홈을 파 저항값을 조절
    - 금속피막저항 : 정밀저항에 많이 사용되며, 고주파 특성이 좋아 디지털 회로에 널리 사용
    - 산화금속피막 : 세라믹 로드에 금속산화물을 입혀 저항을 생성, 큰 전력용량 가능, 잡음·주파수 특성 등에 강함
    - 권선형 저항 : 금속선을 권심에 감아 일정량 저항을 생성, 정밀저항 생성
    - 네트워크 저항 : 여러 저항을 하나로 묶어 IC와 같은 형태로 생성된 부품형 저항, 칩 네트워크 저항, 일반 어레이 저항 등이 있음
  - 가변저항 : 저항값을 바꿀 수 있는 저항, 탄소피막형, 서멧, 권선형 등의 종류가 있음
  - 반고정저항(가변저항)
    - 드라이버나 손으로 돌려 저항값 조절
    - 저항값을 변화시켜 전류 또는 전압을 제어(스피커 볼륨 등의 조정)
  - 서미스터 : 온도가 변화하면 저항값이 변하는 특징을 갖으며 센서로 활용
  - 배리스터 : 전압에 따라 저항값이 변하는 특징을 갖고 있으며 과전압 방지 등에 활용

ⓓ 저항의 색띠(저항 읽기)
저항은 그 크기가 너무 작아서 숫자를 기재하면 잘 보이지 않으므로, 색깔별로 의미를 정한 후 순서대로 색깔을 입혀 표현한다. 띠가 4개짜리, 5개짜리가 있다.

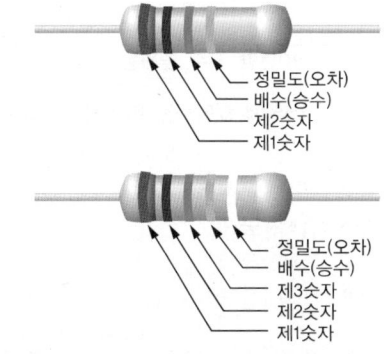

색	수치	승수	정밀도(%)	온도계수 $10^{-6}/℃$
흑	0	0	-	±250
갈	1	1	±1	±100
적	2	2	±2	±50
등	3	3	±0.05	±15
황	4	4	-	±25
녹	5	5	±0.5	±20
청	6	6	±0.25	±10
자	7	7	±0.1	±5
회	8	8	-	±1
백	9	9	-	-
금	-	-1	±5	-
은	-	-2	±10	-
무	-	-	±20	-

예를 들어 갈색, 흑색, 등색, 금색 띠가 순서대로 있다면 1, 0, 3, ±5%라는 기호를 대입하여 (1)(0)×10^(3) (±5%)로 읽는다.

ⓑ 일반 도선을 흐를 때도 저항이 생기며, 이 경우는 물의 흐름과 마찬가지로 도선의 단면적이 크면 저항이 줄어들고, 도선이 길어지면(이동할 경로가 멀어지면) 저항이 늘어난다.

$$R \propto \frac{A}{l}$$

여기서, R : 저항
 A : 도선의 단면적
 l : 도선의 길이

ⓢ 저항체의 온도를 극도로 낮추면 전자의 활동성이 줄어들어 저항이 0에 가까워진다. 이를 초전도체라고 한다.

10년간 자주 출제된 문제

9-1. 저항값 12Ω±5%에 해당하는 탄소저항기의 색띠로 옳은 것은?

① 갈색, 적색, 흑색, 은색
② 흑색, 갈색, 흑색, 금색
③ 갈색, 적색, 흑색, 금색
④ 흑색, 갈색, 흑색, 은색

9-2. 길이를 일정하게 하고 도선의 반지름을 2배로 늘리면 저항은 어떻게 변하는가?

① 1/4로 감소
② 1/2로 감소
③ 2배로 증가
④ 4배로 증가

9-3. 다음 저항에 대한 설명 중 틀린 것은?

① 도선의 저항은 도선의 길이가 길어짐에 따라 증가한다.
② 같은 길이를 갖는 전선의 경우 단면적이 넓은 전선이 작은 저항값을 갖는다.
③ 금속은 열을 가하면 저항값은 0이 된다.
④ 저항의 기본 단위는 Ω이다.

9-4. 저항값이 30Ω인 어떤 금속선에 흐르는 전류가 2A이면 가해지는 전압은 몇 [V]인가?

① 0.1V ② 10V
③ 60V   ④ 110V

9-5. 동일한 규격의 전지 2개를 병렬로 연결하면 전압과 사용시간은?

① 전압과 사용시간이 2배가 된다.
② 전압과 사용시간이 1/2로 된다.
③ 전압은 2배가 되고, 사용시간은 변하지 않는다.
④ 전압은 변하지 않고, 사용시간은 2배가 된다.

9-6. 그림과 같은 회로에서 $R_1 = 1\Omega$, $R_2 = 4\Omega$, $R_3 = 1\Omega$, $R_4 = 4\Omega$의 저항이 존재할 때, a와 b 사이의 합성저항 $R[\Omega]$은 얼마인가?

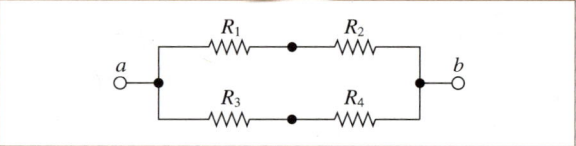

① 5/2   ② 5
③ 1/5   ④ 2/5

9-7. 다음 그래프는 굵기와 길이가 같은 두 종류의 금속선 A와 B의 전류와 전압 사이의 관계를 나타낸 것이다. 이 두 금속선의 비저항의 비 $R_A : R_B$는 얼마인가?

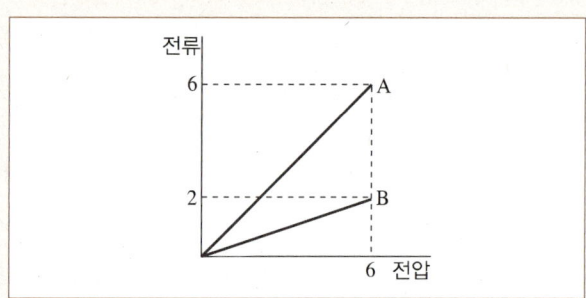

① 1 : 1   ② 1 : 3
③ 1 : 5   ④ 1 : 7

9-8. 저항의 직병렬회로에 대한 설명으로 틀린 것은?

① 저항 직렬회로에서 전류는 어느 지점에서나 항상 일정하다.
② 저항 직렬회로에서 저항 단자전압의 크기는 저항의 크기에 비례한다.
③ 저항 병렬회로에서 저항 단자전압의 크기는 저항의 크기에 반비례한다.
④ 저항 병렬회로에서 각 저항에 흐르는 전류의 크기는 저항의 크기에 반비례한다.

[해설]

9-1

(1), (2), 10^(0), (±5%)는 갈색·적색·흑색·금색이다. 찾는 방법은 다음 그림과 같지만, 0-흑, 1-갈, 2-적, 3-등, ±5%-금 정도는 알고 있는 것이 좋다.

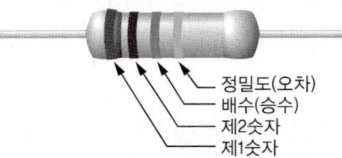

정밀도(오차)
배수(승수)
제2숫자
제1숫자

색	수 치	승 수	정밀도(%)	온도계수 $10^{-6}/℃$
흑	0	0	–	±250
갈	1	1	±1	±100
적	2	2	±2	±50
등	3	3	±0.05	±15
황	4	4	–	±25
녹	5	5	±0.5	±20
청	6	6	±0.25	±10
자	7	7	±0.1	±5
회	8	8	–	±1
백	9	9	–	–
금	–	-1	±5	–
은	–	-2	±10	–
무	–	–	±20	–

9-2

일반 도선을 흐를 때도 저항이 생기며, 이 경우는 물의 흐름과 마찬가지로 도선의 단면적이 크면 저항이 줄어 들고, 도선이 길어지면(이동할 경로가 멀어지면) 저항이 늘어난다.

$R \propto \dfrac{A}{l}$

여기서, R : 저항
A : 도선의 단면적
l : 도선의 길이

단면적은 지름(반지름)의 제곱에 비례하므로 1/4로 감소한다.

9-3

저항체의 온도를 극도로 낮추면 전자의 활동성이 줄어들어 저항이 0에 가까워진다. 이 물체를 초전도체라고 한다.

9-4

$V = IR$
$= 2 \times 30 = 60\text{V}$

9-5

병렬연결에서는 전압이 같게 된다. 대신 전지가 가지고 있는 전하량도 동일하게 나오므로 사용시간은 두 배만큼 된다.

9-6

Step 1. 직렬연결 부분은 더한다.
$R_A = R_1 + R_2 = 1 + 4 = 5\Omega$,
$R_B = R_3 + R_4 = 1 + 4 = 5\Omega$

Step 2. 병렬연결 부분은 합성한다.
$\dfrac{1}{\sum R} = \dfrac{1}{R_A} + \dfrac{1}{R_B} = \dfrac{1}{5} + \dfrac{1}{5} = \dfrac{2}{5}$, $\sum R = \dfrac{5}{2}$

9-7

$R = \dfrac{V}{I}$, $R_B = \dfrac{6}{2}$, $R_A = \dfrac{6}{6}$, $R_A : R_B = 1 : 3$

9-8

저항 병렬회로에서 저항 단자 전압의 크기는 각각의 저항에 상관없이 일정하게 강하한다.

정답 9-1 ③ 9-2 ① 9-3 ③ 9-4 ③ 9-5 ④ 9-6 ① 9-7 ② 9-8 ③

핵심이론 10 정전용량(Capacitance, 커패시턴스)

① 정 의
  ㉠ 전기용량은 단위전압당 물체가 저장하거나 물체에서 분리하는 전하의 양이다. 전기용량은 보통 물체의 총전하량을 물체의 전압으로 나눈 값으로 정의한다.
  ㉡ 전술한 전기의 양, 즉 전하량이 '전기가 흐르는 양'을 표현한다면, ㉠에서 설명한 전기의 양, 즉 '정전용량은 전기를 담을 수 있는 양'을 표현하는 데 목적이 있다.
  ㉢ 정의에 따라 $C = \dfrac{Q}{V}$ (Q : 전하량, V : 전압, C : 정전용량)으로 표현하며, 단위는 패럿[F]이다.

② 정전용량의 합성(합성 커패시턴스)
합성저항과는 달리 그림 (a)처럼 콘덴서(커패시터)가 직렬로 연결되면 합성 커패시턴스는 병렬연결의 합성저항처럼 계산한다.

$$\dfrac{1}{C} = \dfrac{1}{C_1} + \dfrac{1}{C_2} + \dfrac{1}{C_3}$$

또한, 콘덴서(커패시터)가 병렬로 연결되면 합성 정전용량은 직렬연결의 합성저항처럼 계산한다.

$$C = C_1 + C_2 + C_3$$

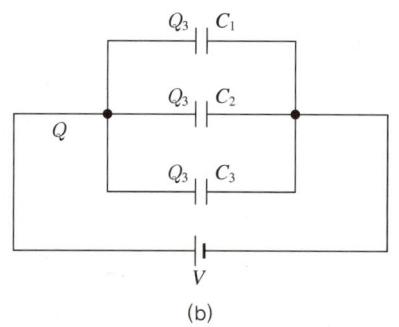

③ 축전지
  ㉠ 과거 유래에 의해 2차 전지라고도 한다.
  ㉡ 제조 재료에 따라 연축전지, 알칼리 축전지 등으로 구분한다.
  ㉢ 제조방법에 따라 건식 축전지, 습식 축전지로 구분한다.
  ㉣ 축전지에 충전을 하면 전기에너지가 화학에너지로 전환된다.
  ㉤ 사용 시 화학에너지가 전기에너지로 방출되는 현상을 방전이라 한다.
  ㉥ 기전력은 전해액의 비중이 높을수록 높다.
  ㉦ 기전력은 전지 온도가 상승하면 약간 높아진다.
  ㉧ 축전지의 용량은 방전전류(A)와 방전 가능한 시간(h)의 곱(Ah)으로 나타낸다.
  ㉨ 축전지의 용량은 방전율에 따라 다르다. 예를 들어 큰 전류를 사용하면 작은 전류를 사용하는 것보다 용량이 줄어든다.
  ㉩ 방전효율 = $\dfrac{\text{방전전류} \times \text{방전시간}}{\text{충전전류} \times \text{충전시간}} \times 100\%$

10년간 자주 출제된 문제

10-1. 1μF 콘덴서 5개를 직렬연결했을 때 합성 정전용량[μF]은?
① 0.2 ② 0.5
③ 2   ④ 5

10-2. 축전지의 용량을 표시하는 단위로 옳은 것은?
① V   ② Ah
③ kVA   ④ kWh

|해설|
10-1
$\dfrac{1}{C} = \dfrac{1}{1\mu F} + \dfrac{1}{1\mu F} + \dfrac{1}{1\mu F} + \dfrac{1}{1\mu F} + \dfrac{1}{1\mu F}$, $C = \dfrac{1}{5}\mu F$

10-2
축전지의 용량은 방전전류(A)와 방전 가능한 시간(h)의 곱(Ah)으로 나타낸다.

정답 10-1 ① 10-2 ②

핵심이론 11 기초 전기 법칙 및 원리

① 키르히호프의 법칙

옴의 법칙에서 이미 키르히호프의 법칙을 적용한 상태로 계산하였다. 옴의 법칙이 산술적 결과인 것 같지만, 키르히호프 법칙을 바탕으로 산술적으로 사용할 수 있다.

㉠ 키르히호프의 제1법칙(전류법칙 : KCL) : 임의의 한 점을 중심으로 들어가는 전류의 합은 나오는 전류의 합과 같다. 곧 전류의 대수합은 0이다.

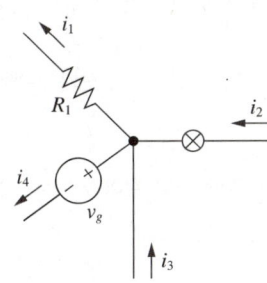

㉡ 키르히호프의 제2법칙(전압법칙 : KVL) : 회로망에서 임의의 폐회로를 구성했을 때 폐회로 내 기전력의 합은 내부 전압 강하의 합과 같다.

② 쿨롱의 법칙

㉠ 대전된 두 전하 사이에 작용하는 힘은 각 전하의 전기력의 곱에 비례하고 그 거리의 제곱에 반비례한다.

㉡ $F = k_e \dfrac{q_1 q_2}{r^2}$

여기서, F : 전기력
k_e : 쿨롱 상수
q_1, q_2 : 전하의 전기력
r : 거리

㉢ 진공 상태에서 $k_e = \dfrac{1}{4\pi\varepsilon_0} = 9 \times 10^9$

㉣ 각 전하의 극성에 따라 전기력선은 다르게 나타난다. 다음 그림은 서로 다른 극성의 경우의 예시이다.

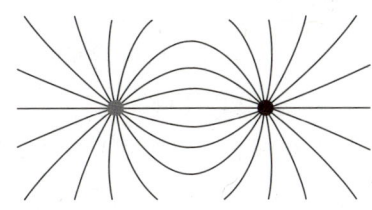

③ 측정기

㉠ 직류저항계

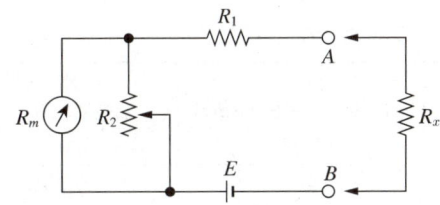

R_m : 계기저항
R_1 : 전류 제한용
R_2 : 영점 조정용
E : 전원
R_x : 측정 대상
A, B : 접점

㉡ 분류형 저항계 : 분류전류를 이용

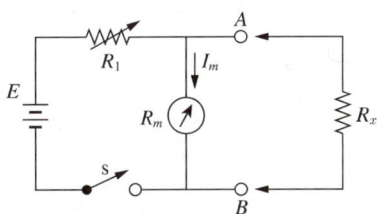

R_m : 계기저항
R_1 : 전류 제한용
I_m : 분류전류
E : 전원
R_x : 측정 대상
A, B : 접점

㉢ 직류 전위차계
• 전류를 흘리지 않고 측정 가능

- 전압, 전류, 전력 측정
- 타 전압계, 전류계, 전력계의 보정

④ 전기에 관한 금속의 고유 성질

㉠ 고유저항 : 각 물질은 특정 온도에서 길이당 고유의 저항값을 갖고 있다.

㉡ 전도율 : 각 물질은 특정 온도마다 전도율이 달라지며 고유의 전도율을 갖고 있다.

㉢ 저항온도계수 : 물질이 온도에 따라 저항값이 달라지는 비율을 나타내는 값으로, 온도계수에 비례하는 값이다.

금속 (*ref. Rohde & Schwarz)	저항온도계수 (상온 : 20℃ 기준)
니 켈	0.005866
철	0.005671
몰리브덴	0.004579
텅스텐	0.004403
알루미늄	0.004308
동	0.004041
은	0.003819
백 금	0.003729
금	0.003715
아 연	0.003847
탄소강	0.003
니크롬	0.00017
니크롬 V	0.00013
망가닌	0.000015
콘스탄탄	-0.000074

㉣ 예시 금속의 고유저항과 전도율(상온 20℃ 기준)

금 속	고유저항[$\mu\Omega \cdot cm$]	전도율[%]
은	1.585	109
금	2.40	-
순 동	1.724	100
경 동	1.777	97
알루미늄	2.733	63.3
텅스텐	5.48	-
니 켈	7.5	23.1
아연 도금선	13.262	13
철	9.8	-
니크롬	109	1.57

10년간 자주 출제된 문제

11-1. 어느 회로의 연결점에서 흘러 들어오는 전류는 나가는 전류의 크기와 같다고 하는 법칙은?

① 옴의 법칙
② 플레밍의 법칙
③ 키르히호프의 제1법칙
④ 키르히호프의 제2법칙

11-2. 쿨롱의 법칙에 관한 설명으로 틀린 것은?

① 힘의 크기는 두 전하량의 곱에 비례한다.
② 힘의 크기는 두 전하 사이의 거리에 반비례한다.
③ 작용하는 힘의 방향은 두 전하를 연결하는 직선과 일치한다.
④ 작용하는 힘의 크기는 두 전하가 존재하는 매질에 따라 다르다.

11-3. 단면적이 2cm²이고 길이가 10m인 동선의 전기저항[Ω]은?

① 8.5×10^{-4} ② 8.5×10^{-8}
③ 11.6×10^{-4} ④ 11.6×10^{-8}

11-4. 다음 중 물질의 비저항값이 가장 작은 것은?

① 은   ② 철
③ 구 리   ④ 알루미늄

【해설】

11-1
- 키르히호프의 제1법칙(전류법칙 : KCL)
  임의의 한 점을 중심으로 들어가는 전류의 합은 나오는 전류의 합과 같다. 곧 전류의 대수합은 0이다.
- 키르히호프의 제2법칙(전압법칙 : KVL)
  회로망에서 임의의 폐회로를 구성했을 때 폐회로 내 기전력의 합은 내부 전압 강하의 합과 같다.

11-2
② 힘의 크기는 두 전하 사이의 거리의 제곱에 반비례한다.
③ 작용력의 방향은 전하의 극성에 따라 다르지만, 작용력 선은 두 전하를 잇는 선 위에 존재한다.
④ 원리의 설명은 진공을 기준으로 한 것으로 물속이나 공기 중에서 작용력은 다르고, 공기의 밀도에도 영향을 받는다.

[해설]

11-3

전기저항 = $\dfrac{총길이}{단면적} \times$ 비저항

$= \dfrac{10m}{2cm^2} \times 1.7 \times 10^{-8} \Omega \cdot m = \dfrac{10}{0.0002} \times 1.7 \times 10^{-8} \Omega$

$= 0.00085 \Omega$

11-4

비저항이 가장 작다는 것은 전도율이 가장 높다는 의미이다. 보기의 물질 중 은은 전도율이 약 109%, 철은 약 19%, 구리는 100%, 알루미늄은 63.3%로 은의 전도율이 가장 높다.

정답 11-1 ③ 11-2 ② 11-3 ① 11-4 ①

핵심이론 12 전 력

① 전력이란 전기가 낼 수 있는 힘을 시간당 나타낸 것으로, 전기가 할 수 있는 일의 양을 의미한다.

② 전력은 전류와 전기저항 사이의 관계에 의해 정의된다. 단순한 전기회로에서 전기저항 R은 전류를 소비하면서 열을 발생시킨다.

③ 전력은 전압과 전류의 곱과 같으며 $P = V \cdot I$ (P : 전력, V : 전압, I : 전류)로 표현한다. 단위는 와트[W]를 사용한다.

④ 전력과 전력을 사용한 시간을 곱하면 전력량을 알 수 있다. $W = P \times t$ (W : 전력량(일), P : 전력, t : 시간)으로 표현하며 단위는 와트시[Wh]를 사용한다.

⑤ 줄(Joule)의 법칙

㉠ 어떤 저항 R에 전류 I가 t초 동안 흐를 때 발생하는 열을 계산한 것으로 $Q = I^2 Rt$로 표현하고, 단위는 줄[J]을 사용한다.

㉡ 열량은 일반적으로 칼로리[cal]로 표현하므로 J과 cal는 환산이 가능해야 한다. 1cal = 4.186J로 환산한다.

※ 러닝머신에 칼로리 표시기가 있는데, 약 600N의 힘으로 1m 이동했을 때 600J을 사용하므로 대략 러닝머신으로 1m 걸으면 약 143cal를 사용하고, 1kcal를 소모하려면 7~8m 정도를 걸어야 한다. 100kcal가 표시되려면 러닝머신으로 700~800m를 걸으면 된다.

⑥ 패러데이의 법칙

㉠ 전자유도현상에 의하여 생기는 유도기전력의 크기를 정의하는 법칙

㉡ $\varepsilon = -\dfrac{d\phi_B}{dy}$ (ϕ_B : 자기선속, ε : 기전력)

유도기전력(ε)의 크기는 닫힌 회로를 통과하는 자기선속(ϕ_B)의 변화율과 같다.

10년간 자주 출제된 문제

12-1. 110V용 전기모터에 5A의 전류가 흐르고 있다. 이 전기모터를 2시간 동안 작동시켰을 때의 소비 전력량은 얼마인가?
① 1.1kWh   ② 2.1kWh
③ 3.1kWh   ④ 4.1kWh

12-2. 전기에너지와 열에너지 사이의 변환관계를 결정하는 법칙은?
① 패러데이 법칙   ② 옴의 법칙
③ 키르히호프의 법칙   ④ 줄의 법칙

12-3. 패러데이 법칙에 대한 설명으로 옳은 것은?
① 전자유도에 의해 회로에 발생하는 기전력은 자속 쇄교수에 시간을 더한 값이다.
② 전자유도에 의해 회로에 발생하는 기전력은 자속의 변화 방향으로 유도된다.
③ 전자유도에 의해 회로에 발생하는 기전력은 단위시간당의 자속 쇄교수에 반비례한다.
④ 전자유도에 의해 회로에 발생하는 기전력은 단위시간당의 자속 쇄교수에 비례한다.

[해설]

12-1
$P = V \cdot I = 110V \cdot 5A = 550W$
$W = P \times t = 550W \times 2h = 1,100Wh = 1.1kWh$

12-2
줄의 법칙
- 전력과 전기에너지, 열에너지와의 상관관계를 결정하는 법칙이다.
- 전기는 저항을 만나면 에너지의 형태가 바뀌며 많은 양의 전기에너지가 열에너지로 전환된다. 전기에너지가 모두 열에너지로 형태가 변한다고 가정했을 때의 관계를 정의하였다.
- 전기에너지에서 생기는 열량의 식은 다음과 같다.
$H = 0.24I^2 Rt$ [cal]
여기서, H : 열량[cal]
　　　　I : 전류[A]
　　　　R : 저항[Ω]
　　　　t : 시간[sec]

12-3
자속 쇄교수와 기전력의 비교가 내용이며, 자속과 기전력은 비례한다.

정답 12-1 ①　12-2 ④　12-3 ④

핵심이론 13 전기 기초

① **전기(電氣)**

모든 물질은 원자로 구성되어 있다. 이 원자는 원자핵과 전자(電子)로 구성되어 있다. 어떤 물질은 이 전자가 쉽게 탈락되고 쉽게 유입된다. 지속적으로 전자가 빠져나가고 들어오는 일이 조직 전체에서 일어나면 전자는 마치 흘러가는 것처럼 되고, 빛의 속도로 움직이는 이 전자들의 집합은 에너지를 갖고 일을 하게 된다. 이 전자의 흐름에 따라 발생된 에너지 또는 발생된 에너지의 흐름을 전기라고 한다.

② **전류(電流)**
㉠ ①에서 설명한 전자의 흐름을 전류라 하는데, 얼마나 많은 양의 전자가 흐르는가에 대한 답이다.
㉡ 단위는 암페어[A]를 사용한다.
㉢ 일반적으로 전류의 흐름은 (−)극을 띤 전자가 아닌 양전자(공극)의 흐름을 전류의 흐름의 방향으로 잡는다. 이는 일종의 약속인데, 전자의 이동이 밝혀지기 전부터 해 오던 약속이어서 그대로 사용한다.

③ **전하(電荷)**
㉠ ①에서 전자로 설명한 것이 전기적 관점에서 힘을 갖는 부하가 되면 전하라고 한다.
㉡ 쿨롱은 이 전자가 갖는 힘에 쿨롱[C]이라는 단위를 부여하였다.
㉢ 전자 하나가 갖는 힘, 전하 하나의 양을 $1.6021773349 \times 10^{-19}$C이라 하며, 이의 역수인 6.24×10^{18}개의 전하가 모이면 1C이 된다.
㉣ 전하량 : 전하의 양이라는 뜻으로 기준시간 개념을 대입한 단위이다.
㉤ 1C/sec = 1A, 즉 1초 동안 1A가 흐를 때의 전하량을 1C이라고 한다.

④ 전압(電壓)
  ㉠ 전압은 두 매개체 사이에 전기가 흐를 때 두 매개 사이에 흐르는 압력을 의미하므로, 전위차(電位差)라고도 한다.
  ㉡ 전류의 흐름을 받는 매개체에 얼마나 강한 힘으로 전류가 흐르느냐를 표현하는 개념이다.
  ㉢ 단위는 볼트[V]이다.
⑤ 저항(抵抗) : 전기의 흐름을 막는 흐름으로, 전압을 받게 되는 지점이며 전기가 일을 하는 지점이기도 하다. 저항에서 전기가 소모되고 다른 에너지로 전환되는데 전기의 흐름을 방해하는 모든 것들은 저항이라고 할 수 있다.
  ㉠ 전류의 흐름을 방해하는 물리력
  ㉡ $R = \dfrac{V}{I}$ (옴의 법칙에 의해)
  ㉢ 재료에 따른 저항값

  $$R = \rho \dfrac{l}{A} [\Omega]$$

  여기서, ρ : $\Omega \cdot m$ (1m를 지날 때 걸리는 저항으로 재료의 고유저항)
  A : 면적
  l : 길이

10년간 자주 출제된 문제

13-1. 전류에 관한 설명으로 옳은 것은?
① 전류는 저항에 비례한다.
② 전류는 전기적인 압력에 반비례한다.
③ 전류의 이동 방향은 전자의 이동 방향과 같다.
④ 전자의 이동 방향과 전류의 흐름은 반대이다.

13-2. 다음 중 설명이 틀린 것은?
① 도체의 저항은 도체 단면적에 반비례한다.
② 콘덴서에 전압을 가하는 순간에 콘덴서는 단락 상태가 된다.
③ 고유저항의 단위는 Ω/m이다.
④ 같은 부호의 전하끼리는 반발력을 갖는다.

|해설|

13-1

전류(電流)
- 전자의 흐름을 전류라 하는데, 얼마나 많은 양의 전자가 흐르는가에 대한 대답이다.
- 단위는 암페어[A]를 사용한다.
- 일반적으로 전류의 흐름은 (-)극을 띤 전자가 아닌 양전자(공극)의 흐름을 전류 흐름의 방향으로 잡는다. 이는 일종의 약속인데, 전자의 이동이 밝혀지기 전부터 해 오던 약속이어서 그대로 사용한다.

13-2

재료에 따른 저항값
$R = \rho \dfrac{l}{A} [\Omega]$
(ρ : $\Omega \cdot m$(1m를 지날 때 걸리는 저항으로 재료의 고유저항), A : 면적, l : 길이)

정답 13-1 ④　13-2 ③

핵심이론 14 직류와 교류

① 직류(DC ; Direct Current)
  ㉠ 전기 흐름의 종류로 극성이 변하지 않고 일정한 정도의 힘으로 흐르는 전류이다.
  ㉡ 건전지나 정류기 등을 이용하여 일정한 양의 전하를 일정하게 내보내어 생성한다.
  ㉢ 힘의 크기가 일정하므로 안정된 전력을 사용할 수 있다.
  ㉣ 고압직류는 제작이 어렵다.

② 교류(AC ; Alternating Current)
  ㉠ 전기 흐름의 종류로 전류의 방향과 세기가 주기적으로 바뀌는 전류
  ㉡ 전력회사에서 생산·공급하는 전류가 교류이다. 전기는 대부분 자석의 회전을 이용하여 생산하는데, 이때 극성이 바뀌며 자석 극단에 가까워질수록 강한 전류가 생성되기 때문이다.
  ㉢ 주파수
    • 생산에 사용하는 자석의 초당 회전수에 따라 1초에 극성이 바뀌는 횟수가 정해진다.
    • 1회전당 사인파형이 1회 생기고, 1초에 생기는 사인파형의 수가 주파수이다.
    • 단위는 헤르츠[Hz]이며 초당 떨림의 수, 초당 사인파형의 수이다.
    • 주파수가 높을수록 많은 전류를 보낸 셈이 되므로 힘이 더 강한 전류이다. 미국의 전기는 50Hz를 사용하는데, 우리나라는 60Hz를 사용하므로 미국 국내용 가전을 우리나라에서 사용하면 타게 된다.
  ㉣ 고압전류로 바꾸어 효율을 높이면 사용이 가능하다.

③ 정현파 전류(sine wave AC)
  ㉠ 정확하고 깨끗한 sine 파형을 갖는 교류전류로, 해석의 기준이 되는 전류이다.
  ㉡ 다음 그림과 같은 파형이 지속된다.

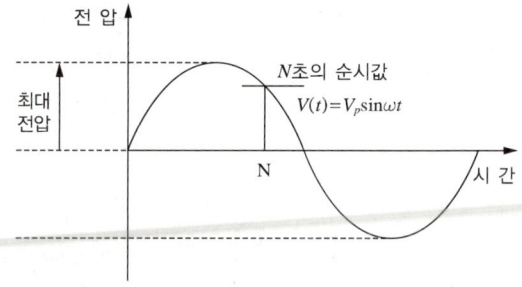

  ㉢ 최댓값, 실횻값, 평균값
    • 정현파 사이클에서 전압이 최대가 될 때의 값이 최댓값이다.
    • 우리나라에서 사용하는 교류 220V는 실횻값이 220V라는 의미이며, 최댓값은 311V 정도이다.
    • 평균값 : 전류에 대해 다음 그림과 같은 관계가 되는 값이다.

$$\frac{1}{\pi}\int_0^\pi \sin x\,dx = \frac{2}{\pi}$$

    • 실횻값 : 개념적으로는 평균값과 비슷하나 전력에 대해 직류와 교류가 같게 되는 전류값으로 전력은 전류와 전압의 곱으로 나타나므로 계산하면 $\frac{1}{\sqrt{2}}$ 배 차이가 난다.
    – 최댓값과 실횻값, 평균값의 관계

$$V_{ave} = \frac{2}{\pi}V_{\max} \fallingdotseq 0.637\,V_{\max}$$

$$V_p = \frac{1}{\sqrt{2}}V_{\max} \fallingdotseq 0.707\,V_{\max}$$

④ 순시전류(瞬時電流) : 어느 한 시점에서의 전류값
  ※ 순시전류는 일본식 한자어의 색이 짙은 단어로, '순간 전류값', '특정시점의 전류'와 같은 단어로 순화했다고 생각하면 의미가 훨씬 쉽게 다가올 것 같다. 전압을 변수로 표현한 $V(t)$는 실횻값×시간에 따른 함수로 정의한다.

순시값 표시형식
$$V(t) = V_{\max} \sin(\omega t + \theta)$$

여기서, $V_{\max}$: 최댓값
ω : $2\pi f$ (시간계수)
t : 시간
θ : 위상차

즉, $V(t) = V_{\max} \sin(2\pi f \cdot t + \theta)$
f : 주파수 $\left(= \dfrac{1}{T}\right)$

예를 들어,
$i = 50\sqrt{2} \sin\left(377t + \dfrac{\pi}{6}\right)A$ 와 같이 표시가 되었다면,

$50\sqrt{2}$: 최댓값,

$377 : 2\pi f$, $f = \dfrac{377}{2\pi}$

$\dfrac{\pi}{6}$: 위상이 $\dfrac{\pi}{6}$ 만큼 더해서 나오게 하는 위상차

10년간 자주 출제된 문제

14-1. 다음 그림과 같은 파형의 주파수는?

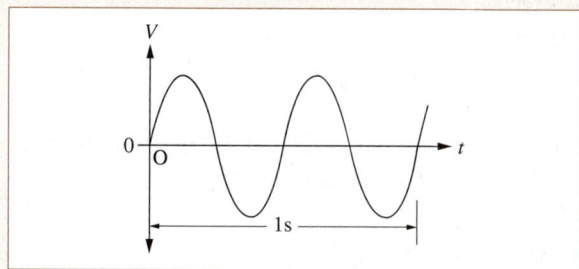

① 1Hz ② 2Hz
③ 4Hz ④ 8Hz

14-2. 교류전류 i를 어떤 저항 R에 임의의 시간 동안 흐르게 했을 때의 발열량이, 같은 저항 R에 직류전류 I를 같은 시간 동안 흐르게 했을 때의 발열량과 같을 때 그 교류전류 i를 무엇이라 하는가?

① 순시값 ② 최댓값
③ 평균값 ④ 실횻값

14-3. 실횻값 100V, 주파수 60Hz인 정현파 교류전압의 최댓값은?

① $60\sqrt{2}$ ② $100\sqrt{2}$
③ $60/\sqrt{2}$ ④ $100/\sqrt{2}$

14-4. 다음 식과 같이 표현되는 순시전류에 대한 설명 중 틀린 것은?

$$i = 50\sqrt{2}\sin\left(377t + \dfrac{\pi}{6}\right)[A]$$

① 실횻값은 50A이다.
② 최댓값은 $50\sqrt{2}$ A이다.
③ 주파수는 약 60Hz이다.
④ 이 파형의 주기는 $\dfrac{1}{377}$sec이다.

|해설|

14-1
주파수란 1초에 이루어지는 사이클의 수이다. 위의 파장은 1초에 2번 사이클이 왕복하므로 2Hz이다.

14-2
- 같은 직류의 전류값과 교류의 전류값이 같게 되는 전류의 값을 평균값이라 한다.
- 같은 직류가 내는 전력과 교류가 내는 전력의 값이 같게 되는 전류의 값을 실횻값이라 한다.

14-3
최댓값과 실횻값의 관계
$V_p = \dfrac{1}{\sqrt{2}} V_{\max} ≒ 0.707 V_{\max}$
$100 = \dfrac{1}{\sqrt{2}} V_{\max}$, $V_{\max} = 100\sqrt{2}$

14-4
$i = 50\sqrt{2}\sin\left(377t + \dfrac{\pi}{6}\right)[A]$
위의 식이 순시전류의 t에 관한 함수라면 377은 $2\pi \times$ 주파수 f이므로 $f = \dfrac{377}{2\pi}$

주기와 주파수는 역수관계이므로 주기 $T = \dfrac{2\pi}{377}$

정답 14-1 ② 14-2 ④ 14-3 ② 14-4 ④

핵심이론 15 회로 기초

① 직렬회로 : 다음 그림과 같이 복수의 저항을 전원에 대하여 연달아 연결한 형태의 회로

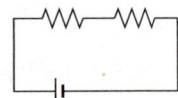

② 병렬회로 : 다음 그림과 같이 복수의 저항을 전원에 대하여 나란히 연결한 형태의 회로

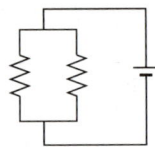

③ 키르히호프의 법칙

다음 그림에 대하여 $i_1 + i_4 = i_2 + i_3$

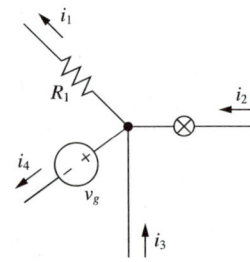

④ 교류회로
  ㉠ 전류 흐름 중 극성과 전압값이 변화한다.
  ㉡ 리액턴스, 컨덕턴스가 발생한다.
  ㉢ RLC 회로 : 교류 전기회로 중 저항, 코일, 축전기로 이루어진 회로

⑤ 다이오드를 사용한 회로
  ㉠ 다이오드는 한쪽 방향으로 전류가 흐르도록 제어하는 반도체 소자이다.
  ㉡ 교류회로에서 다이오드를 적용하면 다이오드 소자 이후로는 정류된 전류가 흐른다.
  ㉢ 정류란 교류의 양극성이 한 극성만 통과되고 나머지 극성은 걸려진 전류이다.

⑥ 발진(發振)회로
  ㉠ 전기 진동을 만드는 회로
  ㉡ DC 전원이 필요하며 능동회로에서 발생
  ㉢ 종류
   • 정현파 발진기
    - CR 발진기 : 정현파에 가까운 파형을 얻을 수 있으나 정밀도는 낮음
    - LC 발진기 : 정현파에 가까운 파형으로 비교적 정밀도 개선, LC 동조증폭회로를 응용, 100~수백kHz 주파수 발진 가능
    - 수정 발진기 : 비교적 안정적 주파수 획득, 수백kHz~20MHz 가능, 수정 대신 세라믹을 이용하기도 함
   • 비정현파 발진기 : 멀티바이브레이터, 차단(Blocking) 발진기, 톱니파 발진기

10년간 자주 출제된 문제

15-1. 제너 다이오드를 사용하는 회로는?

① 검파회로
② 정전압회로
③ 고압 증폭회로
④ 고주파 발진회로

15-2. 발진회로를 정현파 발진회로와 비정현파 발진회로로 구분할 때, 비정현파 발진회로에 해당되는 것은?

① LC 발진회로
② RC 발진회로
③ 수정 발진회로
④ 멀티바이브레이터 발진회로

|해설|

15-1

다이오드를 사용한 회로
• 다이오드는 한쪽 방향으로 전류가 흐르도록 제어하는 반도체 소자이다.
• 교류회로에서 다이오드를 적용하면 다이오드 소자 이후로는 정류된 전류가 흐른다.
• 정류란 교류의 양극성이 한 극성만 통과되고 나머지 극성은 걸려진 전류이다.

[해설]

15-2

발진(發振)회로
- 전기 진동을 만드는 회로
- DC 전원이 필요하며 능동회로에서 발생
- 종 류
  - 정현파 발진기
    ⓐ CR 발진기 : 정현파에 가까운 파형을 얻을 수 있으나 정밀도는 낮음
    ⓑ LC 발진기 : 정현파에 가까운 파형, 비교적 정밀도 개선, LC 동조 증폭회로를 응용, 100~수백kHz 주파수 발진 가능
    ⓒ 수정 발진기 : 비교적 안정적 주파수 획득, 수백kHz~20MHz 발진 가능, 수정 대신 세라믹을 이용하기도 함
  - 비정현파 발진기 : 멀티바이브레이터, 차단(Blocking) 발진기, 톱니파 발진기

정답 15-1 ② 15-2 ④

핵심이론 16 옴의 법칙

① 1826년 독일 물리학자 게오르그 시몬 옴(Georg Simon Ohm)에 의해 발견되었다.
② 전압이 커지면 전류가 세지고 전기저항이 크면 전류의 세기는 약해진다.
③ 관계식

$$I = \frac{V}{R}$$

여기서, I : 전류
  V : 전압
  R : 저항

④ 전압 강하

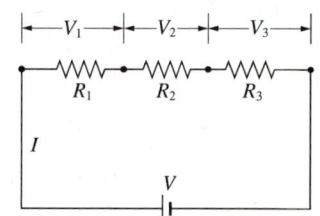

㉠ 전체 전압 V는 R_1, R_2, R_3을 거치면서 전압이 강하되는데, 전체 저항을 거치며 전체 전압이 강하된다고 보고, 각 저항의 크기에 비례하여 전압 강하가 이루어진다.

㉡ 예를 들어,

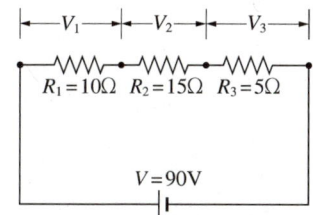

위 그림의 경우 전체 전압 90V는 R_1에서 1/3인 30V, R_2에서 1/2인 45V, R_3에서 1/6인 15V만큼 강하된다.

⑤ 합성저항
㉠ 직렬연결의 경우, ④의 그림을 참조하여
$$R_T = R_1 + R_2 + R_3$$

ⓒ 병렬연결의 경우, 다음 그림을 참조하여

$$\frac{1}{R_T} = \frac{1}{R_1} + \frac{1}{R_2} + \frac{1}{R_3}$$

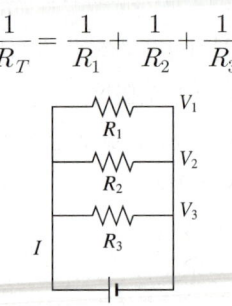

이 경우 $V = V_1 = V_2 = V_3$, $I = I_1 + I_2 + I_3$, R_1에 걸리는 I_1값은 알고 있는 V값을 이용하여 $I_1 = \dfrac{V}{R_1}$로 구한다.

ⓒ 직병렬 혼합연결의 경우,

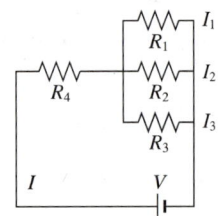

$\dfrac{1}{R_t} = \dfrac{1}{R_1} + \dfrac{1}{R_2} + \dfrac{1}{R_3}$에서 R_t를 구하고

$R_T = R_t + R_4$

R_4를 지나는 전류값은 $I = I$, 병렬을 지나는 전류값은 $I = I_1 + I_2 + I_3$

10년간 자주 출제된 문제

16-1. 저항 R_1, R_2, R_3, R_4가 직렬로 연결되어 있을 때와 이들이 병렬로 연결되어 있을 때의 합성저항의 비(직렬/병렬)는?(단, $R_1 = R_2 = R_3 = R_4$이다)

① 4　　　　　　　　② 8
③ 12　　　　　　　　④ 16

16-2. 저항 $R[\Omega]$을 다음 그림과 같이 접속했을 때, 합성저항은 몇 Ω인가?

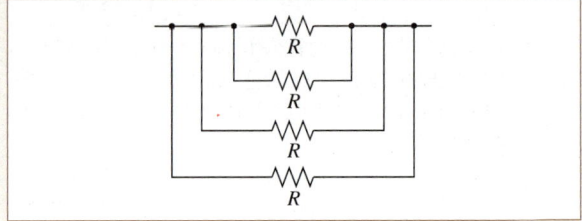

① $4R$　　　　　　　② $\dfrac{3}{4}R$
③ $\dfrac{4}{R}$　　　　　　　④ $\dfrac{R}{4}$

|해설|

16-1

직렬에서의 $R_T = 4R_1 (\because R_1 = R_2 = R_3 = R_4)$

병렬에서의 $R_T = \dfrac{R_1}{4} \left(\because \dfrac{1}{R_T} = \dfrac{4}{R_1} \right)$

16-2

문제에 제시된 그림은

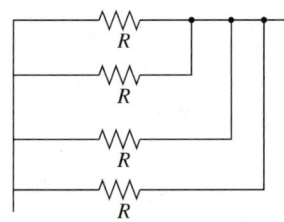

위의 그림과 같은 식으로 바꾸어 볼 수 있는데, 우변 또한 좌변처럼 바꿀 수 있음을 안다면 병렬연결임을 알 수 있다.

정답 16-1 ④　16-2 ④

핵심이론 17 RLC 회로

① **임피던스(Impedance)** : 전류에서 저항, 인덕터, 커패시터 등에 의해 전류의 흐름을 방해하는 물리력

② **리시스턴스(Resistance, 저항), 리액턴스(Reactance, 임피던스값)**

※ 우선 이해를 돕기 위해 직류를 기준으로 리시스턴스와 리액턴스를 설명한다.

㉠ 임피던스는 다음의 식으로 표현이 가능하다.

$$Z = R + j\omega L + \frac{1}{j\omega C}$$

여기서, Z : 임피던스
R : 리시스턴스
L : 인덕턴스
C : 커패시턴스
j : 복소수(위상 정보)
ω : 각속도($2\pi f$)

이 식을 설명하면
'임피던스 = 저항 + 인덕터의 임피던스 + 커패시터의 임피던스'와 같다.

㉡ 위의 식은 $Z = R + j\left(\omega L - \frac{1}{\omega C}\right)$과 같이 변환 가능하며, 이를 X라는 변수를 써서 $Z = R + jX$라고 나타낼 때 R은 리시스턴스, X는 리액턴스라고 한다.

㉢ 리액턴스(Reactance, 흐름의 방해)
- 유도 리액턴스 : X_L은 전류의 주파수와 도체의 인덕턴스를 곱한 값에 2π를 다시 곱한 값으로 $X_L = 2\pi f L$이다. 이때 단위는 옴[Ω]이다.
- 용량 리액턴스 : X_C는 교류 전류의 주파수와 전기용량에 반비례한다. 용량성 리액턴스 X_C는 전류의 주파수와 전기용량값의 곱에 2π를 곱한 다음 역수를 취한 것이다. 즉, $X_C = \frac{1}{2\pi f C}$이고 단위는 옴[Ω]이다.
- $X = X_L - X_C$, 즉 $Z = R + j(X_L - X_C)$

③ **인덕터(Inductor, 유도기)**
㉠ 흐르는 도선을 그림과 같이 감아 놓으면 전류의 급격한 변화를 저해하는 성질(전류관성)을 가지게 된다.
㉡ 인덕터에 흐르는 전압과 전류의 관계 :
$$v(t) = L\frac{di(t)}{dt}$$

④ **인덕턴스(Inductance)** : 전류의 변화에 따라 발생하는 기전력(EMF)를 측정하는 단위 또는 전류의 변화에 따라 변화에의 저항이다.

※ 1H는 1A/s로 변할 때 전류 반대 방향으로 1V를 발생시킴. 'L'이라는 기호로 사용

⑤ **커패시터(Capacitor)**

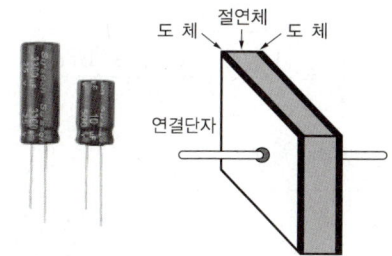

㉠ 연결단자에 연결된 한쪽 도체 벽면에 어떤 한 극성 (+)이 모이면 절연체 반대쪽 도체 벽면에는 다른 극성(−)이 모인다.
㉡ 이 상태에서는 전류가 흐르지 않고 축전된다.
㉢ 연결단자에 연결된 도체 벽면의 극성이 바뀌면 반대쪽 도체 벽면에 있던 극성(−)은 흘러가버린다.
㉣ 즉, 전류의 변화가 발생될 때만 기전력이 발생하는 원리로 전기장에너지를 저장한다.

⑥ **커패시턴스(Capacitance, 정전용량)**

교류의 경우는 계속해서 전류가 변화하기 때문에 커패시터에 전류가 흐르게 된다. 즉, 한쪽 도체 벽면의 극성이 얼마나 잘 전달되느냐가 커패시턴스로 나타나게 된다. 'C'라는 기호를 사용하며 정전용량으로 사용될 때 패럿[F]이라는 단위를 사용한다.

※ 인덕턴스는 전류의 변화에 저항, 커패시턴스는 전류의 변화에 따라 작동한다.

⑦ RLC 직렬회로

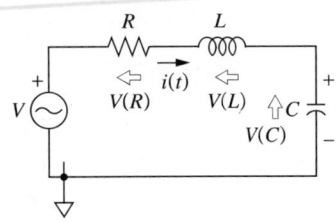

㉠ 직류에서는 ②에서 설명한 것처럼 직렬 접속이므로, I가 동일한 것을 이용하여

$$V(R) = IR, \ V(L) = j\omega LI, \ V(C) = -j\frac{1}{\omega C}I$$
··· (1)

$$V = V(R) + V(L) + V(C) \ \cdots\cdots (2)$$

전체 회로의 임피던스와 전압, 전류의 관계를 정리하면

$$V = I \cdot Z$$

$$Z = \frac{V}{I} = \frac{V(R) + V(L) + V(C)}{I}$$

$$= \frac{IR + j\omega LI - j\frac{1}{\omega C}I}{I}$$

$$= R + j\omega L - j\frac{1}{\omega C} = R + j\left(\omega L - \frac{1}{\omega C}\right)$$

※ $X_L - X_C$를 합성리액턴스라 한다.

㉡ 그러나 직류를 사용하는 회로에서 RLC 회로는 별로 의미가 없고, 커패시터에서 전류의 흐름은 처음을 제외하고는 끊어진다. 실제로 RLC 회로는 교류를 사용한다.

교류에서는 L과 C에 위상차가 있어서 전체 전압은 다음과 같은 관계로 나타난다.

$$V = \sqrt{V(R)^2 + (V(L) - V(C))^2} \ \cdots\cdots (2\text{-}1)$$

$$Z = \frac{V}{I} = \frac{\sqrt{(IR)^2 + \left(j\omega LI - j\frac{1}{\omega C}I\right)^2}}{I}$$

$$= \sqrt{(R)^2 + \left(j\omega L - j\frac{1}{\omega C}\right)^2}$$

$$= \sqrt{R^2 + (X_L - X_C)^2}$$

㉢ 공진의 발생
- 인덕터와 커패시터의 위상차가 없어지는 $X_L = X_C$일 때 공진이 발생한다.
- 공진 주파수보다 주파수가 큰 영역에서는 인덕터의 임피던스가 커패시터의 것보다 커지며 전압의 위상이 앞선다.
- 공진 주파수보다 주파수가 작은 영역에서는 커패시터의 임피던스가 인덕터의 것보다 커지며 전압의 위상이 앞선다.
- $\omega L = \frac{1}{\omega C}, \ 2\pi f_r L = \frac{1}{2\pi f_r C}$

$$f_r^2 = \frac{1}{(2\pi)^2 LC}, \ f_r = \frac{1}{2\pi\sqrt{LC}}$$

- 공진 시 임피던스는 R과 같다.

⑧ RLC 병렬회로

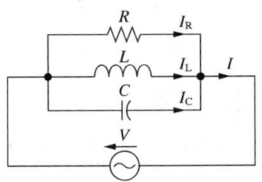

㉠ 병렬에서는 V가 같으므로 이를 이용한다.

$$I(R) = \frac{V}{R}, \ I(L) = \frac{V}{X_L}, \ I(C) = \frac{V}{X_C}$$

㉡ ⑦의 설명과 마찬가지로 교류에서는 위상차가 있으므로

$$I = \sqrt{I(R)^2 + (I(C) - I(L))^2}$$

$$Z = \frac{V}{I} = \frac{V}{\sqrt{\frac{V^2}{R^2} + \left(\frac{1}{j}\omega CV + \frac{1}{j\omega L}V\right)^2}}$$

$$= \frac{1}{\sqrt{\frac{1}{R^2} + \left(\frac{1}{X_C} + \frac{1}{X_L}\right)^2}}$$

$$= \frac{1}{\sqrt{\frac{1}{R^2} + \left(\frac{X_L + X_C}{X_C X_L}\right)^2}}$$

$$= \frac{R(X_L X_C)}{\sqrt{(X_L X_C)^2 + R^2(X_C + X_L)^2}}$$

※ 반대로 전류나 열 등을 얼마나 잘 흐르게 하느냐를 계산한 값이 있다. 어드미턴스(Admittance), 컨덕턴스(Conductance), 서셉턴스(Susceptance)라 한다. 어드미턴스는 $\frac{1}{Z}$, 컨덕턴스는 $\frac{1}{R}$, 서셉턴스는 $\frac{1}{X}$ 이다.

$$G = \sigma \frac{A}{l} [S]$$

(A : 도선 면적, l : 도선 길이, σ : 도전율, S : Siemens)로 계산한다.

10년간 자주 출제된 문제

17-1. RLC 직렬회로의 임피던스 Z는?

① $Z = \sqrt{R^2 + (X_L - X_C)^2}$
② $Z = R + X_L + X_C$
③ $Z = \sqrt{R^2 + (X_L + X_C)^2}$
④ $Z = R + X_L - X_C$

17-2. RL 병렬회로의 임피던스는?

① $R/(R^2 + X_L^2)$
② $X_L/(R^2 + X_L^2)$
③ $X_L/\sqrt{R^2 + X_L^2}$
④ $RX_L/\sqrt{R^2 + X_L^2}$

17-3. 100V, 60Hz의 교류회로에서 용량 리액턴스 $X_c = 5\Omega$일 때 이 회로에 흐르는 전류[A]는?

① 10 ② 20
③ 30 ④ 40

17-4. 인덕턴스(L)만의 교류회로에서 $L = 30$mH의 코일에 50Hz인 교류전압을 인가할 때, 이 코일의 리액턴스는?

① 3.4Ω ② 9.4Ω
③ 30Ω ④ 100Ω

17-5. RLC 직렬회로에서 공진이 되기 위한 공급전원의 f[Hz]는?(단, $R[\Omega]$, $L[H]$, $C[F]$이다)

① $f = \frac{1}{RC}$
② $f = \frac{1}{2\pi LC}$
③ $f = \frac{1}{\sqrt{2\pi LC}}$
④ $f = \frac{1}{2\pi\sqrt{LC}}$

17-6. 도체가 전류를 흐르게 하는 정도를 나타내는 컨덕턴스의 단위는?

① Ohms   ② Volts
③ Current ④ Siemens

17-7. 리액턴스의 설명으로 틀린 것은?

① 자체 인덕턴스가 클수록 유도 리액턴스 값이 커진다.
② 정전용량이 작아질수록 용량 리액턴스의 값은 커진다.
③ 교류전압의 주파수가 커질수록 용량 리액턴스의 값은 작아진다.
④ 교류전압의 주파수가 커질수록 유도 리액턴스의 값은 작아진다.

|해설|

17-1
RLC 회로의 임피던스 내용이 잘 이해되지 않으면 RLC 직렬회로에서의 임피던스값은
$Z = \sqrt{R^2 + (X_L - X_C)^2}$ 라고 알고 있으면 좋다.

17-2
$$Z = \frac{V}{I} = \frac{V}{\sqrt{\frac{V^2}{R^2} + \left(\frac{1}{j\omega L}V\right)^2}} = \frac{1}{\sqrt{\frac{1}{R^2} + \left(\frac{1}{X_L^2}\right)}}$$
$$= \frac{RX_L}{\sqrt{R^2 + X_L^2}}$$

17-1과 마찬가지로 RL 회로의 임피던스를 알고 있으면 좋다.

17-3
문제에서 다른 조건은 없고, 다 계산된 용량 리액턴스 하나만 있으므로 임피던스 중 용량 리액턴스만 적용하면,
$Z = \frac{V}{I}$, $I = \frac{V}{Z} = \frac{100V}{5\Omega} = 20A$

[해설]

17-4

$X_L = 2\pi f L = 2 \times \pi \times 50\,\text{Hz} \times 30\,\text{mH} ≒ 9,425\,\text{m}\Omega = 9.42\,\Omega$

17-5

$\omega L = \dfrac{1}{\omega C}$, $2\pi f_r L = \dfrac{1}{2\pi f_r C}$, $f_r^2 = \dfrac{1}{(2\pi)^2 LC}$, $f_r = \dfrac{1}{2\pi\sqrt{LC}}$

17-6

① Ohms : 저항의 단위
② Volts : 전압의 단위
③ Current : 전류의 단위

17-7

- 유도 리액턴스는 주파수와 비례하므로 주파수가 커질수록 유도 리액턴스는 커진다.
- 유도 리액턴스 X_L은 전류의 주파수와 도체의 인덕턴스를 곱한 값에 2π를 다시 곱한 값으로 $X_L = 2\pi f L$이다. 이때 단위는 옴[Ω]이다.
- 용량 리액턴스 X_C는 교류 전류의 주파수와 전기용량에 반비례한다. 용량성 리액턴스 X_C는 전류의 주파수와 전기용량 값의 곱에 2π를 곱한 다음 역수를 취한 것이다. 즉, $X_C = \dfrac{1}{2\pi f C}$이고, 단위는 [$\Omega$]이다.
- $X = X_L - X_C$, 즉 $Z = R + j(X_L - X_C)$

[정답] 17-1 ① 17-2 ④ 17-3 ② 17-4 ② 17-5 ④ 17-6 ④ 17-7 ④

핵심이론 18 콘덴서, 코일의 합성

① 콘덴서

㉠ 두 장의 전극판을 마주 보게 붙여 놓은 구조

㉡ 커패시터의 일종

㉢ 역 할
- 전류 부족 시 순방향 전류를 공급해 준다.
- 과전류 시 전류를 담아서 전류를 안정적으로 한다.
- 직류를 걸러내고 교류를 통과시키는 역할을 한다.

㉣ 용 량
- 1개의 경우

$$C = \varepsilon \dfrac{A}{l}$$

여기서, C : 정전용량[F]
ε : 유전율
A : 전극의 면적
l : 전극 사이의 거리

$$Q = CV$$

여기서, Q : 축적되는 전하량
C : 정전용량[F]
V : 전압[V]

- 직렬 2개의 경우

C_1[F]
C_2[F]

$\dfrac{1}{C} = \dfrac{1}{C_1} + \dfrac{1}{C_2}$, 축적되는 전하량 Q는 C_1, C_2에 동일하다.

- 병렬 2개의 경우

C_1[F] C_2[F]

$C = C_1 + C_2$, 축적되는 전하량 Q는 C_1, C_2에 따라 다르다.

㉤ 특징적인 내용
- 온도에 따라 용량이 변화한다.

- 서지 전압 : 일시에 받을 수 있는 전압
- 정격 전압 : 연속으로 사용 가능한 전압
- 누설전류 : 정격전압 시 유전체로 흐르는 전류

ⓑ 종 류
- 전해 콘덴서 : 체적에 비해 용량이 크고, 극성이 존재한다. 저주파 바이패스 용도로 사용된다.
- 탄탈 콘덴서 : 탄탈륨을 이용한 전해 콘덴서로, 온도 특성과 주파수 특성이 우수하다.
- 세라믹 콘덴서 : 유전체로 타이타늄산 바륨 등 유전율이 큰 재료를 사용하며, 고주파의 바이패스에 이용한다.
- 슈퍼 커패시터 : 대용량 콘덴서로, 470,000μF 이다(일반은 1,000μF 정도).
- 가변용량 콘덴서 : 용량 변화가 가능하고, 주파수 조정 등에 사용한다(라디오 튜너 등).

② 코 일
㉠ 전선을 감아 놓은 형태
㉡ 인덕터의 일종
㉢ 역 할
- 자기력선속의 변화를 방해하는 방향으로 유도기전력이 생겨 전류의 흐름을 방해
- 저항효과가 있음
- 직병렬을 적절히 연결하여 고주파, 저주파 필터로 사용

㉣ 용량은 저항과 같이 계산

㉤ $L = k \dfrac{\mu \cdot n^2 \cdot S}{l}$

여기서, L : 인덕턴스
k : 계수
μ : 투자율
n : 권선수
S : 코일 단면적
l : 코일 축 방향 길이

$X_L = 2\pi f L$ [단위 : Ω(옴)]

10년간 자주 출제된 문제

18-1. 콘덴서의 용량을 결정하는 요소가 아닌 것은?
① 극판 간의 거리
② 서로 대면하는 극판의 넓이
③ 극판 사이의 유전체 종류
④ 극판을 만드는 금속체의 종류

18-2. 정전용량이 C인 콘덴서 3개를 직렬로 접속한 경우 전체 합성용량은?
① $6C$
② $3C$
③ $C/3$
④ $C/s6$

18-3. 다음 설명 중 틀린 것은?
① 코일은 직렬로 연결할수록 인덕턴스가 커진다.
② 콘덴서는 직렬로 연결할수록 용량이 커진다.
③ 저항은 병렬로 연결할수록 저항이 작아진다.
④ 리액턴스는 주파수의 함수이다.

18-4. 다음 그림과 같이 자기 인덕턴스가 접속되어 있을 때 합성 자기 인덕턴스[H]는?(단, 이때 상호 유도작용은 없다고 가정한다)

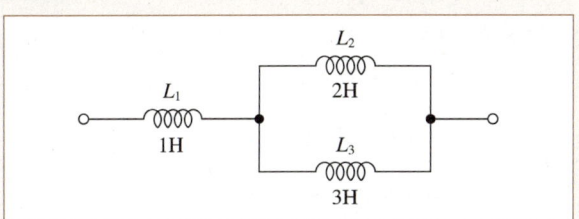

① 1.1
② 2.2
③ 3.2
④ 4.2

18-5. 동일 조건에서 코일의 권수만을 10배 증가하였을 때 인덕턴스의 값은?
① 7배 증가
② 10배 증가
③ 50배 증가
④ 100배 증가

[해설]

18-1

용량

$$C = \varepsilon \frac{A}{l}$$

여기서, C : 정전용량[F]
ε : 유전율
A : 전극의 면적
l : 전극 사이의 거리

18-2

$\frac{1}{C} = \frac{1}{C_1} + \frac{1}{C_2} + \frac{1}{C_3} = \frac{3}{C_1} (\because C_1 = C_2 = C_3)$

$C = \frac{C_1}{3}$

18-3

② 콘덴서는 직렬로 연결하면 전체 용량의 역수는 각 용량의 역수의 합과 같으므로 연결할수록 전체 용량이 작아진다.
① 코일을 인덕터라 하고, 직렬로 연결하면 전류가 각 코일을 지날 때마다 저항을 받으므로 인덕턴스가 커진다.
③ 저항을 병렬로 연결하면 전체 저항의 역수는 각 저항의 역수의 합과 같으므로 연결할수록 전체 저항이 작아진다.
④ 리액턴스
- 유도 리액턴스 : $X_L = 2\pi f L$
- 용량 리액턴스 : $X_C = \frac{1}{2\pi f C}$, $X = X_L - X_C$

즉, $Z = R + j(X_L - X_C)$
저항 R은 고정값, X_L, X_C은 f(주파수)의 함수

18-4

코일의 경우 저항과 같이 계산하므로
병렬부의 합성 인덕턴스는 $\frac{1}{L} = \frac{1}{L_2} + \frac{1}{L_3} = \frac{1}{2} + \frac{1}{3} = \frac{5}{6}$, $L = 1.2$
직렬부와의 합성 인덕턴스는 $L_1 + L = 1 + 1.2 = 2.2H$

18-5

$L = k \frac{\mu \cdot n^2 \cdot S}{l}$

여기서, k : 계수
μ : 투자율
n : 권선수
S : 코일 단면적
l : 코일 축 방향 길이

권선수의 제곱에 비례하므로 100배 증가
따라서, 다른 조건의 변화가 없을 때 인덕턴스가 증가하면 전압도 인덕턴스만큼 증가한다.

정답 18-1 ④ 18-2 ③ 18-3 ② 18-4 ② 18-5 ④

핵심이론 19 전력

① **전력** : 전기가 갖고 있는 힘으로 전류량과 전압의 곱으로 표현한다.

㉠ 직류의 경우

$$P = EI [W] = I^2 R = \frac{E^2}{R}$$

여기서, P : 전력
E : 기전력
I : 전류

㉡ 교류의 경우
- 정현파 전압 $e = \sqrt{2} E \sin \omega t$
- 정현파 전류 $i = \sqrt{2} I \sin(\omega t - \theta)$
- 직류의 식에 대입하고 삼각함수 변환을 하면
$$P = EI \cos \theta - EI \cos(2\omega t - \theta)$$
- 이 식으로부터 적분을 이용하여 구한 평균전력은
$$P = EI \cos \theta$$

㉢ 전력의 단위
- 단위 : W(Watt, 1J의 일을 1초 동안 해내는 힘)
- 전력량
 - J(Joule, 전력과 시간의 곱)
 - Wh(Watt시 : 전력의 개념을 분명히 드러내기 위해 표현하는 단위로, 시간 동안 일을 하는 힘)

② **피상전력, 유효전력, 무효전력**

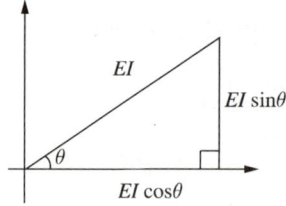

㉠ 교류에서 전력은 위의 그림과 같이 벡터로 표현이 가능하다.
㉡ 피상전력 : EI
- 우선 나타나는 전력이라는 의미로 전원용량에 표시되는 전력
- 단위 : VA

ⓒ 유효전력 : $EI\cos\theta$
- 실제로 일을 하는 전력
- 단위 : W

ⓓ 무효전력 : $EI\sin\theta$
- 자계를 발생시키는 전력이며 전혀 일을 하지 않는 전력
- 단위 : Var

ⓔ 관 계
- $(EI)^2 = (EI\cos\theta)^2 + (EI\sin\theta)^2$
- 역률 = $\dfrac{\text{유효전력}}{\text{피상전력}} = \cos\theta$

③ 정격전력

ⓐ 정격전압
- 전기기계·기구, 선로 등의 정상적인 동작을 유지시키기 위해 공급해 주어야 하는 기준 전압
- 대한민국은 220V
- 통상적으로 전기제품은 정격전압 ± 10% 범위에서 구동 가능

ⓑ $P = VI = \dfrac{V^2}{R}$

여기서, P : 정격전력[W]
V : 정격전압[V]
I : 전류[A]
R : 저항[Ω]

10년간 자주 출제된 문제

19-1. 120V의 전압을 가할 때 500mA의 전류가 흐르는 백열전등의 저항(R)과 전력(P)은 각각 얼마인가?

① $R = 0.24Ω$, $P = 6W$
② $R = 0.24Ω$, $P = 1.2W$
③ $R = 240Ω$, $P = 120W$
④ $R = 240Ω$, $P = 60W$

19-2. 100V의 전위차로 5A의 전류가 2분간 흘렀을 때 이때 전기는 몇 J의 일을 하는가?

① 100
② 6,000
③ 60,000
④ 500

19-3. 피상전력이 80kVA이고 유효전력이 60kW일 때의 역률 $\cos\theta$는?

① 0.25
② 0.5
③ 0.75
④ 1

19-4. 정격전압에서 600W의 전력을 소비하는 저항에 정격의 90%의 전압을 가했을 때의 전력은?

① 486W
② 540W
③ 550W
④ 560W

｜해설｜

19-1

$R = \dfrac{V}{I} = \dfrac{120V}{0.5A} = 240Ω$ (옴의 법칙에 의해)

$P = EI = 120V \times 0.5A = 60W$

19-2

- 전력 : [W](Watt, 1J의 일을 1초 동안 해 내는 힘)
$P = EI = 100V \times 5A = 500W$
- 전력량 $W = Pt = 500W \times 120\sec = 60,000J$

19-3

역률 = $\dfrac{\text{유효전력}}{\text{피상전력}} = \dfrac{60kW}{80kVA} = \dfrac{3}{4} = \cos\theta$

19-4

$P = \dfrac{V^2}{R} = 600$ ∴ $V^2 = 600R$

$P_{90} = \dfrac{(0.9V)^2}{R} = 0.81 \times \dfrac{V^2}{R} = 0.81 \times \dfrac{600R}{R}$
$= 0.81 \times 600 = 486W$

정답 19-1 ④ 19-2 ③ 19-3 ③ 19-4 ①

핵심이론 20 센 서

① 자동화의 5대 요소
  ㉠ 액추에이터(Actuator) : 외부의 에너지를 공급받아 일하는 부분이다.
  ㉡ 센서(Sensor) : 액추에이터의 작업 완료 여부 및 상태를 감지하여 제어기에 제어 정보를 공급하는 부분이다.
  ㉢ 하드웨어(Hardware) 기술 : 센서로부터 입력되는 제어 정보를 분석처리하여 필요한 제어명령을 내려 주는 처리장치(Signal Processor)로 구성되어 있다.
  ㉣ 그 외 시스템 구성을 위한 네트워크(Network) 및 소프트웨어(Software) 기술로 구성되어 있다.

② 센서의 정의
  ㉠ 센서 : 물리량의 절대치 혹은 변화를 감지하여 유용한 전기신호로 변환하는 장치, 즉 계측 대상의 상태에 관한 정보를 획득하여 전기신호로 변환하는 장치이다.
  ㉡ 트랜스듀서(Transducer) : 센서보다 광범위한 용어로, 측정량에 대응하여 처리하기 쉬운 유용한 출력신호를 주는 변환기(Convertor)이다. 즉, 계측 대상의 상태량을 측정 가능한 물리량의 신호로 변화하는 장치이다.

③ 센서에 요구되는 특성

항 목	특 성
입력조건	입력 레벨, 입력 형태, 검출범위
출력조건	출력 레벨, 출력 형태, S/N비
응답성	감도 또는 분해능, 응답속도
확도와 정도	교정과 검정, 선형성, 히스테리시스 특성, 드리프트, 노이즈(Noise) 보상, 온도 보상
신뢰성	온도 리사이클 내성, 내충격성, EMC(전자 정합성)
안정성	내약품성, 호환성, 방폭성
내환경성	사용 온도와 습도의 범위, 실제 장치와 취급성
수 명	자유로운 정비성, 조립성, 기타

④ 센서의 신호 특성
  ㉠ 센서의 출력신호는 어느 정도 오차를 포함한다.
  ㉡ 센서의 신호 특성 고려사항
    • 정확도 : 정확한 값으로 측정하는 능력
    • 반복성 : 여러 번 실시하여 같은 값을 측정하는 능력
    • 선형성 : 센서 측정값과 함수 측정값(그래프)이 비슷한 선형을 이루는 정도
    • 범위 : 센서에 의해 측정할 수 있는 외부 입력 동적범위를 총입력범위

10년간 자주 출제된 문제

20-1. 센서와 유사한 용어이지만 '측정량에 대응하여 처리하기 쉬운 유용한 출력신호를 주는 변환기(Convertor)'로서 센서보다 더 넓은 범위를 설명하는 개념은?
① 검출기
② 감지기
③ 정밀센서
④ 트랜스듀서

20-2. 센서의 사용목적으로 적당하지 않은 것은?
① 정보의 수집
② 정보의 변환
③ 제어 정보의 취급
④ 정보의 발송

20-3. 센서를 출력방식에 따라 분류할 때 적절하지 않은 것은?
① 아날로그센서
② 주파수형 센서
③ 2진형 센서
④ 능동형 센서

20-4. 광도전, 이미지센서, 포토다이오드 등의 센서가 감지하는 물리적 성질로 적절한 것은?
① 열
② 빛
③ 자 기
④ 전 류

[해설]

20-1
트랜스듀서(Transducer) : 측정량에 대응하여 처리하기 쉬운 유용한 출력신호를 주는 변환기(Convertor)로, 센서보다 광범위한 용어이다.

20-2
센서의 사용목적은 크게 정보의 수집, 정보의 변환, 제어 정보의 취급 등이 있다.

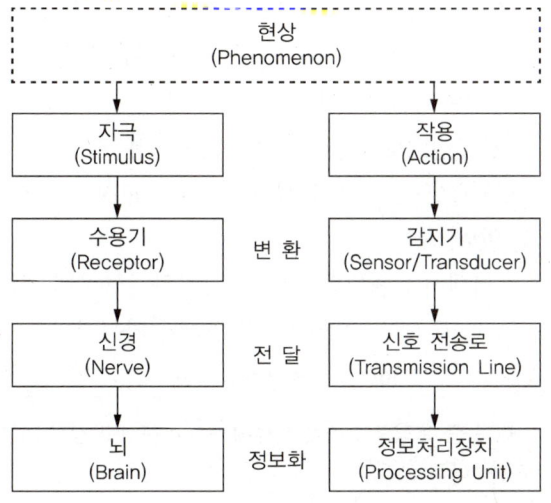

20-3
능동형 센서는 에너지 방식에 따른 분류이다.

20-4
물리센서는 온도, 빛, 자기, 전류, 자외선, 방사선 등에 반응하며 광도전, 이미지센서, 포토다이오드는 빛을 감지하는 센서이다.

정답 20-1 ④ 20-2 ④ 20-3 ④ 20-4 ②

핵심이론 21 센서의 종류(1)

① 구분방법
  ㉠ 센서의 종류를 여러 가지 방법으로 구분할 수 있다.
  ㉡ 실제 사용목적에 따른, 측정 대상에 따른 분류로 구분한다.
  ㉢ 측정 대상에 따라 온도, 압력, 자기, 빛, 습도, 중량 등으로 구분한다.

② 압력센서
  ㉠ 로드 셀(Load Cell) : 힘이나 하중 같은 물리량을 감지할 수 있는 센서
  ㉡ 스트레인 게이지(Strain Gage)
    • 외부로부터 힘 또는 열을 가하면 전기저항이 변화하는 원리 이용
    • 정밀도가 높고 미세한 온도 변화에도 반응
    • 모든 압력에 반응이 가능

③ 온도센서
  ㉠ 열전쌍(熱電雙)
    • 이종(異種)금속을 붙여 열전효과를 일으켜 온도를 감지하는 소자
    • 제베크 효과(Seebeck, 온도에 의한 열기전력 발생효과) 이용
    • 유형별 온도영역 및 특성

Type	조 합 (+)	조 합 (-)	온 도	특 성
K	크로멜	알루멜	약 -200~1,370℃	고온까지 사용 가능, 산성에서도 사용, 비교적 내열성이 양호
T	구리	콘스탄탄	약 -200~400℃	재료의 균질도가 양호, 약한 산화성, 환원 분위기에도 안정
J	철	콘스탄탄	약 -200~1,100℃	진공 중, 산화대기 중, 희박한 대기에 적합
E	크로멜	콘스탄탄	약 -200~800℃	산화희박대기 중, 불활성가스 대기용
R, S, B	백금로듐	백금	약 0~1,760℃	금속성 증기에 오염됨
N	Ni Cr Si	Ni Si	약 0~1,300℃	Type K의 고온에서의 내산화성에 우수함

- 구조 및 원리

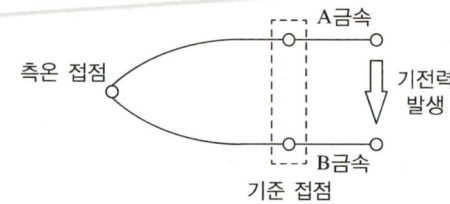

ⓒ 서미스터(Thermistor)
- 저항체의 저항값이 온도에 따라 변화하는 것을 이용한 센서
- 온도가 상승하면 저항값이 증가하는 정특성(PTC)
- 온도가 상승하면 저항값이 감소하는 부특성(NTC)
- 특정 온도에서 저항이 급변하는 특성 저항(CTR) 특성

ⓒ 금속 측온체
- 온도에 따라 금속저항이 달라지는 것을 이용
- 주로 백금을 이용

ⓔ 자기온도센서 : 일정 온도에서 자성을 잃은 점(큐리점)을 이용한 센서

④ 자기센서
ⓐ 자장 중에서 전기적 성질이 변하는 성질을 이용
ⓑ 홀센서 : 홀(Hall)효과를 이용하여 자계의 방향이나 강도를 측정하는 센서

⑤ 광센서
ⓐ 빛의 양, 반사되는 빛의 각, 양, 움직임 등을 감지
ⓑ 수광(受光)한 에너지를 전기신호로 변환하는 센서
ⓒ 광전효과 : 금속 표면에 빛 입자가 입사되면 (-)전자가 튀어나가는 효과
ⓓ 광도전 효과 : 빛을 어떤 물질에 입사시켰을 때 물질의 도전율이 증가하는 현상
ⓔ CdS 셀 : 조도센서로 사용, 허용 온도범위 -30~60℃, 조도에 따른 저항차를 이용
ⓕ 포토 인터럽터
- 발광부와 수광부가 서로 마주 보는 구조
- 중간 차단 등으로 인해 발광부 빛이 수광부에 들어가지 않으면 감지

- 자동문 작동 중지 센서 등에 사용
- 소형 경량이며 고신뢰성, 고정밀도

ⓢ 적외선 센서
- 적외선 : 가시광선의 적색선 바깥 파장, 가시광선보다 파장이 길고 전파보다 짧음
- 광기전력 효과를 이용한 포토 LED와 포토 트랜지스터를 통칭
  ※ 포토 트랜지스터 : 빛을 받아 전류를 발생시키는 트랜지스터
- 광도전, 광기전력 효과 등을 이용
- 감도가 높고, 응답성이 좋으며, 파장 의존성이 있다.

ⓞ 컬러센서 : 표면의 색상을 감지하는 센서로 성능에 따라 RGB, 256색 감지 등이 가능하다.

10년간 자주 출제된 문제

21-1. 다음 중 측정량에 따른 분류에서 물리센서의 감지 대상에 속하지 않는 것은?
① 온 도
② 자 기
③ 전 류
④ 길 이

21-2. 센서에 대한 설명이 옳은 것은?
① 리드 스위치는 빛을 검출하는 센서이다.
② 근접 스위치는 물체의 변형력을 검출하는 센서이다.
③ 자기센서로 사용되는 홀소자는 압전효과를 이용한 것이다.
④ 로드 셀은 중량에 비례한 변형을 저항 변화로 변환하는 센서이다.

21-3. 열기전력이 다른 두 금속을 접합하여 만든 열전대를 이용하여 만든 스위치는?
① 광전 스위치
② 리드 스위치
③ 온도 스위치
④ 전자 계전기

21-4. 다음 중 가장 높은 온도에서 사용되는 열전쌍은?
① 철 - 콘스탄탄
② 구리 - 콘스탄탄
③ 크로멜 - 알루멜
④ 백금로듐 - 백금

21-5. 온도센서 중 서미스터의 원리로 옳은 것은?
① 온도 → 압력
② 온도 → 저항
③ 온도 → 자속
④ 온도 → 빛의 양

10년간 자주 출제된 문제

21-6. 자장에 비례하여 기전력이 발생하는 물리적 현상을 응용한 것으로 자계의 방향이나 강도를 측정할 수 있는 자기센서는?
① 리졸버(Resolver)
② 서모파일(Thermopile)
③ 홀센서(Hall Sensor)
④ 태코제너레이터(Tacho Generator)

21-7. CdS 소자의 설명으로 적합한 것은?
① 빛에 의해 전기저항이 변화한다.
② 온도에 의해 전기저항이 변화한다.
③ 전압에 의해 전기저항이 변화한다.
④ 전류에 의해 전기저항이 변화한다.

21-8. 발광부와 수광부가 대향 배치되어 있어 그 사이에 물체가 들어가면 빛이 차단되어 수광부의 광전류가 차단되는 구조로 되어 있는 것은?
① 태양 전지
② 컬러센서
③ 포토 인터럽터
④ 포토 아이솔레이터

해설

21-1
측정 대상에 따라 온도, 압력, 자기, 빛, 습도, 중량 등으로 구분하고, 길이는 변하는 값이 아니므로 자를 이용하여 측정한다.

21-2
① 빛을 검출하는 광전센서
② 물체의 변형력을 검출하는 스트레인 게이지
③ 자기센서는 자기력의 변화를 검출

21-3
열전대, 열전쌍(熱電雙)
- 이종(異種)금속을 붙여 열전효과를 일으켜 온도를 감지하는 소자
- 제베크 효과(Seebeck, 온도에 의한 열기전력 발생 효과)를 이용

21-4

조 합		온 도
(+)	(-)	
크로멜	알루멜	-200~1,370℃
구 리	콘스탄탄	-200~400℃
철	콘스탄탄	-200~1,100℃
백금로듐	백 금	0~1,760℃

21-5
서미스터
- 저항체의 저항값이 온도에 따라 변화하는 것을 이용한 센서
- 온도가 상승하면 저항값이 증가하는 정특성(PTC)
- 온도가 상승하면 저항값이 감소하는 부특성(NTC)
- 특정 온도에서 저항이 급변하는 특성 저항(CTR)특성

21-6
홀효과를 이용하여 자계의 방향이나 강도를 측정한다.
홀효과
- 1879년 에드윈 홀(Edwin H. Hall)에 의해 연구됨
- 자기장 혹은 전자기장 안에 닫힌 물체 안에서 전자 쏠림에 따른 기전력 발생현상
- 자기장이 걸릴 때 전류의 흐름에 수직하게 발생한 전압을 홀(Hall)전압이라 함

21-7
CdS 셀 : 조도센서로 사용, 허용 온도범위 -30~60℃, 조도에 따른 저항차를 이용

21-8
포토 인터럽터
- 발광부와 수광부가 서로 마주 보는 구조
- 중간의 차단 등으로 인해 발광부 빛이 수광부에 들어가지 않으면 감지
- 자동문 작동 중지 센서 등에 사용
- 소형 경량이며 고신뢰성, 고정밀도

정답 21-1 ④ 21-2 ④ 21-3 ③ 21-4 ④
21-5 ② 21-6 ③ 21-7 ① 21-8 ③

핵심이론 22 센서의 종류(2)

① 근접센서

㉠ 근접센서의 특징
- 비접촉으로 검출할 수 있기 때문에 검출물체나 센서 헤드에 손상을 주지 않는다.
- 물이나 기름이 있는 좋지 않은 환경에서도 검출이 가능하다.
- 반복 정밀도가 매우 높아 위치결정용 센서로 가장 적합하다.
- 기계식이 아닌 반도체의 무접점 출력방식이므로 수명이 길고 응답속도가 빠르다.
- 금속 이외는 검출할 수 없다.
- 검출거리가 빔센서 등에 비해서 짧다.

㉡ 유도형 센서
- 유도형 또는 고주파 발진형 근접센서는 금속 물체(Metallic Object)의 검출에 사용한다.
- 검출 대상이 자성체인 경우 검출 감도가 양호하다.
- 고주파 발진형 근접센서
  - 구조 및 동작원리

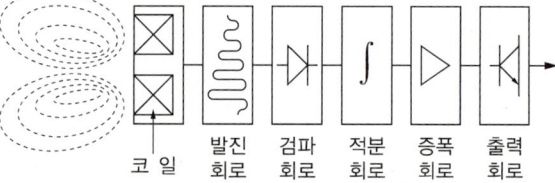
고주파 자기장 / 코일 / 발진회로 / 검파회로 / 적분회로 / 증폭회로 / 출력회로

ⓐ 발진회로의 코일에서 고주파 자계가 발생한다.
ⓑ 검출물체가 자계에 가까워지면 유도 와전류가 발생하며, 가까워질수록 증가한다.
ⓒ 이 전류 증가가 발진회로를 약화시키거나 정지시켜 변화를 검출한다.
ⓓ 발진감쇠현상은 검파회로에 의해 포착되어 적분/증폭회로를 통해 2진 신호형태로 출력한다.

- 분류
  ⓐ 구성에 따라 : 앰프 내장형(감도 우수), 앰프 분리형(부피 작음)
  ⓑ 헤드구조에 따라 : 실드 타입(금속 케이스에 실드됨), 비실드 타입(장거리 감지, 주변 금속의 영향을 받음)
  ⓒ 출력회로에 따라 : 직류 2선식(저소비 전류식, 고속 응답, 부하 제한, 배선 절약), NPN TR 오픈 컬렉터(대부분의 기기에 접속 가능, 부하용과 서지용 전원 분리 가능), PNP TR 오픈 컬렉터(유럽식, 부하용 전원 불필요), 아날로그 전압 출력식, 아날로그 전류 출력식

- 주요 특성
  ⓐ 최대응답주파수 : 표준검출물체가 일정 간격으로 부착된 회전판을 근접센서의 전면에 배치하고 센서의 출력을 확인하면서 회전시켜 이에 따라 출력이 얻어지는 매초당 최대 검출 횟수
  ⓑ 검출거리의 변동(온도 특성) : 사용 주위온도를 사양에 있는 사용 주위온도범위 내에서 변화시킨 경우의 검출거리 변동률을 사용 주위온도 +20℃일 때의 검출거리에 대해 표시한 것
  ⓒ 검출거리의 변동(전압 특성) : 어떤 일정한 사용 전원전압에서 ±10% 변동했을 때의 검출거리 변동률을 사용 전원전압에 있어서의 검출거리에 대하여 표시한 것
  ⓓ 검출영역 특성 : 각 설정거리의 우측 방향 또는 좌측 방향에서 표준검출물체를 근접시켜 출력이 동작되는 점을 추적하여 나타낸 것으로, 센서의 설치 위치 검토용
  ⓔ 검출물체의 크기-검출거리 특성 : 검출물체의 크기에 따라 검출거리 변화 특성으로, 검출물체 크기에 따른 거리결정용

ⓕ 아날로그 출력의 직선 성질 : 아날로그 출력은 설정거리에서 거의 직선으로 변화하지만 이상적 직선으로부터 약간의 어긋남이 있어 어긋남을 풀 스케일에 대한 %로 표시한 것
ⓒ 정전용량형 센서
- 검출체가 센서에 접근하면 검출전극과 Earth 간 정전용량이 증가하는 것을 이용한다.
- 모든 물체의 검출이 가능하다.
- 물체가 접근하면 발진 주파수가 변화하여 전기신호로 변환된다.
- 검체의 종류, 색상 등의 영향을 받지 않는다.
- 응답속도가 늦고, 환경의 영향을 받는다.
- 정전용량형 근접센서
  - 구조 및 동작원리

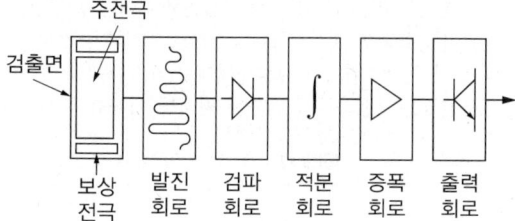

ⓐ 센서에 전원이 공급되면 센서전극이 +전하로 약하게 대전된다.
ⓑ 검출체와 센서가 가까워지면 검출체면에 전하가 분리되며 센서전극은 +전하가 증가한다.
ⓒ $Q = CV$ 관계이며, V가 일정하므로 Q(전하량)이 증가하면 C(정전용량)이 증가한다.

ⓔ 자기형 센서 : 자기력에 따라 보통 몇 mm 정도의 거리에서 무접촉으로 신호를 보내는 센서로, 센서 내부의 물리적 접촉이 발생하여 접촉식보다는 속도가 빠르다. 리드스위치가 대표적이다.

② 초음파센서
ⓒ 초음파 : 가청 주파수(20~20,000Hz) 외의 음파
ⓒ 음속(공기 중 340m/s, 바닷속 1,480m/s)을 이용하여 거리 감지가 가능하다.
ⓒ 파장의 길이 : 수 mm에서 수십 mm
ⓔ 온도의 영향을 받는다(초음파센서는 온도가 올라가면 중심 주파수가 내려간다).
ⓕ 송수신부를 설치하고 초음파를 발사하여 에코신호를 받아 검체와의 거리를 산출한다.
ⓗ 초음파는 높은 영역일수록 그 지향성이 짙어진다.
ⓢ 초음파센서는 압전기 직접효과를 이용한 것이다.
ⓞ 검출 대상체의 형태, 색깔, 재질에 무관하게 검출이 가능하다.

③ 속도센서
ⓒ 전자기 직선속도센서
- LVT(Linear Velocity Transducer)
- 코일 내 기전력의 크기는 자석의 직선속도에 비례함을 응용한 것이다.
- 가동코일형 : 감도는 보통 약 10mV/(mm/s), 대역폭 10~1,000Hz
- 가동코어형 : 동작범위는 12.7~620mm, 감도는 100~25,000mV/(mm/s)
- 외부 전원 불필요하고 사용 주파수가 높아 감도가 우수하지만, 거리 제약이 있다.
ⓒ 전기식 태코미터(회전속도센서)
- 회전축의 회전속도를 측정한다.
- 속도에 비례하는 전압을 출력한다.
- 패러데이 법칙을 이용한다.
- 전압에 의해 회전속도 감도
- 직류 태코미터
  - 일종의 직류발전기
  - 감도(전압정격) : 5V/1,000rpm~10V/1,000rpm 범위
- 교류 태코미터
  - 감도(전압정격) : 3V/1,000rpm~10V/1,000rpm 범위

- 광전식 태코미터 : 광원에서 나온 빛이 슬롯을 통과할 때 광센서가 펄스를 발생시킨다.

④ 가속도센서
  ㉠ 힘 = 질량 × 가속도
  ㉡ 위의 식을 이용하여 힘과 발생 전압을 이용하여 측정한다.
  ㉢ 힘과 관련된 자동차 급브레이크, 노크음, 기계 이상 진동 검출 등에 적용한다.

10년간 자주 출제된 문제

22-1. 유도형 센서에서 감지가 어려운 것은?
① 철
② 구 리
③ 알루미늄
④ 플라스틱

22-2. 거리 계측이나 두께를 측정할 때 초음파의 강한 반사성과 전파성의 지연을 효과적으로 응용한 센서는?
① 광센서
② 자기센서
③ 적외선센서
④ 초음파센서

22-3. 초음파센서의 특징으로 틀린 것은?
① 초음파센서는 투명 물체를 검출할 수 없다.
② 초음파는 높은 영역일수록 그 지향성이 강하다.
③ 초음파센서는 압전기 직접효과를 이용한 것이다.
④ 초음파센서는 온도가 올라가면 중심 주파수가 내려간다.

22-4. 다음 중 가속도센서의 응용범위가 아닌 것은?
① 자동차 급브레이크 검출
② 노크음 검출
③ 기계 이상 진동 검출
④ 태코미터

22-5. 고주파 발진형 근접센서에 대한 설명으로 옳지 않은 것은?
① 유도형 센서의 일종이다.
② 발진회로의 코일에서 고주파 자계가 발생한다.
③ 발진감쇠현상은 검파회로에 의해 포착되어 2진 신호로 변환되어 출력된다.
④ 검출체와 센서가 가까워지면 센서전극은 +전하가 증가하는 원리를 이용한다.

해설

22-1
유도형 센서는 금속재나 도전체에서 감지가 가능하다.

22-2
초음파센서
- 초음파 : 가청 주파수(20~20,000Hz) 외의 음파이다.
- 음속(약 340m/s)을 이용하여 거리 감지가 가능하다.
- 파장의 길이는 수 mm에서 수십 mm이다.
- 온도의 영향을 받는다(초음파센서는 온도가 올라가면 중심 주파수가 내려간다).
- 송수신부를 설치, 초음파를 발사하여 에코 신호를 받아 검체와의 거리를 산출한다.
- 초음파는 높은 영역일수록 그 지향성이 강하다.
- 초음파센서는 압전기 직접효과를 이용한 것이다.
- 검출 대상체의 형태, 색깔, 재질에 무관하게 검출이 가능하다.

22-4
- 태코미터는 회전속도계이다.
- 가속도 센서는 힘의 발생을 이용한다.

22-5
검출체와 센서가 가까워지면 센서전극은 +전하가 증가하는 원리를 이용하는 것은 정전용량형 근접센서에 대한 설명이다. 센서에 전원이 공급되면 센서전극이 +전하로 약하게 대전되고, 검출체와 센서가 가까워지면 검출체면에 전하가 분리되며 이에 따라 센서전극은 +전하가 증가하는 원리를 이용한 센서이다.

정답 22-1 ④ 22-2 ④ 22-3 ① 22-4 ④ 22-5 ④

핵심이론 23 센서의 종류(3)

① 퍼텐쇼미터(가변저항기)
  ㉠ 기호 : ─/\/\─, ─/\/\─
  ㉡ 직선 및 회전 변위 감지
  ㉢ '변위 → 전기저항 → 전압, 전류'로 변환
  ㉣ 10V 300mm 리니어 퍼텐쇼미터의 경우, 6V를 가리키고 있으면 $V=IR$ 관계에서 전류가 일정할 때 60%의 저항을 사용하고 있으므로 180mm 위치임을 감지한다.

② 전자유도식 변위 센서
  ㉠ LVDT(Linear Variable Differential Transformer)
    • 코일의 상호 유도작용을 이용하여 직선 변위를 그것에 비례하는 전기신호로 변환
    • 수 μm ~ 수백 mm 범위를 계측
  ㉡ 싱크로(Synchro)
    • 아날로그형 회전각도의 검출, 전송에 사용되는 센서
    • 코일 사이의 전자유도현상을 이용
  ㉢ 리졸버(Resolver)
    • 전자유도현상을 이용해 기계적인 각도 변위를 전기신호로 변환하는 아날로그 각도검출센서
    • 1/3,500 정도의 분해능
    • 진동, 충격 등에 우수, 온도 범위가 넓음, 절대각 검출 가능, 소형

③ 로터리 인코더
  ㉠ 회전 방향의 기계적 변위량을 디지털량에 변환하는 위치센서를 총칭
  ㉡ 종류
    • 인크리멘털 방식 : 회전각에 대응하여 발생하는 펄스를 적산하는 방식
    • 절대형(Absolute Type)
      – 원점에 대하여 1회전 또는 다회전 절대각도를 계측
      – 리셋 없이 절대위치를 읽어 온다. 각도에 대응하는 코드를 읽어 온다.
  ㉢ 동작원리 : 광전식, 자기방식, 정전용량의 변화를 이용하는 방식, 접점방식
    ※ 예를 들어 고속 카운터가 부착된 로터리 디지털 인코더가 1회전하면서 360번의 신호를 보낸다고 하자. 고속 카운터에 400회의 신호가 잡혔다면, 이 인코더는 1회전과 40/360회전하였다는 것을 알 수 있다.
  ㉣ 순(Pure) 2진 코드와 그레이코드를 이용, 2^n 만큼의 입력과 n개의 출력을 갖는다.

④ 디코더
  ㉠ n비트의 2진 코드값을 입력으로 받아들여 2^n 개의 서로 다른 정보로 바꿔 주는 조합회로
  ㉡ 입력선 n개, 2^n 개의 출력선을 가짐
  ㉢ 인코더와 서로 반대의 입출력을 가지게 됨(입력 2^n 이면 출력 n개)

10년간 자주 출제된 문제

23-1. 다음 조건의 시스템에서 실린더를 300mm 전진한 위치에서 정지를 시키려면 피드백 되는 리니어 퍼텐쇼미터의 신호 전압 [V]은?

• 리니어 퍼텐쇼미터를 실린더에 부착하여 사용한다.
• 실린더의 행정거리는 500mm이고, 리니어 퍼텐쇼미터는 0~10V의 전압형태로 출력이 된다.
• 실린더가 완전히 후진한 위치에서는 0V가 출력된다.
• 실린더가 완전히 전진한 위치에서는 10V가 출력된다.

① 3V   ② 4V
③ 5V   ④ 6V

23-2. 로터리 인코더가 부착된 DC 서보모터에서 로터리 인코더가 1회전할 때마다 360개의 펄스신호가 출력된다고 한다. 이 모터가 회전할 때 로터리 인코더에서 나오는 펄스수를 카운터로 계수하였더니 720개의 펄스수가 계수되었다고 하면 모터의 회전수는?

① 0.5회전   ② 1회전
③ 2회전   ④ 4회전

10년간 자주 출제된 문제

23-3. 다음 중 로터리 인코더에서 출력되는 펄스신호를 PLC에 입력시키기 위해서 사용하는 특수 유닛 명칭은?
① 컴퓨터 링크 유닛
② PID 유닛
③ 고속 카운터 유닛
④ 위치결정 유닛

23-4. 절대형(Absolute Type) 로터리 인코더의 설명 중 잘못된 것은?
① 잡음에 강하고 읽는 오차가 누적되지 않는다.
② 전원을 끊어도 정보가 없어지지 않으며 재복귀가 가능하다.
③ 회전 방향 변경에 대한 방향판별회로가 필요하다.
④ 임의의 점을 영점으로 하기 위해서는 연산이 필요하다.

23-5. 인코더에서 입력선의 숫자가 64개라면 출력선의 숫자는 얼마인가?
① 3　　② 4
③ 5　　④ 6

23-6. 다음 회로는 간단한 디지털 조도계 회로도이다. 이 회로도의 7-세그먼트 옆 ⓐ에 가장 적합한 소자는?

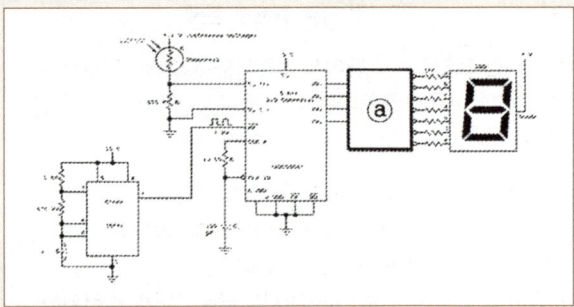

① 디코더　　② 인코더
③ 카운터　　④ 타이머

23-7. 다음 센서 중 회전수[RPM]를 측정할 수 없는 것은?
① 차동 트랜스　　② 인코더
③ 태코미터　　④ 리졸버

해설

23-1
10V, 500mm 리니어 퍼텐쇼미터의 경우이고, 300mm라면 60%의 저항을 사용하고 있으므로 V∝R 관계에서 60%의 전압, 즉 6V를 나타낼 것이다.

23-2
360개의 펄스신호에 1회전이면, 720개의 펄스신호에 2회전한다.

23-3
고속 카운터 유닛을 이용하여 인코더에서 나오는 신호를 카운팅하여 위치를 확인한다.

23-4
절대형은 각도별 코드가 지정되어 있고, 코드를 읽어 와서 판별하므로 따로 판별회로가 필요하지 않다.

23-5
인코더는 출력선 n개, 2^n개의 입력선을 가짐. $64 = 2^6$

23-6
디코더 : n비트의 2진 코드값을 입력으로 받아 들여 2^n개의 서로 다른 정보로 바꿔 주는 조합회로이다.

23-7
차동 트랜스는 기계적 변위를 전압으로 변환하는 기구로 회전 측정에는 적절하지 않다. LVDT(Linear Variable Differential Transformer)가 차동 트랜스의 일종이다.

정답 23-1 ④　23-2 ③　23-3 ③　23-4 ③　23-5 ④　23-6 ①　23-7 ①

핵심이론 24 스위치

① 역할
- ㉠ 신호를 발생시켜 제어를 시작하거나 계속할 수 있도록 하는 역할을 한다.
- ㉡ 회로의 접점을 구성하는 역할을 한다.
- ㉢ 회로와 회로의 연결점 역할을 한다.
- ㉣ 수동 또는 자동으로 신호를 입력하거나 접점을 완성하는 장치이다.

② 종류
- ㉠ 누름 버튼 스위치 : 눌러서 신호를 입력하는 스위치이다.
- ㉡ 유지형 스위치 : 셀렉터 스위치, 토글 스위치처럼 조작을 가하면 반대 조작이 있을 때까지 조작 시의 접점 상태를 유지하는 스위치이다.
- ㉢ 나이프 스위치 : 단상용 또는 3상용으로 사용되며 보통 퓨즈가 내장되어 있다.
- ㉣ 센서 : 감지하여 신호를 발생시킨다.

감지방법	종류	
접촉식	마이크로 스위치, 리밋 스위치, 테이프 스위치, 매트 스위치, 터치 스위치 등	
비접촉식	근접감지기	고주파형, 정전용량형, 자기형, 유도형
	광감지기	투과형, 반사형(미러식, 직접 반사식)
	영역감지기	광전형, 초음파형, 적외선형

③ 접촉식 스위치
- ㉠ 리밋 스위치(Limit Switch)
  - 이름처럼 한계점을 인지하는 목적으로 사용한다. 액추에이터의 동작이 완료되었거나 시작됨을 표시하기 위한 스위치이다.
  - 외부 물체가 리밋 스위치의 롤러 레버에 외력을 가하여 제어력을 발생하는 스위치이다.
  - 작은 기계적 스위치(마이크로 스위치)를 외부환경(힘, 물, 기름, 먼지 등)으로부터 보호하기 위하여 보호용 케이스에 넣는다.
  - 접점을 사용하여 전기적 스위치로 사용하거나 접촉력을 사용하여 기계적으로 사용한다. 전기적이든 기계적이든 허용력 범위에서 사용하여 안전성 유지가 필요하다.
- ㉡ 마이크로 스위치(Micro Switch)
  - 비교적 소형으로 성형 케이스에 접점기구를 내장하고 밀봉되어 있지 않은 스위치이다.
  - 리밋 스위치의 한 종류로 매우 소형이다.
  - 물체의 움직이는 힘에 의하여 작동편이 눌려서 접점이 개폐되며 물체에 직접 접촉하여 검출하는 스위치이다.
  - 특정의 동작 특성을 충실히 반복하는 높은 반복 정밀도를 가지며, 작은 힘이나 움직임에도 스위치가 동작한다.
  - 구조 : 외력을 내부 기구에 전달하는 액추에이터부, 전기전도 스프링재를 사용한 스냅동작기구부, 전기 회로의 개폐를 안전하게 유지하는 접점부, 회로 접속을 용이하게 하는 단자부, 형상 변화가 작고 절연 성능이 우수한 플라스틱 하우징부로 구성되어 있다.
  - 동작 특성
    - 스냅액션 : 스위치의 접점이 액추에이터의 움직임과 관계없이 어떤 위치에서 다른 위치로 빨리 반전한다.
    - 스냅액션기구의 종류 : 판 스프링 방식(고감도, 고정밀도에 사용), 코일 스프링 방식(보급형에 사용)
  - 장단점

장점	단점
• 소형이고 대용량의 전력을 개폐할 수 있다. • 정밀 스냅액션기구를 사용하여 반복 정밀도가 높다. • 응차의 움직임이 있으므로 진동과 충격에 강하다. • 액추에이터에 따른 기종이 다양하여 선택범위가 넓다. • 기능 대비 경제성이 높다.	• 금속 접점을 사용하여 접점 바운스나 채터링이 있는 것도 있다. • 전자 부품과 같은 고체화 소자에 비해서 수명이 짧다. • 동작·복귀 시 소음이 난다. • 전자회로와 같은 드라이 서킷회로에서는 개폐능력에 한계가 있다. 또한 구조적으로 완전 밀폐가 아니므로 사용환경에 제한이 있다.

ⓒ 매트 스위치(Mat Switch) : 테이프 스위치를 병렬로 붙여 놓은 구조를 가지고 있는 것으로, 예를 들면 무인 로봇을 이용하는 공정에 매트 스위치를 설치하여 사람이 접근하면 작동을 인터로크할 수 있도록 한다.

ⓓ 리드 스위치(Lead Switch) : 영구자석에서 발생하는 외부 자기장을 검출하는 자기형 근접센서로 매우 간단한 유접점 구조를 가지고 있다.

- 특 성
  - 가스, 수분, 온도 등 외부환경의 영향에도 안정하게 동작한다.
  - ON/OFF 동작시간이 빠르며 수명이 길다.
  - 소형 경량이며 값이 저렴하다.
  - 접점은 내식성, 내마멸성이 우수하고 개폐 동작이 안정된다.
  - 내전압 특성이 우수하다.
- 유의점
  - 내부가 유리관으로 덮여 있으므로 충격에 약하다.
  - 자극 설치방법에 따라 두 군데 또는 세 군데의 감지 특성이 나타날 수 있다.

④ 비접촉식 스위치

ⓐ 비접촉식 스위치의 장점
- 비접촉 감지 동작으로 마모의 염려가 없다.
- 비교적 수명이 길고, 신뢰성이 높다.
- 접점부의 밀봉으로 내환경성(물, 기름, 먼지)이 우수하다.
- 빠른 스위칭 주기를 갖는다.

ⓑ 전기 리드 스위치
- 응답속도가 빠르고 유리에 봉입되어 접촉 신뢰성이 우수하다. 전자제어장치, 기계제어장치 등 자동화기기의 스위칭 소자로 유용하다.

- 구조(예 C접점식)

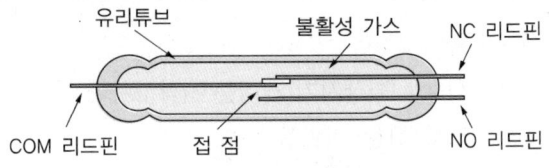

- 특 징
  - 자계(磁界)가 작용하면 리드핀이 움직여 접점을 생성한다.
  - 접점부가 완전히 밀폐되어 가스, 액체, 고온·고습 환경에서도 안정하게 동작하며 내전압 특성이 우수(10kV 이상)하다.
  - 소형 경량이며, 가격이 저렴하다.
  - 유리튜브를 사용하기 때문에 강한 외부 응력을 피하고, 과도한 충격을 가하지 않도록 해야 한다.

10년간 자주 출제된 문제

24-1. 물체가 지정된 위치에 있는가, 힘이 가해져 있는가 등의 여부를 검출하는 데 사용되는 스위치는?
① 액면 스위치 ② 근접 스위치
③ 리밋 스위치 ④ 광스위치

24-2. 검출방법에서 접촉식 스위치로 맞는 것은?
① 근접 스위치 ② 리밋 스위치
③ 광전 스위치 ④ 초음파 스위치

24-3. 빛에 의해 검출되는 스위치로서 투광기와 수광기가 있는 스위치는?
① 용량형 스위치 ② 광전 스위치
③ 유도형 스위치 ④ 리드 스위치

24-4. 비접촉식 스위치의 특징으로 옳지 않은 것은?
① 비접촉 감지 동작으로 마모의 염려가 없다.
② 접점부의 밀봉으로 내환경성이 우수하다.
③ 비교적 수명이 길고, 신뢰성이 높다.
④ 스위칭 주기가 길다.

[해설]

24-1
리밋 스위치는 특정 위치의 동작 여부, 물체 감지 여부, 위치 검출에 사용하는 접촉식 스위치이다.

24-2
접촉식 스위치에는 마이크로 스위치, 리밋 스위치, 테이프 스위치, 매트 스위치, 터치 스위치 등이 있다.

24-3
포토 인터럽터를 이용한 광전 스위치
- 발광부와 수광부가 서로 마주 보는 구조
- 중간의 차단 등으로 인해 발광부 빛이 수광부에 들어가지 않으면 감지
- 자동문 작동중지센서 등에 사용

24-4
비접촉식 스위치의 장점
- 비접촉 감지 동작으로 마모의 염려가 없다.
- 비교적 수명이 길고, 신뢰성이 높다.
- 접점부의 밀봉으로 내환경성(물, 기름, 먼지)이 우수하다.
- 빠른 스위칭 주기를 갖는다.

정답 24-1 ③ 24-2 ② 24-3 ② 24-4 ④

핵심이론 25 센서관리

① 자동화 설비의 보전활동

㉠ 계획보전 : 설비의 설계에서 폐기까지 생산성, 품질 등을 극대화시키고, 보전비용을 최소화시키는 것을 목표로 전개하는 보전활동이다.

㉡ 예방보전 : 설비의 건강 상태를 유지하고 고장 나지 않도록 열화를 방지하기 위한 일상보전, 열화를 측정하기 위한 정기검사 또한 설비보전 열화를 조기에 복원시키기 위한 정비 등을 하는 보전활동이다.

㉢ 사후보전 : 고장 정지 또는 유해한 성능 저하를 가져온 후에 수리하는 보전활동이다.

㉣ 개량보전 : 설비의 신뢰성, 보전성을 향상시키기 위한 개선, 특히 고장의 재발 방지, 수명 연장, 보전시간의 단축 및 기타 생산성 향상을 위한 개량 등 광범위한 설비 개선을 포함하는 것으로, 개선을 통해 열화와 고장을 줄이고 보전 불필요의 설비를 목표로 하는 보전활동이다.

㉤ 보전예방 : 고장이 잘 나지 않거나 고장 나더라도 수리하기 쉽고 사용하기 편리한 설비를 만들기 위한 보전기술을 설계 부문에 피드백하여 보전 불필요의 설비를 만들기 위한 보전활동이다.

② 감지시스템 관리

㉠ 리밋 스위치 점검

점검 항목	점검 시기	점검 방법	판단 기준	처치 방법	점검, 복원, 개선 필요성
레버, 롤러의 마모, 손상, 덜렁 거림	정기 점검	육안 점검	레버, 롤러에 덜렁 거림, 마모, 손상이 없을 것	교환	• 레버, 롤러의 덜렁거림 - 전기신호의 검출 불량 - 액추에이터 작동 불균형 - 가공점 이동의 불균형 - 품질 불량, 고장 정지
결선 부의 더러움, 손상	정기 점검	육안 점검	손상, 더러움이 없을 것	분해 수리	• 결선부의 손상 - 절연 불량 발생 - 신호 에러 발생 - 액추에이터 오작동 - 가공점 이동의 불균형 - 품질 불량, 고장 정지

점검 항목	점검 시기	점검 방법	판단 기준	처치 방법	점검, 복원, 개선 필요성

취부
나사의
느슨함
	정기
	점검
		육안
		점검,
		촉수
		점검
			취부
			나사의
			느슨함
			으로
			흔들림이
			없을 것
				취부
				나사
				완전히
				조이기
					• 취부나사의 느슨함
					  – 전기신호의 검출 불량 발생
					  – 액추에이터 작동 불균형
					  – 가공점 이동의 불균형
					  – 품질 불량, 고장 정지

ⓛ 광전 스위치 점검

점검 항목	점검 시기	점검 방법	판단 기준	처치 방법	점검, 복원, 개선 필요성

렌즈
면의
더러움,
손상
	정기
	점검
		육안
		점검
			이물질,
			손상이
			없을 것
				이물질
				제거,
				교환
					• 렌즈면의 손상
					  – 검출에 불균형 발생
					  – 액추에이터 작동 불균형
					  – 가공점 이동의 불균형
					  – 품질 불량, 고장 정지

결선
부의
더러움,
손상
	정기
	점검
		육안
		점검
			결선
			부에
			손상이
			없을 것
				분해
				수리
					• 결선부에 손상 발생
					  – 검출에 불균형 발생
					  – 액추에이터 작동 불균형
					  – 가공점 이동의 불균형
					  – 품질 불량, 고장 정지

취부
나사의
느슨함
	정기
	점검
		육안
		점검,
		촉수
		점검
			취부
			나사의
			느슨함
			으로
			흔들림이
			없을 것
				취부
				나사
				완전히
				조이기
					• 취부나사의 느슨함
					  – 검출에 불균형 발생
					  – 액추에이터 작동 불균형
					  – 품질 불량, 고장 정지

ⓒ 전기 리밋 스위치 점검
- 동작 상태를 점검할 수 있도록 검출물체를 전기 리밋 스위치의 롤러에 수평하게 접촉할 수 있도록 설치한다.
- A접점을 이용하여 전원 인가 시 멀티테스팅을 할 수 있도록 설치한다.
- DC 24V 전원을 공급한다.
- 검출물체를 접촉시켜 전기 리밋 스위치가 ON되는 시점에서 멀티미터의 저항값을 측정하고 버저의 ON/OFF 상태를 관찰하기를 5회 반복한다.

ⓔ 센서 고장 시 점검 절차
- 배선은 잘되어 있는가?
- 접속부는 이상 없는가?
- 전원, 전압은 이상 없는가?
- 센서 조정은 이상 없는가?
- 광전센서인 경우, 수광부측의 외란 광의 상호 간섭(설정거리, 감도 조정, 광축)은 없는가?
- 센서의 성능에 따른 검출조건, 검출물체의 크기 관계(통과속도, 응답시간, 명도의 차)는 올바른가?

ⓜ 센서관리를 위한 올바른 사용법
- 센서가 검출물체나 다른 부품들과 부딪히거나 충격이 가지 않도록 한다.
- 케이블에 무리한 힘을 가하거나 당기지 않는다.
- 센서에 필요 이상의 힘을 가해 취부하지 않는다.
- 센서 배선 시 동력선, 고압선과는 분리한다(동일 닥트 또는 동일 전선관을 사용하면 노이즈에 따른 오동작의 원인이 됨).
- 동작의 신뢰성과 긴 수명을 유지하기 위해 규정 외의 온도와 실외에서의 사용은 피한다.
- 직접 물이나 수용성 절삭유 등이 묻지 않도록 덮개를 부착하여 사용한다(신뢰성과 수명을 유지시킬 수 있음).
- 출력단자를 쇼트시키지 않는다(트랜지스터 및 SSR 등 반도체를 내장한 출력회로의 파손 유발).

10년간 자주 출제된 문제

25-1. 설비의 건강 상태를 유지하고 고장이 나지 않도록 열화를 방지하기 위한 일상보전을 뜻하는 용어는?
① 계획보전
② 예방보전
③ 사후보전
④ 개량보전

25-2. 센서관리를 위한 사용법으로 올바르지 않은 것은?
① 케이블에 무리한 힘을 가하거나 당기지 않는다.
② 센서에 필요 이상의 힘을 가해 취부하지 않는다.
③ 센서 배선 시 동력선, 고압선과는 분리한다.
④ 물이나 수용성 절삭유 등을 미리 발라 2차 오염에 대비한다.

|해설|

25-1
자동화 설비의 보전활동
- 계획보전 : 설비의 설계에서 폐기까지 생산성, 품질 등을 극대화시키고, 보전비용을 최소화시키는 것을 목표로 전개하는 보전활동
- 예방보전 : 설비의 건강 상태를 유지하고 고장 나지 않도록 열화를 방지하기 위한 일상보전, 열화를 측정하기 위한 정기검사 또한 설비보전 열화를 조기에 복원시키기 위한 정비 등을 하는 보전활동
- 사후보전 : 고장 정지 또는 유해한 성능 저하를 가져온 후에 수리하는 보전활동
- 개량보전 : 설비의 신뢰성, 보전성을 향상시키기 위한 개선, 특히 고장의 재발 방지, 수명 연장, 보전시간의 단축 및 기타 생산성 향상을 위한 개량 등 광범위한 설비 개선을 포함하는 것으로, 개선을 통해 열화와 고장을 줄이고 보전 불필요의 설비를 목표로 하는 보전활동

25-2
센서관리를 위한 올바른 사용법
- 센서가 검출물체나 다른 부품들과 부딪히거나 충격이 가지 않도록 한다.
- 케이블에 무리한 힘을 가하거나 당기지 않는다.
- 센서에 필요 이상의 힘을 가해 취부하지 않는다.
- 센서 배선 시 동력선, 고압선과는 분리한다(동일 닥트 또는 동일 전선관을 사용하면 노이즈에 따른 오동작의 원인이 됨).
- 동작의 신뢰성과 긴 수명을 유지하기 위해 규정 외의 온도와 실외에서의 사용은 피한다.
- 직접 물이나 수용성 절삭유 등이 묻지 않도록 덮개를 부착하여 사용한다(신뢰성과 수명을 유지시킬 수 있음).
- 출력단자를 쇼트시키지 않는다(트랜지스터 및 SSR 등 반도체를 내장한 출력회로의 파손 유발).

정답 25-1 ② 25-2 ④

핵심이론 26 신호 변환

① 디지털 데이터 표현
  ㉠ 2진신호 사용법
  - 한 개의 2진신호를 사용하여 0~100V 아날로그 전압범위 표현

전압범위(V)	신 호
0~49	0
50~100	1

    → $2^1 = 2$개의 간격

  - 두 개의 2진신호를 사용하여 0~100V 아날로그 전압범위 표현

전압범위(V)	신 호	
0~24	0	0
25~49	0	1
50~74	1	0
75~100	1	1

    → $2^2 = 4$개의 간격

  - n개의 2진신호를 사용하여 0~100V 아날로그 전압범위 표현

전압범위(V)	신 호			
0~100/2^n	0	0	…	0
…				
[100 − (100/2^n)]~100	1	1	…	1

  - 예 : 8개의 2진신호를 사용하면 $2^8 = 256$개의 간격, 최소 범위 100/256 = 0.39V

  ㉡ 아날로그-디지털 변환(A/D 변환)
  - 변환과정

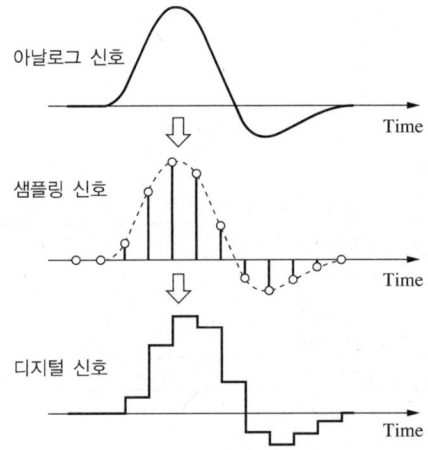

- 분석의 중요 특성 : 변환속도, 디지털 보의 데이터 길이(Data Length, 비트의 수)

② 신호의 증폭과 변환
  ㉠ 신호의 증폭
    - 센서신호가 액추에이터 구동에는 작은 범위의 신호값을 출력하는 경우가 많으므로 신호 증폭이 필요하다.
    - 증폭 시 신호 변형이나 왜곡이 없도록 할 필요가 있다.

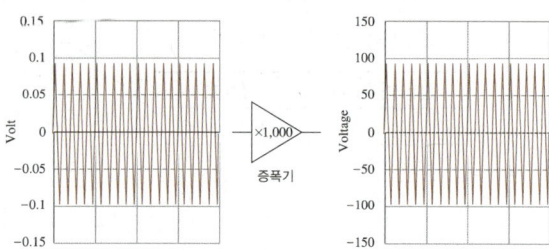

  ㉡ 신호의 선형화
    - 센서는 비선형신호를 출력한다(좌측).
    - 선형신호로 전달되는 것이 필요한 경우 선형화를 실시한다(우측).

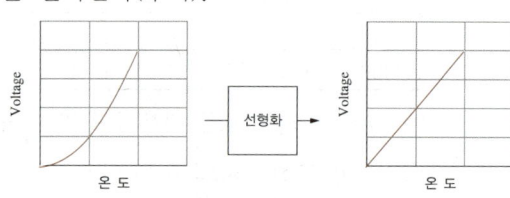

10년간 자주 출제된 문제

60V 전압을 2비트로 인가할 때 40V 범위의 전압을 표현하기 적절한 신호는?

① 0 0
② 0 1
③ 1 0
④ 1 1

[해설]

2비트 신호는 4개의 전압범위를 표현할 수 있다.

전압범위(V)	신 호	
0~14	0	0
15~29	0	1
30~44	1	0
45~60	1	1

정답 ③

핵심이론 27 전동기(모터, Motor) - 교류전동기

① 전동기의 종류
  ㉠ 전동기는 전기에너지를 운동에너지, 특히 회전에너지로 변환시켜 주는 액추에이터이다.
  ㉡ 전동기의 분류

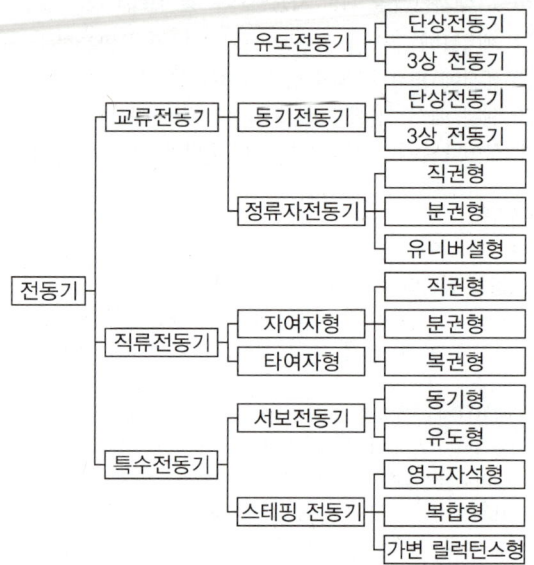

② 교류전동기
  ㉠ 특 징
    - 일반적으로 사용하는 교류전원을 사용하므로 어댑터 등 전원공급장치가 필요 없다.
    - 구조가 고정자, 회전자로 간단히 구성되어 있어 저렴하고 견고하다.
  ㉡ 단상 유도전동기 원리

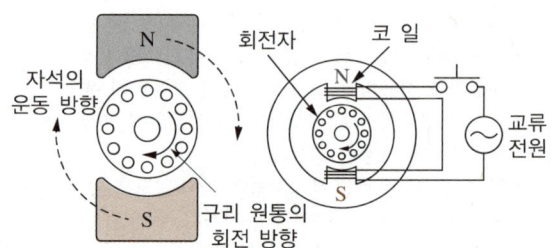

    - N극과 S극 자극이 전기적으로 180° 권선구조이므로 기동력이 필요하다.
    - 기동방법에 따라 분상 기동형, 콘덴서 기동형, 셰이딩 코일형 등으로 구분한다.

- 냉장고, 세탁기, 식기세척기, 선풍기 등 소용량 동력원으로 사용한다.
ⓒ 3상 유도전동기의 원리

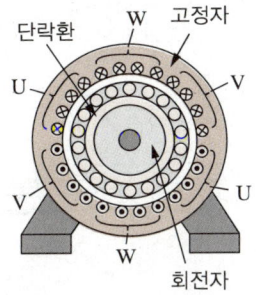

- 120° 간격으로 3상 고정자 권선을 배치하여 3상 사인파 교류전원에 의한 회전자기장을 얻고, 그 내부의 회전자를 회전시켜서 동력을 얻는 구조이다.
- 3상 교류전원만으로 운전이 가능하며 기계적 구조가 간단하기 때문에 견고하다.
- 3상 교류전원을 공급받을 수 있는 공장이나 큰 빌딩 등에서 대용량의 동력원으로 사용한다.

ⓓ 동기전동기의 회전원리

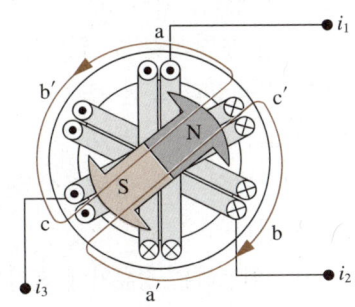

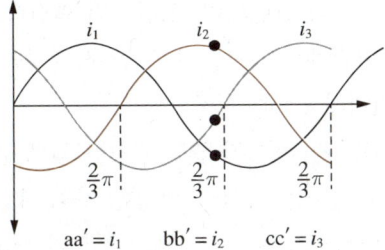

- 영구자석을 회전자로 하고, 회전자의 자극 가까이에 반대 극성의 자극을 가까이 가져다 놓고 회전시키면, 회전자는 이동하는 자석의 흡인력과 같은 속도로 회전하는 원리이다. 회전자기장과 같은 속도로 회전한다.
- 단상 동기전동기는 180° 간격으로 고정자 권선을 배치하고 영구자석을 회전자로 하여, 단상 전원을 공급받아 회전력을 얻는 방식이다. 고정자 권선에 전류를 공급한다.
- 3상 동기전동기는 3상 전원을 공급받아 원 둘레에 120° 간격으로 3상 고정자 권선을 배치하여 3상 사인파 교류전원에 의한 회전자기장을 얻는다. 내부에 영구자석인 회전자를 위치시켜 반대 극성끼리 흡인하는 자극의 성질을 이용하여 회전자기장과 같은 속도의 회전동력을 얻는 장치이다.
- 동기전동기는 여자기를 필요로 하며, 값이 비싸지만 속도가 일정하고 역률 조정이 쉽기 때문에 정속도 대동력용으로 사용한다.

10년간 자주 출제된 문제

27-1. 어댑터 등 전원공급장치가 필요 없고, 구조가 고정자, 회전자로 간단히 구성되어 있어 저렴하고 견고한 전동기는?

① 자여자형 직류전동기
② 타여자형 직류전동기
③ 서보전동기
④ 교류전동기

27-2. 고정자 권선이 120°로 배치된 유도전동기의 상수는?

① 단 상 ② 3상
③ 6상   ④ 12상

10년간 자주 출제된 문제

27-3. 다음 그림과 같은 상을 나타내는 동기전동기에 대한 설명으로 틀린 것은?

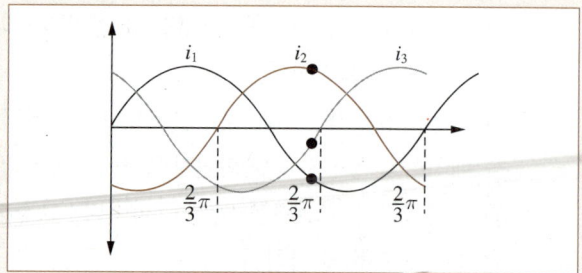

① 파형은 sine 파형을 그린다.
② 고정자 권선은 120° 간격을 갖는다.
③ 여자가 필요 없다.
④ 브러시가 필요 없다.

|해설|

27-1
교류전동기의 특징
- 일반적으로 사용하는 교류전원을 사용하므로 어댑터 등 전원공급장치가 필요 없다.
- 구조가 고정자, 회전자로 간단히 구성되어 있어 저렴하고 견고하다.

27-2
단상은 자석이 180°로 배치되어 있고, 3상은 120°로 배치되어 있다.

27-3
동기전동기는 여자기를 필요로 하며, 값이 비싸지만 속도가 일정하고 역률 조정이 쉽기 때문에 정속도 대동력용으로 사용한다.

정답 27-1 ④ 27-2 ② 27-3 ③

핵심이론 28 전동기의 종류 - 직류전동기

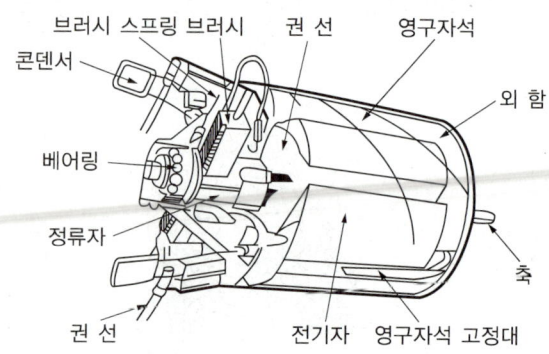

① 특 징
  ㉠ 직류전동기는 회전 방향과 속도의 제어를 쉽게 할 수 있고 큰 힘을 낼 수 있다.
  ㉡ 극성을 가지므로 정류자, 브러시 등이 필요하여 다소 구조가 복잡하다.

② 구성 : 크게 주프레임과 전기자장치로 구성되어 있다.
  ㉠ 주프레임
   - 외함, 브러시 및 계자극이 포함된 비회전 고정자 부분이다.
   - 고정자는 계자 권선이 감긴 철심이 있어 그 안쪽에 자극을 부착시킬 수 있다.
   - 전동기의 용량과 회전속도에 따라서 극수가 결정된다(2극, 4극, 6극, 8극 등).
   - 소형 전동기의 경우 영구자석을 자극으로 사용하기도 한다.
   - 브러시 : 회전하는 정류자에 전원을 공급하는 부분으로 전동기의 수명, 기계적 소음, 전기적인 소음과 관련되며, 정류자의 회전속도, 접촉압력, 마찰계수, 주변 온도 등에 영향을 받는다.
  ㉡ 전기자 장치
   - 전기자, 정류자 및 전기자 도체로 구성되어 있다.
   - 회전자는 자석이 생성한 자계 내에서 N극에서 S극으로 지나는 자계의 통로가 되고, 코일이 받는 힘을 축으로 전달하며, 코일이 감겨질 수 있는 형상이다.

③ 종 류

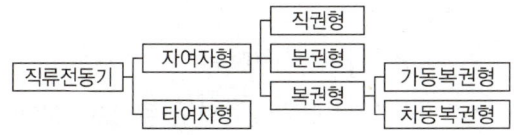

㉠ 타여자전동기
- 전기자 권선과 계자 권선을 각각 별도의 전원에 접속한다.
- 계자제어와 전압제어가 모두 가능하다.
- 주로 큰 출력이 요구되는 산업용 공작기계 등에 사용한다.
- 설비가 복잡하여 가격이 비싸고, 유지보수가 어렵다.

㉡ 자여자전동기
- 직권 직류전동기
  - 전기자 권선과 계자 권선이 전원에 직렬로 접속한다.
  - 부하전류가 증가하면 속도가 현저히 감소하고, 부하전류가 감소하면 속도가 급격히 상승하는 가변 특성이 있다.
  - 가변 특성으로 인해 무부하 시 속도가 매우 높아진다(위험).
  - 직류와 교류를 모두 사용 가능하다.
  - 진공청소기, 전기드릴, 믹서, 커팅기, 그라인더, 크레인, 전동차 등
- 분권 직류전동기
  - 계자 권선과 전기자 권선을 전원에 병렬로 접속한다.
  - 여자전류가 일정하여 부하에 의한 속도 변동이 거의 없다.
  - 정밀한 속도제어가 요구되는 공작기계, 압연기 등에 사용한다.
- 가동 복권 직류전동기
  - 직권 계자 권선에 의하여 발생되는 자속과 분권 계자 권선에 의하여 발생되는 자속이 같은 방향으로 합성되어 자속이 증가하는 구조이다.
  - 토크가 크고, 무부하가 되어도 직권전동기와 같이 위험한 속도가 되지 않는다.
  - 주로 절단기, 엘리베이터, 공기압축기 등에 사용한다.
- 차동 복권 직류전동기
  - 분권 계자 권선과 직권 계자 권선의 자속이 서로 반대되어 상쇄하는 구조이다.
  - 부하전류의 증가로 인하여 자속 방향이 반대가 되어 역회전하는 경우가 있어 특수한 경우 외에는 사용하지 않는다.

10년간 자주 출제된 문제

28-1. 직류전동기에 대한 설명으로 옳지 않은 것은?
① 고정자는 계자 권선이 감긴 철심이 있어 그 안쪽에 자극을 부착시킬 수 있다.
② 전동기의 용량과 회전속도에 따라서 극수를 선택할 수 있다.
③ 소형 전동기의 경우 영구자석을 자극으로 사용하기도 한다.
④ 브러시가 없어서 잔 고장이 적고, 비용이 저렴하다.

28-2. 여자전류를 외부에서 공급받는 방식의 전동기는?
① 직권전동기
② 분권전동기
③ 복권전동기
④ 타여자전동기

|해설|

28-1
직류전동기는 극성을 갖고 있으므로 브러시가 필요하다.

28-2
자여자방식과 타여자방식은 여자전류를 외부에서 공급받느냐로 구분한다. ①, ②, ③은 자여자방식이다.

정답 28-1 ④ 28-2 ④

핵심이론 29 전동기의 종류 – 서보모터

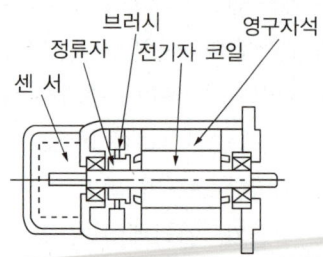

(a) 직류서보전동기

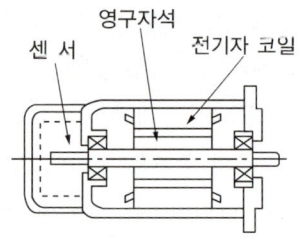

(b) SM형 교류서보전동기

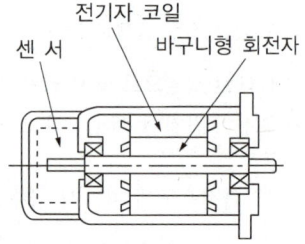

(c) IM형 교류서보전동기

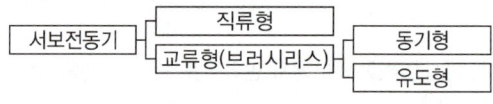

① 직류서보모터
  ㉠ 구동방식
    - 반도체 스위칭 소자를 이용한 펄스폭 변조방식이 주이다.
    - 펄스폭 변조방식 : 교류전원을 정류하여 직류전원을 얻고, 직류전원이 모터에 인가되는 시간폭을 변화시켜 전동기에 공급되는 평균 전압의 크기를 조절하는 방식이다.
  ㉡ 특 징
    - 전류에 대하여 발생토크가 비례하여 선형 제어계의 구성이 가능하다.
    - 비교적 간단한 회로로 안정된 제어계 설계가 가능하다.
    - 제어성, 경제성이 좋다.
    - 브러시의 마모에 대한 유지보수가 필요하다.
    - 정류에 의한 다량의 발열과 냉각 문제, 정류 불꽃, 섬락 등이 발생한다.
    - 수명이 짧고 불안정하다.

② 교류서보모터(Brushless Servo-motor)
  ㉠ 구동방식 : 정류자와 브러시 없이도 외부로부터 직접 전원을 공급받을 수 있는 구조이다.
  ㉡ 동기형 교류서보모터
    - 구조는 일반 동기모터와 같다.
    - 전기자 전류와 토크의 관계가 선형이다.
    - 제동이 용이하고 비상 정지 시에 다이나믹 브레이크가 작동한다.
    - 회전자에 영구자석을 사용한다.
    - 제어 시 회전자 위치를 검출해야 할 필요가 있어 광학식 인코더나 리졸버를 회전속도검출기로 사용한다.
    - 전기자 전류에는 고주파 성분이 포함되어 있어서 토크리플 및 진동의 원인이 될 수 있다.
  ㉢ 유도형 교류서보모터
    - 일반 유도전동기의 구조와 같다.
    - 회전자와 고정자의 상대적인 위치검출센서가 필요하지 않고, 회전자 구조가 간단하다.
    - 정지 시에도 여자전류를 계속 흘려야 한다.
    - 발열손실과 비상 정지 시에 다이나믹 브레이크를 걸어 주는 것이 불가능하다.

10년간 자주 출제된 문제

주로 직류서보모터에 사용하는 방식으로, 교류전원을 정류하여 직류전원을 얻고 이러한 직류전원이 모터에 인가되는 시간 폭을 변화시켜 전동기에 공급되는 평균 전압의 크기를 조절하는 변조방식은?

① 펄스폭 변조
② 주파수 변조
③ 위상 변조
④ 격자부호 변조

[해설]

펄스폭 변조방식 : 변조를 통해 신호의 특성을 개량하여 원하는 신호를 얻도록 하는 변조방식이다. 크게 아날로그 변조, 디지털 변조, 펄스 변조로 나뉘며, 세부적으로는 진폭 변조, 주파수 변조, 위상 변조, 격자부호 변조 등의 방식이 있다.

정답 ①

핵심이론 30 서보제어 시스템

① 서보제어 시스템
  ㉠ 어떤 장치의 상태를 기준이 되는 것과 비교하고, 안정이 되는 방향으로 피드백(Feedback)해 주어 적합한 출력이 나오도록 수행하는 시스템
  ㉡ 출력을 목표하는 값에 도달할 수 있도록 조정·보정하는 시스템
  ㉢ 전체 구동을 위한 메인 시스템과는 달리 목표값을 달성하기 위한 목표지향적으로 구성된 시스템
  ㉣ 물체의 위치·자세 등의 제어와 동작의 속도에 관한 제어로 크게 분류 가능
  ㉤ 위치, 속도, 가속도 등의 기계량 제어
  ㉥ 손발처럼 단위시스템을 구성하되 상위시스템으로부터 제어를 받아 제어를 수행

② 서보모터
  ㉠ 서보제어를 수행하기 위한 모터
  ㉡ 전체 동력을 발생하기보다는 제한된 구성 안에서 제한된 동작으로 메인 구동을 보정하는 역할 수행
  ㉢ 신속성과 고유 응답성이 우수할 것

③ 물리적 의미
  ㉠ 목표값(설정값, 기준값) : 제어의 결과가 되는 최종 도달 목표
  ㉡ 출력값(실제값, 현재값) : 현재 출력이 되고 있는 상태를 수치화한 것
  ㉢ 제어편차 : 목표값과 출력값의 차이
  ㉣ 외란 : 시스템에서 통제하지 못한 외부요소에 의해 현재값이 변화를 받는 현상
  ㉤ 레퍼런스(참조값) : 목표값에 영향을 주는 외란 등을 예측 가능한 변수로 사용할 수 있도록 도와줌

10년간 자주 출제된 문제

30-1. 서보시스템에서 기준값과 실제값의 차를 무엇이라 하는가?
① 외란
② 상태변수
③ 제어편차
④ 레퍼런스

30-2. 로봇 팔의 구동뿐만 아니라 기계의 위치, 속도, 가속도 등의 제어를 필요로 하는 기계 구동에 널리 사용되고 있는 제어는?
① 공정제어
② 프로세스 제어
③ 서보제어
④ 시퀀스 제어

30-3. 수치제어를 적용하는 공작기계에서 사람의 손, 발과 같은 역할을 담당하며 범용기계에는 없는 부분은?
① 부품도면
② 서보기구
③ NC 테이프
④ 정보처리회로

해설

30-1
- 목표값(설정값, 기준값) : 제어의 결과가 되는 최종 도달 목표
- 출력값(실제값, 현재값) : 현재 출력이 되고 있는 상태를 수치화한 것
- 제어편차 : 목표값과 출력값의 차이
- 외란 : 시스템에서 통제하지 못한 외부요소에 의해 현재값이 변화를 받는 현상
- 레퍼런스(참조값) : 목표값에 영향을 주는 외란 등을 예측 가능한 변수로 사용할 수 있도록 도와줌

30-2
서보제어는 위치, 속도, 가속도 등의 기계량을 제어한다.

30-3
서보기구는 손발처럼 단위 시스템을 구성하되 상위시스템으로부터 제어를 받아 제어를 수행한다.

정답 30-1 ③ 30-2 ③ 30-3 ②

핵심이론 31 서보모터의 기초(원리, 구조 및 특성)

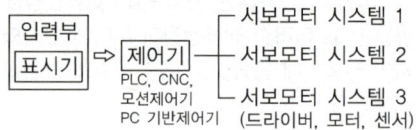

① 서보모터의 특징
  ㉠ 모터이지만 그 존재의 목적은 회전력에 있지 않다.
  ㉡ 회전속도, 회전각 등의 제어가 자유로워야 한다.
  ㉢ 회전 정도와 상태를 파악할 수 있어야 한다.
  ㉣ 이를 위해 회전자의 관성이 크면 곤란하다.
  ㉤ 회전했다, 멈추기를 반복해야 하므로 기동·제동이 자유로워야 한다.
  ㉥ 제어 명령에 즉시 순응해야 한다.
  ㉦ 방향에 따른 회전성이 일정해야 한다.

② 위치 및 속도검출기

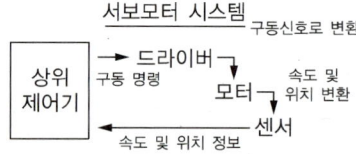

  ㉠ 인코더 : 전기, 자기, 광학 등 디지털 신호를 발생시켜 위치 및 속도 검출이 가능하도록 하는 기구
  ㉡ 리졸버 : 인코더에 비해 기계적 강도가 높고, 내구성이 우수한 모터 회전자의 아날로그식 위치 측정센서
  ㉢ 태코미터 : 회전속도계이며 rpm 등 회전수를 지시하는 계기로, 자동차 내부 계기판에 있음
  ㉣ 퍼텐쇼미터 : 회전체의 각도를 검출하는 용도나 볼륨 조절 용도로도 사용, 전체 행정거리를 0~10V의 신호 전압으로 검출하는 원리를 사용

③ CNC 제어용으로는 반폐쇄회로식과 폐쇄회로식을 사용
  ㉠ 반폐쇄회로식 : 모터축으로부터 위치검출, 볼스크루의 회전각도를 검출
  ㉡ 폐쇄회로식 : 테이블의 검출기로 위치나 속도를 검출하여 피드백 제어

10년간 자주 출제된 문제

31-1. 다음 제어기 중 성격이 다른 하나는?
① 컴퓨터 기반제어
② 서보모터 기반제어
③ PLC 기반제어
④ 마이크로프로세서 기반제어

31-2. 서보모터에 대한 설명 중 보통의 전동기와 비교하여 잘못된 것은?
① 시동, 정지 및 역전의 동작을 자주 반복한다.
② 정확한 제동 특성을 가져야 한다.
③ 높은 신뢰도가 필요하다.
④ 회전 방향에 따라 특성의 차이가 많아야 한다.

31-3. 서보모터의 속도나 위치검출에 사용되지 않는 것은?
① 로드 셀   ② 리졸버
③ 인코더   ④ 태코미터

31-4. 다음 중 인코더를 이용해서 검출하기 어려운 것은?
① 기계장치의 이송거리 검출
② 모터의 회전 부하 검출
③ 모터의 회전속도 검출
④ 모터의 회전 방향 검출

31-5. 서보모터의 회전각을 제어하기 위해 사용하는 센서가 아닌 것은?
① 태코미터   ② 퍼텐쇼미터
③ 자기 인코더   ④ 광학식 인코더

31-6. CNC 공작기계에 관한 설명으로 옳지 않은 것은?
① 구동모터의 회전에 따라 기계 본체의 테이블이나 주축헤드가 동작하는 기구를 서보기구라고 한다.
② CNC 공작기계의 서보기구에서는 동작의 안정성과 응답성이 대단히 중요하다.
③ 서보기구의 제어방식 중 개방회로방식은 간단하고 되먹임제어가 가능하므로, 정확한 위치제어가 가능하다.
④ CNC 공작기계에서는 정밀도 높은 위치제어를 위해서 반폐쇄회로방식과 폐쇄회로방식을 많이 사용한다.

31-7. 다음 중 서보모터의 용도로 적합한 것은?
① 기중기용   ② 전동차용
③ 엘리베이터용   ④ 안테나 위치제어용

해설

31-1
서보모터 기반제어는 서보제어 시스템을 제어하는 하위제어기이고, 나머지는 상위제어기이다.

31-2
서보모터의 특징
- 모터이지만, 그 존재 목적이 회전력에 있지 않다.
- 회전속도, 회전각 등의 제어가 자유로워야 한다.
- 회전 정도와 상태를 파악할 수 있어야 한다.
- 이를 위해 회전자의 관성이 크면 곤란하다.
- 회전했다, 멈추기를 반복해야 하므로 기동・제동이 자유로워야 한다.
- 제어 명령에 즉시 순응해야 한다.
- 방향에 따른 회전성이 일정해야 한다.

31-3
로드 셀 : 무게를 측정하며 스트레인 게이지에 이용하는 기구

31-4
회전하는 물체의 속도, 각속도 등을 측정하고, 회전축에 측정하고자 하는 회전체의 축을 서로 연결하여 돌아가는 방향과 횟수를 정밀하게 측정하여 속도값을 얻는다.

31-5
태코미터는 회전속도계로 속도를 검출한다.

31-6
개방회로방식은 피드백을 하지 않는다.

31-7
서보모터는 동력 공급이 아닌 위치제어나 속도제어를 위해 사용한다.

정답 31-1 ② 31-2 ④ 31-3 ① 31-4 ② 31-5 ① 31-6 ③ 31-7 ④

핵심이론 32 서보모터의 종류

서보모터는 전기식, 유압식, 공압식 등으로 구분할 수 있으나 전기식이 신뢰성과 통제의 다양성이 가장 높다.

① DC 모터
  ㉠ 고정자로 영구자석을 사용하고, 회전자(전기자)로 코일을 사용하여 구성한 것
  ㉡ 전기자에 흐르는 전류의 방향을 전환함으로써 자력의 반발, 흡인력으로 회전력을 생성시킴
  ㉢ 특 성
    • 기동토크가 크다.
    • 인가전압에 대하여 회전 특성이 직선적으로 비례한다.
    • 입력전류에 대하여 출력토크가 직선적으로 비례한다.
    • 출력효율이 양호하고, 가격이 저렴하다.
  ㉣ 설계 시 응답 개선 방안
    • 토크의 맥동을 작게 한다.
    • 기계적·전기적 시정수를 작게 한다.
    • 순시 최대 토크까지의 선형성을 높게 한다.

② AC 모터
  ㉠ 동기형, 유도형으로 단상, 3상으로 구분한다.
  ㉡ 브러시가 없기 때문에 보수가 용이하다.
  ㉢ 코일이 고정자(Status)에 있어 방열성이 좋다.
  ㉣ 정류 한계가 없기 때문에 고속회전 시 높은 토크가 가능하다.
  ㉤ DC 모터에 비해 대용량에 사용한다.
  ㉥ 동기형은 회전자에 영구자석을 사용하므로 구조가 복잡하고, 위치 검출이 필요하다.
  ㉦ 유도형은 회전자와 고정자의 상대적인 위치검출 센서가 필요하지 않다.
  ㉧ DC 모터에 비해 속도 조절이 어렵다.

③ 그 밖의 서보모터
  ㉠ 리니어 서보모터
    • 직선으로 직접 구동되는 모터이다.
    • 일렬로 배열된 자석 사이에 위치한 코일에 전류를 흐르게 함으로써 운동한다.
    • 구조가 간단하고 차지하는 공간이 작으며, 비접촉식이므로 소음 및 마모가 상대적으로 적다.
    • 고가이며 강성(剛性) 문제가 있다.
  ㉡ 다이렉트 드라이브 서보모터
    • 위치결정의 불확정성과 고속동작에서 기어를 이용한 구조의 강성(剛性)이 약한 것을 개선한다.
    • 감속기(기어) 등의 동력 전달 부품을 사용하지 않고, 로봇 암에 직접 모터를 부착하여 움직이는 모터
    • 제어모터에서 기어를 거쳐 서보제어하지 않고 직접 구동모터를 제어하는 방식

④ 서보레디 : 전원 공급 후 컨트롤러가 이상 유무를 확인하기 전에 모터 드라이버 측에서 컨트롤러로 보내는 준비신호

10년간 자주 출제된 문제

32-1. 다음 중 일반적으로 브러시 교환이 필요한 서보모터는?
① 스테핑 모터
② DC 서보모터
③ 동기형 AC 서보모터
④ 유도기형 AC 서보모터

32-2. AC 서보모터 특징이 아닌 것은?
① 자극의 위치검출이 필요 없다.
② 브러시가 없기 때문에 보수가 용이하다.
③ 코일이 스테이터에 있기 때문에 방열성이 좋다.
④ 정류 한계가 없기 때문에 고속회전 시 높은 토크가 가능하다.

32-3. 위치결정의 불확정성과 고속동작에서 감속기의 강성이 약한 것을 개선하기 위해 감속기 등의 동력 전달 부품을 사용하지 않고, 로봇 암에 직접 모터를 부착하여 움직이는 모터는?
① AC 서보모터
② DC 서보모터
③ 리니어 서보모터
④ 다이렉트 드라이브 서보모터

10년간 자주 출제된 문제

32-4. 산업용 로봇에서 서보레디(Servo Ready)란?
① 정의된 위치 데이터를 키보드로 직접 입력하는 것
② 컨트롤러에서 이상 유무를 확인 점검하는 신호
③ 아날로그 타입에서 모터 드라이버로 출력하는 속도 명령어 신호
④ 전원 공급 후 컨트롤러가 이상 유무를 확인하기 전에 모터 드라이버 측에서 컨트롤러로 보내는 준비신호

32-5. DC 서보모터의 설계 시 응답을 개선하기 위한 방법으로 적절하지 않은 것은?
① 토크의 맥동을 작게 한다.
② 기계적 시정수를 작게 한다.
③ 순시 최대 토크까지의 선형성을 높인다.
④ 전기적 시정수(인덕턴스/저항)를 크게 한다.

|해설|

32-1
직류를 사용하는 모터는 정류 역할을 하는 브러시가 필요하다.

32-2
AC 모터
- 동기형, 유도형으로 단상, 3상으로 구분한다.
- 브러시가 없기 때문에 보수가 용이하다.
- 코일이 고정자(Status)에 있기 때문에 방열성이 좋다.
- 정류 한계가 없기 때문에 고속회전 시 높은 토크가 가능하다.
- DC모터에 비해 대용량에 사용한다.

32-3
다이렉트 드라이브 서보모터
- 위치결정의 불확정성과 고속동작에서 기어를 이용한 구조의 강성(强性)이 약한 것을 개선한다.
- 감속기(기어) 등의 동력 전달 부품을 사용하지 않고, 로봇 암에 직접 모터를 부착하여 움직이는 모터
- 제어모터에서 기어를 거쳐 서보제어하지 않고 직접 구동모터를 제어하는 방식

32-4
서보레디란 전원 공급 후 컨트롤러가 이상 유무를 확인하기 전에 모터 드라이버 측에서 컨트롤러로 보내는 준비신호를 의미한다.

32-5
DC 서보모터 설계 시 응답 개선 방안
- 토크의 맥동을 작게 한다.
- 기계적·전기적 시정수를 작게 한다.
- 순시 최대 토크까지의 선형성을 높인다.

정답 32-1 ② 32-2 ① 32-3 ③ 32-4 ④ 32-5 ④

핵심이론 33 스테핑 모터

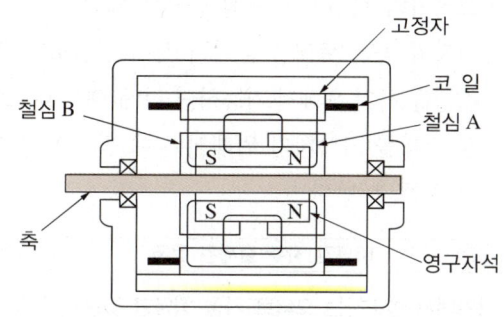

① 스테핑 모터(Stepping Motor)
   ㉠ 특 징
   - 일정한 펄스를 가해 줌으로써 회전각(펄스당 회전각 1.8°와 0.9° 사용)을 제어할 수 있는 모터이다.
   - 기계적 구조나 회로가 간단하고, 빠른 응답성, 저렴한 가격 등으로 인해 짧은 거리 디지털 제어에 적합하다.
   - 정지 시 매우 큰 정지토크가 있기 때문에 전자 브레이크 등의 위치유지기구를 필요로 하지 않는다.
   - 회전속도도 펄스비에 비례하여 간편하게 제어가 가능하다.
   - 큰 힘이 필요한 대용량 구동계에서는 사용하기 어렵다.
   - 모터 자체에 피드백 장치가 없어 실제로 움직인 거리를 알아낼 수 없다.
   - 크기에 비해 토크가 작다. 과부하에서 난조를 일으키고 고속회전이 곤란하며, 저속회전 시 진동이 발생한다.

   ㉡ 구 조
   - 고정자와 회전자로 구분한다.
   - 고정자 극의 수에 의한 상수에 따라 단상, 2상, 3상, 4상, 5상 스테핑 모터 등으로 분류한다.

   ㉢ 원 리
   - 고정자의 전자석들이 하나씩 시계 방향이나 반시계 방향으로 자화되어 회전한다.

- 펄스에 따라서 특정 각도 회전도 가능하다.
- 고정자와 회전자 사이의 공극은 체적이 작은 회전자가 높은 토크를 출력하고, 고정밀도의 위치 결정을 하기 위해서 가능하면 작게 해 준다. 스테핑 모터를 가속하기 위해서는 이 펄스의 주파수를 빠르게 한다.

10년간 자주 출제된 문제

다음 보기에서 설명하는 모터로 가장 적당한 것은?

|보기|
- 기계적 구조나 회로가 간단하고, 빠른 응답성, 저렴한 가격 등으로 인해 짧은 거리 디지털 제어에 적합하다.
- 정지 시 매우 큰 정지토크가 있기 때문에 전자 브레이크 등의 위치유지기구를 필요로 하지 않는다.
- 큰 힘이 필요한 대용량 구동계에서는 사용하기 어렵다.
- 모터 자체에 피드백 장치가 없어 실제로 움직인 거리를 알아낼 수 없다.

① 리니어 모터 ② 서보모터
③ 스테핑 모터 ④ 브러시리스 모터

|해설|

스테핑 모터(Stepping Motor)의 특징
- 일정한 펄스를 가해 줌으로써 회전각(펄스당 회전각 1.8°와 0.9° 사용)을 제어할 수 있는 모터이다.
- 기계적 구조나 회로가 간단하고, 빠른 응답성, 저렴한 가격 등으로 인해 짧은 거리 디지털 제어에 적합하다.
- 정지 시 매우 큰 정지토크가 있기 때문에 전자 브레이크 등의 위치유지기구를 필요로 하지 않는다.
- 회전속도도 펄스비에 비례하여 간편하게 제어가 가능하다.
- 큰 힘이 필요한 대용량의 구동계에서는 사용하기 어렵다.
- 모터 자체에 피드백 장치가 없어 실제로 움직인 거리를 알아낼 수 없다.
- 크기에 비해 토크가 작다. 과부하에서 난조를 일으키고 고속회전이 곤란하며, 저속회전 시 진동이 발생한다.

정답 ③

핵심이론 34 스테핑 모터의 특성

① 스테핑 모터의 특성
  ㉠ 원하는 각도를 조정하는 간단한 원리와 구조의 모터
  ㉡ 각도마다 오차가 적용되지만 누적오차가 적용되지는 않는다.
  ㉢ 회전의 각각을 스텝이라 한다.
  ㉣ 위치검출기를 사용하지 않고 자체 회전하여 조정한다.
  ㉤ 제어프로그램에 의해 회전량을 조정할 수 있다.
  ㉥ 회전속도의 제어 또한 간단하다.
  ㉦ 정·역 전환 및 변속이 용이하다.
  ㉧ 서보모터의 하나로 동력 생성이나 전달보다는 위치, 속도 등의 제어에 주목적이 있다.
  ㉨ 피드백 제어가 아닌 개방회로계에서도 위치제어가 가능하다.

② 스테핑 모터의 단점
  ㉠ 특정 주파수에서 진동, 공진현상 발생 가능성이 있다.
  ㉡ 관성이 있는 부하에 취약하다.
  ㉢ 고속운전 시에 탈조하기 쉽다.
  ㉣ 홀딩토크(Holding Torque)가 발생한다.
  ㉤ 저속 시 진동 및 공진의 문제가 있다.
  ㉥ 토크의 저하로 DC 모터에 비해 효율이 떨어진다.

10년간 자주 출제된 문제

34-1. 위치검출기를 사용하지 않아도 모터 자체가 지령된 회전량만큼 회전할 수 있는 모터는?
① 직류 서보모터
② 스텝모터
③ 교류 서보모터
④ BLDC 모터

34-2. 스테핑 모터의 특성에 해당되지 않는 것은?
① 위치결정제어에 용이하다.
② 고속, 고토크를 얻을 수 있다.
③ 마이컴 등의 디지털 기기와 조합이 용이하다.
④ 구동제어회로는 입력 펄스 및 주파수에 의해 제어된다.

34-3. 스테핑 모터에 대한 설명으로 틀린 것은?
① 특정 주파수에서 진동, 공진현상이 없으며 관성이 있는 부하에 강하다.
② 디지털 신호로 직접 오픈루프제어를 할 수 있고, 시스템 전체가 간단하다.
③ 펄스신호의 주파수에 비례한 회전속도를 얻을 수 있으므로 속도제어가 광범위하다.
④ 회전각의 검출을 위한 별도의 센서가 필요 없어 제어계가 간단하며, 가격이 상대적으로 저렴하다.

|해설|

34-1
스텝모터는 위치검출을 하지 않고 프로그램에 의해 회전량을 조절할 수 있다.

34-2
스테핑 모터는 프로그램을 이용한 위치제어가 주목적인 서보모터로서, 동력보다는 제어의 역할을 감당한다.

34-3
스테핑 모터의 단점
• 특정 주파수에서 진동, 공진현상 발생 가능성이 있다.
• 관성이 있는 부하에 취약하다.
• 고속운전 시에 탈조하기 쉽다.
• 토크의 저하로 DC 모터에 비해 효율이 떨어진다.

정답 34-1 ② 34-2 ② 34-3 ①

핵심이론 35 스테핑 모터의 종류

① 종류 : 가변 릴럭턴스형, 영구자석형, 하이브리드형으로 구분할 수 있다.
② 가변 릴럭턴스형(VR(Variable Reluctance) Type)
  ㉠ 회전 방향과 전류의 극성은 상관없다.
  ㉡ 고정자 12극 배치

  ㉢ 회전자와 고정자에 극성을 일치시켜 스텝 형성
③ 영구자석형(PM(Permanent Magnet) Type)
  ㉠ 회전 방향 : 전류의 극성에 따름
  ㉡ 회전자에 영구자석을 적용
  ㉢ 구조 간단, 비용 저렴
④ 하이브리드형(Hybrid Type)
  ㉠ 영구자석형과 가변 릴럭턴스형의 복합형
  ㉡ 회전 방향 : 전류의 극성에 따름
  ㉢ 고정자 영구자석 8극 배치
  ㉣ 공극부에 직류 바이어스 자계 발생 제어
    ※ 직류 바이어스(Bias) : 선형 동작을 위해 외부에서 직류전압을 가하는 작용
  ㉤ 2극식(Bipolar) 구동방식

10년간 자주 출제된 문제

35-1. 다음 중 스테핑 모터의 종류가 아닌 것은?
① 영구자석형 스테핑 모터
② 가변 릴럭턴스형 스테핑 모터
③ 브러시형 스테핑 모터
④ 하이브리드형 스테핑 모터

35-2. 고정자 측에 영구자석을 배치하여 공극부에 직류 바이어스 자계를 발생시켜 제어하는 스테핑 모터는?
① 가변 릴럭턴스형   ② 반영구자석형
③ 영구자석형   ④ 하이브리드형

[해설]

35-1
스테핑 모터는 가변 릴럭턴스형(VR(Variable Reluctance) Type), 영구자석형(PM(Permanent Magnet) Type), 하이브리드형(Hybrid Type)으로 구분할 수 있다.

35-2
하이브리드형(Hybrid Type)
- 영구자석형과 가변 릴럭턴스형의 복합형
- 회전 방향 : 전류의 극성에 따름
- 고정자 영구자석 8극 배치
- 공극부에 직류 바이어스 자계 발생 제어
- 2극식(Bipolar) 구동방식

정답 35-1 ③ 35-2 ④

핵심이론 36 스테핑 모터의 동작

① 4상 모터의 여자방법

㉠ 1상 여자방식
- 하나의 상이 입력되는 방식
- 낮은 소비 전력
- 스텝의 비(比)가 클 때는 진동 주의
- 다음과 같이 구동됨

step	1	2	3	4	5	...
A	1	0	0	0	1	...
B	0	1	0	0	0	...
$\bar{A}$	0	0	1	0	0	...
$\bar{B}$	0	0	0	1	0	...

㉡ 2상 여자방식
- 항상 2상이 여자됨
- 2배의 전류가 흐르게 됨, 토크가 크고 진동이 작음
- 주파수 특성이 양호함
- 다음과 같이 구동됨

step	1	2	3	4	5	...
A	1	0	0	1	1	...
B	1	1	0	0	1	...
$\bar{A}$	0	1	1	0	0	...
$\bar{B}$	0	0	1	1	0	...

㉢ 1-2상 여자방식
- 하나의 상과 두 개의 상에 교대로 전류를 흐르게 하는 방식
- 1상의 1.5배 전류 사용
- 스텝각은 0.5step/pulse
- 정밀한 각도제어 가능
- 다음과 같이 구동됨

step	1	2	3	4	5	6	7	8	9	...
A	1	1	0	0	0	0	0	1	1	...
B	0	1	1	1	0	0	0	0	0	...
$\bar{A}$	0	0	0	1	1	1	0	0	0	...
$\bar{B}$	0	0	0	0	0	1	1	1	0	...

② 구 동
　㉠ 특 징
　　• 구동회로에 주어지는 입력펄스 1개에 대해 소정의 각도만큼 회전시키고, 정지
　　• 회전속도는 입력펄스의 주파수에 비례
　　• 펄스를 부여하는 방식에 따라 급속하고 빈번하게 기동・정지가 가능
　㉡ 구동 분류
　　• 극성수에 따라
　　　- 유니폴라 구동 : 단극성
　　　- 바이폴라 구동 : 저속영역에서의 토크 개선
　　• 전압 부여에 따라
　　　- 직렬저항 구동 : 저항과 인덕턴스를 직렬로 연결
　　　- 과전압 구동(2전압 전원 구동) : 기동 시 과전압을 사용하고 안정 후 2전원을 사용
　　　- 초퍼(Chopper) 구동 : 10배 이상의 높은 전압을 이용하되 Switch On-off를 반복하여 전류를 유지하는 방법
　　　- 런핑 구동
　　• 펄스 변화방법에 따라
　　　- 펄스폭(PWM ; Pulse Width Modulation) 변조에 의한 구동 : 직류전압 변동 시 펄스전압 출력시간을 변화시키는 방식이다. DC 전원은 직접 전압값이나 전류값을 변화시키기가 어렵기 때문에 펄스의 폭을 조정하여 전력의 크기를 제어한다.
　　　- 펄스 높이(PAM ; Pulse Amplitude Modulation) 변조에 의한 구동 : 직류전압 변동 시 전압의 높이를 변화시킨다.

10년간 자주 출제된 문제

36-1. 스테핑 모터의 구동방법과 가장 거리가 먼 것은?
① 런핑 구동
② 초퍼 구동
③ 과전압 구동
④ 병렬저항 구동

36-2. 스테핑 모터의 동작과 관련된 설명으로 틀린 것은?
① 구동회로에 주어지는 입력 펄스 1개에 대해 소정의 각도만큼 회전시키고, 그 이상 입력이 없는 경우는 정지 위치를 유지한다.
② 회전각도는 입력 펄스의 수에 반비례한다.
③ 회전속도는 입력 펄스의 주파수에 비례한다.
④ 펄스를 부여하는 방식에 따라 급속하고 빈번하게 기동・정지가 가능하다.

36-3. 다음 표와 같이 스테핑 모터를 구동하는 방식을 무엇이라 하는가?

스 텝	A	B	$\overline{A}$	$\overline{B}$
0	ON			
1		ON		
2			ON	
3				ON
0	ON			
1		ON		

① 1상 여자방식
② 2상 여자방식
③ 1-2상 여자방식
④ 3상 여자방식

36-4. 저손실이며 전류의 상승시간을 개선한 스테핑 모터의 구동법은?
① PAM
② PWM
③ 바이폴라
④ 유니폴라

36-5. 스텝각이 1.8°인 2상 HB형 스테핑 모터를 반스텝 시퀀스(1-2상 여자)로 구동하면 1펄스당 회전각은?
① 0.9°
② 1.8°
③ 3.6°
④ 9.9°

10년간 자주 출제된 문제

36-6. 스테핑 모터를 회전시키는 데 필요한 회로요소가 아닌 것은?
① 스트레인 게이지
② 제어장치
③ 펄스 발생기
④ 구동장치

[해설]

36-1
구동 분류 : 직렬저항 구동, 과전압 구동, 초퍼 구동, 런핑 구동 등

36-2
동작 특징
- 구동회로에 주어지는 입력 펄스 1개에 대해 소정의 각도만큼 회전시키고, 정지
- 회전속도는 입력 펄스의 주파수에 비례
- 펄스를 부여하는 방식에 따라 급속하고 빈번하게 기동·정지가 가능

36-3
문제의 표에서는 스텝에 따라 상이 하나만 부여되어 있어 1상 여자방식이다.

36-4
- PAM(Pulse Amplitude Modulation) : 전압 높이를 변화시키는 방식이다.
- PWM(Pulse Width Modulation) : 전압 크기를 같은 전압을 이용하여 시간을 변화시키는 방식이다.
- 바이폴라는 2극성, 유니폴라는 단극성의 방식이다.
- 시간을 개선한 구동법은 PWM이다.

36-5
1-2상 여자에서는 1펄스당 회전각이 절반이 된다.

36-6
스트레인 게이지는 응력측정기이다.

정답 36-1 ④ 36-2 ② 36-3 ① 36-4 ② 36-5 ① 36-6 ①

핵심이론 37 스테핑 모터의 속도

① 펄스 주파수(pulse/sec) : 초당 발생하는 펄스의 수
② 회전량

$$\text{스텝각 } \theta_s [°] \times \text{펄스수 } n[\text{pulse}]$$

※ 회전량 대 이동거리 : 반지름이 r인 바퀴가 θ[rad] 각만큼 이동했다면 이 바퀴는 그 호의 길이인 $r\theta$만큼 이동했다.

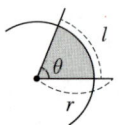

③ 회전속도

$$\text{스텝각 } \theta_s [°] \times \text{분당 발생 펄스수 } n[\text{pulse/min}]$$

④ 분당 회전수[rpm]

$$N[\text{rpm}] = n \times \theta_s \times \frac{1}{360}$$

(1분간 가해진 펄스수 n[pulse/min], 스텝각 θ_s[°] 1바퀴[rev = 360°])

⑤ 이송속도
펄스(pulse)당 이송거리 s[mm/pulse]
초당 발생 펄스 수 n_s[pulse/sec]
분당 발생 펄스 수 n[pulse/min]
이송속도 $v_t = n_s \times s$[mm/sec] 또는 $n \times s$[mm/min]

10년간 자주 출제된 문제

37-1. 스테핑 모터에 대한 설명으로 틀린 것은?
① 영구자석 스텝모터의 경우 무여자 정지 때도 유지토크를 갖는다.
② 유니폴라 구동방식은 여자전류가 한 방향만인 방식이다 (+ 또는 0).
③ 바이폴라 구동방식은 유니폴라 구동방식에 비하여 더 큰 토크를 얻을 수 있다.
④ 1분간 가해진 펄스수를 n, 스텝각(Deg)을 θ_s이라 하면 회전수[rpm] $N = n \times \theta_s \times 180$이다.

37-2. 어떤 NC(Numerical Control) 기계의 제어장치는 스테핑 모터를 제어하는 데 있어서 12초 동안 20,000pulse를 발생한다. 만약 이 기계의 pulse당 이송거리가 0.01mm/pulse라면 이때의 분당 이동속도는 몇 m/min인가?
① 0.2
② 1
③ 2
④ 10

37-3. 스텝각이 1.8°인 스테핑 모터에 반지름이 2.6cm인 바퀴를 장착하였다. 200개의 펄스를 모터에 인가하였을 때 바퀴가 움직인 거리는 약 얼마인가?
① 16.3cm
② 21.3cm
③ 52.0cm
④ 93.6cm

37-4. 스테핑 모터에 부여하는 펄스 주파수에 비례하는 것은?
① 회전각도
② 회전속도
③ 위치결정
④ 토크

해설

37-1
1분간 가해진 펄스수 n[pulse/min], 스텝각 θ_s[°], 1바퀴[rev = 360°]
$N[\text{rpm}] = n \times \theta_s \times \dfrac{1}{360}$

37-2
이송속도
펄스(pulse)당 이송거리 s[mm/pulse] → 0.01
분당 발생 펄스수 n[pulse/min] → 60초 동안 100,000pulse
이송속도 $v_t = n \times s$[mm/min] → $v_t = 0.01 \times 100,000$
$= 1,000$mm/min
$= 1$m/min

37-3
200 펄스 동안 360°, 한 바퀴를 회전하였고, 바퀴의 둘레만큼 전진하였으므로,
$l = 2\pi r = 2 \times \pi \times 2.6 ≒ 16.3$cm

37-4
펄스 주파수란 초당 발생하는 펄스의 수로, 펄스 주파수가 커지면 회전속도가 빨라진다.

정답 37-1 ④ 37-2 ② 37-3 ① 37-4 ②

CHAPTER 03 기계요소 설계

핵심이론 01 기계요소

① 기계요소
  ㉠ 기계를 구성하는 공통적인 기본 부품
  ㉡ 복잡한 기계를 구성하는 최소 단위
② 기계요소의 분류
  ㉠ 체결(결합)용 기계요소 : 두 개 이상의 기계 부품을 결합하거나 고정할 때 사용하는 기계요소(예 나사, 핀, 키 등)
  ㉡ 동력 전달(전동)용 기계요소 : 동력이나 운동을 전달할 때 사용하는 기계요소(예 마찰차, 기어, 벨트와 벨트 풀리, 체인과 스프로킷 등)
  ㉢ 축용 기계요소 : 회전체의 중심을 고정하거나 축을 받쳐 줄 때 사용하는 기계요소(예 축, 베어링, 클러치 등)
  ㉣ 제어용 기계요소 : 기계의 제동 또는 진동의 완충에 사용하는 기계요소(예 브레이크, 스프링 등)
  ㉤ 관용 기계요소 : 기체나 액체를 수송할 때 사용하는 기계요소(예 관, 밸브, 관이음 등)

10년간 자주 출제된 문제

기계요소의 분류 중 기계의 제동 또는 진동을 잡아 주는 종류의 기계요소의 분류는?
① 관용 기계요소
② 축용 기계요소
③ 제어용 기계요소
④ 동력 전달용 기계요소

정답 ③

핵심이론 02 도면의 기초

① 도면이 구비하여야 할 기본 요건(KS A 0005)
  ㉠ 대상물의 도형과 함께 필요로 하는 크기, 모양, 자세, 위치의 정보를 포함하여야 하며, 필요에 따라서 면의 표면, 재료, 가공방법 등의 정보를 포함하여야 한다.
  ㉡ ㉠의 정보를 명확하고 이해하기 쉬운 방법으로 표현하고 있어야 한다.
  ㉢ 애매한 해석이 생기지 않도록 표현상 명확한 뜻을 가져야 한다.
  ㉣ 기술의 각 분야 교류의 입장에서 가능한 한 넓은 분야에 걸쳐 정합성과 보편성을 가져야 한다.
  ㉤ 무역 및 기술의 국제 교류의 입장에서 국제성을 가져야 한다.
  ㉥ 마이크로 필름 촬영 등을 포함한 도면의 복사 및 보존, 검색, 이용이 확실하게 되도록 내용과 양식을 구비하여야 한다.
② 도면의 양식
  ㉠ 표제란(KS B ISO 7200 참조)
    • 표제란에 반드시 들어가야 할 내용 : 법적 소유자, 식별번호, 발행 일자, 시트번호, 제목, 승인자, 작성자, 문서형식
    • 표제란에 들어가야 할 내용 옵션 : 개정 표시, 시트수, 언어 부호, 보조 제목, 주관부서, 기술 책임, 분류/키워드, 문서 상태, 쪽번호, 전체 쪽수, 용지 크기

ⓛ 도면의 크기, 경계와 윤곽

(단위 : mm)

크기의 호칭		A0	A1	A2	A3	A4
a×b		841× 1,189	594× 841	420× 594	297× 420	210× 297
도면의 윤곽	c(최소)	20	20	10	10	10
	d (최소) 철하지 않을 때	20	20	10	10	10
	철할 때	20	20	20	20	20

ⓒ 재단마크 및 중심마크

• 재단마크

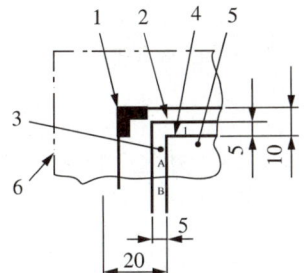

1. 재단마크
2. 재단용지
3. 구역 표시
4. 구역 표시 경계선
5. 제도영역
6. 재단하지 않은 용지의 가장자리

• 중심마크 : 도면을 다시 만들거나 필름으로 만들 때 위치를 잘 잡기 위하여 길이 10mm, 두께 0.7mm의 굵은 실선을 네 곳에 그린다.

ⓔ 도면의 구역
  • 각 구역은 용지의 위쪽에서 아래쪽으로는 대문자로 표시하고, 왼쪽에서 오른쪽으로는 숫자로 표시한다.
  • 오인을 방지하기 위해 영문자 I와 O는 사용하지 않는다.
  • 한 구역의 길이는 재단된 용지 대칭축(중심마크)부터 50mm이다.

③ 가급적 원도는 접지 않되, 복사한 도면을 접을 때는 표제란이 보이도록 접어야 하며 보관의 용이성을 고려하여 A4 크기로 한다.

④ 도면의 종류
  ㉠ 사용 용도에 따른 분류 : 주문도, 견적도, 승인도, 계획도, 제작도(공정도, 시공도, 상세도 등), 설명도
  ㉡ 내용에 따른 분류 : 스케치도(본뜨기, 사진 촬영, 프린트 등), 조립도, 부품도, 구조도, 배치도, 장치도, 실측도
  ㉢ 표현형식에 따른 분류 : 외관도, 전개도, 곡면선도, 계통선도(플랜트 공정도, 접속도, 배선도, 배관도, 계장도 등), 입체도

⑤ 척도 : 대상물의 실제치수와 도면에 표시한 대상물의 비율
  ㉠ 종 류
    • 현척 : 같은 비율
    • 축척 : 도면에 더 작게 그림
    • 배척 : 도면에 더 크게 그림
  ㉡ 척도의 표시방법

종류	척도	종류
배 척	50:1 20:1 10:1 5:1 2:1	실물 크기보다 크게
현 척	1:1	실물 크기와 같게
축 척	1:2 1:5 1:10 1:20 1:50 1:100 1:200 1:500 1:1,000 1:2,000 1:5,000 1:10,000	실물 크기보다 작게

10년간 자주 출제된 문제

2-1. 다음 중 도면이 갖추어야 할 요건으로 타당하지 않는 것은?
① 도면에 그려진 투상이 너무 작아 애매하게 해석될 경우에는 아예 그리지 않는다.
② 도면에 담긴 정보는 간결하고 확실하게 이해할 수 있도록 표시한다.
③ 도면은 충분한 내용과 양식을 갖추어야 한다.
④ 도면에는 제품의 거칠기 상태, 재질, 가공방법 등의 정보도 포함하고 있어야 한다.

2-2. 실물에서 한 변의 길이가 25mm일 때, 척도 1:5인 도면에서 그 변이 그려진 길이와 그 변에 기입해야 할 치수를 순서대로 옳게 나열한 것은?
① 길이 5mm, 치수 5
② 길이 5mm, 치수 25
③ 길이 25mm, 치수 5
④ 길이 25mm, 치수 25

10년간 자주 출제된 문제

2-3. 도면의 양식에서 다음 중 반드시 표시하지 않아도 되는 항목은?
① 표제란
② 그림영역을 한정하는 윤곽선
③ 비교 눈금
④ 중심마크

2-4. 다음 중 도면의 내용에 따른 분류가 아닌 것은?
① 부품도
② 전개도
③ 조립도
④ 부분 조립도

2-5. 도면에서 표제란에 기록하는 사항으로 거리가 먼 것은?
① 도면번호
② 도면의 크기
③ 도 명
④ 작성 일자

2-6. 다음 중 기계제도의 기본원칙에 어긋나는 것을 보기에서 모두 고른 것은?

|보기|
a. 도면을 보관하기 위해 표제란이 보이게 A4 크기로 접었다.
b. 도면에 윤곽선, 표제란, 중심마크를 반드시 그려 넣어야 한다.
c. 실제 크기보다 2배 크기로 그림을 그려서 척도를 1 : 2로 기입했다.
d. 문장은 위에서 아래로 세로쓰기를 원칙으로 한다.

① a, b
② b, c
③ c, d
④ a, d

2-7. 도면 양식에서 용지를 여러 구역으로 나누는 구역 표시를 하는 데 있어서 세로 방향으로는 대문자 영어를 표시한다. 이때 사용해서는 안 되는 문자는?
① A
② H
③ K
④ O

|해설|

2-1
투상도가 너무 작아 애매한 경우 상세도를 그린다.

2-2
위 척도는 축척으로, 도면에는 실제 길이의 1/5로 그리고, 치수는 제작할 치수로 기입한다.

2-3
표제란, 도면 크기나 윤곽, 재단마크/중심마크, 구역 표시는 반드시 표시하여야 하는 항목이다.

2-4
내용에 따른 분류 : 스케치도, 조립도, 부품도, 구조도, 배치도, 장치도, 실측도

2-5
도면의 크기는 KS에 규정하지 않았고, 용지의 크기는 옵션으로 기재하기도 한다.

2-6
c. 1 : 2는 축척으로 실물의 1/2로 그렸다는 의미이다.
d. 문장은 가로쓰기를 원칙으로 한다.

2-7
영문자 O와 I는 숫자 0, 1과 혼동 가능성이 있어 사용하지 않는다.

정답 2-1 ① 2-2 ② 2-3 ③ 2-4 ② 2-5 ② 2-6 ③ 2-7 ④

핵심이론 03 도면에서 선의 사용

① 선의 종류

선의 종류	선의 명칭	용도에 따른 명칭
———	굵은 실선	외형선
	가는 실선	치수선 치수보조선 인출선 회전단면선 (작은)중심선 수준면선 평면 지시선
— — — —	파선(가는 파선, 굵은 파선)	숨은선
—·—·—	가는 1점쇄선	중심선, 기준선, 피치선
—·—·—	굵은 1점쇄선	기준선, 특수 지정선
—··—··—	가는 2점쇄선	가상(상상)선
～～～	파형의 가는 실선	파단선
∿∿∿	지그재그선	
	가는 1점쇄선으로 끝 부분 및 방향이 바뀌는 부분을 굵게 한 것	절단선
//////	가는 실선으로 규칙적으로 나열한 것	해칭

선의 명칭	용도	선의 명칭	용도
외형선	물체가 보이는 부분의 모양을 나타내기 위한 선	숨은선	물체가 보이지 않는 부분의 모양을 나타내기 위한 선
치수선	치수를 기입하기 위한 선	중심선	도형의 중심을 표시하거나 중심이 이동한 궤적을 나타내기 위한 선
치수보조선	치수를 기입하기 위하여 도형에서 끌어낸 선	기준선	위치결정의 근거임을 나타내기 위한 선
지시선	각종 기호나 지시사항을 기입하기 위한 선	피치선	반복 도형의 피치를 잡는 기준이 되는 선
중심선	도형의 중심을 간략하게 표시하기 위한 선	가상선	가공 부분의 특정 이동 위치, 가공 전후의 모양, 이동한 계 위치 등을 나타내기 위한 선
수준면선	수면·유면 등의 위치를 나타내기 위한 선	무게 중심선	단면의 무게중심을 연결한 선
파단선	물체의 일부를 자른 곳의 경계를 표시하거나 중간 생략을 나타내기 위한 선	해칭	단면도의 절단면을 나타내기 위한 선
특수 지정선	특별한 지시를 위해 특정영역을 표시한 선	평면 지시선	둥근 물체 중 평면인 부분을 표시하기 위해 X자 대각선으로 나타낸 선

② 선의 우선순위

도면에서 2종류 이상의 선이 같은 장소에서 중복되는 경우에 외형선 > 숨은선 > 절단선 > 중심선 > 무게중심선 > 치수보조선 순으로 표시한다.

③ 선의 굵기(KS A ISO 128-2 참조)

㉠ 모든 종류의 선 굵기는 도면의 형식과 크기에 따라 다음 중 하나이어야 한다(단위 : mm).
   0.13, 0.18, 0.25, 0.35, 0.5, 0.7, 1, 1.4, 2

㉡ 선의 넓은 굵기(아주 굵은 선), 보통 굵기(굵은 선) 그리고 좁은 굵기(가는 선)의 비는 4 : 2 : 1이다.

㉢ 선의 굵기는 서로 다른 굵기의 인접한 2개 선 사이에 확실하게 구분될 수 있다면 위의 규정에서 편차가 있을 수도 있다. 편차는 $\pm 0.1d$ 이하이다.

10년간 자주 출제된 문제

3-1. 도면에서 두 종류 이상의 선이 같은 장소에서 겹치게 될 경우 표시되는 선의 우선순위가 높은 것부터 낮은 순서대로 나열된 것은?

① 외형선, 숨은선, 절단선, 중심선
② 외형선, 절단선, 숨은선, 중심선
③ 외형선, 중심선, 숨은선, 절단선
④ 절단선, 중심선, 숨은선, 외형선

3-2. 단면도의 절단된 부분을 나타내는 해칭선을 그리는 선은?

① 가는 2점쇄선   ② 가는 실선
③ 가는 파선   ④ 가는 1점쇄선

3-3. 가공 전 또는 가공 후의 모양을 표시하는 선은?

① 파단선   ② 절단선
③ 가상선   ④ 숨은선

10년간 자주 출제된 문제

3-4. 다음 그림과 같은 도면에서 치수 20 부분의 굵은 1점쇄선 표시가 의미하는 것으로 가장 적합한 설명은?

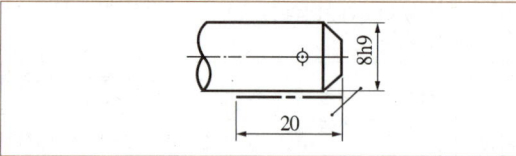

① 공차가 ⌀8h9 되게 축 전체 길이 부분에 필요하다.
② 공차가 ⌀8h9 부분은 축 길이 20 되는 곳까지만 필요하다.
③ 치수 20 부분을 제외하고 나머지 부분은 공차가 ⌀8h9 되게 가공한다.
④ 공차를 ⌀8h9보다 약간 작게 한다.

3-5. 다음 그림에서 가는 실선으로 나타낸 대각선 부분의 의미는?

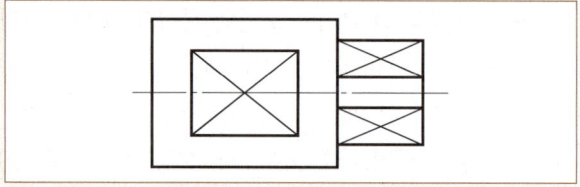

① 대각선으로 표시된 면이 구면임을 나타냄
② 대각선으로 표시된 면이 평면임을 나타냄
③ 대각선으로 표시된 면은 가공하지 않음을 표시함
④ 대각선으로 표시된 면만 열처리할 것을 표시함

3-6. 선의 종류와 용도에 대한 내용으로 틀린 것은?

① 굵은 실선 : 대상물이 보이는 부분의 모양을 표시하는 데 사용된다.
② 가는 1점쇄선 : 중심이 이동한 중심 궤적을 표시하는 데 사용된다.
③ 가는 2점쇄선 : 얇은 두께를 가진 부분을 나타내는 데 사용된다.
④ 굵은 1점쇄선 : 특수한 가공을 하는 부분 등 특별한 요구사항을 적용할 수 있는 범위를 표시하는 데 사용된다.

해설

3-1
도면에서 두 종류 이상의 선이 같은 장소에서 중복되는 경우에는 외형선 > 숨은선 > 절단선 > 중심선 > 무게중심선 > 치수보조선 순으로 표시한다.

3-2

가는 실선으로 규칙적으로 나열한 것을 해칭선이라 한다.
가는 실선은 치수선, 치수보조선, 인출선, 회전단면선, 수준면선 등에 사용한다.

3-3
가상선은 용도에 따른 명칭이며, 현재 위치하지 않은 그림을 그릴 때는 가는 2점쇄선을 이용하여 가상선을 그린다.

3-4
굵은 1점쇄선은 특수 지정선으로 그 부분에 대하여 특수한 지시를 할 때 부분을 표시한다.

3-5
물체가 전반적으로 원형인 경우 정투상도로는 평면과 둥근 면을 구별할 수 없으므로 평면 부분에 X자형 대각선을 그려 평면임을 표시한다.

3-6
얇은 두께를 가진 부분은 아주 굵은 실선을 이용하고, 가는 2점쇄선은 가상선 등을 표현한다.

정답 3-1 ① 3-2 ② 3-3 ③ 3-4 ② 3-5 ② 3-6 ③

핵심이론 04 정투상도 / 투상도 / 전개도

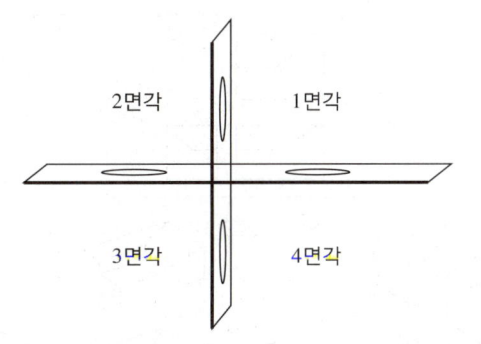

① 정투상법

투상법	정 의	기 호	도면 배치
제1각법	1면각 위에 물체를 올려놓고 보이는 면을 동 그라미가 그려진 스크린에 투영하여 그리는 방법		다음 그림처럼 제1각법에 따라 그림을 그리면 보이는 면이 상하 좌우가 바뀌어서 표현되고 제3각법은 보이는 대로 표현된다.
제3각법	3면각 위에 물체를 올려놓고 보이는 면을 동 그라미가 그려진 스크린에 투영하여 그리는 방법		

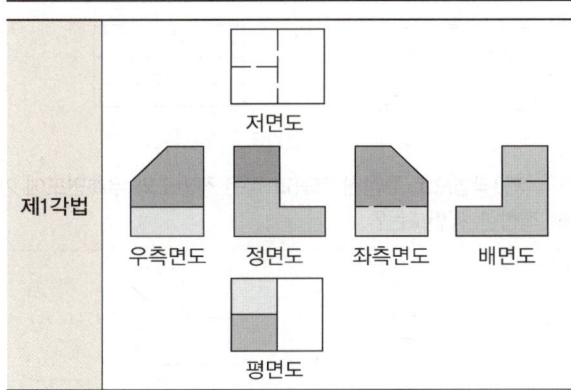

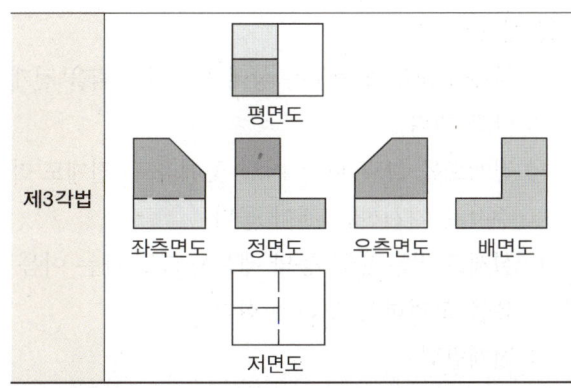

※ 정투상도 문제는 매회 출제되고 있으나 어떤 내용을 학습한다기 보다는 공간지각능력을 계발하고 연습하는 것이 가장 좋은 학습 방법일 것이다. 이를 위해 정투상 관련 예제를 많이 수록해 놓았 으니 연습을 많이 해 보기 바란다.

② 투상도의 분류

투상의 분류				
평행투상			투시투상	
투영선이 투상선에 수직이며 평행함			투상선이 시점에 모여짐	
직각투상		사투상	1소점 투상	다소점 투상
정투상	축측투상			
입체를 직면한 시선 방향에서 본 대로 그린 투상	물체의 정면·평면·측면을 한 번에 볼 수 있도록 그린 투상	물체의 정면을 실제 치수로 그리고 한쪽으로 경사지게 그려 입체적으로 보이게 한 투상	투상선이 한 점에 모여짐	투상선이 두 점 이상의 점에 모여짐
	등각투상			
	보이는 세 직각 축이 120°로 그려지는 투상			
	부등각투상			
	보이는 세 직각 축이 120°가 아닌 각도로 그려지는 투상			

※ 정투상도가 가장 많이 사용되며, 정투상도를 제외한 모든 투상도를 특수투상도라고 한다.

③ 전개도

    ㉠ 물체를 모두 펼쳐놓은 상태로 그린 그림을 전개도라고 한다.

    ㉡ 전개도를 그릴 때는 어느 곳에라도 '전개도'라고 주서로 지시하는 것이 좋다.

    ㉢ 실제로 접는 판금 등의 제품을 그릴 때는 이음 여유를 고려하여 그려야 한다.

    ㉣ 전개방법
- 평행선을 이용하는 방법 : 각종 각기둥과 원기둥에 적합한 방법
- 방사선을 이용하는 방법 : 각종 각뿔과 원뿔에 적합한 방법
- 삼각형을 이용하는 방법 : 꼭짓점이 먼 각뿔, 원뿔, 절단된 편심원뿔 등을 삼각형으로 분할하여 그리는 방법

10년간 자주 출제된 문제

4-1. 제1각법에 관한 설명으로 옳은 것은?

① 정면도 우측에 좌측면도가 배치된다.
② 정면도 아래에 저면도가 배치된다.
③ 평면도 아래에 저면도가 배치된다.
④ 정면도 위에 평면도가 배치된다.

4-2. 그림과 같은 입체도를 화살표 방향에서 보았을 때 가장 적합한 투상도는?

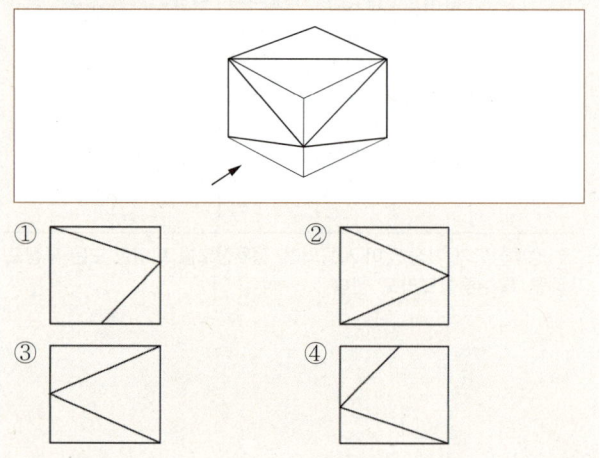

4-3. 다음 그림과 같은 정투상도의 입체도로 옳은 것은?

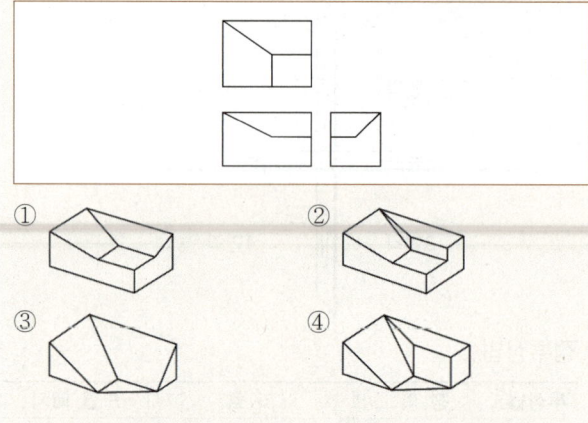

4-4. 다음 그림과 같은 입체도에서 화살표 방향이 정면일 때 평면도로 가장 적합한 것은?

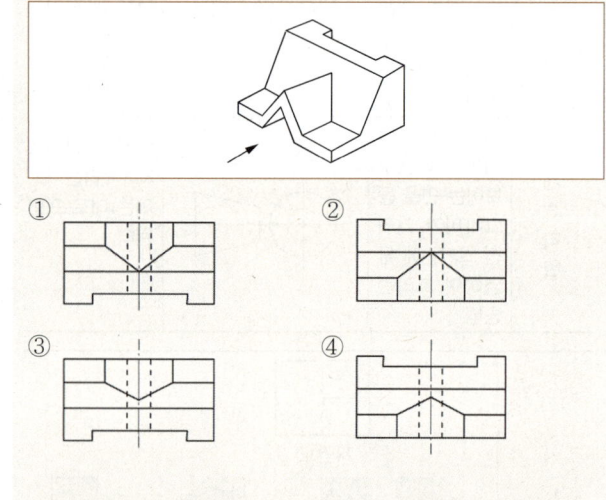

4-5. 제3각법으로 투상한 그림과 같은 정면도와 우측면도에 가장 적합한 평면도는?

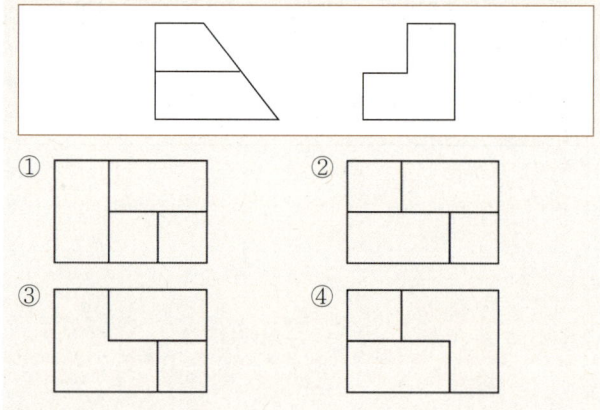

10년간 자주 출제된 문제

4-6. 그림과 같은 입체도에서 화살표 방향이 정면일 때 정투상법으로 나타낸 투상도 중 잘못된 도면은?

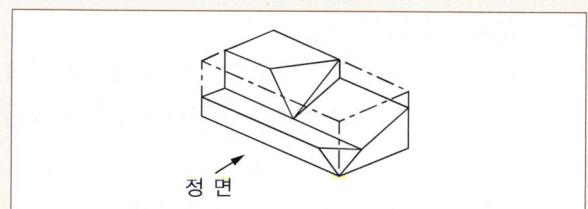

① 좌측면도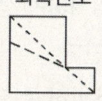
② 평면도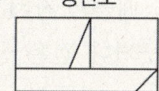
③ 우측면도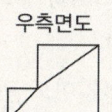
④ 정면도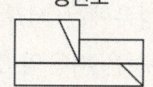

4-7. 다음 그림과 같은 입체도를 화살표 방향에서 본 투상도로 가장 적합한 것은?

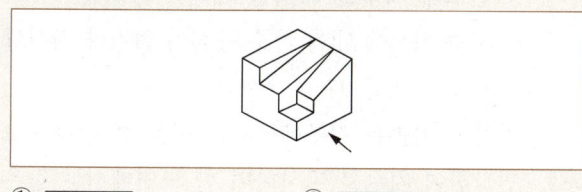

①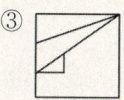
②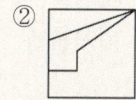
③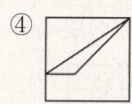
④

4-8. 다음 그림과 같이 절단된 편심원뿔의 전개법으로 가장 적합한 것은?

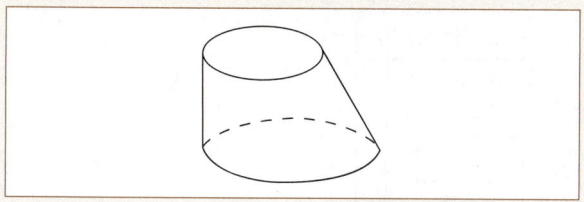

① 삼각형법
② 동심원법
③ 평행선법
④ 사각형법

해설

4-1
제1각법은 정면도를 기준으로 하여 투상도의 배치가 제3각법과 반대이다.

4-2
평면도, 우측면도 등도 모두 투상도이기 때문에 투상도가 정면도라고 표기되었으면 더 정확했을 것이다. 화살표를 정면으로 두면 보이는 면의 우측에 변이 만나는 꼭짓점이 생기는 것을 알 수 있다.

4-3
정면도만으로도 구별이 가능한데, 정면도의 중심부 정도에 가로선이 있는 5각형과 4각형만이 생기는 도형은 ①이다.

4-4
평면도는 화살표 방향의 위에서 본 투상도이다. 우선 ①과 ③은 뚫린 부분이 하단이어서 제외하고, ②와 ④의 차이는 가운데에 모서리 5개가 만나느냐 만나지 않느냐로 구분하여야 한다. 도형을 우측에서 보면 기울어져 있고, ㅅ자 부분이 중간에서 돌출되어 있으므로 모서리가 만나지 않는다.

4-5
다음 그림과 같은 입체도가 나오게 된다.

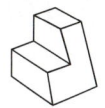

4-6
우측면도는 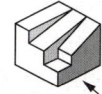 과 같이 나타내야 한다.

4-7
시선의 가까운 곳부터 머릿속으로 그림을 그려 가며 투상도를 그려 본다. 시선 방향에서 보이는 것은 다음 그림과 같다.

4-8
전개도의 전개방법
- 평행선을 이용하는 방법 : 각종 각기둥과 원기둥에 적합한 방법
- 방사선을 이용하는 방법 : 각종 각뿔과 원뿔에 적합한 방법
- 삼각형을 이용하는 방법 : 꼭짓점이 먼 각뿔, 원뿔, 절단된 편심 원뿔 등을 삼각형으로 분할하여 그리는 방법

정답 4-1 ① 4-2 ② 4-3 ① 4-4 ④ 4-5 ④ 4-6 ③ 4-7 ② 4-8 ①

핵심이론 05 치수 기입

① 치 수
  ㉠ 완성 치수를 기입하는 것이 원칙이다.
  ㉡ 단위는 기입하지 않는다.
  ㉢ 일반적으로 길이의 치수는 mm 단위를 사용하지만, 다른 단위를 사용할 때에는 명시하여 알 수 있도록 한다.
  ㉣ 숫자가 큰 경우에도 자릿수를 알게 하는 ','는 찍지 않는다.

② 치수선
  ㉠ 치수선은 가는 실선으로 그어 외형선과 구별한다.
  ㉡ 치수선의 끝은 다음과 같이 표기한다.

  ㉢ 치수 숫자는 치수선과 평행하게 기입하고 치수선 중앙 위쪽에 겹치지 않게 기입한다.
  ㉣ 치수 지시요령
    • 모양이 확실한 정면도에 집중하여 지시한다.
    • 관련 치수는 모아서 지시하고 투상도와 대조·비교 가능하도록 지시한다.
    • 삼면도 기준으로 가급적 각 투상도 사이에 치수를 배치한다.
  ㉤ 치수선과 치수 보조선
    • 외형선 굵기 4배 정도로 간격을 띄고 치수 보조선을 그어 치수선을 이끌어낸다.
    • 특별한 경우 내부에 치수 기입이 가능하다.
    • 선과 점의 명확한 지시를 위해 치수선에 대해 60°로 치수 보조선을 끌어내어 그릴 수 있다.
    • 제품의 모양이 연속선상에 변형된 경우 교차점을 2mm 넘어서도록 연장선을 긋고 교차점부터 치수 보조선을 그린다.

  • 각도를 지시하는 치수 보조선은 각도를 구성하는 두 변 또는 그 연장선(치수 보조선)이 교차하는 점을 중심으로 하여 두 변이나 연장선 사이에 원호를 긋는다.
  • 좁은 곳의 치수선은 밖으로 이끌어 내어 수평으로 긋고 그 위쪽에 치수를 지시하며 이끌어 내는 쪽의 끝에는 아무것도 붙이지 않는다.
  • 치수 보조선 간격이 좁아서 위와 같이 지시할 수 없을 때는 숫자의 선과 같은 굵기의 45°사선(/)을 긋거나 검은 둥근 점(·)을 붙인다.
  • 치수 보조선, 치수선, 중심선이 불가피하게 교차할 경우에는 서로 교차하여 긋는다.
  • 치수선은 다음의 경우 끝까지 긋지 않아도 된다.
    – 한쪽 단면을 한 주투상도에서 지름을 지시할 때
    – 대칭기호를 사용하여 생략한 투상도 또는 단면도에 치수를 지시할 때
    – 치수 지시에 대한 기준 중심이 없거나 지시할 필요가 없을 때
  • 공간이 비좁은 경우에는 치수선을 한 방향으로 연장하여 치수를 지시하며 한 도면에서는 같은 방법으로 지시한다.

③ 치수기입법
  ㉠ 직렬 치수기입법

  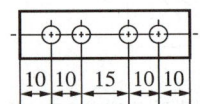

  ㉡ 병렬 치수기입법

  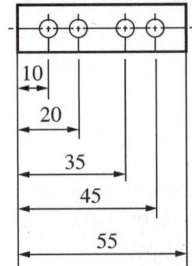

ⓒ 누진 치수기입법

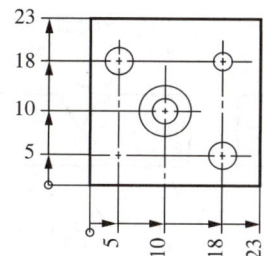

ⓓ 좌표 치수기입법

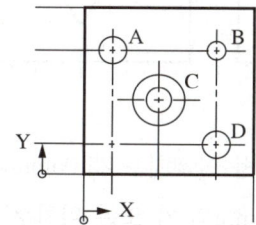

구 분	X	Y
A	5	18
B	18	18
C	10	10
D	18	5

10년간 자주 출제된 문제

5-1. 기계제도에서 치수선을 나타내는 방법에 해당하지 않는 것은?

① 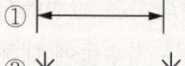 ② ●———●
③ 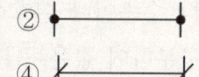 ④ ┤———├

5-2. 다음 그림과 같이 개개의 치수공차에 대해 다른 치수의 공차에 영향을 주지 않기 위해 사용하는 치수기입법은?

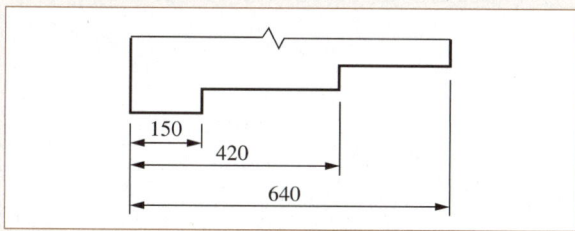

① 직렬 치수기입법　② 병렬 치수기입법
③ 누진 치수기입법　④ 좌표 치수기입법

5-3. 치수선 및 치수 기입방법에 대한 설명으로 틀린 것은?
① 치수선은 가는 실선으로 긋는다.
② 치수선은 원칙적으로 지시하는 길이에 평행하게 긋는다.
③ 치수 수치는 다른 치수선과 교차하여 겹치도록 기입한다.
④ 치수선이 인접해서 연속되는 경우에 치수선은 되도록 동일 직선상에 가지런히 기입하는 것이 좋다.

5-4. 다음 중 치수를 기입할 공간이 부족하여 일출선을 이용하는 방법으로 가장 올바르게 나타낸 것은?

① 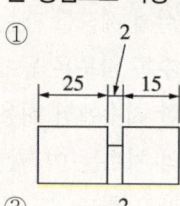　②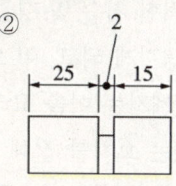
③ 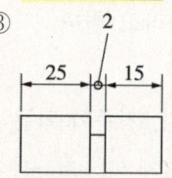　④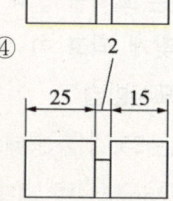

5-5. 보기에서 치수 기입의 원칙에 대한 설명 중 옳은 것을 모두 고른 것은?

|보기|
a : 숫자로 기입된 치수는 'mm' 단위이다.
b : 도면의 치수는 특별히 명시하지 않는 한 다듬질 치수를 기입한다.
c : 치수 중 참고치수는 치수 수치를 □ 안에 기입한다.

① a, b　② b, c
③ a, c　④ a, b, c

｜해설｜

5-1
치수선 끝은 다음과 같이 표기한다.

┤───├　　┤───├

5-2
핵심이론 05 치수 기입 내용 중 ③ 치수기입법 참조

5-3
치수에서 수치를 기입할 때 다른 치수선과 교차하여 겹치도록 기입해서는 안 된다.

5-4
좁은 곳의 치수선은 밖으로 이끌어 내어 수평으로 긋고 그 위쪽에 치수를 지시하며 이끌어 내는 쪽의 끝에는 아무것도 붙이지 않는다.

5-5
□ 안에 기입한 치수는 이론적으로 정확한 치수를 의미하고, 참고 치수는 ( ) 안에 기입한다.

핵심이론 06 공차 - 치수공차 / 끼워맞춤

① 공차

도면에 적힌 치수 및 형상과는 달리 실제 제작할 때는 오차가 생기게 되고, 이 오차를 줄일수록 비용은 높아진다. 설계자는 이를 고려하여 주문한 치수에서 허용할 수 있는 오차를 정해 준다. 각각의 치수는 이러한 오차를 갖게 되고 이 상관을 공차라고 한다.

② 공차의 표시방법

㉠ 공차는 $25^{+0.05}_{-0.05}$ 형태로 표시한다. 기준이 되는 치수는 25mm이며 해당 치수를 크게 25.05mm, 작게 24.95mm까지 제작이 가능하다는 것이다.
  - +0.05를 위치수 공차, -0.05를 아래치수 공차라 한다.
  - 25.05mm를 최대 허용 한계치수, 24.95mm를 최소 허용 한계치수라고 한다.

㉡ 허용 한계치수 표시방법
  - 허용 한계차값으로 표시하는 방법

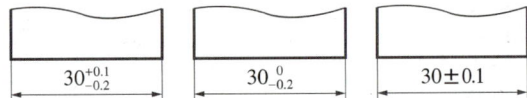

  - 허용 한계치수로 지시 = 공차기호로 지시 = 공차기호와 치수 함께 지시

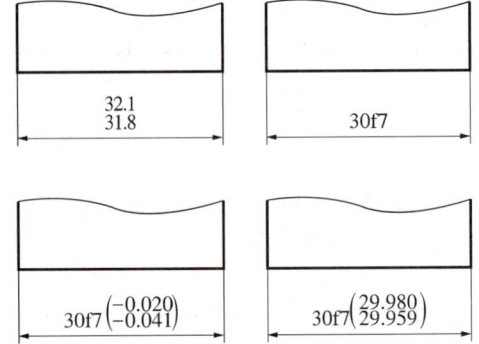

- 각도치수의 허용 한계지시

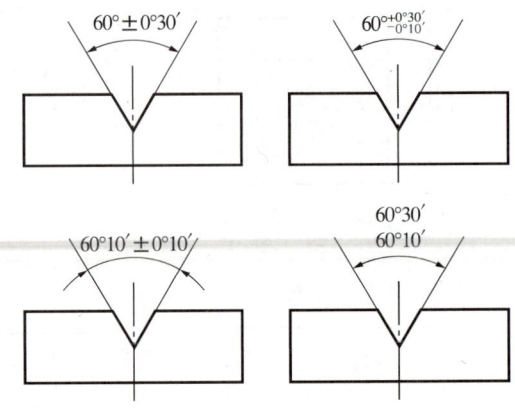

③ 치수공차

$25^{+0.05}_{-0.05}$의 경우, 최대 허용 한계치수 25.05mm와 최소 허용 한계치수 24.95mm의 차 또는 위치수 공차 +0.05와 -0.05의 차를 치수공차라고 한다. 간단히 공차라고 하면 이 치수공차를 의미한다.

④ 기본공차

제품 제작 수준이나 실효성을 일반화하는 관점에서 치수를 구분하여 같은 구분에 속하는 치수들에 대해서는 같은 공차를 적용하는 방법이다. 기본공차는 IT공차로 표현하며 IT공차는 치수공차와 끼워맞춤에 있어서 정해진 모든 치수공차를 의미한다.

구분 등급		초과 이하	- 3	3 6	6 10	10 18	18 30	30 50	50 80	80 120	120 180	180 250
IT01			0.3	0.4	0.4	0.5	0.6	0.6	0.8	1.0	1.2	2.0
IT0			0.5	0.6	0.6	0.8	1.0	1.0	1.2	1.5	2.0	3.0
IT1			0.8	1.0	1.0	1.2	1.5	1.5	2.0	2.5	3.5	4.5
IT2	기본 공차 의 수치 (μm)		1.2	1.5	1.5	2.0	2.5	2.5	3.0	4.0	5.0	7.0
IT3			2.0	2.5	2.5	3.0	4.0	4.0	5.0	6.0	8.0	10
IT4			3.0	4.0	4.0	5.0	6.0	7.0	8.0	10	12	14
IT5			4.0	5.0	6.0	8.0	9.0	11	13	15	18	20
IT6			6.0	8.0	9.0	11	13	16	19	22	25	29
IT7			10	12	15	18	21	25	30	35	40	46
IT8			14	18	22	27	33	39	46	54	63	72
IT9			25	30	36	43	52	62	74	87	100	115
IT10			40	48	58	70	84	100	120	140	160	185
IT11			60	75	90	110	130	160	190	220	250	290
IT12	기본 공차 의 수치 (mm)		0.10	0.12	0.15	0.18	0.21	0.25	0.30	0.35	0.40	0.46
IT13			0.14	0.18	0.22	0.27	0.33	0.39	0.46	0.54	0.63	0.72
IT14			0.26	0.30	0.36	0.43	0.52	0.62	0.74	0.87	1.00	1.15
IT15			0.40	0.48	0.58	0.70	0.84	1.00	1.20	1.40	1.60	1.85
IT16			0.60	0.75	0.90	1.10	1.30	1.60	1.90	2.20	2.50	2.90
IT17			1.00	1.20	1.50	1.80	2.10	2.50	3.00	3.50	4.00	4.60
IT18			1.40	1.80	2.20	2.27	3.30	3.90	4.60	5.40	6.30	7.60

즉, 위의 표에 따르면 25mm짜리 축의 경우 IT공차가 7이면 공차가 0.021mm가 된다.

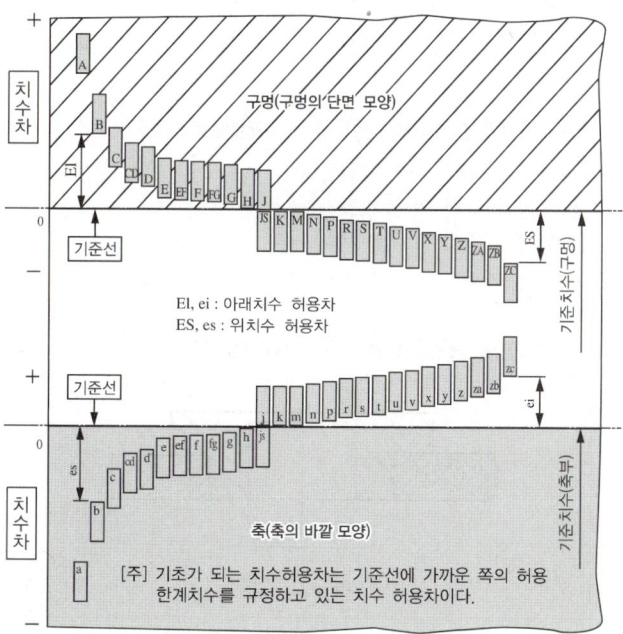

⑤ 끼워맞춤

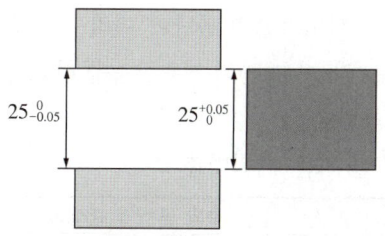

예를 들어 위의 그림과 같이 구멍의 크기가 $25_{-0.05}^{0}$이고, 들어가는 축의 크기가 $25_{0}^{+0.05}$이라고 하면 두 물체를 결합하는 경우, 설계자가 허용한 구멍의 가장 큰 경우는 25mm이고, 축의 가장 작은 경우는 20mm이다. 두 경우를 결합하면 딱 맞는다. 그러나 구멍을 허용범위 안에서 24.95mm로 만들고, 축을 허용범위 안에서 25.05mm로 만들면 두 물체는 억지로 끼워 넣지 않는 한 결합되지 않는다. 즉, 죔새가 생긴다. 설계자는 필요에 따라 두 물체를 끼워 맞출 때 억지로 끼워 넣게도 하고, 헐겁게 끼워 맞출 수 있게도 지정한다. 헐거운 경우는 틈새가 생긴다. 따라서 끼워맞춤에는 다음 3가지 경우가 있다.

㉠ 헐거운 끼워맞춤 : 축과 구멍의 경우, 공차를 고려하여 축이 구멍보다 항상 작거나 같게 되는 경우의 끼워맞춤

㉡ 억지 끼워맞춤 : 공차를 고려할 때 축이 구멍보다 항상 크거나 같게 되는 경우

㉢ 중간 끼워맞춤 : 공차범위 내에서 경우에 따라 헐거운 끼워맞춤이 되거나 억지 끼워맞춤이 되는 경우
예) 축 $25_{-0.05}^{+0.05}$와 구멍 $25_{-0.05}^{+0.05}$의 끼워맞춤

㉣ 기준 : 구멍 기준식과 축 기준식으로 설명되는 경우, 허용차가 0인 위치수나 아래치수를 가지고 있는 쪽이 기준이 된다. 구멍의 경우 아래치수가 0이 되고, 축의 경우 위치수가 0이 되는 치수를 가지면 기준이 된다.

ⓜ 상용하는 끼워맞춤 : 표에서 정확한 값을 찾기 어렵고, 끼워맞춤의 판단이 어려운 경우가 있는데, KS는 각 기호 간의 끼워맞춤을 다음과 같이 분류해 놓았다.

• 구멍 기준 끼워맞춤

	축의 공차역 클래스													
	헐거운 끼워맞춤			중간 끼워맞춤			억지 끼워맞춤							
H6			g5	h5	js5	k5	m5							
		f6	g6	h6	js6	k6	m6	n6	p6					
H7			f6	g6	h6	js6	k6	m6	n6	p6	r6	s6	t6	u6	x6
	e7	f7		h7	js7									
		f7		h7										
H8		e8	f8		h8									
	d9	e9												

• 축 기준 끼워맞춤

	구멍의 공차역 클래스													
	헐거운 끼워맞춤			중간 끼워맞춤			억지 끼워맞춤							
h5				H6	JS6	K6	M6	N6	P6					
h6		F6	G6	H6	JS6	K6	M6	N6	P6					
			F7	G7	H7	JS7	K7	M7	N7	P7	R7	S7	T7	U7	X7
h7		E7	F7	H7										
			F8	H8										
h8	D8	E8	F8	H8										
	D9	E9		H9										

ⓗ 끼워맞춤의 표시방법(KS B 0401) : 끼워맞춤은 구멍과 축의 공통 기준치수에 구멍의 치수공차 기호와 축의 치수공차 기호를 계속 표시한다.

예 52H7/g6, 52H7-g6, 52 $\dfrac{H7}{g6}$

10년간 자주 출제된 문제

6-1. 다음 중 치수공차가 가장 작은 것은?

① 50 ± 0.01　　② $50^{+0.01}_{-0.02}$
③ $50^{+0.02}_{-0.01}$　　④ $50^{+0.03}_{-0.02}$

6-2. 기준치수 49.000mm, 최대 허용치수 49.011mm, 최소 허용치수 48.985mm일 때, 위치수 허용차와 아래치수 허용차는?

　(위치수 허용차)　　(아래치수 허용차)
① 　+0.011mm　　　　-0.085mm
② 　-0.015mm　　　　+0.011mm
③ 　-0.025mm　　　　+0.025mm
④ 　+0.011mm　　　　-0.015mm

6-3. 다음 중 각도치수의 허용한계값 지시방법이 틀린 것은?

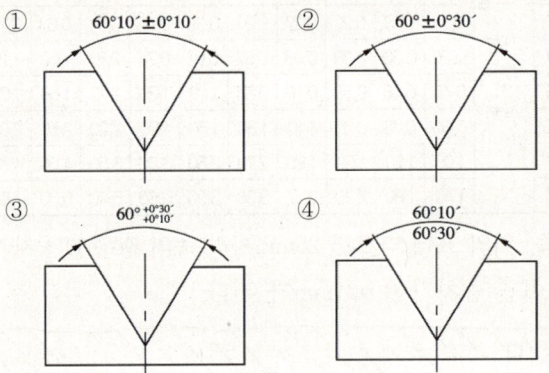

6-4. 끼워맞춤에서 H7/r6은 어떤 끼워맞춤인가?

① 구멍 기준식 중간 끼워맞춤
② 구멍 기준식 억지 끼워맞춤
③ 구멍 기준식 헐거운 끼워맞춤
④ 구멍 기준식 고정 끼워맞춤

6-5. 도면의 공차치수는 어떤 끼워맞춤인가?

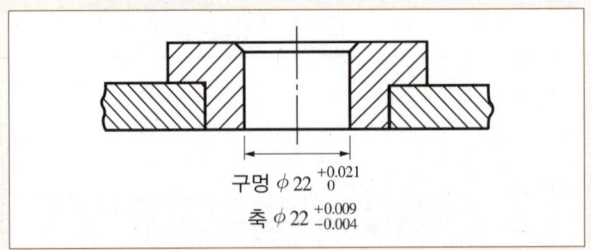

① 헐거운 끼워맞춤　　② 가열 끼워맞춤
③ 중간 끼워맞춤　　　④ 억지 끼워맞춤

10년간 자주 출제된 문제

6-6. 다음 중 용어의 설명이 틀린 것은?
① 최소 죔새 : 억지 끼워맞춤에서 축의 최소 허용치수와 구멍의 최대 허용치수의 차
② 최대 틈새 : 헐거운 끼워맞춤에서 구멍의 최대 허용치수와 축의 최소 허용치수의 차
③ 억지 끼워맞춤 : 항상 죔새가 생기는 끼워맞춤
④ 틈새 : 축의 치수가 구멍의 치수보다 클 때의 치수차

6-7. 다음 축의 치수 중 최대 허용치수가 가장 큰 것은?
① $\phi 45n7$ ② $\phi 45g7$
③ $\phi 45h7$ ④ $\phi 45m7$

6-8. 구멍과 축이 끼워맞춤 상태에 있을 때 치수공차 기입이 옳은 것은?
① $\phi 12$ h6/H7
② $\phi 12 \dfrac{H7}{h6}$
③ h6/H7 $\phi 12$
④ h6 $\phi 12$ H7

6-9. 동일한 기준치수에서 끼워맞춤을 할 때, 다음 중 틈새가 가장 큰 끼워맞춤으로 짝지어진 것은?(단, 공차 등급은 동일하다고 가정한다)
① 구멍 공차역 : A, 축 공차역 : a
② 구멍 공차역 : A, 축 공차역 : z
③ 구멍 공차역 : Z, 축 공차역 : a
④ 구멍 공차역 : Z, 축 공차역 : z

|해설|

6-1
치수공차 = 위치수 공차 − 아래치수 공차
① 0.01−(−0.01) = 0.02
② 0.01−(−0.02) = 0.03
③ 0.02−(−0.01) = 0.03
④ 0.03−(−0.02) = 0.05

6-2
문제의 공차는
$49^{49.011-49.000}_{48.985-49.000} = 49^{+0.011}_{-0.015}$

6-3
각도치수의 허용한계값 지시방법

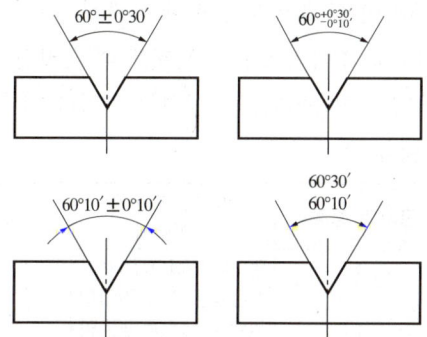

6-4
이와 같은 문제에서는 범위(기준치수)가 주어져 있지 않고 제품치수가 없어서 쉽게 판단하기가 어렵다. 이를 위해 KS는 상용하는 끼워맞춤을 알려 놓았다.

축의 공차역 클라스												
	헐거운 끼워맞춤				중간 끼워맞춤				억지 끼워맞춤			
H7			f6	g6	h6	js6	k6	m6	n6	p6	r6	s6	t6	u6	x6
	e7	f7		h7	js7							

6-5
구멍과 축의 허용오차를 적용함에 따라 헐거워지기도 하고 억지 끼워 맞추게도 되므로 중간 끼워맞춤이다.

6-6
축의 치수가 구멍의 치수보다 클 때는 죔새가 생긴다.

6-7
표를 찾아보면 쉽게 알 수 있으나 필기시험 상황에서 표를 볼 수 없으므로 기초가 되는 허용값이 알파벳 기호가 z에 가까워질수록 축은 커지고, 구멍은 작아진다. 상호 간 점점 죔새가 커진다. 따라서 보기에서는 n이 가장 큰 알파벳 수이다.

6-8
끼워맞춤은 구멍 − 축의 공통 기준치수에 구멍의 치수공차 기호와 축의 치수공차 기호를 계속하여 표시한다.
예 52H7/g6, 52H7-g6, 52$\dfrac{H7}{g6}$

6-9
구멍은 대문자, 축은 소문자로 표시하며 J를 기준으로 A쪽으로 갈수록 모재가 많이 깎이는 기호로 생각하면 된다. 즉, A로 갈수록 많이 깎아서 구멍은 커지고, 축은 작아진다.

정답 6-1 ① 6-2 ④ 6-3 ④ 6-4 ② 6-5 ③
6-6 ④ 6-7 ① 6-8 ② 6-9 ①

핵심이론 07 공차 - 기하공차

기하공차를 사용하면 물체의 형상에 관한 관계, 위치에 대한 오차, 끼워맞춤 조립의 호환성 관계에 대한 판단을 하고, 제시된 공차는 허용범위를 보증하는 역할을 한다.

① 기하공차의 종류

적용하는 형체	공차의 종류		대략의 의미 및 표현방법	기 호
단독 형체	모양 공차	진직도	얼마나 진짜 직선에 가까운지를 임의거리의 임의 간격의 동심원 안에 있는지로 표현	—
		평면도	얼마나 평평한지를 가상의 완벽한 두 평면 사이에 존재하도록 배치하여 간격을 표현	▱
		진원도	얼마나 진짜 원에 가까운지를 가상의 완벽한 두 동심원 사이에 원이 존재하도록 배치하여 간격을 표현	○
		원통도	얼마나 진짜 원에 가까운지를 가상의 완벽한 두 원통 사이에 원통이 존재하도록 배치하여 간격을 표현	⌭
단독 형체 또는 관련 형체		선의 윤곽도	가상의 진짜 선을 중심으로 그린 원통의 지름으로 표현	⌒
		면의 윤곽도	가상의 완벽한 두 구 사이에 면을 배치하고 두 구의 떨어진 간격으로 표현	⌓
관련 형체	자세 공차	평행도	데이텀에 평행하도록 하고 평면도의 표현방법을 인용	//
		직각도	데이텀에 직각이 되도록 하고 진직도 표현방법을 인용	⟂
		경사도	데이텀과 요구되는 각을 이루도록 하고 평면도 표현방법을 인용	∠
	위치 공차	위치도	데이텀을 기준으로 하고 진직도의 표현방법을 인용	⌖
		동축도 또는 동심도	데이텀을 기준으로 하고 진직도의 표현방법을 인용	◎
		대칭도	데이텀을 기준으로 하고 평면도의 표현방법을 인용	═
	흔들림 공차	원주 흔들림 공차	데이텀을 기준으로 하고 진원도의 표현방법을 인용	↗
		온 흔들림 공차	데이텀을 기준으로 하고 진원도의 표현방법을 인용	↗↗

※ 관련 형체가 있는 공차의 경우, 데이텀 등의 기준이 주어져야 한다.
※ KS에서는 수치와 예시를 이용하여 구체적인 표현방법이 정해져 있으나 대략의 의미를 이해하기 쉽도록 정리한 것이다.

② 기하공차의 표시방법(KS A ISO 1101, KS B ISO 5459)
  ㉠ 기하공차의 표시방법

   기하공차는 | // | 0.011 | A | 등과 같이 표시하며 // 자리에는 공차기호, 0.011자리는 공차값, A자리는 데이텀(기준)을 표시한다. 또한, | // | 0.01/100 | A | 와 같은 형태로 기준 길이를 주고 이에 대하여 공차를 요구할 수도 있다.

  ㉡ 데이텀의 표시방법
   • 대상면에 직접 관련되는 경우는 문자기호로 지시하고, 삼각기호에 지시선을 연결해서 지시한다.

- 문자기호에 의한 데이텀이 선, 면 자체인 경우에는 대상면의 외형선 위나 치수선 위치를 명확히 피해서 지시한다.
- 치수가 지정되어 있는 대상면의 축 직선이나 중심 원통면이 데이텀인 경우에는 치수선의 연장선에 지시한다.
- 대상축 직선 또는 원통면이 모두 공통으로 데이텀인 경우에는 중심선에 데이텀 삼각기호를 붙인다.
- 잘못 볼 염려가 없는 경우에는 직접 지시선에 의하여 데이텀면 또는 선과 연결함으로써 데이텀 지시 문자기호를 생략할 수 있다.
- 데이텀을 지시하는 문자기호를 공차 지시틀에 지시할 때
  - 한 개를 설정하는 데이텀은 한 개의 문자기호로 나타낸다.

		A

  - 두 개의 데이텀을 설정하는 공통 데이텀은 두 개의 문자기호를 하이픈(-)으로 연결한 기호로 나타낸다.

		A-B

  - 데이텀에 우선순위를 지정할 때는 우선순위가 높은 순서로 왼쪽에서 오른쪽으로 각각 다른 구획에 지시한다.

		A	B	C

  - 두 개 이상의 데이텀 우선순위를 문제 삼지 않을 때는 문자기호를 같은 구획 내에 나란히 지시한다.

		AB

ⓒ 데이텀 표적(Datum Target)

공작물에 따라 표면 상태가 좋지 않아서 이상적인 형체와는 다른 형체를 데이텀으로 지시해야 할 경우가 생긴다. 이럴 때 표면 전체 대신 가공되는 몇 군데의 점선 또는 영역을 규제하여 데이텀으로 사용하는데 이러한 점, 선 또는 영역을 데이텀 표적이라 한다.

- 주조품·단조품·소성품 등 표면이 거칠고 평평하지 않은 표면 또는 용접부의 구부러지거나 휜 표면에 재연성, 반복성을 확보하기 위해 사용된다.
- 데이텀 표적 중 점은 데이텀 형체와 점 접촉을 하며 데이텀 형체의 표면 상태가 매우 불량한 경우에 적합하나, 이와 접하는 가상 데이텀 형체가 쉽게 마모될 수 있으므로 주의한다.

[KS B ISO 5459]

설 명	기 호
데이텀 형체의 기호	
데이텀 형체의 문자	대문자(A, B, C, AA 등)
단일 데이텀 표적 프레임	
기둥 데이텀 표적 프레임	
데이텀 표적 점	×
연결된 데이텀 표적 선	○
연결되지 않은 데이텀 표적 선	×—×
데이텀 표적 면	

부가기호 [KS B ISO 5459]

기 호	설 명
[PD]	유효 지름(Pitch Diameter)
[MD]	나사의 바깥지름(Major Diameter)
[LD]	나사의 골지름(Minor Diameter)
[ACS]	임의 횡단면(Any Cross Section)
[ALS]	임의 종단면(Any Longitudinal Section)
[CF]	접속 형체(Contacting Feature)
[DV]	공통 데이텀을 위한 가변거리 [Variable Distance (for Common Datum)]
[PT]	위치 형체의 점[(Situation Feature of Type) Point]
[SL]	위치 형체의 직선 [(Situation Feature of Type) Straight Line]
[PL]	위치 형체의 평면 [(Situation Feature of Type) Plane]
⟩〈	방향만 구속(for Orientation Constraint Only)
Ⓟ	제2차 또는 제3차 데이텀의 돌출 [Projected (for secondary or Tertiary Datum)]
Ⓛ	최소 재료조건(Least Material Requirement)
Ⓜ	최대 재료조건(Maximum Material)

※ Ⓛ, Ⓜ : 핵심이론 08 공차 – 최대실제크기 참조

• 데이텀 표적의 기호와 용도

기호	표시방법	용 도
X	굵은 실선인 X표를 한다.	데이텀 표적이 점일 때
X—X	2개의 X표시를 가는 실선으로 연결한다.	데이텀 표적이 선일 때
⊘	원칙적으로 가는 2점쇄선으로 둘러싸고 해칭한다. 다만, 도시하기 어려운 경우 2점쇄선 대신 가는 실선을 사용해도 좋다.	데이텀 표적이 원 모양의 영역일 때
▨		데이텀 표적이 직사각형 영역일 때

10년간 자주 출제된 문제

7-1. 그림과 같은 도면에서 '가' 부분에 들어갈 가장 적절한 기하공차 기호는?

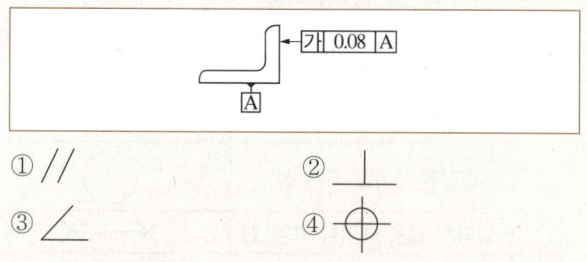

① //   ② ⊥
③ ∠   ④ ⊕

7-2. 그림과 같은 기하공차의 해석으로 가장 적합한 것은?

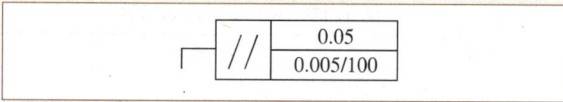

① 지정 길이 100mm에 대하여 0.05mm, 전체 길이에 대해 0.005mm의 대칭도
② 지정 길이 100mm에 대하여 0.05mm, 전체 길이에 대해 0.005mm의 평행도
③ 지정 길이 100mm에 대하여 0.005mm, 전체 길이에 대해 0.05mm의 대칭도
④ 지정 길이 100mm에 대하여 0.005mm, 전체 길이에 대해 0.05mm의 평행도

7-3. 다음 도면에서 기하공차에 관한 설명으로 가장 적합한 것은?

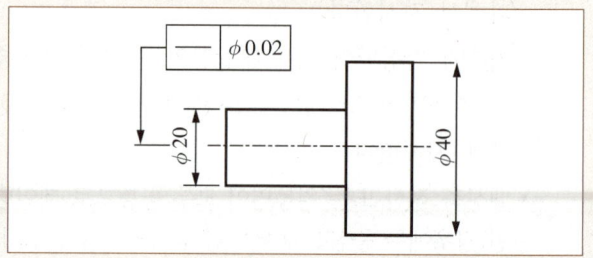

① ϕ 20부분만 원통도가 ϕ 0.01 범위 내에 있어야 한다.
② ϕ 20과 ϕ 40부분의 원통도가 ϕ 0.02 범위 내에 있어야 한다.
③ ϕ 20과 ϕ 40부분의 진직도가 ϕ 0.02 범위 내에 있어야 한다.
④ ϕ 20부분만 진직도가 ϕ 0.02 범위 내에 있어야 한다.

7-4. 기하공차 중 단독 형체에 관한 것들로만 짝지어진 것은?

① 진직도, 평면도, 경사도
② 평면도, 진원도, 원통도
③ 진직도, 동축도, 대칭도
④ 진직도, 동축도, 경사도

7-5. 기하공차의 분류에서 위치공차에 속하지 않는 것은?

7-6. 기하학적 형상공차를 사용하는 이유로 거리가 먼 것은?

① 최대 생산공차를 주어 생산성을 높인다.
② 끼워맞춤 부품의 호환성을 보증한다.
③ 직각 좌표의 치수방법을 변환시켜 간편하게 표시한다.
④ 끼워맞춤, 조립 등 그 형상이 요구하는 기능을 보증한다.

7-7. KS 기하공차 도시방법 중 ⓟ로 표시되는 기호가 의미하는 것은?

① 돌출 공차역을 표시하는 기호
② 비례하지 않는 치수를 표시하는 기호
③ 데이텀을 직접 도시하는 경우 사용하는 기호
④ 공차붙이 형체를 직접 도시하는 경우 사용하는 기호

[해설]

7-1
데이텀 A를 기준으로 한 것은 직각도이다.

7-2
// 기호는 평행도 기호이다. 기하공차는 데이텀이 표시되어야 하나 문제에는 제시되어 있지 않다. 제시되었다고 간주하고 문제를 해결하면, 평행도는 데이텀에 대해 전체 0.05mm, 기준 길이 100mm에 대해서는 0.005mm의 공차를 허용한다는 의미이다.

7-3
기호는 중심선의 직진도가 가상의 정확한 중심선을 중심으로 하는 지름 2mm짜리 원 안에 전 범위에 걸쳐 중심이 존재해야 한다는 의미이다. 이 의미와 가장 유사한 설명은 ③이다.

7-4

적용하는 형체	공차의 종류
단독 형체	진직도
	평면도
	진원도
	원통도
단독 형체 또는 관련 형체	선의 윤곽도
	면의 윤곽도
관련 형체	평행도
	직각도
	경사도
	위치도
	동축도 또는 동심도
	대칭도
	원주 흔들림 공차
	온 흔들림 공차

7-5

위치공차		
위치도	동축도 또는 동심도	대칭도
⊕	◎	=

7-6
직각 좌표의 치수방법은 치수의 표시방법에 관한 사항으로 치수공차, 기하학적 형상공차의 정도와는 무관하다.

7-7
ⓟ는 기하공차 데이텀에 표시되는 부가기호 중 일부의 의미

Ⓟ	제2차 또는 제3차 데이텀의 돌출 [Projected (for Secondary or Tertiary Datum)]
Ⓛ	최소 재료조건(Least Material Requirement)
Ⓜ	최대 재료조건(Maximum Material)

정답 7-1 ② 7-2 ④ 7-3 ③ 7-4 ② 7-5 ⑤ 7-6 ③ 7-7 ①

핵심이론 08 공차 - 최대실체크기 (MMC ; Maximum Material Conditions)

① 최대실체조건이란 도면 중 실체를 갖는 영역의 부피가 가장 크게 될 때의 조건을 의미한다.

② 개념 도입의 목적 : 각종 오차가 각각의 치수만을 기준으로 규정되는 경우, 열을 맞춘 볼트와 구멍의 결합의 경우, 마지막 결합 부분에서 주어진 오차를 맞추어 구성품을 제작하였음에도 결함을 할 수 없는 경우가 있다. 이 때문에 실제 제작에서 앞열의 구멍오차에 따라 뒷열에서 추가오차가 허용되므로 현실적인 구성품 제작이 가능하다.

③ 최대실체치수(MMS ; Maximum Material Size) : MMC 일 때의 크기를 의미하고, 기호는 Ⓜ이다.

※ 문제에서 최대실체치수를 구하라고 한다면, 도면에서 재료가 있는 쪽의 부피가 가장 크게 될 때의 치수를 구하면 된다. 다음 그림에서 주어진 도면의 검은색 부분이 구조물이고 흰색 부분이 공간이라면, MMS는 50.2일 때가 된다. 그러나 흰색 부분이 구조물이고 검은색 부분이 공간이라면, MMS는 49.8일 때가 된다.

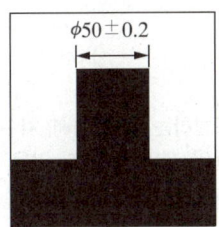

④ 최대실체실효치수(최대실체가상크기, MMVS ; Maximum Material Virtual Size) : 같은 몸체 형체의 유도 형체에 대해 주어진 몸체 형체와 기하공차의 최대실체크기의 집합적 효과에 의해서 만들어진 크기이다.

⑤ 최대실체요구사항(MMR ; Maximum Material Requirement) : MMVS와 같은 본질적 특성(치수)에 대해 주어진 값을 가지고 있으며 같은 형식과 완전한 형상의 기하학적 형체를 정의하는 몸체 형체에 대한 요구사항으로 실체의 외부에 비이상적 형체를 제한한다.

⑥ 상호요구사항(RPR ; Reciprocity Requirement)
  ㉠ 상호요구사항은 기호 Ⓜ 다음에 기호 Ⓡ을 놓거나 기호 Ⓛ 다음에 기호 Ⓡ을 최대 실체요구사항 또는 최소실체요구사항에 부가요구사항으로 도면에 지시한다.
  ㉡ 최대실체요구사항(MMR) 또는 최소실체요구사항(LMR)에 부가함으로써 사용되는 몸체 형체에 대한 부가적인 요구사항으로, 치수공차가 기하공차와 실제 기하편차 사이의 차에 의해 증기됨을 나타내기 위함이다.

10년간 자주 출제된 문제

8-1. 다음 그림에서 기준치수 50 기둥의 최대실체치수(MMS)는 얼마인가?

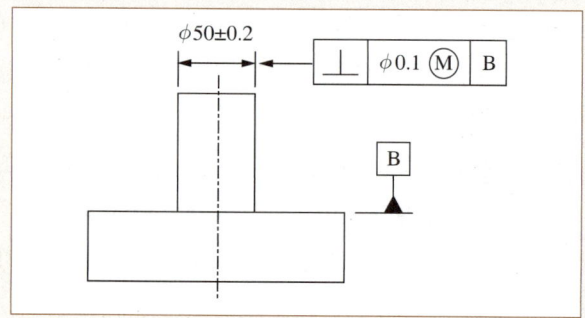

① 50.2
② 50.3
③ 49.8
④ 49.7

8-2. 기계부품을 조립하는 데 있어서 치수공차와 기하공차의 호환성과 관련된 용어 설명 중 옳지 않은 것은?

① 최대실체조건(MMC)은 한계치수에서 최소 구멍지름과 최대 축지름과 같이 몸체의 형체의 실체가 최대인 조건
② 최대실체가상크기(MMVS)는 같은 몸체 형체의 유도 형체에 대해 주어진 몸체 형체와 기하공차의 최대실체크기의 집합적 효과에 의해서 만들어진 크기
③ 최대실체요구사항(MMR)은 LMVS와 같은 본질적 특성(치수)에 대해 주어진 값을 가지고 있으며, 같은 형식과 완전한 형상의 기하학적 형체를 정의하는 몸체 형체에 대한 요구사항으로 실체의 내부에 비이상적 형체를 제한
④ 상호요구사항(RPR)은 최대실체요구사항(MMR) 또는 최소실체요구사항(LMR)에 부가함으로써 사용되는 몸체 형체에 대한 부가적 요구사항

8-3. 다음과 같이 상호 관련된 구멍 4개의 치수 및 위치 허용공차에 대한 설명으로 틀린 것은?

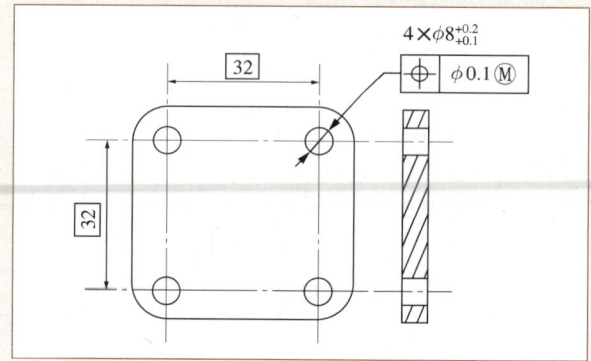

① 각 형태의 실제 부분 크기는 크기에 대한 허용공차 0.1의 범위에 속해야 하며, 각 형태는 $\phi 8.1$에서 8.2 사이에서 변할 수 있다.
② 각 형태의 지름이 $\phi 8.2$인 최소 재료 크기일 경우 각 형태의 축은 $\phi 0.1$인 허용공차영역 내에서 변할 수 있다.
③ 각 형태의 지름이 $\phi 8.1$인 최대 재료 크기일 경우 각 형태의 축은 $\phi 0.1$의 위치 허용공차 범위에 속해야 한다.
④ 모든 허용공차가 적용된 형태는 실질 조건 경계, 즉 $\phi 8$ ($=\phi 8.1 - 0.1$)의 완전한 형태의 내접 원주를 지켜야 한다.

|해설|

8-1
기둥의 크기가 가장 큰 경우는 50+0.2인 경우로 50.2mm이다. ⊥기호는 데이텀 A를 기준으로 하여 직각을 이루는 선이 지름 1mm의 원 안에 들어가야 한다는 표시이다.

8-2
최대실체요구사항(MMR ; Maximum Material Requirement) : MMVS와 같은 본질적 특성(치수)에 대해 주어진 값을 가지고 있으며 같은 형식과 완전한 형상의 기하학적 형체를 정의하는 몸체 형체에 대한 요구사항으로 실체의 외부에 비이상적 형체를 제한한다.

8-3
문제의 도면에는 두 가지 공차가 적용되어 있다.
첫째, $4 \times \phi 8^{+0.2}_{+0.1}$은 치수공차로, 기준치수 지름 8mm, 아래치수 +0.1, 위치수 +0.2인 원이 4개라는 것이다.
둘째, ⌖ $\phi 0.1$Ⓜ 는 두 가지 조건이 주어지는데, 최대 실체 치수를 적용하며, 위치공차는 정확한 가상 위치에서 중심이 지름 0.1mm 원 안에 들어와 있어야 한다는 것이다.

정답 8-1 ① 8-2 ③ 8-3 ②

핵심이론 09 제도기호

① 문자 및 그림기호(치수 보조기호)의 종류

기호 이름	기호 모양	기호의 사용방법
지름	ϕ	원형의 지름치수 앞에 붙인다.
반지름	R	원형의 반지름치수 앞에 붙인다.
구의 지름	$S\phi$	구의 지름치수 앞에 붙인다.
구의 반지름	SR	구의 반지름치수 앞에 붙인다.
정사각형의 변	□	정사각형의 모양이나 위치치수 앞에 붙인다.
판의 두께	t =	판재의 두께치수 앞에 붙인다.
원호의 길이	⌒	원호의 길이치수 앞에 붙인다.
45° 모따기	C	45° 모따기 치수 앞에 붙인다.
카운트 보어	⊔	카운트 보어 지름 앞에 붙인다.
카운트 싱크	∨	카운트 싱크 각도 앞에 붙인다.
깊이	↧	깊이치수 앞에 붙인다.
전개 길이	⟲	전개 길이 앞에 붙인다.
실제 둥글기	TR	실제 둥글기(True Radius) 치수 앞에 붙인다.
등간격	EQS	등간격(Equally Spaced) 치수 앞에 붙인다.
이론적으로 정확한 치수	50	위치 공차기호를 지시할 때 이론적으로 정확한 치수를 사각형으로 둘러싼다.
참고치수	(50)	참고로 지시하는 치수는 괄호로 표시하고 제작치수로 사용하지 않는 치수에 사용한다.
치수의 취소	~~50~~	치수를 가로질러 직선을 붙이며 치수를 수정할 때 사용한다.
비례 척도가 아닌 치수	50	치수 밑에 직선을 붙이며 투상도의 크기와 치수값이 일치하지 않을 때 사용한다.
치수의 기준(기점)	⊢	누진·좌표치수를 지시할 때 치수의 기준이 되는 지점을 표시한다.

② 가공기호

㉠ 표면거칠기 기호

거칠기 구분값		산술평균거칠기의 표면 거칠기의 범위(μmR_a)		거칠기 번호(표준편 번호)	거칠기 기호
		최솟값	최댓값		
	0.025a	0.02	0.03	N1	
	0.05a	0.04	0.06	N2	
정밀 다듬질	0.1a	0.08	0.11	N3	z
	0.2a	0.17	0.22	N4	
	0.4a	0.33	0.45	N5	
	0.8a	0.66	0.90	N6	
상 다듬질	1.6a	1.3	1.8	N7	y
	3.2a	2.7	3.6	N8	
	6.3a	5.2	7.1	N9	
중 다듬질	12.5a	10	14	N10	x
	25a	21	28	N11	
거친 다듬질	50a	42	56	N12	w
제거 가공 안 함					

- R_a : 중심선 평균거칠기

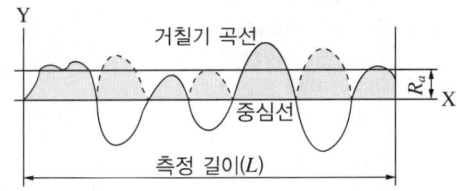

- R_y : 기준 길이를 정하여 취하고 그 부분의 가장 높은 곳과 가장 깊은 골의 차로 표현
- R_z : 10점 평균거칠기, 기준 길이 안의 가장 높은 다섯 개와 가장 낮은 다섯 개를 절댓값으로 더하여 평균값으로 표현

㉡ 가공기호

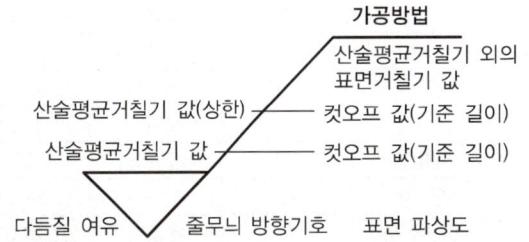

ⓒ 가공 줄무늬 방향기호

기호	기호의 뜻	설명 그림과 도면 지시 보기
=	커터의 줄무늬 방향이 기호를 지시한 도면의 투상면에 평행 예 셰이핑 면	
⊥	커터의 줄무늬 방향이 기호를 지시한 도면의 투상면에 직각 예 셰이핑 면(옆으로부터 보는 상태), 선삭, 원통 연삭면	
X	커터의 줄무늬 방향이 기호를 지시한 도면의 투상면에 경사지고 두 방향으로 교차 예 호닝 다듬질면	
M	커터의 줄무늬 방향이 여러 방향으로 교차 또는 무방향 예 래핑 다듬질면, 슈퍼 피니싱면, 가로 이송을 한 정면밀링 또는 앤드밀 절삭면	
C	가공에 의한 커터의 줄무늬가 기호를 지시한 면의 중심에 대하여 대략 동심원 모양 예 끝면 절삭면	
R	커터의 줄무늬가 기호를 지시한 면의 중심에 대하여 대략 레이디얼 모양	

ⓓ 주요 가공방법 기호

가공방법	기 호	가공방법	기 호
선 삭	L	리밍(다듬질)	FR
밀 링	M	브러싱	FB
드 릴	D	스크레이핑	FS
보 링	B	방전가공	SPED
리 밍	DR	전해가공	SPEC
태 핑	DT	레이저	SPLB
셰이핑	SH	블라스팅	SB
연 삭	G	전자빔	SPEB
평면절삭	P	초음파	SPU

가공방법	기 호	가공방법	기 호
슬로팅	SL	용 접	W
브로칭	BR	가스용접	WA
기어절삭	TC	열처리	H
호 빙	TCH	담금질	HQ
시효처리	HG	어닐링	HA
연 삭	G	템퍼링	HT
호 닝	GH	침 탄	HC
벨트연삭	GBL	표면처리	S
페이퍼	FCA	숏 피닝	SHS
래 핑	FL	양극산화	SA
줄	FF	피막코팅	SCT
폴리싱	FP	슈퍼 피니싱	GSP

③ 용접기호

ⓐ 기본기호

접합부가 지정되지 않고 용접, 브레이징 또는 솔더링 접합부를 나타낸다면 다음 기호를 사용한다.

용접부의 모양	기본 기호	비 고
I형	||	업셋용접, 플래시 용접, 마찰용접 등을 포함한다.
V형, X형 (양면 V형)	V	X형은 설명선의 기선(이하 기선이라 함)에 대칭으로, 이 기호를 기재한다. 업셋용접, 플래시 용접, 마찰용접 등을 포함한다.
⌵형, K형 (양면 ⌵형)	⌵	K형은 기선에 대칭으로 이 기호를 기재한다. 기호의 세로선은 왼쪽에 쓴다. 업셋 용접, 플래시 용접, 마찰용접 등을 포함한다.
J형, 양면 J형	⌒	양면 J형은 기선에 대칭으로 이 기호를 기재한다. 기호의 세로선은 왼쪽에 쓴다.
U형, H형 (양면 U형)	∪	H형은 기선에 대칭으로 이 기호를 기재한다.
플레어 ⌵형 플레어 X형	)(	플레어 X형은 기선에 대칭으로 이 기호를 기재한다.
플레어 ⌵형 플레어 K형	|(	플레어 K형은 기선에 대칭으로 이 기호를 기재한다. 기호의 세로선은 왼쪽에 쓴다.
양쪽 플런저형	⋀	–
한쪽 플런저형	⋀	–

용접부의 모양	기본 기호	비 고
필릿	△	기호의 세로선은 왼쪽에 쓴다. 병렬 접속 필릿용접일 때에는 기선에 대칭으로 이 기호를 기재한다. 다만, 지그재그 계속 필릿용접일 때에는 ◿◺, ◹◸ 와 같은 기호를 사용할 수 있다.
플러그, 슬롯	⊓	-
덧살올림	⌒	덧살올림 용접일 때에는 이 기호 2개를 나란히 기재한다.
스폿, 프로젝션, 심	✕	겹치기 이음의 저항용접, 아크용접, 전자 빔용접 등에 의한 용접부를 나타낸다. 다만, 필릿용접은 제외한다. 심용접일 경우에는 이 기호 2개를 나열하여 기재한다.

ⓒ 보조기호

구 분		보조기호	비 고
용접부의 표면 모양	평 탄	─	-
	볼 록	⌒	기선의 바깥쪽을 향하여 볼록하다.
	오 목	⌣	기선의 바깥쪽을 향하여 오목하다.
다듬질 방법	치 핑	C	-
	연 삭	G	그라인더 다듬질일 때
	절 삭	M	기계 다듬질일 때
	지정 하지 않음	F	다듬질 방법을 지정하지 않을 때
현장용접		▶	전체 둘레용접이 분명할 때는 생략해도 좋다.
전체 둘레용접		○	
전체 둘레현장용접		▶ (with ○)	

④ 체결 부품 간략 표시기호(KS B ISO 5845-1)
  ㉠ 체결품의 위치는 십자(+)에 의해 지시된다.
  ㉡ 구멍에 끼워 맞추기 위한 구멍, 볼트, 리벳의 기호를 표시한다.

구멍*, 볼트, 리벳	구 멍			
	카운터 싱크 없음	가까운 면에 카운터 싱크 있음	먼 면에 카운터 싱크 있음	양쪽 면에 카운터 싱크 있음
공장에서 드릴가공 및 끼워맞춤	+	✶	✱	✳
공장에서 드릴가공, 현장에서 끼워맞춤	⊢▶	✶▶	✱▶	✳▶
현장에서 드릴가공 및 끼워맞춤	+▶	✶▶	✱▶	✳▶

* 구멍과 리벳을 구분하기 위해 구멍이나 체결품의 올바른 표시법이 관련 표준에 따라 주어져야 한다.

보기 : 지름 13mm의 구멍 표시법은 ϕ13, 지름 12mm, 길이 50mm의 미터나사의 볼트에 대한 표시방법은 M12×50이며, 지름 12mm, 길이 50mm의 리벳 표시법은 ϕ12×50이다.

㉢ 구멍에 끼워 맞추기 위한 볼트나 리벳의 기호 표시

볼트, 리벳	구 멍			표시된 너트 위치를 가진 볼트
	카운터 싱크 없음	한쪽 면에만 카운터 싱크 있음	양쪽 면에 카운터 싱크 있음	
공장에서 끼워맞춤	┼┼	┼┼	┼┼	┼┼
현장에서 끼워맞춤	┼┼▶	┼┼▶	┼┼▶	┼┼▶
현장에서 구멍 드릴가공, 현장에서 볼트/리벳 끼워맞춤	┼┼▶▶	┼┼▶▶	┼┼▶▶	┼┼▶▶

* 볼트 및 리벳을 구분하기 위해 구멍이나 체결품의 올바른 표시법이 관련 표준에 따라 주어져야 한다.

보기 : 지름 12mm, 길이 50mm의 미터나사의 볼트에 대한 표시방법은 M12×50이며, 지름 12mm, 길이 50mm의 리벳 표시법은 ϕ12×50이다.

10년간 자주 출제된 문제

9-1. 치수 500과 같이 치수 밑에 굵은 실선을 적용하였을 때 이 치수에 대한 해석으로 옳은 것은?

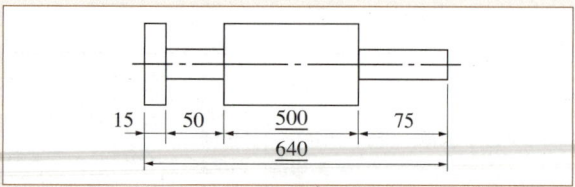

① 500의 치수 부분은 비례척이 아님
② 치수 500만큼 표면처리를 함
③ 치수 500 부분을 정밀가공을 함
④ 치수 500은 참고치수임

9-2. 다음 그림은 가공에 의한 커터의 줄무늬 기호 그림이다. ( ) 안에 들어갈 기호는?

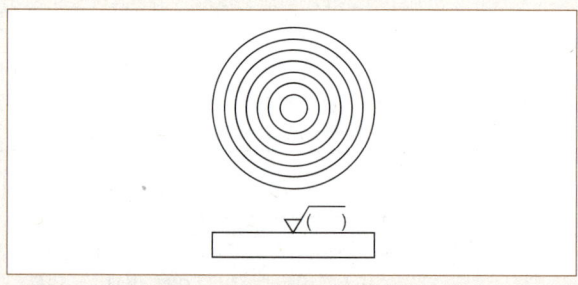

① M
② F
③ R
④ C

9-3. 치수 보조기호의 설명으로 틀린 것은?

① R15 : 반지름 15
② t15 : 판 두께 15
③ (15) : 절대치수 15
④ SR15 : 구의 반지름 15

9-4. 그림과 같이 표면의 결 도시기호가 있을 때 이에 대한 설명으로 옳지 않은 것은?

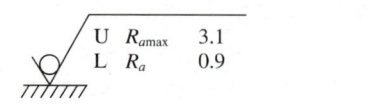

① 양측 상한 및 하한치를 적용한다.
② 재료 제거를 허용하지 않는 공정이다.
③ 10개의 샘플링 길이를 평가 길이로 적용한다.
④ 상한치는 산술평균편차에 max-규칙을 적용한다.

9-5. 표면의 결 도시기호가 그림과 같이 나타났을 때 설명으로 틀린 것은?

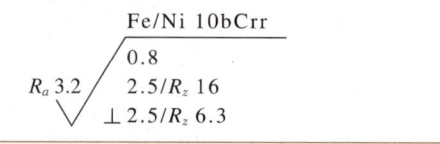

① 니켈-크롬 코팅이 적용되어 있다.
② 가공 여유는 0.8mm를 준다.
③ 샘플링 길이 2.5mm에서 R_z 6.3~16μm를 만족해야 한다.
④ 투상면에 대해 대략 수직인 줄무늬 방향이다.

9-6. 다음 용접 기본기호 중 플러그 용접기호는?

①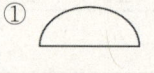
②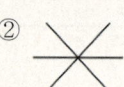
③
④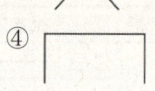

9-7. 가공방법에 관한 약호에서 스크레이퍼 가공을 의미하는 것은?

① FR
② FL
③ FF
④ FS

9-8. 구멍에 끼워 맞추기 위한 구멍, 볼트, 리벳의 기호 표시에서 구멍 가까운 면에 카운터 싱크가 있고, 공장에서 드릴가공, 현장에서 끼워맞춤에 해당하는 것은?

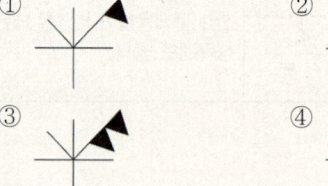

|해설|

9-1
500과 같이 사용하는 치수는 비례척도가 아닌 치수로 치수 밑에 직선을 붙이며, 투상도의 크기와 치수값이 일치하지 않을 때 사용한다.

9-2
가공 줄무늬 기호에는 =, ⊥, ×, M, C, R 등이 있다.
각각 커터 줄무늬 가로, 세로, X자, 줄무늬, 원(Circle), 레이디얼 모양을 의미한다.

[해설]

9-3
(15) : 참고치수로 기재하지 않아도 알 수 있는 치수를 편의상 기입할 때 사용한다.

9-4
표면 거칠기가 R_a로 표현되어 있어 산술평균거칠기를 이용하는 것을 알 수 있다. ③은 10점 평균거칠기(R_z)에 대한 설명이다.

9-5
0.8 또한 산술평균표면거칠기 외의 표면거칠기이다. 가공 여유는 다음 그림과 같은 곳에 표기해야 한다.

9-6
① 덧살올림
② 스폿용접
③ 필릿용접

9-7
주요 표면가공 기호

래핑	줄	폴리싱	리밍(다듬질)	브러싱	스크레이핑
FL	FF	FP	FR	FB	FS

9-8

볼트, 리벳	구멍			
	카운터 싱크 없음	가까운 면에 카운터 싱크 있음	먼 면에 카운터 싱크 있음	양쪽 면에 카운터 싱크 있음
공장에서 드릴가공 및 끼워맞춤	+	※	※	※
공장에서 드릴가공, 현장에서 끼워맞춤				
현장에서 드릴가공 및 끼워맞춤				

* 구멍과 리벳을 구분하기 위해 구멍이나 체결품의 올바른 표시법이 관련 표준에 따라 주어져야 한다.

보기 : 지름 13mm의 구멍 표시법은 ∅13, 지름 12mm, 길이 50mm의 미터나사의 볼트에 대한 표시방법은 M12×50이며, 지름 12mm, 길이 50mm의 리벳 표시법은 ∅12×50이다.

정답 9-1 ① 9-2 ④ 9-3 ③ 9-4 ③ 9-5 ② 9-6 ④ 9-7 ④ 9-8 ①

핵심이론 10 기계요소제도 – 기어

① 스퍼기어의 제도방법
　㉠ 이끝원(잇봉우리원)은 굵은 실선으로 그린다.
　㉡ 피치원은 가는 1점쇄선으로 그린다.
　㉢ 이뿌리원은 가는 실선으로 그린다. 단, 축에 직각 방향으로 단면 투상할 경우에는 굵은 실선으로 그린다.

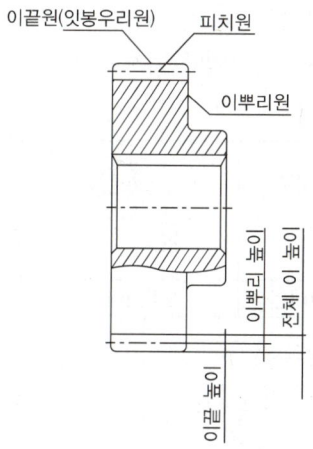

② 요목표
도면에 기어의 치형을 나타내는 것은 비효율적이므로 기어 도시방법에 의해 도시하고 요목표를 이용하여 기어를 설명한다. 스퍼기어 요목표는 다음과 같다.

스퍼기어 요목표			
기어 치형		표 준	– 표준 치형, 전위 치형
기준 래크	치 형	보통 이	– 낮은 이, 보통 이, 높은 이
	모 듈	2	
	압력각	20°	– 14.5°, 17°, 20°(표준), 22.5°, 25°
잇 수		36	
피치원 지름		72	– 피치원 지름 = 모듈 × 잇수
전위량		0	– 전위 치형일 경우에만 기입
전체 이높이		4.5	– 전체 이높이 = 2.25 × 모듈
걸치기 이두께		27.5778 (잇수 : 5)	– 가공 후 이 두께 측정방법 (KS B 1406)
다듬질 방법		연 삭	– 다듬질 방법 또는 가공방법
정밀도		KS B ISO 1328-1 5급	– 정밀도에 따른 기어 등급/ 0~12급
비 고	재 료	SCM415	일반적으로 부품란과 개별 주(Note)에 기입
	열처리	침탄 담금질	
	경 도	55~60H_RC	

③ 헬리컬 기어에서 잇줄의 방향은 정면도에 항상 3줄의 가는 실선을 그린다. 정면도가 단면으로 표시된 경우 3줄의 가는 2점쇄선으로 그린다.

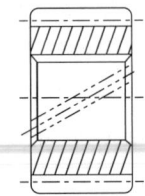

④ 피니언과 기어가 맞물려야 기어의 종류를 도시할 수 있는 경우는 피니언(원동기어)과 기어(종동기어)를 함께 그린다.

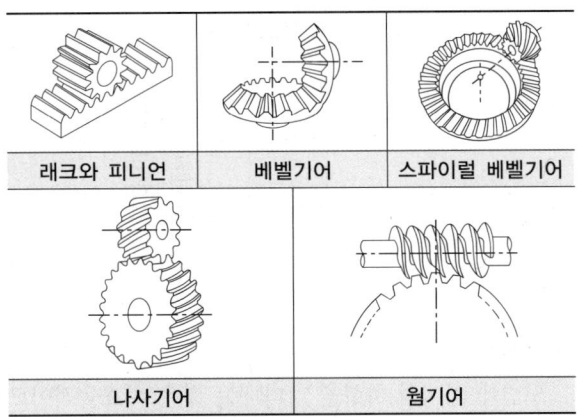

⑤ 기어의 간략도(KS B 0002)

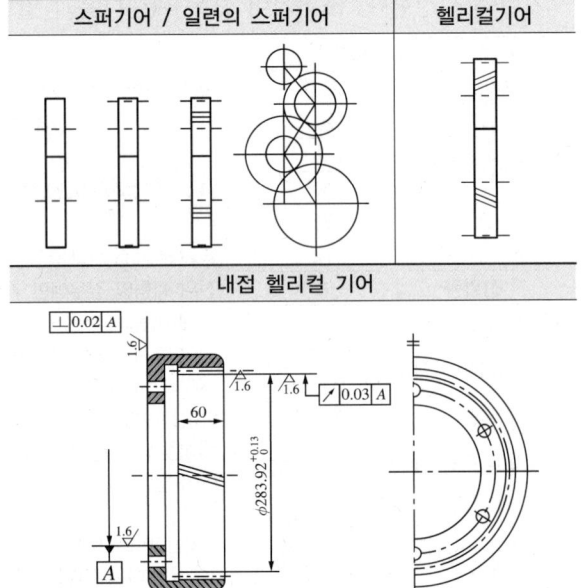

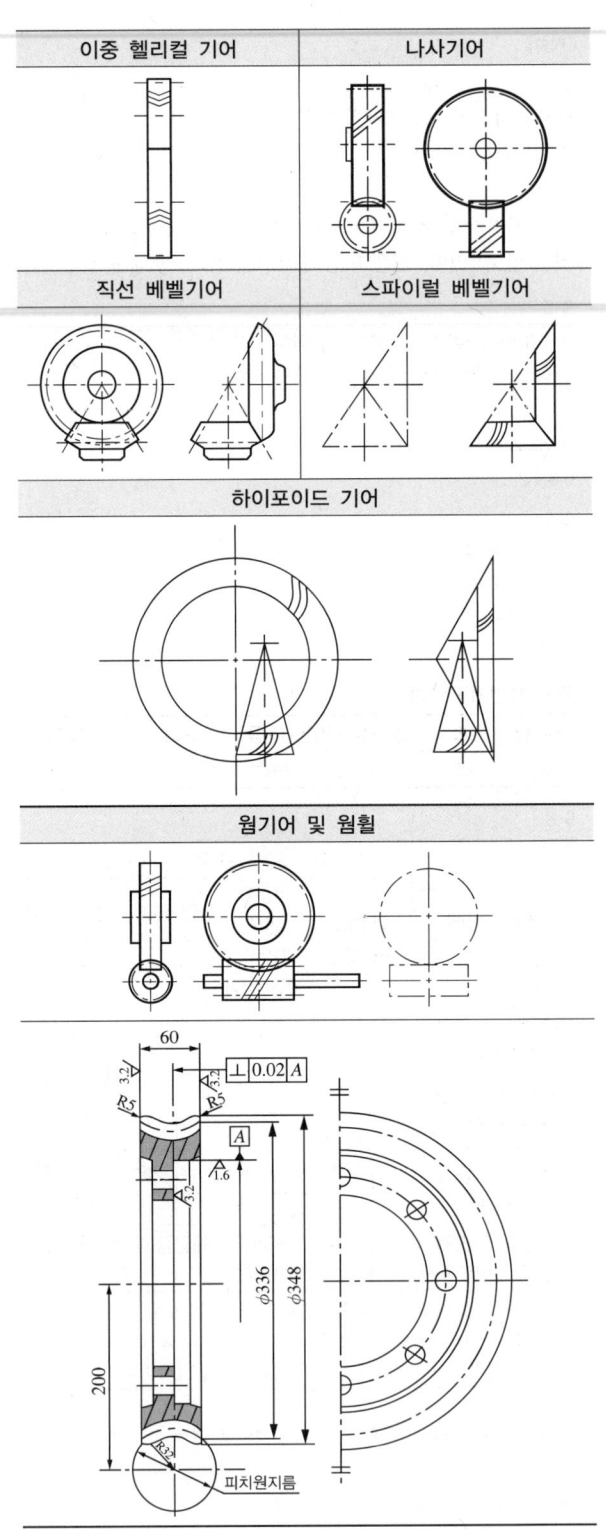

⑥ 기어의 설계

기어의 피치원의 지름을 D_p, 이끝원을 D_o, 이뿌리원을 D_i, 피치를 p, 모듈을 m, 기어 잇수를 Z라 할 때 $D_p = mZ$, $D_o = m(Z+2)$, $\pi D_p = pZ$의 관계이다.

⑦ 기어의 치형

㉠ 기어의 치형은 사이클로이드와 인벌류트 치형으로 구분한다.

㉡ 인벌류트 치형 : 한 점에 실을 감아 실을 잡아당길 때 생기는 궤적을 그린 형태로 이의 강도가 크고 호환성이 좋으며, 오차도 감안이 가능하고 전위기어를 만들 수 있다.

㉢ 사이클로이드 치형 : 정밀도가 높은 특징이 있으며 언더컷이 없고, 미끄럼률이 균일한 특징이 있다.

10년간 자주 출제된 문제

10-1. 스퍼기어를 제도할 경우 스퍼기어 요목표에 일반적으로 기입하지 않는 것은?

① 피치원지름 ② 모 듈
③ 압력각 ④ 기어의 치폭

10-2. 다음 그림은 맞물리는 어떤 기어를 나타낸 간략도인데, 이 기어는 무엇인가?

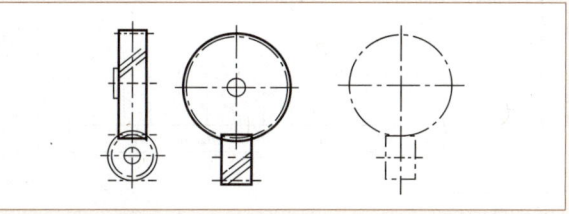

① 스퍼기어 ② 헬리컬기어
③ 나사기어 ④ 스파이럴 베벨기어

10-3. 다음 그림은 어느 기어를 도시한 것인가?

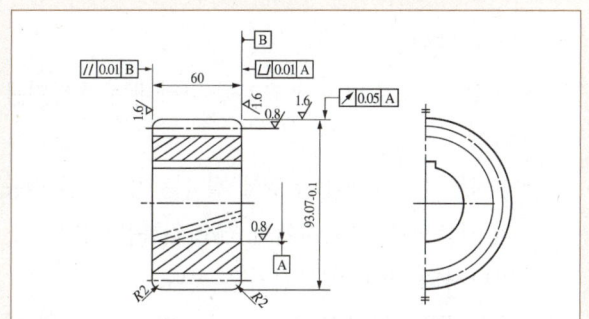

① 스퍼기어 ② 헬리컬 기어
③ 직선 베벨기어 ④ 웜기어

|해설|

10-1
기어의 치폭은 일반적으로 도면에 표기가 가능하다.

10-2
피니언과 기어를 함께 그려야 알 수 있는 기어는 함께 도시한다. 그림은 헬리컬 나사가 달려 있는 나사기어이다.

10-3
가상선으로 치형이 비스듬하게 배치되었음을 보여 주므로 톱니가 비스듬히 배치된 헬리컬 기어의 도시이다.

정답 10-1 ④ 10-2 ③ 10-3 ②

핵심이론 11 나사의 분류

① 나사의 정의

㉠ 나선곡선(Helix) : 가상 원통 위의 한 점이 축 방향의 직선운동과 접선 방향의 회전운동을 일정한 비율로 동시에 하였을 경우 원통 위에 그려지는 궤적이다.

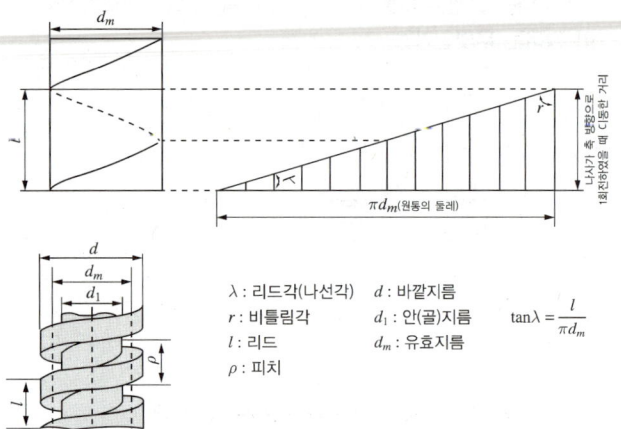

λ : 리드각(나선각)　　d : 바깥지름
r : 비틀림각　　　　　　d_1 : 안(골)지름　　$\tan\lambda = \dfrac{l}{\pi d_m}$
l : 리드　　　　　　　　d_m : 유효지름
ρ : 피치

㉡ 나사의 구조

- 바깥지름 : 수나사의 크기를 나타내는 호칭지름이다.
- 안지름 : 수나사의 골 밑에 접하는 가상적인 원통의 지름으로, 수나사에서 최소 지름을 의미한다. 암나사의 최대 지름이기도 하다.
- 유효지름 : 나사의 축에 평행한 방향으로 나사산의 길이와 나사 홈의 길이가 같아지는 곳의 가상 원통의 지름이다.
- 나사산의 각도 : 나사의 축선을 포함한 단면형에서 측정한 2개의 플랭크(Flank)가 이루는 각이다.
- 나사산 높이 : 골 밑에서 산의 끝까지를 축선에 직각으로 측정한 거리이다.
- 리드각(Lead angle) : 나선각(Helix Angle)이라고도 한다. 유효지름 d_m을 지름으로 하는 가상의 원통을 원주면을 따라 펼쳐 놓았을 때 수평축은 원통 둘레, 수직축은 리드(l)가 된다.

$$\tan\lambda = \frac{l}{\pi d_m}$$

리드각은 나선곡선이 축선에 직각인 방향과 이루는 각으로서 나선의 경사각이다.

- 피치(Pitch) : 서로 이웃한 나사산과 산 사이의 거리이다.
- 리드(Lead) : 나사가 축 방향 1회전할 때 움직인 거리이다.
- 리드와 피치의 관계
  - 1줄 나사 : 리드(Lead)와 피치(Pitch)가 같다.
  - 다줄 나사 : 줄수 × 피치

② 나사의 종류

㉠ 체결용 나사

- 미터나사(Metric Thread) : 나사산 각이 60°인 미터계 삼각나사로, 가장 많이 사용된다. 나사의 지름과 피치의 크기를 mm 단위를 기준으로 사용한다.
- 유니파이나사(Unified Screw Thread)
  - 1948년 영국, 미국, 캐나다의 협정에 의해 만들어진 나사로, ABC 나사라고도 한다.
  - 나사산 각이 60°인 인치계 삼각나사로, inch 단위를 사용한다.
  - 나사 호칭에 관한 숫자, 1inch당 나사산수, 나사의 종류의 순으로 표기한다.
  - 나사의 크기를 정하기 위한 표준치수를 1inch에서의 나사산수(n)를 기준으로 정하였으므로 mm 단위의 피치(p)와 나사산수($p = 25.4/n$)의 관계가 있다.
- 관용나사(Pipe Thread)
  - 절단된 파이프를 연결할 때 파이프 끝에 나사산을 내고 원통 이음쇠관으로 연결하여 사용한다.
  - 나사의 생성으로 인한 파이프의 강도 저하를 작게 하기 위하여 나사산의 높이가 낮은 관용나사를 사용한다.
  - 관용나사에서 나사산 각은 55°이며, 나사의 크기를 정하기 위한 표준치수를 1inch에서의 나사산수(n)를 기준으로 한다.

ⓒ 운동용 나사
- 사각나사(Square Thread) : 나사산의 모양이 4각이며, 3각 나사에 비하여 풀어지기는 쉽지만 저항이 작은 이점으로 동력 전달용 잭(Jack), 나사 프레스, 선반의 피드(Feed)에 사용된다.

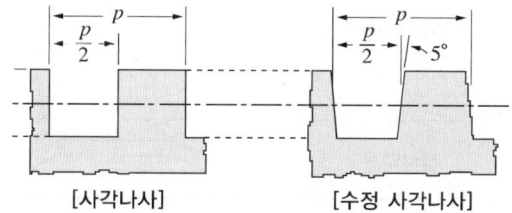

[사각나사]   [수정 사각나사]

- 사다리꼴 나사(Trapezoidal Screw Thread) : 나사의 효율면에서 사각나사가 이상적이지만, 가공의 어려움이 있어 사다리꼴나사로 대체하여 사용한다.

구 분	인치계 사다리꼴나사(TW)	미터계 사다리꼴나사(Tr)
나사산각	29°	30°
피치 크기	1inch에 대한 나사산수를 기준으로 나타낸다.	mm로 나타낸다.

- 톱니나사(Buttless Screw Thread) : 축선의 한 쪽에 힘을 받는 곳에 사용한다(잭, 프레스, 바이스). 힘을 받는 면은 축에 직각이고, 받지 않는 면은 30°로 경사져 있다.
- 둥근나사(Round Thread) : 너클나사라고도 하며, 나사산과 골이 같은 반지름의 원호로 이은 모양으로 둥글게 되어 있다. 전구나사라고도 하며 먼지, 모래, 녹가루 등이 나사산을 통하여 들어갈 염려가 있을 때 사용한다. 나사의 크기는 1inch 내에 있는 나사산의 수를 기준으로 정한다.
- 볼나사(Ball Thread) : 마찰에 의한 손실이 매우 작다(효율이 90% 이상). 나사축을 회전시키기 위해 필요한 힘이 각 나사에 비해 약 1/3 이하로 좋다. 구름 접촉이므로 미끄럼 접촉에 비해 마모가 적어 로봇, 공작기계 등 정밀한 위치결정이 필요한 경우에 사용된다.

③ 나사 체결의 종류
ⓐ 관통볼트 : 연결할 두 부분에 구멍을 뚫은 후 여기에 볼트를 관통시켜 반대쪽에 너트를 끼워 결합한다.
ⓑ 탭볼트(Tap Bolt)
- 죄려고 하는 부분이 두꺼워 관통 구멍을 뚫을 수 없는 경우 사용한다.
- 한 부분에 구멍을 뚫고 다른 한 부분은 중간까지 나사를 죄어 이것에 머리 달린 나사를 박는다.
ⓒ 스터드볼트(Stud Bolt)
- 자주 분해·결합하는 경우 사용하며 양쪽에 나사를 만든다.
ⓓ 리머볼트(Reamer Bolt)
- 다듬질한 구멍에 꼭 끼워 미끄럼을 방지한다.
- 전단력이 발생하는 부분에 링을 끼워 링으로 하여금 전단력을 받도록 하거나 볼트의 축 부분을 테이퍼지게 하여 움직이지 않도록 고정한다.
ⓔ 특수볼트/너트/와셔

아이볼트	
리프트 아이볼트 (Eye Bolt)	
나비볼트 (Wing Bolt)	
간격 유지 볼트 (스테이 볼트 (Stay Bolt))	

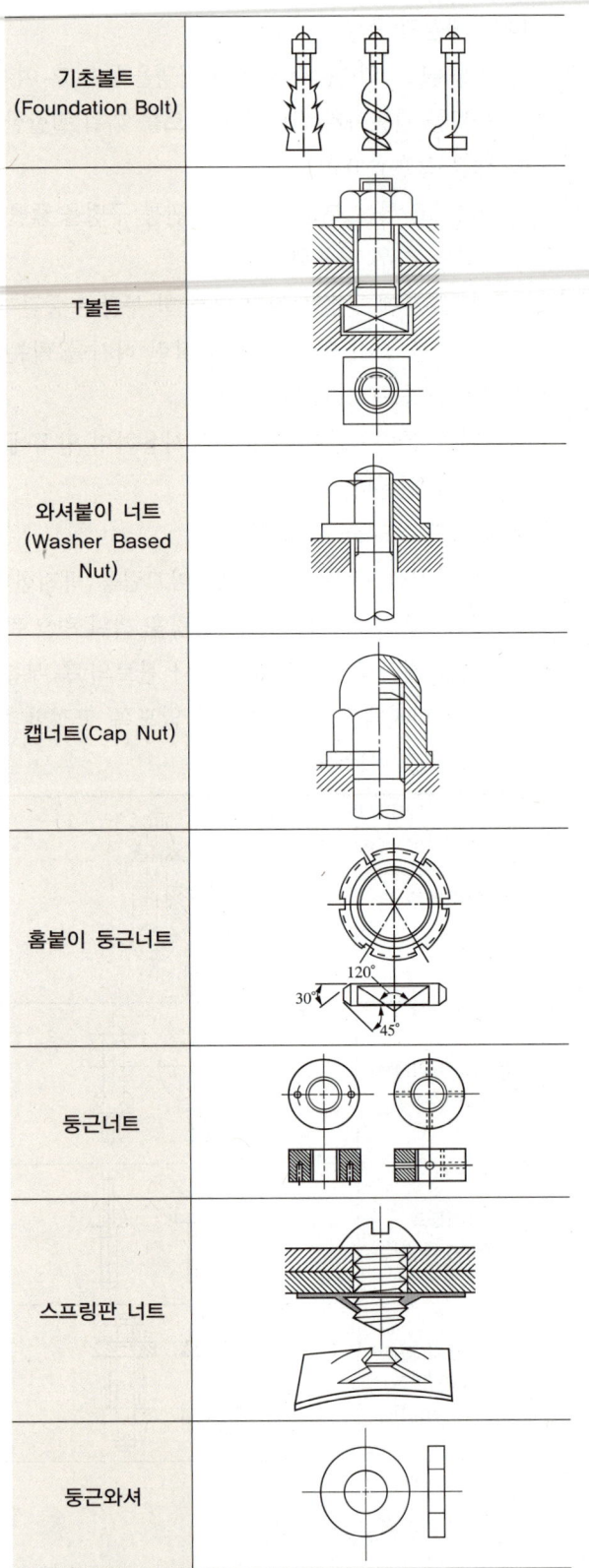
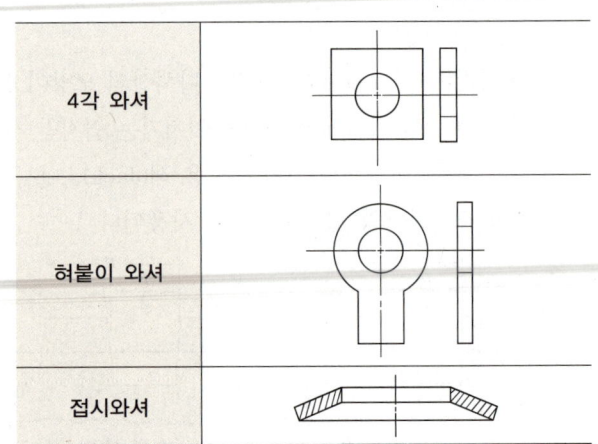
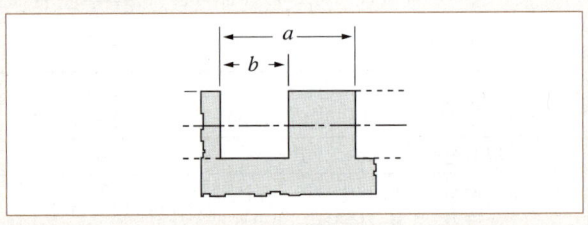

10년간 자주 출제된 문제

11-1. 줄수가 2인 사각나사의 단면이 다음 그림과 같을 때 피치와 같은 것은?

① a
② b
③ 2a
④ a + b

11-2. 미터계 사다리꼴나사의 나사산각은 몇 도인가?

① 29°
② 30°
③ 60°
④ 85°

11-3. 나사 풀림 방지방법으로 옳지 않은 것은?

① 특수 와셔를 적용한다.
② 분할핀으로 고정한다.
③ 나사머리를 뭉갠다.
④ 로크너트를 적용한다.

[해설]

11-1

피치는 산과 산의 거리로, 줄수의 영향을 받지 않는다. 사각나사의 경우는 다음과 같다.

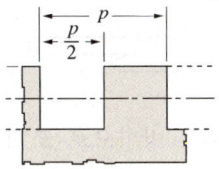

11-2

사다리꼴나사의 구분

구 분	인치계 사다리꼴나사(TW)	미터계 사다리꼴나사(Tr)
나사산각	29°	30°
피치 크기	1inch에 대한 나사산수를 기준으로 나타낸다.	mm로 나타낸다.

11-3

나사나 볼트의 풀림 방지법으로 볼트와 너트의 결합부를 뭉개는 방법을 사용하기는 하지만, 이 경우는 영구 결합에 해당하며 이러한 요소는 리벳을 사용하는 것이 더 적절하다. 나사머리를 뭉개는 것과 나사 풀림 방지는 무관하며 필요할 때 나사를 풀 수 없게 한다.

정답 11-1 ① 11-2 ② 11-3 ③

핵심이론 12 키, 핀, 코터

① 키

㉠ 안장키(Saddle Key)
  - 큰 힘의 동력 전달에 적합하지 않다.
  - 축에 홈을 파지 않고 보스쪽에만 키 홈을 파서 회전축 마찰면을 맞추어 마찰력에 의하여 동력을 전달하는 키이다.
  - 보스의 기울기 : 1/100

㉡ 평키(Flat Key)
  - 납작키라고도 하며, 키가 닿는 면만 평평하게 깎은 형태이다.
  - 보스의 기울기 : 1/100

㉢ 성크키(Sunk Key)
  - 묻힘키라고도 하며, 가장 많이 사용하는 형태이다. 축과 보스 양쪽에 키 홈이 있다.

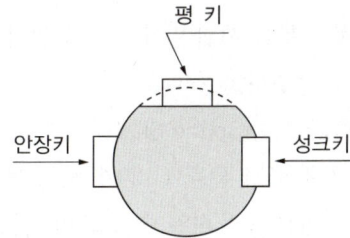

㉣ 접선키(Tangential Key)
  - 축의 접선 방향에 키 홈을 파서 1/100의 기울기가 있는 2개의 키를 반대로 합쳐서 조합한 것이다.
  - 역회전하는 경우 두 쌍을 120°로 배치하여 사용하며, 고정력이 강하고 중·하중용에 쓰인다.
  - 케네디키는 단면이 정사각형이고, 90°로 배치된 키이다.

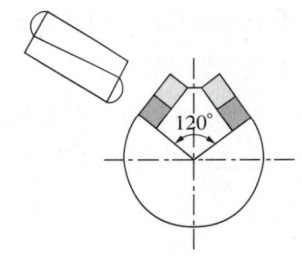

- ⓐ 반달키(Woodruff Key)
  - 축에 반달 모양의 키 홈을 판 것으로, 키를 끼운 후에 보스를 끼운 형태이다.
  - 축이 약해지는 결점이 있으며, 공작기계 핸들 축과 같은 테이퍼 축에 사용된다.
- ⓑ 미끄럼키(Sliding Key)
  - 페더키(Feather Key)라고도 하며, 키의 기울기가 없다.
  - 기어나 풀리를 축 방향으로 이동할 경우에 사용하며 축 방향으로 보스의 이동이 가능하다.
- ⓢ 둥근키(Cone Key)
  - 회전력이 매우 작은 곳에 사용하며, 핀을 구멍에 끼워서 사용한다.
  - 핀키(Pin Key)라고도 하며 핸들과 같이 토크가 작은 것의 고정 및 동력 전달에 사용한다.
- ⓞ 원뿔키(Cone Key) : 축과 보스에 홈을 내지 않고 원뿔 슬롯을 끼워 박아 축의 임의의 곳을 마찰력으로 고정한다.
- ⓩ 스플라인 축(Spline Shaft) : 축 주위에 피치가 같은 평행한 키 홈을 4~20개 만든 형태이다. 보스를 축 방향으로 움직일 수 있으며, 큰 회전력 전달이 가능하다.
- ⓧ 세레이션(Serration) : 축에 작은 삼각형 키 홈을 만들어 축과 보스를 고정시킨 것이다. 같은 지름의 스플라인에 보다 많은 돌기가 있어 동력 전달이 크며 자동차의 핸들이나 전동기, 발전기의 축 등에 사용된다.

② 핀
- ㉠ 평행 핀(Dowel Pin) : 너클핀이라고도 하며 부품의 관계 위치를 항상 일정하게 유지할 때 사용한다.
- ㉡ 테이퍼 핀(Taper Pin) : 축에 보스를 고정시킬 때 사용하며, 호칭지름은 작은 쪽 지름으로 한다.
- ㉢ 분할 핀(Split Pin) : 핀 전체가 갈라진 형태이며 너트의 풀림 방지에 사용한다. 크기는 분할핀이 들어가는 구멍의 지름으로 한다.

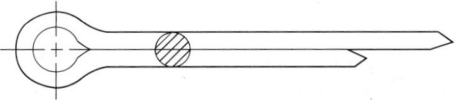

- ㉣ 스프링 핀(Spring Pin) : 세로 방향으로 쪼개져 있어서 크기가 정확하지 않을 때 해머로 박아 고정하거나 이완을 방지할 수 있는 핀으로, 탄성을 이용하여 물체를 고정시키는 데 사용한다.

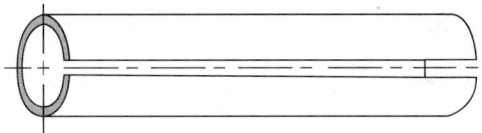

③ 코터
- ㉠ 로드(Rod), 소켓(Socket), 코터(Cotter)로 구성된다.
- ㉡ 한쪽 기울기의 코터는 $a \leq 2p$로 정의하며, 양쪽 기울기의 코터의 경우 $a < p$ 와 같다. 코터가 빠져나오는 힘(F)은 양쪽 기울기일 경우, $F = P[\tan(\alpha 1 - p1) + \tan(\alpha 2 - p2)]$와 같으며 한쪽 기울기의 경우 $F = 2P\tan(\alpha - p)$와 같다. (여기서, α : 경사각, p : 마찰각)
- ㉢ 코터의 기울기는 자주 분해할 시 1/5~1/10로 하며 보통 분해 시 1/20, 반영구적일 경우 1/50~1/100을 갖는다.

10년간 자주 출제된 문제

다음 보기에서 설명하는 결합용 기계요소는?

|보기|
- 역회전하는 경우 2쌍을 120°로 배치하여 사용하며, 고정력이 강하고 중·하중에 쓰인다.
- 케네디키는 단면이 정사각형이고, 90°로 배치된 키이다.

① 평 키
② 반달키
③ 접선키
④ 안장키

|해설|

접선키(Tangential Key)
- 축의 접선 방향에 키 홈을 파서 1/100의 기울기가 있는 2개의 키를 반대로 합쳐서 조합한 것이다.
- 역회전하는 경우 두 쌍을 120°로 배치하여 사용하며, 고정력이 강하고 중·하중용에 쓰인다.
- 케네디키는 단면이 정사각형이고, 90°로 배치된 키이다.

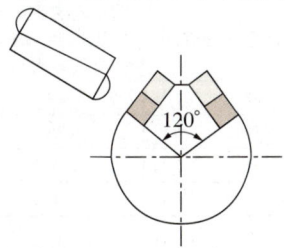

정답 ③

핵심이론 13 기계요소제도 – 나사

① 나사의 표시방법

나사산의 감김 방향	나사산의 줄의 수	나사의 호칭	나사의 등급
핵심이론 ⑤에 설명	핵심이론 ⑥에 설명	핵심이론 ②에 설명	핵심이론 ④에 설명

② 나사의 호칭, 등급, 산의 감김 방향 및 산의 줄수 표시

㉠ 피치를 mm로 표시하는 나사

| 나사의 종류를
표시하는 기호 | 나사의 호칭지름을
표시하는 숫자 | × | 피 치 |

※ 미터 보통나사 및 미니추어 나사와 같이 동일한 지름에 대하여 피치가 하나만 규정되어 있는 나사는 원칙적으로 피치를 생략한다.

㉡ 피치를 산의 수로 표시하는 나사(유니파이 나사 제외)의 경우

| 나사의 종류를
표시하는 기호 | 나사의 지름을
표시하는 숫자 | 산 | 산의 수 |

※ 관용나사와 같이 동일한 지름에 대하여 산의 수가 단 하나만 규정되어 있는 나사에서는 원칙적으로 산의 수를 생략한다. 또한, 혼동의 우려가 없을 경우 '산'이라는 글자 대신 '-'을 사용할 수 있다.

㉢ 유니파이 나사의 경우

| 나사의 지름을 표시하는
숫자 또는 번호 | - | 산의 수 | 산 | 나사의 종류를
표시하는 기호 |

③ 나사의 종류 표시

구 분		나사의 종류	나사의 종류를 표시하는 기호	나사의 호칭에 대한 표시방법의 예
일반용	ISO 표준에 있는 것	미터 보통나사[1]	M	M8
		미터 가는 나사[2]		M8×1
		미니추어 나사	S	S 0.5
		유니파이 보통나사	UNC	3/8-16UNC
		유니파이 가는 나사	UNF	No.8-36UNF
		미터 사다리꼴나사	Tr	Tr10×2
		관용 테이퍼 나사	테이퍼 수나사	R	R3/4
			테이퍼 암나사	Rc	Rc3/4
			평행 암나사[3]	Rp	Rp3/4
	ISO 표준에 없는 것	관용 평행나사	G	G1/2
		30° 사다리꼴나사	TM	TM18
		29° 사다리꼴나사	TW	TW20
		관용 테이퍼 나사	테이퍼나사	PT	PT7
			평행 암나사[4]	PS	PS7
		관용 평행나사	PF	PF7
특수용		후강 전선관 나사	CTG	CTG16
		박강 전선관 나사	CTC	CTC19
		자전거 나사	일반용	BC	BC3/4
			스포크용		BC2.6
		미싱나사	SM	SM1/4 산40
		전구나사	E	E10
		자동차용 타이어 밸브나사	TV	TV8
		자전거용 타이어 밸브나사	CTV	CTV8 산30

[1] 미터 보통나사 중 M1.7, M2.3 및 M2.6은 ISO 표준에 규정되어 있지 않다.
[2] 가는 나사임을 특별히 명확하게 나타낼 필요가 있을 때는 피치 다음에 '가는 나사'의 글자를 ( ) 안에 넣어서 기입할 수 있다. 예 M8×1(가는 나사)
[3] 이 평행 암나사 Rp는 테이퍼 수나사 R에 대해서만 사용한다.
[4] 이 평행 암나사 PS는 테이퍼 수나사 PT에 대해서만 사용한다.

④ 나사의 등급 표시

구 분	나사의 종류	암나사 – 수나사의 구별		나사의 등급을 표시하는 보기
ISO 표준에 있는 등급	미터 나사	암나사	유효지름과 안지름의 등급이 같은 경우	6H
		수나사	유효지름과 바깥지름의 등급이 같은 경우	6g
			유효지름과 바깥지름의 등급이 다른 경우	5g, 6g
		암나사와 수나사를 조합한 것		6H/6g, 5H/5g 6g
	미니추어 나사	암나사		3G6
		수나사		5h3
		암나사와 수나사를 조합한 것		3g6/5h3
	미터 사다리꼴 나사	암나사		7H
		수나사		7e
		암나사와 수나사를 조합한 것		7H/7e
	관용 평행 나사	수나사		A
ISO 표준에 없는 등급	미터 나사	암나사 수나사	암나사와 수나사의 등급 표시가 같은 것	2급, 혼동될 우려가 없을 경우에는 '급'의 문자를 생략해도 좋다.
		암나사와 수나사를 조합한 것		3급/2급, 혼동될 우려가 없을 경우에는 3/2로 해도 좋다.
	유니파이 나사	암나사		2B
		수나사		2A
	관용 평행 나사	암나사		B
		수나사		A

⑤ 나사산의 감김 방향은 왼나사의 경우 '왼'의 글자로 표시하고, 오른나사의 경우에는 표시하지 않는다. 또한 '왼' 대신 'L'을 사용할 수 있다.

⑥ 나사산의 줄수는 여러 줄 나사의 경우에는 '2줄', '3줄' 등과 같이 표시하고, 한 줄 나사의 경우에는 표시하지 않는다. 또한 '줄' 대신 'N'을 사용할 수 있다.

⑦ 나사의 각부, 선의 종류 및 제도방법

나사의 각부	선의 종류	나사부의 그림	비 고
수나사 바깥지름, 암나사 안지름	굵은 실선	굵은 실선 / 가는 실선	
수나사와 암나사의 골	가는 실선		
완전 나사부와 불완전 나사부의 경계선	굵은 실선	완전 나사부 / 불완전 나사부 / 나사부의 경계선 / 불완전 나사부의 끝밑선	축선에 대하여 30° 경사
불완전 나사부의 끝밑선	가는 실선		
가려서 보이지 않는 나사부	파 선		
수나사와 암나사의 측면 도시에서 골지름	가는 실선 (3/4 원)	수나사 / 암나사	

10년간 자주 출제된 문제

13-1. 왼 2줄 M50×3-6H의 나사기호 해독으로 올바른 것은?

① 리드가 3mm
② 암나사등급 6H
③ 왼쪽 감김 방향 1줄 나사
④ 나사산의 수가 3개

13-2. 다음 중 미터사다리꼴 나사를 표시하는 기호는?

① R   ② M
③ Tr   ④ UNC

13-3. KS 규격에 따른 나사의 표시에 관한 설명 중 올바른 것은?

① 나사산의 감김 방향은 오른나사인 경우만 RH로 명기하고, 왼나사인 경우 따로 명기하지 않는다.
② 미터 가는 나사는 피치를 생략하거나 산의 수로 표시한다.
③ 2줄 이상인 경우 그 줄수를 표시하며 줄 대신에 L로 표시할 수 있다.
④ 피치를 산의 수로 표시하는 나사(유니파이 나사 제외)의 경우 나사호칭은 나사의 종류를 표시하는 기호 나사의 지름을 표시하는 숫자 산 산의 수 로 나타낸다.

13-4. 유니파이 보통나사의 표시가 '3/8-16UNC-2B'일 때 설명으로 틀린 것은?

① '3/8'은 호칭지름을 나타낸 것이다.
② '16'은 리드를 나타낸 것이다.
③ 'UNC'는 나사의 종류이다.
④ '2B'는 나사 등급을 나타낸 것이다.

13-5. 그림과 같이 나사 표시가 있을 때 옳은 것은?

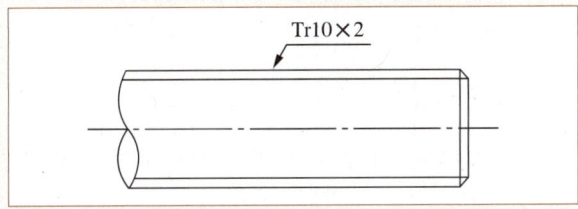

① 볼나사 호칭지름 10인치
② 둥근나사 호칭지름 10mm
③ 미터 사다리꼴나사 호칭지름 10mm
④ 관용 테이퍼 수나사 호칭지름 10mm

13-6. 나사의 도시에서 완전 나사부와 불완전 나사부의 경계를 나타내는 선은?

① 굵은 실선   ② 가는 실선
③ 가는 파선   ④ 가는 1점쇄선

13-7. 나사 표기가 'G 1/2'이라 되어 있을 때, 이는 무슨 나사인가?

① 관용 평행나사   ② 29° 사다리꼴나사
③ 관용 테이퍼 나사   ④ 30° 사다리꼴나사

【해설】

13-1

나사산의 감김 방향	나사산의 줄의 수	나사의 호칭	나사의 등급
왼	2줄	M50×3	6H

②

암나사-수나사의 구별	나사의 등급을 표시하는 보기
암나사 유효지름과 안지름의 등급이 같은 경우	6H

① 피치가 3이고, 2줄 나사이므로 리드는 6mm
③ 왼 감김 2줄 나사
④ 나사산은 표기 없음

[해설]

13-3

④ 피치를 산의 수로 표시하는 나사(유니파이 나사를 제외)의 경우

나사의 종류를 표시하는 기호	나사의 지름을 표시하는 숫자	산	산의 수

① 나사산의 감김 방향은 왼나사의 경우 '왼'의 글자로 표시하고, 오른 나사의 경우에는 표시하지 않는다. 또한 '왼' 대신 'L'을 사용할 수 있다.

②

나사의 종류	나사의 종류를 표시하는 기호	나사의 호칭에 대한 표시방법의 예
미터 가는 나사	M	M8×1

③ 나사산의 줄의 수는 여러 줄 나사의 경우에는 '2줄', '3줄' 등과 같이 표시하고, 한 줄 나사의 경우에는 표시하지 않는다. 또한 '줄' 대신 'N'을 사용할 수 있다.

13-4
유니파이 나사의 경우

나사의 지름을 표시하는 숫자 또는 번호	-	산의 수	나사의 종류를 표시하는 기호	나사의 등급
3/8	-	16	UNC	2B

따라서 16은 지정 길이당 산의 수, 즉 피치를 나타낸다.

13-5

Tr	10	×2
미터 사다리꼴나사	지름	피치

13-6
완전 나사부란 영역에 모두 나사산이 있는 부분이고, 불완전 나사부는 나사산이 형성되지 않은 몸통 부분이다. 굵은 실선으로 구분한다.

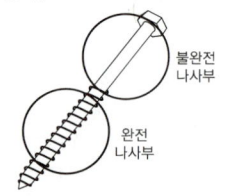
불완전 나사부
완전 나사부

13-7

나사의 종류		나사의 종류를 표시하는 기호	나사의 호칭에 대한 표시방법의 예
관용 평행나사		G	G1/2
30° 사다리꼴나사		TM	TM18
29° 사다리꼴나사		TW	TW20
관용 테이퍼 나사	테이퍼 나사	PT	PT7
	평행 암나사	PS	PS7

정답 13-1 ② 13-2 ③ 13-3 ④ 13-4 ② 13-5 ③ 13-6 ① 13-7 ①

핵심이론 14 기계요소제도 - 베어링

① **구름베어링의 호칭**: 호칭번호는 제조나 사용 시 혼란을 방지하고 구별이 쉽도록 다음과 같이 붙인다.

계열번호	안지름 번호	접촉각 기호	보조기호
63	12		Z
	안지름 60mm (×5한 값)		
72	06	C	DB
	안지름 30mm		

6312 Z → 단열 깊은 홈 볼 베어링
7206C DB → 단식 앵귤러 볼 베어링

② **계열번호에 따른 베어링의 종류**

자세한 규격은 각 KS 규정을 참조하는 것이 좋다. 여기서는 베어링의 호칭방법에 대하여 학습하는 것이 목적이므로, 계열번호에 다음의 표와 같이 계열번호가 들어가며, 이에 따라 베어링의 종류가 나뉜다는 것과 지름 표시방법이 각 계열마다 다르다는 것을 학습한다.

계 열	종 류
60, 62, 63, 64, 68, 69	깊은 홈 볼 베어링
70, 72, 73, 74	앵귤러 볼 베어링
NU2, NU22, NU3, NU23, NU4, NU10, NUP2, NUP22, NUP3, NUP23, NUP4, N2, N22, N3, N23, N4, NF2, NF3, NF23, NF4	원통 롤러 베어링
12, 22, 13, 23	자동 조심 볼 베어링
302, 303, 303D, 320, 322, 323	테이퍼 롤러 베어링
NA49, RNA49	니들 롤러 베어링
511, 512, 513, 514, 522, 523, 524	평면자리형 스러스트 볼 베어링

③ **구름베어링의 안지름 번호(KS B 2012)**

안지름 번호	안지름 치수	안지름 번호	안지름 치수
1	1	01	12
2	2	02	15
3	3	03	17
4	4	04	20
5	5	/22	22
6	6	05	25
7	7	/28	28
8	8	06	30
9	9	/32	32
00	10	07	35

④ 보조기호

㉠ 보조기호의 의미

기호	Z	ZZ	U	UU
의미	한쪽 실드 부착	양쪽 실드 부착	한쪽 실링	양쪽 실링
기호	K	N	NR	없음
의미	내륜 테이퍼 구멍	링 홈 붙이	멈춤 링 붙이	내륜 원통 구멍
기호	DB	DF	DT	C2
의미	뒷면 조합	정면 조합	병렬 조합	작은 레이디얼 틈새
기호	C3	C4	C5	P6X
의미	보통보다 큰 레이디얼 틈새	C3보다 큰 틈새	C4보다 큰 틈새	6X급
기호	P6	P5	P4	P2
의미	6급	5급	4급	2급

㉡ 보조기호의 배열 순서

| 기밀 유지 | 실 드 | 궤도륜 모양 | 조 합 | 내부 틈새 | 등 급 |

⑤ 베어링의 구조

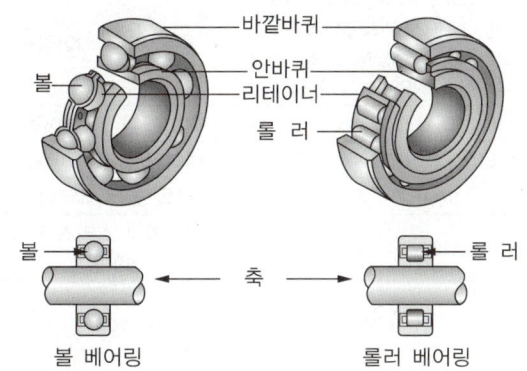

⑥ 베어링의 간략기호(KS B ISO 8826-2)

㉠ 제도에서 베어링을 그릴 필요가 있는 경우 중, 정확한 단면도가 필요하지 않는 경우에 간략도를 사용한다.

㉡ 간략도 도시요소는 다음과 같다.

번호	요소	설 명	적 용
1.1	──a	긴 연속 직선	정렬의 가능성이 없는 구름베어링의 축을 나타내는 선
1.2	⌒a	긴 연속 원호	정렬의 가능성이 있는 구름베어링의 축을 나타내는 선
1.3	별도 표시 (보기) ❘	각 전동 요소의 중심선(레이디얼)과 일치하는 위치에서 1.1 또는 1.2와 같은 긴 연속선을 90°로 지나는 짧은 연속 직선 (바람직한 간략 표시)	전동 요소의 열의 수와 위치
	○b □b ▭b	휨 너비가 큰 직사각형 너비가 작은 직사각형	볼 롤러 니들-롤러, 핀

이 요소는 베어링의 형태에 따라 기울어지게 보일 수도 있다. 짧은 연속 직선 대신에 이러한 변칙 모양이 구름베어링을 도시하는 데 사용될 수 있다.

** 이 요소에 따라 간략도를 그린 예가 KS B ISO 8826-2에 많이 제시되어 있으나 수험 학습에서 이를 암기하는 것은 적절하지 않고 KS에 제시되었다는 것과 문제를 해결하는 정도의 학습을 하면 충분하다.

㉢ 예 시

- ┼ 단열 깊은 홈 볼 베어링 또는 인서트 베어링 또는 단열 원통 롤러 베어링

- ╱ 단열 앵귤러 콘택트 분리형 볼 베어링 또는 단열 앵귤러 콘택트 테이퍼 롤러 베어링

- ⌒ 복렬 자동 조심 볼 베어링 또는 복렬 구형 롤러 베어링

- ╳ 복렬 앵귤러 콘택트 고정형 볼 베어링

- ╳ 두 조각 내륜 복렬 앵귤러 콘택트 분리형 볼 베어링

10년간 자주 출제된 문제

14-1. 깊은 홈 볼 베어링의 안지름이 25mm일 때 이 베어링의 안지름 번호는?

① 00
② 05
③ 25
④ 50

14-2. 베어링 기호 '6012 C2 P4'에서 각 기호의 뜻을 설명한 것으로 틀린 것은?

① 60 : 베어링 계열기호
② 12 : 안지름 번호
③ C2 : 레이디얼 내부 틈새기호
④ P4 : 베어링 조합기호

14-3. 구름베어링의 기호 중 'NF 307' 베어링의 안지름은 몇 mm인가?

① 7
② 10
③ 30
④ 35

14-4. 롤러 베어링에서 전동체가 접촉되지 않고 일정한 간격을 유지할 수 있게 하는 것은?

① 내 륜
② 저널(Journal)
③ 외 륜
④ 리테이너(Retainer)

14-5. 자동조심 볼 베어링의 베어링 계열 기호로만 짝지어진 것은?

① 60, 62, 63
② 70, 72, 73
③ 12, 22, 23
④ 511, 522

|해설|

14-1

구름베어링의 안지름 번호(KS B 2012)

안지름번호	1	2	3	4	5	6	7	8	9	00
안지름치수	1	2	3	4	5	6	7	8	9	10
안지름번호	01	02	03	04	/22	05	/28	06	/32	07
안지름치수	12	15	17	20	22	25	28	30	32	35

14-2

P4는 등급을 의미한다.

14-3

NF307은 NF3까지가 계열번호이므로 안지름은 07호에 해당한다.
07 × 5mm = 35mm

14-4

전동체는 내·외륜상의 궤도를 따라 움직이며, 샤프트를 중심으로 서로 같은 간격으로 접촉하지 않도록 케이지(Cage) 또는 리테이너(Retainer)에 의해 분리되어 있다.

14-5

계 열	종 류
60, 62, 63, 64, 68, 69	깊은 홈 볼 베어링
70, 72, 73, 74	앵귤러 볼 베어링
NU2, NU22, NU3, NU23, NU4, NU10, NUP2, NUP22, NUP3, NUP23, NUP4, N2, N22, N3, N23, N4, NF2, NF3, NF23, NF4	원통 롤러 베어링
12, 22, 13, 23	자동 조심 볼 베어링
302, 303, 303D, 320, 322, 323	테이퍼 롤러 베어링
NA49, RNA49	니들 롤러 베어링
511, 512, 513, 514, 522, 523, 524	평면자리형 스러스트 볼 베어링

정답 14-1 ② 14-2 ④ 14-3 ④ 14-4 ④ 14-5 ③

핵심이론 15 기계요소제도 – 핀

① 핀의 호칭방법

명 칭	호칭방법	핀의 호칭
평행 핀	표준번호 또는 명칭, 종류, 형식, 호칭지름×길이, 재료	m6A-6×45 SB 41 평행 핀 h7B-5×32 SM 50C
테이퍼 핀	명칭, 등급, 호칭지름×길이, 재료	테이퍼 핀 1급 2×10 SM 50C
분할 테이퍼 핀 (KS B 1323)	명칭, 호칭지름×길이, 재료, 지정사항	슬롯 테이퍼핀 6×70 SM 35C 핀 갈라짐의 깊이 10
분할 핀 (KS B ISO 1234)	표준번호 또는 명칭, 호칭지름×호칭 길이, 재료	분할 핀 KS B ISO 1234 – 5×50-st

② 핀의 표준치수(호칭지름 : d)

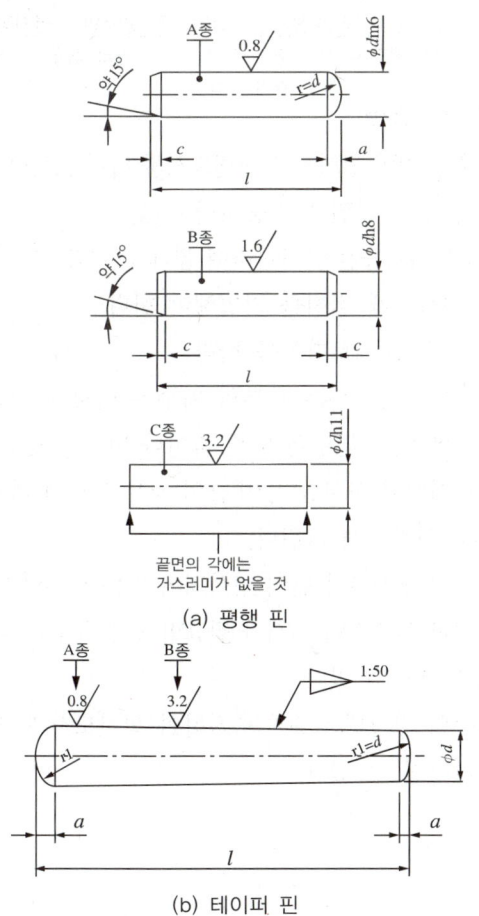

(a) 평행 핀

(b) 테이퍼 핀

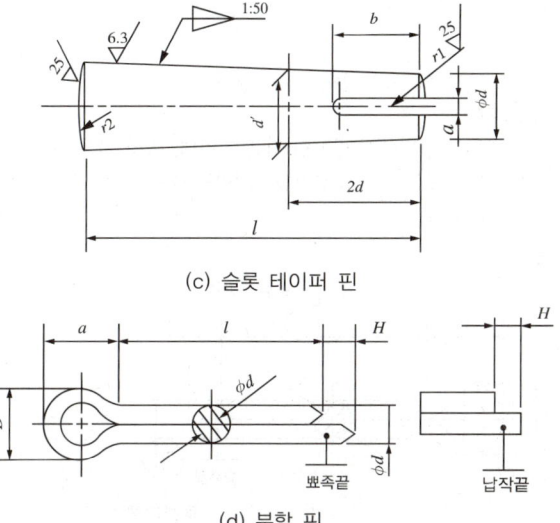

(c) 슬롯 테이퍼 핀

(d) 분할 핀

10년간 자주 출제된 문제

15-1. 평행 핀에 대한 호칭방법을 옳게 나타낸 것은?(단, 오스테나이트계 스테인리스강 A1 등급이고, 호칭지름 5mm, 공차 h7, 호칭 길이 25mm이다)

① 평행 핀 – h7 5×25 – A1
② 5 h7×25 – A1 – 평행 핀
③ 평행 핀 – 5 h7×25 – A1
④ 5 h7×25 – 평행 핀 – A1

15-2. 분할 핀의 호칭지름은 어느 것으로 나타내는가?

① 판 구멍의 지름
② 분할 핀의 한쪽의 지름
③ 분할 핀의 가장 긴 길이
④ 분할 핀 머리 부분의 지름

15-3. 스플릿 테이퍼 핀의 호칭방법으로 옳게 나타낸 것은?

① 규격 명칭, 호칭지름×호칭길이, 재료, 지정사항
② 규격 명칭, 등급, 호칭지름×호칭길이, 재료
③ 규격 명칭, 재료, 호칭지름×호칭길이, 등급
④ 규격 명칭, 재료, 호칭지름×호칭길이, 지정사항

15-4. 테이퍼 핀의 호칭치수는 다음 중 어느 것인가?

① 굵은 쪽의 지름
② 가는 쪽의 지름
③ 중앙부의 지름
④ 테이퍼 핀 구멍의 지름

[해설]

15-1
h7B-5×32 SM 50C 형태로 나타낸다.

저자의견
한국산업인력공단에서 발표한 답은 ③인데, 평행 핀의 경우 h7 기본 공차를 제시한 후 호칭지름×길이로 표현하므로 ①이 맞는 것으로 보인다.

15-2
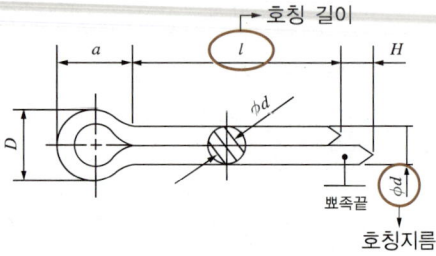

15-3
스플릿 테이퍼 핀(Taper with Pin Split)은 분할 테이퍼 핀으로, 다음과 같이 호칭한다.

KS B 1323	6×70	St	분할 깊이
분할 테이퍼 핀	10×80	STS 303	25
(표준번호 또는 표준 명칭)	(호칭지름× 호칭길이)	(재료)	(지정사항)

15-4
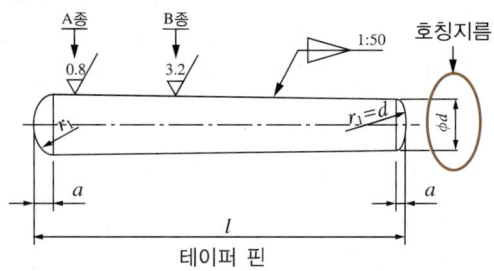

테이퍼 핀

정답 15-1 ① 15-2 ① 15-3 ① 15-4 ②

핵심이론 16 기계요소제도 – 키, 축

키(Key)란 축에 풀리・커플링・기어 등의 회전체를 고정시켜 축과 회전체를 하나로 만들어 회전력을 전달하는 기계요소이다.

① 키의 종류 및 기호

기 호	키의 종류
P	나사용 구멍 없는 평행키
T	머리 없는 경사키
WA	둥근 바닥 반달키
PS	나사용 구멍 있는 평행키
TG	머리 있는 경사키
WB	납작 바닥 반달키

② 키의 호칭

표준번호 종류 및 호칭치수 길이 끝 모양의 특별지정 재료
KS B 1311 평행키 10 × 8 × 25 양끝 둥금 SM45C
            폭 × 높이 × 길이

③ 축의 도시방법
㉠ 축은 길이 방향으로 단면도시를 하지 않는다. 그러나 부분 단면은 가능하다.
㉡ 긴 축은 중간을 파단하여 짧게 그린다. 그러나 치수는 실제 길이를 기입해야 한다.
㉢ 축 끝에는 모따기를 한다.
㉣ 축에 단을 주는 부분의 치수는 따로 표시한다.
㉤ 축에 있는 널링은 바른 줄이나 빗금을 긋고 따로 지시하여 도시한다. 빗금의 경우 축선에 대해 30°로 엇갈리게 그린다.
㉥ 축의 구석부나 단이 형성되어 있는 부분의 형상에 대한 세부적인 지시가 필요할 경우 부분 확대도로 표시할 수 있다.
㉦ 축의 절단면은 90° 회전하여 회전도시 단면도로 나타낼 수 있다.

◎ 축의 센터 구멍 표시는 KS B ISO 6411에 따른다.

센터 구멍의 종류	A 모따기가 없는 경우 (KS B ISO 866)
도시방법의 예	KS A ISO 6411-A 4/8.5
표시의 보기	$d=4$, $D_2=8.5$

④ 등각투상도에서 축의 제도

등각투상도와 제도 보기	도시방법
	중심선을 수평 방향으로 놓고 축을 옆으로 길게 놓은 상태로 도시한다.
	축을 가공할 때 가공의 편리성을 위해 가공 방향을 고려하여 도시한다.
	축은 원칙적으로 길이 방향으로 절단하여 도시하지 않는다. 다만, 키 홈의 형상을 표시할 필요가 있을 경우에는 부분 단면도로 나타낸다.
80	단면 모양이 같은 긴 축이나 긴 테이퍼 축 등은 중간 부분을 파단하여 짧게 표현하고, 전체 길이를 지시한다.
$\phi 8$, $2/\phi 6$	축에 단을 줄 때 부분의 치수를 지시한다 (2/∅6은 단의 폭이 2mm이고, 단의 지름이 6mm임을 뜻한다).

등각투상도와 제도 보기	도시방법
C1, 45°, 2	축 끝에는 모따기를 하고 모따기 치수를 지시한다. 축 끝에 모따기를 하는 이유는 조립을 쉽고, 정확하게 하기 위해서이다.
KS B ISO 6411 A형 2/4, 25	센터 구멍과 그 표시방법, 센터 구멍의 그림기호와 지시방법은 KS B ISO 6411을 따른다.
KS B 0901 빗줄형 널링 m0.3 / KS B 0901 바른줄형 널링 m0.3	축에 널링(Knurling)을 표시할 경우 널링에 대한 모양 및 치수는 KS B 0901에 자세히 제시되어 있으므로 이를 참조한다.

10년간 자주 출제된 문제

16-1. KS B 1311 TG 20×12×70으로 호칭되는 키의 설명으로 옳은 것은?

① 나사용 구멍이 있는 평행키로서 양쪽 네모형이다.
② 나사용 구멍이 없는 평행키로서 양쪽 둥근형이다.
③ 머리 붙이 경사키이며 호칭치수는 20×12이고 호칭 길이는 70이다.
④ 둥근 바닥 반달키이며 호칭 길이는 70이다.

16-2. 축의 도시방법에 관한 일반적인 설명으로 틀린 것은?

① 축의 구석부나 단이 형성되어 있는 부분에 형상에 대한 세부적인 지시가 필요할 경우 부분 확대도로 표시할 수 있다.
② 긴 축은 단축하여 그릴 수 있으나 길이는 실제 길이를 기입해야 한다.
③ 축은 통상 길이 방향으로 단면도시하여 나타낼 수 있다.
④ 축의 절단면은 90° 회전하여 회전도시 단면도로 나타낼 수 있다.

10년간 자주 출제된 문제

16-3. 센터 구멍의 간략 도시방법에서 다음 설명을 옳게 도시한 것은?

> 센터 구멍은 반드시 필요하며 B형으로 카운터 싱크 구멍지름은 8mm, 드릴 구멍지름은 2.5mm이다.

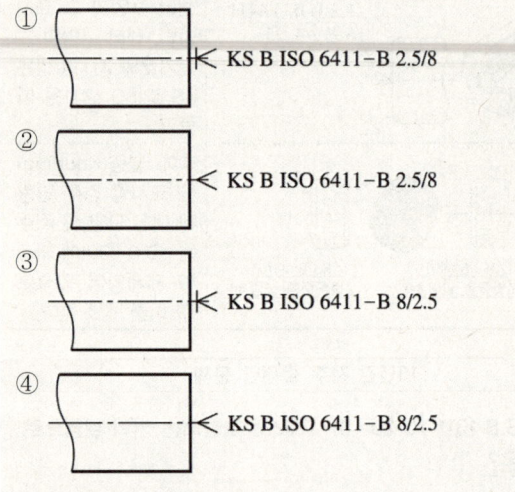

해설

16-1
KS B 1311에 TG는 머리 있는 경사키이다.

16-2
축은 길이 방향으로 단면도시를 하지 않는다. 그러나 부분 단면은 가능하다.

16-3
KS B ISO 6411에 의하여 가공이 필요한 구멍의 표시는 ②번, ④번과 같다. ②번과 같이 드릴 구멍을 앞에, 카운터 싱크 지름을 뒤에 표시한다.

정답 16-1 ③ 16-2 ③ 16-3 ②

핵심이론 17 기계요소 제도 – 스프링(KS B 0005)

① 스프링의 분류

㉠ 코일 스프링
- 압축 코일 스프링 : 압축력에 의해 탄성이 저장되는 스프링(볼펜 등 일반 스프링)
- 인장 코일 스프링 : 압축력에 의해 탄성이 저장되는 스프링(저울, 게이지 등)
- 비틀림 코일 스프링 : 비틀림 힘에 의해 탄성이 저장되는 스프링(집게, 클립 등)

㉡ 겹판 스프링(단판 스프링 포함) : 판 형태로 힘이 작용하면 굽혀졌다 복원하는 힘의 탄성을 갖는다.
- 토션바 : 강봉을 고정하고 비틀림력에 대한 탄성을 갖는 스프링(자동차 서스펜션 등)
- 벌류트 스프링 : 원추 모양의 스프링을 의미한다.
- 스파이럴 스프링 : 태엽 형태의 스프링
- 접시 스프링 : 모양이 접시 모양이며 단위 체적당 탄성력이 크다.

② 스프링의 도시방법

㉠ 코일 스프링, 벌류트 스프링, 스파이럴 스프링 및 접시 스프링은 일반적으로 무하중 상태에서 그리며, 겹판 스프링은 스프링판이 수평인 하중이 가해진 상태에서 그린다.

㉡ 표에 단서가 없는 코일 스프링 및 벌류트 스프링은 모두 오른쪽 감은 것을 나타낸다. 왼쪽 감긴 것은 '감김 방향 왼쪽'이라고 표시한다.

㉢ 그림으로 그리기 힘든 내용은 표에 일괄 표시한다.

㉣ 스프링의 모든 부분을 도시하는 경우 KS B 0001을 따르며 코일 스프링의 정면도는 나선 모양이지만 직선으로 나타낸다.

㉤ 피치 및 각도는 연속적으로 변화하지만 이를 직선으로 꺾인 선으로 나타낸다.

ⓑ 단면 모양의 치수 표시가 필요한 경우 및 외관도에서 나타내기 어려운 경우에는 단면도에서 나타내어도 좋다.

ⓢ 조립도, 설명도 등에서 코일 스프링을 도시하는 경우에는 그 단면만 나타내어도 좋다.

③ 스프링의 간략 도시방법

㉠ 스프링의 종류 및 모양만을 간략도로 나타내는 경우에는 스프링 재료의 중심선만 굵은 실선으로 그린다.

㉡ 코일 스프링에서 양끝을 제외한 동일 모양 부분의 일부를 생략하는 경우에는 생략하는 부분의 선지름의 중심선을 가는 1점쇄선으로 나타낸다.

10년간 자주 출제된 문제

스프링 제도 시 원칙적으로 하중이 가해진 상태(하중 상태)에 도시하여야 하는 스프링은 어느 것인가?

① 코일 스프링
② 벌류트 스프링
③ 접시 스프링
④ 겹판 스프링

|해설|

코일 스프링, 벌류트 스프링, 스파이럴 스프링 및 접시 스프링은 일반적으로 무하중 상태에서 그리며, 겹판 스프링은 스프링판이 수평인 하중이 가해진 상태에서 그린다.

정답 ④

핵심이론 18 단면도와 투상도

① 단면도법

㉠ 투상으로부터 밖으로 이동된 단면도는 가급적 가까운 곳에 위치하도록 하여 가는 1점쇄선으로 연결하여 제도한다.

㉡ 온 단면도는 전체를 절단하여 그린 단면도이다.

㉢ 한쪽 단면도는 중심선 기준으로 단면하여 안쪽과 겉모양을 동시에 볼 수 있게 단면한다.

㉣ 부분 단면도는 필요한 부분만 파단선으로 잘라내어 단면도를 제도한다.

㉤ 회전 단면도는 절단한 단면의 모양을 90° 회전시켜서 투상도의 안이나 밖에 그리는 단면도이다.

• 핸들, 벨트 풀리, 기어 등의 암·림·리브·훅·축·구조물에 사용하는 형강 등이 대상이다.

• 길이가 긴 제품은 파단선으로 중간을 생략하고 그 사이에 굵은 실선으로 회전 단면도를 그린다.

ⓑ 투상도 밖으로 끌어내는 회전투상도는 가는 1점쇄선으로 절단면 위치를 표시하고, 굵은 1점쇄선으로 한계를 표시하여 굵은 실선으로 긋는다.

ⓢ 절단했기 때문에 이해에 지장을 주는 리브, 바퀴의 암, 기어의 이와 절단하여도 의미가 없는 축, 핀, 볼트, 작은 나사, 리벳, 키는 길이 방향으로 절단하지 않는다.

ⓞ 얇은 물체를 단면한 경우, 외형이 겹친 것으로 보아 아주 굵은 실선으로 도시한다.

ⓩ 해 칭

• 45°의 가는 실선을 단면부의 면적에 맞게 3~5mm 정도의 같은 간격으로 경사선을 그어 표시한다.

• 인접한 다른 부품은 해칭선의 방향 등을 변경하여 구분한다.

• 해칭 부분에 문자, 기호 등을 기입할 때는 겹치지 않게 한다.

② 투상도
  ㉠ 보조투상도 : 경사면이 있는 제품의 실제 모양을 투상할 때 보이는 전체 또는 일부분만을 나타내는 것이다. 도면 여백이 충분하여 실제 모양대로 투상할 때는 그 면과 맞서는 위치에 그림 (a), (b)와 같이 보조투상도를 제도한다.

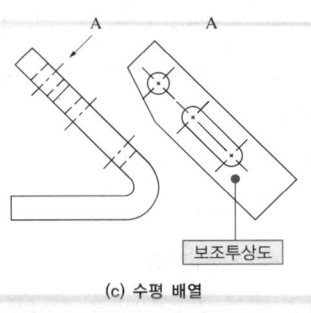

(c) 수평 배열

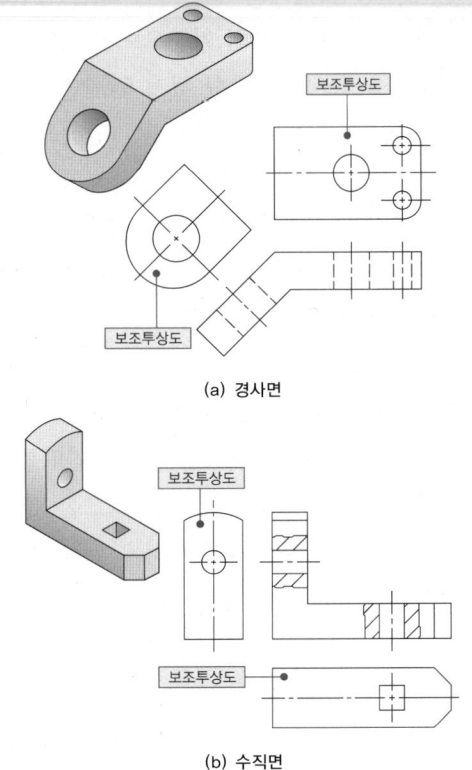

(a) 경사면

(b) 수직면

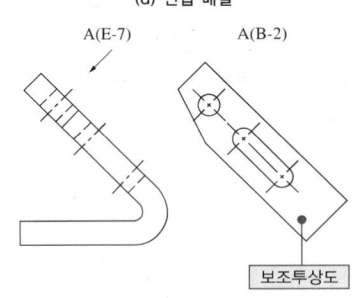

(d) 인접 배열

(e) 투상도 위치의 구역 표시

  도면 여백이 충분하지 않을 때는 다음과 같이 제도한다.
  • 그림 (c)와 같이 화살표와 영문자의 대문자를 사용하여 관계되는 투상도를 가까이 위치하도록 제도한다.
  • 그림 (d)와 같이 구부린 중심선으로 연결하여 두 투상도의 관계를 나타내도 좋으며, 투상도 사이는 가까워야 한다.
  • 보조(또는 부분 보조투상도)는 그림 (e)와 같이 도면의 구역 표시기호를 사용하여 서로 관계되는 투상도의 위치를 명확히 지시한다.

  - 필요하다면 방향 지시 화살표 기호를 사용하여 대상면의 보조투상도가 회전하여 제도되어 있음을 지시한다.
  ㉡ 국부투상도 : 요점투상도라고도 하며 제품의 구멍, 홈 등과 같이 특정한 부분의 모양을 나타내는 것으로 충분한 경우에 제도하며 관계를 표시하기 위해 중심선, 치수보조선 등을 연결한다.
  • 키 홈의 국부투상도 제도는 반드시 중심선을 연결하여 투상한다.

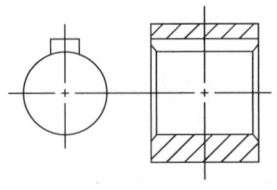

• 키 홈의 국부투상도

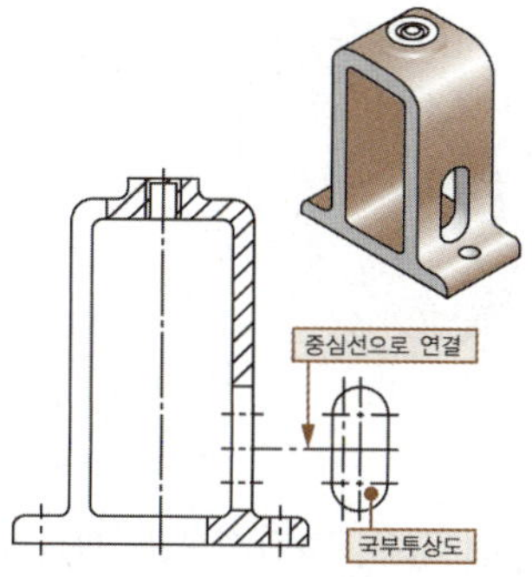

[홈의 국부투상도]

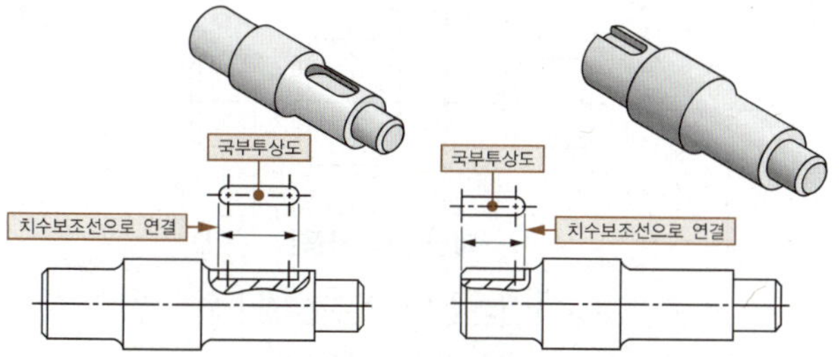

[축의 키 홈 국부투상도]

㉢ 회전투상도 : 각도를 가지고 있는 실제 모양을 회전해서 실제 모양을 나타내며, 잘못 볼 우려가 있는 경우 작도에 사용한 가는 실선을 남겨 표시한다.

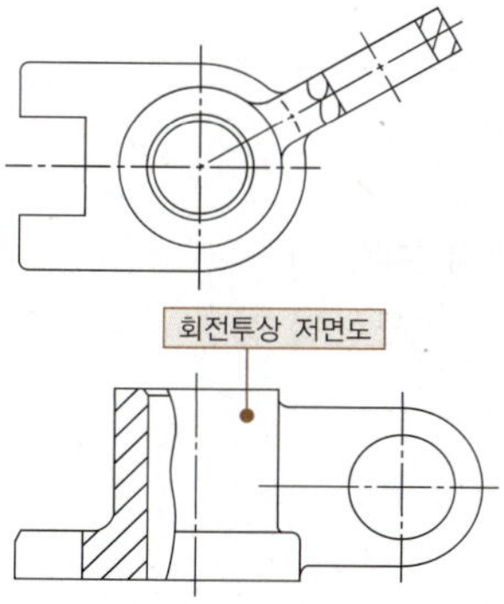

[사용한 선 없음]

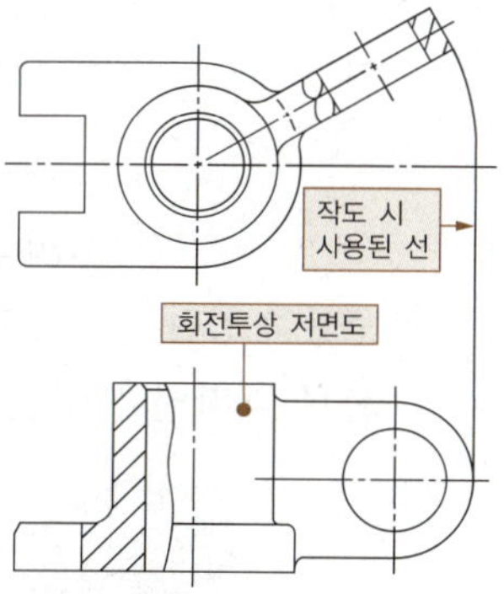

[사용한 선 표시]

㉣ 부분투상도 : 모양의 특징 또는 일부를 도시하는 것으로 충분한 경우, 부분투상을 도시한 경우, 대칭인 경우 등 모양을 전체 도시하지 않고 표현한 투상도이다.

• 부분투상도의 예시

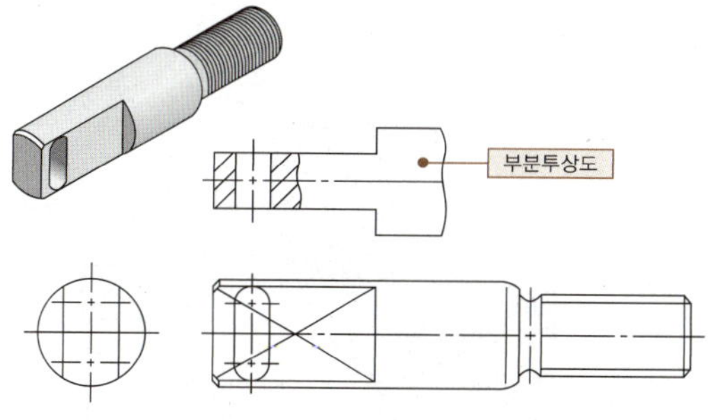

[중복 부분을 생략한 부분 투상도]

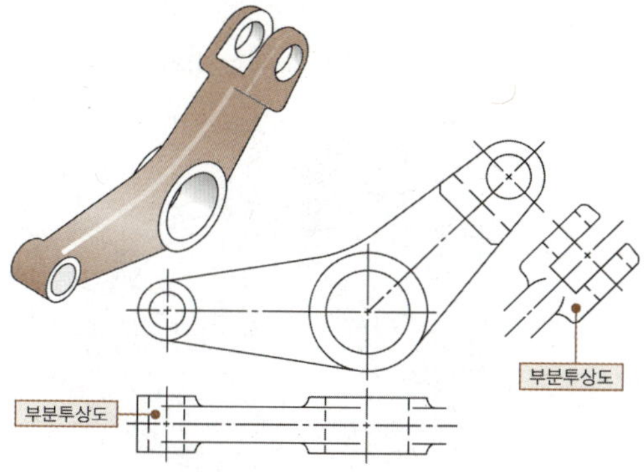

[부분투상도와 생략한 경계]

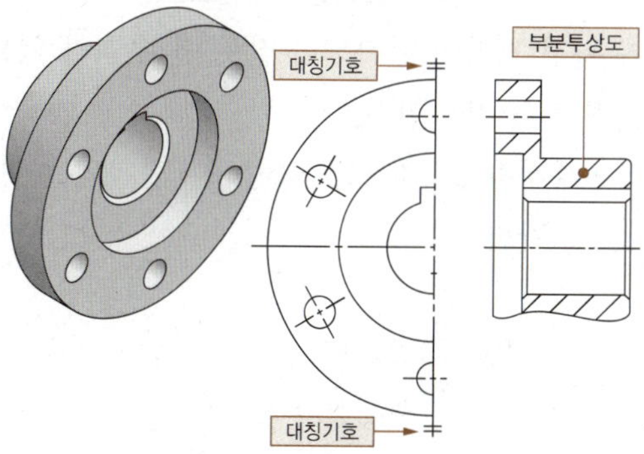

[대칭 모양의 부분투상도]

㉤ 부분확대도 : 자세하게 나타내고 싶은 부분을 가는 실선으로 에워싸고 영문 대문자로 지시하고 확대한 것이다.

ⓑ 대칭 모양의 제품의 투상도는 중심선 양끝에 '='표시를 하고 대칭 부분을 생략한다.

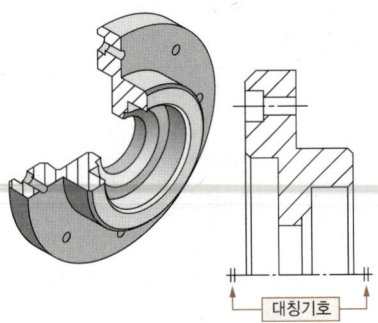

[단면도의 대칭기호]

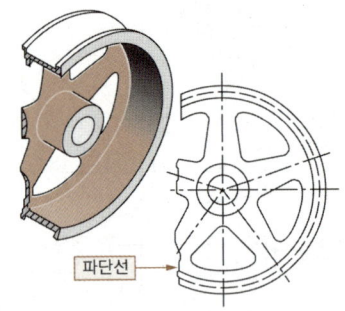

[대칭 모양을 파단선으로 생략]

ⓐ 특정 모양이 반복되어 잘못 볼 우려가 있는 경우 반복을 생략한다.
• 주서란에 확대도를 표시하여 반복되는 생김새를 생략한다.

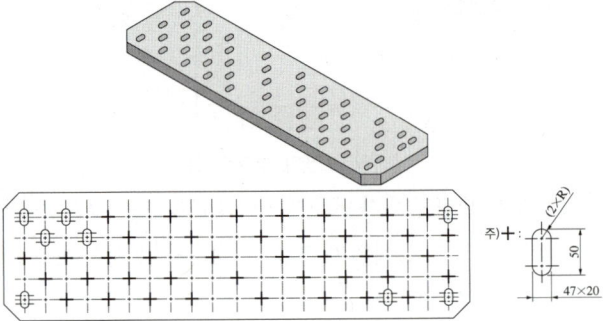

• 그림 기호(+)로 반복 생김새를 생략한다.

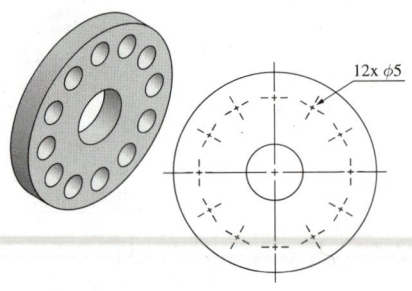

ⓞ 제품이 긴 경우, 파단선으로 제품을 줄여 표현한다.

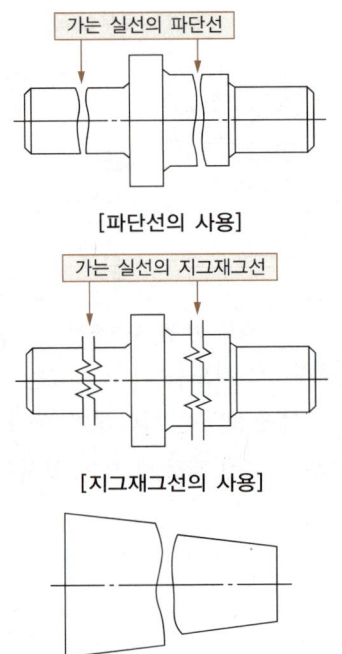

[파단선의 사용]

[지그재그선의 사용]

[테이퍼축의 생략]

ⓩ 원통축 중간 및 끝면의 평면투상의 경우 가는 실선으로 대각선을 긋는다.

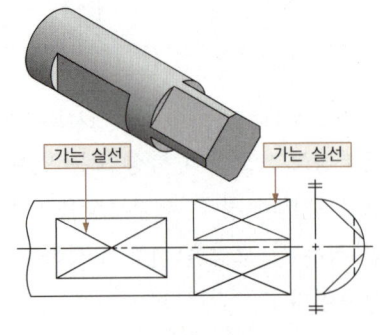

[원통축 끝]

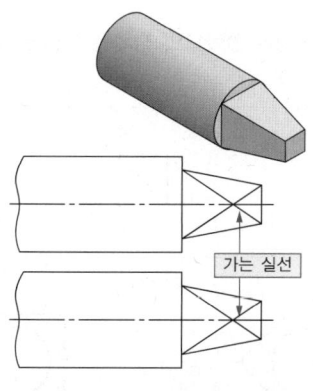

[테이퍼축 끝]

ⓩ 가공에 사용하는 공구 등의 모양을 투상할 때는 가상으로 그리므로 2점쇄선으로 공구 모양을 그린다. 가공 전후의 모양을 나타낼 때에도 2점쇄선을 이용한다.

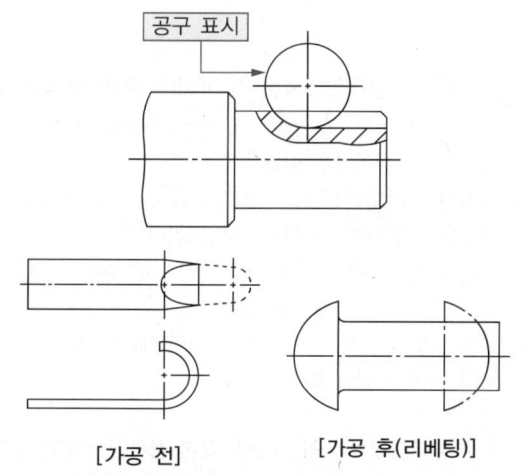

[가공 전]　　　[가공 후(리베팅)]

㉠ 투상도의 숨은선이 오히려 헷갈리게 할 경우 숨은선을 생략한다.

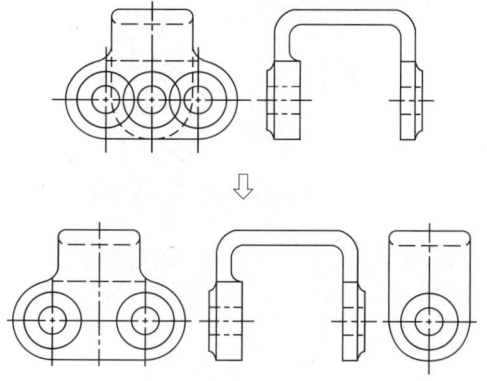

ⓔ 절단면 뒤의 선에 대해 이해가 가능한 경우 생략한다.

㉤ 특정한 모양을 가진 부분, 즉 키 홈이 있는 보스의 구멍, 벽 구멍 또는 홈이 있는 관(Pipe), 나눠진 링(Ring) 등을 도시하는 경우에는 다음 그림과 같이 특정한 모양이 위쪽에 있도록 제도한다.

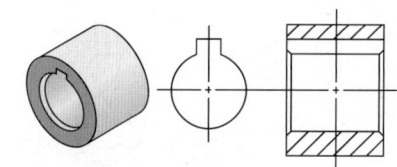

[구멍의 홈]

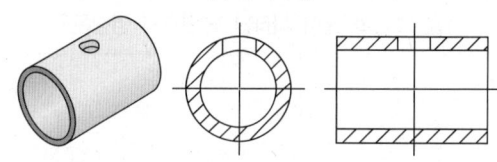

[원통의 옆 구멍]

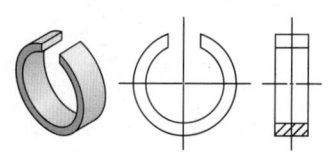

[링의 쪼개짐]

10년간 자주 출제된 문제

18-1. 다음 중 단면도의 분류에 있어서 그 종류가 다른 하나는?

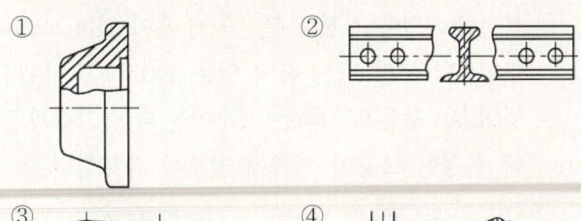

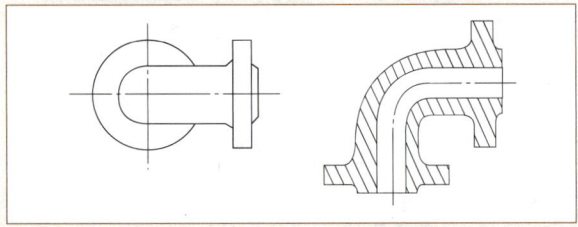

18-2. 다음 그림과 같이 나타난 단면도의 명칭은?

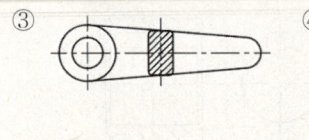

① 온 단면도
② 회전도시 단면도
③ 한쪽 단면도
④ 부분 단면도

18-3. 다음 중 일반적으로 길이 방향으로 단면하여 나타내도 무방한 것은?

① 볼트(Bolt)
② 키(Key)
③ 리벳(Rivet)
④ 미끄럼 베어링(Sliding Bearing)

18-4. 다음과 같은 간략도의 전체를 표현한 것으로 가장 적합한 것은?

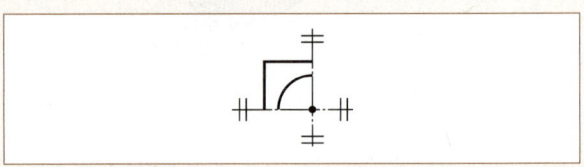

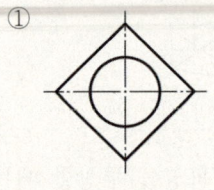 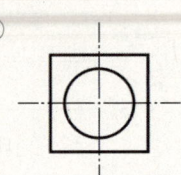

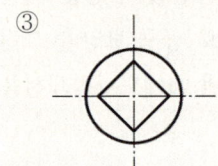 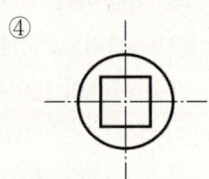

18-5. 단면의 표시와 단면도의 해칭에 관한 설명으로 옳은 것은?

① 단면 면적이 넓은 경우에는 그 외형선을 따라 적절한 범위에 해칭 또는 스머징을 한다.
② 해칭선의 각도는 주된 중심선에 대하여 60°로 하여 굵은 실선을 사용하여 등 간격으로 그린다.
③ 인접한 다른 부품의 단면은 해칭선의 방향이나 간격을 변경하지 않고 동일하게 사용한다.
④ 해칭 부분에 문자, 기호 등을 기입할 때는 해칭을 중단하지 않고 겹쳐서 나타내야 한다.

18-6. 투상도법에서 다음 그림과 같이 경사진 부분의 실제 모양을 도시하기 위하여 사용하는 투상도의 명칭은?

① 부분투상도
② 국부투상도
③ 부분확대도
④ 보조투상도

10년간 자주 출제된 문제

18-7. 다음 투상도 중 KS 제도통칙에 따라 올바르게 작도된 투상도는?

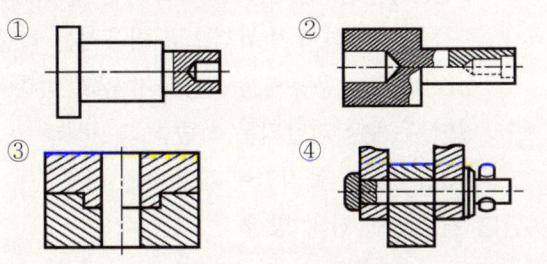

18-8. 다음과 같은 도면에서 플랜지 A부분의 드릴 구멍의 지름은?

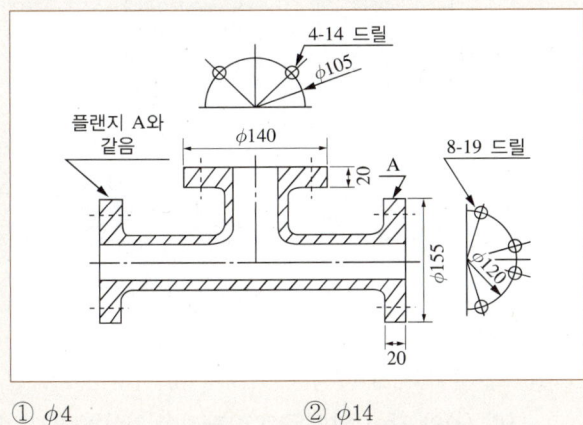

① φ4　　② φ14
③ φ19　　④ φ8

[해설]

18-1
① 부분 단면도
②~④ 회전도시 단면도
문제의 그림들은 KS에서 사용한 도면으로, 단면도를 설명하기 위해서 자주 사용하는 도면이므로 그림을 보고 단면도를 구분하는 것도 좋은 방법이다.

18-2
구부러진 관의 전체를 단면하여 도시하였다. 전체 단면을 한 것을 온 단면도라 한다.

18-3
절단했기 때문에 이해에 지장을 주는 리브, 바퀴의 암, 기어의 이와 절단하여도 의미가 없는 축, 핀, 볼트, 작은 나사, 리벳, 키는 길이 방향으로 절단하지 않는다.

18-4
대칭 모양의 제품의 투상도는 중심선 양끝에 '='표시를 하고, 대칭 부분을 생략한다.

18-5
② 해칭선의 각도는 주로 45°로 하고 가는 실선을 이용한다.
③ 인접한 다른 부품은 해칭선의 방향 등을 변경하여 구분한다.
④ 해칭 부분에 문자, 기호 등을 기입할 때는 겹치지 않게 한다.

18-6
- 보조투상도 : 경사면이 있는 제품의 실제 모양을 투상할 때 보이는 전체 또는 일부분만 나타내는 것
- 국부투상도 : 제품의 구멍·홈 등과 같이 특정한 부분의 모양을 나타내는 것으로 충분한 경우 제도하며 관계를 표시하기 위해 중심선, 치수보조선 등을 연결한다.
- 회전투상도 : 각도를 가지고 있는 실제 모양을 회전해서 실제 모양을 나타내며, 잘못 볼 우려가 있는 경우 등 작도에 사용한 가는 실선을 남겨 표시한다.
- 부분투상도 : 모양의 특징 또는 일부를 도시하는 것으로 충분한 경우, 부분투상을 도시한 경우, 대칭인 경우 등 모양을 전체 도시하지 않고 표현한 투상도
- 부분확대도 : 자세하게 나타내고 싶은 부분을 가는 실선으로 에워싸고 영문 대문자로 지시하고 확대

18-7
② 부분 단면을 그릴 때 외형 부분에 숨은선으로 나사부를 표현하지 않는다.
③ 축이 관통하는 부분은 축이 있다고 여기고 숨은선이나 실선으로 외형을 표현하지 않는다.
④ 단면도와 축 부분을 그릴 때 축을 다시 그리는 것은 혼동을 줄 수 있어 적절하지 않다.

18-8

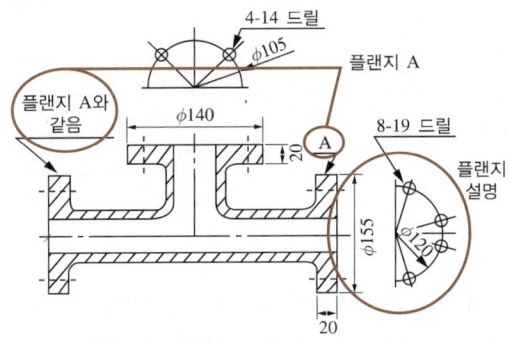

그림을 보면 플랜지 부분은 바깥지름이 155, 드릴 구멍의 중심을 이은 원의 지름이 120, 8개 뚫린 드릴 구멍의 지름은 19라고 표기되어 있다.

정답 18-1 ① 18-2 ① 18-3 ④ 18-4 ②
18-5 ① 18-6 ④ 18-7 ① 18-8 ③

핵심이론 19 힘과 응력

① 응력
  ㉠ 어떤 물체에 외력이 작용할 때 작용하는 힘을 단위면적당 미분한 개념이다.
  ㉡ $\sigma = \dfrac{F}{A}$ (σ : 응력, F : 외력, A : 단면적)로 표현하며 단위는 압력과 같은 단위(Pa, MPa)를 사용한다.
  ㉢ 물체에 외력이 작용하는 방향에 따라 압축응력, 인장응력, 전단응력, 비틀림 응력, 굽힘응력 등이 발생한다. 각 응력은 거의 단독으로 발생하지는 않으나 학습과정에서는 외력에 의해 특정응력이 발생한다고 생각하고 계산한다. 그렇지 않은 경우에는 복합응력이라 구분하여 칭하고 계산한다. 인장응력, 압축응력은 힘의 방향이 단면에 수직하므로 수직응력 또는 힘 벡터의 방향이 면의 법선 방향으로 작용하므로 법선응력이라 하고 전단응력은 수평하므로 수평응력 또는 힘 벡터의 방향이 면의 접선 방향으로 작용하므로 접선응력이라 한다.

인장응력	압축응력	전단응력

굽힘응력	비틀림 응력

  ㉣ 기타 하중의 종류
    • 하중의 작용 방향에 따른 분류 : 인장하중, 압축하중, 전단하중, 비틀림 하중, 굽힘하중 등
    • 하중의 작용방법에 따른 분류
      - 충격하중 : 아주 짧은 일시에 작용하는 하중
      - 피로하중 : 긴 시간 오래도록 작용하는 하중
      - 집중하중 : 좁은 한곳에만 작용하는 하중
      - 분포하중 : 하중이 골고루 퍼져서 작용하는 하중
      - 반복하중 : 동일한 위치에 동일한 하중이 반복적으로 작용하는 하중
      - 교번하중 : 동일한 위치에 서로 다른 둘 이상의 하중이 교차하여 반복적으로 작용하는 하중
      - 정(지)하중 : 운동력은 작용하지 않고 멈추어 있어 무게만 전달되는 하중
      - (이)동하중 : 움직임이 작용하는 하중
  ㉤ 단면 기준으로 힘의 방향

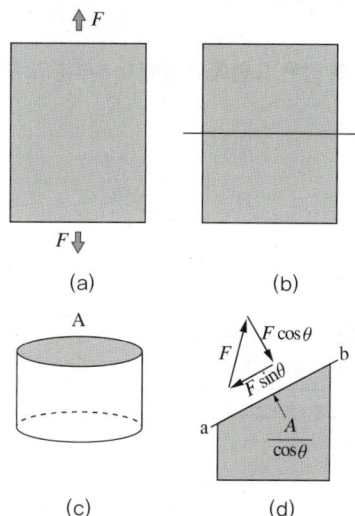

그림 (a)와 같이 원기둥에 인장력이 작용한다고 가정하자. 그림 (b)처럼 단면을 하면 그림 (c)의 단면 A에는 인장응력 $\left(\dfrac{F}{A}\right)$이 작용한다. 그러나 그림 (d)처럼 단면했을 때는 그 작용하는 응력이 인장응력만 존재하는 것이 아니라 전단응력과 압축응력도 작용하게 된다.

② 재료시험
  ㉠ 인장시험 : 재료의 특성과 강도를 파악하기 위해 시험편이 파괴될 때까지 인장시키는 시험이다.

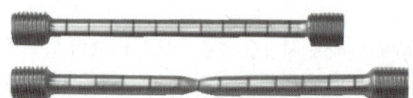

  ㉡ 압축시험 : 재료의 특성과 강도를 파악하기 위해 시험편이 파괴될 때까지 압축한다. 주로 콘크리트 강도시험 등에 적용한다.

ⓒ 전단시험 : 재료의 전단력에 대한 강도를 파악하기 위한 시험이다.

③ 변형률

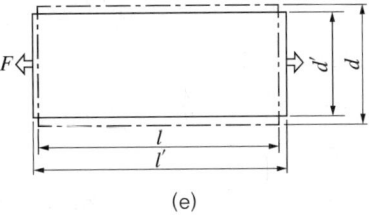
(e)

그림 (e)의 물체를 힘 F로 잡아당기면 물체는 늘어난다. 재료에 따라 많이 늘어나기도 하고 거의 늘어나지 않기도 하는데, 이는 재료 특성 중의 하나이다. 이 특성을 표현하기 위해 몇 가지 변수가 필요하다. 그중 늘어난 정도를 나타낸 것을 '변형률'이라고 하며, 이 무차원 수(Dimensionless Number)는 처음 길이에 비해 변형된 정도를 표현한다. 따라서 원래 l이던 길이가 $\Delta l\,(=l'-l)$만큼 늘어난 변형률을 세로 변형률이라 하고 $\varepsilon = \dfrac{\Delta l}{l}$로 표현한다.

한편, 처음 d이던 가로 길이(지름)는 세로가 늘어남에 따라 $\Delta d\,(=d-d')$만큼 다소 줄어들게 되는데 이를 가로 변형률이라 한다. 역시 $\varepsilon' = \dfrac{\Delta d}{d}$로 표현한다.

④ 응력-변형률의 관계

그림 (e)의 물체는 힘 F가 커질수록 변형이 커질 것을 직관적으로 알 수 있다. 그러나 힘 F는 물체의 크기와 모형에 따라 변형에 미치는 영향이 달라질 수 있으므로, 재료의 특성인 늘어나는 정도는 재료에 따라 일정하게 표현될 필요가 있다. 이런 까닭으로 재료에 작용하는 응력과 변형률의 관계를 탐색했다. 이 관계를 영국의 물리학자 토머스 영(Thomas Young)은 '응력과 변형률의 비$\left(\dfrac{\sigma}{\varepsilon}\right)$는 재료에 따라 어느 구간까지는 일정하다'는 관계를 정리하였고, 재료에 따른 이 비를 영의 계수(E)로 표현하며 $E = \dfrac{\sigma}{\varepsilon}$로 표현된다.

이 과정에서 시험기에 작용하는 힘과 변형률과의 관계를 그래프로 표현하면 그림 (f)와 같다. 이 그래프에 사용된 응력은 시료의 처음 단면적을 기준으로 한 것으로 공칭응력이라 한다.

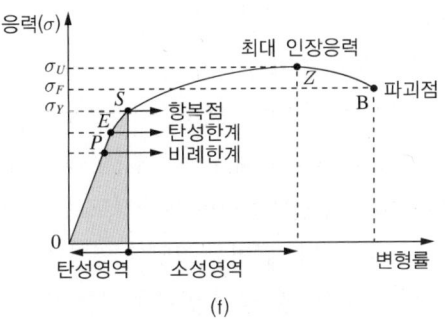
(f)

㉠ $\overline{OP}$ 구간의 응력과 변형률의 관계가 비례관계를 나타낸다.

㉡ $\overline{OE}$ 구간 내에서는 작용하던 힘을 제거하면 변형이 원래대로 복귀된다. 그 한계점인 E점을 '탄성한계'라고 한다. 이때의 응력이 탄성한도가 된다.

㉢ 항복응력 : 탄성한도를 지나 어느 정도가 되면 약간의 변형을 남긴 상태로 회복된다. 그러나 그 이상의 임계점을 지나면 회복이 일어나지 않는 점이 있는데 그 점이 항복점(S)이고, 그 점의 응력이 항복응력이다.

㉣ 최대 인장강도(극한강도) : 재료가 파단되는 과정 중 발생하는 가장 큰 응력으로, 그림 (f)에서는 Z이다.

㉤ 파단강도 : 재료의 파단이 일어나는 강도이다(B점). 처음 단면적을 기준으로 계산한 응력은 극한강도에 비해 다소 감소한다.

㉥ 변형에너지 : 그래프에서 음영 표시가 된 면적을 변형에너지량으로 보며, 공식은 다음과 같다.

$$U = \dfrac{P\delta}{2},\ \delta = \dfrac{PL}{EA}$$

여기서, δ : 처짐량(변형량)
E : 탄성계수
A : 단면적
L : 부재의 길이

⑤ 비틀림
  ㉠ 비틀림 강도 : 부재가 비틀림에 대해 얼마까지 버티는가를 나타내는 정도로, 힘에 대응하는 개념이다. 단면의 크기에 영향을 받으며, 파괴시험을 통해 파단강도를 확인하여 적용한다. 비틀림에 의한 파손의 경우 전단력 P가 아닌 비틀림 힘 T와 강도의 관계로 비틀림 강성의 개념으로 설명한다.
  ㉡ 비틀림 강성 : 부재가 비틀림 힘에 대해 얼마나 변형되지 않는가를 나타내는 정도로, 변형에 대응하는 개념이다. 단면의 모양에 영향을 받으며, 굽힘 등 변형시험을 통해 변형에 대한 저항을 확인한다. 변위의 변화량에 대한 외력의 값으로 나타낸다. 단면 2차 모멘트, 단면의 크기, 탄성계수 등의 복합으로 강성을 나타낸다.
  ㉢ 비틀림 모멘트(Twisting Moment)
  $$T = Z_p \tau, \quad T = \frac{I_p}{r}\tau = \frac{I_p}{\frac{d}{2}}\tau$$
  ㉣ 비틀림 힘과 비틀림 각, 전단탄성계수의 관계
  $$\tau = G\gamma, \quad \tau = G\frac{\rho\phi}{l}$$
  $$\phi = \frac{TL}{GI_p}$$
  여기서, ϕ : 비틀림각
  T : 비틀림 힘
  L : 전체 길이
  G : 전단탄성계수
  I_p : 극단면 2차 모멘트

⑥ 재료의 강도, 허용응력, 사용응력과 안전율
  ㉠ 안전율 : 인장, 압축, 전단시험 등의 재료시험을 거쳐 재료가 견딜 수 있는 강도를 파악하면, 응력-변형률 선도를 기준으로 안전하게 탄성한도 내에서 사용할 수 있는 응력을 재료에 따라 지정해 줄 필요가 있다. 이때 고려되는 것이 안전율이다.
  ㉡ 재료의 강도 : 재료의 강도는 경우에 따라 약간 다르나 일반적으로 항복강도를 사용하며, 파단강도를 사용하기도 한다. 문제에서는 '재료의 강도'로 표현하거나, '항복이 일어났다', '파단이 일어났다', '최대 하중은 ○○이다' 등으로 재료의 강도를 기술한다.
  ㉢ 허용응력
  $$\sigma_{allow} = \frac{\sigma_y}{S}$$
  여기서, σ_{allow} : 허용응력
  σ_y : 재료강도
  S : 안전율
  ㉣ 사용응력 : 부재가 실제로 안전하게 장시간 운전 또는 사용 상태에 있을 때 부재에 발생하는 응력을 사용응력으로 정의하여 허용응력 이하로 선정하여 사용한다.

⑦ 안전율에 영향을 주는 요인
  안전율을 고려할 때는 물체의 단면 형상, 자중, 환경 등을 고려하며, 특히 형상 중 응력집중현상이 일어날 수 있는 영역을 기준으로 고려한다. 파단이나 파손은 노치 등 형상이나 강도가 제일 약한 부분에서 일어난다.

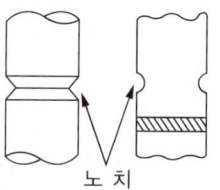
노치

10년간 자주 출제된 문제

19-1. 응력에 대한 설명으로 틀린 것은?

① 단위는 N/mm^2이다.
② 전단응력은 수직응력의 일종이다.
③ 응력의 크기는 $\frac{힘}{면적}$으로 표현된다.
④ 응력은 크기뿐만 아니라 작용면과 작용 방향을 갖는다.

10년간 자주 출제된 문제

19-2. 다음 그림과 같은 직경 15mm의 연강인장시험편을 인장시험기에 장착하여 측정된 최대하중은 7,600kgf이었다. 이때 발생한 응력은 약 얼마인가?

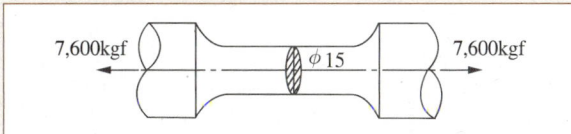

① 13kgf/mm² ② 23kgf/mm²
③ 33kgf/mm² ④ 43kgf/mm²

19-3. 다음 그림과 같이 1,000kgf의 전단력이 직경 20mm의 볼트에 작용하고 있을 때, 볼트에 생기는 전단응력은 약 얼마인가?

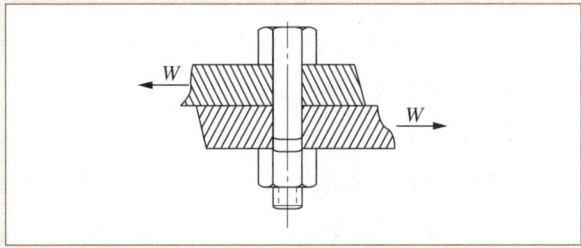

① 3.18kgf/mm² ② 6.37kgf/mm²
③ 31.8kgf/mm² ④ 63.7kgf/mm²

19-4. 하중의 크기와 방향이 주기적으로 변화하는 하중은?
① 반복하중   ② 교번하중
③ 충격하중   ④ 이동하중

19-5. 다음 설명 중 틀린 것은?
① 하중이 변화하기 전의 초기 단면적으로 하중을 나눈 응력을 공칭응력이라 한다.
② 재료의 저항력을 최대로 받을 수 있는 극한점에서의 응력을 최대 인장강도라 한다.
③ 물체가 하중을 받을 때 그에 대한 내부에 생기는 저항력을 변형률이라 한다.
④ 전단하중에 의해서 재료의 단면과 동일한 방향으로 발생되는 내력을 전단응력이라 한다.

19-6. 지름 10mm의 강봉에 최대 500kgf의 하중을 매달 수 있을 때의 안전율은?(단, 강의 극한강도는 3,000kgf/cm²이며, 자중은 무시한다)
① 3.93   ② 4.71
③ 0.78   ④ 6.36

19-7. 각 부재가 실제로 안전하게 장시간 운전 또는 사용 상태에 있을 때 부재에 발생하는 응력을 무엇이라 하는가?
① 극한강도   ② 사용응력
③ 허용응력   ④ 항복응력

19-8. 하중을 가할 때 응력 분포 상태가 불규칙하고 부분적으로 큰 응력이 집중하게 되는 응력집중현상이 일어나는 단면이 아닌 것은?
① 구멍 부분   ② 나사 부분
③ 노치 홈 부분   ④ 긴 축의 중간 부분

[해설]

19-1
전단응력은 횡단 방향의 수평응력이며 수직응력은 인장응력과 압축응력 등으로 구분한다.

19-2
$$\sigma = \frac{7,600\,\text{kgf}}{\frac{\pi(15\,\text{mm})^2}{4}} \fallingdotseq 43\,\text{kgf}/\text{mm}^2$$

19-3
$$\tau = \frac{1,000\,\text{kgf}}{\frac{\pi(20\,\text{mm})^2}{4}} \fallingdotseq 3.18\,\text{kgf}/\text{mm}^2$$

19-4
- 충격하중 : 아주 짧은 일시에 작용하는 하중
- 피로하중 : 긴 시간 오래도록 작용하는 자중
- 집중하중 : 좁은 한곳에만 작용하는 하중
- 분포하중 : 하중이 골고루 퍼져서 작용하는 하중
- 반복하중 : 동일한 위치에 동일한 하중이 반복적으로 작용하는 하중
- 교번하중 : 동일한 위치에 서로 다른 둘 이상의 하중이 교차하여 반복적으로 작용하는 하중
- 정(지)하중 : 운동력은 작용하지 않고 멈추어 있어 무게만 전달되는 하중
- (이)동하중 : 움직임이 작용하는 하중

19-5
물체가 하중을 받을 때 그에 대한 내부에 생기는 저항력을 응력이라 한다.

[해설]

19-6

최대 하중을 달 때의 인장응력은

$\sigma = \dfrac{500\text{kgf}}{\dfrac{\pi(1\text{cm})^2}{4}} \fallingdotseq 637\text{kgf/cm}^2$, $S = \dfrac{3,000}{637} \fallingdotseq 4.71$

19-7

부재가 실제로 안전하게 장시간 운전 또는 사용 상태에 있을 때 부재에 발생하는 응력을 사용응력으로 정의하고, 허용응력 이하로 선정하여 사용한다.

19-8

응력집중현상은 정상적인 단면이 아닌 면적이 급하게 좁아진 부분이나 홈이 있는 부분에서 일어난다. 긴 축의 중간 부분은 매우 안정적으로 응력이 분포되는 부분이다.

정답 19-1 ② 19-2 ④ 19-3 ① 19-4 ②
19-5 ③ 19-6 ② 19-7 ② 19-8 ④

핵심이론 20 모멘트

① **모멘트(Moment)** : 회전시키려는 힘으로, 회전을 일으키려는 원동력이다.

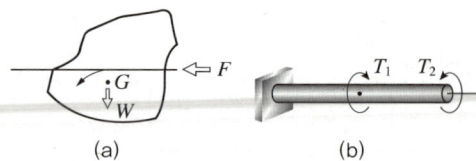

㉠ 그림 (a)와 같은 물체에 무게 중심 G에 하중 W가 작용하고 있다. 이때 외력 F가 작용하면 이 물체를 좌로 미는 힘 외에도 화살표처럼 물체를 회전시키려는 회전력이 작용한다. 또한, 그림 (b)처럼 외력이 작용하면 이 막대는 회전을 하려는 힘을 받게 된다. 이렇게 어떤 물체에 회전이 일어나게끔 하는 힘을 모멘트라 한다.

㉡ $M = F \times L$

여기서, M : 모멘트
F : 외력
L : 중심과 외력의 거리

단위는 N·m, kgf·cm를 사용한다.

㉢ 모멘트의 특성

- 모멘트는 어느 방향으로 힘을 받는가, 즉 방향성을 갖는다.
- 모멘트는 모멘트의 중심에서 법선 방향의 힘의 작용점까지의 거리가 길수록 커진다.
- 모멘트는 작용점의 거리가 0이면 모멘트도 0이다.
- 모멘트를 가하면 물체는 회전운동을 하려고 한다.

② **보의 모멘트**

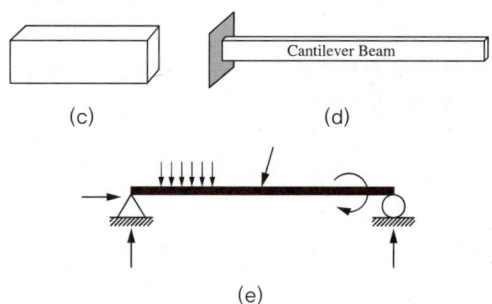

집의 기둥과 기둥 사이를 연결하여 집을 지탱하는 가장 큰 보를 대들보라고 한다. 보는 그림 (c)와 같은 구조물로 기계구조물, 건물 등을 지을 때 매우 중요한 요소이다. 구조물의 강성과 안정성을 확인할 때 보에 작용하는 힘을 해석하는 일은 매우 중요하다.

㉠ 보의 종류
- 외팔보 : 그림 (d)처럼 한쪽 끝은 완전 고정되어 있으나 나머지 부분은 자유롭게 서 있는 보
- 단순보 : 그림 (e)처럼 한 끝은 단순 완전 고정, 한 끝은 단순 지지된 보
- ※ 자동화설비산업기사의 난이도가 점점 올라가고 있으나 모든 부분을 기사 수준으로 공부할 필요는 없으며, 기출되는 영역을 커버하는 정도면 적절하다고 생각한다.

㉡ 보에 작용하는 힘의 종류
- 집중하중

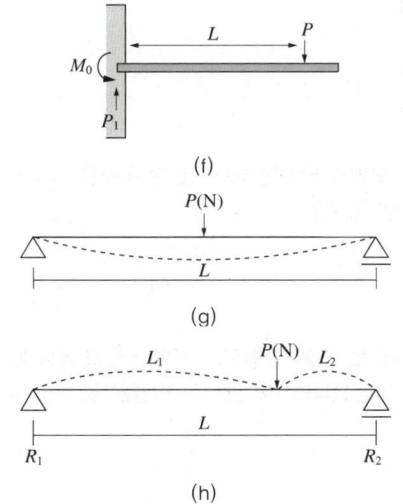

- 분포하중

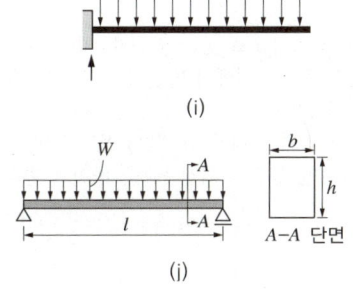

㉢ 보에 작용하는 힘에 따른 모멘트
- 외팔보 집중하중 : 그림 (f)의 경우 P로 누르면 회전시키려는 힘, 즉 모멘트가 생기고 왼쪽 고정단에 작용하는 모멘트는 거리에 비례하므로
$$M_0 = P \times L$$
- 단순보 중앙 집중하중 : 그림 (g)의 경우 P로 누르면 이에 반발하는 힘이 양 끝단에 1/2 P씩 발생하고 점선처럼 휘어지려는 힘의 크기는 가운데서 가장 크므로
$$M_0 = \frac{P}{2} \times \frac{L}{2} = \frac{PL}{4}$$
- 단순보 중앙 아닌 집중하중 : 그림 (h)처럼 힘이 한쪽으로 편중된 경우의 모멘트는 먼저 각 지지점에서의 반력을 구한 후 모멘트를 구한다.
$$R_1 = \frac{L_2}{L}P, \ R_2 = \frac{L_1}{L}P, \ M_1 = R_1 \times L_2,$$
$$M_2 = R_2 \times L_1$$
- 분포하중 : 분포하중은 집중하중으로 바꾸어 생각한다. 그림 (i), (j) 모두 분포된 영역을 도형으로 보면 도형의 도심에 집중하중이 작용한다. 등분포하중이므로 집중하중은 1/2 지점에 발생한다.

③ 모멘트의 계산

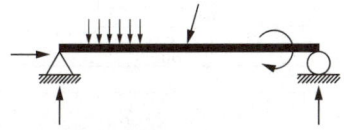

10년간 자주 출제된 문제

20-1. 다음 중 모멘트에 대한 설명 중 맞는 것은?
① 모멘트는 방향성을 갖지 않는다.
② 모멘트는 모멘트의 중심에서 접선 방향의 힘의 작용점까지의 거리가 길수록 작아진다.
③ 모멘트는 작용점의 거리가 0이면 모멘트는 0이다.
④ 모멘트는 힘을 가하여 물체를 수평 이동시키는 경우에 발생한다.

10년간 자주 출제된 문제

20-2. 다음 그림에서 B점에 발생하는 힘(반력) R은 얼마인가?

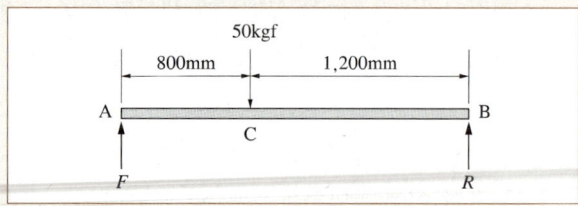

① 10kgf ② 20kgf
③ 30kgf ④ 50kgf

20-3. 다음 그림과 같이 받침점으로부터 420mm 떨어진 곳에 80kgf인 물체 W_1을 놓으면 받침점에서 840mm 떨어진 곳에 중량이 얼마인 물체 W_2를 놓아야 평형이 유지되는가?

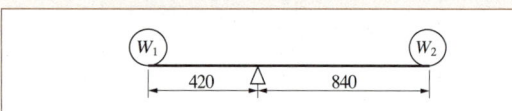

① 420kgf ② 160kgf
③ 80kgf   ④ 40kgf

20-4. 다음 그림과 같은 4개의 힘이 수직으로 작용할 때 합력의 작용선 위치는 O점과 얼마나 떨어져 있는가?

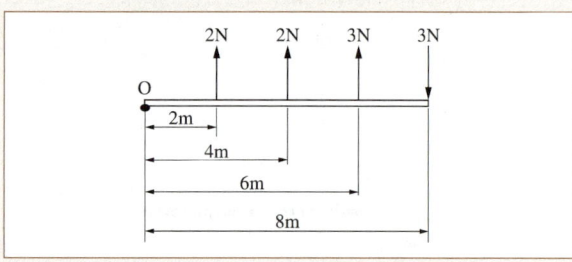

① 1.5m ② 2m
③ 2.5m ④ 3m

20-5. 길이가 20cm인 스패너에 파이프를 끼워 길이를 50cm로 만든다면 토크는 얼마나 증가하는가?(단, 스패너 끝과 파이프 끝에 가한 힘은 각각 20kgf이다)

① 2kgf·m ② 4kgf·m
③ 6kgf·m ④ 8kgf·m

20-6. 다음 그림과 같이 양손의 힘을 다르게 하면서 다이스 지지쇠를 회전시킬 때 발생하는 토크는 얼마인가?

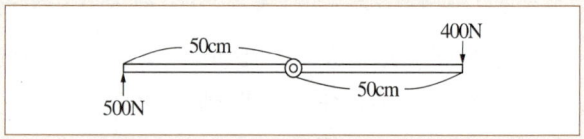

① 400N·m ② 450N·m
③ 500N·m ④ 550N·m

20-7. 다음 그림과 같이 길이 L의 외팔보의 자유단에 W의 집중하중이 작용할 때, 외팔보의 고정단에 작용하는 굽힘 모멘트(M)는?

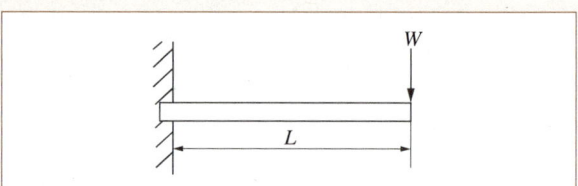

① $M = 2W \times L$
② $M = W \times L$
③ $M = \dfrac{1}{2} \times W \times L$
④ $M = \dfrac{1}{4} \times W \times L$

20-8. 힘의 모멘트 단위는 1N·m인데 이것을 일의 단위인 J로 표시하면 얼마인가?

① 0.1J ② 0.7J
③ 1J   ④ 1.5J

20-9. 한 손으로 150N의 힘으로 원형 핸들을 돌릴 때 90N·m의 토크가 발생했다면, 이 핸들의 반경은 몇 mm인가?

① 90   ② 150
③ 600 ④ 900

|해설|

20-1
- 모멘트는 어느 방향으로 힘을 받는가, 즉 방향성을 갖는다.
- 모멘트는 모멘트의 중심에서 법선 방향의 힘의 작용점까지의 거리가 길수록 커진다.
- 모멘트는 작용점의 거리가 0이면 모멘트도 0이다.
- 모멘트를 가하면 물체는 회전운동을 하려고 한다.

[해설]

20-2

Step 1. 위에서 누르는 힘과 아래에서 받치는 힘은 평형이다.
∴ 50kgf = F + R

Step 2. 움직이지 않는 물체라면 한 점에서의 모멘트 합은 같다.
A점에서의 모멘트 합 0 = 50kgf × 800mm − R × 2,000mm
∴ R = 20kgf, F = 30kgf

20-3
- 1점에서의 모멘트 : 80kgf × 420mm
- 2점에서의 모멘트 : $W_2 × 840$mm

평형이 되려면 두 모멘트가 같아야 하므로
$W_2 × 840$mm = 80kgf × 420mm
$W_2 = 40$kgf

20-4

Step 1. O점에서 모멘트의 합
$M_0 = 2N × 2m + 2N × 4m + 3N × 6m − 3N × 8m = 6N·m$

Step 2. 합력의 크기
$F_t = 2 + 2 + 3 − 3 = 4N$

Step 3. 합력의 작용점을 구하기 위해 M_o를 F_t로 나눔
$L = M_0 ÷ F_t = \dfrac{6N·m}{4N} = 1.5m$

20-5
$T_1 = 20\,\text{kgf} × 20\,\text{cm} = 400\,\text{kgf·cm}$
$T_2 = 20\,\text{kgf} × 50\,\text{cm} = 1,000\,\text{kgf·cm}$
$\Delta T = T_2 − T_1 = 600\text{kgf·cm} = 6\text{kgf·m}$

20-6
회전 방향이 같으므로 두 토크를 합한다.
$T = 400N × 0.5m + 500N × 0.5m = 450N·m$

20-7
문제의 그림은 외팔보이다. 아랫방향의 집중하중만 작용하고 고정단에 반력의 크기는 W와 같으므로 $M = R_a × L = W × L$이 된다.

20-8
모멘트의 단위인 N·m는 힘과 거리의 곱으로, 일과 같은 단위를 사용한다. 일의 단위는 J이다.

20-9
토크(Torque)는 회전력으로, 회전이 가지고 있는 힘이다.
단위는 N·m, kgf·cm를 사용한다.
$T = F × r$
$90N·m = 150N × r[mm]$
$r = 90,000N·mm ÷ 150N = 600mm$
(여기서, T : 토크, F : 작용력, r : 회전 중심까지의 거리)

| 정답 | 20-1 ③ | 20-2 ② | 20-3 ④ | 20-4 ① | 20-5 ③ |
| | 20-6 ② | 20-7 ② | 20-8 ③ | 20-9 ③ | |

핵심이론 21 토크, 비틀림 모멘트

① 토크(Torque) : 회전력으로 회전이 가지고 있는 힘이다.

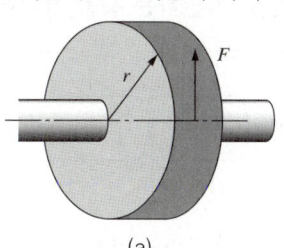

(a)

㉠ 그림 (a)는 회전하는 바퀴이다. 이 축은 회전력을 받고 있고, 이 회전력은 어떤 힘을 내고 있다. 모멘트가 회전을 시키려는 힘이라면 토크는 그 회전이 가지고 있는 힘이다. 따라서 개념은 다르지만 같은 물리량을 사용한다.

㉡ $T = F × r$ (T : 토크, F : 작용력, r : 회전 중심까지의 거리)로 표현하며, 단위는 N·m, kgf·cm를 사용한다.

㉢ 회전토크는 회전관성과 관련이 있다. 관성이 큰 회전체는 시동에 큰 토크가 필요하고 제동에도 큰 토크가 필요하지만, 회전을 유지하는 데는 큰 힘이 필요하지 않다. 따라서 회전속도와 필요한 토크는 비례관계이거나 반비례관계 등으로 정의할 수 없다.

㉣ 같은 토크로 관성이 큰 물체는 회전속도가 작다. 모터 선정 시 필요한 관성을 적절히 결정할 필요가 있다.

㉤ 회전 모멘트
- 회전관성과 역학적 음수관계이다.
- 회전시키려는 힘을 회전 모멘트라 한다.
- 물체에 가하는 힘이 크면 회전 모멘트는 크다.
- 회전 모멘트의 단위는 힘과 거리 단위의 곱이다.
- 회전 중심에서 힘이 가해지는 곳까지의 선분 길이가 길면 회전 모멘트는 크다.

② 축의 모멘트

그림 (b)처럼 회전하는 긴 축에서 축은 회전시키려는 힘에 의해 회전 모멘트 T를 받고, 긴 축도 막대이므로

중심부의 하중 W에 의해 굽힘 모멘트 M을 받는다. 각각 계산할 수도 있지만, 축의 경우 두 모멘트를 하나의 모멘트로 치환하는 값을 생각하는데 이를 상당(相當) 모멘트라 한다.

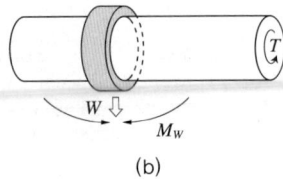

(b)

㉠ 상당 비틀림 모멘트 : 두 모멘트를 비틀림 모멘트에 대해서만 계산한 상당 모멘트이다.

$$T_e = \tau_e \cdot Z_p = \frac{1}{2} Z_p \sqrt{\sigma_b^2 + 4\tau^2}$$

$$T_e = \sqrt{M^2 + T^2}$$

㉡ 상당 굽힘 모멘트 : 두 모멘트를 굽힘 모멘트로 치환 계산한 것이다.

$$M_e = \sigma_e \cdot Z$$
$$= Z\left(\frac{1}{2}\sigma_b + \frac{1}{2}\sqrt{(\sigma_b)^2 + 4\tau^2}\right)$$

$$M_e = \frac{1}{2}(M + T_e) = \frac{1}{2}(M + \sqrt{M^2 + T^2})$$

③ 단면계수 : 단면계수를 설명하려면 관성 모멘트를 설명하여야 하는데, 산업기사 수준에서는 과정을 다루지 않으므로 결과만 설명한다. 단면계수를 알면, 이것과 상당 모멘트 또는 굽힘 모멘트를 이용하여 바로 허용 굽힘응력을 구할 수 있다. 단면계수는 Z라고 표시한다. 또한 비틀림 모멘트와 허용 전단응력의 관계를 정의할 때 극단면 계수를 사용하며 Z_p라고 표시한다. 이 변수들의 관계는 다음과 같다.

$$M = \sigma_a Z, \quad Z = \frac{\pi d^3}{32} \quad \therefore \quad d = \sqrt[3]{\frac{32M}{\pi \sigma_a}}$$

$$T = \tau_a Z_p, \quad Z_p = \frac{\pi d^3}{16} \quad \therefore \quad d = \sqrt[3]{\frac{16T}{\pi \tau_a}}$$

㉠ 굽힘강성계수 : 탄성계수와 단면 2차 모멘트의 곱이다(EI).

㉡ $Z = \frac{I}{y}$를 단면계수라고 한다.

㉢ 주요 단면의 단면적, 단면 2차 모멘트, 단면계수

단면	단면적(A)	중심의 거리(e)	단면 2차 모멘트(I)	단면계수(Z)
직사각형	bh	$\frac{h}{2}$	$\frac{bh^3}{12}$	$\frac{bh^2}{6}$
정사각형	h^2	$\frac{h}{2}$	$\frac{h^4}{12}$	$\frac{h^3}{6}$
마름모	h^2	$\frac{h}{2}\sqrt{2}$	$\frac{h^4}{12}$	$\frac{\sqrt{2}}{12}h^3$
삼각형	$\frac{bh}{2}$	$\frac{2}{3}h$	$\frac{bh^3}{36}$	$\frac{bh^2}{24}$
원	$\pi r^2 = \frac{\pi d^2}{4}$	$\frac{d}{2}$	$\frac{\pi d^4}{64}$	$\frac{\pi d^3}{32}$
중공 사각	$b(H-h)$	$\frac{H}{2}$	$\frac{b}{12}(H^3 - h^3)$	$\frac{b}{6H}(H^3 - h^3)$
중공 정사각	$A^2 - a^2$	$\frac{A}{2}$	$\frac{A^4 - a^4}{12}$	$\frac{1}{6}\frac{A^4 - a^4}{A}$
중공 마름모	$A^2 - a^2$	$\frac{A}{2}\sqrt{2}$	$\frac{A^4 - a^4}{12}$	$\frac{A^4 - a^4}{12A}\sqrt{2}$
중공 원	$\frac{\pi}{4}(d_2^2 - d_1^2)$	$\frac{d_2}{2}$	$\frac{\pi}{64}(d_2^4 - d_1^4)$	$\frac{\pi}{32}\left(\frac{d_2^4 - d_1^4}{d_2}\right)$

④ 강성을 고려한 축지름 설계(Bach의 축 공식)

위의 여러 가지를 고려하여 축의 지름을 설계하였더라도 비틀림 변형에 의한 진동 유발 등을 고려하여 바흐(Bach)가 실험적으로 제안한 공식이다. 예를 들어, 연강 재질의 속이 꽉찬 원형축의 경우 1m당 비틀림각은 1/4°, 즉 0.25° 이내여야 하며 그 직경은 $d = 120\sqrt[4]{\frac{H}{N}}$ [mm]와 같이 구한다.

10년간 자주 출제된 문제

21-1. 다음 그림에서 스패너를 이용하여 볼트를 조이려고 한다. 이때 발생하는 토크(T)를 구하는 식으로 옳은 것은?

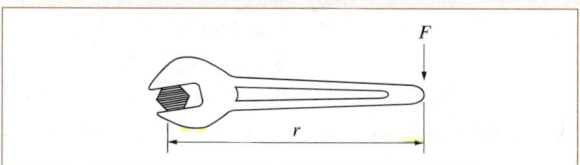

① $T = F \times r$
② $T = F \times 2r$
③ $T = \sqrt{F \times r}$
④ $T = \dfrac{F \times r}{2}$

21-2. 축의 굽힘 모멘트(M)에 대한 설명으로 틀린 것은?
① 굽힘 모멘트는 축의 단면계수에 비례한다.
② 굽힘 모멘트는 축의 허용 굽힘응력에 비례한다.
③ 굽힘 모멘트는 축지름의 세제곱에 비례한다.
④ 굽힘 모멘트는 무차원 단위를 갖는다.

21-3. 전동축은 비틀림 모멘트(T)와 굽힘 모멘트(M)를 동시에 받는다. 이때의 상당굽힘 모멘트(M_e)는?
① $M_e = \sqrt{M^2 + T^2}$
② $M_e = M + \sqrt{M^2 + T^2}$
③ $M_e = \dfrac{1}{2}(\sqrt{M^2 + T^2})$
④ $M_e = \dfrac{1}{2}(M + \sqrt{M^2 + T^2})$

21-4. 다음 중 토크에 대한 설명 중 맞는 것은?
① 토크는 굽힘 모멘트라고도 한다.
② 한쪽이 고정된 원형축에 토크가 작용되면 압축응력이 발생한다.
③ 한쪽이 고정된 원형축에 토크가 작용되면 인장응력이 발생한다.
④ 한쪽이 고정된 원형축에 토크가 작용되면 전단응력이 발생한다.

21-5. 중공축이 비틀림 모멘트(T)를 받을 때 축의 지름(d)을 구하는 식으로 옳은 것은?(단, 허용전단응력은 τ_a이다)
① $d = \sqrt[2]{\dfrac{16T}{\pi \tau_a}}$
② $d = \sqrt[2]{\dfrac{32T}{\pi \tau_a}}$
③ $d = \sqrt[3]{\dfrac{16T}{\pi \tau_a}}$
④ $d = \sqrt[3]{\dfrac{32T}{\pi \tau_a}}$

21-6. 회전 모멘트에 대한 설명이 틀린 것은?
① 물체에 가하는 힘이 크면 회전 모멘트는 크다.
② 회전 모멘트의 단위는 힘과 거리 단위의 곱이다.
③ 회전 중심에서 힘이 가해지는 곳까지의 선분 길이가 길면 회전 모멘트는 크다.
④ 힘이 가해지는 곳까지의 선분과 힘이 이루는 각이 180°일 때 회전 모멘트는 크다.

|해설|

21-1
토크는 힘과 거리의 곱이다.

21-2
④ 모멘트의 단위는 힘과 길이의 곱이다.
①, ② $M = \sigma_a Z$이므로 옳은 답이다.
③ $Z = \dfrac{\pi d^3}{32}$이므로 옳은 답이다.

21-3
- 상당 비틀림 모멘트 $T_e = \sqrt{M^2 + T^2}$
- 상당 굽힘 모멘트 $M_e = \dfrac{M + T_e}{2} = \dfrac{1}{2}(M + \sqrt{M^2 + T^2})$

21-4
토크는 비틀림 모멘트와 물리적 방향은 같고, 전단응력을 발생시킨다.

21-5
조건을 중공축으로 제시하였으나 바깥지름, 안지름 조건이 없으므로 일반적인 중실축으로 간주해야 한다. 단면계수를 알면, 이것과 상당 모멘트 또는 굽힘 모멘트를 이용하여 바로 허용 굽힘응력을 구할 수 있다. 단면계수는 Z라고 표시한다. 또한, 비틀림 모멘트와 허용 전단응력의 관계를 정의할 때 극단면계수를 사용하며 Z_p라고 표시한다. 이 변수들의 관계는 다음과 같다.

$$M = \sigma_a Z, \quad Z = \dfrac{\pi d^3}{32}, \quad \therefore d = \sqrt[3]{\dfrac{32M}{\pi \sigma_a}}$$

$$T = \tau_a Z_p, \quad Z_p = \dfrac{\pi d^3}{16}, \quad \therefore d = \sqrt[3]{\dfrac{16T}{\pi \tau_a}}$$

21-6
힘의 벡터와 중심점에서 작용점까지의 벡터가 180°를 이루면 회전력이 발생하지 않는다.

정답 21-1 ① 21-2 ④ 21-3 ④ 21-4 ④ 21-5 ③ 21-6 ④

핵심이론 22 체결요소의 설계

① 사각나사의 역학 계산
  ㉠ 실제 많이 사용하는 삼각나사의 역학을 계산하는 전 단계로 다소 쉬운 사각나사를 이용하여 역학을 이해해 본다.
  ㉡ 사각나사의 운동은 그림 (a)의 물체를 밀어 올리는 것과 같아서 그림 (b)처럼 비스듬한 면에 작용하는 물체의 힘의 관계로 생각할 수 있다.

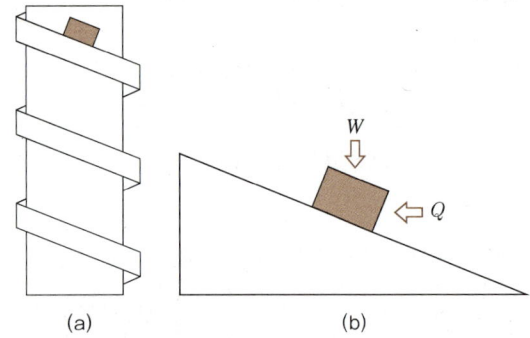

  ㉢ 그림 (b)에는 실제로 자중에 의한 힘 W와 회전력 Q가 작용하며 분석에 필요한 힘은 그림 (c)와 같다.

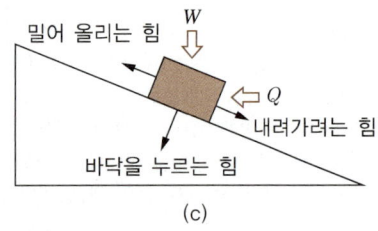

  ㉣ 나사에서 밀어 올리는 힘과 저항력 관계를 해석하기 위해
  • 바닥을 누르는 힘을 구해서 마찰계수를 곱하면 저항하는 힘

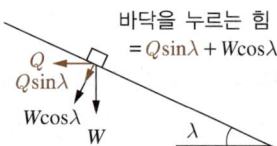

  즉, 빗면을 따라 밀어 올리는 것에 대한 저항력은
  $$f(Q\sin\lambda + W\cos\lambda)$$

  • 밀어 올리는 힘

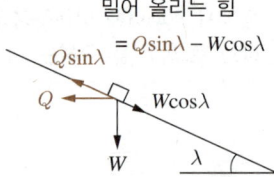

  ㉤ 나사를 체결하려면 최소한 회전력 Q와 W의 관계는
  $$Q\cos\lambda - W\sin\lambda = f(Q\sin\lambda + W\cos\lambda)$$
  $$Q(\cos\lambda - f\sin\lambda) = W(f\cos\lambda + \sin\lambda)$$
  $$Q = W\frac{f\cos\lambda + \sin\lambda}{\cos\lambda - f\sin\lambda}$$

  분자, 분모를 모두 $\cos\lambda$로 나누면
  $$Q = W\frac{f + \tan\lambda}{1 - f\tan\lambda}$$

  마찰계수 f를 $\tan\rho$라고 표시하자($f = \tan\rho$인 ρ는 반드시 존재한다).
  $$Q = W\frac{f + \tan\lambda}{1 - f\tan\lambda} = W\frac{\tan\rho + \tan\lambda}{1 - \tan\rho\tan\lambda}$$
  $$= W\tan(\rho + \lambda)$$
  (삼각함수의 정리 중 탄젠트 정리에 의해)

② Q와 W의 관계식을 이용하여 구할 수 있는 식
  ㉠ 사각나사로 하중을 들어 올리는 나사의 토크 관련 식
  $$T_{screw} = \frac{d_m}{2}Q = \frac{d_m}{2}W\tan(\rho + \lambda)$$
  ㉡ 너트마찰을 고려하지 않은 사각나사의 효율에 관련된 식
  $$e = \frac{W \times \tan\lambda \times \pi \times d_m}{2\pi\left(\frac{d_m}{2}W\tan(\rho + \lambda)\right)}$$
  $$= \frac{\tan\lambda \times d_m}{d_m \times \tan(\rho + \lambda)}$$
  $$= \frac{\tan\lambda}{\tan(\rho + \lambda)}$$

일반적으로 위 식을 이용하여 나사의 효율을 계산한다.

> 너트의 마찰을 고려한 사각나사의 효율에 관련된 식
> $$e = \frac{W \times \tan\lambda \times \pi \times d_m}{2\pi\left\{\frac{d_m}{2}W\tan(\rho+\lambda) + \frac{d_c}{2}f_c W\right\}}$$
> $$= \frac{\tan\lambda \times d_m}{d_m \times \tan(\rho+\lambda) + d_c f_c}$$

③ 너클핀의 강도 설계

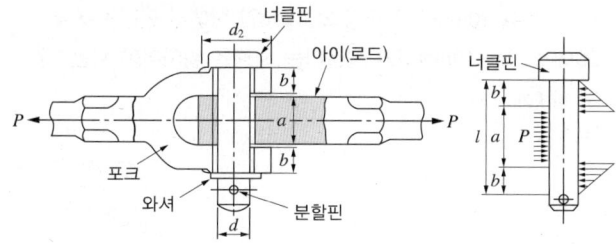

㉠ 핀 면압
$$p = \frac{P}{da}$$

여기서, d : 핀의 지름
a : 핀과 구멍 부분의 접촉길이
P : 축하중
p : 구멍과 접촉하고 있는 핀의 면압

㉡ 전단응력
$$\tau = \frac{P}{2A} = \frac{P}{2 \times \frac{\pi d^2}{4}} = \frac{2P}{\pi d^2}$$

㉢ 굽힘응력
$$M = \sigma_b Z, \quad \frac{Pl}{8} = \sigma_b \times \frac{\pi d^3}{32}$$

④ 키에 작용하는 응력

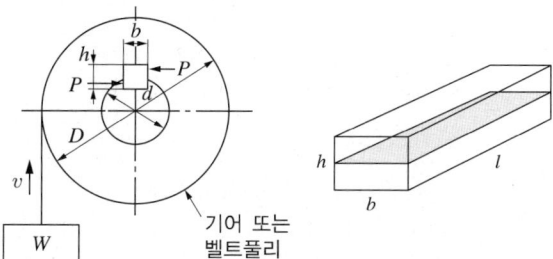

㉠ 키에 작용하는 압축력
$$\sigma = \frac{P}{\frac{h}{2}l} = \frac{2P}{hl}$$

㉡ 키에 작용하는 전단력
$$\tau = \frac{P}{bl} = \frac{\frac{T}{d/2}}{bl} = \frac{2T}{bdl}$$

(여기서, T : 단면에 작용하는 토크)

⑤ 리벳이음의 응력
㉠ 리벳의 전단응력

$$W = \frac{\pi}{4}d^2\tau_a$$
$$\tau_a = \frac{4W}{\pi d^2}$$

$$W = 2 \times \frac{\pi}{4}d^2\tau_a$$
$$\tau_a = \frac{2W}{\pi d^2}$$

㉡ 리벳 사이의 파괴
$$W = (p - nd)t \times \sigma_a$$

㉢ 판 끝과 리벳 구멍 사이 판의 전단
$$W = 2 \cdot e \cdot t \cdot \tau_r$$

㉣ 판재의 인장응력
$$W = t(p - d_0)\sigma_t$$
$$\therefore \sigma_t = \frac{W}{(p - d_0)t}$$

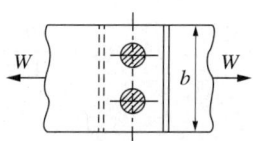

위의 그림과 같다면

$$\sigma_t = \frac{W}{(b-nd_0)t}$$

ⓓ 판재의 전단응력

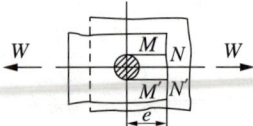

위의 그림과 같을 때

$$W = 2et\tau_0$$

$$\tau_0 = \frac{W}{2et}$$

ⓔ 판재의 압축응력

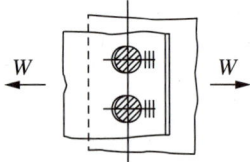

위의 그림과 같을 때

$$W = dt\sigma_c$$

$$\therefore \sigma_c = \frac{W}{dt}$$

⑥ 리벳지름의 설계 : 리벳의 전단응력과 판재의 압축응력이 같다면

$$\frac{\pi}{4}d^2\tau_a = dt\sigma_c$$

$$\therefore d = \frac{4t\sigma_c}{\pi\tau_a}$$

⑦ 리벳 피치의 설계 : 리벳의 전단응력과 판재의 인장응력이 같다면

$$\frac{\pi}{4}d^2\tau_a = (p-d_0)t\sigma_t$$

$$\therefore P = d_0 + \frac{\pi d^2 \tau_a}{4t\sigma_t}$$

10년간 자주 출제된 문제

22-1. 자중을 1,000kgf 받고 있는 지름 20mm 사각나사에 회전력을 가하여 밀어 올리려 한다. 마찰계수가 0.3이고 λ가 20°일 때 가해야 하는 최소 토크[kgf·cm]는?

① 약 70kgf·cm
② 약 75kgf·cm
③ 약 700kgf·cm
④ 약 750kgf·cm

22-2. 두께 10mm, 판 구멍 21.5mm인 판에서 인장응력 σ_t= 60MPa, 폭 110mm라면 작용하는 하중은 얼마여야 하는가?

① 40kN ② 45kN
③ 50kN ④ 55kN

해설

22-1

$$T = \frac{d}{2}Q = \frac{d}{2}W\frac{f + \tan\lambda}{1 - f\tan\lambda}$$

$$= \frac{20mm}{2} 1,000kgf \frac{0.3 + \tan 20°}{1 - 0.3\tan 20°}$$

$$= 10 \times 1,000 \frac{0.6640}{0.8908} kgf \cdot mm$$

$$= 7,454 kgf \cdot mm$$

$$= 745.4 kgf \cdot cm$$

22-2

$$W = (b - nd_0)t\sigma_t$$
$$= (110mm - 2 \times 21.5mm) \times 10mm \times 60N/mm^2$$
$$= 40,200N = 40.2kN$$

정답 22-1 ④ 22-2 ①

핵심이론 23 기계 및 기계 제작

① 기계의 다양한 정의
  ㉠ 동력을 이용하는 기구
  ㉡ 힘의 작용을 통하여 일을 하는 체계
  ㉢ 에너지를 받아 유용한 일을 하는 것

② 기계의 구성
  ㉠ 동력부 : 힘을 발생시키는 부분
  ㉡ 전달부 : 발생된 힘을 전달하는 부분
  ㉢ 구동부 : 전달받은 힘을 동작으로 나타내어 일을 하는 부분

③ 기계제품의 제작공정
  ㉠ 주조 : 원형을 사용하여 만든 주형에 금속을 녹여 부어 주물을 만드는 과정
  ㉡ 다이캐스팅 : 가압하여 주조하는 제작공정. 가압하여 주조공정 중 정밀도가 높고, 기공이 적으며 대량 생산에 적합한 제작방법
  ㉢ 소성가공 : 재료(주로 금속)가 가지고 있는 소성(연성, 전성, 압축성, 가변형성)을 이용하는 공작법
  ㉣ 용접가공 : 소성가공으로 분류되며 높은 열을 이용하여 재료의 일부를 녹여서 접합하는 가공
  ㉤ 기계가공 : 주로 절삭작업(연삭 포함)을 의미하며 깎아서 모양을 만드는 가공
  ㉥ 수가공 : 줄·톱·정·망치 등을 이용한 손작업
  ㉦ 열처리 : 재료의 성질을 개선 또는 변화시키기 위해 열을 가하고 식히는 작업
  ㉧ 표면처리 : 재료 표면에 원하는 성질을 얻기 위해 열을 가하거나 입히거나 벗기는 작업

10년간 자주 출제된 문제

23-1. 다음 중 기계에 대한 설명으로 옳지 않은 것은?
① 힘을 사용한다.
② 기구의 메커니즘이 존재한다.
③ 에너지를 사용하지 않는다.
④ 특정한 목적을 가진 일을 한다.

23-2. 다음 중 기계 제작의 절차에 대한 설명으로 옳지 않은 것은?
① 주조 : 원형을 사용하여 만든 주형에 금속을 녹여 부어 주물을 만드는 과정
② 절삭가공 : 깎아서 모양을 만드는 가공
③ 소성가공 : 재료 표면에 원하는 성질을 얻기 위해 표면에 열을 가하거나 입히거나 벗기는 작업
④ 열처리 : 재료의 성질을 개선 또는 변화시키기 위해 열을 가하고 식히는 작업

23-3. 다이캐스팅 주조의 특징이 아닌 것은?
① 정밀도가 우수하다.
② 대량 생산이 가능하다.
③ 기공이 적고 치밀하다.
④ 용융점이 높은 금속의 주조에 적합하다.

[해설]

23-1
기계는 힘을 사용하여 특정한 목적을 가진 일을 하는 메커니즘이다. 여기서 전기력(電氣力)은 전자기력을 의미하는 것으로 보이지만 당시 이의 제기가 되었다면 ①, ②가 복수정답이 될 수 있는 문제로 보인다.

23-2
소성가공은 재료의 소성을 이용하여 형상을 만드는 작업이다. ③은 표면처리에 대한 설명이다.

23-3
다이캐스팅 : 가압하여 주조하는 제작공정으로, 가압하여 주조하는 공정 중 정밀도가 높고, 기공이 적으며 대량 생산에 적합한 제작방법이다.

정답 23-1 ③ 23-2 ③ 23-3 ④

핵심이론 24 기계공작의 종류

① 용어
- ㉠ 선반(旋 : 돌릴 선, 盤 : 받침 반, Lathe) : 공작물을 물려 놓고 회전시키고, 그 상태에 공구를 갖다 대어 이동시키면서 원하는 원통형 공작물을 제작
- ㉡ 밀링(Milling) : 공구를 회전시키며 고정된 공작물을 절삭하며, 원하는 모양으로 모두 절삭 가능
- ㉢ 드릴링(Drilling) : 보링이 이미 생성된 구멍을 다듬는 작업이라면, 드릴링은 없는 구멍을 뚫는 작업
- ㉣ 보링(Boring) : 주조된 구멍이나 이미 뚫은 구멍을 필요한 크기나 정밀한 치수로 넓히는 작업
- ㉤ 셰이퍼(Shaper) : 모양을 만드는 작업이란 뜻으로 왕복운동하는 커터로 평면을 절삭하는 공작기계
- ㉥ 슬로터(Slotter) : 전후좌우로 움직이는 테이블 위에 회전테이블이 있고 램 끝에 공구를 달아서 공작하는 기계로, 주로 보스에 키 홈을 가공하는 작업, 셰이퍼를 수직으로 세운 모양이며, 규격은 램의 최대 행정과 테이블의 지름으로 표시함
- ㉦ 플레이너(Planer) : 셰이퍼로 절삭할 수 없는 큰 공작물을 공작하는 평면절삭 공작기계로, 테이블의 수평 길이 방향 왕복운동과 공구의 테이블 가로 방향 이송에 의해 비교적 넓은 평면을 가공하여 평삭기라고도 함
- ㉧ 연삭(旋 : 갈 연, 盤 : 깎을 삭, Grinding) : 숫돌을 이용하여 재료를 갈아 내며 절삭하는 것
- ㉨ 래핑(Lapping) : 랩제를 이용하여 문질러서 미세하게 갈아 내는 작업
- ㉩ 호닝(Honing) : 혼(Hone)이라는 숫돌을 이용하여 내면을 연삭하는 작업
- ㉪ 호빙(Hobbing) : 홉(Hob)이라는 커터를 이용하여 스퍼기어, 헬리컬 기어 등을 가공
- ㉫ 셰이빙(Shaving) : 주로 기어가공 시 사용하며 치형모양의 커터로 기어를 다듬는 가공
- ㉬ 브로칭(Broaching) : 가늘고 긴 일정한 단면 모양을 가진 브로치라는 여러 개의 비슷한 절삭날이 달린 공구를 이용하여 가공물의 내면에 키 홈, 스플라인 홈, 원형이나 다각형의 구멍 형상과 외면에 세그먼트 기어, 홈, 특수한 외면의 형상을 가공하는 작업

② 공작기계의 분류
- ㉠ 범용 공작기계 : 가공의 범위가 넓어 다양한 제품의 가공을 할 수 있는 공작기계
- ㉡ 전용 공작기계 : 특정한 제품을 대량 생산할 때 적합하지만, 사용범위가 한정되며 구조가 간단한 공작기계
- ㉢ 단능 공작기계 : 대량 생산에 적합한 한 가지 공정을 감당하는 공작기계
- ㉣ 만능 공작기계 : 여러 가지 공작기계에서 할 수 있는 작업을 한 대의 기계로 작업할 수 있도록 만든 공작기계

③ 공작기계의 3가지 기본운동
- ㉠ 절삭운동 : 재료가 깎아지는 방향으로 힘을 받아 절삭이 일어나는 운동
- ㉡ 이송운동 : 절삭이 될 새로운 재료와 공구가 만나도록 이송하는 운동
- ㉢ 위치조정운동 : 원하는 치수로 절삭하기 위해 위치를 조정하는 운동

④ 기계를 사용하지 않는 수기가공
- ㉠ 서비스 게이지 : 공작물에 평행선을 긋거나 평행면의 검사용으로 사용된다.
- ㉡ 스크레이퍼 : 줄가공 후 면을 정밀하게 다듬질 작업하기 위해 사용된다.
- ㉢ 카운터 보어 : 육각볼트나 원형나사의 머리 부분이 공작물에 묻히도록 하기 위해 사용된다.
- ㉣ 카운터 싱킹 : 접시머리볼트나 접시머리나사의 머리 부분이 공작물에 묻히도록 한다.

ⓜ 탭, 다이스 : 탭과 다이스는 나사산을 가공하는 수공구로, 탭은 암나사, 다이스는 수나사를 가공하는 데 사용된다.

탭	탭 손잡이	다이스

- 탭의 파손원인
  - 구멍이 너무 작거나 구부러진 경우
  - 탭이 경사지게 들어간 경우
  - 탭의 지름에 적합한 핸들을 사용하지 않는 경우
  - 너무 무리하게 힘을 가하거나 가공 속도가 빠른 경우
  - 막힌 구멍의 밑바닥에 탭 선단이 닿았을 경우

ⓗ 줄가공 : 줄은 표면에 많은 절삭 줄눈이 있다. 줄눈의 크기에 따라 황목(거친 눈), 중목(중간 눈), 세목(가는 눈)으로 나뉜다.

ⓢ 스트리트 에지 : 직선의 금긋기 및 평면검사에 사용되는 강 및 주철제의 수공구

ⓞ 나이프 에지 : 다듬질면 상태의 평면검사에 사용되는 수공구

ⓩ 앵글 플레이트 : 수가공작업을 위해 공작물을 수직 위치를 유지하는 데 사용하는 등 다양한 용도를 가진 지그형 공구

⑤ 치공구

㉠ 치공구란 공작물의 위치를 지정하고 공차 이내의 작업을 가능하게 하는 생산공구이다.

㉡ 치공구의 사용목적
- 제품의 정밀도 및 호환성을 향상시킨다.
- 제품의 불량이 적고 생산능력을 향상시킨다.
- 복잡한 부품의 경제적인 생산이 가능하다.
- 작업자의 피로를 감소시키고, 안전성을 증가시킨다.

㉢ 치공구의 3요소 : 위치결정면, 위치결정구, 클램프

㉣ 지그(Jig)와 고정구(Fixture)
- 지그 : 기계가공을 안내하는 부분(부시)이 있는 기구로 공작물을 고정하거나 지지하기 위해 공작물에 부착하는 기구
- 고정구 : 부시 없이 공작물의 위치결정이나 클램프 고정에 사용하는 도구

10년간 자주 출제된 문제

24-1. 다음 공작기계 중 공작물이 직선 왕복운동을 하는 것은?
① 셰이퍼
② 선 반
③ 플레이너
④ 밀링머신

24-2. 호브(Hob)를 사용하여 기어를 절삭하는 기계로서 차동기구를 갖고 있는 공작기계는?
① 레이디얼 드릴링 머신
② 호닝머신
③ 자동선반
④ 호빙머신

24-3. 특정한 제품을 대량 생산할 때 적합하지만, 사용범위가 한정되며 구조가 간단한 공작기계는?
① 범용 공작기계
② 전용 공작기계
③ 단능 공작기계
④ 만능 공작기계

24-4. 수기가공에 대한 설명으로 틀린 것은?
① 서비스 게이지는 공작물에 평행선을 긋거나 평행면의 검사용으로 사용된다.
② 스크레이퍼는 줄가공 후 면을 정밀하게 다듬질 작업하기 위해 사용된다.
③ 카운터 보어는 드릴로 가공된 구멍에 대하여 정밀하게 다듬질하기 위해 사용된다.
④ 센터펀치는 펀치 끝의 각도가 60~90° 원뿔로 되어 있고 위치를 표시하기 위해 사용된다.

24-5. 수기가공에 대한 설명으로 틀린 것은?
① 탭은 나사부와 자루 부분으로 되어 있다.
② 다이스는 수나사를 가공하기 위한 공구이다.
③ 다이스는 1번, 2번, 3번 순으로 나사가공을 수행한다.
④ 줄의 작업은 황목 → 중목 → 세목 순으로 한다.

10년간 자주 출제된 문제

24-6. 탭으로 암나사 가공작업 시 탭의 파손원인으로 적절하지 않은 것은?

① 탭이 경사지게 들어간 경우
② 탭 재질의 경도가 높은 경우
③ 탭의 가공속도가 빠른 경우
④ 탭이 구멍 바닥에 부딪쳤을 경우

24-7. 가늘고 긴 일정한 단면 모양을 가진 공구를 사용하여 가공물의 내면에 키 홈, 스플라인 홈, 원형이나 다각형의 구멍 형상과 외면에 세그먼트 기어, 홈, 특수한 외면의 형상을 가공하는 공작기계는?

① 기어 셰이퍼(Gear Shaper)
② 호닝머신(Honing Machine)
③ 호빙머신(Hobbing Machine)
④ 브로칭 머신(Broaching Machine)

24-8. 치공구를 사용하는 목적으로 틀린 것은?

① 복잡한 부품의 경제적인 생산
② 작업자의 피로가 증가하고 안전성 감소
③ 제품의 정밀도 및 호환성의 향상
④ 제품의 불량이 적고 생산능력을 향상

24-9. 공작기계의 3대 기본운동이 아닌 것은?

① 전단운동
② 절삭운동
③ 이송운동
④ 위치조정운동

[해설]

24-1
셰이퍼는 공구가 직선 왕복운동을 실시하고, 선반은 공작물의 회전운동을, 밀링은 공구의 회전운동을 이용한다. 플레이너는 셰이퍼와 다르게 공작물이 직선 왕복운동을 한다.

24-2
차동기구란 기어의 함께 물린 두 기어가 회전속도의 차를 일으킬 수 있도록 고안한 기구이며, 호빙머신에는 나선절삭을 하기 위한 차동기구가 있다.

24-3
전용 공작기계는 특정제품에 전용으로 사용되는 공작기계를 의미한다.

24-4
카운터 보어는 육각볼트나 원형나사의 머리 부분이 공작물에 묻히도록 하기 위해 사용한다. ③은 보어 · 보링의 설명이다.

24-5
다이스는 크기에 따라 1번, 2번, 3번으로 나뉘며 각각 다른 나사를 가공한다.

24-6
탭의 파손원인
• 구멍이 너무 작거나 구부러진 경우
• 탭이 경사지게 들어간 경우
• 탭의 지름에 적합한 핸들을 사용하지 않는 경우
• 너무 무리하게 힘을 가하거나 가공 속도가 빠른 경우
• 막힌 구멍의 밑바닥에 탭 선단이 닿았을 경우

24-7
브로칭(Broaching) : 가늘고 긴 일정한 단면 모양을 가진 브로치라는 여러 개의 비슷한 절삭 날이 달린 공구를 이용하여 가공물의 내면에 키 홈, 스플라인 홈, 원형이나 다각형의 구멍 형상과 외면에 세그먼트 기어, 홈, 특수한 외면의 형상을 가공하는 작업

24-8
치공구 사용목적
• 제품의 정밀도 및 호환성이 향상된다.
• 제품의 불량이 적고 생산능력을 향상시킨다.
• 복잡한 부품의 경제적인 생산이 가능하다.
• 작업자의 피로를 감소시키고, 안전성을 증가시킨다.

24-9
공작기계의 3가지 기본운동
• 절삭운동 : 재료가 깎이는 방향으로 힘을 받아 절삭이 일어나는 운동
• 이송운동 : 절삭이 될 새로운 재료와 공구가 만나도록 이송하는 운동
• 위치조정운동 : 원하는 치수로 절삭하기 위해 위치를 조정하는 운동

정답 24-1 ③ 24-2 ④ 24-3 ② 24-4 ③ 24-5 ③
24-6 ② 24-7 ④ 24-8 ② 24-9 ①

핵심이론 25 측정이론

① 측정용어
　㉠ 최소 눈금값 : 한 눈금이 갖는 값
　㉡ 감도 : 측정량 변화에 대해 눈금의 움직이는 크기
　㉢ 지시범위 : 눈금이 가리키는 범위로, 75~100mm 마이크로미터는 25mm가 지시범위
　㉣ 측정범위 : 측정 가능한 범위로, 75~100mm 마이크로미터는 75~100mm가 측정범위
　㉤ 되돌림 오차 : 같은 측정 대상물에 대해 각기 다른 방향으로 접근할 때 생기는 오차
　㉥ 측정력 : 측정을 위해 작용하는 작용력

② 측정의 종류
　㉠ 직접 측정
　　• 길이 측정 : 대상물 외형의 길이나 두께를 측정한다.
　　• 각도 측정 : 대상물 외형의 두 모서리 사이의 각을 측정한다.
　　• 기하형상 측정 : 평면도, 직선도 등 기하형상을 측정한다.
　㉡ 간접 측정 : 측정 대상을 직접 측정할 수 없을 때 다른 측정 대상을 측정하여 계산한다.
　㉢ 절대 측정 : 조립량(길이·무게·시간 외의 기본량이 조합된 양)을 기본량만의 측정으로 유도하는 측정이다.
　㉣ 비교 측정 : 기준면이나 선과의 관계를 측정한다.

[직접 측정과 비교 측정의 장단점]

	직접 측정	비교 측정
장점	• 측정범위가 넓다. • 실제치수를 직접 읽을 수 있다. • 각기 다른 종류의 제품을 측정하기에 적합하다.	• 측정기를 안정된 위치에 두고 사용할 수 있다. • 길이 외에도 형상 측정 등에 강점이 있다. • 빠른 측정이 가능하다. • 로봇으로 대체가 가능하다.
단점	• 시간이 많이 걸린다. • 오차가 많이 발생한다. • 측정기 다루는 데 숙련이 필요하다.	• 직접 치수를 읽을 수는 없다. • 정해진 형상에서 사용 가능하다. • 표준 게이지가 필요하다.

　㉤ 한계 게이지 측정 : 일종의 비교 측정이다. 제품 사용 가능 여부를 판단하기 위해 최대 허용값, 최소 허용값으로 만들어진 한계 게이지를 사용하여 측정한다.

③ 아베의 원리 : 측정 대상물과 표준자는 측정 방향상 일직선 위에 있어야 한다.

④ 테일러의 원리 : 허용 한계 측정, 한계 게이지를 이용한 측정에 적용되며 '통과 측에는 모든 치수 또는 결정량이 동시에 검사되고 정지 측에는 각각의 치수가 개개로 검사되어야 한다'는 원리이다. 구멍과 축의 관계에서 이해하면 좋다. 축을 검사한다면 허용오차 내의 한계 게이지 두 개는 가장 큰 오차에서는 축이 모두 통과하여야 하고, 가장 작은 오차에서는 각각의 치수가 해당되어야 한다.

⑤ 헤르츠의 원리 : 훅의 법칙(탄성 한계 내에서 일어나는 응력은 변형과 비례관계, $\sigma = E\delta$)이 적용되는 범위의 측정에서도 측정자가 대상물을 누르면 자국이 생기고 변형 δ가 발생하는데, 이는 각 경우에 따라 헤르츠가 정리한 식이 있다.

10년간 자주 출제된 문제

25-1. 측정기에서 읽을 수 있는 측정값의 범위를 무엇이라 하는가?
① 지시범위
② 지시한계
③ 측정범위
④ 측정한계

25-2. 정밀 측정에서 아베의 원리에 대한 설명으로 옳은 것은?
① 내측 측정 시는 최댓값을 택한다.
② 눈금선의 간격은 일치되어야 한다.
③ 단도기의 지지는 양끝 단편이 평행히도록 한다.
④ 표준자와 피측정물은 동일 축선상에 있어야 한다.

25-3. 직접 측정의 장점에 해당되지 않는 것은?
① 측정기의 측정범위가 다른 측정법에 비하여 넓다.
② 측정물의 실제치수를 직접 읽을 수 있다.
③ 수량이 적고, 많은 종류의 제품 측정에 적합하다.
④ 측정자의 숙련과 경험이 필요 없다.

25-4. 허용 한계치수의 해석에서 '통과 측에는 모든 치수 또는 결정량이 동시에 검사되고 정지 측에는 각각의 치수가 개개로 검사되어야 한다.'는 원리는?
① 아베(Abbe)의 원리
② 테일러(Taylor)의 원리
③ 헤르츠(Hertz)의 원리
④ 훅(Hook)의 원리

25-5. 게이지 종류에 대한 설명 중 틀린 것은?
① Pitch 게이지 : 나사 피치 측정
② Thickness 게이지 : 미세한 간격(두께) 측정
③ Radius 게이지 : 기울기 측정
④ Center 게이지 : 선반의 나사 바이트 각도 측정

25-6. 20℃에서 20mm인 게이지 블록이 손과 접촉 후 온도가 36℃가 되었을 때, 게이지 블록에 생긴 오차는 몇 mm인가? (단, 선팽창계수는 1.0×10^{-6}/℃이다)
① 3.2×10^{-4}
② 3.2×10^{-3}
③ 6.4×10^{-4}
④ 6.4×10^{-3}

해설

25-1
측정범위 : 측정 가능한 범위로, 75~100mm 마이크로미터는 75~100mm가 측정범위이다.

25-2
아베의 원리 : 측정 대상물과 표준자는 측정 방향상 일직선 위에 있어야 한다.

25-3
직접 측정은 측정자가 직접 측정하므로 측정자 요인이 많이 작용된다.

25-4
테일러의 원리 : 허용 한계 측정, 한계 게이지를 이용한 측정에 적용되며 '통과 측에는 모든 치수 또는 결정량이 동시에 검사되고 정지 측에는 각각의 치수가 개개로 검사되어야 한다.'는 원리이다. 구멍과 축의 관계에서 이해하면 좋을 것이다. 축을 검사한다면 허용오차 내의 한계 게이지 두 개는 가장 큰 오차에서는 축이 모두 통과하여야 하고, 가장 작은 오차에서는 각각의 치수가 해당되어야 한다.

25-5
Radius 게이지 : 곡률 반지름을 측정한다.

25-6
온도에 의한 선팽창계수가 1.0×10^{-6}/℃이므로, 1℃당 1.0×10^{-6}의 비율만큼 늘어난다. 온도차가 16℃이므로 16.0×10^{-6}만큼의 비율로 팽창한다. 전체 길이가 20mm이므로, 320×10^{-6} = 3.2×10^{-4}이다.

정답 25-1 ③　25-2 ④　25-3 ③　25-4 ②　25-5 ③　25-6 ①

핵심이론 26 측정이론 – 오차

① 오차의 정의
  ㉠ 공차 : 제작상 허용되는 기준치수와의 차이이다.
  ㉡ 오차 : 측정 시 참값으로 기대되는 값과의 여러 가지 이유로 생기는 차이값이다. 물리적으로 완벽한 측정이란 사실상 불가능하므로 측정에는 항상 오차가 발생한다고 볼 수 있다.

② 오차의 종류
  ㉠ 계통오차 : 계통오차는 측정값에 일정한 영향을 주는 원인에 의해 생기는 오차로 계기오차(기기오차), 환경오차, 개인오차로 나뉜다.
    • 계기오차 : 계기의 불완전성으로 인해 생기는 오차. 측정기기도 기본적으로 공차를 가지고 있으며 사용에 따라 여러 측정오류 요소를 갖게 된다.
      예 선팽창계수(1.0×10^{-6}/℃라면 1℃당 1.0×10^{-6}의 비율만큼 늘어난다)가 큰 계측기의 팽창
    • 환경오차 : 온도나 습도, 압력 등에 따라 측정기에 영향을 주거나 대상물이 영향을 받게 되면 참값과 오차가 발생한다.
    • 개인오차 : 개인이 갖고 있는 신체적 특징, 습관이나 선입견 등에 생기는 오차이다.
  ㉡ 우연오차 : 우연오차는 원인을 알 수 없이 우연히 생기며 사용자가 피할 수 없는 오차이다.
  ㉢ 과실오차 : 과실오차는 측정자의 부주의로 생기는 오차이며, 주의해서 측정하고 결과를 보정하면 줄일 수 있다.
    ※ 과실오차는 개인오차라는 명칭과 혼용되므로 계통오차 내 개인오차와 문제상황에 따라 다르게 파악하여 해석한다.

③ 특수상황오차
  ㉠ 되돌림 오차 : 동일 측정 대상, 측정범위에 대하여 다른 방향에서 접근할 경우, 지시의 평균값의 차를 의미한다. 원인으로 마찰력, 흔들림, 히스테리시스, 백래시 등이 있다.
  ㉡ 히스테리시스 오차 : 순차보정(입력값을 차츰 올리거나 낮추며 보정)을 실시할 때 보정값을 올릴 때와 낮출 때 결과 사이의 차이다.

10년간 자주 출제된 문제

26-1. 측정오차에 관한 설명으로 틀린 것은?
① 계통오차는 측정값에 일정한 영향을 주는 원인에 의해 생기는 오차이다.
② 우연오차는 측정자에 관계없이 발생하고 반복적이고, 정확한 측정으로 오차보정이 가능하다.
③ 개인오차는 측정자의 부주의로 생기는 오차이며, 주의해서 측정하고 결과를 보정하면 줄일 수 있다.
④ 계기오차는 측정 압력, 측정 온도, 측정기 마모 등으로 생기는 오차이다.

26-2. 다이얼 게이지 기어의 백래시(Backlash)로 인해 발생하는 오차는?
① 인접오차
② 지시오차
③ 진동오차
④ 되돌림 오차

|해설|

26-1
우연오차는 원인을 알 수 없이 우연히 생기며 사용자가 피할 수 없는 오차이다.

26-2
되돌림 오차 : 동일 측정 대상, 측정범위에 대하여 다른 방향에서 접근할 경우, 지시의 평균값의 차를 의미한다. 원인으로 마찰력, 흔들림, 히스테리시스, 백래시 등이 있다.

정답 26-1 ② 26-2 ④

핵심이론 27 측정 - 길이 및 두께 측정

① 길이 및 두께 측정도구 : 각종 버니어 캘리퍼스, 각종 마이크로미터, 강철자 등이 있다.

② 버니어 캘리퍼스
  ㉠ 구 조

  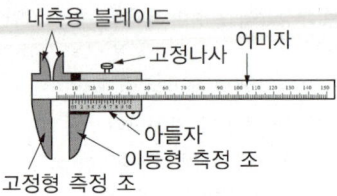

  ㉡ 읽는 법

  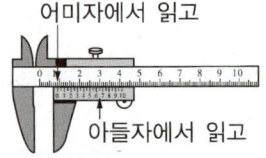

  - Step 1. 아들자의 0이 가리키는 곳의 바로 왼쪽 어미자 눈금을 mm 단위까지 읽는다. 위 그림의 경우 8mm이다.
  - Step 2. 어미자와 눈금이 일치하는 곳의 아들자 눈금을 mm 이하 단위로 읽는다. 위 그림의 경우 0.65mm이다.
  - Step 3. 이를 합하면 그림은 8.65mm이다.

  ㉢ 종류 : M_1형, M_2형, CM형이 있다. CM형에는 이송 바퀴가 있다.

③ 마이크로미터
  ㉠ 어떤 길이의 변화를 확대하여 눈금을 붙여 만든 측정기
  ㉡ 구 조

  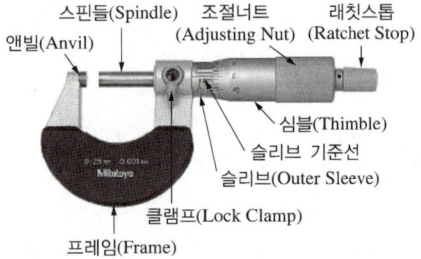

  ㉢ 읽는 법

  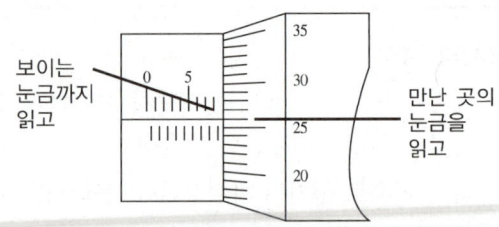

  - Step 1. 슬리브에 보이는 눈금까지 읽는다. 위의 그림에서는 8.5mm까지 보이므로 8.5mm이다.
  - Step 2. 심블에 교차된 눈금을 읽는다. 위의 그림은 0.26mm이다.
  - Step 3. 이를 더한 8.75mm로 하기로 읽는다.

  ㉣ 종 류
  - 외측 마이크로미터 : 일반적인 마이크로미터
  - 내측 마이크로미터 : 캘리퍼가 달려서 내측지름 등을 측정
  - 깊이 마이크로미터 : 깊이를 측정하는 측정자가 있는 전용 측정기
  - 그루브 마이크로미터 : 내측 홈 측정

  - 지시 마이크로미터 : 인디게이터가 조합되어 있어 1,000분의 1밀리미터까지 시각적으로 정확히 표현
  - 나사 마이크로미터 : 접촉자가 다음 그림과 같이 되어 있어서 나사의 외경 측정에 적합

  - 포인트 마이크로미터 : 다른 마이크로미터는 접촉자가 면이나, 포인트 마이크로미터는 점으로 되어 있어 예민한 부분도 측정 가능

④ 하이트 게이지

정반 위에 놓고 측정물의 높이를 측정하는 측정기구이다. 아베의 원리에 맞지 않는, 즉 눈금과 측정자가 동일선상이 아닌 대표적인 측정기구로, 스크라이버 끝에 초경합금 팁이 있어 금긋기가 가능하다.

㉠ HT형 하이트 게이지
- 표준형으로 가장 많이 사용한다.
- 어미자의 이동이 가능하다.
- 자가 약간 움직여서 0점 조정이 가능하다.
- 정반면으로부터 높이를 측정한다.

㉡ HM형 하이트 게이지
- 금긋기에 적당하다.
- 슬라이더가 홈형이다.
- 슬라이더가 정반면에 닿거나 경우에 따라 이하로 내려갈 수 있다.
- 0점 조정은 불가능하다.

㉢ HB형 하이트 게이지
- 가볍다.
- 슬라이더가 상자 모양이다.
- 슬라이더의 이동거리가 높이이다.
- 금긋기용으로는 부적당하다.

㉣ 위를 혼합하여 사용하는 혼합형이 있다.

10년간 자주 출제된 문제

27-1. 일반적으로 직경(외경)을 측정하는 공구로서 가장 거리가 먼 것은?
① 강철자
② 그루브 마이크로미터
③ 버니어 캘리퍼스
④ 지시 마이크로미터

27-2. 마이크로미터 스핀들 나사의 피치가 0.5mm이고, 심블의 원주 눈금이 50등분되어 있다면 최소 측정값은?
① $2\mu m$ ② $5\mu m$
③ $10\mu m$ ④ $15\mu m$

27-3. 마이크로미터의 사용 시 일반적인 주의사항이 아닌 것은?
① 측정 시 래칫스톱은 1회전 반 또는 2회전 돌려 측정력을 가한다.
② 눈금을 읽을 때는 기선의 수직 위치에서 읽는다.
③ 사용 후에는 각 부분을 깨끗이 닦아 진동이 없고 직사광선을 잘 받는 곳에 보관하여야 한다.
④ 대형 외측 마이크로미터는 실제로 측정하는 자세로 0점 조정을 한다.

27-4. 트위스트 드릴의 각부에서 드릴 홈의 골 부위(웨브 두께)를 측정하기에 가장 적합한 것은?
① 나사 마이크로미터
② 포인트 마이크로미터
③ 그루브 마이크로미터
④ 다이얼 게이지 마이크로미터

27-5. 견고하고 금긋기에 적당하며, 비교적 대형으로 영점 조정이 불가능한 하이트 게이지로 옳은 것은?
① HT형   ② HB형
③ HM형   ④ HC형

[해설]

27-1
그루브 마이크로미터는 내측 홈을 측정한다.

27-2
심블 한 바퀴가 스핀들 한 피치를 전진한다. 즉, 심블에서 0.5mm를 50등분한 값을 읽을 수 있다.
$$\frac{0.5\text{mm}}{50} = 0.01\text{mm} = 10\mu m$$

27-3
모든 측정기기는 직사광선을 피해서 보관하여야 한다.

27-4
트위스트 드릴의 웨브를 측정할 수 있는 접촉자는 답안 중 포인트 마이크로미터만 가지고 있다.

웨브

27-5
HM형 하이트 게이지
- 금긋기에 적당하다.
- 슬라이더가 홈형이다.
- 슬라이더가 정반면에 닿거나 경우에 따라 이하로 내려갈 수 있다.
- 0점 조정은 불가능하다.

정답 27-1 ② 27-2 ③ 27-3 ③ 27-4 ② 27-5 ③

핵심이론 28 측정 – 각도 측정

① **요한손식 각도 게이지**

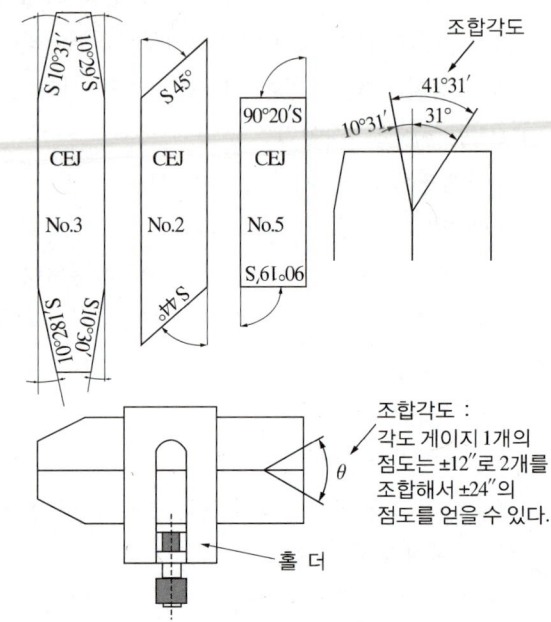

㉠ 85개조, 49개조로 구성되어 있다.
㉡ 85개조는 0~10°, 350~360°를 제외하고 1°씩 측정 가능하고, 49개조는 0~10°, 350~360°에서 1°씩 측정 가능하다.
㉢ 홀더를 사용하여 조합한다.

② **NPL식 각도 게이지**
㉠ 게이지면이 크고 개수를 적게 한 것이다.
㉡ 블록 게이지처럼 홀더 없이 밀착하여 사용 가능하다.
㉢ 각도를 조합하여 사용한다.

③ **만능각도기 사용**
그림 (a)의 각도기를 그림 (b)처럼 배치하여 각도 측정

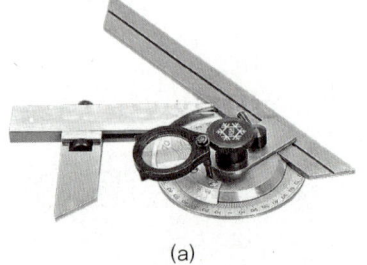
(a)

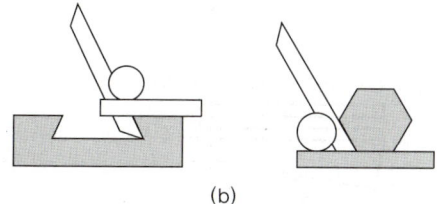

(b)

④ 사인바를 이용한 각도 측정

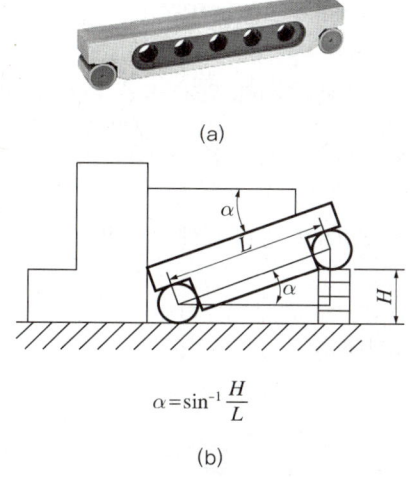

(a)

$$\alpha = \sin^{-1}\frac{H}{L}$$

(b)

㉠ 기준 길이는 바퀴처럼 보이는 원통 중심 간의 거리를 이용한다(그림 (b) 참조).
㉡ 측정하고자 하는 각에 밀착시키고 블록 게이지를 이용하여 높이를 측정한다.
㉢ 사인바는 45° 이하의 각도를 측정하도록 한다. 그 이상이 되면 오차가 급격히 커진다.

⑤ 사인센터를 이용한 각도 측정

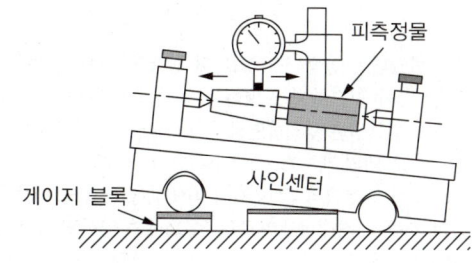

⑥ 광선정반(옵티컬 플랫)
㉠ 한 면을 고정도의 평면으로 래핑가공한 원판으로, 빛의 간섭현상을 이용하여 게이지 블록이나 각종 측정자 등의 평면을 측정한다.

㉡ 종류 : 사용면이 한쪽면인 것과 양쪽면인 것이 있고, 지름에 따라 45, 60, 80, 100, 130mm 등으로 구분한다.
㉢ 평면도 측정 : 단색 광원장치 아래에서 대상물 위에 광선정반을 놓고 간섭무늬를 관찰하여 평면도를 산출한다.
㉣ 평행도 측정 : 앤빌면과 스핀들면이 평행하지 않을 때 평행도를 측정하여 본다. 스핀들이 한 바퀴 회전하며 진행하는 동안 앤빌은 정지 상태를 유지하지만, 스핀들면은 회전하면서 각 위치에서 옵티컬 패럴렐을 사용하여 광파 간섭무늬의 개수를 헤아리고 반파장(320nm) 값을 곱한 후 최종적으로는 그 4개의 값 중에서 최댓값을 평행도로 취한다.

⑦ 수준기 이용
㉠ 유체 위에 공기방울을 띄워 놓고 중력의 균형에 의해 공기방울이 중앙에 오도록 조정하여 수평을 맞추는 데 사용한다.
㉡ 평형수준기와 각형수준기, 특수용 수준기, 조정식 수준기, 전자식 수준기 등이 있다.

10년간 자주 출제된 문제

28-1. NPL식 각도 게이지와 관계가 없는 것은?
① 쐐기형 블록
② 12개조
③ 홀 더
④ 밀착 가능

28-2. 일반적으로 각도 측정에 사용되는 것이 아닌 것은?
① 콤비네이션 세트
② 나이프 에지
③ 광학식 콜리노미터
④ 오토콜리메이터

28-3. 사인바(Sine Bar)의 호칭치수는 무엇으로 표시하는가?
① 롤러 사이의 중심거리
② 사인바의 전장
③ 사인바의 중량
④ 롤러의 직경

10년간 자주 출제된 문제

28-4. 각도 측정을 할 수 있는 사인바(Sine Bar)의 설명으로 틀린 것은?

① 정밀한 각도 측정을 하기 위해서는 평면도가 높은 평면에서 사용해야 한다.
② 롤러의 중심거리는 보통 100mm, 200mm로 만든다.
③ 45° 이상의 큰 각도를 측정하는 데 유리하다.
④ 사인바는 길이를 측정하여 직각삼각형의 삼각함수를 이용한 계산에 의하여 임의각의 측정 또는 임의각을 만드는 기구이다.

28-5. 호칭치수가 200mm인 사인바로 21°30′의 각도를 측정할 때 낮은 쪽 게이지 블록의 높이가 5mm라면 높은 쪽은 얼마인가?(단 sin21°30′ = 0.3655이다)

① 73.3mm   ② 78.3mm
③ 83.3mm   ④ 88.3mm

28-6. 옵티컬 패럴렐을 이용하여 외측 마이크로미터의 평행도를 검사하였더니 백색광에 의한 적색 간섭무늬의 수가 앤빌에서 2개, 스핀들에서 4개였다. 평행도는 약 얼마인가?(단, 측정에 사용한 빛의 파장은 0.32μm이다)

① 1μm   ② 2μm
③ 4μm   ④ 6μm

|해설|

28-1
NPL식 각도 게이지는 홀더가 필요 없다.

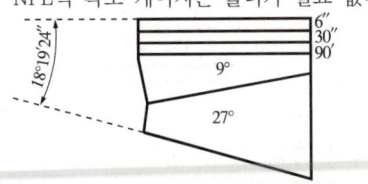

[NPL식 각도 게이지 조합 예시]

28-2
각도측정기에는 각도 게이지, 만능각도기, 사인바, 사인센터, 옵티컬 플랫, 오토콜리메이터 등이 있다. 나이프 에지는 다듬질면 상태의 평면검사에 사용되는 수공구이다.

28-3
롤러 사이의 중심거리가 사인의 대각선 길이

28-4
사인바는 45°를 넘게 되면 오차가 커져서 큰 각도가 필요할 때는 보각을 이용한다.

28-5

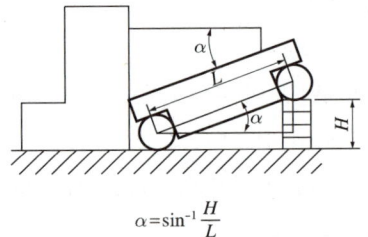

$$\alpha = \sin^{-1}\frac{H}{L}$$

$\sin 21°30′ = \dfrac{h}{200} = 0.3665$, ∴ $h = 73.3$

낮은 쪽에 블록 5mm를 더하면 높은 쪽의 블록 높이를 알 수 있다.
$H = 73.3 + 5 = 78.3$mm

28-6
앤빌면과 스핀들면이 평행하지 않을 때 평행도를 측정하여 본다. 스핀들이 한 바퀴 회전하며 진행하는 동안 앤빌은 정지 상태를 유지하지만, 스핀들면은 회전하면서 각 위치에서 옵티컬 패럴렐을 사용하여 간섭 무늬의 개수를 헤아리고 반파장(320nm)값을 곱한 후에 최종적으로 그 4개의 값 중에서 최댓값을 평행도로 취한다. 간섭무늬의 개수가 최대 4개이므로 320nm를 곱하면 1,280nm ≒ 1μm이다.

정답 28-1 ③ 28-2 ② 28-3 ① 28-4 ③ 28-5 ② 28-6 ①

핵심이론 29 측정 – 형상 측정

① 수준기의 곡률 반경

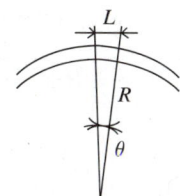

수준기는 수평 또는 연직을 정하는 것 외에 미소한 경사를 측정하는 데도 사용한다. 이를 관계식으로 표시하면,

$$\theta = \frac{L}{R}$$

1눈금 경사에 해당하는 각도를 ρ라고 하고 한 눈금의 길이를 a, 곡률반지름을 R이라 하면,

$$\rho = 206,265 \times \frac{a}{R}$$

② 오토콜리메이터(Autocollimator)
  ㉠ 미소각을 측정하는 광학측정기로, 오토콜리메이팅 망원경이라고도 함
  ㉡ 콜리메이팅, 즉 광선을 수평이 되게 하는 작업을 하여 각도 측정
  ㉢ 부속 : 평면 반사경, 펜터프리즘, 다각프리즘, 각도 게이지, 할출대, 할출판, 회전테이블 교정, 조정기, 변압기
  ㉣ 종류 : 읽는 방법과 눈금량에 따라 나눠짐

③ 텔레스코핑 게이지

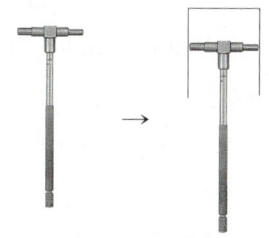

[안지름 측정]

  ㉠ 안지름을 측정하는 데 사용한다.
  ㉡ 손잡이에 의해 안쪽 통을 클램핑하고 외측 마이크로미터에 의해 측정한다.
  ㉢ 기구는 간단하나 매우 정밀한 숙련이 필요하여 측정하기 어렵다.

④ 투영기
  ㉠ 투영검사기, 윤곽투영기, 광학적 투영기, 광학적 비교기 등으로 불리는 투영기는 대상물의 확대된 상을 스크린에 투영하여 육안으로 관측한다.
  ㉡ 대상물의 윤곽이나 형상의 길이, 각도를 검사하거나 측정할 수 있다.
  ㉢ 측정력에 의한 오차가 없고 복잡한 대상물을 용이하게 측정할 수 있다.

⑤ 3차원 측정기
  ㉠ 접촉자의 공간 이동에 의한 접촉에 의해 좌표를 읽는다.
  ㉡ 매우 정밀하며 평면 외에도 공간상의 어떤 측정도 가능하다.
  ㉢ 데이터를 많은 곳에 활용할 수 있다.
  ㉣ 접촉자를 예민하게 다루어야 하며 비용 부담이 있다.
  ㉤ 접촉자(프로브)의 종류
    • 접촉자도 개발 양산 제품이므로 수많은 종류가 있다.
    • 대략 광학식과 전자식 프로브, 전압식과 전류식 프로브, 접촉식과 비접촉식 프로브 등으로 구분 가능하다.
    • 기본적으로 전자식 프로브는 접촉식, 광학식 프로브는 비접촉식에 활용되는 경우가 많다.

10년간 자주 출제된 문제

29-1. 수준기에서 1눈금의 길이를 2mm로 하고, 1눈금이 각도 5″(초)를 나타내는 기포관의 곡률 반경은?

① 7.26m ② 72.6m
③ 8.23m ④ 82.5m

29-2. 평면도 측정과 관계없는 것은?

① 수준기 ② 링 게이지
③ 옵티컬 플랫 ④ 오토콜리메이터

10년간 자주 출제된 문제

29-3. 시준기와 망원경을 조합한 것으로 미소각도를 측정할 수 있는 광학적 각도측정기는?
① 베벨각도기 ② 오토콜리메이터
③ 광학식 각도기 ④ 광학식 클리노미터

29-4. 텔레스코핑 게이지로 측정할 수 있는 것은?
① 진원도 측정 ② 안지름 측정
③ 높이 측정 ④ 깊이 측정

29-5. 투영기에 의해 측정을 할 수 있는 것은?
① 진원도 측정 ② 진직도 측정
③ 각도 측정 ④ 원주 흔들림 측정

29-6. 다음 중 소재의 두께가 0.5mm인 얇은 박판에 가공된 구멍의 내경을 측정할 수 없는 측정기는?
① 투영기 ② 공구 현미경
③ 옵티컬 플랫 ④ 3차원 측정기

29-7. 다음 3차원 측정기에서 사용되는 프로브 중 광학계를 이용하여 얇거나 연한 재질의 피측정물을 측정하기 위한 것으로 심출 현미경, CMM 계측용 TV 시스템 등에 사용되는 것은?
① 전자식 프로브 ② 접촉식 프로브
③ 터치식 프로브 ④ 비접촉식 프로브

[해설]

29-1
$$\rho = 206,265 \times \frac{a}{R}, \quad R = 206,265 \times \frac{2\text{mm}}{5''} = 82,506\text{mm} = 82.5\text{m}$$

29-2
수준기, 옵티컬 플랫, 오토콜리메이터는 평면도 측정이 가능하고, 링 게이지는 한계 게이지의 일종으로 최종검사에 적용 가능하다.

29-3
오토콜리메이터는 오토콜리메이팅 망원경이라고도 한다.

29-5
투영기는 대상물의 윤곽이나 형상의 길이, 각도를 검사하거나 측정할 수 있다.

29-6
옵티컬 플랫은 평면도를 측정하는 측정기이다.

29-7
기본적으로 전자식 프로브는 접촉식, 광학식 프로브는 비접촉식에 활용되는 경우가 많다.

정답 29-1 ④ 29-2 ② 29-3 ② 29-4 ② 29-5 ③ 29-6 ③ 29-7 ④

핵심이론 30 측정 – 나사 측정

① 측정 대상 : 수나사 바깥지름, 암나사 골지름, 유효지름, 피치, 리드, 플랭크, 나사산 각

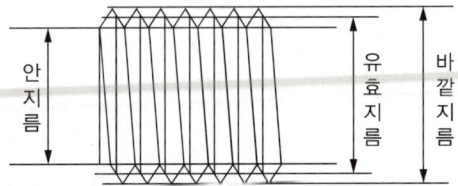

② 수나사 유효지름 측정
㉠ 삼침법
- 연삭가공한 정밀한 나사의 유효지름 측정에 이용한다.
- 나사측정법 중 정밀도가 높다.
- 동일한 지름을 갖는 3개의 침으로 나사 한쪽에 2개, 반대에 1개를 접촉하고 3침의 외측치수를 측정하여 공식에 의해 계산한다.

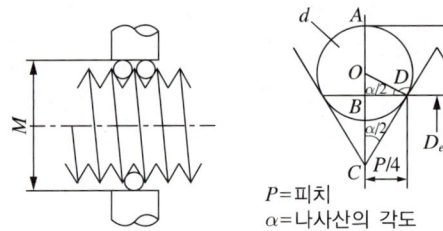

P=피치
α=나사산의 각도

- 미터나사의 경우($\alpha = 60°$)
$$D_e = M - 3d + 0.866025 \times P$$
최적선 지름을 적용하면 $d_\omega = 0.57735 \times P$

- 유니파이 나사의 경우($\alpha = 55°$)
$$D_e = M - 3.16568d + 0.960491 \times P$$

㉡ 나사 마이크로미터
- 마이크로미터의 접촉부가 나사산 모양에 맞게 제작된 측정기이다.
- 간단하게 측정이 가능하나 대상이 되는 나사의 각도가 너무 작거나 크면 오차가 발생한다.

㉢ 광학적 방법
- 투영기나 공구 현미경 등 광학적 측정기구를 이용한다.

- 축선과 직각으로 움직이는 테이블의 움직임량을 측정기로 읽어서 직접 구한다.
  ㉣ 수나사의 바깥지름과 골지름도 위의 방법에 준하거나 비슷하다.
③ 수나사 피치 측정

  나사 피치 게이지가 있다. 이것은 각종 피치를 지닌 판 게이지를 여러 장 한 조로 구성되는 비교측정기이다. 이 외에 광학적 방법을 적용할 수 있다.

④ 나사산 각도 측정
  ㉠ 공구 현미경에 의한 방법 : 접안경에 각도 측정을 위한 눈금자가 있어서 플랭크면을 기준에 맞추고 각도를 읽는다.
  ㉡ 투영기에 의한 방법 : 각도 회전 스크린을 이용한 측정의 경우 플랭크에 스크린 십자선을 평행으로 맞추고 각도를 읽는다. 미리 준비된 차트를 이용하는 방법도 있다.
  ㉢ 만능 측정 현미경에 의한 방법 : 접안렌즈의 눈금을 이용한다.
  ㉣ 암나사의 각도 측정 : 암나사의 각도는 측정이 쉽지 않으므로 주형을 만들거나 이에 맞는 수나사를 제작하여 수나사를 측정하는 방법도 사용한다.

10년간 자주 출제된 문제

30-1. 선반의 나사 절삭작업 시 나사의 각도를 정확히 맞추기 위하여 사용되는 것은?
① 플러그 게이지 ② 나사 피치 게이지
③ 한계 게이지   ④ 센터 게이지

30-2. 다음 나사산의 각도측정방법으로 틀린 것은?
① 공구 현미경에 의한 방법
② 나사 마이크로미터에 의한 방법
③ 투영기에 의한 방법
④ 만능 측정 현미경에 의한 방법

30-3. 나사를 측정할 때 삼침법으로 측정 가능한 것은?
① 골지름   ② 유효지름
③ 바깥지름   ④ 나사의 길이

30-4. 나사의 피치나 나사산의 반각과 유효지름 등을 광학적으로 쉽게 측정할 수 있는 것은?
① 공구 현미경   ② 오토콜리메이터
③ 촉침식 측정기 ④ 옵티컬 플랫

해설

30-2
나사 마이크로미터는 간단히 외경 및 유효지름 측정이 가능하나 나사산은 직접측정할 수 없다.

30-3
삼침법은 나사의 유효지름을 측정하는 방법이다.

30-4
공구 현미경에는 접안경에 각도와 길이 측정을 위한 눈금자가 있어서 쉽게 측정이 가능하다.

정답 30-1 ④ 30-2 ② 30-3 ② 30-4 ①

CHAPTER 04 공유압제어

핵심이론 01 공압과 유압의 특징

① 공압의 특징

장 점	단 점
• 에너지원을 쉽게 얻을 수 있다.	• 에너지 변환효율이 나쁘다.
• 힘의 전달 및 증폭이 용이하다.	• 위치제어가 어렵다.
• 속도, 압력, 유량 등의 제어가 쉽다.	• 압축성에 의한 응답성의 신뢰도가 낮다.
• 보수, 점검 및 취급이 쉽다.	• 윤활장치를 요구한다.
• 인화 및 폭발의 위험성이 작다.	• 배기 소음이 있다.
• 에너지 축적이 쉽다.	• 이물질에 약하다.
• 과부하의 염려가 작다.	• 힘이 약하다.
• 환경오염의 우려가 작다.	• 출력에 비해 값이 비싸다.
• 고속 작동에 유리하다.	• 균일한 속도를 얻을 수 없다.

② 공압과 유압의 비교

공압의 특징	유압의 특징
• 공기는 무료이며 무한으로 존재한다. 또한 공기 채취의 장소에 제한을 받지 않는다.	• 제어가 쉽고, 정확한 제어가 가능하다.
• 속도의 변경이 용이하다.	• 파스칼 원리를 이용하여 작은 힘으로 큰 힘을 낼 수 있다.
• 환경오염 및 악취의 염려가 없다.	• 일정한 힘과 토크를 낼 수 있다.
• 인화의 위험이 거의 없다.	• 작동의 신뢰성이 있다.
• 압축성이 있어서 완충작용을 한다.	• 비압축성으로 간주하여 힘 전달의 즉시성을 가지고 있다.
• 압력에너지로 축적이 가능하다.	
• 큰 힘을 얻을 수 없다.	
• 에너지 전달효율이 좋지 않다.	

③ 유압유(작동유)

㉠ 공압과 달리 유압을 사용할 때의 확실한 특징은 힘을 전달한다는 것이다. 공압장치와 유압장치가 비슷한 원리를 이용함에도 사용하는 용도가 많이 다르다. 공압은 작은 동력을 쉽게 사용하는 곳과 복잡한 회로 구성을 쉽게 할 수 있고 부속장치의 사용 부담이 작으며 청결하다는 장점에 반해, 유압은 기름이 묻고 유압유의 관리, 구성장치의 부피 등 여러 특징이 있음에도 동력 전달의 탁월성과 파스칼의 원리를 이용하여 동력을 증폭하는 성질이 있어서 그 용도가 나뉜다. 유압유는 그 용도에 따라 유종을 달리하는데, 특별히 유압유에서 주목해야 할 성질이 점도지수이다.

㉡ 점도지수 : 사계절이 뚜렷한 우리나라는 엔진오일이나 유압유 등을 사용할 때 점도지수를 고려해야 한다. 온도가 항상 비슷한 작업환경에서는 점도지수를 많이 고려할 필요는 없으나 우리나라와 같은 혹한기, 혹서기가 있는 환경과 추운 곳이지만 작업 시 고열이 발생하는 환경에서는 작동유나 윤활유의 점도가 온도에 따라 많이 변한다면 작업의 예측성이 낮아질 수밖에 없다. 따라서 윤활유나 작동유로 사용하는 유류에 점도지수를 확인할 필요가 있다. 기준은 온도에 따른 점도 변화가 낮은 펜실베니아계 기름을 100으로, 변화가 큰 걸프코스트계 기름을 0으로 하여 비율적으로 표시하므로, 점도지수는 그 수치가 높을수록 온도 변화에 따른 점도 변화가 작다고 생각하면 된다.

㉢ 유압기기에서 작동유의 주요 역할
- 힘을 전달하는 기능을 감당한다.
- 밸브 사이에서 윤활작용을 돕는다.
- 마찰 등에 의해 발생하는 열을 분산시키며 냉각시킨다.
- 흐름에 의해 불순물을 씻어내는 작용을 한다.
- 유막을 형성하여 녹의 발생을 방지한다.

㉣ 유압작동유의 특징
- 비압축성이어야 한다.
- 열에 영향을 작게 받을 수 있어야 한다.
- 장시간 사용하여도 화학적으로 안정하여야 한다.
- 다양한 조건에서도 적정 점도가 유지되어야 한다.
- 기밀성, 청결성을 가지고 있어야 한다.

10년간 자주 출제된 문제

1-1. 다음 중 공압장치의 특징으로 옳지 않은 것은?
① 동력 전달방법이 간단하다.
② 힘의 증폭이 용이하다.
③ 균일한 속도를 얻기 쉽다.
④ 에너지의 축적이 용이하다.

1-2. 다음 중 유압유에 비해 압축공기의 특성을 설명한 것으로 틀린 것은?
① 탱크 등에 저장이 용이하다.
② 온도에 극히 민감하지 않다.
③ 폭발과 인화의 위험이 거의 없다.
④ 먼 거리까지 쉽게 이송이 불가능하다.

1-3. 압축공기를 이용하는 방법 중에서 분출류를 이용하는 것과 거리가 먼 것은?
① 공기 커튼
② 공압 반송
③ 공압 베어링
④ 버스 출입문 개폐

1-4. 다음 중 유압유의 온도 변화에 대한 정도의 변화량을 표시하는 것은?
① 밀도
② 점도지수
③ 비체적
④ 비중량

1-5. 유압기기에서 작동유의 기능에 대한 설명으로 가장 바르지 않은 것은?
① 압력 전달기능
② 윤활기능
③ 방청기능
④ 필터기능

해설

1-2
압축공기는 압축비율을 높이면 저장효율이 좋아지고, 기름에 비해 화재의 위험이 작은 장점이 있다. 또한, 유압유에 비해서는 온도에 덜 민감하여서 차가운 공기이든 더운 공기이든 압축하여 작동 유체로 사용하는 데 기능상 큰 차이가 없다. 반면 유압 작동유는 비압축성이어야 하고, 열에 영향을 작게 받을 수 있어야 하며, 장시간 사용하여도 화학적으로 안정하여야 한다. 또한 다양한 조건에서도 적정 점도가 유지되어야 하고, 기밀성·청결성을 가지고 있어야 한다.

1-3
버스 출입문은 공압 실린더를 이용한 예이다.
압축공기를 분출시켜 분출되는 힘을 이용하는 사례들을 묻는 문제로, 겨울철 각종 매장에서 사용하고 있는 에어 커튼과 압축공기의 분출 후 반송력을 이용하는 사례와 공기 분출력을 이용하여 극간 사이에 압축공기를 두어 베어링 역할을 하게 하는 공압 베어링이 예로 들어져 있다.

1-5
유압기기에서 작동유의 주요 역할
- 힘을 전달하는 기능을 감당한다.
- 밸브 사이에서 윤활작용을 돕는다.
- 마찰 등에 의해 발생하는 열을 분산시키며 냉각시킨다.
- 흐름에 의해 불순물을 씻어내는 작용을 한다.
- 유막을 형성하여 녹의 발생을 방지한다.

정답 1-1 ③ 1-2 ④ 1-3 ④ 1-4 ② 1-5 ④

핵심이론 02 각종 유체 역학 이론

① 보일-샤를의 법칙

$$PV = nRT$$

보일의 법칙과 샤를의 법칙을 조합한 식이다. 압력과 부피의 곱은 기체상수와 온도의 상관관계를 갖는다.

㉠ 보일의 법칙 : 일정량의 기체가 등온을 유지할 때 압력과 부피는 서로 반비례한다.

㉡ 샤를의 법칙 : 일정한 압력의 기체는 온도가 상승하면 부피도 상승한다.

② 파스칼의 원리

파스칼의 원리는 압력이 작용하는 유체 전체에는 전 방향으로 같은 압력이 작용한다는 의미의 원리이다. 따라서 작용력의 면적과 힘이 비례하는 관계가 된다. 이는 여러 가지 영역에서 유용하게 활용되는데, 마치 유체를 이용한 지렛대의 원리처럼, 작동력을 작용시키는 쪽에서는 크지 않은 힘으로 일을 해도, 작동력이 전달되는 쪽에서는 큰 힘이 발현될 수 있다.

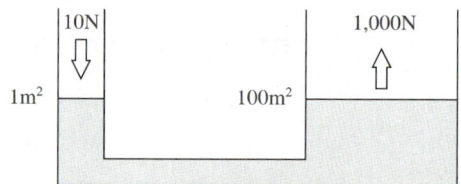

③ 베르누이의 정리

유체에 작용하는 힘, 압력, 속도, 위치에너지를 각각 수두(水頭), 즉 물의 높이로 표현하고 그 합은 항상 같다는 것을 정리하여 나타낸 식이다.

$$\frac{P}{\gamma} + \frac{V^2}{2g} + z = \frac{P_1}{\gamma} + \frac{V_1^2}{2g} + z_1 = \frac{P_2}{\gamma} + \frac{V_2^2}{2g} + z_2 = H$$

여기서, P_1 : 1위치에서의 압력
V_1 : 1위치에서의 속도
z_1 : 1위치에서의 높이
H : 전체 수두

④ 연속의 법칙

유량은 단면적과 유속의 곱으로 표현하며, 닫혀 있는 유로 안에서는 어느 지점에서 측정하여도 유량의 변화는 없다.

$$Q = AV = A_1 V_1 = A_2 V_2$$

여기서, A : 유로의 단면적
V : 유속

⑤ 공동현상(空洞現像)

캐비테이션(Cavitation)이라고도 한다. 유로 안에서 그 수온에 상당하는 포화증기압 이하로 될 때 발생하며 유압, 공압기기의 성능이 저하되고, 소음 및 진동이 발생하는 현상이다. 관로의 흐름이 고속일 경우 압력이 저하되기 때문에 저압부에 기포가 발생한다. 유체가 기체가 되려면 끓는점 이상이 되어서 유체가 기체가 되거나 기체가 직접 흡입되는 경우가 있는데, 작동 유체가 끓으려면 열을 받아 실제 온도가 올라가거나 작동 유체의 압력이 낮아져서 끓는점이 급격히 낮아지는 원인이 있을 수 있다.

⑥ 노점(露点)온도

이슬이 맺히는 온도를 의미한다. 공기 중의 수증기는 공기의 온도에 따라 포화수증기량이 각각 다르다. 현재 공기 중 가지고 있는 수증기의 양이 10g이라고 하고, 현재 온도에서의 포화수증기량을 20g이라고 한다면 현재 습도는 50%이다. 그러나 공기의 온도를 낮추게 되면 그 온도에서의 포화수증기량도 따라 내려가게 되고, 점점 공기의 온도를 낮추다 보면 어느 온도에서는 포화수증기량이 10g이 되는 온도가 있게 된다. 이럴 때 현재 공기는 이 온도보다 낮은 온도로 냉각되면 수증기는 10g보다 적은 양을 품고 있을 수밖에 없고, 그렇게 되면 남은 수증기는 이슬로 맺히게 된다. 즉, 현재 수증기량이 습도 100%가 되는 온도, 이슬이 맺히는 온도를 노점온도라고 한다.

10년간 자주 출제된 문제

2-1. 온도가 일정할 경우 가스의 처음 상태에서 체적(V_1)이 0.5m³, 압력(P_1)이 2atm일 때, 압축 후 체적이 0.2m³가 되었다. 이때의 압력(P_2)은 몇 atm인가?

① 10　　② 8
③ 6　　④ 5

2-2. 파스칼의 원리를 올바르게 설명한 것은?

① 정지 유체 내에 가해진 압력은 깊이에 비례하여 전달된다.
② 정지 유체 내에 가해진 압력은 깊이에 반비례하여 전달된다.
③ 정지 유체 내에 가해진 압력은 길이의 제곱에 비례하여 전달된다.
④ 밀폐된 용기 내에 가해진 압력은 모든 방향으로 균등하게 전달된다.

2-3. 안지름이 20cm인 피스톤 속도가 5m/s일 때 필요한 유량은 몇 L/s인가?

① 314　　② 500
③ 132　　④ 157

2-4. '압력수두 + 위치수두 + 속도수두 = 일정'의 식과 가장 관계가 깊은 것은?

① 연속 법칙
② 파스칼 원리
③ 베르누이 정리
④ 보일-샤를의 법칙

2-5. 다음 중 캐비테이션(공동현상)의 발생원인으로 잘못된 것은?

① 흡입 필터가 막히거나 급격히 유로를 차단한 경우
② 패킹부의 공기 흡입
③ 펌프를 정격속도 이하로 저속회전시킬 경우
④ 과부하이거나 오일의 점도가 클 경우

[해설]

2-1
보일의 법칙에 의해 등온하에서 압력과 부피의 곱은 일정하므로
$PV = P_1V_1 = P_2V_2$
　　$= 2\text{atm} \times 0.5\text{m}^3 = P_2 \times 0.2\text{m}^3$
∴ $P_2 = 5\text{atm}$

2-3
단동이나 복동실린더 같은 실린더 내부의 피스톤의 움직임을 계산할 때 필요한 계산식으로 연속의 법칙을 적용하여 계산한다. 연속의 법칙은 '유량은 단면적과 유속의 곱으로 표현하며 닫혀 있는 유로 안에서는 어느 지점에서 측정하여도 유량의 변화는 없다.'로 정의한다.
$Q = AV = A_1V_1 = A_2V_2$
따라서
$Q = A_1V_1 = \dfrac{\pi}{4}d^2 \times 5\text{m/s} = \dfrac{\pi}{4}(0.2\text{m})^2 \times 5\text{m/s}$
　　$= 0.15708\text{m}^3/\text{s} = 157.08\text{L/s}$
(∵ $1\text{m}^3 = 10^3\text{L}$)

2-4
베르누이의 정리란 유체에 작용하는 힘, 압력, 속도, 위치에너지를 각각 수두(水頭), 즉 물의 높이로 표현하고 그 합은 항상 같다는 것을 정리하여 나타낸 식이다.

2-5
베르누이의 정리에 의하면 유체의 속도가 올라가야 압력이 낮아지므로 저속 운전 시 공동현상의 가능성이 낮아진다.

정답 2-1 ④　2-2 ④　2-3 ④　2-4 ③　2-5 ③

핵심이론 03 공기와 유체의 압력

① 대기의 압력
  ㉠ 대기압을 1기압으로 나타내면,
  $1\text{atm} = 760\text{mmHg} = 10.33\text{mAq} = 1.03323\text{kgf/cm}^2$
  $= 1.013\text{bar} = 1,013\text{hPa}$
  공학기압으로 나타내면,
  $1\text{at} = 735.5\text{mmHg} = 10.00\text{mAq} = 0.98\text{bar}$
  $= 0.98\text{kgf/cm}^2$
  ㉡ 게이지압 : 게이지(Gage), 즉 계기에 나타나는 압력
  ㉢ 절대압 : 게이지압은 계기 내 외부에 대기압이 존재하므로 절대압(완전 진공(0)부터의 압력)은
  절대압 = 게이지압 + 대기압

② 유압의 계산
  유체에 작용하는 압력(유압) = $\dfrac{작용력}{작용하는 단면적}$

  ㉮ 실린더의 경우 실린더 안쪽 단면적 = $\dfrac{\pi}{4} \times d^2$,
  작용력을 F라고 하면 유체에 작용하는 압력 P는
  $P = \dfrac{4F}{\pi d^2}$ 이다.

10년간 자주 출제된 문제

3-1. 공압회로에 부착된 압력 게이지가 7kgf/cm²을 나타냈다. 이 압력은 어떤 압력인가?
① 게이지 압력
② 절대압력
③ 표준 대기압
④ 상대압력

3-2. SI(International System of Unit) 단위계에서 압력의 기본 단위는?
① Pa
② bar
③ psi
④ kgf/cm²

3-3. 다음 그림과 같은 편로드 실린더에서 $F = 200\text{N}$의 힘을 발생시키자면 최소 얼마의 유압이 필요한가?(단, 실린더 내경의 단면적은 0.2m²이다)

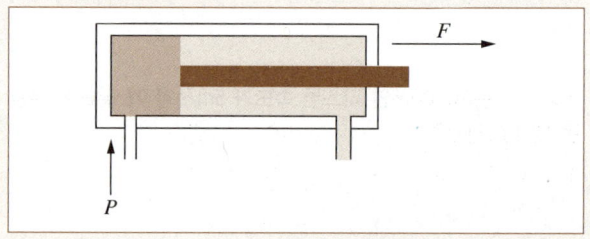

① 40Pa
② 500Pa
③ 1,000Pa
④ 2,000Pa

|해설|

3-1
게이지가 나타낸 압력은 내·외부에 작용되는 대기압을 반영하지 않는 게이지 압력이다.

3-2
SI단위 : SI에서 압력의 기본 단위로 Pa(N/m²)를 사용한다.
bar = 10^5Pa, psi = 1lbf/in²

3-3
유체에 작용하는 압력 = $\dfrac{작용력}{작용하는 단면적}$
$= \dfrac{200\text{N}}{0.2\text{m}^2}$
$= 1,000\text{N/m}^2$

정답 3-1 ① 3-2 ① 3-3 ③

핵심이론 04 압축공기의 공급

① 공압제어를 이용하려면 압축공기를 생성하고 관리·이용하여야 한다.

② 압축공기 공급 유닛의 구성
  ㉠ 공기압축기(Air Compressor) : 공기를 압축하여 공압의 동력을 발생시키는 장치
  ㉡ 애프터 쿨러 : 냉각식에 사용한다. 흡착식은 흡착제(실리카젤 등)를 사용하고, 흡수식은 흡습액(염화리튬 등)을 사용한다. 압축된 공기는 에너지 준위가 높아져 내부 에너지가 열로 변환되므로 공압기기에서 안정적으로 사용하기 위해서 냉각이 필요하다.
  ㉢ 공기탱크 : 압축공기를 저장하고 있는 장치로 압력스위치, 접속관, 안전밸브, 차단밸브, 드레인 등으로 구성되어 안정적으로 맥동이 없고 압축공기를 공급한다.
  ㉣ 압력파이프 : 압축공기 공급 유닛 간의 압축공기를 전달하는 배관으로 선정 시 파이프의 강도(공압의 유량 또는 받는 압력 고려), 파이프의 직경(파스칼의 원리), 파이프의 길이(압력 손실), 파이프 내 부속품 설치(압력 손실) 등을 고려한다.

③ 공압 조정 유닛(또는 서비스 유닛) : 공급받은 압축공기를 필요한 압력만큼 조정하는 유닛
  ㉠ 공기탱크에 저장된 압축공기는 배관을 통하여 각종 공기압기기로 전달됨
  ㉡ 공기압기기로 공급하기 전 압축공기의 상태를 조정해야 함
  ㉢ 공기여과기(압축공기 필터)를 이용하여 압축공기를 청정화함
  ㉣ 압력조정기를 이용하여 회로압력을 설정함
  ㉤ 윤활기에서 윤활유를 분무하여 구동부의 윤활을 좋게 함
  ㉥ 공기압장치로 압축공기를 공급함

④ 공압 유닛기호

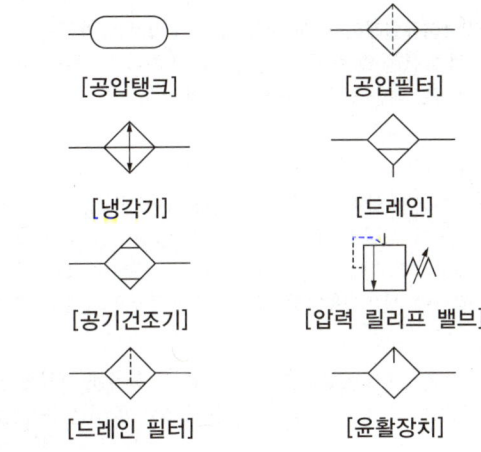

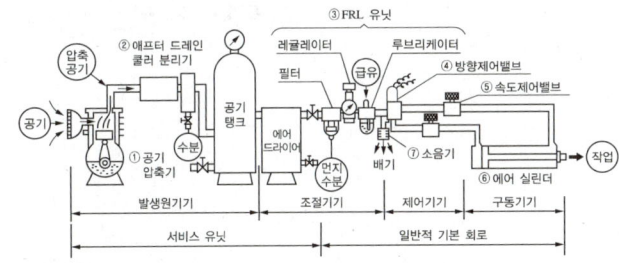

10년간 자주 출제된 문제

4-1. 다음 중 공압장치의 구성기기로 가장 거리가 먼 것은?
① 윤활기
② 축압기
③ 공기압축기
④ 애프터 쿨러

4-2. 공기압 발생장치에서 보내 온 공기 중 수분·먼지 등이 포함되어 있다. 이러한 것을 막아 공압기기를 보호하기 위해 설치하는 것은?
① 압축공기 필터
② 압축공기 조절기
③ 압축공기 드라이어
④ 압축공기 윤활기

4-3. 다음 중 공기압 서비스 유닛(압축공기 조정 유닛)의 기능으로 적합하지 않은 것은?
① 압축공기 속에 포함된 이물질을 제거한다.
② 진공을 발생시킨다.
③ 공압제어밸브와 실린더에 공급되는 압축공기의 압력을 조절한다.
④ 압축공기 속에 윤활유를 섞어서 공급한다.

[해설]

4-1
축압기(어큐뮬레이터, Accumulator) : 유체의 압력을 축적하여 압력의 흐름을 일정하게 조절해 주는 장치이다. 압력을 축적하는 방식으로, 맥동을 방지하는 데 사용한다.

4-2
공 압
- 공기여과기(압축공기 필터)를 이용하여 압축공기를 청정화함
- 압축공기 조절기(압력조정기)로 압력 크기를 조절함
- 압축공기 드라이어(건조기)는 냉각식·흡착식·흡수식이 있음
- 윤활기에서는 윤활유를 분무하여 구동부의 윤활을 좋게 함

4-3
서비스 유닛에서 공압 크기를 조절하기는 하지만, 외부에서 들어온 공압범위에서 조절 가능하다. 진공(압력 흡입)은 하지 않는다.

정답 4-1 ② 4-2 ① 4-3 ②

핵심이론 05 공기압축기(Compressor)

공기압축기란 공기를 압축하여 공압의 동력을 발생시키는 장치를 말한다.

① 선정 시 주의사항
  ㉠ 압축기의 능력과 탱크의 용량을 충분히 고려하여야 한다.
  ㉡ 동일한 능력이라면 여러 대의 소형보다 대형 1대가 더 경제적이다.
  ㉢ 압축기의 송출압력과 이론 공기 공급량을 정하여 산정한다.
  ㉣ 사용 공기량의 1.5~2배 정도의 여유를 두고 선정한다.
  ㉤ 가급적 복수로 설치하여 불시의 고장에 대비한다.

② 공기압축기의 종류

원심형	축류식	여러 날개형		
		레이디얼형		
		터보형		
	사류식			
용적형	왕복동식	이동 여부에 따라	고정식	이동식
		실린더 위치에 따라	횡 형	입 형
		피스톤 수량에 따라	단동식	복동식
	회전식			

  ㉠ 축류식 압축기(Axial Flow Compressor) : 많은 양의 기체를 압축하는 데 사용되며, 날개는 회전 날개와 케이싱에 고정된 안내 날개로 구성되어 있다. 특히, 회전 날개와 안내 날개의 한 세트를 1단이라고 한다. 그러나 1단에서의 압력비가 작기 때문에, 동일한 압력비를 얻기 위해서는 원심식보다 많은 단 수가 필요하게 되므로 축의 길이가 길어진다. 회전속도가 높으므로 임계속도를 고려한다면 축의 길이는 제한을 받게 되며, 최종단에서 날개의 높이가 낮으므로 1축에서 얻을 수 있는 압력비의 한도는 용도에 따라 다르지만 발전소용의 경우에는 5~9 정도이다. 그 이상의 고압을 얻기 위해서는 중간 냉각기를 사용하여 다축으로 해야 한다.

축류식 압축기에서는 기체가 축방향으로 흐르므로 원심식의 압축기에서와 같은 흐름의 난동이나 분리 현상은 적으며, 90% 정도의 효율을 얻을 수 있다.

ⓒ 미끄럼 날개형 압축기 : 미끄럼 날개(Vane)형 공기압축기는 가동 날개형이라고도 불리며, 편심 회전자가 흡입과 배출 구멍이 있는 실린더 형태의 하우징 내에서 회전하면서 공기를 흡입하고, 압축·배출하게 되어 있다. 정밀한 치수를 가지고 있어서 정숙한 운전과 공기를 안정되게 공급할 수 있는 특징이 있다.

ⓒ 왕복형 압축기(피스톤 압축기) : 왕복형 공기압축기는 가장 널리 사용되는 것으로서, 실린더 안을 피스톤이 왕복운동을 하면서 흡입밸브로부터 실린더 내에 공기를 흡입한 다음, 압축하여 배출밸브로부터 압축공기를 배출시킨다. 사용압력 범위는 10~100kgf/cm²로서, 고압으로 압축할 때에는 다단식 압축기가 필요하며, 냉각방식에 따라 공랭식과 수랭식이 있다.

ⓔ 격판압축기(다이어프램형 포함) : 공기가 왕복운동을 하는 부분과 직접 접촉하지 않기 때문에 공기에 기름이 섞이지 않게 되어 깨끗한 공기를 얻을 수 있다. 따라서 식료품 제조나 제약 분야, 화학산업에 많이 이용된다.

ⓜ 나사형 압축기 : 오목한 측면과 볼록한 측면을 가진 한 쌍의 나사형 회전자(Rotor)가 서로 반대로 회전하여 축방향으로 들어온 공기를 서로 맞물려 회전하면서 압축하는 형태로, 80kgf/cm² 이상의 고압 펌프용으로 사용된다.

③ 압축공기의 건조
압축공기의 건조방식은 수증기의 제습방법에 따라 냉각식, 흡착식, 흡수식이 있다.
ⓒ 냉각식 : 공기를 강제로 냉각시킴으로써 수증기를 응축시켜 제습하는 방식이다.

ⓒ 흡착식 : 흡착제(실리카겔, 알루미나겔, 합성제올라이트 등)로 공기 중의 수증기를 흡착시켜 제습하는 방법이다.

ⓒ 흡수식 : 흡습액(염화리튬 수용액, 폴리에틸렌글리콜 등)을 이용하여 수분을 흡수하며, 흡습액의 농도와 온도를 선정하면 임의의 온도와 습도의 공기를 얻는 것이 가능하기 때문에 일반 공조용 등에 사용된다.

10년간 자주 출제된 문제

5-1. 공기압축기의 선정 시 고려되어야 할 사항을 설명한 것으로 틀린 것은?
① 압축기의 송출압력과 이론 공기 공급량은 정하여 산정한다.
② 소용량의 압축기를 병렬로 여러 대 설치하는 것이 대용량 1대보다 효율적이다.
③ 사용 공기량의 수요 증가 또는 공기 누설을 고려하여 1.5~2배 정도 여유를 둔다.
④ 대용량 압축기 1대로 집중 공급 시 불시의 고장으로 작업 중단을 예방하기 위해 2대 설치하는 것이 좋다.

5-2. 편심로터가 흡입과 배출 구멍이 있는 하우징 내에서 회전하는 형태의 압축기는?
① 피스톤 압축기
② 격판 압축기
③ 미끄럼 날개 회전 압축기
④ 축류 압축기

5-3. 압축공기의 건조방식이 아닌 것은?
① 흡수식
② 흡착식
③ 냉각식
④ 가열식

5-4. 압축공기를 공급하는 파이프 직경을 결정할 때 고려해야 할 항목이 아닌 것은?
① 압축공기 공급 유량
② 파이프 길이
③ 파이프라인 내의 교축효과를 주는 부속요소의 양
④ 파이프 경사각도

10년간 자주 출제된 문제

5-5. 공기압축기에서 왕복 피스톤 압축기의 분류에 속하는 것은?
① 미끄럼 날개 회전압축기
② 축류압축기
③ 루트 블로어
④ 격판압축기

〈해설〉

5-1
공기압축기를 선정할 때에는 사용 공기압력보다 1~2kgf/cm² 높은 공기압력을 얻을 수 있는 압축기를 선정하는 것이 좋다. 공기압축기 선정 시 압축기는 용량이 클수록 효율이 좋으며, 병렬로 여러 대를 설치하는 것보다 대용량 압축기를 분산 배치하는 편을 택한다. 그러나 고장 시 시스템 전체에 중요한 영향을 끼치는 경우에는 예비로 2대를 설치하면 비상시에 대비할 수 있다.

5-4
유압, 공압과 관의 배치 각도는 관계없다.
압력 파이프 선정 시 유의점 : 파이프의 강도(공압의 유량 또는 받는 압력 고려), 파이프의 직경(파스칼의 원리), 파이프의 길이(압력 손실), 파이프 내 부속품 설치(압력 손실) 등을 고려한다.

5-5
④ 격판압축기(다이어프램형 포함) : 공기가 왕복운동을 하는 부분과 직접 접촉하지 않기 때문에 공기에 기름이 섞이지 않게 되어 깨끗한 공기를 얻을 수 있다. 따라서 식료품 제조나 제약분야, 화학산업에서 많이 이용한다.
① 미끄럼 날개 회전압축기 : 미끄럼 날개(Vane)형 공기압축기는 가동 날개형이라고도 한다. 편심 회전자가 흡입과 배출구멍이 있는 실린더 형태의 하우징 내에서 회전하면서 공기를 흡입하고, 압축·배출하게 되어 있다. 정밀한 치수를 가지고 있어서 정숙한 운전과 공기를 안정되게 공급할 수 있는 특징이 있다.
② 축류식 압축기(Axial Flow Compressor) : 많은 양의 기체를 압축하는 데에 사용되며, 날개는 회전 날개와 케이싱에 고정된 안내 날개로 구성되어 있다. 특히 회전 날개와 안내 날개의 한 세트를 1단이라고 한다. 그러나 1단에서의 압력비가 작기 때문에 동일한 압력비를 얻기 위해서는 원심식보다 많은 단수가 필요하게 되므로 축의 길이가 길어진다.
③ 루트식 송풍기(Roots Blower) : 2개의 로터에 의해 공간을 늘리거나 감소시켜 흡입, 압축, 토출을 하는 송풍기이다. 구조가 간단함에도 토출 압력과 토출량을 일정범위에서 변경하여 작업이 가능하다.

정답 5-1 ② 5-2 ③ 5-3 ④ 5-4 ③ 5-5 ④

핵심이론 06 부속기기

① **축압기(어큐뮬레이터, Accumulator)**
유체의 압력을 축적하여 압력의 흐름을 일정하게 조절해 주는 장치로서, 압력을 축적하는 방식으로 맥동을 방지하는 데 사용한다. 전기의 흐름에서 콘덴서의 용도와 유사하다.

② **압축공기의 부속**

구 분	특 징
애프터 쿨러 (After Cooler)	공기를 압축한 후 압력 상승에 따라 고온, 다습한 공기의 압력을 낮춰 주는 기구이다.
공기탱크	압축된 공기를 저장해 두는 기구이다.
공기필터	여러 가지 목적으로 공기를 흡입 또는 배출하는 통로에 필터를 달아 이물질을 분리하는 기구이다.
자동배출기	수분제거기가 응결시킨 저수조의 수분을 별도의 물 빼기 작업 없이 자동으로 수분을 배출시키는 장치이다.
스트레이너 (Strainer)	직역하면 압력판이나 긴장을 주는 장치 정도로 해석할 수 있는데, 실제는 여과망을 설치하여 흐름 속의 굵은 불순물을 걸러내는 장치를 의미한다.

③ **기름탱크(유류탱크)의 구비요건**
㉠ 기름탱크는 중력 등에 의해서 되돌아오는 장치 내의 모든 기름을 받아들일 수 있을 만큼 커야 한다.
  • 고정식인 경우 : 분당 토출량의 3~5배
  • 이동식인 경우 : 분당 토출량의 115~120% 정도의 크기
㉡ 기름면을 흡입 라인 위까지 항상 유지할 수 있어야 한다.
㉢ 정상적인 작동에서 발생한 열을 발산할 수 있어야 한다.

ㄹ. 공기나 이물질을 기름으로부터 분리시킬 수 있는 구조이어야 한다.
  ㅁ. 탱크의 바닥면은 바닥에서 15cm 정도의 간격을 가져야 한다.
  ㅂ. 스트레이너의 유량은 유압펌프 토출량의 2배 이상이어야 한다.
  ㅅ. 공기청정기의 통기용량은 유압펌프 토출량의 2배 이상이어야 한다.
  ㅇ. 탱크는 완전히 세척할 수 있도록 제작하여야 한다.

④ 유체퓨즈

회로의 압력이 일정 압력을 넘어서면 압력을 견디던 막이 압력 과다에 의해 파열됨으로써 압력을 낮추어 주어 급격한 압력 변화에 유압기기가 손상되는 것을 막을 수 있도록 장착해 놓은 장치이다.

10년간 자주 출제된 문제

6-1. 다음 중 어큐뮬레이터(축압기)의 용도로 적당하지 않은 것은?

① 펌프 맥동 흡수
② 충격압력의 완충
③ 작동유 점도 향상
④ 유압에너지 축적

6-2. 압축기로부터 토출되는 고온의 압축공기를 공기건조기 입구 온도 조건에 알맞게 냉각시켜 수분을 제거하는 장치는?

① 애프터 쿨러
② 자동배출기
③ 스트레이너
④ 공기필터

6-3. 다음 중 오일탱크의 구비조건으로 틀린 것은?

① 스트레이너의 유량은 유압펌프 토출량과 같을 것
② 유면을 흡입 라인 위까지 항상 유지할 것
③ 공기나 이물질을 오일로부터 분리할 수 있을 것
④ 공기청정기의 통기용량은 유압펌프 토출량의 2배 이상일 것

6-4. 회로의 압력이 설정압을 넘으면 막이 유체 압력에 의해 파열됨으로써 급격한 압력변화에 대해 유압기기를 보호하는 장치는?

① 압력 스위치
② 유체퓨즈
③ 카운터밸런스밸브
④ 언로딩밸브

|해설|

6-1
어큐뮬레이터란 유체의 압력을 축적하여 압력의 흐름을 일정하게 조절해 주는 장치이다. 압력을 축적하는 방식으로 맥동을 방지하는 데 사용한다.

6-2
② 자동배출기 : 수분제거기가 응결시킨 저수조의 수분을 별도의 물 빼기 작업 없이 자동으로 수분을 배출시키는 장치이다.
③ 스트레이너 : 여과망을 설치하여 흐름 속의 굵은 불순물을 걸러내는 장치이다.
④ 공기 필터 : 공기를 흡입 또는 배출하는 통로에 필터를 달아 이물질을 분리하는 기구이다.

6-3
기름탱크는 중력 등에 의해서 되돌아오는 장치 내의 모든 기름을 받아들일 수 있을 만큼 커야 한다.
• 고정식인 경우 : 분당 토출량의 3~5배
• 이동식인 경우 : 분당 토출량의 115~120% 정도의 크기

6-4
유체퓨즈 : 전기퓨즈처럼 일정한 압력이 넘으면 파손되어 압력을 강하시켜 유압기기를 보호하는 장치이다.

정답 6-1 ③ 6-2 ① 6-3 ① 6-4 ②

핵심이론 07 공유압밸브

① 압력제어밸브

㉠ 릴리프 밸브 : 탱크나 실린더 내의 최고 압력을 제한하여 과부하(오버라이드) 방지를 목적으로 하며, 안전밸브라고도 한다.
- 직동형 : 스프링에 직접 압력을 가하여 입구를 막고 있다가 더 큰 힘이 걸리면 입구가 열려서 흐름이 생긴다.
- 파일럿 작동형 : 간접 작동형으로 작동밸브에 오리피스를 달아서 더 작은 스프링으로 오리피스의 압력을 조절한다. 더 민감한 압력의 조정이 가능하므로 많이 사용된다.

> **릴리프 밸브(Relief V/V) 고찰**
> 릴리프 밸브에 과한 압력이 작용하기 시작하면 밸브가 조금씩 열리기 시작한다. 크랭킹 압력은 릴리프 밸브 등에서 압력이 상승되어 밸브가 열리기 시작할 때의 압력을 말한다. 밸브가 완전히 열릴 때까지 압력 범위가 존재하고 결국 밸브가 완전히 열리게 된다. 전량압력은 크랭킹 압력에서 밸브가 열리기 시작해 밸브가 완전히 열려 흐르는 압력을 말하고, 오버라이드는 크랭킹 압력과 전량압력의 차로 밸브가 열리기 시작할 때부터 더 수용할 수 있는 범위를 말한다.

㉡ 감압밸브 : 출구쪽 압력을 일정하게 유지하는 역할로 릴리프 밸브가 1차쪽 압력제어이면 감압밸브는 2차쪽 압력조정밸브이다.

㉢ 시퀀스 밸브 : 주회로의 압력을 일정하게 유지하면서 조작의 순서를 제어할 때 사용하는 밸브이다.

㉣ 무부하밸브 : 펌프의 무부하 운전을 시키는 밸브이다.

㉤ 카운터 밸런스 밸브 : 액추에이터 쪽에 배압(Back Pressure, 빠지는 쪽의 압력)을 걸어 주어 적절한 움직임을 제어하고자 하는 밸브이다.

② 유량제어밸브 : 유압회로에서 유압 실린더나 액추에이터로 공급하는 유체 흐름의 양을 제어하는 밸브이다.

㉠ 교축밸브 : 유로의 단면적을 변화시켜서 유량을 조절하는 밸브로, 고정형과 가변형이 있다. 가변형도 구조가 복잡하지 않아서 대부분 가변형을 사용한다. 단면적을 조절하는 부속 모양에 따라 니들형, 스풀형, 플레이트형으로 나뉜다.

㉡ 한 방향 교축밸브(일방향 유량제어밸브) : 체크밸브를 달아서 한 방향의 흐름만 제어하는 형태로 속도제어밸브 역할을 한다.

㉢ 압력보상형 유량제어밸브 : 교축밸브는 입력쪽 유량과 출력쪽 유량이 달라질 수밖에 없는데, 이를 보상하여 유량이 일정할 수 있도록 하려면 교축 전후의 압력을 보상할 필요가 있다. 이를 압력보상형 유량제어밸브라 한다.

㉣ 급속배기밸브 : 배기구를 확 열어 유속을 조절하는 밸브로 주로 공압밸브에서 적용된다.

③ 이압(2압)밸브 / 셔틀밸브

이압밸브는 다음 그림과 같이 작동하므로 A, B 포트에 모두 공기가 들어가야만 출력이 나오는 형태의 밸브로, AND 밸브라고 한다.

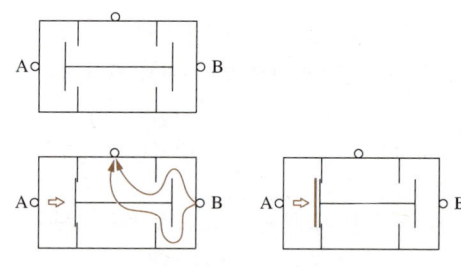

[이압밸브(AND 밸브)]

셔틀밸브는 양쪽 중 한쪽에만 공기가 들어가도 출력이 나오는 형태의 밸브로, OR밸브라고 한다.

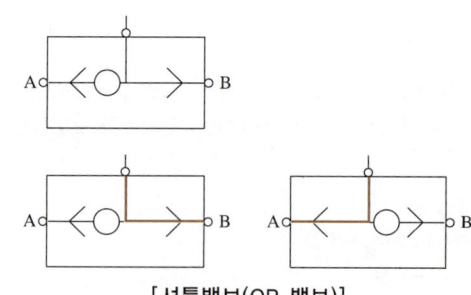

[셔틀밸브(OR 밸브)]

④ 주요 밸브기호

체크밸브	무부하밸브	감압밸브
이압밸브	셔틀밸브	릴리프밸브
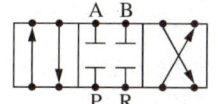	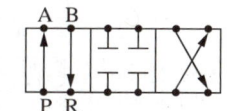	

⑤ 방향제어밸브

  ㉠ 선택할 수 있는 위치의 개수 : 방의 개수
  ㉡ 포트의 개수 : 방 하나당 뚫린 구멍의 수(모든 방의 뚫린 구멍의 수)
  ㉢ 다음 그림을 보면 각 네모 칸(방)에는 같은 위치의 구멍(검은 점으로 표시)이 같은 수만큼 뚫려 있다. 그리고 밸브를 작동하게 되면 방의 위치를 옮겨서 공압의 흐름을 변경시켜 주는 구조로 되어 있다.

따라서 이 밸브는 각 방별로 포트가 4개씩 뚫려 있다 하여 4Port 밸브이며, 방의 수가 3개여서 세 가지 방법의 제어를 선택할 수 있다 하여 3Way 밸브라 부르거나 세 가지 위치를 선택할 수 있다 하여 3위치 밸브라고 한다.

10년간 자주 출제된 문제

7-1. 유압밸브에서 온도가 변화하면 오일의 점도가 변화하여 유량이 변하게 된다. 이때 유량 변화를 막기 위하여 열팽창률이 높은 금속 봉을 이용하여 오리피스 개구 넓이를 작게 함으로써 유량 변화를 보정하는 밸브는?

① 감압밸브
② 셔틀밸브
③ 스로틀 체크밸브
④ 압력 온도 보상형 유량조정밸브

7-2. 3/2Way 방향제어밸브에 대한 설명으로 틀린 것은?

① 연결구의 수가 2개이다.
② 정상 상태 열림형도 있다.
③ 정상 상태 닫힘형도 있다.
④ 솔레노이드 작동, 스프링 리셋(복귀)형도 있다.

7-3. 다음 중 유압회로에서 유압 실린더나 액추에이터로 공급하는 유체의 흐름의 양을 변화시키는 밸브는?

① 유량제어밸브   ② 압력제어밸브
③ 압력 스위치   ④ 방향제어밸브

7-4. 릴리프 밸브의 크랭킹 압력이 60kgf/cm²이고, 전량압력이 100kgf/cm²이면, 이 밸브의 압력 오버라이드는 몇 kgf/cm²인가?

① 40   ② 60
③ 100   ④ 160

|해설|

7-1
- 감압밸브 : 압력제어밸브의 하나로 출구 쪽 압력을 일정하게 유지하는 역할로 릴리프 밸브가 1차쪽 압력제어이면 감압밸브는 2차쪽 압력조정밸브이다.
- 셔틀밸브 : 양쪽 중 한쪽에만 공기가 들어가도 출력이 나오는 형태의 밸브로, OR 밸브라고 한다.
- 스로틀 밸브 : 교축밸브라고도 하며, 유로의 단면적을 변화시켜서 유량을 조절하는 밸브이다.
- 체크밸브 : 한 방향으로만 흐르게 하는 밸브이다.
- 스로틀 체크밸브 : 한 방향으로만 교축되는 밸브이다.

7-2
3/2 Way 밸브는 3포트 2위치 밸브여서 방이 2개이고 방 하나당 구멍이 3개이다.

7-4
- 릴리프 밸브 : 탱크나 실린더 내의 최고 압력을 제한하여 과부하 방지를 목적으로 하며 안전밸브라고도 한다.
- 크랭킹 압력 : 릴리프 밸브 등에서 압력이 상승되어 밸브가 열리기 시작할 때의 압력을 말한다.
- 전량압력 : 크랭킹 압력에서 밸브가 열리기 시작해 밸브가 완전히 열려 흐르는 압력을 전량압력이라고 한다.
- 오버라이드 : 크랭킹 압력과 전량압력의 차이로 밸브가 열리기 시작할 때부터 더 수용할 수 있는 범위를 말한다.
이 문제에서의 오버라이드는 40kgf/cm²이다.

정답 7-1 ④ 7-2 ① 7-3 ① 7-4 ①

핵심이론 08 밸브의 구조

① 주밸브의 기본 구조 원리와 특징

㉠ 스풀형

기본 구조 원리	원통형으로 된 슬리브나 밸브 몸체의 미끄럼면에 내접하여 스풀(실패) 형상의 축이 축 방향으로 이동하면서 압축공기의 흐름을 전환한다.
장 점	• 압력이 축 방향으로 작용하고 있기 때문에 비교적 높은 공압에서도 작은 힘으로 밸브를 전환할 수 있다. • 구조가 비교적 간단하다. • 대량 생산에 적합하다. • 스풀의 형상이나 배관구의 위치에 따라 각종 밸브를 만들 수 있다. • 밸브의 크기에 비해서 비교적 큰 유량을 얻을 수 있다.
단 점	• 고정밀도의 기계 가공이 필요하다. • 공기 누설이 약간 있다. • 배관 중의 먼지 등의 이물질이 혼입된 압축공기를 사용하면 고장의 원인이 된다. • 급유가 필요하다.

㉡ 포핏형

기본 구조 원리	밸브 몸체가 밸브 시트의 직각 방향으로 이동하면서 압축공기의 흐름을 전환한다.
장 점	• 실(Seal)효과가 좋다. • 밸브의 이동거리가 짧기 때문에 밸브의 개폐시간이 빠르다. • 먼지 등의 이물질이 혼입되더라도 고장이 적다. • 대부분의 것은 급유를 필요로 하지 않는다.
단 점	• 공기압력이 높아지면 밸브를 개폐하는 조작력이 크게 된다. • 배관구가 많아지면 형상이 복잡하게 되어 자유도가 작아진다.

㉢ 슬라이드형

기본 구조 원리	슬라이드 면과 고정측 면과의 위치 변화에 의해 압축공기의 흐름을 전환한다.
장 점	• 큰 유량을 얻을 수 있다. • 구조가 간단하고, 유량 조정이 가능하다. • 여러 가지 기능의 밸브를 만들 수 있다.
단 점	• 응답성이 나쁘고 수명이 짧다. • 밸브가 커짐에 따라 조작에 힘이 많이 든다. • 공기 누설이 약간 있다.

② 중립 위치에 따른 밸브의 분류

중립 위치의 모양, 즉 센터만을 가지고 종류를 구분하면 다음과 같다.

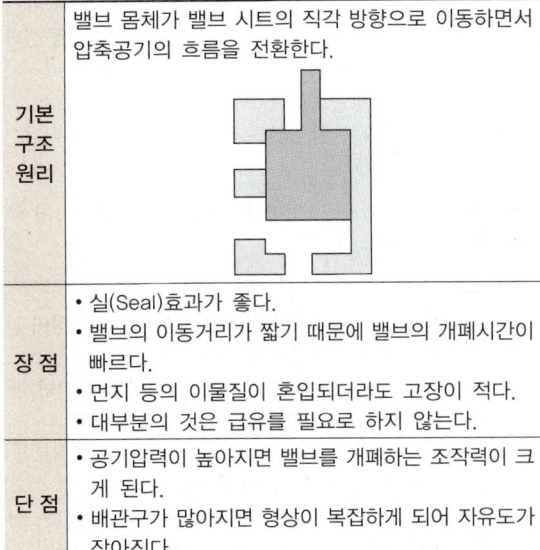

이 름	모 양	특 징
오픈 센터 (Open Center)		중립 상태에서 모든 통로가 열려 있으므로 중립 상태 시 부하를 받지 않는다.
탠덤 센터 (Tandem Center)		중립 시 들어온 공기를 탱크로 회수한다. 실린더의 위치 고정이 가능하고 경제적으로 사용된다.
플로트 센터 (Float Center)		주로 파일럿 체크밸브와 짝이 되어 사용하며 원하는 공기압 외의 입력 공기압을 모두 배출한다.
클로즈드 센터 (Closed Center)		모든 포트가 막혀 있으므로 펌프로 들어올 공기가 들어오지 못하고 다른 회로와 연결이 되어 있는 경우 다른 회로에서 모두 사용한다.

③ 조작방식에 따른 분류
  ㉠ 솔레노이드 : 솔레노이드의 흡인력에 의해 밸브를 개폐시킨다.

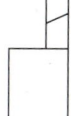

  ㉡ 공기압 작동방식 : 공기압력으로 밸브를 개폐시킨다. 일반적으로, 주흐름 공기압과 같은 압력이거나 다소 낮은 압력의 파일럿 공기압을 이용하여 주밸브의 전환을 행한다.

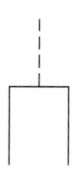

  ㉢ 기계 작동방식
   • 캠 등의 기계적인 운동에 의해 밸브의 전환을 행한다. 전기기기의 마이크로 스위치나 리밋 스위치에 상당하는 동작을 행한다.

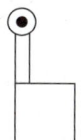

   • 전기를 사용하지 않고 공기압만으로 자동 제어를 행할 때에 사용하며 주로 고온, 다습이나 폭발성의 가스 등을 취급하는 곳에 사용한다.
   예 플런저, 스프링, 롤러
  ㉣ 수동방식 : 공기의 흐름을 사람의 손으로 개폐한다.
   예 버튼, 레버, 페달 등

④ 솔레노이드 밸브
  ㉠ 전자석의 힘을 이용하여 플런저를 움직여 공기압의 방향을 전환시키는 밸브이다.
  ㉡ 특징
   • 낮은 전력 소모
   • 짧은 스위칭 시간
   • 높은 접점 완성률
   • 긴 내구 수명

㉢ 교류 솔레노이드의 장단점

장 점	단 점
• 개폐시간이 짧다.	• 개폐 주기수가 제한된다.
• 흡인력이 크다.	• 잡음이 발생한다.
• 정류기나 스파크 억제 회로가 불필요하다.	• 과부하, 저전압, 기계적 속박에 민감하다.
• 기계적 응력이 크다.	• 공기 갭이 있으면 온도가 상승하고 과전류가 발생한다.
	• 수명이 짧다.

㉣ 직류 솔레노이드의 장단점

장 점	단 점
• 작동이 쉽다.	• 스위치 OFF 시 과전압이 발생한다.
• 간단하다.	• 스파크 억제회로가 필요하다.
• 코어의 내구성이 좋다.	• 접촉 마모가 크고 개폐시간이 길다.
• 열을 발산한다.	
• 유지 전력과 턴온(Turn-on) 전력이 낮다.	• AC 전원을 사용하면 정류기가 필요하다.
• 소음이 작고 수명이 길다.	

10년간 자주 출제된 문제

8-1. 방향제어밸브의 조작방식 중 기계조작방식에 속하지 않는 것은?
① 플런저방식　② 페달방식
③ 롤러방식　④ 스프링방식

8-2. 포핏밸브의 특징이 아닌 것은?
① 구조가 간단하여 먼지 등 이물질의 영향을 잘 받지 않는다.
② 짧은 거리에서 밸브를 개폐할 수 있다.
③ 밀봉효과가 좋고 복귀스프링이 파손되어도 공기압력으로 복귀된다.
④ 큰 변환 조작이 필요하고, 다방향밸브로 되면 구조가 단순하다.

8-3. 밸브의 작동방법 중 기계적 작동방법은?
① 누름스위치　② 솔레노이드
③ 페 달　④ 스프링

| 10년간 자주 출제된 문제 |

8-4. 다음 그림의 중립 위치는 어떤 유로형인가?

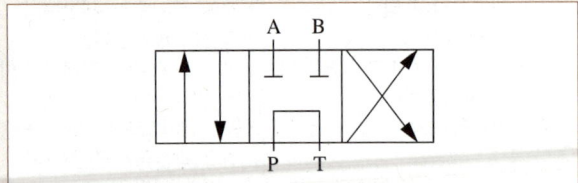

① 오픈 센터형
② 펌프 클로즈드 센터형
③ 탠덤 센터형
④ 탱크 클로즈드 센터형

|해설|

8-1
기계 조작방식에는 플런저, 스프링, 롤러방식이 있다.

8-3
• 기계 작동방식의 예 : 플런저, 스프링, 롤러
• 수동 작동방식의 예 : 버튼, 레버, 페달 등

8-4
탠덤 센터형의 그림이다.

정답 8-1 ② 8-2 ④ 8-3 ④ 8-4 ③

핵심이론 09 액추에이터 – 실린더

① 구 조

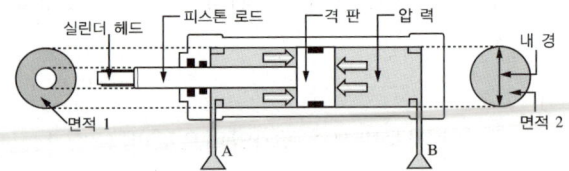

그림을 보면 A포트로 공기가 들어가는 경우는 실린더를 후진시키고, B포트로 들어가는 경우는 전진시킨다는 것을 알 수 있다.

② 실린더에 작용하는 작용력
  ㉠ 전진의 경우

  $$작용력 = 압력 \times 면적\ 2$$

  ㉡ 후진의 경우

  $$작용력 = 압력 \times 면적\ 1$$

③ 실린더의 종류
  ㉠ 단동실린더 : 실린더에 공기압 포트가 하나만 있고, 복귀는 스프링으로 하는 형식의 실린더이다.
  ㉡ 복동실린더 : 실린더에 공기압 포트가 양쪽으로 있어서 실린더 헤드의 전진과 후진을 공기압으로 제어하는 실린더이다.
  ㉢ 양로드 실린더 : 로드와 실린더 헤드가 양쪽으로 달린 복동실린더이다.
  ㉣ 쿠션내장형 실린더 : 내부에 쿠션이 내장되어 있어 스트로크의 충격을 완화할 때 사용한다.
  ㉤ 충격실린더 : 급격한 출력을 내고자 할 때 사용하는 실린더이다.
  ㉥ 탠덤실린더 : 격판이 두 개 존재하여 로드를 길게 사용하거나 공기압을 두 배로 받을 수 있도록 하여 출력을 두 배로 사용할 수 있도록 만든 실린더이다.

④ 실린더의 작동 압력
  공압 액추에이터의 압력은 0.7MPa(약 7.1kgf/cm^2) 이하로 작동하여야 한다. 근래 공압 액추에이터가 다양해지고 아주 약한 압력에도 작동하는 액추에이터가

많으나, 일반적으로는 공압에서도 가능한 강한 압력을 작용할 수 있도록 제작하는 편이 효율과 성능면에서 유리하다.

10년간 자주 출제된 문제

9-1. 유체의 압력에너지를 기계적 에너지로 변환하는 장치는?
① 송풍기　　② 팬(Fan)
③ 압축기　　④ 실린더

9-2. 다음 보기에서 설명하는 공압 액추에이터는?

|보기|
- 전진운동뿐만 아니라 후진운동에도 일을 해야 하는 경우에 사용된다.
- 피스톤 로드의 구부러짐과 힘을 고려해야 하지만, 행정거리는 원칙적으로 제한이 없다.
- 전진, 후진 완료 위치에서 관성으로 인한 충격으로 실린더가 손상이 되는 것을 방지하기 위하여 피스톤 끝 부분에 쿠션을 사용하기도 한다.

① 복동실린더　　② 단동실린더
③ 베인형 공압모터　　④ 격판실린더

9-3. 다음 실린더의 종류에 대한 설명 중 잘못된 것은?
① 양로드형 실린더 : 양방향 같은 힘을 낼 수 있다.
② 충격실린더 : 빠른 속도(7~10m/s)를 얻을 때 사용된다.
③ 탠덤실린더 : 다단 튜브형 로드를 가져 긴 행정에 사용된다.
④ 쿠션내장형 실린더 : 스트로크 끝부분의 충격이 완화되어야 할 때 사용된다.

9-4. 일반적으로 공압 액추에이터나 공압기기의 작동압력(kgf/cm²)으로 가장 알맞은 압력은?
① 1~2　　② 4~6
③ 10~15　　④ 40~55

[해설]

9-1
④ 실린더는 전달유체를 통해 기계를 작동하여 신호 또는 동작을 하게끔 만들어진 장치이다.
① 송풍기는 유체의 흐름을 만들어 주는 기계이다.
② 팬(Fan)은 일종의 송풍기이거나 송풍기 날개를 의미한다.
③ 압축기는 유체를 압축하여 압력에너지로 변환시키는 장치이다.
엄밀하게는 ①, ③, ④ 모두 해당되나, 직접적인 기계 동작을 만들어내는 실린더가 문제의 의도에 가장 근접한다.

9-2
① 복동실린더는 실린더 헤드가 양쪽에 달린 실린더로 전진 시와 후진 시에 모두 일이 가능한 실린더이다.
② 단동실린더는 실린더 헤드가 한쪽에 달려 있고, 전진 시 역할을 하며 스프링을 달아서 공압이나 유압이 작동하지 않을 경우 자동 복귀하는 형태가 있고, 후진 시에도 공압이나 유압이 작동하여야만 후진하는 형태가 있으나 단동실린더를 사용하는 곳은 거의 스프링이 달린 자동복귀형을 사용한다.
③ 베인형 공압모터는 미끄럼 날개차가 달려 있어서 밀폐성이 좋으며 정숙한 운전과 안정된 흐름으로 모터를 회전시킬 수 있는 공압모터이다.
④ 격판실린더는 다이어프램을 이용한 실린더로서 단동실린더의 일종이다.

9-3
① 화살표로 공기가 들어간다고 했을 때 한쪽 로드실린더는 전진 시와 후진 시에 힘이 작용하는 면적이 다른 반면, 양쪽 로드실린더는 전진 시와 후진 시에 힘이 작용하는 면적이 같다.

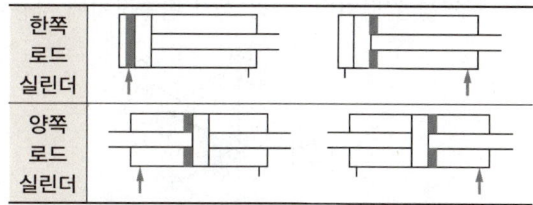

③ 탠덤실린더는 로드 위에 두 개의 실린더를 다는 형태로 두 실린더를 연결해서 두 배의 힘을 낼 수 있도록 사용하는 실린더이다.

9-4
공압 액추에이터의 압력은 0.7MPa(약 7.1kgf/cm²) 이하로 작동하여야 한다. 근래 공압 액추에이터가 다양해지고 아주 약한 압력에도 작동하는 액추에이터가 많으나, 일반적으로는 공압에서도 가능한 강한 압력을 작용할 수 있도록 제작하는 편이 효율과 성능면에서 유리하다.

정답 9-1 ④　9-2 ①　9-3 ③　9-4 ②

핵심이론 10 액추에이터 - 공압모터

① 특 징
  ㉠ 속도를 무단으로 조절할 수 있다.
  ㉡ 출력을 조절할 수 있다.
  ㉢ 속도범위가 크다.
  ㉣ 과부하에 안전하다.
  ㉤ 오물, 물, 열, 냉기에 민감하지 않다.
  ㉥ 폭발에 안전하다.
  ㉦ 보수 유지가 비교적 쉽다.
  ㉧ 높은 속도를 얻을 수 있다.
  ㉨ 입력된 에너지에 비해 출력되는 에너지의 비율이 나쁘거나 일정하지 않다.
  ㉩ 정확한 제어가 힘들다.
  ㉪ 유압에 비해 소음이 발생한다.

② 공압모터의 종류
  ㉠ 반경류 피스톤모터 : 왕복운동의 피스톤과 커넥팅 로드에 의하여 운전하고, 피스톤의 수가 많을수록 운전이 용이하며 공기의 압력, 피스톤의 개수, 행정거리, 속도 등에 의해 출력이 결정된다. 중속회전과 높은 토크를 감당하며, 여러 가지 반송장치에 사용된다.

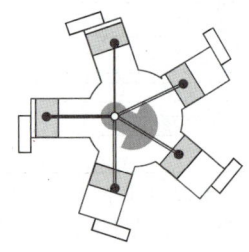

  ㉡ 축류 피스톤모터 : 축 방향으로 나열된 5개의 피스톤에서 나오는 힘은 비스듬한 회전판에 의해 회전운동으로 전환된다. 정숙운전이 가능하며, 중저속 회전과 높은 출력을 감당한다. 각종 반송장치에 사용된다.

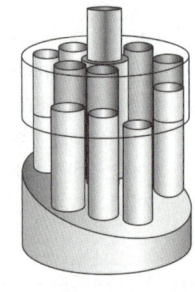

  ㉢ 베인모터 : 로터는 3,000~8,500rpm 정도가 가능하며 24마력까지 출력을 낸다. 마모에 강하고 무게에 비해 높은 출력을 내는 특징이 있다. 날개(Vane) 끝이 벽에 밀착되어 지나가는 공기가 날개를 밀어내어 회전력을 얻는 방식이며, 로터가 편심되어 있어서 공기 흐름의 속도에 영향을 주는 구조로 되어 있다.

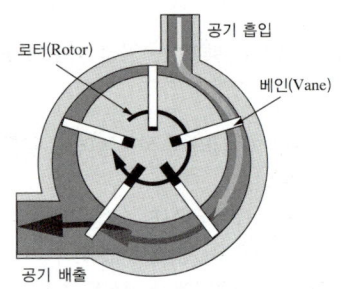

  ㉣ 기어모터 : 두 개의 맞물린 기어에 압축공기를 공급하여 토크를 얻는 방식이다. 높은 동력 전달이 가능하고 높은 출력도 가능하며, 역회전도 가능하다. 광산이나 호이스트 등에 사용한다. 다음 그림은 기어펌프로 기어의 회전으로 유체의 압력과 속도를 만들어내면 펌프, 유체의 흐름으로 회전력을 얻어내면 모터라고 이해하면 좋다.

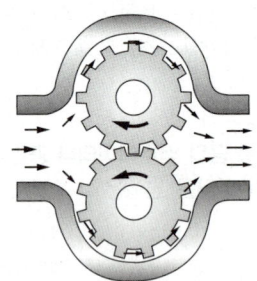

  ㉤ 터빈모터 : 출력이 낮고 속도가 높은 곳에 사용되는 공압모터이다. 터빈 날개를 이용하여 회전력을 얻는다.
  ㉥ 요동모터
    • 래크형 요동모터 : 피스톤 로드 부분을 래크로 제작하여 직선운동을 회전운동으로 전환하는 모터이다. 작용력은 래크와 연결된 기어와의 기어비에 영향을 받는다.

- 베인형 요동모터 : 날개차를 달아서 요동할 수 있도록 제작한 모터이다. 회전각이 보통 300°를 넘지 못한다.

※ 유압모터는 공압모터와 유사하나 작동유를 사용한다는 차이가 있어 작용력이 크고 좀 더 단순한 구조를 많이 사용한다. 일반적으로 공유압기기에서 모터는 공압을, 펌프는 유압을 사용하는 편이 유리하다.

③ 공압모터의 장단점

장 점	단 점
• 회전수와 토크를 자유로이 조절할 수 있으며 과부하 시 위험성이 낮다. • 작동과 정지, 회전 변환 등에 부드럽게 동작하며 폭발의 위험성이 작다.	• 입력된 에너지에 비해 출력되는 에너지의 비율이 나쁘거나 일정하지 않다. • 정확한 제어가 힘들다. • 유압에 비해 소음이 발생한다.

10년간 자주 출제된 문제

10-1. 다음 중 공압모터의 특징을 설명한 것으로 틀린 것은?
① 폭발의 위험이 있는 곳에서도 사용할 수 있다.
② 회전수, 토크를 자유로이 조절할 수 있다.
③ 과부하 시 위험성이 없다.
④ 에너지 변환 효율이 높다.

10-2. 유압모터 중 구조면에서 가장 간단하며 출력 토크가 일정하고, 정회전과 역회전이 가능한 모터는?
① 기어모터   ② 베인모터
③ 회전 피스톤모터   ④ 요동모터

|해설|

10-1
공압은 특유의 압축성으로 인해 에너지 변환효율이 낮다.

10-2
기어모터는 구조가 간단하고 정회전, 역회전이 가능하며 활용범위가 넓다.

정답 10-1 ④ 10-2 ①

핵심이론 11 공유압 기호

① 실린더의 기호

명 칭	기 호		비 고
단동실린더	상세기호	간략기호	• 공 압 • 압출형 • 편로드형 • 대기 중의 배기(유압의 경우는 드레인)
단동실린더 (스프링 붙이)	(1) (2)		• 유 압 • 편로드형 • 드레인축은 유압유 탱크에 개방 (1) 스프링 힘으로 로드 압출 (2) 스프링 힘으로 로드 흡인
복동실린더	(1) (2)		(1) • 편로드 　• 공 압 (2) • 양로드 　• 공 압
복동실린더 (쿠션 붙이)	2:1　2:1		• 유 압 • 편로드형 • 양 쿠션, 조정형 • 피스톤 면적비 2:1
단동 텔레스코프형 실린더			공기압
복동 텔레스코프형 실린더			유 압
증압기			공압을 유압으로 변환하며 압력을 높임

② 공압실린더의 형식에 따른 분류

종 류		Type	
기본형		SD	
클레비스형 실린더		1산	CA
		2산	CB
플랜지형	장방향	로드측	FA
		헤드측	FB
	정방향	로드측	FC
		헤드측	FD
풋 형		축 직각	LA
		축 방향	LB
트러니언형		로드측	TA
		센 터	TC

③ 주요 밸브기호

체크밸브	무부하밸브	감압밸브
이압밸브	셔틀밸브	릴리프밸브

④ 유압 공기압 기호의 표시방법과 해석의 기본사항 (KS B 0054)

㉠ 기호는 기능, 조작방법 및 외부 접속구를 표시한다.
㉡ 기호가 기기의 실제 구조를 나타내는 것은 아니다.
㉢ 복잡한 기능을 나타내는 기호는 원칙적으로 KS B 0054의 기호요소와 기능요소를 조합하여 구성한다. 단, 이들 요소로 표시되는 않는 기능에 대하여는 특별한 기호를 그 용도 한정시켜 사용하여도 좋다.
㉣ 기호는 원칙적으로 통상의 운휴 상태 또는 기능적인 중립 상태를 나타낸다. 단 회로도 속에서는 예외도 인정된다.
㉤ 기호는 해당기기의 외부포트의 존재를 표시하나, 그 실제 위치를 나타낼 필요는 없다.
㉥ 포트는 관로와 기호요소의 접점으로 나타낸다.
㉦ 포위선 기호를 사용하고 있는 기기의 외부 포트는 관로와 포위선의 접점으로 나타낸다.
㉧ 복잡한 기호의 경우, 기능상 사용되는 접속구만을 나타내면 된다. 단, 식별하기 위한 목적으로 기기에 표시하는 기호는 모든 접속구를 나타내야 한다.
㉨ 기호 속의 문자(숫자는 제외)는 기호의 일부분이다.
㉩ 기호의 표시법은 한정되어 있는 것을 제외하고는 어떠한 방향이라도 좋으나, 90° 방향마다 쓰는 것이 바람직하다. 또한 표시방법에 따라 기호의 의미가 달라지는 것은 아니다.

㉪ 기호는 압력, 유량 등의 수치 또는 기기의 설정값을 표시하는 것은 아니다.
㉫ 간략기호는 그 표준에 표시되어 있는 것 및 그 표준의 규정에 따라 고안해 낼 수 있는 것에 한하여 사용하여도 좋다.
㉬ 2개 이상의 기호가 1개의 유닛에 포함되어 있는 경우에는 특정한 것을 제외하고, 전체를 1점쇄선의 포위선 기호로 둘러싼다. 단, 단일기능의 간략기호에는 통상 포위선을 필요로 하지 않는다.
㉭ 회로도 중에서 동일 형식의 기기가 수개소에 사용되는 경우에는 제도를 간략화하기 위하여 각 기기를 간단한 기호요소로 대표시킬 수가 있다. 단, 기호요소 중에는 적당한 부호를 기입하고, 회로도 속에 부품란과 그 기기의 완전한 기호를 나타내는 기호표를 별도로 붙여서 대조할 수 있게 한다.

10년간 자주 출제된 문제

11-1. 다음 그림이 나타내는 공유압 기호는?

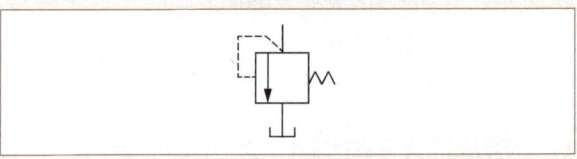

① 체크밸브   ② 릴리프 밸브
③ 무부하밸브   ④ 감압밸브

11-2. 다음 공기압 기호의 명칭은?

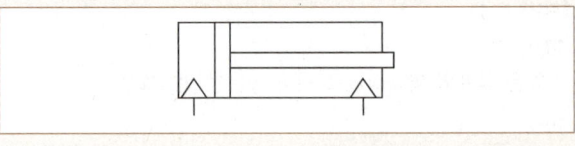

① 단동실린더   ② 복동실린더
③ 요동실린더   ④ 공압모터

11-3. 다음 공압실린더의 지지 형식에 따른 분류 중 클레비스형의 기호는?

① FA   ② CA
③ FB   ④ TC

| 10년간 자주 출제된 문제 |

11-4. 공유압 기호에서 기호의 표시방법과 해석에 관한 설명으로 틀린 것은?

① 기호는 기기의 실제 구조를 나타내는 것은 아니다.
② 기호는 원칙적으로 통상의 운휴 상태 또는 기능적인 중립 상태를 나타낸다.
③ 숫자를 제외한 기호 속의 문자는 기호의 일부분이다.
④ 기호는 압력, 유량 등의 수치 또는 기기의 설정값을 표시하는 것이다.

|해설|

11-1

체크밸브	무부하밸브	감압밸브

11-3

종 류		Type	
기본형		SD	
클레비스형 실린더		1산	CA
		2산	CB
플랜지형	장방향	로드측	FA
		헤드측	FB
	정방향	로드측	FC
		헤드측	FD
풋 형		축 직각	LA
		축 방향	LB
트러니언형		로드측	TA
		센 터	TC

11-4

유압 공기압 기호의 표시방법과 해석의 기본사항(KS B 0054)
- 기호는 기기의 실제 구조를 나타내는 것은 아니다.
- 기호는 원칙적으로 통상의 운휴 상태 또는 기능적인 중립 상태를 나타낸다. 단, 회로도 속에서는 예외도 인정된다.
- 기호 속의 문자(숫자는 제외)는 기호의 일부분이다.
- 기호가 압력, 유량 등의 수치 또는 기기의 설정값을 표시하는 것은 아니다.

정답 11-1 ② 11-2 ② 11-3 ② 11-4 ④

핵심이론 12 공유압회로

① 공유압회로 구성

㉠ 공유압밸브, 제어장치, 회로 등을 연결하여 제어회로를 구성할 수 있다.

㉡ 예를 들어, 그림 (a)와 같이 공압회로를 연결했을 경우의 작동을 보면 그림 (b)와 같이 공압이 작동하여 액추에이터를 후진시킨다.

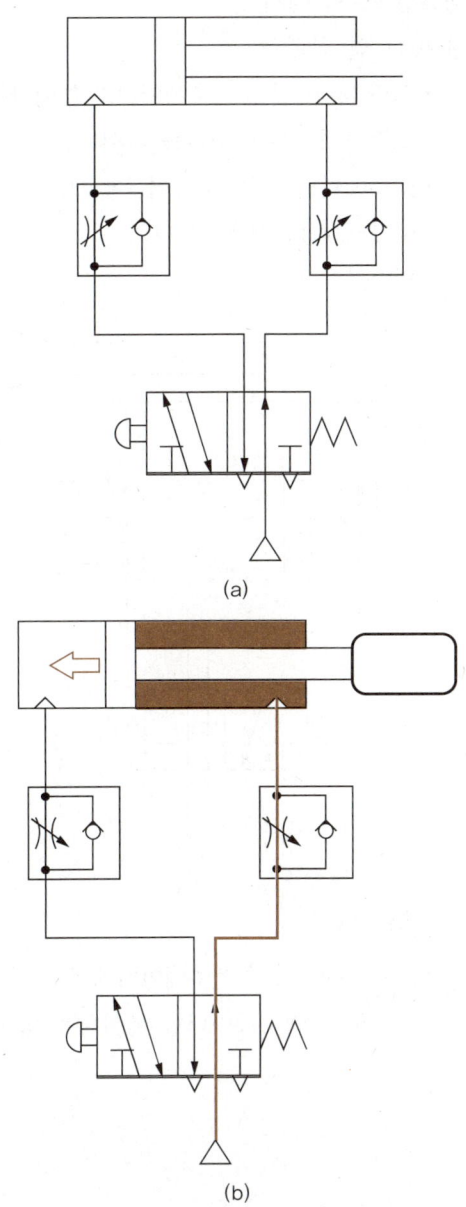

(a)

(b)

② 공유압회로의 특징
  ㉠ 공압·유압을 이용한 회로이므로 공유압의 경로에 따라 액추에이터가 동작한다.
  ㉡ 공유압의 양 또는 속도를 조절하여 필요한 출력을 얻을 수 있다.
  ㉢ 제어 대상은 공유압의 경로, 압력의 크기, 유체의 양 또는 속도를 통한 제어 등으로 나눌 수 있다.
③ 공유압회로의 예시
  ㉠ 미터 인 회로
    • 그림 (c)와 같이 액추에이터로 들어가는 공기를 조절하여 액추에이터를 제어하는 방식이다.
    • 액추에이터 작동 전 제어를 하므로 제어는 변별이 확실하나 액추에이터의 작동성이 떨어질 수 있다.

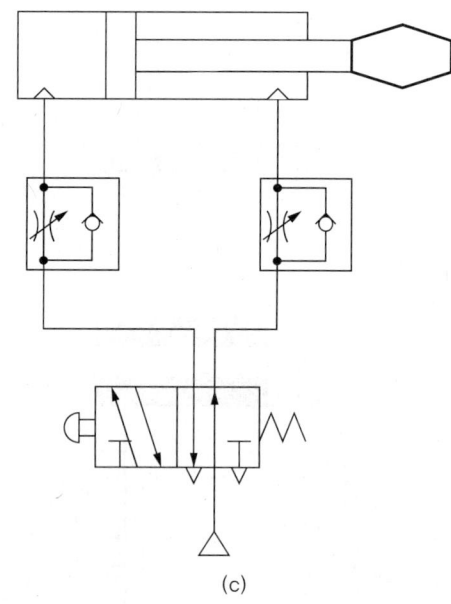
(c)

  ㉡ 미터 아웃 회로
    • 그림 (d)와 같이 액추에이터에서 나오는 공기를 조절하여 액추에이터를 제어하는 방식이다.
    • 액추에이터 작동 전 제어를 하므로 작동성이 확실하고 일반적으로 많이 사용하는 방식이다.

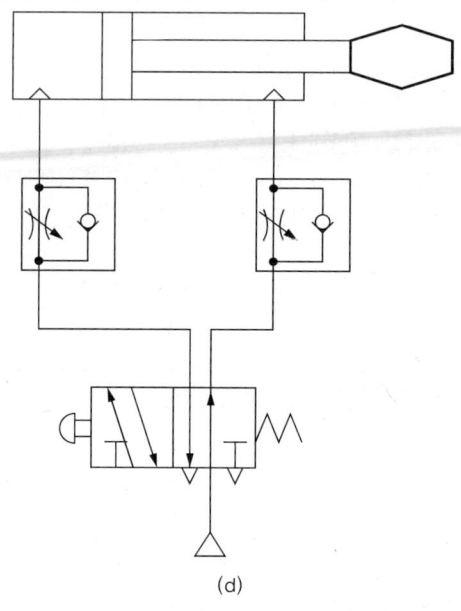
(d)

  ㉢ 블리드 오프 회로
    • 그림 (e)와 같이 액추에이터로 공급되는 유량이 작동 속도에 비해 너무 많을 때 밀려 나는 유량을 탱크로 회수하는 방식이다.
    • 내부압력이 조정되므로 각 밸브의 과도한 부하를 막을 수 있다.
    • 유압제어의 경우 회수되는 유류에 대한 관리가 다시 필요하다.

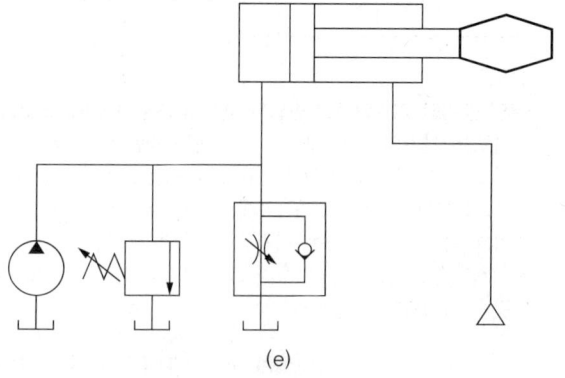
(e)

② 시퀀스회로 : 그림 (f)와 같이 신호에 따른 전진·후진 시 한 실린더를 동작시키고, 배압에 의해 나머지 실린더도 동작시키는 원리이다.

⑪ 감압회로 : 그림(h)처럼 입력측의 압력이 설정압력 이상 올라가지 않도록 배치한 회로이다.

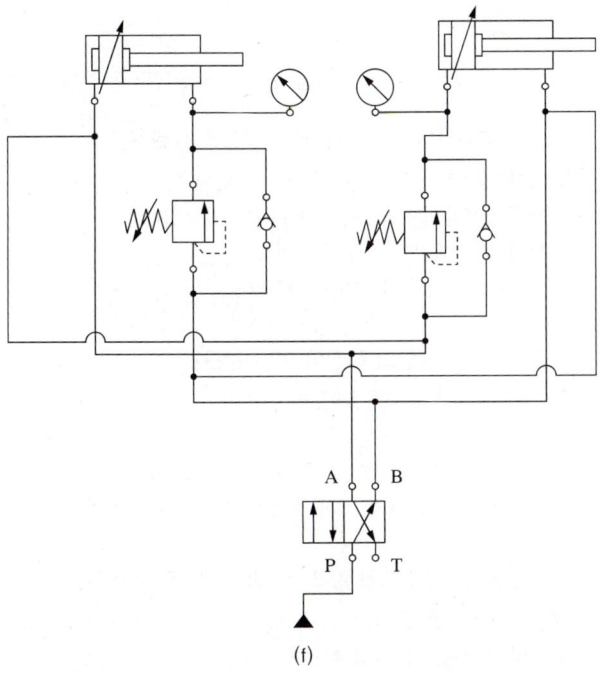

(f)

⑫ 재생회로 : 그림 (g)처럼 배출되는 유압을 전진압력에 보태서 추력을 얻는 회로이다.

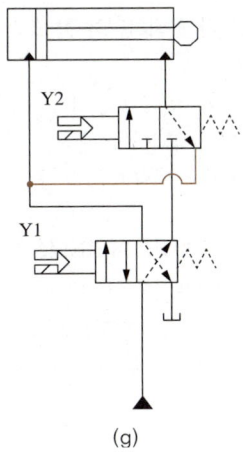

(g)

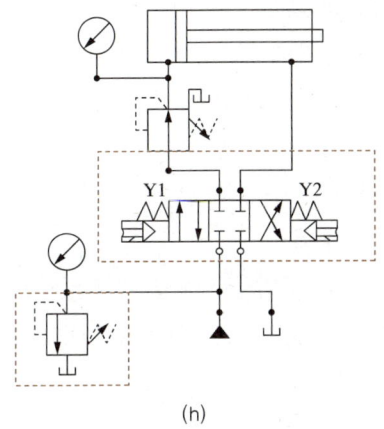

(h)

10년간 자주 출제된 문제

12-1. 실린더 내부의 오일이 유출되는 방향으로 유량제어밸브를 설치하여 전·후진 속도 조절이 가능한 속도제어 회로는?

① 미터 인 회로
② 미터 아웃 회로
③ 블리드 오프 회로
④ 디플렌셜 회로

12-2. 유압 실린더의 속도제어회로에 해당하는 것은?

① 미터 인 회로, 블리드 오프 회로, 플립플롭 회로
② 미터 아웃 회로, 로킹회로, 카운터 밸런스 회로
③ 언로드 회로, 플립플롭 회로, 카운터 밸런스 회로
④ 미터 인 회로, 미터 아웃 회로, 블리드 오프 회로

해설

12-1

미터 아웃 회로
- 액추에이터에서 나오는 공기를 조절하여 액추에이터를 제어하는 방식이다.
- 액추에이터 작동 전 제어를 하므로 작동성이 확실하고 일반적으로 많이 사용하는 방식이다.

12-2

플립플롭은 기억을 위한 회로이고, 로킹회로는 플런저 이동 제한을 위한 회로이다. 공유압시스템의 속도제어는 실린더 기준 입출력 유량을 조절하여 제어한다.

정답 12-1 ② 12-2 ④

핵심이론 13 유압제어

① 유압제어의 특징
  ㉠ 작은 장치로 큰 출력을 얻을 수 있다.
  ㉡ 전기·전자의 조합으로 자동제어가 가능하다.
  ㉢ 무단 변속이 가능하다.
  ㉣ 입력에 대한 출력 응답이 빠르다.

② 유압유(작동유)
  공압과 달리 유압을 사용할 때의 확실한 특징은 힘을 전달한다는 것이다. 공압장치와 유압장치가 비슷한 원리를 이용함에도 사용하는 용도가 많이 다른데, 공압은 작은 동력을 쉽게 사용하는 곳과 복잡한 회로 구성을 쉽게 할 수 있고 부속장치의 사용 부담이 적고 청결하다는 장점이 있다. 이에 반해, 유압은 기름이 묻고 유압유의 관리, 구성장치의 부피 등 여러 특징이 있음에도 동력 전달의 탁월성과 파스칼의 원리를 이용하여 동력을 증폭하는 성질에 따라 그 용도가 나뉜다. 유압유는 그 용도에 따라 유종을 달리하는데, 특별히 유압유에서 주목해야 할 성질이 점도지수이며, 점도지수는 온도의 영향을 받는다.

③ 유압기기에서 작동유의 주요 역할
  ㉠ 힘을 전달하는 기능을 감당한다.
  ㉡ 밸브 사이에서 윤활작용을 돕는다.
  ㉢ 마찰 등에 의해 발생하는 열을 분산시키며 냉각시킨다.
  ㉣ 흐름에 의해 불순물을 씻어내는 작용을 한다.
  ㉤ 유막을 형성하여 녹의 발생을 방지한다.

④ 유압작동유의 특징
  ㉠ 비압축성이어야 한다.
  ㉡ 열에 영향을 작게 받을 수 있어야 한다.
  ㉢ 장시간 사용하여도 화학적으로 안정되어야 한다.
  ㉣ 다양한 조건에서도 적정 점도가 유지되어야 한다.
  ㉤ 기밀성·청결성을 가지고 있어야 한다.

⑤ 축압기(어큐뮬레이터, Accumulator) : 유체의 압력을 축적하여 압력의 흐름을 일정하게 조절해 주는 장치로서 압력을 축적하는 방식으로 맥동을 방지하는 데 사용한다.

10년간 자주 출제된 문제

13-1. 유압제어의 특징을 설명한 것으로 틀린 것은?
① 작은 장치로 큰 출력을 얻을 수 있다.
② 전기·전자의 조합으로 자동제어 가능하다.
③ 무단 변속이 불가능하다.
④ 입력에 대한 출력 응답이 빠르다.

13-2. 다음 중 유압의 특징이 아닌 것은?
① 소형 장치로 큰 힘(출력)을 발생한다.
② 과부하에 대한 안전장치가 간단하 정확하다.
③ 전기·전자의 조합으로 자동제어가 가능하다.
④ 유온의 영향을 받지 않아 정확한 속도와 제어가 가능하다.

13-3. 유공압 제어요소와 일의 성격과의 짝으로 맞지 않는 것은?
① 압력제어밸브 : 일의 크기 제어
② 유량제어밸브 : 일의 빠르기 제어
③ 방향제어밸브 : 일의 방향 제어
④ 유압작동기 : 일의 세기 제어

13-4. 유압 작동유가 구비하여야 할 조건 중 틀린 것은?
① 압축성이어야 한다.
② 열을 방출시킬 수 있어야 한다.
③ 적절한 점도가 유지되어야 한다.
④ 장시간 사용하여도 화학적으로 안정되어야 한다.

13-5. 전기동력장치에 비교한 유압동력장치의 특징이 아닌 것은?
① 과부하가 걸릴 경우 불안정적이다.
② 고속회전운동을 얻기는 어렵다.
③ 안정적으로 큰 힘을 얻을 수 있다.
④ 힘의 증폭이 용이하다.

[해설]

13-1
무단 변속은 속도를 변화시킬 때 1단, 2단식의 단차 없이 연속적인 변화를 일으키는 것을 의미하며 유압제어의 특징이다.

13-2
특별히 유압유에서 주목해야 할 성질이 점도지수이며, 점도지수는 온도의 영향을 받는다.

13-3
유압작동기는 유압액추에이터를 의미하며 일의 세기를 제어하지는 않고 일을 전달해 주는 역할을 한다.

13-4
유압 작동유의 특징
- 비압축성이어야 한다.
- 열의 영향을 작게 받을 수 있어야 한다.
- 장시간 사용하여도 화학적으로 안정되어야 한다.
- 다양한 조건에서도 적정 점도가 유지되어야 한다.
- 기밀성·청결성을 가지고 있어야 한다.

13-5
모든 장치는 과부하가 걸리면 불안정하다. 그러나 유압동력장치는 안정적이며 과부하를 발생시키지 않는다.

정답 13-1 ③ 13-2 ④ 13-3 ④ 13-4 ① 13-5 ①

핵심이론 14 유압펌프

① 유압펌프의 종류

용적형 펌프(고정용량형)	비용적형 펌프(가변용량형)
• 용적이 밀폐되어 있어 부하압력이 변동해도 토출량이 거의 일정하다. • 정압을 사용하므로 큰 힘을 요구하는 유압장치용 유압펌프로 사용한다.	• 용적이 밀폐되어 있지 않아 부하압력이 변동하면 토출량이 변하여 유압장치에는 부적당하다. • 펌프용량을 0에서 최대까지 변화시킬 수 있어 효율적인 운전을 할 수 있다.
• 기어펌프, 나사펌프, 베인펌프, 피스톤 펌프	• 원심형 펌프, 액시얼 펌프, 혼류(Mixed Flow)펌프, 로토제트 펌프, 터빈펌프

② 유압펌프의 비교

	기어펌프	베인펌프	피스톤 펌프
주요 특징	오물과 점도가 높은 곳에 사용 가능하다.	베인의 마모에 의한 압력 저하가 발생되지 않는다.	밸브가 필요 없으며, 고장이 적다.
구조	구조가 가장 간단하다.	부품이 많고 정밀한 제작을 요구한다.	구조가 복잡하고 매우 높은 가공 정밀도를 요구하며 크기가 크다.
성능	큰 힘으로 흡입 가능하다.	큰 힘으로 흡입하기는 힘들지만 크기에 비해 출력이 좋다.	흡입할 수 있는 힘의 크기에 제한이 있으나 예민한 압력의 변화에 적합하다.
점도의 영향	점도가 크면 효율에는 영향을 미치나 다른 큰 영향은 없다.	점도에 영향을 받지만 효율과는 대체로 무관하다.	점도에 영향을 받는다.
이물질의 영향	거의 없다.	영향을 받는다.	예민한 압력에 영향을 크게 받는다.
비용	제작비용이 저렴하다.	제작비용이 보통이며 수리비가 적게 든다.	제작비용이 비싸다.

③ 유압펌프의 간략 형상

기어펌프	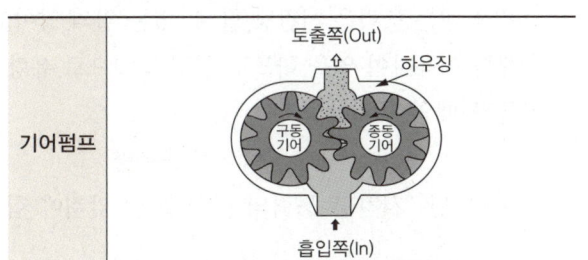

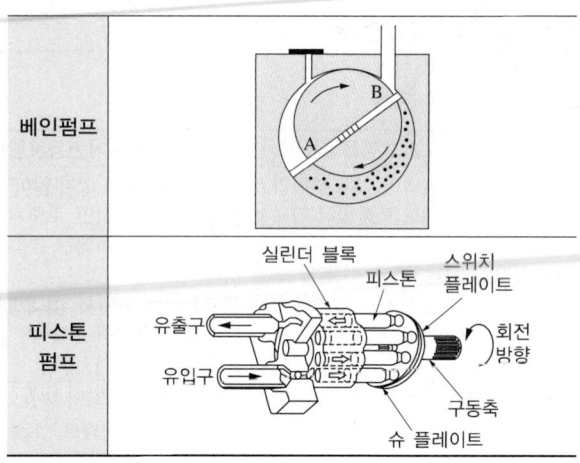

④ 유압펌프 점검 체크리스트

점검항목	점검내용	이상 시 조치
회전 방향	전원 투입 후 펌프 회전 방향이 정격과 일치하는지 확인한다.	배선 수정 또는 구동장치를 점검한다.
유 량	유량계 또는 작동속도 기준으로 이상 유량 여부를 확인한다.	필터 막힘, 밸브 이상, 내부 누설을 점검한다.
작동유 상태	오일의 색상, 점도, 수분 혼입 여부를 확인한다.	오일을 교체하거나 오염의 원인을 제거한다.
소음 및 진동	작동 시 이상 소음이나 진동 발생 여부를 확인한다.	커플링 정렬이 불량인지, 베어링이 마모되었는지 확인한다.
누 유	펌프 주변 및 연결부에서 오일이 누출되었는지 확인한다.	패킹을 교체하거나 토크를 점검한다.
온 도	작동 중 오일 및 펌프의 온도가 과도하게 상승하는지 확인한다.	냉각장치를 점검하고, 오일 점도를 조정한다.
필터 상태	흡입, 압력, 리턴 필터의 막힘 여부 및 교환주기를 확인한다.	필터를 세정하거나 교체한다.
소요 전류	모터에 걸리는 부하 전류가 사양 내에 있는지 확인한다.	과부하 발생 시 기계적 원인을 점검한다.

⑤ 펌프의 동력

펌프가 내는 동력은 시간당 할 수 있는 일의 양이고, 유체를 이용하여 일을 하므로 일정 압력으로 유량이 공급될 때의 동력은

동력 = 송출압력 × 송출유량

(단, 시간당 동력의 단위를 잘 맞춰야 함)

⑥ 펌프의 효율

펌프 전효율 = 용적효율 × 기계효율

㉠ 용적효율 : 이론 토출량과 실제 토출량의 비율
㉡ 기계효율 : 펌프의 기계적 손실이 감안된 효율

10년간 자주 출제된 문제

14-1. 다음 내용에 해당하는 유압펌프의 명칭은?

> 구조가 간단하고 운전 및 보수가 용이하지만 가변 토출형으로 제작이 불가능하고 내부 오일 누설이 다른 펌프에 비해서 많다. 그리고 운전 중에 밀폐작용(폐입현상)이 발생하기도 한다.

① 기어펌프 ② 베인펌프
③ 피스톤 펌프 ④ 나사펌프

14-2. 다음 중 가변용량형이면서 양방향 유동인 유압펌프의 기호는?

① 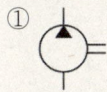 ②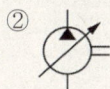

③ 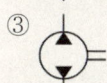 ④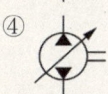

14-3. 유압펌프의 기계효율이 90%이고, 용적효율이 90%일 경우 펌프의 전효율(Overall Efficiency)은 얼마인가?

① 45% ② 81%
③ 85% ④ 90%

해설

14-1
유압펌프의 비교

	기어펌프	베인펌프	피스톤 펌프
주요 특징	오물과 점도가 높은 곳에 사용 가능하다.	베인의 마모에 의한 압력 저하가 발생되지 않는다.	밸브가 필요 없으며, 고장이 적다.
구조	구조가 가장 간단하다.	부품이 많고 정밀한 제작을 요구한다.	구조가 복잡하고 매우 높은 가공 정밀도를 요구하며 크기가 크다.
성능	큰 힘으로 흡입 가능하다.	큰 힘으로 흡입하기는 힘들지만 크기에 비해 출력이 좋다.	흡입할 수 있는 힘의 크기에 제한이 있으나 예민한 압력의 변화에 적합하다.
점도의 영향	점도가 크면 효율에는 영향을 미치나 다른 큰 영향은 없다.	점도에 영향을 받지만 효율과는 대체로 무관하다.	점도에 영향을 받는다.
이물질의 영향	거의 없다.	영향을 받는다.	예민한 압력에 영향을 크게 받는다.
비용	제작비용이 저렴하다.	제작비용이 보통이며 수리비가 적게 든다.	제작비용이 비싸다.

14-2
① 정용량형 한 방향 펌프
② 가변용량형 한 방향 펌프
③ 정용량형 양방향 펌프

14-3
펌프의 효율
펌프 전효율 = 용적효율 × 기계효율 = 0.9 × 0.9 = 0.81
- 용적효율 : 이론 토출량과 실제 토출량의 비율
- 기계효율 : 펌프의 기계적 손실이 감안된 효율

정답 14-1 ① 14-2 ④ 14-3 ②

교육은 우리 자신의 무지를 점차 발견해 가는 과정이다.

– 윌 듀란트 –

PART 02

과년도 + 최근 기출복원문제

2016~2020년　　과년도 기출문제
2021~2024년　　과년도 기출복원문제
2025년　　　　 최근 기출복원문제

2016년 제1회 과년도 기출문제

제1과목 기계가공법 및 안전관리

01 다듬질면 상태의 평면검사에 사용되는 수공구는?

① 트러멜
② 나이프 에지
③ 실린더 게이지
④ 앵글 플레이트

해설
② 나이프 에지 : 다듬질면 상태의 평면검사에 사용되는 수공구
④ 앵글 플레이트 : 수가공작업을 위해 공작물을 수직 위치를 유지하는 데 사용하는 등 다양한 용도를 가진 지그형 공구

02 총형 커터에 의한 방법으로 치형을 절삭할 때 사용하는 밀링 커터는?

① 베벨 밀링 커터
② 헬리컬 밀링 커터
③ 인벌류트 밀링 커터
④ 하이포이드 밀링 커터

해설
인벌류트 밀링 커터는 커터의 이 모양이 기어의 이홈 모양으로 구성되었다.

03 선반작업 시 공구에 발생하는 절삭저항 중 가장 큰 것은?

① 배분력
② 주분력
③ 마찰분력
④ 이송분력

해설
선반작업 시 공구에 발생하는 절삭저항 중 가장 큰 것은 주분력이다.

04 지름 10mm, 원추 높이 3mm인 고속도강 드릴로 두께가 30mm인 연강판을 가공할 때 소요시간은 약 몇 분인가? (단, 이송은 0.3mm/rev, 드릴의 회전수는 667rpm이다)

① 6
② 2
③ 1.2
④ 0.16

해설
$$N = \frac{t+h}{f} = \frac{(30+3)\text{mm}}{0.3\text{mm/rev}}$$
$$T = \frac{N}{n} = \frac{110\text{rev}}{667\text{rev/min}} = 0.16 \text{min}$$

05 열경화성 합성수지인 베이클라이트(Bakelite)를 주성분으로 하며 각종 용제, 기름 등에 안정된 숫돌로서 절단용 숫돌 및 정밀연삭용으로 적합한 결합제는?

① 고무결합제
② 비닐결합제
③ 셸락결합제
④ 레지노이드 결합제

해설
- 셸락(Shellac, E) : 주로 천연수지로 구성. 결합력이 약함. 고정밀도 작업에 사용
- 고무(Rubber, R) : 고탄성, 얇은 숫돌에 사용
- 레지노이드(Resinoid, B) : 절단 숫돌용, 주물 절단용, 베이클라이트(Bakelite, 초기 플라스틱)로 구성
- 비닐(Vinyl, PVA) : 비철금속 연삭용으로 사용

06 밀링머신에서 원주를 단식 분할법으로 13등분하는 경우의 설명으로 옳은 것은?

① 13구멍 열에서 1회전에 3구멍씩 이동한다.
② 39구멍 열에서 3회전에 3구멍씩 이동한다.
③ 40구멍 열에서 1회전에 13구멍씩 이동한다.
④ 40구멍 열에서 3회전에 13구멍씩 이동한다.

해설

$n = \dfrac{40}{N} = \dfrac{H}{N'}$

여기서, N : 일감의 등분 분할수
 n : 분할 크랭크의 회전수
 N' : 분할판에 있는 구멍수
 H : 크랭크를 돌리는 구멍수

① $n = \dfrac{40}{13} = \dfrac{H}{13}$, $H = 3 \times 13 + 1$, 3회전에 1구멍씩 이동한다.

② $n = \dfrac{40}{13} = \dfrac{H}{39}$, $H = 3 \times 39 + 3$

③, ④ $n = \dfrac{40}{13} = \dfrac{H}{40}$, $H = 3 \times 40 + 3.07$

즉, 40구멍 열로는 분할되지 않는다. 검산해 보면, 분할판 1회전에 주축의 9°회전, 9°는 39구멍이 들어가 있다. 즉, 360°에는 1,560구멍이 들어가 있다. 이것을 13등분하면 120구멍이 되며, 120구멍은 39구멍이 세 번 들어가고 3개 남는다.

07 한계 게이지의 종류에 해당되지 않는 것은?

① 봉 게이지
② 스냅 게이지
③ 다이얼 게이지
④ 플러그 게이지

해설
다이얼 게이지 : 베이스를 고정하고 접촉자를 기준면에 댄 후 측정 대상물을 회전운동이나 직선운동을 시켜 눈금의 변화를 확인하며 원하는 측정을 실시하는 측정구

08 공작물의 표면거칠기와 치수 정밀도에 영향을 미치는 요소로 거리가 먼 것은?

① 절삭유
② 절삭 깊이
③ 절삭속도
④ 칩 브레이커

해설
절삭속도가 크면 절삭면이 깔끔하다. 칩 브레이커는 배출되는 칩을 중간중간 끊어 주는 역할을 하며, 표면거칠기와는 크게 관련이 없다.

09 CNC 선반 프로그래밍에 사용되는 보조기능 코드와 기능이 옳게 짝지어진 것은?

① M01 : 주축 역회전
② M02 : 프로그램 종료
③ M03 : 프로그램 정지
④ M04 : 절삭유 모터 가동

해설

M00	프로그램 정지
M01	선택적 프로그램 정지
M02	프로그램 종료
M03	주축 정회전(주축이 시계 방향으로 회전)
M04	주축 역회전(주축이 반시계 방향으로 회전)

10 1차로 가공된 가공물의 안지름보다 다소 큰 강구(Steel Ball)를 압입 통과시켜서 가공물의 표면을 소성 변형으로 가공하는 방법은?

① 래핑(Lapping)
② 호닝(Honing)
③ 버니싱(Burnishing)
④ 그라인딩(Grinding)

해설
버니싱
- 다른 피니싱들과 달리 원통 내면의 치수 정밀도 및 표면거칠기를 향상시키되 연삭입자를 사용하지 않는다.
- 1차로 가공된 가공물의 안지름보다 다소 큰 강구(Steel Ball)를 압입 통과시켜서 가공물의 표면을 소성 변형으로 가공하는 방법이다.
- 볼 버니싱과 롤러 버니싱으로 구분한다.
- 표면 정도(精度) 개선 및 잔류응력을 주어 표면 강도를 개선한다.

11 선반의 부속품 중에서 돌리개(Dog)의 종류로 틀린 것은?

① 곧은 돌리개
② 브로치 돌리개
③ 굽은(곡형) 돌리개
④ 평행(클램프) 돌리개

해설
돌림판 및 돌리개
- 곡형 돌림판은 면의 일부가 홈으로 되어 있어 여기에 굽은 돌리개 또는 평행 돌리개를 끼워 사용한다.
- 곧은 돌림판은 면의 일부에 둥근 봉이 끼워져 있고 여기에 곧은 돌리개를 끼워 사용한다.

12 직접 측정용 길이측정기가 아닌 것은?

① 강철자   ② 사인바
③ 마이크로미터   ④ 버니어 캘리퍼스

해설
사인바는 각도측정기이다.

13 절삭공구 재료 중 소결 초경합금에 대한 설명으로 옳은 것은?

① 진동과 충격에 강하며 내마모성이 크다.
② Co, W, Cr 등을 주조하며 만든 합금이다.
③ 충분한 경도를 얻기 위해 질화법을 사용한다.
④ W, Ti, Ta 등의 탄화물 분말을 Co를 결합제로 소결한 것이다.

해설
소결 초경질 공구강(일반적인 초경합금)
- WC(텅스텐카바이드), TiC 및 TaC 등에 Co를 점결제로 혼합하여 소결한 비철합금
- 비디아(Widia) : WC 분말을 Co 분말과 혼합, 예비 소결 성형 후 수소 분위기에서 소결
- 유사품 : 카볼로이(Carboloy), 미디아(Midia), 텅갈로이(Tungalloy)

14 리머의 모양에 대한 설명 중 틀린 것은?

① 조정리머 : 절삭날을 조정할 수 있는 것
② 솔리드 리머 : 자루와 절삭날이 다른 소재로 된 것
③ 셸 리머 : 자루와 절삭날 부위가 별개로 되어 있는 것
④ 팽창리머 : 가공물의 치수에 따라 조금 팽창할 수 있는 것

해설
리머 : 리밍 커터의 역할이며, 절삭날 조정이 가능한 조정리머, 절삭날과 일체형인 솔리드 리머, 자루와 절삭날 부분이 별개로 되어 있는 셸 리머, 팽창이 가능한 팽창리머 등이 있다.

15 편심량이 2.2mm로 가공된 선반가공물을 다이얼 게이지로 측정할 때 다이얼 게이지 눈금의 변위량은 몇 mm인가?

① 1.1   ② 2.2
③ 4.4   ④ 6.6

해설
가장 높이 올라갔을 때 편심량 2.2mm만큼 -로 돌아가고, 가장 낮게 내려갔을 때 다이얼 게이지는 +2.2mm만큼 내려갈 것이므로 변위는 4.4mm가 된다.

16 다음 중 밀링작업에서 판캠을 절삭하기에 가장 적합한 밀링 커터는?

① 엔드밀 ② 더브테일 커터
③ 메탈 슬리팅 소 ④ 사이드 밀링 커터

해설

17 밀링작업 시의 안전수칙으로 틀린 것은?

① 칩을 제거할 때 기계를 정지시킨 후 브러시로 털어낸다.
② 주축 회전속도를 변환할 때에는 회전을 정지시키고 변환한다.
③ 칩 가루가 날리기 쉬운 가공물의 공작 시에는 방진 안경을 착용한다.
④ 절삭유를 공급할 때 커터에 감겨 들지 않도록 주의하고, 공작 중 다듬질면에 손을 대어 거칠기를 점검한다.

해설
공작 중에는 어떤 경우라도 손을 대서는 안 된다.

18 크레이터 마모에 관한 설명 중 틀린 것은?

① 유동형 칩에서 가장 뚜렷이 나타난다.
② 절삭공구의 상면 경사각이 오목하게 파여지는 현상이다.
③ 크레이터 마모를 줄이려면 경사면 위의 마찰계수를 감소시킨다.
④ 처음에 빠른 속도로 성상하다가 어느 정도 크기에 도달하면 느려진다.

해설
경사면 마멸(크레이터 마모)
• 윗면에서의 마모는 모양이 운석이 떨어진 자국 같아서 크레이터(Crater, 분화구) 마멸 또는 경사면 마멸이라 한다.
• 공구날의 윗면이 유동형 칩과의 마찰로 오목하게 파이는 현상으로 공구와 칩의 경계에서 원자들의 상호 이동 역시 마멸의 원인이 된다.
• 공구 경사각을 크게 하면 칩이 공구 윗면을 누르는 압력이 작아지므로 경사면 마멸의 발생과 성장을 줄일 수 있다.

19 연삭숫돌 입자의 종류가 아닌 것은?

① 에머리 ② 커런덤
③ 산화규소 ④ 탄화규소

해설
• 천연 숫돌입자 : 다이아몬드, 에머리(Emery, 자철석, 적철석, 스피넬 등을 함유한 강옥), 커런덤(Corundum, 유색 보석이며, 모스 경도 9의 강옥)
• 인조 숫돌입자 : Alumina, White Alumina, Carborundum(SiC-탄화규소, 실리콘카바이드), Green Carborundum(SiC-탄화규소, 실리콘카바이드)

20 밀링머신에서 기어의 치형에 맞춘 기어 커터를 사용하여, 기어 소재 원판을 같은 간격으로 분할가공하는 방법은?

① 래크법 ② 창성법
③ 총형법 ④ 형판법

해설
총형 커터(Formed Cutter)는 절삭하고자 하는 대상의 모양대로 도면을 그린 후, 그 모양의 윤곽대로 절삭가공을 실시한다.

제2과목 기계제도 및 기초공학

21 표면의 결 도시기호가 그림과 같이 나타났을 때 설명으로 틀린 것은?

```
            Fe/Ni 10bCr r
         ╱ 0.8
   Rₐ 3.2╱  2.5/R_z 16
        ╱⊥ 2.5/R_z 6.3
```

① 니켈-크롬 코팅이 적용되어 있다.
② 가공 여유는 0.8mm를 준다.
③ 샘플링 길이 2.5mm에서는 Rz 6.3~16μm를 만족해야 한다.
④ 투상면에 대해 대략 수직인 줄무늬 방향이다.

[해설]

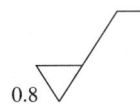

0.8 또한 산술평균 표면거칠기 외의 표면거칠기이다. 가공 여유는 왼쪽 그림과 같은 곳에 표기해야 한다.

22 기하공차 중 단독 형체에 관한 것들로만 짝지어진 것은?

① 진직도, 평면도, 경사도
② 평면도, 진원도, 원통도
③ 진직도, 동축도, 대칭도
④ 진직도, 동축도, 경사도

[해설]

적용하는 형체	공차의 종류
단독 형체	진직도
	평면도
	진원도
	원통도
단독 형체 또는 관련 형체	선의 윤곽도
	면의 윤곽도
관련 형체	평행도
	직각도
	경사도
	위치도
	동축도 또는 동심도
	대칭도
	원주 흔들림 공차
	온 흔들림 공차

23 실물에서 한 변의 길이가 25mm일 때, 척도 1 : 5인 도면에서 그 변이 그려진 길이와 그 변에 기입해야 할 치수를 순서대로 옳게 나열한 것은?

① 길이 : 5mm, 치수 : 5
② 길이 : 5mm, 치수 : 25
③ 길이 : 25mm, 치수 : 5
④ 길이 : 25mm, 치수 : 25

[해설]
위 척도는 축척으로, 도면에는 실제 길이의 1/5로 그리고, 치수는 제작할 치수로 기입한다.

24 가공방법의 기호 중 주조의 기호는?

① D ② B
③ GB ④ C

[해설]

가공방법	기호	가공방법	기호	가공방법	기호
선 삭	L	연 삭	G	전자빔	SPEB
밀 링	M	호 닝	GH	초음파	SPU
드 릴	D	벨트연삭	GBL	용 접	W
보 링	B	페이퍼	FCA	가스용접	WA
리 밍	DR	래 핑	FL	열처리	H
태 핑	DT	줄	FF	담금질	HQ
셰이핑	SH	폴리싱	FP	어닐링	HA
주 조	C	리밍(다듬질)	FR	템퍼링	HT
평면절삭	P	브러싱	FB	침 탄	HC
슬로팅	SL	스크레이퍼	FS	표면처리	S
브로칭	BR	방전가공	SPED	숏 피닝	SHS
기어절삭	TC	전해가공	SPEC	양극 산화	SA
호 빙	TCH	레이저	SPLB	피막 코팅	SCT

정답 21 ② 22 ② 23 ② 24 ④

25 다음 도면에서 l로 표시된 부분의 길이[mm]는?

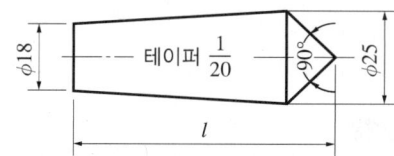

① 52.5　　② 85
③ 140　　④ 152.5

해설

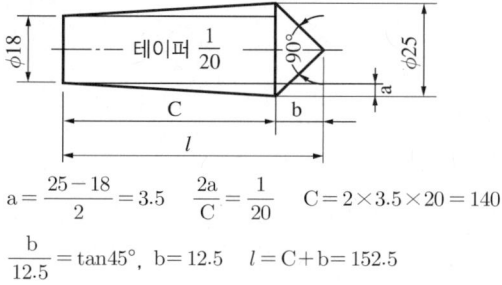

$a = \dfrac{25-18}{2} = 3.5$　　$\dfrac{2a}{C} = \dfrac{1}{20}$　　$C = 2 \times 3.5 \times 20 = 140$

$\dfrac{b}{12.5} = \tan 45°$,　$b = 12.5$　　$l = C + b = 152.5$

26 다음 중 최대 죔새를 나타낸 것은?(단, 조립 전 치수를 기준으로 한다)

① 구멍의 최대 허용치수-축의 최대 허용치수
② 축의 최소 허용치수-구멍의 최대 허용치수
③ 축의 최대 허용치수-구멍의 최소 허용치수
④ 구멍의 최소 허용치수-축의 최소 허용치수

해설
가장 조여 주는 상황을 찾아보면, 축이 가장 크고, 구멍이 가장 작을 때이다.

27 다음 축의 치수 중 최대 허용치수가 가장 큰 것은?

① $\phi 45n7$　　② $\phi 45g7$
③ $\phi 45h7$　　④ $\phi 45m7$

해설
표를 찾아 보면 쉽게 알 수 있으나 필기시험 상황에서 표를 볼 수 없으므로 기초가 되는 허용값인 알파벳 기호가 z에 가까워질수록 축은 커지고, 구멍은 작아진다. 상호 간 점점 죔새가 커진다. 따라서 보기에서는 n이 가장 큰 알파벳 수이다.

28 제3각법으로 투상한 그림과 같은 정면도와 우측면도에 가장 적합한 평면도는?

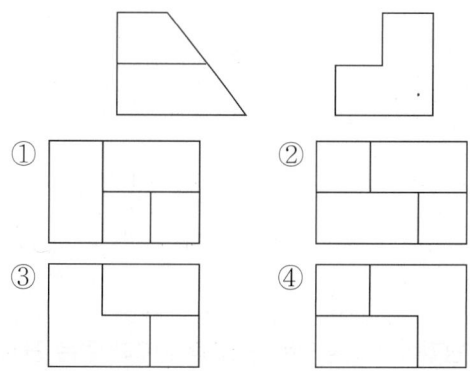

해설

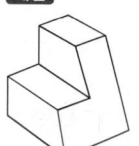

그림과 같은 입체도가 나오게 된다.

정답　25 ④　26 ③　27 ①　28 ④

29 나사의 종류를 표시하는 다음 기호 중에서 미터 사다리꼴나사를 표시하는 것은?

① R ② M
③ Tr ④ UNC

[해설]
① R : 테이퍼 수나사
② M : 미터나사
④ UNC : 유니파이 보통나사

30 제1각법에 관한 설명으로 옳은 것은?
① 정면도 우측에 좌측면도가 배치된다.
② 정면도 아래에 저면도가 배치된다.
③ 평면도 아래에 저면도가 배치된다.
④ 정면도 위에 평면도가 배치된다.

[해설]
제1각법은 정면도를 기준으로 하여 투상도의 배치가 제3각법과 반대이다.

31 전기에서 사용되는 단위 중 J/C과 같은 단위는?
① A ② F
③ H ④ V

[해설]
전하량은 $Q = I \times t$ (Q : 전하량, I : 전류, t : 시간(초))로 표현하며 단위는 $1A = 1C \times 1s$, $1C = 1A/s$이다.
J/C = J.s/A이며 J.s/A = W/A = V

32 전류가 잘 흐르지 못하도록 방해하는 것은?
① 저항 ② 전류
③ 전압 ④ 전기장

[해설]
저항은 전기의 흐름을 방해하는 역할을 하며 전기가 일을 하는 곳이기도 하다.

33 다음 그림과 같이 받침점으로부터 420mm 떨어진 곳에 80kgf인 물체 W_1을 놓으면 받침점에서 840mm 떨어진 곳에 중량이 얼마인 물체 W_2를 놓아야 평형이 유지되는가?

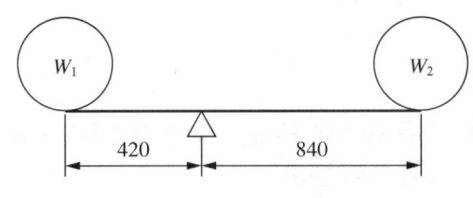

① 420kgf ② 160kgf
③ 80kgf ④ 40kgf

[해설]
- 1점에서의 모멘트 : 80kgf × 420mm
- 2점에서의 모멘트 : W_2 × 840mm
- 평형이 되려면 두 모멘트가 같아야 하므로
  W_2 × 840mm = 80kgf × 420mm
  W_2 = 40kgf

34 그림과 같이 안지름이 d_1인 원통관 속을 v_1의 속도로 흐르는 어떤 유체가 원통관의 안지름이 d_2로 줄어 v_2의 속도로 흐를 때 이들의 관계식으로 맞는 것은?

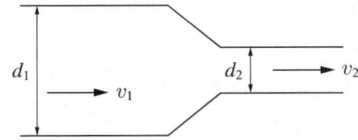

① $d_1 \times v_1 = d_2 \times v_2$
② $d_1 \times v_2 = d_2 \times v_1$
③ $d_1^2 \times v_1 = d_2^2 \times v_2$
④ $d_1^2 \times v_2 = d_2^2 \times v_1$

해설
연속의 법칙을 적용한다.
$Q = AV = A_1 V_1 = A_2 V_2$
$\dfrac{\pi d_1^2}{4} V_1 = \dfrac{\pi d_2^2}{4} V_2$

35 다음 중 토크에 대한 설명 중 맞는 것은?
① 토크는 굽힘 모멘트라고도 한다.
② 한쪽이 고정된 원형축에 토크가 작용되면 압축응력이 발생한다.
③ 한쪽이 고정된 원형축에 토크가 작용되면 인장응력이 발생한다.
④ 한쪽이 고정된 원형축에 토크가 작용되면 전단응력이 발생한다.

해설
토크는 비틀림 모멘트와 물리적 방향이 같고, 전단응력을 발생시킨다.

36 다음 그림과 같이 1,000kgf의 전단력이 직경 20mm의 볼트에 작용하고 있을 때, 볼트에 생기는 전단응력은 약 얼마인가?

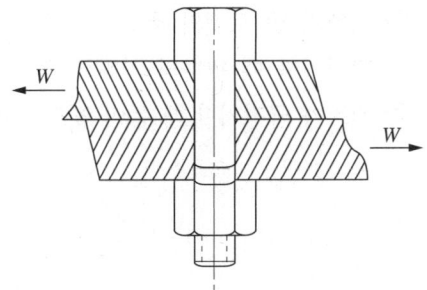

① 3.18kgf/mm^2
② 6.37kgf/mm^2
③ 31.8kgf/mm^2
④ 63.7kgf/mm^2

해설
$\tau = \dfrac{1,000 \text{kgf}}{\dfrac{\pi (20\text{mm})^2}{4}} \fallingdotseq 3.18 \text{kgf/mm}^2$

37 '유도전류의 세기는 코일의 단면을 통과하는 자속의 시간적 변화율에 비례하고, 코일의 감은 횟수에 비례한다'는 법칙은?
① 패러데이의 법칙
② 플레밍의 왼손법칙
③ 앙페르의 오른손법칙
④ 플레밍의 오른손법칙

해설
패러데이 법칙 : 시간에 따른 자기선속의 변화율과 유도기전력은 비례한다.
• $\varepsilon = -n \dfrac{d\phi_B}{dt} = -n \dfrac{\Delta B \cdot S}{\Delta t}$ (ϕ_B : 자기선속, V : 전압, n : 권선 수, S : 면적)
• $\varepsilon = -Blv$ (B : 자기장, l : 자기장 내 도선 길이, v : 도선의 이동속도)

38 뉴턴의 운동법칙 중 가속도 발생의 법칙에 해당하는 것은?

① 사람이 걷는 행위
② 비행기 및 로켓의 추진
③ 달리기할 때 팔다리의 빠른 움직임
④ 버스가 급정거할 때 몸이 앞으로 쏠리는 현상

39 30Ω의 저항 3개를 직렬로 연결하면 합성저항[Ω] 값은?

① 9 ② 10
③ 30 ④ 90

해설
합성저항은 직렬의 경우
$\sum R = R_T = R_1 + R_2 + R_3 = 30 + 30 + 30 = 90\,\Omega$

40 0.25rev/sec는 몇 도/초[°/sec]인가?

① 30°/sec ② 45°/sec
③ 60°/sec ④ 90°/sec

해설
rev는 revolution(회전)의 약자로 1바퀴, 360°를 의미한다.
0.25rev = 90°

제3과목 자동제어

41 다음 그림 CNC 공작기계의 서보제어방식으로 옳은 것은?

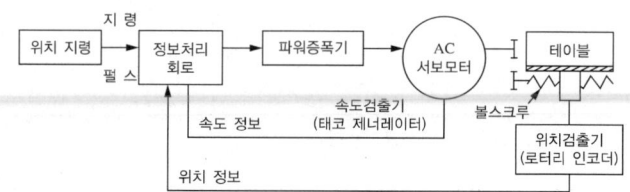

① 개방회로방식 ② 복합회로방식
③ 폐쇄회로방식 ④ 반폐쇄회로방식

해설
최종 출력값을 피드백하여 제어하므로 폐쇄회로방식이다.

42 공작물 수치제어 좌표계에서 절대 위치결정방법에 대한 설명으로 옳은 것은?

① 공구의 위치를 항상 원점(영점)을 기준으로 표시
② 공구의 위치를 항상 앞의 공구 위치를 기준으로 표시
③ 공구의 위치를 원점(영점)과 앞의 공구 위치를 기준으로 표시
④ 공구의 위치를 X, Y축 선상에서 어느 한 점을 기준으로 표시

해설
NC 코드는 위치를 좌표 수치화하여 CODE를 이용하는 방식으로, 좌표는 원점을 무엇으로 정하느냐에 따라 달라질 수 있다. 공작기계와 작업자가 설정에 의해 합의한 어떤 지점을 원점으로 하고, 거기서부터 좌표를 읽는 방식을 절대좌표계를 이용한 절대 위치결정방법이라 한다. 이와는 반대로 현재 공구가 위치한 곳을 원점으로 하여 좌표를 읽는 방식은 원점이 지속적으로 변하는 방식이며 상대좌표계를 이용하는 상대 위치결정방법을 활용한다.

43 PLC의 주요 구성요소가 아닌 것은?

① 입력부 ② 조작부
③ 출력부 ④ 중앙처리장치

해설
PLC의 구성은 컴퓨터처럼 입력장치, 논리연산장치, 제어장치, 출력장치(구현장치)로 구성된다.

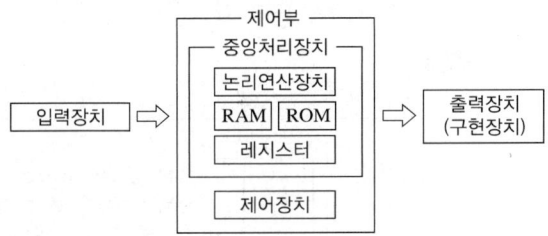

입력부(입력장치)
• 각종 스위치 : 명령 및 지시 입력
• 검출 스위치 및 센서 : 위치 정보, 작동 정보 입력
출력부(출력장치)
각종 액추에이터, 모터, 밸브, 열원 등 작동 및 제어결과를 실행하는 부분

44 SI(International System of Unit) 단위계에서 압력의 기본 단위는?

① Pa ② bar
③ psi ④ kgf/cm²

해설
압력을 정의한 사람은 파스칼이며 단위 면적당 작용하는 힘으로 정의되고, Pa라는 단위를 사용한다. Pa는 SI에서 사용하는 힘의 단위와 면적의 단위로 구성되어 있다.

45 C언어의 반복제어문에 해당되지 않는 것은?

① for문
② while문
③ do-while문
④ switch-case문

해설
switch-case문은 조건에 따른 선택문이다.

46 PLC 제어 프로그램에서 프로그램의 오류를 찾거나 연산과정을 추적하는 것은?

① Debug
② Restart
③ Scan Time
④ Parameter

해설
디버깅(Debugging) : PLC 제어프로그램에서 프로그램의 오류를 찾거나 연산과정을 추척하는 행위

정답 43 ② 44 ① 45 ④ 46 ①

47 로터리 인코더가 부착된 DC 서보모터에서 로터리 인코더가 1회전할 때마다 360개의 펄스신호가 출력된다고 한다. 이 모터가 회전할 때 로터리 인코더에서 나오는 펄스수를 카운터로 계수하였더니 720개의 펄스수가 계수되었다고 하면 모터의 회전수는?

① 0.5회전
② 1회전
③ 2회전
④ 4회전

해설
1회전에 360개의 펄스, 즉 1°당 1펄스이므로 720개 펄스는 720°, 즉 2회전한다.

48 생산설비에 자동제어기법을 적용한 경우의 특징이 아닌 것은?

① 원자재비 증가
② 연속작업이 가능
③ 제품 품질의 균일화
④ 정밀한 작업이 가능

해설
자동제어는 기계화를 시행한 것이며 이것이 원자재비를 증가시킬 이유는 없다.

49 4/3way 밸브의 중립위치형식 중에서 A 포트가 막히고 다른 포트들은 서로 통하게 되어 있는 형식은?

① 클로즈드 센터형
② 탱크 클로즈드 센터형
③ 펌프 클로즈드 센터형
④ 실린더 클로즈드 센터형

해설

명칭	모양	특징
오픈센터 (Open Center)		중립 상태에서 모든 통로가 열려져 있으므로 중립 상태 시 부하를 받지 않는다.
탠덤센터 (Tandem Center)		중립 시 들어온 공기를 탱크로 회수한다. 실린더의 위치 고정이 가능하고 경제적으로 사용된다.
플로트 센터 (Float Center)		주로 파일럿 체크밸브와 짝이 되어 사용하며 원하는 공기압 외의 입력 공기압을 모두 배출한다.
실린더 클로즈드 센터 (Cylinder Closed Center)		A 포트가 막히고 다른 포트들은 서로 통하게 되어 있어 실린더의 출력만 막는다.
클로즈드 센터 (Closed Center)		모든 포트가 막혀 있으므로 펌프로 들어올 공기가 들어오지 못하고, 다른 회로와 연결되어 있는 경우 다른 회로에서 모두 사용한다.

50 어떤 NC(Numerical Control) 기계의 제어장치는 스테핑 모터를 제어하는 데 있어서 12초 동안 20,000pulse를 발생한다. 만약 이 기계의 pulse당 이송거리가 0.01 mm/pulse라면 이때의 분당 이동속도는 몇 m/min인가?

① 0.2　　　　② 1
③ 2　　　　　④ 10

해설
이송속도
- 펄스(pulse)당 이송거리 : s[mm/pulse] → 0.01
- 분당 발생 펄스수 : n[pulse/min] → 60초 동안 100,000pulse
- 이송속도 : v_t = n×s[mm/min] → v_t = 0.01×100,000
　　　　　　　　　　　　　　　　　= 1,000mm/min
　　　　　　　　　　　　　　　　　= 1m/min

51 다음 스테핑 모터의 구동신호 패턴 중 가장 고분해능을 낼 수 있는 구동방식은?

① 1상 여자방식
② 2상 여자방식
③ 1-2상 여자방식
④ 3상 여자방식

해설
1-2상 여자방식
- 하나의 상과 두 개의 상에 전류를 교대로 흐르게 함
- 1상의 1.5배 전류 사용
- 스텝각은 0.5step/pulse
- 정밀한 각도제어 가능
- 다음과 같이 구동됨

step	1	2	3	4	5	6	7	8	9	…
A	1	1	0	0	0	0	0	1	1	…
B	0	1	1	1	0	0	0	0	0	…
$\overline{A}$	0	0	0	1	1	1	0	0	0	…
$\overline{B}$	0	0	0	0	0	1	1	1	0	…

52 제어대상의 현재 출력값과 미래 출력의 예상값을 이용하여 제어하며, 응답 속응성의 개선에 쓰이는 동작은?

① 비례동작　　　　② 적분동작
③ 비례미분동작　　④ 비례적분동작

해설
미분제어(Derivative Control)
- 입력과 출력과의 관계 속도를 제어
- 제어편차가 검출될 때 편차가 변화하는 속도에 비례하여 조작량을 가감
- 대규모 공장 등의 정밀도보다 적절한 속도가 중요한 곳에 사용
- 응답 속도를 개선한 제어이며 P 제어와 함께 사용(속응성)

53 유압시스템에서 사용하는 유량제어밸브에 해당되지 않는 것은?

① 감압밸브
② 교축밸브
③ 압력 보상형 유량조절밸브
④ 압력 온도 보상형 유량조절밸브

해설
감압밸브 : 압력제어밸브의 하나로 출구 쪽 압력을 일정하게 유지하는 역할로, 릴리프 밸브가 1차 쪽 압력제어이면 감압밸브는 2차 쪽 압력조정밸브이다.

54 다음 중 전달함수 $G(s) = \dfrac{s+b}{s+a}$ 를 갖는 회로가 지상보상회로의 특성을 갖기 위한 조건은?(단, a와 b의 값은 절댓값이다)

① $a > b$　　　　② $b > a$
③ $s = b$　　　　④ $s = a$

해설
삽입되는 전달함수 $G_{lag}(s) = \dfrac{s+z_c}{s+p_c}$ 에서 $z_c > p_c$

정답　50 ②　51 ③　52 ③　53 ①　54 ②

55 다음 그림의 전달함수의 값으로 옳은 것은?

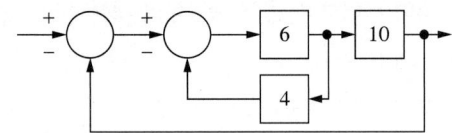

① 0.6　　　　② 0.7
③ 0.8　　　　④ 0.9

해설
동그라미 부분을 먼저 합성하면

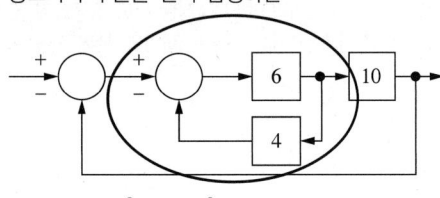

$T_1(s) = \dfrac{6}{1+6 \cdot 4} = \dfrac{6}{25} = 0.24$

나머지 부분을 합성하면

$T(s) = \dfrac{2.4}{1+0.24 \cdot 10} = \dfrac{2.4}{3.4} = 0.706$

56 서보모터의 속도나 위치검출에 사용되지 않는 것은?

① 로드 셀　　　　② 리졸버
③ 인코더　　　　④ 태코미터

해설
로드 셀 : 무게를 측정하며 스트레인 게이지에 이용하는 기구

57 PD 제어기는 제어계의 과도 특성 개선을 위해 쓰인다. 이것에 대응하는 보상기는?

① 과도보상기　　　　② 동상보상기
③ 지상보상기　　　　④ 진상보상기

해설
상(狀)을 보상하기 위해 미리 보내진 진(進)상 보상을 하는지, 늦춰진 지(遲)상 보상을 하는지를 판단한다. 비례미분제어는 제어 목표값에 빨리 도달하도록 하는 제어이므로 진상에 대해 보상한다.

58 전달함수를 정의할 때 고려해야 할 사항 중 가장 적합하게 표현하고 있는 것은?

① 입력만을 고려한다.
② 주파수를 고려한다.
③ 시간영역 특성만을 고려한다.
④ 모든 초깃값을 0으로 고려한다.

해설
전달함수를 정의할 때 모든 초깃값을 0, 즉 시간 0초 이전의 모든 남아 있는 값은 없다고 가정한다.

59 다음 그림과 같은 형태의 보드(Bode)선도를 가지는 전달함수는?

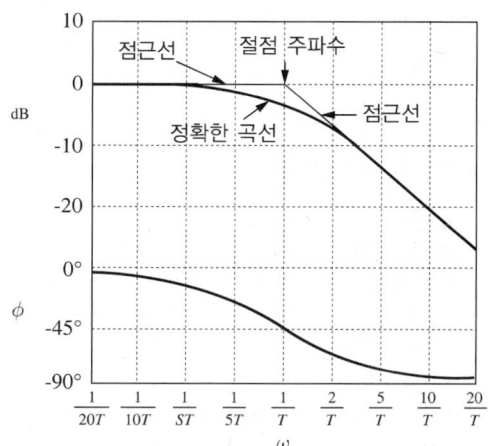

① $G(s) = \dfrac{1}{Ts}$ ② $G(s) = \dfrac{1}{Ts^2}$

③ $G(s) = \dfrac{1}{Ts^3}$ ④ $G(s) = \dfrac{1}{Ts+1}$

해설
기울기가 −20이므로 세로축 20logA의 계수가 없는 $G(s) = \dfrac{1}{s+a}$ 형태이다.

절점의 가로축 값이 $\dfrac{1}{T}$ 이므로 $G(s) = \dfrac{b}{s+\dfrac{1}{T}} = \dfrac{c}{Ts+1}$,

초깃값이 0이므로 20log$c$ = 0, 그러므로 $c = 1$

즉, $G(s) = \dfrac{1}{Ts+1}$

60 PLC 출력부에 부착하여 사용할 수 없는 것은?
① 전자밸브   ② 리밋 스위치
③ 전자 클러치   ④ 파일럿 램프

해설
스위치는 입력장치이다.

제4과목 메커트로닉스

61 다음 변환기 중 특성이 다른 하나는?
① 사다리형 변환기
② 병렬 비교형 변환기
③ 축차 근사형 변환기
④ 2중 경사 적분법 변환기

해설
사다리형 변환기는 D/A 변환기이고, 나머지는 A/D 변환기이다.

62 어떤 126개의 데이터 각각에게 2진수로 번호를 붙이려고 할 때 필요한 비트수는?
① 4   ② 5
③ 6   ④ 7

해설
필요한 비트수는 자릿수와 같으므로

```
   126
 ÷   2
 ─────
    63 ... 0
 ÷   2
 ─────
    31 ... 1
 ÷   2
 ─────
    15 ... 1
 ÷   2
 ─────
     7 ... 1
 ÷   2
 ─────
     3 ... 1
 ÷   2
 ─────
     1 ... 1    1111110₍₂₎
```

필요한 비트를 물었으므로 숫자는 중요치 않고 7자리 숫자이므로 7비트

정답 59 ④ 60 ② 61 ① 62 ④

63 계자코일을 갖는 직류모터 중 분권형 모터에 대한 특징이 아닌 것은?

① 기동토크가 높다.
② 좋은 속도 조정 성능을 갖는다.
③ 무부하동작에서 속도가 낮다.
④ 전기자 코일과 계자코일이 병렬로 연결되어 있다.

해설
분권전동기는 계자코일과 전기자 코일이 병렬로 연결되어 두 코일의 인가전압이 같고, 좋은 속도 조정 성능을 갖는다. 그리고 무부하동작에서 속도가 낮다.

64 서보모터의 회전각을 제어하기 위해 사용하는 센서가 아닌 것은?

① 태코미터
② 퍼텐쇼미터
③ 자기 인코더
④ 광학식 인코더

해설
태코미터는 속도검출이다.

65 위치, 속도, 가속도 등의 기계량을 제어하는 것으로 수치제어 공작기계나 로봇에 많이 응용되는 제어는?

① 서보(Servo)제어
② 시퀀스(Sequence) 제어
③ 개루프(Open-loop)제어
④ 프로세스(Process) 제어

해설
서보제어는 위치·속도·가속도 등의 기계량을 제어한다.

66 거리 계측이나 두께를 측정할 때 초음파의 강한 반사성과 전파성의 지연을 효과적으로 응용한 센서는?

① 광센서
② 자기센서
③ 적외선 센서
④ 초음파 센서

해설
초음파 센서
- 초음파 : 가청 주파수(20~20,000Hz) 외의 음파
- 음속(약 340m/s)을 이용, 거리 감지 가능
- 파장의 길이는 수 mm에서 수십 mm
- 온도의 영향을 받음
- 송·수신부를 설치, 초음파를 발사하여 에코신호를 받아 검체와의 거리 산출

67 RLC 공진회로에 대한 설명 중 틀린 것은?

① 병렬공진 시 임피던스는 최대가 된다.
② 직렬공진 시 전류의 크기는 최대가 된다.
③ 공진 시 전압과 전류의 위상은 이상(異相)이 된다.
④ 병렬공진 시 전압과 전류의 위상은 동상(同相)이 된다.

해설
공진이란 전파가 같게 되는 현상을 의미하며 전압과 전류의 위상은 동상이 된다.

68 인덕턴스(L)만의 교류회로에서 L = 30mH의 코일에 50Hz인 교류전압을 인가할 때 이 코일의 리액턴스는?

① 3.4Ω ② 9.4Ω
③ 30Ω   ④ 100Ω

해설
$X_L = \omega L = 2\pi f L = 2 \times \pi \times 50\text{Hz} \times 30\text{mH} \fallingdotseq 9,425\text{m}\Omega$
$= 9.42\Omega$

69 온도센서 중 서미스터의 원리로 옳은 것은?

① 온도 → 압력   ② 온도 → 저항
③ 온도 → 자속   ④ 온도 → 빛의 양

해설
서미스터
- 저항체의 저항값이 온도에 따라 변화하는 것을 이용한 센서
- 온도가 상승하면 저항값이 증가하는 정특성(PTC)
- 온도가 상승하면 저항값이 감소하는 부특성(NTC)
- 특정 온도에서 저항이 급변하는 특성 저항(CTR)특성

70 도체가 전류를 흐르게 하는 정도를 나타내는 컨덕턴스의 단위로 맞는 것은?

① Ohms   ② Volts
③ Current ④ Siemens

해설
① Ohms : 저항 단위
② Volts : 전압 단위
③ Current : 전류 단위

71 발광부와 수광부가 대향 배치되어 있어 그 사이에 물체가 들어가면 빛이 차단되어 수광부의 광전류가 차단되는 구조로 되어 있는 것은?

① 태양 전지
② 컬러센서
③ 포토 인터럽터
④ 포토 아이솔레이터

해설
포토 인터럽터
- 발광부와 수광부가 서로 마주 보는 구조
- 중간의 차단 등으로 인해 발광부 빛이 수광부에 들어가지 않으면 감지
- 자동문 작동 중지 센서 등에 사용
- 소형 경량이며 고신뢰성, 고정밀도

72 공작물을 양극으로 하고, 전기저항이 작은 Cu, Zn을 음극으로 하여 전해액 속에 넣어 매끈한 공작물 표면을 얻을 수 있는 가공방법은?

① 숏 피닝   ② 보링작업
③ 연삭작업 ④ 전해연마

해설
전해연마
- 전기도금과 반대 현상을 이용한 가공이다.
- 거울과 같이 광택 있는 가공면을 비교적 쉽게 가공할 수 있다.
- 양극에 가공물을 물리고 전해작용을 이용하여 표면을 다듬는다.
- 가공면에 방향성이 없다.
- 면이 깨끗하고 도금이 잘된다.
- 연마량이 적다.
- 전해작용을 이용하므로 가공이 힘든 금속도 효율적으로 연마가 가능하다.

정답 68 ② 69 ② 70 ④ 71 ③ 72 ④

73 서브루틴에 뛰어들 때에 서브루틴 프로그램이 끝난 다음 주프로그램으로 되돌아올 주프로그램의 어드레스가 저장되는 장소는?

① 스 택
② 데이터 레지스터
③ 프로그램 카운터
④ HEAP(힙) 메모리

해설
스택(Stack) : 기억장치에 데이터를 일시적으로 겹쳐 쌓아 두었다가 필요할 때에 꺼내서 사용하는 임시 기억장치로 LIFO(Last In First Out)의 성질을 갖는다.

74 다음 논리식을 간소화한 값으로 옳은 것은?

$$A\overline{B}\,\overline{C}+\overline{A}\,\overline{B}C+\overline{A}BC+AB\overline{C}=Y$$

① $AC+AB$
② $AC+\overline{A}B$
③ $A\overline{C}+\overline{A}B$
④ $A\overline{C}+\overline{A}\,\overline{B}$

해설
$A\overline{B}\,\overline{C}+\overline{A}\,\overline{B}C+\overline{A}BC+AB\overline{C}=Y$
$A\overline{C}(B+\overline{B})+\overline{A}B(C+\overline{C})=A\overline{C}+\overline{A}B$

75 변화하는 자계 내에 놓인 코일의 권선수를 늘리면 코일에 유도되는 전압은?

① 증가한다.
② 감소한다.
③ 변함없다.
④ 전압이 유도되지 않는다.

해설
$L=k\dfrac{\mu\cdot n^2\cdot S}{l}$

여기서, k : 계수, μ : 투자율, n : 권선수, S : 코일 단면적, l : 코일 축 방향 길이

다른 조건의 변화가 없을 때 인덕턴스가 증가하면 전압도 인덕턴스만큼 증가한다.

76 다음 마이크로프로세서의 명령 중 산술논리연산 명령은?

① INR
② JMP
③ MOV
④ PUSH

해설
산술논리연산 명령이란 계산을 의미하므로 실행 명령이 아닌 계산을 의미하는 것은 INR(지정된 메모리의 내용이 1씩 증가 저장)이다.

77 8비트 데이터에서 2의 보수방법으로 -5를 표기한 것은?

① 85H
② 8BH
③ FBH
④ FAH

해설
$5=00000101_{(2)}$ 2의 보수 $11111011_{(2)}$
8비트를 4비트씩 나누어 11111011으로 표현하고 각 자리를 16진수로 변환하면, 1111 = F(15), 1011 = B(11), H는 보수 표기

73 ① 74 ④ 75 ① 76 ① 77 ③

78 그림과 같은 OP 앰프 회로에서 $R_1 = R_2 = R_3 = R_f = 2\text{k}\Omega$이고, 입력전압 $V_1 = V_2 = V_3 = 0.2\text{V}$이면 출력전압 $V_o[\text{V}]$는?

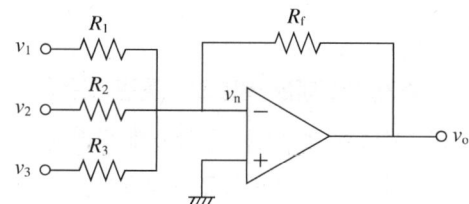

① −0.6 ② −1.2
③ −6 ④ −12

해설

$$i_1 + i_2 + i_2 = i_0, \ \frac{V_1}{R_1} + \frac{V_2}{R_2} + \frac{V_3}{R_3} = -\frac{V_0}{R_f}$$

$$V_0 = -3\frac{V_1}{R_1}R_f = -3\frac{0.2\text{V}}{2\text{k}\Omega}2\text{k}\Omega = -0.6\,V$$

79 중앙처리장치(CPU)의 주요기능이 아닌 것은?

① 메모리로 데이터를 전송한다.
② 외부 인터럽트에 응답하여 처리한다.
③ 프로그램 명령을 인출·해독·실행한다.
④ DMA(Direct Memory Access)를 처리한다.

해설
CPU는 연산장치이다.
DMA(Direct Memory Access) : 직접 메모리 접근방식, 주변장치가 메모리에 직접 접근하는 기능

80 정밀도보다는 표면거칠기가 중요한 부품가공에 가장 적합한 가공방법은?

① 호 닝 ② 숏 피닝
③ 레이저 가공 ④ 슈퍼 피니싱

해설
슈퍼 피니싱
• 진폭이 수 mm이고, 매분 수백에서 수천의 값을 가지는 진동으로 가공한다.
• 입도가 낮고, 연한 숫돌을 낮은 압력으로 진동하여 가공한다.
• 매끈하고 방향성이 없고, 표면의 변질부가 적다.
• 축의 베어링 접촉부를 고정밀도 표면으로 다듬는 가공에 활용한다.

2016년 제2회 과년도 기출문제

제1과목 기계가공법 및 안전관리

01 연삭숫돌에 대한 설명으로 틀린 것은?
① 부드럽고 전연성이 큰 연삭에는 고운 입자를 사용한다.
② 연삭숫돌에 사용되는 숫돌입자에는 천연산과 인조산이 있다.
③ 단단하고 치밀한 공작물의 연삭에는 고운 입자를 사용한다.
④ 숫돌과 공작물의 접촉 면적이 작은 경우에는 고운 입자를 사용한다.

해설
입도가 곱다는 것은 연삭날 역할을 하는 입자가 작고 촘촘하다는 의미이다. 조금씩 잘 깎아 내야 하는 환경에서 사용해야 한다. 반대로 입자가 크고 거친 연삭숫돌은 일반적으로 많이 깎아 내는 환경에서 사용한다. 만약 부드럽고 전연성이 큰 연삭에 고운 입자를 사용하면, 이내 절삭날 사이가 메꿔져 가공력이 둔화된다.

02 칩 브레이커(Chip Breaker)에 대한 설명으로 옳은 것은?
① 칩의 한 종류로서 조각난 칩의 형태를 말한다.
② 스로 어웨이(Throw Away) 바이트의 일종이다.
③ 연속적인 칩의 발생을 억제하기 위한 칩 절단 장치이다.
④ 인서트 팁 모양의 일종으로서 가공 정밀도를 위한 장치이다.

해설

칩 브레이커

칩 브레이커 : 연속적으로 발생되는 칩으로 인해 작업자가 다치는 것을 방지하기 위하여 생성되는 칩의 곡률을 변화시켜 칩을 짧게 절단시켜 주는 안전장치

03 수기가공에 대한 설명으로 틀린 것은?
① 서피스 게이지는 공작물에 평행선을 긋거나 평행면의 검사용으로 사용된다.
② 스크레이퍼는 줄가공 후 면을 정밀하게 다듬질 작업하기 위해 사용된다.
③ 카운터 보어는 드릴로 가공된 구멍에 대하여 정밀하게 다듬질하기 위해 사용된다.
④ 센터펀치는 펀치 끝의 각도가 60~90° 원뿔로 되어 있고 위치를 표시하기 위해 사용된다.

해설
카운터 보어는 육각볼트나 원형나사의 머리 부분이 공작물에 묻히도록 하기 위해 사용한다.
③은 보어·보링의 설명이다.

04 수기가공에 대한 설명 중 틀린 것은?
① 탭은 나사부와 자루 부분으로 되어 있다.
② 다이스는 수나사를 가공하기 위한 공구이다.
③ 다이스는 1번, 2번, 3번 순으로 나사가공을 수행한다.
④ 줄의 작업순서는 황목 → 중목 → 세목 순으로 한다.

해설
다이스는 크기에 따라 1번, 2번, 3번으로 나뉘며 각각 다른 나사를 가공한다.

05 절삭속도 150m/min, 절삭 깊이 8mm, 이송 0.25mm/rev로 75mm 지름의 원형 단면봉을 선삭할 때의 주축 회전수[rpm]는?

① 160 ② 320
③ 640 ④ 1,280

해설
다른 조건은 주축 회전수를 구하는 데 필요 없고, 선삭속도와 지름을 이용하면,
$$150 = \frac{\pi \times 75mm \times n[rpm]}{1,000} m/min, \ n ≒ 636rpm$$

06 밀링머신에서 테이블 백래시(Backlash) 제거장치의 설치 위치는?

① 변속기어 ② 자동 이송레버
③ 테이블 이송나사 ④ 테이블 이송핸들

해설
공작기계에서는 공작물 이송 시 오차가 발생하므로 이송나사에 장착하여야 한다.

07 200rpm으로 회전하는 스핀들에서 6회전 휴지(Dwell) NC 프로그램으로 옳은 것은?

① G01 P1800; ② G01 P2800;
③ G04 P1800; ④ G04 P2800;

해설

코드	그룹	준비기능
G00		위치결정(급속 이송)
G01	01	직선보간(절삭 이송)
G02		원호보간(CW)
G03		원호보간(CCW)
G04		휴지(Dwell)
G09	00	정위치 정지
G10		오프셋량, 공구 원점 오프셋량 설정

G04 P2000; 이렇게 쓰면 2초간 쉰다.
200rpm에서 6회전은
200회전 : 60초 = 6회전 : x초
$x = \frac{360}{200} = 1.8$
6회전은 1.8초간 쉬어야 하며, G04 P1800;으로 코딩

08 나사를 측정할 때 삼침법으로 측정 가능한 것은?

① 골지름 ② 유효지름
③ 바깥지름 ④ 나사의 길이

해설
삼침법은 나사의 유효지름을 측정하는 방법이다.

09 연삭숫돌의 결합제에 따른 기호가 틀린 것은?

① 고무 : R
② 셀락 : E
③ 레지노이드 : G
④ 비트리파이드 : V

해설
- 셀락(Shellac, E) : 주로 천연수지로 구성. 결합력이 약함. 고정밀도 작업에 사용
- 고무(Rubber, R) : 고탄성, 얇은 숫돌에 사용
- 레지노이드(Resinoid, B) : 절단 숫돌용, 주물 절단용, 베이클라이트(Bakelite, 초기 플라스틱)로 구성
- 비닐(Vinyle, PVA) : 비철금속 연삭용으로 사용
- 비트리파이드(Vitrified, V) : 주성분은 점토·장석으로 약 1,300℃ 정도로 구워서 굳힌 숫돌
- 실리케이트(Silicate, S) : 규산나트륨을 주재료로 한 결합제

정답 5 ③ 6 ③ 7 ③ 8 ② 9 ③

10 피치 3mm의 3줄 나사가 2회전하였을 때 전진거리는?

① 8mm ② 9mm
③ 11mm ④ 18mm

해설
피치는 1줄 나사의 1회전 전진거리와 같으므로
2회전 × 3줄 × 3mm = 18mm

11 밀링머신에서 육면체 소재를 이용하여 다음과 같이 원형 기둥을 가공하기 위해 필요한 장치는?

① 다이스 ② 각도 바이스
③ 회전테이블 ④ 슬로팅 장치

해설
다이스, 각도 바이스 등이 필요할 수도 있으나, 범용 밀링머신은 각진 공작물을 가공할 때 회전테이블을 이용하여 각도만큼 회전시켜 가공한다.

12 다음 중 초음파 가공으로 가공하기 어려운 것은?

① 구 리 ② 유 리
③ 보 석 ④ 세라믹

해설
초음파 가공
- 적절한 경도를 갖춘 연삭입자를 초음파에 의해 진동시켜 원하는 절삭·연삭의 작업을 수행하는 특수가공이다.
- 재료에 무관하게 작업이 가능하며 일반적으로 전기적 에너지를 기계적 에너지로 변환하며 가공능력을 갖추게 된다.
- 치핑, 크랙(균열) 등의 발생이 적다.
- 평활한 가공면을 얻을 수 있고, 가공에 의한 변질, 가공 왜곡이 적다.

13 피복 초경합금으로 만들어진 절삭공구의 피복처리방법은?

① 탈탄법 ② 경납땜법
③ 점용접법 ④ 화학증착법

해설
피복 초경합금(코팅 초경합금)
- 특징 : 내열, 내마모, 내크레이터, 내산화, 내용착 등의 성질을 가짐
- 영 향
  - 절삭속도를 높게 할 수 있음
  - 공작물의 품질을 향상시킴
  - 공구 수명을 향상시킴
- 피복 종류 : 산화알루미늄(Al_2O_3), 질화타이타늄(TiN), 탄화타이타늄(TiC), 탄질화타이타늄(TiCN)
- 피복방법 : 화학증착법(CVD), 물리증착법(PVD : GP 코팅, AP 코팅, UP 코팅)

14 연삭작업 안전사항으로 틀린 것은?

① 연삭숫돌의 측면 부위로 연삭작업을 수행하지 않는다.
② 숫돌은 나무해머나 고무해머 등으로 음향검사를 실시한다.
③ 연삭가공할 때, 안전을 위하여 원주 정면에서 작업을 한다.
④ 연삭작업할 때, 분진의 비산을 방지하기 위해 집진기를 가동한다.

15 드릴로 구멍을 뚫은 이후에 사용되는 공구가 아닌 것은?
① 리 머
② 센터펀치
③ 카운터 보어
④ 카운터 싱크

해설
센터펀치는 구멍을 뚫기 전에 사용하는 공구이다.

16 선반가공에 영향을 주는 조건에 대한 설명으로 틀린 것은?
① 이송이 증가하면 가공변질층은 증가한다.
② 절삭각이 커지면 가공변질층은 증가한다.
③ 절삭속도가 증가하면 가공변질층은 감소한다.
④ 절삭 온도가 상승하면 가공변질층은 증가한다.

해설
절삭열이 발생하면 가공변질층은 증가하지만, 절삭재료의 온도를 높이는 등 절삭 분위기의 온도를 높여 놓으면 열에 의한 가공변질을 감소시킬 수 있다.

17 다음 중 드릴의 파손원인으로 가장 거리가 먼 것은?
① 이송이 너무 커서 절삭저항이 증가할 때
② 시닝(Thinning)이 너무 커서 드릴이 약해졌을 때
③ 얇은 판의 구멍가공 시 보조판 나무를 사용할 때
④ 절삭칩이 원활하게 배출되지 못하고 가득 차 있을 때

해설
적절한 칩이 배출되지 않은 상태 또는 적절한 절삭량보다 더 많이 이송하면 드릴은 큰 힘을 받는다. 시닝은 연삭하면 할수록 날이 가늘어질 수밖에 없다. 얇은 판에 드릴작업을 할 때는 보정하는 나무판을 대고 작업하는 것이 정석이다.

18 기어절삭에 사용되는 공구가 아닌 것은?
① 호브
② 래크 커터
③ 피니언 커터
④ 더브테일 커터

해설
기어절삭에 사용하는 커터는 호브, 래크 커터, 피니언 커터이다.

| 호브 | 피니언 커터 | 래크 커터 |

19 터릿선반의 설명으로 틀린 것은?
① 공구를 교환하는 시간을 단축할 수 있다.
② 가공 실물이나 모형을 따라 윤곽을 깎아 낼 수 있다.
③ 숙련되지 않은 사람이라도 좋은 제품을 만들 수 있다.
④ 보통선반의 심압대 대신 터릿대(Turret Carriage)를 놓는다.

해설
범용기계는 가공에 숙련이 필요하다.
터릿선반
• 사인바과 같이 가공물을 회전시키면서 터릿에 6~8종의 절삭공구를 장착한 후 가공 순서에 맞게 절삭공구를 변경하며 가공하는 선반으로 동일 제품의 대량 생산에 적합하다.
• 터릿은 절삭공구를 육각형 모양의 드럼에 가공 순서대로 장착시킨 기계장치이다.

20 그림과 같이 더브테일 홈가공을 하려고 할 때 X의 값은 약 얼마인가?(단, tan60° = 1.7321, tan30° = 0.5774 이다)

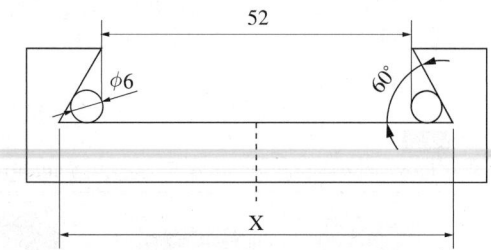

① 60.26 ② 68.39
③ 82.04 ④ 84.86

해설

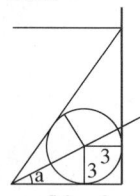

$x = 5.2$

step1. $\phi 6$ 의 강구가 들어갔고 더브테일의 각이 60°이므로 a는 30°, 그러므로 홈의 끝부터 강구의 아랫접점까지는 5.22

$$\left(\because \tan 30° = 0.5774 = \frac{3}{x}, \ x ≒ 5.2 \right)$$

그러므로 우측 끝선까지는 8.2
step2. 좌우에 8.2씩 52에 더하면 X = 68.4
※ ②의 68.39은 문제에서 주어진 tan30° = 0.5774를 이용하여 계산한 것이 아니고 $\tan 30° = \frac{1}{\sqrt{3}} = \frac{3}{x}$ 을 이용하여 수식을 정리한 후 한 번에 계산하면 나오는 값으로 출제 오류라고 볼 수 있다. 문제에서 근사값을 제공하였으면 근사값을 이용하여 계산하는 것이 일반적으로는 옳다. 답안 사이의 구분이 명확하므로 계산된 68.4에서 가장 가까운 ②를 선택하면 된다.

제2과목 기계제도 및 기초공학

21 그림과 같은 입체도를 화살표 방향에서 보았을 때 가장 적합한 투상도는?

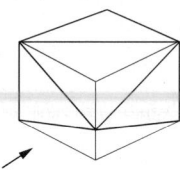

① ②
③ ④

해설
평면도, 우측면도 등도 모두 투상도이기 때문에 투상도가 정면도라고 표기되었으면 더 정확했을 것이다. 화살표를 정면으로 두면 보이는 면의 우측에 변이 만나는 꼭짓점이 생기는 것을 알 수 있다.

22 그림과 같이 나타난 단면도의 명칭은?

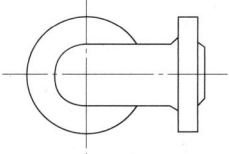

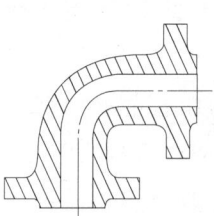

① 온 단면도 ② 회전도시 단면도
③ 한쪽 단면도 ④ 부분 단면도

해설
구부러진 관의 전체를 단면하여 도시하였다. 전체 단면한 것을 온 단면도라 한다.

23 기준치수 49.000mm, 최대 허용치수 49.011mm, 최소 허용치수 48.985mm일 때, 위치수 허용차와 아래치수 허용차는?

(위치수 허용차)   (아래치수 허용차)
① +0.011mm   −0.085mm
② −0.015mm   +0.011mm
③ −0.025mm   +0.025mm
④ +0.011mm   −0.015mm

해설
문제의 공차는
$49 \begin{smallmatrix} 49.011-49.000 \\ 48.985-49.000 \end{smallmatrix} = 49 \begin{smallmatrix} +0.011 \\ -0.015 \end{smallmatrix}$

24 평행 핀에 대한 호칭방법을 옳게 나타낸 것은?(단, 오스테나이트계 스테인리스강 A1 등급이고, 호칭지름 5mm, 공차 h7, 호칭 길이 25mm이다)

① 평행 핀 − h7 5 × 25 − A1
② 5 h7 × 25 − A1 − 평행 핀
③ 평행 핀 − 5 h7 × 25 − A1
④ 5 h7 × 25 − 평행 핀 − A1

해설

명 칭	호칭방법	핀의 호칭
평행 핀	표준번호 또는 명칭, 종류, 형식, 호칭지름×길이, 재료	KS B 1320 m6A−6×45 SB 41 평행 핀 h7B−5×32 SM 50C

따라서

명 칭	호칭지름(공차 포함)	×길이	재 료
평행 핀	5h7	×25	A1

25 유압·공기압 도면기호에서 그림의 기호 명칭으로 옳은 것은?

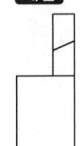

① 단동 솔레노이드
② 복동 솔레노이드
③ 단동 가변식 전자 액추에이터
④ 복동 가변식 전자 액추에이터

해설

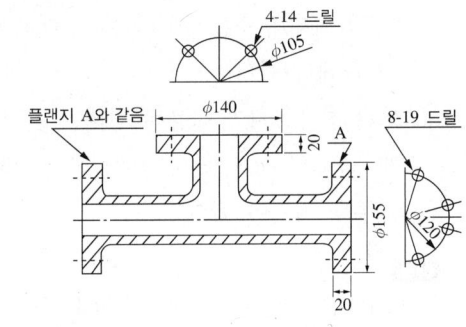

솔레노이드 밸브는 전자석의 힘을 이용하여 플런저를 움직여 공기압의 방향을 전환시키는 밸브이다. 특징은 낮은 전력 소모, 짧은 스위칭 시간, 높은 접점 완성률, 긴 내구 수명이며 기호는 왼쪽 그림과 같다.
솔레노이드가 하나 달려 있으면 단동 솔레노이드라 한다.

26 다음과 같은 도면에서 플랜지 A부분의 드릴 구멍의 지름은?

① φ4   ② φ14
③ φ19   ④ φ8

해설

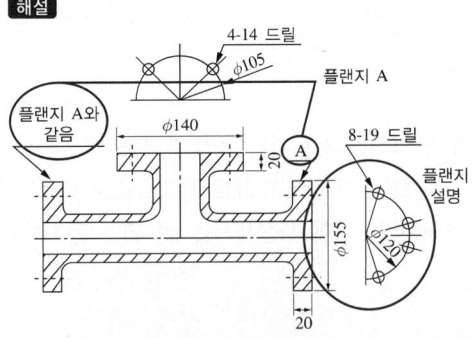

그림을 보면 플랜지 부분은 바깥지름이 155, 드릴 구멍의 중심을 이은 원의 지름이 120, 8개 뚫린 드릴 구멍의 지름은 19라고 표기되어 있다.

정답 23 ④ 24 ③ 25 ① 26 ③

27 다음과 같이 상호 관련된 구멍 4개의 치수 및 위치 허용공차에 대한 설명으로 틀린 것은?

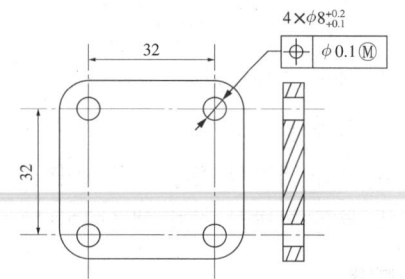

① 각 형태의 실제 부분 크기는 크기에 대한 허용공차 0.1의 범위에 속해야 하며, 각 형태는 $\phi 8.1$에서 $\phi 8.2$ 사이에서 변할 수 있다.
② 각 형태의 지름이 $\phi 8.2$인 최소 재료 크기일 경우 각 형태의 축은 $\phi 0.1$인 허용공차 영역 내에서 변할 수 있다.
③ 각 형태의 지름이 $\phi 8.1$인 최대 재료 크기일 경우 각 형태의 축은 $\phi 0.1$의 위치 허용공차 범위에 속해야 한다.
④ 모든 허용공차가 적용된 형태는 실질 조건 경계, 즉 $\phi 8(= \phi 8.1 - 0.1)$의 완전한 형태의 내접 원주를 지켜야 한다.

해설
문제의 도면에는 두 가지 공차가 적용되어 있다.
첫째, $4 \times \phi 8^{+0.2}_{+0.1}$은 치수공차로, 기준치수 지름 8mm, 아래치수 +0.1, 위치수 +0.2인 원이 4개이다.
둘째, 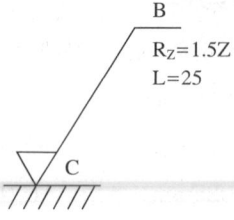 는 두 가지 조건이 주어지는데, 최대실체치수를 적용하며, 위치공차는 정확한 가상 위치에서 중심이 지름 0.1mm 원 안에 들어와 있어야 한다.

28 도면 양식에서 용지를 여러 구역으로 나누는 구역 표시를 하는 데 있어서 세로 방향으로는 대문자 영어를 표시한다. 이때 사용해서는 안 되는 문자는?
① A ② H
③ K ④ O

해설
영문자 O와 I는 숫자 0, 1과 혼동 가능성이 있어 사용하지 않는다.

29 표면의 결 도시방법 및 면의 지시기호에서 가공으로 생긴 선 모양의 약호로 'C'의 의미는?

① 거의 동심원 ② 다방면으로 교차
③ 거의 방사상 ④ 거의 무방향

해설
C의 위치는 가공 줄무늬 기호이고, 각 기호의 의미는 다음과 같다.

기호	기호의 뜻	설명 그림과 도면 지시 보기
=	커터의 줄무늬 방향이 기호를 지시한 도면의 투상면에 평행 예 셰이핑면	
⊥	커터의 줄무늬 방향이 기호를 지시한 도면의 투상면에 직각 예 셰이핑면(옆으로부터 보는 상태), 선삭, 원통연삭면	
×	커터의 줄무늬 방향이 기호를 지시한 도면의 투상면에 경사지고 두 방향으로 교차 예 호닝 다듬질면	
M	커터의 줄무늬 방향이 여러 방향으로 교차 또는 무방향 예 래핑 다듬질면, 슈퍼 피니싱면, 가로 이송을 한 정면밀링 또는 엔드밀 절삭면	
C	가공에 의한 커터의 줄무늬가 기호를 지시한 면의 중심에 대하여 대략 동심원 모양 예 끝면 절삭면	
R	커터의 줄무늬가 기호를 지시한 면의 중심에 대하여 대략 레이디얼 모양	

정답 27 ② 28 ④ 29 ①

30 그림과 같은 평면도에 대한 정면도로 가장 옳은 것은?

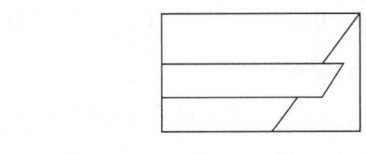

해설
평면도에 따라 정면도에 반드시 나오게 되는 형상은 ㉡ 도형과 같은 형상이다. 따라서 답은 ①과 ④로 좁혀진다(㉠을 정면도로 놓고 ㉢의 녹색 선 부분의 평면도를 유추하면 ㉣의 검은색 형상 부분처럼 나타나야 한다).
④는 문제의 그림처럼 형상이 나타날 수 있다.

31 직경이 20mm이고, 길이가 100mm인 환봉의 부피 [mm³]를 구하는 식으로 옳은 것은?

① $V = 2\pi \times 20 \times 100$
② $V = \pi \times 20^2 \times 100$
③ $V = \dfrac{\pi \times 10^2}{4} \times 100$
④ $V = \dfrac{\pi \times 20^2}{4} \times 100$

해설
환봉의 부피는 밑면적×길이이므로
밑면적×길이 $= \dfrac{\pi d^2}{4} \times L = \dfrac{\pi \times 20^2}{4} \times 100$

32 어떤 물체가 v_1인 속도로 A점을 지나 v_2인 속도로 B점을 지날 때 시간 t가 소요되었다면 가속도는?

① $v_1 t$
② $v_2 t$
③ $\dfrac{v_2 - v_1}{t}$
④ $\dfrac{t}{v_2 - v_1}$

해설
가속도란 시간당 속도의 변화이다.

33 120rpm은 1초 동안에 몇 회전하는 속도인가?

① 1회전
② 2회전
③ 3회전
④ 4회전

해설
120rpm은 1분에 120회전하므로 1초에는 2회전한다.

34 질량 4kg인 물체가 힘을 받아 2m/s²만큼 가속되어 12m를 이동하였을 때, 이 물체에 가해진 힘은?

① 8N
② 24N
③ 48N
④ 96N

해설
$F = ma$를 이용하면 $F = 4\text{kg} \times 2\text{m/s}^2$

정답 30 ④ 31 ④ 32 ③ 33 ② 34 ①

35 어떤 가정용 전기기기에 220V의 전압을 가했을 경우 440W의 전력이 소비되었다. 이때 전기기기에 흐르는 전류는?

① 2A ② 4A
③ 8A ④ 22A

해설
전력은 전압과 전류의 곱과 같으며 $P = V \cdot I$ (P : 전력, V : 전압, I : 전류)로 표현한다. 단위는 와트[W]를 사용한다.
$I = \dfrac{P}{V} = \dfrac{440\text{W}}{220\text{V}} = 2\text{A}$

36 단위의 연결이 틀린 것은?

① 압력 : Pa ② 저항 : Ω
③ 주파수 : A ④ 콘덴서 : F

해설
주파수의 단위는 Hz를 사용한다.

37 A와 B가 얼음판 위에서 마주 보고 서 있는데 질량 40kg인 A가 80kg인 B를 40N으로 밀었다. B가 A를 미는 힘의 크기는?

① 10N ② 20N
③ 40N ④ 80N

해설
작용·반작용 법칙에 의해 양쪽에서 미는 힘은 같다.

38 관 속 내의 유량에 관한 설명으로 옳은 것은?

① 유량은 정해진 시간 동안 관을 통하여 흐르는 유체의 중량이다.
② 단면이 변하는 관을 통하여 유체가 흐를 때 관의 면적이 크면 유량도 많이 흐른다.
③ 단면이 변하는 관을 통하여 유체가 흐를 때 관의 면적이 작으면 유량도 적게 흐른다.
④ 단면이 변하는 관을 통하여 유체가 흐를 때 관의 면적이 크거나 작아도 유량은 일정하게 흐른다.

해설
연속의 법칙
유량은 단면적과 유속의 곱으로 표현하며, 닫혀 있는 유로 안에서는 어느 지점에서 측정하여도 유량의 변화는 없다. 유체의 질량보존의 원리에 해당한다.
$Q = AV = A_1 V_1 = A_2 V_2$ (A : 유로의 단면적, V : 유속)

39 길이가 20cm인 스패너에 파이프를 끼워 길이를 50cm로 만든다면 토크는 얼마나 증가하는가?(단, 스패너 끝과 파이프 끝에 가한 힘은 각각 20kgf이다)

① 2kgf·m ② 4kgf·m
③ 6kgf·m ④ 8kgf·m

해설
$T_1 = 20\text{kgf} \times 20\text{cm} = 400\text{kgf} \cdot \text{cm}$
$T_2 = 20\text{kgf} \times 50\text{cm} = 1{,}000\text{kgf} \cdot \text{cm}$
$\Delta T = T_2 - T_1 = 600\text{kgf} \cdot \text{cm} = 6\text{kgf} \cdot \text{m}$

40 하중을 가할 때 응력 분포 상태가 불규칙하고 부분적으로 큰 응력이 집중하게 되는 응력집중현상이 일어나는 단면이 아닌 것은?

① 구멍 부분
② 나사 부분
③ 노치 홈 부분
④ 긴 축의 중간 부분

> **해설**
> 응력집중현상은 정상적인 단면이 아닌 면적이 급하게 좁아진 부분이나 흠이 있는 부분에서 일어난다. 긴 축의 중간 부분은 매우 안정적으로 응력이 분포되는 부분이다.

제3과목 자동제어

41 유압 작동유가 구비하여야 할 조건 중 틀린 것은?

① 압축성이어야 한다.
② 열을 방출시킬 수 있어야 한다.
③ 적절한 점도가 유지되어야 한다.
④ 장시간 사용하여도 화학적으로 안정되어야 한다.

> **해설**
> 유압 작동유의 특징
> • 비압축성이어야 한다.
> • 열에 영향을 적게 받을 수 있어야 한다.
> • 장시간 사용하여도 화학적으로 안정되어야 한다.
> • 다양한 조건에서도 적정 점도가 유지되어야 한다.
> • 기밀성, 청결성을 가지고 있어야 한다.

42 $F(s) = \dfrac{1}{s^2 + 6s + 10}$ 의 값은?

① $e^{-3t}\sin t$
② $e^{-t}\sin 5t$
③ $e^{-3t}\cos wt$
④ $e^{-t}\sin 5wt$

> **해설**
> 라플라스 변환테이블
>
> | | 함수명 | $f(t)$ | $F(s)$ |
> |---|---|---|---|
> | 1 | 단위 충격 | $\delta(t)$ | 1 |
> | 2 | 단위 계단 | $u(t)=1$ | $\dfrac{1}{s}$ |
> | 3 | 단위 경사 | t | $\dfrac{1}{s^2}$ |
> | 4 | 포물선 | t^2 | $\dfrac{2}{s^3}$ |
> | 5 | n차 경사 | t^n | $\dfrac{n!}{s^{n+1}}$ |
> | 6 | 지수 감쇠 | e^{-at} | $\dfrac{1}{s+a}$ |
> | 7 | 지수 감쇠 경사 | te^{-at} | $\dfrac{1}{(s+a)^2}$ |
> | 8 | 지수 n차 경사 | $t^n e^{-at}$ | $\dfrac{n!}{(s+a)^{n+1}}$ |
> | 9 | cos 함수 | $\cos\omega t$ | $\dfrac{s}{s^2+\omega^2}$ |
> | 10 | sin 함수 | $\sin\omega t$ | $\dfrac{\omega}{s^2+\omega^2}$ |
> | 11 | 지수 감쇠 cos | $e^{-at}\cos\omega t$ | $\dfrac{s+a}{(s+a)^2+\omega^2}$ |
> | 12 | 지수 감쇠 sin | $e^{-at}\sin\omega t$ | $\dfrac{\omega}{(s+a)^2+\omega^2}$ |
> | 13 | 쌍곡선 함수 | $\cos\eta\omega t$ | $\dfrac{s}{s^2-\omega^2}$ |
> | 14 | 쌍곡선 함수 | $\sin\eta\omega t$ | $\dfrac{\omega}{s^2-\omega^2}$ |
>
> $F(s) = \dfrac{1}{s^2+6s+10} = \dfrac{1}{s^2+6s+9+1}$
> $= \dfrac{1}{(s+3)^2+1^2} = e^{-3t}\sin 1t$

43 다음 그림은 두 개의 NC 스위치를 연결한 접점회로이다. 이에 맞는 논리기호는?

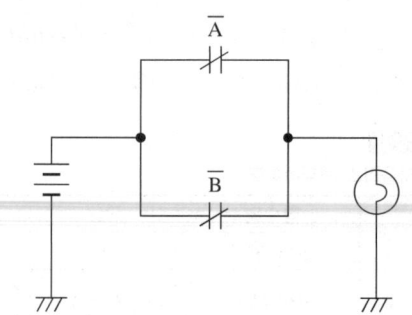

① A B ─⊃─ X
② A B ─⊃─ X
③ A B ─⊃─ X
④ A B ─⊃─ X

해설
전원에서 램프로 $X = \overline{A} + \overline{B}$ 이므로, $X = \overline{A \times B}$
여기에 해당하는 기호는 ②이다.

44 수치제어 공작기계 시스템에서 서보회로 구성 시 속도와 위치를 측정하고 이를 이용하여 속도나 위치를 제어하는 제어방식은?

① 병렬방식 ② 개루프방식
③ 폐루프방식 ④ 하이브리드 방식

해설
닫힌 루프제어(피드백 제어, 폐회로제어, Feedback Control) 출력값이 목표값에 이르도록 입력값을 조정하는 피드백 제어(Feedback Control)이다. 개회로제어보다는 설비가 더 필요하지만 개회로 제어에 비해 정확한 제어가 가능하다.

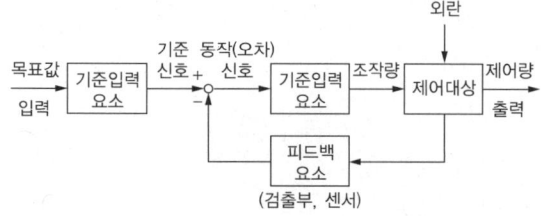

45 압력제어밸브 중 주로 안전밸브로 사용되고 시스템 내의 압력이 최대 허용 압력을 초과하는 것을 방지해 주는 밸브는?

① 체크밸브 ② 릴리프 밸브
③ 무부하밸브 ④ 시퀀스 밸브

해설
- 릴리프 밸브 : 탱크나 실린더 내의 최고 압력을 제한하여 과부하 방지를 목적으로 하며 안전밸브라고도 한다.
- 직동형 : 스프링에 직접 압력을 가하여 입구를 막고 있다가 더 큰 힘이 걸리면 입구가 열려서 흐름이 생긴다.
- 파일럿 작동형 : 간접 작동형으로 작동밸브에 오리피스를 달아서 더 작은 스프링으로 오리피스의 압력을 조절한다. 더 민감한 압력이 조정 가능하므로 많이 사용된다.

46 질량 M인 물체에 힘 f를 가하여 거리 x만큼 이동한 물리계의 전달함수는?(단, 초기 조건은 0이다)

① Ms ② Ms^2
③ $\dfrac{1}{Ms}$ ④ $\dfrac{1}{Ms^2}$

해설
전달함수
f와 x를 이어 주는 전달함수는

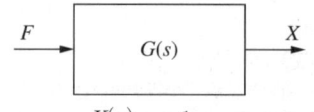

$G(s) = \dfrac{X(s)}{F(s)} = \dfrac{1}{Ms^2}$ (∵ 모든 초기 조건이 0)

47 베인펌프의 특징을 설명한 것으로 틀린 것은?

① 구조가 복잡하고 대형이다.
② 펌프 출력에 비해 형상치수가 작다.
③ 비교적 고장이 적고 수리 및 관리가 용이하다.
④ 베인의 마모에 의한 압력 저하가 발생되지 않는다.

해설
베인펌프
- 부품이 많고 정밀한 제작이 요구된다.
- 큰 힘으로 흡입하기는 힘들다.
- 점도에 영향을 받는다.
- 대체로 효율과는 무관하다.
- 이물질의 영향을 받는다.

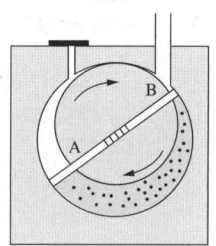

[베인펌프의 간략 형상]

48 전달함수의 일반적인 식으로 옳은 것은?

① 전달함수 = $\dfrac{\text{목표값}}{\text{제어량}}$

② 전달함수 = $\dfrac{\text{제어량}}{\text{목표값}}$

③ 전달함수
= $\dfrac{\text{초깃값을 0으로 한 입력의 라플라스 변환값}}{\text{초깃값을 0으로 한 출력의 라플라스 변환값}}$

④ 전달함수
= $\dfrac{\text{초깃값을 0으로 한 출력의 라플라스 변환값}}{\text{초깃값을 0으로 한 입력의 라플라스 변환값}}$

해설
전달함수란 어떤 제어요소에 단위 임펄스 함수를 입력으로 넣어 얻는 출력인 임펄스 응답의 라플라스 변환이다.

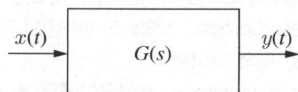

입력 $x(t)$와 출력 $y(t)$라 하면 각 라플라스 변환은 다음과 같은 관계를 갖는다.

$Y(s) = G(s)X(s)$ 즉, $G(s) = \dfrac{Y(s)}{X(s)}$

49 수치제어를 적용하는 공작기계에서 사람의 손, 발과 같은 역할을 담당하며 범용기계에는 없는 부분은?

① 부품도면　　② 서보기구
③ NC 테이프　　④ 정보처리회로

해설
서보기구
- 서보제어(Servo Control) : 물체의 위치·각도·방위·자세 등의 기계적 변위를 제어량으로 읽어 제어하는 시스템
- 서보(Servo)는 어떤 기준과 출력을 비교하여 피드백(Feedback)함으로써 목적한 입력값에 가장 적합하게 자동제어할 수 있도록 하는 기구(System)를 의미한다.
- 서보기구에서는 안정성과 응답성이 중요하다.
※ 문제의 답과 정확하게 연결되는 설명은 아니지만, 서보기구에 대해 알아 둘 필요가 있다. 답안 중 액추에이터 역할을 수행할 수 있는 것은 서보밖에 없다.

50 다음 회로에서 양단에 걸리는 전압 $V(s)$는?

① $V(s) = RI(s) + sLI(s)$

② $V(s) = \dfrac{1}{R}I(s) + sLI(s)$

③ $V(s) = RI(s) + \dfrac{1}{L}I(s)$

④ $V(s) = RI(s) + \dfrac{1}{sL}I(s)$

해설
$V(t) = Ri(t) + L\dfrac{d}{dt}i(t)$
$V(s) = RI(s) + LsI(s) = (R+Ls)I(s)$
$G(s) = \dfrac{V(s)}{I(s)} = (R+Ls)$

51 시퀀스 제어와 비교하여 피드백 제어에서만 필요한 장치는?

① 구동장치　　② 입력장치
③ 제어장치　　④ 입출력 비교장치

해설
①, ②, ③은 여러 경우에 필요하나, 입출력 비교장치는 피드백 제어장치에서만 필요하다.

52 전달함수의 특징으로 옳지 않은 것은?
① 시스템의 모든 초기 조건은 0으로 한다.
② 전달함수는 오직 선형 시불변 시스템에만 정의된다.
③ 출력의 라플라스 변환식과 입력의 라플라스 변환식의 비이다.
④ 전달함수는 시스템의 입력신호의 형태에 따라 달라질 수 있다.

해설
전달함수는 일종의 시스템으로 입력값과 출력값의 관계를 정의하며, 입력값이 달라지면 다른 출력값이 나올 수 있지만 전달함수는 달라지지 않는다.

53 폐루프제어 시스템에서 정상 상태 오차가 발생하는 경우 이를 줄이기 위해서 어떤 제어방식을 추가하여야 하는가?
① P(비례) 제어
② I(적분) 제어
③ D(미분) 제어
④ PD(비례미분) 제어

해설
적분제어(Integral Control)
• 제어의 정밀도에 주목한 제어
• Off-set 소멸시키고 잔류편차가 작음
• 구성이 예민하고 비용이 높음
• 목적에 따라 정밀도를 개선한 제어
※ 미분제어는 속도 개선에 주목한 제어이다.

54 개루프제어 시스템과 비교해 볼 때 폐루프제어 시스템의 특성이 아닌 것은?
① 제어오차가 감소한다.
② 필요한 센서의 개수가 증가한다.
③ 제어시스템의 구성이 복잡해진다.
④ 제어시스템의 가격이 저렴해진다.

해설
폐루프시스템은 제어과정을 추가해야 하므로 비용이 더 든다.

55 PLC의 입력 측에 연결할 수 있는 부품으로 적절한 것은?
① Lamp
② Motor
③ Buzzer
④ Push Botton

해설
램프·모터·부저는 모두 출력에 연결하는 것이 적당하다.

56 다음 중 온도·유량·압력 등을 제어량으로 하는 제어로 알맞은 제어방식은?
① 서보제어
② 정치제어
③ 개루프제어
④ 프로세스 제어

해설
제어량에 따른 분류
• 서보제어(Servo Control) : 물체의 위치·각도·방위·자세 등의 기계적 변위를 제어량으로 읽어 제어하는 시스템
• 프로세스 제어(Process Control) : 제어량이 상태값인 압력·온도·유량·밀도 등일 때의 제어방식
• 자동조정(Automatic Regulation) : 제어량이 전기적 및 기계적 양(주파수, 전압, 전류, 습도, 회전속도, 힘 등)을 주로 제어하는 것
※ 제어량에 따른 분류에 관한 문제는 서보제어, 프로세스 제어, 자동조정이 돌아가면서 매년에 출제되고 있다.

52 ④ 53 ② 54 ④ 55 ④ 56 ④

57 컴퓨터를 구성하는 기본요소를 기능별로 분류할 때 해당되지 않는 것은?

① 연산장치   ② 제어장치
③ 출력장치   ④ 컴파일러 장치

해설
컴퓨터는 입력장치, 논리연산장치, 제어장치, 출력장치(구현장치)로 구성된다.

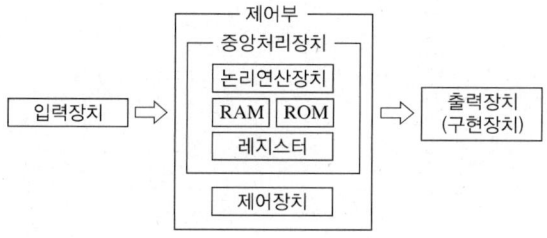

59 자동제어계를 해석할 때 기준 입력신호로 사용되지 않는 함수는?

① 전달함수   ② 임펄스 함수
③ 단위 계단함수   ④ 단위 경사함수

해설
기준 입력신호
• 임펄스 신호 입력은 임펄스 응답
• 계단신호 입력은 계단 응답
• 경사신호 입력, 포물선 신호 입력, 가속 입력

58 어드레스 버스 중 2개 비트만 사용하여 지정할 수 있는 어드레스는 몇 가지인가?

① 2   ② 4
③ 6   ④ 8

해설
2비트를 이용하면 00, 01, 10, 11 4가지 신호를 사용할 수 있다. 사용하는 비트의 개수에 맞게 2진수의 자릿수가 있다고 생각하고 계산한다.

60 되먹임제어계의 특징을 설명한 것으로 틀린 것은?

① 제어시스템이 비교적 안정적이다.
② 목표값을 보다 정확히 달성할 수 있다.
③ 오픈 루프제어가 대표적인 시스템이다.
④ 제어계의 제어특성을 향상시킬 수 있다.

해설
폐루프(클로즈드 루프)제어가 대표적인 제어시스템이다.

정답 57 ④ 58 ② 59 ① 60 ③

제4과목 | 메커트로닉스

61 세그먼트 레지스터(Segment Register)의 분류에 속하지 않는 것은?

① BS(Base Segment Register)
② CS(Code Segment Register)
③ DS(Data Segment Register)
④ SS(Stack Segment Register)

해설
세그먼트 레지스터 : CS 레지스터, DS 레지스터, SS 레지스터, ES 레지스터

62 기계의 전자화 또는 전자기기의 기계화를 통칭하는 기술을 무엇이라 하는가?

① PLC
② CAD/CAM
③ 메커트로닉스
④ 마이크로프로세서

해설
- PLC : Programmable Logic Controller
- CAD : Computer Aided Design
- CAM : Computer Aided Manufacturing
- 마이크로프로세서 : CPU의 일종
- 메커트로닉스 : 기계의 전자화 또는 전자기기의 기계화를 통칭하는 기술

63 다음 중 머시닝센터(Machining Center)에 대한 설명으로 틀린 것은?

① 드릴링 작업을 할 수 있다.
② 방전을 이용한 가공작업이다.
③ 자동공구교환장치(ATC)가 있다.
④ 테이블은 가공물을 절삭에 필요한 위치에 오게 한다.

해설
머시닝센터는 절삭가공을 이용한다.

64 10진수의 41을 2진수로 변환한 것은?

① 110001
② 100011
③ 101001
④ 101101

해설
방법 ①
41 ÷ 2
20 … 1
÷ 2
10 … 0
÷ 2
5 … 0
÷ 2
2 … 1
÷ 2
1 … 0 ↗ 101001

방법 ② : 보기의 2진수를 10진수로 변환
① $1×2^5+1×2^4+0×2^3+0×2^2+0×2^1+1×2^0 = 49$
② $1×2^5+0×2^4+0×2^3+0×2^2+1×2^1+1×2^0 = 35$
③ $1×2^5+0×2^4+1×2^3+0×2^2+0×2^1+1×2^0 = 41$
④ $1×2^5+0×2^4+1×2^3+1×2^2+0×2^1+1×2^0 = 45$

※ 큰 숫자가 아니라면 오히려 실수를 줄일 수도 있는 유용한 방법이다.

65 실횻값 100V, 주파수 60Hz인 정현파 교류전압의 최댓값은?

① $60\sqrt{2}$
② $100\sqrt{2}$
③ $\dfrac{60}{\sqrt{2}}$
④ $\dfrac{100}{\sqrt{2}}$

해설
최댓값과 실횻값의 관계
$V_p = \dfrac{1}{\sqrt{2}} V_{max} ≒ 0.707 V_{max}$
$100 = \dfrac{1}{\sqrt{2}} V_{max}$, $V_{max} = 100\sqrt{2}$

61 ① 62 ③ 63 ② 64 ③ 65 ②

66 스테핑 모터의 특징에 대한 설명으로 틀린 것은?

① 특정 주파수에서 진동, 공진현상이 없으며 관성이 있는 부하에 강하다.
② 디지털 신호로 직접 오픈 루프제어를 할 수 있고, 시스템 전체가 간단하다.
③ 펄스신호의 주파수에 비례한 회전속도를 얻을 수 있으므로 속도제어가 광범위하다.
④ 회전각의 검출을 위한 별도의 센서가 필요 없어 제어계가 간단하며, 가격이 상대적으로 저렴하다.

해설
스테핑 모터의 단점
- 특정 주파수에서 진동, 공진현상 발생 가능성이 있다.
- 관성이 있는 부하에 취약하다.
- 고속 운전 시 탈조하기 쉽다.
- 토크의 저하로 DC 모터에 비해 효율이 떨어진다.

67 초음파 센서의 특징으로 틀린 것은?

① 초음파 센서는 투명 물체를 검출할 수 없다.
② 초음파는 높은 영역일수록 그 지향성이 강하다.
③ 초음파 센서는 압전기 직접 효과를 이용한 것이다.
④ 초음파 센서는 온도가 올라가면 중심 주파수가 내려간다.

해설
초음파 센서
- 초음파 : 가청 주파수(20~20,000Hz) 외의 음파
- 음속(약 340m/s)을 이용, 거리 감지 가능
- 파장의 길이는 수 mm에서 수십 mm
- 온도의 영향을 받음(초음파 센서는 온도가 올라가면 중심 주파수가 내려간다)
- 송·수신부를 설치, 초음파를 발사하여 에코신호를 받아 검체와의 거리 산출
- 초음파는 높은 영역일수록 그 지향성이 강하다.
- 초음파 센서는 압전기 직접 효과를 이용한 것이다.
- 검출 대상체의 형태·색깔·재질에 무관하게 검출이 가능하다.

68 프레스 가공의 분류 중 전단가공 그룹에 속하지 않는 것은?

① 슬리팅   ② 엠보싱
③ 트리밍   ④ 피어싱

해설
엠보싱은 Emboss(양각(陽刻)하다)의 의미를 가진 동사를 이용하여 설명한 가공으로 표면가공의 일종이며 전단가공은 아니다.

69 저항 R_1, R_2, R_3, R_4가 직렬로 연결되어 있을 때와 이들이 병렬로 연결되어 있을 때의 합성저항의 비(직렬/병렬)는?(단, $R_1 = R_2 = R_3 = R_4$이다)

① 4   ② 8
③ 12   ④ 16

해설
- 직렬에서의 $R_T = 4R_1$ ($\because R_1 = R_2 = R_3 = R_4$)
- 병렬에서의 $R_T = \dfrac{R_1}{4}$ $\left(\because \dfrac{1}{R_T} = \dfrac{4}{R_1}\right)$

70 제너 다이오드를 사용하는 회로는?

① 검파회로
② 정전압회로
③ 고압 증폭회로
④ 고주파 발진회로

해설
다이오드를 사용한 회로
- 다이오드는 한쪽 방향으로 전류가 흐르도록 제어하는 반도체 소자이다.
- 교류회로에 다이오드를 적용하면 다이오드 소자 이후로는 정류된 전류가 흐른다.
- 정류란 교류의 양극성이 한 극성만 통과되고 나머지 극성은 거른 전류이다.

정답 66 ① 67 ① 68 ② 69 ④ 70 ②

71 다음 중 서보모터의 용도로 적합한 것은?

① 기중기용
② 전동차용
③ 엘리베이터용
④ 안테나 위치제어용

해설
서보모터는 동력 공급이 아닌 위치제어 또는 속도제어를 위해 사용한다.

72 마이크로프로세서의 어드레스 단자가 16개이고, 데이터 단자가 8개일 때 메모리의 최대 크기는?

① 64kbyte
② 128kbyte
③ 256kbyte
④ 512kbyte

해설
어드레스 단자가 16개이므로 $2^{16} = 65,536$개만큼의 데이터가 저장 가능하며, 한 번에 저장 가능한 크기는 8bit = 1byte이고, 데이터 단자가 8개이므로 메모리 최대 크기는 $2^{16} = 65,536$byte이다.
$2^{16} = 2^{10} \times 2^{6}$byte $= 2^{6}$kbyte ($\because$ 1kbyte $= 2^{10}$byte)
$\therefore$ 메모리 전체 크기는 2^{6}kbyte = 64kbyte

73 다음 회로는 어떤 회로를 나타낸 것인가?

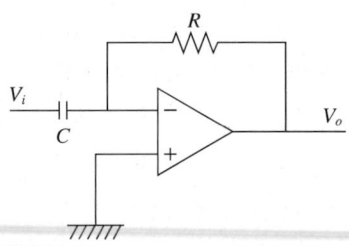

① 미분회로
② 적분회로
③ 가산기 회로
④ 차동증폭기 회로

해설

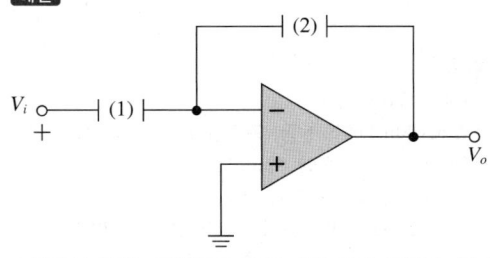

그림에서 (1)에 C를 달고 (2)에 R을 달면 미분기, (2)에 C를 달고 (1)에 R을 달면 적분기이다.

74 동기 전동기에서 자극수가 4극이면 60Hz의 주파수로 전원 공급할 때 회전수는 몇 rpm이 되는가?

① 1,200
② 1,800
③ 3,600
④ 7,200

해설
$N_s = \dfrac{120f}{P}$rpm (N_s : 동기 속도, f : 주파수, P : 극수)
$= \dfrac{120 \times 60}{4} = 1,800$rpm

※ 우리나라에서 220V 60Hz를 사용한다는 것이 상식인 것처럼, 4극 전동기는 1,800rpm이라는 것을 알아 두면 좋다.

75 다음 보기와 같은 기계 제작 공정이 필요할 경우 작업 순서를 올바르게 나열한 것은?

┌─보기─────────────────┐
│ ⓐ 제품 조립   ⓑ 설 계 │
│ ⓒ 기계가공   ⓓ 제품검사 │
└──────────────────────┘

① ⓐ → ⓑ → ⓒ → ⓓ
② ⓑ → ⓒ → ⓐ → ⓓ
③ ⓒ → ⓐ → ⓑ → ⓓ
④ ⓓ → ⓑ → ⓒ → ⓐ

해설
기계공작 공정은 공작의 종류에 따라 약간 다르지만, 기획 – 설계 – 도면 제작 – 재료 공급 – 가공 – 표면처리 – 조립 – 검사 순으로 이루어진다.

76 8비트 어드레스 시스템인 경우, 그림에서 PA의 신호에 의해 사용되는 장치가 활성화되기 위한 어드레스로 옳은 것은?

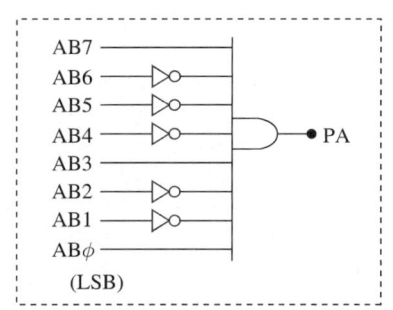

① 89H   ② 91H
③ 95H   ④ 99H

해설
각 답을 2진수로 바꾸면
① 89H = 1000 1001
② 91H = 1001 0001
③ 95H = 1001 0101
④ 99H = 1001 1001
문제에서 PA가 활성화되기 위해서는 1000 1001의 신호가 들어가야 한다.

77 전자유도에 대한 설명 중 틀린 것은?

① 코일이 지나는 자속이 변화하면 코일에 기전력이 생기는 현상을 전자유도라 한다.
② 전자유도에 의하여 흐르는 전류를 유도전류라 한다.
③ 전자유도에 의하여 회로에 유도되는 기전력은 자속이 증가·감소하는 정도에 반비례한다.
④ 전자유도작용은 패러데이에 의하여 1831년에 발견되었다.

해설
전자유도에 의하여 회로에 유도되는 기전력은 자속이 증가·감소하는 정도에 비례한다.

78 다음 논리회로의 명칭은?

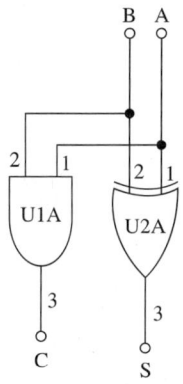

① 반가산기   ② 전가산기
③ 병렬가산기   ④ 직렬가산기

해설
반가산기
A와 B가 모두 1일 때, C(Carry) = 1, S(Sum) = 0로 나오는 연산자이다. 전가산기는 3개의 비트가 필요하며
C에 (A·B) + ((A+B)·C)의 연산, S에 A⊕B⊕C가 필요하다.
C = AB, S = A⊕B이므로 반가산기이다.

정답 75 ② 76 ① 77 ③ 78 ①

79 2종의 금속 또는 반도체를 둥근 모양으로 접속하고, 접속한 2점 사이에 온도차를 주면 기전력이 발생하여 전류가 흐른다. 이러한 현상을 무엇이라고 하는가?

① 홀효과
② 광전효과
③ 제베크 효과
④ 루미네선스 효과

해설

③ 제베크 효과
- 서로 다른 두 금속을 접합하여 접점에 열을 가하면 온도차이에 의해 기전력이 발생하여 전류가 흐르는 효과
- 열전대 온도계 등으로 활용

① 홀(Hall)효과
- 에드윈 홀(Edwin H. Hall)에 의해 연구됨
- 자기장 혹은 전자기장 안에 닫힌 물체 안에서 전자 쏠림에 따른 기전력 발생현상
- 자기장이 걸릴 때 전류의 흐름에 수직하게 발생한 전압을 홀(Hall) 전압이라 한다.

② 광전효과 : 금속 표면에 빛 입자가 입사되면 (-) 전자가 튀어나가는 효과

④ 루미네선스 효과 : 빛은 열을 동반하고 열이 발생하여야 빛이 발생하지만, 500℃ 이하에서도 빛을 내는 효과를 총칭한다.

80 2진수 $(01011)_2$의 2의 보수는?

① 10100
② 10101
③ 11010
④ 11111

해설

디지털 신호가 뒤집혔다고 생각한 수 +1
10100 + 1 = 10101
검산) 01011 + 10100 + 1 = 11111 + 1 = 00000(비트 밖의 수는 버린다)

2016년 제3회 과년도 기출문제

제1과목 기계가공법 및 안전관리

01 밀링머신 호칭번호를 분류하는 기준으로 옳은 것은?
① 기계의 높이
② 주축모터의 크기
③ 기계의 설치 면적
④ 테이블의 이동거리

해설
밀링의 크기 표시
- 일반적으로 가공할 수 있는 최대 공작물 크기로 표시
- 테이블의 상하, 좌우 이송거리
- 호칭번호로 표시

호칭번호 이동거리	0	1	2	3	4	5
좌 우	450	550	700	850	1050	1250
전 후	150	200	250	300	350	400
상 하	300	400	450	450	450	500

02 선반가공에서 절삭저항의 3분력이 아닌 것은?
① 배분력
② 주분력
③ 이송분력
④ 절삭분력

해설
회전하는 절삭재료에 발생하는 절삭저항의 3분력은 주분력(절삭분력), 배분력, 이송분력이다.

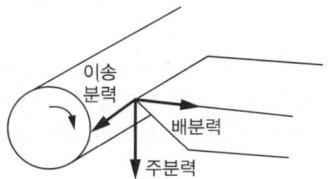

03 센터리스 연삭기의 특징으로 틀린 것은?
① 긴 홈이 있는 가공물이나 대형 또는 중량물의 연삭이 가능하다.
② 연삭숫돌 폭보다 넓은 가공물을 플런저 컷방식으로 연삭할 수 없다.
③ 연삭숫돌의 폭이 크므로, 연삭숫돌 지름의 마멸이 적고 수명이 길다.
④ 센터가 필요하지 않아 센터 구멍을 가공할 필요가 없고 속이 빈 가공물을 연삭할 때 편리하다.

해설
센터리스 연삭기
센터리스 연삭은 센터나 척을 사용하기 어려운 가늘고 긴 원통형의 공작을 통과이송, 전후이송, 단이송 등의 방법을 사용하여 가공하는 원통연삭법이다. 연속작업이 가능하여 능률은 좋지만 너무 크거나 무거운 공작물에는 사용하기 어렵다. 긴 연삭에 적합하다.

04 평면도 측정과 관계없는 것은?
① 수준기
② 링게이지
③ 옵티컬 플랫
④ 오토콜리메이터

해설
축용 한계 게이지 중 링 게이지는 원통 모양과 원뿔 모양이 있어 원통도를 측정한다.

05 축용으로 사용되는 한계 게이지는?
① 봉 게이지
② 스냅 게이지
③ 블록 게이지
④ 플러그 게이지

해설
축용 한계 게이지
- 링 게이지 : 원통 모양과 원뿔 모양이 있다.
- 스냅 게이지 : 바깥지름, 길이, 두께 등을 검사한다.

정답 1 ④ 2 ④ 3 ① 4 ② 5 ②

06 밀링작업의 안전수칙에 대한 설명으로 틀린 것은?

① 공작물의 측정은 주축을 정지하여 놓고 실시한다.
② 급송이송은 백래시 제거장치가 작동하고 있을 때 실시한다.
③ 중절삭할 때에는 공작물을 가능한 바이스에 깊숙이 물려야 한다.
④ 공작물을 바이스에 고정할 때 공작물이 변형되지 않도록 주의한다.

해설
중절삭은 무거운 절삭을 의미하며 큰 힘을 받으므로 바이스에 많이 물리는 것이 좋다. 백래시 제거장치를 작동한 후 이송을 시작한다.

07 선삭에서 지름 50mm, 회전수 900rpm, 이송 0.25mm/rev, 길이 50mm를 2회 가공할 때 소요되는 시간은 약 얼마인가?

① 13.4초 ② 26.7초
③ 33.4초 ④ 46.7초

해설
지름을 얼마만큼 깎아 낼지는 문제에 고려되어 있지 않다. 900rpm은 1분에 900바퀴를 회전한다는 의미이므로 1바퀴에 1/900분이 소요된다. 1바퀴에 0.25mm을 이송하므로 50mm를 가려면 200바퀴를 회전해야 하고, 2회 가공하므로 100mm, 즉 400바퀴를 회전해야 한다. 그러므로 400/900분이 소요된다. 400/900분은 26.7초이다.

08 유막에 의해 마찰면이 완전히 분리되어 윤활의 정상적인 상태를 말하는 것은?

① 경계윤활 ② 고체윤활
③ 극압윤활 ④ 유체윤활

해설
일반적으로 윤활 상태는 윤활유막 두께에 따라 다음과 같이 나뉜다.
• 유체윤활 : 마찰면 사이에 충분히 두꺼운 점성유막이 형성된 이상적인 윤활이다.
• 경계윤활/박막윤활 : 윤활 부위 하중의 증가나 속도 저하, 기름의 온도 증가 등으로 윤활유 점도가 저하되어 유막의 두께가 얇아진 상태의 윤활이다. 축의 높은 하중이나 시동 전후에 나타난다.
• 극압윤활 : 하중이 매우 높아지는 등 윤활을 유지하기 어려운 상황의 윤활이다. 국부적 금속 간 접촉 등이 유발되고 마찰이 증대된다.

09 보링머신의 크기를 표시하는 방법으로 틀린 것은?

① 주축의 지름
② 주축의 이송거리
③ 테이블의 이동거리
④ 보링 바이트의 크기

해설
보링머신의 크기는 테이블의 크기, 주축의 지름, 주축의 이동거리, 스핀들 헤드의 상하 이동거리 및 테이블의 이동거리로 표시한다.

10 윤활제의 급유방법으로 틀린 것은?

① 강제 급유법
② 적하 급유법
③ 진공 급유법
④ 핸드 급유법

해설
윤활제의 급유방법으로 비순환식과 순환식 급유가 있으며 비순환식 급유는 손(핸드) 급유, 적하 급유법, 패드 급유법, 분무식 급유법이 있고, 순환식 급유에는 링 급유, 유욕식·비산식·가압식·강제식 급유법이 있다.

11 보통형(Conventional Type)과 유성형(Planetary Type) 방식이 있는 연삭기는?

① 나사연삭기
② 내면연삭기
③ 외면연삭기
④ 평면연삭기

[해설]
내면 연삭기의 종류 : 보통형, 유성형, 센터리스형

12 드릴의 자루(Shank)를 테이퍼 자루와 곧은 자루로 구분할 때 곧은 자루의 기준이 되는 드릴 직경은 몇 mm 이하인가?

① 13 ② 18
③ 20 ④ 25

[해설]
자루의 모양에 따라 곧은 드릴, 테이퍼 드릴, 밀링척용 드릴로 구분하며, 곧은 드릴은 보통 13mm까지 사용되고, 13mm 이상은 테이퍼 드릴이 사용된다.

13 그림과 같은 공작물을 양 센터작업에서 심압대를 편위시켜 가공할 때 편위량은?(단, 그림의 치수단위는 mm이다)

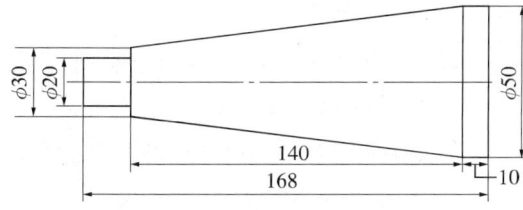

① 6mm ② 8mm
③ 10mm ④ 12mm

[해설]
$$e = \frac{L(D-d)}{2l} = \frac{168 \times (50-30)}{2 \times 140} = 12$$

14 밀링가공에서 공작물을 고정할 수 있는 장치가 아닌 것은?

① 면 판 ② 바이스
③ 분할대 ④ 회전테이블

[해설]
면판은 선반의 구성품이다.

15 테이퍼 플러그 게이지(Taper Plug Gage)의 측정에서 다음 그림과 같이 정반 위에 놓고 핀을 이용해서 측정하려고 한다. M을 구하는 식으로 옳은 것은?

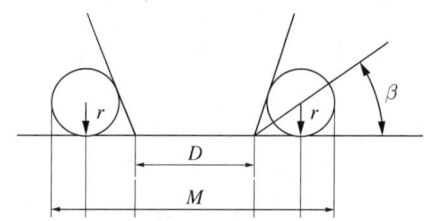

① $M = D + r + r \times \cot\beta$
② $M = D + r + r \times \tan\beta$
③ $M = D + 2r + 2r \times \cot\beta$
④ $M = D + 2r + 2r \times \tan\beta$

[해설]
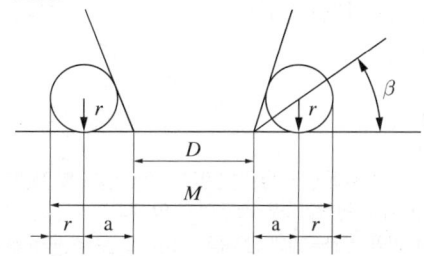

그림과 같으므로 $M = D + 2 \times r + 2a$, $\tan\beta = \frac{r}{a}$,
$r = a \cdot \tan\beta$, $a = r \cdot \cot\beta$
∴ $M = D + 2r + 2r \cdot \cot\beta$

16 창성식 기어절삭법에 대한 설명으로 옳은 것은?

① 밀링머신과 같이 총형 밀링 커터를 이용하여 절삭하는 방법이다.
② 셰이퍼 등에서 바이트를 치형에 맞추어 절삭하여 완성하는 방법이다.
③ 셰이퍼의 테이블에 모형과 소재를 고정한 후 모형에 따라 절삭하는 방법이다.
④ 호빙머신에서 절삭공구와 일감을 서로 적당한 상대운동을 시켜서 치형을 절삭하는 방법이다.

해설
창성(創成)에 의한 방법
- 상대운동에 의한 기어 절삭, 전용 절삭기구를 제작하여 상대운동을 시켜 가공
- 정확한 인벌류트 치형가공 가능
- 피니언 커터, 래크 커터, 호브 등 이용

17 원하는 형상을 한 공구를 공작물의 표면에 눌러 대고 이동시켜 표면에 소성 변형을 주어 정도가 높은 면을 얻기 위한 가공법은?

① 래핑(Lapping)
② 버니싱(Burnishing)
③ 폴리싱(Polishing)
④ 슈퍼 피니싱(Super Finishing)

해설
버니싱
- 다른 피니싱들과 달리 원통 내면의 치수 정밀도 및 표면거칠기를 향상시키되 연삭입자를 사용하지 않는다.
- 1차로 가공된 가공물의 안지름보다 다소 큰 강구(Steel Ball)를 압입 통과시켜서 가공물의 표면을 소성 변형으로 가공하는 방법이다.
- 볼 버니싱과 롤러 버니싱으로 구분한다.
- 표면 정도(精度) 개선 및 잔류응력을 주어 표면 강도를 개선시킨다.

18 호환성이 있는 제품을 대량으로 만들 수 있도록 가공 위치를 쉽고 정확하게 결정하기 위한 보조용 기구는?

① 지 그
② 센 터
③ 바이스
④ 플랜지

해설
지그: 기계가공을 할 때 위치를 잘 잡아 주기 위해 설치하는 보정기구

19 다음 중 소재의 두께가 0.5mm인 얇은 박판에 가공된 구멍의 내경을 측정할 수 없는 측정기는?

① 투영기
② 공구 현미경
③ 옵티컬 플랫
④ 3차원 측정기

해설
옵티컬 플랫은 평면도를 측정하는 측정기이다.

20 리밍(Reaming)에 관한 설명으로 틀린 것은?

① 날 모양에는 평행날과 비틀림날이 있다.
② 구멍의 내면을 매끈하고 정밀하게 가공하는 것을 말한다.
③ 날끝에 테이퍼를 주어 가공할 때 공작물에 잘 들어가도록 되어 있다.
④ 핸드리머와 기계리머는 자루 부분이 테이퍼로 되어 있어 가공이 편리하다.

해설
리밍: 리머를 이용하여 구멍의 내면을 매끈하고 정확하게 가공하는 작업이다. 미세절삭을 이용한 내면 다듬질 작업이므로 다듬질 여유를 거의 제거해 내면서 천천히 회전하고 많이 이송하는 것이 좋다. 리머의 자루는 일체형(솔리드형), 부분형(셀형), 조절형 등이 있으며 테이퍼는 사용하지 않는다.

제2과목 기계제도 및 기초공학

21 그림과 같은 입체도에서 화살표 방향이 정면일 때 평면도로 가장 적합한 것은?

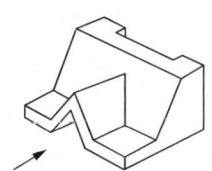

①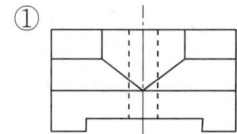

②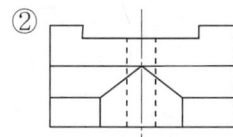

③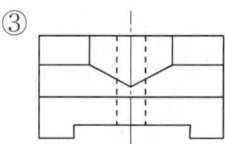

④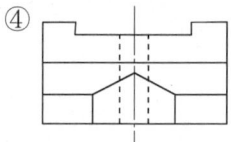

해설
평면도는 화살표 방향의 위에서 본 투상도이다. 우선 ①과 ③은 뚫린 부분이 하단이어서 제외하고, ②와 ④의 차이는 가운데에 모서리 5개가 만나느냐 만나지 않느냐로 구분하여야 한다. 도형을 우측에서 보면 세로면이 비스듬하고, ∧자 부분이 중간에서 돌출되어 있으므로 모서리가 만나지 않는다.

22 '왼 2줄 M50×3-6H'의 나사기호 해독으로 올바른 것은?

① 리드가 3mm
② 암나사 등급 6H
③ 왼쪽 감김 방향 1줄 나사
④ 나사산의 수가 3개

해설

나사산의 감김 방향	나사산의 줄의 수	나사의 호칭	나사의 등급
왼	2줄	M50×3	6H

① 피치가 3이고, 2줄 나사이므로 리드는 6mm

②
암나사-수나사의 구별		나사의 등급을 표시하는 보기
암나사	유효지름과 안지름의 등급이 같은 경우	6H

③ 왼 감김 2줄 나사
④ 나사산은 표기 없음

23 기계제도에서 치수선을 나타내는 방법에 해당하지 않는 것은?

①
②
③
④

해설
치수선 끝은 다음과 같이 표기한다.

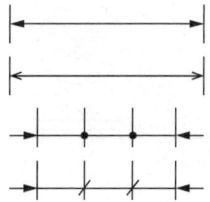

정답 21 ④ 22 ② 23 ③

24 그림과 같은 표면의 결 표시기호에서 M이 뜻하는 것은?

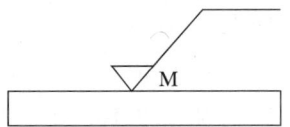

① 가공으로 생긴 선이 투상면에 직각
② 가공으로 생긴 선이 거의 동심원
③ 가공으로 생긴 선이 두 방향으로 교차
④ 가공으로 생긴 선이 여러 방향

해설

기호	기호의 뜻	설명 그림과 도면 지시 보기
=	커터의 줄무늬 방향이 기호를 지시한 도면의 투상면에 평행 예 셰이핑면	
⊥	커터의 줄무늬 방향이 기호를 지시한 도면의 투상면에 직각 예 셰이핑면(옆으로부터 보는 상태), 선삭, 원통연삭면	
×	커터의 줄무늬 방향이 기호를 지시한 도면의 투상면에 경사지고 두 방향으로 교차 예 호닝 다듬질면	
M	커터의 줄무늬 방향이 여러 방향으로 교차 또는 무방향 예 래핑 다듬질면, 슈퍼 피니싱면, 가로 이송을 한 정면밀링 또는 엔드밀 절삭면	
C	가공에 의한 커터의 줄무늬가 기호를 지시한 면의 중심에 대하여 대략 동심원 모양 예 끝면 절삭면	
R	커터의 줄무늬가 기호를 지시한 면의 중심에 대하여 대략 레이디얼 모양	

25 베어링 기호 '6012 C2 P4'에서 각 기호의 뜻을 설명한 것으로 틀린 것은?

① 60 : 베어링 계열기호
② 12 : 안지름 번호
③ C2 : 레이디얼 내부 틈새기호
④ P4 : 베어링 조합기호

해설
P4는 등급을 의미한다.

26 기하공차를 사용하는 이유로 가장 거리가 먼 것은?

① 직각 좌표의 치수방법을 변환시켜 간편하게 표시한다.
② 상호 결합되는 부품의 호환성을 확보한다.
③ 생산 원가를 절감할 수 있는 방향으로 설계할 수 있다.
④ 생산성을 높일 수 있는 방향으로 공차를 적용할 수 있다.

해설
직각 좌표의 사용 여부와는 무관하며, 형상에 관한 공차를 정하여 부품 상호 간 허용할 수 있는 정도를 확인함으로써 생산의 효율성을 도모한다.

27 나사의 도시에서 완전 나사부와 불완전 나사부의 경계를 나타내는 선은?

① 굵은 실선 ② 가는 실선
③ 가는 파선 ④ 가는 1점쇄선

해설
완전 나사부란 영역에 모두 나사산이 있는 부분이고, 불완전 나사부는 나사산이 형성되지 않은 몸통 부분이다.

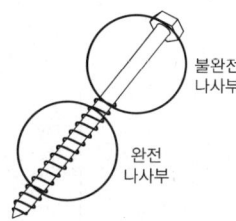

28 그림에서 가는 실선으로 나타낸 대각선 부분의 의미는?

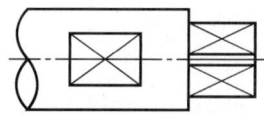

① 대각선으로 표시된 면이 구면임을 나타냄
② 대각선으로 표시된 면이 평면임을 나타냄
③ 대각선으로 표시된 면은 가공하지 않음을 표시함
④ 대각선으로 표시된 면만 열처리할 것을 표시함

해설
물체가 전반적으로 원형인 경우 정투상도로는 평면과 둥근 면을 구별할 수 없으므로 평면인 부분에 X자형 대각선을 그려 평면임을 표시한다.

29 도면에 $20^{+0.02}_{-0.01}$로 표시된 치수의 치수공차는 얼마인가?

① 0.01 ② −0.01
③ 0.02 ④ 0.03

해설
치수공차 = 위치수 공차 − 아래치수 공차
= +0.02 − (−0.01) = +0.03

30 다음 중 단면도의 분류에 있어서 그 종류가 다른 하나는?

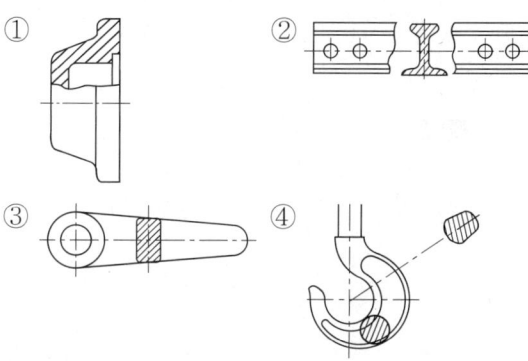

해설
①은 부분 단면도, ②~④는 회전도시 단면도이다. 문제의 그림들은 KS에서 사용한 도면으로, 단면도를 설명하기 위해서 자주 사용하는 도면이므로 그림을 보고 단면도를 구분하는 것도 좋은 방법이다.

31 길이가 일정한 막대의 좌측 끝단에는 7kgf, 우측 끝단에는 3kgf인 물체를 올려놓았을 때 수평을 유지하기 위한 받침대의 좌측과 우측의 길이 비율은?(단, 좌측 : 우측이다)

① 7 : 3 ② 3 : 7
③ 7 : 10 ④ 10 : 7

해설
양편의 모멘트가 같아야 평형을 이루며 모멘트는 힘과 거리의 곱이다.

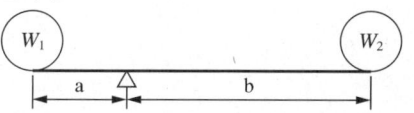

$W_1 \times a = W_2 \times b$, 7kgf × a = 3kgf × b, a : b = 3 : 7

32 직경이 6cm인 원형 단면에 2,400kgf의 인장하중이 작용할 때 발생하는 인장응력은 약 몇 kgf/cm²인가?

① 85 ② 95
③ 105 ④ 125

해설
직경 6cm 단면의 면적 $= \pi \times (6\text{cm})^2/4$

인장응력 $= \dfrac{2,400}{\dfrac{\pi \times 36}{4}} = 84.88\text{kgf/cm}^2$

33 1μF 콘덴서 5개를 직렬연결했을 때 합성 정전용량 [μF]은?

① 0.2 ② 0.5
③ 2 ④ 5

해설
$\dfrac{1}{C} = \dfrac{1}{1\mu\text{F}} + \dfrac{1}{1\mu\text{F}} + \dfrac{1}{1\mu\text{F}} + \dfrac{1}{1\mu\text{F}} + \dfrac{1}{1\mu\text{F}}$, $C = \dfrac{1}{5}\mu\text{F}$

34 다음 그림과 같이 가로, 세로, 높이가 모두 100mm인 사각기둥에 직경이 50mm인 구멍이 윗면에서 밑면까지 수직으로 뚫려 있다면 사각기둥의 체적은 약 몇 mm³인가?

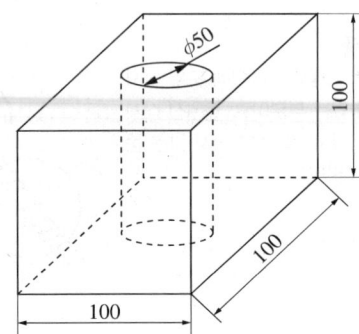

① 392,500
② 740,300
③ 803,650
④ 965,000

해설
- 사각기둥의 체적
  $= 100 \times 100 \times 100 = 1,000,000\text{mm}^3$
- 원기둥의 체적 = 원의 면적 × 높이
  $= \dfrac{\pi \times 50^2}{4} = 1963.50 \times 100\text{mm}^3$
- 사각기둥 전체의 체적 − 원기둥의 체적
  $= 1,000,000 - 196,350 = 803,650$

35 질량이 4.5kg인 물체에 12N의 힘을 가했다면 이 물체의 가속도는?

① 2.66m/sec^2
② 3.67m/sec^2
③ 26.7m/sec^2
④ 36.7m/sec^2

해설
$F = ma$, $12\text{N} = 4.5\text{kg} \times a$, $a = 2.67\text{m/s}^2$

36 단면적이 10mm²이고 길이가 1km인 구리선의 저항[Ω]은?(단, 구리선의 고유저항은 $1.77 \times 10^{-8}\Omega \cdot m$이다)

① 0.177　② 1.77
③ 17.7　④ 177

> **해설**
> 고유저항은 단면 1m²에 단위 길이당 발생저항이다.
> 단면적 10mm² = 0.00001m²이므로 저항이 10^5배 증가한다.
> 또한, 길이가 1,000m이므로 저항이 여기에 10^3배 더 증가한다.
> ∴ $1.77 \times 10^{-8} \times 10^3 \times 10^5 = 1.77\Omega$

37 뉴턴의 운동 제2법칙에 맞는 식은?(단, F는 힘, m은 질량, a는 가속도이다)

① $F = ma$　② $F = m/a$
③ $F = m^2 a$　④ $F = ma^2$

> **해설**
> 뉴턴의 제2법칙에 따르면 물체에 외력이 가해지면, 물체의 외형이나 운동 상태를 변화시킨다. 속도가 변화하려면 가속도가 발생하고, 이를 관계식으로 표시하면 $F = ma$와 같다.

38 하중 500kgf를 SI 단위로 변환하면 약 얼마인가?

① 3,901N　② 4,903N
③ 5,803N　④ 9,801N

> **해설**
> 500kgf = 500kg × 9.806m/s² = 500 × 9.806kg · m/s²
> 　　　 = 4,903N

39 전동축은 비틀림 모멘트(T)와 굽힘 모멘트(M)를 동시에 받는다. 이때의 상당 굽힘 모멘트(M_e)는?

① $M_e = \sqrt{M^2 + T^2}$
② $M_e = M + \sqrt{M^2 + T^2}$
③ $M_e = \frac{1}{2}(\sqrt{M^2 + T^2})$
④ $M_e = \frac{1}{2}(M + \sqrt{M^2 + T^2})$

> **해설**
> • 상당 비틀림 모멘트 $T_e = \sqrt{M^2 + T^2}$
> • 상당 굽힘 모멘트 $M_e = \frac{M + T_e}{2} = \frac{1}{2}(M + \sqrt{M^2 + T^2})$

40 임의의 점 P에서 Q까지 6C의 전하를 이동시키는데 12J의 일을 하였다면 전위차는?

① 1V　② 2V
③ 4V　④ 6V

> **해설**
> 1C는 1초당 1A가 흐르는 전류이며 시간의 조건이 없으므로 6C를 6A로 환산하여 우리가 알고 있는 전력의 식을 이용한다.
> $P = J/s = VI/s$, 12J = 6C × 2V

정답 36 ② 37 ① 38 ② 39 ④ 40 ②

제3과목 자동제어

41 USB 장치 및 USB 버스에 대한 설명으로 틀린 것은?

① 플러그 앤 플레이 설치를 지원하는 외부 버스이다.
② 병렬 버스장치를 연결할 수 있도록 해 주는 컴퓨터 인터페이스이다.
③ 컴퓨터를 종료하거나 다시 시작하지 않아도 USB 장치를 연결하거나 연결을 끊을 수 있다.
④ 단일 USB 포트를 사용하여 스피커, 전화, CD-ROM 드라이브, 스캐너 등 주변기기를 연결할 수 있다.

해설
USB 장치 및 케이블
- PC와 PLC, PLC와 주변기기 간 직접 통신을 위한 수단
- USB 버스 플러그 앤 플레이 설치를 지원하는 외부 버스
- 직렬 버스장치를 연결, 따라서 1포트에 하나씩 연결한다.
- OS 종료 없이도 연결 또는 분리가 가능

42 리밋 스위치의 기호로 옳은 것은?

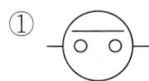

해설
리밋 스위치 : 전기신호를 기계적 구동력으로 전환하여 사용하는 스위치

a접점   b접점

43 3/2-Way 방향제어밸브에 대한 설명으로 틀린 것은?

① 연결구의 수가 2개이다.
② 정상 상태 열림형도 있다.
③ 정상 상태 닫힘형도 있다.
④ 솔레노이드 작동, 스프링 리셋(복귀)형도 있다.

해설
공압밸브 : 3/2 Way 밸브는 3포트 2위치 밸브여서 방이 2개이고 방 하나당 구멍이 3개씩이다.

44 $f(t) = t^2$ 의 라플라스 변환은?

① $\dfrac{1}{s}$　② $\dfrac{1}{s^2}$

③ $\dfrac{2}{s^3}$　④ $\dfrac{2}{s^4}$

해설
라플라스 변환테이블

	함수명	$f(t)$	$F(s)$
1	단위 충격	$\delta(t)$	1
2	단위 계단	$u(t) = 1$	$\dfrac{1}{s}$
3	단위 경사	t	$\dfrac{1}{s^2}$
4	포물선	t^2	$\dfrac{2}{s^3}$
5	n차 경사	t^n	$\dfrac{n!}{s^{n+1}}$
6	지수 감쇠	e^{-at}	$\dfrac{1}{s+a}$
7	지수 감쇠 경사	te^{-at}	$\dfrac{1}{(s+a)^2}$
8	지수 n차 경사	$t^n e^{-at}$	$\dfrac{n!}{(s+a)^{n+1}}$
9	cos 함수	$\cos\omega t$	$\dfrac{s}{s^2+\omega^2}$
10	sin 함수	$\sin\omega t$	$\dfrac{\omega}{s^2+\omega^2}$
11	지수 감쇠 cos	$e^{-at}\cos\omega t$	$\dfrac{s+a}{(s+a)^2+\omega^2}$
12	지수 감쇠 sin	$e^{-at}\sin\omega t$	$\dfrac{\omega}{(s+a)^2+\omega^2}$
13	쌍곡선 함수	$\cos\eta\omega t$	$\dfrac{s}{s^2-\omega^2}$
14	쌍곡선 함수	$\sin\eta\omega t$	$\dfrac{\omega}{s^2-\omega^2}$

41 ②　42 ②　43 ①　44 ③

45 다음 블록선도에서 합성 전달함수는?

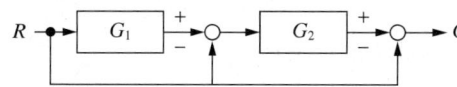

① $1 + G_1 G_2$
② $-1 + G_1 + G_2$
③ $-1 - G_1 - G_2 G_1$
④ $-1 - G_2 + G_1 G_2$

해설
블록선도를 그대로 쓰면
$(R \cdot G_1 - R) \cdot G_2 - R = C$,
$RG_1 G_2 - R \cdot G_2 - R = C$
R을 묶어 주면
$R(G_1 G_2 - G_2 - 1) = C$,
$-1 - G_2 + G_1 G_2 = \dfrac{C}{R}$
그림에서 $\dfrac{C}{R}$이 전달함수이므로 전달함수는 $-1 - G_2 + G_1 G_2$이다.

46 온도를 전압으로 변환시키는 특징을 가진 것은?

① 광전지
② 열전대
③ 차동변압기
④ 측온저항체

해설
열전대, 열전쌍(熱電雙)
- 이종(異種)금속을 붙여 열전효과를 일으켜 온도를 감지하는 소자
- 제베크 효과(Seebeck, 온도에 의한 열기전력(전압) 발생효과)를 이용

47 다음 중 공압장치의 구성기기로 가장 거리가 먼 것은?

① 윤활기(Lubricator)
② 축압기(Accumulator)
③ 공기압축기(Compressor)
④ 애프터 쿨러(After Cooler)

해설
축압기(어큐뮬레이터, Accumulator) : 유체의 압력을 축적하여 압력의 흐름을 일정하게 조절해 주는 장치로서 압력을 축적하는 방식으로 맥동을 방지하는 데 사용한다.

48 다음 데이터 통신방식 중 직렬 데이터 전송방식이 아닌 것은?

① 반이중방식
② 전이중방식
③ 단방향 전송방식
④ 스트로브-에크놀로지 방식

해설
반이중방식, 전이중방식, 단방향 통신방식은 직렬 통신방식이며, 스트로브-에크놀로지 방식은 병렬 통신방식의 하나이다.

정답 45 ④ 46 ② 47 ② 48 ④

49 동기형 AC 서보전동기의 특징으로 틀린 것은?

① 교류 전원을 사용한다.
② 회전자에 영구자석을 사용한다.
③ 정류자 브러시가 없어 유지 보수가 용이하다.
④ 제어 시 회전자 위치를 검출할 필요가 없어 회전 검출기가 필요 없다.

해설
AC 모터
- 동기형, 유도형으로 단상, 3상으로 구분한다.
- 브러시가 없기 때문에 보수가 용이하다.
- 코일이 고정자(Status)에 있기 때문에 방열성이 좋다.
- 정류 한계가 없기 때문에 고속회전 시 높은 토크가 가능하다.
- DC 모터에 비해 대용량에 사용한다.
- 동기형은 회전자에 영구자석을 사용하므로 구조가 복잡하고, 위치 검출이 필요하다.
- 유도형은 회전자와 고정자의 상대적인 위치검출센서가 필요하지 않다.

50 다음 자동제어시스템의 주요 구성요소 중에서 오차를 찾아내는 부분은?

① Block
② Direct Arrow
③ Takeout Point
④ Summing Point

해설

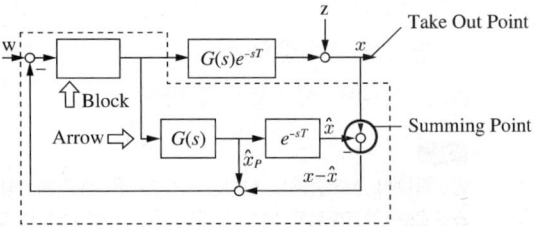

51 함수 $F(s) = \dfrac{4}{s^3 + 3s^2 + 2s}$ 를 라플라스 역변환한 결과값 $f(t)$은?

① $2 - 4e^{-t} + 2e^{-2t}$
② $2 - 4e^{-t} - 2e^{-2t}$
③ $\dfrac{1}{2} - \dfrac{1}{4}e^t + \dfrac{1}{2}e^{-t}$
④ $\dfrac{1}{2} - \dfrac{1}{4}e^t - \dfrac{1}{2}e^{-t}$

해설

$F(s) = \dfrac{4}{s^3 + 3s^2 + 2s}$ 의 분모를 인수분해하면

$F(s) = \dfrac{4}{s(s+1)(s+2)} = \dfrac{2}{s} + \dfrac{-4}{s+1} + \dfrac{2}{s+2}$

$f(t) = \mathcal{L}^{-1}[F(s)] = \mathcal{L}^{-1}\left[\dfrac{2}{s} + \dfrac{-4}{s+1} + \dfrac{2}{s+2}\right]$

$= 2 - 4e^{-t} + 2e^{-2t}$

52 다음 그래프의 Laplace 변환은?

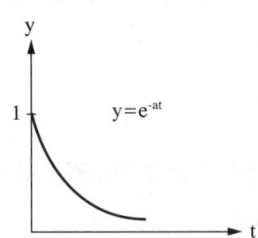

① as
② $\dfrac{a}{s}$
③ $\dfrac{1}{(s+a)}$
④ $\dfrac{1}{(s-a)}$

해설
$\mathcal{L}[e^{\pm at}f(t)] = F(s \mp a)$, 문제는 $f(t) = 1$, $a = -a$와 같다.
$F(s) = \dfrac{1}{s}$, $F(s+a) = \dfrac{1}{(s+a)}$

53 주파수 영역에서 시스템의 응답성 및 안정성을 표시하기 위한 값이 아닌 것은?

① 대역폭　② 이득 여유
③ 위상 여유　④ 피크시간

해설
대역폭은 시스템의 응답성을, 이득 여유와 위상 여유는 안정성을 표시한다. 피크시간이란 시스템 성능 지표의 하나이다.

54 C언어의 조건에 따른 흐름제어문에 해당되지 않는 것은?

① if문
② if-else문
③ do-while문
④ switch-case문

해설
do-while문은 실행반복문이다.

55 그림에서 2개의 피스톤 ㉠, ㉡의 단면적 A_1, A_2가 각각 2m², 10m²일 때, F_1으로 1N의 힘으로 가하면 F_2에 생성되는 힘(N)은?

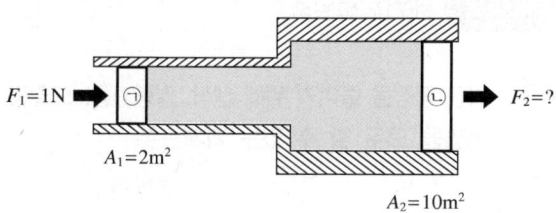

① 5　② 10
③ 20　④ 25

해설
파스칼 원리에 의하면 힘은 면적과 정비례한다. 면적이 5배이면, 힘도 5배이다.

56 다음 중 주파수 영역에서 자동제어계를 해석할 때 기본 입력으로 많이 사용되는 것은?

① 계단 입력
② 등속 입력
③ 등가속 입력
④ 정현파 입력

해설
입력으로 정현파가 들어왔을 때 출력은 일정시간 후 정상 상태에서와 같은 모양의 정현파가 응답된다. 이 응답을 주파수 응답이라 하며 주파수 응답을 보기 위해서는 정현파를 입력하여야 한다.

57 전기식 서보기구에 대한 설명으로 옳은 것은?

① 작동 속도가 유압식에 비해 느리다.
② 유압식에 비해 큰 출력을 얻을 수 있다.
③ 유압식에 비해 경제성과 취급이 용이하다.
④ 전기식 서보기구에는 분사관식 서보기구가 있다.

해설
전기식 서보기구
• 동력원으로 모터를 사용한다. 중(中)동력 정도의 힘의 크기를 사용한다.
• 전기는 동력뿐만 아니라 신호로도 활용 가능하며, 증폭·감쇄 등에 유리하다.
• 유압식에 비해 작동 속도와 반응 속도가 좋으며 신뢰성이 있다.
• 유압식에 비해 경제성과 취급이 용이하다.
• 직류식과 교류식이 있다.
 - 직류는 전류 통제의 용이성이 높아 속도제어 범위가 넓지만, 구조가 복잡하고 기동토크가 크다.
 - 교류식은 브러시가 없어서 유지비가 들지 않고 보수가 용이하다.

58 다음 블록선도의 전체 전달함수를 구하는 식으로 옳은 것은?

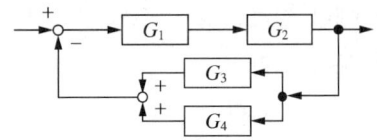

① $G = \dfrac{G_3 + G_4}{1 + G_1 G_2}$

② $G = \dfrac{G_3 + G_4}{1 - G_1 G_2}$

③ $G = \dfrac{G_1 G_2}{1 + G_1 G_2 (G_3 + G_4)}$

④ $G = \dfrac{G_1 + G_2}{1 - G_1 G_2 (G_3 + G_4)}$

해설
전달함수
문제의 블록선도는 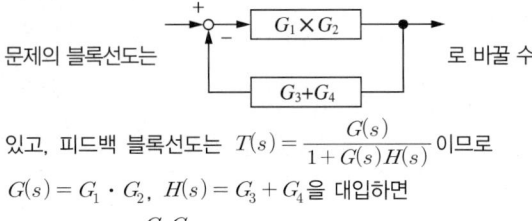 로 바꿀 수 있고, 피드백 블록선도는 $T(s) = \dfrac{G(s)}{1 + G(s)H(s)}$ 이므로 $G(s) = G_1 \cdot G_2$, $H(s) = G_3 + G_4$ 을 대입하면
$T(s) = \dfrac{G_1 G_2}{1 + G_1 G_2 (G_3 + G_4)}$

59 비례동작에 의해 발생되는 잔류편차를 제거하기 위한 것으로 제어결과가 진동적으로 되기 쉬우나 잔류편차가 작아지는 제어동작은?

① 미분제어동작
② 비례제어동작
③ 비례미분제어동작
④ 비례적분제어동작

해설
적분제어(Integral Control)
- 제어의 정밀도에 주목한 제어
- Off-set 소멸시키고 잔류편차가 작음
- 구성이 예민하고 비용이 높음
- 목적에 따라 정밀도를 개선한 제어

60 제어용 기기에 대한 설명으로 틀린 것은?

① 전기 릴레이는 다수 독립회로를 개폐할 수 있다.
② 도체에 흐르는 전류의 크기는 도체의 저항에 반비례한다.
③ 전기 접점에서 상시 열려 있다가 작동되면 닫히는 접점을 b접점이라 한다.
④ 전자접촉기란 전자석의 동작에 의하여 부하전로를 개폐하는 접촉기를 말한다.

해설
전기 접점에서 상시 열려 있다가 작동되면 닫히는 접점은 a접점이다.

제4과목 메커트로닉스

61 가공 공정을 줄이기 위해 선삭, 밀링가공, 드릴링 등의 작업을 모두 할 수 있는 기계는?

① 선 반
② 호빙머신
③ 복합가공기
④ 다축 드릴머신

해설
복합가공기 : 여러 종류의 가공작업을 할 수 있는 능력이나 설비를 갖춘 기계로 선반, 밀링, 연삭작업을 비롯한 다양한 가공작업의 조합이 가능하다. MTM(Multi Tasking Machine)과 명칭을 혼용하여 사용한다.

62 일반 선반작업에서 할 수 없는 작업은?

① 홈절삭 ② 기어절삭
③ 나사절삭 ④ 테이퍼 절삭

해설
일반 선반작업에서는 기어절삭을 할 수 없다.
기어가공 기계의 종류
- 밀링머신 : 엔드밀이나 총형 커터 등 여러 커터와 분할대를 이용하여 기어가공
- 호빙머신 : 호브를 이용하여 기어를 절삭하는 전용 기어절삭기계
- 셰이퍼(Shaper) : 피니언 커터를 이용, 직선운동과 회전운동으로 기어를 창성절삭함
- 브로칭 머신 : 브로치를 이용하여 스플라인이나 내기어를 가공. 대량 생산에 적합함

63 명령어가 실행 중일 때 CPU가 사용 중인 내부 데이터를 일시적으로 저장하는 곳은?

① 기억장치
② 레지스터
③ 중앙처리장치
④ 산술논리연산장치

해설
레지스터(Register) : 메모리보다 매우 빠르게 정보를 읽거나 쓸 수 있는 작은 규모의 기억장치로 명령어가 실행 중일 때 CPU가 사용 중인 내부 데이터를 일시적으로 저장하는 곳이다.

64 발진회로를 정현파 발진회로와 비정현파 발진회로로 구분할 때 비정현파 발진회로에 해당되는 것은?

① LC 발진회로
② RC 발진회로
③ 수정 발진회로
④ 멀티바이브레이터 발진회로

해설
발진(發振)회로
- 전기 진동을 만드는 회로
- DC 전원이 필요하며 능동회로에서 발생
- 종 류
  - 정현파 발진기
    ⓐ CR 발진기 : 정현파에 가까운 파형을 얻을 수 있으나 정밀도는 낮음
    ⓑ LC 발진기 : 정현파에 가까운 파형, 비교적 정밀도 개선, LC 동조증폭회로를 응용, 100~수백 kHz 주파수 발진 가능
    ⓒ 수정 발진기 : 비교적 안정적 주파수 획득, 수백 kHz~20MHz 가능, 수정 대신 세라믹을 이용하기도 함
  - 비정현파 발진기 : 멀티바이브레이터, 차단(Blocking)발진기, 톱니파 발진기

65 다음 불 대수식 중 틀린 것은?

① $\overline{AB} = \overline{A} + \overline{B}$
② $AB + A\overline{B} = A$
③ $A\overline{B} + B = A + B$
④ $(A + \overline{B})B = A + B$

해설
$(A + \overline{B})B = AB + B\overline{B} = AB$

66 다음 식과 같이 표현되는 순시전류에 대한 설명 중 틀린 것은?

$$i = 50\sqrt{2}\sin\left(377t + \frac{\pi}{6}\right)[A]$$

① 실횻값은 50A이다.
② 최댓값은 $50\sqrt{2}$ A이다.
③ 주파수는 약 60Hz이다.
④ 이 파형의 주기는 $\frac{1}{377}$ sec이다.

해설
$i = 50\sqrt{2}\sin\left(377t + \frac{\pi}{6}\right)[A]$
위의 식이 순시전류의 t에 관한 함수라면 377은 $2\pi \times$주파수 f이므로 $f = \frac{377}{2\pi}$
주기와 주파수는 역수관계이므로 주기 $T = \frac{2\pi}{377}$

67 센서에 대한 설명이 옳은 것은?
① 리드 스위치는 빛을 검출하는 센서이다.
② 근접 스위치는 물체의 변형력을 검출하는 센서이다.
③ 자기센서로 사용되는 홀소자는 압전효과를 이용한 것이다.
④ 로드 셀은 중량에 비례한 변형을 저항 변화로 변환하는 센서이다.

해설
① 빛을 검출하는 광전센서
② 물체의 변형력을 검출하는 스트레인 게이지
③ 자기센서는 자기력의 변화를 검출

68 다음 회로는 간단한 디지털 조도계 회로도이다. 다음 중 회로도의 7-세그먼트 옆 ⓐ에 가장 적합한 소자는?

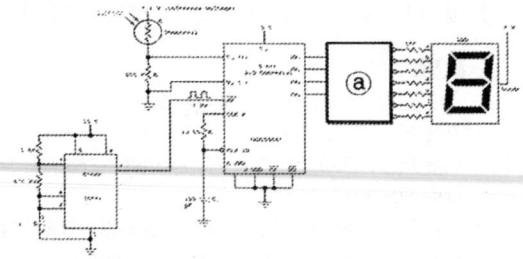

① 디코더　　② 인코더
③ 카운터　　④ 타이머

해설
디코더 : n비트의 2진 코드값을 입력으로 받아 들여 2^n개의 서로 다른 정보로 바꿔 주는 조합회로

69 전류에 관한 설명으로 옳은 것은?
① 전류는 저항에 비례한다.
② 전류는 전기적인 압력에 반비례한다.
③ 전류의 이동 방향은 전자의 이동 방향과 같다.
④ 전자의 이동 방향과 전류의 흐름은 반대이다.

해설
전류(電流)
• 전자의 흐름을 전류라 하는데 얼마나 많은 양의 전자가 흐르는가에 대한 대답이다.
• 단위는 A(암페어)를 사용한다.
• 일반적으로 전류의 흐름은 (-)극을 띤 전자가 아닌 양전자(공극)의 흐름을 전류의 흐름의 방향으로 잡는다. 이는 일종의 약속인데, 전자의 이동이 밝혀지기 전부터 해 오던 약속이어서 그대로 사용한다.

70 직경 32mm인 고속도강 드릴을 사용하여 절삭속도 50m/min으로 공작물에 구멍을 뚫을 때 드릴링 머신의 스핀들 회전수[rpm]는 약 얼마인가?

① 300 ② 400
③ 500 ④ 600

해설

$$v = \frac{\pi D n}{1,000}\,[\text{m/min}]$$

(D : 지름, v : 절삭속도, n : 분당 회전수)

$$\frac{\pi \times 32\text{mm} \times n}{1,000} = 50\text{m/min}$$

$$n = \frac{50 \times 1,000}{32\pi} \fallingdotseq 497.36\text{rpm}$$

71 다음 프로그램과 회로도에 푸시 버튼 스위치가 SW6은 ON, SW7은 OFF 상태일 때의 2진수 8비트 표현값으로 옳은 것은?(단, x = 리던던시, JP3의 1번 단자가 LSB이고, 8번 단자가 MSB이다)

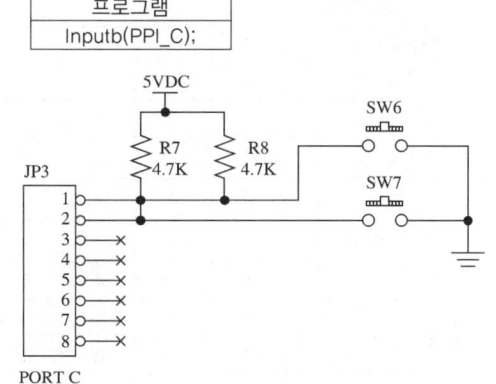

① xxxx xx00 ② xxxx xx01
③ xxxx xx10 ④ xxxx xx11

해설
리던던시(Redundancy)는 어떤 값이 있다는 의미이다.
• MSB(Most Significant Bit) : 가장 큰 비트, 즉 맨 왼쪽 자리
• LSB(Least Significant Bit) : 가장 작은 비트, 즉 맨 오른쪽 자리
• SW7이 OFF이므로 일곱 번째 자리는 5V 입력되어 1
• SW6이 ON이므로 여덟 번째 자리는 5V earth 되어 0

72 열기전력이 다른 두 금속을 접합하여 만든 열전대를 이용하여 만든 스위치는?

① 광전 스위치 ② 리드 스위치
③ 온도 스위치 ④ 전자 계전기

해설
열전대, 열전쌍(熱電雙)
• 이종(異種)금속을 붙여 열전효과를 일으켜 온도를 감지하는 소자
• 제베크 효과(Seebeck, 온도에 의한 열기전력 발생효과)를 이용

73 물체를 자화시킬 때 그림과 같은 N극 가까운 쪽에 N극, 자석 S극 쪽에 S극으로 자화되는 물체로 옳은 것은?

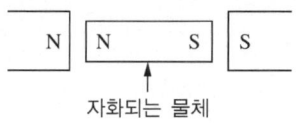

자화되는 물체

① 정자성체 ② 강자성체
③ 반자성체 ④ 최전도체

해설
자화(磁化)
• 어떤 물체가 자성(磁性)을 띠게 되는 것 또는 띠게 하는 것
• 강(强)자성체 : 자화가 쉽고 강하게 되는 물체로, 자화 후에도 자성을 띠게 되는 경우가 많다.
• 반(反)자성체 : 자화 중에만 약한 자성을 띠며 자기력선과 반대 극성으로 자화된다.
• 상(常)자성체 : 자화 중에만 약한 자성을 띠며 자기력선과 같은 극성으로 자화된다.

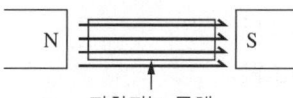

자화되는 물체

자기력선은 위의 그림과 같이 형성되므로 상자성체는 오른쪽이 N극, 왼쪽이 S극으로 자기력선과 같은 극성을 갖게 되지만, 반자성체는 왼쪽이 N극, 오른쪽이 S극으로 자기력선과 반대 극성을 갖게 된다.

74 온도에 민감한 저항체라는 의미를 가지고 있으며 온도 변화에 따라 소자의 전기저항이 크게 변화하는 대표적인 반도체 감온소자는?

① 열전쌍　　② 로드 셀
③ 서미스터　　④ 적외선 센서

해설
서미스터
- 저항체의 저항값이 온도에 따라 변화하는 것을 이용한 센서
- 온도가 상승하면 저항값이 증가하는 정특성(PTC)
- 온도가 상승하면 저항값이 감소하는 부특성(NTC)
- 특정 온도에서 저항이 급변하는 특성 저항(CTR)특성

75 마이크로프로세서의 구성요소 중 조건 코드 레지스터 또는 플래그 레지스터라고도 하며, 산술논리 연산장치에서 수행한 최근의 처리결과에 관한 정보를 담고 있는 것은?

① 범용 레지스터
② 상태 레지스터
③ 누산기 레지스터
④ 명령어 레지스터

해설
상태 레지스터(Status Register, Flag Register) : 산술과 논리연산의 결과로 나오는 자리올림, 부호, 0 여부, 1의 짝홀 파악 등의 상태를 기억하는 레지스터

76 RS 플립플롭(Flip-Flop)에서 SET(S) 입력에 0, RESET(R) 입력에 1을 입력하면 출력(Q)은?

① Low(0)　　② High(1)
③ 불확실　　④ 이전 상태 유지

해설

	RST 플립플롭			
동 작	T가 1일 때에만 RS F/F 동작, T가 0일 때에는 입력 R, S의 상태에 무관하여 앞의 출력 상태를 유지			
진리표	S	R	Q_{n+1}	동 작
	0	0	Q_n	불 변
	0	1	0	리 셋
	1	0	1	세 트
	1	1	불확정	불 변

77 4상 스테핑 모터의 여자방식으로 사용하지 않는 방법은?

① 1상 여자법　　② 2상 여자법
③ 1-2상 여자법　　④ 3상 여자법

해설
4상 모터의 여자방법
- 1상 여자방식

step	1	2	3	4	5	...
A	1	0	0	0	1	...
B	0	1	0	0	0	...
$\overline{A}$	0	0	1	0	0	...
$\overline{B}$	0	0	0	1	0	...

- 2상 여자방식

step	1	2	3	4	5	...
A	1	0	0	1	1	...
B	1	1	0	0	1	...
$\overline{A}$	0	1	1	0	0	...
$\overline{B}$	0	0	1	1	0	...

- 1-2상 여자방식

step	1	2	3	4	5	6	7	8	9	...
A	1	1	0	0	0	0	0	1	1	...
B	0	1	1	1	0	0	0	0	0	...
$\overline{A}$	0	0	0	1	1	1	0	0	0	...
$\overline{B}$	0	0	0	0	0	1	1	1	0	...

78 코일에 흐르는 전류가 4배로 증가하면 축적되는 에너지는 어떻게 변하는가?

① $\frac{1}{4}$로 감소

② 4배로 증가

③ $\frac{1}{16}$로 감소

④ 16배로 증가

해설
자체 인덕턴스 L의 코일에 저장되는 에너지의 식은 $W_L = \frac{LI^2}{2}$ [J], 전류의 제곱에 비례한다.

79 스테핑 모터에 대한 설명으로 틀린 것은?

① 영구자석 스텝모터의 경우 무여자 정지 때도 유지토크를 갖는다.
② 유니폴라 구동방식은 여자전류가 한 방향만인 방식이다(+ 또는 0).
③ 바이폴라 구동방식은 유니폴라 구동방식에 비하여 더 큰 토크를 얻을 수 있다.
④ 1분간 가해진 펄스수를 n, 스텝각(Deg)을 θ_s이라 하면 회전수(rpm) $N = n \times \theta_s \times 180$이다.

해설
1분간 가해진 펄스수 n(pulse/min), 스텝각 θ_s(°), 1바퀴(rev = 360°)
$N[\text{rpm}] = n \times \theta_s \times \frac{1}{360}$

80 저손실이며 전류의 상승시간을 개선한 스테핑 모터의 구동법은?

① PAM
② PWM
③ 바이폴라
④ 유니폴라

해설
- PAM(Pulse Amplitude Modulation) : 전압 높이를 변화시키는 방식
- PWM(Pulse Width Modulation) : 전압 크기를 같은 전압을 이용하여 시간을 변화시키는 방식
- 바이폴라는 2극성, 유니폴라는 단극성의 방식이다.
- 시간을 개선한 구동법은 PWM이다.

2017년 제1회 과년도 기출문제

제1과목 기계가공법 및 안전관리

01 밀링작업의 단식 분할법에서 원주를 15등분하려고 한다. 이때 분할대 크랭크의 회전수를 구하고, 15구멍열 분할판을 몇 구멍씩 보내면 되는가?

① 1회전에 10구멍씩
② 2회전에 10구멍씩
③ 3회전에 10구멍씩
④ 4회전에 10구멍씩

해설
- 직관적 방법 : 9°에 15구멍, 360°에 600구멍, $\frac{600}{15등분}=40$구멍,
  40구멍은 15구멍을 두 바퀴 돌리고 10구멍 남음
- $n = \frac{40}{N} = \frac{H}{N'}$

여기서, N : 일감의 등분 분할수
n : 분할 크랭크의 회전수
N' : 분할판에 있는 구멍수
H : 크랭크를 돌리는 구멍수

$n = \frac{40}{15} = \frac{H}{15}$, $2\frac{10}{15} = \frac{H}{15}$, H = 2회전과 10구멍

02 연삭숫돌의 표시에 대한 설명이 옳은 것은?

① 연삭입자 C는 갈색 알루미나를 의미한다.
② 결합체 R은 레지노이드 결합체를 의미한다.
③ 연삭숫돌의 입도 #100이 #300보다 입자의 크기가 크다.
④ 결합도 K 이하는 경한 숫돌, L~O는 중간 정도 숫돌, P 이상은 연한 숫돌이다.

해설
③ 입도 : 숫돌입자의 크기로 1inch²에 들어가는 구멍의 수로 표현한다.

호칭	거친 것	중간 것	고운 것	매우 고운 것
입도	8, 10, 12, 14, 16, 20, 24	30, 36, 46, 54, 60	70, 80, 90, 100, 120, 150, 180, 220	240, 280, 320, 400, 500, 600, 700, 800, 1,000, 1,200, 1,500, 2,000, 2,500

① C : Carborundum(SiC-탄화규소)
② 고무(Rubber, R) : 고탄성, 얇은 숫돌에 사용한다.
④ 결합도 : 연삭입자를 결합시킨 세기를 기호로 표기한다.

← 연질	중간	경질 →
E, F, G, H, I, J, K	L, M, N, O	P, Q, R, S, T, U, V, W

03 선반에서 맨드릴(Mandrel)의 종류가 아닌 것은?

① 갱 맨드릴
② 나사 맨드릴
③ 이동식 맨드릴
④ 테이퍼 맨드릴

해설
맨드릴 : 맨드릴은 기어, 벨트 풀리 등과 같이 구멍과 외경이 동심원이고 직각이 필요한 경우에 구멍을 먼저 가공하고 구멍에 맨드릴을 끼워 맨센터로 지지하여 외경과 측면을 가공하는 데 사용하는 부가장치이다. 표준 맨드릴, 갱 맨드릴, 팽창 맨드릴, 나사 맨드릴, 테이퍼 맨드릴 등이 있다.

정답 1 ② 2 ③ 3 ③

04 상향절삭과 하향절삭에 대한 설명으로 틀린 것은?

① 하향절삭은 상향절삭보다 표면거칠기가 우수하다.
② 상향절삭은 하향절삭에 비해 공구의 수명이 짧다.
③ 상향절삭은 하향절삭과는 달리 백래시 제거장치가 필요하다.
④ 상향절삭은 하향절삭할 때보다 가공물을 견고하게 고정하여야 한다.

해설
밀링가공의 절삭 방향

상향절삭(올려 깎기)	하향절삭(내려 깎기)
커터날의 회전 방향과 일감의 이송이 서로 반대 방향	커터날의 회전 방향과 일감의 이송이 서로 같은 방향
• 커터날이 일감을 들어 올리는 방향이므로 기계에 무리를 주지 않는다. • 커터날에 처음 작용하는 절삭저항이 작다. • 깎인 칩이 새로운 절삭을 방해하지 않는다. • 백래시의 우려가 없다.	• 커터날에 마찰작용이 작으므로 날의 마멸이 작고 수명이 길다. • 커터날을 밑으로 향하게 하여 절삭한다. 따라서 일감을 밑으로 눌러서 절삭하므로, 일감의 고정이 쉽다. • 날자리 간격이 짧고, 가공면이 깨끗하다.
• 커터날이 일감을 들어 올리는 방향으로 일을 하므로 일감의 고정이 어렵다. • 날의 마찰이 커서 날의 마멸이 크다. • 회전과 이송이 반대여서 이송의 크기가 상대적으로 크며, 이에 따라 피치가 커져서 가공면이 거칠다. • 가공할 면을 보면서 작업하기가 어렵다.	• 상향절삭과는 달리 기계에 무리를 준다. • 커터날이 새로운 면을 절삭 저항이 큰 방향에서 진입하므로 날이 약할 경우 부러질 우려가 있다. • 가공된 면 위에 칩이 쌓이므로, 절삭열이 남아 있는 칩에 의해 가공된 면이 열 변형을 받을 우려가 있다. • 백래시 제거장치가 필요하다.

05 주축의 회전운동을 직선 왕복운동으로 변화시킬 때 사용하는 밀링 부속장치는?

① 바이스
② 분할대
③ 슬로팅 장치
④ 래크 절삭장치

해설
슬로팅 장치 : 밀링머신의 칼럼(기둥)에 장착하여 사용한다. 주축의 회전운동을 공구대의 직선 왕복운동으로 변환시키는 부속장치로 평면 위에서 임의의 각도로 경사시킬 수 있어서 홈이나 스플라인, 세레이션의 가공에 사용한다.

06 선반을 설계할 때 고려할 사항으로 틀린 것은?

① 고장이 적고 기계효율이 좋을 것
② 취급이 간단하고 수리가 용이할 것
③ 강력 절삭이 되고 절삭능률이 클 것
④ 기계적 마모가 높고, 가격이 저렴할 것

해설
기계적 마모가 높으면 오래 사용할 수 없다.

07 드릴머신으로서 할 수 없는 작업은?

① 널 링
② 스폿 페이싱
③ 카운터 보링
④ 카운터 싱킹

해설
널링은 마찰을 높이기 위한 표면가공으로, 주로 선반으로 가공한다.

정답 4 ③ 5 ③ 6 ④ 7 ①

08 나사연삭기의 연삭방법이 아닌 것은?

① 다인 나사연삭방법
② 단식 나사연삭방법
③ 역식 나사연삭방법
④ 센터리스 나사연삭방법

해설
나사연삭 방법
• 단산(單山) 숫돌바퀴에 의한 연삭
• 다산(多山), 다인(多刃, Multi-edge) 숫돌바퀴에 의한 연삭
• 센터리스 나사연삭

09 선반의 주요 구조부가 아닌 것은?

① 베드
② 심압대
③ 주축대
④ 회전테이블

해설
선반의 주요 구조부는 주축대, 심압대, 왕복대, 베드(Bed), 슬리브, 척 등이다.

10 그림에서 플러그 게이지의 기울기가 0.05일 때, M_2의 길이[mm]는?(단, 그림의 치수 단위는 mm이다)

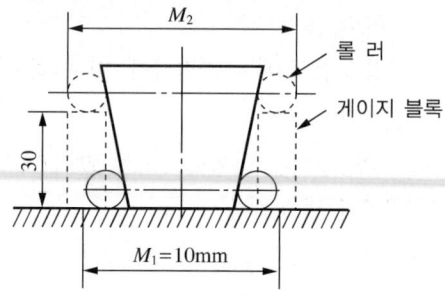

① 10.5
② 11.5
③ 13
④ 16

해설

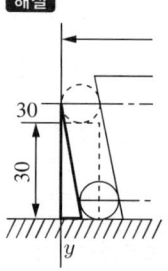

기울기는 $\dfrac{y}{x}$ 이므로, $0.05 = \dfrac{y}{30}$, $y = 1.5$
즉, $M_2 = M_1 + 2y = 10 + 3 = 13$

11 일반적인 손다듬질 작업공정 순서로 옳은 것은?

① 정 → 줄 → 스크레이퍼 → 쇠톱
② 줄 → 스크레이퍼 → 쇠톱 → 정
③ 쇠톱 → 정 → 줄 → 스크레이퍼
④ 스크레이퍼 → 정 → 쇠톱 → 줄

해설
손다듬질 작업은 거친 작업부터 정밀한 작업 순으로 시행한다.

12 절삭공구의 절삭면에 평행하게 마모되는 현상은?

① 치핑(Chiping)
② 플랭크 마모(Flank Wear)
③ 크레이터 마모(Creat Wear)
④ 온도 파손(Temperature Failure)

해설
여유면 마멸(플랭크 마모)
- 옆면에서의 마모는 공구와의 여유각이 벌어진 곳의 마멸이어서 여유면 마멸이라고 하며 측면이라는 의미의 플랭크(Flank : 옆구리, 측면) 마멸이라고 한다.
- 절삭공구의 측면(여유면)과 가공면과의 마찰에 의하여 발생하는 마모현상으로 주철과 같이 취성이 있는 재료를 절삭할 때 발생하여 절삭날(공구인선)을 파손시킨다.

13 드릴작업에 대한 설명으로 적절하지 않은 것은?

① 드릴작업은 항상 시작할 때보다 끝날 때 이송을 빠르게 한다.
② 지름이 큰 드릴을 사용할 때는 바이스를 테이블에 고정한다.
③ 드릴은 사용 전에 점검하고 마모나 균열이 있는 것은 사용하지 않는다.
④ 드릴이나 드릴 소켓을 뽑을 때는 전용공구를 사용하고 해머 등으로 두드리지 않는다.

해설
구멍 뚫기가 끝날 무렵에는 이송을 천천히 한다.

14 구멍가공을 하기 위해서 가공물을 고정시키고 드릴이 가공 위치로 이동할 수 있도록 제작된 드릴링 머신은?

① 다두 드릴링 머신
② 다축 드릴링 머신
③ 탁상 드릴링 머신
④ 레이디얼 드릴링 머신

해설
레이디얼 드릴링 머신
- 가장 많이 쓰임
- 공작물을 고정한 후 주축을 X, Y 방향으로 이동시켜 가공
- 비교적 대형에 사용
- 크기 : 가공이 가능한 최대 지름, 주축 끝과 테이블 윗면의 최대 거리, Base의 작업 넓이, 주축 테이퍼 번호

15 일감에 회전운동과 이송을 주며, 숫돌을 일감 표면에 약한 압력으로 눌러 대고 다듬질할 면에 따라 매우 작고 빠른 진동을 주어 가공하는 방법은?

① 래 핑
② 드레싱
③ 드릴링
④ 슈퍼 피니싱

해설
슈퍼 피니싱
- 진폭이 수 mm이고 매분 수백에서 수천의 값을 가지는 진동으로 가공한다.
- 입도가 낮고 연한 숫돌을 낮은 압력으로 진동하여 가공한다.
- 매끈하고 방향성이 없고, 표면의 변질부가 적다.
- 축의 베어링 접촉부를 고정밀도 표면으로 다듬는 가공에 활용한다.

16 절삭공작기계가 아닌 것은?

① 선 반
② 연삭기
③ 플레이너
④ 굽힘 프레스

해설
굽힘 프레스는 큰 힘으로 재료를 굽히는 역할을 한다. 굽힘은 성형가공이다.

정답 12 ② 13 ① 14 ④ 15 ④ 16 ④

17 삼각함수에 의하여 각도를 길이로 계산하여 간접적으로 각도를 구하는 방법으로, 블록 게이지와 함께 사용하는 측정기는?

① 사인바　　② 베벨각도기
③ 오토콜리메터　　④ 콤비네이션 세트

해설
사인바를 이용한 각도 측정

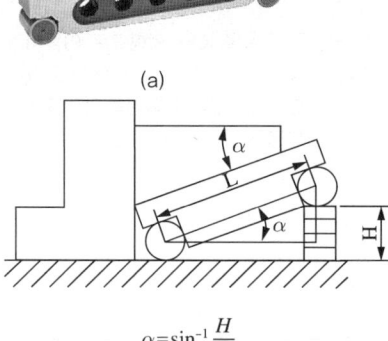
(a)

(b)
$\alpha = \sin^{-1} \dfrac{H}{L}$

- 기준 길이는 바퀴처럼 보이는 원통의 중심 간 거리를 이용한다(그림 b 참조).
- 측정하고자 하는 각에 밀착시키고 블록 게이지를 이용하여 높이를 측정한다.
- 사인바는 45° 이하의 각도를 측정하도록 한다. 그 이상이 되면 오차가 급격히 커진다.

18 CNC 기계의 움직임을 전기적인 신호로 속도와 위치를 피드백하는 장치는?

① 리졸버(Resolver)
② 컨트롤러(Controller)
③ 볼스크루(Ball Screw)
④ 패리티 체크(Parity Check)

해설
리졸버 : CNC 공작기계의 움직임을 전기적인 신호로 속도와 위치를 표시하는 일종의 회전형 피드백 장치

19 20℃에서 20mm인 게이지 블록이 손과 접촉 후 온도가 36℃가 되었을 때, 게이지 블록에 생긴 오차는 몇 mm인가?(단, 선팽창계수는 1.0×10^{-6}/℃이다)

① 3.2×10^{-4}　　② 3.2×10^{-3}
③ 6.4×10^{-4}　　④ 6.4×10^{-3}

해설
온도에 의한 선팽창계수가 1.0×10^{-6}/℃이므로, 1°당 1.0×10^{-6}의 비율만큼 늘어난다. 온도차가 16℃이므로 16.0×10^{-6}만큼의 비율로 팽창한다. 전체 길이가 20mm이므로, $320 \times 10^{-6} = 3.2 \times 10^{-4}$이다.

20 기어절삭기에서 창성법으로 치형을 가공하는 공구가 아닌 것은?

① 호브(Hob)
② 브로치(Broach)
③ 래크 커터(Rack Cutter)
④ 피니언 커터(Pinion Cutter)

해설
창성(創成)에 의한 방법
상대운동에 의한 기어 절삭, 전용 절삭기구를 제작하여 상대운동을 시켜 가공
- 정확한 인벌류트 치형 가공 가능
- 피니언 커터, 래크 커터, 호브 등 이용

제2과목 기계제도 및 기초공학

21 나사의 종류를 표시하는 기호가 잘못 연결된 것은?

① 30° 사다리꼴나사 : TW
② 유니파이 보통나사 : UNC
③ 유니파이 가는 나사 : UNF
④ 미터 가는 나사 : M

해설

| 30° 사다리꼴나사 | TM |
| 29° 사다리꼴나사 | TW |

22 축의 도시방법에 관한 설명으로 틀린 것은?

① 축의 구석부나 단이 형성되어 있는 부분에 형상에 대한 세부적인 지시가 필요할 경우 부분 확대도로 표시할 수 있다.
② 긴 축은 단축하여 그릴 수 있으나 길이는 실제 길이를 기입해야 한다.
③ 축은 일반적으로 길이 방향으로 단면도시하여 나타낼 수 있다.
④ 축의 절단면은 90° 회전하여 회전도시 단면도로 나타낼 수 있다.

해설
축의 도시방법
• 축은 길이 방향으로 단면도시를 하지 않는다. 그러나 부분 단면은 가능하다.
• 긴 축은 중간을 파단하여 짧게 그린다. 그러나 치수는 실제 길이를 기입해야 한다.
• 축 끝에는 모따기를 한다.
• 축에 단을 주는 부분의 치수는 따로 표시한다.
• 축에 있는 널링은 바른 줄이나 빗줄을 긋고 따로 지시하여 도시한다. 빗줄의 경우 축선에 대해 30°로 엇갈리게 그린다.
• 축의 구석부나 단이 형성되어 있는 부분에 형상에 대한 세부적인 지시가 필요할 경우 부분 확대도로 표시할 수 있다.
• 축의 절단면은 90° 회전하여 회전도시 단면도로 나타낼 수 있다.

23 가상선의 용도에 대한 설명으로 틀린 것은?

① 인접 부분을 참고로 표시하는 선
② 공구·지그 등의 위치를 참고로 표시하는 선
③ 가동 부분의 이동 한계 위치를 표시하는 선
④ 가공면이 평면임을 나타내는 선

해설
가상선 : 가공 부분의 특정 이동 위치, 가공 전후의 모양, 이동 한계 위치 등을 나타내기 위한 선이다.
가공면이 평면임을 나타내는 선은 가는 실선이다.

24 다음 도면 배치 중에서 제3각법에 의한 배치내용이 아닌 것은?

① | 우측면도 | 정면도 |
  | | 평면도 |

② | 평면도 | |
  | 정면도 | 우측면도 |

③ | | 평면도 |
  | 좌측면도 | 정면도 |

④ | 좌측면도 | 정면도 |
  | | 저면도 |

해설
3면각 위에 물체를 올려놓고, 보이는 면을 동그라미가 그려진 스크린에 투영하여 그리는 방법이 3각법이다.

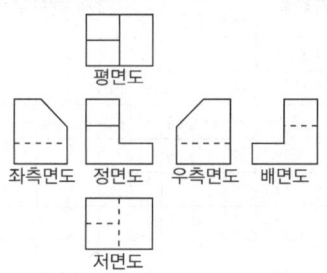

정답 21 ① 22 ③ 23 ④ 24 ①

25 구름베어링의 호칭번호가 6001일 때 안지름은 몇 mm 인가?

① 10
② 11
③ 12
④ 13

해설
구름베어링의 안지름 번호(KS B 2012)

안지름 번호	안지름 치수	안지름 번호	안지름 치수
1	1	01	12
2	2	02	15
3	3	03	17
4	4	04	20
5	5	/22	22
6	6	05	25
7	7	/28	28
8	8	06	30
9	9	/32	32
00	10	07	35

26 다음 중 억지 끼워맞춤에 해당하는 것은?

① H7/g6
② H7/s6
③ H7/k6
④ H7/m6

해설
구멍 기준 끼워맞춤

	축의 공차역 클래스		
	헐거운 끼워맞춤	중간 끼워맞춤	억지 끼워맞춤
H6	g5 h5	js5 k5 m5	
	f6 g6 h6	js6 k6 m6	n6 p6
H7	f6 g6 h6	js6 k6 m6	n6 p6 r6 s6 t6 u6 x6
	e7 f7	h7 js7	
H8	f7	h7	
	e8 f8	h8	
	d9 e9		

27 그림과 같은 도면에서 평면도로 가장 적합한 것은?

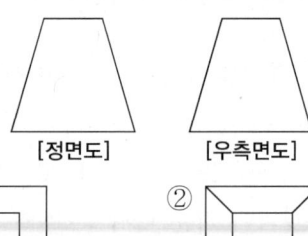

[정면도]   [우측면도]

①    ②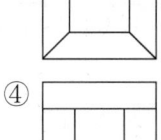

③   ④

해설

왼쪽 모양의 입체도가 나온다.

28 가공방법에 관한 약호에서 스크레이퍼 가공을 의미하는 것은?

① FR
② FL
③ FF
④ FS

해설
주요 표면가공 기호

래 핑	FL
줄	FF
폴리싱	FP
리밍(다듬질)	FR
브러싱	FB
스크레이핑	FS

25 ③   26 ②   27 ②   28 ④

29 도면 부품란의 재료기호에 기입된 'SPS6'은 어떤 재료를 의미하는가?

① 스프링 강재 ② 스테인리스 압연강재
③ 냉간압연강판 ④ 기계구조용 탄소강재

해설
② 스테인리스 계열은 STxx으로 표기한다.
③ 냉간압연강은 SCxx(Steel Cold)로 표기한다. 강판이므로 SCP
④ 기계구조용은 M(Machine)으로 끝나며 표기하고, 탄소강이므로 Steel. 특별한 설명이 없으므로 일반, SBM

30 배관도면에서 다음과 같이 배관이 표시되었을 때 이에 관한 설명 중 잘못된 것은?

SPPS 380-S-C 50×Sch40

① 압력배관용 탄소강관이다.
② 호칭지름은 50이다.
③ 호칭 두께는 Sch40이다.
④ 열간가공하여 이음매 없는 강관이다.

해설
SPPS는 압력배관용 강관이며 인장강도 380에 합금원소 S, C 규격은 지름×두께 = 50×Sch40로 표기한다.

31 응력에 대한 설명 중 틀린 것은?

① 물체에 작용하는 하중과 응력은 비례관계에 있다.
② 작용하중이 일정할 때 면적이 크면 응력은 커진다.
③ 단위 면적당 재료의 내부에서 저항하는 힘의 크기를 말한다.
④ 응력이 단면에 직각으로 작용할 때 이것을 수직응력이라 한다.

해설
일정한 작용하중 아래 면적이 넓어지면 단위 면적당 받는 힘이 줄게 되므로 응력은 작아진다.

32 단면적이 A인 관로에서 시간 t 동안 v의 속도로 유출되는 물의 양을 V라고 할 때 V를 구하는 식으로 옳은 것은?

① $\dfrac{A \cdot v}{t}$ ② $\dfrac{A \cdot t}{v}$

③ $A \cdot v \cdot t$ ④ $\dfrac{\pi}{4} \cdot A^2 \cdot v \cdot t$

해설
연속의 법칙
유량은 단면적과 유속의 곱으로 표현하며, 닫혀 있는 유로 안에서는 어느 지점에서 측정하여도 유량의 변화는 없다. 유체의 질량보존의 원리에 해당한다.
$Q = AV = A_1V_1 = A_2V_2$
여기서, A : 유로의 단면적, V : 유속
문제에서는 우리가 학습한 Q를 V라고 표시하였으므로 $A \cdot v$가 유량이며, 이 유량은 순간 유량이므로 시간을 곱한다.

33 다음 그림과 같이 3개의 저항이 병렬로 접속된 회로에서 저항 R_3에 흐르는 전류 I_3[A]은?

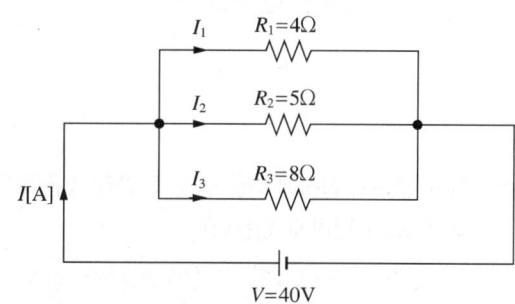

① 5 ② 8
③ 10 ④ 23

해설
합성저항을 구하면,
$\dfrac{1}{R_T} = \dfrac{1}{R_1} + \dfrac{1}{R_2} + \dfrac{1}{R_3}$, $\dfrac{1}{R_T} = \dfrac{1}{4} + \dfrac{1}{5} + \dfrac{1}{8} = \dfrac{23}{40}$
$I = \dfrac{V}{R} = \dfrac{23 \times 40}{40} = 23A$
$R_{1,2,3}$에 모두 같은 전압이 걸리므로
$V = V_3 = I_3R_3$, $40 = I_3 \times 8$
$\therefore I_3 = 5$

34 물체에 작용하는 힘의 3요소에 속하지 않는 것은?

① 힘의 방향
② 힘의 크기
③ 힘의 작용점
④ 힘의 작용시간

해설
힘의 3요소 : 힘은 벡터이므로 작용점, 방향, 크기를 갖는다.

35 다음 시간에 따른 물체의 위치에 관한 식에서 t를 3으로 두었을 때 속도는?(단, t : 시간, x : 물체의 위치이다)

$$x = t^3 + 3t$$

① 6
② 18
③ 30
④ 36

해설
어느 시점의 속도는 거리의 함수를 미분한 값이므로
$\frac{dx}{dt} = 3t^2 + 3$, 시간 3을 대입하면 30

36 유체 연속의 법칙에 대한 설명 중 틀린 것은?(단, 유체의 밀도는 변하지 않는다)

① 유량은 단면적의 크기에 따라서 변한다.
② 유체가 흐르는 단면적이 작아지면 속도는 빨라진다.
③ 유체가 흐르는 단면적이 커지면 유체의 속도가 느려진다.
④ 정상 흐름 상태에서 임의의 단면을 통과하는 유량은 일정하다.

해설
유량은 단면적과 유속의 곱으로 표현하며, 닫혀 있는 유로 안에서는 어느 지점에서 측정하여도 유량의 변화는 없다. 유체의 질량보존의 원리에 해당한다.

37 1.5V, 2.5V, 3V의 전지를 직렬로 연결하였을 때의 전압[V]은?

① 3
② 4
③ 5
④ 7

해설
직렬전압의 합성전압은 그 합과 같다.

38 다음 회로의 합성저항[kΩ]은?(단, R_1 = 2kΩ, R_2 = 3kΩ, R_3 = 6kΩ이다)

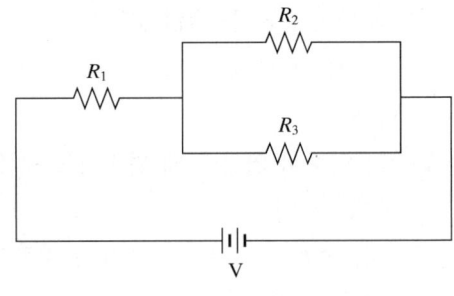

① 3.5
② 4
③ 4.5
④ 5

해설
$\frac{1}{R_{23}} = \frac{1}{R_2} + \frac{1}{R_3} = \frac{1}{3} + \frac{1}{6} = \frac{3}{6}$, $R_{23} = 2$,
합성저항은 $R_1 + R_{23} = 2 + 2 = 4$

39 축의 회전수를 n, 전달되는 동력을 H라 할 때 회전모멘트 $T[\text{N}\cdot\text{m}]$는?

① $\dfrac{60H}{n^2}$ ② $\dfrac{60H}{2\pi n}$

③ $\dfrac{2\pi n}{60H}$ ④ $\dfrac{n^2}{60H}$

해설
축의 회전수를 n, 전달되는 동력을 H, 회전 모멘트를 $T[\text{N}\cdot\text{m}]$라 할 때 $H = \dfrac{2\pi n}{60}T = T\cdot v$, $T = \dfrac{60H}{2\pi n}$
동력과 토크관계에 대한 설명은 생산자동화 영역을 넘어가므로 결과치만 알아둔다.

40 전동축의 전달동력을 $H[\text{kW}]$, 회전수를 $n[\text{rpm}]$이라 할 때, 전달토크 $T[\text{N}\cdot\text{mm}]$를 구하는 식으로 옳은 것은?

① $9.55 \times 10^3 \dfrac{H}{n}$

② $9.55 \times 10^6 \dfrac{H}{n}$

③ $9.74 \times 10^4 \dfrac{H}{n}$

④ $9.74 \times 10^5 \dfrac{H}{n}$

해설
전동축의 전달동력을 $H[\text{kW}]$, 회전수를 $n[\text{rpm}]$이라 할 때, 전달토크 $T[\text{N}\cdot\text{mm}]$는
$T = 9.55 \times 10^6 \dfrac{H}{n}$

제3과목 자동제어

41 PLC의 통신 중 RS-422방식에 대한 설명으로 틀린 것은?

① 1byte 단위로 data가 전송된다.
② 전송속도가 느리나 소프트웨어가 간단하다.
③ 데이터를 1개의 케이블을 통해 1bit씩 전송된다.
④ RS-232C에 비해 전송 길이가 길고 1 : N 접속이 가능하다.

해설
시리얼 통신에서는 1바이트를 8개의 비트로 분리해서 한 번에 1비트씩 통신선로로 전송한다.

42 출력이 0.5mV/℃인 열전대 센서에서 0~200℃의 온도범위를 분해능 0.5℃로 측정하고자 할 때, 필요한 A/D 변환기의 최소 비트수는?

① 6 ② 7
③ 8 ④ 9

해설
사용 비트에 따라 n비트의 경우 $\dfrac{1}{2^n - 1}$로 분해 가능하다.
200℃의 온도범위를 0.5℃ 단위로 분해하므로 400step 이상으로 분해가 가능해야 한다.
$\dfrac{1}{400} = \dfrac{1}{2^n - 1}$, $2^n \geq 401$, $2^8 = 256, 2^9 = 512$ ∴ $n \geq 9$

43 공압장치의 구성기기가 아닌 것은?

① 공기탱크 ② 서비스 유닛
③ 애프터 쿨러 ④ 어큐뮬레이터

해설
축압기(어큐뮬레이터, Accumulator) : 유체의 압력을 축적하여 압력의 흐름을 일정하게 조절해 주는 장치로서 압력을 축적하는 방식으로 맥동을 방지하는 데 사용한다. 공압은 그 성질에 압축성이 있으므로 압력에 영향을 크게 받지 않는다.

정답 39 ② 40 ② 41 ① 42 ④ 43 ④

44 제어의 종류를 제어량에 따라 분류했을 때 다음 중 공정제어와 가장 관계가 먼 것은?

① 위치제어　　② 유량제어
③ 온도제어　　④ 액면제어

해설
제어량에 따른 분류
- 서보제어(Servo Control) : 물체의 위치·각도·방위·자세 등의 기계적 변위를 제어량으로 읽어 제어하는 시스템
- 프로세스 제어(공정제어, Process Control) : 제어량이 상태값인 압력·온도·유량·밀도 등일 때의 제어방식
- 자동조정(Automatic Regulation) : 제어량이 주로 전기적 및 기계적 양(주파수, 전압, 전류, 습도, 회전속도, 힘 등)을 제어하는 것

45 동기기형 서보전동기에 관한 설명으로 틀린 것은?

① 신뢰성이 높다.
② 시스템이 간단하고 저가이다.
③ 고속, 고토크 이용이 가능하다.
④ 브러시가 없어 보수가 용이하다.

해설
AC 모터는 동기기형과 유도기형으로 나누며 시스템이 복잡하고 고가이며 시정수가 큰 특징이 있다.

46 다음 중 생산공정이나 기계장치 등을 자동화하였을 때 효과로 가장 거리가 먼 것은?

① 인건비 감소
② 생산 속도 증가
③ 제품 품질의 균일화
④ 생산 설비의 수명 감소

해설
답안 중 생산설비의 수명과 자동화가 가장 무관하다. 생산설비는 무리한 작업하중, 비정상적인 작동, 잘못된 환경 및 설치 등에 의해 수명이 단축된다.

47 제어 대상의 제어량을 제어하기 위하여 제어요소를 만들어 내는 회전력, 열, 수증기, 빛 등과 같은 것으로 제어요소가 제어 대상에 주는 신호는?

① 목표값　　② 제어량
③ 조작량　　④ 동작신호

해설
③ 조작량 : 제어 대상에 가하는 입력
① 입력(목표값) : 자동제어시스템이 달성하고자 하는 목표
② 제어량 : 조작량에 따른 출력
④ 동작신호 : 제어요소에 가하는 입력신호

48 DC 모터에 대한 설명으로 틀린 것은?

① 가격이 저렴하고 기동토크가 크다.
② 입력 주파수에 따라 속도가 가변된다.
③ 브러시에 의한 노이즈 발생이 심하다.
④ 인가전압에 따른 회전 특성이 직선적이다.

해설
서보모터 중 DC모터의 특성
- 기동토크가 크다.
- 인가전압에 대하여 회전 특성이 직선적으로 비례한다.
- 입력전류에 대하여 출력토크가 직선적으로 비례한다.
- 출력효율이 양호하다.
- 가격이 저렴하다.

정답　44 ①　45 ②　46 ④　47 ③　48 ②

49 순차 제어시스템과 되먹임 제어시스템을 비교하는 경우 되먹임 제어시스템에만 있는 구성요소는?

① 비교부 ② 조작부
③ 조절부 ④ 출력부

해설
출력값이 목표값에 이르도록 입력값을 조정하는 피드백 제어(Feedback Control)이다. 개회로제어보다는 신호를 추출하고 목표값과 비교하는 등 설비가 더 필요하지만 개회로제어에 비해 정확한 제어가 가능하다.

50 8bit 데이터 버스 D0~D7를 통해서 전송되는 데이터 값이 95H이다. 데이터 버스 각 핀의 신호 중 High(ON 또는 1)가 아닌 신호 핀은?

① D0 ② D2
③ D4 ④ D6

해설
95H = 16진수 9.5

D	7	6	5	4	3	2	1	0
값	1	0	0	1	0	1	0	1

51 리셋신호가 들어오지 않은 상태에서 입력신호가 몇 번 들어 왔는가를 계수하여 설정값이 되면 출력을 내보내는 PLC의 기능으로 옳은 것은?

① 로드 ② 함 수
③ 카운터 ④ 타이머

해설
신호를 계수할 때 카운터(Counter)를 사용한다.

52 다음 컴퓨터 구성장치 중 입력장치가 아닌 것은?

① OMR(Optical Mark Reader)
② OCR(Optical Character Reader)
③ COM(Computer Output Microfilmer)
④ MICR(Magnetic Ink Character Reader)

해설
③ COM(Computer Output Microfilmer) : 마이크로필름을 컴퓨터로 출력하는 기계
① OMR(Optical Mark Reader) : 중·고등학교 기말시험에서 사용하는 OMR카드의 리더기
② OCR(Optical Character Reader) : OMR과 같으나 문자를 읽음
④ MICR(Magnetic Ink Character Reader) : 수표 등에서 사용하는 자기문자인식 리더

53 그림에서 $R(s) = 101$, $C(s) = 10$일 때 전달함수 G의 값은?

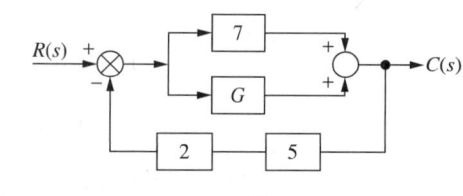

① 3 ② 6
③ 9 ④ 12

해설

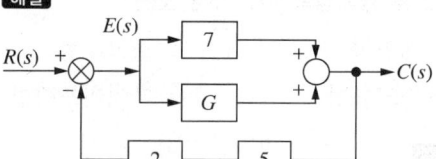

계산의 편의를 위해 $E(s)$를 삽입하여 정리하면
$E(s) = R(s) - (2 \times 5) \times C(s)$
$C(s) = E(s) \times (7 + G)$
$E(s) = 101 - 10 \times 10 = 1$
$10 = E(s) \times (7 + G) = 7 + G$
$G = 3$

54 제어계가 안정하려면 특성방정식의 근이 다음 그림과 같은 s-평면에서 어느 곳에 위치하여야 하는가?

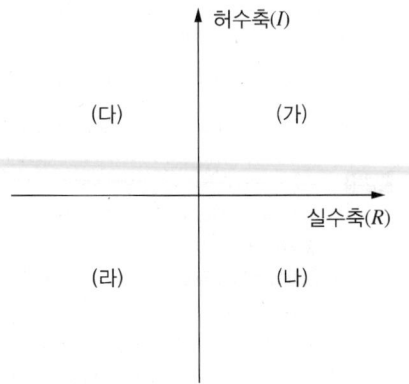

① (가), (나) ② (가), (다)
③ (나), (라) ④ (다), (라)

해설
특성방정식의 근이 하나라도 1, 4사분면에 있으면 불안정이다.

55 회전형 공기압축기가 아닌 것은?

① 베인형 ② 스크루형
③ 스크롤형 ④ 다이어프램형

해설
다이어프램

그림과 같은 고무 격판이 상하운동을 하여 공기를 압축한다.

56 전자력을 이용하여 유체의 방향을 제어하는 밸브 조작 방식으로 사용되는 것은?

① 수동방식 ② 공기압 방식
③ 기계 작동방식 ④ 솔레노이드 방식

해설
솔레노이드 밸브
- 전자석의 힘을 이용하여 플런저를 움직여 공기압의 방향을 전환시키는 밸브이다.
- 특 징
  - 낮은 전력 소모
  - 짧은 스위칭 시간
  - 높은 접점 완성률
  - 긴 내구 수명

57 다음 FND로 숫자 '2'를 표시하고자 할 때 옳은 데이터는?

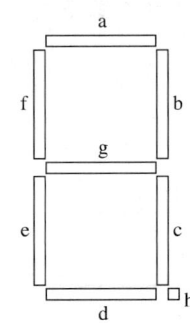

h	g	f	e	d	c	b	a
d7	d6	d5	d4	d3	d2	d1	d0

① 4AH ② 4BH
③ 5AH ④ 5BH

해설
2가 되려면 a, b, g, e, d가 켜져야 한다.

h	g	f	e	d	c	b	a
d7	d6	d5	d4	d3	d2	d1	d0
0	1	0	1	1	0	1	1
5				B			

8자리 2진수를 4자리씩 16진수로 표현하면 앞에서부터 5와 B가 된다. H는 16진수(Hexa-decimal)을 사용했다는 표시이다.

58 제어계의 과도 응답을 조사하는 데 사용되는 입력은?

① 램프함수
② 사인함수
③ 포물선 함수
④ 단위 계단함수

> **해설**
> **1차 시스템 해석** : 기준 입력 $R(s)$가 단위 계단함수, 단위 램프함수, 단위 임펄스함수인 경우 정상 상태와 과도 응답 상태를 해석

59 $G(s) \cdot H(s) = \dfrac{K(s+3)}{s(s+1)^3(s+2)}$ 에서 근궤적의 수는?

① 4
② 5
③ 6
④ 7

> **해설**
> **근궤적의 수**
> 모든 영점과 극점은 각각 근궤적이 발생되어야 하므로,
> $z > p$이면 $N = z$
> $z < p$이면 $N = p$
> (z : 영점의 수, p : 극점의 수, N : 근궤적의 수)
> 극점이 더 많고, 극점은 분모가 5차식이므로 5개(중복근 포함)

60 무접점 시퀀스 회로 구성에서 검출기로부터 신호를 받아서 제어 대상에 어떠한 조작을 가할 것인가라는 것을 판단하고 조작기기에 명령을 내리는 회로는?

① 논리회로
② 입력회로
③ 제어회로
④ 출력회로

> **해설**
> 논리회로는 제어부에 구성된 회로로 제어에 대한 논리적 판단이 구성되어 있는 회로이다.

제4과목 메커트로닉스

61 2진수 100110의 2의 보수는?

① 011001
② 011010
③ 100111
④ 111000

> **해설**
> 2진수 100110의 2의 보수 → 011001+1 = 011010
> **2의 보수**
> • 합하여 2가 되는 수, 한정된 개수의 비트로 표현
> • 2진수의 0과 1을 신호의 OFF와 ON으로 보고, ON과 OFF를 뒤집은 수에 1을 더한 것. 예를 들어 1001 1100의 보수는 0110 0011 + 1 = 0110 0100
> • 1의 보수는 ON과 OFF를 뒤집은 수

62 RISC(Reduced Instruction Set Computer) 구조의 마이크로프로세서 설명 중 틀린 것은?

① 명령어 개수가 적다.
② 명령어 수행 속도가 느리다.
③ 명령어는 단일 사이클로 실행된다.
④ 명령어가 고정된 길이 명령어를 사용한다.

> **해설**
> 마이크로프로세서 중 명령어 구조에 따른 분류로 CISC와 RISC로 나뉜다.
> **RISC(Reduced Instruction Set Computer)**
> • CPU에 내장된 명령어를 줄여 놓음
> • 명령어가 고정된 길이 명령어를 사용
> • 명령어는 단일 사이클로 실행
> • 처리 속도가 빨라 대용량 데이터 고속처리에 선호
> • AVR, PIC, AMD의 CPU 및 인텔의 최신 CPU

정답 58 ④ 59 ② 60 ① 61 ② 62 ②

63 코일에 흐르는 전류가 변화할 때, 변화하는 자계로 인해 유도전압이 발생하고 유도전압의 방향은 항상 전류의 변화를 방해하는 방향으로 결정된다는 유도전압의 방향을 정의한 법칙은?

① Lenz의 법칙
② Gauss의 법칙
③ Weber의 법칙
④ Faraday의 법칙

해설
렌츠의 법칙
코일에서 발생하는 유도기전력은 코일을 통과하는 자속의 변화를 방해하는 방향으로 나타난다.

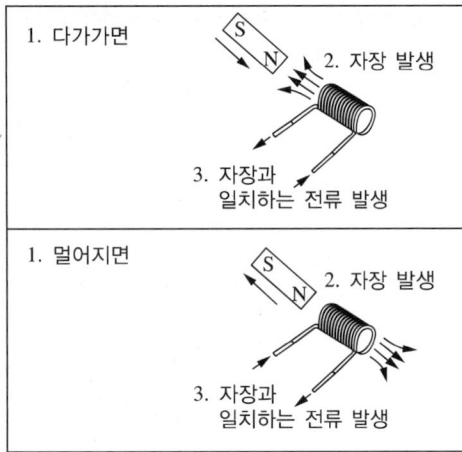

64 어드레스 핀이 10개, 데이터 핀이 8개인 메모리의 용량은 몇 bit인가?

① 512
② 1,024
③ 4,028
④ 8,192

해설
어드레스 핀이 10bit를 사용하므로 $2^{10} = 1,024$개를 저장할 수 있고, 한 번에 저장하는 메모리는 8bit를 사용하므로 한 번에 8bit를 저장할 수 있다. 그러므로 메모리 용량은 $1,024 \times 8 = 8,192$bit이다.

65 다음 그림과 같이 1대의 컴퓨터로 여러 대의 CNC 공작기계를 제어하는 구조의 시스템은?

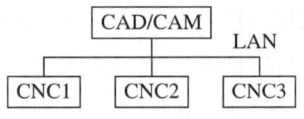

① DNC
② FMC
③ FMS
④ CIMS

해설
DNC(Direct Numerical Control)를 이용하여 여러 대의 공작기계를 작업할 수 있다.

66 에너지와 같은 단위를 사용하는 물리량은?

① 저 항
② 전 류
③ 전 압
④ 전력량

해설
에너지는 일량과 같으며, 전력량은 전기적인 일량을 의미한다.
※ 전력량 : [J](Joule, 전력과 시간의 곱), [Wh](Watt-hour시 : 전력의 개념을 분명히 드러내기 위해 표현하는 단위로 시간 동안 일을 하는 힘)

67 센서는 일반적으로 비선형신호를 출력하며 같은 센서라도 그 측정값의 변화량에 따라 변형되는 출력의 크기가 범위에 따라 다르므로 이것을 그대로 이용하기는 매우 어렵다. 이를 해결하기 위한 방법은?

① 디지털 변환
② 신호의 정렬
③ 신호의 증폭
④ 신호의 선형화

해설
센서가 출력하는 값을 측정량에 따라 다른데, 이 데이터들을 선형화하면 측정량에 따른 근사값을 사용하기에 적절하다.

63 ① 64 ④ 65 ① 66 ④ 67 ④

68 다음 A/D 변환기 중 변환속도가 가장 빠른 것은?

① 계수 비교형 ② 병렬 비교형
③ 이중 적분형 ④ 축차 비교형

해설
A/D 변환기
- 계수 비교형 변환기
  - 컨버터 발생전압이 아날로그 입력보다 커질 때까지 비교
  - 회로가 단순하나 변환시간이 길고, 신호의 크기가 커짐
- 축차 비교형(근사형) 변환기
  - SAR(Successive Approximation Register)을 이용, 계수 비교형에서 속도 개선
  - 비교적 빠르고, 비교적 저렴하며, 비교적 분해능이 높음
- 이중 경사 적분법 변환기
  - 일정한 시간 동안 아날로그 입력신호를 적분하고 나서 계수기를 리셋한 후에 다시 기준전압을 적기의 출력이 0이 될 때까지 적분하여 그 시간을 측정
  - 앞의 적분시간 동안 충전 전하량과 뒤의 적분시간 동안의 방전 전하량은 같도록 계산
  - 아날로그 입력신호를 적분하므로 입력신호의 잡음에 대하여도 안정된 변환 특성을 가짐
  - 변환시간이 늦다. 저속으로 동작하는 시스템에 사용
- 병렬 비교형 변환기
  - 아날로그 신호를 여러 개의 비교기로 비교하는 방식
  - 변환시간이 빠르다.
  - 높은 분해능을 위해서는 회로와 비교기가 많이 필요하여 가격이 비싸다.

69 로봇 팔의 구동뿐만 아니라 기계의 위치, 속도, 가속도 등의 정밀제어를 필요로 하는 기계구동에 사용되는 제어는?

① 공정제어 ② 서보제어
③ 개루프제어 ④ 플랜트 제어

해설
서보제어 시스템
- 어떤 장치의 상태를 기준이 되는 것과 비교하고, 안정이 되는 방향으로 피드백(Feedback)해 주어 적합한 출력이 나오도록 수행하는 시스템
- 출력을 목표하는 값에 도달할 수 있도록 조정·보정하는 시스템
- 전체 구동을 위한 메인시스템과는 달리 목표값을 달성하기 위한 목표지향적으로 구성된 시스템
- 물체의 위치·자세 등의 제어와 동작의 속도에 관한 제어로 크게 분류 가능
- 위치·속도·가속도 등의 기계량을 제어
- 손발처럼 단위시스템을 구성하되 상위시스템으로부터 제어받아 제어를 수행

70 자기장 내에 있는 도체에 전류를 흐르게 하면 발생되는 힘 $F[N]$는?(단, B : 자속밀도, l : 도체의 길이, I : 전류, θ : 자기장과 도체가 이루는 각도이다)

① $F = BIl\sin\theta$ ② $F = BIl\cos\theta$
③ $F = BIl\tan\theta$ ④ $F = BIl\tan^{-1}\theta$

해설
플레밍의 왼손법칙

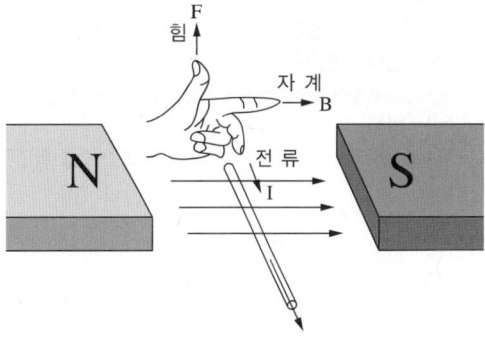

- 전동기의 원리를 제공해 주는 법칙
- 그림과 같이 자계의 직각 방향으로 전류가 흐르면 수직 방향의 힘이 생긴다는 법칙
- $F = B \cdot I \cdot l \cdot \sin\theta[N]$
  (전자력 F[N], 자속밀도 B[Wb/m²], 전류 I[A], 자계 안에 존재하는 도선의 길이 l[m], 자계와 도선의 각도 [θ])

71 나사의 종류에 따른 기호의 연결이 틀린 것은?

① 미니추어 나사 : S
② 미터 보통나사 : M
③ 유니파이 가는 나사 : UNF
④ 유니파이 보통나사 : CTG

해설
유니파이 보통나사 : UNC

72 다음 중 주변장치와 메모리 사이에 고속의 데이터 전송이 필요할 때 적절한 방식은?

① 폴링
② DMA 전송
③ 핸드셰이킹
④ 인터럽트 전송

해설
전송방식
- DMA(Direct Memory Access) : 직접 메모리 접근방식, 주변장치가 메모리에 직접 접근하는 기능
- 폴링(Polling) : 접촉되어 있는 대상이 데이터를 원하는지 체크하여 전송하는 방식
- 인터럽트(Interrupt) : 연산 중이더라도 데이터 발생 시 즉시 전송하는 방식
- Hand Shaking : 전송 전 동적으로 상호 변수를 확인하는 상태

73 반사형 포토센서의 특징으로 틀린 것은?

① 응답 속도가 빠르다.
② 검출 정밀도가 좋다.
③ 신뢰성이 좋고 수명이 길다.
④ 먼지나 연기가 많은 환경에서도 사용에 문제가 없다.

해설
광으로 중간에 경로를 측정 대상으로 하므로, 먼지나 연기가 많은 환경에는 적합하지 않다.

74 온도의 변화에 따른 저항이 변화되는 특징을 이용한 센서는?

① 광전소자
② 서미스터
③ 마그네틱 센서
④ 스트레인 게이지

해설
서미스터
- 저항체의 저항값이 온도에 따라 변화하는 것을 이용한 센서
- 온도가 상승하면 저항값이 증가하는 정특성(PTC)
- 온도가 상승하면 저항값이 감소하는 부특성(NTC)
- 특정 온도에서 저항이 급변하는 특성 저항(CTR)특성

75 2진수 101.1을 10진수로 나타내면 얼마인가?

① 5.25
② 5.5
③ 6.25
④ 6.5

해설
$101.1_{(2)} = 1 \times 2^2 + 0 \times 2^1 + 1 \times 2^0 + 1 \times 2^{-1} = 5.5_{(10)}$

76 전기자와 계자에 별도의 전원을 사용한 DC 서보모터로 제어성이 우수하며, 대용량 서보모터에 적합한 형은?

① 복권형
② 분권형
③ 직권형
④ 타여자형

해설
타여자형 전동기
- 전기자 권선과 계자극 권선이 분리됨(각자 여자가 있음)
- 일정한 크기의 유도기전력을 유지
- 제어성이 우수
- 대용량 서보모터에 적합

정답 72 ② 73 ④ 74 ② 75 ② 76 ④

77 전기적 에너지를 기계적인 진동 에너지로 변환시켜 금속, 비금속 등의 재료에 관계없이 정밀가공이 가능한 가공방법은?

① 밀링가공　　② 선반가공
③ 연삭가공　　④ 초음파 가공

해설
초음파 가공
- 적절한 경도를 갖춘 연삭입자를 초음파에 의해 진동시켜 원하는 절삭·연삭의 작업을 수행하는 특수가공이다.
- 재료와 무관하게 작업이 가능하며 일반적으로 전기적 에너지를 기계적 에너지로 변환하며 가공능력을 갖추게 된다.
- 치핑, 크랙(균열) 등의 발생이 적다.
- 평활한 가공면을 얻을 수 있고, 가공에 의한 변질, 가공 왜곡이 적다.

78 고정자 측에 영구자석을 배치하여 공극부에 직류 바이어스 자계를 발생시켜 제어하는 스테핑 모터는?

① 영구자석형　　② 하이브리드형
③ 반영구 자석형　　④ 가변 릴럭턴스형

해설
스테핑 모터는 가변 릴럭턴스형(VR(Variable Reluctance) Type), 영구자석형(PM(Permanent Magnet) Type), 하이브리드형(Hybrid Type)으로 구분할 수 있으며, 하이브리드형은 다음과 같은 특징이 있다.
- 영구자석형과 가변 릴럭턴스형의 복합형
- 회전 방향 : 전류의 극성에 따름
- 고정자 영구자석 8극 배치
- 공극부에 직류 바이어스 자계 발생 제어
- 2극식(Bipolar) 구동방식

79 사인바에 의한 테이퍼 측정 시 불필요한 장치는?

① 측장기
② 게이지 블록
③ 다이얼 게이지
④ 테이퍼 플러그 게이지

해설
측장기 : 길이를 측정하는 도구이며, 정밀도가 높아 기준기 및 정밀도 측정을 위해 사용. 이에 따라 만능측장기라고도 함

80 도체를 관통하는 자속의 변화로 도체에 전압이 발생하는 현상의 명칭은?

① 홀효과　　② 자기유도
③ 전자유도　　④ 핀치효과

해설
전자(電磁)유도
- 코일을 지나는 자속이 변화하면 코일에 기전력이 생기는 현상을 전자유도라 한다.
- 전자유도에 의하여 흐르는 전류를 유도전류라 한다.
- 전자유도에 의하여 회로에 유도되는 기전력은 자속이 증가·감소하는 정도에 비례한다.
- 전자유도 작용은 패러데이에 의하여 1831년에 발견되었다.

정답 77 ④　78 ②　79 ①　80 ③

2017년 제2회 과년도 기출문제

제1과목 기계가공법 및 안전관리

01 다이얼 게이지 기어의 백래시(Backlash)로 인해 발생하는 오차는?

① 인접오차
② 지시오차
③ 진동오차
④ 되돌림 오차

해설
되돌림 오차 : 동일 측정 대상, 측정범위에 대하여 다른 방향에서 접근할 경우, 지시의 평균값의 차를 의미한다. 원인으로 마찰력, 흔들림, 히스테리시스, 백래시 등이 있다.

02 미끄러짐을 방지하기 위한 손잡이나 외관을 좋게 하기 위하여 사용되는 다음 그림과 같은 선반가공법은?

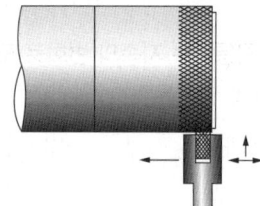

① 나사가공
② 널링가공
③ 총형가공
④ 다듬질 가공

해설
널링은 마찰을 높이기 위한 표면가공으로, 주로 선반으로 가공한다.

03 선반에서 할 수 없는 작업은?

① 나사가공
② 널링가공
③ 테이퍼 가공
④ 스플라인 홈가공

해설
스플라인 홈가공은 가늘고 긴 일정한 단면 모양을 가진 브로치라는 여러 개의 비슷한 절삭날이 달린 공구를 이용하여 가공한다.

04 밀링머신에서 절삭공구를 고정하는 데 사용되는 부속장치가 아닌 것은?

① 아버(Arbor)
② 콜릿(Collet)
③ 새들(Saddle)
④ 어댑터(Adapter)

해설
새들은 선반의 왕복대 부분을 칭한다.

05 수기가공할 때 작업 안전수칙으로 옳은 것은?

① 바이스를 사용할 때는 조에 기름을 충분히 묻히고 사용한다.
② 드릴가공을 할 때에는 장갑을 착용하여 단단하고 위험한 칩으로부터 손을 보호한다.
③ 금긋기 작업을 하는 이유는 주로 절단을 할 때에 절삭성이 좋아지기 위함이다.
④ 탭작업 시에는 칩이 원활하게 배출될 수 있도록 후퇴와 전진을 번갈아 가면서 점진적으로 수행한다.

해설
① 바이스의 조에 기름을 바르면 미끄러진다.
② 축의 회전이 있는 가공에서는 장갑을 착용하면 안 된다.
③ 금긋기 작업은 Marking의 용도이다.

06 심압대의 편위량을 구하는 식으로 옳은 것은?(단, X : 심압대 편위량)

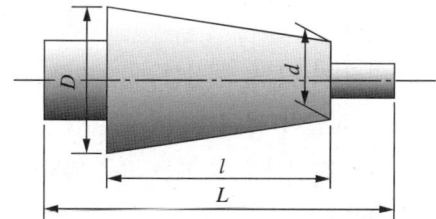

① $X = \dfrac{D-dL}{2l}$ ② $X = \dfrac{L(D-d)}{2l}$

③ $X = \dfrac{l(D-d)}{2L}$ ④ $X = \dfrac{2L}{(D-d)l}$

해설

심압대 편위량$(e) = \dfrac{L(D-d)}{2l}$

여기서, D : 큰 지름, d : 작은 지름, L : 공작물 전체 길이, l : 테이퍼 부분 길이

07 공기 마이크로미터에 대한 설명으로 틀린 것은?

① 압축공기원이 필요하다.
② 비교측정기로 1개의 마스터로 측정이 가능하다.
③ 타원, 테이퍼, 편심 등의 측정을 간단히 할 수 있다.
④ 확대기구에 기계적 요소가 없기 때문에 장시간 고정도를 유지할 수 있다.

해설

1개의 마스터로 측정 가능하지 않고 기준 블록이 필요하다.
공기 마이크로미터의 원리
• 정반 위에 물체를 놓고 그 위에 작은 사이를 띄우고 노즐을 세팅한 경우, 대상물의 높이가 낮을수록 공간이 넓어진다. 이 공간에 따라 공기의 흐름량이 달라지는데 이를 이용하여 측정하는 것이 공기 마이크로미터의 원리이다.
• 기준 블록을 놓고 비교 측정하여 높이를 측정하므로 비교측정기이다.

08 입자를 이용한 가공법이 아닌 것은?

① 래핑 ② 브로칭
③ 배럴가공 ④ 액체호닝

해설

브로칭(Broaching) : 가늘고 긴 일정한 단면 모양을 가진 브로치라는 여러 개의 비슷한 절삭날이 달린 공구를 이용하여 가공물의 내면에 키홈, 스플라인 홈, 원형이나 다각형의 구멍 형상과 외면에 세그먼트 기어, 홈, 특수한 외면의 형상을 가공하는 작업

09 밀링머신에서 테이블의 이송 속도(f)를 구하는 식으로 옳은 것은?(단, f_z : 1개의 날당 이송(mm), z : 커터의 날수, n : 커터의 회전수[rpm]이다)

① $f = f_z \times z \times n$
② $f = f_z \times \pi \times z \times n$
③ $f = \dfrac{f_z \times z}{n}$
④ $f = \dfrac{(f_z \times z)^2}{n}$

해설

밀링의 이송속도
• $f_1 = f_z \cdot z$
 (f_1 : 공구의 1회전에 이송하는 거리, f_z : 절삭날 1개의 이송거리, z : 절삭날수)
• $V_f = f_z \cdot z \cdot n$
 (V_f : 이송속도[mm/min], n : 절삭날(공구)의 분당 회전수[rpm, rev/min])

10 비교 측정하는 방식의 측정기는?

① 측장기 ② 마이크로미터
③ 다이얼 게이지 ④ 버니어 캘리퍼스

해설

다이얼 게이지는 절댓값보다는 기준값에서의 변화량을 측정한다. 즉, 비교 측정한다.

정답 6 ② 7 ② 8 ② 9 ① 10 ③

11 다음 그림과 같이 피측정물의 구면을 측정할 때 다이얼 게이지의 눈금이 0.5mm 움직이면 구면의 반지름 [mm]은 얼마인가?(단, 다이얼 게이지 측정자로부터 구면계의 다리까지의 거리는 20mm이다)

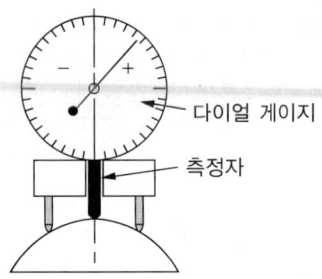

① 100.25 ② 200.25
③ 300.25 ④ 400.25

해설

$$R = \frac{h^2 + r^2}{2h} = \frac{0.5^2 + 20^2}{2 \times 0.5} = 0.25 + 400 = 400.25\text{mm}$$

12 일반적으로 센터드릴에서 사용되는 각도가 아닌 것은?

① 45° ② 60°
③ 75° ④ 90°

해설

센터드릴의 각도는 일반적으로 60°가 가장 많이 사용되며, 대형 공작물이나 중량물은 75°, 90° 센터드릴도 사용한다.

13 연삭작업에 대한 설명으로 적절하지 않은 것은?

① 거친 연삭을 할 때에는 연삭 깊이를 얕게 주도록 한다.
② 연질 가공물을 연삭할 때는 결합도가 높은 숫돌이 적합하다.
③ 다듬질 연삭을 할 때는 고운 입도의 연삭숫돌을 사용한다.
④ 강의 거친 연삭에서 공작물 1회전마다 숫돌바퀴 폭의 1/2~3/4으로 이송한다.

해설

거친 연삭을 한다는 것은 정밀도보다는 작업량을 많이 해서 빨리 쳐내겠다는 의미이다. 연삭 깊이를 적당히 하거나 좀 깊게 하는 것이 용도에 적합하다.

14 센터리스 연삭에 대한 설명으로 틀린 것은?

① 가늘고 긴 가공물의 연삭에 적합하다.
② 긴 홈이 있는 가공물의 연삭에 적합하다.
③ 다른 연삭기에 비해 연삭 여유가 작아도 된다.
④ 센터가 필요치 않아 센터 구멍을 가공할 필요가 없다.

해설

센터리스 연삭은 센터나 척을 사용하기 어려운 가늘고 긴 원통형의 공작을 통과이송, 전후이송, 단이송 등의 방법을 사용하여 가공하는 원통연삭법이다. 연속작업이 가능하여 능률은 좋으나 너무 크거나 무거운 공작물, 홈이 긴 공작물에는 사용하기 어렵다.

15 트위스트 드릴은 절삭날의 각도가 중심에 가까울수록 절삭작용이 나쁘게 되기 때문에 이를 개선하기 위해 드릴의 웨브 부분을 연삭하는 것은?

① 시닝(Thinning)
② 트루잉(Truing)
③ 드레싱(Dressing)
④ 글레이징(Glazing)

해설
시닝(Thinning) : 날끝을 가늘게 만들어 주는 작업으로, 절삭효율을 높이기 위해 웨브의 일부를 원호상으로 연마하여 치즐에지의 길이를 짧게 하는 것이다. 그림의 짙게 표시한 부분을 깎아 내면 절삭된 칩의 Flow도 좋아지고, 날이 받는 비틀림 힘도 완화된다.

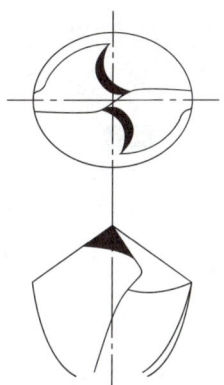

17 산화알루미늄(Al_2O_3) 분말을 주성분으로 마그네슘(Mg), 규소(Si) 등의 산화물과 소량의 다른 원소를 첨가하여 소결한 절삭공구의 재료는?

① CBN
② 서 멧
③ 세라믹
④ 다이아몬드

해설
③ 세라믹 : 산화알루미늄(Al_2O_3) 분말을 주성분으로 마그네슘(Mg), 규소(Si) 등의 산화물과 소량의 다른 원소를 첨가하여 소결한 절삭공구 재료이다.
① CBN : 입방질화붕소로 다이아몬드의 구조와 유사한 강도를 내는 재료로 탄소공구강·고속도강 등 고온용 강합금의 연마·절삭공구 등으로 이용된다.
② 서멧(Cermet) : 세라믹 + 메탈로 만들어진 것으로, 금속조직(Metal Matrix) 내에 세라믹 입자를 분산시킨 복합재료. 절삭공구, 다이스, 치과용 드릴 등과 같은 내충격, 내마멸용 공구로 사용한다.

16 풀리(Pulley)의 보스(Boss)에 키 홈을 가공하려 할 때 사용되는 공작기계는?

① 보링머신
② 호빙머신
③ 드릴링 머신
④ 브로칭 머신

해설
브로칭(Broaching) : 가늘고 긴 일정한 단면 모양을 가진 브로치라는 여러 개의 비슷한 절삭날이 달린 공구를 이용하여 가공물의 내면에 키홈, 스플라인 홈, 원형이나 다각형의 구멍 형상과 외면에 세그먼트 기어, 홈, 특수한 외면의 형상을 가공하는 작업이다. 다음 그림은 '풀리의 보스'이다. 동그라미 부분이 이 보스의 키홈이며, 이를 가공하기에는 브로칭 머신이 적당하다.

18 박스지그(Box Jig)의 사용처로 옳은 것은?

① 드릴로 대량 생산을 할 때
② 선반으로 크랭크 절삭을 할 때
③ 연삭기로 테이퍼 작업을 할 때
④ 밀링으로 평면 절삭작업을 할 때

해설
공작물을 고정시키는 도구인 지그(Jig) 모양이 박스 형태라면 재료가 회전하는 작업이나 테이퍼 작업은 될 수가 없다. 밀링으로 평면절삭을 하려면 윗면이 개방된 형태의 지그가 적당하다. 박스 형태의 지그가 필요한 경우는 뚜껑 부분에 홈을 파서 같은 위치에 구멍을 뚫거나 마킹작업 등을 하기에 적당하다.

19 래핑작업에 사용하는 랩제의 종류가 아닌 것은?

① 흑 연   ② 산화크롬
③ 탄화규소 ④ 산화알루미나

해설
랩제의 종류
- 고형(固形) : 탄화규소(SiC), 산화알루미늄(Al_2O_3), 산화크롬(Cr_2O_3), 산화철(FeO)
- 래핑액 : 경유, 석유, 물, 올리브유, 종유(점성이 작은 식물성 기름)

20 범용 밀링머신으로 할 수 없는 가공은?

① T홈가공
② 평면가공
③ 수나사가공
④ 더브테일 가공

해설
밀링작업의 종류 : 평면가공, 홈가공, 절단가공, 각형 절삭작업(각도가공, 더브테일 가공), 정면가공, 윤곽가공 등

제2과목 기계제도 및 기초공학

21 기하학적 형상공차를 사용하는 이유로 거리가 먼 것은?

① 최대 생산공차를 주어 생산성을 높인다.
② 끼워맞춤 부품의 호환성을 보증한다.
③ 직각 좌표의 치수방법을 변환시켜 간편하게 표시한다.
④ 끼워맞춤, 조립 등 그 형상이 요구하는 기능을 보증한다.

해설
직각 좌표의 치수방법은 치수의 표시방법에 관한 사항으로 치수공차, 기하학적 형상공차의 정도와는 무관하다.

22 그림과 같은 도면에서 테이퍼가 $\frac{1}{2}$일 때 a의 지름은 몇 mm인가?

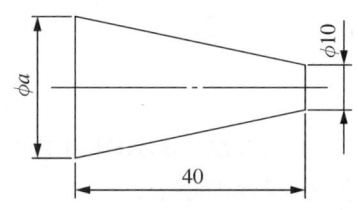

① 20   ② 25
③ 30   ④ 35

해설
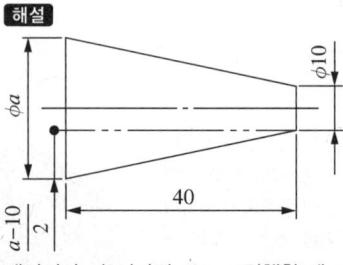

테이퍼가 1/20이라면 40mm 진행할 때 지름은 20mm 줄어든다.

테이퍼 $= \dfrac{\left(\dfrac{a-10}{2}\times 2\right)}{40} = \dfrac{1}{2}$, $a = 30\text{mm}$

23 그림과 같은 용접기호를 가장 잘 설명한 것은?

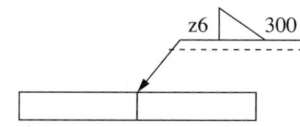

① 목 길이 6mm, 용접 길이 300mm인 화살표 쪽의 필릿용접
② 목 두께 6mm, 용접 길이 300mm인 화살표 쪽의 필릿용접
③ 목 길이 6mm, 용접 길이 300mm인 화살표 반대쪽의 필릿용접
④ 목 두께 6mm, 용접 길이 300mm인 화살표 반대쪽의 필릿용접

해설

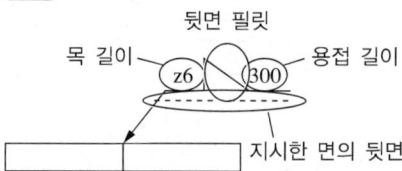

24 축의 치수허용차 기호에서 위치수 허용차가 0인 공차역 기호는?

① b　　② h
③ g　　④ s

해설

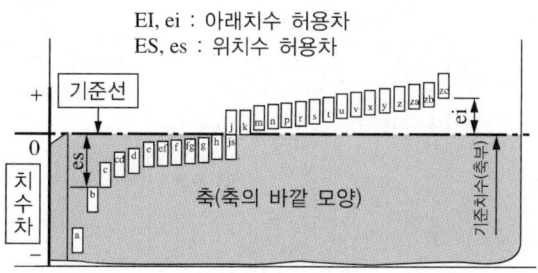

25 그림과 같은 입체도를 제3각법으로 투상하였을 때 가장 적합한 투상도는?

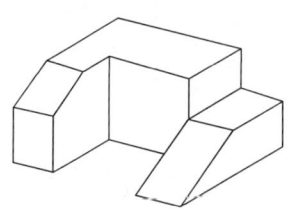

①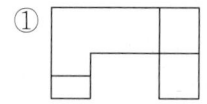

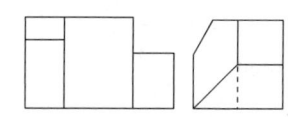

②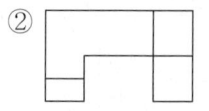

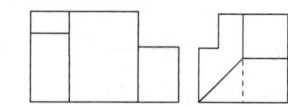

③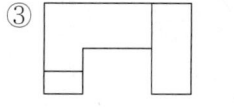

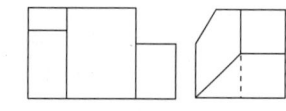

④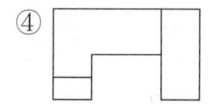

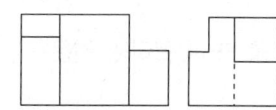

해설
우측면도가 맞게 그려진 것은 ①, ③, 평면도가 맞게 그려진 것은 ①, ②이다.

26 그림과 같은 기어 간략도를 살펴볼 때 기어의 종류는?

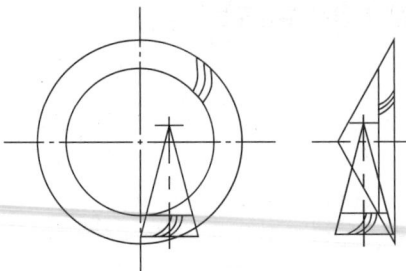

① 헬리컬 기어
② 스파이럴 베벨기어
③ 스크루 기어
④ 하이포이드 기어

해설

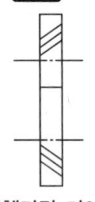 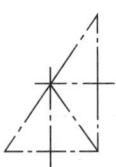 

[헬리컬 기어]   [스파이럴 베벨기어]

27 가공방법의 약호 중 FR이 뜻하는 것은?

① 브로칭 가공
② 호닝가공
③ 줄 다듬질
④ 리밍가공

해설

가공방법	기 호
브로칭	BR
줄	FF
호 닝	GH
리밍(다듬질)	FR

28 나사 표시 'M15×1.5 − 6H/6g'에서 6H/6g는?

① 나사의 호칭치수
② 나사부의 길이
③ 나사의 등급
④ 나사의 피치

해설
나사의 표시방법

나사산의 감김 방향	나사산의 줄의 수	나사의 호칭	나사의 등급
표시 안 함 = 우측	표시 안 함 = 1줄	M15×1.5	6H/6g

29 그림과 같이 하나의 그림으로 정육면체 세 면 중의 한 면만을 중점적으로 엄밀·정확하게 표현하는 것으로, 캐비닛도에 해당하는 투상법은?

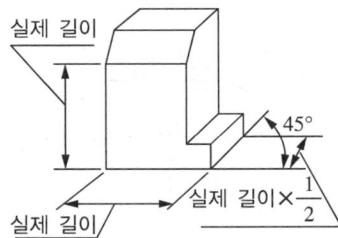

① 사투상법
② 등각투상법
③ 정투상법
④ 투시도법

해설
투상도의 분류

투상의 분류				
평행투상			투시투상	
투영선이 투상선에 수직이며 평행함			투상선이 시점에 모여짐	
직각투상		사투상	1소점 투상	다소점 투상
정투상	축측투상			
입체를 직면한 시선 방향에서 본 대로 그린 투상	물체의 정면·평면·측면을 한 번에 볼 수 있도록 그린 투상	물체의 정면을 실제치수로 그리고 한쪽으로 경사지게 그려 입체적으로 보이게 한 투상	투상선이 한 점에 모여짐	투상선이 두 점 이상의 점에 모여짐
	등각 투상	부등각 투상		
	보이는 세 직각 축이 120°로 그려지는 투상	보이는 세 직각 축이 120°가 아닌 각도로 그려지는 투상		

30
특수가공하는 부분이나 특별한 요구사항을 적용하도록 범위를 지정하는 데 사용되는 선의 종류는?

① 가는 1점쇄선 ② 가는 2점쇄선
③ 굵은 실선   ④ 굵은 1점쇄선

해설

선의 명칭	용도에 따른 명칭	용도
굵은 1점 쇄선	기준선	가공 부분이 특정 이동 위치, 가공 전후의 모양, 이동 한계 위치 등을 나타내기 위한 선
	특수 지정선	특별한 지시를 위해 특정영역을 표시한 선

31
30μF 콘덴서 3개를 병렬연결하면 합성 정전용량 [μF]은?

① 3   ② 9
③ 10 ④ 90

해설

정전용량의 합성(합성 커패시턴스)
합성저항과는 달리 콘덴서(커패시터)가 직렬로 연결되면 합성 커패시턴스는 병렬연결의 합성저항처럼 계산한다.

$$\frac{1}{C} = \frac{1}{C_1} + \frac{1}{C_2} + \frac{1}{C_3}$$

또한, 콘덴서(커패시터)가 병렬로 연결되면 합성 정전용량은 직렬연결의 합성저항처럼 계산한다.

$$C = C_1 + C_2 + C_3$$

따라서,
$C = C_1 + C_2 + C_3 = 30 + 30 + 30 = 90\mu F$

32
자동차가 12분 동안 6km를 달렸다면, 평균 속력[km/h]은 얼마인가?

① 2   ② 3
③ 20 ④ 30

해설

12분 동안 6km을 달렸다면 그 5배인 60분 동안은 30km를 달렸다. 시속 평균 속력은 30km/h이다.

33
스패너를 이용하여 수평면상의 볼트를 조일 때 동일한 힘을 이용하여 토크를 2배 증가시키기 위한 방법으로 옳은 것은?

① 스패너의 길이를 $\frac{1}{2}$로 짧게 한다.

② 스패너의 무게를 $\frac{1}{2}$로 가볍게 한다.

③ 스패너의 길이를 2배로 길게 한다.

④ 스패너의 무게를 2배로 무겁게 한다.

해설

$T = F \times r$ (T : 토크, F : 작용력, r : 회전 중심까지의 거리)로 표현한다. 스패너의 무게는 작용력과는 별개이고 무게의 작용점은 그 물체의 무게중심이다. 이 문제에서 토크를 위해 작용하는 힘은 스패너의 손잡이에 작용해야 한다.

34
9.8N에 관한 내용으로 틀린 것은?

① $9.8N = 1kgf$

② $9.8N = 10^5 dyn$

③ $9.8N = 9.8kg \cdot m/sec^2$

④ 질량 1kg인 물체의 지구상 중량이다.

해설

1dyn은 cgs 단위로 1g의 물체에 1cm/s²의 가속도가 생기게 하는 힘이다. 힘의 공학단위는 kgf을 사용한다. 이를 환산하면,
$1kgf = 1kg \times 9.8m/s^2 = 9.8kg \cdot m/s^2 = 9.8N$
여기서, 9.8m/s²은 중력 가속도로서 지구가 중심 방향으로 잡아당기는 힘의 가속도이다.

정답 30 ④ 31 ④ 32 ④ 33 ③ 34 ②

35 다음 그림의 A점에 대한 모멘트[kgf · mm]는 얼마인가?

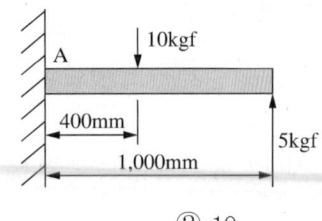

① 5　　② 10
③ 100　　④ 1,000

해설

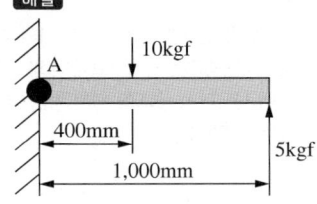

각 힘이 점 A를 시계 방향으로 회전시킨다고 생각하면,
10kgf가 회전시키려는 힘은 10kgf × 400mm
5kgf가 회전시키려는 힘은 5kgf × 1,000mm
두 힘이 반대 방향이므로 A점에 대한 모멘트는
5,000 − 4,000 = 1,000kgf · mm

36 압력 1kgf/cm²는 몇 bar인가?

① 0.098　　② 0.98
③ 9.8　　④ 98

해설
1atm = 760mmHg = 10.33mAq = 1.03323kgf/cm² = 1.013bar
= 1013hPa

$1kgf/cm^2 = \dfrac{1.013}{1.03323}bar ≒ 0.98bar$

37 가위로 물체를 자르거나 전단기로 철판을 절단할 경우에 주로 생기는 응력은?

① 굽힘응력　　② 수직응력
③ 압축응력　　④ 전단응력

해설
응력의 종류

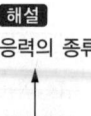
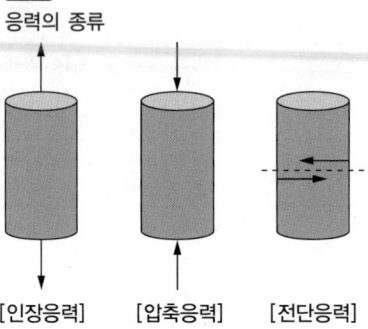

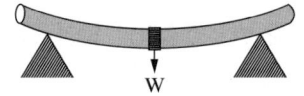

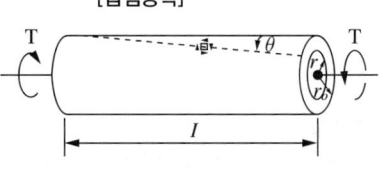

38 모멘트의 중심에서 200cm 떨어진 지점에 접선 방향으로 20N의 힘이 작용할 때의 모멘트[N · m]는 얼마인가?

① 10　　② 40
③ 100　　④ 400

해설

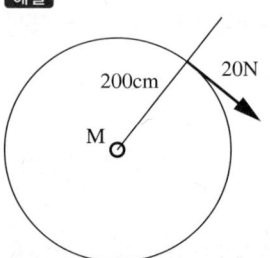

점 M에는 힘 × 거리 = 20N × 2m = 40N · m의 모멘트가 작용한다.

39 SI 유도단위가 아닌 것은?

① 힘[N]   ② 열량[J]
③ 질량[kg]   ④ 압력[Pa]

해설
SI 단위
국제표준단위계(International System of Units)는 7가지 기본 단위에 대해 국제적 약속을 한 단위이다.

물리량	질량	길이	시간	전류	온도	광도	양(量)
기본 단위	kg	m	s	A	K	Cd	mol

기본 단위를 이용하여 유도해낸 단위를 유도 단위라고 하고 힘[N], 열량[J], 압력[Pa] 등이 있다.

40 전자유도현상에 의하여 생기는 유도기전력의 크기를 정의하는 법칙은?

① 옴의 법칙
② 쿨롱의 법칙
③ 오른나사의 법칙
④ 패러데이의 법칙

해설
패러데이의 법칙
• 전자유도현상에 의하여 생기는 유도기전력의 크기를 정의하는 법칙
• $\varepsilon = -\dfrac{d\phi_B}{dt}$

여기서, ϕ_B : 자기선속, ε : 기전력
유도기전력(ε)의 크기는 닫힌회로를 통과하는 자기선속(ϕ_B)의 변화율과 같다.

제3과목 자동제어

41 어떤 대상물의 현재 상태를 원하는 상태로 조절하는 것을 무엇이라 하는가?

① 신호(Signal)   ② 밸브(Valve)
③ 제어(Control)   ④ 명령(Instruction)

해설
제어 : 어떤 물리량의 상태를 원하는 목적에 알맞은 작용을 하도록 조절하는 것

42 잔류편차가 감소하고 응답 속응성이 개선되며 오버슈트를 감소시키는 제어동작은?

① 적분제어동작
② 비례미분제어동작
③ 비례적분제어동작
④ 비례적분미분제어동작

해설
• 적분동작은 응답속도가 느려진다.
• 안정된 상태에서도 잔류편차가 있다.
• Off-set을 소멸시키고 잔류편차가 작으나 출력의 발산 가능성이 있다.

43 PPI 8255에서 포트(Port)를 통해서 외부장치로 데이터를 보낼 때만 사용하는 신호는?

① $\overline{CS}$
② $\overline{RD}$
③ $\overline{WR}$
④ RESET

해설
다음 그림은 PPI 8255의 핀 구성이다.

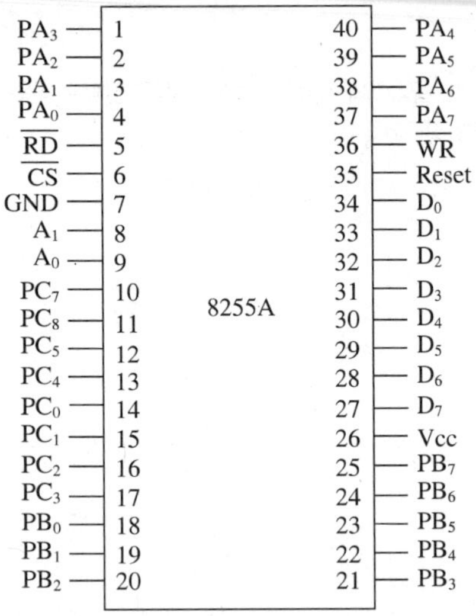

```
PA3  — 1       40 — PA4
PA2  — 2       39 — PA5
PA1  — 3       38 — PA6
PA0  — 4       37 — PA7
RD   — 5       36 — WR
CS   — 6       35 — Reset
GND  — 7       34 — D0
A1   — 8       33 — D1
A0   — 9       32 — D2
PC7  — 10      31 — D3
PC6  — 11 8255A 30 — D4
PC5  — 12      29 — D5
PC4  — 13      28 — D6
PC0  — 14      27 — D7
PC1  — 15      26 — Vcc
PC2  — 16      25 — PB7
PC3  — 17      24 — PB6
PB0  — 18      23 — PB5
PB1  — 19      22 — PB4
PB2  — 20      21 — PB3
```

여기서, WR은 Write, RD는 Read, CS는 Chip Select를 의미한다. 특정 마이크로프로세서를 언급하는 문제는 기출문제를 통해 학습한다.

44 전압, 주파수를 제어량으로 하고 목표값을 장시간 일정하게 유지하도록 하는 제어는?

① 비율제어
② 서보기구
③ 자동조정
④ 추종제어

해설
제어목표에 따른 분류
- 정치제어 : 제어량을 일정 목표값에 유지시키는 것이 목적인 제어(예 주파수 제어, 발전기의 조속기, 자동전압조정장치 등)
- 추종제어 : 목표 대상값이 변동하는 경우 목표값에 정확히 추종하도록 하는 제어(예 서보제어, 요격 미사일의 미사일 추격 등)
- 프로그램 제어 : 제어량 변동이 미리 프로그래밍된 제어(예 무인 열차가 출발 후 점점 가속하여 목적지에서 감속 후 정차하는 과정에서의 속도)
- 비율제어 : 목표값이 다른 변수와 비례관계를 가질 때 변수에 따른 비율제어를 실시(예 열처리로의 온도제어)
- 자동조정(Automatic Regulation) : 제어량이 주로 전기적 및 기계적 양(주파수, 전압, 전류, 습도, 회전속도, 힘 등)을 제어하는 것
※ 문항의 질문에 더 적합한 답은 정치제어지만 답에 정치제어는 없고 자동조정은 정치제어 중 기계·전기의 제어량을 갖는 경우로 볼 수 있다.

45 다음 기계시스템과 전기시스템의 요소 중 상사관계가 잘못 연결되어진 것은?

① 기계시스템 : 힘, 전기시스템 : 전압
② 기계시스템 : 변위, 전기시스템 : 전류
③ 기계시스템 : 질량, 전기시스템 : 인덕턴스
④ 기계시스템 : 점성마찰계수, 전기시스템 : 저항

해설
직선운동의 모델링과 비교한 각 시스템의 모델링

직선운동	회전운동	전기력
힘	토크	전압
속도	각속도	전류
운동량	각운동량	걸리는 자속
작용한 전체 힘	작용한 전체 토크	작용한 전체 전압
시간에 대한 적분으로 표현		
변위	각 변위	전하량
출력	출력	전력
운동에너지	운동에너지	자계에너지
위치에너지	위치에너지	기전력의 합
질량	관성모멘트	인덕턴스

46 PLC의 입출력부에서 외부기기와 내부회로를 전기적으로 절연시킬 목적으로 사용되는 전자소자는?

① 다이오드　　② 트라이액
③ 트랜지스터　④ 포토커플러

해설
포토커플러는 절연 트랜스의 역할을 하여 동적 범위를 늘리고 잡음을 무시하는 데 도움이 된다.

47 다음 회로에서 시정수(Time Constant)는?

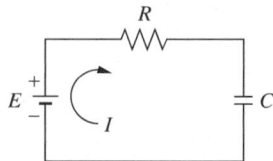

① RC　　② $\dfrac{C}{R}$
③ $\dfrac{R}{C}$　　④ $\dfrac{1}{RC}$

해설
시정수(Time Constant) : 정상 상태의 63.2%까지 걸리는 시간

RC 회로에서 $G(s) = \dfrac{1}{RCs+1} = \dfrac{\frac{1}{RC}}{s+\frac{1}{RC}}$

1차 지연시스템 $G(s) = \dfrac{a}{s+a}$ 일 때

시정수 $(t) = \dfrac{1}{a} = \dfrac{1}{\frac{1}{RC}} = RC$

48 물체의 위치·방위·자세 등의 기계적 변위를 제어량으로 하는 제어방식은?

① 공정제어　　② 서보제어
③ 자동조정　　④ 정치제어

해설
제어의 제어량에 따른 분류
- 서보제어(Servo Control) : 물체의 위치·각도·방위·자세 등의 기계적 변위를 제어량으로 읽어 제어하는 시스템
- 프로세스 제어(Process Control) : 제어량이 상태값인 압력·온도·유량·밀도 등일 때의 제어방식
- 자동조정(Automatic Regulation) : 제어량이 주로 전기적 및 기계적 양(주파수, 전압, 전류, 습도, 회전속도, 힘 등)을 제어하는 것

49 감쇠비 $h = 0.4$, 고유 주파수 $\omega_n = 1\,\text{rad/s}$ 인 2차 계의 전달함수는?

① $\dfrac{1}{s^2+0.4s+1}$　　② $\dfrac{0.16}{s^2+0.4s+1}$
③ $\dfrac{1}{s^2+0.8s+1}$　　④ $\dfrac{0.16}{s^2+0.8s+1}$

해설
$M(s) = \dfrac{\omega_n^2}{s^2+2h\omega_n s+\omega_n^2} = \dfrac{1^2}{s^2+2\cdot 0.4 \cdot 1 \cdot s+1^2}$
$= \dfrac{1}{s^2+0.8s+1}$

50 다음 중 서보모터의 관성을 줄이고 기계적 시정수를 줄이기 위한 조치로 적절하지 않은 것은?

① 회전자 반경을 크게 한다.
② 모터 회전자의 중량을 줄인다.
③ 코어리스(Coreless) 구조로 모터를 만든다.
④ 모터 회전자의 지름을 작게 하고 축 방향으로 길게 하는 구조로 한다.

해설
시정수는 정상 상태에 복귀하는 시간과 관련 있다. 기계적으로 정상 상태, 즉 신호에 따라 구동/정지에 속히 이르기 위해서는 관성이 작을 필요가 있다. 관성은 질량 중심과 관성 모멘트, 회전 반경에 관련되며 중량을 줄이거나 회전 반경을 줄이면 줄어든다.

51 전달함수의 성질에 대한 설명으로 틀린 것은?

① 전달함수는 제어계의 입력과는 무관하다.
② 전달함수는 비선형 제어계에서만 정의된다.
③ 전달함수를 구할 때 제어계의 모든 초기 조건을 0으로 한다.
④ 전달함수는 임펄스 응답의 라플라스 변환으로 정의되며, 제어계의 입력 및 출력함수의 라플라스 변환에 대한 비가 된다.

해설
② 전달함수는 선형시스템에서도 정의한다.
① 전달함수는 제어시스템을 표현한다. 입력이 전달함수에 의해 변화되어 출력값이 나오므로 입력값이 변한다고 전달함수가 변하는 것은 아니다.
③ 전달함수를 구할 때는 제어계의 모든 초기 조건을 0으로 한다.

52 다음 그림과 같은 회로에서 입력전류에 대한 출력전압의 전달함수는?(단, s는 라플라스 연산자이다)

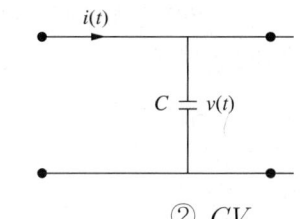

① Cs
② CV
③ $\dfrac{1}{Cs}$
④ $\dfrac{C}{1+sT}$

해설
$V(t) = \dfrac{1}{C}\int i(t)dt$, $V(s) = \dfrac{1}{Cs}I(s)$,
$G(s) = \dfrac{V(s)}{I(s)} = \dfrac{1}{Cs}$

53 유압회로에서 유압 실린더나 액추에이터로 공급하는 유체 흐름의 양을 제어하는 밸브는?

① 체크밸브
② 압력변환기
③ 방향제어밸브
④ 유량제어밸브

해설
유량제어밸브 : 유압회로에서 유압 실린더나 액추에이터로 공급하는 유체 흐름의 양을 제어하는 밸브
- 교축밸브 : 유로의 단면적을 변화시켜서 유량을 조절하는 밸브로, 고정형과 가변형이 있고 가변형도 구조가 복잡하지 않아서 대부분 가변형을 사용한다. 단면적을 조절하는 부속의 모양에 따라 니들형, 스풀형, 플레이트형으로 나뉜다.
- 한 방향 교축밸브(일 방향 유량제어밸브) : 체크밸브를 달아서 한 방향의 흐름만을 제어하는 형태로 속도제어밸브 역할을 한다.
- 압력 보상형 유량제어밸브 : 교축밸브는 입력 쪽 유량과 출력 쪽 유량이 달라질 수밖에 없는데, 이를 보상하여 유량이 일정할 수 있도록 하려면 교축 전후 압력을 보상할 필요가 있고, 이를 압력 보상형 유량제어밸브라 한다.
- 급속배기밸브 : 배기구를 확 열어 유속을 조절하는 밸브로, 주로 공압밸브에서 적용한다.

54 다음 중 서보모터에 사용되고 있는 회전속도검출기로 적합하지 않은 것은?

① 리졸버
② 인코더
③ 리밋 스위치
④ 태코제너레이터

해설
리밋 스위치는 기계적인 위치검출에 사용한다.

55 다음 프로그램은 C++언어를 사용하여 포트 B로 설정된 0×11번지에 0×A4값을 출력하는 프로그램이다. 이 프로그램에 대한 설명이 틀린 것은?

> Outputb(0×11, 0×A4);

① B포트 1번 핀(Pin)인 PB1은 High(1) 값이 출력된다.
② B포트 2번 핀(Pin)인 PB2는 High(1) 값이 출력된다.
③ B포트 5번 핀(Pin)인 PB5는 High(1) 값이 출력된다.
④ B포트 7번 핀(Pin)인 PB7는 High(1) 값이 출력된다.

해설
문제에서 포트 B의 0×11번지라고 지정하였으므로 0×A4가 출력되는 상태만 해석한다. 두 자리 16진수이므로 핀이 8개 필요하다.
$A_{16} = 10_{10} = 1010_2$, $4_{16} = 4_{10} = 0100_2$
그러므로

핀번호	7	6	5	4	3	2	1	0
값	1	0	1	0	0	1	0	0

56 배관 내에서 유체의 흐름은 층류와 난류로 구분한다. 다음 중 난류가 일어나는 조건은?

① 레이놀즈수가 1,000이다.
② 배관 내의 유속이 비교적 작다.
③ 배관 내의 유체의 동점도가 크다.
④ 배관 내의 흘러가는 유체의 점도가 작다.

해설
① 레이놀즈수가 2,320 이상이면 난류이다.
② $Re = \dfrac{vd}{\nu}$ 이므로 유속이 작으면 레이놀즈수가 작아지므로 층류일 가능성이 높다.
③ 동점성 계수(ν)가 크면 레이놀즈수가 작아지므로 층류일 가능성이 높다.

57 PLC에서 CPU의 자기진단기능으로 발견될 수 없는 이상은?

① 메모리 이상
② 각종 링크 이상
③ 입출력 버스 이상
④ 입출력 접점 이상

해설
기계적 이상은 제어시스템의 자가 이상에서 발견하기가 어렵다. 접점 이상은 기계적 이상이다.

58 다음 중 불연속형 조절기는?

① 비례동작조절기
② 2위치 동작조절기
③ 비례미분동작조절기
④ 비례적분동작조절기

해설
2위치 동작 조절은 ON/OFF 제어와 같은 형태의 제어를 의미한다. 불연속이 생기게 된다.

정답 55 ① 56 ④ 57 ④ 58 ②

59 PLC의 주변기기를 사용하여 프로그램을 메모리에 기억시키는 것을 무엇이라고 하는가?

① 코딩(Coding)
② 로딩(Loading)
③ 센딩(Sending)
④ 디버깅(Debugging)

해설
프로그램 로더(Loader) : 오프라인에 있는 특정 프로그램을 주기억장치로 가져와 잘 실행될 수 있도록 프로그램 입력, 모니터링, 편집의 역할을 한다. 프로그램을 주기억장치에 기억시키는 것을 로딩이라 한다.

60 압축공기를 생성할 때 필요한 구성요소와 관계없는 것은?

① 공압필터
② 공압탱크
③ 공압 실린더
④ 공기압축기

해설
공압 조정 유닛(또는 서비스 유닛)
- 공급받은 압축공기를 필요한 압력만큼 조정하는 유닛
- 공기탱크에 저장된 압축공기는 배관을 통하여 각종 공기압기기로 전달됨
- 공기압기기로 공급하기 전 압축공기의 상태를 조정해야 함
- 공기 여과기(압축공기 필터)를 이용하여 압축공기를 청정화함
- 압력조정기를 이용하여 회로 압력을 설정
- 윤활기에서 윤활유를 분무하여 구동부의 윤활을 좋게 함
- 공기압장치로 압축공기를 공급함

제4과목 메커트로닉스

61 센터리스 연삭기의 특징에 대한 설명으로 옳은 것은?

① 중공 공작물 연삭은 불가능하다.
② 가늘고 긴 공작물 연삭은 불가능하다.
③ 긴 홈이 있는 공작물 연삭은 불가능하다.
④ 반드시 센터 구멍을 가공하여 사용하여야 한다.

해설
센터리스 연삭은 센터나 척을 사용하기 어려운 가늘고 긴 원통형의 공작을 통과이송, 전후이송, 단이송 등의 방법을 사용하여 가공하는 원통연삭법이다. 연속작업이 가능하여 능률은 좋으나 너무 크거나 무거운 공작물에는 사용하기 어렵다. 또 긴 홈이 있는 경우, 홈을 가공하기 위해서는 공작물을 고정하여야 하나 센터리스 연삭은 고정이 어렵다.

62 마이크로컴퓨터 내부의 버스(Bus)에 해당되지 않는 것은?

① 데이터 버스(Data Bus)
② 시프트 버스(Shift Bus)
③ 컨트롤 버스(Control Bus)
④ 어드레스 버스(Address Bus)

해설
버 스
- 마이크로프로세서와 각 장치가 정보를 교환하는 전송로
- 어드레스 버스 : 메모리의 특정 장소나 입출력장치의 특정 포트를 지정하는 Address가 실림
- 데이터 버스 : 각 장치 사이에 주고받는 정보가 실림
- 제어 버스 : CPU 내부 또는 외부로부터 시스템 동작을 제어하는 신호가 실림

63 스텝각이 3.6°인 2상 HB형 스테핑 모터를 반스텝 시퀀스(1-2상 여자)로 구동하면 1펄스당 회전각은?

① 0.9° ② 1.8°
③ 3.6° ④ 5.4°

해설
반스텝 시퀀스를 구동한다는 것은 스텝각이 1/2인 한 스텝으로 구동하는 것과 같다.

64 $X = \overline{A}B\overline{C}D + AB\overline{C}D + \overline{A}BCD + ABCD$를 간단화시킨 후 논리회로를 그렸을 때 옳은 것은?

①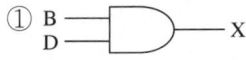
②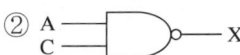
③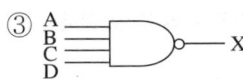
④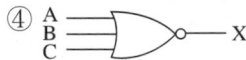

해설
$X = \overline{A}B\overline{C}D + AB\overline{C}D + \overline{A}BCD + ABCD$
$= \overline{A}B(\overline{C}+C)D + AB(\overline{C}+C)D$
$= (\overline{A}+A)B(\overline{C}+C)D = BD$ (∵ 보원법칙 $A + \overline{A} = 1$)

65 소성가공에 포함되지 않는 것은?
① 단 조 ② 압 연
③ 인 발 ④ 주 조

해설
- 소성가공 : 재료(주로 금속)가 가지고 있는 소성(연성, 전성, 압축성, 가변 형성)을 이용하는 공작법
- 주조는 아주 넓은 범위에서 소성가공으로 보기도 하지만, 일반적으로는 별도의 가공법으로 분류한다.

66 AC 서보모터와 DC 서보모터의 구조상 가장 큰 차이점은?
① 브러시 유무
② 영구자석 유무
③ 고정자 코일 유무
④ 전기자 코일 유무

해설
직류를 사용하는 모터는 정류역할을 하는 브러시가 필요하다.

67 전압계로 교류전압을 측정할 때 나타나는 값은?
① 순시값 ② 실횻값
③ 최댓값 ④ 평균값

해설
최댓값, 실횻값, 평균값
- 정현파 사이클에서 전압이 최대가 될 때의 값이 최댓값
- 우리나라에서 사용하는 교류 220V는 실횻값이 220V라는 의미이며, 최댓값은 311V 정도
- 평균값 : 전류에 대해 그림과 같은 관계가 되는 값

$$\frac{1}{\pi}\int_0^\pi \sin x\, dx = \frac{2}{\pi}$$

- 실횻값 : 개념적으로는 평균값과 비슷하나 전력에 대해 직류와 교류가 같게 되는 전류값으로, 전력은 전류와 전압의 곱으로 나타나므로 계산하면 $\frac{1}{\sqrt{2}}$배 차이가 난다.

68 마이크로프로세서에서 인터럽트를 발생시킬 수 있는 이벤트(Event) 요인이 아닌 것은?
① 정전 발생
② 입출력 작업 완료
③ 서브루틴 함수 호출
④ 오버플로(Overflow) 발생

해설
서브루틴이란 프로그램 일부에 대해 반복작업을 요청하는 것이며 그 자체로서는 인터럽트의 요인이 없다.

69 선반에서 척에 고정할 수 없는 불규칙하거나 대형의 가공물 또는 복잡한 가공물을 고정할 때 사용되는 것은?

① 면 판 ② 센 터
③ 돌림판 ④ 방진구

해설
면판 : 선반 주축에 면판을 설치하고 척에 고정하기 힘든 공작물을 판에 고정시켜 회전하여 작업할 수 있도록 만든 장치

70 마이크로프로세서의 레지스터(Register)를 기능적으로 분류한 것이 아닌 것은?

① 메모리 ② 명령 포인터
③ 플래그 레지스터 ④ 세그먼트 레지스터

해설
레지스터(Register)
메모리보다 매우 빠르게 정보를 읽거나 쓸 수 있는 작은 규모의 기억장치로 명령어가 실행 중일 때 CPU가 사용 중인 내부 데이터를 일시적으로 저장하는 곳이다.
- 누산기(Accumulator) : 산술과 논리연산의 중간값을 임시적으로 보관하기 위한 레지스터
- 기억 레지스터(Storage Register) : 주기억장치로 보내는 데이터를 임시적으로 저장하는 레지스터
- 데이터 레지스터(Data Register) : 연산을 위한 데이터를 일시적으로 기억하는 레지스터
- 상태 레지스터(Status Register, Flag Register) : 산술과 논리연산의 결과로 나오는 자리올림, 부호, 0 여부, 1의 짝홀 파악 등의 상태를 기억하는 레지스터
- 인덱스 레지스터(Index Register) : 명령 주소를 수정하거나 색인 주소를 지정할 때 사용하는 레지스터
- 부동 소수점 레지스터(Floating Point Register) : 부동 소수점 연산에 사용되는 레지스터
- 스택(Stack) : 기억장치에 데이터를 일시적으로 겹쳐 쌓아 두었다가 필요할 때에 꺼내서 사용하는 임시 기억장치로 LIFO(Last In First Out)의 성질을 갖는다.
- 세그먼트 레지스터
  - 세그먼트라고 하는 메모리의 한 영역에 대한 주소 지정
  - CS 레지스터 : 프로그램의 코드 세그먼트의 시작 주소를 포함. 명령어의 주소 산출
  - DS 레지스터 : 프로그램의 데이터 세그먼트의 시작 주소를 포함. 데이터 위치 산출
  - SS 레지스터 : 메모리상에 스택의 구현을 가능하게 함. 스택의 현재 워드 산출
  - ES 레지스터 : 문자 데이터 연산에 사용
- 포인터 레지스터 : 명령어 포인터(IP) 레지스터, 스택 포인터(SP) 레지스터, 베이스 포인터(BP) 레지스터

71 트랜지스터에서 각 단자에 흐르는 전류가 베이스 50 mA, 컬렉터 500mA가 흐른다면 이미터 전류 I_E는?

① 100mA ② 450mA
③ 550mA ④ 25,000mA

해설
전류량, 전하의 개수는 늘어날 수 없으므로 이미터 전류는 흘러 들어온 전류의 합과 같다.

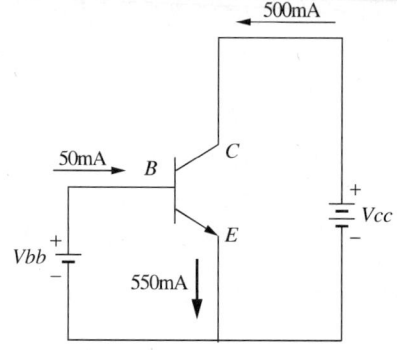

72 논리등가회로의 관계가 틀린 것은?

해설
- 좌 변
$$\overline{(\overline{A+B})+(\overline{A+B})} = \overline{(\overline{A\cdot B})\cdot(\overline{A\cdot B})}$$
$$= (A+B)\cdot(A+B)$$
$$= A+B$$

- 우 변
$$A \oplus B = A\overline{B} + B\overline{A}$$

73 서미스터에 대한 설명 중 옳은 것은?

① NTC 서미스터는 정(+)온도계수를 갖는다.
② 체적 변화에 의해서 소자의 전기저항이 크게 변하는 반도체 소자이다.
③ CTR 서미스터는 온도가 상승함에 따라 저항값이 증가하는 반도체 소자이다.
④ PTC 서미스터는 온도가 상승함에 따라 저항이 현저히 증가하는 반도체 소자이다.

해설
서미스터
- 저항체의 저항값이 온도에 따라 변화하는 것을 이용한 센서
- 온도가 상승하면 저항값이 증가하는 정특성(PTC)
- 온도가 상승하면 저항값이 감소하는 부특성(NTC)
- 특정 온도에서 저항이 급변하는 특성 저항(CTR)특성

74 전계효과 트랜지스터(FET)의 특징 중 틀린 것은?

① 입출력 임피던스가 높다.
② 다수캐리어만으로 동작한다.
③ 동특성이 열적으로 불안정하다.
④ 트랜지스터보다 잡음면에서 유리하다.

해설
FET의 특징
- 트랜지스터의 Emitter-Collector 사이와 달리 Source와 Drain이 도통(道通)되어 있다. 따라서 잡음에 대한 특성이 좋다.
- 전자 또는 정공의 축적률이 높고 임피던스가 높다.
- 유니폴라(Unipolar)여서 다수캐리어(多數 carrier, 정공 또는 전자)만으로 흐름이 생긴다.
- 동특성이 TR에 비해 개선되었다.

75 나사에서 수나사와 암나사가 접촉하고 있는 부분의 평균지름을 뜻하는 것은?

① 리 드   ② 피 치
③ 유효지름 ④ 호칭지름

해설
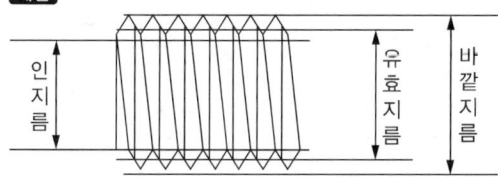

76 쿨롱의 법칙에 관한 설명으로 틀린 것은?

① 힘의 크기는 두 전하량의 곱에 비례한다.
② 힘의 크기는 두 전하 사이의 거리에 반비례한다.
③ 작용하는 힘의 방향은 두 전하를 연결하는 직선과 일치한다.
④ 작용하는 힘의 크기는 두 전하가 존재하는 매질에 따라 다르다.

해설
② 힘의 크기는 두 전하 사이의 거리의 제곱에 반비례한다.
③ 작용력의 방향은 전하의 극성에 따라 다르지만, 작용력 선은 두 전하를 잇는 선 위에 존재한다.
④ 원리의 설명은 진공을 기준으로 한 것으로 물속이나 공기 중에서 작용력은 다르고, 공기의 밀도에도 영향을 받는다.

정답 73 ④ 74 ③ 75 ③ 76 ②

77 다음 불(Bool) 대수의 연산 중 틀린 것은?

① $A + 1 = A$ ② $A + A = A$
③ $A \cdot A = A$ ④ $A + A \cdot B = A$

해설
- 흡수법칙
  - $A \cdot 1 = A$
  - $A + 1 = 1$
  - $A \cdot 0 = 0$
  - $A + 0 = A$
- 보원법칙
  - $A \cdot \overline{A} = 0$
  - $A + \overline{A} = 1$
- 역동법칙
  - $A \cdot A = A$
  - $A + A = A$

78 25Ω의 저항에 주파수 60Hz인 전압 $100\sqrt{2}\sin\omega t$ [V]를 가했을 때 전류의 실횻값[A]은?

① 3 ② 4
③ $4\sqrt{2}$ ④ 5

해설
- 최댓값과 실횻값, 평균값의 관계
  $V_{ave} = \frac{2}{\pi}V_{max} ≒ 0.637 V_{max}$
  $V_p = \frac{1}{\sqrt{2}}V_{max} ≒ 0.707 V_{max}$
- $V_{max} = 100\sqrt{2}\sin 90 = 100\sqrt{2}$, ∴ $V_p = \frac{1}{\sqrt{2}}V_{max} = 100$
- $I = \frac{V}{R}$, $I_p = \frac{V_p}{R} = \frac{100}{25} = 4A$

79 콘덴서의 기능을 응용한 회로가 아닌 것은?

① 스파크 소거회로
② 저역 통과 필터회로
③ 교류전류에 대한 저항회로
④ 교류 전원에 대한 정류회로

해설
교류에 대한 정류의 원리는 브러시를 이용한 극성의 교환에 있으므로 콘덴서와는 무관하다.
콘덴서
- 두 장의 전극판을 마주 보게 붙여 놓은 구조
- 커패시터의 일종
- 역 할
  - 전류의 부족 시 순방향 전류를 공급해 준다.
  - 과전류 시 전류를 담아서 전류를 안정적으로 한다.
  - 직류를 걸러내고 교류를 통과시키는 역할을 한다.

80 서보시스템에서 어떤 신호의 출력값이 처음으로 목표값에 도달하는 데 걸리는 시간이 0.3초라면 지연 시간은?

① 0.1초 ② 0.15초
③ 0.2초 ④ 0.25초

해설
과도 응답
안정된 출력을 얻기까지 과도기적인 응답. 다음 그래프에서는 c_5까지의 시간 응답

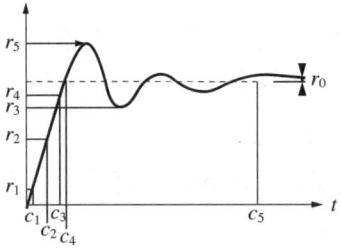

- 지연시간(Delay Time) : 응답값이 희망값의 50% 진행되는 데 요하는 시간. 위 그래프에서 r_2가 희망값의 50%라면 c_2는 지연시간
- 상승시간(Rise Time) : 응답이 희망값의 10%에서 90%까지 도달하는 시간. 위 그래프에서 r_1이 희망값의 10%, r_4가 90%라면 $c_3 - c_1$은 상승시간
- 정착시간(Setting Time, 응답시간, 정정시간) : 응답이 희망값의 5% 이내로 들어올 때까지의 시간. 위 그래프에서 0부터 c_5까지(목표가 오차 5% 이내인 경우)

2017년 제3회 과년도 기출문제

제1과목 기계가공법 및 안전관리

01 기어절삭법이 아닌 것은?
① 배럴에 의한 법
② 형판에 의한 법
③ 창성에 의한 법
④ 총형공구에 의한 법

해설
기어가공법의 종류
- 총형 커터에 의한 방법
  - 기어 치형과 같은 형상의 공구를 사용하여 공작물을 한 피치씩 돌려가며 가공
  - 밀링머신, 셰이퍼 등 이용
- 형판에 의한 방법
  - 모방절삭의 방법
  - 셰이퍼 등을 이용, 대형 스퍼기어, 직선 베벨기어 등에 적용
- 창성(創成)에 의한 방법
  - 상대운동에 의한 기어절삭, 전용 절삭기구를 제작하여 상대운동을 시켜 가공
  - 정확한 인벌류트 치형가공 가능
  - 피니언 커터, 래크 커터, 호브 등 이용

02 높은 정밀도를 요구하는 가공물, 각종 지그 등에 사용하며 온도 변화에 영향을 받지 않도록 항온항습실에 설치하여 사용하는 보링머신은?
① 지그 보링머신
② 정밀 보링머신
③ 코어 보링머신
④ 수직 보링머신

해설
지그 보링머신은 보링머신에 지그를 달아 높은 정밀도를 요구하는 작업에 사용하며 항온실에 설치한다.

03 드릴을 가공할 때 가공물과 접촉에 의한 마찰을 줄이기 위하여 절삭날면에 주는 각은?
① 선단각
② 웨브각
③ 날 여유각
④ 홈 나선각

해설
드릴의 공구각

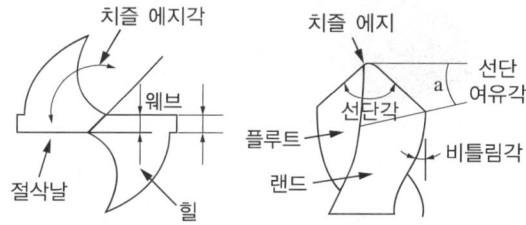

- 선단각(날끝각)은 118°가 표준각이며 재질이 단단하면 이보다 더 큰 각을 사용하고, 무른 재료는 이보다 작은 각을 사용한다.
- 여유각은 가공물과 접촉에 의한 마찰을 줄이기 위하여 절삭날면에 주는 각으로 8~15°이며 12°를 많이 사용한다.
- 웨브각은 절삭날부터 치즐에지가 이루는 각으로 120~135°로 한다.

04 연삭 깊이를 깊게 하고 이송 속도를 느리게 함으로써 재료 제거율을 대폭적으로 높인 연삭방법은?
① 경면연삭
② 자기연삭
③ 고속연삭
④ 크립피드 연삭

해설
크립피드 연삭(Creep Feed Grinding) : 기존 평면연삭법에 비해 절삭 깊이를 크게 하고 많은 횟수의 테이블 이송으로 연삭 다듬질을 하는 방법이다. 숫돌의 형상 변화가 적고 연삭능률이 높아서 주로 성형연삭에 응용된다.

정답 1 ① 2 ① 3 ③ 4 ④

05 밀링머신의 테이블 위에 설치하여 제품의 바깥 부분을 원형이나 윤곽가공할 수 있도록 사용되는 부속장치는?
① 더브테일
② 회전테이블
③ 슬로팅 장치
④ 래크 절삭장치

해설
밀링머신의 부속장치 중 회전테이블을 이용하여 공작물을 물고 있는 상태에서 각도를 조절할 수 있다.

06 TiC 입자를 Ni 혹은 Ni과 Mo를 결합제로 소결한 것으로 구성인선이 거의 발생하지 않아 공구 수명이 긴 절삭공구 재료는?
① 서 멧
② 고속도강
③ 초경합금
④ 합금 공구강

해설
서멧(Cermet) : 세라믹+메탈로부터 만들어진 것으로, 금속조직(Metal Matrix) 내에 세라믹 입자를 분산시킨 복합재료. 절삭공구, 다이스, 치과용 드릴 등과 같은 내충격, 내마멸용 공구로 사용

07 밀링머신 테이블의 이송속도 720mm/min, 커터의 날 수 6개, 커터 회전수가 600rpm일 때 1날당 이송량은 몇 mm인가?
① 0.1
② 0.2
③ 3.6
④ 7.2

해설
1날당 이송량이란 날 1개가 지나갈 때 이송되는 거리를 의미한다. 600rpm이라면 1분에 600바퀴를 돌고 날수가 6개이므로, 1분에 3,600개의 날이 지나가는 셈이다. 같은 시간 동안 720mm를 이동하는 데(720mm/min) 날이 3,600개가 지나간다는 의미이다.

즉, 1날당 이송량 = $\dfrac{720\text{mm}}{3,600\text{개}}$ = 0.2mm

08 수직 밀링머신의 주요 구조가 아닌 것은?
① 니
② 칼 럼
③ 방진구
④ 테이블

해설
일반적인 수직 밀링머신의 구조

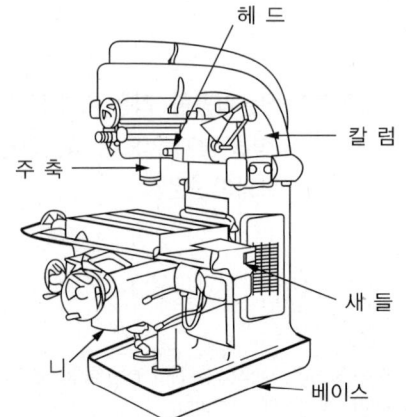

09 가연성 액체(알코올, 석유, 등유류)의 화재 등급은?

① A급　　② B급
③ C급　　④ D급

해설
화재의 분류
- A급 화재(일반화재) : 목재·종이·천 등 고체 가연물의 화재이며, 연소가 표면 및 깊은 곳에 도달해 가는 것을 말한다.
- B급 화재(기름화재) : 인화성 액체 및 고체의 유지류 등의 화재이다.
- C급 화재(전기화재) : 전기가 통하는 곳의 전기설비의 화재이며, 고전압이 흐르는 까닭에 지락·단락·감전 등에 대한 특별한 배려가 요망된다.
- D급 화재(금속화재) : 마그네슘·나트륨·칼륨·지르코늄과 같은 금속화재이다.

10 선반의 가로 이송대에 4mm 리드로 100등분 눈금의 핸들이 달려 있을 때 지름 38mm의 환봉을 지름 32mm로 절삭하려면 핸들의 눈금은 몇 눈금을 돌리면 되겠는가?

① 35　　② 70
③ 75　　④ 90

해설
눈금 100개가 1바퀴, 1바퀴에 4mm 공구가 전진하므로, 38mm 환봉을 6mm로 깎아 32mm를 만들려면 반지름 3mm만큼 감소했으므로 공구를 3mm 이송하여야 한다. 눈금 100개에 4mm이므로 3mm는 눈금 75개이다.

11 연삭가공에서 내면연삭에 대한 설명으로 틀린 것은?

① 외경연삭에 비하여 숫돌의 마모가 많다.
② 외경연삭보다 숫돌축의 회전수가 느려야 한다.
③ 연삭숫돌의 지름은 가공물의 지름보다 작아야 한다.
④ 숫돌축은 지름이 작기 때문에 가공물의 정밀도가 다소 떨어진다.

해설
내면연삭의 특징
- 외경연삭에 비하여 숫돌의 마모가 많다.
- 같은 절삭속도에 숫돌의 지름이 작으므로 외경연삭보다 숫돌축의 회전수가 빨라야 한다.
- 연삭숫돌의 지름은 가공물의 지름보다 작아야 한다.
- 숫돌축은 지름이 작기 때문에 가공물의 정밀도가 다소 떨어진다.

12 동일 직경 3개의 핀을 이용하여 수나사의 유효지름을 측정하는 방법은?

① 광학법　　② 삼침법
③ 지름법　　④ 반지름법

해설
삼침법
- 연삭가공한 정밀한 나사의 유효지름 측정에 이용한다.
- 나사측정법 중 정밀도가 높다.
- 동일한 지름을 갖는 3개의 침으로 나사 한쪽에 2개, 반대쪽에 1개를 접촉하고 3침의 외측 치수를 측정하여 공식에 의해 계산한다. 그 외 수나사 유효지름 측정방법으로 나사 마이크로미터를 이용하거나 광학적 방법을 이용한다.

정답　9 ②　10 ③　11 ②　12 ②

13 호닝작업의 특징으로 틀린 것은?

① 정확한 치수가공을 할 수 있다.
② 표면 정밀도를 향상시킬 수 있다.
③ 호닝에 의하여 구멍의 위치를 자유롭게 변경하여 가공이 가능하다.
④ 전 가공에서 나타난 테이퍼, 진원도 등에 발생한 오차를 수정할 수 있다.

해설
호닝 : 내연기관의 실린더 등 원통 내면의 정밀 다듬질의 하나로, 보링이나 연삭기를 이용하고 혼(Hone)을 사용하여 진원도, 진직도, 표면거칠기 등을 향상시키는 것이 목적이다. 절삭작업에서 가공된 구멍의 위치를 변경시키려면 파인 구멍은 메우고, 새로 가공해야 한다.

14 표면거칠기의 측정법으로 틀린 것은?

① NPL식 측정
② 촉침식 측정
③ 광절단식 측정
④ 현미간섭식 측정

해설
표면거칠기 측정방법
- 표준편과의 비교측정법 : 표준편과 촉감을 통해 비교하여 거칠기를 판단한다.
- 광절단식 표면거칠기 측정법 : 좁은 틈새로 나온 빛을 투사하여 광선으로 표면을 절단한다. 직각 방향에서 현미경이나 투영기에 의해서 확대하여 관측 또는 사진을 찍어서 요철 상태를 알 수 있다.
- 현미간섭식 표면거칠기 측정법 : 빛의 간섭현상을 이용하여 공학적으로 계산된 표면거칠기를 측정할 수 있다. 미세한 표면거칠기의 측정이 가능하다.
- 촉침식 측정법 : 대상물의 표면을 측정침으로 긁어 전기적 신호 변환으로 측정한다.

15 지름 75mm의 탄소강을 절삭속도 150m/min으로 가공하고자 한다. 가공 길이 300mm, 이송은 0.2mm/rev로 할 때, 1회 가공 시 가공시간은 약 얼마인가?

① 2.4분
② 4.4분
③ 6.4분
④ 8.4분

해설
$v = \pi D n = 3.14 \times 75\text{mm} \times n = 150\text{m/min}$

$n = \dfrac{150,000}{\pi \times 75} ≒ 637\text{rpm}$

가공 길이가 300mm인데, 1바퀴당 0.2mm씩 이송되므로 1,500바퀴 회전이 필요하다.
걸리는 시간을 s라 하면,
$s = \dfrac{1500\text{rev}}{637\text{rev/min}} ≒ 2.35\text{min}$

16 비교측정방법에 해당되는 것은?

① 사인바에 의한 각도측정
② 버니어 캘리퍼스에 의한 길이 측정
③ 롤러와 게이지 블록에 의한 테이퍼 측정
④ 공기 마이크로미터를 이용한 제품의 치수 측정

해설
비교측정방법의 종류
- 기계식 : 미니미터, 다이얼 게이지, 오르도테스트, 미크로케이터
- 광학식 : 옵티미터, 울트라 옵티미터, 미크로룩스, 간섭측미기
- 유체식 : 수준기, 공기 마이크로미터
- 전기식 : 볼트미터, 일렉트로 리미터, 전기 마이크로미터, 전자관식 측미기

정답 13 ③ 14 ① 15 ① 16 ④

17 선반의 주축을 중공축으로 할 때의 특징으로 틀린 것은?

① 굽힘과 비틀림 응력에 강하다.
② 마찰열을 쉽게 발산시켜 준다.
③ 길이가 긴 가공물 고정이 편리하다.
④ 중량이 감소되어 베어링에 작용하는 하중을 줄여 준다.

해설
주축은 긴 봉 재료를 가공할 수 있도록 중공축으로 되어 있으며 끝 부분에 척(Chuck)이 장착된다. 선반의 주축을 중공축으로 하면 굽힘과 비틀림 응력에 강하게 되고, 중량이 감소되어 베어링에 작용하는 하중을 줄이게 된다.

18 측정자의 미소한 움직임을 광학적으로 확대하여 측정하는 장치는?

① 옵티미터
② 미니미터
③ 공기 마이크로미터
④ 전기 마이크로미터

해설
20세기 초에 나온 옵티미터는 광학원리를 이용한 비교측정기이다. 지금은 많은 제품이 옵티미터에서 세분화되어 발전되어 있다. Opti-라는 접두어의 의미를 알면 해결할 수 있는 배경지식에 간섭을 받는 문항이다.

19 합금공구강에 대한 설명으로 틀린 것은?

① 탄소공구강에 비해 절삭성이 우수하다.
② 저속절삭용, 총형절삭용으로 사용된다.
③ 탄소공구강에 Ni, Co 등의 원소를 첨가한 강이다.
④ 경화능을 개선하기 위해 탄소공구강에 소량의 합금원소를 첨가한 강이다.

해설
자격시험의 문제에는 지식과 상관없이 틀릴 수밖에 없는 문제가 간혹 출제되는데 이런 문항이 틀리게 될 수밖에 없는 형태의 문항인 것 같다. 답안의 기술 중 엄밀히 틀린 것은 없지만, 답이 ③으로 제시되어 있었고, 이의신청이 없었으므로 답안이 확정되었다(응시자가 많지 않은 과목의 경우, 그리고 60점만 넘으면 합격하는 시험의 특성상 문항이 애매해도 이의신청이 없는 경우가 많다). 합금공구강, 공구용 합금강에는 Ni, Cr 외에 많은 원소들이 들어간다. 그중 최근 개발되는 공구용 합금강에는 Co를 합금하여 성질을 개량하는 경우도 있다. '탄소공구강에 Ni, Cr 등이 들어간다'는 기술을 옳게 보고 변형한 듯 보이나, 전술하였듯 여러 종류의 합금을 하기도 한다. 한국산업인력공단에서 출제되는 문제에는 간혹 출제자가 어느 평가 요소를 선택했는지 알 수 없는 문제가 출제될 수 있음을 인지하고, 이런 문항을 만나면 기출문제의 기술을 기준으로 해결한다.

20 주축(Spindle)의 정지를 수행하는 NC-code는?

① M02
② M03
③ M04
④ M05

해설
M코드의 종류 및 기능

M코드	기 능
M00	프로그램 정지
M01	선택적 프로그램 정지
M02	프로그램 종료
M03	주축 정회전(주축이 시계 방향으로 회전)
M04	주축 역회전(주축이 반시계 방향으로 회전)
M05	주축 정지
M08	절삭유 ON (절삭유제 공급)
M09	절삭유 OFF
M14	심압대 스핀들 전진
M15	심압대 스핀들 후진
M16	Air Blow2 ON, 공구 측정 Air
M18	Air Blow1, 2 OFF
M30	프로그램 종료 후 리셋
M98	보조 프로그램 호출
M99	보조 프로그램 종료 후 주프로그램으로 회기

정답 17 ② 18 ① 19 ③ 20 ④

제2과목 | 기계제도 및 기초공학

21 그림과 같이 밀도가 7.7g/cm³인 연강제 축의 질량은 약 몇 g인가?

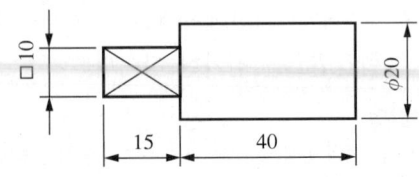

① 144 ② 108
③ 72   ④ 36

해설
체적을 구하여 밀도를 이용해 질량을 구하는 문제이다.

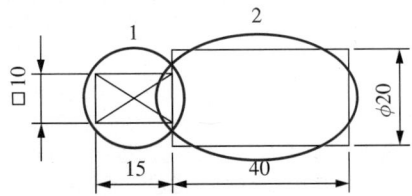

- 1부분의 체적은 $10 \times 10 \times 15 = 1,500 mm^3$
- 2부분의 체적은 $\pi \times \dfrac{20^2}{4} \times 40 = 12,560 mm^3$
- 전체 체적은 $14,060 mm^3$, 밀도가 7.7g/cm³이므로, 전체 질량은 $0.0077 g/mm^3 \times 14,060 mm^3 = 108.262 g$

22 도면에서 두 종류 이상의 선이 같은 장소에서 겹치게 될 경우 표시되는 선의 우선순위가 높은 것부터 낮은 순서대로 나열되어 있는 것은?

① 외형선, 숨은선, 절단선, 중심선
② 외형선, 절단선, 숨은선, 중심선
③ 외형선, 중심선, 숨은선, 절단선
④ 절단선, 중심선, 숨은선, 외형선

해설
선의 우선순위
도면에서 두 종류 이상의 선이 같은 장소에서 중복되는 경우에 외형선 > 숨은선 > 절단선 > 중심선 > 무게 중심선 > 치수보조선 순으로 표시한다.

23 다음 용접 기본기호 중 플러그 용접기호는?

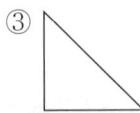

해설
① 덧살올림
② 스폿용접
③ 필렛용접

24 그림과 같은 분할 핀의 도시 중 분할 핀의 호칭 길이는?

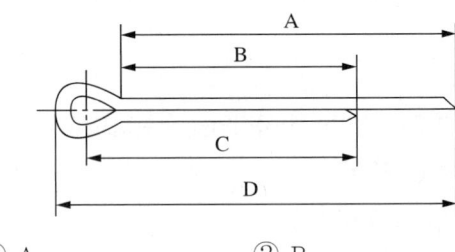

① A ② B
③ C ④ D

해설

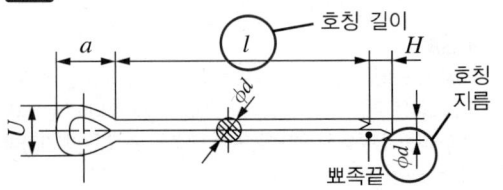

25 호칭번호가 6212 C2 P5인 구름베어링에 조립되는 축의 지름은 몇 mm인가?

① 6
② 12
③ 60
④ 62

해설
62 12의 경우, 12×5한 값이 안지름이다.

26 그림과 같이 물체의 구멍이나 홈 등 일부분의 특정 부분만 그려서 나타낸 것은?

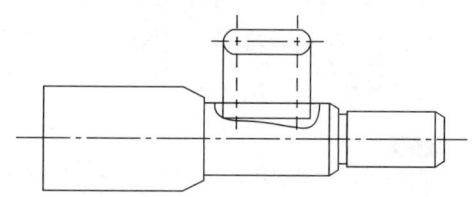

① 보조투상도
② 부분투상도
③ 회전투상도
④ 국부투상도

해설
④ 국부투상도 : 요점투상도라고도 하며 제품의 구멍·홈 등과 같이 특정한 부분의 모양을 나타내는 것으로 충분한 경우에 제도하며 관계를 표시하기 위해 중심선, 치수보조선 등을 연결한다.
① 보조투상도 : 경사면이 있는 제품의 실제 모양을 투상할 때 보이는 전체 또는 일부분만 나타내는 것
② 부분투상도 : 모양의 특징 또는 일부를 도시하는 것으로 충분한 경우, 부분투상을 도시한 경우, 대칭인 경우 등 모양을 전체 도시하지 않고 표현한 투상도
③ 회전투상도 : 각도를 가지고 있는 실제 모양을 회전해서 실제 모양을 나타내며, 잘못 볼 우려가 있는 경우 작도에 사용한 가는 실선을 남겨 표시한다.

27 그림과 같은 물체를 3각법으로 투상하여 정면도, 평면도, 우측면도로 나타냈을 때 가장 적합한 것은?

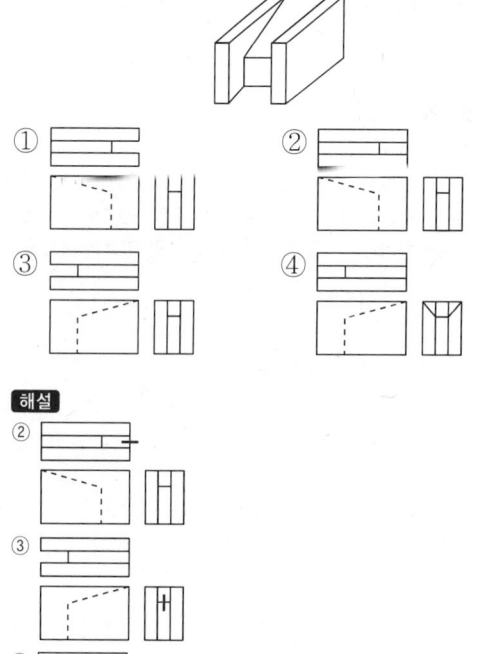

해설
각 답에 틀린 투상도를 체크하였다. ③, ④는 정면 선택에 따라 평면도까지는 옳을 수 있으나 우측면도가 그에 따라 숨은선으로 표시되어야 한다.

28 가공형상의 줄무늬 방향기호가 잘못된 것은?

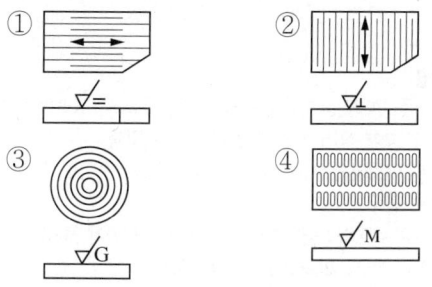

해설
③은 연삭을 실시한 기호이며, 연삭을 시행하면 그림과 같은 줄무늬가 나타나지 않는다.

정답 25 ③ 26 ④ 27 ① 28 ③

29 위치수 허용차와 아래치수 허용차와의 차이를 무엇이라고 하는가?

① 위치수 ② 기준치수
③ 치수공차 ④ IT공차

해설
치수공차
$25^{+0.05}_{-0.05}$의 경우, 최대 허용한계치수 25.05mm와 최소 허용한계치수 24.95mm의 차 또는 위치수 공차 +0.05와 -0.05의 차를 치수공차라 한다. 간단히 공차라고 하면 이 치수공차를 의미한다.

30 구멍과 축의 끼워맞춤에서 G7/h6은 무엇을 뜻하는가?

① 구멍 기준식 억지 끼워맞춤
② 구멍 기준식 헐거운 끼워맞춤
③ 축 기준식 억지 끼워맞춤
④ 축 기준식 헐거운 끼워맞춤

해설
- 헐거운 끼워맞춤 : 축과 구멍의 경우, 공차를 고려하여 축이 구멍보다 항상 작거나 같은 경우의 끼워맞춤
- 억지 끼워맞춤 : 공차를 고려할 때 축이 구멍보다 항상 크거나 같은 경우
- 중간 끼워맞춤 : 공차범위 내에서 경우에 따라 헐거운 끼워맞춤이 되거나 억지 끼워맞춤이 되는 경우
- 구멍 기준식과 축 기준식으로 설명되는 경우, 허용차가 0인 위치수나 아래치수를 가지고 있는 쪽이 기준이 된다. 구멍의 경우 아래치수가 0이 되고, 축의 경우 위치수가 0이 되는 치수를 가지면 기준이 된다.

31 같은 크기의 저항 n개에 직렬로 연결한 회로의 전압 V를 인가하였을 때, 한 저항에 나타나는 전압은?

① $n+V$ ② $n-V$
③ $\dfrac{V}{n}$ ④ $\dfrac{1}{nV}$

해설
합성저항은 직렬의 경우 $\sum R = R_T = R_1 + R_2 + R_3$, $I = \dfrac{V}{R_T}$와 같고 전체 전류량이 변하는 것이 아니므로, n개의 저항의 크기가 모두 같다면 각 저항에서의 전압 강하는 $\dfrac{V}{n}$와 같다.

32 교류전기의 설명으로 틀린 것은?

① 교류전압의 주파수는 일정하다.
② 시간의 변화에 따라 전압의 변화가 있다.
③ 시간의 변화에 따라 전류의 방향이 일정하다.
④ 시간의 변화에 따라 전압은 정현파 곡선을 그린다.

해설
교류는 정현파 곡선을 그리며 전류의 극성이 시간에 따라 (+)와 (-)로 바뀐다.

33 응력에 대한 설명으로 틀린 것은?

① N/mm^2은 응력의 단위이다.
② 전단응력은 수직응력의 일종이다.
③ 응력의 크기는 $\dfrac{힘}{면적}$으로 표현된다.
④ 응력은 크기뿐만 아니라 작용면과 작용 방향을 갖는다.

해설
전단응력은 횡단 방향의 응력이며 수직응력은 인장응력과 압축응력 등으로 구분한다.

29 ③ 30 ④ 31 ③ 32 ③ 33 ②

34 회전기의 전력이 일정할 때 토크에 대한 설명으로 틀린 것은?

① 회전기에서 토크는 회전력을 말한다.
② 회전기의 토크는 회전속도에 비례한다.
③ 회전 관성이 큰 회전기의 기동 시 큰 토크가 필요하다.
④ 속도와 토크의 특성은 모터의 용도 선정에 매우 중요한 요소이다.

해설
토크(Torque) : 회전력, 회전이 가지고 있는 힘

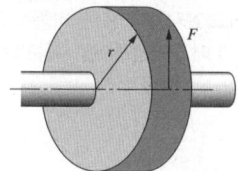

- 위의 그림은 회전하는 바퀴이다. 이 축은 회전력을 받고 있고, 이 회전력은 어떤 힘을 내고 있다. 모멘트가 회전을 시키려는 힘이라면 토크는 그 회전이 가지고 있는 힘이다. 따라서 개념은 다르지만 같은 물리량을 사용한다.
- $T = F \times r$ (T : 토크, F : 작용력, r : 회전 중심까지의 거리)로 표현하며, 단위는 N·m, kgf·cm를 사용한다.
- 회전토크는 회전 관성과 관련이 있다. 관성이 큰 회전체는 시동에 큰 토크가 필요하고 제동에도 큰 토크가 필요하지만 회전을 유지하는 데는 큰 힘이 필요하지 않다. 따라서 회전속도와 필요한 토크는 비례관계이거나 반비례관계 등으로 정의할 수 없다.
- 같은 토크로 관성이 큰 물체는 회전속도가 작다. 모터 선정 시 필요한 관성을 적절히 결정할 필요가 있다.

35 물체의 운동속도가 시간이 흘러도 변함이 없는 운동은?

① 난류운동 ② 등속운동
③ 각 변속운동 ④ 각 가속도 운동

해설
등속(等速)운동은 계속 속도가 같은 운동이라는 의미이다.

36 다음 삼각형의 면적은?

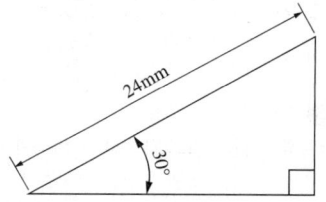

① $62\sqrt{3}\,\mathrm{mm}^2$ ② $72\sqrt{3}\,\mathrm{mm}^2$
③ $82\sqrt{3}\,\mathrm{mm}^2$ ④ $92\sqrt{3}\,\mathrm{mm}^2$

해설
높이를 b라고 하면,
$\sin 30° = \dfrac{b}{24}$, $b = 24 \times \dfrac{1}{2} = 12$
아랫변을 c라고 하면
$\cos 30° = \dfrac{c}{24}$, $c = 24 \times \dfrac{\sqrt{3}}{2} = 12\sqrt{3}$
넓이 $= \dfrac{높이 \times 아랫변}{2} = \dfrac{144\sqrt{3}}{2} = 72\sqrt{3}$

37 속도가 2m/sec인 물이 입구의 지름이 30mm인 구멍으로 흘러 들어가 지름 10mm인 구멍으로 흘러나올 때 물의 속도는 몇 m/sec인가?

① 0 ② 10
③ 18 ④ 30

해설
연속의 법칙 : 유량은 단면적과 유속의 곱으로 표현하며 닫혀 있는 유로 안에서는 어느 지점에서 측정하여도 유량의 변화는 없다. 유체의 질량 보존의 원리에 해당한다.
$Q = AV = A_1 V_1 = A_2 V_2$
$= \dfrac{\pi \times 30^2}{4} \times 2 = \dfrac{\pi \times 10^2}{4} \times V_2$
여기서, A : 유로의 단면적, V : 유속
$V_2 = \dfrac{30^2}{10^2} \times 2 = 18$

38 스패너의 길이를 3배로 하면 토크는 몇 배가 되는가?

① 1/9 ② 1/3
③ 3 ④ 9

> **해설**
> 토크 = 힘 × 길이, 토크와 길이는 비례관계이다.

40 중공축이 비틀림 모멘트(T)를 받을 때 축의 지름(d)을 구하는 식으로 옳은 것은?(단, 허용 전단응력은 τ_a 이다)

① $d = \sqrt[2]{\dfrac{16T}{\pi\tau_a}}$ ② $d = \sqrt[2]{\dfrac{32T}{\pi\tau_a}}$

③ $d = \sqrt[3]{\dfrac{16T}{\pi\tau_a}}$ ④ $d = \sqrt[3]{\dfrac{32T}{\pi\tau_a}}$

> **해설**
> 조건을 중공축으로 제시하였으나 바깥지름, 안지름 조건이 없으므로 일반적인 중실축으로 간주해야 한다. 단면계수를 알면, 이것과 상당 모멘트 또는 굽힘 모멘트를 이용하여 바로 허용 굽힘응력을 구할 수 있다. 단면계수는 Z라고 표시한다. 또한, 비틀림 모멘트와 허용 전단응력의 관계를 정의할 때 극단면계수를 사용하며 Z_p라고 표시한다. 이 변수들의 관계는 다음과 같다.
> $M = \sigma_a Z,\ Z = \dfrac{\pi d^3}{32},\ \therefore\ d = \sqrt[3]{\dfrac{32M}{\pi\sigma_a}}$
> $T = \tau_a Z_p,\ Z_p = \dfrac{\pi d^3}{16},\ \therefore\ d = \sqrt[3]{\dfrac{16T}{\pi\tau_a}}$

제3과목 자동제어

41 제어동작에 따른 분류 중 다음 설명에 해당되는 제어동작은?

> 제어편차가 검출될 때 편차가 변화하는 속도에 비례하여 조작량을 가감함으로써 오차가 커지는 것을 미연에 방지한다.

① 미분제어동작 ② 비례제어동작
③ 적분제어동작 ④ 비례적분제어동작

> **해설**
> 미분제어(Derivative Control)
> • 입력과 출력과의 관계 속도를 제어
> • 제어편차가 검출될 때 편차가 변화하는 속도에 비례하여 조작량을 가감
> • 대규모 공장 등의 정밀도보다 적절한 속도가 중요한 곳에 사용
> • 응답속도를 개선한 제어이며 P 제어와 함께 사용(속응성)

39 저항값이 $R[\Omega]$인 전구에 전압이 $V[\text{V}]$인 전지를 연결하였을 때, 이 직류회로에 흐르는 전류 $I[\text{A}]$는?

① VR ② RV^2
③ $\dfrac{V}{R}$ ④ $\dfrac{R^2}{V}$

> **해설**
> 옴의 법칙
> • 흐르는 전기의 양(전류)은 전기의 압력(전압)에 비례하고 저항(저항)에 반비례한다는 법칙
> $I = \dfrac{V}{R}$ (I : 전류, V : 전압, R : 저항)
> • 이 세 요소의 관계를 표면적으로는 산술적 적용이 가능하며 일반적으로 그림과 같이 학습한다.

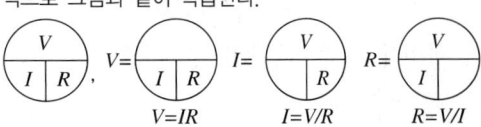

42 PLC 프로그램에서 다음 설명에 해당하는 것은?

> 입출력 상태를 유지하기 위하여 설치된 메모리 내의 표를 갱신하는 시간을 포함하고 애플리케이션 프로그램의 같은 부분을 재실행할 때까지의 시간

① 스캔타임 ② 실행시간
③ 응답시간 ④ 워치독 타임

해설
스캔타임 : PLC에서 프로그램을 한 사이클 실행하는 데 소요되는 시간
- PLC 프로그램은 시퀀스 제어를 프로그램을 이용하여 시행하므로 순차에 따라 시행되도록 구성되어 있다.
- 반복되는 동작을 시행할 때는 다시 프로그램의 처음부터 제어를 시행하게 된다.
- 이때 첫 행부터 프로그램을 모두 리딩하여 실행한 후 첫 행으로 다시 이동하여 제어하게 된다.
- 이러한 첫 행부터 마지막 행까지 한 번 리딩하여 시행하는 시간을 스캔타임이라 한다.

43 다음 제어계 요소 중 1차 지연요소는?

① K ② Ks
③ $\dfrac{K}{s}$ ④ $\dfrac{K}{1+Ts}$

해설
1차 지연제어요소의 전달함수는 $G(s) = \dfrac{Y(s)}{X(s)} = \dfrac{b}{s+a}$ 의 형태이므로, $\dfrac{K}{1+sT} = \dfrac{\frac{K}{T}}{\frac{1}{T}+s}$ 가 1차 지연함수이다.

44 다음 중 점근 안정한 시스템은?

① 특성방정식이 $s^2+2s-3=0$ 인 시스템
② 특성방정식이 $s^2-4s+3=0$ 인 시스템
③ 전달함수가 $G(s) = \dfrac{1}{(s+1)(s+2)}$ 로 주어진 시스템
④ 전달함수가 $G(s) = \dfrac{1}{(s-1)(s-2)}$ 로 주어진 시스템

해설
전달함수의 특성방정식의 근이 하나라도 복소평면의 1, 4사분면에 있으면 불안정이다.
① $s^2+2s-3=0$의 근은 −3과 1
② $s^2-4s+3=0$의 근은 3과 1
④ 특성방정식이 (s−1)(s−2)=0이므로 근은 1과 2

45 다음 PLC 프로그래밍 방식 중 회로도 방식에 속하지 않는 것은?

① 래더도 방식 ② 명령어 방식
③ 논리기호 방식 ④ 플로차트 방식

해설
PLC 연산회로도 방식

회로도 방식	표현
래더 다이어그램	A, X, B, Y 접점과 $\overline{Y}$, $\overline{g}$ 를 통한 X, Y 출력
명령어 방식	STR NOT 00 STR 01 AND Y50 ...
논리기호 방식	A, B 입력의 논리게이트 회로
불 대수 방식	$A \cdot (B+\overline{A}) = \ldots$

정답 42 ① 43 ④ 44 ③ 45 ④

46 PC 기반제어에서 'imechatronics.h'의 파일이 컴퓨터의 다음 폴더에 있을 경우 참조 선언방법으로 옳은 것은?

> Program Files – Microsoft Visual Studio – VC98 – include

① #include"imechatronics.h"
② #include(imechatronics.h)
③ #include[imechatronics.h]
④ #include⟨imechatronics.h⟩

해설
include 파일에 상수 또는 매크로를 작성한 후 이것을 소스에 추가할 수 있으며 이때 ④처럼 작성한다.

47 제어계의 시간영역 동작에서 백분율(%) 최대오버슈트의 의미로 옳은 것은?

① $\dfrac{\text{최종값}}{\text{최대오버슈트}} \times 100\%$

② $\dfrac{\text{최대오버슈트}}{\text{최종값}} \times 100\%$

③ $\dfrac{\text{최대오버슈트}}{\text{제2오버슈트}} \times 100\%$

④ $\dfrac{\text{제2오버슈트}}{\text{최대오버슈트}} \times 100\%$

해설
목표하고자 하는 값의 몇 %나 오버하였는지를 표현하는 방법은 최대오버슈트/최종값×100으로 표현한다.

48 목표값 400℃의 전기로에서 열전온도계의 지시에 따라 전압조정기로 전압을 조절하여 온도를 일정하게 유지시키고 있다. 이때 온도는 어느 것에 해당되는가?

① 검출부
② 제어량
③ 조작량
④ 조작부

해설
온도는 조정하고자 하는 대상, 즉 제어량이다. 전압을 조작하여 제어하므로 전압이 조작량이 된다. 검출부와 조작부는 하드웨어의 명칭이다.

49 직류 서보기구에 대한 특징으로 틀린 것은?

① 구조가 복잡하다.
② 기동토크가 크다.
③ 보수가 용이하고 내환경성이 좋다.
④ 속도제어 범위가 넓고 제어성이 좋다.

해설
전기식 서보기구
- 동력원으로 모터를 사용한다. 중(中)동력 정도의 힘의 크기를 사용한다.
- 전기는 동력뿐만 아니라 신호로도 활용 가능하며, 증폭·감쇄 등에 유리하다.
- 유압식에 비해 작동 속도와 반응 속도가 좋으며 신뢰성이 있다.
- 유압식에 비해 경제성과 취급이 용이하다.
- 직류식과 교류식이 있다.
  - 직류는 전류 통제의 용이성이 높아 속도제어 범위가 넓지만, 구조가 복잡하고 기동토크가 크다.
  - 교류식은 브러시가 없어서 유지비가 들지 않고 보수가 용이하다.

46 ④ 47 ② 48 ② 49 ③

50 다음 중 공기압 서비스 유닛(압축공기 조정 유닛)의 기능으로 적합하지 않은 것은?

① 진공을 발생시킨다.
② 압축공기 속에 포함된 이물질을 제거한다.
③ 압축공기 속에 윤활유를 섞어서 공급한다.
④ 공압 제어밸브와 실린더에 공급되는 압축공기의 입력을 조절한다.

해설
공압 조정 유닛(또는 서비스 유닛)
공급받은 압축공기를 필요한 압력만큼 조정하는 유닛이다.
- 공기탱크에 저장된 압축공기는 배관을 통하여 각종 공기압기기로 전달됨
- 공기압기기로 공급하기 전 압축공기의 상태를 조정해야 함
- 공기여과기(압축공기 필터)를 이용하여 압축공기를 청정화함
- 압력조정기를 이용하여 회로압력을 설정함
- 윤활기에서 윤활유를 분무하여 구동부의 윤활을 좋게 함
- 공기압장치로 압축공기를 공급함

52 선형 제어시스템에서 $r(t) = 100\sin500t$를 시스템에 입력으로 하였더니 $y(t) = 50\sin(500t - 60°)$의 출력이 발생하였다. 이 시스템의 입력 대비 출력의 진폭비와 위상차는?

① 진폭비 : 0.5, 위상차 : 30°
② 진폭비 : 0.5, 위상차 : 60°
③ 진폭비 : 2.0, 위상차 : 30
④ 진폭비 : 2.0, 위상차 : 60°

해설
$r(t) = 100\sin500t$의 진폭은 100, 위상은 0
$y(t) = 50\sin(500t - 60°)$의 진폭은 50, 위상은 $-60°$
따라서 진폭비는 $50/100 = 0.5$, 위상의 차이는 $0 - (-60°) = 60°$

51 제어량의 종류(성질)에 따른 분류가 아닌 것은?

① 공정제어   ② 서보기구
③ 자동조정   ④ 장치제어

해설
제어량에 따른 분류
- 서보제어(Servo Control) : 물체의 위치·각도·방위·자세 등의 기계적 변위를 제어량으로 읽어 제어하는 시스템
- 프로세스 제어(Process Control) : 제어량이 상태값인 압력·온도·유량·밀도 등일 때의 제어방식
- 자동조정(Automatic Regulation) : 제어량이 주로 전기적 및 기계적 양(주파수, 전압, 전류, 습도, 회전속도, 힘 등)을 제어하는 것

53 기계적 변위를 제어량으로 하는 서보기구와 관계없는 것은?

① 자동 조타장치
② 자동 위치제어기
③ 자동 평형기록계
④ 자동 전원조정장치

해설
서보기구를 인하여 기계적 변위가 발생하는 것이 문제의 조건이다. 자동 전원조정장치는 전원량이 변화되거나 On/Off 이 되어도 변위는 발생하지 않는다.

54 PLC(Programmable Logic Controller)의 주요 구성요소만 짝지어진 것은?

① CPU, 기억장치, 하드웨어, 통신 네트워크
② CPU, 기억장치, 입출력장치, Bus 커넥터
③ CPU, Power Supply, 기억장치, 입출력장치
④ CPU, Power Supply, 하드웨어, 입출력장치

해설
PLC는 컴퓨터처럼 입력장치, 논리연산장치, 제어장치, 출력장치(구현장치)로 구성된다.

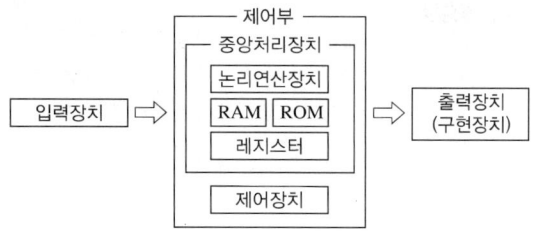

55 1차 지연요소 $G(s) = \dfrac{1}{1+Ts}$ 인 제어계의 절점 주파수에서의 이득[dB]으로 옳은 것은?

① -3 ② -4
③ -5 ④ -6

해설
1차식의 경우, 절점에서의 오차는 $20\log A$으로 표현되면 -3dB이다. 그러므로 $20 \times N \log A$ 형태의 경우 -3N[dB]이다.

56 다음 중 유압의 일반적인 특징이 아닌 것은?

① 소형 장치로 큰 힘(출력)을 발생시킬 수 있다.
② 전기·전자의 조합으로 자동제어가 가능하다.
③ 과부하에 대한 안전장치가 간단하고 정확하다.
④ 유온의 영향을 받지 않아 정확한 속도와 제어가 가능하다.

해설
특별히 유압유에서 주목해야 할 성질이 점도지수이며, 점도지수는 온도의 영향을 받는다.

57 다음 중 개루프제어계의 응용으로 볼 수 없는 것은?

① 교통신호장치
② 스테핑 모터시스템
③ 물류 공장의 컨베이어
④ NC 선반의 위치제어

해설
개루프제어란 피드백이 없는 제어로 순차제어나 시간에 의한 반복제어 등이 해당된다. NC 선반의 위치제어는 위치를 피드백받는다.

58 8비트의 출력 포트 중 하위 비트에서 두 번째, 세 번째, 다섯 번째 비트만 ON시키고 나머지는 OFF시키려고 하는 프로그램을 작성하려고 할 때 출력해야 할 16진수 값은?

① 0×04 ② 0×08
③ 0×16 ④ 0×32

해설

			다섯 번째		세 번째	두 번째	
0	0	0	1	0	1	1	0

10진수, 2진수, 8진수, 16진수 데이터의 관계

10진수	2진수	8진수	16진수
...			
18	0001 0010	022	0×12
19	0001 0011	023	0×13
20	0001 0100	024	0×14
21	0001 0101	025	0×15
22	0001 0110	026	0×16
...			

59 공기압 발생장치에서 보내 온 공기 중에는 먼지 및 이물질 등이 포함되어 있다. 이러한 것을 막아 공압기기를 보호하기 위해 설치하는 것은?

① 압축공기 필터
② 압축공기 조절기
③ 압축공기 증폭기
④ 압축공기 드라이어

해설
공기 조정 유닛에는 공기여과기(압축공기 필터)가 있으며 이를 이용하여 압축공기를 청정화한다.

60 1,200rpm으로 회전하는 모터에 분해능이 5,000ppr (pulse per round)인 로터리 인코더의 출력 주파수 [kHz]는?

① 10
② 100
③ 1,000
④ 2,000

해설
1round에 5,000개의 Pulse가 나온다.
1,200rpm이므로 1분당 1,200바퀴×5,000개 펄스, 즉 1초당 20바퀴×5,000개 펄스 = 100,000pulse/sec
주파수는 1초당 펄스수이므로 100,000pulse/sec = 100kHz

제4과목 메커트로닉스

61 2진 사다리형(Binary Ladder) D/A 변환기가 이용하고 있는 원리는?

① 가산기
② 미분기
③ 승산기
④ 적분기

해설
2진수 구성이 각 자리의 2^n 값을 더하여 전체 숫자를 나타내는 가산원리를 사용한다.
사다리형(R-2R ladder) 변환기
- 어느 접점에서나 2R(저항) 병렬 접속이 보여 1nod당 전류치 반감할 수 있는 구조
- 회로 구성이 간단하고 두 종류의 저항으로 구성 가능
- 각 자리마다 비례하는 양의 전류가 발생하고, 아랫자리의 전류량을 더하여 아날로그로 변환

62 마이크로프로세서의 내부구조에 속하지 않는 것은?

① 연산부
② 제어부
③ 클럭부
④ 레지스터부

해설
클럭은 회로의 흐름에서 나타나는 속도 또는 흐름 자체를 표현하는 것으로, 구조적 구성이 아니다.

정답 59 ① 60 ② 61 ① 62 ③

63 다음 중 뚫은 구멍의 내면을 매끄럽게 하는 리머작업 시 공구의 떨림을 방지하기 위한 작업으로 가장 적절한 방법은?

① 자루를 길게 한다.
② 이송속도를 빠르게 한다.
③ 날 간격을 같지 않게 한다.
④ 절삭속도를 되도록 빨리 한다.

해설
리머 등 드릴작업을 실시할 때 떨림을 방지하기 위해서는 가급적 중심이 반듯해야 하며 이송을 천천히 해야 한다. 절삭속도를 높이면 가공면에서의 마찰이 줄어서 마찰로 인한 떨림은 감소하지만, 이미 발생한 떨림은 더 크게 떨리게 된다. 리머날을 비틀어 배치하면 떨림의 발생이 적다. 또 떨림을 방지하기 위해서는 날수를 홀수로 하고, 날 간격을 서로 다르게 배치하는 것이 좋다.

64 수나사를 만들 때 사용되는 공구는?

① 탭   ② 드릴
③ 다이스   ④ 엔드밀

해설
탭, 다이스 : 탭과 다이스는 나사산을 가공하는 수공구이며, 탭은 암나사, 다이스는 수나사를 가공하는 데 사용된다.

[탭]

[탭 손잡이]

[다이스]

65 서보시스템에서 제어 기준값과 실제값의 차이를 무엇이라고 하는가?

① 외 란   ② 레퍼런스
③ 상태변수   ④ 제어편차

해설
용어의 물리적 의미
• 목표값(설정값, 기준값) : 제어의 결과가 되는 최종 도달 목표
• 출력값(실제값, 현재값) : 현재 출력이 되고 있는 상태를 수치화한 것
• 제어편차 : 목표값과 출력값의 차이
• 외란 : 시스템에서 통제하지 못한 외부 요소에 의해 현재값이 변화를 받는 현상
• 레퍼런스(참조값) : 목표값에 영향을 주는 외란 등을 예측 가능한 변수로 사용할 수 있도록 도와줌

66 프로그램을 구성하는 명령어인 머신 사이클에 해당하지 않는 과정은?

① 인 출   ② 실 행
③ 디코딩   ④ 인코딩

해설
머신 사이클은 인출(Fetch) - 디코딩(Decoding) - 실행(Execute) - 저장(Store)으로 구성된다.

67 다음 현상의 명칭으로 옳은 것은?

> 철심에 1차와 2차 코일을 감고 1차 코일에 교류전류를 흘려 주면 2차 코일에 기전력이 발생된다.

① 공진현상
② 옴의 법칙
③ 전자기 유도
④ 키르히호프의 법칙

해설
전자(電磁)유도, 전자기(電磁氣) 유도
• 코일을 지나는 자속이 변화하면 코일에 기전력이 생기는 현상을 전자유도라 한다.
• 전자유도에 의하여 흐르는 전류를 유도전류라 한다.
• 전자유도에 의하여 회로에 유도되는 기전력은 자속이 증가·감소하는 정도에 비례한다.
• 전자유도작용은 패러데이에 의하여 1831년에 발견되었다.
• 1차 코일에 교류를 흘려 2차 코일에 기전력을 발생시킨다.

68 다음 논리회로의 출력 X는?

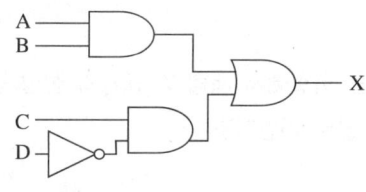

① $AB \cdot C\overline{D}$
② $AB + C\overline{D}$
③ $\overline{AB} + C\overline{D}$
④ $(A+B) \cdot (C+\overline{D})$

해설

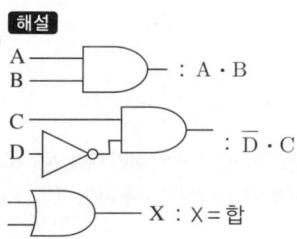

69 서브루틴으로부터 원래의 프로그램으로 돌아가는 데 사용하는 명령은?

① RET
② RLD
③ RRA
④ LOOP

해설
• Call : 서브루틴 호출
• RFT : 서브루틴으로부터 복귀

70 절대형 로터리 인코더의 설명으로 틀린 것은?

① 잡음에 강하고 읽는 오차가 누적되지 않는다.
② 회전 방향 변경에 대한 방향판별회로가 필요하다.
③ 임의의 점을 영점으로 하기 위해서는 연산이 필요하다.
④ 전원이 끊겨도 정보가 없어지지 않으며 재복귀가 가능하다.

해설
절대형은 각도별 코드가 지정되어 있고, 코드를 읽어 와서 판별하므로 따로 판별회로가 필요하지 않다.

정답 67 ③ 68 ② 69 ① 70 ②

71 100W의 백열전등에 120V의 전압이 가해질 때 백열전등에 흐르는 전류는 약 몇 A인가?

① 0.83　　② 1.2
③ 8.33　　④ 12

해설
전력 : 전기가 갖고 있는 힘. 전류량과 전압의 곱으로 표현한다.
직류의 경우 $P = EI$[W] 100W = 120V × 전류, 전류 ≒ 0.83A

72 회전형 스테핑 모터의 종류가 아닌 것은?

① VR형　　② PM형
③ 인버터형　　④ 하이브리드형

해설
회전형 스테핑 모터는 가변 릴럭턴스형[VR(Variable Reluctance) Type], 영구자석형[PM(Permanent Magnet) Type], 하이브리드형(Hybrid Type)으로 구분할 수 있다.

73 광센서를 사용할 때 고려사항이 아닌 것은?

① 신뢰성　　② 동작 속도
③ 제조방식　　④ 출력 레벨

해설
문제에서 '사용할 때' 고려사항을 질문하였고, 제조방식은 사용 전인 제작 시 고려사항이다.

74 다음 중 고유저항이 가장 작은 재료는?

① 금　　② 은
③ 구 리　　④ 알루미늄

해설
금속의 0℃ 전기 비저항값
- 금 : $2.05 \times 10^{-8} \Omega \cdot m$
- 은 : $1.47 \times 10^{-8} \Omega \cdot m$
- 구리 : $1.55 \times 10^{-8} \Omega \cdot m$
- 알루미늄 : $2.50 \times 10^{-8} \Omega \cdot m$

75 다음 회로에서 저항 $R_2[\Omega]$의 전압 강하 $V_2[V]$는 몇 볼트[V]인가?

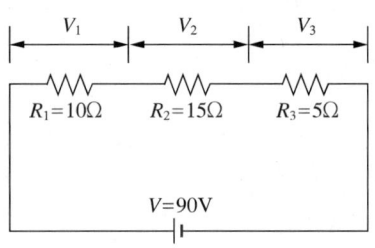

① 20　　② 30
③ 45　　④ 60

해설
직렬연결이므로 전체 전압 90V는 저항의 비에 따라 R_1, R_2, R_3에 각각 2:3:1의 전압 강하가 일어난다. 즉, V_1, V_2, V_3 = 30 : 45 : 15가 된다.

76 스테핑 모터의 특성과 거리가 먼 것은?

① 분해능이 한정된다.
② 가감속 특성이 좋다.
③ 관성이 큰 부하에 적합하다.
④ 다른 디지털 기기와의 인터페이스가 용이하다.

해설
스테핑 모터는 관성이 있는 부하에 취약하다.

77 $(101101.11)_2$를 10진수로 변환한 것은?

① 40.55
② 40.75
③ 45.55
④ 45.75

해설
$101101_{(2)} = 1 \times 2^5 + 0 \times 2^4 + 1 \times 2^3 + 1 \times 2^2 + 0 \times 2^1 + 1 \times 2^0 + 1 \times 2^{-1} + 1 \times 2^{-2}$
$32 + 0 + 8 + 4 + 0 + 1 + 0.5 + 0.25 = 45.75_{(10)}$

78 트랜지스터에 대한 설명으로 틀린 것은?

① PNP형 타입이 있다.
② NPN형 타입이 있다.
③ NPN형은 베이스에 +5V DC 공급 시 컬렉터와 이미터가 도통된다.
④ PNP형은 이미터에 GND(-) 공급 시 컬렉터와 베이스가 도통된다.

해설
PNP형은 이미터와 베이스의 전류가 흘러야 컬렉터와 베이스에 전류가 흐른다.

79 다음 그림은 밀링작업에서 상향 절삭방식이다. 하향절삭과 비교한 설명으로 옳은 것은?

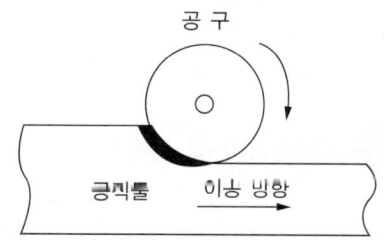

① 공구 수명이 길다.
② 표면거칠기가 나쁘다.
③ 공작물 고정이 유리하다.
④ 백래시를 제거해야 한다.

해설
상향절삭(올려 깎기)
• 특 징
– 커터날이 일감을 들어 올리는 방향이므로 기계에 무리를 주지 않는다.
– 커터날에 처음 작용하는 절삭저항이 작다.
– 깎인 칩이 새로운 절삭을 방해하지 않는다.
– 백래시의 우려가 없다.
• 단 점
– 커터날이 일감을 들어 올리는 방향으로 일을 하므로 일감의 고정이 어렵다.
– 날의 마찰이 크므로 날의 마멸이 크다.
– 회전과 이송이 반대여서 이송의 크기가 상대적으로 크며 이에 따라 피치가 커져서 가공면이 거칠다.
– 가공할 면을 보면서 작업하기가 어렵다.

80 이상적인 연산증폭기의 특성으로 틀린 것은?

① 입력저항 = 0
② 출력저항 = 0
③ 대역폭 = 무한대
④ 전압 이득 = 무한대

해설
이상적인 연산증폭기
• 입력 임피던스는 무한대이다.
• 입력전류는 0이다.
• 입력단의 전위차는 0이다.
• 출력 임피던스는 0이다.
• 출력전류는 ±∞이다.
• 증폭비 무한대이다.

2018년 제1회 과년도 기출문제

제1과목 | 기계가공법 및 안전관리

01 밀링가공에서 일반적인 절삭속도 선정에 관한 내용으로 틀린 것은?

① 거친 절삭에서는 절삭속도를 빠르게 한다.
② 다듬질 절삭에서는 이송속도를 느리게 한다.
③ 커터의 날이 빠르게 마모되면, 절삭속도를 낮춘다.
④ 적정 절삭속도보다 약간 낮게 설정하는 것이 커터의 수명 연장에 좋다.

해설
밀링의 절삭속도 선정
- 공작물의 경도가 높으면 저속으로 절삭한다.
- 커터날이 빠르게 마모되면 절삭속도를 낮추어 절삭한다.
- 거친 절삭은 절삭속도를 낮추고, 이송속도를 크게 한다.
- 다듬질 절삭에서는 절삭속도를 높이고, 이송을 천천히 하며, 절삭 깊이를 작게 한다.

02 W, Cr, V, Co 등의 원소를 함유하는 합금강으로 600℃까지 고온 경도를 유지하는 공구재료는?

① 고속도강
② 초경합금
③ 탄소공구강
④ 합금공구강

해설
고속도 공구강
- 500~600℃까지 가열하여도 뜨임에 의하여 연화되지 않고, 고온에서 경도의 감소가 작다.
- 18W-4Cr-1V이 표준 고속도강 1,250℃ 담금질, 550~600℃ 뜨임, 뜨임 시 2차 경화
- W계 표준 고속도강에 Co를 3% 이상 첨가하면 경도가 더 크게 되고, 인성이 증가됨
- Mo계는 W의 일부를 Mo로 대치. W계보다 가격이 싸고 인성이 높으며, 담금질 온도가 낮을 뿐만 아니라 열전도율이 양호하여 열처리가 잘됨

03 밀링머신에서 사용하는 바이스 중 회전과 상하로 경사시킬 수 있는 기능이 있는 것은?

① 만능 바이스
② 수평 바이스
③ 유압 바이스
④ 회전 바이스

해설
밀링바이스
밀링 테이블면에 T볼트를 이용하여 고정시키고, 소형 가공물을 고정하는 데 사용한다.
- 수평 바이스 : 조의 방향이 테이블과 평형 또는 직각으로 고정
- 회전 바이스 : 테이블과 수평면에서 360° 회전시켜 필요한 각도로 고정
- 만능 바이스 : 회전 바이스의 기능과 상하로 경사시킬 수 있는 기능 가능
- 유압 바이스 : 유압을 이용하여 가공물 고정

04 탭의 암나사 가공작업 시 탭의 파손원인으로 적절하지 않은 것은?

① 탭이 경사지게 들어간 경우
② 탭 재질의 경도가 높은 경우
③ 탭의 가공 속도가 빠른 경우
④ 탭이 구멍 바닥에 부딪쳤을 경우

해설
탭의 파손원인
- 구멍이 너무 작거나 구부러진 경우
- 탭이 경사지게 들어간 경우
- 탭의 지름에 적합한 핸들을 사용하지 않는 경우
- 너무 무리하게 힘을 가하거나 가공 속도가 빠른 경우
- 막힌 구멍의 밑바닥에 탭 선단이 닿았을 경우

정답 1 ① 2 ① 3 ① 4 ②

05 기어 절삭가공방법에서 창성법에 해당하는 것은?

① 호브에 의한 기어가공
② 형판에 의한 기어가공
③ 브로칭에 의한 기어가공
④ 총형 바이트에 의한 기어가공

해설
창성(創成)에 의한 방법
• 상대운동에 의한 기어절삭, 전용 절삭기구를 제작하여 상대운동을 시켜 가공
• 정확한 인벌류트 치형가공 가능
• 피니언 커터, 래크 커터, 호브 등 이용

06 연삭기의 이송방법이 아닌 것은?

① 테이블 왕복식
② 플런저 컷방식
③ 연삭숫돌대 방식
④ 마그네틱척 이동방식

해설
• 연삭기의 이송방법 : 테이블 왕복식, 플런저 컷방식, 연삭숫돌대 방식
• 센터리스 연삭기 이송 : 통과이송, 전후이송

07 다음 중 각도를 측정할 수 있는 측정기는?

① 사인바
② 마이크로미터
③ 하이트 게이지
④ 버니어 캘리퍼스

해설
사인바를 이용한 각도 측정

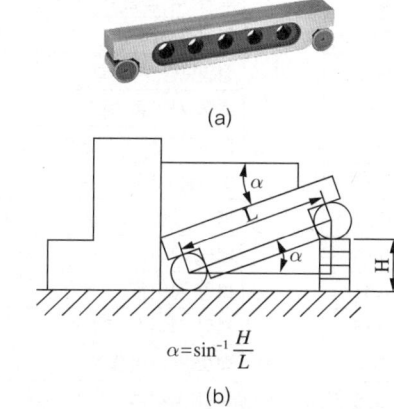

(a)

(b)

$\alpha = \sin^{-1}\dfrac{H}{L}$

• 기준 길이는 바퀴처럼 보이는 원통의 중심 간 거리를 이용한다(그림 b 참조).
• 측정하고자 하는 각에 밀착시키고 블록 게이지를 이용하여 높이를 측정한다.
• 사인바는 45° 이하의 각도를 측정하도록 한다. 그 이상이 되면 오차가 급격히 커진다.

정답 5 ① 6 ④ 7 ①

08 머시닝센터에서 드릴링 사이클에 사용되는 G-코드로만 짝지어진 것은?

① G24, G43
② G44, G65
③ G54, G92
④ G73, G83

해설
그룹 09 드릴링 사이클 모음

코드	그룹	준비기능
G73		고속 펙 드릴링 사이클
G74		역태핑 사이클
G76		정밀보링 사이클
G80		고정 사이클 취소
G81		드릴링, 스폿 드릴링 사이클
G82		드릴링, 카운터 보링 사이클
G83	09	펙 드릴링 사이클
G84		태핑 사이클
G85		보링 사이클
G86		보링 사이클
G87		백보링 사이클
G88		보링 사이클
G89		보링 사이클

09 선반에서 긴 가공물을 절삭할 경우 사용하는 방진구 중 이동식 방진구는 어느 부분에 설치하는가?

① 베드
② 새 들
③ 심압대
④ 주축대

해설
이동식 방진구는 왕복대의 새들에 고정시켜 사용한다.

10 터릿선반에 대한 설명으로 옳은 것은?

① 다수의 공구를 조합하여 동시에 순차적으로 작업이 가능한 선반이다.
② 지름이 큰 공작물을 정면가공하기 위하여 스윙을 크게 만든 선반이다.
③ 작업대 위에 설치하고 시계 부속 등 작고 정밀한 가공물을 가공하기 위한 선반이다.
④ 가공하고자 하는 공작물과 같은 실물이나 모형을 따라 공구대가 자동으로 모형과 같은 윤곽을 깎아 내는 선반이다.

해설
- 사인바와 같이 가공물을 회전시키면서 터릿에 6~8종의 절삭공구를 장착한 후 가공 순서에 맞게 절삭공구를 변경하며 가공하는 선반으로 동일 제품의 대량 생산에 적합하다.
- 터릿은 절삭공구를 육각형 모양의 드럼에 가공 순서대로 장착시킨 기계장치이다.
②는 정면선반, ③은 탁상선반, ④는 모방선반에 대한 설명이다.

11 절삭공구 수명을 판정하는 방법으로 틀린 것은?

① 공구인선의 마모가 일정량에 달했을 경우
② 완성가공된 치수의 변화가 일정량에 달했을 경우
③ 절삭저항의 주분력이 절삭을 시작했을 때와 비교하여 동일할 경우
④ 완성가공면 또는 절삭가공한 직후에 가공면에 광택이 있는 색조 또는 반점이 생길 경우

해설
공구 수명의 판정방법
- 날의 마멸이 일정량에 달했을 때
- 완성된 공작물의 치수 변화가 일정량에 달했을 때
- 가공면 또는 절삭한 직후의 면에 광택이 있는 무늬 또는 점들이 생길 때
- 절삭저항의 주분력, 배분력, 이송 방향 분력 또는 이 힘 중 하나 이상이 급격히 증가되었을 때

12 테일러의 원리에 맞게 제작되지 않아도 되는 게이지는?

① 링 게이지　　② 스냅 게이지
③ 테이퍼 게이지　④ 플러그 게이지

해설
테일러의 원리란 허용 한계 측정, 한계 게이지를 이용한 측정에 적용되며 '통과 측에는 모든 치수 또는 결정량이 동시에 검사되고 정지 측에는 각각의 치수가 개개로 검사되어야 한다.'는 원리이다. 테이퍼 게이지는 테이퍼가 있으므로 통과 측과 정지 측이 존재하지 않는다.

13 연삭작업에 관련된 안전사항 중 틀린 것은?

① 연삭숫돌을 정확하게 고정한다.
② 연삭숫돌 측면에 연삭을 하지 않는다.
③ 연삭가공 시 원주 정면에 서 있지 않는다.
④ 연삭숫돌 덮개 설치보다는 작업자의 보안경 착용을 권한다.

해설
연삭숫돌 덮개도 설치하여야 한다.

14 밀링 절삭방법 중 상향절삭과 하향절삭에 대한 설명이 틀린 것은?

① 하향절삭은 상향절삭에 비하여 공구 수명이 길다.
② 상향절삭은 가공면의 표면거칠기가 하향절삭보다 나쁘다.
③ 상향절삭은 절삭력이 상향으로 작용하여 가공물의 고정이 유리하다.
④ 커터의 회전 방향과 가공물의 이송이 같은 방향의 가공방법을 하향절삭이라 한다.

해설
밀링가공의 상향절삭
커터날의 회전 방향과 일감의 이송이 서로 반대 방향이다.
• 커터날이 일감을 들어 올리는 방향이므로 기계에 무리를 주지 않는다.
• 커터날에 처음 작용하는 절삭저항이 작다.
• 깎인 칩이 새로운 절삭을 방해하지 않는다.
• 백래시의 우려가 없다.
• 커터날이 일감을 들어 올리는 방향으로 일을 하므로 일감의 고정이 어렵다.
• 날의 마찰이 커 날의 마멸이 크다.
• 회전과 이송이 반대여서 이송의 크기가 상대적으로 크며 이에 따라 피치가 커져서 가공면이 거칠다.
• 가공할 면을 보면서 작업하기 어렵다.

15 다음 연삭숫돌 기호에 대한 설명이 틀린 것은?

WA 60 K m V

① WA : 연삭숫돌 입자의 종류
② 60 : 입도
③ m : 결합도
④ V : 결합제

해설

WA	60	K	m	V	1호
숫돌입자	입 도	결합도	조 직	결합제	모 양

• WA : White Alumina
• 60 : 입도 60번 입자
• K : 연삭숫돌의 결합도(연한 것)
• m : 조직 단위 용적당 입자의 밀도(중간 것)
• V : 비트리파이드 숫돌

정답 12 ③ 13 ④ 14 ③ 15 ③

16 측정자의 직선 또는 원호운동을 기계적으로 확대하여 그 움직임을 지침의 회전 변위로 변환시켜 눈금으로 읽을 수 있는 측정기는?

① 수준기 ② 스냅 게이지
③ 게이지 블록 ④ 다이얼 게이지

해설
다이얼 게이지
베이스를 고정하고 접촉자를 기준면에 댄 후 측정 대상물을 회전운동이나 직선운동을 시켜 눈금의 변화를 확인하며 원하는 측정을 실시한다.

17 래핑에 대한 설명으로 틀린 것은?

① 습식래핑은 주로 거친 래핑에 사용한다.
② 습식래핑은 연마입자를 혼합한 랩액을 공작물에 주입하면서 가공한다.
③ 건식래핑의 사용 용도는 초경질 합금, 보석 및 유리 등 특수재료에 널리 쓰인다.
④ 건식래핑은 랩제를 랩에 고르게 누른 다음 이를 충분히 닦아 내고 주로 건조 상태에서 래핑을 한다.

해설
건식래핑은 주로 습식래핑 이후 고운 마무리에 사용한다.

18 다음 중 금속의 구멍작업 시 칩의 배출이 용이하고 가공 정밀도가 가장 높은 드릴날은?

① 평드릴 ② 센터드릴
③ 직선 홈드릴 ④ 트위스트 드릴

해설
드릴날에 따른 분류
• 평드릴 : 중심점 가공용 날이 평평하다.
• 센터드릴 : 중심점 가공
• 직선 홈드릴 : 드릴 홈이 직선이다.
• 트위스트 드릴 : 2개의 홈이 비틀어져 있어 칩 배출이 용이하다.

19 드릴 속도가 V[m/min], 지름이 d[mm]일 때, 드릴의 회전수 n[rpm]을 구하는 식은?

① $n = \dfrac{1,000}{\pi d V}$ ② $n = \dfrac{1,000 V}{\pi d}$

③ $n = \dfrac{\pi d V}{1,000}$ ④ $n = \dfrac{\pi d}{1,000 V}$

해설
날끝에서 작용되는 절삭속도
$v = \dfrac{\pi D n}{1,000}$ m/min (D : 지름, v : 절삭속도, n : 분당 회전수)

∴ $n = \dfrac{1,000 v}{\pi D}$

20 절삭제의 사용목적과 거리가 먼 것은?

① 공구 수명 연장
② 절삭저항의 증가
③ 공구의 온도 상승 방지
④ 가공물의 정밀도 저하 방지

해설
절삭제의 사용목적
냉각작용, 방청작용, 윤활작용, 칩 배출 윤활을 하면 마찰이 줄어든다.

제2과목 기계제도 및 기초공학

21 구멍과 축의 억지 끼워맞춤에서 최대 죔새의 설명을 옳은 것은?

① 구멍의 최대 허용치수 - 축의 최대 허용치수
② 구멍의 최소 허용치수 - 축의 최소 허용치수
③ 축의 최소 허용치수 - 구멍의 최대 허용치수
④ 축의 최대 허용치수 - 구멍의 최소 허용치수

해설
억지 끼워맞춤의 경우 축의 가장 작은 경우(최소 허용치수)가 구멍의 가장 큰 경우(최대 허용치수)보다 커야 한다. 어느 정도 조여 주느냐를 '죔새'로 나타내는데 가장 많이 조여 주는 경우가 '최대 죔새'가 된다. 가장 많이 조여 주는 경우는 구멍이 가장 작을 때(최소 허용치수), 그리고 축이 가장 클 때(최대 허용치수)이다.
절댓값으로 나타내므로 보기의 앞뒤 순서가 바뀌어도 상관없으나 문제에서 둘 다 보기로 주어지면 값이 +로 나타나도록 생각하고 고르면 된다.

22 V-벨트 풀리의 도시에 관한 설명으로 옳지 않은 것은?

① V-벨트 풀리 홈 부분의 치수는 형별과 호칭지름에 따라 결정된다.
② V-벨트 풀리는 축 직각 방향의 투상을 정면도(주투상도)로 할 수 있다.
③ 암(Arm)은 길이 방향으로 절단하여 도시한다.
④ V-벨트 풀리에 적용하는 일반용 V 고무벨트는 단면치수에 따라 6가지 종류가 있다.

해설
암은 암축의 직각 방향으로 단면하여 회전도시한다.

23 강재의 종류와 그 기호가 잘못 짝지어진 것은?

① SCr420 : 크롬강
② SCM420 : 니켈 크롬강
③ SMn420 : 망간강
④ SMnC420 : 망간 크롬강

해설
SCM420 : 크롬 몰리브덴강(Steel Chromium Molybdenum)은 420의 강도를 나타내는 기계구조용 합금강이다.

24 기계제도에서 사용하는 선의 종류에 대한 용도 설명 중 잘못된 것은?

① 굵은 실선 : 대상물의 보이는 부분의 모양 표시
② 가는 1점쇄선 : 도형의 중심 표시
③ 가는 2점쇄선 : 대상물의 일부를 파단한 경계 표시
④ 가는 파선 : 대상물의 보이지 않는 부분 모양 표시

해설

| —·—··—··— | 가는 2점쇄선 | 가상(상상)선 |

대상물의 일부를 파단한 경계를 표시하는 선은 파형의 가는 실선이나 지그재그선을 이용하여 파단선을 그린다.

정답 21 ④ 22 ③ 23 ② 24 ③

25 그림과 같은 등각투상도에서 화살표 방향에서 본 면을 정면이라 할 때 제3각법으로 3면도가 올바르게 그려진 것은?

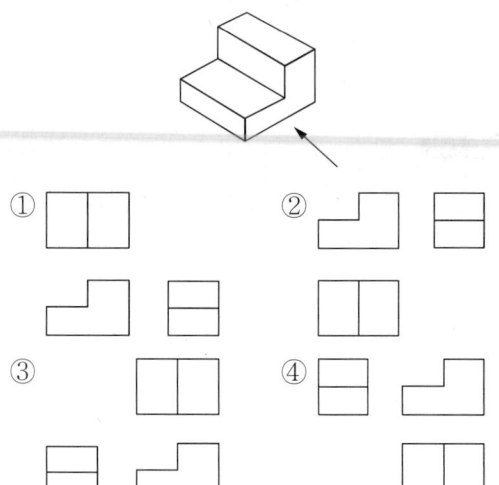

해설
문제가 질문 의도를 잘 구성하지 못한 것 같다. 제3각법으로 3면도라고 하면 일반적으로 정면도, 우측면도, 평면도를 의미하므로 자세히 보지 않고 ①을 선택할 수 있으나, ①은 틀린 투상이다. 제3각법에 의한 투상도를 모두 그리면 다음과 같다.

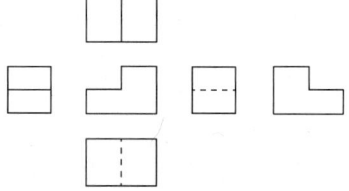

3개의 투상을 옳게 한 것을 찾으면 답은 ③이 된다.

26 투상도를 그릴 때 선이 서로 겹칠 경우 나타내야 할 우선순위로 옳은 것은?

① 중심선 > 숨은선 > 외형선
② 숨은선 > 절단선 > 중심선
③ 외형선 > 중심선 > 절단선
④ 외형선 > 중심선 > 숨은선

해설
도면에서 2종류 이상의 선이 같은 장소에서 중복되는 경우에 외형선 > 숨은선 > 절단선 > 중심선 > 무게중심선 > 치수보조선 순으로 표시한다.

27 그림과 같은 원뿔을 전개하였을 때 전개도의 중심각이 120°가 되려면 L의 치수는 얼마인가?(단, 원뿔 밑면의 지름은 100mm이다)

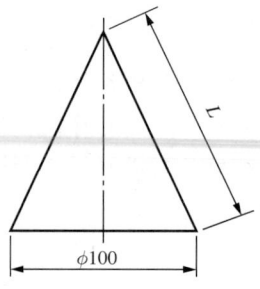

① 150mm   ② 200mm
③ 120mm   ④ 180mm

해설
방사선을 이용하여 그리는 것이 적당하며, 다음 그림과 같이 전개된다.

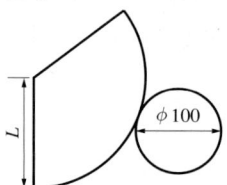

호의 길이를 계산하는 식에서
$r\theta = l$ (l : 호의 길이, r : 반지름, θ : 중심각)이므로
반지름이 구하고자 하는 L, 중심각은 $\frac{2\pi}{3}$, 호의 길이는 100π이다.
$L \times \frac{2\pi}{3} = 100\pi$, $L = 150$

28 가공 모양의 기호에 대한 설명으로 잘못된 것은?

① = : 가공에 의한 컷의 줄무늬 방향이 기호를 기입한 그림의 투영한 면에 평행
② X : 가공에 의한 컷의 줄무늬 방향이 기호를 기입한 그림의 투영면에 비스듬하게 2방향으로 교차
③ M : 가공에 의한 컷의 줄무늬가 여러 방향
④ R : 가공에 의한 컷의 줄무늬가 기호를 기입한 면의 중심에 대하여 거의 동심원 모양

해설
R : 커터의 줄무늬가 기호를 지시한 면의 중심에 대하여 대략 레이디얼 모양

29 그림과 같은 입체도를 제3각법으로 올바르게 나타낸 투상도는?

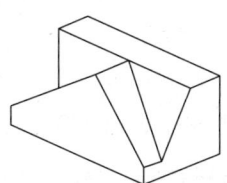

① ②
③ ④

해설

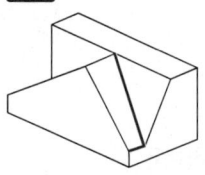

① ②
③ ④

30 나사 표기가 'G 1/2'이라 되어 있을 때, 이는 무슨 나사인가?

① 관용 평행나사 ② 29° 사다리꼴나사
③ 관용 테이퍼 나사 ④ 30° 사다리꼴나사

해설

나사의 종류		나사의 종류를 표시하는 기호	나사의 호칭에 대한 표시방법의 예
관용 평행나사		G	G1/2
30° 사다리꼴나사		TM	TM18
29° 사다리꼴나사		TW	TW20
관용 테이퍼 나사	테이퍼 나사	PT	PT7
	평행 암나사	PS	PS7

31 다음 그림에서 F_1 F_2의 합성(F)의 크기에 대한 표현식으로 옳은 것은?

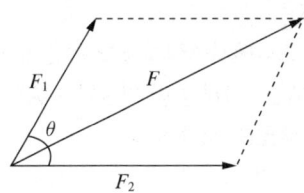

① $F = F_1^2 + F_2^2 + 2F_1F_2\sin\theta$

② $F = F_1^2 + F_2^2 + 2F_1F_2\cos\theta$

③ $F = \sqrt{F_1^2 + F_2^2 + 2F_1F_2\sin\theta}$

④ $F = \sqrt{F_1^2 + F_2^2 + 2F_1F_2\cos\theta}$

해설

F_1과 F_2를 각각 직각 방향의 힘
$F_y = F_1\sin\theta$, $F_x = F_1\cos\theta + F_2$로 변형하고
$F^2 = F_x^2 + F_y^2$을 적용하면
$F = \sqrt{(F_1^2\cos^2\theta + F_2^2 + 2F_1F_2\cos\theta) + F_1^2\sin^2\theta}$
$= \sqrt{F_1^2(\cos^2\theta + \sin^2\theta) + F_2^2 + 2F_1F_2\cos\theta}$
$= \sqrt{F_1^2 + F_2^2 + 2F_1F_2\cos\theta}$ (∵ $\cos^2\theta + \sin^2\theta = 1$)

정답 29 ④ 30 ① 31 ④

32 응력과 압력에 관한 설명으로 틀린 것은?

① 단위는 N/m²이다.
② 1kgf/cm² = 9.8×10⁴N/m²로 나타낸다.
③ 응력과 압력은 물리력으로 뉴턴의 제3법칙에 근거한다.
④ 내부 힘에 대한 외부저항력을 단위 면적당 크기로 표시한다.

해설
$\sigma = \dfrac{F}{A}$ (σ : 응력, F : 외력, A : 단면적)로 표현하며 단위는 압력과 같은 단위(Pa, MPa)를 사용한다. 외부 힘에 대한 내부저항력을 단위 면적당 힘의 크기로 표시한다.

33 다음 그림에서 A점 중심으로 한 모멘트 대수합은 얼마인가?(단, 시계 방향 회전은 +부호, 반시계 방향 회전은 −부호를 사용한다)

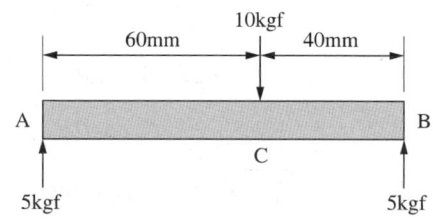

① 10kgf · mm
② −10kgf · mm
③ 100kgf · mm
④ −100kgf · mm

해설
$\sum M$ = 10kgf × 60mm − 5kgf × 100mm
= 600kgf · mm − 500kgf · mm = 100kgf · mm
기준점을 지나는 힘은 거리가 0이므로 모멘트가 발생하지 않는다.

34 저항의 직·병렬회로에 대한 설명으로 틀린 것은?

① 저항 직렬회로에서 전류는 어느 지점에서나 항상 일정하다.
② 저항 직렬회로에서 저항 단자전압의 크기는 저항의 크기에 비례한다.
③ 저항 병렬회로에서 저항 단자전압의 크기는 저항의 크기에 반비례한다.
④ 저항 병렬회로에서 각 저항에 흐르는 전류의 크기는 저항의 크기에 반비례한다.

해설
저항 병렬회로에서 저항 단자전압의 크기는 각각의 저항에 상관없이 일정하게 강하한다.

35 다음 설명에 해당하는 법칙은?

> 회로 내의 임의의 접속점에 들어가는 전류와 나오는 전류의 대수합은 0이다.

① 플레밍의 왼손법칙
② 플레밍의 오른손법칙
③ 키르히호프의 전류법칙
④ 키르히호프의 전압법칙

해설
키르히호프의 제1법칙(전류법칙 : KCL)
임의의 한 점을 중심으로 들어가는 전류의 합은 나오는 전류의 합과 같다. 곧 전류의 대수합은 0이다.

36 속력의 정의로 옳은 식은?

① 속력 = 시간 ÷ 이동거리
② 속력 = 이동거리 × 시간
③ 속력 = 이동거리 ÷ 시간
④ 속력 = 이동거리 + (시간)^2

해설
속력은 이동하는 어떤 물체의 이동거리를 시간으로 미분한 값으로 매순간 변한다.

37 면적이 2.5m^{2}인 가공물이 작업대 위에 놓여 있을 때 이 가공물의 무게가 50kgf라면 작업대가 받는 압력 [kgf/m^2]은 얼마인가?

① 5
② 10
③ 20
④ 25

해설
응력
- 어떤 물체에 외력이 작용할 때 작용하는 힘을 단위 면적당 미분한 개념이다.
- $\sigma = \dfrac{F}{A}$ (σ : 응력, F : 외력, A : 단면적)로 표현하며 단위는 압력과 같은 단위(Pa, MPa)를 사용한다.

$\sigma = \dfrac{50\,\text{kgf}}{2.5\,\text{m}^2} = 20\,\text{kgf/m}^2$

38 유압 실린더가 기반으로 하고 있는 원리 또는 법칙은?

① 뉴턴의 법칙
② 아베의 원리
③ 파스칼의 원리
④ 베르누이의 법칙

해설
파스칼의 원리 : 파스칼의 원리는 압력이 작용하는 유체 전체에는 전 방향으로 같은 압력이 작용한다는 의미의 원리이다. 따라서 작용력의 면적과 힘이 비례관계가 된다. 이는 여러 가지 영역에서 유용하게 활용되는데, 유체를 이용한 지렛대의 원리처럼, 작동력을 작용시키는 쪽에서는 크지 않은 힘으로 일을 해도 작동력이 전달되는 쪽에서는 큰 힘이 발현될 수 있다.

39 바하(Bach)의 축공식에서 연강축의 길이 1m당 비틀림 각은 몇 도[°] 이내로 제한하는가?

① $\dfrac{1}{4}$
② $\dfrac{1}{6}$
③ $\dfrac{1}{8}$
④ $\dfrac{1}{10}$

해설
여러 가지 강성을 고려하여 축의 지름을 설계하였더라도 비틀림 변형에 의한 진동 유발 등을 고려하여 바하(Bach)가 실험적으로 제안한 공식이다. 예를 들어, 연강 재질의 속이 꽉 찬 원형 축의 경우 1m당 비틀림 각은 1/4°, 즉 0.25° 이내여야 하며 그 직경은 $d = 120\sqrt[4]{\dfrac{H}{N}}\,[\text{mm}]$와 같이 구한다.

40 도선에 1A의 전류가 흐를 때 1초간에 통과하는 전하량은?

① 1Ω
② 1C
③ 1V
④ 1W

해설
내용상 전류가 전기의 양이지만, 암페어[A]로 전기의 양을 표현하기에는 기준이 없어 불완전하다. 이를 위해 1초당 흐르는 전기의 양을 표현할 필요가 있으며, 이를 '전기량', '전하량'이라 하고 쿨롱[C]이라는 단위를 사용한다.
전하량은 $Q = I \times t$ (Q : 전하량, I : 전류, t : 시간(초))로 표현되며 단위는 1A = 1C × 1s, 1C = 1A/s 이다.

정답 36 ③ 37 ③ 38 ③ 39 ① 40 ②

제3과목 자동제어

41 릴리프 밸브의 크랭킹 압력이 60kgf/cm²이고, 전량 압력이 100kgf/cm²이면, 이 밸브의 압력 오버라이드는 몇 kgf/cm²인가?

① 40   ② 60
③ 100 ④ 160

해설
- 릴리프 밸브 : 탱크나 실린더 내의 최고 압력을 제한하여 과부하 방지를 목적으로 하며 안전밸브라고도 한다.
- 크랭킹 압력 : 릴리프 밸브 등에서 압력이 상승되어 밸브가 열리기 시작할 때의 압력이다.
- 전량 압력 : 크랭킹 압력에서 밸브가 열리기 시작해 밸브가 완전히 열려 흐르는 압력이다.
- 오버라이드 : 크랭킹 압력과 전량 압력의 차로 밸브가 열리기 시작할 때부터 더 수용할 수 있는 범위이다.

이 문제에서의 오버라이드는 40kgf/cm²이다.

42 PLC 제어의 장점으로 틀린 것은?

① 신뢰성 및 보수성 향상
② 프로그램 호환성이 높음
③ 긴 수명 및 고속제어 가능
④ 설계 및 테스트 변경 등이 용이

해설
릴레이 제어와 비교한 PLC(Programmable Logic Controller) 제어의 특징
- 시스템 확장 및 유지 보수가 용이하다.
- 산술·논리연산이 가능하다.
- 컴퓨터 등과 같은 외부장치와 통신이 가능하다.
- 제어내용의 변경이 어렵다.
- 전용 프로그램을 사용한다.
- 회로 배선이 간소화된다.
- 신뢰성이 향상된다.
- 보수가 용이하다.
- 비밀 유지가 용이하다.

43 응답이 최초로 희망값의 50%에 도달하는 데 필요한 시간을 무엇이라 하는가?

① 상승시간   ② 응답시간
③ 지연시간   ④ 정정시간

해설
과도 응답 : 안정된 출력을 얻기까지 과도기적인 응답
- 지연시간(Delay Time) : 응답값이 희망값의 50% 진행되는 데 요하는 시간
- 상승시간(Rise Time) : 응답이 희망값의 10%에서 90%까지 도달하는 시간
- 정착시간(Setting Time, 응답시간, 정정시간) : 응답이 희망값의 5% 이내로 들어올 때까지의 시간

44 1차 시스템의 시정수에 관한 다음 설명 중 옳은 것은?

① 시정수가 클수록 오버슈트가 크다.
② 시정수가 클수록 정상 상태 오차가 작다.
③ 시정수가 작을수록 응답 속도가 빠르다.
④ 시정수는 지연시간에 영향을 받지 않는다.

해설
시정수(Time Constant) : 1차 지연요소의 내용이며 정상 상태의 63.2%까지 걸리는 시간으로, 시정수가 작을수록 응답속도가 빠르다.

45 다음 중 DC 모터의 속도를 제어하는 방법으로 가장 적합한 것은?

① ATM ② PAM
③ PWM ④ SSP

해설
펄스폭(PWM : Pulse Width Modulation) 변조에 의한 구동 : 직류전압 변동 시 펄스전압 출력시간을 변화시키는 방식이다. DC 전원은 직접 전압값이나 전류값을 변화시키기가 어렵기 때문에 펄스의 폭을 조정하여 전력의 크기를 제어한다.

46 다음 개루프 전달함수에 대한 제어시스템의 근궤적 개수는?

$$G(s)H(s) = \frac{K(s+1)}{s(s+2)(s+3)}$$

① 1 ② 2
③ 3 ④ 4

해설
- 시간영역에서의 제어계를 해석·설계하는 데 유용하다.
- 근궤적은 G(s)H(s)의 극점에서 출발하여 영점에서 종착한다.
- 근궤적의 수 : 모든 영점과 극점은 각각 근궤적이 발생되어야 하므로,
  - 영점의 수가 극점보다 많으면 근궤적 개수는 영점의 수만큼 존재
  - 극점의 수가 영점보다 많으면 근궤적 개수는 극점의 수만큼 존재
- 근궤적은 실수축에 대칭이며 따라서 실수축에서 교차한다.
- 점근선의 개수는 극점과 영점의 차의 수만큼 발생한다.

따라서, 극점의 수가 영점보다 많고 극점이 3개이므로 근궤적도 3개이다.

47 4의 라플라스 변환식은?

① 4 ② $4s$
③ $\dfrac{s}{4}$ ④ $\dfrac{4}{s}$

해설
라플라스 테이블

	함수명	$f(t)$	$F(s)$		함수명	$f(t)$	$F(s)$
1	단위 충격	$\delta(t)$	1	8	지수 n차 경사	$t^n e^{-at}$	$\dfrac{n!}{(s+a)^{n+1}}$
2	단위 계단	$u(t)=1$	$\dfrac{1}{s}$	9	cos 함수	$\cos \omega t$	$\dfrac{s}{s^2+\omega^2}$
3	단위 경사	t	$\dfrac{1}{s^2}$	10	sin 함수	$\sin \omega t$	$\dfrac{\omega}{s^2+\omega^2}$
4	포물선	t^2	$\dfrac{2}{s^3}$	11	지수 감쇠 cos	$e^{-at}\cos \omega t$	$\dfrac{s+a}{(s+a)^2+\omega^2}$
5	n차 경사	t^n	$\dfrac{n!}{s^{n+1}}$	12	지수 감쇠 sin	$e^{-at}\sin \omega t$	$\dfrac{\omega}{(s+a)^2+\omega^2}$
6	지수 감쇠	e^{-at}	$\dfrac{1}{s+a}$	13	쌍곡선 함수	$\cos \eta \omega t$	$\dfrac{s}{s^2-\omega^2}$
7	지수 감쇠 경사	te^{-at}	$\dfrac{1}{(s+a)^2}$	14	쌍곡선 함수	$\sin \eta \omega t$	$\dfrac{\omega}{s^2-\omega^2}$

따라서, $f(t)=4$이면, $F(s)=\dfrac{4}{s}$

48 신호흐름선도의 요소에 대한 설명 중 틀린 것은?

① 경로는 동일한 진행 방향을 갖는 연결 가지의 집합이다.
② 경로 이득은 경로를 형성하는 가지들의 이득의 합이다.
③ 출력마디는 들어오는 가지만 있고 밖으로 나가는 가지는 없다.
④ 입력마디는 밖으로 나가는 가지만 있고 돌아오는 가지는 없다.

해설
경로 이득은 경로를 형성하는 가지들의 이득의 곱이다.

49 래더 다이어그램에 대한 설명으로 옳은 것은?
① 릴레이 제어회로의 표현에 사용한다.
② 위치제어 문제의 정확한 해결에 사용된다.
③ 프로그램 메모리에 저장되는 프로그램이다.
④ 제어시스템에서 부품의 연결을 나타내는 계획도이다.

해설
래더도 방식 : PLC 프로그램 중 계전기 시퀀스도를 직접 기입 또는 표시할 수 있는 장점 때문에 최근에 가장 많이 사용되며, 프로그램을 작성하면 사다리 모양이 되는 프로그램 방식이다.

50 제어용 각종 기기 중 주회로의 단락 사고 등에 의한 과전류부터 회로를 보호하는 장치로 사용되는 것은?
① 릴레이   ② 차단기
③ 카운터   ④ 타이머

해설
① 릴레이 : 어떤 신호 하나에 여러 접점이 반응하도록 설계된 기기
③ 카운터 : 숫자를 세도록 고안된 전기전자기기
④ 타이머 : 시간을 재도록 고안된 전기전자기기

51 다음 중 1atm과 같은 압력은?
① 100mAq
② 1.013bar
③ 1,000mmHg
④ 10.336kgf/m^2

해설
1atm = 760mmHg = 10.33mAq = 1.03323kgf/cm^2 = 1.013bar
= 1,013hPa

52 트리거 입력 펄스가 들어올 때마다 Q의 출력이 반전을 하는 플립플롭은?
① D   ② T
③ JK   ④ RS

해설
플립플롭의 종류

	RST 플립플롭	JK 플립플롭
기호		
동작	T가 1일 때에만 RS F/F 동작, T가 0일 때에는 입력 R, S의 상태에 무관하여 앞의 출력 상태를 유지함	2개의 입력이 동시에 1이 되었을 때 출력 상태가 불확정 되지 않도록 한 것으로 이때 출력 상태는 반전됨
진리표	S R Q$_{n+1}$ 동작 0 0 Q$_n$ 불 변 0 1 0 리 셋 1 0 1 세 트 1 1 불확정 불 변	J K Q$_{n+1}$ 동작 0 0 Q$_n$ 불 변 0 1 0 리 셋 1 0 1 세 트 1 1 Q$_n$' 반 전

	D 플립플롭	T플립플롭
기호		
동작	D 입력의 1 또는 0의 상태가 Q 출력에 그대로 set됨	클럭 펄스가 가해질 때마다 출력 상태가 반전됨
진리표	D clk Q$_{n+1}$ 1 1 0 0	T Q$_{n+1}$ 0 Q$_n$ 1 Q$_n$'

53 다음 중 되먹임 제어계의 안정도와 가장 관련이 깊은 것은?

① 역 률
② 효 율
③ 시정수
④ 이득 여유

해설
제어계를 설계하기 위해 필요한 요소들로 이득 여유(Gain Margin)와 위상 여유(Phase Margin)가 있다.

54 PLC의 입출력장치의 요구사항에 해당하지 않는 것은?

① 외부기기와 전기적 규격이 일치해야 한다.
② 디지털 방식의 외부기기만 사용할 수 있다.
③ 입출력의 각 접점 상태를 감시할 수 있어야 한다.
④ 외부기기로부터 노이즈 CPU 쪽에 전달되지 않도록 해야 한다.

해설
아날로그 방식의 외부기기 입력을 사용하기도 한다. A/D 컨버터를 이용하면 가능하다.
입출력부의 요구조건
• 외부기기와 전기적 규격이 일치해야 한다.
• 외부기기로부터의 노이즈가 CPU로 전달되지 않도록 해야 한다.
• 외부기기와의 연결방법이 쉬워야 한다.

55 하나의 전송매체에 여러 채널의 데이터를 실어서 동시에 전송하는 방식의 통신방식은?

① 토큰 링(Token Ring)
② 베이스 밴드(Base Band)
③ 브로드 밴드(Broad Band)
④ 캐리어 밴드(Carrier Band)

해설
① 토큰 링 : 단말이 접속되는 노드(Node) 사이를 링 모양으로 접속하여 상호간 정보를 주고받도록 연결하는 LAN의 일종
② 베이스 밴드(Base Band, 기저대역) : 모든 신호가 갖고 있는 주파수 대역을 의미
④ 캐리어 밴드 : 무언가 신호를 담아 옮기는 전파를 의미

56 NC 기계의 동력 전달방법으로 서보모터와 볼스크루축을 직접 연결하여 연결 부위의 백래시 발생을 방지하는 기계요소로 적합한 것은?

① 기 어
② 체 인
③ 커플링
④ 타이밍 벨트

해설
커플링은 동력 전달요소로 서보모터 계통에 사용되었을 때는 서보모터와 볼스크루축의 연결 부위에 직접 연결되어 동력 전달 및 백래시 방지기구의 역할을 한다.

57 다음은 C언어로 스위치와 DC 모터를 제어하는 프로그램 일부이다. 프로그램에 대한 설명으로 틀린 것은?

```
#define PPIA 0x310
#define CW 0x313
#define ON 0x01
void main() {
    outportb(CW, 0x89);
    outportb(PPIA, ON);
… 이하 생략
```

① #define ON 0x01 : ON을 0x01로 정의한다.
② outportb(CW, 0x89) : 0x01번지에 0x89값을 출력한다.
③ outportb(PPIA, ON) : 0x310번지를 통해서 1을 출력한다.
④ #define PPIA 0x310 : PPI 8255의 A 포트를 0x310번지로 지정한다.

해설
• #define은 전처리로 사전의 변수의 정의를 내리는 것이다. PPIA = 0x310, CW = 0x313, ON = 0x01로 정의해 두었다.
• outportb(CW, 0x89)는 사전 define된 CW 값, 즉 0x313 에 0x89의 값을 outportb하라는 내용이다.
• outportb(PPIA, ON)에서 ON은 앞에 define된 0x01을 의미하기보다는 ON/OFF, 즉 1과 0값에서 1을 출력하라는 의미이다.

58 전달함수 $G(s) = 1 + sT$인 제어계에서 $\omega T = 1,000$일 때 이득은 약 몇 dB인가?

① 40 ② 50
③ 60 ④ 70

해설
$\text{Gain} = 20\log_{10}(\sqrt{T^2\omega^2 + 1}) = 10\log_{10}(T^2\omega^2 + 1)$
$= 10\log_{10}(1,000^2 + 1) \fallingdotseq 10\log_{10}10^6 = 60\text{dB}$

59 제어계를 동작시키는 기준으로서 제어계에 입력되는 신호는?

① 조작량 ② 궤환신호
③ 동작신호 ④ 기준입력신호

해설
기준입력신호
- 임펄스 신호 입력은 임펄스 응답
- 계단신호 입력은 계단 응답

60 DC 서보모터의 설계 시 응답을 개선하기 위하여 고려할 사항으로 틀린 것은?

① 토크의 맥동을 작게 한다.
② 기계적 시정수를 작게 한다.
③ 순시 최대 토크까지의 선형성을 높인다.
④ 전기적 시정수(인덕턴스/저항)를 크게 한다.

해설
설계 시 응답 개선 방안
- 토크의 맥동을 작게
- 기계적·전기적 시정수를 작게
- 순시 최대 토크까지의 선형성을 높게

제4과목 메커트로닉스

61 다음 진리표의 논리 심벌로 옳은 것은?

입 력		출 력
0	0	0
0	1	1
1	0	1
1	1	1

① 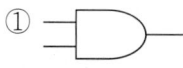   ②
③ 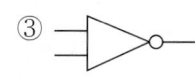   ④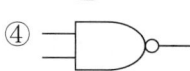

해설
입력 중 하나라도 신호가 들어오면 출력이 나오는 신호는 OR 회로이다.

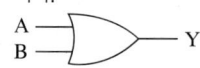

Y = A+B
[논리합의 기호]

62 프로그램 카운터의 설명으로 옳은 것은?

① 입출력신호를 제어한다.
② 프로그램 타이머, 카운터의 기능을 수행한다.
③ CPU 안에 정보가 저장되고, 처리될 장소를 제공한다.
④ 프로그램에서 다음에 수행될 명령어의 주소를 기억한다.

해설
프로그램 카운터
- 명령어 주소 레지스터라고 한다.
- 다음에 수행될 명령어의 주소를 가지고 있는 레지스터이다.
- 명령어가 인출된 후 다음 명령어 주소값이 올라온다.

58 ③ 59 ④ 60 ④ 61 ② 62 ④

63 부품가공 시 중심을 잡거나 정반 위에서 공작물을 이동시켜 평행선을 그을 때 사용되는 공구는?
① 펀 치
② 컴퍼스
③ 서피스 게이지
④ 버니어 캘리퍼스

> **해설**
> 펀치는 뚫기, 컴퍼스는 길이나 각도 옮기기, 버니어 캘리퍼스는 길이 측정에 사용한다.

64 광전센서의 일반적인 특징으로 틀린 것은?
① 검출거리가 길다.
② 응답속도가 느리다.
③ 검출 물체의 대상이 넓다.
④ 비접촉식으로 물체를 검출한다.

> **해설**
> 광(光)을 이용하므로 입력센서는 빛의 속도를 기준으로 이루어진다.

65 쾌속조형기술이라고도 하며 컴퓨터에서 생성된 3차원 형상을 조형하여 모델을 만드는 것은?
① Boring
② Honing
③ Burnishing
④ Rapid Prototyping

> **해설**
> 쾌속조형기술(Rapid Prototyping)
> • 기술적으로 3D Printing의 일종이나 고가·고성능의 제품 제작이 가능
> • 산업계에서 3D Printing의 장점을 살리고 단점을 보완하고자 기능을 향상시킨 기술
> • 3D Printing에 비해 양산성·강성을 높임
> • 컴퓨터를 이용하여 3차원 형상을 조형하고 이를 바탕으로 제품을 제작

66 스택(Stack)에 대한 설명으로 옳은 것은?
① 먼저 입력된 자료가 먼저 출력된다.
② 자료의 입출력 포인터가 두 곳이 있다.
③ 마지막에 입력된 자료가 먼저 출력된다.
④ 자료가 입력될 때의 포인터와 출력될 때의 포인터가 다르다.

> **해설**
> 스택(Stack) : 기억장치에 데이터를 일시적으로 겹쳐 쌓아 두었다가 필요할 때 꺼내서 사용하는 임시 기억장치로 LIFO(Last In First Out)의 성질을 갖는다.

67 마이크로프로세서의 ALU(Arithmetic and Logic Unit)에 기본 연산방법은?
① 가 산
② 감 산
③ 곱 셈
④ 나눗셈

> **해설**
> 산술논리연산장치(ALU : Arithmetic and Logic Unit)
> • 산술연산과 비교 판단의 연산을 담당하는 장치
> • 가산기(Adder), 보수기(Complementer), 시프터(Shifter), 오버플로(Overflow) 검출기

[정답] 63 ③ 64 ② 65 ④ 66 ③ 67 ①

68 윤활작용이 주목적인 절삭제는?

① 극압유 ② 수용성 절삭유
③ 지방유 ④ 혼합유

[해설]
절삭제의 사용목적은 냉각작용, 방청작용, 윤활작용, 칩 배출로 문제의 답은 모두 윤활작용을 하지만, 극압유의 경우는 극단적인 압력을 받는 상황에서 사용하는 절삭 윤활유이므로 다른 기능보다 윤활기능이 좋은 제품을 사용하여야 한다.

69 밀링머신에 대한 설명 중 틀린 것은?

① 상향절삭은 마찰저항은 작으나 백래시가 크다.
② 슬로팅 장치는 커터를 상하로 움직여 키홈을 절삭한다.
③ 분할대는 공작물을 일정한 간격으로 등분하는 데 사용된다.
④ 하향절삭은 절삭력이 하향으로 작용하여 가공물의 고정이 유리하다.

[해설]
상향절삭은 큰 마찰이 작용하며 백래시의 우려가 없다. ①은 하향절삭의 설명이다.

상향절삭(올려 깎기)	하향절삭(내려 깎기)
커터날의 회전 방향과 일감의 이송이 서로 반대 방향	커터날의 회전 방향과 일감의 이송이 서로 같은 방향
• 커터날이 일감을 들어 올리는 방향이므로 기계에 무리를 주지 않는다. • 커터날에 처음 작용하는 절삭저항이 작다. • 깎인 칩이 새로운 절삭을 방해하지 않는다. • 백래시의 우려가 없다.	• 커터날에 마찰작용이 작으므로 날의 마멸이 작고 수명이 길다. • 커터날을 밑으로 향하게 하여 절삭한다. 따라서 일감을 밑으로 눌러서 절삭하므로, 일감의 고정이 쉽다. • 날자리 간격이 짧고, 가공면이 깨끗하다.
• 커터날이 일감을 들어 올리는 방향으로 일을 하므로 일감의 고정이 어렵다. • 날의 마찰이 커서 날의 마멸이 크다. • 회전과 이송이 반대여서 이송의 크기가 상대적으로 크며, 이에 따라 피치가 커져서 가공면이 거칠다. • 가공할 면을 보면서 작업하기 어렵다.	• 상향절삭과는 달리 기계에 무리를 준다. • 커터날이 새로운 면을 절삭저항이 큰 방향에서 진입하므로 날이 약할 경우 부러질 우려가 있다. • 가공된 면 위에 칩이 쌓이므로, 절삭열이 남아 있는 칩에 의해 가공된 면이 열 변형을 받을 우려가 있다. • 백래시 제거장치가 필요하다.

70 스테핑 모터의 종류가 아닌 것은?

① 브러시형 스테핑 모터
② 영구자석형 스테핑 모터
③ 하이브리드형 스테핑 모터
④ 가변 릴럭턴스형 스테핑 모터

[해설]
스테핑 모터의 종류
• 가변 릴럭턴스형(VR(Variable Reluctance) Type)
• 영구자석형(PM(Permanent Magnet) Type)
• 하이브리드형(Hybrid Type)

71 서미스터(Thermistor)의 특징으로 틀린 것은?

① 서미스터는 전압이 발생되는 소자이다.
② 서미스터는 온도 변화에 반응하는 소자이다.
③ 정의 온도계수를 갖는 서미스터는 PTC이다.
④ 부의 온도계수를 갖는 서미스터는 NTC이다.

[해설]
서미스터
• 저항체의 저항값이 온도에 따라 변화하는 것을 이용한 센서
• 온도가 상승하면 저항값이 증가하는 정특성(PTC)
• 온도가 상승하면 저항값이 감소하는 부특성(NTC)
• 특정 온도에서 저항이 급변하는 특성저항(CTR)특성

72 스테핑 모터의 특징으로 틀린 것은?

① 정지 시 홀딩토크가 없다.
② 정·역 전환 및 변속이 용이하다.
③ 저속 시 진동 및 공진의 문제가 있다.
④ 개루프(Open Loop)에서 제어성능이 좋다.

[해설]
홀딩토크(Torque)란 스테핑 모터가 각 스텝에서 정지할 때 발생하는 토크이다.

73 데이터 처리(연산) 명령이 아닌 것은?
① 산술 명령   ② 저장 명령
③ 시프트 명령   ④ 논리연산 명령

해설
저장도 데이터 처리 명령의 일종이나, 연산명령에는 해당하지 않는다.

74 120V의 전압을 가할 때 500mA의 전류가 흐르는 백열전등의 저항(R)과 전력(P)은 각각 얼마인가?
① $R=0.24\Omega$, $P=1.2W$
② $R=0.24\Omega$, $P=6W$
③ $R=240\Omega$, $P=60W$
④ $R=240\Omega$, $P=120W$

해설
옴의 법칙 관계식
$I=\dfrac{V}{R}$
여기서, I : 전류, V : 전압, R : 저항
$R=\dfrac{V}{I}=\dfrac{120}{0.5}=240\Omega$
전력의 계산
$P=EI\,[W]=I^2R=\dfrac{E^2}{R}$
$P=EI=120\times0.5=60W$

75 금속에서만 동작하는 센서는?
① 광센서   ② 유도형 센서
③ 온도형 센서   ④ 용량형 센서

해설
유도형 센서
• 유도형 또는 고주파 발진형 근접센서는 금속물체(Metallic Object) 검출에 사용
• 검출 대상이 자성체인 경우 검출 감도가 양호

76 십진법의 57을 BCD(Binary Coded Decimal) 진법으로 변환한 값은?
① 01010111_{BCD} ② 01110101_{BCD}
③ 01110111_{BCD} ④ 11010111_{BCD}

해설
BCD 코드
• 2진수를 사람이 사용하는 10진수 형태의 코드로 창안한 것
• 네 자리 2진수를 10진수 형태의 코드와 대응
  예를 들어, 7 6 1 ↔ 0111 0110 0001과 같이 변환
  　　　　　 5 7 → 0101 0111

77 이상적인 연산증폭기의 입력 임피던스[Ω]의 값으로 옳은 것은?
① 0   ② ∞
③ 10   ④ 100

해설
이상적인 연산증폭기
• 입력 임피던스는 무한대이다.
• 입력전류는 0이다.
• 입력단의 전위차는 0이다.
• 출력 임피던스는 0이다.
• 출력전류는 ±∞이다.
• 증폭비는 무한대이다.

정답 73 ② 74 ③ 75 ② 76 ① 77 ②

78 다음 중 입력장치로만 짝지어진 것은?

① 릴레이, 타이머, 카운터
② 타이머, 카운터, 인코더
③ 습도센서, 토글 스위치, 릴레이
④ 푸시 버튼, 캠 스위치, 토글 스위치

해설
릴레이, 타이머, 카운터, 인코더 등은 제어장치라고 보는 것이 좋다.
제어시스템은 입력장치 → 제어장치 → 출력장치로 구분한다.

79 저항값이 5Ω과 10Ω인 저항이 직렬로 접속되었을 때 100V의 전압을 인가했을 경우 전체 회로에 흐르는 전류 [A]는?

① 6.7
② 10
③ 20
④ 30

해설
전류는 합성저항과 전압과의 관계에서 구하며 합성저항은 직렬의 경우

$\sum R = R_T = R_1 + R_2 + R_3$, $I = \dfrac{V}{R_T}$ 과 같다.

$\sum R = R_T = 15$, $I = \dfrac{V}{R_T} = \dfrac{100}{15} \fallingdotseq 6.67$

80 패러데이 법칙에 대한 설명으로 옳은 것은?

① 전자유도에 의해 회로에 발생하는 기전력은 자속 쇄교수에 시간을 더한 값이다.
② 전자유도에 의해 회로에 발생하는 기전력은 자속의 변화 방향으로 유도된다.
③ 전자유도에 의해 회로에 발생하는 기전력은 단위 시간당의 자속 쇄교수에 반비례한다.
④ 전자유도에 의해 회로에 발생하는 기전력은 단위 시간당의 자속 쇄교수에 비례한다.

해설
자속 쇄교수와 기전력의 비교에 대한 내용이며 자속과 기전력은 비례한다.

78 ④   79 ①   80 ④

2018년 제2회 과년도 기출문제

제1과목 기계가공법 및 안전관리

01 화재를 A급, B급, C급, D급으로 구분했을 때 전기화재에 해당하는 것은?

① A급　　② B급
③ C급　　④ D급

해설
화재의 분류
- A급 화재(일반화재) : 목재·종이·천 등 고체 가연물의 화재이며, 연소가 표면 및 깊은 곳에 도달해 가는 것을 말한다.
- B급 화재(기름화재) : 인화성 액체 및 고체의 유지류 등의 화재이다.
- C급 화재(전기화재) : 전기가 통하는 곳의 전기설비의 화재이며, 고전압이 흐르는 까닭에 지락·단락·감전 등에 대한 특별한 배려가 요망된다.
- D급 화재(금속화재) : 마그네슘·나트륨·칼륨·지르코늄과 같은 금속화재이다.

02 절삭유의 사용목적으로 틀린 것은?

① 절삭열의 냉각
② 기계의 부식 방지
③ 공구의 마모 감소
④ 공구의 경도 저하 방지

해설
절삭제의 사용목적 : 냉각작용, 방청작용, 윤활작용, 칩의 배출
'기계의 부식 방지'가 틀린 것은 아니지만, 절삭유의 직접적인 목적인가를 확인하여야 하며 선답형 문항에서는 항상 답에 가장 가까운 것을 골라야 한다.

03 윤활제의 구비조건으로 틀린 것은?

① 사용 상태에 따라 점도가 변할 것
② 산화나 열에 대하여 안정성이 높을 것
③ 화학적으로 불활성이며 깨끗하고 균질할 것
④ 한계 윤활 상태에서 견딜 수 있는 유성이 있을 것

해설
절삭제의 구비조건 : 방청, 방식성 구비, 냉각성 구비, 점도의 항상성, 내화학성, 내강도성

04 CNC 프로그램에서 보조기능에 해당하는 어드레스는?

① F　　② M
③ S　　④ T

해설

종류	코드	기능
준비 기능	G코드	• CNC 기계의 주요 제어장치들의 사용을 위해 준비시킨다. • G코드는 CNC 공작기계의 준비기능으로 불리는데 공구를 준비시키는 기능으로 이해하면 된다. 예) G00 : 급속 이송, G01 : 직선보간, G02 : CW 공구 이송
보조 기능	M코드	CNC 기계에 장착된 부수장치들의 동작을 실행하기 위한 것으로 주로 ON/OFF 기능을 한다. 예) M02 : 주축 정지, M08 : 절삭유 ON, M09 : 절삭유 OFF
이송 기능	F코드	절삭을 위한 공구의 이송속도를 지령한다. 예) F0.02 : 0.02mm/rev
주축 기능	S코드	주축의 회전수 및 절삭속도를 지령한다. 예) S1800 : 1,800rpm으로 주축 회전
공구 기능	T코드	공구 준비 및 공구 교체, 보정 및 오프셋량을 지령한다. 예) T0101 : 1번 공구로 교체 후 공구에 01번으로 설정한 보정값 적용

정답　1 ③　2 ②　3 ①　4 ②

05
도금을 응용한 방법으로 모델을 음극에 전착시킨 금속을 양극에 설치하고, 전해액 속에서 전기를 통전하여 적당한 두께로 금속을 입히는 가공방법은?

① 전주가공　　② 전해연삭
③ 레이저가공　④ 초음파 가공

해설
전주(ElectroForming)가공
- 도금을 응용한 방법
- 음극에 모델을, 양극에 전착금속을 설치
- 전해액 속에서 전기를 통전하여 적당한 두께로 금속을 입힘
- 전착도장(Electrodeposition Coating) : 도금작용을 이용하여 제품 표면을 코팅하는 작업
- 도장과 도금 : 포괄적으로는 같은 표면처리이나 도금은 제품의 금속 성질을 입히는 데 주목적이 있고, 도장은 표면의 색상 등을 입히는 데 주목적이 있다. 일반적으로 도금된 제품에 다시 도장을 하지만, 도장된 제품에 도금을 하지는 않는다.

06
드릴작업 후 구멍의 내면을 다듬질하는 목적으로 사용하는 공구는?

① 탭　　　　　② 리 머
③ 센터드릴　　④ 카운터 보어

해설
리밍
리머를 이용하여 구멍의 내면을 매끈하고 정확하게 가공하는 작업이다. 미세절삭을 이용한 내면 다듬질 작업이므로 다듬질 여유를 거의 제거해 내면서 천천히 회전하고 많이 이송하는 것이 좋다.
- 리머 : 리밍커터의 역할이며 절삭날 조정이 가능한 조정리머, 절삭날과 일체형인 솔리드 리머, 자루와 절삭날 부분이 별개로 되어 있는 셸 리머, 팽창이 가능한 팽창리머 등이 있다.

07
밀링가공에서 분할대를 사용하여 원주를 6°30′씩 분할하고자 할 때 옳은 방법은?

① 분할 크랭크를 18공열에서 13구멍씩 회전시킨다.
② 분할 크랭크를 26공열에서 18구멍씩 회전시킨다.
③ 분할 크랭크를 36공열에서 13구멍씩 회전시킨다.
④ 분할 크랭크를 13공열에서 1회전하고 5구멍씩 회전시킨다.

해설
각도 분할법
단식 분할을 이용하면 크랭크 1바퀴가 9° 회전하고, 540′ 회전한다. 분할 크랭크 회전수를 n이라 하면,

$$n = \frac{\text{원하는 각}°}{9} = \frac{\text{원하는 각}'}{540}$$

6°30′씩 나누고 싶다면
6°30′ = 390′, $n = \frac{390'}{540} = \frac{13}{18}$, 18구멍 열로 13구멍만큼씩 회전시킨다.

08
밀링머신에 포함되는 기계장치가 아닌 것은?

① 니　　　　　② 주 축
③ 칼 럼　　　④ 심압대

해설
심압대 : 베드 윗면의 오른쪽 상단인 주축의 맞은편에 장착되어 있으며 가공되는 공작물의 길이가 길어서 회전 중 떨림이 발생되는 재료를 지지하거나 드릴 같은 내경 절삭공구를 고정할 때 사용한다. 심압대 센터의 중심은 주축과 일치시키거나 어긋나게 조정이 가능해서 테이퍼 절삭을 가능하게 하며, 끝부분은 모스테이퍼로 되어 있어서 드릴척을 고정시킬 수 있다.

09 드릴링 머신작업 시 주의해야 할 사항 중 틀린 것은?

① 가공 시 면장갑을 착용하고 작업한다.
② 가공물이 회전하지 않도록 단단하게 고정한다.
③ 가공물을 손으로 지지하여 드릴링하지 않는다.
④ 얇은 가공물을 드릴링할 때에는 목편을 받친다.

해설
회전 공작기계를 사용할 때는 말려 들어갈 위험이 있으므로 절대 섬유질 장갑을 착용해서는 안 된다.

10 원형 부분을 두 개의 동심의 기하학적 원으로 취했을 경우, 두 원의 간격이 최소가 되는 두 원의 반지름의 차로 나타내는 형상 정밀도는?

① 원통도 ② 직각도
③ 진원도 ④ 평행도

해설
원통도는 두 이론상 완벽한 원기둥 사이의 간격이다. 직각도는 데이텀을 기준으로 하여 직각되는 직선이 존재하는 이론상 완벽한 직각축을 중심으로 한 원통의 지름이다. 평행도는 데이텀을 기준으로 대상 평면이 사이에 존재하는 이론상 완벽하게 평행한 두 평면 사이의 간격으로 표현한다.

11 다음 나사의 유효지름 측정방법 중 정밀도가 가장 높은 방법은?

① 삼침법을 이용한 방법
② 피치 게이지를 이용한 방법
③ 버니어 캘리퍼스를 이용한 방법
④ 나사 마이크로미터를 이용한 방법

해설
삼침법
• 연삭가공한 정밀한 나사의 유효지름 측정에 이용한다.
• 나사측정법 중 정밀도가 높다.
• 동일한 지름을 갖는 3개의 침으로 나사 한쪽에 2개, 반대에 1개를 접촉하고 3침의 외측 치수를 측정하여 공식에 의해 계산한다.

12 일반적인 보통선반 가공에 관한 설명으로 틀린 것은?

① 바이트 절입량의 2배로 공작물의 지름이 작아진다.
② 이송속도가 빠를수록 표면거칠기는 좋아진다.
③ 절삭속도가 증가하면 바이트의 수명은 짧아진다.
④ 이송속도는 공작물의 1회전당 공구의 이동거리이다.

해설
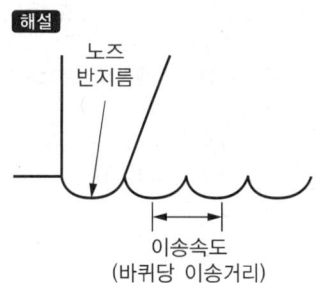
이송속도가 빠르면 날이 지나간 자국의 간격이 길어지고 산의 높이가 높아져서 표면거칠기는 나빠진다.

13 연삭작업에서 숫돌결합제의 구비조건으로 틀린 것은?

① 성형성이 우수해야 한다.
② 열이나 연삭액에 대하여 안전성이 있어야 한다.
③ 필요에 따라 결합능력을 조절할 수 있어야 한다.
④ 충격에 견뎌야 하므로 기공 없이 치밀해야 한다.

해설
적절하게 무디어진 절삭날의 탈락을 위해 기공이 존재하여야 한다.

14 다음 3차원 측정기에서 사용되는 프로브 중 광학계를 이용하여 얇거나 연한 재질의 피측정물을 측정하기 위한 것으로 심출 현미경, CMM 계측용 TV 시스템 등에 사용되는 것은?

① 전자식 프로브 ② 접촉식 프로브
③ 터치식 프로브 ④ 비접촉식 프로브

해설
접촉자(프로브)의 종류
- 접촉자도 개발 양산 제품이므로 수많은 종류가 있다.
- 대략 광학식과 전자식 프로브, 전압식과 전류식 프로브, 접촉식과 비접촉식 프로브 등으로 구분이 가능하다.
- 기본적으로 전자식 프로브는 접촉식, 광학식 프로브는 비접촉식에 활용되는 경우가 많다.
- ※ 이 문항의 경우 ①, ②, ③이 같은 종류를 다른 용어로 제시하고 있다는 것을 파악한다면 ④를 답으로 고를 수 있을 것이다.

15 선반작업에서 구성인선(Built-up Edge)의 발생원인에 해당하는 것은?

① 절삭 깊이를 작게 할 때
② 절삭속도를 느리게 할 때
③ 바이트의 윗면 경사각이 클 때
④ 윤활성이 좋은 절삭유제를 사용할 때

해설
구성인선(Built-up Edge)
- 빌트업 에지(Built-up Edge)라고 한다. 칩의 일부가 절삭력과 절삭열에 의한 고온·고압으로 날끝에 녹아 붙거나 압착된 것을 말한다.
- 구성인선은 매우 짧은 시간에 발생·성장·분열·탈락의 주기를 반복하기 때문에 탈락할 때마다 가공면에 흠집을 만들고, 진동을 일으켜 가공면을 나쁘게 만든다.
- 구성인선의 발생을 감소시키기 위해서는 깎는 깊이를 작게 하거나 공구의 경사각을 크게 하고, 날끝을 예리하게 하고, 절삭속도를 크게 하고, 윤활유를 사용한다.

16 밀링작업에서 분할대를 사용하여 직접 분할할 수 없는 것은?

① 3등분 ② 4등분
③ 6등분 ④ 9등분

해설
직접분할법 : 밀링머신을 이용한 가공법 중 주축의 앞면에 24구멍의 직접 분할판을 사용하여 분할작업하는 방법이다. 이때에는 웜을 아래로 내려 웜휠과의 물림을 끊고 직접 분할판을 소정의 구멍수만큼 돌린 다음, 고정 핀을 이 구멍에 꽂아 고정한다. 2, 3, 4, 6, 8, 12, 24등분(24의 약수)의 가공은 이 방법으로 간단히 할 수 있다.

17 4개의 조가 90° 간격으로 구성 배치되어 있으며, 보통 선반에서 편심가공을 할 때 사용되는 척은?

① 단동척 ② 연동척
③ 유압척 ④ 콜릿척

해설
단동척
- 척 핸들을 사용해서 조(Jaw)의 끝부분과 척의 측면이 만나는 곳에 만들어진 4개의 구멍을 각각 조이면, 4개의 조(Jaw)도 각각 움직여서 공작물을 고정시킨다.
- 편심가공이 가능하다.
- 공작물의 중심을 맞출 때 숙련도가 필요하며 다소 시간이 걸리지만 정밀도가 높은 공작물을 가공할 수 있다.

18 가늘고 긴 일정한 단면 모양을 가진 공구를 사용하여 가공물의 내면에 키홈, 스플라인 홈, 원형이나 다각형의 구멍 형상과 외면에 세그먼트 기어, 홈, 특수한 외면의 형상을 가공하는 공작기계는?

① 기어 셰이퍼(Gear Shaper)
② 호닝머신(Honing Machine)
③ 호빙머신(Hobbing Machine)
④ 브로칭 머신(Broaching Machine)

해설
브로칭(Broaching) : 가늘고 긴 일정한 단면 모양을 가진 브로치라는 여러 개의 비슷한 절삭날이 달린 공구를 이용하여 가공물의 내면에 키홈, 스플라인 홈, 원형이나 다각형의 구멍 형상과 외면에 세그먼트 기어, 홈, 특수한 외면의 형상을 가공하는 작업이다.

19 공작물을 센터에 지지하지 않고 연삭하며, 가늘고 긴 가공물의 연삭에 적합한 특징을 가진 연삭기는?

① 나사연삭기
② 내경연삭기
③ 외경연삭기
④ 센터리스 연삭기

해설
센터리스 연삭은 센터나 척을 사용하기 어려운 가늘고 긴 원통형의 공작을 통과이송, 전후이송, 단이송 등의 방법을 사용하여 가공하는 원통연삭법이다. 연속작업이 가능하여 능률은 좋지만, 너무 크거나 무거운 공작물에는 사용하기 어렵다.

20 표면 프로파일 파라미터 정의의 연결이 틀린 것은?

① R_t : 프로파일의 전체 높이
② R_{Sm} : 평가 프로파일의 첨도
③ R_{sk} : 평가 프로파일의 비대칭도
④ R_a : 평가 프로파일의 산술 평균 높이

해설
프로파일 요소의 평균 너비(R_{Sm}) : 기준 길이 내에서 프로파일 요소 너비 Xs의 평균값
$$R_{Sm} = \frac{1}{m}\sum_{l=1}^{m} Xs_l$$
평가 프로파일의 첨도는 R_{ku}으로 표현한다.

제2과목 기계제도 및 기초공학

21 다음 중 표면의 결을 도시할 때 제거가공을 허용하지 않는다는 것을 지시한 것은?

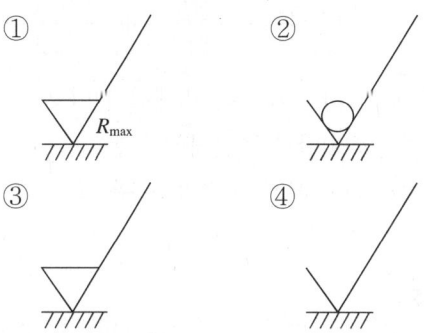

해설

거칠기 구분값	산술 평균 거칠기의 표면 거칠기의 범위($\mu m R_a$)		거칠기 번호(표준편번호)	거칠기 기호
	최솟값	최댓값		
0.025a	0.02	0.03	N1	
0.05a	0.04	0.06	N2	
0.1a	0.08	0.11	N3	
0.2a	0.17	0.22	N4	
0.4a	0.33	0.45	N5	z
0.8a	0.66	0.90	N6	
1.6a	1.3	1.8	N7	
3.2a	2.7	3.6	N8	y
6.3a	5.2	7.1	N9	
12.5a	10	14	N10	x
25a	21	28	N11	
50a	42	56	N12	w
제거가공 안 함				

정답 18 ④ 19 ④ 20 ② 21 ②

22 그림에서 치수 500과 같이 치수 밑에 굵은 실선을 적용하였을 때 이 치수에 대한 해석으로 옳은 것은?

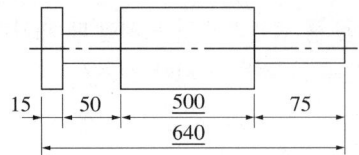

① 500의 치수 부분은 비례척이 아님
② 치수 500만큼 표면처리를 함
③ 치수 500 부분을 정밀가공을 함
④ 치수 500은 참고치수임

해설
500과 같이 사용하는 치수는 비례척도가 아닌 치수로 치수 밑에 직선을 붙이며 투상도의 크기와 치수값이 일치하지 않을 때 사용한다.

23 다음 중 복렬 자동 조심 볼 베어링에 해당하는 베어링 간략기호는?

① 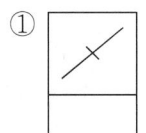 ②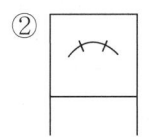
③ 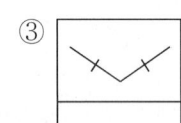 ④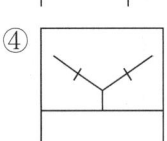

해설
① 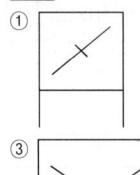 단열 앵귤러 콘택트 분리형 볼 베어링 또는 단열 앵귤러 콘택트 테이퍼 롤러 베어링

③ 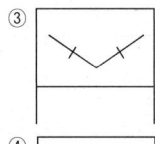 복렬 앵귤러 콘택트 고정형 볼 베어링

④ 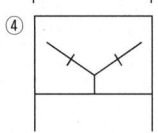 두 조각 내륜 복렬 앵귤러 콘택트 분리형 볼 베어링

24 그림과 같이 경사지게 잘린 사각뿔의 전개도로 가장 적합한 형상은?

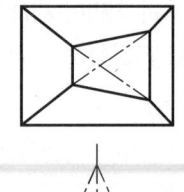

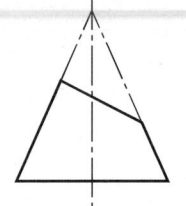

① 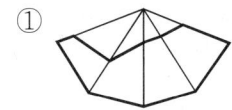 ②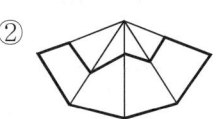

③ 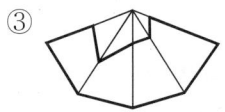 ④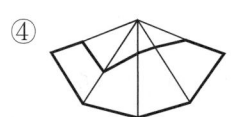

해설

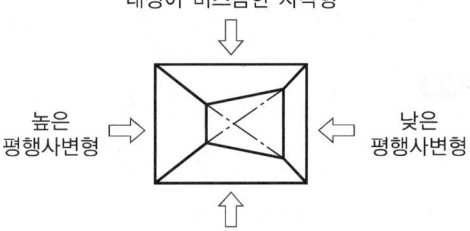

설명하는 도형이 연결되어 그려진 답을 찾는다.

25 보기와 같은 내용의 기하공차를 표시한 것 중 옳은 것은?

> **보기**
> 길이 25mm의 원기둥의 표면은 0.1mm만큼 차이가 있는 2개의 동심 원기둥 사이에 들어 있어야 한다.

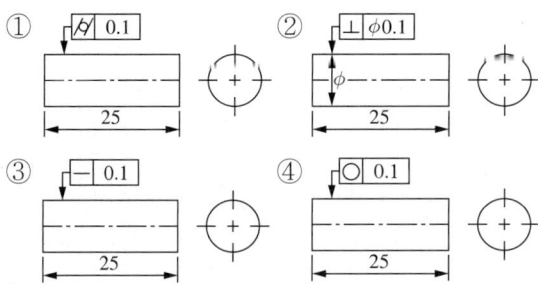

해설
10번 해설 참조

26 그림과 같은 도면의 양식에서 각 항목이 지시하는 부위의 명칭이 틀린 것은?

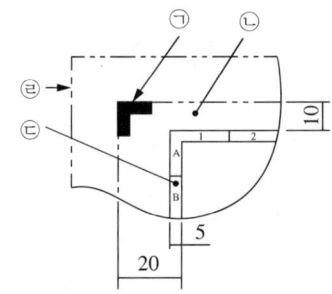

① ㉠ : 재단마크
② ㉡ : 재단용지
③ ㉢ : 비교 눈금
④ ㉣ : 재단하지 않은 용지 가장자리

해설

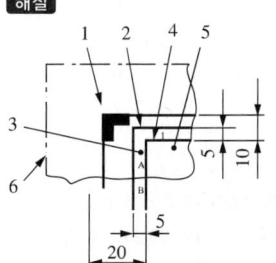

1. 재단마크
2. 재단용지
3. 구역 표시
4. 구역 표시 경계선
5. 제도영역
6. 재단하지 않은 용지의 가장자리

27 스퍼기어를 제도할 경우 스퍼기어 요목표에 일반적으로 기입하는 항목으로 거리가 먼 것은?

① 기준 피치원 지름
② 모 듈
③ 압력각
④ 기어의 잇폭

해설
요목표의 예시

스퍼기어			
기어 치형		표 준	– 표준 치형, 전위 치형
기준 래크	치 형	보통 이	– 낮은 이, 보통 이, 높은 이
	모 듈	2	
	압력각	20°	– 14.5°, 17°, 20°(표준), 22.5°, 25°
잇 수		36	
피치원 지름		72	– 피치원 지름 = 모듈 × 잇수
전위량		0	– 전위 치형일 경우에만 기입
전체 이높이		4.5	– 전체 이높이 = 2.25 × 모듈
걸치기 이두께		27.5778 (잇수 : 5)	– 가공 후 이두께 측정방법 (KS B 1406)
다듬질 방법		연 삭	– 다듬질 방법 또는 가공방법
정밀도		KS B ISO 1328-1 5급	– 정밀도에 따른 기어 등급/ 0~12급
비 고	재 료	SCM415	일반적으로 부품란과 개별 주 (Note)에 기입
	열처리	침탄 담금질	
	강 도	55~60H$_{RC}$	

정답 25 ① 26 ③ 27 ④

28 그림과 같이 개개의 치수공차에 대해 다른 치수의 공차에 영향을 주지 않기 위해 사용하는 치수기입법은 무엇인가?

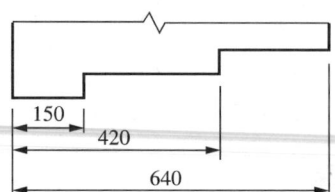

① 직렬 치수기입법
② 병렬 치수기입법
③ 누진 치수기입법
④ 좌표 치수기입법

해설

② 병렬 치수기입법
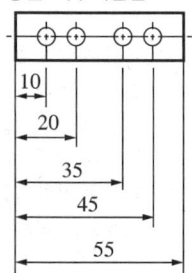

① 직렬 치수기입법
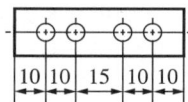

③ 누진 치수기입법
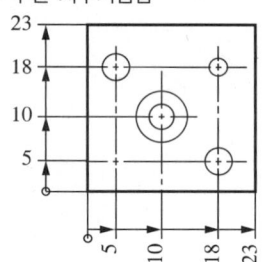

④ 좌표 치수기입법
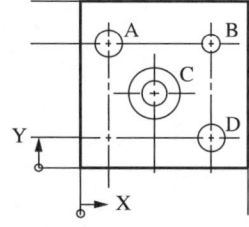

29 그림과 같은 입체도를 제3각법으로 투상한 투상도로 옳은 것은?

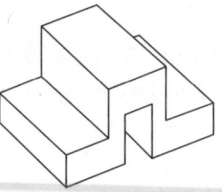

① ② ③ ④

해설

우측면도를 정확히 투상해 보면, 바닥과 윗면 그리고 앞의 돌출부 윗면은 우측에서 겉으로 보이고, 움푹 들어 간 부분의 아랫면은 숨겨져 있다.

30 조립 전의 구멍치수가 $100^{+0.04}_{0}$, 축의 치수가 $100^{+0.02}_{-0.06}$일 때 최대 틈새는?

① 0.02
② 0.06
③ 0.10
④ 0.04

해설

최대 틈새는 헐거운 끼워맞춤에서 구멍의 최대 허용치수와 축의 최소 허용치수의 차이므로 100.04와 99.94의 차가 최대 틈새이다.
100.04 − 99.94 = 0.10

31 그림과 같이 직경이 90cm인 풀리가 180rpm으로 회전할 때 발생하는 전달마력[PS]은?

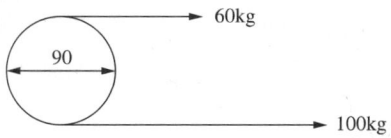

① 4.52
② 5.52
③ 6.52
④ 7.52

해설
$v = \dfrac{\pi Dn}{60 \times 1,000} = \dfrac{\pi \times 900 \times 180}{60 \times 1,000} = \dfrac{508,680}{60,000} = 8.478 \text{m/s}$
전달마력
$Fv = (100-60)[\text{kg}] \times 8.478 \text{m/s} = 339.12 \text{kg} \cdot \text{m/s}$
$75\text{kg} \cdot \text{m/s} = 1\text{PS}$ 이므로
전달마력 $= 339.12/75 ≒ 4.52\text{PS}$

32 다음 그림(응력-변형률 곡선)에서 A점을 비례한도라고 할 때 B점(응력)의 명칭은?

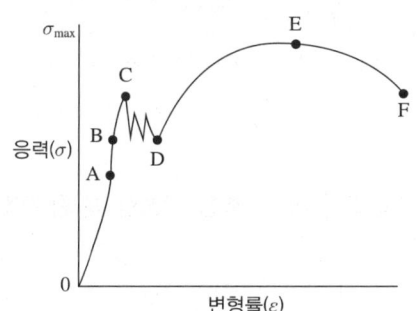

① 하한값
② 극한강도
③ 탄성 한도
④ 파괴강도

해설
문제의 그림은 처음 단면을 기준으로 항복점에서의 변형을 그린 것으로 C는 상항복점, D는 하항복점이라 한다. 문제의 B는 다음 그림의 탄성 한계와 같다.

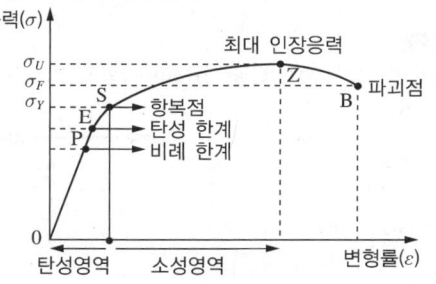

33 축전지의 용량을 표시하는 단위로 옳은 것은?

① V
② Ah
③ kVA
④ kWh

해설
축전지의 용량은 방전전류(A)와 방전 가능한 시간(h)의 곱(Ah)으로 나타낸다.

34 직경이 D인 원의 면적을 구하는 식으로 옳은 것은?

① $\dfrac{\pi D}{2}$
② $\dfrac{\pi D^2}{2}$
③ $\dfrac{\pi D}{4}$
④ $\dfrac{\pi D^2}{4}$

해설
원의 면적 = 반지름 × 반지름 × π, $A = \pi r^2 = \dfrac{\pi D^2}{4}$

35 철판에 1.5cm/sec로 자동 용접할 수 있는 잠호용접기가 있다. 같은 철판을 2분 동안 용접한 거리는?

① 30cm
② 160cm
③ 180cm
④ 540cm

해설
1초당 1.5cm, 2분 = 120초, 2분 간 용접거리
= 1.5cm/sec × 120sec
= 180cm

정답 31 ① 32 ③ 33 ② 34 ④ 35 ③

36 회전 모멘트에 대한 설명이 틀린 것은?

① 물체에 가하는 힘이 크면 회전 모멘트는 크다.
② 회전 모멘트의 단위는 힘과 거리 단위의 곱이다.
③ 회전 중심에서 힘이 가해지는 곳까지의 선분 길이가 길면 회전 모멘트는 크다.
④ 힘이 가해지는 곳까지의 선분과 힘이 이루는 각이 180°일 때 회전 모멘트는 크다.

해설
회전 모멘트
- 회전 관성과 역학적 음수관계이다.
- 회전시키려는 힘을 회전 모멘트라고 한다.
- 물체에 가하는 힘이 크면 회전 모멘트는 크다.
- 회전 모멘트의 단위는 힘과 거리 단위의 곱이다.
- 회전 중심에서 힘이 가해지는 곳까지의 선분 길이가 길면 회전 모멘트는 크다.

37 바닷속 10m에 있는 물체에 가해지는 바닷물의 압력(게이지 수압)은 약 얼마인가?(단, 바닷물의 밀도는 1.03g/cm³이다)

① 101kPa
② 110kPa
③ 111kPa
④ 121kPa

해설
$P = \gamma h = 1.03 \text{g/cm}^3 \times 1,000\text{cm}$
공업에서 gf, kgf 등 힘의 단위를 g, kg으로 표현하는 경우가 종종 있는데 이 경우가 해당된다고 보면
$P = 1.03 \times 9.81 \text{m/s}^2 \cdot 1,000 \text{g/cm}^2$
$= 1.03 \times 9.81 \text{kg} \cdot \text{m/s}^2 \cdot 0.0001\text{m}^2$
$= 10.1 \times 10,000 \text{N/m}^2 = 101\text{kPa}$

38 여러 개의 저항을 하나의 패키지(Package) 형태로 만든 저항은?

① 가변저항
② 고정저항
③ 반고정저항
④ 어레이 저항

해설
네트워크 저항 : 여러 저항을 하나로 묶어 IC와 같은 형태로 생성된 부품형 저항으로 칩 네트워크 저항, 일반 어레이 저항 등이 있다.

39 가정용 형광등에 사용하는 교류전압은 실횻값이 220V이다. 이 교류전압의 최댓값은 약 얼마인가?

① 110.15V
② 220.13V
③ 244.15V
④ 311.13V

해설
최댓값과 실횻값, 평균값의 관계
$V_{ave} = \frac{2}{\pi} V_{\max} ≒ 0.637 V_{\max}$,
$V_p = \frac{1}{\sqrt{2}} V_{\max} ≒ 0.707 V_{\max}$
∴ $V_{\max} = V_p / 0.707 = 220 / 0.707 ≒ 311.17\text{V}$

40 그림과 같이 두 힘을 합성할 때 합력의 크기는?

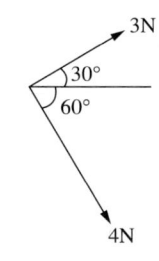

① 3.5N
② 5N
③ 7N
④ 12N

해설
힘의 합 : 평행사변형법을 이용하여 그림과 같이 구한다.

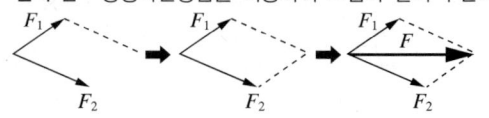

$F = \sqrt{F_1^2 + F_2^2 + 2F_1 F_2 \cos\theta}$
$= \sqrt{3^2 + 4^2 + 2 \times 3 \times 4 \times \cos 90°} = 5$

제3과목 자동제어

41 정보처리회로에서 서보기구로 보내는 신호의 형태는?

① 변위 ② 전류
③ 전압 ④ 펄스

해설
서보 동작원리
- 서보모터의 회전량과 이동거리는 지령 펄스의 수에 따른다. 1pps(pulse per second)는 1초간 지령된 펄스의 수를 의미한다.
- 서보모터 제어는 몇 번이나 펄스를 주었느냐에 따라 제어된다.
- 서보모터의 속도는 펄스에 주어지는 주파수로 조절된다. 즉, 같은 시간 동안 펄스가 주어졌더라도 그 주파수가 높으면 더 많은 회전(또는 이동)을 하게 된다.

42 어큐뮬레이터(Accumulator)의 용도로 틀린 것은?

① 에너지 축적용
② 펌프 맥동 흡수용
③ 충격 압력의 완충용
④ 오일 중 공기나 이물질 분리용

해설
축압기(어큐뮬레이터, Accumulator) : 유체의 압력을 축적하여 압력의 흐름을 일정하게 조절해 주는 장치로서 압력을 축적하는 방식으로 맥동을 방지하는 데 사용한다. 오일 중 공기나 이물질을 분리하는 데는 필터를 사용한다.

43 1차 지연요소의 전달함수는?(단, K : 이득 상수, T : 시정수, s : 라플라스 연산자이다)

① $1 + Ls$
② $1 + Ls + Ks^2$
③ $\dfrac{K}{1+sT}$
④ $\dfrac{K}{1+sT_1+s^2T_2}$

해설
입력이 들어가도 시간이 지연되어 출력이 나오는 RLC 직렬회로, 수위계 등을 1차 지연 제어요소라고 한다.
$G(s) = \dfrac{Y(s)}{X(s)} = \dfrac{b}{s+a}$ 의 관계가 되는 함수이다.

44 다음 중 로터리 인코더에서 출력되는 펄스신호를 PLC에 입력하기 위해서 사용하는 특수 유닛의 명칭은?

① PID 유닛
② D/A 변환 유닛
③ 고속 카운터 유닛
④ 컴퓨터 링크 유닛

해설
특수기능 모듈
- A/D 변환모듈 : 아날로그 신호를 받아 디지털 신호로 변환시켜 주는 모듈
- D/A 변환모듈 : 디지털 신호를 받아 아날로그 신호로 변환시켜 주는 모듈
- 위치결정모듈 : PLC에서 받은 정보를 속도 생성자를 만들어 서보 드라이브와 통신하는 모듈
- 고속 카운터 : 아주 짧게 공급되는 펄스신호를 적산(카운팅)하는 모듈로, 인코더의 신호를 PLC가 이용하거나 PLC의 제어를 인코더 등으로 통제할 때 사용
- 그 외에도 PID 제어모듈, 프로세스 제어모듈, 열전대 입력모듈(온도제어모듈), 인터럽트 입력모듈, 아날로그 타이머 모듈 등이 있음

45 NC 공작기계의 주요 구성부가 아닌 것은?

① 스크루 ② 입력부
③ 서보 제어부 ④ 연산 제어부

해설
수치제어 공작기계는 몸체, 제어부, 프로그램의 3가지 요소가 필요하며, 실제 제어가 프로그램에 의해 제어되고, 제어하는 프로그램의 사용법을 익혀야 한다. 몸체에는 입력부, 출력부가 있고, 제어부는 서보제어부와 연산제어부(CPU)가 있으며 CPU에 명령을 내릴 프로그래밍이 필요하다.

정답 41 ④ 42 ④ 43 ③ 44 ③ 45 ①

46 다음 중 인칭(Inching)회로를 사용하는 목적으로 옳은 것은?

① 전압을 높이기 위하여
② 사용자의 안전을 위하여
③ 토크를 크게 하기 위하여
④ 기동전류를 제한하기 위하여

해설
촌동(inching)회로 : 한 마디 또는 1인치 정도만 움직이는 회로라는 의미로 버튼을 누르는 동안만 동작하는 회로이다. 촌동회로는 사용자가 의도하는 동안만 작동하므로 인지하지 못하는 동작에 의한 사고를 방지한다. 누르는 동안 잠깐 움직인다고 하여 PB_2 부분을 촌동회로라고 한다.

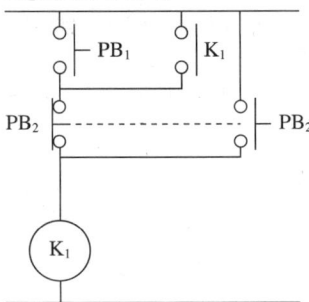

47 PLC의 출력에 해당하지 않는 것은?

① Lamp   ② Motor
③ Sensor   ④ Solenoid Valve

해설
센서 : 종류와 방법은 다양하지만, 원하는 동작 또는 상황을 감지하여 입력신호로 사용하는 장치

48 4,096bps를 사용하기 위한 1bit 전송시간은 약 몇 ms인가?

① 0.48   ② 0.69
③ 0.244   ④ 0.288

해설
전송속도는 bps(bits per second)로 표시한다. 4,096bps이면 1초에 4,096bit를 전송하는 속도이며 1bit 전송시간은
$\frac{1}{4,096}$s $= 0.24414 \times 10^{-3}$s $= 0.244$ms

49 서보기구용 검출기 중 변위를 자기장의 변화로 감지하는 것은?

① 압력계   ② 속도검출기
③ 전압검출기   ④ 차동변압기

해설
차동변압기(LVDT ; Linear Variable Differential Transformer)
• 용도상 센서의 일종으로 취급한다.
• 원리 : 직선운동이 가능한 철심을 장착하고 철심이 이동하면 2차 코일이 상호유도현상에 따라 변압되도록 설계한다.
• 위의 원리에 따라 변위의 변화를 코일저항의 변화로 변환한다.

50 그림과 같은 되먹임 제어계의 전달함수는?

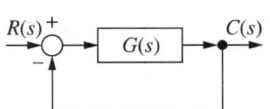

① $\frac{G(s)}{1+R(s)}$ ② $\frac{C(s)}{1+R(s)}$

③ $\frac{R(s)C(s)}{1+G(s)}$ ④ $\frac{G(s)}{1+G(s)}$

해설
• $C(s) = (R(s) - C(s))G(s)$
  $= R(s)G(s) - C(s)G(s)$
• $C(s) + C(s)G(s) = R(s)G(s)$
• $C(s)(1 + G(s)) = R(s)G(s)$
• $\frac{C(s)}{R(s)} = \frac{G(s)}{1+G(s)}$

51 다음 전기회로의 입력과 출력 간 전달함수 $\dfrac{V_o(s)}{V_i(s)}$ 는?

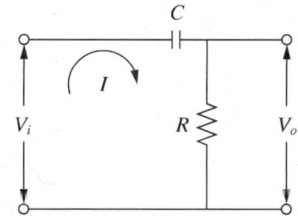

① $RCs+1$
② $\dfrac{RCs+1}{RCs}$
③ $\dfrac{1}{RCs+1}$
④ $\dfrac{RCs}{RCs+1}$

해설

변환하면

$V(s) = \dfrac{1}{Cs} I(s)$

$V_o(s) = R,\ V_i(s) = \dfrac{1}{Cs} + R = \dfrac{RCs+1}{Cs}$

$\dfrac{V_o(s)}{V_i(s)} = \dfrac{Cs \cdot R}{RCs+1}$

52 PLC의 RS232C 커넥터를 이용하여 PC와 직접 연결하려고 한다면, RXD 단자는 상대편의 어느 단자와 연결해야 하는가?

① DCD ② DTR
③ RXD ④ TXD

해설

RS232 핀 포트 사양
- DCD(Data Carrier Detect) : 입력
- RXD(Receive Data) : 입력
  TXD(Transmit Data) : 출력
- DTR(Data Terminal Ready) : 출력
  DSR(Data Set Ready) : 입력
- GND(Ground)
- RTS(Request To Send) : 출력
  CTS(Clear To Send) : 입력
- RI(Ring Indicator) : 입력

※ TXD ⇌ RXD, RTS ⇌ CTS, DTR ⇌ DSR

53 시퀀스 제어회로에서 스위치를 ON으로 조작하는 것과 동시에 작동하고 타이머의 설정시간 후에 정지하는 회로는?

① 반복동작회로 ② 지연동작회로
③ 일정시간동작회로 ④ 지연복귀동작회로

해설

문제의 설명은 스위치로 작동해서 타이머에 의해 꺼지므로 일정시간 동안만 동작하는 회로임을 알 수 있다. 반복동작회로는 동작이 정지신호 전까지 반복되는 회로, 지연동작회로는 동작신호가 들어간 후 일정시간 지연된 후 작동되는 회로, 지연복귀 동작회로는 복귀신호가 들어간 후 일정시간 지연된 후 복귀되는 회로이다.

54 10진법의 수 0에서 7까지를 2진법으로 표현하기 위한 최소 자릿수는?

① 1 ② 2
③ 3 ④ 4

해설

$2^0, 2^1, 2^2$...에서 각 자릿수가 나뉜다.
$7_{(10)} = 1 \times 2^3 + 1 \times 2^2 + 1 \times 2^1 + 1 \times 2^0 = 111_{(2)}$
적어도 세 자리가 필요하다.

55 유압제어의 일반적인 특징으로 틀린 것은?

① 무단 변속이 가능하다.
② 입력에 대한 출력 응답이 빠르다.
③ 작은 장치로 큰 출력을 얻을 수 없다.
④ 전기, 전자의 조합으로 자동제어가 가능하다.

해설

③ 파스칼 원리를 이용하여 작은 힘으로도 큰 힘을 낼 수 있다.
① 공유압 모두 무단제어가 가능하며 공압보다 유압이 더 부드러운 제어가 가능하다.
② 유압제어는 작동유체가 비압축성이어서 입력이 들어가면 즉시 출력이 반응한다.
④ 유압이든 공압이든 전기제어장치를 이용하여 자동제어 및 시퀀스 제어가 가능하다.

56 $\dfrac{A(s)}{B(s)} = \dfrac{2}{s+1}$ 의 전달함수를 미분방정식으로 나타내는 것은?

① $\dfrac{da(t)}{dt} + a(t) = 2b(t)$

② $\dfrac{da(t)}{dt} + 2a(t) = b(t)$

③ $\dfrac{da(t)}{dt} + 2a(t) = 2b(t)$

④ $\dfrac{2da(t)}{dt} + a(t) = b(t)$

해설
$\dfrac{A(s)}{B(s)} = \dfrac{2}{s+1}$ 를 미분방정식으로 나타내면,
$(s+1)A(s) = 2B(s)$
$sA(s) + A(s) = 2B(s)$
$\to a(t) + \dfrac{d}{dt}a(t) = 2b(t)$

57 스테핑 모터에 대한 설명으로 틀린 것은?

① 고속운전 시에 탈조하기 쉽다.
② 회전각 검출을 위한 피드백이 필요 없다.
③ 스테핑 모터의 총회전각은 입력 펄스의 총수에 비례한다.
④ 1스텝당 각도오차가 작고 회전각 오차는 스텝마다 누적된다.

해설
스텝별로 동작의 오차가 발생하지만, 각 스텝마다 내부신호로 정해진 위치제어를 따르므로 오차가 누적되지는 않는다.

58 근궤적의 대칭에 대한 설명으로 옳은 것은?

① 대칭성이 없다.
② 원점과 대칭이다.
③ 실수축과 대칭이다.
④ 허수축과 대칭이다.

해설
• 근궤적은 G(s)H(s)의 극점에서 출발하여 영점에서 종착한다.
• 근궤적의 수 : 모든 영점과 극점은 각각 근궤적이 발생되어야 하므로
  – 영점의 수가 극점보다 많으면 근궤적의 개수는 영점의 수만큼 존재
  – 극점의 수가 영점보다 많으면 근궤적의 개수는 극점의 수만큼 존재
• 근궤적은 실수축에 대칭이며 따라서 실수축에서 교차한다.
• 점근선의 개수는 극점과 영점의 차의 수만큼 발생한다.

59 피드백 제어계 중 물체의 위치·각도 등의 기계적 변위를 제어량으로 하여 목표값의 임의의 변화를 추종하도록 구성된 제어계는?

① 서보제어   ② 자동조정
③ 프로그램 제어   ④ 프로세스 제어

해설
서보제어(Servo Control)
• 물체의 위치·각도·방위·자세 등의 기계적 변위를 제어량으로 읽어 제어하는 시스템
• 서보(Servo)는 어떤 기준과 출력을 비교하여 피드백(Feedback) 함으로써 목적한 입력값에 가장 적합하게 자동제어할 수 있도록 하는 기구(System)를 의미한다.
• 서보기구에서는 안정성과 응답성이 중요하다.

60 어떤 제어계에 대하여 단위 1인 크기의 계단 입력에 대한 응답을 무엇이라 하는가?

① 과도 응답   ② 선형 응답
③ 정상 응답   ④ 인디셜 응답

해설
인디셜 응답(Indicial Response)의 용어적 의미가 계단 입력에 대한 응답이다.

제4과목 메커트로닉스

61 다음 논리회로의 논리식은?

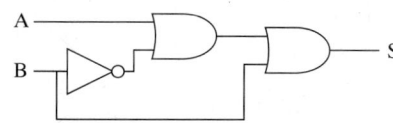

① $S = AB$
② $S = \overline{A}B$
③ $S = A + B$
④ $S = \overline{A} + B$

[해설]

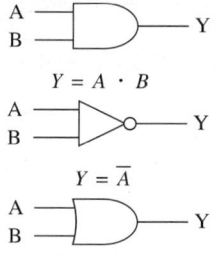

$Y = A \cdot B$

$Y = \overline{A}$

$Y = A + B$

먼저 $A \cdot \overline{B}$의 식에 $+B$가 연산되므로
$S = A \cdot \overline{B} + B$
분배법칙
$A \cdot (B \cdot C) = A \cdot B + A \cdot C$
$A + B \cdot C = (A + B) \cdot (A + C)$ 이므로
$S = A \cdot \overline{B} + B = B + A \cdot \overline{B} = (B + A) \cdot (B + \overline{B}) = (B + A)$
(∵ 보원법칙에 의해 $(B + \overline{B}) = 1$)

62 반도체의 도전성에 대한 설명으로 틀린 것은?

① P형 반도체의 반송자는 대부분 정공이다.
② N형 반도체의 반송자는 대부분 자유전자이다.
③ 불순물 반도체는 자유전자만을 포함하고 있다.
④ 진성 반도체의 반송자는 같은 수의 자유전자와 정공이 있다.

[해설]
불순물 반도체는 진성 반도체에 불순물(Dopant)을 넣은 것으로 불순물에 따라 P형 반도체(반송자 정공), N형 반도체(반송자 자유전자)가 되도록 한다.

63 센서의 신호 변환에서 8개의 2진 신호를 가지고 0~10V의 아날로그 신호를 디지털 신호로 변환할 때 아날로그 신호의 분해능은 약 얼마인가?

① 0.027V
② 0.039V
③ 0.052V
④ 0.068V

[해설]
분해능
연속적인 아날로그 신호를 디지털 신호로 변환하려면 각 스텝으로 나누어야 하는데 얼마나 자세히 분해하여 디지털화하여 표현하느냐를 나타내는 능력이다. 분해능이 높으면 고성능 변환기이며 고용량을 필요로 한다.
분해능 계산
사용 비트에 따라 8비트의 경우 $\frac{10}{2^8 - 1} ≒ 0.039$로 분해

64 구멍가공 공정을 줄이기 위해 1개의 구동력으로 여러 개의 구멍을 동시에 뚫을 수 있는 드릴링 머신은?

① 다두 드릴링 머신
② 다축 드릴링 머신
③ 탁상 드릴링 머신
④ 레이디얼 드릴링 머신

[해설]
② 다축 드릴링 머신 : 함께 움직이는 드릴축이 많이 있는 기계
① 다두 드릴링 머신 : 스핀들이 여러 개인 형태의 드릴링 머신, 스핀들마다 모터가 달림
③ 탁상 드릴링 머신 : 작은 지름의 드릴가공을 할 때
④ 레이디얼 드릴링 머신 : 가장 많이 쓰임. 공작물을 고정한 후 주축을 X, Y 방향으로 이동시켜 가공하며 비교적 대형에 사용

[정답] 61 ③ 62 ③ 63 ② 64 ②

65 AC 서보모터의 특징으로 틀린 것은?

① 속도제어가 간단하다.
② 고속 특성이 우수하다.
③ 토크 특성이 우수하다.
④ 단상(Single Phase)과 다상(Poly Phase)의 형태이다.

해설
AC 서보모터
- 동기형, 유도형으로 단상, 3상으로 구분한다.
- 브러시가 없기 때문에 보수가 용이하다.
- 코일이 고정자(Status)에 있기 때문에 방열성이 좋다.
- 정류 한계가 없기 때문에 고속회전 시 높은 토크가 가능하다.
- DC 모터에 비해 대용량에 사용한다.
- 동기형은 회전자에 영구자석을 사용하므로 구조가 복잡하고, 위치 검출이 필요하다.
- 유도형은 회전자와 고정자의 상대적인 위치검출센서가 필요하지 않다.
- DC 모터에 비해 속도 조절이 어렵다.

66 연산증폭기의 응용회로가 아닌 것은?

① 미분기
② 적분기
③ 디지털 반가산증폭기
④ 아날로그 가산증폭기

해설
디지털 증폭은 연산증폭회로를 이용하지 않고, 입력을 받아 신호로 변조하여 출력을 생성해 낸다.

67 입출력장치와 CPU의 실행 속도차를 줄이기 위해 사용되는 소형의 장치는?

① DMA
② RAM
③ Channel
④ Program Counter

해설
채널
- 주기억장치와 입출력장치의 데이터를 전송하는 전용처리기를 채널(Channel) 또는 IOP(Input Output Processor)라고 한다.
- 입출력 명령을 해독하여 동작을 지시하고 작업 종료 시 CPU에 알려 주는 역할을 한다.
- 입출력장치와 CPU의 실행 속도차를 줄이기 위해 사용한다.

68 10진수 458을 이진화 십진법인 BCD 부호로 변환한 값은?

① $0100\ 0101\ 1000_{BCD}$
② $0101\ 0100\ 1011_{BCD}$
③ $0101\ 0101\ 1001_{BCD}$
④ $1000\ 0100\ 0101_{BCD}$

해설
$458_{(10)} = 4\ 5\ 8 = 0100\ 0101\ 1000_{BCD}$

69 이상적인 연산증폭기(OP AMP)의 특성 중 틀린 것은?

① 대역폭은 항상 0이다.
② 두 입력단자 사이의 전압은 0이다.
③ 온도에 따라 특성이 변화되지 않는다.
④ $V_1 = V_2$일 때 V_1의 크기에 관계없이 $V_o = 0$이다.

해설
이상적인 연산 증폭기
- 입력 임피던스는 무한대이다.
- 입력전류는 0이다.
- 입력단의 전위차는 0이다.
- 출력 임피던스는 0이다.
- 출력전류는 $\pm\infty$이다.
- 증폭비는 무한대이다.

70 선반에서 4개의 조(Jaw)가 각각 별도로 움직여 불규칙한 공작물을 고정할 때 쓰이는 척은?

① 단동척   ② 연동척
③ 콜릿척   ④ 마그네틱척

해설
단동척
- 척 핸들을 사용해서 조(Jaw)의 끝부분과 척의 측면이 만나는 곳에 만들어진 4개의 구멍을 각각 조이면, 4개의 조(Jaw)도 각각 움직여서 공작물을 고정시킨다.
- 편심가공이 가능하다.
- 공작물의 중심을 맞출 때 숙련도가 필요하며 다소 시간이 걸리지만 정밀도가 높은 공작물을 가공할 수 있다.

71 정류자와 브러시가 있는 전동기는?

① 동기 전동기
② 유도 전동기
③ 직류 전동기
④ 스테핑 전동기

해설
직류를 사용하는 모터는 정류역할을 하는 브러시가 필요하다.

72 10진수 423을 16진수로 변환하면?

① $1A6_{16}$ ② $1A7_{16}$
③ $1F6_{16}$ ④ $1F7_{16}$

해설
$423_{(10)} = a \times 16^2 + b \times 16^1 + c = 1 \times 16^2 + 10 \times 16^1 + 7$
$= 1A7_{(16)}$

73 마이크로프로세서의 중앙처리장치가 기억장치에서 명령을 인출해 오는 사이클은?

① Fetch   ② Direct
③ Interrupt   ④ Execution

해설
Fetch는 인출이다.
마이크로프로세서의 명령 수행
- 명령어 인출(OP Code Fetch) : 기억장치에 저장된 명령어가 레지스터로 옮겨짐
- 명령어 해독(OP Code Decoding) : 레지스터의 명령어가 기계어로 번역됨
- Execution(실행·수행) : 번역된(해독된) 명령에 의한 데이터 처리
- 데이터 인출(Data Fetch) : 실행(Execution) 중 필요한 데이터를 기억장치에서 인출

74 $V = 142\sin\left(120\pi t - \dfrac{\pi}{3}\right)$인 파형의 주파수[Hz]는 얼마인가?

① 15   ② 30
③ 60   ④ 120

해설
$V = 142\sin\left(120\pi - \dfrac{\pi}{3}\right) = V_{\max}\sin(\omega t + \theta)$

여기서, $V_{\max}$: 최댓값, $\omega : 2\pi f$(시간계수), t : 시간, θ : 위상차
$\omega = 2\pi f = 120\pi$
∴ 주파수$(f) = \dfrac{120\pi}{2\pi} = 60\text{Hz}$

75 자기력선의 설명으로 옳은 것은?

① 자력이 미치는 공간을 말한다.
② 자석 내부를 통과하는 자력선이다.
③ 자력이 소유하고 있는 힘의 크기이다.
④ 자력이 미치고 있는 가상적인 선을 말한다.

해설
자기력선 : 자력이 미치고 있음을 영역과 힘의 방향을 가상의 선으로 나타낸 것

76 지름 100mm의 공작물을 절삭 길이 25mm, 회전속도 300rpm, 이송속도 0.25mm/rev으로 1회 가공할 때 소요되는 시간은 약 몇 초[sec]인가?

① 10 ② 20
③ 30 ④ 40

해설
가공에 필요한 시간은 전체 가공 길이를 이송속도로 나누면

전체 길이[mm] ÷ 분당 이송속도 $\left[\dfrac{mm}{min}\right]$ → 가공시간[min]으로 표현한다.

분당 이송속도 = 0.25mm/rev × 300rpm = 75mm/min
한 번 가공할 때 소요되는 시간은

$\dfrac{전체 길이}{분당 이동속도} = \dfrac{25mm}{75mm/min} = \dfrac{1}{3}min = 20sec$

77 직류모터에서 접촉하는 브러시를 통하여 직류전류를 공급하는 요소는?

① 고정자 ② 전기자
③ 정류자 ④ 회전자

해설
브러시는 정류회로에 필요한 부속이며 구성은 다음과 같다.

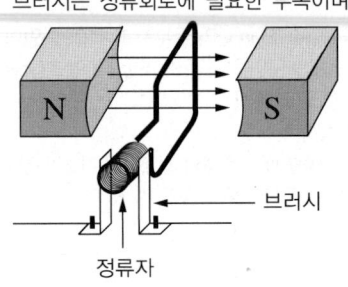

78 마이크로프로세서 장치로 들어가는 다음 입력 중에서 입력과 출력이 양방향(쌍방향)인 것은?

① 클럭 입력
② 인터럽트 입력
③ 데이터 버스 입력
④ 어드레스 버스 입력

해설
데이터 버스 : 각 장치 사이에 주고받는 정보가 실린다.

79 다음 중 검출방법이 접촉식인 것은?
① 근접 스위치   ② 리밋 스위치
③ 광전 스위치   ④ 초음파 스위치

해설
리밋 스위치 : 전기신호를 기계적 구동력으로 전환하여 사용하는 스위치로, 그림의 롤러 부분에 접촉하여 신호를 발생시킨다.

80 접시머리나사의 머리 부분을 묻히게 하기 위해 자리를 파는 작업은?
① 스텝 보링(Step Boring)
② 스폿 페이싱(Spot Facing)
③ 카운터 보링(Counter Boring)
④ 카운터 싱킹(Counter Sinking)

해설
카운터 싱킹 : 접시머리볼트나 접시머리나사의 머리 부분이 공작물에 묻히도록 한다.

제1과목 기계가공법 및 안전관리

01 밀링가공에서 커터의 날수는 6개, 1날당의 이송은 0.2mm, 커터의 외경은 40mm, 절삭속도는 30m/min일 때 테이블의 이송속도는 약 몇 mm/min인가?

① 274 ② 286
③ 298 ④ 312

해설
1날당 0.2mm 이송하고 날이 6개이므로 한 바퀴에 1.2mm 이송, 커터 외경(D) = 40mm, 절삭속도(V) = 30m/min이면

$$V = \frac{\pi \times D[\text{mm}] \times n[\text{rpm}]}{1,000}\text{m/min}$$

$$= \frac{3.14 \times 40\text{mm} \times n}{1,000} = 30\text{m/min}$$

∴ $n = 238.85$rpm

1분에 약 238바퀴를 회전하고, 한 바퀴에 1.2mm 이송하므로, 1분에 약 238×1.2 ≒ 286mm, 즉 V_f ≒ 286mm/min

02 1대의 드릴링 머신에 다수의 스핀들이 설치되어 1회에 여러 개의 구멍을 동시에 가공할 수 있는 드릴링 머신은?

① 다두 드릴링 머신
② 다축 드릴링 머신
③ 탁상 드릴링 머신
④ 레이디얼 드릴링 머신

해설
② 다축 드릴링 머신 : 함께 움직이는 드릴축이 많이 있는 기계로, 문제에서 1대의 드릴링 머신으로 표현하였으므로 모터가 하나라고 보고 문제를 해결해야 한다.
① 다두 드릴링 머신 : 스핀들이 여러 개인 형태의 드릴링 머신으로, 스핀들마다 모터가 달려 있다.
③ 탁상 드릴링 머신 : 작은 지름의 드릴가공을 할 때 사용한다.
④ 레이디얼 드릴링 머신 : 가장 많이 쓰인다. 공작물을 고정한 후 주축을 X, Y 방향으로 이동시켜 가공하며 비교적 대형에 사용한다.

03 나사의 유효지름을 측정하는 방법이 아닌 것은?

① 삼침법에 의한 측정
② 투영기에 의한 측정
③ 플러그 게이지에 의한 측정
④ 나사 마이크로미터에 의한 측정

해설
수나사 유효지름 측정
- 삼침법
  - 연삭가공한 정밀한 나사의 유효지름 측정에 이용한다.
  - 나사측정법 중 정밀도가 높다.
- 나사 마이크로미터
  - 마이크로미터의 접촉부가 나사산 모양에 맞게 제작된 측정기이다.
  - 간단히 측정이 가능하나 대상되는 나사의 각도가 너무 작거나 크면 오차가 발생한다.
- 광학적 방법
  - 투영기나 공구현미경 등 광학적 측정기구를 이용한다.
  - 축선과 직각으로 움직이는 테이블 움직임의 양을 측정기로 읽어서 직접 구한다.

04 측정오차에 관한 설명으로 틀린 것은?

① 기기오차는 측정기의 구조상에서 일어나는 오차이다.
② 계통오차는 측정값에 일정한 영향을 주는 원인에 의해 생기는 오차이다.
③ 우연오차는 측정자와 관계없이 발생하고, 반복적이고 정확한 측정으로 오차보정이 가능하다.
④ 개인오차는 측정자의 부주의로 생기는 오차이며, 주의해서 측정하고 결과를 보정하면 줄일 수 있다.

해설
우연오차는 원인을 알 수 없이 우연히 생기며 사용자가 피할 수 없는 오차이다.

1 ② 2 ② 3 ③ 4 ③ **정답**

05 나사를 1회전시킬 때 나사산이 축 방향으로 움직인 거리를 무엇이라 하는가?

① 각도(Angle)
② 리드(Lead)
③ 피치(Pitch)
④ 플랭크(Flank)

해설
피치는 나사산과 나사산의 거리이고, 리드는 나사 1회전 시 전진거리이다. 1줄 나사의 경우 피치와 리드가 같지만 여러 줄 나사의 경우, 리드는 피치에 줄수를 곱한 만큼 전진한다.

06 절삭유를 사용함으로써 얻을 수 있는 효과가 아닌 것은?

① 공구 수명 연장효과
② 구성인선 억제효과
③ 가공물 및 공구의 냉각효과
④ 가공물의 표면거칠기 값 상승효과

해설
절삭유를 사용하면 마찰이 줄어들어 표면거칠기 정도가 개선된다. 표면거칠기 값이 클수록 정도가 나쁘다.

07 바깥지름 원통연삭에서 연삭숫돌이 숫돌의 반지름 방향으로 이송하면서 공작물을 연삭하는 방식은?

① 유성형
② 플런저 컷형
③ 테이블 왕복형
④ 연삭숫돌 왕복형

해설
원통연삭기의 종류
- 플런저 컷형 : 테두리를 함께 연삭이 가능한 방식으로, 공작물 전체를 함께 연삭할 수 있다.
- 테이블 왕복형 : 연삭숫돌은 제자리에서 회전하고, 공작물을 이송한다. 소형에 적합하다.
- 숫돌대 왕복형 : 공작물을 고정하고, 회전하는 연삭숫돌을 이송하여 작업한다. 대형에 적합하다.
- 만능연삭기 : 테이블, 숫돌대, 주축대가 각각 회전할 수 있기 때문에 작업의 범위가 넓다. 테이퍼 및 내면연삭도 가능하다.

08 선반에서 지름 100mm의 저탄소 강재를 이송 0.25mm/rev, 길이 80mm를 2회 가공했을 때 소요된 시간이 80초라면 회전수는 약 몇 rpm인가?

① 450
② 480
③ 510
④ 540

해설
Step 1. 1회 가공 시 40초가 소요된다.
Step 2. 80mm를 한 바퀴에 0.25mm씩 $\left(\frac{1}{4}\text{mm}\right)$ 가공했으므로 320바퀴 회전하여 가공한다.
Step 3. 320바퀴 회전하는 데 40초 걸렸으므로 60초 동안 480바퀴 회전(480rev/min)한다.

09 밀링가공할 때 하향절삭과 비교한 상향절삭의 특징으로 틀린 것은?

① 절삭 자취의 피치가 짧고, 가공면이 깨끗하다.
② 절삭력이 상향으로 작용하여 가공물 고정이 불리하다.
③ 절삭가공을 할 때 마찰열로 접촉면의 마모가 커서 공구의 수명이 짧다.
④ 커터의 회전 방향과 가공물의 이송이 반대이므로 이송기구의 백래시(Backlash)가 자연히 제거된다.

해설
상향절삭은 이송 방향과 절삭 방향이 서로 반대여서 한 번 절삭 후 다음 절삭까지의 자취가 하향절삭에 비해 길다.

10 리머에 관한 설명으로 틀린 것은?

① 드릴가공에 비하여 절삭속도를 빠르게 하고 이송은 적게 한다.
② 드릴로 뚫은 구멍을 정확한 치수로 다듬질하는 데 사용한다.
③ 절삭속도가 느리면 리머의 수명은 길게 되나 작업능률이 떨어진다.
④ 절삭속도가 너무 빠르면 랜드(Land)부가 쉽게 마모되어 수명이 단축된다.

해설
리밍 : 리머를 이용하여 구멍의 내면을 매끈하고 정확하게 가공하는 작업이다. 미세절삭을 이용한 내면 다듬질 작업이므로 다듬질 여유를 거의 제거해 내면서 천천히 회전하고 많이 이송하는 것이 좋다.

11 선반작업 시 절삭속도의 결정조건으로 가장 거리가 먼 것은?

① 베드의 형상 ② 가공물의 경도
③ 바이트의 경도 ④ 절삭유의 사용 유무

해설
절삭속도의 결정조건은 절삭상황과 직접 연관이 있는 요소이어야 한다. 가공물과 절삭날, 절삭유는 직접 연관이 있지만 베드의 형상은 크게 상관이 없다.

12 절삭공구의 측면과 피삭재의 가공면과의 마찰에 의하여 절삭공구의 절삭면에 평행하게 마모되는 공구인선의 파손현상은?

① 치핑 ② 크랙
③ 플랭크 마모 ④ 크레이터 마모

해설
여유면 마멸(플랭크 마모)
• 옆면에서의 마모는 공구와의 여유각이 벌어진 곳의 마멸이어서 여유면 마멸이라고 하며, 측면이라는 의미의 플랭크(Flank : 옆구리, 측면) 마멸이라고도 한다.
• 절삭공구의 측면(여유면)과 가공면과의 마찰에 의하여 발생되는 마모현상으로 주철과 같이 취성이 있는 재료를 절삭할 때 발생하여 절삭날(공구인선)을 파손시킨다.

13 다음 중 전해가공의 특징으로 틀린 것은?

① 전극을 양극(+)에, 가공물을 음극(-)으로 연결한다.
② 경도가 크고 인성이 큰 재료도 가공능률이 높다.
③ 열이나 힘의 작용이 없으므로 금속학적인 결함이 생기지 않는다.
④ 복잡한 3차원 가공도 공구 자국이나 버(Burr)가 없이 가공할 수 있다.

해설
전해연마
• 전기도금과 반대 현상을 이용한 가공이다.
• 거울과 같이 광택 있는 가공면을 비교적 쉽게 가공할 수 있다.
• 양극에 가공물을 물리고 전해 작용을 이용하여 표면을 다듬는다.
• 가공면에 방향성이 없다.
• 면이 깨끗하고 도금이 잘된다.
• 연마량이 적다.
• 전해작용을 이용하므로 가공이 힘든 금속도 효율적으로 연마가 가능하다.
※ 전해액으로 과염소산(Al, Tungsten, Zn 등), 인산, 황산, 질산 등(Al, Cu, Ni, Fe$_3$C, Stainless ST 등)을 사용한다.

14 공작기계의 메인 전원 스위치 사용 시 유의사항으로 적합하지 않은 것은?

① 반드시 물기 없는 손으로 사용한다.
② 기계 운전 중 정전이 되면 즉시 스위치를 끈다.
③ 기계 시동 시에는 작업자에게 알리고 시동한다.
④ 스위치를 끌 때에는 반드시 부하를 크게 한다.

해설
전원을 끊을 때는 가능한 한 부하를 작게 한다.

15 센터펀치 작업에 관한 설명으로 틀린 것은?(단, 공작물의 재질은 SM45C이다)

① 선단은 45° 이하로 한다.
② 드릴로 구멍을 뚫을 자리 표시에 사용된다.
③ 펀치의 선단을 목표물에 수직으로 펀칭한다.
④ 펀치의 재질은 공작물보다 경도가 높은 것을 사용한다.

해설
선단은 60~90°로 한다.

16 정밀입자가공 중 래핑(Lapping)에 대한 설명으로 틀린 것은?

① 가공면의 내마모성이 좋다.
② 정밀도가 높은 제품을 가공할 수 있다.
③ 작업 중 분진이 발생하지 않아 깨끗한 작업환경을 유지할 수 있다.
④ 가공면에 랩제가 잔류하기 쉽고, 제품을 사용할 때 잔류한 랩제가 마모를 촉진시킨다.

해설
래핑(Lapping)은 랩제를 이용하여 문질러서 미세하게 갈아 내는 작업이어서 분진이 발생한다.

17 절삭공구 재료가 갖추어야 할 조건으로 틀린 것은?

① 조형성이 좋아야 한다.
② 내마모성이 커야 한다.
③ 고온 경도가 높아야 한다.
④ 가공재료와 친화력이 커야 한다.

해설
절삭공구와 가공재료의 친화력이 커지면 빌트업 에지(구성인선)가 발생할 가능성이 높아진다.

18 CNC 선반에 나사절삭 사이클의 준비기능 코드는?

① G02
② G28
③ G70
④ G92

해설
④ G92 : 나사절삭 사이클
① G02 : 시계 방향 원호가공
② G28 : 자동원점 복귀
③ G70 : 정삭 사이클

19 수직 밀링머신에서 좌우 이송을 하는 부분의 명칭은?

① 니(Knee)
② 새들(Saddle)
③ 테이블(Table)
④ 칼럼(Column)

해설
새들은 전후이송, 니는 상하이송을 한다.

정답 15 ① 16 ③ 17 ④ 18 ④ 19 ③

20 센터리스 연삭기에 필요하지 않은 부품은?

① 받침판 ② 양 센터
③ 연삭숫돌 ④ 조정숫돌

해설
센터리스 연삭은 센터나 척을 사용하기 어려운 가늘고 긴 원통형의 공작을 통과이송, 전후이송, 단이송 등의 방법을 사용하여 가공하는 원통연삭법이다. 연속작업이 가능하여 능률은 좋으나 너무 크거나 무거운 공작물에는 사용하기 어렵다.

제2과목 기계제도 및 기초공학

21 다음 중 가는 2점쇄선의 용도가 아닌 것은?

① 가공 전의 모양 표시
② 인접 부분의 모양 표시
③ 단면 뒷부분의 모양 표시
④ 가공에 사용하는 공구의 모양 표시

해설

선의 종류	선의 명칭	용도에 따른 명칭
———·——·——	가는 2점쇄선	가상(상상)선

• 가상선 : 가공 부분의 특정 이동 위치, 가공 전후의 모양, 이동 한계 위치 등을 나타내기 위한 선
• 무게중심선 : 단면의 무게중심을 연결한 선

22 그림과 같은 등각투상도와 이에 대한 정면도와 좌측면도가 주어질 때의 평면도로 가장 적합한 것은?

(등각 투상도)

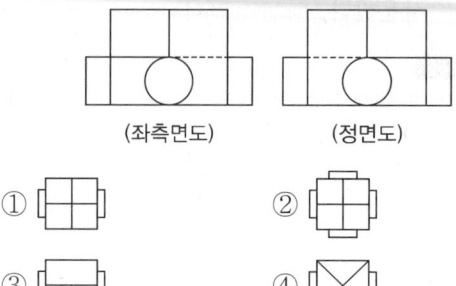

(좌측면도) (정면도)

해설
평면도는 위에서 내려다 본 그림이다.

23 그림과 같은 도면에서 X로 표시된 부분의 의미는?

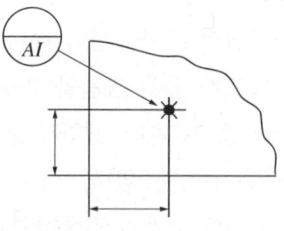

① 데이텀 표적기호로 점을 의미한다.
② 데이텀 표적기호로 면을 의미한다.
③ 데이텀 표적기호로 축을 의미한다.
④ 데이텀 표적기호로 선을 의미한다.

24 구멍의 지름치수가 $\phi 50^{+0.025}_{-0.012}$로 표시되어 있을 때 치수공차는 몇 mm인가?

① 0.013 ② 0.025
③ 0.037 ④ 0.012

해설
치수공차는 '가장 큰 치수 – 가장 작은 치수'이므로
50.025−49.988 = 0.025−(−0.012) = 0.037

25 구름베어링 호칭번호 '7310 C DB'에 대한 설명으로 틀린 것은?

① 73 : 베어링 계열기호로서 단열 앵귤러 볼 베어링을 나타낸다.
② 10 : 안지름 번호로 베어링 안지름 치수는 50mm 이다.
③ C : 접촉각 기호로 호칭 접촉각이 10° 초과 22° 이하이다.
④ DB : 보조기호로 양쪽 내부 틈새를 나타낸다.

해설

계열번호	안지름 번호	접촉각 기호	보조기호
73	10	C	DB

계 열	종 류
60, 62, 63, 64, 68, 69	깊은 홈 볼 베어링
70, 72, 73, 74	앵귤러 볼 베어링
NU2, NU22, NU3, NU23, NU4, NU10, NUP2, NUP22, NUP3, NUP23, NUP4, N2, N22, N3, N23, N4, NF2, NF3, NF23, NF4	원통 롤러 베어링
12, 22, 13, 23	자동 조심 볼 베어링
302, 303, 303D, 320, 322, 323	테이퍼 롤러 베어링
NA49, RNA49	니들 롤러 베어링

26 스프링 제도 시 원칙적으로 하중이 가해진 상태(하중상태)에서 도시하여야 하는 스프링은 어느 것인가?

① 코일 스프링
② 벌류트 스프링
③ 접시 스프링
④ 겹판 스프링

해설
코일 스프링, 벌류트 스프링, 스파이럴 스프링 및 접시 스프링은 일반적으로 무하중 상태에서 그리며, 겹판 스프링은 스프링판이 수평인 하중이 가해진 상태에서 그린다.

27 핸들이나 바퀴 암 및 리브, 훅, 축 등의 절단면을 나타내는 도시법으로 가장 적합한 것은?

① 계단 단면도
② 부분 단면도
③ 한쪽 단면도
④ 회전도시 단면도

해설
회전 단면도는 절단한 단면의 모양을 90° 회전시켜서 투상도의 안이나 밖에 그리는 단면도를 말한다.
• 핸들, 벨트 풀리, 기어 등의 암, 림, 리브, 훅, 축, 구조물에 사용하는 형강 등이 대상이다.
• 길이가 긴 제품은 파단선으로 중간을 생략하고 그 사이에 굵은 실선으로 회전 단면도를 그린다.

28 도면에서 표면의 줄무늬 방향 지시 그림기호 M은 무엇을 뜻하는가?

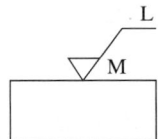

① 가공에 의한 커터의 줄무늬가 기호를 기입한 그림의 투영면에 비스듬하게 두 방향으로 교차
② 가공에 의한 커터의 줄무늬가 기호를 기입한 면의 중심에 대하여 거의 동심원 모양
③ 가공에 의한 커터의 줄무늬가 기호를 기입한 면의 중심에 대하여 거의 방사 모양
④ 가공에 의한 커터의 줄무늬가 여러 방향

해설

기호	기호의 뜻	설명 그림과 도면 지시 보기
=	커터의 줄무늬 방향이 기호를 지시한 도면의 투상면에 평행 예 셰이핑면	
⊥	커터의 줄무늬 방향이 기호를 지시한 도면의 투상면에 직각 예 셰이핑면(옆으로부터 보는 상태), 선삭, 원통연삭면	
×	커터의 줄무늬 방향이 기호를 지시한 도면의 투상면에 경사지고 두 방향으로 교차 예 호닝 다듬질면	
M	커터의 줄무늬 방향이 여러 방향으로 교차 또는 무방향 예 래핑 다듬질면, 슈퍼 피니싱면, 가로 이송을 한 정면밀링 또는 엔드밀 절삭면	
C	가공에 의한 커터의 줄무늬가 기호를 지시한 면의 중심에 대하여 대략 동심원 모양 예 끝면 절삭면	
R	커터의 줄무늬가 기호를 지시한 면의 중심에 대하여 대략 레이디얼 모양	

29 도면에 나타난 용접기호의 지시사항을 가장 올바르게 설명한 것은?

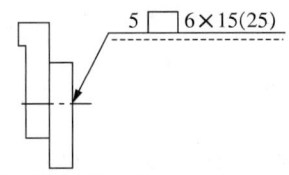

① 슬롯 너비 5mm, 용접부 길이 15mm인 플러그 용접 6개소
② 스폿의 지름이 6mm이고, 피치는 15mm인 스폿 용접
③ 덧붙임 폭 5mm, 용접부 길이 15mm인 덧붙임 용접
④ 용접부 지름이 6mm이고, 피치는 15mm인 심 용접

해설
- 슬롯, 심 용접기호 : ✕
- 덧살올림 기호 : ⌒

30 경사부가 있는 대상물에서 경사면의 실형을 표시할 필요가 있는 경우 사용하는 투상도는?

① 관용투상도　② 보조투상도
③ 부분투상도　④ 회전투상도

해설
보조투상도 : 경사면이 있는 제품의 실제 모양을 투상할 때 보이는 전체 또는 일부분만 나타내는 것

31 힘의 모멘트 단위는 1N·m인데 이것을 일의 단위인 J로 표시하면 얼마인가?

① 0.1J　② 0.7J
③ 1J　④ 1.5J

해설
일의 SI 단위 : J(=1N×1m)
※ J=N·m이지만 모멘트는 개념적으로 잠재력이며, 일로 표현하지 않는다. 단순히 일의 단위를 묻는 문제로 여기면 될 듯하다.

32 직경 10cm의 원형 단면봉에 1,000kgf의 인장하중이 작용할 때 이 봉에 발생되는 인장응력은 약 몇 kgf/cm² 인가?

① 10   ② 12.73
③ 31.83   ④ 100

해설
$\sigma = \dfrac{1,000\mathrm{kgf}}{\dfrac{\pi(10\mathrm{cm})^2}{4}} ≒ 12.73\mathrm{kgf/cm^2}$

33 40W/120V라고 표기된 전구가 있다. 이 전구 안 필라멘트의 저항[Ω]은 얼마인가?

① 280   ② 360
③ 480   ④ 560

해설
전력[W]은 전압과 전류의 곱과 같다.
$P = V \cdot I$
$R = \dfrac{V}{I}$ (I : 전류, V : 전압, R : 저항)
$40W = 120V \times I$, $I = \dfrac{1}{3}A$, $R = \dfrac{V}{I} = \dfrac{120}{\dfrac{1}{3}} = 360Ω$

34 밑 면적이 A이고, 높이가 h인 원뿔의 체적을 구하는 식으로 옳은 것은?

① $A \cdot h$ ② $\dfrac{A \cdot h}{2}$
③ $\dfrac{A \cdot h}{3}$ ④ $\dfrac{A \cdot h}{4}$

해설
원뿔의 체적

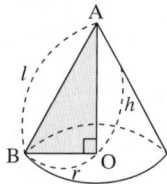

• 공식 : $\dfrac{1}{3}\pi r^2 h = \dfrac{1}{3}Ah$ ($\because \pi r^2 = $ 원의 넓이)

35 바닷물의 압력(수압)은 10m마다 1atm씩 증가한다. 30m 깊이에 있는 물체가 받는 절대압력은 얼마인가? (단, 대기압은 1atm이다)

① 2atm   ② 3atm
③ 4atm   ④ 5atm

해설
지표면에서 1atm이므로 30m에서는 +3atm, 그러므로 물체가 받는 압력은 4atm이다.

36 줄(Joule)의 법칙에 의하여 줄열에 의해 발생하는 열량과 관계없는 요소는?

① 시 간   ② 온 도
③ 저 항   ④ 전 류

해설
전기에너지에서 생기는 열량은 다음 식과 같다.
$H = 0.24I^2RT[\mathrm{cal}]$
(H : 열량[cal], I : 전류[A], R : 저항[Ω], t : 시간[sec])

정답 32 ② 33 ② 34 ③ 35 ③ 36 ②

37 길이가 40cm인 스패너에 20kgf의 힘을 가할 때 발생하는 토크[kgf·m]는 얼마인가?

① 4
② 8
③ 10
④ 12

해설
$T_1 = 20\text{kgf} \times 40\text{cm} = 800\text{kgf}\cdot\text{cm} = 8\text{kgf}\cdot\text{m}$

38 자동차가 직선 도로상의 임의의 지점 S에서 출발하여 1km 떨어진 지점 E까지 갔다가 M지점까지 250m만큼 되돌아오는 데 50초가 걸렸다면, 50초 동안의 평균 속도[m/s]는?

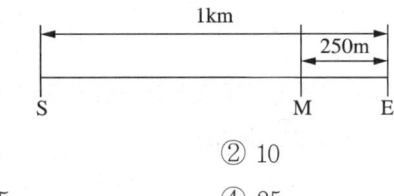

① 5
② 10
③ 15
④ 25

해설
속도의 개념을 묻는 문제로 속도는 경로에 무관하게 전체 이동거리를 걸린 시간으로 나눈 값이다. 전체 이동거리는 750m이고, 전체 이동시간은 50초이므로,
$v = 750\text{m}/50\text{s} = 15\text{m/sec}$

39 '물체에 힘을 가하면 물체는 힘과 동일한 방향으로, 힘의 크기와 비례하는 가속도를 지닌다'라고 정의되는 법칙은?

① 관성의 법칙
② 질량의 법칙
③ 가속도의 법칙
④ 작용 – 반작용의 법칙

해설
뉴턴의 2법칙 : '$F = ma$'라고 알고 있는 이 법칙은 '물체에 외력이 가해지면, 물체의 외형이나 운동 상태를 변화시킨다'라고 정의한다. 문제에서처럼 가속도를 중심으로도 설명이 가능하다.

40 다음 설명에 해당하는 법칙은?

> 회로에 흐르는 전류(I)는 저항(R)이 일정할 때 전압(V)에 비례하고 전압이 일정할 때 저항에 반비례한다.

① 옴의 법칙
② 관성의 법칙
③ 플레밍의 왼손법칙
④ 플레밍의 오른손법칙

해설
옴의 법칙 : 흐르는 전기의 양(전류)는 전기의 압력(전압)에 비례하고 저항(저항)에 반비례한다는 법칙
$I = \dfrac{V}{R}$ (I : 전류, V : 전압, R : 저항)

제3과목 자동제어

41 서보기구에 대한 설명으로 틀린 것은?

① 출력이 낮을 때는 전기식보다 유압식이 유리하다.
② 원격 조작장치로서의 기능과 중력기구로서의 기능이 있다.
③ 제어량의 위치, 자세 등의 기계적인 변위의 자동제어계를 서보기구라 한다.
④ 출력부를 입력신호에 추종시키기 위해서 일반적으로 힘, 토크를 증폭하는 증폭부를 가지고 있다.

해설
유압식 서보기구
• 고출력, 고성능에 적합하다.
• 안내 밸브식, 분사관식, 전기 혼합 서보밸브식 등으로 나뉜다.

42 제어시스템을 해석하기 위해서는 시스템에 여러 종류의 시험신호(Test Signal)를 사용하게 된다. 만일, 시스템에 갑작스런 외란이 들어왔을 때 유지되게 하려면 어떤 시험신호(Test Signal)를 사용해야 하는가?

① 계단함수　② 램프함수
③ 사인함수　④ 포물선 함수

해설
계단함수는 입력에 대해 다음 입력까지 출력이 유지되는 형태로 발현된다.

43 $G(s) = \dfrac{1}{s(s+1)}$ 인 선형 제어계에서 $\omega = 10$일 때 주파수 전달 함수의 이득[dB]은?

① -10　② -20
③ -30　④ -40

해설
$G(s) = \dfrac{1}{s(s+1)} = \dfrac{1}{s} - \dfrac{1}{s+1}$, $G(j\omega) = \dfrac{1}{j\omega} - \dfrac{1}{j\omega+1}$

Gain $= -20\log_{10}\omega - 10\log_{10}(\omega^2 + 1)$ dB

$\omega = 10$

Gain $= -20\log_{10}10 - 10\log_{10}101 \fallingdotseq -20\log_{10}10 - 10\log_{10}10^2$ dB
$= -40$ dB

44 다음 공기압 회로도의 기기 순서를 옳게 나열한 것은?

진행 방향

① 루브리케이터 → 공기탱크 → 에어드라이어
② 에어드라이어 → 공기탱크 → 루브리케이터
③ 냉각기 → 공기탱크 → 드레인 배출구 붙이 필터
④ 드레인 배출구 붙이 필터 → 공기탱크 → 냉각기

해설
공압 유닛기호

[공압탱크]　[공압필터]

[냉각기]　[드레인]

[공기건조기]　[압력 릴리프 밸브]

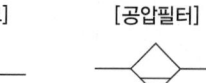

[드레인 필터]　[윤활장치]

정답　41 ①　42 ①　43 ④　44 ③

45 다음 중 정상 상태 오차를 최소화할 수 있는 제어방식은?

① 미 분 ② 비 례
③ 적 분 ④ 비례미분

해설
적분제어(Integral Control)
• 제어의 정밀도에 주목한 제어
• 느린 제어속도
• Off-set 소멸시키고 잔류편차가 작음
• 구성이 예민하고 비용이 높음
• 목적에 따라 정밀도를 개선한 제어

46 다음 그림에서 동그라미 기호의 의미는?

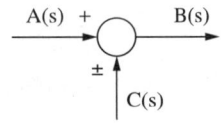

① 가합점
② 인출점
③ 출력점
④ 전달요소

해설
문제의 그림은 자동제어 구성요소 선도에서 제어함수가 귀합되는 Summing Point로서, 우리말로는 '가합점'이라고 한다.

47 예열을 하여 발열반응을 하는 프로세스 제어시스템의 온도를 제어하는 데 있어 단순한 피드백 제어의 경우 예열단계에서 오버슈트(Over Shoot)의 주된 원인이 되는 제어동작은?

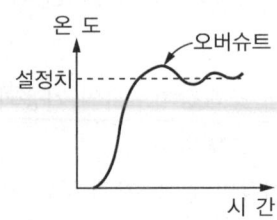

① 미분동작(D 동작)
② 적분동작(I 동작)
③ 비례미분동작(PD 동작)
④ 비례적분미분동작(PID 동작)

해설
적분제어의 목적은 편차를 줄이는 것이다.

48 전자계전기 자신의 a접점을 이용하여 회로를 구성하여 스스로 동작을 유지하는 회로는?

① 순차회로 ② 우선회로
③ 유극회로 ④ 자기유지회로

해설
자기유지회로 : 한 번 입력이 들어가면 릴레이에 의해 자기 릴레이를 계속 ON하고 있도록 유지하는 회로이다. 다음 그림에서 A에 의해 X에 신호가 들어가면 X-relay가 ON이 되어 X에 계속 신호를 입력한다.

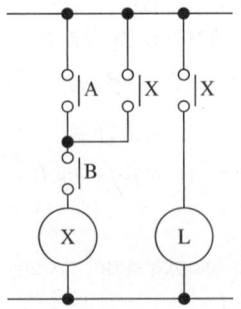

49 9,600bps를 사용하기 위한 1비트 전송시간은 약 몇 μs 인가?

① 52　　② 70
③ 104　　④ 208

해설
bps = bits/second, 즉 초당 비트수로 1비트 전송에 $\frac{1}{9,600}$초가 소요된다.

$\frac{1}{9,600} = 104 \times 10^{-6}s = 104\mu s$

50 다음 전달함수에 대한 설명이 틀린 것은?

$$G(s) = K_p\left(1 + \frac{1}{sT_i} + sT_D\right)$$

① T_i는 적분시간이다.
② T_D는 리셋률(Reset Rate)이라고 한다.
③ K_p를 조절기의 비례 이득이라고 한다.
④ 이 조절기는 비례적분미분 동작조절기이다.

해설
리셋률은 $\frac{1}{T_i}$, T_D는 미분시간이다.

51 게이지 압력을 구하는 식으로 옳은 것은?

① 게이지 압력 = 절대압력 + 대기압
② 게이지 압력 = 절대압력 − 대기압
③ 게이지 압력 = 절대압력 × 대기압
④ 게이지 압력 = 절대압력 ÷ 대기압

해설
- 게이지압 : 게이지(Gauge), 즉 계기에 나타나는 압력
- 절대압 : 게이지압은 계기 내·외부에 대기압이 존재하므로 대기압(완전 진공(0)부터의 압력)은 게이지압 + 대기압

52 다음 그림과 같이 유량제어밸브를 실린더의 입구 측에 설치하여 실린더의 전진속도를 제어하는 회로는?

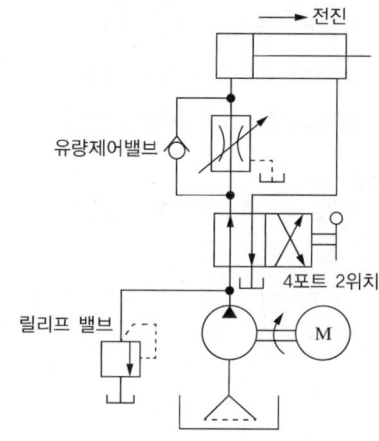

① 감압회로　　② 미터 인 회로
③ 미터 아웃 회로　　④ 블리드 오프 회로

해설
미터인 회로
- 액추에이터로 들어가는 공기를 조절하여 액추에이터를 제어하는 방식이다.
- 액추에이터 작동 전에 제어를 하므로 제어는 변별이 확실하나 액추에이터의 작동성이 떨어질 수 있다.

53 다음 C언어 프로그램 중 □칸의 변수가 지정된 10진수일 때 사용하는 출력 명령어는?

printf("Sum=□", x)

① %c　　② %d
③ %e　　④ %f

해설
표준 출력함수

printf()
printf("출력하고자 하는 message" 또는 "형식지정문자", data 또는 변수)

C언어 출력 타입
- %c : 한 문자로 출력
- %d : 정수형(10진수)
- %x : 16진수
- %e : 지수형
- %s : 문자열
- %o : 8진수
- %f : 실수형

정답 49 ③　50 ②　51 ②　52 ②　53 ②

54 전기식 서보기구에 관한 설명 중 틀린 것은?

① 신호의 전송이 용이하다.
② 피드백 장치가 필요 없다.
③ 순차제어에 적합하지 않다.
④ 유압식에 비해 취급이 간단하고 깨끗하다.

해설
서보기구는 피드백 장치가 필요하다.

55 유접점 논리회로와 비교한 무접점 논리회로의 특징이 아닌 것은?

① 유접점에 비하여 응답 속도가 빠르다.
② 기계적인 가동부가 없기 때문에 수명이 길다.
③ 논리회로가 소형화되어 복잡한 회로의 대치가 가능하다.
④ 전자석의 동작으로 부하회로를 빈번하게 개폐할 수 있다.

해설
무접점 논리회로에서는 전자석을 동작시키는 방식으로 접점을 형성하지는 않는다.

56 다음 중 PLC 입출력장치의 역할과 가장 거리가 먼 것은?

① 기억 선택
② 잡음 제어
③ 절연 결합
④ 신호 레벨 변환

해설
기억을 선택하는 역할은 ALU 등 제어장치에서 실행한다.

57 전기식 서보기구용 검출기와 관계없는 것은?

① 싱크로
② 부르동관
③ 전위차계
④ 차동변압기

해설
전기식 서보기구
- 동력원으로 모터를 사용한다. 중(中)동력 정도의 힘의 크기를 사용한다.
- 전기는 동력뿐만 아니라 신호로도 활용이 가능하며, 증폭/감쇠 등에 유리하다.
- 유압식에 비해 작동 속도와 반응 속도가 좋으며 신뢰성이 있다.
- 유압식에 비해 경제성과 취급이 용이하다.
- 직류식과 교류식이 있다.
  - 직류는 전류 통제의 용이성이 높아 속도제어 범위가 넓지만 구조가 복잡하고 기동토크가 크다.
  - 교류식은 브러시가 없어서 유지비가 들지 않고 보수가 용이하다.
- 검출기로 싱크로(변환, 변압기), 리졸버, 퍼텐쇼미터(전위차계), LVDT(차동변압기) 등을 사용한다.

58 다음 불 대수 식의 결과로 옳은 것은?

$$(A+B) \cdot (A+\overline{B})$$

① A
② B
③ $A+B$
④ $A \cdot B$

해설
$(A+B) \cdot (A+\overline{B}) = A \cdot A + A \cdot B + A \cdot \overline{B} + B \cdot \overline{B}$
$= A + A \cdot (B+\overline{B}) + 0 = A + A \cdot (1) = A$

정답 54 ② 55 ④ 56 ① 57 ② 58 ①

59 출력신호를 입력 쪽으로 되돌아오게 하여 목표값에 따라 자동적으로 제어하는 것을 무슨 제어라고 하는가?

① 자동제어
② 되먹임 제어
③ 시퀀스 제어
④ 프로그램 제어

해설
닫힌 루프제어(피드백 제어, 폐회로제어, Feedback Control)
- 출력값이 목표값이 이르도록 입력값을 조정하는 피드백 제어(Feedback Control)이다.
- 개회로제어보다는 신호를 추출하고 목표값과 비교하는 등의 설비(궤환요소)가 더 필요하다.
- 개회로제어에 비해 정확한 제어가 가능하다.

60 정성적 제어장치에 해당되는 것은?

① 서보모터
② 전자계전기
③ 추적용 레이더
④ 자동 전원조정장치

해설
열린 경로제어(Open Loop Control)는 정성적 제어 성격을 가진다. 서보모터, 추적용 장치, 조정장치 등은 비교 및 조정이 있는 닫힌 제어(Feedback Control), 즉 정량적 제어에 사용되는 장치이다.

제4과목 메커트로닉스

61 금속의 길이와 단면적은 저항값에 어떠한 관계를 가지고 있는가?

① 길이와 단면적에 비례
② 길이에 비례하고 단면적에 반비례
③ 길이에 반비례하고 단면적에 비례
④ 길이에 비례하고 단면적의 제곱에 반비례

해설
일반 도선을 흐를 때도 저항이 생긴다. 이 경우는 물의 흐름과 마찬가지로 도선의 단면적이 크면 저항이 줄어들고, 도선이 길어지면(이동할 경로가 멀어지면) 저항이 늘어난다.
$R \propto \dfrac{A}{l}$ (R : 저항, A : 도선의 단면적, l : 도선의 길이)

62 10진수 77을 2진수 값으로 변환한 값은?

① 1001101
② 1010101
③ 1100101
④ 1110101

해설
```
      77
  ÷    2
  ─────────
      38
  ÷    2 ... 1
  ─────────
      19
  ÷    2 ... 0
  ─────────
       9
  ÷    2 ... 1
  ─────────
       4
  ÷    2 ... 1
  ─────────
       2
  ÷    2 ... 0
  ─────────
       1         $1001101_{(2)}$
```

정답 59 ② 60 ② 61 ② 62 ①

63 공작물을 양극으로 하고, 전기저항이 적은 Cu, Zn을 음극으로 하여 전해액 속에 넣어 매끈한 공작물 표면을 얻을 수 있는 가공방법은?

① 숏 피닝 ② 보링작업
③ 연삭작업 ④ 전해연마

해설
전해연마
- 전기도금과 반대 현상을 이용한 가공이다.
- 거울과 같이 광택 있는 가공면을 비교적 쉽게 가공할 수 있다.
- 양극에 가공물을 물리고 전해작용을 이용하여 표면을 다듬는다.
- 가공면에 방향성이 없다.
- 면이 깨끗하고 도금이 잘된다.
- 연마량이 적다.
- 전해작용을 이용하므로 가공이 힘든 금속도 효율적으로 연마가 가능하다.
※ 전해액으로 과염소산(Al, Tungsten, Zn 등), 인산, 황산, 질산 등(Al, Cu, Ni, Fe_3C, Stainless ST 등)을 사용한다.

64 선삭작업 중 초경합금으로 만든 바이트가 치핑 마모가 되었을 때 재연삭에 적합한 숫돌은?

① A 46 K m V
② C 150 L m B
③ GC 30 M m B
④ WA 46 K m V

해설
연삭숫돌 입자에 따른 용도

구 분	기 호	용 도
알루미나계	A	인성이 큰 재료의 강력 연삭이나 절단작업용, 거친 연삭용, 일반 강재
	WA	연삭 깊이가 얕은 정밀연삭용, 경연삭용, 담금질강, 특수강, 고속도강
천연 숫돌입자	C	인장강도가 작고, 취성이 있는 재료, 경합금, 비철금속, 비금속
	GC	경도가 매우 높고 발열이 적은 초경합금, 특수주철, 칠드주철, 유리

초경합금 같은 강한 재료는 GC를 이용하는 것이 적당하다.

65 마이크로컨트롤러의 어셈블리 언어 프로그램 중 의사 명령어에 속하는 것은?

① ADD ② DEC
③ MOV ④ ORG

해설
의사 명령어 : PC에 정의되어 있는 명령어가 아닌 어셈블러가 제공하는 언어로 ORG, ADR, ADRL, NOP, ALIGN, DCx 등이 있다.

66 비반전증폭기의 설명 중 옳은 것은?

① 전압 이득이 1에 가까운 증폭기이다.
② 수학적인 미분연산을 행하는 증폭기이다.
③ 입력신호 위상과 출력신호 위상이 같은 증폭기이다.
④ 출력신호 위상이 입력신호 위상에 비하여 90° 앞서는 증폭기이다.

해설
비반전증폭기
- 가장 일반적인 증폭기이다.
- 안정적인 출력을 한다.
- 입력과 출력의 부호가 같아 동위상증폭이다.
- 입력 측 저항값이 출력에 영향을 주지 않는다.
- 전압 이득 : $A = \dfrac{V_0}{V_i} = 1 + \dfrac{R_2}{R_1}$

67 8비트 마이크로프로세서의 어드레스 핀수가 16개일 때 외부에 연결할 수 있는 최대 메모리 크기(kilo byte)는?

① 8 ② 64
③ 256 ④ 1,024

해설
8비트이므로, 1개 = 1byte
$2^{16} = 2^6 \times 2^{10} = 2^6$ kbyte

68 스테핑 모터의 속도 제어를 위한 입력신호의 형태는?
① 압 력　　② 저 항
③ 전 압　　④ 펄 스

해설
스테핑 모터의 구동제어회로는 입력 펄스 및 주파수에 의해 제어된다.

69 위치검출기를 사용하지 않아도 모터 자체가 입력된 펄스만큼 회전할 수 있는 모터는?
① 스테핑 모터
② BLDC 모터
③ 교류 유도모터
④ 직류 서보모터

해설
68번 해설 참조

70 중량물 및 대형 공작물의 중절삭에 사용하기 위한 밀링머신은?
① 만능형　　② 수직형
③ 수평형　　④ 플레이너형

해설
플레이너형 밀링머신
• 플레이너 밀러라고도 하는데 밀러(Miller)는 밀링하는 기계라는 애칭이다.
• 플레이너의 공구대 자리에 밀링 주축대가 있다.
• 외관이 플레이너를 닮았다.
• 중량물 및 대형 공작물의 중절삭에 적절하다.

71 광센서의 일종인 포토 트랜지스터는 어떤 효과의 원리를 이용한 것인가?
① 광전효과　　② 도전효과
③ 압전효과　　④ 제베크 효과

해설
• 포토 트랜지스터 : 빛을 받아 전류를 발생시키는 트랜지스터이다.
• 광전효과 : 금속 표면에 빛 입자가 입사되면 (−) 전자가 튀어나가는 효과이다.

72 Thermistor의 종류에 해당되지 않는 것은?
① CTR　　② NTC
③ OTR　　④ PTC

해설
서미스터
• 저항체의 저항값이 온도에 따라 변화하는 것을 이용한 센서
• 온도가 상승하면 저항값이 증가하는 정특성(PTC)
• 온도가 상승하면 저항값이 감소하는 부특성(NTC)
• 특정온도에서 저항이 급변하는 특성 저항(CTR)특성

정답 68 ④ 69 ① 70 ④ 71 ① 72 ③

73 NAND 회로의 출력에 NOT 회로를 접속하면 어떠한 회로가 되는가?

① OR 회로
② AND 회로
③ NOR 회로
④ Flip-Flop 회로

해설

$Y = \overline{\overline{A \cdot B}} = A \cdot B$ (누승법칙에 의해)

74 JK-플립플롭에서 J, K 입력이 J=K=1일 때와 동일 기능의 플립플롭은?

① F-플립플롭
② T-플립플롭
③ RS-플립플롭
④ RST-플립플롭

해설
JK-플립플롭에서는 신호에 따른 출력이 다음과 같다.

J	K	Q_{n+1}	동작
0	0	Q_n	불변
0	1	0	리셋
1	0	1	세트
1	1	Q_n'	반전

T-플립플롭은 펄스 때마다 반전이 이루어지므로 J=K=1일 때와 동일한 기능의 플립플롭이 된다.

75 200V, 10W 정격인 전열기를 100V에 연결할 때 소비되는 전력[W]은 얼마인가?

① 1
② 2.5
③ 10
④ 25

해설
전류의 흐름과 연결에 따라 전류량은 변화하지만, 대상이 전열기(저항)이므로 저항값은 변화하지 않는다.

$P = EI [W] = I^2 R = \dfrac{E^2}{R}$

200V, 10W 정격인 전열기에 걸리는 저항은

$P = \dfrac{E^2}{R}, \ 10 = \dfrac{200^2}{R}, \ R = 4,000\Omega$

같은 저항에 100V가 흐르면

$P = \dfrac{E^2}{R} = \dfrac{100^2}{4,000}, \ P = 2.5 W$

76 역방향 항복에서 동작하도록 설계되어진 다이오드로서 전압 안정화 회로로 사용되는 것은?

① 제너다이오드
② 터널다이오드
③ 쇼트키 다이오드
④ 가변용량 다이오드

해설
정전압(Zener) 다이오드
- 낮고 일정한 항복전압 특성
- 역방향으로 일정값 이상의 항복전압이 가해졌을 때 전류가 흐름

77 선반 가공작업에서 작업자의 작업방법으로 틀린 것은?
① 척 핸들은 사용 후 척에서 제거한다.
② 바이트는 가능한 한 짧고 단단히 고정한다.
③ 바이트 교환 시에는 기계를 정지시키고 한다.
④ 표면거칠기 상태검사는 저속에서 손끝으로 만져 감촉을 느낀다.

해설
회전작업이 있는 작업에서 회전체는 절대 손으로 만져서는 안 된다.

78 다음 회로에서 푸시 버튼 스위치 SW6은 OFF, SW7은 ON 상태일 때의 이진수 8비트 표현 시 v값으로 옳은 것은?(단, 회로의 x표시는 리던던시, JP3의 1번 단자가 LSB이고 8번 단자가 MSB이다. │은 OR 기호이다)

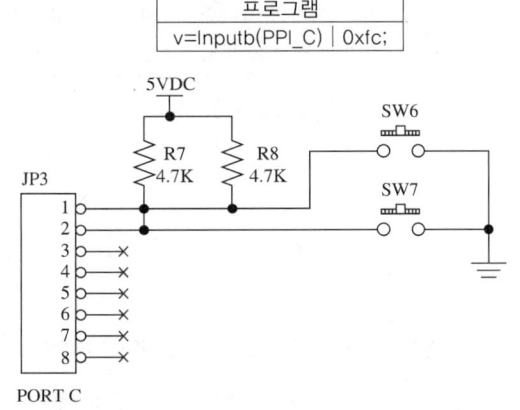

① 0000 0010
② 0000 0001
③ 1111 1101
④ 1111 1110

해설
리던던시는 어떤 값이 있다는 의미이다.
• MSB(Most Significant Bit) : 가장 큰 비트, 즉 맨 왼쪽자리
• LSB(Least Significant Bit) : 가장 작은 비트, 즉 맨 오른쪽 자리
• SW7이 ON이므로 일곱 번째 자리는 5V 입력되어 1
• SW6이 OFF이므로 여덟 번째 자리는 5V Earth되어 0

79 산업용 로봇에서 Servo Ready의 의미로 옳은 것은?
① 컨트롤러에서 이상 유무를 확인·점검하는 신호
② 정의된 위치 데이터를 키보드로 직접 입력하는 신호
③ 아날로그 타입에서 모터 드라이버로 출력하는 속도 명령어 신호
④ 전원 공급 후 컨트롤러가 이상 유무를 확인하기 전에 모터 드라이버 측에서 컨트롤러로 보내는 준비신호

해설
서보레디 : 전원 공급 후 컨트롤러가 이상 유무를 확인하기 전에 모터 드라이버 측에서 컨트롤러로 보내는 준비신호

80 리액턴스의 설명으로 틀린 것은?
① 자체 인덕턴스가 클수록 유도 리액턴스의 값은 커진다.
② 정전용량이 작아질수록 용량 리액턴스의 값은 커진다.
③ 교류전압의 주파수가 커질수록 유도 리액턴스의 값은 작아진다.
④ 교류전압의 주파수가 커질수록 용량 리액턴스의 값은 작아진다.

해설
유도 리액턴스 X_L은 전류의 주파수(f)와 도체의 인덕턴스(L)를 곱한 값에 2π를 다시 곱한 값으로 $X_L = 2\pi f L$이다. 유도 리액턴스의 값은 주파수와 비례한다.

2019년 제1회 과년도 기출문제

제1과목 기계가공법 및 안전관리

01 방전가공용 전극재료의 구비조건으로 틀린 것은?
① 가공 정밀도가 높을 것
② 가공 전극의 소모가 작을 것
③ 방전이 안전하고 가공 속도가 빠를 것
④ 전극을 제작할 때 기계가공이 어려울 것

해설
전극재료의 구비조건
- 방전이 안전하고 가공 속도가 높을 것
- 가공에 따른 전극 소모가 작을 것
- 적당한 기계적 강도가 있을 것
- 가공 정밀도가 높고 기계가공이 쉬울 것
- 가격이 싸고 쉽게 구할 수 있는 것

02 드릴가공에서 깊은 구멍을 가공하고자 할 때 다음 중 가장 좋은 드릴가공 조건은?
① 회전수와 이송을 느리게 한다.
② 회전수는 빠르게, 이송은 느리게 한다.
③ 회전수는 느리게, 이송은 빠르게 한다.
④ 회전수와 이송은 정밀도와는 관계없다.

해설
드릴링 시 가능한 한 드릴은 짧은 것을 사용하는 것이 좋지만 드릴로 깊은 구멍을 가공할 경우 드릴이 들어간 만큼 가공된 칩의 배출을 고려해야 한다. 따라서 적절한 시점에 드릴을 빼내어 칩을 제거한 후 재가공하거나 드릴날의 칩 배출로로 칩이 빠져나올 시간을 주기에 적절한 회전수와 이송속도가 필요하다.

03 φ13 이하의 작은 구멍 뚫기에 사용하며 작업대 위에 설치하여 사용하고, 드릴 이송은 수동으로 하는 소형 드릴링 머신은?
① 다두 드릴링 머신
② 직립 드릴링 머신
③ 탁상 드릴링 머신
④ 레이디얼 드릴링 머신

해설
③ 탁상 드릴링 머신 : 작은 지름의 드릴가공을 할 때 사용한다.
① 다두 드릴링 머신 : 공구를 교환해 가며 가공하는 경우에 사용한다.
② 직립 드릴링 머신
- 지름 13mm 이상, 50mm 이하의 작업을 할 때 사용한다.
- 크기 : 스윙(주축 중심을 중심으로 칼럼 끝을 반지름으로 하는 원), 테이블 크기, 가공 가능한 최대 지름, 주축 끝과 테이블 윗면의 최대 거리 등으로 표시, 주축 테이퍼 번호
④ 레이디얼 드릴링 머신
- 가장 많이 쓰인다.
- 공작물을 고정한 후 주축을 X, Y 방향으로 이동시켜 가공한다.
- 비교적 대형에 사용한다.
- 크기 : 가공 가능한 최대 지름, 주축 끝과 테이블 윗면의 최대 거리, Base의 작업 넓이, 주축 테이퍼 번호

04 드릴링 머신의 안전사항으로 틀린 것은?
① 장갑을 끼고 작업을 하지 않는다.
② 가공물을 손으로 잡고 드릴링한다.
③ 구멍 뚫기가 끝날 무렵은 이송을 천천히 한다.
④ 얇은 판의 구멍가공에는 보조판 나무를 사용하는 것이 좋다.

해설
가공물은 손으로 잡고 드릴링하면 안 된다. 어떤 회전작업이라도 작업 중에 손을 대서는 안 된다.

1 ④ 2 ① 3 ③ 4 ② **정답**

05 연삭숫돌의 입도(Grain Size) 선택의 일반적인 기준으로 가장 적합한 것은?

① 절삭 깊이와 이송량이 많고 거친 연삭은 거친 입도를 선택
② 다듬질 연삭 또는 공구를 연삭할 때는 거친 입도를 선택
③ 숫돌과 일감의 접촉 면적이 작을 때는 거친 입도를 선택
④ 연성이 있는 재료는 고운 입도를 선택

[해설]
입도 : 숫돌입자의 크기로 1inch²에 들어가는 구멍의 수로 표현한다. 일반적으로 많은 양을 절삭할 때는 거친 입도, 정밀하게 절삭할 때는 고운 입도를 선택한다.

호 칭	입 도
거친 것	8, 10, 12, 14, 16, 20, 24
중간 것	30, 36, 46, 54, 60
고운 것	70, 80, 90, 100, 120, 150, 180, 220
매우 고운 것	240, 280, 320, 400, 500, 600, 700, 800, 1000, 1200, 1500, 2000, 2500

06 구성인선의 방지대책으로 틀린 것은?

① 경사각을 작게 할 것
② 절삭 깊이를 작게 할 것
③ 절삭속도를 빠르게 할 것
④ 절삭공구의 인선을 날카롭게 할 것

[해설]
구성인선(Built-up Edge)
• 빌트업 에지(Built-up Edge)라고 한다. 칩의 일부가 절삭력과 절삭열에 의한 고온, 고압으로 날끝에 녹아 붙거나 압착된 것을 말한다.
• 구성인선은 매우 짧은 시간에 발생, 성장, 분열, 탈락의 주기를 반복하기 때문에 탈락할 때마다 가공면에 흠집을 만들고, 진동을 일으켜 가공면을 나쁘게 만든다.
• 구성인선의 발생을 감소시키기 위해서는 깎는 깊이를 작게 하거나 공구의 경사각을 크게 하고, 날끝을 예리하게 하며, 절삭속도를 크게 하고 윤활유를 사용한다.

07 서보기구의 종류 중 구동 전동기로 펄스 전동기를 이용하며 제어장치로 입력된 펄스수만큼 움직이고 검출기나 피드백 회로가 없으므로 구조가 간단하며, 펄스 전동기의 회전 정밀도와 볼나사의 정밀도에 직접적인 영향을 받는 방식은?

① 개방회로방식
② 폐쇄회로방식
③ 반폐쇄회로방식
④ 하이브리드 서보방식

[해설]
열린 루프제어(개회로제어) : 출력값이 목표값에 일치하는지 점검하지 않고, 목표값 또는 입력을 주면 정해진 제어를 시행하는 제어이다. 시퀀스 제어, 자동세탁기나 무인제어 신호등 등이 열린 루프제어에 해당된다.

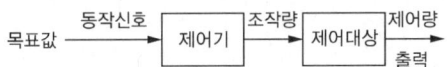

08 윤활유의 사용목적이 아닌 것은?

① 냉 각
② 마 찰
③ 방 청
④ 윤 활

[해설]
윤활제의 사용목적 : 냉각작용, 방청작용, 윤활작용, 밀봉작용

09 게이지 블록 구조 형상의 종류에 해당되지 않는 것은?

① 호크형
② 캐리형
③ 레버형
④ 요한슨형

[해설]
게이지 블록은 구조 형상에 따라 요한슨형(직사각형형), 호크형(중앙에 구멍이 있는 직사각형형), 캐리형(중앙에 구멍이 있는 원형)으로 나뉜다.

10 밀링 분할판의 브라운 샤프형 구멍열을 나열한 것으로 틀린 것은?

① No. 1 - 15, 16, 17, 18, 19, 20
② No. 2 - 21, 23, 27, 29, 31, 33
③ No. 3 - 37, 39, 41, 43, 47, 49
④ No. 4 - 12, 13, 15, 16, 17, 18

해설
분할판의 구멍수

종 류	분할판	구멍수
브라운 샤프형	No. 1	20 19 18 17 16 15
	No. 2	33 31 29 27 23 21
	No. 3	49 47 43 41 39 37

11 주성분이 점토와 장석이고 균일한 기공을 나타내며 많이 사용하는 숫돌의 결합제는?

① 고무결합제(R)
② 셸락결합제(E)
③ 실리케이트 결합제(S)
④ 비트리파이드 결합제(V)

해설
비트리파이드(Vitrified, V) 숫돌바퀴
• 점토, 장석을 주성분으로 하여 약 1,300℃ 정도로 구워서 굳힌 숫돌
• 결합도 조절이 광범위하고, 기공이 균일하며, 대부분 이 숫돌을 사용함. 거친 연삭, 연한 연삭에도 사용함
• 강도가 약하여 지름이 크거나 얇은 숫돌바퀴에는 부적당함

12 일반적인 밀링작업에서 절삭속도와 이송에 관한 설명으로 틀린 것은?

① 밀링 커터의 수명을 연장하기 위해서는 절삭속도는 느리게, 이송은 작게 한다.
② 날 끝이 비교적 약한 밀링 커터에 대해서는 절삭속도는 느리게, 이송은 작게 한다.
③ 거친 절삭에서는 절삭 깊이를 얕게, 이송은 작게, 절삭속도는 빠르게 한다.
④ 일반적으로 너비와 지름이 작은 밀링 커터에 대해서는 절삭속도를 빠르게 한다.

해설
거친 절삭은 절삭속도를 느리게 하고, 이송속도는 크게 한다.

13 측정에서 다음 설명에 해당하는 원리는?

표준자와 피측정물은 동일 축 선상에 있어야 한다.

① 아베의 원리
② 버니어의 원리
③ 에어리의 원리
④ 헤르츠의 원리

해설
아베의 원리 : 측정 대상물과 표준자는 측정 방향상 일직선 위에 있어야 한다.

14 절삭공구에서 칩 브레이커(Chip Breaker)의 설명으로 옳은 것은?

① 전단형이다.
② 칩의 한 종류이다.
③ 바이트 섕크의 종류이다.
④ 칩이 인위적으로 끊어지도록 바이트에 만든 것이다.

해설
칩 브레이커 : 연속적으로 발생되는 칩으로 인해 작업자가 다치는 것을 방지하기 위하여 생성된 칩의 곡률을 변화시켜 칩을 짧게 절단시켜 주는 안전장치이다.

칩 브레이커

15 가공능률에 따라 공작기계를 분류할 때 가공할 수 있는 기능이 다양하고, 절삭 및 이송속도의 범위도 크기 때문에 제품에 맞추어 절삭조건을 선정하여 가공할 수 있는 공작기계는?

① 단능 공작기계   ② 만능 공작기계
③ 범용 공작기계   ④ 전용 공작기계

해설
공작기계의 분류
• 범용 공작기계 : 가공의 범위가 넓어 다양한 제품의 가공을 할 수 있는 공작기계
• 전용 공작기계 : 특정한 제품을 대량 생산할 때는 적합하지만, 사용범위가 한정되며 구조가 간단한 공작기계
• 단능 공작기계 : 대량 생산에 적합하고, 한 가지 공정을 감당하는 공작기계
• 만능 공작기계 : 여러 가지 공작기계에서 할 수 있는 작업을 1대의 기계로 작업할 수 있도록 만든 공작기계

16 호칭치수가 200mm인 사인바로 21° 30′의 각도를 측정할 때 낮은 쪽 게이지 블록의 높이가 5mm라면 높은 쪽은 얼마인가?(단, sin21° 30′ = 0.3665이다)

① 73.3mm   ② 78.3mm
③ 83.3mm   ④ 88.3mm

해설
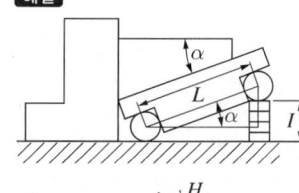

$$\alpha = \sin^{-1}\frac{H}{L}$$

$\sin 21°30′ = \dfrac{h}{200} = 0.3665$, ∴ $h = 73.3$

낮은 쪽에 블록 5mm를 더하면 높은 쪽의 블록 높이를 알 수 있다.
$H = 73.3 + 5 = 78.3$mm

17 마이크로미터의 나사 피치가 0.2mm일 때 심블의 원주를 100등분하였다면 심블 1눈금의 회전에 의한 스핀들의 이동량은 몇 mm인가?

① 0.005   ② 0.002
③ 0.01   ④ 0.02

해설
심블 한 바퀴가 스핀들 한 피치를 전진한다. 즉, 심블에서 0.2mm를 100등분한 값을 읽을 수 있다.

$\dfrac{0.2}{100} = 0.002$mm

18 밀링머신에서 커터 지름이 120mm, 한 날당 이송이 0.1mm, 커터 날수가 4날, 회전수가 900rpm일 때, 절삭속도는 약 몇 m/min인가?

① 33.9
② 113
③ 214
④ 339

해설

절삭속도

$V = \dfrac{\pi D n}{1,000}$ [m/min]

여기서, V : 절삭속도[m/min]
D : 밀링 커터의 지름[mm]
n : 절삭날(공구)의 분당 회전수[rpm, rev/min]

$V = \dfrac{\pi \times 120 \times 900}{1,000} \fallingdotseq 339.12 \text{m/min}$

19 절삭공구에서 크레이터 마모(Crater Wear)의 크기가 증가할 때 나타나는 현상이 아닌 것은?

① 구성인선(Built-up Edge)이 증가한다.
② 공구의 윗면 경사각이 증가한다.
③ 칩의 곡률 반지름이 감소한다.
④ 날끝이 파괴되기 쉽다.

해설
윗면 마모의 모양은 운석이 떨어진 자국 같아서 크레이터(Crater, 분화구) 마멸 또는 경사면 마멸이라고 한다. 구성인선의 증가와 직접적인 영향 관계는 없으며, 마멸이 생기면 칩이 마치 칩 브레이커를 만난 것처럼 곡률반지름이 감소하는 현상이 나타난다. 마모에 의해 날끝이 약해진다.

20 슬로터(Slotter)에 관한 설명으로 틀린 것은?

① 규격은 램의 최대 행정과 테이블의 지름으로 표시된다.
② 주로 보스(Boss)에 키 홈을 가공하기 위해 발달된 기계이다.
③ 구조가 셰이퍼(Shaper)를 수직으로 세워 놓은 것과 비슷하여 수직 셰이퍼(Shaper)라고도 한다.
④ 테이블의 수평 길이 방향 왕복운동과 공구의 테이블 가로 방향 이송에 의해 비교적 넓은 평면을 가공하므로 평삭기라고도 한다.

해설
④는 플레이너에 대한 설명이다.
슬로터(Slotter) : 전후좌우로 움직이는 테이블 위에 회전테이블이 있고 램 끝에 공구를 달아서 공작하는 기계로, 주로 보스에 키 홈을 가공하는 작업을 한다. 셰이퍼를 수직으로 세운 모양이며, 규격은 램의 최대 행정과 테이블의 지름으로 표시한다.

제2과목 기계제도 및 기초공학

21 다음 중 V-벨트 전동장치에서 사용하는 벨트의 단면각은?

① 34°
② 36°
③ 38°
④ 40°

해설
V-벨트풀리는 종류에 따라 34°, 36°, 38°의 단면각을 가지며, V-벨트는 마찰을 높이기 위해 해당 종류에 따라 40°의 단면각을 갖는다.

22 다음 나사를 나타낸 도면 중 미터 가는 나사를 나타낸 것은?

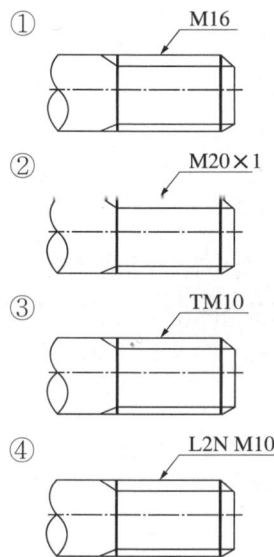

해설
④는 왼나사이며, 2줄 나사인 호칭지름 10mm 보통나사이다.

나사의 종류	나사의 종류를 표시하는 기호	나사의 호칭에 대한 표시 방법의 예
미터 보통나사	M	M8
미터 가는 나사		M8×1
30° 사다리꼴나사	TM	TM18

23 도면을 작성할 때 다음 선들이 모두 겹쳤을 경우 가장 우선적으로 나타내야 하는 선은?

① 절단선 ② 무게중심선
③ 치수 보조선 ④ 숨은선

해설
도면에서 2종류 이상의 선이 같은 장소에서 중복되는 경우에는 외형선 > 숨은선 > 절단선 > 중심선 > 무게중심선 > 치수 보조선 순으로 표시한다.

24 다음 중 각도치수의 허용한계값 지시방법이 틀린 것은?

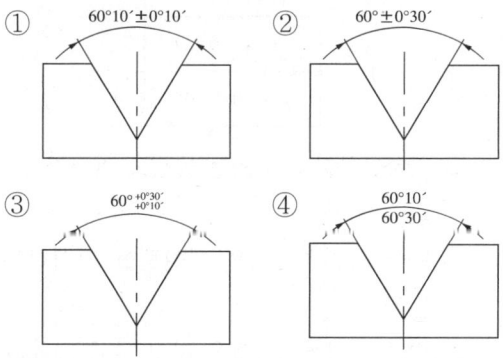

해설
각도치수의 허용한계값 지시방법

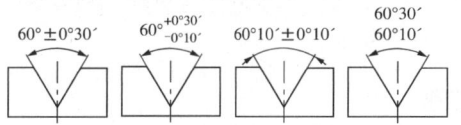

25 다음 그림과 같이 절단된 편심원뿔의 전개법으로 가장 적합한 것은?

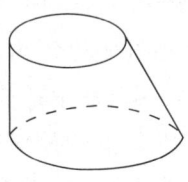

① 삼각형법 ② 동심원법
③ 평행선법 ④ 사각형법

해설
편심원뿔의 전개방법
• 평행선을 이용하는 방법 : 각종 각기둥과 원기둥에 적합한 방법
• 방사선을 이용하는 방법 : 각종 각뿔과 원뿔에 적합한 방법
• 삼각형을 이용하는 방법 : 꼭짓점이 먼 각뿔, 원뿔 등을 삼각형으로 분할하여 그리는 방법

정답 22 ② 23 ④ 24 ④ 25 ①

26 다음 기하공차에 대한 설명으로 옳지 않은 것은?

○	0.1	
//	0.02/100	A

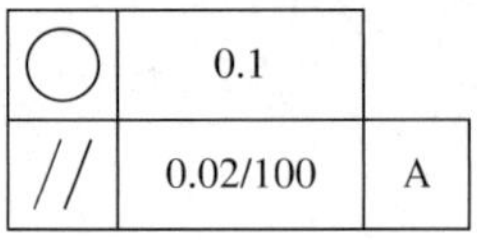

① 기하공차값 0.1mm는 동심도 기하공차가 적용된다.
② 평행도 기하공차의 데이텀을 지시하는 문자는 A이다.
③ 평행도 기하공차값은 지정 길이 100mm에 대해 0.02mm이다.
④ 공차가 지시된 부분은 2개의 기하공차가 모두 적용된다.

해설
문제에 표시된 기하공차는 진원도 공차이다.

27 단면의 표시와 단면도의 해칭에 관한 설명으로 옳은 것은?

① 단면 면적이 넓은 경우에는 그 외형선을 따라 적절한 범위에 해칭 또는 스머징을 한다.
② 해칭선의 각도는 주된 중심선에 대하여 60°로 하여 굵은 실선을 사용하여 등 간격으로 그린다.
③ 인접한 다른 부품의 단면은 해칭선의 방향이나 간격을 변경하지 않고 동일하게 사용한다.
④ 해칭 부분에 문자, 기호 등을 기입할 때는 해칭을 중단하지 않고 겹쳐서 나타내야 한다.

해설
② 해칭선의 각도는 주로 45°로 하고 가는 실선을 이용한다.
③ 인접한 다른 부품은 해칭선의 방향 등을 변경하여 구분한다.
④ 해칭 부분에 문자, 기호 등을 기입할 때는 겹치지 않게 한다.

28 선의 종류와 용도에 대한 내용으로 틀린 것은?

① 굵은 실선 : 대상물이 보이는 부분의 모양을 표시하는 데 사용된다.
② 가는 1점 쇄선 : 중심이 이동한 중심 궤적을 표시하는 데 사용된다.
③ 가는 2점 쇄선 : 얇은 두께를 가진 부분을 나타내는 데 사용된다.
④ 굵은 1점 쇄선 : 특수한 가공을 하는 부분 등 특별한 요구사항을 적용할 수 있는 범위를 표시하는 데 사용된다.

해설
얇은 두께를 가진 부분은 아주 굵은 실선을 이용하고, 가는 2점 쇄선은 가상선 등을 표현한다.

29 다음 그림과 같이 표면의 결 도시기호가 있을 때 이에 대한 설명으로 옳지 않은 것은?

$$\sqrt{\begin{array}{ll} U\ R_{a\max} & 3.1 \\ L\ R_a & 0.9 \end{array}}$$

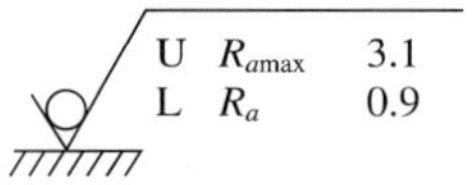

① 양측 상한 및 하한치를 적용한다.
② 재료 제거를 허용하지 않는 공정이다.
③ 10개의 샘플링 길이를 평가 길이로 적용한다.
④ 상한치는 산술평균편차에 max-규칙을 적용한다.

해설
표면거칠기가 R_a로 표현되어 있어 산술평균거칠기를 이용하는 것을 알 수 있다.
③은 10점 평균거칠기(R_z)에 대한 설명이다.

30 제3각 정투상법으로 다음 입체도의 정면도, 평면도, 좌측면도를 가장 적합하게 나타낸 것은?

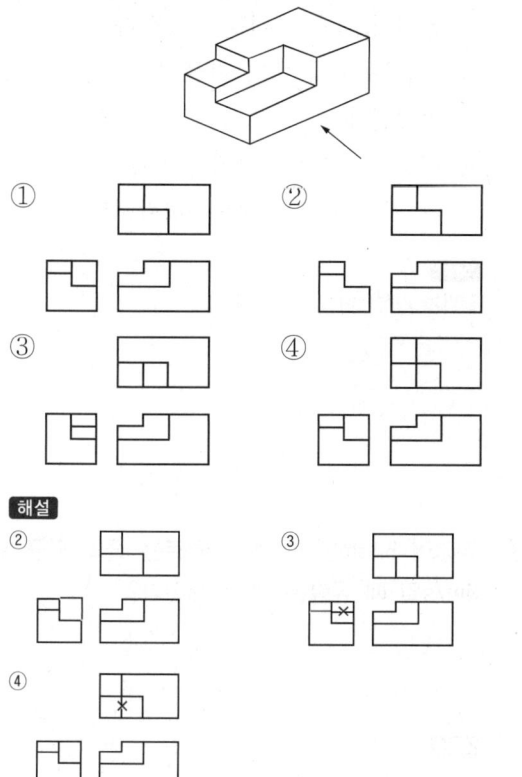

해설

31 풀리(Pulley)나 기어(Gear) 등이 장착되어 회전하는 축에서 발생되는 모멘트의 설명으로 옳은 것은?
① 굽힘 모멘트만 발생한다.
② 비틀림 모멘트만 발생한다.
③ 굽힘 모멘트와 비틀림 모멘트가 동시에 발생한다.
④ 굽힘 모멘트와 비틀림 모멘트가 전혀 발생하지 않는다.

해설
전동축에는 굽힘 모멘트와 비틀림 모멘트가 동시에 발생한다.

32 전압을 나타내는 단위는?
① 옴[Ω] ② 볼트[V]
③ 와트[W] ④ 암페어[A]

해설
① 옴[Ω] : 저항의 단위
③ 와트[W] : 전력의 단위
④ 암페어[A] : 전류의 단위

33 다음 그림과 같이 높이가 115m에서 수평으로 물체를 던졌더니, 던진 곳에서부터 92.5m인 지점에 물체가 떨어졌다. 물체의 초기 속도는 얼마인가?(단, 중력 가속도 g = 9.8m/s²이다)

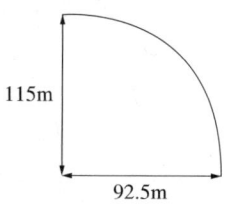

① 16.1m/s ② 19.1m/s
③ 21.1m/s ④ 23.1m/s

해설
step 1. 낙하시간 구하기
$h = \frac{1}{2}gt^2$, $115\text{m} = \frac{1}{2}9.8[\text{m/s}^2]t^2$, $t^2 = 23.47\text{s}^2$, $t = 4.84\text{s}$
step 2. 4.84초 동안 92.5m를 날아갔으므로 초기 속도는
$v_0 = \frac{s}{t} = \frac{92.5}{4.84} ≒ 19.11\text{m/s}$

정답 30 ① 31 ③ 32 ② 33 ②

34 다음 그림에서 스패너를 이용하여 볼트를 조이려고 한다. 이때 발생하는 토크(T)를 구하는 식으로 옳은 것은?

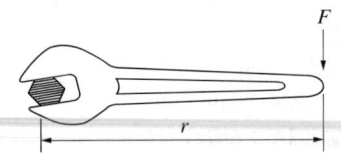

① $T = F \times r$ ② $T = F \times 2r$
③ $T = \sqrt{F \times r}$ ④ $T = \dfrac{F \times r}{2}$

해설
토크는 힘과 거리의 곱이다.

35 1kWh의 일량을 바르게 표현한 것은?

① 1kW의 동력을 30분 사용했을 때의 일량
② 1kW의 동력을 1시간 사용했을 때의 일량
③ 1kW의 동력을 2시간 사용했을 때의 일량
④ 1kW의 동력을 4시간 사용했을 때의 일량

해설
kWh는 kilo Watt per hour로 시간당 동력으로 표현한다.

36 전류에 대한 설명으로 틀린 것은?

① 전류는 기전력이라고도 한다.
② 암페어[A]를 단위로 사용한다.
③ 전류는 도체 내의 자유전자들의 움직임으로 발생된다.
④ 회로 내 임의의 점에서 전류의 크기는 매 초 그 지점을 통과하는 전하량으로 정한다.

해설
전압을 기전력이라고도 한다.

37 직경이 52cm인 관 속에 흐르는 물의 평균 속도가 5m/s일 때 유량은 몇 m³/s인가?

① 0.16 ② 1.06
③ 10.6 ④ 15.6

해설
$Q = AV$
$A = \dfrac{\pi D^2}{4} = \dfrac{\pi \times 52^2}{4} = 2,122.64 \text{cm}^2 \fallingdotseq 0.212\text{m}^2$
$V = 5\text{m/s}$
$\therefore Q = AV = 0.212\text{m}^2 \times 5\text{m/s} = 1.06 \text{ m}^3/\text{s}$

38 응력에 대한 설명으로 틀린 것은?

① 하중에 비례한다.
② 단면적에 비례한다.
③ 단위는 Pa도 사용한다.
④ 응력에는 전단응력, 인장응력, 압축응력 등이 있다.

해설
응력은 단위 면적당 힘이므로, 단면적이 넓어지면 응력은 작아진다.

39 단면적이 2cm²이고 길이가 10m인 동선의 전기저항 [Ω]은?(단, 구리의 비저항은 $1.7 \times 10^{-8} \Omega \cdot m$이다)

① 8.5×10^{-4} ② 8.5×10^{-8}
③ 11.6×10^{-4} ④ 11.6×10^{-8}

해설

전기저항 = $\dfrac{\text{총길이}}{\text{단면적}} \times$ 비저항

$= \dfrac{10m}{2cm^2} \times 1.7 \times 10^{-8} \Omega \cdot m$

$= \dfrac{10}{0.0002} \times 1.7 \times 10^{-8} \Omega = 0.00085 \Omega$

40 다음 ( ) 안에 들어갈 알맞은 단위를 순서대로 쓴 것은?

$$1[N] = 1(\quad) \times 1(\quad)$$

① m, s ② kg, m
③ m/s, g ④ kg, m/s²

해설

힘은 $F = ma$로, 힘의 단위 N은 1kg의 질량을 1m/s²의 가속도로 곱한 것이다.

제3과목 자동제어

41 시리얼 통신의 전송속도를 나타내는 것은?

① bit ② bus
③ baud ④ byte

해설

시리얼 통신의 전송속도 baud rate는 전송속도 bps를 바탕으로 1bit가 전송되는 데 필요한 시간을 의미한다.

42 서보기구에 대한 설명으로 틀린 것은?

① 제어량이 기계적 변위인 자동제어계를 의미한다.
② 일반적으로 신호 변환부와 파워 증폭부로 구성된다.
③ 신호 변환 시 전기식보다는 공압식이 많이 사용된다.
④ 서보기구의 파워 증폭부는 증력 및 조작을 행하는 부분이다.

해설

전기는 동력뿐 아니라 신호로도 활용 가능하며, 증폭·감쇄 등에 유리하다.

43 제어계의 성능에서 중요한 3가지 특성값이 아닌 것은?

① 속응성 ② 안정도
③ 결합계수 ④ 정상편차

해설

- 속응성은 얼마나 빨리 응답하는가의 성질로 제어계 성능을 판단하는 요소이다.
- 제어시스템의 안정도는 이 시스템을 신뢰할 수 있느냐를 판단하는 중요한 요소이다.
- 제어시스템을 거쳐 나온 값은 편차를 갖게 되는데 그 편차가 정상범위에 있는지는 이 시스템의 성능을 판단하는 중요한 요소이다.

정답 39 ① 40 ④ 41 ③ 42 ③ 43 ③

44 계전기 방식과 비교한 전자제어방식의 특징으로 틀린 것은?

① 수명이 길다.
② 동작속도가 빠르다.
③ 전기적 노이즈에 강하다.
④ 입력과 출력의 확장성이 우수하다.

해설
접점이 기계적인 계전기(릴레이)에 비해 무접점으로 인지되는 전자제어방식의 릴레이는 전기적 노이즈에 약하다는 단점이 있다.

45 시퀀스 제어의 구성에서 검출부에 해당되지 않는 것은?

① 타이머 ② 리밋 스위치
③ 압력 스위치 ④ 온도 스위치

해설
시퀀스 제어의 검출부
- 검출부 : 검출 스위치로 리밋 스위치, 광전 스위치, 근접 스위치, 리드 스위치, 플로트 스위치, 열전쌍, 센서 등이 사용된다.
- 서보장치 : 어떤 장치의 상태를 기준이 되는 것과 비교하고, 안정이 되는 방향으로 피드백(Feedback)해 주어 적합한 출력이 나오도록 해 주는 장치이다.
- 센서 : 종류와 방법은 다양하지만, 원하는 동작 또는 상황을 감지하여 입력신호로 사용하는 장치이다.

46 인코더를 이용해서 검출하기 어려운 것은?

① 모터의 토크 검출
② 모터의 회전 방향 검출
③ 모터의 회전속도 검출
④ 기계장치의 이송거리 검출

해설
회전하는 물체의 속도, 각속도 등을 측정하고, 회전축에 측정하고자 하는 회전체의 축을 서로 연결하여 돌아가는 방향과 횟수를 정밀하게 측정하여 속도값을 얻는다.

47 C++ 언어의 특징이 아닌 것은?

① 기존 C언어와 호환성을 가진다.
② 래더 기반의 PLC 전용 언어이다.
③ 기존 C언어에서 객체지향 개념이 추가되었다.
④ 클래스(Class) 단위로 작성하는 모듈화 언어이다.

해설
래더(Ladder)는 PLC에 사용하는 사다리 형태로 전원을 생략하여 로직을 표현하는 릴레이 로직과 유사한 도형 기반의 언어이다.

48 계자코일에 전류를 흘려줌으로써 전자석을 만들어 밸브를 여닫는 밸브는?

① 수동밸브 ② 전동밸브
③ 전자밸브 ④ 체크밸브

해설
보기 중 릴레이(계자코일) 회로를 이용하는 밸브는 전자밸브이다.

49 다음 함수를 라플라스 변환한 결과로 옳은 것은?

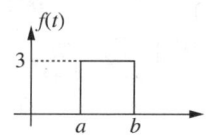

① $\dfrac{3}{s}(e^{as}+e^{bs})$ ② $\dfrac{3}{s}(e^{as}-e^{bs})$

③ $\dfrac{3}{s}(e^{-as}+e^{-bs})$ ④ $\dfrac{3}{s}(e^{-as}-e^{-bs})$

해설

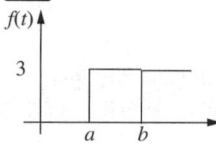

함수의 a부터 $f(t)$에서, b에서부터의 $f(t)$를 제거하면 문제의 그래프가 나타나므로 계단함수를 $u(t)$라고 하면,
$f(t)=3u(t-a)-3u(t-b)$
$\to F(s)=3\dfrac{e^{-as}}{s}-3\dfrac{e^{-bs}}{s}=\dfrac{3}{s}(e^{-as}-e^{-bs})$

50 어떤 계의 단위 임펄스 입력이 가해질 경우 출력이 e^{-3t}로 나타났다. 이 계의 전달함수는?

① $\dfrac{1}{s+1}$ ② $\dfrac{1}{s-1}$

③ $\dfrac{1}{s+3}$ ④ $\dfrac{1}{s-3}$

해설
전달함수란 어떤 제어요소에 단위 임펄스 함수를 입력으로 넣어 얻은 출력인 임펄스 응답의 라플라스 변환이다.
e^{-3t}의 라플라스 변환은

함수명	$f(t)$	$F(s)$
지수 감쇠	e^{-at}	$\dfrac{1}{s+a}$

이므로, $\dfrac{1}{s+3}$이다.

51 입력기기로부터 침입하는 노이즈를 방지할 수 있는 대책으로 적절한 것은?

① 배리스터 사용
② 서미스터 사용
③ 전원필터 사용
④ 정전압회로 사용

해설
① 배리스터 : 전압이 낮을 때는 높은 저항을, 높을 때는 낮은 저항을 갖는 성질의 전자부품
② 서미스터 : 열가변저항기로, 온도에 따라 저항값이 변하는 성질을 갖는 전자부품
③ 전원 필터 : 전원부의 노이즈를 제거하는 데 사용함
④ 정전압회로 : 출력부의 노이즈 제거에 도움이 됨

입력부의 노이즈 개선전략
- 스파크 킬러나 서지 킬러의 저항값을 조절하거나 설치 위치를 조정한다.
- DC 릴레이에 환류 다이오드(Free Wheeling Diode/Flyback Diode)를 설치한다.
- 포토커플러는 동적 범위를 늘리고 잡음을 무시하는 데 도움이 될 수 있다.
- 배리스터(전압에 따라 저항이 비례하는 전자부품)를 사용한다.

52 일반적으로 PLC 본체의 구성에 포함되지 않는 것은?

① CPU ② 전원부
③ 입출력부 ④ 프로그램 로더

해설
본체의 구성이란 하드웨어적 구성을 의미한다. 프로그램 로더는 오프라인에 있는 특정 프로그램을 주기억장치에 가져와 잘 실행될 수 있도록 프로그램 입력, 모니터링, 편집의 역할을 하는 것으로 소프트웨어적 구성이다.

정답 49 ④ 50 ③ 51 ① 52 ④

53 다음 설명에 해당되는 원리는?

- 모든 재료들이 가지는 고유한 구조적 특성이다.
- 재료의 조직, 밀도감, 질량감, 빛의 반사도 등에 따른 시각적인 느낌이다.
- 같은 재료일지라도 크기에 따라 다르게 나타날 수 있다.

① 연속의 법칙
② 파스칼의 원리
③ 베르누이의 정리
④ 벤투리관의 원리

해설
파스칼의 원리 : 압력이 작용하는 유체 전체에는 전 방향으로 같은 압력이 작용한다는 원리로, 유체를 이용한 지렛대의 원리에 적용된다.

54 PLC의 DIO(Digital Input Output) 장치에 인터페이스하기 적절치 못한 소자는?

① 근접센서
② 퍼텐쇼미터
③ 광전 스위치
④ 토글 스위치

해설
퍼텐쇼미터는 가변저항기로 회로 내 소자로 디지털 입력장치나 출력장치는 아니다. 센서나 스위치는 디지털 입력장치 소자이다.

55 상수 K를 라플라스 변환한 값은?

① K^2
② $\dfrac{1}{K}$
③ $\dfrac{K}{s}$
④ $\dfrac{K}{s^2}$

해설
$$F(s) = \int_0^\infty K e^{-st} dt = \left[\dfrac{K}{-s} e^{-st}\right]_0^\infty = \left[0 - \left(\dfrac{K}{-s}\right)\right] = \dfrac{K}{s}$$

56 다음 그림의 전달함수 $\left[\dfrac{C}{R}\right]$로 옳은 것은?

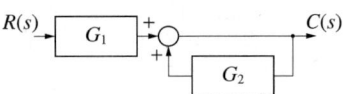

① $\dfrac{G_1}{1+G_2}$
② $\dfrac{G_1}{1-G_2}$
③ $\dfrac{G_1 G_2}{1-G_2}$
④ $\dfrac{1}{1+G_1 G_2}$

해설
$\dfrac{C(s)}{R(s)}$
$= \dfrac{\text{입력부터 출력경로에 있는 함수}}{1 - \text{폐루프(1) 경로에 있는 함수} - \text{폐루프(2) 경로에 있는 함수}}$
$= \dfrac{G_1}{1-G_2}$

57 물체의 위치, 방위, 자세 등의 기계적 변위를 제어량으로 하여 목표값의 임의의 변화에 추종하도록 구성된 제어계는?

① 서보기구
② 자동 조정
③ 프로그램 제어
④ 프로세스 제어

해설
서보제어(Servo Control)/서보기구(Servo System)
- 물체의 위치, 각도, 방위, 자세 등의 기계적 변위를 제어량으로 읽어 제어하는 시스템
- 서보(Servo)는 어떤 기준과 출력을 비교하여 피드백(Feedback) 함으로써 목적한 입력값에 가장 적합하게 자동제어할 수 있도록 하는 기구(System)
- 서보기구에서는 안정성과 응답성이 중요

58 $10t^5$을 라플라스 변환한 결과로 옳은 것은?

① $\dfrac{6}{s^6}$ ② $\dfrac{24}{s^6}$

③ $\dfrac{120}{s^6}$ ④ $\dfrac{1,200}{s^6}$

해설

함수명	$f(t)$	$F(s)$
n차 경사	t^n	$\dfrac{n!}{s^{n+1}}$

$10t^5 : \dfrac{10 \times 5!}{s^{5+1}} = \dfrac{1,200}{s^6}$

59 생산 공정을 사람 대신 자동제어로 대체하였을 때 장점이 아닌 것은?

① 인건비를 감축시킬 수 있다.
② 생산량을 증대시킬 수 있다.
③ 초기 시설 투자비가 감소한다.
④ 제품의 품질이 균일화되고 향상되어 불량품이 감소된다.

해설
자동제어를 도입하는 단계에서는 대규모의 시설 투자가 필요하다.

60 제어계에 대한 설명 중 틀린 것은?

① 컴퓨터 제어계에서 샘플링 주기가 길어질수록 정밀한 제어가 가능하다.
② 제어대상을 디지털 제어기에 연결하려면, A/D 변환기와 D/A 변환기가 필요하다.
③ 아날로그 제어계는 아날로그 형태의 입력과 피드백 신호가 연속적으로 주어진다.
④ 아날로그 제어계는 증폭, 미분, 적분 특성이 일정값으로 고정되어 있으므로 제어기구의 특성을 바꾸기 어렵다.

해설
아날로그 신호를 디지털 신호로 바꾸기 위해 샘플링을 하는데, 그 단위 주기가 짧을수록 더 정확한 정보를 얻을 수 있어 정밀한 제어가 가능하다.

제4과목 메커트로닉스

61 정현파의 최댓값이 10V일 때, 평균값은 약 얼마인가?

① 0V ② 5V
③ 6.37V ④ 7.07V

해설
정현파의 최댓값과 평균값의 관계는
$V_{ave} = \dfrac{2}{\pi} V_{max} ≒ 0.637 V_{max}$,
$V_{max} = $ 10V이므로
$V_{ave} = 0.637 \times 10V = 6.37V$

62 다음 중 온도 측정에 가장 적합한 것은?

① CdS ② 다이오드
③ 태코미터 ④ 서미스터

해설
- CdS 셀 : 조도센서로 사용, 허용 온도범위는 −30~60℃, 조도에 따른 저항차를 이용
- 다이오드 : 2단자 반도체, 1방향 전류 흐름 및 차단 역할
- 태코미터 : 회전속도계이며 rpm 등 회전수를 지시하는 계기, 자동차 내부 계기판에 있음
- 서미스터
  - 저항체의 저항값이 온도에 따라 변화하는 것을 이용한 센서
  - 온도가 상승하면 저항값이 증가하는 정특성(PTC)
  - 온도가 상승하면 저항값이 감소하는 부특성(NTC)
  - 특정 온도에서 저항이 급변하는 특성 저항(CTR)특성

63 마이크로프로세서 내에서 산술연산의 기본 연산은?

① 곱 셈 ② 덧 셈
③ 뺄 셈 ④ 나눗셈

해설
마이크로프로세서의 연산방식
- 덧셈 연산자를 이용한다.
- 뺄셈은 보수를 이용한다.
- 곱셈은 덧셈을 빠르게 반복한다.
- 나눗셈은 보수를 이용하여 뺄셈을 반복한다.

64 다음 논리식을 간소화한 결과로 옳은 것은?

$$\overline{A}\overline{B}\overline{C} + \overline{A}B\overline{C} + A\overline{B}\overline{C} + AB\overline{C}$$

① C ② $\overline{C}$
③ AB + C ④ A + B + C

해설
$\overline{A}\overline{B}\overline{C} + \overline{A}B\overline{C} + A\overline{B}\overline{C} + AB\overline{C}$
$= \overline{A}(\overline{B}\overline{C}+B\overline{C}) + A(\overline{B}\overline{C}+B\overline{C})$
$= (A+\overline{A})(\overline{B}\overline{C}+B\overline{C}) = (\overline{B}+B) \cdot \overline{C}$
$= \overline{C}$

65 어떤 도선에 5A의 전류를 1분간 흘렸다면 이 도선을 통하여 이동한 전하량은 몇 C인가?

① 3 ② 20
③ 180 ④ 300

해설
1C/sec = 1A, 즉 1초 동안 1A가 흐를 때의 전하량을 1C이라고 한다. 60초 동안 5A가 흐르면 300C의 전하량을 갖는다.

66 인간의 시감각과 비슷한 분광 감도를 가진 센서는?

① 가스센서 ② 습도센서
③ 컬러센서 ④ 유도형 센서

해설
컬러센서 : 표면의 색상을 감지하는 센서로 성능에 따라 RGB, 256색 감지 등이 가능하다.

67 다음 카르노도가 나타내는 논리식은?

C \ AB	00	01	11	10
0	1	0	0	1
1	1	0	0	1

① $\overline{A}$ ② $\overline{B}$
③ $A + \overline{B}$ ④ $\overline{A} + B$

해설
곱으로 묶음이 가능한 영역은

C \ AB	00	01	11	10
0	1	0	0	1
1	1	0	0	1

C \ AB	$\overline{A}\overline{B}$	$\overline{A}B$	AB	$A\overline{B}$
$\overline{C}$	1	0	0	1
C	1	0	0	1

$C\overline{C} \cdot \overline{A}\overline{B}A\overline{B} = \overline{CC} \cdot \overline{A}\overline{B}A\overline{B} = \overline{B}$

68 디지털 시스템에서 음수의 표현방법이 아닌 것은?

① 1의 보수에 의한 표현
② 2의 보수에 의한 표현
③ 3초과 코드에 의한 표현
④ 부호와 절댓값에 의한 표현

해설
- 3초과 코드 : BCD 코드(8421 코드)로 표현된 값에 3을 더해 준 값으로 나타내는 코드
- 10진값 : 각 2진수 + $0011_{(3)}$

69 이상적인 연산증폭기의 특징으로 옳은 것은?

① 출력 임피던스가 1이다.
② 무한대의 대역폭을 갖는다.
③ 전압 이득이 한정되어 있다.
④ 입력 임피던스가 한정되어 있다.

해설
- 입력 임피던스는 무한대이다.
- 입력전류는 0이다.
- 입력단의 전위차는 0이다.
- 출력 임피던스는 0이다.
- 출력전류는 ±∞이다.
- 증폭비는 무한대이다.

70 위치결정의 불확정성과 고속 동작에서 감속기의 강성이 약한 것을 개선하기 위해 감속기 등의 동력 전달 부품을 사용하지 않고, 로봇 암에 직접 모터를 부착하여 움직이는 모터는?

① AC 서보모터
② DC 서보모터
③ 리니어 서보모터
④ 다이렉트 드라이브 서보모터

해설
다이렉트 드라이브 서보모터
- 위치결정의 불확정성과 고속 동작에서 기어를 이용한 구조의 강성(强性)이 약한 것을 개선
- 감속기(기어) 등의 동력 전달부품을 사용하지 않고, 로봇 암에 직접 모터를 부착하여 움직이는 모터
- 제어모터에서 기어를 거쳐 서보제어하지 않고 직접 구동모터를 제어하는 방식

71 십진수 5.75를 이진수로 변환한 결과로 옳은 것은?

① 101.11
② 101.111
③ 101.01
④ 101.001

해설
2진수 원리를 이용하여 풀면
$5 = 1 \times 2^2 + 0 \times 2^1 + 1 \times 2^0 = 101_{(2)}$

$0.75 = 1 \times \frac{1}{2^1} + 1 \times \frac{1}{2^2} = 0.11_{(2)}$

∴ $5.75_{(10)} = 101.11_{(2)}$

정답 68 ③ 69 ② 70 ④ 71 ①

72 다음 기호의 명칭은?

① 다이오드 ② 트랜지스터
③ 발광다이오드 ④ 제너다이오드

해설

명 칭	기 호
다이오드	
제너 다이오드	
TVS (양방향 제너)	
포토 다이오드	
가변용량 다이오드	Anode ─▷|─ Cathode
터널 다이오드	
발광 다이오드	
쇼트키 다이오드	

73 핸드 탭의 파손원인으로 옳은 것은?

① 너무 빠르게 절삭작업을 했다.
② 구멍을 충분히 크게 가공했다.
③ 가공 중 태핑 오일을 주입했다.
④ 탭이 구멍 방향과 동일선상에 있었다.

해설
탭 파손의 원인
- 구멍이 너무 작거나 구부러진 경우
- 탭이 경사지게 들어간 경우
- 탭의 지름에 적합한 핸들을 사용하지 않는 경우
- 너무 무리하게 힘을 가하거나 가공속도가 빠른 경우
- 막힌 구멍의 밑바닥에 탭 선단이 닿았을 경우

74 시간의 변화에 관계없이 그 크기와 방향이 일정한 전류를 무엇이라고 하는가?

① 교 류 ② 저 항
③ 직 류 ④ 주파수

해설
직류(DC ; Direct Current)
- 전기 흐름의 종류로 극성이 변하지 않고 일정한 정도의 힘으로 흐르는 전류이다.
- 건전지나 정류기 등을 이용하여 일정한 양의 전하를 일정하게 내보내어 생성한다.
- 힘의 크기가 일정하므로 안정된 전력을 사용할 수 있다.
- 고압 직류는 제작이 어렵다.

75 스트레인게이지의 특징으로 옳은 것은?

① 정밀도가 낮다.
② 온도의 영향이 크다.
③ 직류에서만 사용이 가능하다.
④ 정압뿐만 아니라 동압에서도 사용 가능하다.

해설
스트레인 게이지(Strain Gauge)
• 외부로부터 힘 또는 열을 가하면 전기저항이 변화하는 원리를 이용함
• 정밀도가 높고 미세한 온도 변화에도 반응함
• 모든 압력에 반응이 가능함

76 자장에 비례하여 기전력이 발생하는 물리적 현상을 응용한 것으로 자계의 방향이나 강도를 측정할 수 있는 자기센서는?

① 리졸버(Resolver)
② 서모파일(Thermopile)
③ 홀센서(Hall Sensor)
④ 태코제너레이터(Tacho Generator)

해설
홀효과
• 1879년 에드윈 홀(Edwin H. Hall)에 의해 연구됨
• 자기장 또는 전자기장 안에 닫힌 물체 안에서 전자 쏠림에 따른 기전력 발생현상
• 자기장이 걸릴 때 전류의 흐름에 수직하게 발생한 전압을 홀(Hall) 전압이라고 함
• 홀효과를 이용하여 자계의 방향이나 강도를 측정함

77 전류를 한 방향으로만 흐르게 하고, 역방향으로 흐르지 못하게 하는 성질을 가진 반도체 소자는?

① 저 항
② 인덕터
③ 콘덴서
④ 다이오드

해설
다이오드를 사용한 회로
• 다이오드는 한쪽 방향으로 전류가 흐르도록 제어하는 반도체 소자이다.
• 교류회로에서 다이오드를 적용하면 다이오드 소자 이후로는 정류된 전류가 흐른다.
• 정류란 교류의 양극성이 한 극성만 통과되고 나머지 극성은 걸러진 전류이다.

78 전동기의 자장 내에 있는 도체의 전류가 다음 그림과 같이 흘러나올 경우 도체가 받는 힘의 방향으로 옳은 것은?

```
         ↑A
N극   D ─⊙─ B   S극
         ↓C
```

① A
② B
③ C
④ D

해설

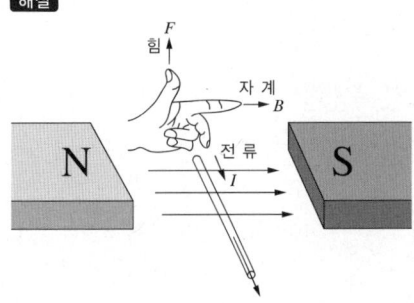

79 $V = 100\sin 377t [V]$의 교류에서 실효치의 대략적인 전압 V와 주파수 f가 옳은 것은?

① $V = 70.7V$, $f = 60Hz$
② $V = 100V$, $f = 50Hz$
③ $V = 140.7V$, $f = 60Hz$
④ $V = 141V$, $f = 50Hz$

해설

실횻값 : 개념적으로는 평균값과 비슷하나 전력에 대해 직류와 교류가 같아지는 전류값으로, 전력은 전류와 전압의 곱으로 나타나므로 계산하면 $\frac{1}{\sqrt{2}}$배 차이가 난다.

최댓값과 평균값, 실횻값의 관계

$$V_{ave} = \frac{2}{\pi} V_{max} ≒ 0.637 V_{max}$$

$$V_p = \frac{1}{\sqrt{2}} V_{max} ≒ 0.707 V_{max}$$

실횻값은 최댓값(100V)의 0.707배이므로, 70.7V
주파수는 위의 식이 t에 관한 함수라면 $377 = 2\pi \times f$이므로,
$f = \frac{377}{2\pi} ≒ 60$

80 반도체에서 공핍층 양단에는 전위차가 존재하며 이러한 전위차는 전자가 움직이기 위한 에너지의 양이다. 이러한 전위차를 무엇이라고 하는가?

① 순간전압
② 전압 강하
③ 전위장벽
④ 항복전압

해설

전위장벽 : 반도체에서 공핍층이란 반도체 경계의 반송자가 없는 영역을 의미한다. 정방향의 연결은 공핍층을 줄이고 전류를 흐르게 하고, 역방향 연결은 공핍층을 두껍게 하여 전류를 흐르지 못하게 한다. 즉, 공핍층 양단에 생기는 전위차는 전위장벽을 의미한다. 순방향 연결은 전위장벽을 낮추어 전류를 흐르게 하고, 역방향 연결은 전위장벽을 높여 전류를 흐를 수 없게 한다.

2019년 제2회 과년도 기출문제

제1과목 기계가공법 및 안전관리

01 일반적으로 니형 밀링머신의 크기 또는 호칭을 표시하는 방법으로 틀린 것은?

① 콜릿척의 크기
② 테이블 작업면의 크기(길이×폭)
③ 테이블의 이동거리(좌우×전후×상하)
④ 테이블의 전후 이송을 기준으로 한 호칭번호

해설
밀링의 크기 표시
- 일반적으로 가공할 수 있는 최대 공작물 크기로 표시
- 테이블의 상하좌우 이송거리
- 호칭번호로 표시

호칭번호 이동거리	0	1	2	3	4	5
좌 우	450	550	700	850	1050	1250
전 후	150	200	250	300	350	400
상 하	300	400	450	450	450	500

02 가늘고 긴 일정한 단면 모양을 가진 공구에 많은 날을 가진 절삭공구가 사용되며, 공작물의 홈을 빠르게 가공할 수 있어 대량 생산에 적합한 가공방법은?

① 보링(Boring)
② 태핑(Tapping)
③ 셰이핑(Shaping)
④ 브로칭(Broaching)

해설
브로칭(Broaching) : 가늘고 긴 일정한 단면 모양을 가진 브로치라는 여러 개의 비슷한 절삭날이 달린 공구를 이용하여 가공물의 내면에 키홈, 스플라인 홈, 원형이나 다각형의 구멍 형상과 외면에 세그먼트 기어, 홈, 특수한 외면의 형상을 가공하는 작업

03 탭(Tap)이 부러지는 원인이 아닌 것은?

① 소재보다 경도가 높은 경우
② 구멍이 바르지 못하고 구부러진 경우
③ 탭 선단이 구멍 바닥에 부딪혔을 경우
④ 탭의 지름에 적합한 핸들을 사용하지 않는 경우

해설
탭 파손의 원인
- 구멍이 너무 작거나 구부러진 경우
- 탭이 경사지게 들어간 경우
- 탭의 지름에 적합한 핸들을 사용하지 않는 경우
- 너무 무리하게 힘을 가하거나 가공속도가 빠른 경우
- 막힌 구멍의 밑바닥에 탭 선단이 닿았을 경우

04 구성인선(Built-up Edge)이 생기는 것을 방지하기 위한 대책으로 틀린 것은?

① 절삭속도를 높인다.
② 절삭 깊이를 깊게 한다.
③ 절삭유를 충분히 공급한다.
④ 공구의 윗면 경사각을 크게 한다.

해설
구성인선의 발생을 감소시키기 위해서는 깎는 깊이를 작게 하거나 공구 경사각을 크게 하고, 날끝을 예리하게 하며, 절삭속도를 크게 하고 윤활유를 사용한다.

정답 1 ① 2 ④ 3 ① 4 ②

05 선반가공에 영향을 주는 절삭조건에 대한 설명으로 틀린 것은?

① 이송이 증가하면 가공 변질층은 깊어진다.
② 절삭각이 커지면 가공 변질층은 깊어진다.
③ 절삭속도가 증가하면 가공 변질층은 얕아진다.
④ 절삭온도가 상승하면 가공 변질층은 깊어진다.

해설
절삭온도를 올리면 마찰열에 의한 가공 변질의 영향이 작아지므로 가공 변질층은 얕아진다.

06 다음 중 대형이며 중량의 공작물을 가공하기 위한 밀링머신으로 중절삭이 가능한 것은?

① 나사 밀링머신(Thread Milling Machine)
② 만능 밀링머신(Universal Milling Machine)
③ 생산형 밀링머신(Production Milling Machine)
④ 플레이너형 밀링머신(Planer Type Milling Machine)

해설
플레이너형 밀링머신
- 플레이너 밀러라고도 하는데 밀러(Miller)는 밀링하는 기계라는 애칭이다.
- 플레이너의 공구 자리에 밀링 주축이 있다.
- 외관이 플레이너를 닮았다.
- 중량물 및 형 공작물의 중절삭에 적절하다.

07 연삭균열에 관한 설명으로 틀린 것은?

① 열팽창에 의해 발생된다.
② 공석강에 가까운 탄소강에서 자주 발생된다.
③ 연삭균열을 방지하기 위해서는 결합도가 연한 숫돌을 사용한다.
④ 이송을 느리게 하고 연삭액을 충분히 사용하여 방지할 수 있다.

해설
연삭균열: 공석강에 가까운 탄소강에서 자주 발생하며 마찰열에 의해 부분 팽창이 일어나 발생함. 결합도가 연한 숫돌을 사용하거나 이송을 빠르게 하여 마찰시간을 줄이고, 연삭액을 충분히 사용하여 방지해야 함

08 도면에 편심량이 3mm로 주어졌다. 이때 다이얼 게이지 눈금의 변위량이 얼마로 나타나도록 편심시켜야 하는가?

① 3mm ② 4.5mm
③ 6mm ④ 7.5mm

해설
가장 높이 올라갔을 때 편심량 3mm만큼 -로 돌아가고, 가장 낮게 내려갔을 때 다이얼 게이지는 +3mm만큼 내려가므로 변위는 6mm가 된다.

09 게이지 블록 중 표준용(Calibration Grade)으로서 측정기류의 정도검사 등에 사용되는 게이지의 등급은?

① 00(AA)급   ② 0(A)급
③ 1(B)급   ④ 2(C)급

해설
등급의 분류
- 00(AA급, 참조용) : 표준용 블록 게이지의 점검, 정밀 학술 연구용으로 주로 사용
- 0급(A급, 표준용) : 고정밀 블록 게이지로 숙련된 검사원에 의해 관리되는 환경 내에서 사용, 고정밀 측정장비의 설정을 위한 기준기 및 낮은 등급 블록 게이지의 교정에 주로 사용
- 1급(B급, 검사용) : 검사용 기계부품, 공구, 게이지의 정도 체크, 교정용 기기 등에 사용, 플러그 및 스냅 게이지 정도를 검증, 전자 측정장치를 설정하는 용도로 사용
- 2급(C급, 공작용) : 공작용 또는 검사용으로 사용되며 공구의 설치 및 측정기류의 정도를 조정하기 위한 용도로 사용

10 다음 중 산화알루미늄(Al_2O_3) 분말을 주성분으로 소결한 절삭공구 재료는?

① 세라믹   ② 고속도강
③ 다이아몬드   ④ 주조경질합금

해설
세라믹 : 산화알루미늄(Al_2O_3) 분말을 주성분으로 마그네슘(Mg), 규소(Si) 등의 산화물과 소량의 다른 원소를 첨가하여 소결한 절삭공구 재료

11 연삭가공 중 가공 표면의 표면거칠기가 나빠지고 정밀도가 저하되는 떨림현상이 나타나는 원인이 아닌 것은?

① 숫돌의 평형 상태가 불량할 경우
② 숫돌축이 편심되어 있을 경우
③ 숫돌의 결합도가 너무 작을 경우
④ 연삭기 자체에 진동이 있을 경우

해설
연삭 떨림의 원인
- 숫돌축 불균형
- 숫돌 눈메움
- 숫돌바퀴의 결합도가 지나침
- 숫돌의 기울어짐

연삭 떨림의 대책
- 균형을 맞추고 트루잉을 실시
- 드레싱
- 공작속도 조정
- 평형을 맞춤

12 밀링머신에 관한 안전사항으로 틀린 것은?

① 장갑을 끼지 않도록 한다.
② 가공 중에 손으로 가공면을 점검하지 않는다.
③ 칩받이가 있기 때문에 보호안경은 필요 없다.
④ 강력 절삭을 할 때에는 공작물을 바이스에 깊게 물린다.

해설
칩이 날아올 위험이 있어 보호안경을 착용해야 한다.

정답 9 ② 10 ① 11 ③ 12 ③

13 허용할 수 있는 부품의 오차 정도를 결정한 후 각각 최대 및 최소 치수를 설정하여 부품의 치수가 그 범위 내에 드는지를 검사하는 게이지는?

① 다이얼 게이지 ② 게이지 블록
③ 간극 게이지 ④ 한계 게이지

해설
한계 게이지 측정은 일종의 비교 측정이다. 제품 사용 가능 여부를 판단하기 위해 최대 허용값, 최소 허용값으로 만들어진 한계 게이지를 사용하여 측정한다.

14 다음 중 기어가공의 절삭법이 아닌 것은?

① 형판을 이용하는 절삭법
② 다인공구를 이용하는 절삭법
③ 총형공구를 이용하는 절삭법
④ 창성을 이용하는 절삭법

해설
기어가공법의 종류
• 총형 커터에 의한 방법
 - 기어 치형과 같은 형상의 공구를 사용하여 공작물을 한 피치씩 돌려가며 가공
 - 밀링머신, 셰이퍼 등 이용
• 형판에 의한 방법
 - 모방절삭의 방법
 - 셰이퍼 등을 이용하여 형 스퍼기어, 직선 베벨기어 등에 적용
• 창성(創成)에 의한 방법
 - 상운동에 의한 기어 절삭, 호브와 같은 전용 절삭기구를 제작하여 상운동을 시켜 가공
 - 정확한 인벌류트 치형가공 가능
 - 피니언 커터, 래크 커터, 호브 등 이용

15 고속도강 절삭공구를 사용하여 저탄소강재를 절삭할 때 가장 일반적인 구성인선(Built-up Edge)의 임계 속도(m/min)는?

① 50 ② 120
③ 150 ④ 170

해설
구성인선의 발생을 감소시키기 위해서는 깎는 깊이를 작게 하거나 공구 경사각을 크게 하고, 날끝을 예리하게 하며, 절삭속도를 크게 하고(구성인선 임계 절삭속도 : 120m/min), 윤활유를 사용한다.

16 드릴로 구멍가공을 한 다음에 사용하는 공구가 아닌 것은?

① 리 머 ② 센터펀치
③ 카운터 보어 ④ 카운터 싱크

해설
센터펀치는 드릴가공 전 공구센터를 잡기 위해 사용하는 공구이다.

17 다음 중 수용성 절삭유에 속하는 것은?

① 유화유 ② 혼성유
③ 광 유 ④ 동식물유

해설

수용성 절삭유제	불수용성 절삭유제
• 절삭유제의 원액에 물을 타서 사용 • 냉각성이 좋음 • 강재 및 합금강의 절삭, 비철금속의 절삭, 연삭용 • 광물성 기름에 소량의 유화제, 방청제 등을 첨가하여 10배에서 20배 정도로 희석하여 사용 • 물로 희석하면 우유 형태의 에멀션이 되는 유화유형과 물로 희석하면 반투명으로 보이는 용해형으로 나뉨	• 등유, 경유, 스핀들유, 기계유 등을 단독 또는 혼합하여 사용 • 점성이 낮고 윤활작용이 좋음 • 냉각작용이 좋지 않으므로 경절삭에 사용 • 라드유, 고래 기름 등 동물성 기름 • 올리브 기름, 면화씨 기름, 콩기름 등 식물성 기름

정답 13 ④ 14 ② 15 ② 16 ② 17 ①

18 선반에서 테이퍼의 각이 크고 길이가 짧은 테이퍼를 가공하기에 가장 적합한 방법은?

① 백기어 사용방법
② 심압대의 편위방법
③ 복식 공구대를 경사시키는 방법
④ 테이퍼 절삭장치를 이용하는 방법

해설
심압대를 편위하는 방법보다 공구대를 회전시켜 가공하면 테이퍼의 각을 크게 할 수 있다.

19 CNC 선반에 대한 설명으로 틀린 것은?

① 축은 공구대가 전후좌우의 2방향으로 이동하므로 2축을 사용한다.
② 휴지(Dwell)기능은 지정한 시간 동안 이송이 정지되는 기능을 의미한다.
③ 좌표치의 지령방식에는 절대지령과 증분지령이 있고, 한 블록에 2가지를 혼합하여 지령할 수 없다.
④ 테이퍼나 원호를 절삭 시, 임의의 인선 반지름을 가지는 공구의 인선 반지름에 의한 가공경로의 오차를 CNC 장치에서 자동으로 보정하는 인선 반지름 보정기능이 있다.

해설
한 블록에 2가지를 혼합하여 지령할 수는 있으나 같은 그룹의 명령이 함께 내려진 경우 뒤의 명령만 인식한다. 즉, '한 블록에 2가지를 혼합하여 지령할 수는 있으나 사실상 유효하지 않다.'

20 원주를 단식 분할법으로 32등분하고자 할 때, 다음 준비된 분할판을 사용하여 작업하는 방법으로 옳은 것은?

〈분할판〉
No. 1 : 20, 19, 18, 17, 16, 15
No. 2 : 33, 31, 29, 27, 23, 21
No. 3 : 49, 47, 43, 41, 39, 37

① 16구멍열에서 1회전과 4구멍씩
② 20구멍열에서 1회전과 10구멍씩
③ 27구멍열에서 1회전과 18구멍씩
④ 33구멍열에서 1회전과 18구멍씩

해설
① $n = 1 + \frac{4}{16} = \frac{20}{16} = \frac{40}{32}$ → 32등분

② $n = 1 + \frac{10}{20} = \frac{30}{20} = \frac{40}{\frac{80}{3}}$ → 32등분 → 정수 등분되지 않음

③ $n = 1 + \frac{18}{27} = \frac{45}{27} = \frac{40}{24}$ → 24등분

④ $n = 1 + \frac{18}{33} = \frac{51}{33} = \frac{40}{\frac{440}{17}}$ → 정수 등분되지 않음

제2과목 기계제도 및 기초공학

21 보기에서 치수 기입의 원칙에 대한 설명 중 옳은 것을 모두 고른 것은?

┌보기├─────────────────────
a : 숫자로 기입된 치수는 'mm' 단위이다.
b : 도면의 치수는 특별히 명시하지 않는 한 다듬질 치수를 기입한다.
c : 치수 중 참고 치수는 치수 수치를 □ 안에 기입한다.
└────────────────────────

① a, b   ② b, c
③ a, c   ④ a, b, c

해설
□ 안에 기입한 치수는 이론적으로 정확한 치수를 의미하고, 참고 치수는 ( ) 안에 기입한다.

22 호칭번호가 6900인 베어링에 대한 설명으로 옳은 것은?

① 안지름이 10mm인 니들 롤러 베어링
② 안지름이 12mm인 원통 롤러 베어링
③ 안지름이 12mm인 자동조심 볼 베어링
④ 안지름이 10mm인 단열 깊은 홈 볼 베어링

해설

계열번호	안지름 번호	접촉각 기호	보조기호
69	00		

안지름 번호	안지름 치수	안지름 번호	안지름 치수
9	9	/32	32
00	10	07	35

계 열	종 류
60, 62, 63, 64, 68, 69	깊은 홈 볼 베어링

24 조립되는 구멍의 치수가 $\phi 100^{+0.015}_{0}$이고, 축의 치수가 $\phi 100^{-0.015}_{-0.030}$인 끼워맞춤에서 최소 틈새는?

① 0.005 ② 0.015
③ 0.030 ④ 0.045

해설
구멍이 가장 작고 축의 치수가 가장 클 때의 차이가 최소 틈새이다.
100.000 − 99.985 = 0.015

23 파이프 상단 중앙에 드릴 구멍을 뚫은 그림과 같은 정면도를 보고 우측면도를 작성했을 때 다음 중 가장 적합한 것은?

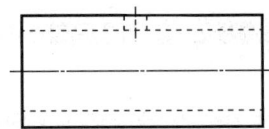

① 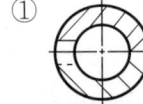 ②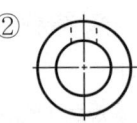

③  ④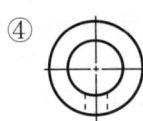

해설

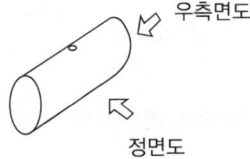

25 줄다듬질 가공을 나타내는 가공기호는?

① FF ② FS
③ PS ④ SH

해설
① FF : 줄다듬질
② FS : 스크레이퍼 다듬질
③ PS : 전단
④ SH : 셰이핑(형삭)

26 공구, 지그 등의 위치를 참고로 나타내는 데 사용하는 선의 명칭은?

① 가상선 ② 지시선
③ 피치선 ④ 해칭선

해설
가상선 : 가공 부분의 특정 이동 위치, 가공 전후의 모양, 이동 한계 위치 등을 나타내기 위한 선

선의 종류

선의 종류	선의 명칭	용도에 따른 명칭
————	굵은 실선	외형선
————	가는 실선	치수선 치수보조선 인출선 회전단면선 (작은) 중심선 수준면선 평면 지시선
- - - - -	파선(가는 파선, 굵은 파선)	숨은선
-·-·-·-	가는 1점 쇄선	중심선, 기준선, 피치선
-·-·-·-	굵은 1점 쇄선	기준선, 특수 지정선
-··-··-	가는 2점 쇄선	가상(상상)선
∿∿	파형의 가는 실선	파단선
∧∧∧	지그재그선	
⌐_⌐	가는 1점 쇄선으로 끝부분 및 방향이 바뀌는 부분을 굵게 한 것	절단선
//////	가는 실선으로 규칙적으로 나열한 것	해 칭

27 평행핀의 호칭방법을 옳게 나타낸 것은?(단, 비경화강 평행핀으로 호칭지름은 6mm, 호칭 길이는 30mm이며, 공차는 m6이다)

① 평행핀 - 6 × 30 m6 - St
② 평행핀 - 6 m6 × 30 - St
③ 평행핀 St - 6 × 30 - m6
④ 평행핀 St - 6 m6 × 30

해설

명 칭	호칭방법	핀의 호칭
평행핀	표준번호 또는 명칭, 종류, 형식, 호칭지름×길이, 재료	KS B 1320 m6A-6×45 SB 41 평행핀 h7B-5×32 SM 50C

28 기하공차 표시와 관련하여 상호요구사항이 부가적으로 필요할 경우 Ⓜ 또는 Ⓛ 기호 다음에 명시하는 특정 기호는?

① Ⓒ ② Ⓩ
③ Ⓟ ④ Ⓡ

해설
상호요구사항(RPR)은 기호 Ⓜ 다음에 기호 Ⓡ을 놓거나 기호 Ⓛ 다음에 기호 Ⓡ을 최대실체요구사항 또는 최소실체요구사항에 부가요구사항으로 도면에 지시한다. 상호요구사항은 최대실체요구사항(MMR) 또는 최소실체요구사항(LMR)에 부가함으로써 사용되는 몸체 형체에 대한 부가적 요구사항으로 치수공차가 기하공차와 실제 기하편차 사이의 차에 의해 증가됨을 나타내기 위함이다.

29 치수선 및 치수 기입방법에 대한 설명으로 틀린 것은?

① 치수선은 가는 실선으로 긋는다.
② 치수선은 원칙적으로 지시하는 길이에 평행하게 긋는다.
③ 치수 수치는 다른 치수선과 교차하여 겹치도록 기입한다.
④ 치수선이 인접해서 연속되는 경우에 치수선은 되도록 동일 직선상에 가지런히 기입하는 것이 좋다.

해설
치수 수치를 기입할 때 다른 치수선과 교차하여 겹치도록 기입하여서는 안 된다.

30 2개의 입체가 서로 만날 때 두 입체 표면에 만나는 선이 생기는데 이 선을 무엇이라고 하는가?

① 분할선   ② 입체선
③ 직립선   ④ 상관선

해설
2개 이상의 입체가 서로 관통하여 하나의 입체가 된 것을 상관체라 하고, 이 상관체에서 각 입체가 서로 만나는 곳의 경계선을 상관선이라고 한다.

31 다음 그림과 같이 막대 위에 두 물체가 있다. W_1 = 84kgf일 때, 막대가 수평을 유지하기 위한 W_2의 중량은?

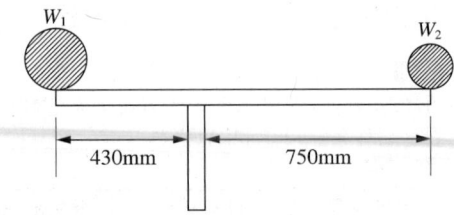

① 42kgf   ② 48.16kgf
③ 84kgf   ④ 146.51kgf

해설
수평을 유지했다는 것은 양쪽의 모멘트가 평형을 유지한 것이므로
$W_1 \times 430\text{mm} = W_2 \times 750\text{mm}$
$W_2 = 84\text{kgf} \times \dfrac{430}{750} = 48.16\,\text{kgf}$

32 3,800rpm으로 12.5kgf·m의 토크를 갖는 자동차 엔진의 마력은 약 얼마인가?

① 0.66PS   ② 6.63PS
③ 66.3PS   ④ 663PS

해설
• 동력
$H = T \cdot v = 12.5\text{kgf} \cdot \text{m} \times \dfrac{2\pi N}{60\text{s}}$
$\fallingdotseq 4,974\,\text{kgf} \cdot \text{m/s}$
• 마력(일률)
– 영국식 : 1HP = 745.7W
– 유럽식 : 1PS = 735.5W = 75kgf·m/s
∴ $H = \dfrac{4,974}{75} = 66.32\text{PS}$

33 SI 단위가 아닌 것은?

① g
② A
③ K
④ mol

해설

SI 단위

물리량	질량	길이	시간	전류	온도	광도	양(률)
기본단위	kg	m	s	A	K	Cd	mol

34 운동과 속도에 관련된 설명으로 틀린 것은?

① 가속도 운동 : 물체의 속력과 방향이 시간에 따라 변하는 운동
② 등속도 운동 : 물체가 일직선상에서 일정한 속력으로 움직이는 운동
③ 상대속도 : 물체가 이동한 거리를 이동하는 데 걸리는 시간으로 나눈 값
④ 등가속 직선운동 : 직선상에서 물체의 속도가 일정하게 증가하거나 감소하는 운동

해설

상대속도 : 이 세상의 어떤 물체도 완전히 정지하고 있지 않으므로 어떤 물체를 기준으로 하여 속도를 확인할 수밖에 없다. 어떤 기준 물체의 속도를 0으로 가정하고 산정한 속도를 상대속도라고 한다. 예를 들어, 20km/h로 달리는 차 안에서 30km/h로 앞지르는 오토바이를 보면 10km/h로 보인다. 이 10km/h가 상대속도이다.

35 전기회로에서 다음 설명에 해당하는 법칙은?

> 임의의 한 폐회로의 각부를 흐르는 전류와 저항의 곱(전압 강하)의 대수합은 그 폐회로 중에 있는 모든 기전력의 대수합과 같다.

① 옴의 법칙
② 플레밍의 법칙
③ 키르히호프 전류법칙
④ 키르히호프 전압법칙

해설

키르히호프의 제2법칙(전압법칙 : KVL) : 회로망에서 임의 폐회로를 구성했을 때 폐회로 내 기전력의 합은 내부 전압 강하의 합과 같다.

36 1bar는 약 몇 Pa(파스칼)인가?

① 0.1
② 10
③ 10^3
④ 10^5

해설

SI에서 압력의 기본 단위로 Pa[N/m²]를 사용한다. bar = 10^5Pa, psi = 1lbf/in²

37 30μF 콘덴서 3개를 직렬연결하면 합성 정전용량 [μF]은?

① 0.1
② 0.3
③ 10
④ 30

해설

$\dfrac{1}{C} = \dfrac{1}{C_1} + \dfrac{1}{C_2} + \dfrac{1}{C_3} = \dfrac{3}{C_1}$ 이므로,

$C = \dfrac{C_1}{3} = \dfrac{30}{3} = 10[\mu F]$

($\because C_1 = C_2 = C_3$)

정답 33 ① 34 ③ 35 ④ 36 ④ 37 ③

38 지구에서의 중력에 대한 설명으로 틀린 것은?

① 동일 장소에서는 질량이 같으면 같은 중력을 받는다.
② 동일 장소에서 중력의 크기는 물체의 질량에 비례한다.
③ 중력은 물체의 무게에 따라 각각 다른 방향으로 작용한다.
④ 질량이 1kg인 물체에 작용하는 중력의 크기를 1kgf라고 한다.

해설
중력은 모두 지구 중심 방향을 향하는 힘이다.

39 다음 그림과 같은 용접의 맞대기 이음에서 하중을 P, 용접부의 길이를 l, 판 두께를 t라고 하면 용접부의 인장응력을 구하는 식은?

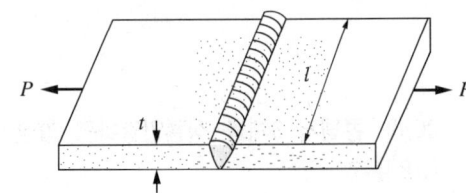

① $\sigma = \dfrac{P}{tl}$
② $\sigma = \dfrac{Pl}{t}$
③ $\sigma = \dfrac{tl}{P}$
④ $\sigma = P \cdot l \cdot t$

해설
인장응력이란 그림의 P와 같은 하중(힘)이 작용할 때 단면에 작용하는 힘을 의미하며, $\sigma = \dfrac{P}{tl}$와 같이 나타낸다.

40 도선의 전기저항에 대한 설명으로 틀린 것은?

① 도선의 길이에 비례한다.
② 도선의 단면적에 비례한다.
③ 도선의 고유저항의 값에 비례한다.
④ 도선에 전류를 흐르기 어렵게 하는 물질의 작용이다.

해설
단면적이 커질수록 전하가 다닐 수 있는 길이 넓어져 저항은 줄어든다. 즉, 단면적에 반비례한다.

제3과목 자동제어

41 PD(비례미분)제어기는 제어계의 과도특성을 개선하기 위하여 쓴다. 이것에 대응하는 보상기는?

① 과도보상기   ② 동상보상기
③ 지상보상기   ④ 진상보상기

해설
상(狀)을 보상하기 위해 상을 미리 보내진 진(進)상보상을 하는지, 늦춰진 지(遲)상보상을 하는지를 판단한다. 비례미분제어는 제어목표값에 빨리 도달하도록 하는 제어이므로 진상에 대해 보상한다.

42 $\dfrac{X(s)}{R(s)} = \dfrac{1}{s+4}$의 전달함수를 미분방정식으로 표현한 것으로 옳은 것은?

① $\dfrac{dr(t)}{dt} + 4r(t) = x(t)$
② $\dfrac{dx(t)}{dt} + 4x(t) = r(t)$
③ $\int r(t)dt + 4r(t) = x(t)$
④ $\int x(t)dt + 4x(t) = r(t)$

해설
$sX(s) + 4X(s) = R(s) \rightarrow \dfrac{dx(t)}{dt} + 4x(t) = r(t)$

43 전동기의 출력이 300kW이고 회전수가 1,500rpm인 경우에 전동기의 토크[kgf·m]는 약 얼마인가?

① 195　　② 300
③ 390　　④ 500

해설
$H = T \cdot v$

$T = \dfrac{H}{v} = \dfrac{300,000 \text{N} \cdot \text{m/s}}{\dfrac{2\pi 1,500}{60\text{s}}} = \dfrac{6,000}{9.81\pi} \text{N} \cdot \text{m}$

$= \dfrac{6,000}{\pi} \text{kg} \cdot \text{m/s}^2 \cdot \text{m}$

$= \dfrac{6,000}{9.81\pi} \text{kgf} \cdot \text{m} \fallingdotseq 195 \text{kgf} \cdot \text{m}$

44 다음 PLC 래더 다이어그램의 설명으로 틀린 것은?

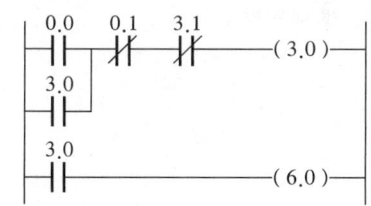

① 0.0은 입력이다.
② 0.1은 기동이다.
③ 3.1은 인터로크이다.
④ 3.0은 자기유지이다.

해설
0.0은 기동입력이며, 0.1은 3.1과 마찬가지로 인터로크이다.

45 단위 계단 함수 $u(t)$의 라플라스 변환으로 옳은 것은?

① 1　　② s
③ $u(s)$　　④ $\dfrac{1}{s}$

해설

	함수명	$f(t)$	$F(s)$
1	단위 충격	$\delta(t)$	1
2	단위 계단	$u(t) = 1$	$\dfrac{1}{s}$
3	단위 경사	t	$\dfrac{1}{s^2}$
4	포물선	t^2	$\dfrac{2}{s^3}$

46 실제의 시간과 관계된 신호로 제어가 행해지는 제어계는?

① 2진 제어계　　② 논리제어계
③ 동기제어계　　④ 디지털 제어계

해설
③ 동기(同期)제어 : 같은 시간 또는 같은 지점에서 제어되는 제어
① 2진 제어 : 0, 1로 On Off 제어
② 논리제어 : 알고리즘을 이용한 제어
④ 디지털 제어 : 2진 제어와 비슷한 개념이거나 훨씬 폭 넓은 개념

47 제어계에서 제어량을 조절하기 위해 제어대상에 가하는 양은?

① 제어량　　② 조작량
③ 기준 입력　　④ 동작신호

해설
② 조작량 : 제어대상에 가하는 입력
① 제어량 : 조작량에 따른 출력
③ 기준 입력 : 목표값 입력
④ 동작신호 : 움직임을 읽도록 나타나는 신호

48 제어량을 어떤 일정한 목표값으로 유지하는 것을 목적으로 하는 정치제어에 속하지 않는 것은?

① 주파수 제어
② 발전기의 조속기
③ 자동전압 조정장치
④ 잉크젯 프린터 헤드 위치제어

[해설]
정치제어의 3가지 예는 잘 알아 두어야 한다. 위치제어는 서보제어를 통해 시행한다. 서보제어는 추종제어의 예이다.

49 다음 방향제어밸브 기호의 포트와 위치가 옳은 것은?

① 3포트 3위치
② 4포트 3위치
③ 3포트 4위치
④ 4포트 2위치

[해설]
방향제어밸브
- 선택할 수 있는 위치의 개수 : 방의 개수
- 포트의 개수 : 방 하나당 뚫린 구멍의 수(모든 방의 뚫린 구멍의 수)

50 다음 래더 다이어그램을 니모닉으로 프로그램할 때 스텝수는 몇 개인가?(단, END는 스텝수에 포함하지 않는다)

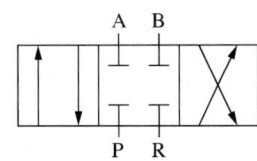

① 4   ② 5
③ 6   ④ 7

[해설]

51 PLC의 IEC 표준 언어인 문자식 언어에 포함되지 않는 것은?

① IL(Instruction List)
② ST(Structured Text)
③ FBD(Function Block Diagram)
④ SFC(Sequential Function Chart)

[해설]
FBD는 도형식 언어이다.
PLC 연산회로도 방식 : 래더 다이어그램, 명령어 방식, 논리기호 방식, 불 대수 방식

52 프로그래밍 언어 중에서 기계어를 문자와 1:1로 매칭하여 만든 언어는?

① C언어
② 기계어
③ 고급언어
④ 어셈블리 언어

48 ④ 49 ② 50 ③ 51 ③ 52 ④

53 다음 데이터의 비트값을 연산한 결과로 옳은 것은?

	10110100
(&)	00110011

① 00110000 ② 01111000
③ 10000111 ④ 10110111

해설
& 조건은 곱셈, 둘 다 1의 신호가 있어야만 1출력이 생성된다.

54 서보기구에서 제어량에 속하는 것은?

① 수위, pH ② 온도, 압력
③ 위치, 각도 ④ 속도, 전기량

해설
pH의 화학 정도, 압력, 전기량 등은 서보기구에서 제어하기 어렵다.

55 직류 서보전동기 운전 시 일정 토크 조건하에서 자속이 증가하면 회전수는 어떻게 변하는가?

① 불변이다. ② 감소한다.
③ 증가한다. ④ 0(Zero)이 된다.

해설
$M = k \cdot \phi \cdot I_a$
여기서, M : 토크
  k : 상수
  ϕ : 자속
  I_a : 전류
즉, 토크가 일정하고 자속이 증가하면 전류는 감소하므로 회전수도 감소한다.

56 위치제어 서보유압시스템의 구성요소 중 명령신호와 피드백 신호의 오차에 비례하여 서보밸브의 스풀을 절환하여 유압을 실린더로 보내는 역할을 하는 요소로 옳은 것은?

① 플래퍼
② 서보앰프
③ 토크모터
④ 피드백 신호발생기

해설
서보밸브의 스풀역할을 하려면 시스템의 구성요소에 별도의 동력이 부여되어야 한다.

57 다음 그림과 같은 블록선도의 결합방법으로 옳은 것은?

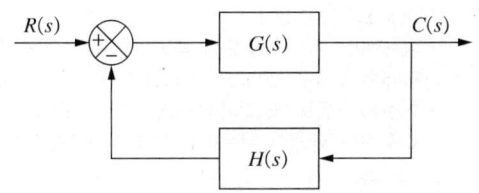

① 병렬 결합 ② 직렬 결합
③ 직병렬 결합 ④ 피드백 결합

해설
병렬 결합과 피드백 결합이 다른 것은 신호의 진로 방향이 다르기 때문이다.

58 PLC의 접지방법으로 적절한 것은?

① 접지거리는 최대한 길게 접지한다.
② 접지선은 1mm² 이하의 전선을 사용한다.
③ 접지는 제3종 접지의 전용 접지를 사용한다.
④ PLC 내부 접지가 되어 있어 접지를 하지 않아도 된다.

해설
PLC에서는 미세한 스파크 등을 방지하고, 전류 안정성을 도모하며, 외래 잡음으로부터 방지를 목적으로 하는 3종 접지에 해당한다.
제3종 접지
- 400V 미만인 기계기구 외부, 고압 계기용 변성기 2차 측, 고압 보호망 또는 보호망, 사람이 접촉할 우려가 없는 기계기구
- 2.5mm² 이상의 연동선, 1.25mm² 이상의 연동연선 또는 0.75mm² 이상의 다심 코드성이나 캡타이어 케이블, 접지저항값 100Ω 이하

59 열처리로의 온도제어는 어느 것에 속하는가?

① 비율제어   ② 정치제어
③ 추종제어   ④ 프로그램 제어

해설
제어목표에 따른 분류
- 정치제어 : 제어량을 일정 목표값에 유지시키는 것이 목적인 제어(예 주파수 제어, 발전기의 조속기, 자동전압조정장치 등)
- 추종제어 : 목표 대상값이 변동하는 경우 목표값에 정확히 추종하도록 하는 제어(예 서보제어, 요격 미사일의 미사일 추격 등)
- 프로그램 제어 : 제어량 변동이 미리 프로그래밍된 제어(예 무인 열차가 출발 후 점점 가속하여 목적지에서 감속 후 정차하는 과정에서의 속도)
- 비율제어 : 목표값이 다른 변수와 비례관계를 가질 때 변수에 따른 비율제어를 실시(예 열처리로의 온도제어)
※ 한국산업인력공단에서 발표한 확정 정답은 ④번이지만, 정답 오류인 것으로 판단된다. 열처리로의 온도제어는 비율제어에 해당한다.

60 PI 제어기 설계 시 비례상수가 3이고, 적분시간이 5인 조절계의 전달함수를 복소수 평면 s로 표현한 것으로 옳은 것은?

① $\dfrac{5}{3s}$ ② $\dfrac{3}{5s}$

③ $\dfrac{15s+5}{3s}$ ④ $\dfrac{15s+3}{5s}$

해설
$$G(s) = K_p\left(1 + \dfrac{1}{sT_i} + sT_D\right)$$
$$= 3\left(1 + \dfrac{1}{5s}\right) = \dfrac{15s+3}{5s}$$

PI 제어기이므로 T_D는 생략한다.

제4과목 메커트로닉스

61 TTL IC와 비교한 CMOS IC의 일반적인 특징이 아닌 것은?

① 정전기에 약하다.
② 소비전력이 작다.
③ 잡음 여유가 작다.
④ 동작속도가 느리다.

해설
TTL(Transistor-Transistor Logic)
- 바이폴라 트랜지스터를 사용하여 만든 디지털 로직 IC
- 동작속도가 빠름
- 5V 전원전압

CMOS(Complementary Metal Oxide Semiconductor)
- 증가형 MOSFET 소자들을 사용하여 만든 디지털 로직 IC
- 구조가 간단하고 공간을 작게 차지함, 소비전력이 작음
- 동작속도가 느림
- +3~+18V의 전원전압

62 CNC 공작기계의 서보기구에 관한 설명으로 틀린 것은?
① 동작의 안정성과 응답성이 중요하다.
② 개방회로방식은 정확한 위치제어가 가능하다.
③ 정밀도가 높은 위치제어를 위해서 반폐쇄회로 방식과 폐쇄회로방식을 많이 사용한다.
④ 구동모터의 회전에 따라 기계 본체의 테이블이나 주축 헤드가 동작하는 기구를 서보기구라고 한다.

해설
개방회로방식은 처음 입력에 의해서만 제어된다.

63 중앙처리장치 또는 기억장치의 동작 속도와 외부 버스로 연결된 입출력장치의 동작 속도를 맞추는 데 사용하는 레지스터는?
① 버퍼 레지스터
② 시퀀스 레지스터
③ 시프트 레지스터
④ 어드레스 레지스터

해설
레지스터는 메모리보다 매우 빠르게 정보를 읽거나 쓸 수 있는 작은 규모의 기억장치로 명령어가 실행 중일 때 CPU가 사용 중인 내부 데이터를 일시적으로 저장하는 곳이다. 그중 CPU의 동작속도를 버퍼링시켜 입출력장치와 동작속도를 맞추는 역할을 하는 것은 버퍼 레지스터이다.

64 RLC 공진회로에 대한 설명으로 틀린 것은?
① 병렬공진 시 임피던스는 최대가 된다.
② 직렬공진 시 전류의 크기는 최대가 된다.
③ 공진 시 전압과 전류의 위상은 이상(異相)이 된다.
④ 병렬공진 시 전압과 전류의 위상은 동상(同相)이 된다.

해설
공진이란 진파가 같아지는 현상을 의미하며 전압과 전류의 위상은 동상이 된다.

65 P형 반도체에 도핑하는 불순물이 아닌 것은?
① 인듐
② 비소
③ 붕소
④ 알루미늄

해설
P형 반도체
• 정공(+)을 이용하여 전하를 옮기는 반도체
• 정공(+)과 자유전자 중 정공이 더 많은 경우
• 13족 원소(붕소, 알루미늄, 갈륨, 인듐, 탈륨, 니호늄) 첨가

66 시리얼 통신방식이 아닌 것은?
① USB
② GPIB
③ RS-422
④ RS-232C

해설
GPIB
• GPIB는 Hewlett Packard에서 개발한 사내 표준인 HP-IB로 탄생
• IEEE(전기전자기술자협회)의 승인
• 버스 인터페이스 사용(단일 PC 인터페이스 사용 가능)

정답 62 ② 63 ① 64 ③ 65 ② 66 ②

67 브로칭 가공의 특징에 속하지 않는 것은?

① 다듬질 가공면은 래핑으로 가공한 면보다 정밀하다.
② 브로치의 제작이 매우 어렵고 고가이므로 대량 생산에만 이용된다.
③ 브로치의 형상에 따라 다양한 단면 형상의 공작물을 가공할 수 있다.
④ 1회의 통과(절삭)운동으로 가공을 완료하므로 작업시간이 짧다.

해설
래핑은 다듬질 가공이고, 브로칭 가공은 절삭가공이다.

68 그레이코드에서 연속되는 2개의 숫자 간에는 몇 개의 bit가 다른가?

① 1bit ② 2bit
③ 3bit ④ 4bit

해설
그레이코드는 앞의 비트와 다음 비트를 비교하여 같으면 0, 다르면 1을 쓰는 방식이므로 연속되는 숫자 간에는 1bit가 다르다.

69 정현파 자속의 주파수를 2배로 했을 때 유기기전력은 어떻게 되는가?

① 2배 증가 ② 3배 증가
③ 4배 증가 ④ 5배 증가

해설
패러데이 법칙에 의해 자속이 2배가 되면 유도기전력도 2배가 된다.

패러데이의 법칙
- 전자유도현상에 의하여 생기는 유도기전력의 크기를 정의하는 법칙
- $\varepsilon = -\dfrac{d\phi_B}{dt}$

여기서, ϕ_B : 자기선속, ε : 기전력
유도기전력(ε)의 크기는 닫힌회로를 통과하는 자기선속(ϕ_B)의 변화율과 같다.

70 변압기의 원리와 관계있는 작용은?

① 표피작용 ② 편자작용
③ 전기자 반작용 ④ 전자유도작용

해설
변압기
- 상호 유도현상을 이용하여 전압을 변화시켜 주는 장치
- 상호 유도현상을 이용하여야 하므로 교류를 사용

71 100V, 1,000W의 전열기를 사용할 때 이 전열기에 흐르는 전류는 몇 [A]인가?

① 6 ② 8
③ 10 ④ 12

해설
$P = V \cdot I$
여기서, P : 전력[W], V : 전압[V], I : 전류[A]
$1{,}000W = 100V \cdot I$
$\therefore I = 10A$

72 순수 반도체에 불순물을 첨가하여 전자 혹은 전공의 수를 증가시키는 과정은?

① 도핑(Doping)
② 공유 결합(Covalent)
③ 이온화(Ionization)
④ 재결합(Recombination)

해설
진성 반도체에 넣는 불순물(Dopant)에 따라 P형 반도체, N형 반도체가 되는데, 불순물을 넣는 방법을 도핑(Doping)이라고 한다.

73 DC 서보모터에 요구되는 특징이 아닌 것은?

① 최대 토크가 클 것
② 회전토크가 클 것
③ 전기자 관성이 클 것
④ 토크의 직선성이 양호할 것

해설
DC 서보모터 특성
• 기동토크가 크다.
• 인가전압에 대하여 회전 특성이 직선적으로 비례한다.
• 입력전류에 대하여 출력토크가 직선적으로 비례한다.
• 출력효율이 양호하다.
• 가격이 저렴하다.

74 N형 반도체와 관계없는 것은?

① 비 소
② 붕 소
③ 도우너
④ 5가의 가전자

해설
N형 반도체
• 과잉전자(-)를 이용하여 전하를 옮기는 반도체
• 정공(+)과 자유전자 중 자유전자가 더 많은 경우
• 15족 원소(질소, 인, 비소, 안티몬, 비스무트, 모스코븀) 첨가

75 다이캐스팅 주조의 특징이 아닌 것은?

① 정밀도가 우수하다.
② 대량 생산이 가능하다.
③ 기공이 적고 치밀하다.
④ 용융점이 높은 금속의 주조에 적합하다.

해설
다이캐스팅 : 가압하여 주조하는 제작공정으로, 주조공정 중 정밀도가 높고, 기공이 적으며 대량 생산에 적합한 제작방법이다.

76 스테핑 모터의 구동방법과 가장 거리가 먼 것은?

① 런핑 구동
② 초퍼 구동
③ 과전압 구동
④ 병렬저항 구동

해설
구동 분류 : 직렬저항 구동, 과전압 구동, 초퍼 구동, 런핑 구동 등

정답 72 ① 73 ③ 74 ② 75 ④ 76 ④

77 2진수 0.01111₂를 10진수로 바꾼 값으로 옳은 것은?

① 0.04375
② 0.4375
③ 4.375
④ 43.75

해설

$0 + 0 \times \frac{1}{2} + 1 \times \frac{1}{2^2} + 1 \times \frac{1}{2^3} + 1 \times \frac{1}{2^4}$
$= 0.25 + 0.125 + 0.0625$
$= 0.4375$

78 마이크로프로세서에 대한 설명으로 틀린 것은?

① 연산회로와 각종 레지스터 및 제어회로 등으로 구성된다.
② 주기억장치와 보조 기억장치의 기억용량을 증대시키기 위해 사용된다.
③ 기억장치로부터 명령어를 불러와서 복호화하고 실행하는 기능을 수행한다.
④ 외부와의 연결을 위해 어드레스 버스와 데이터 버스 및 제어 버스 등을 가져야 한다.

해설
주기억장치는 변경 가능한 데이터를 저장해 놓는 용도로 사용한다.

79 DC 서보모터와 비교한 AC 서보모터에 대한 특징으로 틀린 것은?

① 3상으로 제어한다.
② 제어회로가 복잡하다.
③ 브러시의 유지보수가 필요하다.
④ 고정자가 권선으로 방열이 쉽다.

해설
AC 모터
· 동기형, 유도형으로 단상, 3상으로 구분한다.
· 브러시가 없기 때문에 보수가 용이하다.
· 코일이 고정자(Status)에 있기 때문에 방열성이 좋다.
· 정류 한계가 없기 때문에 고속회전 시 높은 토크가 가능하다.
· DC 모터에 비해 대용량에 사용한다.
· 동기형은 회전자에 영구자석을 사용하므로 구조가 복잡하고, 위치검출이 필요하다.
· 유도형은 회전자와 고정자의 상대적인 위치검출센서가 필요하지 않다.
· DC 모터에 비해 속도 조절이 어렵다.

80 다음 중 경질 결합도가 아닌 것은?

① P   ② H
③ S   ④ R

해설
결합도 : 연삭입자를 결합시킨 세기를 기호로 표기한다.

← 연 질	중 간	경 질 →
E, F, G, H, I, J, K,	L, M, N, O,	P, Q, R, S, T, U, V, W

정답 77 ② 78 ② 79 ③ 80 ②

2019년 제3회 과년도 기출문제

제1과목 기계가공법 및 안전관리

01 드릴머신에서 공작물을 고정하는 방법으로 적합하지 않은 것은?

① 바이스 사용
② 드릴척 사용
③ 박스지그 사용
④ 플레이트 지그 사용

해설
공작물을 고정할 때는 지그류를 사용한다. 드릴척은 공구를 고정할 때 사용한다.

02 절삭가공에서 절삭조건과 거리가 가장 먼 것은?

① 이송속도
② 절삭 깊이
③ 절삭속도
④ 공작기계의 모양

해설
절삭조건 : 이송속도, 절삭 깊이, 절삭각 등을 절삭조건이라고 한다. 이외에도 절삭량, 가공시간, 가공 재질, 절삭유의 유무 등에 따라 절삭 품질이 달라진다.

03 삼점법에 의한 진원도 측정에 쓰이는 측정기기가 아닌 것은?

① V-블록
② 측미기
③ 3각 게이지
④ 실린더 게이지

해설
실린더 게이지는 삼점법에 의한 진원도 측정에 쓰이지 않고, 실린더 내부 측정에 사용하는 비교측정기이다.

04 커터의 지름이 100mm이고, 커터의 날수가 10개인 정면밀링 커터로 200mm인 공작물을 1회 절삭할 때 가공시간은 약 몇 초인가?(단, 절삭속도는 100m/min, 1날당 이송량은 0.1mm이다)

① 48.4
② 56.4
③ 64.4
④ 75.4

해설
저자 의견
한국산업인력공단에서 발표한 확정 답안은 ②번이나 정답 오류인 것 같음. 문제를 풀이하면,
$n = \dfrac{1{,}000v}{\pi D} = \dfrac{1{,}000 \times 100}{\pi \times 100} ≒ 318\text{rpm}$
$V_f = f_z \cdot z \cdot n = 0.1 \times 10 \times 318 = 318\text{mm/min}$

200mm 공작물 가공에 걸리는 시간 $= \dfrac{200}{318} = 0.629$분 $= 37.74$초

05 선반의 심압대가 갖추어야 할 구비조건으로 틀린 것은?

① 센터는 편위시킬 수 있어야 한다.
② 베드의 안내면을 따라 이동할 수 있어야 한다.
③ 베드의 임의 위치에서 고정할 수 있어야 한다.
④ 심압축은 중공으로 되어 있으며 끝부분은 내셔널 테이퍼로 되어 있어야 한다.

해설
심압대는 베드 윗면의 오른쪽 상단인 주축의 맞은편에 장착되어 있으며, 가공되는 공작물의 길이가 길어서 회전 중 떨림이 발생되는 재료를 지지하거나 드릴 같은 내경 절삭공구를 고정할 때 사용한다. 심압대 센터의 중심은 주축과 일치시키거나 어긋나게 조정이 가능해서 테이퍼 절삭을 가능하게 하며, 끝부분은 모스테이퍼로 되어 있어서 드릴척을 고정시킬 수 있다.

정답 1 ② 2 ④ 3 ④ 4 ② 5 ④

06 다음 공작기계 중 공작물이 직선 왕복운동을 하는 것은?
① 선 반   ② 드릴머신
③ 플레이너   ④ 호빙머신

해설
셰이퍼는 공구가 직선 왕복운동을 하는데, 플레이너는 셰이퍼와 다르게 공작물이 직선 왕복운동을 한다. 선반, 드릴, 호빙은 공작물이 회전운동을 한다.

08 일반적인 손다듬질 가공에 해당되지 않는 것은?
① 줄가공   ② 호닝가공
③ 해머작업   ④ 스크레이퍼 작업

해설
호닝가공은 내연기관의 실린더 등 원통 내면의 정밀 다듬질의 하나로, 보링이나 연삭기를 이용하고 혼(Hone)을 사용하여 진원도, 진직도, 표면거칠기 등을 향상시키는 것이 목적이다.

09 연삭숫돌의 성능을 표시하는 5가지 요소에 포함되지 않는 것은?
① 기 공   ② 입 도
③ 조 직   ④ 숫돌입자

해설
연삭숫돌의 5가지 요소 : 숫돌입자, 입도, 결합도, 조직, 결합제

07 연삭가공 중 발생하는 떨림의 원인으로 가장 관계가 먼 것은?
① 연삭기 자체의 진동이 없을 때
② 숫돌축이 편심되어 있을 때
③ 숫돌의 결합도가 너무 클 때
④ 숫돌의 평행 상태가 불량할 때

해설
숫돌이 떨리는 경우는 숫돌축이 불균형하거나, 숫돌의 눈이 메워졌거나, 숫돌바퀴의 결합도가 지나치거나, 숫돌이 기울어지게 장착된 경우이므로 각각 균형을 맞춰 주고, 트루잉을 실시하고, 드레싱을 실시하며, 결합도에 맞는 공작속도를 설정하고, 기울어진 경우는 평형을 맞춰 주어야 한다.

10 지름이 150mm인 밀링 커터를 사용하여 30m/min의 절삭속도로 절삭할 때 회전수는 약 몇 rpm인가?
① 14   ② 38
③ 64   ④ 72

해설
$v = \dfrac{\pi D n}{1,000}[\text{m/min}]$

$30\,\text{m/min} = \dfrac{\pi 150 n}{1,000}\,\text{m}$

$n = \dfrac{30 \times 1,000}{\pi \times 150} \fallingdotseq 63.66\,\text{rpm}$

6 ③ 7 ① 8 ② 9 ① 10 ③

11 드릴링 작업 시 안전사항으로 틀린 것은?

① 칩의 비산이 우려되므로 장갑을 착용하고 작업한다.
② 드릴이 회전하는 상태에서 테이블을 조정하지 않는다.
③ 드릴링의 시작 부분에 드릴이 정확히 자리 잡힐 수 있도록 이송을 느리게 한다.
④ 드릴링이 끝나는 부분에서는 공작물과 드릴이 함께 돌지 않도록 이송을 느리게 한다.

해설
절삭작업 시에는 절대 장갑을 착용하면 안 된다. 장갑의 섬유나 끝부분이 회전체에 물려 들어가 손이 크게 다칠 위험이 있다.

12 옵티컬 패럴렐을 이용하여 외측 마이크로미터의 평행도를 검사하였더니 백색광에 의한 적색 간섭무늬의 수가 앤빌에서 2개, 스핀들에서 4개였다. 평행도는 약 얼마인가?(단, 측정에 사용한 빛의 파장은 $0.32\mu m$ 이다)

① $1\mu m$ ② $2\mu m$
③ $4\mu m$ ④ $6\mu m$

해설
앤빌면과 스핀들면이 평행하지 않을 때 평행도를 측정하여 본다. 스핀들이 한 바퀴 회전하며 진행하는 동안 앤빌은 정지 상태를 유지하지만, 스핀들면은 회전하면서 각 위치에서 옵티컬 패럴렐을 사용하여 간섭 무늬의 개수를 헤아리고 반파장(320nm)값을 곱한 후에 최종적으로 그 4개의 값 중에서 최댓값을 평행도로 취한다. 간섭무늬의 개수가 최대 4개이므로 320nm를 곱하면 1,280nm≒$1\mu m$ 이다.

13 투영기에 의해 측정할 수 있는 것은?

① 각 도 ② 진원도
③ 진직도 ④ 원주 흔들림

해설
• 투영검사기, 윤곽투영기, 광학적 투영기, 광학적 비교기 등으로 불리는 투영기는 대상물의 확대된 상을 스크린에 투영하여 육안으로 관측한다.
• 대상물의 윤곽이나 형상의 길이, 각도를 검사하거나 측정할 수 있다.
• 측정력에 의한 오차가 없고 복잡한 대상물을 용이하게 측정할 수 있다.

14 CNC 선반에서 홈가공 시 1.5초 동안 공구의 이송을 잠시 정지시키는 지령방식은?

① G04 Q1500 ② G04 P1500
③ G04 X1500 ④ G04 U1500

해설
CNC 선반에서 G04는 Dwell(휴지, 잠깐 쉼) 명령으로 G04를 사용하는 방법은 다음과 같다.
• G04 X1500 → Dwell 1,500초
• G04 U1500 → Dwell 1,500초
• G04 P1500 → Dwell 1,500밀리초 = 1.5초

15 브로칭 머신의 특징으로 틀린 것은?

① 복잡한 면의 형상도 쉽게 가공할 수 있다.
② 내면 또는 외면의 브로칭 가공도 가능하다.
③ 스플라인 기어, 내연기관 크랭크실의 크랭크 베어링부는 가공이 용이하지 않다.
④ 공구의 일회 통과로 거친 절삭과 다듬질 절삭을 완료할 수 있다.

해설
브로칭 머신은 가늘고 긴 일정한 단면 모양을 가진 브로치라는 여러 개의 비슷한 절삭날이 달린 공구를 이용하여 가공물의 내면에 키홈, 스플라인 홈, 원형이나 다각형의 구멍 형상과 외면에 세그먼트 기어, 홈, 특수한 외면의 형상을 가공하는 작업으로, ③의 작업은 가능하다.

16 접시머리나사를 사용할 구멍에 나사머리가 들어갈 부분을 원추형으로 가공하기 위한 드릴가공 방법은?

① 리 밍
② 보 링
③ 카운터 싱킹
④ 스폿 페이싱

해설
카운터 싱킹 : 카운터 보링처럼 나사나 볼트머리가 앉을 자리나 원뿔머리가 앉을 자리를 접시 모양으로 만드는 작업

17 절삭조건에 대한 설명으로 틀린 것은?

① 칩의 두께가 두꺼워질수록 전단각이 작아진다.
② 구성인선을 방지하기 위해서는 절삭 깊이를 작게 한다.
③ 절삭속도가 빠르고 경사각이 클 때 유동형 칩이 발생하기 쉽다.
④ 절삭비는 공작물을 절삭할 때 가공이 용이한 정도로 절삭비가 1에 가까울수록 절삭성이 나쁘다.

해설
절삭비가 1이 되면 모재가 깎여 나갈 때 거의 압축 또는 인장의 변형 없이 깎여 나가는데, 이는 절삭효율이 높아진다는 의미이다.

18 척을 선반에서 떼어내고 회전센터와 정지센터로 공작물을 양 센터에 고정하면 고정력이 약해서 가공이 어렵다. 이때 주축의 회전력을 공작물에 전달하기 위해 사용하는 부속품은?

① 면 판
② 돌리개
③ 베어링 센터
④ 앵글 플레이트

해설
척을 선반에서 떼어내고 회전센터와 정지센터로 가공물을 고정시켜 작업할 필요가 있을 때 회전센터와 정지센터로만은 고정력이 약해 가공이 어렵다. 이때 주축의 회전력을 가공물에 전달하기 위해 사용하는 부가장치가 돌림판이다. 이 돌림판에 회전력을 더하기 위해 돌리개를 끼워 사용한다.

19 공작물의 단면 절삭에 쓰이는 것으로 길이가 짧고 직경이 큰 공작물의 절삭에 사용되는 선반은?

① 모방선반
② 수직선반
③ 정면선반
④ 터릿선반

해설
정면선반
• 길이가 짧고 지름이 큰 공작물의 절삭에 사용되는 선반으로 면판을 구비하고 있다.
• 베드의 길이가 짧고 심압대가 없는 경우가 많아서 주로 단면 절삭에 사용한다.

20 연마제를 가공액과 혼합하여 짧은 시간에 매끈해지거나 광택이 적은 다듬질 면을 얻게 되며, 피닝(Peening) 효과가 있는 가공법은?

① 래 핑
② 숏 피닝
③ 배럴가공
④ 액체호닝

해설
액체호닝
• 100~5,000mesh의 산화규소를 함유한 랩제를 화학용액에 혼합하여 분사·충돌시켜 가공하는 방법이다.
• 가공시간이 짧다.
• 가공물의 피로강도를 향상시킨다.
• 형상이 복잡한 가공물도 쉽게 가공한다.
• 가공물 표면의 산화막이나 거스러미를 제거하기 쉽다.
• 다듬질면의 진원도, 직진도가 나빠진다.
• 호닝입자가 공작물 표면에 부착될 수 있다.

제2과목 기계제도 및 기초공학

21 다음 중 기하공차 표기가 틀린 것은?

① ∠ | 0.01 | A
② ○ | 0.01 | A
③ ◎ | ⌀0.01 | A
④ ↗ | 0.01 | A

[해설]
진원도 공차는 원이 얼마나 진짜 원인지 정도를 표시하는 것으로 데이텀이 필요하지 않다. 이런 기하공차를 단독 형체공차라고 하는데 진직도, 평면도, 진원도, 원통도 등이 있다.

22 다음 그림과 같은 입체도에서 화살표 방향의 투상도가 정면도일 경우 평면도로 가장 적합한 것은?

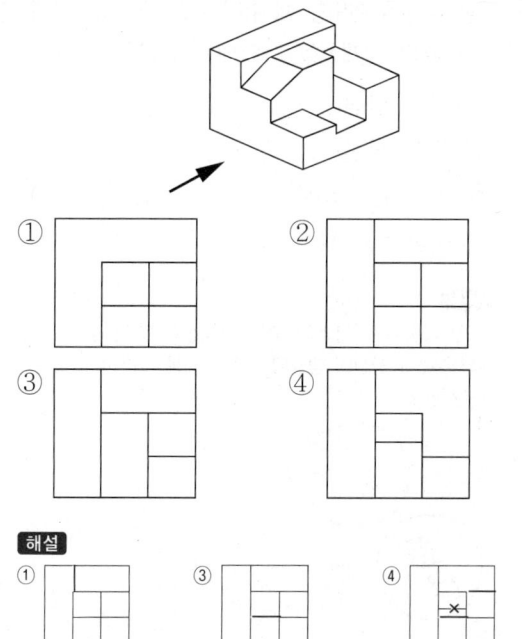

23 파단선에 대한 설명으로 옳은 것은?

① 기술, 기호 등을 나타내기 위하여 끌어낸 선이다.
② 반복하여 도형의 피치를 잡는 기준이 되는 선이다.
③ 대상물이 보이지 않는 부분의 형태를 나타낸 선이다.
④ 대상물의 일부분을 가상으로 제외했을 경우의 경계를 나타내는 선이다.

24 다음 중 치수를 기입할 공간이 부족하여 인출선을 이용하는 방법으로 가장 올바르게 나타낸 것은?

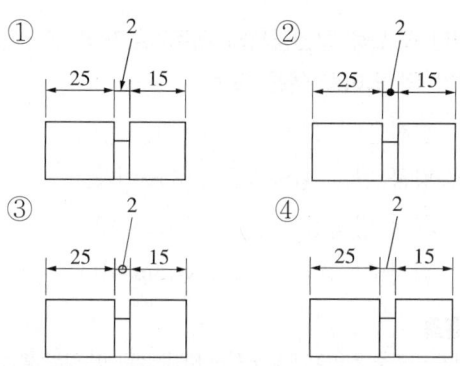

[해설]
좁은 곳의 치수선은 밖으로 이끌어 내어 수평으로 긋고 그 위쪽에 치수를 지시하며 이끌어 내는 쪽의 끝에는 아무것도 붙이지 않는다.

[정답] 21 ② 22 ② 23 ④ 24 ④

25 구멍에 끼워 맞추기 위한 구멍, 볼트, 리벳의 기호 표시에서 구멍 가까운 면에 카운터 싱크가 있고, 공장에서 드릴가공, 현장에서 끼워맞춤에 해당하는 것은?

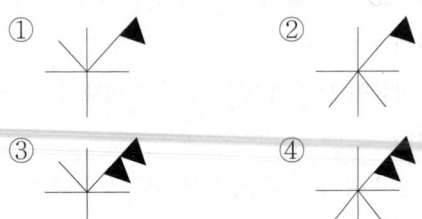

해설

구멍* 볼트, 리벳	구 멍			
	카운터 싱크 없음	가까운 면에 카운터 싱크 있음	먼 면에 카운터 싱크 있음	양쪽 면에 카운터 싱크 있음
공장에서 드릴가공 및 끼워맞춤				
공장에서 드릴가공, 현장에서 끼워맞춤				
현장에서 드릴가공 및 끼워맞춤				

* 구멍과 리벳을 구분하기 위해 구멍이나 체결품의 올바른 표시법이 관련 표준에 따라 주어져야 한다.
보기 : 지름 13mm의 구멍 표시법은 φ13, 지름 12mm, 길이 50mm의 미터나사의 볼트에 대한 표시방법은 M12×50이며, 지름 12mm, 길이 50mm의 리벳 표시법은 φ12×50이다.

26 일반 구조용 압연강재의 재료기호가 SS235일 경우 '235'의 의미로 옳은 것은?

① 연신율이 23.5% 이상이다.
② 평균 탄소 함유량은 2.35%이다.
③ 최저 항복강도가 235N/mm²이다.
④ 최저 탄성한도가 235N/mm²이다.

해설
일반 구조용 압연강재의 숫자는 KS D 3503에 따라 항복강도를 표시한다. SS235도 두께를 다르게 함에 따라 최저 항복강도가 달라지는데, 16mm 이하 강판의 경우 235N/mm² 이상의 강도가 필요하다고 되어 있다.

27 끼워맞춤 공차 φ50H/g6에 대한 설명으로 틀린 것은?

① 중간 끼워맞춤의 형태이다.
② 구멍 기준식 끼워맞춤이다.
③ 축과 구멍의 호칭치수는 모두 φ50이다.
④ φ50H7의 구멍과 φ50g6 축의 끼워맞춤이다.

해설
IT 공차는 표를 찾아서 확인하기 때문에 위와 같은 문제를 접하면 표를 암기하여야 하는지 의문이 들 수 있으나 이 문제는 구멍 기준식 끼워맞춤에 대한 이해를 묻는 문제이다. 기준치수 50에 정확히 맞는 아래치수 또는 위치수가 있는 쪽이 기준이 되는데, 이 허용오차가 0이 있는 공차기호는 H 또는 h이다. 따라서 φ50H/g6은 기준치수 50mm인 구멍 기준식 끼워맞춤을 나타낸 것이고, g는 h보다 위치수가 작게, 마이너스로 나타나므로 이 끼워맞춤은 헐거운 끼워맞춤이 된다.

28 볼트부품을 제도할 때 수나사의 완전 나사부와 불완전 나사부의 경계선을 나타내는 선은?

① 가는 실선
② 굵은 실선
③ 가는 1점 쇄선
④ 굵은 1점 쇄선

해설
완전 나사부란 영역에 모두 나사산이 있는 부분이고, 불완전 나사부는 나사산이 형성되지 않은 몸통 부분이다. 굵은 실선으로 구분한다.

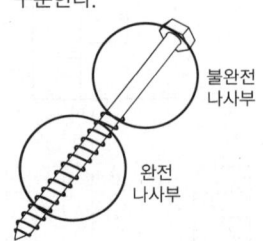

29 자동조심 볼 베어링의 베어링 계열 기호로만 짝지어진 것은?

① 60, 62, 63　　② 70, 72, 73
③ 12, 22, 23　　④ 511, 522

해설

계 열	종 류
60, 62, 63, 64, 68, 69	깊은 홈 볼 베어링
70, 72, 73, 74	앵귤러 볼 베어링
NU2, NU22, NU3, NU23, NU4, NU10 NUP2, NUP22, NUP3, NUP23, NUP4, N2, N22, N3, N23, N4, NF2, NF3, NF23, NF4	원통 롤러 베어링
12, 22, 13, 23	자동 조심 볼 베어링
302, 303, 303D, 320, 322, 323	테이퍼 롤러 베어링
NA49, RNA49	니들 롤러 베어링
511, 512, 513, 514, 522, 523, 524	평면자리형 스러스트 볼 베어링

30 KS 기하공차 도시방법 중 ⓟ로 표시되는 기호가 의미하는 것은?

① 돌출 공차역을 표시하는 기호
② 비례하지 않는 치수를 표시하는 기호
③ 데이텀을 직접 도시하는 경우 사용하는 기호
④ 공차붙이 형체를 직접 도시하는 경우 사용하는 기호

해설
ⓟ는 기하공차 데이텀에 표시되는 부가기호 중 일부의 의미

ⓟ	제2차 또는 제3차 데이텀의 돌출 [Projected (for Secondary or Tertiary Datum)]
ⓛ	최소 재료조건(Least Material Requirement)
ⓜ	최대 재료조건(Maximum Material)

31 스프링의 기능이 아닌 것은?

① 에너지의 축적
② 응력집중 완화
③ 하중의 측정 및 조정
④ 진동 완화와 충격에너지 흡수

해설
스프링은 탄성을 저장하도록 만든 기계요소로 그 재료와 길이, 두께 등에 따라 저장되고, 반응되는 힘과 에너지의 크기가 다르다. 스프링은 측정을 하거나 완충작용이 필요한 요소에 적절하게 사용되며, 필요에 따라 코일 스프링, 판 스프링, 벌류트 스프링, 토션 바, 태엽 모양의 스파이럴 스프링, 접시 스프링 등 여러 형태로 제작된다.

32 다음 설명에 해당하는 법칙은?

> 대전된 물체 가까이에 다른 대전체를 가져가면 다른 종류의 전하는 서로 흡인력이 작용하고, 같은 종류의 전하는 서로 반발력이 작용한다.

① 줄의 법칙
② 쿨롱의 법칙
③ 플레밍의 왼손 법칙
④ 플레밍의 오른손 법칙

해설
쿨롱의 법칙 : 대전된 두 전하 사이에 작용하는 힘은 각 전하의 전기력의 곱에 비례하고 그 거리의 제곱에 반비례한다.

$F = k_e \dfrac{q_1 q_2}{r^2}$

여기서, F : 전기력, k_e : 쿨롱 상수, $q_1 \cdot q_2$: 전하의 전기력, r : 거리

33 직경 2cm이고, 무게가 30kgf 둥근 봉을 테이블 위에 올려놓았다. 테이블이 받는 압력[kgf/cm²]은 약 얼마인가?

① 5.5   ② 7.5
③ 9.5   ④ 19.5

해설
압력의 종류는 누르는 압축응력이다.
$$\sigma = \frac{P}{A} = \frac{30\text{kgf}}{\frac{\pi \times (2\text{cm})^2}{4}} \fallingdotseq 9.55\text{kgf/cm}^2$$

34 하중의 크기와 방향이 주기적으로 변화하는 하중은?

① 교번하중   ② 반복하중
③ 이동하중   ④ 충격하중

해설
- 충격하중 : 아주 짧은 일시에 작용하는 하중
- 피로하중 : 긴 시간 오래도록 작용하는 자중
- 집중하중 : 좁은 한곳에만 작용하는 하중
- 분포하중 : 하중이 골고루 퍼져서 작용하는 하중
- 반복하중 : 동일한 위치에 동일한 하중이 반복적으로 작용하는 하중
- 교번하중 : 동일한 위치에 서로 다른 둘 이상의 하중이 교차하여 반복적으로 작용하는 하중
- 정지하중 : 운동력이 작용하지 않고 멈추어 있어 무게만 전달되는 하중
- 이동하중 : 움직임이 작용하는 하중

35 10C의 전하 Q가 임의의 A지점에서 B지점으로 이동하면서 40J의 일을 하였다면 두 지점 사이의 전위차는 몇 [V]인가?

① 0.25   ② 4
③ 40   ④ 400

해설
$40\text{J/s} = I \times V$, $I = \frac{Q}{t} = 10\text{C/s}$
$40\text{J/s} = 10\text{C/s} \times V$
$\therefore V = \frac{40\text{J/s}}{10\text{C/s}} = 4\text{V}$

36 어떤 전기회로에 직류 110V의 전압을 가했더니 11A의 전류가 흘렀다면, 이때의 저항값[Ω]은 얼마인가?

① 1   ② 10
③ 100   ④ 1,000

해설
옴의 법칙 : 흐르는 전기의 양(전류)는 전기의 압력(전압)에 비례하고 저항(저항)에 반비례한다는 법칙
$V = IR$, $I = \frac{V}{R}$, $R = \frac{V}{I}$
$R = \frac{V}{I} = \frac{110}{11} = 10\Omega$

37 어떤 물체가 v_1인 속도로 A점을 지나 v_2인 속도로 B점을 지날 때 시간 t가 소요되었다면 가속도는?

① $v_1 t$ ② $v_2 t$
③ $\frac{v_2 - v_1}{t}$ ④ $\frac{t}{v_2 - v_1}$

해설
가속도는 $\frac{v_2 - v_1}{t_2 - t_1} = \frac{\Delta v}{\Delta t}$로, 문제의 조건에 따라
$\frac{v_2 - v_1}{t}$로 표현한다.

38 다음 그림에서 B점에 발생하는 힘(반력) R은 얼마인가?

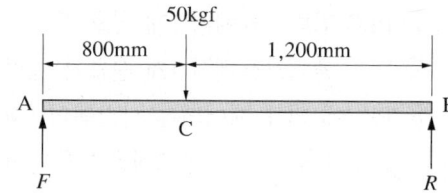

① 10kgf ② 20kgf
③ 30kgf ④ 50kgf

해설
step 1. 위에서 누르는 힘과 아래에서 받치는 힘은 평형이다.
∴ 50kgf = $F+R$
step 2. 움직이지 않는 물체의 한 점에서 모멘트 합은 같다. A점에서의 모멘트 합 $0 = 50\text{kgf} \times 800\text{mm} - R \times 2{,}000\text{mm}$
∴ $R = 20\text{kgf}$, $F = 30\text{kgf}$

39 회전축의 회전수 N[rpm], 전동마력 H[PS], 비틀림 모멘트 T[kgf·cm]의 관계식이 옳은 것은?

① $T = 26{,}220\dfrac{H}{N}$ ② $T = 36{,}220\dfrac{H}{N}$

③ $T = 71{,}620\dfrac{H}{N}$ ④ $T = 97{,}400\dfrac{H}{N}$

해설
동력과 토크의 관계는
$H = T \cdot v$, $H = F \times \dfrac{2\pi r N}{75 \times 60} = \dfrac{Fr \cdot N}{716.2} = \dfrac{T \cdot N}{716.2}$,
$T = 716.2\dfrac{H}{N}\text{kgf} \cdot \text{m} = 71{,}620\dfrac{H}{N}\text{kgf} \cdot \text{cm}$

40 물체의 형태나 크기가 달라지지 않는 한 그 물체의 무게가 달라진다고 볼 수 없는데 이와 같이 변치 않는 물체 고유의 무게는?

① 속도 ② 중력
③ 질량 ④ 가속도

해설
질량 : 물체의 고유 무게를 의미한다. 실제 우리가 느끼는 무게에는 중력 가속도가 반영되어 있는데, 어디서든 가지고 있을 고유의 무게가 있다는 가정하에 이를 질량이라고 한다. 단위는 g(그램)을 사용한다.

제3과목 자동제어

41 제어대상의 현재 출력값과 미래 출력의 예상값을 이용하여 제어하며, 응답 속응성의 개선에 사용되는 동작으로 옳은 것은?

① 미분동작
② 적분동작
③ 비례미분동작
④ 비례적분동작

해설
비례동작에 입출력관계 속도를 제어하는 미분제어기를 붙인 미분동작(Derivative Control)을 부가한 PD 제어기에 대한 설명이다.

42 그림과 같은 파형의 라플라스 변환으로 옳은 것은?

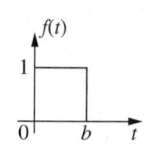

① $\dfrac{1}{s \cdot e^{bs}}$ ② $\dfrac{1}{s \cdot e^{-bs}}$

③ $\dfrac{1}{s(1-e^{bs})}$ ④ $\dfrac{1}{s(1-e^{-bs})}$

해설
저자 의견
한국산업인력공단에서 발표한 확정 답안은 ④번이나 정답 오류인 것 같음. 문제를 풀이하면,

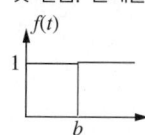

처음 계단함수 $f(t)$에서, b에서부터의 $f(t)$를 제거하면 문제의 그래프가 나타나므로 계단함수를 $u(t)$라고 하면
$f(t) = u(t) - u(t-b)$ →
$F(s) = \dfrac{1}{s} - \dfrac{1}{se^{bs}} = \dfrac{1}{s}\left(1 - \dfrac{1}{e^{bs}}\right) = \dfrac{1}{s}\left(\dfrac{e^{bs}-1}{e^{bs}}\right)$

정답 38 ② 39 ③ 40 ③ 41 ③ 42 ④

43 시퀀스 제어와 비교한 PLC 제어의 특징으로 틀린 것은?

① 제어방식은 소프트 로직방식이다.
② 시스템 특징이 독립된 제어장치이다.
③ 소형화가 가능하며 시스템 확장이 용이하다.
④ 프로그램 변경만으로 제어내용의 변경이 가능하다.

해설
시퀀스 제어는 하드웨어 로직 구성, PLC 제어는 프로그램 로직 구성으로 유접점이냐 무접점이냐의 차이와 프로그래머블(프로그램 작동이 가능)한가의 차이라고 볼 수 있다.

44 데이터를 1개의 케이블을 통해 1bit씩 전송하는 방식으로 전송속도는 느리나 설치비용이 저렴한 데이터 전송방식은?

① 병렬전송방식
② 직렬전송방식
③ 반이중전송방식
④ 전이중전송방식

해설
직렬통신 : 비용 절감이 크다. 최근에는 프로세서의 성능이 개선되어 직렬통신으로도 충분히 속도를 내므로 많이 사용한다.

45 PLC에서 스캔타임(Scan Time)의 의미로 옳은 것은?

① PLC 입력모듈에서 1개 신호가 입력되는 시간
② PLC 출력모듈에서 1개 신호가 입력되는 시간
③ PLC에 의해 제어되는 시스템의 1회 실행시간
④ PLC에 입력된 프로그램을 1회 연산하는 시간

해설
스캔타임 : PLC에서 프로그램을 한 사이클 실행하는 데 소요되는 시간
• PLC 프로그램은 프로그램을 이용하여 시퀀스 제어를 시행하므로 순차에 따라 시행되도록 구성되어 있다.
• 반복되는 동작을 시행할 때는 다시 프로그램의 처음부터 제어를 시행하게 된다.
• 이때 첫 행부터 프로그램을 모두 리딩하여 실행한 후 첫 행으로 다시 이동하여 제어하게 된다.
• 이러한 첫 행부터 마지막 행까지 한 번 쭉 리딩하여 시행하는 시간을 스캔타임이라고 한다.

46 공작물 수치제어 좌표계에서 절대위치결정방법에 대한 설명으로 옳은 것은?

① 공구의 위치를 항상 원점(영점)을 기준으로 표시
② 공구의 위치를 항상 앞의 공구 위치를 기준으로 표시
③ 공구의 위치를 원점(영점)과 앞의 공구 위치를 기준으로 표시
④ 공구의 위치를 X, Y축선상에서 어느 한 점을 기준으로 표시

해설
수치제어 좌표계에서 절대좌표는 좌표를 원점을 기준으로 읽는 방식이다.

정답 43 ② 44 ② 45 ④ 46 ①

47 C언어의 반복제어문에 해당되지 않는 것은?

① for문   ② while문
③ do-while문   ④ switch-case문

해설
반복제어문
- for : 구간 반복
- do : 실행 반복
- while : 조건 반복

조건에 따른 흐름제어문
- if로 시작하며 else 등의 조건을 넣어 작성한다.
- switch문(선택문) : switch 다음 변수에 따라 처리 수행

48 보드선도에서 -3dB점이란 기준 크기의 얼마인가?

① $\frac{1}{2}$ ② $\frac{1}{\sqrt{2}}$

③ $\frac{1}{3}$ ④ $\frac{1}{\sqrt{3}}$

해설
dB = $20\log\frac{V_{out}}{V_{in}}$ 형태이며 -3dB은 $20\log\frac{1}{\sqrt{2}}$, 3dB은 $20\log\sqrt{2}$, 10dB은 $20\log\sqrt{10}$

49 속도를 전압으로 변환하는 센서는?

① 퍼텐쇼미터   ② 초음파 센서
③ 광트랜지스터   ④ 태코제너레이터

해설
태코미터 : 회전속도계이다. rpm 등 회전수를 지시하는 계기로, 자동차 내부 계기판에 있다.

50 유압시스템에서 유압유를 선택할 때 요구조건으로 틀린 것은?

① 화재의 위험이 없을 것
② 녹이나 부식 발생이 없을 것
③ 수분을 쉽게 분리시킬 수 있을 것
④ 동력을 전달하기 위해 압축성일 것

해설
동력 전달을 하기 위해서는 비압축성이어야 한다.

51 라플라스 변환에서 t함수와 s함수 관계가 옳은 것은?(단, t함수의 초기 조건은 모두 0으로 가정한다)

① $v(t) = Ri(t) \rightarrow V(s) = \frac{1}{R}I(s)$

② $v(t) = L\frac{d}{dt}i(t) \rightarrow V(s) = sLI(s)$

③ $v(t) = \frac{1}{C}\int i(t)dt \rightarrow V(s) = sCI(s)$

④ $v(t) = Ri(t) + \frac{1}{C}\int i(t)dt$
$\rightarrow V(s) = \frac{1}{R}I(s) + sCI(s)$

해설
② $V(s) = L\mathcal{L}\left[\frac{d}{dt}i(t)\right] = LsI(s) - i(0) = LsI(s)$ (∵ $i(0)=0$)

① $V(s) = \int_0^\infty Ri(t)\, e^{-st}\, dt = R\int_0^\infty i(t)\, e^{-st}\, dt = RI(s)$

③ $V(s) = \mathcal{L}\left[\frac{1}{C}\int_0^t i(t)dt\right] = \frac{I(s)}{Cs}$

④ ①, ③의 합이고 ①, ③이 모두 옳지 않다.

52 개루프제어시스템과 비교한 폐루프제어시스템의 특징으로 틀린 것은?

① 제어오차가 감소한다.
② 필요한 센서의 개수가 증가한다.
③ 제어시스템의 가격이 저렴해진다.
④ 제어시스템의 구성이 복잡해진다.

해설
폐루프시스템은 제어과정을 추가해야 하므로 비용이 더 든다.

53 다음 서보기구 중 구조가 복잡하나 출력이 클 때 유리한 서보기구는?

① 교류 서보기구   ② 직류 서보기구
③ 클러치 서보기구 ④ 포지셔너 서보기구

해설
전기식 서보기구
- 동력원으로 모터를 사용한다. 중(中) 동력 정도의 힘의 크기를 사용한다.
- 전기는 동력뿐만 아니라 신호로도 활용 가능하며, 증폭·감쇠 등에 유리하다.
- 유압식에 비해 작동 속도와 반응 속도가 좋으며 신뢰성이 있다.
- 유압식에 비해 경제성과 취급이 용이하다.
- 직류식과 교류식이 있다.
  - 직류는 전류 통제의 용이성이 높아 속도제어 범위가 넓지만 구조가 복잡하고 기동토크가 크다.
  - 교류식은 브러시가 없어서 유지비가 들지 않고 보수가 용이하다.

54 PLC의 통신 중 RS-422방식에 대한 설명으로 틀린 것은?

① 1byte 단위로 data가 전송된다.
② 전송속도가 느리나 소프트웨어가 간단하다.
③ 데이터를 1개의 케이블을 통해 1bit씩 전송된다.
④ RS-232C에 비해 전송 길이가 길고 1:N 접속이 가능하다.

해설
시리얼 통신에서는 1byte를 8개의 비트로 분리해서 한 번에 1bit씩 통신선로로 전송한다.

55 제어요소의 입출력 변수의 관계를 수식적으로 표현한 전달함수의 특성으로 틀린 것은?

① 제어계의 입력과는 관계없다.
② 비선형 제어계에서만 정의된다.
③ 임펄스 응답의 라플라스 변환으로 정의된다.
④ 제어계 입출력 함수의 라플라스 변환에 대한 비가 된다.

해설
전달함수는 선형시스템에서 먼저 정의된다.

56 제어계의 출력이 목표값과 일치하는가를 비교하여 일치하지 않은 경우 그 차이에 따라 정정신호를 제어계에 보내는 제어방식은?

① 개루프제어   ② 되먹임 제어
③ 시퀀스 제어   ④ 프로그램 제어

해설
피드백이 있는 제어시스템을 되먹임 제어라고 한다. 목표값에 정확히 도달하기 쉽지만 제어계도 복잡하고 비용도 높은 편이다.

57 실린더 양측의 수압 면적이 같아 전·후진할 때 출력 속도가 동일한 실린더는?

① 단동 실린더 ② 탠덤 실린더
③ 다위치 실린더 ④ 양로드 실린더

해설
양로드 실린더 : 로드와 실린더 헤드가 양쪽으로 달린 복동 실린더

58 다음 전달함수의 값으로 옳은 것은?

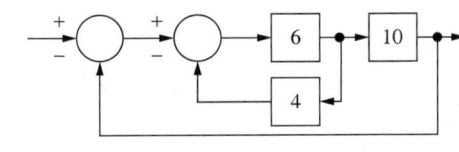

① 0.6 ② 0.7
③ 0.8 ④ 0.9

해설
동그라미 부분을 먼저 합성하면,

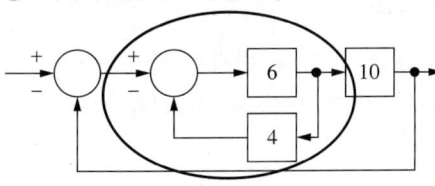

$T_1(s) = \dfrac{6}{1+6 \cdot 4} = \dfrac{6}{25} = 0.24$

나머지 부분을 합성하면,

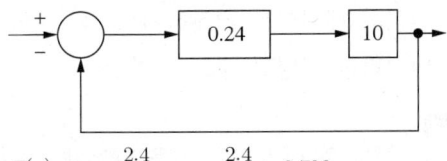

$T(s) = \dfrac{2.4}{1+0.24 \cdot 10} = \dfrac{2.4}{3.4} ≒ 0.706$

59 다음 그림은 계의 입출력 관계를 나타내는 블록선도이다. 여기서 전달함수 $G1 = 2$, $G2 = 3$일 때 계 전체의 전달함수는?

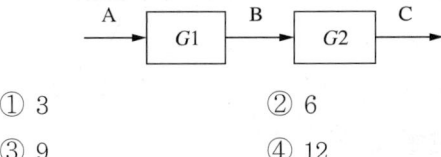

① 3 ② 6
③ 9 ④ 12

해설
블록선도 직렬은 곱셈으로 나타낸다.
$2 \times 3 = 6$

60 냉동식 오일 쿨러의 특징으로 틀린 것은?

① 환기설비가 필요하다.
② 냉각수가 필요하지 않다.
③ 자동 유온 조정에 적합하다.
④ 운반이 용이하며 대기 온도나 물의 온도 이하의 냉각이 용이하다.

해설
산업설비의 공기조화장치는 일상 기계는 환기, 산업용 기계 또는 환경 기계는 집진 또는 청결관리가 필요하다.

제4과목 메커트로닉스

61 불 대수의 기본 법칙으로 옳은 것은?

① A + 0 = 0
② A + 1 = 1
③ A · 1 = 0
④ A · 1 = 1

해설
① A + 0 = A
③, ④ A · 1 = A

62 아날로그 출력전압 범위가 0~7V인 3비트의 D/A 변환기의 입력으로 2진값 100이 입력된다면 아날로그 출력전압은 몇 V인가?

① 2
② 3
③ 4
④ 7

해설
$1 \times 2^2 + 0 \times 2^1 + 0 \times 2^0 = 4$

63 자속밀도와 자기력 사이의 관계를 나타낸 곡선은?

① 전력곡선
② $B-H$ 곡선
③ 항자력곡선
④ 부하특성곡선

해설
자계의 세기(H)와 자속밀도(B)와의 관계를 나타내는 곡선을 자화곡선, 자기이력곡선이라고 한다.

64 십진수 19를 BCD 코드로 변환한 결과로 옳은 것은?

① 0001 0011
② 0110 1100
③ 0001 1001
④ 0010 1100

해설
BCD 코드는 2진수를 사람이 사용하는 10진수 형태의 코드로 창안한 것이다.
네 자리 2진수를 10진수 형태의 코드와 대응한다.
예를 들어, 761 ↔ 0111 0110 0001과 같이 변환한다.

65 마이크로컴퓨터의 메모리 중 RAM에 대한 설명으로 틀린 것은?

① 데이터의 내용 변경이 가능하다.
② 전원이 차단되어도 그 내용에는 전혀 변화가 없다.
③ 전원이 차단되는 순간 저장되어 있는 데이터는 모두 없어진다.
④ 임의의 데이터를 저장하기도 하고, 외부에서 데이터를 로딩할 수도 있다.

해설
RAM은 전원이 차단되면 저장된 내용이 휘발되는 성질을 갖고 있다.

66 마이크로프로세서는 전형적으로 4비트, 8비트, 16비트로 구분하는데 이 비트가 의미하는 것은?
① 기억소자
② 정보의 단위
③ CPU의 종류
④ 레지스터의 크기

[해설]
마이크로프로세서를 4, 8, 16, 32 등의 비트로 구분한 것은 한 번에 4비트짜리 정보, 8비트짜리 정보, 16비트짜리 정보 등 한 묶음으로 전송하는 단위를 설명하는 것이다.

67 기계 제작에 이용되는 성질 중 절삭가공에 이용되는 성질은?
① 가용성(Fusibility)
② 전연성(Malleability)
③ 접합성(Weldability)
④ 연삭성(Grindability)

[해설]
가용성은 잘 녹는가의 성질, 전연성은 잘 늘어나고 펴지는지의 성질, 접합성은 잘 붙는지의 성질이다. 보기 중에서는 연삭성이 절삭가공 중 연삭과 유관한 성질이다.

68 열전대의 특징이 아닌 것은?
① 고온 측정에 사용된다.
② 온도 측정범위가 넓다.
③ 부착방법에 따라 오차가 발생한다.
④ 형상이나 치수에 의해 영향을 받는다.

[해설]
열전대는 팽창률이 다른 2개의 금속을 접합해 놓은 것으로 온도의 상태에 따라 휘어서 접촉단락을 떨어뜨리고 붙이는 열센서를 의미한다.

69 일반적으로 브러시 교환이 필요한 서보모터는?
① 스테핑 모터
② DC 서보모터
③ 동기형 AC 서보모터
④ 유도기형 AC 서보모터

[해설]
AC 모터는 브러시 교환이 필요 없는데 비해 DC 모터는 브러시 교환이 필요하다.

70 비트 마스크(Bit Mask)와 비트 리셋(Bit Reset) 용도로 사용되는 연산자는?
① 부정(NOT)
② 논리합(OR)
③ 논리곱(AND)
④ 배타적 논리합(XOR)

[해설]
논리곱은 0을 곱하는 경우 입력값이 얼마이든 0이 되므로 비트 마스크나 리셋으로 사용 가능하다.

71 전기적으로 절연되어 있지만 광을 매개체로 하여 신호 전달이 가능하고 광학적으로 결합되어 있는 발광부와 수광부를 갖추고 있는 센서는?

① 리드 스위치 ② 포토커플러
③ 유도형 근접센서 ④ 용량형 근접센서

해설
포토커플러는 발광소자와 수광소자가 짝지어진 형태를 말한다.

72 머시닝 센터(Machining Center)에 대한 설명으로 틀린 것은?

① 드릴작업을 할 수 있다.
② 방전을 이용한 가공작업이다.
③ 자동공구교환장치(ATC)가 있다.
④ 테이블은 가공물을 절삭에 필요한 위치까지 이동시킨다.

해설
머시닝 센터는 절삭가공을 하는 기계이다.

73 다음 불 논리식을 간략화한 결과로 옳은 것은?

$$Z = (A+B)(\overline{A}+B)$$

① $Z = B$ ② $Z = A + \overline{B}$
③ $Z = \overline{A} + B$ ④ $Z = AB + \overline{B}$

해설
$Z = (A+B)(\overline{A}+B) = A\overline{A} + B\overline{A} + AB + B$
$= 0 + B(A + \overline{A} + 1) = B$

74 AC 서보모터의 특징으로 옳은 것은?

① 정류에 한계가 있다.
② 회전검출기가 필요하다.
③ 브러시의 유지보수가 필요하다.
④ 고정자가 권선으로 방열이 쉽다.

해설
AC 모터
- 동기형, 유도형으로 단상, 3상으로 구분한다.
- 브러시가 없기 때문에 보수가 용이하다.
- 코일이 고정자(Status)에 있기 때문에 방열성이 좋다.
- 정류 한계가 없기 때문에 고속회전 시 높은 토크가 가능하다.
- DC 모터에 비해 대용량에 사용할 수 있다.

75 우리나라 전원의 상용 주파수인 60Hz에 대한 각속도 [rad/sec]는?

① 77 ② 177
③ 277 ④ 377

해설
60Hz는 1초에 60 왕복하며 1왕복을 2π로 보면, 120π/sec ≒ 377rad/sec이다.

76 TTL IC의 출력으로 사용되지 않는 방식은?

① 3상(3-States) 출력
② 토템폴(Totem Pole) 출력
③ 사이리스터(Thyristor) 출력
④ 오픈 컬렉터(Open Collector) 출력

해설
TTL의 논리회로 출력 게이트는 토템폴(Totem Pole), 오픈 컬렉터(Open Collector), Tri-State(3상), Schmitt Trigger로 분류가 가능하다.
• 토템폴은 가장 일반적인 출력형식이며 입력이 Low일 때 출력은 Low, 입력이 High일 때 출력이 High가 되는 출력회로이다.
• 오픈 컬렉터는 입력이 Low일 때 출력이 Low이고, 입력이 High일 때 출력이 Float인 출력회로이다.
• 3상 출력은 C(Control Input)가 High일 때는 토템폴과 같이 작동하다가 C가 Low일 때는 Float 상태가 된다.
• 슈미트 트리거는 아날로그와 같이 연속적으로 변화하는 값을 받기 위해서 고안된 것이다.

77 기계를 제작할 때 고려해야 할 사항으로 틀린 것은?

① 효율이 좋고, 유지비가 적을 것
② 디자인이 좋고, 상품 가치가 높을 것
③ 각 부품은 자유운동을 할 수 있을 것
④ 기계 각 부의 강도는 신뢰성이 있을 것

해설
기계의 각 요소는 상호 관계에 따른 종속운동을 할 수 있어야 한다.

78 센서의 검출면에 전자유도작용으로 금속체의 유무를 판별하는 비접촉식 검출센서는?

① 포토센서
② 리밋 스위치
③ 용량형 근접센서
④ 유도형 근접센서

해설
유도형 센서
• 유도형 또는 고주파 발진형 근접센서는 금속물체(Metallic Object) 검출에 사용한다.
• 검출대상이 자성체인 경우 검출감도가 양호하다.

79 전력을 구하는 식으로 틀린 것은?(단, P : 전력, I : 전류, V : 전압, R : 저항이다)

① $P = I \times V$
② $P = V \times R$
③ $P = I^2 \times R$
④ $P = \dfrac{V^2}{R}$

해설
$P = I \times V$이며, $V = IR$이므로 $P = I^2 \times R$이거나 $P = \dfrac{V^2}{R}$의 관계로 정리할 수 있다.

80 저항을 연결하는 방법에 대한 설명으로 틀린 것은?

① 저항을 직렬연결하면 총저항값은 가장 큰 저항보다 더 커진다.
② 저항을 병렬연결하면 총저항값은 가장 작은 저항보다 더 작아진다.
③ 동일한 저항을 직렬로 연결할 때 저항의 수량과 한 개의 저항값을 곱하면 총저항값이 된다.
④ 동일한 저항을 병렬로 연결할 때 저항의 수량과 한 개의 저항값을 더하면 총저항값이 된다.

해설
병렬연결 시 $\dfrac{1}{R_T} = \dfrac{1}{R_1} + \dfrac{1}{R_2} + \dfrac{1}{R_3} + \cdots + \dfrac{1}{R_n}$

2020년 제1·2회 통합 과년도 기출문제

제1과목 기계가공법 및 안전관리

01 게이지블록 등의 측정기 측정면과 정밀기계 부품, 광학렌즈 등의 마무리 다듬질 가공방법으로 가장 적절한 것은?

① 연삭
② 래핑
③ 호닝
④ 밀링

해설
정밀기계 부품, 광학렌즈 등의 마무리는 가장 정도(精度)가 높은 다듬질 가공을 해야 한다. 연삭을 실시하고, 호닝으로 내면을 다듬은 후 연삭입자를 뿌려 래핑을 실시하는 순서로 정도가 높아진다.

02 공작기계의 종류 중 테이블의 수평 길이 방향 왕복운동과 공구는 테이블의 가로 방향으로 이송하며, 대형 공작물의 평면작업에 주로 사용하는 것은?

① 코어 보링머신
② 플레이너
③ 드릴링 머신
④ 브로칭 머신

해설
플레이너는 셰이퍼로 절삭할 수 없는 큰 공작물을 절삭하는 평면절삭 공작기계로, 공작물을 고정한 테이블이 수평 왕복운동을 한다.

03 밀링가공에서 테이블의 이송속도를 구하는 식으로 옳은 것은?(단, F는 테이블 이송속도(mm/min), f_z는 커터 1개의 날당 이송(mm/tooth), Z는 커터의 날수, n은 커터의 회전수(rpm), f_r은 커터 1회전당 이송(mm/rev)이다)

① $F = f_z \times Z$
② $F = f_r \times f_z$
③ $F = f_z \times f_r \times n$
④ $F = f_z \times Z \times n$

해설
이송속도
• $f_1 = f_z \cdot z$
  (여기서, f_1 : 공구의 1회전에 이송하는 거리, f_z : 절삭날 1개의 이송거리, z : 절삭날수)
• $V_f = f_z \cdot z \cdot n$
  (여기서, V_f : 이송속도[mm/min], n : 절삭날(공구)의 분당 회전수[rpm, rev/min])

04 선반작업에서의 안전사항으로 틀린 것은?

① 칩(Chip)은 손으로 제거하지 않는다.
② 공구는 항상 정리정돈하며 사용한다.
③ 절삭 중 측정기로 바깥지름을 측정한다.
④ 측정, 속도 변환 등은 반드시 기계를 정지한 후에 한다.

해설
선반은 회전축을 가진 대표적인 공작기계로, 가공 이외의 작업 시 주축은 정지시킨다.

05 수평밀링과 유사하나 복잡한 형상의 지그, 게이지, 다이 등을 가공하는 소형 밀링머신은?

① 공구 밀링머신
② 나사 밀링머신
③ 플레이너형 밀링머신
④ 모방 밀링머신

해설
현재 수많은 세분류 밀링머신이 나오고 있으며, 공구 밀링머신은 밀링의 용도에 따른 분류 중 형상가공 밀링머신과 함께 분류된다.

06 수평식 보링머신의 분류가 아닌 것은?

① 베드형 ② 플로어형
③ 테이블형 ④ 플레이너형

해설
보링머신 중 가장 널리 사용되는 수평형은 주축이 수평 방향으로 설치되어 있고 테이블형, 플레이너형, 플로어형, 이동형으로 나뉜다.

07 GV 60 K m V 1호이며 외경이 300mm인 연삭숫돌을 사용한 연삭기의 회전수가 1,700rpm이라면 숫돌의 원주속도는 약 몇 m/min인가?

① 102 ② 135
③ 1,602 ④ 1,725

해설
원주속도는 재질에 상관없이 회전수와 직경만 연관이 있다.
$\frac{\pi Dn}{1,000} = \frac{\pi \times 300 \times 1,700}{1,000} \fallingdotseq 1,602$

08 전해연삭의 특징이 아닌 것은?

① 가공면은 광택이 나지 않는다.
② 기계적인 연삭보다 정밀도가 높다.
③ 가공물의 종류나 경도에 관계없이 능률이 좋다.
④ 복잡한 형상의 가공물을 변형 없이 가공할 수 있다.

해설
전해연삭
• 전해연마에서 만들어진 양극의 생성물을 연삭으로 제거하는 작업이다.
• 경도가 높은 재료일수록 연삭능률이 기계연삭에 비해 높다.
• 박판이나 형상이 복잡한 공작물을 변형 없이 연삭이 가능하다.
• 비용이 많이 드나 긴 숫돌 수명을 갖는다.
• 연삭된 면은 광택가공면이 사라진다.
• 정밀도는 기계연삭에 비해 떨어진다.

09 치공구를 사용하는 목적으로 틀린 것은?

① 복잡한 부품의 경제적인 생산
② 작업자의 피로가 증가하고 안전성 감소
③ 제품의 정밀도 및 호환성의 향상
④ 제품의 불량이 적고 생산능력을 향상

해설
치공구 사용목적
• 제품의 정밀도 및 호환성이 향상된다.
• 제품의 불량이 적고 생산능력을 향상시킨다.
• 복잡한 부품의 경제적인 생산이 가능하다.
• 작업자의 피로를 감소시키고 안전성을 증가시킨다.

정답 5 ① 6 ① 7 ③ 8 ② 9 ②

10 드릴 선단부에 마멸이 생긴 경우 선단부의 끝 날을 연삭하여 사용하는 방법은?

① 시닝(Thinning)   ② 트루잉(Truing)
③ 드레싱(Dressing) ④ 글레이징(Glazing)

해설
시닝(Thinning) : 날끝을 가늘게 만들어 주는 작업으로, 절삭효율을 높이기 위해 웨브의 일부를 원호상으로 연마하여 치즐에지의 길이를 짧게 하는 것

11 배럴가공 중 가공물의 치수 정밀도를 높이고, 녹이나 스케일 제거의 역할을 하기 위해 혼합되는 것은?

① 강 구   ② 맨드릴
③ 방진구   ④ 미디어

해설
배럴가공은 충돌가공의 일종으로, 배럴이라는 회전 상자에 공작액, 콤파운드, 숫돌입자(미디어) 등을 넣고 회전가공한다. 숫돌입자를 이용하여 가공물의 치수 정밀도를 높이고 녹이나 스케일을 제거한다.

12 다음 연삭숫돌의 규격 표시에서 'L'이 의미하는 것은?

WA 60 L m V

① 입 도   ② 조 직
③ 결합제   ④ 결합도

해설
숫돌바퀴의 표시

WA	60	K	m	V	1호
숫돌입자	입 도	결합도	조 직	결합제	모 양

13 게이지 블록을 취급할 때 주의사항으로 적절하지 않은 것은?

① 목재 작업대나 가죽 위에서 사용할 것
② 먼지가 적고 습한 실내에서 사용할 것
③ 측정면은 깨끗한 천이나 가죽으로 잘 닦을 것
④ 녹이나 돌기의 해를 막기 위하여 사용한 뒤에는 잘 닦아 방청유를 칠해 둘 것

해설
정밀 측정기기를 취급할 때는 정밀도에 영향을 줄 수 있는 먼지, 습도, 상처, 이물질 부착 등에 유의한다.

14 리드스크루가 1인치당 6산의 선반으로 1인치에 대하여 $5\frac{1}{2}$산의 나사를 깎으려고 할 때, 변환기어값은? (단, 주동측 기어 : A, 종동측 기어 : C이다)

① A : 127, C : 110
② A : 130, C : 110
③ A : 110, C : 127
④ A : 120, C : 110

해설
변환식 $\frac{A}{C} = \frac{공작물의 피치}{이송나사의 피치}$를 이용한다.

여기서, 이송나사(리드스크루)의 피치 = $\frac{1}{6}$ inch,

공작물의 피치 = $\frac{1}{5.5}$ inch이므로,

$$\frac{A}{C} = \frac{\frac{1}{5.5}}{\frac{1}{6}} = \frac{6}{5.5} = \frac{120}{110}$$

∴ $A = 120$, $C = 110$

15 CNC 선반에서 다음 그림과 같이 A에서 B로 이동 시 증분좌표계 프로그램으로 옳은 것은?

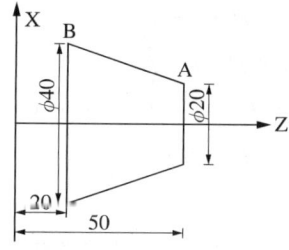

① X40.0 Z20.0;
② U20.0 Z20.0;
③ U20.0 W-30.0;
④ X40.0 W-30.0;

해설
증분좌표계는 U, V, W 좌표계를 사용한다. X쪽으로 20만큼 이송했고, Z쪽으로 -30만큼 이송했으므로, U20.0 W-30.0;

16 총형공구에 의한 기어절삭에 만능 밀링머신의 분할대와 같이 사용되는 밀링커터는?

① 베벨 밀링커터
② 헬리컬 밀링커터
③ 인벌류트 밀링커터
④ 하이포이드 밀링커터

해설
기어는 기어 이 홈 모양의 인벌류트 커터 같은 것을 사용하여 절삭하며, 절삭 후 분할대를 이용해 한 피치(Pitch)씩 이동시켜 기어를 만든다. 베벨, 헬리컬, 하이포이드는 기어의 종류 명칭이다.

17 범용 선반작업에서 내경 테이퍼 절삭가공 방법이 아닌 것은?

① 테이퍼 리머에 의한 방법
② 복식공구대의 회전에 의한 방법
③ 테이퍼 절삭장치를 이용하는 방법
④ 심압대를 편위시켜 가공하는 방법

해설
내경 가공 시에는 절삭공구가 내경으로 들어갈 수 있어야 하는데, 심압대를 편위시키는 방법은 공구가 바깥면으로만 접근할 수 있다.

18 구성인선에 대한 설명으로 틀린 것은?

① 치핑현상을 막는다.
② 가공 정밀도를 나쁘게 한다.
③ 가공면이 표면거칠기를 나쁘게 한다.
④ 절삭공구의 마모를 크게 한다.

해설
구성인선은 매우 짧은 시간에 발생·성장·분열·탈락의 주기를 반복하기 때문에 탈락할 때마다 가공면에 흠집을 만들고, 진동을 일으켜 가공면을 나쁘게 만든다.

19 절삭유의 사용목적이 아닌 것은?

① 공작물 냉각
② 구성인선 발생 방지
③ 절삭열에 의한 정밀도 저하
④ 절삭공구의 날 끝의 온도 상승 방지

해설
절삭제의 사용목적은 냉각작용, 방청작용, 윤활작용, 칩의 배출을 통한 구성인선 방지와 절삭열에 의한 정밀도 저하를 방지하는 것이다.

정답 15 ③ 16 ③ 17 ④ 18 ① 19 ③

20 진직도를 수치화할 수 있는 측정기가 아닌 것은?

① 수준기
② 광선정반
③ 3차원 측정기
④ 레이저 측정기

해설
광선정반(옵티컬 플랫)은 한 면을 고도의 평면으로 래핑가공한 원판으로, 빛의 간섭현상을 이용하여 게이지 블록이나 각종 측정자 등의 평면을 측정하는 측정기이다.

제2과목 기계제도 및 기초공학

21 다음 그림은 가공에 의한 커터의 줄무늬 기호 그림이다. ( ) 안에 들어갈 기호는?

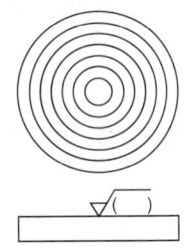

① M
② F
③ R
④ C

해설
가공 줄무늬 기호에는 ═, ⊥, ×, M, C, R 등이 있다. 각각 커터 줄무늬 가로, 세로, X자, 줄무늬, 원(Circle), 레이디얼 모양을 의미한다.

22 I형강의 치수 표시방법으로 옳은 것은?(단, B : 폭, H : 높이, t : 두께, L : 길이)

① $IB \times H \times t - L$
② $IH \times B \times t - L$
③ $It \times H \times B - L$
④ $IL \times H \times B - t$

해설
I형강은 다음 그림과 같은 단면을 가진 형강으로

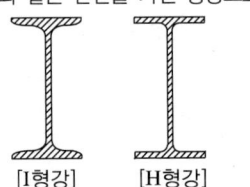

[I형강]   [H형강]

KS D 3502에 따르면 형강의 모양이 다음 그림과 같을 때

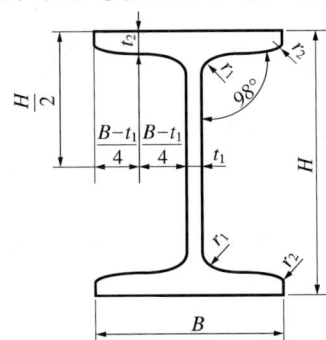

$H \times B$, t_1, t_2, r_1, r_2를 차례대로 표시하고 전체 길이를 표시한다.

23 제3각법으로 투상한 정면도와 우측면도가 그림과 같을 때 평면도로 가장 적합한 것은?

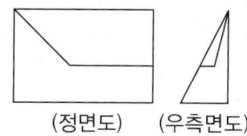
(정면도) (우측면도)

①  ②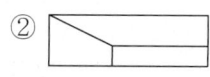
③ 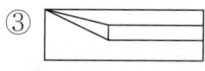 ④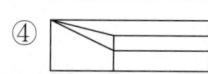

[해설] 등각투상도를 포함한 3면도는 다음 그림과 같다.

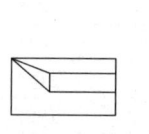 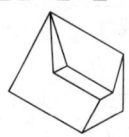

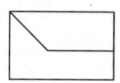

24 동일한 기준치수에서 끼워맞춤을 할 때, 다음 중 틈새가 가장 큰 끼워맞춤으로 짝지어진 것은?(단, 공차 등급은 동일하다고 가정한다)

① 구멍 공차역 : A, 축 공차역 : a
② 구멍 공차역 : A, 축 공차역 : z
③ 구멍 공차역 : Z, 축 공차역 : a
④ 구멍 공차역 : Z, 축 공차역 : z

[해설] 구멍은 대문자, 축은 소문자로 표시하며, J를 기준으로 A쪽으로 갈수록 모재가 많이 깎이는 기호로 생각하면 된다. 즉, A로 갈수록 많이 깎아서 구멍은 커지고, 축은 작아진다.

25 구름 베어링 제도에서 상세한 도시방법 중 보기와 같은 베어링은?

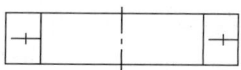

① 앵귤러 콘택트 스러스트 볼 베어링
② 이중 방향 스러스트 볼 베어링
③ 단열 방향 스러스트 볼 베어링
④ 복렬 깊은 홈 볼 베어링

[해설] 구름 베어링의 볼이 놓인 방향이 축과 동일하므로 스러스트 베어링이며, 리테이너 하나에 볼 하나가 배열되어 단열 베어링이다.

26 다음 중 치수 기입의 원칙이 아닌 것은?

① 도면에 나타내는 치수는 계산하여 구하도록 기입한다.
② 치수는 되도록 주투상도에 집중해서 지시한다.
③ 관련 치수는 되도록 한곳에 모아서 기입한다.
④ 가공 또는 조립 시 기준이 되는 형체가 있는 경우에는 그 형체를 기준으로 해서 치수를 기입한다.

[해설] 치수를 계산해서 알 수 있는 부분은 기재하지 않거나 참조 치수로 기재하지만, 치수는 가급적 직접 기재한다.

27 최대 실체요구사항이 공차가 있는 형체에 적용될 경우, 기하공차 뒤에 사용하는 기호로 옳은 것은?

① Ⓐ ② Ⓑ
③   ④

[해설] 최대실체요구, 즉 MMC(Maximum Material Conditions)의 기호는 Ⓜ이다.

28 다음 중 호의 치수 기입을 나타낸 것은?

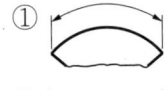 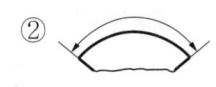
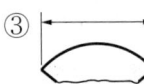 

해설
부채꼴에서 원의 일부에 해당하는 것이 호이며, 호의 길이는 ①번처럼 나타낸다. ②번은 부채꼴의 각도의 표시이고, ③번은 현의 길이 표시이다. 부채꼴에서 ④번과 같은 표시는 없다.

29 도면에서 2종류 이상의 선이 같은 장소에 겹치게 될 경우에 다음 선 중에서 순위가 가장 낮은 것은?

① 중심선 ② 숨은선
③ 절단선 ④ 치수 보조선

해설
선의 우선순위
도면에서 2종류 이상의 선이 같은 장소에서 중복되는 경우에 외형선 > 숨은선 > 절단선 > 중심선 > 무게중심선 > 치수 보조선 순으로 표시한다.

30 냉간성형된 압축 코일 스프링을 제도할 경우 일반적으로 요목표에 표시하지 않는 것은?

① 총감김수 ② 초기 장력
③ 스프링 상수 ④ 코일 평균 지름

해설
KS B 0005의 예시에 따라 냉간성형 압축 코일 스프링의 표의 예시는 다음과 같다.

재료		SWOSC-V
재료의 지름(mm)		4
코일 평균 지름(mm)		26
코일 바깥지름(mm)		30±0.4
총감김수		11.5
자리 감김수		각 1
유효 감김수		9.5
감김 방향		오른쪽
자유 길이(mm)		(80)
스프링 상수(N/mm)		15.3
지정	하중(N)	-
	하중 시의 길이(mm)	-
	길이*(mm)	70
	길이 시의 하중(N)	153±10%
	응력(N/mm²)	190
최대 압축	하중(N)	-
	하중 시의 길이(mm)	-
	길이*(mm)	55
	길이 시의 하중(N)	382
	응력(N/mm²)	476
밀착 길이(mm)		(44)
코일 바깥쪽 면의 경사(mm)		4 이하
코일 끝부분의 모양		맞댐끝(연삭)
표면처리	성형 후의 표면가공	숏 피닝
	방청처리	방청유 도포

비고 1. 기타 항목 : 세팅한다.
비고 2. 용도 또는 사용조건 : 상온, 반복 하중
비고 3. 1N/mm² = 1MPa
* 수치 보기는 길이를 기준으로 하였다.

※ 문제를 해결하기 위해 요목표의 각각의 항목을 학습해야 하는 것은 아니다. 제도에서 요목표란 제작된 또는 제작하는 코일 스프링의 주요 제품 정보를 제공하는 것으로, 문제의 답지 중 초기 장력 등과 같은 사용 중 발생하거나 변화 가능한 조건을 제시할 수는 없으므로 내용을 판단하여 답을 선택한다.

31 다음 회로에서 I_1, I_2, I_3, I_4의 관계식으로 옳은 것은?

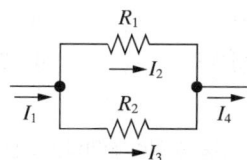

① $I_1 = I_2 = I_3 = I_4$
② $I_1 = I_2 + I_3 = I_4$
③ $I_3 = I_2 \times (R_2 - R_1)$
④ $I_2 = I_3 \times \dfrac{R_1}{R_2}$

해설
키르히호프 1법칙의 전류의 관계 설명에 의해 왼쪽 점에서 $I_1 = I_2 + I_3$ 이 성립되고, 오른쪽 점에서 $I_2 + I_3 = I_4$의 관계가 성립된다.

32 다음 설명에 해당되는 원리는?

> 비압축성 유체인 물은 사방이 밀폐된 용기 내에서 압력이 가해졌을 때 그 크기의 변함이 없이 액체 내의 모든 곳에 같은 크기로 전달된다.

① 줄의 원리
② 파스칼의 원리
③ 베르누이의 원리
④ 토리첼리의 원리

해설
파스칼의 원리는 압력이 작용하는 유체 전체에는 전 방향으로 같은 압력이 작용한다는 원리이다. 따라서 작용력의 면적과 힘이 비례하는 관계가 된다. 이는 여러 가지 영역에서 유용하게 활용되는데, 마치 유체를 이용한 지렛대의 원리처럼 작동력을 작용시키는 쪽에서는 크지 않은 힘으로 일을 해도 작동력이 전달되는 쪽에서는 큰 힘이 발현될 수 있다.

33 다음 그림과 같은 리벳이음에서 리벳 직경(d)이 2.5 cm, 두 판을 인장하는 힘이 2,200kgf라면, 리벳 단면에 발생하는 전단응력은 약 몇 kgf/cm²인가?

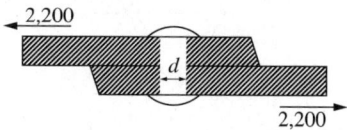

① 418.07   ② 428.07
③ 438.07   ④ 448.07

해설
리벳 개수에 대한 언급이 없어서 리벳이 하나만 있는 것으로 계산한다.

리벳 단면 $A = \dfrac{\pi \times d^2}{4} = \dfrac{\pi \times 2.5^2}{4} \fallingdotseq 4.91 \text{cm}^2$

$\therefore \sigma_t = \dfrac{F_t}{A} = \dfrac{2,200 \text{kgf}}{4.91 \text{cm}^2} \fallingdotseq 448.07 \text{kgf/cm}^2$

34 다음 그림과 같은 4개의 힘이 수직으로 작용할 때 합력의 작용선 위치는 O점과 얼마나 떨어져 있는가?

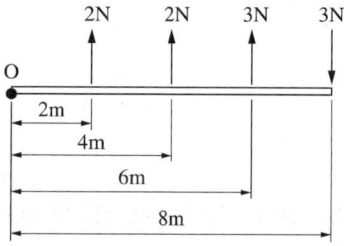

① 1.5m   ② 2m
③ 2.5m   ④ 3m

해설
- Step 1. : O점에서 모멘트의 합
$M_0 = 2\text{N} \times 2\text{m} + 2\text{N} \times 4\text{m} + 3\text{N} \times 6\text{m} - 3\text{N} \times 8\text{m} = 6\text{N} \cdot \text{m}$
- Step 2. : 합력의 크기
$F_t = 2\text{N} + 2\text{N} + 3\text{N} - 3\text{N} = 4\text{N}$
- Step 3. : 합력의 작용점을 구하기 위해 M_0를 F_t로 나눈다.
$L = \dfrac{M_0}{F_t} = \dfrac{6\text{N} \cdot \text{m}}{4\text{N}} = 1.5\text{m}$

35 다음 정육각형의 넓이[cm²]는?

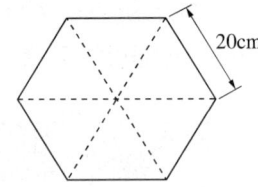

① $100\sqrt{3}$ ② $200\sqrt{3}$
③ $400\sqrt{3}$ ④ $600\sqrt{3}$

해설
전체 넓이(A_T)는 한 변이 20cm인 정삼각형 6개의 넓이와 같다.
한 변이 20cm인 정삼각형의 넓이 $A = \frac{\sqrt{3}}{4} \times 20^2 \text{cm}^2$ 이므로,
전체 넓이(A_T) $= 6A = 6 \times \frac{\sqrt{3}}{4} \times 400 = 600\sqrt{3}$ cm²

36 다음 그림과 같이 물체에 작용한 힘의 크기가 F, 힘의 방향으로 물체가 이동한 거리가 S이면, 한 일 W는?

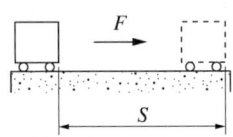

① $W = F + S$ ② $W = F - S$
③ $W = F \times S$ ④ $W = F \div S$

해설
일은 이동 방향으로 가해진 힘의 크기와 이동거리의 곱이므로,
$W = F \times S$

37 전위차의 단위로 옳은 것은?

① 옴[Ω] ② 볼트[V]
③ 와트[W] ④ 암페어[A]

해설
저항의 각 단자에 걸린 전위의 차이를 전압이라고 하며, 전압의 단위는 볼트[V]이다.

38 한 손으로 150N의 힘으로 원형 핸들을 돌릴 때 90N·m의 토크가 발생했다면, 이 핸들의 반경은 몇 mm인가?

① 90 ② 150
③ 600 ④ 900

해설
토크(Torque)는 회전력으로, 회전이 가지고 있는 힘이다.
$T = F \times r$ (T : 토크, F : 작용력, r : 회전 중심까지의 거리)로 표현하며, 단위는 N·m, kgf·cm를 사용한다.
$T = F \times r$
90N·m = 150N × r[mm]
$\therefore r = \frac{90,000 \text{N·mm}}{150 \text{N}} = 600 \text{mm}$

39 어떤 자동차가 30km/h의 속도로 달려가고 있을 때, 10분 동안 이동한 거리[km]는?

① 3 ② 4
③ 5 ④ 6

해설
시간당 30km를 이동하는 자동차가 $\frac{1}{6}$시간 동안 이동한 거리이므로, 5km

40 다음 중 물질의 비저항값이 가장 작은 것은?

① 은   ② 철
③ 구리   ④ 알루미늄

해설
비저항이 가장 작다는 것은 전도율이 가장 높다는 의미이다. 보기의 물질 중 은은 전도율이 약 109%, 철은 약 19%, 구리는 100%, 알루미늄은 63.3%로, 은의 전도율이 가장 높다.

제3과목 자동제어

41 컴퓨터를 구성하는 기본요소를 기능별로 분류할 때 해당되지 않는 것은?

① 연산장치   ② 제어장치
③ 출력장치   ④ 컴파일러장치

해설

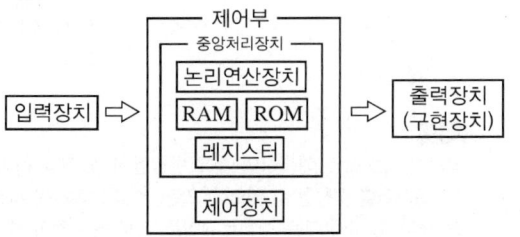

42 입력펄스에 비례하여 회전각을 낼 수 있어 디지털 제어가 용이한 특성을 가진 모터는?

① DC 모터
② 유도모터
③ 스테핑 모터
④ 브러시리스 모터

해설
스테핑 모터의 특성
- 원하는 각도를 조정하는 간단한 원리와 구조의 모터이다.
- 각도마다 오차가 적용되지만 누적오차가 적용되지는 않는다.
- 회전의 각각을 스텝이라고 한다.
- 위치검출기를 사용하지 않고 자체 회전하여 조정한다.
- 제어프로그램에 의해 회전량을 조정할 수 있다.
- 회전속도의 제어 또한 간단하다.
- 정·역 전환 및 변속이 용이하다.
- 서보모터의 하나로 동력 생성이나 전달보다는 위치, 속도 등의 제어가 주목적이다.
- 피드백 제어가 아닌 개방회로계에서도 위치제어가 가능하다.

43 주파수 응답에 주로 사용되는 입력은?

① 계단 입력   ② 램프 입력
③ 임펄스 입력   ④ 정현파 입력

해설
여러 기준 시험 입력신호의 예
- 과도 응답 및 정상 상태 응답용
  - 임펄스 신호 입력(Impulse Input) : 임펄스 응답/주로 엄밀한 시스템 분석
  - 계단신호 입력(Step Input) : 계단 응답(Indicial Response)/정치제어와 같이 고정 목표값일 경우의 정상 상태 오차를 구할 때
  - 경사신호 입력(Ramp Input) : 일정 속도를 갖는 목표값일 경우의 정상 상태 오차를 구할 때
  - 포물선 신호 입력(Parabolic Input), 가속 입력(Acceleration Input) : 미사일처럼 가속도를 갖는 목표값일 경우의 정상 상태 오차를 구할 때
- 정상 상태 응답용
  - 정현파 입력(Sinusoidal Input) : 주파수 응답의 기본 형태로 정상상태에 응답할 때 가정

44 다음 논리식을 PLC 프로그램으로 변환한 결과로 옳은 것은?

$$Y = A\overline{B}C + \overline{A}\overline{B}C + \overline{A}B\overline{C} + ABC + AB\overline{C} + \overline{A}BC$$

① 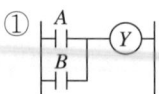   ②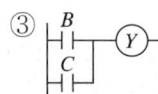

③ ┤B├┤C├─(Y)   ④ ┤A├┤B├┤C├─(Y)

해설

$Y = A\overline{B}C + \overline{A}\overline{B}C + \overline{A}B\overline{C} + ABC + AB\overline{C} + \overline{A}BC$
$= A\overline{B}C + ABC + AB\overline{C} + \overline{A}\overline{B}C + \overline{A}B\overline{C} + \overline{A}BC$
$= A(\overline{B}C + BC + B\overline{C}) + \overline{A}(\overline{B}C + B\overline{C} + BC)$
$= A\overline{B}C + B(C + \overline{C}) + \overline{A}\overline{B}C + B(\overline{C} + C)$
$= (A + \overline{A})\overline{B}C + B + B$
$= \overline{B}C + B$ (논리합이므로, $Y = C + B$와 결과가 같음)

B	C	Y
1	1	1
1	0	1
0	1	1
0	0	0

45 조절부의 전달특성에 비례적인 특성을 가진 제어시스템으로 잔류편차가 발생되는 제어는?

① 비례제어   ② 비례미분제어
③ 비례적분제어   ④ 비례적분미분제어

해설

비례제어(Proportional Control)
- 가장 단순하며, 입력과 출력이 단순 함수관계인 제어이다.
- 구성비용이 저렴하나 정밀도가 낮다.
- 상승시간이 짧다.
- 오버슈트를 크게 한다.
- 안정된 상태에서도 잔류편차가 있다.
- 이득(Gain)을 조정한다.
- 제어편차에 비례한 수정동작을 한다.

46 회로 중의 압력이 최고 사용압력의 한계를 초과하지 않도록 하는 목적으로 사용되며, 압력 상승에 의한 회로 중의 기기 파손 방지, 과다 출력을 방지하는 안전밸브의 역할을 하는 것은?

① 셔틀밸브   ② 체크밸브
③ 릴리프 밸브   ④ 급속배기밸브

해설

릴리프 밸브 : 탱크나 실린더 내의 최고 압력을 제한하여 과부하 방지를 목적으로 하며, 안전밸브라고도 한다.

47 제어시스템 내의 신호를 어떤 양자화된 신호로 제어하는 제어는?

① 서보제어   ② 적응제어
③ 최적제어   ④ 디지털 제어

해설

디지털 제어(Digital Control) : 신호·명령 등 제어수단을 디지털화된 수단으로 사용하는 제어로, 공작기계 제어 대상의 수치제어(Numerical Control)가 예이다.

48 개회로 제어시스템(Open Loop Control System)을 적용하기 적절하지 않은 경우는?

① 외란변수의 변화가 매우 작은 경우
② 여러 개의 외란변수가 존재하는 경우
③ 외란변수에 의한 영향이 무시할 정도로 작은 경우
④ 외란변수의 특징과 영향을 확실히 알고 있는 경우

해설

외란변수는 미리 예측하여 계에 반영할 수 있거나 미미할 경우 개회로제어를 적용할 수 있으나, 외란변수를 고려하여 시스템 설계를 해야 할 경우에는 폐회로제어를 적용하는 것이 좋다.

49 공정제어의 제어량(온도, 압력)으로 하는 제어로 목표값이 일정한 제어방식은?

① 자동조정
② 서보제어
③ 프로그램 제어
④ 프로세스 제어

해설
프로세스 제어(Process Control) : 제어량이 상태값인 압력·온도·유량·밀도 등일 때의 제어방식

50 다음 블록선도의 전달함수로 옳은 것은?

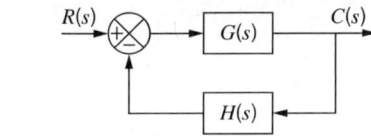

① $\dfrac{G(s)}{1+G(s)}$ ② $\dfrac{G(s)}{1-G(s)}$

③ $\dfrac{G(s)}{1+G(s)H(s)}$ ④ $\dfrac{G(s)}{1-G(s)H(s)}$

해설

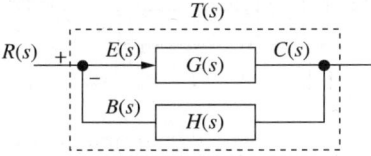

$Y_1(s) = G_1(s)X(s), \ Y_2(s) = G_2(s)X(s)$
$E(s) = R(s) - B(s) = R(s) - H(s)C(s)$
$C(s) = G(s)E(s) = G(s)[R(s) - H(s)C(s)]$
$\qquad = G(s)R(s) - G(s)H(s)C(s)$
$C(s)[1 + G(s)H(s)] = G(s)R(s)$
$\dfrac{C(s)}{R(s)} = \dfrac{G(s)}{1+G(s)H(s)}$

51 유도기형 서보전동기의 특징으로 틀린 것은?

① 정류에 한계가 있다.
② 고속 이용이 가능하다.
③ 고토크 이용이 가능하다.
④ 브러시가 없어서 보수가 용이하다.

해설
AC 모터
• 동기형, 유도형으로 단상, 3상으로 구분한다.
• 브러시가 없기 때문에 보수가 용이하다.
• 코일이 고정자(Status)에 있기 때문에 방열성이 좋다.
• 정류 한계가 없기 때문에 고속회전 시 높은 토크가 가능하다.
• DC 모터에 비해 대용량에 사용한다.

52 전기자 반작용에 의한 여자작용을 이용하는 회전증폭기는?

① 로터트롤 ② 앰플리다인
③ 자기증폭기 ④ 차동증폭기

해설
회전증폭기는 약간의 입력전압으로 제어되는 직류발전기를 의미한다. 앰플리다인은 특수구조의 직류발전기이고, 작은 전력의 변화로 10,000 정도의 증폭을 할 수 있다.

53 공유압 밸브 연결구 표시법의 명칭과 기호가 잘못 짝지어진 것은?

① 배기구 - I, J, K
② 작업라인 - A, B, C
③ 제어라인 - Z, Y, X
④ 압축 공기 공급라인 - P

해설
ISO 1219에 따르면

작업라인	A, B, C, ···
공급라인	P
배기구	R, S, T, ···
제어라인	Z, Y, X, ···

정답 49 ④ 50 ③ 51 ① 52 ② 53 ①

54 다음 논리식을 PLC 프로그램으로 올바르게 작성한 것은?

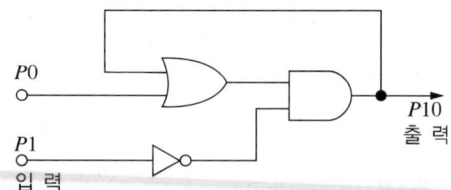

① P0 P1 —(P10)—
   P10

② P0 P1 —(P10)—
   P10

③ P0 P1 —(P10)—
   P10

④ P0 P1 —(P10)—
   P10

해설

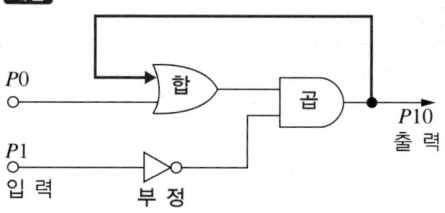

래더도로는 $P0$와 $P10$이 병렬로 연결되고 $P1$의 반대 신호와 $P0$, $P10$의 합 신호가 직렬로 연결되어야 한다. 그리고 출력이 $P10$으로 나와야 한다.

55 다음 블록선도에서 제어시스템의 전달함수로 옳은 것은?

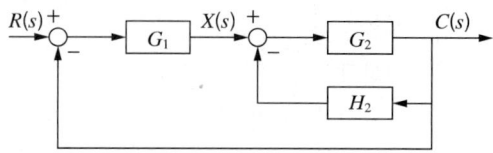

① $\dfrac{G_1 G_2}{1 + G_1 G_2 + G_2 H_2}$

② $\dfrac{G_1 G_2}{1 + G_1 H_2 + G_1 G_2}$

③ $\dfrac{G_1 + G_2}{1 + G_1 H_2 + G_1 G_2}$

④ $\dfrac{G_1 + G_2}{1 + G_1 G_2 + G_2 H_2}$

해설

$\dfrac{C(s)}{X(s)} = \dfrac{G_2}{1 + G_2 H_2}$

$\dfrac{C(s)}{R(s)} = \dfrac{G_1 \dfrac{G_2}{1 + G_2 H_2}}{1 + G_1 \dfrac{G_2}{1 + G_2 H_2}} = \dfrac{G_1 G_2}{1 + G_2 H_2 + G_1 G_2}$

56 다음 편로드 실린더에서 $F = 200\text{N}$의 힘을 발생시키 자면 최소 얼마의 유압이 필요한가?(단, 실린더의 내경의 단면적은 0.2m^2이다)

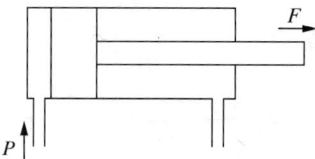

① 10Pa ② 100Pa
③ 1,000Pa ④ 10,000Pa

해설

$F = P \times A$

$200\text{N} = P \times 0.2\text{m}^2$

$\therefore P = \dfrac{200\text{N}}{0.2\text{m}^2} = 1,000\text{N/m}^2 = 1,000\text{Pa}$

57 다음 그림에서 전체 전달함수 $\dfrac{C(s)}{R(s)}$ 는?

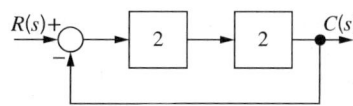

① 0.5 ② 0.6
③ 0.7 ④ 0.8

해설
$\dfrac{C(s)}{R(s)} = \dfrac{2 \times 2}{1 + 2 \times 2} = 0.8$

58 PLC 제어반 설치 시 고려사항으로 틀린 것은?
① 입력신호선은 덕트 배선 시 동력회로와 함께 배선한다.
② 전원회로의 노이즈 대책으로서 전원측에 차폐 변압기나 노이즈 필터를 통하게 한다.
③ 출력신호의 유도 부하 개폐 시 서지킬러나 다이오드를 부하의 양단에 접속한다.
④ 패널의 내부 배치 시 고압기기나 발열체, 아크 발생기기 등으로부터 가능한 한 분리한다.

해설
입력신호는 낮은 전압(PLC 경우 5~12V), 동력은 정격동력전압(PLC의 경우 24~220V)을 사용한다.

59 불 대수의 정리 중 쌍대관계를 나타내는 것으로 옳은 것은?
① 모든 변수는 보수를 만든다.
② 모든 상수 1은 0으로 바꾼다.
③ 모든 OR 연산은 NAND 연산으로 바꾼다.
④ 모든 AND 연산은 NOT 연산으로 바꾼다.

해설
논리곱은 각각의 부정의 논리합으로, 논리합은 부정의 논리곱으로 변환시키므로 1은 0으로 변환된다.

60 PC 기반 제어에서 사용되는 BUS가 아닌 것은?
① CAD BUS ② ISA BUS
③ PCI BUS ④ VESA BUS

해설
- BUS : PC 내부 모듈 간 또는 컴퓨터 간 데이터 통신시스템
- ISA BUS : IBM의 XT/AT를 위해 개발됨
- PCI BUS : PC 메인보드와 주변 장치 통신
- VESA BUS : IBM의 i486에 맞게 개발됨. ISA BUS에 단자 추가하는 형식
- VME BUS(Versa Module Eurocard BUS) : Versa BUS를 유로카드에 맞게 바꿈. 후에 IEEE에서 공식 표준화함
- Versa BUS : 모토로라가 개발한 BUS

정답 57 ④ 58 ① 59 ② 60 ①

제4과목 | 메커트로닉스

61 자동화 생산 장비는 대부분 DC 24V를 사용한다. DC 24V가 해당되는 값은?

① 평균값
② 최댓값
③ 실횻값
④ 순시값

해설
최댓값, 실횻값, 평균값
- 정현파 사이클에서 전압이 최대가 될 때의 값이 최댓값이다.
- 우리나라에서 사용하는 교류 220V는 실횻값이 220V라는 의미이며, 최댓값은 311V 정도이다.
- 평균값 : 전류에 대해 다음 그림과 같은 관계가 되는 값이다.

$$\frac{1}{\pi}\int_0^\pi \sin x\, dx = \frac{2}{\pi}$$

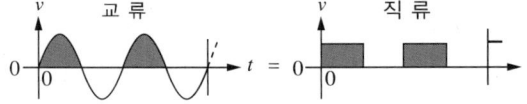

62 다음 회로의 출력전압값으로 옳은 것은?

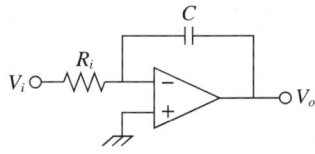

① $V_o = -CR_i \dfrac{dV_i}{dt}$
② $V_o = -\dfrac{1}{CR_i}\dfrac{dV_i}{dt}$
③ $V_o = -CR_i \displaystyle\int V_i\, dt$
④ $V_o = -\dfrac{1}{CR_i}\displaystyle\int V_i\, dt$

해설
적분회로

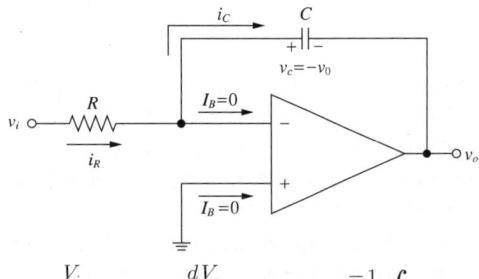

$i_R = \dfrac{V_i}{R} = i_c = -C\dfrac{dV_o}{dt} \rightarrow V_o(t) = \dfrac{-1}{RC}\displaystyle\int V_i\, dt$

63 교류 100V, 500W의 전열기를 교류 60V로 사용하였을 때 소비전력은 몇 W인가?

① 180
② 270
③ 360
④ 450

해설
전열기의 저항은 같은 저항을 사용하므로

소비전력 $= \dfrac{\text{사용전압}^2}{\text{저항}}$ 식을 이용해 저항값을 먼저 구한다.

교류 100V, 500W이므로,

$500\text{W} = \dfrac{(100\text{V})^2}{\text{저항}}$, 저항 $= \dfrac{10{,}000}{500} = 20\Omega$

∴ 교류 60V로 사용하였을 때 소비전력 $= \dfrac{60^2}{20} = 180\text{W}$

64 센서가 자동화 시스템에 사용되는 이유로 적절하지 않은 것은?

① 고장 여부 진단
② 자재 관리 및 분류 작업
③ 공구의 수명 계측 및 검출
④ 자동화 장비를 구축할 때 설비비용 절감

해설
자동화 시스템에서 센서는 각 작업 마디마디에서 눈과 귀의 역할을 하고, 신호를 보내어 자동화를 이룰 수 있도록 한다. 그러나 이러한 설비를 구축하고 관리하는 데는 비용이 발생할 수밖에 없다.

65 마이크로프로세서의 특징으로 틀린 것은?

① 명령이 고속으로 실행된다.
② CPU 기능을 집적회로화한 것이다.
③ RAM이나 ROM 등의 주기억 용량을 극대화한 것이다.
④ 외부와의 연결을 위해 주소 버스, 데이터 버스, 제어 버스 등을 가진다.

해설
기억, 연산, 제어장치 등이 갖춰져 고속으로 컴퓨팅(연산)을 할 수 있도록 만들어진 정보처리장치 또는 논리회로를 마이크로프로세서라고 한다. 전기신호를 이용한 시퀀스 제어와는 달리 프로그램을 기억하여 작업을 작성·기억·변경·처리하는 역할을 하며, 외부와의 연결을 위해 주소 버스, 데이터 버스, 제어 버스 등을 가진다.

66 비접촉식 센서가 아닌 것은?

① 근접센서
② 포토센서
③ 리밋스위치
④ 포토 인터럽트

해설
리밋스위치: 외부 물체가 리밋 스위치의 롤러 레버에 외력을 가하여 제어력을 발생하는 스위치

67 공업 계측용으로 이용되고 있는 소자 중 온도를 전압으로 변환하는 것은?

① 열전대
② 트라이악
③ 제너다이오드
④ 광전다이오드

해설
열전대, 열전쌍(熱電雙)
- 이종(異種)금속을 붙여 열전효과를 일으켜 온도를 감지하는 소자이다.
- 제베크 효과(Seebeck, 온도에 의한 열기전력 발생 효과)를 이용한다.

68 스테핑 모터의 상(Phase) 여자방식 중 1상 여자방식의 특징으로 틀린 것은?

① 모터의 온도 상승이 낮다.
② 전원의 용량이 낮아도 된다.
③ 항상 하나의 상에만 전류를 흐르게 한다.
④ 감쇠진동이 커짐에 따라 난조가 일어나지 않는다.

해설
1상 여자방식
- 하나의 상이 입력되는 방식
- 낮은 소비 전력
- 스텝의 비(比)가 클 때는 진동 주의
- 감쇠진동이 커지면 난조 가능성이 높아짐
- 다음과 같이 구동됨

Step	1	2	3	4	5	…
A	1	0	0	0	1	…
B	0	1	0	0	0	…
$\overline{A}$	0	0	1	0	0	…
$\overline{B}$	0	0	0	1	0	…

정답 65 ③ 66 ③ 67 ① 68 ④

69 18°의 스텝각을 갖는 스테핑 모터에서 분당 펄스수가 600인 경우 회전수(rpm)는?

① 10　　② 12
③ 30　　④ 120

해설
1분간 가해진 펄스수 n(pulse/min), 스텝각 θ_s(°), 1바퀴(rev = 360°)

$N(\text{rpm}) = n \times \theta_s \times \dfrac{1}{360} = 600 \times 18 \times \dfrac{1}{360} = 30\,\text{rpm}$

70 NAND 회로의 논리식으로 옳은 것은?(단, A와 B는 입력, C는 출력이다)

① $C = A + B$　　② $C = A \cdot B$
③ $C = \overline{A + B}$　　④ $C = \overline{A \cdot B}$

해설
NAND(논리곱의 부정)

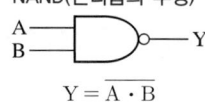

$Y = \overline{A \cdot B}$

71 다음 중 일반적인 조임과 풀림의 목적으로 사용되는 체결용 나사로 가장 적절한 것은?

① 볼나사
② 사각나사
③ 삼각나사
④ 사다리꼴나사

해설
나사는 크게 체결용 나사와 운동용 나사로 나눌 수 있다. 삼각나사는 체결용으로, 사각나사, 볼나사, 사다리꼴나사는 운동용으로 사용한다.

72 위치, 속도, 가속도 등의 기계량을 제어하는 것으로 수치제어 공작기계나 로봇에 많이 응용되는 제어는?

① 서보(Servo)제어
② 시퀀스(Sequence) 제어
③ 개루프(Open-loop) 제어
④ 프로세스(Process) 제어

해설
서보제어(Servo Control) : 물체의 위치·각도·방위·자세 등의 기계적 변위를 제어량으로 읽어 제어하는 시스템

73 마이크로프로세서의 주요 구성 부분이 아닌 것은?

① 연산부　　② 제어부
③ 표시부　　④ 레지스터부

해설
다음 그림과 같은 컴퓨터의 구조에서 마이크로프로세서는 중앙처리장치의 핵심부에 해당하며, 제어장치와 연산장치 및 이를 저장·정렬하는 레지스터로 이루어져 있다.

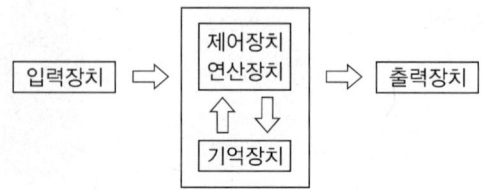

74 광전센서의 종류가 아닌 것은?

① 투과형　　② 미러 반사형
③ 직접 반사형　④ 간접 반사형

해설
간접 반사로는 신호를 구분할 수 없다. 광전효과를 이용하는 광전센서에는 투과형과 반사형이 있고, 거울을 이용하는 미러 반사형과 검체에 직접 반사시키는 직접 반사형이 있다.

75 가속도 센서의 응용범위가 아닌 것은?

① 기계 노크음 검출
② 기계 이상 온도 검출
③ 기계 이상 진동 검출
④ 자동차 급브레이크 검출

해설
가속도 센서는 힘의 발생을 이용하며 온도를 검출하지는 않는다.

76 다음 연산증폭기는 어떤 회로인가?

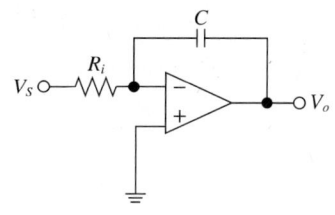

① 비교기　　② 미분기
③ 적분기　　④ 가산기

해설
※ 62번 해설 참조

77 저항 R_1, R_2, R_3, R_4가 직렬로 연결되어 있을 때와 이들이 병렬로 연결되어 있을 때의 합성저항의 비(직렬/병렬)는?(단, $R_1=R_2=R_3=R_4$이다)

① 4　　② 8
③ 12　④ 16

해설
- 직렬연결의 경우 $R_T = R_1+R_2+R_3+R_4 = 4R_1$
- 병렬연결의 경우 $\dfrac{1}{R_t} = \dfrac{1}{R_1}+\dfrac{1}{R_2}+\dfrac{1}{R_3}+\dfrac{1}{R_4}$, $R_t = \dfrac{R_1}{4}$

∴ $R_t = 16 R_T$

78 정전용량을 크게 하는 방법으로 가장 적절한 것은?

① 유전율을 작게 한다.
② 비유전율을 작게 한다.
③ 극판 간격을 크게 한다.
④ 금속판의 단면적을 크게 한다.

해설
$C = \varepsilon \dfrac{A}{l}$

여기서, C : 정전용량[F], ε : 유전율, A : 전극의 면적, l : 전극 사이의 거리

정답 74 ④　75 ②　76 ③　77 ④　78 ④

79 스테핑 모터 구조상의 분류가 아닌 것은?

① CD형　　② HB형
③ PM형　　④ VR형

해설
스테핑 모터는 가변 릴럭턴스형[VR(Variable Reluctance) Type], 영구자석형[PM(Permanent Magnet) Type], 하이브리드형(Hybrid Type)으로 구분할 수 있다.

80 반도체 재료의 센서가 다른 재료의 센서에 비해 주로 사용되는 이유가 아닌 것은?

① 응답속도가 빠르다.
② 고감도 실현이 가능하다.
③ 집적화, 지능화가 가능하다.
④ 유접점센서이며 구조가 간단하다.

해설
반도체의 특성을 이용하면 접점 없이 전기신호의 흐름을 제어할 수 있다.

2020년 제3회 과년도 기출문제

제1과목 기계가공법 및 안전관리

01 다음 중 분할법의 종류에 해당하지 않는 것은?
① 단식 분할법
② 직접 분할법
③ 차동 분할법
④ 간접 분할법

해설
밀링가공의 분할법은 직접 분할, 단식 분할, 각도 분할, 차동 분할법으로 구분할 수 있다.

02 금긋기 작업을 할 때 유의사항으로 틀린 것은?
① 선은 가늘고 선명하게 한 번에 그어야 한다.
② 금긋기 선은 여러 번 그어 혼동이 일어나지 않도록 한다.
③ 기준면과 기준선을 설정하고 금긋기 순서를 결정하여야 한다.
④ 같은 치수의 금긋기 선은 전후, 좌우를 구분하지 말고 한 번에 긋는다.

해설
①번과 ②번이 서로 상치되어 둘 중 하나가 답임을 쉽게 알 수 있다.
금긋기 선은 한 번에 선명하게 그어야 한다.

03 길이 400mm, 지름 50mm의 둥근 일감을 절삭속도 100m/min로 1회 선삭하려면 절삭시간은 약 몇 분 걸리겠는가?(단, 이송은 0.1mm/rev이다)
① 2.7
② 4.4
③ 6.3
④ 9.2

해설
수식을 암기하는 것을 싫어하는 수험자를 위해 공식을 사용하지 않는 방법으로 문제를 해결해 보자.
한 바퀴에 0.1mm 전진하고, 총 400mm를 깎아야 하니 4,000바퀴를 회전시키는 데 걸리는 시간을 계산하는 문제이다. 지름이 50mm이므로 한 바퀴가 약 157mm, 4,000바퀴는 약 628m이다. 깎는 지점의 선속이 100m/min이므로, 6.28분쯤 걸린다(분당 100m 이동하는 속도로 628m를 이동하는 시간).

04 3개 조(Jaw)가 120° 간격으로 배치되어 있고, 조가 동일한 방향, 동일한 크기로 동시에 움직이며 원형, 삼각, 육각 제품을 가공하는 데 사용하는 척은?
① 단동척
② 유압척
③ 복동척
④ 연동척

해설
연동척
- 척 핸들을 사용해서 척의 측면에 만들어진 1개의 구멍을 조이면, 3개의 조(Jaw)가 동시에 움직여서 공작물을 고정시킨다.
- 공작물의 중심을 빨리 맞출 수 있으나 공작물의 정밀도는 단동척에 비해 떨어진다.

정답 1 ④ 2 ② 3 ③ 4 ④

05 고속도강 드릴을 이용하여 황동을 드릴링할 때 적합한 드릴의 선단각은?

① 60° ② 90°
③ 110° ④ 125°

해설
선단각(날끝각)은 118°가 표준각이다. 재질이 단단하면 이보다 더 큰 각을 사용하고, 무른 재료는 이보다 작은 각을 사용한다. 황동에 적합한 드릴의 선단각은 100~118°에서 고른다.

06 공기 마이크로미터에 대한 설명으로 틀린 것은?

① 압축 공기원이 필요하다.
② 비교측정기로 1개의 마스터로 측정이 가능하다.
③ 타원, 테이퍼, 편심 등의 측정을 간단히 할 수 있다.
④ 확대 기구에 기계적 요소가 없기 때문에 장시간 고정도를 유지할 수 있다.

해설
1개의 마스터로 측정 가능하지 않고 기준 블록이 필요하다.
공기 마이크로미터의 원리
• 정반 위에 물체를 놓고 그 위에 작은 사이를 띄우고 노즐을 세팅한 경우, 대상물의 높이가 낮을수록 공간이 넓어진다. 이 공간에 따라 공기의 흐름량이 달라지는데 이를 이용하여 측정하는 것이 공기 마이크로미터의 원리이다.
• 기준 블록을 놓고 비교 측정하여 높이를 측정하므로 비교측정기이다.

07 보링머신에서 사용되는 공구는?

① 엔드밀 ② 정면 커터
③ 아 버 ④ 바이트

해설
보링 절삭은 주조된 구멍이나 이미 뚫은 구멍을 필요한 크기나 정밀한 치수로 넓히는 작업이다. 엔드밀, 정면 커터는 내면 절삭이 어렵다.

08 밀링작업에 대한 안전사항으로 틀린 것은?

① 가동 전에 각종 레버, 자동이송, 급속이송장치 등을 반드시 점검한다.
② 정면커터로 절삭작업을 할 때 칩 커버를 벗겨 놓는다.
③ 주축속도를 변속시킬 때에는 반드시 주축이 정지한 후에 변환한다.
④ 밀링으로 절삭한 칩은 날카로우므로 주의하여 청소한다.

해설
칩 커버는 절삭 중 안전을 확보하기 위해 장착하는 것이다.

09 해머작업 시 유의사항으로 틀린 것은?

① 녹이 있는 재료를 가공할 때는 보호안경을 착용한다.
② 처음에는 큰 힘을 주면서 가공한다.
③ 기름이 묻은 손이나 장갑을 끼고 가공하지 않는다.
④ 자루가 불안정한 해머는 사용하지 않는다.

해설
해머는 처음부터 큰 힘을 주고 가공하면 안 된다.

10 공작기계의 3대 기본운동이 아닌 것은?

① 전단운동
② 절삭운동
③ 이송운동
④ 위치조정운동

해설
공작기계의 3가지 기본운동
- 절삭운동 : 재료가 깎이는 방향으로 힘을 받아 절삭이 일어나는 운동
- 이송운동 : 절삭이 될 새로운 재료와 공구가 만나도록 이송하는 운동
- 위치조정운동 : 원하는 치수로 절삭하기 위해 위치를 조정하는 운동

11 밀링머신에서 절삭공구를 고정하는 데 사용되는 부속장치가 아닌 것은?

① 아버(Arbor)
② 콜릿(Collet)
③ 새들(Saddle)
④ 어댑터(Adapter)

해설
새들(Saddle)은 선반에서 공구대를 앉히는 부분이다.

12 공기 마이크로미터를 원리에 따라 분류할 때 이에 속하지 않는 것은?

① 광학식
② 배압식
③ 유량식
④ 유속식

해설
공기 마이크로미터는 유량식, 진공식, 배압식, 유속식 등이 있다.

13 고속가공의 특성에 대한 설명으로 틀린 것은?

① 황삭부터 정삭까지 한 번의 셋업으로 가공이 가능하다.
② 열처리된 소재는 가공할 수 없다.
③ 칩(Chip)에 열이 집중되어 가공물은 절삭열 영향이 작다.
④ 가공시간을 단축시켜 가공능률을 향상시킨다.

해설
고속가공은 절삭속도를 높여 가공성을 높이는 작업을 포괄하여 칭한다.

14 기어 절삭기에서 창성법으로 치형을 가공하는 공구가 아닌 것은?

① 호브(Hob)
② 브로치(Broach)
③ 래크 커터(Rack Cutter)
④ 피니언 커터(Pinion Cutter)

해설
창성(創成)에 의한 방법
- 상대운동에 의한 기어절삭, 호브 같은 전용 절삭기구를 제작하여 상대운동을 시켜 가공
- 정확한 인벌류트 치형가공 가능
- 피니언 커터, 래크 커터, 호브 등 이용

정답 10 ① 11 ③ 12 ① 13 ② 14 ②

15 연삭숫돌의 결합제(Bond)와 표시기호의 연결이 바른 것은?

① 셸락 : E
② 레지노이드 : R
③ 고무 : B
④ 비트리파이드 : F

해설
① 셸락(Shellac, E)
② 레지노이드(Resinoid, B)
③ 고무(Rubber, R)
④ 비트리파이드(Vitrified, V)

16 숫돌입자의 크기를 표시하는 단위는?

① mm   ② cm
③ mesh   ④ inch

해설
숫돌입자의 크기는 1inch²에 들어가는 구멍의 수로 표현하며, 이를 mesh로 나타낸다.

17 합금공구강에 대한 설명으로 틀린 것은?

① 탄소공구강에 비해 절삭성이 우수하다.
② 저속절삭용, 총형절삭용으로 사용된다.
③ 합금공구강에는 Ag, Hg의 원소가 포함되어 있다.
④ 경화능을 개선하기 위해 탄소공구강에 소량의 합금원소를 첨가한 강이다.

해설
합금 성분으로는 주로 Cr, W, Mo, V 등이 사용된다.

18 목재, 피혁, 직물 등 탄성이 있는 재료로 된 바퀴 표면에 부착시킨 미세한 연삭입자로서 연삭작용을 하게 하여 가공 표면을 버핑 전에 다듬질하는 방법은?

① 폴리싱   ② 전해가공
③ 전해연마   ④ 버니싱

해설
폴리싱은 목재, 피혁, 캔버스, 직물 등 탄성이 있는 재료에 미세한 연삭입자를 입혀 공작물 표면을 다듬는 방법이다.

19 구성인선의 방지대책에 관한 설명 중 틀린 것은?

① 경사각을 작게 한다.
② 절삭 깊이를 작게 한다.
③ 절삭속도를 빠르게 한다.
④ 절삭공구의 인선을 예리하게 한다.

해설
구성인선의 발생을 감소시키기 위해서는 깎는 깊이를 작게 하거나 공구 경사각을 크게 하고, 날 끝을 예리하게 하며 절삭속도를 빠르게 하고, 윤활유를 사용한다.

정답 15 ① 16 ③ 17 ③ 18 ① 19 ①

20 밀링가공에서 하향 절삭작업에 관한 설명으로 틀린 것은?

① 절삭력이 하향으로 작용하여 가공물 고정이 유리하다.
② 상향절삭보다 공구수명이 길다.
③ 백래시 제거장치가 필요하다.
④ 기계강성이 낮아도 무방하다.

해설
하향 절삭작업은 커터 날이 새로운 면을 절삭저항이 큰 방향에서 진입하므로, 날이 약할 경우 부러질 우려가 있다.

22 나사는 단독으로 나타내거나 조합하여 표시하기도 하는데 다음 중 그 표시방법으로 틀린 것은?

① G1/2 A
② M50×2-6H
③ Rp1/2/R1/2
④ UNC No.4-40-6H/g

해설
유니파이 보통나사는 KS B 0203에 따라 3/8-16UNC 와 같은 형식으로 나타낸다.

제2과목 기계제도 및 기초공학

21 센터 구멍의 간략 도시방법에서 다음 설명을 옳게 도시한 것은?

센터 구멍은 반드시 필요하며 B형으로 카운터 싱크 구멍지름은 8mm, 드릴 구멍지름은 2.5mm이다.

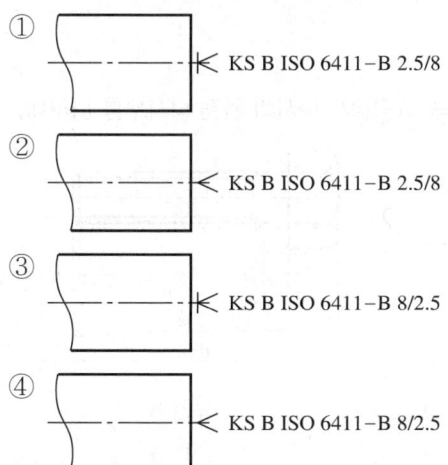

① KS B ISO 6411-B 2.5/8
② KS B ISO 6411-B 2.5/8
③ KS B ISO 6411-B 8/2.5
④ KS B ISO 6411-B 8/2.5

해설
KS B ISO 6411에 의하여 가공이 필요한 구멍의 표시는 ②번, ④번과 같다. ②번과 같이 드릴 구멍을 앞에, 카운터 싱크 지름을 뒤에 표시한다.

23 다음 투상도와 같이 경사부가 있는 대상물에서 그 경사면에 있는 구멍의 실형을 표시할 필요가 있는 경우에 나타내는 투상도는?

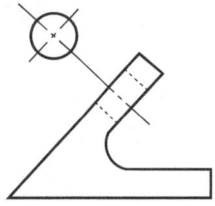

① 가상도
② 국부투상도
③ 부분확대도
④ 회전투상도

해설
국부투상도 : 제품의 구멍·홈 등과 같이 특정한 부분의 모양을 나타내는 것으로, 충분한 경우에 제도하며 관계를 표시하기 위해 중심선, 치수보조선 등을 연결한다.

24 다음 그림과 같이 지시선의 화살표에 온 흔들림 공차를 적용하고자 할 때 기하공차의 표기가 옳은 것은?

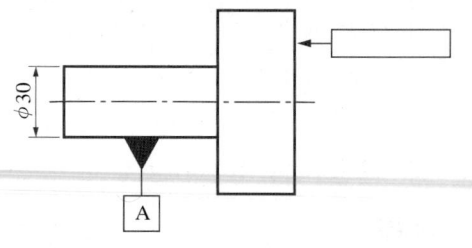

① | ⟋⟋ | 0.1 | A |
② | ⟋ | 0.1 | A |
③ | ⟋⟋ | 0.1 |
　　　| A |
④ | ⟋ | 0.1 |
　　　| A |

해설

| 흔들림 공차 | 원주 흔들림 공차 | 데이텀을 기준으로 하고 진원도의 표현방법을 인용 | ⟋ |
| | 온 흔들림 공차 | 데이텀을 기준으로 하고 진원도의 표현방법을 인용 | ⟋⟋ |

데이텀을 지시하는 문자기호를 공차 지시틀에 지시할 때, 한 개를 설정하는 데이텀은 한 개의 문자기호로 나타낸다.

| | | A |

25 다음 그림과 같은 제3각 정투상도의 평면도와 우측면도에 가장 적합한 정면도는?

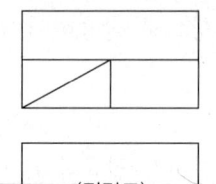

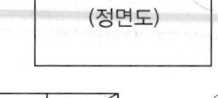　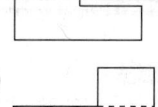

(정면도)

① 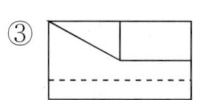　②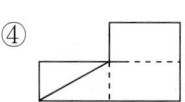

③ 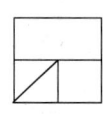　④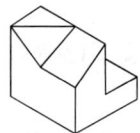

해설

등각투상도를 포함한 3면도는 다음 그림과 같다.

26 다음 그림에서 나사의 완전 나사부를 나타내는 것은?

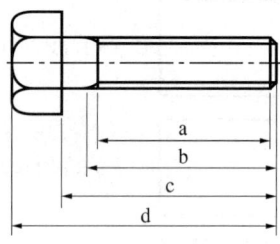

① a　　② b
③ c　　④ d

해설

완전 나사부란 문제의 그림과 같은 볼트의 경우 나사가 있는 원통 부분으로, a에 해당한다. b-a는 불완전 나사부로 몸통과 나사가 연결되는 곳이다.

27 가공방법과 기호의 연결이 옳은 것은?

① 래핑-MSL
② 브로칭-BR
③ 스크레이핑-SB
④ 평면 연삭-GB

해설
래핑-FL, 스크레이핑-FS, 평면연삭-GP

28 기어를 도시할 때 선을 나타내는 방법으로 틀린 것은?

① 잇봉우리원은 가는 실선으로 표시한다.
② 피치원은 가는 1점쇄선으로 표시한다.
③ 잇줄 방향은 일반적으로 3개의 가는 실선으로 표시한다.
④ 이골원은 가는 실선으로 표시한다. 단, 축에 직각인 방향에서 본 그림을 단면으로 도시할 때 이골의 선은 굵은 실선으로 표시한다.

해설
이끝원(잇봉우리원)은 굵은 실선으로 그린다.

29 기준 치수에 대한 구멍공차가 $50^{+0.025}_{-0.013}$일 때 치수공차의 값은?

① 0.012
② 0.013
③ 0.025
④ 0.038

해설
최대 허용한계치수 50.025mm와 최소 허용한계치수 49.987mm의 차 또는 위치수 공차 +0.025와 -0.013의 차를 치수공차라 한다.
즉, 0.025-(-0.013) = 0.038

30 굵은 1점쇄선의 용도로 옳은 것은?

① 인접 부분을 참고로 표시할 때 사용한다.
② 수면, 유면 등의 위치를 표시할 때 사용한다.
③ 대상물의 보이지 않는 부분의 모양을 표시할 때 사용한다.
④ 특수한 가공을 하는 부분 등 특별한 요구사항을 적용할 수 있는 범위를 표시할 때 사용한다.

해설

선의 종류	선의 명칭	용도에 따른 명칭
——·——·——	굵은 1점쇄선	기준선, 특수 지정선

31 모터의 회전자에 생기는 토크와 고정자에 생기는 토크에 관한 설명으로 옳은 것은?

① 크기와 방향 모두 같다.
② 크기와 방향 모두 다르다.
③ 크기는 다르고 방향은 같다.
④ 크기는 같고 방향은 반대이다.

해설
모터에서는 회전자가 연결된 회로에 전류가 흐르고 있을 때 회전자 내 한 지점에서 플레밍의 왼손법칙을 적용하면 시계 방향으로 힘이 발생하여 회전력이 발생한다. 발생된 회전력이 회전자에 전달되는 과정에서 토크가 발생하며, 작용·반작용의 원리에 의해 같은 크기의 힘이 고정자에도 반대 방향으로 발생한다.

32 속도에 관한 설명으로 틀린 것은?

① 속도는 크기와 방향을 갖는다.
② 속도는 질점 또는 물체의 단위 시간당 변위이다.
③ 속도가 변하지 않는 운동을 등가속도 운동이라고 한다.
④ 등속운동 물체에 힘이 작용하면 속도의 크기나 방향이 바뀐다.

해설
속도가 변하지 않는 운동을 등속도 운동이라고 한다.

33 압축응력에 관한 설명으로 옳은 것은?

① 압축응력은 응력의 방향이 전단응력과 동일하다.
② 압축응력은 응력이 단면에 직각 방향으로 작용한다.
③ 압축응력은 순수한 전단하중이 작용해도 발생한다.
④ 굽힘하중이 작용해도 압축응력은 발생되지 않는다.

해설

인장응력	압축응력	전단응력

굽힘응력	비틀림 응력

34 물질 내부의 전하들이 이동하는 것을 무엇이라고 하는가?

① 저 항 ② 전 력
③ 전 류 ④ 전 압

해설
전기의 양을 전류라고 한다. 즉, 전하들의 이동량이 전류이다. 전류의 양은 1초당 1C의 전하가 흐르는 것을 1A로 계산한다. 따라서 1C은 전하 6.24×10^{18}개가 흐르는 양이다.

35 도선의 단면적을 1초 동안 1C의 전하량이 흘러갔을 때의 값은?

① 1A ② 1F
③ 1H ④ 1V

36 힘의 3요소가 아닌 것은?

① 힘의 방향 ② 힘의 크기
③ 힘의 작용선 ④ 힘의 작용점

해설
힘의 3요소 : 힘은 벡터이다. 따라서 작용점, 방향, 크기를 갖는다.

정답 32 ③ 33 ② 34 ③ 35 ① 36 ③

37 다음 그림에서 화살표 방향으로 각각 같은 힘이 작용할 때 토크가 가장 큰 경우는?

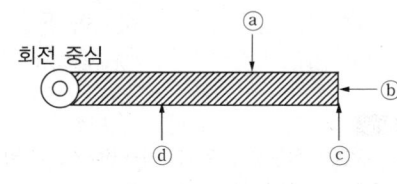

① ⓐ ② ⓑ
③ ⓒ ④ ⓓ

해설
토크는 힘과 거리의 곱이며, 거리는 회전 중심과 직각이 되는 방향의 힘과의 거리이다.

38 다음 회로에서 a와 b 사이의 합성저항[Ω]은?

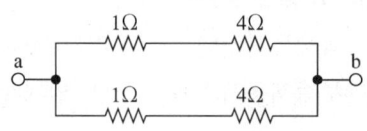

① $\dfrac{1}{2}$ ② $\dfrac{5}{2}$
③ $\dfrac{1}{5}$ ④ $\dfrac{2}{5}$

해설
직렬연결은 합하고, 병렬은 역수끼리 합한 것이 합성저항의 역수가 된다.
$\dfrac{1}{R_T} = \dfrac{1}{(1+4)} + \dfrac{1}{(1+4)} = \dfrac{2}{5}$
∴ $R_T = \dfrac{5}{2}$

39 지름 300mm인 관 속에 흐르는 유체가 평균 속도 3m/sec로 흐를 때 유량은 약 몇 m³/sec인가?

① 0.021 ② 0.21
③ 2.1   ④ 21.2

해설
유량은 유량을 측정하고자 하는 곳의 단면적을 단위 시간 안에 지나는 양으로 측정하므로
$Q = AV$(여기서, Q : 유량, A : 단면적, V : 유속)이다.
∴ $Q = \dfrac{\pi \times 0.3^2 \text{m}^2}{4} \times 3\text{m/sec} ≒ 0.21\text{m}^3/\text{sec}$

40 1atm 4℃의 순수한 물의 비중량을 SI 단위로 바르게 표현한 것은?

① 971N/m³   ② 981N/m³
③ 9,710N/m³ ④ 9,810N/m³

해설
1m³에 담기는 물의 중량은
1,000kgf = 1,000kg × 9.81N/m² = 9,810N이므로
물의 비중량은 9,810N/m³이다.

제3과목 자동제어

41 논리식 $AB + BC + \overline{A}C$를 드모르간 정리를 이용하여 간소화한 것으로 옳은 것은?

① $AC + \overline{A}B$ ② $\overline{B}C + \overline{A}B$
③ $\overline{A}B + AC$ ④ $AB + \overline{A}C$

해설
논리식에서 객관식으로 묻고 변수가 많지 않을 때는 대입법을 이용하여 해결해 보자. 모든 경우의 수를 대입하지 않고, 다음의 경우만 대입해서 오답지를 제거한다.

A	B	C	문제	①	②	③	④
0	0	1	1	0	1	0	1
0	1	0	0	제거	1	제거	0
1	0	0	0		제거		0

42
타이머를 사용하여 어떤 목표시간에 점등하는 회로의 제어방식으로 적절한 것은?

① 공정제어
② 순차제어
③ 되먹임제어
④ 폐회로제어

해설
타이머를 사용하여 출력을 발생시키고, 다른 피드백이 없으므로 순차제어방식을 사용한다.

43
DC 서보모터의 설계 시 응답을 개선하기 위한 방법으로 적절하지 않은 것은?

① 토크의 맥동을 작게 한다.
② 기계적 시정수를 작게 한다.
③ 순시 최대 토크까지의 선형성을 높인다.
④ 전기적 시정수(인덕턴스/저항)를 크게 한다.

해설
DC 서보모터 설계 시 응답 개선 방안
- 토크의 맥동을 작게 한다.
- 기계적·전기적 시정수를 작게 한다.
- 순시 최대 토크까지의 선형성을 높인다.

44
분해능이 8bit이고 기준 입력 전압(V_{ref})범위가 0~5V를 가지고 있는 D/A 컨버터에 디지털 출력값으로 128을 출력하였을 경우 출력전압[V]은?

① 1.5
② 2
③ 2.5
④ 3

해설
분해능
사용 비트에 따라 n비트의 경우 $\frac{1}{2^n-1}$로 분해 가능하다.
분해능이 8bit이므로 5V/255 ≒ 0.0196V 단위로 분해 가능하며, 128을 출력 시 출력전압은 약 2.5V이다.

45
기계적 병진운동 시스템의 세 가지 기본특성이 아닌 것은?

① 감 쇠
② 속 도
③ 질 량
④ 탄 성

해설
병진운동은 직선 또는 곡선을 따라 반복적으로 일어나는 운동으로, 질량과 스프링 탄성, 마찰에 의한 감쇠가 기본 특성이다.

46
전달함수 $M(s) = \dfrac{25}{s^2 + 10s + 25}$ 인 2차 제어시스템으로 옳은 것은?

① 과제동시스템
② 무제동시스템
③ 부족제동시스템
④ 임계제동시스템

해설
전달함수가 2차 시스템이라면,
$$G(s) = \frac{K\omega_n^2}{s^2 + 2\zeta\omega_n s + \omega_n^2}$$
(여기서, ω_n : 고유 진동수, ζ : 감쇠비, 감쇠계수)
특성방정식 $s^2 + 10s + 25 = 0$의 감쇠비는 1이므로, 다음 표에 따라 임계제동이 된다.

감쇠비	0		1	
값의 영역	$\zeta < 0$	$0 < \zeta < 1$		$1 < \zeta$
제동 상태	불안정	무제동	아(亞)제동	임계제동	과(過)제동

정답 42 ② 43 ④ 44 ③ 45 ② 46 ④

47 온도, 유량, 압력 등을 제어량으로 하는 제어에 적합한 제어방식은?

① 서보제어
② 정치제어
③ 개루프제어
④ 프로세스 제어

해설
제어량에 따른 분류
- 서보제어(Servo Control) : 물체의 위치·각도·방위·자세 등의 기계적 변위를 제어량으로 읽어 제어하는 시스템
- 프로세스제어(Process Control) : 제어량이 상태값인 압력·온도·유량·밀도 등일 때의 제어방식으로, 프로세서에 가해지는 외란의 억제를 목적으로 함
- 자동조정(Automatic Regulation) : 제어량이 전기적 및 기계적 양(주파수, 전압, 전류, 습도, 회전속도, 힘 등)을 주로 제어하는 것

※ 제어량에 따른 분류에 관한 문제는 서보제어, 프로세스 제어, 자동조정이 매년에 출제된다.

48 PLC 입력부에 사용되는 기기가 아닌 것은?

① 인코더
② 근접센서
③ 전자밸브
④ 리밋 스위치

해설
밸브는 출력부에 사용된다.

49 유압 실린더의 속도제어회로에 해당하는 것은?

① 미터 인 회로, 블리드 오프 회로, 플립플롭 회로
② 미터 아웃 회로, 로킹회로, 카운터 밸런스 회로
③ 언로드 회로, 플립플롭 회로, 카운터 밸런스 회로
④ 미터 인 회로, 미터 아웃 회로, 블리드 오프 회로

해설
플립플롭은 기억을 위한 회로이고, 로킹회로는 플런저 이동 제한을 위한 회로이다. 공유압시스템의 속도제어는 실린더 기준 입출력 유량을 조절하여 제어한다.

50 PLC에 관한 설명으로 틀린 것은?

① PLC 언어에는 IL과 LD가 있다.
② PLC의 출력부에 AC 220V의 부하를 연결할 수 없다.
③ PLC의 입력부에 AC 220V용 스위치를 연결할 수 있다.
④ PLC의 명령어에는 비트 시프트, 전송, 비교 명령어가 있다.

해설
PLC는 산업용 제어에 많이 사용되며, 출력부의 부하는 필요에 따라 설비를 갖추어 사용한다.

51 PLC의 CPU부 구성에 포함되지 않는 것은?

① 연산부
② 데이터 메모리부
③ 래더 다이어그램부
④ 프로그램 메모리부

해설
래더 다이어그램부라는 구성부는 없다. PLC의 CPU는 개념상 일반 컴퓨터의 구성에 준하여 구성된다.

정답 47 ④ 48 ③ 49 ④ 50 ② 51 ③

52 물체의 위치나 방향, 자세 등의 기계적인 변위를 제어량으로 해서 목표값의 임의의 변화에 추종하도록 구성된 제어계는?

① 서보기구
② 자동조정
③ 프로세스 제어
④ 프로그래밍 제어

해설
서보제어(Servo Control)
- 물체의 위치, 각도, 방위, 자세 등의 기계적 변위를 제어량으로 읽어 제어하는 시스템이다.
- 서보(Servo)는 어떤 기준과 출력을 비교하여 피드백(Feedback) 함으로써 목적한 입력값에 가장 적합하게 자동제어할 수 있도록 하는 기구(System)를 의미한다.
- 서보기구에서는 안정성과 응답성이 중요하다.

53 다음 ( )에 알맞은 것은?

| 시정수의 값은 1차 시스템에서 입력 스텝함수에 대한 출력 변화가 전체 변화량의 ( )%에 이를 때까지의 소요시간이다. |

① 26.8
② 30.5
③ 63.2
④ 70.4

해설
시정수(Time Constant) : 정상 상태의 63.2%까지 걸리는 시간으로, 시정수가 작을수록 응답속도가 빠르다.

54 다음 프로그램에 관한 설명으로 옳은 것은?

(pattern≫1) & 0x01;

① ≫은 메모리상에서 비트를 왼쪽으로 이동, &은 비트 OR 연산자이다.
② ≫은 메모리상에서 비트를 왼쪽으로 이동, &은 비트 AND 연산자이다.
③ ≫은 메모리상에서 비트를 오른쪽으로 이동, &은 비트 OR 연산자이다.
④ ≫은 메모리상에서 비트를 오른쪽으로 이동, &은 비트 AND 연산자이다.

해설
- ≪ : 비트를 왼쪽으로 ( )만큼 이동(문제에서는 1)
- | : OR 연산자
- ^ : A와 B가 다를 경우 출력
- ~ : 부정연산

55 다음 나이퀴스트 선도에 해당되는 전달함수로 옳은 것은?

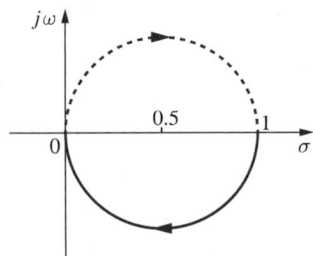

① $G(s)H(s) = \dfrac{1}{s+1}$

② $G(s)H(s) = \dfrac{1}{s(s+1)}$

③ $G(s)H(s) = \dfrac{1}{(T_1s+1)(T_2s+1)}$

④ $G(s)H(s) = \dfrac{1}{s(T_1s+1)(T_2s+1)}$

해설
문제의 나이퀴스트 선도는 1차 시스템이다.

56

특성 방정식 $s^4+3s^3+2s^2+5s+k=0$으로 표시되는 시스템이 안정되려면 k의 범위는?

① $0<k<3$
② $0<k<\dfrac{1}{3}$
③ $0<k<\dfrac{9}{5}$
④ $0<k<\dfrac{5}{9}$

해설

모든 계수의 부호가 같다고 가정하고 k가 0이 아니라면, Routh-Hurwitz 판별법을 이용할 수 있다.

	1열		
s^4	1	2	k
s^3	3	5	0
s^2	$-\dfrac{1\times 5-3\times 2}{3}=\dfrac{1}{3}$	$-\dfrac{1\times 0-3k}{3}=k$	
s^1	$-\dfrac{3k-5/3}{1/3}=5-9k$		
s^0	$-\dfrac{0-k(5-9k)}{5-9k}=k$		

1열의 부호가 모두 같아야 안정이므로, $5-9k>0$이며 $k>0$이어야 한다.

57

무접점 시퀀스를 구성하는 요소가 아닌 것은?

① 논리회로
② 입력회로
③ 출력회로
④ 공기압회로

해설

무접점 시퀀스는 반도체를 이용하는 회로로, 공기압 회로와는 거리가 멀다.

58

다음 그림에서 전달함수 G로 옳은 것은?

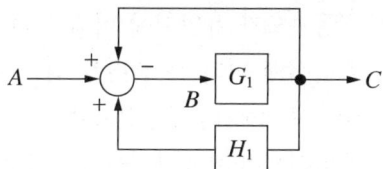

① $\dfrac{G_1}{1+H_1G_1-G_1}$
② $\dfrac{G_1}{1+G_1-G_1H_1}$
③ $\dfrac{G_1A}{1+H_1G_1-G_1}$
④ $\dfrac{G_1A}{1+AG_1-G_1H_1}$

해설

가산점에 신호가 3개 들어와도 당황하지 말고 두 부분으로 나누어 접근하면 된다.

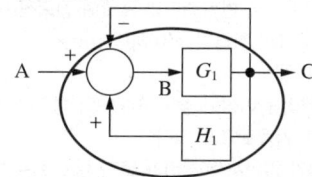

부호에 주의하여 동그라미 부분을 먼저 변환하면,

$$G(2)=\dfrac{G_1}{1-G_1H_1}$$

나머지를 변환하면

$$G(T)=\dfrac{C}{A}=\dfrac{G(2)}{1+G(2)}=\dfrac{\dfrac{G_1}{1-G_1H_1}}{1+\dfrac{G_1}{1-G_1H_1}}=\dfrac{G_1}{1-G_1H_1+G_1}$$

정답 56 ④ 57 ④ 58 ②

59 전기식 서보기구에 관한 설명으로 옳은 것은?

① 작동속도가 유압식에 비해 느리다.
② 유압식에 비해 큰 출력을 얻을 수 있다.
③ 전기식 서보기구에는 분사관식 서보기구가 있다.
④ 유압식에 비해 경제성이 우수하고 취급이 용이하다.

해설
유압식 서보기구와 전기식 서보기구를 비교하는 문제이다.
전기식 서보기구
- 동력원으로 모터를 사용한다. 중(中)동력 정도의 힘의 크기를 사용한다.
- 전기는 동력뿐만 아니라 신호로도 활용 가능하며, 증폭·감쇄 등에 유리하다.
- 유압식에 비해 작동속도와 반응속도가 좋으며 신뢰성이 있다.
- 유압식에 비해 경제성과 취급이 용이하다.
- 직류식과 교류식이 있다.
  - 직류는 전류 통제의 용이성이 높아 속도제어 범위가 넓지만, 구조가 복잡하고 기동토크가 크다.
  - 교류식은 브러시가 없어서 유지비가 들지 않고 보수가 용이하다.

유압식 서보기구
- 고출력, 고성능에 적합하다.
- 안내 밸브식, 분사관식, 전기 혼합 서보밸브식 등으로 나뉜다.

60 무접점 시퀀스와 비교한 유접점 시퀀스의 특징으로 틀린 것은?

① 동작속도가 느리다.
② 소비전력이 비교적 작다.
③ 접점 등의 마모가 발생한다.
④ 기계적 진동, 충격에 약하다.

해설
유접점 시퀀스는 작게라도 동력을 사용해야 하며, 무접점 시퀀스에 비해 소비전력이 크다.

제4과목 메커트로닉스

61 다음 파형의 주파수[Hz]는?

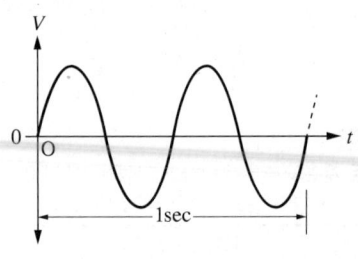

① 1 ② 2
③ 4 ④ 8

해설
주파수 단위는 헤르츠[Hz]이며 초당 떨림의 수, 초당 사인 파형의 수이다. 1초에 파형이 2개 생겼으므로, 2Hz이다.

62 접시머리나사의 머리 부분을 묻히게 하기 위해 자리를 파는 작업은?

① 스텝 보링(Step Boring)
② 스폿 페이싱(Spot Facing)
③ 카운터 보링(Counter Boring)
④ 카운터 싱킹(Counter Sinking)

해설
카운터 싱킹: 접시머리볼트나 접시머리나사의 머리 부분이 공작물에 묻히도록 자리를 파는 작업이다.

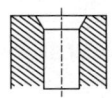

63 다음 진리표에 해당되는 논리식은?

A	B	Y
0	0	0
0	1	1
1	0	1
1	1	0

① $Y = A + B$　　② $Y = A \cdot B$
③ $Y = A \oplus B$　　④ $Y = A \odot B$

해설
서로 다른 입력일 때만 출력이 나오는 배타적 논리합이다.

64 키르히호프 제1법칙에 관한 설명으로 틀린 것은?

① 회로망이 해석에 자주 사용되는 전류법칙이다.
② 한 점에 유입되는 전류의 합과 유출되는 전류의 합은 같다.
③ 한 점에 유입되는 전류와 유출되는 전류의 합은 0이다.
④ 한 점에 유입되는 전류와 유출되는 전류의 합은 대수합과 같다.

해설
키르히호프의 제1법칙(전류법칙 : KCL) : 임의의 한 점을 중심으로 들어가는 전류의 합은 나오는 전류의 합과 같다. 곧 전류의 대수합은 0이다.

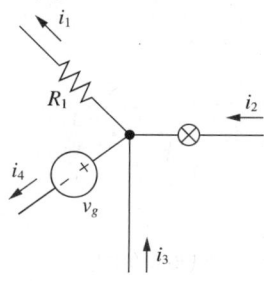

65 8비트 2진수 0010 0110을 2의 보수로 변환한 결과로 옳은 것은?

① 1101 1001　　② 1101 1011
③ 1101 1010　　④ 1101 0001

해설
디지털 신호가 뒤집혔다고 생각한 수 + 1
10100 + 1 = 10101
검산) 01011 + 10100 + 1 = 11111 + 1 = 00000(비트 밖의 수는 버린다)

66 8개의 데이터 선과 10개의 어드레스 선을 갖는 램(RAM)이 저장할 수 있는 최대 바이트 수는?

① 80　　② 256
③ 1,024　　④ 8,192

해설
어드레스 단자가 10개이므로 1,024개만큼의 데이터가 저장 가능하다. 한 번에 저장 가능한 크기는 8bit=1byte이므로(데이터선이 8개), 메모리 최대 크기는 1,024byte이다.

67 반도체의 결합으로써 두 원소의 금속성과 비금속성의 차가 크지 않은 원소로 이루어진 두 개의 원자가 서로의 가전자를 내놓고 서로 반응하여 생기는 결합은?

① 공유결합　　② 금속결합
③ 이온결합　　④ 수소결합

해설
결합 중 원자들이 같은 전자를 공유하여 자신의 전자처럼 사용하는 것을 공유결합이라고 한다. 문제의 가전자는 가짜 전자라고 생각하기 쉬우나 가(價, Valence)전자를 의미한다.

68 디지털 시스템의 출력장치나 구동장치에서 연산된 계산값들을 적절한 구동신호로 바꾸어 출력하는 장치는?

① 인버터
② A/D 변환기
③ D/A 변환기
④ 초퍼 변환기

해설
D/A 변환이란 전송 및 가공된 디지털 신호를 아날로그 신호로 변환하는 것을 의미한다.

69 DC 서보모터의 특징으로 틀린 것은?

① 제어성이 좋다.
② 속도제어 범위가 넓다.
③ 열이 발생하지 않는다.
④ 크기에 비해 큰 토크를 발생한다.

해설
DC 모터는 AC 모터보다 작은 힘의 범위에 사용하지만, 모터이므로 발열이 생긴다. 직류를 사용하므로 속도제어 범위가 넓고 제어성과 출력효율이 좋다. 이외의 특징은 다음과 같다.
- 기동토크가 크다.
- 인가전압에 대하여 회전 특성이 직선적으로 비례한다.
- 입력전류에 대하여 출력토크가 직선적으로 비례한다.
- 출력효율이 양호하다.
- 가격이 저렴하다.

70 스테핑 모터의 회전속도를 결정하는 것은?

① 여자전류
② 펄스 진폭
③ 입력펄스 수
④ 입력펄스 주파수

해설
스테핑 모터의 구동 특징
- 구동회로에 주어지는 입력펄스 1개에 대해 소정의 각도만큼 회전시키고, 정지
- 회전속도는 입력펄스의 주파수에 비례
- 펄스를 부여하는 방식에 따라 급속하고 빈번하게 기동, 정지가 가능

71 금속의 기계적 성질 중 금속재료에 압력이나 타격을 가할 때, 종이처럼 얇게 잘 펴지는 성질은?

① 전 성
② 융해성
③ 절삭성
④ 접합성

해설
금속의 기계적 성질로 절삭성과 소성이 있다. 소성에는 연성, 전성, 압축성 등이 있다. 연성은 늘어나는 성질이고, 전성은 펴지는 성질, 압축성은 탄성이 생기는 성질을 의미한다.

72 RL 병렬회로의 임피던스는?

① $\dfrac{R}{R^2+X_L^2}$
② $\dfrac{X_L}{R^2+X_L^2}$
③ $\dfrac{X_L}{\sqrt{R^2+X_L^2}}$
④ $\dfrac{RX_L}{\sqrt{R^2+X_L^2}}$

해설
$$Z=\frac{V}{I}=\frac{V}{\sqrt{\dfrac{V^2}{R^2}+\left(\dfrac{1}{j\omega L}V\right)^2}}=\frac{1}{\sqrt{\dfrac{1}{R^2}+\left(\dfrac{1}{X_L^2}\right)}}$$

$$=\frac{RX_L}{\sqrt{R^2+X_L^2}}$$

※ RL 회로의 임피던스는 알고 있어야 한다.

73 불(Boolean) 연산이 아닌 것은?

① Union(합집합) ② Project(투영합)
③ Intersect(교집합) ④ Subtract(차집합)

해설
불 연산의 종류에는 부정, 곱, 합, 교집합, 차집합 등이 있다.

74 다음 기호의 명칭은?

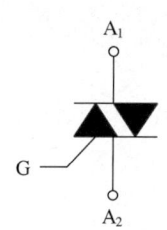

① 다이오드 ② 트라이악
③ 사이리스터 ④ 트랜지스터

해설
트라이악은 양방향 사이리스터를 의미하며, 사이리스터는 3단 반도체 소자이다.

다이오드 기호	▶⊢
사이리스터 기호	▶⊢
트랜지스터 기호	[NPN형] [PNP형]

75 중앙처리장치(CPU)의 주요 기능이 아닌 것은?

① 메모리로 데이터를 전송한다.
② 외부 인터럽트에 응답하여 처리한다.
③ 프로그램 명령을 인출, 해독, 실행한다.
④ DMA(Direct Memory Access)를 처리한다.

해설
DMA(Direct Memory Access)는 주변장치에서 주기억장치에 직접 접근하는 기능을 의미한다. 메모리 접근 시 CPU를 거치지 않으므로 작업속도가 향상된다.

76 AC 서보모터와 DC 서보모터의 구조상 가장 큰 차이점은?

① 브러시 유무 ② 영구자석 유무
③ 고정자 코일 유무 ④ 전기자 코일 유무

해설
교류를 이용하는 AC 모터는 브러시를 사용하지 않으나, DC 모터는 회전 시 극성이 바뀌어야 하므로 브러시를 사용해야 한다.

77 2진수 101010의 10진수 변환결과로 옳은 것은?

① 32 ② 42
③ 52 ④ 62

해설
$101010_{(2)} = 1 \times 2^5 + 0 \times 2^4 + 1 \times 2^3 + 0 \times 2^2 + 1 \times 2^1 + 0 \times 2^0$
$= 32 + 8 + 2$
$= 42_{(10)}$

78 전자력(Electromagnetic Force)에 관한 설명으로 옳은 것은?

① 음, 양의 전하가 대전되어 생기는 힘이다.
② 전기에너지에 의해 일을 한 속도와 힘이다.
③ 서로 같은 극 사이에서 흡인력이 작용하는 힘이다.
④ 자장 내에 있는 도체에 전류를 흘리면 작용하는 힘이다.

해설
플레밍의 왼손법칙에 의하면 자계의 직각 방향으로 전류가 흐르면 수직 방향의 힘이 생긴다. 그때 발생하는 힘을 전자력이라고 하며, 자계의 밀도에 따라 힘이 달라진다.

79 다음 회로의 논리식으로 옳은 것은?

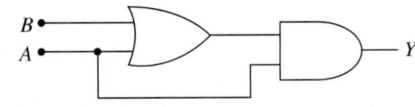

① $Y = A + B$
② $Y = A(A + B)$
③ $Y = A(\overline{A} - B)$
④ $Y = (AB - A)B$

해설
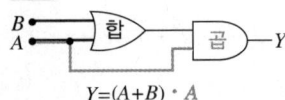
$Y = (A+B) \cdot A$

80 발광부와 수광부가 서로 마주 보고 배치되어 있고 이 사이에 물체가 들어가면 빛이 차단되어 출력을 내보내는 원리로 회전속도제어, 위치제어, 계수 등에 사용되는 센서는?

① 로드 셀
② 자기센서
③ 유도형 센서
④ 포토 인터럽트

해설
포토 인터럽터
• 발광부와 수광부가 서로 마주 보는 구조
• 중간의 차단 등으로 인해 발광부 빛이 수광부에 들어가지 않으면 감지
• 자동문 작동 중지 센서 등에 사용
• 소형 경량, 고신뢰성, 고정밀도

2021년 제1회 과년도 기출복원문제

※ 2021년부터는 CBT(컴퓨터 기반 시험)로 진행되어 수험자의 기억에 의해 문제를 복원하였습니다. 실제 시행문제와 일부 상이할 수 있음을 알려드립니다.

제1과목 기계가공법 및 안전관리

01 줄다듬질 가공을 나타내는 가공기호는?

① FF
② FS
③ PS
④ SH

해설
② FS : 스크레이퍼 다듬질
③ PS : 전단
④ SH : 셰이핑(형삭)

02 개스킷, 박판, 형강 등과 같이 절단면이 얇은 경우, 이를 나타내는 방법으로 옳은 것은?

① 실제 치수와 관계없이 1개의 가는 1점쇄선으로 나타낸다.
② 실제 치수와 관계없이 1개의 극히 굵은 실선으로 나타낸다.
③ 실제 치수와 관계없이 1개의 굵은 1점쇄선으로 나타낸다.
④ 실제 치수와 관계없이 1개의 극히 굵은 2점쇄선으로 나타낸다.

해설
얇은 물체를 단면한 경우 외형이 겹친 것으로 보고 아주 굵은 실선으로 도시한다.

03 해머작업의 안전수칙에 대한 설명으로 틀린 것은?

① 해머의 타격면이 넓어진 것을 골라서 사용한다.
② 장갑이나 기름이 묻은 손으로 자루를 잡지 않는다.
③ 담금질된 재료는 함부로 두드리지 않는다.
④ 쐐기를 박아서 해머의 머리가 빠지지 않는 것을 사용한다.

해설
해머작업 시 타격면이 넓어지면 힘이 집중되지 않는다.

04 일반적인 선반작업의 안전수칙으로 틀린 것은?

① 회전하는 공작물을 공구로 정지시킨다.
② 장갑, 반지 등은 착용하지 않는다.
③ 바이트는 가능한 한 짧고 단단하게 고정시킨다.
④ 선반에서 드릴작업 시 구멍가공이 거의 끝날 때에는 이송을 천천히 한다.

해설
회전하는 공작물은 반드시 레버를 이용하여 브레이크를 걸고 정지할 때까지 안전한 상황을 유지한다.

정답 1 ① 2 ② 3 ① 4 ①

05 밀링머신에서 원주를 단식 분할법으로 13등분하는 경우에 대한 설명으로 옳은 것은?

① 13구멍 열에서 1회전에 3구멍씩 이동한다.
② 39구멍 열에서 3회전에 3구멍씩 이동한다.
③ 40구멍 열에서 1회전에 13구멍씩 이동한다.
④ 40구멍 열에서 3회전에 13구멍씩 이동한다.

해설

$n = \dfrac{40}{N} = \dfrac{H}{N'}$

여기서, N : 일감의 등분 분할수
n : 분할 크랭크의 회전수
N' : 분할판에 있는 구멍수
H : 크랭크를 돌리는 구멍수

① $n = \dfrac{40}{13} = \dfrac{H}{13}$, $H = 3 \times 13 + 1$, 3회전에 1구멍씩 이동한다.
② $n = \dfrac{40}{13} = \dfrac{H}{39}$, $H = 3 \times 39 + 3$, 3회전에 3구멍씩 이동한다.
③, ④ $n = \dfrac{40}{13} = \dfrac{H}{40}$, $H = 3 \times 40 + 3.07$

즉, 40구멍 열로는 분할되지 않는다. 검산해 보면, 분할판 1회전에 주축의 9°회전, 9°는 39구멍이 들어가 있다. 즉, 360°에는 1,560구멍이 들어가 있다. 이것을 13등분하면 120구멍이 되며, 120구멍은 39구멍이 3번 들어가고 3개 남는다.

06 다음 중 기어절삭에 사용하지 않는 공작기계는?

① 선반
② 밀링머신
③ 호빙머신
④ 브로칭머신

해설
기어가공 기계의 종류
• 밀링머신 : 엔드밀이나 총형커터 등 여러 커터와 분할대를 이용하여 기어가공한다.
• 호빙머신 : 호브를 이용하여 기어를 절삭하는 전용 기어절삭기계
• 셰이퍼(Shaper) : 피니언 커터를 이용, 직선운동과 회전운동으로 기어를 창성절삭한다.
• 브로칭머신 : 브로치를 이용하여 스플라인이나 내기어를 가공하며, 대량 생산에 적합하다.

07 연삭입자가 쉽게 탈락하거나 너무 탈락하지 않아 결합도가 높을 때 연삭숫돌에 열이 나고 표면이 잘 깎이지 않는 현상은?

① 로딩
② 스필링
③ 글레이징
④ 연삭균열

해설
글레이징(Grazing) : 연삭입자가 쉽게 탈락하거나 너무 탈락하지 않아 결합도가 높을 때 연삭숫돌에 열이 나고 표면이 잘 깎이지 않는 현상이다. 숫돌바퀴의 결합도가 지나치게 높으면 둔하게 된 숫돌입자가 떨어져 나가지 않아 생기는 무뎌지는 현상이다.

08 다음 보기에서 설명하는 정밀입자가공으로 가장 적절한 것은?

┤보기├
입도가 작고 결합도가 작은 숫돌을 공작물에 가볍게 누르고 숫돌을 진동시켜 가공면을 단시간에 매우 매끈한 면으로 초정밀 가공하는 가공방법

① 호닝
② 래핑
③ 버핑
④ 슈퍼피니싱

해설
정밀입자가공의 분류

공작	작업방법
호닝	혼(Hone)을 구멍에 넣고 회전운동과 동시에 축방향의 운동을 하며 내면을 정밀 다듬질하는 가공
슈퍼피니싱	미세하고 비교적 연한 숫돌입자를 일감의 표면에 낮은 압력으로 접촉시키면서 매끈하고 고정밀도의 표면으로 일감을 다듬는 가공방법
래핑	랩이라는 공구와 일감 사이에 랩제를 넣고 랩으로 일감을 누르며 상대운동을 시키면 매끈한 다듬면이 얻어지는 가공방법
액체호닝	연마제를 가공액과 혼합한 후 압축공기와 함께 노즐에서 고속 분사하여 다듬면을 얻는 가공

09 50H7의 기호로 알 수 있는 설명은?

기준 치수(mm)		IT공차 등급					
초 과	이 하	4	5	6	7	8	9
		기본 공차의 수치(μm)					
18	30	6	9	13	21	33	52
30	50	7	11	16	25	39	62
50	80	8	13	19	30	46	74
80	120	10	15	22	35	54	87

① 구멍기준 치수이다.
② 공차값은 0.030mm이다.
③ 억지끼워맞춤에 적용한다.
④ 최소 구멍 깊이는 50mm이다.

해설
일반적으로 IT공차기호 H 또는 h를 사용하는 쪽을 기준으로 한다.

10 yes 신호인 경우 JK-플립플롭에서 J, K 입력이 J = 1, K = 0일 때와 동일한 기능의 플립플롭은?

① F-플립플롭
② D-플립플롭
③ RS-플립플롭
④ RST-플립플롭

해설
JK-플립플롭에서 신호에 따른 출력은 다음과 같다.

J	K	Q_{n+1}	동 작
0	0	Q_n	불 변
0	1	0	리 셋
1	0	1	세 트
1	1	Q_n^2	반 전

D-플립플롭의 구조는 다음 그림과 같다. D = 1 신호를 넣었을 때 set 된다.

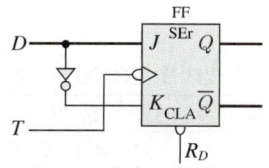

11 다음 그림에 대한 설명으로 옳지 않은 것은?

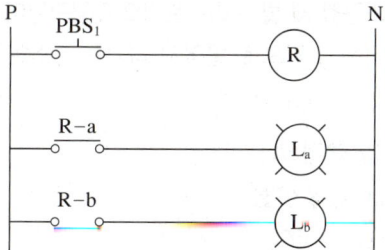

① PBS_1이 인가되면 L_a가 켜진다.
② PBS_1 인가 전에 L_b는 켜져 있다.
③ PBS_1을 인가했다 끊으면 L_a는 켜져 있다.
④ PBS_2를 인가했다 끊으면 L_b는 켜져 있다.

해설
문제의 그림은 릴레이 회로에 대한 설명이다. 회로에 자기유지기능은 없으므로 ③이 성립할 수 없다.

12 공구의 윗면 경사각이 작을 때, 비교적 연한 재료를 느린 절삭속도로 가공할 때 생기는 칩의 모양은?

① 유동형 칩
② 전단형 칩
③ 균열형 칩
④ 열단형 칩

해설
전단형 칩
- 공구의 윗면 경사면과 마찰하는 재료의 표면은 편평하지만, 반대쪽 표면은 톱니 모양으로 유동형 칩에 비해 가공면이 거칠고 공구 손상도 일어나기 쉽다.
- 발생원인 : 공구의 윗면 경사각이 작을 때, 비교적 연한 재료를 느린 절삭속도로 가공할 때

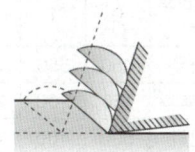

13 경도가 매우 크고 인성이 작은 절삭공구로, 공작물을 가공할 때 발생되는 충격으로 공구날이 모서리를 따라 작은 조각으로 떨어져 나가는 현상은?

① 크레이터 마모
② 플랭크 마모
③ 구성인선
④ 치 핑

해설
- 경사면 마멸(크레이터 마모) : 윗면의 마모 모양이 운석이 떨어진 자국과 같아서 크레이터(Crater, 분화구) 마멸 또는 경사면 마멸이라고 한다.
- 여유면 마멸(플랭크 마모) : 옆면의 마모는 공구와 여유각이 벌어진 곳의 마멸이어서 여유면 마멸이라고 하며, 측면이라는 의미의 플랭크(Flank, 옆구리, 측면) 마멸이라고도 한다.
- 구성인선 : 빌트업 에지(Built-up Edge)라고 한다. 절삭력과 절삭열에 의한 고온·고압으로 칩의 일부가 날 끝에 녹아 붙거나 압착된 것이다.

14 니 칼럼형 밀링머신에서 테이블의 상하 이동거리가 400mm이고, 새들의 전후 이동거리는 200mm라면 호칭번호는 몇 번에 해당하는가?(단, 테이블의 좌우 이동거리는 550mm이다)

① 1번
② 2번
③ 3번
④ 4번

해설

호칭번호 이동거리	0	1	2	3	4	5
테이블 좌우	450	550	700	850	1050	1250
새들 전후	150	200	250	300	350	400
테이블 상하	300	400	450	450	450	500

15 드릴의 자루(Shank)를 테이퍼 자루와 곧은 자루로 구분할 때 곧은 자루의 기준이 되는 드릴 직경은 몇 mm 이하인가?

① 13
② 18
③ 20
④ 25

해설
자루의 모양에 따라 곧은 드릴, 테이퍼 드릴, 밀링척용 드릴로 구분한다. 곧은 드릴은 보통 13mm까지 사용되고, 13mm 이상은 테이퍼 드릴이 사용된다.

16 다음 보기에서 설명하는 연삭숫돌 결합제는?

┌ 보기 ┐
- 규산나트륨을 주재료로 한 결합제이다.
- 대형 숫돌바퀴를 만들 수 있다.
- 고속도강과 같이 균열이 생기기 쉬운 재료를 연삭할때, 연삭에 의한 발열을 피해야 할 경우에 사용한다.
- 비트리파이드에 비해 결합도가 낮으므로 중연삭을 피한다.

① 비트리파이드
② 실리케이트
③ 셸 락
④ 금속 결합제

해설
- 비트리파이드(Vitrified, V) : 주성분은 점토, 장석으로, 약 1,300℃ 정도로 구워서 굳힌 숫돌
- 셸락(Shellac, E) : 주로 천연수지로 구성되어 있고 결합력이 약하며, 고정밀도 작업에 사용한다.

17 결합도가 중간 정도인 숫돌의 범위는?

① E~K
② L~O
③ O~R
④ R~V

해설
결합도 : 연삭입자를 결합시킨 세기를 기호로 표기한다.

← 연 질		중 간		경 질 →	
E, F, G, H, I, J, K		L, M, N, O		P, Q, R, S, T, U, V, W	

18 원통 내면가공 시 내경보다 다소 큰 강철 볼(Ball)을 압입하여 통과시켜서 소성변형을 주고 고정밀도의 치수를 얻는 가공법은?

① 래핑 ② 버핑
③ 슈퍼피니싱 ④ 버니싱

해설
① 래핑(Lapping) : 랩과 일감 사이에 랩제를 넣고, 일감을 누르며 상대운동을 시킴으로써 매끈한 다듬면을 얻는 가공방법이다.
② 버핑(Buffing) : 연마와 유사한 작업으로 매우 미세한 연마제를 천이나 가죽으로 된 부드러운 버프에 묻혀서 사용한다.
③ 슈퍼피니싱(Super Finishing) : 미세하고 비교적 연한 숫돌입자를 일감의 표면에 낮은 압력으로 접촉시키면서 매끈하고 고정밀도의 표면으로 일감을 다듬는 가공방법이다.

19 다음 중 떨어지는 물건으로부터 보호하기 위한 안전장구는?

① 보안경 ② 안전장갑
③ 방진마스크 ④ 작업안전화

해설
낙하물과 충격으로부터 보호하기 위한 장구에는 작업안전화, 안전모 등이 있다.

20 세게 잡거나 눌러 측정부의 탄성변형에 의해 생기는 오차는?

① 측정기오차
② 읽음오차
③ 온도 영향 오차
④ 측정력에 의한 오차

해설
① 측정기오차 : 측정기를 잘못 만들거나 장시간 사용으로 인한 기계적 원인의 오차
② 읽음오차 : 측정기의 눈금이 정확하더라도 읽는 사람의 부주의, 각도의 문제로 생기는 오차
③ 온도의 영향에 의한 오차 : 재질에 따라 온도에 의해 늘어나거나 줄어들어 측정기 또는 재료의 측정 신뢰도에 영향을 받는 오차

제2과목 기계제도 및 기초공학

21 한시동작 순시복귀 b접점은?

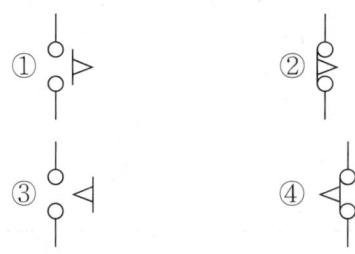

해설
① 한시동작 순시복귀 a접점
③ 순시동작 한시복귀 a접점
④ 순시동작 한시복귀 b접점

22 다음 그림의 진리표로 옳은 것은?

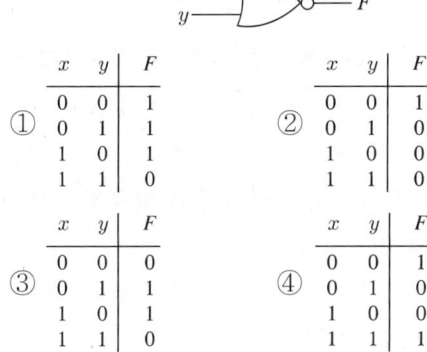

해설
문제의 그림은 NOR 게이트이다.
① NAND
③ XOR
④ Exclusive-NOR

정답 18 ④ 19 ④ 20 ④ 21 ② 22 ②

23 다음 그림의 회로에 대한 설명으로 옳은 것은?

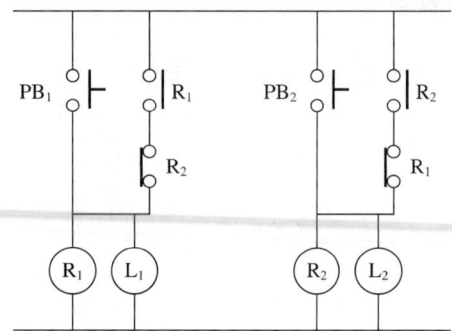

① 인터로크회로이다.
② 선입력우선회로이다.
③ 후입력우선회로이다.
④ 케스케이드회로이다.

해설
PB₁이나 PB₂ 중 나중에 눌린 것의 신호가 들어오게 되어 있다. 인터로크는 두 신호가 함께 들어올 수 없도록 설계되어 있으나 위의 회로는 함께 신호가 들어올 수 있고 조금이라도 늦게 들어온 신호가 출력을 얻는다.

24 홀(Hole) 전류에 대한 설명으로 가장 적합한 것은?

① 전자의 이동 방향과 반대 방향을 가진 (+)전하의 이동이다.
② 전자의 이동 방향과 같은 방향을 가진 (+)전하의 이동이다.
③ 전자의 이동 방향과 같은 방향을 가진 (−)전하의 이동이다.
④ 전자의 이동 방향과 반대 방향을 가진 중성전하의 이동이다.

해설
홀 전류는 홀 전자의 흐름을 따라 생기는 전류이다.

25 감은 횟수 30회의 코일에 0.4A의 전류가 흐를 때 2×10^{-3}Wb의 자속이 발생하였다. 이때 자체 인덕턴스[H]의 값은?

① 0.15   ② 0.8
③ 1   ④ 12

해설
자체 유도 인덕턴스
• 자체 유도현상을 유발하는 원인이다.
• $L = N\dfrac{\Delta\phi}{I}$[H] ($L$: 인덕턴스, N : 권선수, I : 전류, ϕ : 자장)
$L = 30 \times \dfrac{0.002\text{Wb}}{0.4\text{A}} = 0.15\text{H}$

26 400W의 전기밥솥을 하루에 2시간씩 30일간 사용한 경우 소비되는 전력량[kWh]은?

① 12   ② 24
③ 36   ④ 48

해설
전력과 전력을 사용한 시간을 곱하면 전력량을 알 수 있다. $W = P \times t$ (W : 전력량(일), P : 전력, t : 시간)으로 표현하며 단위는 와트시[Wh]를 사용한다.
$W = 400\text{W} \times 2\text{h} \times 30 = 24{,}000\text{Wh} = 24\text{kWh}$

27 다음 중 토크에 대한 설명 중 맞는 것은?

① 토크는 굽힘 모멘트라고도 한다.
② 한쪽이 고정된 원형축에 토크가 작용되면 압축응력이 발생한다.
③ 한쪽이 고정된 원형축에 토크가 작용되면 인장응력이 발생한다.
④ 한쪽이 고정된 원형축에 토크가 작용되면 전단응력이 발생한다.

해설
토크는 비틀림 모멘트와 물리적 방향이 같고, 전단응력을 발생시킨다.

28 '유도전류의 세기는 코일의 단면을 통과하는 자속의 시간적 변화율에 비례하고, 코일의 감은 횟수에 비례한다.'는 법칙은?

① 패러데이의 법칙
② 플레밍의 왼손법칙
③ 앙페르의 오른손법칙
④ 플레밍의 오른손법칙

해설
패러데이 법칙 : 시간에 따른 자기선속의 변화율과 유도기전력은 비례한다.
- $\varepsilon = -n\dfrac{d\phi_B}{dt} = -n\dfrac{\Delta B \cdot S}{\Delta t}$ (여기서, ϕ_B : 자기선속, V : 전압, n : 권선수, S : 면적)
- $\varepsilon = -Blv$ (여기서, B : 자기장, l : 자기장 내 도선 길이, v : 도선의 이송속도)

29 동기전동기에서 자극수가 4극이면, 60Hz의 주파수로 전원 공급을 할 때 회전수는 몇 rpm이 되는가?

① 1,200   ② 1,800
③ 3,600   ④ 7,200

해설
$N_s = \dfrac{120f}{P}[\text{rpm}]$
$= \dfrac{120 \times 60}{4} = 1,800\text{rpm}$

여기서, N_s : 동기속도
f : 주파수
P : 극수

※ 3상 4극의 경우 360τ일 때 전자석은 반바퀴 회전

30 다음 회로의 증폭기는?

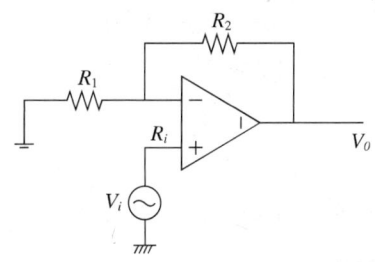

① 반전증폭기
② 비반전증폭기
③ 덧셈증폭기
④ 완충증폭기

해설
비반전증폭기는 가장 일반적인 증폭기로 출력이 안정적이며 입력과 출력의 부호가 같아 동위상증폭을 한다.

31 미리 설정된 순서와 조건에 따라 동작의 각 단계를 차례로 진행해 가는 머니퓰레이터(Manipulator)로서 설정조건을 쉽게 변경할 수 있는 로봇은?

① 고정 시퀀스 로봇
② 적응제어 로봇
③ 가변 시퀀스 로봇
④ 플레이 백 로봇

해설
- 수직 다관절 로봇 : 인간의 팔 형태와 가장 유사하게 움직이기 때문에 좌표 계산이 복잡하다.
- 수평 다관절 로봇 : 수평으로 빠르게 이동이 가능하여 자동화 조립공정에서 많이 쓰인다.

[정답] 28 ① 29 ② 30 ② 31 ③

32 다음 스테핑 모터의 구동신호 패턴 중 가장 고분해능을 낼 수 있는 구동방식은?

① 1상 여자방식
② 2상 여자방식
③ 1-2상 여자방식
④ 3상 여자방식

해설
1-2상 여자방식
- 하나의 상과 두 개의 상에 전류를 교대로 흐르게 한다.
- 1상의 1.5배 전류를 사용한다.
- 스텝각은 0.5step/pulse이다.
- 정밀한 각도제어가 가능하다.
- 다음과 같이 구동된다.

step	1	2	3	4	5	6	7	8	9	...
A	1	1	0	0	0	0	0	1	1	...
B	0	1	1	1	0	0	0	0	0	...
$\overline{A}$	0	0	0	1	1	1	0	0	0	...
$\overline{B}$	0	0	0	0	0	1	1	1	0	...

33 제어 대상의 현재 출력값과 미래 출력의 예상값을 이용하여 제어하며, 응답 속응성의 개선에 쓰이는 동작은?

① 비례동작
② 적분동작
③ 비례미분동작
④ 비례적분동작

해설
미분제어(Derivative Control)
- 입력과 출력의 관계속도를 제어한다.
- 제어편차가 검출될 때 편차가 변화하는 속도에 비례하여 조작량을 가감한다.
- 대규모 공장 등의 정밀도보다 적절한 속도가 중요한 곳에 사용한다.
- 응답속도를 개선한 제어이며 P제어와 함께 사용한다(속응성).

34 전기난로에 니크롬선이 병렬로 두 개 들어 있다. 한 개를 켤 때에 비해 두 개를 켤 때 이 전기난로의 전체 저항은 몇 배가 되는가?

① 2배
② 1배
③ $\frac{1}{2}$배
④ $\frac{1}{4}$배

해설
병렬의 합성저항을 구하는 방법은 다음과 같다.
$\frac{1}{R_r} = \frac{1}{R_1} + \frac{1}{R_2} + \frac{1}{R_3}$ $\frac{1}{R_r} = \frac{1}{R} + \frac{1}{R}$, $R_r = \frac{R}{2}$

35 회전체의 각도를 검출하는 용도나 볼륨 조절 용도로도 사용, 전체 행정거리를 0~10V의 신호 전압으로 검출하는 원리를 사용하는 검출기는?

① 인코더
② 리졸버
③ 태코미터
④ 퍼텐쇼미터

해설
① 인코더 : 전기, 자기, 광학 등 디지털 신호를 발생시켜 위치 및 속도 검출이 가능하도록 하는 기구이다.
② 리졸버 : 인코더에 비해 기계적 강도가 높고, 내구성이 우수한 모터 회전자의 아날로그식 위치측정센서이다.
③ 태코미터 : 회전속도계이며 rpm 등 회전수를 지시하는 계기로, 자동차 내부 계기판에 있다.

36 위치검출기를 사용하지 않아도 모터 자체가 입력된 펄스만큼 회전할 수 있는 모터는?

① 스테핑 모터
② BLDC 모터
③ 교류 유도모터
④ 직류 서보모터

해설
스테핑 모터의 구동제어회로는 입력 펄스 및 주파수에 의해 제어된다.

32 ③ 33 ③ 34 ③ 35 ④ 36 ①

37 스프링의 제도에 대한 설명으로 옳지 않은 것은?

① 피치 및 각도는 연속적으로 변화하지만 이를 직선으로 꺾인 선으로 나타낸다.
② 스프링은 일반적으로 하중이 걸린 상태에서 그린다.
③ 왼쪽 감긴 것은 '감김 방향 왼쪽'이라고 표시한다.
④ 단면 모양의 치수 표시가 필요한 경우나 외관도에서 나타내기 어려운 경우에는 단면도에서 나타내어도 좋다.

[해설]
스프링은 일반적으로 무하중 상태에서 그린다.

38 두 자동차 A, B가 직선 도로상에서 각각 30km/h, 40km/h의 일정한 속력으로 같은 남쪽 방향으로 달리고 있다. 자동차 B에서 본 자동차 A의 상대속도의 크기와 방향은?

① 10km/h, 남쪽
② 10km/h, 북쪽
③ 30km/h, 남쪽
④ 30km/h, 북쪽

[해설]
현재 B가 더 빠르게 가고 있고, B의 속도를 0이라고 보면 A는 뒤쪽(북쪽)으로 10km/h로 이동하고 있다.

39 다음 그림과 같이 양손의 힘을 다르게 하면서 다이스 지지쇠를 회전시킬 때 발생하는 토크는 얼마인가?

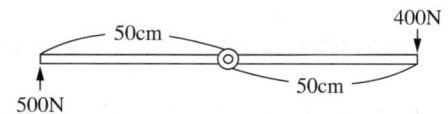

① 400N·m
② 450N·m
③ 500N·m
④ 550N·m

[해설]
회전 방향이 같으므로 두 토크를 합한다.
$T = 400N \times 0.5m + 500N \times 0.5m = 450N \cdot m$

40 퍼지(Fuzzy)제어를 이용함으로써 제어 특성을 개선할 수 있는 대상 공정으로 적합하지 않은 것은?

① 생물체 발효 공정
② 냉각수 저장조 온도제어
③ 시멘트 회전혼합기
④ 소각로 연소제어

[해설]
퍼지제어는 일반적으로 고비용이 들더라도 효과적인 제어를 시스템에 맡기기 위해 체계에 설치한다. 작업자는 이해하기 쉬운 단순한 지시를 하고, 비선형성을 갖는 제어에 적절하다. 온도제어의 경우 퍼지제어로 맡기기에는 제어 대상이 너무 단순하여 온도가 내려가면 가열하고, 온도가 올라가면 가열을 멈추는 수준의 제어이면 충분하므로 비용효율성이 떨어진다.

제3과목 자동제어

41 개루프 전달함수 $G(s) = \dfrac{s+2}{s^2}$ 시스템에 단위 계산 입력 $r=1$이 들어올 때 폐루프시스템의 정상 상태 오차는?

① 0　　　　② 1
③ 2　　　　④ ∞

해설

계단 입력이므로 $R(s) = \dfrac{1}{s}$

$e(\infty) = \lim_{t \to \infty} e(t) = \lim_{s \to 0} sE(s) = \lim_{s \to 0} \dfrac{sR(s)}{1+G(s)}$

$\lim_{s \to 0} \dfrac{sR(s)}{1+G(s)} = \lim_{s \to 0} \dfrac{s \cdot \dfrac{1}{s}}{1+\dfrac{s+2}{s^2}} = \lim_{s \to 0} \dfrac{s^2}{s^2+s+2} = 0$

42 유압제어와 비교한 공압제어에 대한 설명으로 틀린 것은?

① 공기압력은 4~7kgf/cm² 정도를 사용한다.
② 공압과 유압의 출력은 항상 동일하다.
③ 에어 드라이어를 설치한다.
④ 구성은 간단하나 압축성으로 속도가 일정치 않다.

해설

유압에서 사용하는 출력이 공압에 비해 훨씬 크다.

43 주파수 전달함수 $G(j\omega) = \dfrac{1}{1+j\omega T}$ 의 복소수 평면에서의 벡터궤적의 모양은?(단, ω값이 0에서 ∞이다)

① 원　　　　② 반 원
③ 직 선　　　④ 타 원

해설

$G(j\omega) = \dfrac{1}{1+j\omega T} = \dfrac{1-j\omega T}{1+\omega^2 T^2} = \dfrac{1}{1+\omega^2 T^2} - \dfrac{\omega T}{1+\omega^2 T^2}j$

ω값이 양수만 나타나고 $\omega = 0$일 때 실수 1, $\omega = \infty$일 때 0이며, T를 임의의 값 1로 생각하고 $\omega = 0.5$일 때, $\omega = 2$일 때를 확인해 보면 4사분면에서만 벡터의 궤적은 다음 그림과 같다.

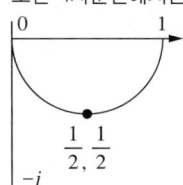

주파수 전달함수의 예는 몇 개 되지 않으므로 나올 때마다 알아두면 좋다.

44 압력, 온도, 유량, 액위 및 농도 등의 상태량을 제어량으로 하는 제어방식은?

① 서보기구
② 시퀀스 제어
③ 프로그램 제어
④ 프로세스 제어

해설

제어량에 따른 분류

- 서보제어(Servo Control) : 물체의 위치, 각도, 방위, 자세 등의 기계적 변위를 제어량으로 읽어 제어하는 시스템
- 프로세스 제어(Process Control) : 제어량이 상태값인 압력, 온도, 유량, 밀도 등일 때의 제어방식
- 자동조정(Automatic Regulation) : 제어량이 전기적 및 기계적 양(주파수, 전압, 전류, 습도, 회전속도, 힘 등)을 주로 제어하는 것

45 함수 $f(t)=1$ 의 라플라스 변환은?

① 1
② $\dfrac{1}{s}$
③ $\dfrac{1}{s^2}$
④ $\dfrac{1}{s+1}$

해설
라플라스 변환 테이블

	함수명	$f(t)$	$F(s)$
1	단위 충격	$\delta(t)$	1
2	단위 계단	$u(t)=1$	$\dfrac{1}{s}$
3	단위 경사	t	$\dfrac{1}{s^2}$
4	포물선	t^2	$\dfrac{2}{s^3}$
5	n차 경사	t^n	$\dfrac{n!}{s^{n+1}}$
6	지수 감쇠	e^{-at}	$\dfrac{1}{s+a}$
7	지수 감쇠 경사	te^{-at}	$\dfrac{1}{(s+a)^2}$
8	지수 n차 경사	$t^n e^{-at}$	$\dfrac{n!}{(s+a)^{n+1}}$
9	cos 함수	$\cos\omega t$	$\dfrac{s}{s^2+\omega^2}$
10	sin 함수	$\sin\omega t$	$\dfrac{\omega}{s^2+\omega^2}$
11	지수 감쇠 cos	$e^{-at}\cos\omega t$	$\dfrac{s+a}{(s+a)^2+\omega^2}$
12	지수 감쇠 sin	$e^{-at}\sin\omega t$	$\dfrac{\omega}{(s+a)^2+\omega^2}$
13	쌍곡선 함수	$\cos\eta\omega t$	$\dfrac{s}{s^2-\omega^2}$
14	쌍곡선 함수	$\sin\eta\omega t$	$\dfrac{\omega}{s^2-\omega^2}$

46 유도형 센서에서 감지가 어려운 것은?

① 철
② 구 리
③ 알루미늄
④ 플라스틱

해설
유도형 센서는 유도현상을 이용하여 금속체를 감지한다.

47 마이크로프로세서가 실행 도중 특수한 상태가 발생하면 제어장치의 조정에 의해 특수한 상태를 처리한 후 먼저 수행하던 프로그램으로 되돌아가는 조작은?

① Interrupt
② Controlling
③ Trapping
④ Subroutine

해설
인터럽트(Interrupt) : 연산 중이더라도 데이터 발생 시 즉시 전송하는 방식

48 십진수 11의 BCD 코드로 맞는 것은?

① 0001 0001
② 0000 1011
③ 1011 0001
④ 0010 0001

해설
앞자리 BCD 코드 1 = 0001이므로 11$_{(BCD)}$ = 0001 0001

정답 45 ② 46 ④ 47 ① 48 ①

49 PLC 제어프로그램에서 프로그램의 오류를 찾거나 연산과정을 추적하는 것은?

① Debug
② Restart
③ Scan Time
④ Parameter

해설
디버깅(Debugging) : PLC 제어프로그램에서 프로그램의 오류를 찾거나 연산과정을 추적하는 행위

50 로터리 인코더가 부착된 DC 서보모터에서 로터리 인코더가 1회전할 때마다 360개의 펄스신호가 출력된다고 한다. 이 모터가 회전할 때 로터리 인코더에서 나오는 펄스수를 카운터로 계수하였더니 720개의 펄스수가 계수되었다고 하면 모터의 회전수는?

① 0.5회전　② 1회전
③ 2회전　④ 4회전

해설
1회전에 360개의 펄스, 즉 1°당 1펄스이므로 720개 펄스는 720°로, 2회전한다.

51 4/3way 밸브의 중립위치형식 중에서 A포트가 막히고 다른 포트들은 서로 통하게 되어 있는 형식은?

① 클로즈드 센터형
② 탱크 클로즈드 센터형
③ 펌프 클로즈드 센터형
④ 실린더 클로즈드 센터형

해설

명 칭	모 양	특 징
오픈센터 (Open Center)	A B / P T	중립 상태에서 모든 통로가 열려져 있으므로 중립 상태 시 부하를 받지 않는다.
탠덤센터 (Tandem Center)	A B / P T	중립 시 들어온 공기를 탱크로 회수한다. 실린더의 위치 고정이 가능하고 경제적으로 사용된다.
플로트 센터 (Float Center)	A B / P T	주로 파일럿 체크밸브와 짝이 되어 사용하며 원하는 공기압 외의 입력 공기압을 모두 배출한다.
실린더 클로즈드 센터 (Cylinder Closed Center)	A B / P T	A포트가 막히고 다른 포트들은 서로 통하게 되어 있어 실린더의 출력만 막는다.
클로즈드 센터 (Closed Center)	A B / P T	모든 포트가 막혀 있으므로 펌프로 들어올 공기가 들어오지 못하고, 다른 회로와 연결되어 있는 경우 다른 회로에서 모두 사용한다.

52 서보모터의 속도나 위치검출에 사용되지 않는 것은?

① 로드 셀　② 리졸버
③ 인코더　④ 태코미터

해설
로드 셀 : 무게를 측정하며 스트레인 게이지에 이용하는 기구

정답 49 ① 50 ③ 51 ④ 52 ①

53 다음 그림에서 $R(s) = 101$, $C(s) = 10$일 때 전달함수 G의 값은?

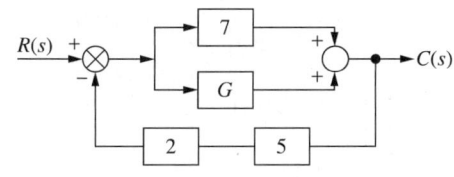

① 3 ② 6
③ 9 ④ 12

해설

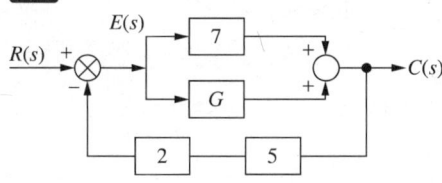

계산의 편의를 위해 $E(s)$를 삽입하여 정리하면
$E(s) = R(s) - (2 \times 5) \times C(s)$
$C(s) = E(s) \times (7 + G)$
$E(s) = 101 - 10 \times 10 = 1$
$10 = E(s) \times (7 + G) = 7 + G$
$G = 3$

54 전달함수가 다음 그림처럼 표시되는 제어요소는?

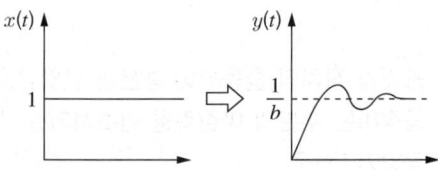

① 1차 지연요소 ② 2차 지연요소
③ 낭비시간요소 ④ 비례요소

해설
2차 지연요소

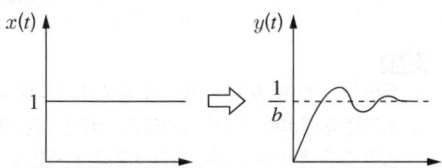

위의 그림처럼 전달함수의 분모가 s의 2차식이 되어 입력 후 결과값이 진동하여 접근하는 요소를 2차 지연요소라고 한다.
$G(s) = \dfrac{Y(s)}{X(s)} = \dfrac{c}{s^2 + as + b}$ 의 관계가 되는 함수이다.

55 RC 직렬회로망에서 입력 $v_i(t)$, 출력 $v_o(t)$일 때 $G(s)$는?

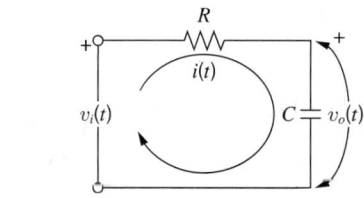

① $\dfrac{1}{RCs + 1}$ ② $\dfrac{1}{R + Cs}$

③ $\dfrac{R}{R + Cs}$ ④ $\dfrac{Cs}{R + Cs}$

해설

$G(s) = \dfrac{V_o(s)}{V_i(s)} = \dfrac{\dfrac{1}{Cs}}{R + \dfrac{1}{Cs}} = \dfrac{1}{RCs + 1}$

56 신호흐름선도의 요소에 대한 설명 중 틀린 것은?

① 경로는 동일한 진행 방향을 갖는 연결 가지의 집합이다.
② 경로 이득은 경로를 형성하는 가지들의 이득의 합이다.
③ 출력마디는 들어오는 가지만 있고 밖으로 나가는 가지는 없다.
④ 입력마디는 밖으로 나가는 가지만 있고 돌아오는 가지는 없다.

해설
경로 이득은 경로를 형성하는 가지들의 이득의 곱이다.

57 PD 제어기는 제어계의 과도 특성 개선을 위해 쓰인다. 이것에 대응하는 보상기는?

① 과도보상기
② 동상보상기
③ 지상보상기
④ 진상보상기

해설
상(狀)을 보상하기 위해 미리 보내진 진(進)상 보상을 하는지, 늦춰진 지(遲)상 보상을 하는지를 판단한다. 비례미분제어는 제어 목표값에 빨리 도달하도록 하는 제어이므로 진상에 대해 보상한다.

58 다음 논리식을 간소화한 값으로 옳은 것은?

$$\overline{A}B + AB\overline{C} + ABC$$

① A
② $\overline{A}$
③ B
④ $\overline{B}$

해설
$\overline{A}B + AB\overline{C} + ABC = \overline{A}B + AB(C+\overline{C})$
$= \overline{A}B + AB = (\overline{A}+A)B = B$

59 다음 그림과 등가인 것은?

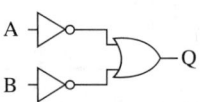

① A B — Q
② A B — Q
③ A B — Q
④ A B — Q

해설
$\overline{A} + \overline{B} = \overline{A \cdot B}$

60 공기압 장치의 습동부에 충분한 윤활유를 공급하여 움직이는 부분의 마찰력을 감소시키는 데 사용하는 공압기기는?

① 공기냉각기
② 공기필터
③ 공기건조기
④ 윤활기

해설
④ 윤활기 : 기기의 운동 시 마찰을 줄여 주기 위해 사용하는 기구
① 공기냉각기(After Cooler, 애프터 쿨러) : 공기를 압축한 후 압력 상승에 따라 고온다습한 공기의 압력을 낮춰 주는 기구
② 공기필터 : 여러 가지 목적으로 공기를 흡입 또는 배출하는 통로에 필터를 달아 이물질을 분리하는 기구
③ 공기건조기(Air Dryer) : 가열 또는 비가열식, 흡착식으로 공기 중의 수분을 제거하는 기구

정답 57 ④ 58 ③ 59 ① 60 ④

제4과목 메커트로닉스

61 PLC 프로그램의 수정에 관한 설명 중 옳지 않은 것은?

① PLC와 PC는 RS-232C, USB, 이더넷, 모뎀으로 연결 가능하다.
② 프로그램 쓰기란 PLC로 데이터를 전송하는 것을 의미한다.
③ PLC RUN 모드에서는 수정을 실시하면 안 된다.
④ 연결 불량 시 물리적 연결 상태를 확인한다.

해설
PLC RUN 모드 중 프로그램은 다음 과정으로 수정 가능하다(제조사별로 방법 상이).
프로젝트 열기 → [온라인]-[접속]을 선택하여 PLC와 연결 → [온라인]-[모니터 시작] → 메뉴 [온라인]-[런 중 수정 시작]을 선택 → 편집 → [온라인]-[런 중 수정 쓰기] → [온라인]-[런 중 수정 종료]

62 전기에너지와 열에너지 사이의 변환관계를 결정하는 법칙은?

① 패러데이 법칙
② 옴의 법칙
③ 키르히호프의 법칙
④ 줄의 법칙

해설
줄의 법칙
- 전력과 전기에너지, 열에너지와의 상관관계를 결정하는 법칙이다.
- 전기는 저항을 만나면 에너지의 형태가 바뀌며 많은 양의 전기에너지가 열에너지로 전환된다. 전기에너지가 모두 열에너지로 형태가 변한다고 가정했을 때의 관계를 정의하였다.

63 되먹임 제어계에서 목표값 또는 기준 입력에 대한 출력의 시간적 변화는?

① 진폭 감쇠비
② 시간 응답
③ 최대 오버슈트
④ 되먹임

해설
피드백 과정에서 목표값 또는 기준 입력에 대한 출력의 시간적 변화가 발생하는데 이를 시간 응답이라 한다.

64 다음 그림의 핸들에 적용된 나사에 대한 설명으로 옳지 않은 것은?

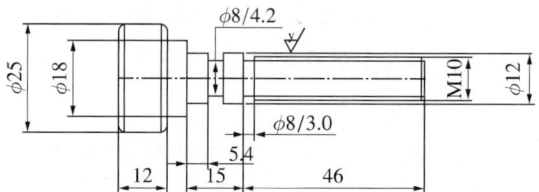

① 바깥지름 12mm인 나사를 적용하였다.
② 미터나사를 적용하였다.
③ 호칭지름이 10mm인 나사를 적용하였다.
④ 나사가 적용된 길이는 43mm이다.

해설
문제의 그림에서는 M10 나사가 적용되었으며, 이는 호칭지름 10mm인 미터보통나사이다.

65 다음 그림과 같은 상을 나타내는 동기전동기에 대한 설명으로 틀린 것은?

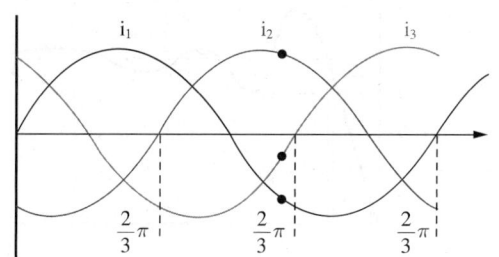

① 파형은 sine 파형을 그린다.
② 고정자 권선은 120° 간격을 갖는다.
③ 여자가 필요 없다.
④ 브러시가 필요 없다.

해설
동기전동기는 여자기를 필요로 하며, 가격이 비싸지만 속도가 일정하고 역률 조정이 쉽기 때문에 정속도 대동력용으로 사용한다.

정답 61 ③ 62 ④ 63 ② 64 ① 65 ③

66 산업용 로봇에서 서보레디(Servo Ready)의 의미로 옳은 것은?

① 컨트롤러에서 이상 유무를 확인·점검하는 신호
② 정의된 위치 데이터를 키보드로 직접 입력하는 신호
③ 아날로그 타입에서 모터 드라이버로 출력하는 속도 명령어 신호
④ 전원 공급 후 컨트롤러가 이상 유무를 확인하기 전에 모터 드라이버측에서 컨트롤러로 보내는 준비신호

67 서보시스템에서 어떤 신호의 출력값이 처음으로 목표값에 도달하는 데 걸리는 시간이 0.3초라면 지연시간은?

① 0.1초 ② 0.15초
③ 0.2초 ④ 0.25초

해설
과도응답
안정된 출력을 얻기까지 과도기적인 응답으로, 다음 그래프에서는 c_5 까지의 시간 응답이다.

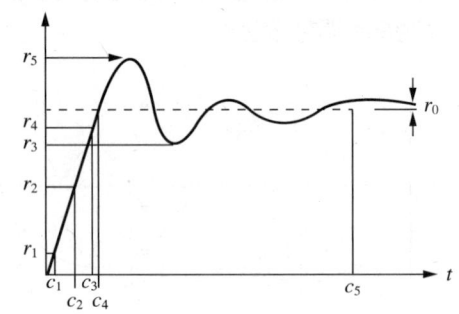

- 지연시간(Delay Time) : 응답값이 희망값의 50% 진행되는 데 요하는 시간으로, 위 그래프에서 r_2 가 희망값의 50%라면 c_2 는 지연시간이다.
- 상승시간(Rise Time) : 응답이 희망값의 10%에서 90%까지 도달하는 시간으로, 위 그래프에서 r_1 이 희망값의 10%, r_4 가 90%라면 $c_3 - c_1$ 은 상승시간이다.
- 정착시간(Setting Time, 응답시간, 정정시간) : 응답이 희망값의 5% 이내로 들어올 때까지의 시간으로, 위 그래프에서 0부터 c_5 까지이다(목표가 오차 5% 이내인 경우).

68 25Ω의 저항에 주파수 60Hz인 전압 $100\sqrt{2}\sin\omega t$ [V]를 가했을 때 전류의 실횻값[A]은?

① 3 ② 4
③ $4\sqrt{2}$ ④ 5

해설
- 최댓값과 실횻값, 평균값의 관계

$$V_{ave} = \frac{2}{\pi} V_{max} \fallingdotseq 0.637 V_{max}$$

$$V_p = \frac{1}{\sqrt{2}} V_{max} \fallingdotseq 0.707 V_{max}$$

- $V_{max} = 100\sqrt{2}\sin 90 = 100\sqrt{2}$, ∴ $V_p = \frac{1}{\sqrt{2}} V_{max} = 100$

- $I = \frac{V}{R}$, $I_p = \frac{V_p}{R} = \frac{100}{25} = 4A$

69 콘덴서의 기능을 응용한 회로가 아닌 것은?

① 스파크 소거회로
② 저역 통과 필터회로
③ 교류전류에 대한 저항회로
④ 교류 전원에 대한 정류회로

해설
교류에 대한 정류의 원리는 브러시를 이용한 극성의 교환에 있으므로 콘덴서와는 무관하다.
콘덴서
- 두 장의 전극판을 마주 보게 붙여 놓은 구조
- 커패시터의 일종
- 역 할
  - 전류의 부족 시 순방향 전류를 공급해 준다.
  - 과전류 시 전류를 담아서 전류를 안정적으로 한다.
  - 직류를 걸러내고 교류를 통과시키는 역할을 한다.

70 마이크로프로세서의 레지스터(Register)를 기능적으로 분류한 것이 아닌 것은?

① 메모리
② 명령 포인터
③ 플래그 레지스터
④ 세그먼트 레지스터

해설

레지스터(Register) : 메모리보다 매우 빠르게 정보를 읽거나 쓸 수 있는 작은 규모의 기억장치로, 명령어가 실행 중일 때 CPU가 사용 중인 내부 데이터를 일시적으로 저장하는 곳이다.
- 누산기(Accumulator) : 산술과 논리연산의 중간값을 임시적으로 보관하기 위한 레지스터이다.
- 기억 레지스터(Storage Register) : 주기억장치로 보내는 데이터를 임시적으로 저장하는 레지스터이다.
- 데이터 레지스터(Data Register) : 연산을 위한 데이터를 일시적으로 기억하는 레지스터이다.
- 상태 레지스터(Status Register, Flag Register) : 산술과 논리연산의 결과로 나오는 자리올림, 부호, 0 여부, 1의 짝홀 파악 등의 상태를 기억하는 레지스터이다.
- 인덱스 레지스터(Index Register) : 명령 주소를 수정하거나 색인 주소를 지정할 때 사용하는 레지스터이다.
- 부동 소수점 레지스터(Floating Point Register) : 부동 소수점 연산에 사용되는 레지스터이다.
- 스택(Stack) : 기억장치에 데이터를 일시적으로 겹쳐 쌓아 두었다가 필요할 때에 꺼내서 사용하는 임시 기억장치로 LIFO(Last In First Out)의 성질을 갖는다.
- 세그먼트 레지스터
  - 세그먼트라고 하는 메모리의 한 영역에 대한 주소를 지정한다.
  - CS 레지스터 : 프로그램의 코드 세그먼트의 시작 주소를 포함하며, 명령어의 주소를 산출한다.
  - DS 레지스터 : 프로그램의 데이터 세그먼트의 시작 주소를 포함하며, 데이터 위치를 산출한다.
  - SS 레지스터 : 메모리상에 스택의 구현을 가능하게 하고, 스택의 현재 워드를 산출한다.
  - ES 레지스터 : 문자 데이터 연산에 사용한다.
- 포인터 레지스터 : 명령어 포인터(IP) 레지스터, 스택 포인터(SP) 레지스터, 베이스 포인터(BP) 레지스터

71 압축공기를 생성할 때 필요한 구성요소와 관계없는 것은?

① 공압필터
② 공압탱크
③ 공압실린더
④ 공기압축기

해설

공압 조정 유닛(또는 서비스 유닛)
- 공급받은 압축공기를 필요한 압력만큼 조정하는 유닛이다.
- 공기탱크에 저장된 압축공기는 배관을 통하여 각종 공기압기기로 전달된다.
- 공기압기기로 공급하기 전 압축공기의 상태를 조정해야 한다.
- 공기여과기(압축공기 필터)를 이용하여 압축공기를 청정화한다.
- 압력조정기를 이용하여 회로압력을 설정한다.
- 윤활기에서 윤활유를 분무하여 구동부의 윤활을 좋게 한다.
- 공기압장치로 압축공기를 공급한다.

72 PLC의 운전 모드 중 프로그램 연산을 일시 정지시키는 모드는?

① RUN
② STOP
③ PAUSE
④ Remote STOP

해설

PLC의 운전 모드
- RUN 모드 : 프로그램의 연산을 수행하는 모드이다.
- STOP 모드 : 프로그램의 연산을 정지시키는 모드이다.
- 리모트 STOP 모드
  - 모드 키의 위치를 STOP 모드에서 PAU/REM 모드로 전환할 때에 선택되는 모드이다.
  - 컴퓨터에서 작성한 프로그램을 PLC로 전송할 수 있게 해 준다.
- PAUSE 모드 : 프로그램의 연산을 일시 정지시키는 모드로, 다시 RUN 모드로 돌아갈 경우에는 정지되기 이전의 상태부터 연속하여 실행한다.

73 유압 작동유가 구비하여야 할 조건 중 틀린 것은?

① 압축성이어야 한다.
② 열을 방출시킬 수 있어야 한다.
③ 적절한 점도가 유지되어야 한다.
④ 장시간 사용해도 화학적으로 안정되어야 한다.

해설
유압 작동유의 특징
- 비압축성이어야 한다.
- 열의 영향을 작게 받을 수 있어야 한다.
- 장시간 사용하여도 화학적으로 안정되어야 한다.
- 다양한 조건에서도 적정 점도가 유지되어야 한다.
- 기밀성, 청결성을 가지고 있어야 한다.

74 유압펌프의 기계효율이 90%이고, 용적효율이 90%일 경우 펌프의 전효율(Overall Efficiency)는 얼마인가?

① 45%   ② 81%
③ 85%   ④ 90%

해설
펌프의 효율
펌프 전효율 = 용적효율 × 기계효율 = 0.9 × 0.9 = 0.81
- 용적효율 : 이론 토출량과 실제 토출량의 비율
- 기계효율 : 펌프의 기계적 손실이 감안된 효율

75 전자개폐기의 철심이 진동할 경우 예상되는 원인으로 가장 가까운 것은?

① 가동철심과 고정철심 접촉 부위에 녹이 발생하였다.
② 전자개폐기의 코일이 단선되었다.
③ 전자개폐기 주위의 습기가 낮다.
④ 접촉단자에 정격전압 이상의 전압이 가해졌다.

해설
전자개폐기에 전류가 흐르면 고정철심이 전자석이 되어 가동철심을 잡아당긴다. 진동이 생긴다는 것은 전자석 역할을 하는 물체가 자화되었다 안 되었다 하는 일이 매우 빠르게 반복되거나 잡아당겨진 가동철심이 접촉 불가능한 경우 등이다. 보기 중 가장 예상되는 원인은 접촉 부위의 이물질이 생겼을 경우이다.

76 개회로제어시스템(Open Loop Control System)을 적용하기 적합하지 않은 제어계는?

① 외란변수의 변화가 매우 작은 경우
② 여러 개의 외란변수가 존재하는 경우
③ 외란변수에 의한 영향이 무시할 정도로 작은 경우
④ 외란변수의 특징과 영향을 확실히 알고 있는 경우

해설
개회로제어시스템은 피드백이 없고, 입력에 따른 전달함수만 적용한다. 외란이 많은 경우 피드백 없이 원하는 출력값을 얻기 어렵다.

77 매우 큰 힘을 발생시킬 수 있고, 회전력과 직선력으로 사용할 수 있는 로봇 동력원은?

① 공기압식 동력원
② 전기식 동력원
③ 유압식 동력원
④ 기계식 동력원

해설
보기 중 전기식 동력원과 기계식 동력원을 구분할 수 있으며, 전기식 동력원은 모터를 의미하고, 기계식 동력원은 공압식과 유압식으로 구분할 수 있다. 유압식 동력원은 파스칼의 원리에 의해 큰 힘을 발생시킬 수 있다.

78 IEC에서 표준화한 PLC 언어 중 문자기반언어는?

① LD
② FBD
③ IL
④ SFC

해설
- 문자기반언어 : IL(Instruction List)
- 도형기반언어 : LD(Ladder Diagram), FBD(Function Block Diagram), SFC(Sequential Function Chart)

79 RL 직렬회로에 인가되는 전압의 주파수가 감소하면 위상각은?

① 증가한다.
② 감소한다.
③ 변함없다.
④ 일정시간 증가 후 감소한다.

해설
1차 앞선요소

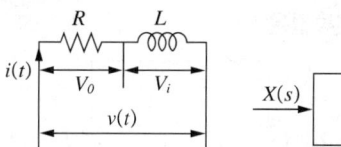

위의 그림과 같은 RL 직렬회로의 경우 입력 $i(t)$가 들어가면 전압강하 $v(t)$가 일어나는 회로에서 출력에 입력의 미분값이 더해지는 요소로

$G(s) = \dfrac{Y(s)}{X(s)} = \dfrac{V_o(s)}{V_i(s)} = K(s+a)$의 관계가 되는 함수이다.

80 5개의 T-FF(플립플롭)으로 구성된 카운터 회로에 입력 클럭 주파수가 8MHz일 경우 마지막 플립플롭의 출력 주파수[kHz]는?

① 150
② 250
③ 300
④ 350

해설
카운터 회로를 문제와 같이 출력을 바로 입력에 연결하면 마지막 플립플롭에서는 $\dfrac{1}{2^5}$의 주파수가 출력된다.

$8,000\text{kHz} \times \dfrac{1}{2^5} = 250\text{kHz}$

정답 77 ③ 78 ③ 79 ② 80 ②

2022년 제1회 과년도 기출복원문제

제1과목 자동제어

01 다음 그림과 같은 교류회로에서 주파수가 10Hz라 할 때 실효 전류값은?

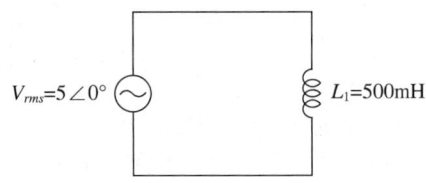

① $20\angle-90°$
② $1.59\angle-90°$
③ $20\angle 90°$
④ $0.159\angle-90°$

해설
인덕턴스 L_1에 걸리는 임피던스 $Z=R+j(X_L+X_C)$
$\qquad\qquad\qquad\qquad\qquad = \sqrt{R^2+(X_L+X_C)^2}$
여기서, $R=0$, $X_C=0$이므로
$Z=\sqrt{X_L^2}=2\pi fL_1=2\pi\times 10\text{Hz}\times 0.5\text{H}=31.4\Omega$
∴ 실효 전류 $I_s=\dfrac{V_s}{Z}=\dfrac{5\text{V}}{31.4\Omega}=0.159\text{A}$ 이며,
$\angle 0°$에서 인덕턴스가 작용하므로 위상은 $\angle-90°$이다.

02 다음 CNC 공작기계의 서보제어방식으로 옳은 것은?

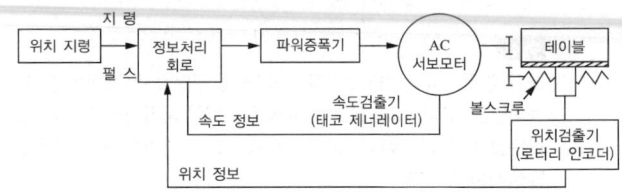

① 개방회로방식
② 복합회로방식
③ 폐쇄회로방식
④ 반폐쇄회로방식

해설
최종 출력값을 피드백하여 제어하므로 폐쇄회로방식이다.

03 0~1,000V A/D 변환장치를 이용해 10m/s의 속도를 낼 수 있는 기계에서 6m/s는 몇 V로 표현되는가?

① 0V
② 60V
③ 600V
④ 1,000V

해설
아날로그를 디지털로 변환하는 장치를 이용할 때 전압을 이용하여 표현하고, 장치의 범주와 사용전압의 범주를 일치시켜 디지털로 변환하는 방식을 사용하는 경우가 많다. 1,000V가 10m/s로 표현될 것이므로 그의 60% 속도는 600V로 표현된다.

04 $F(s) = \dfrac{1}{s^2 + 6s + 10}$ 의 값은?

① $e^{-3t}\sin t$

② $e^{-t}\sin 5t$

③ $e^{-3t}\cos \omega t$

④ $e^{-t}\sin 5\omega t$

해설

라플라스 변환테이블

	함수명	$f(t)$	$F(s)$
1	단위 충격	$\delta(t)$	1
2	단위 계단	$u(t)=1$	$\dfrac{1}{s}$
3	단위 경사	t	$\dfrac{1}{s^2}$
4	포물선	t^2	$\dfrac{2}{s^3}$
5	n차 경사	t^n	$\dfrac{n!}{s^{n+1}}$
6	지수 감쇠	e^{-at}	$\dfrac{1}{s+a}$
7	지수 감쇠 경사	te^{-at}	$\dfrac{1}{(s+a)^2}$
8	지수 n차 경사	$t^n e^{-at}$	$\dfrac{n!}{(s+a)^{n+1}}$
9	cos 함수	$\cos\omega t$	$\dfrac{s}{s^2+\omega^2}$
10	sin 함수	$\sin\omega t$	$\dfrac{\omega}{s^2+\omega^2}$
11	지수 감쇠 cos	$e^{-at}\cos\omega t$	$\dfrac{s+a}{(s+a)^2+\omega^2}$
12	지수 감쇠 sin	$e^{-at}\sin\omega t$	$\dfrac{\omega}{(s+a)^2+\omega^2}$
13	쌍곡선 함수	$\cos\eta\omega t$	$\dfrac{s}{s^2-\omega^2}$
14	쌍곡선 함수	$\sin\eta\omega t$	$\dfrac{\omega}{s^2-\omega^2}$

$F(s) = \dfrac{1}{s^2+6s+10} = \dfrac{1}{s^2+6s+9+1}$

$= \dfrac{1}{(s+3)^2+1^2} = e^{-3t}\sin t$

05 공업계측용 소자 중 온도를 전압으로 변환하는 것은?

① 트라이악

② 광전다이오드

③ 열전대

④ 제너다이오드

해설

열전대, 열전쌍(熱電雙)

- 이종(異種)금속을 붙여 열전효과를 일으켜 온도를 감지하는 소자이다.
- 제베크 효과(Seebeck, 온도에 의한 열기전력(전압) 발생효과)를 이용한다.

06 함수 $F(s) = \dfrac{4}{s^3 + 3s^2 + 2s}$ 를 라플라스 역변환한 결과값 $f(t)$은?

① $2 - 4e^{-t} + 2e^{-2t}$

② $2 - 4e^{-t} - 2e^{-2t}$

③ $\dfrac{1}{2} - \dfrac{1}{4}e^t + \dfrac{1}{2}e^{-t}$

④ $\dfrac{1}{2} - \dfrac{1}{4}e^t - \dfrac{1}{2}e^{-t}$

해설

$F(s) = \dfrac{4}{s^3+3s^2+2s}$ 의 분모를 인수분해하면

$F(s) = \dfrac{4}{s(s+1)(s+2)} = \dfrac{2}{s} + \dfrac{-4}{s+1} + \dfrac{2}{s+2}$

$f(t) = \mathcal{L}^{-1}[F(s)] = \mathcal{L}^{-1}\left[\dfrac{2}{s} + \dfrac{-4}{s+1} + \dfrac{2}{s+2}\right]$

$= 2 - 4e^{-t} + 2e^{-2t}$

07 PLC 본체 구성에 들어가지 않는 것은?

① 중앙처리장치
② AC 전동장치
③ Read Only Memory
④ Random Access Memory

해설
AC 전동장치는 모터를 말한다. 팬에 모터가 들어간다고 생각할 수 있으나 객관식 비공개 시험에서는 정답에 가장 가까운 답을 고른다.

08 신호흐름선도 $\underset{\circ}{x_7} \xrightarrow{11} \underset{\circ}{x_8} \xrightarrow{5S} \underset{\circ}{x_9} \xrightarrow{2S} \underset{\circ}{x_{10}}$ 와 같은 것은?

① $\underset{\circ}{x_7} \xrightarrow{4S} \underset{\circ}{x_{10}}$
② $\underset{\circ}{x_7} \xrightarrow{5S} \underset{\circ}{x_{10}}$
③ $\underset{\circ}{x_7} \xrightarrow{55S} \underset{\circ}{x_{10}}$
④ $\underset{\circ}{x_7} \xrightarrow{110S} \underset{\circ}{x_{10}}$

해설
신호흐름선도의 곱하기 법칙 : 종속 접속 시 이하 가지의 함수를 곱하면 하나의 함수로 나타낼 수 있다.

09 목적에 따른 피드백(Feedback) 제어 분류로 옳지 않은 것은?

① 개회로제어 VS 폐회로제어
② 아날로그제어 VS 디지털제어
③ 시변제어 VS 시불변제어
④ 선형제어 VS 비선형제어

해설
보기 ①, ③, ④는 피드백제어를 어떻게 하느냐에 대한 분류이고, ②는 제어의 대상과 방법이 아날로그냐 디지털이냐에 대한 분류이므로, 목적에 따른 제어분류로 보기는 어렵다.

10 회전하는 물체의 속도, 각속도 등을 측정하며, 회전축에 측정하고자 하는 회전체의 축을 서로 연결하여 돌아가는 방향과 횟수를 정밀하게 측정하여 속도값을 얻는 서보기구는?

① 서보모터
② 리졸버
③ 커플링
④ 인코더

해설
인코더 : 회전하는 물체의 속도, 각속도 등을 측정하며, 회전축에 측정하고자 하는 회전체의 축을 서로 연결하여 돌아가는 방향과 횟수를 정밀하게 측정하여 속도값을 얻는다. 공작기계에서는 주로 로터리 형식을 사용한다.

11 게이트회로의 출력이 다음 그림과 같다면 논리식은?

① $Y = A + B$
② $Y = A \cdot B$
③ $Y = \overline{A + B}$
④ $Y = \overline{A \cdot B}$

해설
- AND(논리곱)
  $Y = A \cdot B$
- NAND(논리곱의 부정)
  $Y = \overline{A \cdot B}$
- NOT(부정)
  $Y = \overline{A}$
- OR(논리합)
  $Y = A + B$
- XOR(배타적논리합의 부정)
  $Y = A \oplus B$

12 PLC의 중추적 역할을 담당하며, 연산부와 레지스터부로 구성된 장치는?

① 중앙처리장치 ② 기억장치
③ 출력장치 ④ 입력장치

해설
PLC는 컴퓨터처럼 입력장치, 논리연산장치, 제어장치, 출력장치(구현장치)로 구성된다.

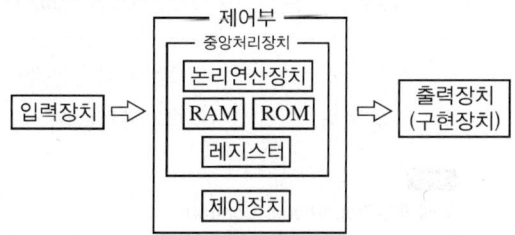

13 다음 논리식 중 결과가 다른 것은?

① $A(B+C)$
② $A+(B \cdot C)$
③ $A \cdot B + A \cdot C$
④ $A(AB+C)$

해설
① $A(B+C) = A \cdot B + A \cdot C$
③ $A \cdot B + A \cdot C$
④ $A(AB+C) = A \cdot B + A \cdot C$

14 아날로그 입력모듈에서 −10V = 0, 1.25mV = 1이라면 10V은?

① 2 ② 16
③ 1,024 ④ 16,000

해설
아날로그 입력모듈 : 아날로그 신호를 디지털 신호로 바꾸는 모듈
• 아날로그량을 전압(1~5V, 0~10V, −10~+10V)이나 전류(4~20mA, 0~20mA)로 변환
• −10~+10V의 경우 −10V는 0, 1.25mV는 1, 10V는 16,000으로 출력
• 0~20mA의 경우, 0mA는 0, 1.25μA 가 1, 20mA는 16,000으로 출력

15 PLC 입력부 선정 시 고려사항으로 옳지 않은 것은?

① 실린더 개수
② 정격전압
③ 정격전류
④ 입력 접점수

해설
실린더는 출력부이다.

16 다음 중 시간선도를 나타낸 것은?

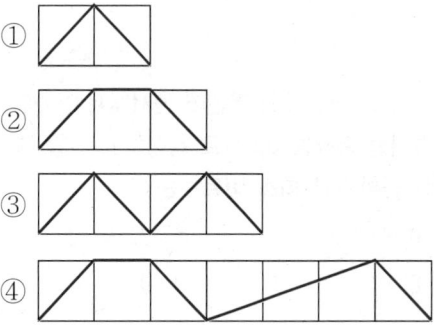

해설
시간선도는 작동선도와 유사하나 스텝별 선도가 아니라 열에 시간을 표현해 놓는 방식이다. ①, ②, ③도 모두 1초 단위의 시간선도라고 할 수도 있고, ④도 보기 외의 다른 조건이 있다는 가정이 있다면 작동선도라고 할 수 있으나 자격시험의 선택형 문제를 해결할 때는 가장 질문에 맞는 것을 골라야 하며 답이 2개 이상으로 보이는 경우도 그중 답에 더 가까운 것을 선택해야 한다.

정답 12 ① 13 ② 14 ④ 15 ① 16 ④

17 $G(s) = \dfrac{\omega_n^2}{s^2 + 2\zeta\omega_n s + \omega_n^2}$ 에서 특성방정식의 ζ에 관한 설명으로 옳은 것은?

① ζ는 고유 진동수를 나타낸다.
② $\zeta < 0$인 경우 과제동 상태를 나타낸다.
③ $\zeta = 1$일 때 임계제동 상태이다.
④ $1 < \zeta$인 경우 아제동 상태이다.

해설
전달함수가 2차 시스템이라면,
$G(s) = \dfrac{K\omega_n^2}{s^2 + 2\zeta\omega_n s + \omega_n^2}$
(여기서, ω_n : 고유 진동수, ζ : 감쇠비, 제동비, 감쇠계수)

특성방정식
2차 시스템의 단위계단응답에서 분모만 따로 등식으로 구성한 $s^2 + 2\zeta\omega_n + \omega_n^2 = 0$을 특성방정식이라고 한다. 특성방정식의 근은 ζ의 값에 따라 복소평면 위의 위치가 달라진다. 따라서 ζ를 감쇠비, 제동비라 하고 ζ값에 따라 다음 표와 같이 제동 상태가 달라진다.

감쇠비		0		1	
값의 영역	$\zeta < 0$		$0 < \zeta < 1$		$1 < \zeta$
제동 상태	불안정	무제동	아(亞)제동	임계 제동	과(過)제동

18 출력이 0.5mV/℃인 열전대 센서에서 0~200℃의 온도범위를 분해능 0.5℃로 측정하고자 할 때, 필요한 A/D 변환기의 최소 비트수는?

① 6 ② 7
③ 8 ④ 9

해설
사용 비트에 따라 n비트의 경우 $\dfrac{1}{2^n - 1}$로 분해 가능하다. 200℃의 온도범위를 0.5℃ 단위로 분해해야 하므로 400step 이상으로 분해가 가능해야 한다.
$\dfrac{1}{400} = \dfrac{1}{2^n - 1}$, $2^n \geq 401$, $2^8 = 256$, $2^9 = 512$
∴ $n \geq 9$

19 다음 보기에서 설명하는 제어동작은?

┌보기├─
- 입력과 출력의 관계속도를 제어한다.
- 제어편차가 검출될 때 편차가 변화하는 속도에 비례하여 조작량을 가감한다.
- 대규모 공장 등의 정밀도보다 적절한 속도가 중요한 곳에 사용한다.
- 응답속도를 개선한 제어이며, P제어와 함께 사용한다.

① 비례제어 ② 비례적분제어
③ 미분제어 ④ 적분제어

해설
비례제어(Proportional Control)
- 가장 단순하며 입력과 출력이 단순함수관계인 제어이다.
- 구성비용이 저렴하나 정밀도가 낮다.
- 상승시간이 짧다.
- 오버슈트를 크게 한다.
- 안정된 상태에서도 잔류편차가 있다.
- 이득(Gain)을 조정한다.
- 제어편차에 비례한 수정동작을 한다.

미분제어(Derivative Control)
- 입력과 출력의 관계속도를 제어한다.
- 제어편차가 검출될 때 편차가 변화하는 속도에 비례하여 조작량을 가감한다.
- 대규모 공장 등의 정밀도보다 적절한 속도가 중요한 곳에 사용한다.
- 응답속도를 개선한 제어이며 P제어와 함께 사용(속응성)한다.

적분제어(Integral Control)
- 제어의 정밀도에 주목한 제어이다.
- 느린 제어속도이다.
- Off-set을 소멸시키고, 잔류편차가 작다.
- 구성이 예민하고, 비용이 비싸다.
- 목적에 따라 정밀도를 개선한 제어이다.

20 세그먼트 레지스터(Segment Register)의 분류에 속하지 않는 것은?

① BS(Base Segment Register)
② CS(Code Segment Register)
③ DS(Data Segment Register)
④ SS(Stack Segment Register)

해설
세그먼트 레지스터 : CS 레지스터, DS 레지스터, SS 레지스터, ES 레지스터

제2과목 기계요소설계

21 다음 중 리벳 호칭방법으로 옳은 것은?

① [종류], [지름×길이], [재료], [지정사항]
② [지름], [길이], [종류], [지정사항], [재료]
③ [재료], [지름×길이], [지정사항], [제조방법]
④ [종류], [재료], [제조방법], [지름×길이]

해설
리벳의 호칭방법은 '표준번호, 종류, 호칭지름×길이, 재료'를 표시하고, 특별한 지정사항이 있으면 그 뒤에 덧붙인다.

22 도면에 다음 그림과 같이 표시가 되었다면 b영역이 의미하는 내용으로 옳은 것은?

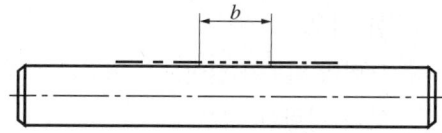

① 표면경화를 해야 하는 영역을 표시하였다.
② 표면경화를 해도 좋은 영역을 표시하였다.
③ 침탄열처리를 하면 안 되는 영역을 표시하였다.
④ 표면경화 간의 간격을 확보하라는 지시를 표시하였다.

해설
b영역의 좌우 부분은 굵은 1점쇄선으로 표면경화 또는 침탄경화를 하도록 표시하였고, b영역은 굵은 파선으로 표시되어 있어 해당 열처리를 해도 좋다는 표시이다.

번 호	선 모양	선의 명칭	적용내용
02.2.1	— — —	굵은 파선	열처리, 유기물 코팅, 열적 스프레이 코팅과 같은 표면처리의 허용 부분을 지시한다.
04.1.5	—·—·—	가는 1점 장쇄선	열처리와 같은 표면경화 부분이 예상되거나 원하는 확산을 지시한다.
04.2.1	—·—·—	굵은 1점 장쇄선	데이텀 목표선, 표면의 (제한) 요구 면적, 예를 들면 열처리 또는 표면의 제한 면적에 대한 공차 형체 지시의 제한 면적, 예로 열처리, 유기물 코팅, 열적 스프레이 코팅 또는 공차 형체의 제한 면적
05.1.8	—··—··—	가는 2점 장쇄선	점착, 연납땜 및 경납땜을 위한 특정범위/제한 영역의 틀/프레임
07.2.1	········	굵은 점선	열처리를 허용하지 않은 부분을 지시한다.

23 다음 중 부분확대도를 그리는 경우는?

① 모양의 특징 또는 일부를 도시하는 것으로 충분한 경우
② 도면의 일부가 알아보기 어렵거나 치수 기입을 하기 곤란한 경우
③ 제품의 구멍·홈 등과 같이 특정한 부분의 모양을 나타내는 것으로 충분한 경우
④ 경사면이 있는 제품의 실제 모양을 투상할 때 보이는 전체 또는 일부분만 나타내는 경우

해설
① 부분투상도를 그리는 경우
③ 국부투상도를 그리는 경우
④ 보조투상도를 그리는 경우

24 자중을 1,000kgf 받고 있는 지름 20mm 사각나사에 회전력을 가하여 밀어 올리려 한다. 마찰계수가 0.3이고 λ가 20°일 때 가해야 하는 최소 토크[kgf·cm]는?

① 약 70kgf·cm
② 약 75kgf·cm
③ 약 700kgf·cm
④ 약 750kgf·cm

해설
$$T = \frac{d}{2}Q = \frac{d}{2}W\frac{f+\tan\lambda}{1-f\tan\lambda}$$
$$= \frac{20mm}{2}1,000kgf\frac{0.3+\tan20°}{1-0.3\tan20°}$$
$$= 10 \times 1,000\frac{0.6640}{0.8908}kgf \cdot mm = 7,454kgf \cdot mm$$
$$= 745.4kgf \cdot cm$$

25 다음 중 표면거칠기가 가장 정밀한 가공방법은?

① 단 조   ② 래 핑
③ 선 삭   ④ 밀 링

해설
래핑(Lapping) : 랩제를 이용하여 문질러서 미세하게 갈아내는 작업

26 다음 나사의 표시방법에 관한 설명 중 옳은 것은?

```
1/4 - 20 UNC - 3A
```

① 유니파이 가는 나사
② 피치가 1/4mm인 나사
③ 3급의 암나사
④ 정밀도가 높은 3급인 수나사

해설
유니파이 나사의 경우

| 나사의 지름을 표시하는 숫자 또는 번호 | - | 산의 수 | 산 | 나사의 종류를 표시하는 기호 |

나사의 지름이 1/4inch이며 1inch에 나사산이 20개인 3급의 유니파이 보통 수나사

27 키에 대한 설명으로 옳지 않은 것은?

① 묻힘키는 폭과 길이 전체를 이용하여 전단력을 받는다.
② 반달키는 축에 키 홈을 깊게 파기 때문에 축의 강도가 약해지는 결점이 있다.
③ 안장키는 납작키라고도 하며 키에는 기울기가 없고 키의 너비만큼 축을 평평하게 깎아서 배치한다.
④ 미끄럼키는 안내키라고도 하며, 축 방향으로 보스를 미끄럼운동시킬 필요가 있을 때 사용한다.

해설
③은 평(Flat)키이다. 안장키는 새들키(Saddle Key)라고도 하며 기울기 없는 키는 홈 가공하지 않고, 보스에만 기울기 1/100의 테이퍼를 넣어 키 홈을 만들어서 때려 박는 방법으로 사용한다.

28 두께가 같고 폭이 구배 또는 테이퍼로 되어 있는 일종의 쐐기로, 인장 또는 압축력이 축 방향으로 작용하는 축과 축, 피스톤과 피스톤 등을 연결하는 데 사용하는 체결용 기계요소는?

① 키 ② 핀
③ 볼트 ④ 코터

해설
코터 : 두께가 같고 폭이 구배 또는 테이퍼로 되어 있는 일종의 쐐기이다.

29 다음 중 자동하중 브레이크가 아닌 것은?

① 웜 브레이크
② 블록 브레이크
③ 나사 브레이크
④ 원심 브레이크

해설
브레이크
- 브레이크의 종류는 제동력이 작용하는 원리에 따라 축압식, 전자식, 원추식, 자동하중식 등으로 구분한다. 모양과 구조에 따른 자세한 분류는 다음 그림과 같다.

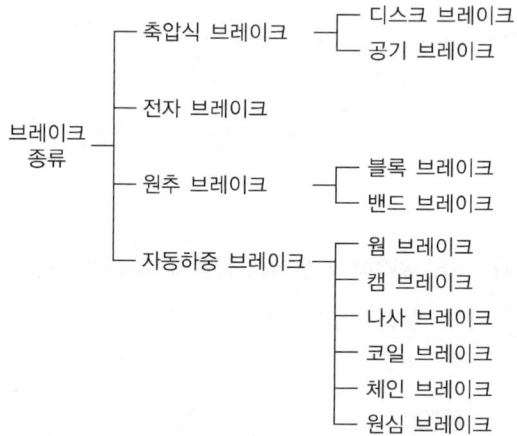

- 축 방향으로 인장 또는 압축이 작용하는 요소를 연결하는 것으로, 분해할 필요가 있을 경우에 주로 사용한다.
- 축과 축, 피스톤과 피스톤, 커넥팅 로드 등에 사용되며 암놈 축을 Rod, 수놈 축을 Socket, 그리고 Cotter 등으로 부른다.

30 밀링머신에 관한 설명으로 옳지 않는 것은?

① 테이블의 이송속도는 밀링커터날 1개당 이송거리×커터의 날수×커터의 회전수로 산출한다.
② 플레노형 밀링머신은 대형의 공작물 또는 중량물의 평면이나 홈가공에 사용한다.
③ 하향절삭은 커터의 날이 일감의 이송 방향과 같으므로 일감의 고정이 간편하고 백래시 제거장치가 필요 없다.
④ 수직 밀링머신은 스핀들이 수직 방향으로 장치되며 엔드밀로 홈 깎기, 옆면 깎기 등을 가공하는 기계이다.

해설
밀링가공의 절삭 방향

상향절삭(올려 깎기)	하향절삭(내려 깎기)
커터날의 회전 방향과 일감의 이송이 서로 반대 방향	커터날의 회전 방향과 일감의 이송이 서로 같은 방향
• 커터날이 일감을 들어 올리는 방향이므로 기계에 무리를 주지 않는다. • 커터날에 처음 작용하는 절삭저항이 작다. • 깎인 칩이 새로운 절삭을 방해하지 않는다. • 백래시의 우려가 없다.	• 커터날에 마찰작용이 작으므로 날의 마멸이 작고 수명이 길다. • 커터날을 밑으로 향하게 하여 절삭한다. 따라서 일감을 밑으로 눌러서 절삭하므로, 일감의 고정이 쉽다. • 날자리 간격이 짧고, 가공면이 깨끗하다.
• 커터날이 일감을 들어 올리는 방향으로 일을 하므로 일감의 고정이 어렵다. • 날의 마찰이 커서 날의 마멸이 크다. • 회전과 이송이 반대여서 이송의 크기가 상대적으로 크며, 이에 따라 피치가 커져서 가공면이 거칠다. • 가공할 면을 보면서 작업하기 어렵다.	• 상향절삭과는 다르게 기계에 무리를 준다. • 커터날이 새로운 면을 절삭저항이 큰 방향에서 진입하므로 날이 약할 경우 부러질 우려가 있다. • 가공된 면 위에 칩이 쌓이므로, 절삭열이 남아 있는 칩에 의해 가공된 면이 열 변형을 받을 우려가 있다. • 백래시 제거장치가 필요하다.

31 다음 중 원판 스프링이라고도 하는 스프링은?

① 코일 스프링
② 접시 스프링
③ 벌류트 스프링
④ 겹판 스프링

해설
② 원판 스프링(접시 스프링)

① 코일 스프링

③ 벌류트 스프링

④ 겹판 스프링

32 기어가 회전운동을 할 때 접촉하는 것과 같은 상대운동으로 기어를 절삭하는 방법은?

① 창성식 기어절삭법
② 모형식 기어절삭법
③ 원판식 기어절삭법
④ 성형공구 기어절삭법

해설
창성(創成)에 의한 방법
- 상대운동에 의한 기어절삭, 전용 절삭기구를 제작하여 상대운동을 시켜 가공한다.
- 정확한 인벌류트 치형가공이 가능하다.
- 피니언 커터, 래크 커터, 호브 등을 이용한다.

33 코터 너비 10mm, 높이 50mm, 압축응력 1,200N일 때 전단응력은?

① 600Pa
② 200kPa
③ 2.4MPa
④ 6.0MPa

해설
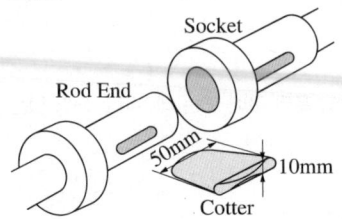

전단응력을 받는 면적 = 50mm × 10mm = 500mm²

$$\therefore \tau = \frac{F}{A} = \frac{1,200\text{N}}{500\text{mm}^2} = 2.4\text{MPa}$$

34 KS 규격에 따른 회주철품의 재료기호는?

① WC
② SB
③ GC
④ FC

해설
③ GC(Grey Casting) : 회주철
① WC(White Casting) : 백주철
② SB(Steel Boiler) : 보일러강
④ FC(Ferrum Casting) : 주철

35 1줄 겹치기 리벳이음의 리벳지름을 d, 피치를 p, 판두께를 t라 할 때, 다음 중 가장 효율이 높은 이음은? (단, 판의 인장강도와 리벳의 전단강도는 같다고 간주한다)

① $d = 20$mm, $p = 50$mm, $t = 10$mm
② $d = 18$mm, $p = 60$mm, $t = 18$mm
③ $d = 20$mm, $p = 60$mm, $t = 8$mm
④ $d = 18$mm, $p = 60$mm, $t = 10$mm

해설

효율은 리벳 없는 판이 버티는 힘에 대해 리벳이 버티는 힘의 비율이다.

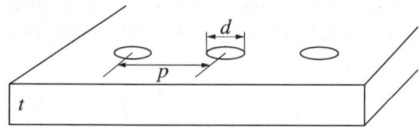

$$\therefore 효율 = \frac{\frac{\pi d^2}{4} \times \tau}{pt \times \sigma} = \frac{\pi d^2}{4pt} \quad (여기서, \sigma = \tau)$$

③ $\dfrac{\pi d^2}{4pt} = \dfrac{\pi \times 20^2}{4 \times 60 \times 8} = 0.654$

① $\dfrac{\pi d^2}{4pt} = \dfrac{\pi \times 20^2}{4 \times 50 \times 10} = 0.628$

② $\dfrac{\pi d^2}{4pt} = \dfrac{\pi \times 18^2}{4 \times 60 \times 18} = 0.236$

④ $\dfrac{\pi d^2}{4pt} = \dfrac{\pi \times 18^2}{4 \times 60 \times 10} = 0.424$

36 도면에서 두 종류 이상의 선이 같은 장소에서 겹치게 될 경우 표시되는 선의 우선순위가 높은 것부터 낮은 순서대로 나열되어 있는 것은?

① 외형선, 숨은선, 절단선, 중심선
② 외형선, 절단선, 숨은선, 중심선
③ 외형선, 중심선, 숨은선, 절단선
④ 절단선, 중심선, 숨은선, 외형선

해설

도면에서 두 종류 이상의 선이 같은 장소에서 중복되는 경우에는 외형선 > 숨은선 > 절단선 > 중심선 > 무게중심선 > 치수보조선 순으로 표시한다.

37 스퍼기어 제도에 관한 설명으로 옳지 않은 것은?

① 이끝원은 굵은 실선으로 그린다.
② 피치원은 가는 1점쇄선으로 그린다.
③ 이뿌리원은 2점쇄선으로 그린다.
④ 이뿌리원을 축에 직각 방향으로 단면 투상할 경우에는 굵은 실선으로 그린다.

해설

스퍼기어의 제도
• 이끝원(잇봉우리원)은 굵은 실선으로 그린다.
• 피치원은 가는 1점쇄선으로 그린다.
• 이뿌리원은 가는 실선으로 그린다. 단, 축에 직각 방향으로 단면 투상할 경우에는 굵은 실선으로 그린다.

38 구름베어링의 기호 중 'NF 307' 베어링의 안지름은 몇 mm인가?

① 7   ② 10
③ 30   ④ 35

해설

NF 307은 NF 3까지가 계열번호이므로 안지름은 07호에 해당한다.
7×5mm $= 35$mm

39 데이텀 지시가 필요한 기하공차는?

① 원통도
② 진직도
③ 원주 흔들림공차
④ 선의 윤곽도

해설

관련 형체를 설명하는 경우와 자세공차, 위치공차, 흔들림공차의 경우에 데이텀 표시가 필요하다. 단독 형체를 사용하는 모양공차는 데이텀이 필요하지 않다. 모양공차에는 진직도, 평면도, 진원도, 원통도, 윤곽도 공차가 있으며, 자세공차에는 평행도, 직각도, 경사도가 있다. 위치공차에는 위치도, 동축도, 대칭도가 있으며, 흔들림공차에는 원주흔들림공차와 온흔들림공차가 있다.

정답 35 ③ 36 ① 37 ③ 38 ④ 39 ③

40 끼워맞춤에서 H6/g6는 무엇을 뜻하는가?

① 축 기준 6급 헐거운 끼워맞춤
② 축 기준 6급 억지 끼워맞춤
③ 구멍 기준 6급 헐거운 끼워맞춤
④ 구멍 기준 6급 중간 끼워맞춤

해설

	축의 공차역 클래스									
	헐거운 끼워맞춤		중간 끼워맞춤			억지 끼워맞춤				
H6			g5	h5	js5	k5	m5			
		f6	g6	h6	js6	k6	m6	n6	p6	

제3과목 공유압

41 다음 중 값이 다른 것은?

① 1.026atm
② 780mmHg
③ 1.060kgf/cm²
④ 1bar

해설
1atm = 760mmHg = 10.33mAq = 1.03323kgf/cm² = 1.013bar
1.026atm = 780mmHg = 10.60mAq = 1.06018kgf/cm² = 1.040bar

42 압축공기의 건조방법 중 수증기를 응축시켜 제습하는 방식은?

① 냉각식 ② 흡착식
③ 흡수식 ④ 방수식

해설
압축공기의 건조방식은 수증기의 제습방법에 따라 냉각식, 흡착식, 흡수식이 있다.
• 냉각식 : 공기를 강제로 냉각시킴으로써 수증기를 응축시켜 제습하는 방식이다.
• 흡착식 : 흡착제(실리카겔, 알루미나겔, 합성제올라이트 등)로 공기 중의 수증기를 흡착시켜 제습하는 방법이다.
• 흡수식 : 흡습액(염화리튬 수용액, 폴리에틸렌글리콜 등)을 이용하여 수분을 흡수하며, 흡습액의 농도와 온도를 선정하면 임의의 온도와 습도의 공기를 얻는 것이 가능하기 때문에 일반 공조용 등에 사용된다.

43 다음 회로에 대한 설명으로 옳지 않은 것은?

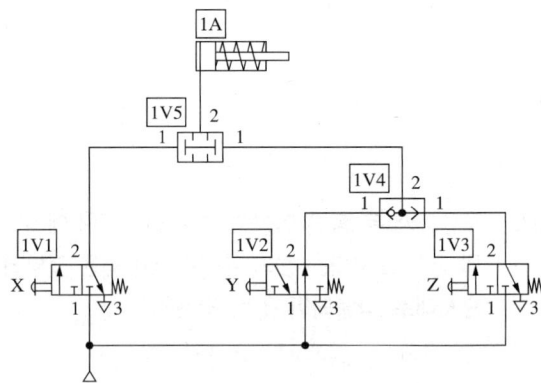

① 공압회로인지 유압회로인지 알 수 없다.
② AND 논리가 포함된 회로이다.
③ OR 논리가 포함된 회로이다.
④ 블리드 오프 기능을 포함했는지 알 수 없다.

해설
속이 빈 삼각형은 공압을 공급하고 있다는 표시이다.

44 주로 파일럿 체크밸브와 짝이 되어 사용하며 원하는 공기압 외의 입력공기압을 모두 배출하는 밸브센터의 모양으로 옳은 것은?

① 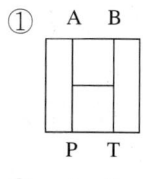 ②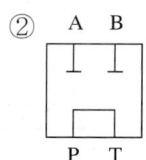

③ 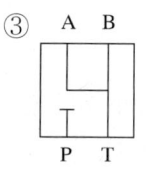 ④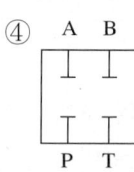

해설

명칭	모양	특징
오픈센터 (Open Center)	A B / P T	중립 상태에서 모든 통로가 열려 있으므로 중립 상태 시 부하를 받지 않는다.
탠덤센터 (Tandem Center)	A B / P T	중립 시 들어온 공기를 탱크로 회수한다. 실린더의 위치 고정이 가능하고 경제적으로 사용된다.
플로트 센터 (Float Center)	A B / P T	주로 파일럿 체크밸브와 짝이 되어 사용하며 원하는 공기압 외의 입력 공기압을 모두 배출한다.
클로즈드 센터 (Closed Center)	A B / P T	모든 포트가 막혀 있어 펌프로 들어올 공기가 들어오지 못하고, 다른 회로와 연결되어 있는 경우 다른 회로에서 모두 사용한다.

45 다음 그림의 유압회로로 옳은 것은?

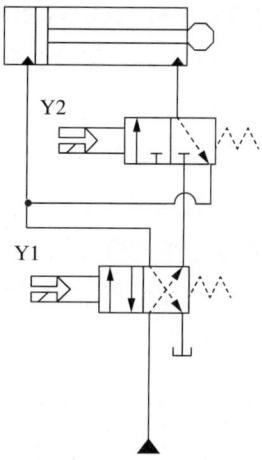

① 시퀀스회로
② 재생회로
③ 감압회로
④ 차압회로

해설
배출되는 유압을 전진압력에 보태서 추력을 얻는 회로는 재생회로이다.

46 2차 압력일정제어밸브는?

① 감압밸브   ② 시퀀스밸브
③ 무부하밸브 ④ 릴리프밸브

해설
① 감압밸브 : 출구쪽 압력을 일정하게 유지하는 역할을 하는 밸브로, 릴리프밸브가 1차 쪽 압력제어이면 감압밸브는 2차 쪽 압력 조정밸브이다.
② 시퀀스밸브 : 주회로의 압력을 일정하게 유지하면서 조작 순서를 제어할 때 사용하는 밸브이다.
③ 무부하밸브 : 펌프의 무부하운전을 시키는 밸브이다.

47 스풀형 밸브에 대한 설명으로 옳지 않은 것은?

① 원통형으로 된 슬리브나 밸브 몸체의 미끄럼면에 내접하여 축이 축 방향으로 이동하면서 압축공기의 흐름을 전환한다.
② 비교적 높은 공압에서도 작은 힘으로 밸브를 전환할 수 있다.
③ 대량 생산에 적합하다.
④ 밸브의 크기에 비해 출력이 작다.

해설
스풀형

기본 구조원리	• 원통형으로 된 슬리브나 밸브 몸체의 미끄럼면에 내접하여 스풀(실패) 형상의 축이 축 방향으로 이동하면서 압축공기의 흐름을 전환한다.
장 점	• 압력이 축 방향으로 작용하고 있기 때문에 비교적 높은 공압에서도 작은 힘으로 밸브를 전환할 수 있다. • 대량 생산에 적합하다. • 스풀의 형상이나 배관구의 위치에 따라 각종 밸브를 만들 수 있다. • 밸브의 크기에 비해서 비교적 큰 유량을 얻을 수 있다.
단 점	• 고정밀도의 기계가공이 필요하다. • 약간의 공기 누설이 있다. • 배관 중에 먼지 등의 이물질이 혼입된 압축공기를 사용하면 고장의 원인이 된다. • 급유가 필요하다.

48 다음 회로도에 대한 설명으로 옳지 않은 것은?

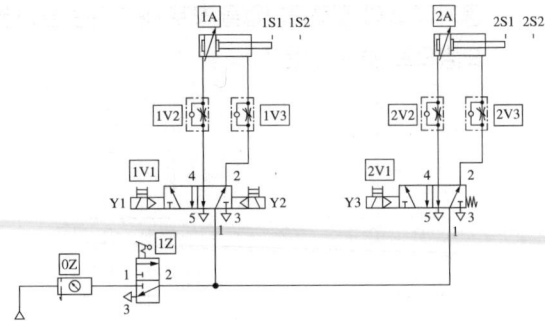

① 1A의 초기 상태에서는 1S1이 눌려 있다.
② 1A는 미터 인 제어를 받고 있다.
③ 2A는 초기 상태가 후진 상태이다.
④ 기동밸브로 풋밸브를 사용하고 있다.

해설
체크밸브의 방향이 나오는 공기를 제어하고 있으므로 미터 아웃 제어이다.

49 배압을 발생시킬 목적으로 설치하는 밸브는?

① 유량밸브
② 유압서보밸브
③ 방향제어밸브
④ 카운터 밸런스 밸브

해설
카운터 밸런스 밸브 : 액추에이터쪽에 배압(Back Pressure, 빠지는 쪽의 압력)을 걸어 주어 적절한 움직임을 제어하고자 하는 밸브이다.

50 다음 그림처럼 액추에이터로 공급되는 유량이 작동속도에 비해 너무 많을 때 밀려 나는 유량을 탱크로 회수하는 방식의 회로는?

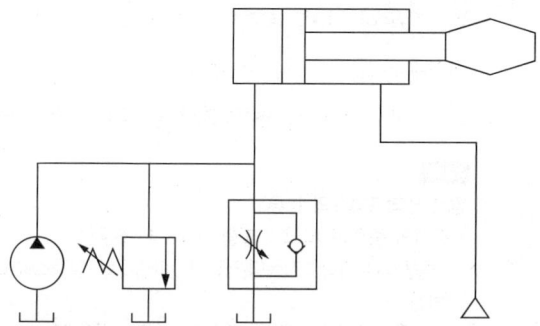

① 미터 인 회로   ② 미터 아웃 회로
③ 블리드 오프 회로   ④ 카운터 밸런스 회로

해설
블리드 오프 회로
• 액추에이터로 공급되는 유량이 작동속도에 비해 너무 많을 때 밀려 나는 유량을 탱크로 회수하는 방식이다.
• 내부압력이 조정되므로 각 밸브의 과도한 부하를 막을 수 있다.
• 유압제어의 경우 회수되는 유류에 대한 관리가 다시 필요하다.

51 다음 그림과 같은 밸브의 전환방식은?

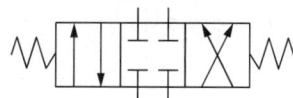

① 4포트 교축 전환
② 3포트 전자 전환
③ 2포트 수동 전환
④ 5포트 파일럿 전환

해설
포트가 4개이며, 전환은 교환(교축)하여 사용하는 방식이다.

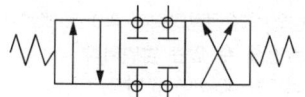

52 미리 정해진 순서에 따라 일련의 제어단계가 차례로 진행되어 나가는 자동제어는?

① 시퀀스제어
② 정치제어
③ 추종제어
④ 파일럿제어

해설
순차제어(시퀀스제어)시스템 : 미리 정해진 순서에 따라 일련의 제어단계가 차례로 진행되어 나가는 자동제어이다. 신호처리방식에 따른 분류 중 하나로, 신호처리방식에 따른 제어는 동기 · 비동기 · 논리제어 · 시퀀스제어로 구분한다.

53 다음 불 대수식 중 틀린 것은?

① $\overline{AB} = \overline{A} + \overline{B}$
② $AB + A\overline{B} = A$
③ $A\overline{B} + B = A + B$
④ $(A + \overline{B})B = A + B$

해설
$(A+\overline{B})B = AB + B\overline{B} = AB$

54 무접점제어 기호 중 CB의 의미는?

① 전환 스위치
② 가스 차단기
③ 제어 스위치
④ 차단기

해설
CB(Circuit Breaker)는 주로 비상 차단을 하는 스위치이다.

55 다음 중 유압의 일반적인 특징이 아닌 것은?

① 소형 장치로 큰 힘(출력)을 발생시킬 수 있다.
② 전기·전자의 조합으로 자동제어가 가능하다.
③ 과부하에 대한 안전장치가 간단하고 정확하다.
④ 유온의 영향을 받지 않아 정확한 속도와 제어가 가능하다.

해설
유압유에서 특별히 주목해야 할 성질이 점도지수이며, 점도지수는 온도의 영향을 받는다.

56 다음 공기압 회로도의 기기 순서를 옳게 나열한 것은?

진행 방향

① 루브리케이터 → 공기탱크 → 에어드라이어
② 에어드라이어 → 공기탱크 → 루브리케이터
③ 냉각기 → 공기탱크 → 드레인 배출구 붙이 필터
④ 드레인 배출구 붙이 필터 → 공기탱크 → 냉각기

해설
공압 유닛기호

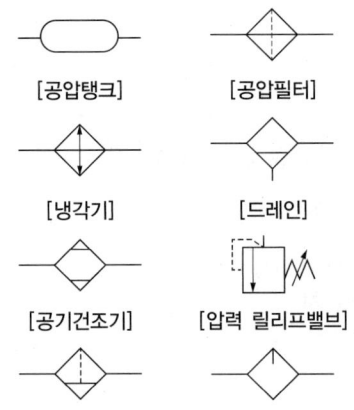

57 압력 릴리프밸브를 작동방식에 따라 분류한 것으로 옳은 것은?

① 볼형, 포핏형, 스풀형
② 직동형, 파일럿형, 부드러운 운동형
③ 주유압식, 2차 유압식
④ 압력 개방형, 체크밸브형, 외부 제어형

해설
압력 릴리프밸브의 분류
• 포핏의 종류에 따라 : 볼형, 포핏형, 스풀형
• 작동방식에 따라 : 직동형(직접형), 파일럿형, 릴랙스(부드러운 운동)형
• 방향밸브 위치에 따라 : 주유압식, 2차 유압식
• 작동구조에 따라 : 압력 개방형, 체크밸브형, 양방향 릴리프형, 외부 제어형

58 릴리프밸브의 크랭킹압력이 60kgf/cm²이고, 전량압력이 100kgf/cm²이면, 이 밸브의 압력 오버라이드는 몇 kgf/cm²인가?

① 40   ② 60
③ 100   ④ 160

해설
• 릴리프밸브 : 탱크나 실린더 내의 최고 압력을 제한하여 과부하 방지를 목적으로 하며 안전밸브라고도 한다.
• 크랭킹압력 : 릴리프밸브 등에서 압력이 상승되어 밸브가 열리기 시작할 때의 압력이다.
• 전량압력 : 크랭킹압력에서 밸브가 열리기 시작해 밸브가 완전히 열려 흐르는 압력이다.
• 오버라이드 : 크랭킹압력과 전량압력의 차이로 밸브가 열리기 시작할 때부터 더 수용할 수 있는 범위이다.
이 문제에서 오버라이드는 40kgf/cm²이다.

55 ④ 56 ③ 57 ② 58 ①

59 다음 펌프의 효율식 중 옳은 것은?

① 수력효율 = 수동력 / 축동력
② 기계효율 = 축동력−기계손실 / 축동력
③ 체적효율 = 펌프의 실제양정 / 이론양정(깃수 유한)
④ 펌프의 전효율 = 펌프의 실제유량 / 임펠러를 지나는 유량

해설
- 기계효율을 수식으로 나타내면 $\dfrac{축동력 - 기계손실}{축동력}$ 이다.
- 수력효율은 유체의 힘이 펌프 흡입구에서 송출구까지 흐르면서 생긴 손실을 고려한 효율이다.
- 체적효율은 누설 및 잔류 유량에 의해 발생한 손실을 고려한 효율이다.
- 전효율은 펌프의 수동력에 대한 축동력의 비율로 수력효율, 체적효율, 기계효율을 곱한 값이다.

60 날개 끝이 벽에 밀착되어 지나가는 공기가 날개를 밀어내어 회전력을 얻는 방식으로, 로터가 편심되어 있어서 공기의 흐름속도에 영향을 주도록 구조가 되어 있어 마모에 강하고 무게에 비해 높은 출력을 내는 모터는?

① 기어모터   ② 베인모터
③ 피스톤 모터   ④ 터빈모터

해설
베인모터
- 로터는 3,000~8,500rpm 정도가 가능하며 24마력까지 출력을 낸다.
- 마모에 강하고 무게에 비해 높은 출력을 내는 특징이 있다.
- 날개(Vane) 끝이 벽에 밀착되어 지나가는 공기가 날개를 밀어내어 회전력을 얻는 방식으로, 로터가 편심되어 있어서 공기의 흐름속도에 영향을 주도록 되어 있는 구조이다.

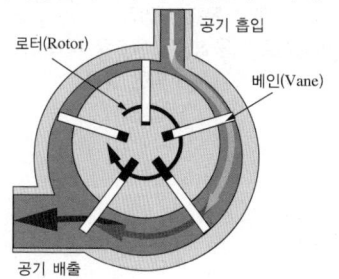

2022년 제2회 과년도 기출복원문제

제1과목 자동제어

01 제어계에 있어서 제어량을 지배하기 위해서 제어 대상에 가하는 양은?

① 기준 입력
② 동작신호
③ 제어량
④ 조작량

해설
④ 조작량 : 제어 대상에 가하는 입력
① 기준 입력 : 목표값 입력
② 동작신호 : 움직임을 읽도록 나타나는 신호
③ 제어량 : 조작량에 따른 출력

02 래더선도 작성 시 고려사항이 아닌 것은?

① 회로 중간이 끊어지지 않도록 한다.
② 모든 심벌에 명칭을 붙여야 한다.
③ 사용한 릴레이 번호는 다시 사용하지 않는다.
④ 부가회로는 옆으로 전개한다.

해설
래더선도 작성 시 주의사항
• 회로 중간이 끊어지지 않도록 한다.
• 출력 심벌은 반드시 오른쪽 끝에 배치한다.
• 모든 심벌에 명칭을 붙여야 한다.
• 부가회로는 아래로 전개한다.
• 같은 번호의 릴레이가 중복 출력되어서는 안 된다.
• 하나의 링에서 여러 개로 파생되지 않도록 한다.

03 제어를 제어동작에 따라 바르게 분류한 것은?

① 정치제어
② 추종제어
③ 비율제어
④ 불연속제어

해설
제어동작에 따른 분류
• 연속제어 : 목표값에 이를 때까지 지속적으로 제어(비례제어, 미분제어, 적분제어, 비례-미분-적분제어)
• 불연속제어 : 목표값에 ±편차를 인정하여 범위를 벗어나는 경우에만 제어하거나 일정시간 간격을 두어 제어하는 제어(샘플값 제어, ON-OFF 제어)

04 다음은 열전대를 나타낸 그림이다. ( ) 안에 들어갈 용어는?

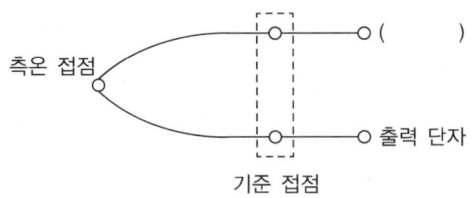

① 전 류
② 전 압
③ 전 력
④ 온 도

해설
열전대, 열전쌍(熱電雙)
• 이종(異種)금속을 붙여 열효과를 일으켜 온도를 감지하는 소자이다.
• 제베크 효과(Seebeck, 온도에 의한 열기전력(전압) 발생효과)를 이용한다.

정답 1 ④ 2 ④ 3 ④ 4 ②

05 다음 제어계 요소 중 1차 지연요소는?

① K ② Ks
③ $\dfrac{K}{s}$ ④ $\dfrac{K}{1+Ts}$

해설
1차 지연제어요소의 전달함수는 $G(s) = \dfrac{Y(s)}{X(s)} = \dfrac{b}{s+a}$ 의 형태이므로, $\dfrac{K}{1+Ts} = \dfrac{\frac{K}{T}}{\frac{1}{T}+s}$ 가 1차 지연함수이다.

06 PLC의 RS232C 커넥터를 이용하여 PC와 직접 연결하려고 한다면, RXD 단자는 상대편의 어느 단자와 연결해야 하는가?

① DCD ② DTR
③ RXD ④ TXD

해설
RS232 핀 포트 사양
- DCD(Data Carrier Detect) : 입력
- RXD(Receive Data) : 입력
  TXD(Transmit Data) : 출력
- DTR(Data Terminal Ready) : 출력
  DSR(Data Set Ready) : 입력
- GND(Ground)
- RTS(Request To Send) : 출력
  CTS(Clear To Send) : 입력
- RI(Ring Indicator) : 입력
※ TXD ⇄ RXD, RTS ⇄ CTS, DTR ⇄ DSR

07 낭비시간요소 함수 $G(s) = \dfrac{Y(s)}{X(s)}$ 로 적절한 것은?

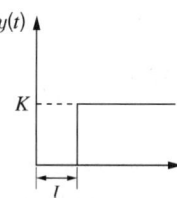

① $G(s) = Ke^{-Ls}$ ② $G(s) = Ke^{-L/s}$
③ $G(s) = \dfrac{e^{Ls}}{K}$ ④ $G(s) = \dfrac{1}{Ke^{-Ls}}$

해설
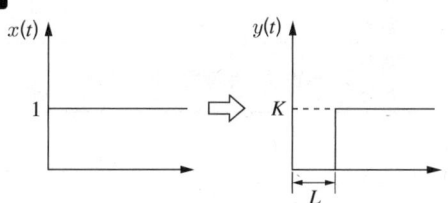

$y(t) = Kx(t-L)$ 이므로, $G(s) = \dfrac{Y(s)}{X(s)} = Ke^{-Ls}$ 의 관계가 되는 함수이다.
(여기서, L : 동작지연시간)

08 보드선도에서 −3dB점이란 기준 크기의 얼마인가?

① $\dfrac{1}{2}$ ② $\dfrac{1}{\sqrt{2}}$
③ $\dfrac{1}{3}$ ④ $\dfrac{1}{\sqrt{3}}$

해설
$\text{dB} = 20\log\dfrac{V_{out}}{V_{in}}$ 형태이며 −3dB은 $20\log\dfrac{1}{\sqrt{2}}$,
3dB은 $20\log\sqrt{2}$, 10dB은 $20\log\sqrt{10}$

정답 5 ④ 6 ④ 7 ① 8 ②

09 전달함수 특성방정식이 $s^2 + 2s + 1$일 때 제동 상태는?

① 불안정 ② 무제동
③ 임계제동 ④ 과제동

해설
2차 시스템의 단위 계단 응답에서 분모만 따로 등식으로 구성한 $s^2 + 2\zeta\omega_n + \omega_n^2 = 0$을 특성방정식이라고 한다. 특성방정식의 근은 ζ의 값에 따라 복소평면 위의 위치가 달라진다. 따라서 ζ를 감쇠비, 제동비라 하고, ζ값에 따라 다음 표와 같이 제동 상태가 달라진다.

감쇠비				
값의 영역	$\zeta < 0$	$0 < \zeta < 1$		$1 < \zeta$
제동 상태	불안정	무제동	아(亞)제동	임계제동	과(過)제동

10 용량이 C인 콘덴서 3개를 직렬로 연결할 때 합성용량은?

① C ② $3C$
③ $\frac{1}{3}C$ ④ $6C$

해설
$\frac{1}{C} = \frac{1}{C_1} + \frac{1}{C_2} + \frac{1}{C_3} = \frac{3}{C_1}$ ($\because C_1 = C_2 = C_3$)
$C = \frac{C_1}{3}$

11 릴레이 제어와 비교한 PLC(Programmable Logic Controller) 제어의 특징으로 옳지 않은 것은?

① 신뢰성이 향상된다.
② 비밀 유지가 어렵다.
③ 제어내용의 변경이 간단하다.
④ 시스템 확장 및 유지 보수가 용이하다.

해설
릴레이 제어와 비교한 PLC(Programmable Logic Controller) 제어의 특징
- 시스템 확장 및 유지 보수가 용이하다.
- 산술・논리연산이 가능하다.
- 컴퓨터 등과 같은 외부 장치와 통신이 가능하다.
- 제어내용의 변경이 간단하다.
- 전용 프로그램을 사용한다.
- 회로 배선이 간소화된다.
- 신뢰성이 향상된다.

12 전압을 조정하여 회전수 1,800rpm을 일정 유지한다고 하면 회전수는 다음 중 무엇에 해당하는가?

① 제어량 ② 제어대상
③ 목표값 ④ 조작량

해설
목표값 1,800rpm에 현재 1,600rpm으로 회전하고 있다면, 제어량이 될 편차는 200rpm이고 제어대상인 전압을 적정량 높여 목표값에 도달하도록 한다. 이때 전압의 조작량은 시스템에 따라 다르게 된다.
모터의 제어 대상의 물리적 의미
- 목표값(설정값, 기준값) : 제어의 결과가 되는 최종 도달 목표
- 출력값(실제값, 현재값) : 현재 출력이 되고 있는 상태를 수치화한 것
- 제어편차 : 목표값과 출력값의 차이
- 외란 : 시스템에서 통제하지 못한 외부요소에 의해 현재값이 변화를 받는 현상
- 레퍼런스(참조값) : 목표값에 영향을 주는 외란 등을 예측 가능한 변수로 사용할 수 있도록 도와준다.

13 데이터 처리 명령 중 레지스터에 저장된 데이터를 입력신호에 따라 지정된 비트만큼 이동시키는 명령은?

① 데이터 비교 명령
② 비교 연산 명령
③ 이동 명령
④ 변환 명령

> **해설**
> • 데이터 비교 명령 : 데이터 레지스터나 타이머, 카운터의 현재값, 레지스터에 격납되어 있는 데이터 값, P, M 등의 릴레이 조합으로 표현되는 수치를 다른 요소 사이에서 비교하는 명령
> • 비교 연산 명령 : LOAD, AND 등 비교 연산을 통해 참이면 ON을 실현하는 명령
> • 이동 명령 : 레지스터에 저장된 데이터를 입력신호에 따라 지정된 비트만큼 이동시키는 명령
> • 산술 명령 : 수치 데이터를 더하거나 빼거나 곱하거나 나누는 명령
> • 사칙연산 명령 : 덧셈, 뺄셈, 곱셈, 나눗셈
> • 변환 명령 : BCD ↔ BIN으로 변환하는 명령

14 자기유도현상이란?

① 전류가 흐르는 곳에 자기장이 발생하는 현상
② 전기에너지가 발생하면 열에너지가 발생하는 현상
③ 전자가 모인 곳 반대쪽에 공극이 발생하는 현상
④ 폐쇄회로 안에서 흘러나간 전자의 양과 같은 양의 전자가 들어오는 현상

> **해설**
> ②는 줄의 법칙을 설명하기 위한 과정이며, ③과 ④는 일반적인 현상으로 특별히 명명되어 있지 않다.

15 위치결정 컨트롤러에 비교한 PLC 위치결정모듈 사용 시 특징으로 가장 적절하지 않은 것은?

① PLC 한 대로 시퀀스제어와 위치제어 실현 가능
② 메모리를 이용한 위치 데이터 기억 가능
③ 네트워크를 이용한 위치 데이터 외부 이용 가능
④ 모듈의 자가진단기능 이용 어려움

> **해설**
> PLC 위치결정모듈의 특징
> • PLC 한 대로 시퀀스제어와 위치제어 실현 가능
> • NC코드에 익숙하지 않은 PLC 기술자에 의한 위치제어 가능
> • PLC 메모리를 이용한 위치 데이터 기억 가능
> • 네트워크를 이용한 위치 데이터 외부 이용 가능
> • 모듈의 자가진단기능 이용 가능
> • 모니터를 이용한 맨머신(Man-machine) 인터페이스 개선 가능

16 연산증폭기의 특성으로 옳지 않은 것은?

① 낮은 출력 임피던스
② 낮은 전력 이득
③ 높은 입력 임피던스
④ 높은 전압 이득

> **해설**
> 연산증폭기(OP Amp)
> • 두 개의 다른 입력, 하나의 출력을 가진다.
> • 직류에 사용한다.
> • 고이득 전압증폭기이다.
> • 전압증폭도는 매우 크다.
> • 대표적인 아날로그 IC이다.
> • 입력 임피던스가 매우 크다.
> • 가·감산 등의 계산이나 미적분 등의 연산도 가능하다.
> • 매우 널리 쓰이며 저가의 전자부품이다.

17 출력모듈 연결 시 주의사항으로 옳지 않은 것은?

① 교류와 아날로그 출력모듈의 외부 출력신호는 케이블을 함께 사용해야 한다.
② 전선은 주위온도, 허용하는 전류를 고려해서 선정한다.
③ 배선 시 고온 발생기기나 물질 근접에 주의해야 한다.
④ 단자대에 외부 공급 전원을 인가하기 전 극성 확인이 필요하다.

해설
모듈 연결 시 주의사항
- 교류와 아날로그 출력모듈의 외부 출력신호는 별도의 케이블을 사용해야 한다(교류측에서 발생하는 서지 또는 유도 노이즈의 영향 고려).
- 전선은 주위온도, 허용하는 전류를 고려해서 선정한다(최대 사이즈 AWG22(0.3mm^2) 이상 권장).
- 배선 시 고온 발생기기나 물질 근접에 주의한다(합선 우려).
- 단자대에 외부 공급 전원을 인가하기 전 극성 확인이 필요하다.
- 배선을 고압선이나 동력선과 함께 배선하는 것을 금지한다(유도 장애 발생 우려).

18 직류서보모터와 비교한 교류서보모터의 특징으로 옳지 않은 것은?

① 정류자가 필요 없다.
② 회전자의 구조가 간단하다.
③ 수명이 길고 안정성이 좋다.
④ 브러시의 마찰에 대한 대책이 필요하다.

해설
교류서보모터는 정류자와 브러시 없이도 외부로부터 직접 전원을 공급받을 수 있는 구조로, 구조가 간단하고 상대적으로 수명이 길고 안정성이 좋다.

19 마이크로컴퓨터 시스템에서 상호 필요한 정보를 주고받는 때 버스(Bus)를 이용하는데, 다음 중 해당되지 않는 버스는?

① 명령버스
② 어드레스 버스
③ 데이터 버스
④ 제어버스

해설
버스
- 마이크로프로세서와 각 장치가 정보를 교환하는 전송로이다.
- 어드레스 버스 : 메모리의 특정 장소나 입·출력장치의 특정 포트를 지정하는 어드레스가 실린다.
- 데이터 버스 : 각 장치 사이에 주고받는 정보가 실린다.
- 제어버스 : CPU 내부 또는 외부로부터 시스템 동작을 제어하는 신호가 실린다.

20 $G(s) = \dfrac{1}{1+Ts}$ 의 보드선도를 그릴 때 실제 이득곡선과 점근선의 최대 오차는 몇 dB인가?

① 9
② 6
③ 1
④ 3

해설
절점에서 실제 이득곡선과 점근선의 오차가 최대이며 $\omega = \dfrac{1}{T}$일 때 절점이 나타나므로

$20\log G(s) = 20\log\left|\dfrac{1}{1+Ts}\right| = 20\log\left|\dfrac{1}{1+T\frac{1}{T}j}\right|$

$= 20\log\left(\dfrac{1-j}{2}\right) = 20\log\left(\dfrac{\sqrt{2}}{2}\right) \fallingdotseq -3$

∴ 첫 번째 절점에서 $20\log G(s)$의 점근선값은 0, 실제 이득곡선의 값은 −3이므로 최대 오차는 3이다.

제2과목 기계요소설계

21 동일한 피측정물과 버니어 캘리퍼스를 가지고 숙련공과 비숙련공이 내경을 측정하였더니 두 사람의 측정값이 달랐다. 이 오차를 무엇이라 하는가?

① 개인오차
② 기기오차
③ 외부 조건에 의한 오차
④ 우연오차

해설
오차의 종류
- 계통오차 : 계통오차는 측정값에 일정한 영향을 주는 원인에 의해 생기는 오차로 계기오차(기기오차), 환경오차, 개인오차로 나뉜다.
  - 계기오차 : 계기의 불완전성으로 인해 생기는 오차이다. 측정기기도 기본적으로 공차를 가지고 있으며 사용에 따라 여러 측정오류 요소를 갖게 된다.
  - 환경오차 : 온도나 습도, 압력 등에 따라 측정기에 영향을 주거나 대상물이 영향을 받게 되면 참값과 오차가 발생한다.
  - 개인오차 : 개인이 갖고 있는 신체적 특징, 습관이나 선입견 등으로 생기는 오차이다.
- 우연오차 : 우연오차는 원인을 알 수 없이 우연히 생기며 사용자가 피할 수 없는 오차이다.
- 과실오차 : 과실오차는 측정자의 부주의로 생기는 오차로, 주의해서 측정하고 결과를 보정하면 줄일 수 있다.

22 밀링가공에서 커터의 날수 6개, 1날당의 이송 0.2mm, 커터의 외경 40mm, 절삭속도 30m/min일 때 테이블의 이송속도는 약 몇 mm/min인가?

① 274
② 286
③ 298
④ 312

해설
회전수$(n) = \dfrac{1,000V}{\pi D} = \dfrac{1,000 \times 30}{\pi \times 40} ≒ 238.73 \text{rpm}$

$V_f = f_z \times z \times n = 0.2 \times 6 \times 238.73 ≒ 286.48 \text{mm/min}$

23 토크가 255N·m, 회전축의 지름이 80mm인 18mm×12mm×100mm의 묻힘키에 걸리는 전단응력은?

① 1.77MPa
② 3.54MPa
③ 6,375Pa
④ 12.7MPa

해설
묻힘키의 모양에 대한 설명 없이 전단응력을 구하는 문제로, 규격의 전면이 전단응력을 받는 것으로 간주하여 계산한다.

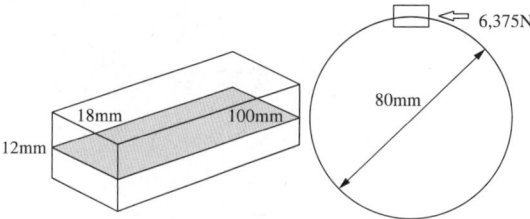

$T = F \times \dfrac{D}{2}$, $255 \text{N} \cdot \text{m} = F \times 40 \text{mm}$

$F = \dfrac{255 \text{N} \cdot \text{m}}{40 \text{mm}} = \dfrac{255,000 \text{N} \cdot \text{mm}}{40 \text{mm}} = 6,375 \text{N}$

$\therefore \tau = \dfrac{F}{A} = \dfrac{6,375 \text{N}}{18 \text{mm} \times 100 \text{mm}} ≒ 3.54 \text{MPa}$

24 다음 중 가는 2점쇄선의 용도가 아닌 것은?

① 가공 전의 모양 표시
② 인접 부분의 모양 표시
③ 단면 뒷부분의 모양 표시
④ 가공에 사용하는 공구의 모양 표시

해설

선의 종류	선의 명칭	용도에 따른 명칭
—————————	가는 2점쇄선	가상(상상)선

- 가상선 : 가공 부분의 특정 이동 위치, 가공 전후의 모양, 이동 한계 위치 등을 나타내기 위한 선
- 무게중심선 : 단면의 무게중심을 연결한 선

정답 21 ① 22 ② 23 ② 24 ③

25 바깥지름이 200mm인 밀링커터를 100rpm으로 회전시키면 절삭속도는 약 몇 m/min 정도인가?

① 1.05　　② 2.08
③ 31.4　　④ 62.8

해설
$V = \dfrac{\pi dn}{1,000} = \dfrac{\pi \times 200mm \times 100rpm}{1,000} ≒ 62.8 m/min$

26 다음 그림처럼 보스와 축 고정, 기어풀리, 조종, 키 대용으로 사용하는 기계요소는?

① 볼트　　② 리벳
③ 더브테일　　④ 스플라인

해설
① 볼트

② 리벳 : 몸통쪽을 두들겨서 체결한다.

③ 더브테일

27 다음 그림과 같이 길이 $l(m)$의 단순보에 $\omega(N/m)$의 균일 분포하중이 작용할 때 발생하는 최대 굽힘 모멘트는?

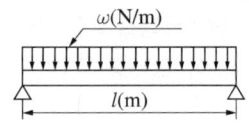

① $\dfrac{\omega l^2}{8}$　　② $\dfrac{\omega l^2}{4}$

③ $\dfrac{\omega l^2}{2}$　　④ ωl^2

해설

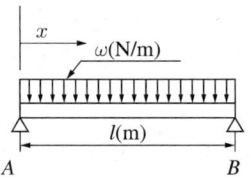

A에 작용하는 반력을 R_A라 하면, 이 문제에서는 직관적으로 $R_A = R_B$ 임을 알 수 있다.

$2R_A = \omega \times l$, 즉 $R_A = \dfrac{\omega \times l}{2}$

임의의 x지점에서 R_A에 의한 모멘트는 $R_A \times x$이고 중심부에서 가장 큰 모멘트가 발생하는 것을 알 수 있다(이 문제에서는 증명 생략).

$\sum M = R_A \times \dfrac{l}{2} - \omega \times \dfrac{l}{2} \times \dfrac{l}{4} = \dfrac{\omega l^2}{4} - \dfrac{\omega l^2}{8} = \dfrac{\omega l^2}{8}$

28 피치가 12.7mm, 잇수가 20인 체인 휠이 1,000rpm으로 회전할 때 평균 회전속도는 약 몇 m/s인가?

① 2.24   ② 3.14
③ 4.23   ④ 6.28

해설
문제의 조건은 다음 그림과 같다.

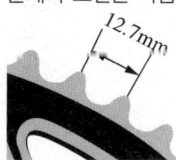

잇수가 20개이므로 체인 휠의 원둘레는 12.7mm×20개=254mm이다.

∴ 회전속도 $v = \dfrac{\pi DN}{60 \times 1,000}$

$= \dfrac{254\text{mm} \times 1,000\text{rpm}}{60 \times 1,000} ≒ 4.23\text{m/s}$

29 1kW의 동력을 일의 단위로 나타내면 얼마인가?

① 95kgf·m/s
② 102kgf·m/s
③ 112kgf·m/s
④ 130kgf·m/s

해설
1W = 1J/1s = 1J/s = 1N·m/s
1kgf = 1kg×9.81m/s² = 9.81N, 1N = $\dfrac{1}{9.81}$kgf = 0.102kgf
1W = 1N·m/s = 0.102kgf·m/s
1kW = 1,000W = 102kgf·m/s

30 6312 베어링의 지름은?

① 6   ② 60
③ 63   ④ 12

해설
구름베어링의 호칭 : 호칭번호는 제조나 사용 시 혼란을 방지하고 구별하기 쉽도록 다음과 같이 붙인다.

계열번호	안지름 번호	접촉각 기호	보조기호
63	12		Z
	안지름 60mm (×5한 값)		
72	06	C	DB
	안지름 30mm		

- 6312 Z → 단열 깊은 홈 볼베어링
- 7206C DB → 단식 앵귤러 볼베어링

31 구름베어링 기호 중 안지름이 10mm인 것은?

① 7000   ② 7001
③ 7002   ④ 7010

해설

계열번호	안지름 번호	접촉각 기호	보조기호
70	00		
70	01		
70	02		
70	10		

구름베어링의 안지름 번호(KS B 2012)

안지름번호	안지름치수	안지름번호	안지름치수
1	1	01	12
2	2	02	15
3	3	03	17
4	4	04	20
5	5	/22	22
6	6	05	25
7	7	/28	28
8	8	06	30
9	9	/32	32
00	10	07	35

32 코일스프링을 제도하는 방법으로 옳지 않은 것은?

① 무하중 상태에서 그린다.
② 단서가 없는 것은 왼쪽 감은 것을 나타낸다.
③ 그림으로 그리기 힘든 내용은 표에 일괄 표시한다.
④ 조립도, 설명도 등에 도시하는 경우에는 그 단면만 나타내도 좋다.

해설
단서가 없는 것은 오른쪽 감은 것을 나타내고, 왼쪽 감긴 것은 '감긴 방향 왼쪽'이라고 표시한다.

33 유압 실린더의 원리는?

① 뉴턴의 법칙
② 아베의 원리
③ 파스칼의 원리
④ 베르누이의 법칙

해설
파스칼의 원리는 압력이 작용하는 유체 전체에는 전 방향으로 같은 압력이 작용한다는 원리이다. 따라서 작용력의 면적과 힘이 비례하는 관계가 된다. 이는 여러 가지 영역에서 유용하게 활용되는데, 유체를 이용한 지렛대의 원리처럼 작동력을 작용시키는 쪽에서는 크지 않은 힘으로 일을 해도 작동력이 전달되는 쪽에서는 큰 힘이 발현될 수 있다.

34 다음 보기 중 사이클로이드와 인벌류트 치형에 대한 설명으로 옳은 것끼리 묶은 것은?

보기
ㄱ. 인벌류트 치형은 정밀도가 높은 기어에 사용한다.
ㄴ. 인벌류트 치형은 전위절삭이 불가능하다.
ㄷ. 사이클로이드 치형은 미끄럼률이 균일하다.
ㄹ. 사이클로이드 치형은 이의 강도가 크다.

① ㄱ, ㄴ
② ㄱ, ㄷ
③ ㄴ, ㄷ
④ ㄷ, ㄹ

해설
- 기어의 치형은 사이클로이드와 인벌류트 치형으로 구분한다.
- 인벌류트 치형은 한 점에 실을 감아 실을 잡아당길 때 생기는 궤적을 그린 형태이다.
- 인벌류트 치형의 기어는 이의 강도가 크고, 호환성이 좋으며, 오차도 감안이 가능하고 전위기어를 만들 수 있는 특징이 있다.
- 사이클로이드 치형의 기어는 정밀도가 높은 특징이 있으며 언더컷이 없고, 미끄럼률이 균일한 특징이 있다.

35 나사의 표시가 다음과 같이 명기되었을 때 이에 대한 설명으로 틀린 것은?

L 2N M10 - 6H/6g

① 나사형의 감김 방향은 오른쪽이다.
② 나사의 종류는 미터나사이다.
③ 암나사 등급은 6H, 수나사 등급은 6g이다.
④ 2줄 나사이며 나사의 바깥지름은 10mm이다.

해설

나사산의 감김 방향	나사산의 줄의 수	나사의 호칭	나사의 등급
L(Left)	2N	M10	6H/6g

36. 다음 그림에서 전체 길이는 얼마인가?

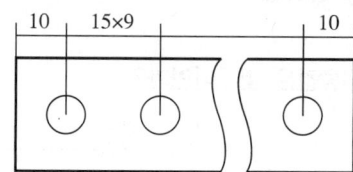

① 135 ② 145
③ 150 ④ 155

[해설]
구멍이 10개 있고, 구멍 간 간격이 9개, 즉 15×9 = 135와 양쪽 끝각 10을 더하면
15 × 9 + 10 + 10 = 155

37. 250kgf의 인장하중을 받는 봉에 40kgf/mm²의 인장응력이 발생할 경우 안전하게 사용할 수 있는 봉의 지름(mm)은?(단, 안전율은 4이다)

① 3 ② 4
③ 5 ④ 6

[해설]
안전율이 4이므로 작용하는 인장응력의 1/4배를 받을 수 있도록 설계해야 한다. 또는 작용력이 4배 작용했다고 가정하고 설계해야 한다.

$$10\,\mathrm{kgf/mm^2} = \frac{4\times 250\,\mathrm{kgf}}{\pi d^2}$$

또는 $40\,\mathrm{kgf/mm^2} = \dfrac{4\times 250\,\mathrm{kgf}\times 4}{\pi d^2}$, $d \geq 5.64$

38. 클러치에 대한 설명으로 옳지 않은 것은?

① 클러치는 엔진과 변속기 사이에서 동력을 전달하거나 끊는 역할을 한다.
② 유체 클러치를 이용하면 변속 시 충격과 소음이 감소된다.
③ 원판 클러치는 마찰 클러치의 일종이다.
④ 원심 클러치는 높은 회전수 범위에서는 동력 전달이 안 된다.

[해설]
클러치는 엔진과 변속기 사이에서 동력을 전달하거나 끊는 역할을 한다. 수동 변속기를 사용하는 자동차의 경우, 기어 변속을 위해 클러치 페달을 밟아서 엔진과 구동축 사이를 끊은 후 기어를 변속한다. 클러치는 그 단속, 동력전달원리에 따라 크게 유체 클러치, 마찰 클러치, 전자 클러치로 나눈다. 유체 클러치는 흔히 자동변속기에 사용한다고 알려져 있고, 원동축의 회전력을 유체의 유속과 관성을 이용해 종동축에 전달하는 원리를 사용하므로 변속 시 충격을 최소화할 수 있다. 가장 원시적인 마찰 클러치는 커플링이나 마찰판을 이용한 원판 클러치 등이다. 원판끼리의 접촉력이 작용하는 경우 동력이 전달되고, 떨어진 경우는 동력이 차단된다. 원심 클러치는 원동축에 원심력이 작용하여 슈(Shoe)가 종동축의 원판 면에 닿을 때만 동력이 전달되므로 너무 낮은 회전수 범위에서는 동력이 전달되지 않는다.
※ 이론에는 없는 클러치에 관한 문제가 출제되었는데, 바뀐 영역으로 인해 도입된 분야인지 예외적인 문항인지 살펴볼 필요가 있다.

39 구멍과 축이 끼워맞춤 상태에 있을 때, 치수공차 기입이 옳은 것은?

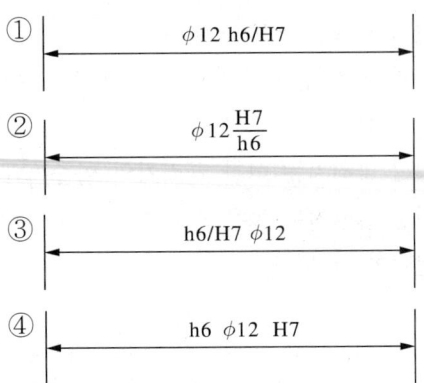

해설
끼워맞춤은 구멍 – 축의 공통 기준치수에 구멍의 치수공차 기호와 축의 치수공차 기호를 계속하여 표시한다.

예) 52H7/g6, 52H7-g6, 52$\frac{H7}{g6}$

40 제3각법으로 투상한 정면도와 우측면도가 그림과 같을 때 평면도로 가장 적합한 것은?

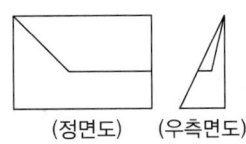
(정면도) (우측면도)

①  ②
③ 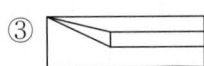 ④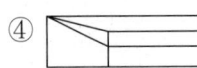

해설
등각투상도를 포함한 3면도는 다음 그림과 같다.

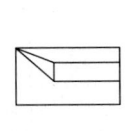 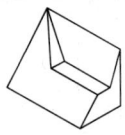
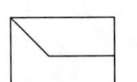

제3과목 공유압

41 총전류값은 몇 [A]인가?

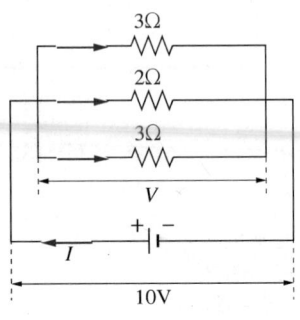

① 11.7 ② 1.01
③ 0.9 ④ 0.08

해설
합성저항은 $\frac{1}{R_T} = \frac{1}{3} + \frac{1}{3} + \frac{1}{2} = \frac{7}{6}$, $R_T = \frac{6}{7}$

옴의 법칙 $V = IR$, $I = \frac{V}{R} = \frac{10}{\frac{6}{7}} = \frac{70}{6} ≒ 11.67A$

42 유압원의 기호로 적당한 것은?

① ▲ ②
③ 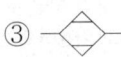 ④

해설
② 공압탱크
③ 건조기
④ 공압원

43 공압의 특징에 대한 설명으로 옳지 않은 것은?

① 무단변속이 가능하다.
② 에너지 축적에 유리하다.
③ 힘이 약하다.
④ 고속 작동에 불리하다.

해설
공압은 유압에 비해 고속 작동에 사용한다. 공압은 균일한 속도를 얻을 수 없고, 위치제어가 어렵다는 단점이 있다.

44 다음 그림이 나타내는 공유압 부속기기는?

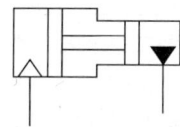

① 증압기 ② 복동실린더
③ 차동실린더 ④ 다이어프램

해설
문제의 그림은 압력의 종류를 바꾸며 압력을 증가시키는 증압기로, 공압이 들어가고 실린더에 의해 압력이 높아지면서 유압이 나오는 형태의 구조이다.

45 공기압 서비스 유닛(압축공기 조정 유닛)의 기능으로 적합하지 않은 것은?

① 압축공기 속에 포함된 이물질을 제거한다.
② 진공을 발생시킨다.
③ 공압제어밸브와 실린더에 공급되는 압축공기의 압력을 조절한다.
④ 압축공기 속에 윤활유를 섞어서 공급한다.

해설
공 압
• 공기여과기(압축공기필터)를 이용하여 압축공기를 청정화한다.
• 압축공기조절기(압력조정기)로 압력 크기를 조절한다.
• 압축공기 드라이어(건조기)는 냉각식, 흡착식, 흡수식이 있다.
• 윤활기에서는 윤활유를 분무하여 구동부의 윤활을 좋게 한다.

46 오일저장탱크에 대한 설명으로 옳지 않은 것은?

① 유압회로 내에 사용되는 오일의 2~3배 이상의 오일을 준비한다.
② 탱크 내에서 이물질 및 수분을 걸러내는 역할을 한다.
③ 오일탱크의 바닥면은 지표면에 붙이도록 하는 것이 좋다.
④ 오일탱크의 내면은 내유성 방청도료를 칠한다.

해설
오일탱크의 바닥면은 지면에서 15cm 정도 띄워서 드레인 및 청소에 도움이 될 수 있도록 한다.

47 실린더의 지름이 20mm이고, 압력 p가 3kgf/cm²라면 작용하는 힘 F의 값은 약 얼마인가?

① 6kgf ② 9kgf
③ 12kgf ④ 15kgf

해설
$F = pA = 3\text{kgf/cm}^2 \times \dfrac{\pi}{4}(2\text{cm})^2 \fallingdotseq 9.42\text{kgf}$

정답 43 ④ 44 ① 45 ② 46 ③ 47 ②

48. 다음 보기에서 설명하는 공기압기기의 이물질은?

보기
- 별다른 오염 없이도 이물질이 생길 수 있다.
- 공압기기 내에 순행하는 공기의 압력이 변화함에 따라 발생한다.
- 기기 내부에 흡착되어 다른 이물질과 화합하여 녹을 발생시킨다.

① 수 분   ② 유 분
③ 비 닐   ④ 카 본

해설
수분은 내부 공기의 압력의 변화에 따라 포화점이 변화하며 발생한다. 수분은 그 자체의 영향보다 화합작용에 의한 기기의 이상 변화를 유발하거나 녹을 발생시키는 등의 문제를 발생시킬 수 있다. 공기건조를 통해 수분을 제거하여 순수한 압력공기만 사용해야 한다.

49. 유압펌프 중 큰 힘으로 흡입하기는 힘들지만 크기에 비해 출력이 좋고, 점도의 영향을 받지만 효율에는 영향을 주지 않는 특징을 갖고 있는 펌프는?

① 기어펌프   ② 베인펌프
③ 피스톤펌프 ④ 터빈펌프

해설
베인펌프
- 날개의 마모에 의한 압력 저하가 발생되지 않는다.
- 부품이 많고 정말하게 제작을 요구한다.
- 큰 힘으로 흡입하기는 힘들지만 크기에 비해 출력이 좋다.
- 점도에 영향을 받지만 효율과는 대체로 무관하다.
- 이물질의 영향을 받는다.

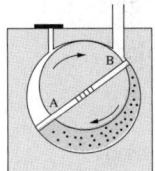

50. 피스톤 기능을 고무, 플라스틱, 금속기구가 대신하는 밸브로 치공구 제작, 프레스 엠보싱, 리베팅, 클램핑 작업 등에 사용하는 실린더는?

① 격판 실린더   ② 텔레스코프 실린더
③ 탠덤 실린더   ④ 양로드 실린더

해설
격판 실린더 : 금속이나 플라스틱, 고무로 된 다이어프램 플레이트(격판, Diaphragm Plate)가 오목하게, 볼록하게 움직여 액추에이터를 작동시키는 원리를 갖고 있으며 엠보싱, 리베팅, 클램핑 작업 등에 사용한다.

51. 다음 내용에 해당하는 유압펌프의 명칭은?

구조가 간단하고 운전 시 보수가 용이하지만 가변 토출형으로 제작이 불가능하고 내부 오일 누설이 다른 펌프에 비해서 많다. 그리고 운전 중에 밀폐작용(폐입현상)이 발생하기도 한다.

① 기어펌프   ② 베인펌프
③ 피스톤 펌프 ④ 나사펌프

해설
유압펌프의 비교

구 분	기어펌프	베인펌프	피스톤 펌프
주요 특징	오물과 점도가 높은 곳에 사용 가능하다.	베인의 마모에 의한 압력 저하가 발생되지 않는다.	밸브가 필요 없으며 고장이 적다.
구 조	구조가 가장 간단하다.	부품이 많고 정밀하게 제작을 요구한다.	구조가 복잡하고 매우 높은 가공 정밀도를 요구하며 크기가 크다.
성 능	큰 힘으로 흡입이 가능하다.	큰 힘으로 흡입하기는 힘들지만 크기에 비해 출력이 좋다.	흡입할 수 있는 힘의 크기에 제한이 있으나 예민한 압력의 변화에 적합하다.
점도의 영향	점도가 크면 효율에는 영향을 미치나 다른 큰 영향은 없다.	점도에 영향을 받지만 효율과는 대체로 무관하다.	점도에 영향을 받는다.
이물질의 영향	거의 없다.	영향을 받는다.	예민한 압력에 영향을 크게 받는다.
비 용	제작비용이 저렴하다.	보통이며 수리비가 적게 든다.	제작비용이 비싸다.

52 유압여과기에서 1,000mesh 이상의 먼지 제거하기 위한 장치는?

① 스트레이너
② 압력라인필터
③ 복귀라인필터
④ 바이패스필터

해설
스트레이너는 펌프의 흡입측에 설치하며, 1,000mesh 이상의 먼지를 제거하기 위하여 사용한다. 필터는 기기 내부에서 발생하는 오염물을 압력유에서 제거하기 위하여 사용한다.

53 압축공기를 생성할 때 필요한 구성요소와 관계없는 것은?

① 공압필터
② 공압탱크
③ 공압 실린더
④ 공기압축기

해설
공압 조정 유닛(또는 서비스 유닛)
- 공급받은 압축공기를 필요한 압력만큼 조정하는 유닛이다.
- 공기탱크에 저장된 압축공기는 배관을 통하여 각종 공기압기기로 전달된다.
- 공기압기기로 공급하기 전 압축공기의 상태를 조정해야 한다.
- 공기여과기(압축공기필터)를 이용하여 압축공기를 청정화한다.
- 압력조정기를 이용하여 회로압력을 설정한다.
- 윤활기에서 윤활유를 분무하여 구동부의 윤활을 좋게 한다.
- 공기압장치로 압축공기를 공급한다.

54 포핏 방향전환밸브의 장점은?

① 구조가 비교적 간단하다.
② 대량 생산에 적합하다.
③ 비교적 큰 유량을 얻을 수 있다.
④ 밀봉효과가 좋다.

해설
포핏형

기본 구조 원리	밸브 몸체가 밸브 시트의 직각 방향으로 이동하면서 압축공기의 흐름을 전환한다.
장 점	• 실(Seal)효과가 좋다. • 밸브의 이동거리가 짧기 때문에 밸브의 개폐시간이 빠르다. • 먼지 등의 이물질이 혼입되더라도 고장이 적다. • 대부분은 급유를 필요로 하지 않는다.
단 점	• 공기압력이 높아지면 밸브를 개폐하는 조작력이 크게 된다. • 배관구가 많아지면 형상이 복잡하게 되어 자유도가 작아진다.

55 공기압 발생장치에서 보내 온 공기 중에는 먼지 및 이물질 등이 포함되어 있다. 이러한 것을 막아 공압기기를 보호하기 위해 설치하는 것은?

① 압축공기 필터
② 압축공기 조절기
③ 압축공기 증폭기
④ 압축공기 드라이어

해설
공기 조정 유닛에는 공기여과기(압축공기 필터)가 있으며 이를 이용하여 압축공기를 청정화한다.

56 압축공기에너지를 회전에너지로 변환하는 것은?

① 공기압 모터
② 증압기
③ 배리어
④ 유압펌프

해설
회전에너지를 압축에너지로 바꾸는 펌프와 압축에너지를 회전에너지로 바꾸는 공압모터는 에너지의 형태를 서로 반대로 변환하는 장치이다.

57 다음 그림과 같이 안지름이 d_1 인 원통관 속을 v_1 의 속도로 흐르는 어떤 유체가 원통관의 안지름이 d_2 로 줄어 v_2 의 속도로 흐를 때, 이들의 관계식으로 맞는 것은?

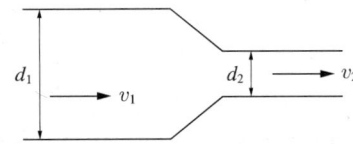

① $d_1 \times v_1 = d_2 \times v_2$
② $d_1 \times v_2 = d_2 \times v_1$
③ $d_1^2 \times v_1 = d_2^2 \times v_2$
④ $d_1^2 \times v_2 = d_2^2 \times v_1$

해설
연속의 법칙을 적용한다.
$Q = AV = A_1 V_1 = A_2 V_2$
$\dfrac{\pi d_1^2}{4} V_1 = \dfrac{\pi d_2^2}{4} V_2$

58 다음 중 용적형 유압펌프는?

① 원심형 펌프
② 액시얼 펌프
③ 기어펌프
④ 터빈펌프

해설
유압펌프의 간략 형상

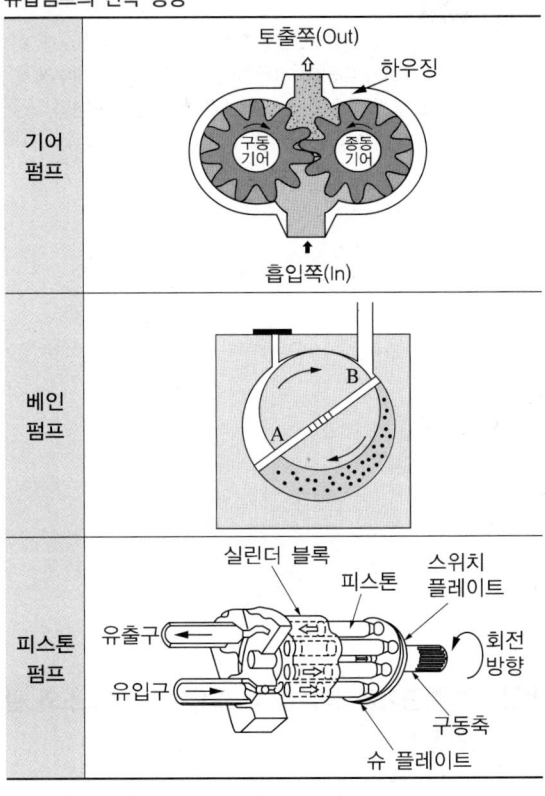

59 다음 그림에서 2개의 피스톤 ㉠, ㉡의 단면적 A_1, A_2가 각각 2m², 10m²일 때, F_1으로 1N의 힘으로 가하면 F_2에 생성되는 힘(N)은?

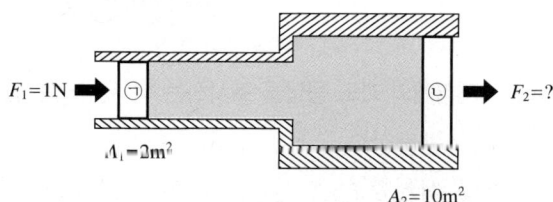

① 5
② 10
③ 20
④ 25

해설
파스칼 원리에 의하면 힘은 면적과 정비례한다. 면적이 5배이면, 힘도 5배이다.

60 실린더의 내경이 10cm, 추력이 3,140kgf, 피스톤의 속도가 40m/min이라면 유압은?

① 20kgf/cm²
② 30kgf/cm²
③ 40kgf/cm²
④ 50kgf/cm²

해설
• 추력 = 3,140kgf
• 실린더 안쪽의 단면적 = $\dfrac{\pi d^2}{4} = \dfrac{\pi \times (10\text{cm})^2}{4} = 78.54\text{cm}^2$

∴ 유압 = $\dfrac{추력}{실린더\ 안쪽의\ 단면적} = \dfrac{3,140\text{kgf}}{78.54\text{cm}^2} \fallingdotseq 40\text{kgf}/\text{cm}^2$

2023년 제1회 과년도 기출복원문제

제1과목 자동제어

01 피드백 제어계의 특징으로 적합하지 않은 것은?

① 외부 조건 변화에 대한 영향력을 줄일 수 있다.
② Open Loop 제어에 비해 정확성이 낮다.
③ 출력값을 제어에 활용한다.
④ 제어시스템의 구성이 복잡해진다.

해설
피드백 제어(Feedback Control)는 개회로제어보다 신호를 추출하고 목표값과 비교하는 등의 설비(궤환요소)가 더 필요하지만, 개회로제어에 비해 정확한 제어가 가능하다.

02 물체의 위치·방위·자세 등의 기계적 변위를 제어량으로 하여 목표값의 임의의 변화에 추종하도록 구성된 제어계로 가장 적합한 것은?

① 서보기구
② 자동조정
③ 프로그램 제어
④ 프로세스 제어

해설
제어량에 따른 분류
- 서보제어(Servo Control) : 물체의 위치·각도·방위·자세 등의 기계적 변위를 제어량으로 읽어 제어하는 시스템이다.
- 프로세스 제어(Process Control) : 제어량이 상태값인 압력·온도·유량·밀도 등일 때의 제어방식이다.
- 자동조정(Automatic Regulation) : 제어량이 전기적 및 기계적인 양(주파수, 전압, 전류, 습도, 회전속도, 힘 등)을 주로 제어하는 것이다.

03 제어계의 과도 응답을 조사하는 데 사용되는 입력은?

① 램프함수
② 사인함수
③ 포물선 함수
④ 단위 계단함수

해설
1차 시스템 해석 : 기준 입력 $R(s)$가 단위 계단함수, 단위 램프함수, 단위 임펄스함수인 경우 정상 상태와 과도 응답 상태를 해석한다.

04 주로 주파수 응답에 사용되는 입력은?

① 계단 입력   ② 램프 입력
③ 임펄스 입력   ④ 정현파 입력

해설
여러 기준 시험 입력신호의 예
- 과도 응답 및 정상 상태 응답용
  - 임펄스 신호 입력(Impulse Input) : 임펄스 응답 / 주로 엄밀한 시스템 분석
  - 계단신호 입력(Step Input) : 계단 응답(Indicial Response) / 정치 제어와 같이 고정 목표값일 경우의 정상 상태 오차를 구할 때
  - 경사신호 입력(Ramp Input) : 일정 속도를 갖는 목표값일 경우의 정상 상태 오차를 구할 때
  - 포물선 신호 입력(Parabolic Input), 가속 입력(Acceleration Input) : 미사일처럼 가속도를 갖는 목표값일 경우의 정상 상태 오차를 구할 때
- 정상 상태 응답용
  - 정현파 입력(Sinusoidal Input) : 주파수 응답의 기본 형태로 정상 상태에 응답할 때 가정

정답 1 ② 2 ① 3 ④ 4 ④

05 래더선도 작성 시 고려사항이 아닌 것은?

① 회로 중간이 끊어지지 않도록 한다.
② 모든 심벌에 명칭을 붙여야 한다.
③ 사용한 릴레이 번호는 다시 사용하지 않는다.
④ 부가회로는 옆으로 전개한다.

해설
래더선도 작성 시 주의사항
- 회로 중간이 끊어지지 않도록 한다.
- 출력 심벌은 반드시 오른쪽 끝에 배치한다.
- 모든 심벌에 명칭을 붙여야 한다.
- 부가회로는 아래로 전개한다.
- 같은 번호의 릴레이가 중복 출력되어서는 안 된다.
- 하나의 링에서 여러 개로 파생되지 않도록 한다.

06 자동차 운전 시 운전자는 자동차의 가속을 위해서 엑셀레이터(Accelerator) 페달(Pedal)을 사용하는데, 이때 페달의 각도를 검출하기 위한 신호 전달과정으로서 가장 옳은 것은?

① 페달 - 인코더 - D/A 컨버터 - CPU
② 페달 - 퍼텐쇼미터 - A/D 컨버터 - CPU
③ A/D 컨버터 - 페달 - 퍼텐쇼미터 - CPU
④ A/D 컨버터 - 페달 - 인코더 - CPU

해설
- 퍼텐쇼미터 : 회전체의 각도를 검출하는 용도나 볼륨 조절 용도로 사용된다. 전체 행정거리를 0~10V의 신호전압으로 검출하는 원리를 사용한다.
- A-D 컨버터 : 아날로그 신호를 디지털로 변환하는 변환기
- 페달을 밟으면 밟은 정도를 감지하고 이를 신호로 변환하여 CPU로 전달하는 과정을 거친다.
- 다른 검출기를 사용할 수는 있으나 페달신호를 디지털 신호로 변환하려면 A-D 컨버터가 필요하다.

07 PLC 본체 구성에 해당하지 않는 것은?

① 논리연산장치   ② AC 전동장치
③ 데이터 메모리   ④ A/D 변환모듈

해설
PLC 본체에는 입력된 신호를 연산처리하고 변환하여 출력할 수 있도록 신호를 보내는 장치가 모두 포함된다. 각종 센서와 리밋 스위치를 이용하여 신호를 생성하여 입력하면 PLC 본체를 구성하는 논리연산장치 및 RAM, ROM, 레지스터 등 메모리로 구성된 중앙처리장치와 각종 제어모듈이 시퀀스 제어를 수행하고 동작을 구현하는 각종 액추에이터와 출력장치를 이용하여 로직을 출력한다. AC 전동장치는 액추에이터에 해당한다.

08 다음 보기에서 설명하는 데이터 처리 명령은?

보기
데이터 레지스터나 타이머, 카운터의 현재 값 레지스터에 격납되어 있는 수치나 입출력 디바이스, 내부 데이터 등의 릴레이 조합으로 표현된 수치를 다른 요소 사이에서 단순히 이동시키거나 정수로 기록하는 명령

① 데이터 전송 명령
② 데이터 비교 명령
③ 이동 명령
④ 변환 명령

해설
② 데이터 비교 명령 : 데이터 레지스터나 타이머, 카운터의 현재 값, 레지스터에 격납되어 있는 데이터 값, P, M 등의 릴레이 조합으로 표현되는 수치를 다른 요소 사이에서 비교하는 명령
③ 이동 명령 : 레지스터에 저장된 데이터를 입력신호에 따라 지정된 비트만큼 이동시키는 명령
④ 변환 명령 : BCD ↔ BIN 으로 변환하는 명령

정답 5 ④ 6 ② 7 ② 8 ①

09 PLC 제어 프로그램에서 프로그램의 오류를 찾거나 연산과정을 추적하는 것은?

① Debug
② Restart
③ Scan Time
④ Parameter

해설
디버깅(Debugging) : PLC 제어프로그램에서 프로그램의 오류를 찾거나 연산과정을 추적하는 행위

10 UART를 이용한 데이터의 직렬(Serial)전송을 구성하기 위한 세트에 포함되지 않는 것은?

① 스 톱
② 체 크
③ 스타트
④ 패리티

해설
비동기 데이터 통신구조

비 트	종 류	용 도
1	시작 비트(Start Bit)	통신 시작을 알림
2	데이터 비트 (Data Bit)	본데이터 전송
3		
4		
5		
6		
7		
8		
9		
10	패리티 비트(Parity Bit)	오류 검증, 사용 안 함, 짝수·홀수 구분
11	종료 비트(Stop Bit)	통신의 종료를 알림

11 입력기기로부터 침입하는 노이즈를 방지할 수 있는 대책으로 옳은 것은?

① 배리스터 사용
② 서미스터 사용
③ 전원 필터 사용
④ 정전압회로 사용

해설
① 배리스터 : 전압이 낮을 때는 높은 저항을, 높을 때는 낮은 저항을 갖는 성질의 전자부품이다.
② 서미스터 : 열가변저항기로, 온도에 따라 저항값이 변하는 성질을 갖는 전자부품이다.
③ 전원 필터 : 전원부의 노이즈를 제거하는 데 사용한다.
④ 정전압회로 : 출력부의 노이즈를 제거하는 데 도움이 된다.
입력부의 노이즈 개선전략
• 스파크 킬러나 서지 킬러의 저항값을 조절하거나 설치 위치를 조정한다.
• DC 릴레이에 환류 다이오드(Free Wheeling Diode/Flyback Diode)를 설치한다.
• 포토커플러는 동적 범위를 늘리고 잡음을 무시하는 데 도움이 될 수 있다.
• 배리스터(전압에 따라 저항이 비례하는 전자부품)를 사용한다.

12 SCADA 시스템의 주요 기능이 아닌 것은?

① 경보기능
② 감시제어기능
③ 지시·표시기능
④ 자동수리기능

해설
SCADA 시스템의 주요 기능(ANSI/IEEE 권고안)
• 원격장치의 경보 상태에 따라 미리 규정된 동작을 하는 감시시스템의 기능인 경보기능
• 원격 외부장치를 선택적으로 수동, 자동 또는 수·자동 복합으로 동작하는 감시제어기능
• 원격장치의 상태 정보를 수신, 표시·기록하는 감시시스템의 지시·표시기능
• 디지털 펄스 정보를 수신, 합산하여 표시·기록에 사용할 수 있도록 하는 기능

13 변위단계선도가 다음 그림과 같고 액추에이터가 실린더라면, 실린더의 작동에 대한 설명으로 옳지 않은 것은?

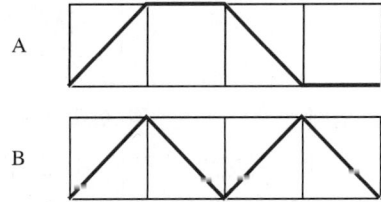

① 초기 상태는 모두 후진 상태이다.
② B는 A의 작동에 상관없이 전·후진을 반복한다.
③ A가 전진할 때 B가 후진하는 구간이 있다.
④ B가 후진할 때 A는 현재 상태를 유지한다.

해설
변위단계선도는 각 단계별로 변위를 표현하는 선도이므로 B는 A와 각 단계를 맞춰 작동한다. 해석에 따라 ②도 옳다고 해석할 수 있지만, 자격수험시험의 객관식 문항에서는 문제의 요구에 가장 적합한 정답을 하나만 골라야 한다. 따라서 ①, ③, ④는 모두 옳은 설명이다.

14 와이어 스트리퍼(Wire Stripper)에 대한 설명으로 옳지 않은 것은?

① 전선을 자를 수 있도록 제작된 공구이다.
② 끝을 이용해 예민하게 집을 수 있도록 되어 있다.
③ 중앙부에서 전선 종류별 피복 벗기는 작업이 가능하다.
④ 집기, 절단, 구부리기, 압착 등 다양한 작업을 할 수 있도록 중심부에 힌지를 단 수공구이다.

해설
와이어 스트리퍼 : 니퍼의 전선 피복을 벗기는 기능을 특화한 공구이다. 안쪽에 커터, 중앙부에 전선 종류별 스트리퍼가 장착되어 있고 제일 끝에 롱노즈플라이어를 혼합하여 제품화한 공구이다.
플라이어(Pliers) : 집기, 절단, 구부리기, 압착 등 다양한 작업을 할 수 있도록 중심부에 힌지를 달고 손잡이와 집게로 구성된 수공구이다.

15 다음 보기에서 설명하는 제어동작은?

┌보기┐
• 입력과 출력의 관계속도를 제어한다.
• 제어편차가 검출될 때 편차가 변화하는 속도에 비례하여 조작량을 가감한다.
• 대규모 공장 등의 정밀도보다 적절한 속도가 중요한 곳에 사용한다.
• 응답속도를 개선한 제어이며, P제어와 함께 사용한다.

① 비례제어
② 비례적분제어
③ 미분제어
④ 적분제어

해설
비례제어(Proportional Control)
• 가장 단순하며 입력과 출력이 단순함수관계인 제어이다.
• 구성비용이 저렴하나 정밀도가 낮다.
• 상승시간이 짧다.
• 오버슈트를 크게 한다.
• 안정된 상태에서도 잔류편차가 있다.
• 이득(Gain)을 조정한다.
• 제어편차에 비례한 수정동작을 한다.
미분제어(Derivative Control)
• 입력과 출력의 관계속도를 제어한다.
• 제어편차가 검출될 때 편차가 변화하는 속도에 비례하여 조작량을 가감한다.
• 대규모 공장 등의 정밀도보다 적절한 속도가 중요한 곳에 사용한다.
• 응답속도를 개선한 제어이며 P제어와 함께 사용(속응성)한다.
적분제어(Integral Control)
• 제어의 정밀도에 주목한 제어이다.
• 느린 제어속도이다.
• Off-set을 소멸시키고, 잔류편차가 작다.
• 구성이 예민하고, 비용이 비싸다.
• 목적에 따라 정밀도를 개선한 제어이다.

정답 13 ② 14 ④ 15 ③

16 다음은 열전대를 나타낸 그림이다. ( ) 안에 들어갈 용어는?

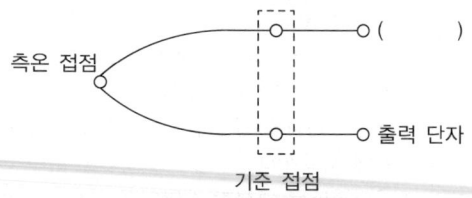

① 전 류
② 전 압
③ 전 력
④ 온 도

해설
열전대, 열전쌍(熱電雙)
• 이종(異種)금속을 붙여 열전효과를 일으켜 온도를 감지하는 소자이다.
• 제베크 효과(Seebeck, 온도에 의한 열기전력(전압) 발생효과)를 이용한다.

17 다음 보기에서 설명하는 측정기는?

┌보기├─────────────────
• 전기신호의 그래프를 그리는 장치이다.
• 신호가 시간에 따라 어떻게 변화하는지를 표시한다.
• 세로축을 전압, 가로축을 시간으로 설정하여 전기신호의 파형을 표시하는 계측기이다.
└──────────────────

① 회로시험기
② 오실로스코프
③ 스펙트럼 애널라이저
④ 네트워크 애널라이저

해설
오실로스코프
• 전기신호의 그래프를 그리는 장치이다.
• 신호가 시간에 따라 어떻게 변화하는지를 표시한다.
• 세로축을 전압, 가로축을 시간으로 설정하여 전기신호의 파형을 표시하는 계측기이다.
• 아날로그/디지털 변환기(A/D 변환기)와 메모리를 이용한다.
• 검출한 전기신호를 전부 표시하는 것은 아니기 때문에 갑자기 발생하는 이상신호를 놓칠 수 있다.
※ 오실로스코프가 신호의 일반 사항을 측정한다면, 애널라이저는 목적에 따라 신호를 분석하여 표시하는 기능을 담당한다.

18 다음 중 전기전자장치 안전성 검사에 대한 설명으로 옳지 않은 것은?

① 전기전자장치의 안전검사 항목은 내전압시험, 절연저항시험, 누설전류시험, 접지 연속성 시험 등이 있다.
② 인체에 흐르는 전기적 쇼크 피해는 전압의 크기보다 전류량의 크기에 더 큰 영향을 받는다.
③ 국제전기규격에 따라 안전장치는 0.5mA보다 큰 접지전류가 수 m[sec] 이상 동안 존재하면 자동적으로 전원을 차단한다.
④ 안전성 검사시험 판정 시 외관 구조 성능에 있어서 다소 지장이 있으나 제품의 기능을 상실과는 무관한 정도의 불량으로 개선에 대한 합의가 필요한 정도의 불량을 중불량으로 구분한다.

해설
• 경 불량 : 안전성 검사시험 판정 시 외관 구조 성능에 있어서 다소 지장이 있으나 제품의 기능을 상실과는 무관한 정도의 불량으로, 개선에 대한 합의가 필요한 정도의 불량이다.
• 중 불량 : 실용상 외관, 구조, 성능에 뚜렷하게 지장이 있다고 인정되는 불량이나 진행성에 의해 단기간 내에 같은 불량 발생이 예측되므로 반드시 개선이 필요한 불량이다.

16 ② 17 ② 18 ④

19 절연저항 테스트 절차 중 절연체에 충분한 전기를 공급한 상태를 일정 시간 유지하는 단계는?

① 충전(Charge)   ② 유지(Dwell)
③ 측정(Measure) ④ 방전(Discharge)

해설
절연저항시험은 전기를 사용하는 제품이 외부와의 절연을 얼마만큼 유지하고 있는지를 테스트하는 방법으로 다양한 시험방법이 있다. 기본적으로는 절연체를 충분히 충전하여 일정 시간 유지하고, 충전한 전류와 측정 시 전류를 비교하여 절연율을 확인하며, 방전시키면서 완전히 방전되는 시간 등을 측정하여 절연 상태를 확인하는 시험이다. 이 단계 중 일정 시간 상태를 유지하는 단계를 유지(Dwell)단계라고 한다.

20 서보모터의 관성을 줄이고 기계적 시정수를 줄이기 위한 조치로 적절하지 않은 것은?

① 회전자 반경을 크게 한다.
② 모터 회전자의 중량을 줄인다.
③ 코어리스(Coreless) 구조로 모터를 만든다.
④ 모터 회전자의 지름을 작게 하고, 축 방향으로 길게 하는 구조로 한다.

해설
시정수는 정상 상태에 복귀하는 시간과 관련 있다. 기계적으로 정상 상태, 즉 신호에 따라 구동/정지에 빨리 이르기 위해서는 관성이 작을 필요가 있다. 관성은 질량 중심과 관성 모멘트, 회전 반경과 관련되며 중량을 줄이거나 회전 반경을 줄이면 줄어든다.

제2과목 기계요소설계

21 등각투상도가 다음 그림과 같을 때 제시된 투상도로 옳지 않은 것은?(단, 제시된 투상도는 윗면의 대각선을 기준으로 대칭이다)

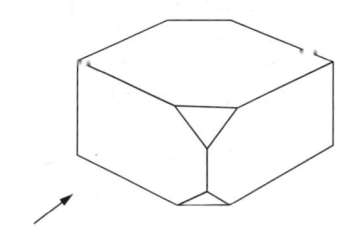

① 정면도
② 우측면도
③ 평면도
④ 배면도

해설
평면도는 다음과 같이 나타내야 한다.

22 다음 그림과 같이 개개의 치수공차에 대해 다른 치수의 공차에 영향을 주지 않기 위해 사용하는 치수기입법은?

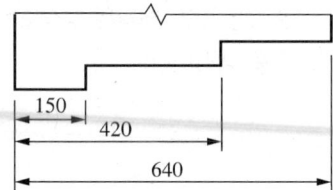

① 직렬 치수기입법
② 병렬 치수기입법
③ 누진 치수기입법
④ 좌표 치수기입법

해설
② 병렬 치수기입법

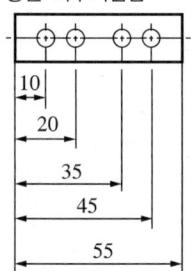

① 직렬 치수기입법

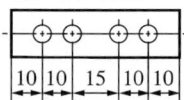

③ 누진 치수기입법

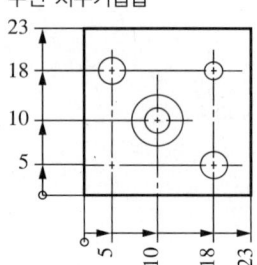

④ 좌표 치수기입법

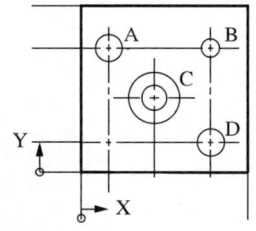

구 분	X	Y
A	5	18
B	18	18
C	10	10
D	18	5

23 어떤 치수가 $50^{+0.125}_{-0.025}$일 때 치수공차는 얼마인가?

① 0.025
② 0.050
③ 0.100
④ 0.150

해설
치수공차 = 위치수 공차 – 아래치수 공차
= +0.125 – (–0.025)
= 0.150

24 표면거칠기 표기방법 중 산술평균거칠기를 표기하는 기호는?

① R_p
② R_y
③ R_z
④ R_a

해설
표면 프로파일 파라미터
• 산술평균거칠기(R_a) : R_a의 값은 중심선에서 표면의 단면곡선까지 길이 절댓값의 기준 길이 내에서의 평균으로 구한다. 산술평균거칠기는 기준 길이 내 거칠기의 평균값이므로, 우연히 나타나는 한두 개의 이례적인 산이나 골은 평균값에 영향을 주지 않는다.
• 최대높이거칠기(R_{max}, R_t, R_y) : 기준 길이를 정하여 기준 내의 가장 높은 봉우리와 가장 낮은 골의 차로 표현한다. 거칠기 중 대표성이 낮으므로 기준 길이를 몇 군데 정하여 측정하는 것이 좋다.
• 10점평균거칠기(R_z) : 기준 길이를 정하여, 단면곡선의 평균선과 평행하게 긋고 가장 높은 5개 산의 기준선으로부터 거리의 평균값과 가장 낮은 5개 골의 기준선으로부터의 거리의 평균값과의 차이로 나타낸다.

25 체결 부품 간략 표시 중 구멍에 끼워 맞추기 위한 구멍, 볼트, 리벳의 기호 표시에서 구멍 가까운 면에 카운터 싱크가 있고, 공장에서 드릴가공, 현장에서 끼워맞춤에 해당하는 것은?

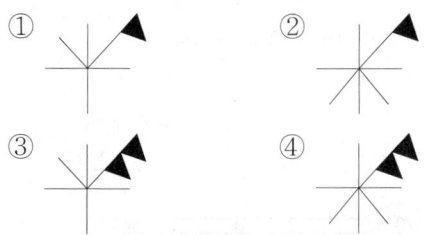

해설

	구 멍			
구멍* 볼트, 리벳	카운터 싱크 없음	가까운 면에 카운터 싱크 있음	먼 면에 카운터 싱크 있음	양쪽 면에 카운터 싱크 있음
공장에서 드릴가공 및 끼워맞춤				
공장에서 드릴가공, 현장에서 끼워맞춤				
현장에서 드릴가공 및 끼워맞춤				

* 구멍과 리벳을 구분하기 위해 구멍이나 체결품의 올바른 표시법이 관련 표준에 따라 주어져야 한다.

보기 : 지름 13mm의 구멍 표시법은 ϕ13, 지름 12mm, 길이 50mm의 미터나사의 볼트에 대한 표시방법은 M12×50이며, 지름 12mm, 길이 50mm의 리벳 표시법은 ϕ12×50이다.

26 'M50×2-6g'의 나사기호 해독으로 옳은 것은?

① 리드가 2mm
② 암나사 등급 6g
③ 1줄 오른나사
④ 나사산의 수가 3개

해설

나사산의 감김 방향	나사산의 줄의 수	나사의 호칭	나사의 등급
표시가 없으므로 오른나사	표시가 없으므로 1줄	M50×2 피치가 2이고, 지름 50인 미터나사	6g 수나사

27 다음 그림에 대한 설명으로 옳은 것은?

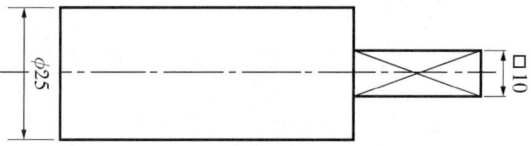

① 대각선으로 표시된 면이 구면임을 나타낸다.
② 대각선으로 표시된 면이 평면임을 나타낸다.
③ 대각선으로 표시된 면은 가공하지 않음을 표시한다.
④ 대각선으로 표시된 면만 열처리할 것을 표시한다.

해설

물체가 전반적으로 원형인 경우 정투상도로는 평면과 둥근 면을 구별할 수 없으므로 평면인 부분에 X자형 대각선을 그려 평면임을 표시한다.

28 베어링 기호 '6012 C2 P4'에서 각 기호의 뜻을 설명한 것으로 옳지 않은 것은?

① 60 : 베어링 계열기호
② 12 : 안지름 번호
③ C2 : 레이디얼 내부 틈새기호
④ P4 : 베어링 조합기호

해설

P4는 등급을 의미한다.

정답 25 ① 26 ③ 27 ② 28 ④

29 다음 보기에서 설명하는 기호는?

┌보기─────────────────────
│ 커터의 줄무늬 방향이 기호를 지시한 도면의 투상면
│ 에 경사지고 두 방향으로 교차한다.
│ 예 호닝 다듬질면
└─────────────────────

① = 　② ⊥
③ ×　　④ M

해설
가공 줄무늬 방향기호

기호	기호의 뜻	설명 그림과 도면 지시 보기
=	커터의 줄무늬 방향이 기호를 지시한 도면의 투상면에 평행 예 셰이핑 면	
⊥	커터의 줄무늬 방향이 기호를 지시한 도면의 투상면에 직각 예 셰이핑 면(옆으로부터 보는 상태), 선삭, 원통 연삭면	
×	커터의 줄무늬 방향이 기호를 지시한 도면의 투상면에 경사지고 두 방향으로 교차 예 호닝 다듬질면	
M	커터의 줄무늬 방향이 여러 방향으로 교차 또는 무방향 예 래핑 다듬질면, 슈퍼 피니싱면, 가로 이송을 한 정면밀링 또는 앤드밀 절삭면	
C	가공에 의한 커터의 줄무늬가 기호를 지시한 면의 중심에 대해 대략 동심원 모양 예 끝면 절삭면	
R	커터의 줄무늬가 기호를 지시한 면의 중심에 대하여 대략 레이디얼 모양	

30 분할 핀의 호칭지름을 나타내는 것은?

① 판 구멍의 지름
② 분할 핀 한쪽의 지름
③ 분할 핀의 가장 긴 길이
④ 분할 핀 머리 부분의 지름

해설

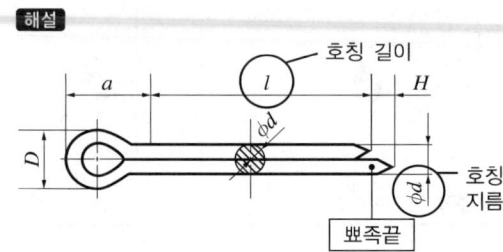

31 스프링 도시방법에 대한 설명으로 옳지 않은 것은?

① 코일 스프링은 무하중 상태에서 그린다.
② 겹판 스프링은 무하중 상태에서 그린다.
③ 그림으로 그리기 힘든 내용은 표에 일괄 표시한다.
④ 코일 스프링의 정면도는 나선 모양이지만 직선으로 나타낸다.

해설
겹판 스프링은 하중이 가해진 수평 상태로 그린다.

29 ③　30 ①　31 ②

32 다음 중 원판 스프링이라고도 하는 스프링은?

① 코일 스프링
② 접시 스프링
③ 벌류트 스프링
④ 겹판 스프링

> **해설**
> ② 원판 스프링(접시 스프링)
>
>
>
> ① 코일 스프링
>
>
>
> ③ 벌류트 스프링
>
>
>
> ④ 겹판 스프링
>
>

33 1줄 겹치기 리벳이음의 리벳지름을 d, 피치를 p, 판 두께를 t라 할 때, 다음 중 가장 효율이 높은 이음은? (단, 판의 인장강도와 리벳의 전단강도는 같다고 간주한다)

① $d = 20\text{mm}$, $p = 50\text{mm}$, $t = 10\text{mm}$
② $d = 18\text{mm}$, $p = 60\text{mm}$, $t = 18\text{mm}$
③ $d = 20\text{mm}$, $p = 60\text{mm}$, $t = 8\text{mm}$
④ $d = 18\text{mm}$, $p = 60\text{mm}$, $t = 10\text{mm}$

> **해설**
> 효율은 리벳 없는 판이 버티는 힘에 대해 리벳이 버티는 힘의 비율이다.
>
>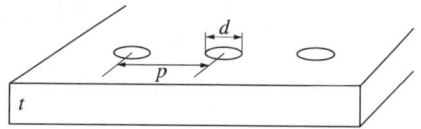
>
> $\therefore$ 효율 $= \dfrac{\dfrac{\pi d^2}{4} \times \tau}{pt \times \sigma} = \dfrac{\pi d^2}{4pt}$ (여기서, $\sigma = \tau$)
>
> ③ $\dfrac{\pi d^2}{4pt} = \dfrac{\pi \times 20^2}{4 \times 60 \times 8} = 0.654$
>
> ① $\dfrac{\pi d^2}{4pt} = \dfrac{\pi \times 20^2}{4 \times 50 \times 10} = 0.628$
>
> ② $\dfrac{\pi d^2}{4pt} = \dfrac{\pi \times 18^2}{4 \times 60 \times 18} = 0.236$
>
> ④ $\dfrac{\pi d^2}{4pt} = \dfrac{\pi \times 18^2}{4 \times 60 \times 10} = 0.424$

33 다음 중 데이텀 지시가 필요한 기하공차는?

① 원통도
② 진직도
③ 원주 흔들림공차
④ 선의 윤곽도

> **해설**
> 관련 형체를 설명하는 경우와 자세공차, 위치공차, 흔들림공차는 데이텀 표시가 필요하다. 단독 형체를 사용하는 모양공차는 데이텀이 필요하지 않다. 모양공차에는 진직도, 평면도, 진원도, 원통도, 윤곽도 공차가 있으며, 자세공차에는 평행도, 직각도, 경사도가 있다. 위치공차에는 위치도, 동축도, 대칭도가 있으며, 흔들림공차에는 원주흔들림공차와 온흔들림공차가 있다.

35 응력에 대한 설명으로 옳지 않은 것은?

① 단위는 N/mm²이다.
② 전단응력은 수직응력의 일종이다.
③ 응력의 크기는 $\dfrac{\text{힘}}{\text{면적}}$으로 표현된다.
④ 응력은 크기뿐만 아니라 작용면과 작용 방향을 갖는다.

해설
전단응력은 횡단 방향의 응력이며, 수직응력은 인장응력과 압축응력 등으로 구분한다.

36 줄수가 2인 사각나사의 단면이 다음 그림과 같을 때 피치와 같은 것은?

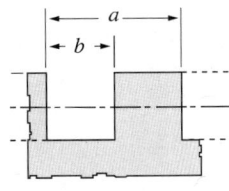

① a
② b
③ 2a
④ a + b

해설
피치는 산과 산의 거리로, 줄 수의 영향을 받지 않는다. 사각나사의 경우는 다음과 같다.

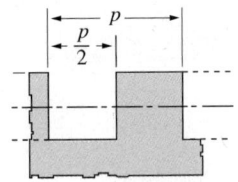

37 다음 보기에서 설명하는 체결요소는?

┌보기├─
• 죄려고 하는 부분이 두꺼워 관통 구멍을 뚫을 수 없는 경우에 사용한다.
• 한 부분에 구멍을 뚫고 다른 한 부분은 중간까지 나사를 죄어 이것에 머리 달린 나사를 박는다.
└─────

① 관통볼트
② 탭볼트
③ 스터드볼트
④ 리머볼트

해설
탭볼트 : 볼트가 모재를 드릴링으로 파고 들어가 결합하는 형태의 볼트이다.

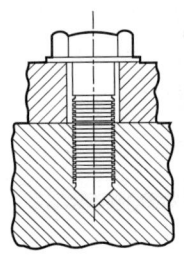

38 나사 풀림 방지방법으로 옳지 않은 것은?

① 특수 와셔를 적용한다.
② 분할 핀으로 고정한다.
③ 나사머리를 뭉갠다.
④ 로크너트를 적용한다.

해설
나사 풀림 방지방법으로 볼트와 너트의 결합부를 뭉개는 방법을 사용하기는 하지만, 이 경우는 영구 결합에 해당하며 이러한 요소는 리벳을 사용하는 것이 더 적절하다. 나사머리를 뭉개는 것과 나사 풀림 방지는 무관하며 필요할 때 나사를 풀 수 없게 한다.

39 다음 중 값이 다른 것은?

① 1.026atm
② 780mmHg
③ 1.060kgf/cm²
④ 1bar

해설
1atm = 760mmHg = 10.33mAq = 1.03323kgf/cm² = 1.013bar
1.026atm = 780mmHg = 10.60mAq = 1.06018kgf/cm² = 1.040bar

40 두께가 같고 폭이 구배 또는 테이퍼로 되어 있는 일종의 쐐기로, 인장 또는 압축력이 축 방향으로 작용하는 축과 축, 피스톤과 피스톤 등을 연결하는 데 사용하는 체결용 기계요소는?

① 키
② 핀
③ 볼트
④ 코터

해설
코터 : 두께가 같고 폭이 구배 또는 테이퍼로 되어 있는 일종의 쐐기이다.

제3과목 공유압

41 다음 그림의 유압회로로 옳은 것은?

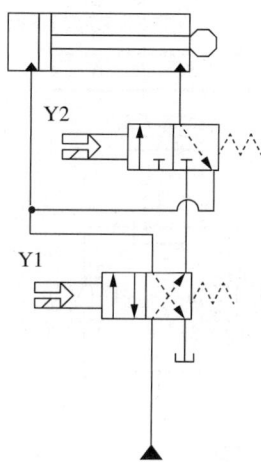

① 시퀀스회로
② 재생회로
③ 감압회로
④ 차압회로

해설
배출되는 유압을 전진압력에 보태서 추력을 얻는 회로는 재생회로이다.

42 다음 중 유압원의 기호는?

①    ②
③   ④

해설
② 공압탱크
③ 건조기
④ 공압원

43 다음의 결과를 나타내는 회로는?

A	B	Y
0	0	1
1	0	0
0	1	0
1	1	0

①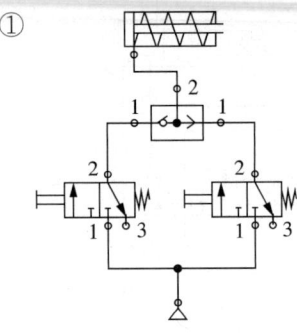

②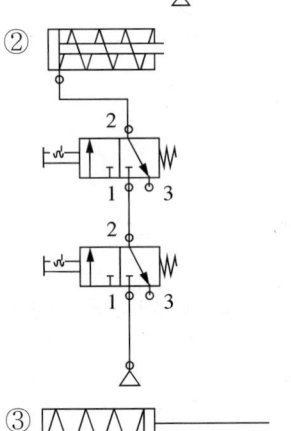

③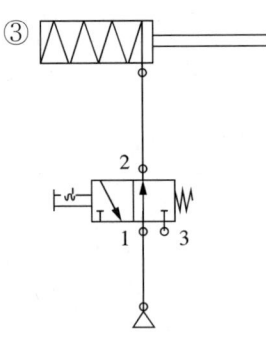

④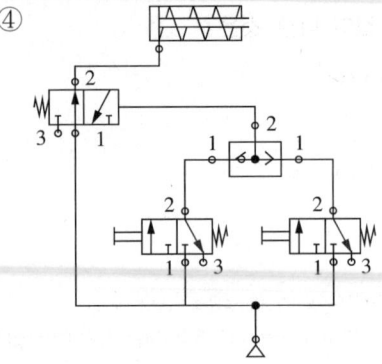

해설
a와 b 중 하나라도 공기가 관통하면 c가 작동하여 d를 닫으므로 문제의 논리식과 같은 결과가 도출된다.

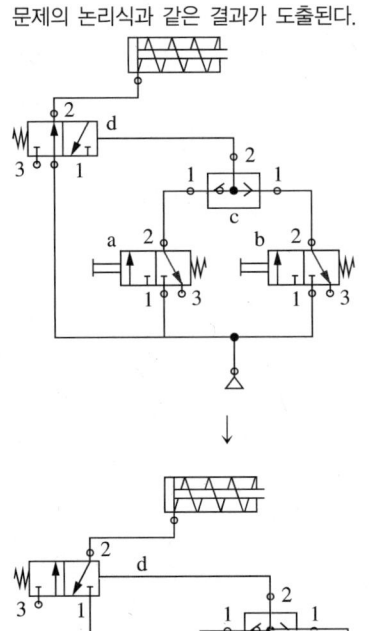

↓

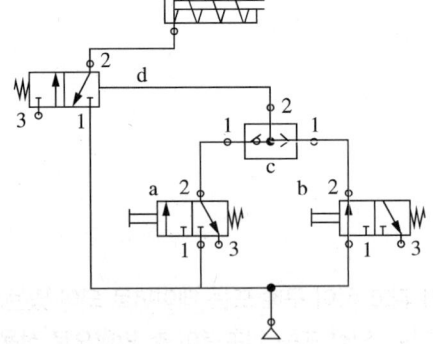

44 2차 압력일정제어밸브는?

① 감압밸브　② 시퀀스 밸브
③ 무부하밸브　④ 릴리프 밸브

해설
① 감압밸브 : 출구쪽 압력을 일정하게 유지하는 역할을 하는 밸브로, 릴리프 밸브가 1차 쪽 압력제어이면 감압밸브는 2차 쪽 압력조정밸브이다.
② 시퀀스 밸브 : 주회로의 압력을 일정하게 유지하면서 조작 순서를 제어할 때 사용하는 밸브이다.
③ 무부하밸브 : 펌프의 무부하운전을 시키는 밸브이다.

45 피스톤 기능을 고무, 플라스틱, 금속기구가 대신 하는 밸브로 치공구 제작, 프레스 엠보싱, 리베팅, 클램핑 작업 등에 사용하는 실린더는?

① 격판실린더
② 텔레스코프 실린더
③ 탠덤실린더
④ 양로드 실린더

해설
실린더의 종류
- 격판실린더 : 금속이나 플라스틱, 고무로 된 다이어프램 플레이트(격판, Diaphragm Plate)가 오목하게, 볼록하게 움직여 액추에이터를 작동시키는 원리를 갖고 있다. 엠보싱, 리베팅, 클램핑 작업 등에 사용한다.
- 단동실린더 : 실린더에 공기압 포트가 하나만 있고, 복귀는 스프링으로 하는 형식의 실린더이다.
- 복동실린더 : 실린더에 공기압 포트가 양쪽으로 있어서 실린더 헤드의 전진과 후진을 공기압으로 제어하는 실린더이다.
- 양로드 실린더 : 로드와 실린더 헤드가 양쪽에 달린 복동실린더이다.
- 쿠션내장형 실린더 : 내부에 쿠션이 내장되어 있어 스트로크의 충격을 완화할 때 사용한다.
- 충격실린더 : 급격한 출력을 내고자 할 때 사용하는 실린더이다.
- 탠덤실린더 : 격판이 두 개 존재하여 로드를 길게 사용하거나 공기압을 두 배로 받을 수 있도록 하여 출력을 두 배로 사용할 수 있는 실린더이다.

46 포핏 방향전환밸브의 장점은?

① 비교적 구조가 간단하다.
② 대량 생산에 적합하다.
③ 비교적 큰 유량을 얻을 수 있다.
④ 밀봉효과가 좋다.

해설
포핏형

기본 구조 원리	밸브 몸체가 밸브 시트의 직각 방향으로 이동하면서 압축공기의 흐름을 전환한다.
장점	• 실(Seal)효과가 좋다. • 밸브의 이동거리가 짧기 때문에 밸브의 개폐시간이 빠르다. • 먼지 등의 이물질이 혼입되더라도 고장이 적다. • 대부분 급유가 필요하지 않다.
단점	• 공기압력이 높아지면 밸브를 개폐하는 조작력이 커진다. • 배관구가 많아지면 형상이 복잡하게 되어 자유도가 작아진다.

47 다음 중 유압의 일반적인 특징이 아닌 것은?

① 소형 장치로 큰 힘(출력)을 발생시킬 수 있다.
② 전기·전자의 조합으로 자동제어가 가능하다.
③ 과부하에 대한 안전장치가 간단하고 정확하다.
④ 유온의 영향을 받지 않아 정확한 속도와 제어가 가능하다.

해설
유압유에서 특히 주목해야 할 성질이 점도지수이며, 점도지수는 온도의 영향을 받는다.

정답　44 ①　45 ①　46 ④　47 ④

48 다음 중 용적형 유압펌프는?

① 원심형 펌프
② 액시얼 펌프
③ 기어펌프
④ 터빈펌프

해설
유압펌프의 간략 형상

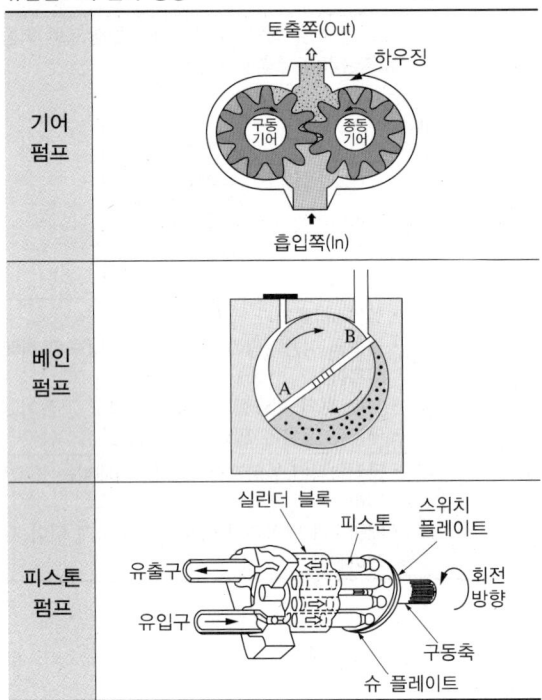

49 실린더의 내경이 10cm, 추력이 3,140kgf, 피스톤의 속도가 40m/min이라면 유압은?

① 20kgf/cm^2
② 30kgf/cm^2
③ 40kgf/cm^2
④ 50kgf/cm^2

해설
- 추력 = 3,140kgf
- 실린더 안쪽의 단면적 = $\dfrac{\pi d^2}{4} = \dfrac{\pi \times (10\text{cm})^2}{4} = 78.54\text{cm}^2$
- ∴ 유압 = $\dfrac{\text{추력}}{\text{실린더 안쪽의 단면적}} = \dfrac{3,140\text{kgf}}{78.54\text{cm}^2} \fallingdotseq 40\text{kgf/cm}^2$

50 유압밸브에서 온도가 변화하면 오일의 점도가 변화하여 유량이 변하게 된다. 이때 유량 변화를 막기 위하여 열팽창률이 높은 금속 봉을 이용하여 오리피스 개구 넓이를 작게 하여 유량 변화를 보정하는 밸브는?

① 감압밸브
② 셔틀밸브
③ 스로틀 체크밸브
④ 압력 온도 보상형 유량조정밸브

해설
- 감압밸브 : 압력제어밸브의 하나로 출구쪽 압력을 일정하게 유지하는 역할을 한다. 릴리프 밸브가 1차 쪽 압력제어이면 감압밸브는 2차 쪽 압력조정밸브이다.
- 셔틀밸브 : 양쪽 중 한쪽에만 공기가 들어가도 출력이 나오는 형태의 밸브로, OR 밸브라고 한다.
- 스로틀 밸브 : 교축밸브라고도 하며, 유로의 단면적을 변화시켜서 유량을 조절하는 밸브이다.
- 체크밸브 : 한 방향으로만 흐르게 하는 밸브이다.
- 스로틀 체크밸브 : 한 방향으로만 교축되는 밸브이다.

51 지름이 50m에서 40m로 축소되는 원형 관로에 물이 가득 채워져 흐르고 있다. 지름 50m 관에서 유속이 1.2m/s라고 하면 지름 40m 관에서의 유속[m/s]은 약 얼마인가?

① 1.88
② 1.5
③ 0.96
④ 0.48

해설

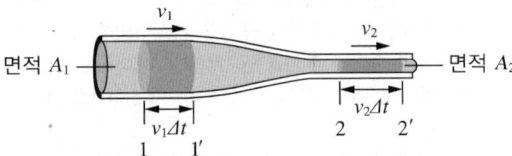

연속의 법칙을 적용한다.
$Q = AV = A_1 V_1 = A_2 V_2$
$\dfrac{\pi \times (50\text{m})^2}{4} \times 1.2\text{m/s} = \dfrac{\pi \times (40\text{m})^2}{4} \times V_2$
∴ $V_2 = 1.875\text{m/s}$

52 전기동력장치와 비교한 유압동력장치의 특징이 아닌 것은?

① 과부하가 걸릴 경우 불안정적이다.
② 고속회전운동을 얻기 어렵다.
③ 안정적으로 큰 힘을 얻을 수 있다.
④ 힘의 증폭이 용이하다.

해설
모든 장치는 과부하가 걸리면 불안정하다. 그러나 ③에서 기술하듯 유압동력장치는 안정적이며 과부하를 발생시키지 않는다.

53 다음 보기의 내용에 해당하는 유압펌프는?

> **보기**
> 구조가 간단하고 운전 시 보수가 용이하지만 가변 토출형으로 제작이 불가능하고 내부 오일 누설이 다른 펌프에 비해서 많다. 그리고 운전 중에 밀폐작용(폐입현상)이 발생하기도 한다.

① 기어펌프 ② 베인펌프
③ 피스톤 펌프 ④ 나사펌프

해설
유압펌프의 비교

구 분	기어펌프	베인펌프	피스톤 펌프
주요 특징	오물과 점도가 높은 곳에 사용 가능하다.	베인의 마모에 의한 압력 저하가 발생되지 않는다.	밸브가 필요 없으며 고장이 적다.
구 조	구조가 가장 간단하다.	부품이 많고 정밀하게 제작을 요구한다.	구조가 복잡하고 매우 높은 가공 정밀도를 요구하며 크기가 크다.
성 능	큰 힘으로 흡입이 가능하다.	큰 힘으로 흡입하기는 힘들지만 큰 기에 비해 출력이 좋다.	흡입할 수 있는 힘의 크기에 제한이 있으나 예민한 압력의 변화에 적합하다.
점도의 영향	점도가 크면 효율에는 영향을 미치나 다른 큰 영향은 없다.	점도에 영향을 받지만 효율과는 대체로 무관하다.	점도에 영향을 받는다.
이물질의 영향	거의 없다.	영향을 받는다.	예민한 압력에 영향을 크게 받는다.
비 용	제작비용이 저렴하다.	보통이며 수리비가 적게 든다.	제작비용이 비싸다.

54 유압시스템에서 사용하는 유량제어밸브에 해당되지 않는 것은?

① 감압밸브
② 교축밸브
③ 압력 보상형 유량조절밸브
④ 압력 온도 보상형 유량조절밸브

해설
감압밸브 : 압력제어밸브의 하나로 출구쪽 압력을 일정하게 유지하는 역할을 한다. 릴리프 밸브가 1차 쪽 압력제어이면 감압밸브는 2차 쪽 압력조정밸브이다.

55 관 속 내의 유량에 관한 설명으로 옳은 것은?

① 유량은 정해진 시간 동안 관을 통하여 흐르는 유체의 중량이다.
② 단면이 변하는 관을 통하여 유체가 흐를 때 관의 면적이 크면 유량도 많이 흐른다.
③ 단면이 변하는 관을 통하여 유체가 흐를 때 관의 면적이 작으면 유량도 적게 흐른다.
④ 단면이 변하는 관을 통하여 유체가 흐를 때 관의 면적이 크거나 작아도 유량은 일정하게 흐른다.

해설
연속의 법칙 : 유량은 단면적과 유속의 곱으로 표현하며, 닫혀 있는 유로 안에서는 어느 지점에서 측정하여도 유량의 변화는 없다. 유체의 질량보존의 원리에 해당한다.
$Q = AV = A_1 V_1 = A_2 V_2$ (A : 유로의 단면적, V : 유속)

56 배관 내에서 유체의 흐름은 층류와 난류로 구분한다. 다음 중 난류가 일어나는 조건은?

① 레이놀즈수가 1,000이다.
② 배관 내의 유속이 비교적 작다.
③ 배관 내의 유체의 동점도가 크다.
④ 배관 내의 흘러가는 유체의 점도가 작다.

해설
① 레이놀즈수가 2,320 이상이면 난류이다.
② $Re = \dfrac{vd}{\nu}$ 이므로, 유속이 작으면 레이놀즈수가 작아지므로 층류일 가능성이 높다.
③ 동점성 계수(ν)가 크면 레이놀즈수가 작아지므로 층류일 가능성이 높다.

57 공기압 발생장치에서 보내 온 공기 중에는 먼지 및 이물질 등이 포함되어 있는데, 이러한 것을 막아 공압기기를 보호하기 위해 설치하는 것은?

① 압축공기 필터   ② 압축공기 조절기
③ 압축공기 증폭기   ④ 압축공기 드라이어

해설
공기 조정 유닛에는 공기여과기(압축공기 필터)가 있으며 이를 이용하여 압축공기를 청정화한다.

58 실린더 내부의 오일이 유출되는 방향으로 유량제어밸브를 설치하여 전·후진 속도 조절이 가능한 속도제어 회로는?

① 미터 인 회로   ② 미터 아웃 회로
③ 블리드 오프 회로   ④ 디플렌셜 회로

해설
미터 아웃 회로
• 액추에이터에서 나오는 공기를 조절하여 액추에이터를 제어하는 방식이다.
• 액추에이터 작동 전에 제어하므로 작동성이 확실하고 일반적으로 많이 사용하는 방식이다.

59 압축공기를 다루는 설비의 점검에 관한 설명으로 옳지 않은 것은?

① 압축기에 회전부가 있을 때는 적절한 덮개를 사용한다.
② 직결식 압축기는 압축기와 전동기의 축심이 일치하도록 한다.
③ 벨트 구동식 압축기는 압축기와 전동기 축의 인장강도를 충분히 고려하여 설치한다.
④ 압축기를 설치할 때는 소음 및 진동을 허용범위 이내로 유지하여야 하며, 방음·방진설비를 한다.

해설
벨트 구동식 압축기는 압축기와 전동기가 평행 축에 벨트가 걸리므로 양축의 전단강도를 충분히 고려하여 설치한다.

60 공압 실린더나 공압모터의 액추에이터 부근에 설치하여 벤투리 원리에 의해 윤활유를 공급해 주는 공압기기는?

① 어큐뮬레이터   ② 공압필터
③ 드레인 장치   ④ 루브리케이터

해설
루브리케이터 : 공압 실린더나 공압모터 등의 액추에이터의 구동부나 밸브의 스풀 등 윤활이 필요한 곳에 벤투리(Venturi) 원리에 의해 미세한 윤활유를 분무 상태로 공기 흐름에 혼합하여 보내 윤활작용을 하는 기기이다.

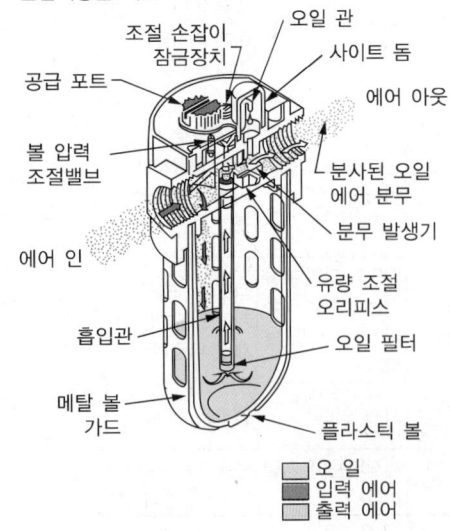

2023년 제2회 과년도 기출복원문제

제1과목 자동제어

01 제어를 제어량에 따라 분류할 때 제어량이 상태값인 압력·온도·유량·밀도 등일 때의 제어방식은?

① 서보제어
② 프로세스 제어
③ 자동조정
④ 프로그램 제어

해설
제어량에 따른 분류
- 서보제어(Servo Control) : 물체의 위치·각도·방위·자세 등의 기계적 변위를 제어량으로 읽어 제어하는 시스템
- 프로세스 제어(Process Control) : 제어량이 상태값인 압력·온도·유량·밀도 등일 때의 제어방식
- 자동조정(Automatic Regulation) : 제어량이 전기적 및 기계적인 양(주파수, 전압, 전류, 습도, 회전속도, 힘 등)을 주로 제어하는 방식
※ 프로그램 제어는 제어목표에 따라 제어를 분류할 때, 제어 변동을 사전에 제어해 놓은 제어방식이다.

02 함수 $F(s) = \dfrac{4}{s^3 + 3s^2 + 2s}$ 를 라플라스 역변환한 결과값 $f(t)$은?

① $2 - 4e^{-t} + 2e^{-2t}$
② $2 - 4e^{-t} - 2e^{-2t}$
③ $\dfrac{1}{2} - \dfrac{1}{4}e^{-t} + \dfrac{1}{2}e^{-2t}$
④ $\dfrac{1}{2} - \dfrac{1}{4}e^{-t} - \dfrac{1}{2}e^{-2t}$

해설
$F(s) = \dfrac{4}{s^3 + 3s^2 + 2s}$ 의 분모를 인수분해하면

$F(s) = \dfrac{4}{s(s+1)(s+2)} = \dfrac{2}{s} + \dfrac{-4}{s+1} + \dfrac{2}{s+2}$

$f(t) = \mathcal{L}^{-1}[F(s)] = \mathcal{L}^{-1}\left[\dfrac{2}{s} + \dfrac{-4}{s+1} + \dfrac{2}{s+2}\right]$

$= 2 - 4e^{-t} + 2e^{-2t}$

03 PLC의 RS232C 커넥터를 이용하여 PC와 직접 연결하려고 한다면, RXD 단자는 상대편의 어느 단자와 연결해야 하는가?

① DCD
② DTR
③ RXD
④ TXD

해설
RS232 핀 포트 사양
- DCD(Data Carrier Detect) : 입력
- RXD(Receive Data) : 입력
- TXD(Transmit Data) : 출력
- DTR(Data Terminal Ready) : 출력
- DSR(Data Set Ready) : 입력
- GND(Ground)
- RTS(Request To Send) : 출력
- CTS(Clear To Send) : 입력
- RI(Ring Indicator) : 입력
※ TXD ⇄ RXD, RTS ⇄ CTS, DTR ⇄ DSR

04 PLC의 통신 중 RS-422방식에 대한 설명으로 옳지 않은 것은?

① 1byte 단위로 data가 전송된다.
② 전송속도가 느리지만, 소프트웨어가 간단하다.
③ 데이터를 1개의 케이블을 통해 1bit씩 전송된다.
④ RS-232C에 비해 전송 길이가 길고 1 : N 접속이 가능하다.

해설
시리얼 통신에서는 1byte를 8개의 비트로 분리해서 한 번에 1bit씩 통신선로로 전송한다.

정답 1 ② 2 ① 3 ④ 4 ①

05 PLC 입력부 선정 시 고려사항으로 옳지 않은 것은?

① 실린더 개수
② 정격전압
③ 정격전류
④ 입력 접점수

해설
실린더는 출력부이다.

06 다음 보기에서 설명하는 PLC 프로그램 과정은?

┌보기├─────────────────
• 실행파일을 생성하는 과정이다.
• 프로그램이 자체 검토를 실행하고 오류가 발생하면 메시지를 발생한다.
• 수정 및 편집을 시행한다.
─────────────────

① 코딩
② 컴파일
③ 데이터 할당
④ 입출력 어드레스 할당

해설
컴파일(Compile)은 자체 프로그래밍된 내용을 다른 언어로 변환하는 프로세스로, PLC 프로그래밍에서는 프로그램에서 작성된 내용을 실행파일로 변환하는 과정이다. 이 과정 중 자체 검토를 실행하고, 문제가 있으면 수정을 실시한다.

07 PLC에서 프로그램을 한 사이클 실행하는 데 소요되는 시간은?

① 로딩타임(Loading Time)
② 딜레이 타임(Delay Time)
③ 스캔타임(Scan Time)
④ 코딩타임(Coding Time)

해설
스캔타임 : PLC에서 프로그램을 한 사이클 실행하는 데 소요되는 시간
• PLC 프로그램은 프로그램을 이용하여 시퀀스 제어를 시행하므로 순차에 따라 시행되도록 구성되어 있다.
• 반복되는 동작을 시행할 때는 다시 프로그램의 처음부터 제어를 시행하게 된다.
• 첫 행부터 프로그램을 모두 리딩하여 실행한 후 첫 행으로 다시 이동하여 제어하게 된다.
• 첫 행부터 마지막 행까지 한 번 리딩하여 시행하는 시간을 스캔타임이라 한다.

08 다음 그림과 같은 기계시스템에서 $f(t)$를 입력으로 하고, $x(t)$를 출력으로 하였을 때의 전달함수는?

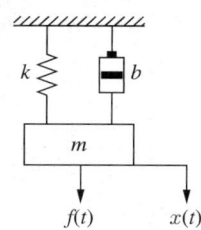

① $ms^2 + bs + k$
② $\dfrac{1}{ms^2 + bs + k}$
③ $\dfrac{s}{ms^2 + bs + k}$
④ $\dfrac{k}{ms^2 + bs + k}$

해설
점성 마찰이 있는 탄성시스템에서 힘 입력 $f(t)$, 변위 $y(t)$가 출력일 때 $G(s)$

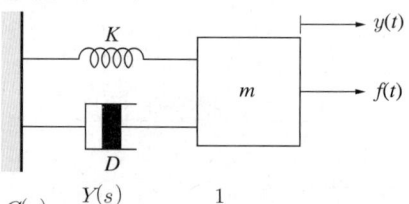

$G(s) = \dfrac{Y(s)}{F(s)} = \dfrac{1}{ms^2 + Ds + K}$

09 PLC 설치 시 실드 트랜스를 사용하는 것은 어느 곳으로부터의 노이즈 대책인가?

① 입력기기　② 출력기기
③ 전원계통　④ PLC 자체

해설

노이즈(Noise) 개선전략
- PLC와 PC 주변에는 수많은 접점이 발생하며 저항과 의도하지 않은 미약한 전기신호들이 발생할 가능성이 높다. 이를 노이즈라고 한다.
- 입력부의 노이즈
  - 스파크 킬러나 서지 킬러의 저항값을 조절하거나 설치 위치를 조정한다.
  - DC 릴레이에 환류 다이오드(Free Wheeling Diode/Flyback Diode)를 설치한다.
  - 포토커플러는 동적범위를 늘리고 잡음을 무시하는 데 도움이 된다.
- 전원부의 노이즈
  - 제어부(PLC쪽)의 전원과 전동부(Motor쪽)의 전원을 따로 둔다.
  - 제어선은 차폐(Shield)선을 사용한다.
  - 실드 트랜스나 절연 트랜스를 사용한다.
- 출력부의 노이즈
  - 스파크 킬러를 설치한다.
  - 전압·저항을 조절하거나 누설전류를 잡아낸다.

10 양방향 통신 회선을 이용하나 화자 통신을 청자가 수신하여야 지속되는 방식의 통신은?

① 단방향(Simplex) 통신
② 반이중(HDX) 통신
③ 전이중(FDX) 통신
④ 우회(Indirection) 통신

해설

- 전이송방식(전이중방식) : 통신방법 중 양자 동시 통신이 가능하다.
- 반이송방식(반이중방식) : 화자 통신이 청자 수신만 가능하다.
- 단방향 전송방식 : 화자와 청자가 정해진 통신방식이다.

11 HMI에 대한 설명으로 옳지 않은 것은?

① HMI는 PC 환경에 영향을 받는다.
② PC와 통신 시 RS232C 전용으로 제공되는 한계가 있다.
③ HMI 제작 전용 프로그램을 이용해 GUI를 구성할 수 있다.
④ 대부분 개방형 시스템으로 설계되어 시스템의 확장성과 유연성을 높일 수 있다.

해설

PC 통신 시 RS232C 외에도 USB를 이용한 직렬통신이나 Ethernet을 이용하는 등의 통신방법을 사용할 수 있다.

12 다음 보기에서 설명하는 자동화 설비 조립 부품은?

┌보기├─────
- 회전 테이블을 일정한 각도로 회전시켜 다양한 공정이 순차적으로 수행되도록 하는 장치이다.
- 모터, 유압, 공압 등으로 구동되며 많은 산업군에 다양하게 적용한다.

① 전동드릴
② 컨베이어
③ 스테핑 모터
④ 인덱스 테이블

해설

인덱스 테이블은 회전 테이블을 스테핑 모터에 연결하여 다양한 공정이 순차적으로 수행하도록 하는 조립 부품이다.

13 0~1,000V A/D 변환장치를 이용해 10m/s의 속도를 낼 수 있는 기계에서 6m/s는 몇 V로 표현되는가?

① 0V
② 60V
③ 600V
④ 1,000V

해설
아날로그를 디지털로 변환하는 장치를 이용할 때 전압을 이용하여 표현하고, 장치의 범주와 사용전압의 범주를 일치시켜 디지털로 변환하는 방식을 사용하는 경우가 많다. 1,000V가 10m/s로 표현되면 그의 60% 속도는 600V로 표현된다.

14 다음 그림의 전자 부품은?

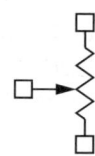

① 수정 발진자
② 가변 저항기
③ 인덕터
④ 퓨 즈

해설
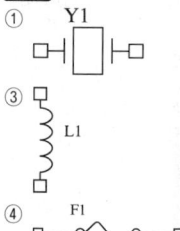

15 다음 보기에서 설명하는 전자전기 안전성 검사는?

┤보기├
회로시험기의 전환 스위치를 저항 측정범위(Ω) 중 낮은 범위로 놓은 후 시험하려는 전기회로나 전기기구 플러그의 두 단자에 시험 막대를 대고 저항값을 읽는다. 고유의 저항값을 가리키면 정상이고, 지침이 움직이지 않으면 불량이다.

① 내전압시험
② 절연·내압시험
③ 통전시험
④ 누설전류시험

해설
통전시험
- 전기기기의 회로가 끊어진 곳이나 접속이 불량한 곳이 있는지 시험한다.
- 시험방법
 - 먼저 회로시험기의 전환 스위치를 저항 측정범위(Ω) 중 낮은 범위로 놓은 후
 - 시험하려는 전기회로나 전기기구 플러그의 두 단자에 시험 막대를 대고 저항값을 읽는다.
 - 통전시험 결과 전기기구에 따라 고유의 저항값을 가리키면 통전(정상) 상태이고, 지침이 움직이지 않으면(∞Ω) 단선 또는 접속 불량 상태이다.
 - 지침이 0Ω이나 너무 작은 값을 가리키면 단락(합선) 상태이다.

16 다음 중 주파수 영역에서 자동제어계를 해석할 때 기본 입력으로 많이 사용되는 것은?

① 계단 입력
② 등속 입력
③ 등가속 입력
④ 정현파 입력

해설
여러 기준 시험 입력신호의 예
- 과도 응답 및 정상 상태 응답용
 - 임펄스 신호 입력(Impulse Input)은 임펄스 응답/주로 엄밀한 시스템 분석
 - 계단신호 입력(Step Input)은 계단 응답(Indicial Response)/정치 제어와 같이 고정 목표값일 경우의 정상 상태 오차를 구할 때
 - 경사신호 입력(Ramp Input)/일정 속도를 갖는 목표값일 경우의 정상 상태 오차를 구할 때
 - 포물선 신호 입력(Parabolic Input), 가속 입력(Acceleration Input)/미사일처럼 가속도를 갖는 목표값일 경우의 정상 상태 오차를 구할 때
- 정상 상태 응답용
 - 정현파 입력(Sinusoidal Input)은 주파수 응답의 기본 형태로 정상 상태에 응답할 때 가정

13 ③ 14 ② 15 ③ 16 ④

17 동기기형 서보전동기에 관한 설명으로 옳지 않은 것은?

① 신뢰성이 높다.
② 시스템이 간단하고 저가이다.
③ 고속, 고토크 이용이 가능하다.
④ 브러시가 없어 보수가 용이하다.

해설
AC 모터는 동기기형과 유도기형으로 나눈다. 시스템이 복잡하고 고가이며, 시정수가 큰 특징이 있다.

18 고정자 측에 영구자석을 배치하여 공극부에 직류 바이어스 자계를 발생시켜 제어하는 스테핑 모터는?

① 영구자석형
② 하이브리드형
③ 반영구 자석형
④ 가변 릴럭턴스형

해설
스테핑 모터는 가변 릴럭턴스형(VR(Variable Reluctance) Type), 영구자석형(PM(Permanent Magnet) Type), 하이브리드형(Hybrid Type)으로 구분할 수 있으며 하이브리드형은 다음과 같은 특징이 있다.
- 영구자석형과 가변 릴럭턴스형의 복합형
- 회전 방향 : 전류의 극성에 따름
- 고정자 영구자석 8극 배치
- 공극부에 직류 바이어스 자계 발생 제어
- 2극식(Bipolar) 구동방식

19 다음 중 인코더를 이용해서 검출하기 어려운 것은?

① 모터의 토크 검출
② 모터의 회전 방향 검출
③ 모터의 회전속도 검출
④ 기계장치의 이송거리 검출

해설
인코더를 이용해서 회전하는 물체의 속도, 각속도 등을 측정하고, 회전축에 측정하고자 하는 회전체의 축을 서로 연결하여 돌아가는 방향과 횟수를 정밀하게 측정하여 속도값을 얻는다.

20 전자전기제품을 검사한 후 발생하는 편의(Bias)를 줄이기 위한 방법으로 옳지 않은 것은?

① 반복 측정의 횟수를 늘린다.
② 여러 계측기를 이용하여 측정한다.
③ 여러 작업자가 측정해 본다.
④ 전체 장비를 신형 장비로 교체한다.

해설
편의(Bias) : 측정 시 관측된 측정값과 실제값과의 오차로, 반복 측정의 횟수를 늘리면 줄일 수 있다. 편의가 발생하는 원인으로 기준값 마스터의 오차, 계측기의 노화, 눈금이 잘못된 계측기, 잘못된 교정, 사용자 오류 등이 있는데, 같은 측정을 여러 시험기로, 여러 측정자가 반복해서 측정하여 데이터를 클리닝하면 실제값과 근사한 값을 찾을 수 있다. 신형 장비가 이전 측정기보다 오차가 적을 수는 있지만, 편의는 측정기의 노화에만 의존하는 것이 아니므로 전체적인 측정 불량이 지속적으로 발생하는 경우가 아니라면 전체 장비를 교체하는 것은 바람직한 방법이 아니다.

정답 17 ② 18 ② 19 ① 20 ④

제2과목 기계요소설계

21 위치수 허용차와 아래치수 허용차와의 차이는?

① 위치수   ② 기준치수
③ 치수공차   ④ IT공차

해설
치수공차
$25^{+0.05}_{-0.05}$의 경우, 최대 허용한계치수 25.05mm와 최소 허용한계치수 24.95mm의 차 또는 위치수 공차 +0.05와 −0.05의 차를 치수공차라 한다. 간단히 공차라고 하면 이 치수공차를 의미한다.

22 조립 전의 구멍치수가 $50^{+0.04}_{-0.01}$, 축의 치수가 $50^{+0.02}_{-0.06}$ 일 때 최대 틈새는?

① 0.02   ② 0.06
③ 0.10   ④ 0.04

해설
최대 틈새는 헐거운 끼워맞춤에서 구멍의 최대 허용치수와 축의 최소 허용치수의 차이므로 50.04와 49.94의 차가 최대 틈새이다.
50.04 − 49.94 = 0.1

23 표면거칠기 측정법에 해당되지 않는 것은?

① 다이얼 게이지 이용 측정법
② 표준편과의 비교 측정법
③ 광절단식 표면거칠기 측정법
④ 현미간섭식 표면거칠기 측정법

해설
② 표준편과의 비교 측정법 : 표준편과 촉감을 통해 비교하여 거칠기를 판단한다.
③ 광절단식 표면거칠기 측정법 : 좁은 틈새로 나온 빛을 투사하여 광선으로 표면을 절단하여 직각 방향에서 현미경이나 투영기에 의해서 확대하여 관측 또는 사진을 찍어서 요철 상태를 알 수 있다.
④ 현미간섭식 표면거칠기 측정법 : 빛의 간섭현상을 이용하여 공학적으로 계산된 표면거칠기를 측정할 수 있다. 미세한 표면거칠기의 측정이 가능하다.

24 다음 중 표면거칠기가 다른 것은?

① 12.5a
② 산술평균거칠기 $12.5\mu m$
③ N10
④ $\overset{y}{\triangledown}$

해설
표면거칠기 기호

거칠기 구분값	산술평균거칠기의 표면 거칠기의 범위($\mu m R_a$)		거칠기 번호(표준편 번호)	거칠기 기호
	최솟값	최댓값		
0.025a	0.02	0.03	N1	
0.05a	0.04	0.06	N2	
0.1a	0.08	0.11	N3	
0.2a	0.17	0.22	N4	$\overset{z}{\triangledown}$
0.4a	0.33	0.45	N5	
0.8a	0.66	0.90	N6	
1.6a	1.3	1.8	N7	$\overset{y}{\triangledown}$
3.2a	2.7	3.6	N8	
6.3a	5.2	7.1	N9	
12.5a	10	14	N10	$\overset{x}{\triangledown}$
25a	21	28	N11	
50a	42	56	N12	$\overset{w}{\triangledown}$
제거 가공 안 함				$\overset{}{\triangledown\!\circ}$

(정밀 다듬질: 0.025a ~ 0.4a, 상 다듬질: 0.8a ~ 3.2a, 중 다듬질: 6.3a ~ 25a, 거친 다듬질: 50a)

25 다음과 같이 표면의 결 도시기호가 나타났을 때, 이에 대한 해석으로 옳지 않은 것은?

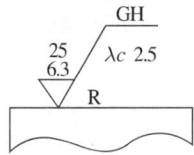

① 가공방법은 연삭가공이다.
② 컷오프 값은 2.5mm이다.
③ 거칠기 하한은 6.3μm이다.
④ 가공에 의한 컷의 줄무늬가 기호를 기입한 면의 중심에 대하여 거의 방사 모양이다.

해설
GH(Hone Grinding, Grinding by Hone)는 호닝가공이다.

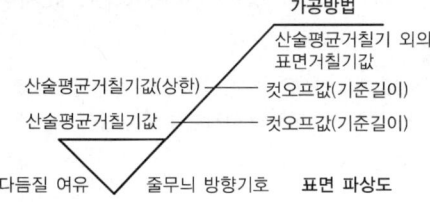

26 도면에서 두 종류 이상의 선이 같은 장소에서 겹치게 될 경우 표시되는 선의 우선순위가 높은 것부터 낮은 순서대로 나열된 것은?

① 외형선, 숨은선, 절단선, 중심선
② 외형선, 절단선, 숨은선, 중심선
③ 외형선, 중심선, 숨은선, 절단선
④ 절단선, 중심선, 숨은선, 외형선

해설
선의 우선순위 : 도면에서 두 종류 이상의 선이 같은 장소에서 중복되는 경우에 외형선 > 숨은선 > 절단선 > 중심선 > 무게중심선 > 치수 보조선 순으로 표시한다.

27 다음 중 제1각법에 관한 설명으로 옳은 것은?
① 정면도 우측에 좌측면도가 배치된다.
② 정면도 아래에 저면도가 배치된다.
③ 평면도 아래에 저면도가 배치된다.
④ 정면도 위에 평면도가 배치된다.

해설
제1각법은 정면도를 기준으로 하여 투상도의 배치가 제3각법과 반대이다. ②, ③, ④는 제3각법에 대한 설명이다.

28 가공기호의 연결로 옳지 않은 것은?
① 선반 – N
② 밀링 – M
③ 연삭 – G
④ 용접 – W

해설
주요 가공방법 기호

가공방법	기 호	가공방법	기 호
선 삭	L	리밍(다듬질)	FR
밀 링	M	브러싱	FB
드 릴	D	스크레이핑	FS
보 링	B	방전가공	SPED
리 밍	DR	전해가공	SPEC
태 핑	DT	레이저	SPLB
셰이핑	SH	블라스팅	SB
연 삭	G	전자빔	SPEB
평면절삭	P	초음파	SPU
슬로팅	SL	용 접	W
브로칭	BR	가스용접	WA
기어절삭	TC	열처리	H
호 빙	TCH	담금질	HQ
시효처리	HG	어닐링	HA
연 삭	G	템퍼링	HT
호 닝	GH	침 탄	HC
벨트연삭	GBL	표면처리	S
페이퍼	FCA	숏 피닝	SHS
래 핑	FL	양극산화	SA
줄	FF	피막코팅	SCT
폴리싱	FP	슈퍼 피니싱	GSP

정답 25 ① 26 ① 27 ① 28 ①

29 깊은 홈 볼 베어링의 안지름이 25mm일 때, 이 베어링의 안지름 번호는?

① 00 ② 05
③ 25 ④ 50

해설
구름베어링의 안지름 번호(KS B 2012)

안지름 번호	안지름 치수	안지름 번호	안지름 치수
1	1	01	12
2	2	02	15
3	3	03	17
4	4	04	20
5	5	/22	22
6	6	05	25
7	7	/28	28
8	8	06	30
9	9	/32	32
00	10	07	35

30 KS B 1311 TG 20×12×70으로 호칭되는 키의 설명으로 옳은 것은?

① 나사용 구멍이 있는 평행키로서 양쪽 네모형이다.
② 나사용 구멍이 없는 평행키로서 양쪽 둥근형이다.
③ 머리 붙이 경사키이며 호칭치수는 20×12이고 호칭 길이는 70이다.
④ 둥근 바닥 반달키이며 호칭 길이는 70이다.

해설
KS B 1311에서 TG는 머리 있는 경사키이다.

31 스프링을 도시하는 방법으로 옳지 않은 것은?

① 스프링의 종류 및 모양만 간략도로 나타내는 경우에는 스프링 재료의 중심선만 굵은 실선으로 그린다.
② 코일 스프링에서 양끝을 제외한 동일 모양 부분의 일부를 생략하는 경우에는 생략하는 부분의 선지름의 중심선을 굵은 실선으로 나타낸다.
③ 단면 모양의 치수 표시가 필요한 경우 및 외관도에서 나타내기 어려운 경우에는 단면도에서 나타내어도 좋다.
④ 표에 단서가 없는 코일 스프링 및 벌류트 스프링은 모두 오른쪽 감은 것을 나타낸다. 왼쪽 감긴 것은 '감김 방향 왼쪽'이라고 표시한다.

해설
코일 스프링에서 양끝을 제외한 동일 모양 부분의 일부를 생략하는 경우에는 생략하는 부분의 선지름의 중심선을 가는 1점쇄선으로 나타낸다.

32 코터 너비 10mm, 높이 50mm, 압축응력 1,200N일 때 전단응력은?

① 600Pa ② 200kPa
③ 2.4MPa ④ 6.0MPa

해설
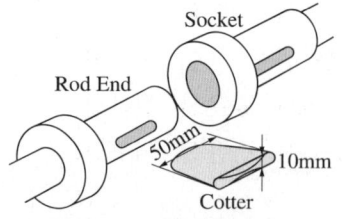

전단응력을 받는 면적 = 50mm × 10mm = 500mm²

$$\therefore \tau = \frac{F}{A} = \frac{1,200N}{500mm^2} = 2.4MPa$$

33 1,000kgf의 자중을 받고 있는 지름 20mm 사각나사에 회전력을 가하여 밀어 올리려 한다. 마찰계수가 0.3이고 λ가 20°일 때 가해야 하는 최소 토크[kgf·cm]는?

① 약 70kgf·cm
② 약 75kgf·cm
③ 약 700kgf·cm
④ 약 750kgf·cm

해설

$$T = \frac{d}{2}Q = \frac{d}{2}W\frac{f + \tan\lambda}{1 - f\tan\lambda}$$

$$= \frac{20mm}{2} \cdot 1,000kgf \cdot \frac{0.3 + \tan 20°}{1 - 0.3\tan 20°}$$

$$= 10 \times 1,000 \cdot \frac{0.6640}{0.8908} kgf \cdot mm = 7,454 kgf \cdot mm$$

$$= 745.4 kgf \cdot cm$$

34 다음 설명 중 옳지 않은 것은?

① 하중이 변화하기 전의 초기 단면적으로 하중을 나눈 응력을 공칭응력이라 한다.
② 재료의 저항력을 최대로 받을 수 있는 극한점에서의 응력을 인장강도라 한다.
③ 물체가 하중을 받을 때 그에 대한 내부에 생기는 저항력을 변형률이라 한다.
④ 전단하중에 의해서 재료의 단면과 동일한 방향으로 발생되는 내력을 전단응력이라 한다.

해설
물체가 하중을 받을 때 그에 대해 내부에 생기는 저항력을 응력이라 한다.

35 안전설계를 위해 계산되는 설계요소를 크기 순으로 옳게 나열한 것은?

① 극한강도 > 항복점 > 탄성강도 > 허용응력 > 사용응력
② 극한강도 > 항복점 > 탄성강도 > 사용응력 > 허용응력
③ 항복점 > 극한강도 > 탄성강도 > 허용응력 > 사용응력
④ 항복점 > 극한강도 > 탄성강도 > 사용응력 > 허용응력

해설
기계설계에서 재료가 영구 변형되거나 파괴되지 않는 범위로 허용할 수 있는 응력을 사용응력(Working Stress)과 허용응력(Allowable Stress)이라고 한다. 응력의 크기는 극한강도 > 항복점 > 탄성강도 > 허용응력 > 사용응력 순이다.

36 미터계 사다리꼴나사의 나사산각은 몇 도인가?

① 29°
② 30°
③ 60°
④ 85°

해설
사다리꼴나사의 구분

구 분	인치계 사다리꼴나사(TW)	미터계 사다리꼴나사(Tr)
나사산각	29°	30°
피치 크기	1inch에 대한 나사산수를 기준으로 나타낸다.	mm로 나타낸다.

정답 33 ④ 34 ③ 35 ① 36 ②

37 다음 보기에서 설명하는 결합용 기계요소는?

― 보기 ―
- 역회전하는 경우 두 쌍을 120°로 배치하여 사용하며, 고정력이 강하고 중·하중용에 쓰인다.
- 케네디키는 단면이 정사각형이고 90°로 배치된 키이다.

① 평 키 ② 반달키
③ 접선키 ④ 안장키

해설
접선키(Tangential key)
- 축의 접선 방향에 키 홈을 파서 1/100의 기울기가 있는 2개의 키를 반대로 합쳐서 조합한 것이다.
- 역회전하는 경우 두 쌍을 120°로 배치하여 사용하며, 고정력이 강하고 중·하중용에 쓰인다.
- 케네디키는 단면이 정사각형이고 90°로 배치된 키이다.

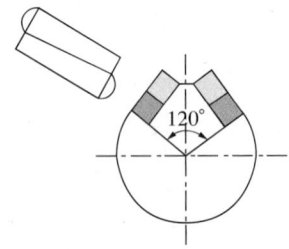

38 압축공기를 공급하는 파이프 직경을 결정할 때 고려해야 할 항목이 아닌 것은?

① 압축공기 공급 유량
② 파이프의 길이
③ 파이프라인 내의 교축효과를 주는 부속요소의 양
④ 파이프의 경사각도

해설
유압, 공압과 관의 배치각도는 관계없다.
압력 파이프 선정 시 유의점 : 압력 파이프 선정 시 파이프의 강도(공압의 유량 또는 받는 압력 고려), 파이프의 직경(파스칼의 원리), 파이프의 길이(압력 손실), 파이프 내 부속품 설치(압력 손실) 등을 고려한다.

39 단면적이 100cm²인 피스톤의 속도가 5m/s일 때 필요한 유량은 몇 L/s인가?

① 50 ② 100
③ 157 ④ 314

해설
$Q = AV = 100cm^2 \times 500cm/s = 50,000cm^3/s = 50L/s$

40 압력수두 + 위치수두 + 속도수두 = 일정의 식과 가장 관계가 깊은 것은?

① 연속의 법칙
② 파스칼의 원리
③ 베르누이의 정리
④ 보일-샤를의 법칙

해설
베르누이의 정리 : 유체에 작용하는 힘, 압력, 속도, 위치에너지를 각각 수두(水頭), 즉 물의 높이로 표현하고 그 합은 항상 같다는 것을 정리하여 나타낸 식이다.

제3과목 공유압

41 다음 그림이 나타내는 공유압 부속기기는?

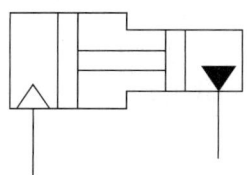

① 증압기　② 복동실린더
③ 차동실린더　④ 다이어프램

해설
문제의 그림은 압력의 종류를 바꾸며 압력을 증가시키는 증압기로, 공압이 들어가고 실린더에 의해 압력이 높아지면서 유압이 나오는 형태의 구조이다.

42 오일저장탱크에 대한 설명으로 옳지 않은 것은?

① 유압회로 내에 사용되는 오일의 2~3배 이상의 오일을 준비한다.
② 탱크 내에서 이물질 및 수분을 걸러내는 역할을 한다.
③ 오일탱크의 바닥면은 지표면에 붙이는 것이 좋다.
④ 오일탱크의 내면은 내유성 방청도료를 칠한다.

해설
오일탱크의 바닥면은 지면에서 15cm 정도 띄워서 드레인 및 청소에 도움이 될 수 있도록 한다.

43 다음 보기에서 설명하는 공기압기기의 이물질은?

┌보기├─────────────────
• 별다른 오염 없이도 이물질이 생길 수 있다.
• 공압기기 내에 순행하는 공기의 압력이 변화함에 따라 발생한다.
• 기기 내부에 흡착되어 다른 이물질과 화합하여 녹을 발생시킨다.
└────────────────────

① 수 분　② 유 분
③ 비 닐　④ 카 본

해설
수분은 내부 공기의 압력의 변화에 따라 포화점이 변화하며 발생한다. 수분은 그 자체의 영향보다 화합작용에 의한 기기의 이상 변화를 유발하거나 녹을 발생시키는 등의 문제를 발생시킬 수 있다. 따라서 공기 건조를 통해 수분을 제거하여 순수한 압력공기만 사용해야 한다.

44 배압을 발생시킬 목적으로 설치하는 밸브는?

① 유량밸브
② 유압서보밸브
③ 방향제어밸브
④ 카운터 밸런스 밸브

해설
카운터 밸런스 밸브: 액추에이터쪽에 배압(Back Pressure, 빠지는 쪽의 압력)을 걸어 주어 적절한 움직임을 제어하고자 하는 밸브이다.

45 다음 그림과 같은 밸브의 전환방식은?

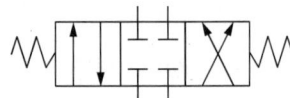

① 4포트 교축 전환
② 3포트 전자 전환
③ 2포트 수동 전환
④ 5포트 파일럿 전환

해설
포트가 4개이며, 전환은 교환(교축)하여 사용하는 방식이다.

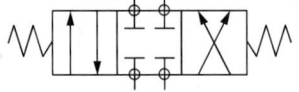

46 유압여과기에서 1,000mesh 이상의 먼지 제거하기 위한 장치는?

① 스트레이너
② 압력라인필터
③ 복귀라인필터
④ 바이패스필터

해설
스트레이너는 펌프의 흡입측에 설치하며, 1,000mesh 이상의 먼지를 제거하기 위하여 사용한다. 필터는 기기 내부에서 발생하는 오염물을 압력유에서 제거하기 위하여 사용한다.

47 압축공기에너지를 회전에너지로 변환하는 것은?

① 공기압 모터
② 증압기
③ 배리어
④ 유압펌프

해설
회전에너지를 압축에너지로 바꾸는 펌프와 압축에너지를 회전에너지로 바꾸는 공압모터는 에너지의 형태를 서로 반대로 변환하는 장치이다.

48 압력 릴리프 밸브를 작동방식에 따라 분류한 것으로 옳은 것은?

① 볼형, 포핏형, 스풀형
② 직동형, 파일럿형, 부드러운 운동형
③ 주유압식, 2차 유압식
④ 압력 개방형, 체크밸브형, 외부 제어형

해설
압력 릴리프 밸브의 분류
- 포핏의 종류에 따라 : 볼형, 포핏형, 스풀형
- 작동방식에 따라 : 직동형(직접형), 파일럿형, 릴랙스(부드러운 운동)형
- 방향밸브 위치에 따라 : 주유압식, 2차 유압식
- 작동구조에 따라 : 압력 개방형, 체크밸브형, 양방향 릴리프형, 외부 제어형

49 12kN 유압펌프의 토출압이 70kgf/cm², 토출량이 80L/min, 회전수가 1,200rpm일 때 전효율은?

① 약 30%
② 약 50%
③ 약 75%
④ 약 85%

해설
- 송출동력 = 송출압력 × 송출유량
  = 70kgf/cm² × 80L/min
  = 5,600,000kgf·cm/min = 933.33kgf·m/s
- 입력동력 = 1,2000N = 12,000kg × m/s² = 1,223kgf
- ∴ 전효율 = 송출동력/입력동력 = 0.763

50 공기압 실린더나 각종 제어밸브가 원활하게 작동할 수 있도록 윤활유를 공급해 주는 장치는?

① 압력조절기(Regulator)
② 윤활기(Lubricator)
③ 공기건조기(Air Dryer)
④ 압력제어기(Controller)

해설
• 공기여과기(압축공기 필터)를 이용하여 압축공기를 청정화한다.
• 압축공기 조절기(압력조정기)로 압력 크기를 조절한다.
• 압축공기 드라이어(건조기)는 냉각식, 흡착식, 흡수식이 있다.
• 윤활기에서 윤활유를 분무하여 구동부의 윤활을 좋게 한다.

51 오른손에 10kgf의 힘을 가하여 원형 핸들을 돌릴 때 발생한 토크가 5kgf·m이었다면 이 핸들의 반경은?

① 0.5m
② 1m
③ 2m
④ 5m

해설
토크는 비틀림 모멘트, 회전 모멘트이므로 힘과 거리의 곱으로 나타낸다. 결과가 5kgf·m이고, 작용력이 10kgf였다면 거리는 0.5m이다.

52 유공압제어 요소와 일의 성격이 잘못 연결된 것은?

① 압력제어밸브 – 일의 크기 제어
② 유량제어밸브 – 일의 빠르기 제어
③ 방향제어밸브 – 일의 방향 제어
④ 유압작동기 – 일의 세기 제어

해설
유압작동기는 유압 액추에이터를 의미하며 일의 세기를 제어하지는 않고 일을 전달해 주는 역할을 한다.

53 4/3way 밸브의 중립위치형식 중에서 A 포트가 막히고, 다른 포트들은 서로 통하게 되어 있는 형식은?

① 클로즈드 센터형
② 탱크 클로즈드 센터형
③ 펌프 클로즈드 센터형
④ 실린더 클로즈드 센터형

해설

명 칭	모 양	특 징
오픈센터 (Open Center)		중립 상태에서 모든 통로가 열려져 있으므로 중립 상태 시 부하를 받지 않는다.
탠덤센터 (Tandem Center)		중립 시 들어온 공기를 탱크로 회수한다. 실린더의 위치 고정이 가능하고 경제적으로 사용된다.
플로트 센터 (Float Center)		주로 파일럿 체크밸브와 짝이 되어 사용하며 원하는 공기압 외의 입력 공기압을 모두 배출한다.
실린더 클로즈드 센터 (Cylinder Closed Center)		A 포트가 막히고 다른 포트들은 서로 통하게 되어 있어 실린더의 출력만 막는다.
클로즈드 센터 (Closed Center)		모든 포트가 막혀 있으므로 펌프로 들어올 공기가 들어오지 못하고, 다른 회로와 연결되어 있는 경우 다른 회로에서 모두 사용한다.

54 베인펌프의 특징에 대한 설명으로 옳지 않은 것은?

① 구조가 복잡하고 대형이다.
② 펌프 출력에 비해 형상치수가 작다.
③ 비교적 고장이 적고 수리 및 관리가 용이하다.
④ 베인의 마모에 의한 압력 저하가 발생하지 않는다.

해설
베인펌프
• 부품이 많고 정밀한 제작이 요구된다.
• 큰 힘으로 흡입하기 힘들다.
• 점도에 영향을 받는다.
• 대체로 효율과는 무관하다.
• 이물질의 영향을 받는다.

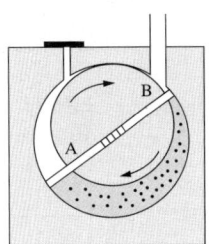

[베인펌프의 간략 형상]

55 다음 중 공압장치의 구성기기가 아닌 것은?

① 윤활기(Lubricator)
② 축압기(Accumulator)
③ 공기압축기(Compressor)
④ 애프터 쿨러(After Cooler)

해설
축압기(어큐뮬레이터, Accumulator) : 유체의 압력을 축적하여 압력의 흐름을 일정하게 조절해 주는 장치로서 압력을 축적하는 방식으로 맥동을 방지하는 데 사용한다.

56 회전형 공기압축기가 아닌 것은?

① 베인형
② 스크루형
③ 스크롤형
④ 다이어프램형

해설
다이어프램 : 고무 격판과 같은 것이 상하운동을 하여 공기를 압축하는 형태의 압축기(또는 압축판)이다.

57 압축공기를 생성할 때 필요한 구성요소와 관계없는 것은?

① 공압필터
② 공압탱크
③ 공압 실린더
④ 공기압축기

해설
공압 조정 유닛(또는 서비스 유닛)
• 공급받은 압축공기를 필요한 압력만큼 조정하는 유닛이다.
• 공기탱크에 저장된 압축공기는 배관을 통하여 각종 공기압기기로 전달된다.
• 공기압기기로 공급하기 전 압축공기의 상태를 조정해야 한다.
• 공기 여과기(압축공기 필터)를 이용하여 압축공기를 청정화한다.
• 압력조정기를 이용하여 회로 압력을 설정한다.
• 윤활기에서 윤활유를 분무하여 구동부의 윤활을 좋게 한다.
• 공기압장치로 압축공기를 공급한다.

58 회로의 압력이 설정압을 넘으면 막이 유체압력에 의해 파열됨으로써 급격한 압력 변화에 대해 유압기기를 보호하는 장치는?

① 압력 스위치
② 유체퓨즈
③ 카운터 밸런스 밸브
④ 언로딩밸브

해설
유체퓨즈 : 전기퓨즈처럼 일정한 압력이 넘으면 파손되어 압력을 강하시켜 유압기기를 보호하는 장치이다.

59 공기압 기기의 정비에 관한 설명으로 옳지 않은 것은?

① 공기압 기기 및 배관을 설치할 때는 정비를 위해 접근이 용이해야 한다.
② 기기의 교체 시 근접한 기기까지 함께 교체하여 계통의 일관성을 유지한다.
③ 기기 중량이 15kgf 이상의 것에는 고리를 걸어서 적당한 장소에 설치하여 처짐을 방지한다.
④ 정기 정비를 실시하는 공기압 기기는 접근의 용이성을 더 고려한다.

해설
기기는 가급적 필요한 기기만 간단히 교체할 수 있도록 고려하여 설치한다.

60 다음 그림의 밸브 명칭은?

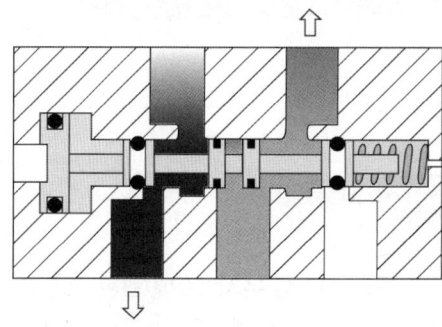

① 3port 2ways Valve
② 5port 2ways Valve
③ 5port 3ways Valve
④ 7port 3ways Valve

해설
문제의 밸브는 방향전환밸브로 판이 달린 축이 좌측에 위치할 때와 우측에 위치할 때의 두 경우, 즉 2ways를 갖는 밸브이고, 상하로 공기가 통하는 구멍이 5개이므로 5port 밸브이다.

2024년 제1회 과년도 기출복원문제

제1과목 자동제어

01 자동화 시스템 유지보수에 관한 설명 중 틀린 것은?

① 유지보수비 지출을 가능한 한 최소로 하는 것이 전체 생산 원가를 줄이는 방법이다.
② 설비 상태를 관찰하여 필요한 시기에 필요한 보전을 하는 것을 개량보전(CM)이라고 한다.
③ 예비 부품의 상시 확보 여부는 그 부품의 보관 비용과 고장 빈도 또는 고장 1회당 설비 손실 금액을 고려하여 결정하여야 한다.
④ 설비가 고장을 일으키기 전에 정기적으로 예방 수리하여 돌발적인 고장을 줄이는 데 목적이 있는 설비관리기법이 예방보전(PM)이다.

해설
개량보전(CM)은 구입 또는 설치된 설비가 사용자의 환경 변화나 요구를 효율적 및 경제적 측면으로 만족시켜 주지 못할 때, 설계 또는 부품의 일부를 공학적 또는 기술적인 방법으로 개조시키는 설비보전 활동이다.

02 제어방식에 따른 분류 중 목표값에 최소 시간, 최소 연료, 최소 에너지시스템 등 제한된 조건에 순응하여 가장 빨리 달성하도록 제어하는 방법은?

① 최적 제어
② 적응제어
③ 디지털 제어
④ 프로세스 제어

해설
② 적응제어(Adaptive Control) : 목표값을 제어하기 위한 제어변수 중 알기 힘든 변수가 있을 때 이를 적절히 변경하여 목표에 이를 수 있도록 제어하는 방법이다.
③ 디지털 제어(Digital Control) : 신호·명령 등 제어의 수단을 디지털화된 수단으로 사용하는 제어로, 공작기계 제어 대상의 수치제어(Numerical Control)가 예이다.
④ 프로세스 제어 : 제어량에 따른 제어이다.

03 $f(t) = t \cdot e^{-t}$의 라플라스 변환으로 옳은 것은?

① $\dfrac{1}{(s+1)^2}$
② $\dfrac{1}{s+1}$
③ $\dfrac{1}{(s-1)^2}$
④ $\dfrac{1}{s-1}$

해설
$\mathcal{L}[e^{\pm at}f(t)] = F(s \mp a)$, 문제는 $f(t) = t$, $a = -1$과 같다.
대입하면 $F(s) = \dfrac{1}{s^2}$, $F(s+1) = \dfrac{1}{(s+1)^2}$

04 전달함수의 특성방정식 $s^2 + 2\zeta\omega_n + \omega_n^2 = 0$에서 ζ를 제동비(Damping Ratio)라고 할 때, $\zeta = 1$인 경우 생기는 것은?

① 무제동(Non Damping)
② 임계제동(Critical Damping)
③ 과제동(Over Damping)
④ 아제동(Under Damping)

해설
제동비에 따른 제동의 상태

감쇠비		0		1	
값의 영역	$\zeta < 0$		$0 < \zeta < 1$		$1 < \zeta$
제동 상태	불안정	무제동	아(亞)제동	임계제동	과(過)제동

정답 1 ② 2 ① 3 ① 4 ②

05 최대오버슈트에 대한 제2오버슈트의 비를 일컫는 용어는?

① 상승비 ② 정착률
③ 감쇠비 ④ 정상비

해설
감쇠비 : 오버슈트가 한 번에 감쇠되는 정도
감쇠비 = $\dfrac{\text{제2오버슈트}}{\text{최대오버슈트}}$

06 $V = 142\sin\left(120\pi t - \dfrac{\pi}{3}\right)$인 파형의 주파수는 얼마인가?

① 15 ② 30
③ 60 ④ 120

해설
$V = 142\sin\left(120\pi - \dfrac{\pi}{3}\right) = V_{\max}\sin(\omega t + \theta)$
여기서, $V_{\max}$: 최댓값, $\omega : 2\pi f$(시간계수), t : 시간, θ : 위상차
$\omega = 2\pi f = 120\pi$
∴ 주파수$(f) = \dfrac{120\pi}{2\pi} = 60\text{Hz}$

07 다음 신호흐름선도와 같은 것은?

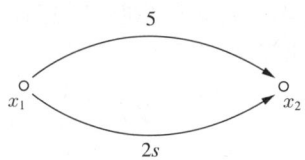

① $x_2 = 5x_1$ 또는 $x_2 = 2sx_1$
② $x_2 = (5+2s)x_1$
③ $x_2 = 10s\,x_1$
④ $x_2 = |5-2s|\,x_1$

해설
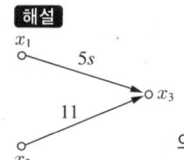
의 경우, x_3에 이르는 신호는 x_1이 $5s$만큼 변한 것과 x_2가 11만큼 변한 신호가 모두 오므로 $x_3 = 5sx_1 + 11x_2$인 것을 알고 있다. 이 문제에서 $x_1 = x_2$로 볼 수 있으므로 $x_2 = (5+2s)x_1$이다.

08 안정성을 측정하는 테스터 중 내전압 시험기에 대한 설명으로 옳은 것은?

① 인가 가능한 전압의 크기를 측정한다.
② 전기기기의 회로가 끊어진 곳이나 접속 불량을 확인한다.
③ 접지가 없는 제품에 대해 0.5mA 이하의 전류가 새도록 허용한다.
④ 테스트 때는 정상동작 범위의 전압을 이용한다.

해설
② 통전시험에 대한 설명이다.
③ 누설전류테스터에 대한 설명이다.
④ 테스트 때는 정상동작 범위 이상의 전압을 이용한다.

09 PLC 제어 프로그램에서 프로그램의 오류를 찾거나 연산과정을 추적하는 것은?

① Debug ② Restart
③ Scan Time ④ Parameter

10 저항을 읽을 때 작은 글씨가 잘 보이지 않아 다음 그림과 같이 색깔띠를 입혀서 읽는다. D에 해당하는 색깔이 의미하는 값은?

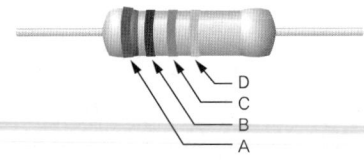

① 수치 첫 자리
② 승 수
③ 정밀도
④ 온도계수

해설
4자리 저항띠는 다음과 같이 읽는다. 예를 들어 갈색, 흑색, 등색, 금색의 띠가 순서대로 있다면 1, 0, 3, ±5%라는 기호를 대입하여 (1)(0)×10^(3) (±5%)로 읽는다.

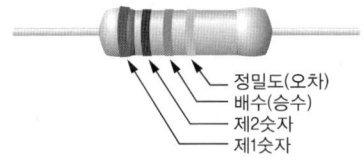

- 정밀도(오차)
- 배수(승수)
- 제2숫자
- 제1숫자

11 입력기기로부터 침입하는 노이즈를 방지할 수 있는 대책으로 적절한 것은?

① 배리스터를 사용한다.
② 서미스터를 사용한다.
③ 전원필터를 사용한다.
④ 정전압회로를 사용한다.

해설
① 배리스터 : 전압이 낮을 때는 높은 저항을, 높을 때는 낮은 저항을 갖는 성질의 전자부품이다.
② 서미스터 : 열가변저항기로, 온도에 따라 저항값이 변하는 성질을 갖는 전자부품이다.
③ 전원 필터 : 전원부의 노이즈를 제거하는 데 사용한다.
④ 정전압회로 : 출력부의 노이즈 제거에 도움이 된다.
입력부의 노이즈 개선 전략
- 스파크 킬러나 서지 킬러의 저항값을 조절하거나 설치 위치를 조정한다.
- DC 릴레이에 환류 다이오드(Free Wheeling Diode/Flyback Diode)를 설치한다.
- 포토커플러는 동적범위를 늘리고 잡음을 무시하는 데 도움이 될 수 있다.
- 배리스터(전압에 따라 저항이 비례하는 전자부품)를 사용한다.

12 한 축 위에 세 개의 전하가 다음 그림과 같이 있고, B에서의 전기력 합력이 0이라고 할 때 옳은 설명은?

```
  A    B        D
──●────●────────●──→
 +Q            +P   x
```

① B에서 전기력이 균형을 이루고 있다.
② A–B의 거리는 B–D 거리의 절반이다.
③ P와 Q의 전하 부호값은 서로 반대이다.
④ P의 전하값은 Q의 4배이다.

해설
쿨롱의 법칙은 다음과 같은 관계를 갖는다.
$F = k_e \dfrac{q_1 q_2}{r^2}$

여기서, F : 전기력, k_e : 쿨롱 상수, q_1, q_2 : 전하의 전기력, r : 거리
B에서의 전기력 합력이 0이라는 것은
$F_1 = k_e \dfrac{q_A q_B}{(AB)^2}$ 와 $F_2 = k_e \dfrac{q_B q_D}{(BD)^2}$ 가 서로 같은 힘으로 잡아당기고 있다는 의미이다.
문제에서 전하 간의 거리나 크기에 대한 언급이 전혀 없으므로 다른 보기의 내용은 유추할 수 없다.

13 100V, 60Hz의 교류회로에서 용량 리액턴스 $X_C = 5\Omega$일 때, 이 회로에 흐르는 전류[A]는?

① 10
② 20
③ 30
④ 40

해설
문제에서 다른 조건은 없고, 계산된 용량 리액턴스만 있으므로 임피던스 중 용량 리액턴스만 적용한다.
$Z = \dfrac{V}{I}$
$I = \dfrac{V}{Z}$
$= \dfrac{100V}{5\Omega}$
$= 20A$

14 다음 변위단계선도를 동작기호를 써서 표현한 것으로 옳은 것은?

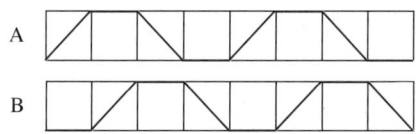

① A+ B+ A- B- A+ B+ A- B-
② A- B- A+ B+ A- B- A+ B+
③ B- A+ B+ A- B- A+ B+ A-
④ A1 B1 A0 B0 A1 B1 A0 B0

해설
동작기호를 사용하여 표현할 때는 전진을 +, 후진을 -로 표시한다. 제일 처음 동작은 A 실린더의 전진이므로 A+로 표현한다. 순서대로 정리하면 A+ B+ A- B- A+ B+ A- B-이다.

15 다음 그림은 정전용량형 근접센서의 원리를 나타낸 것이다. 각각의 회로와 단계가 옳게 짝지어진 것은?

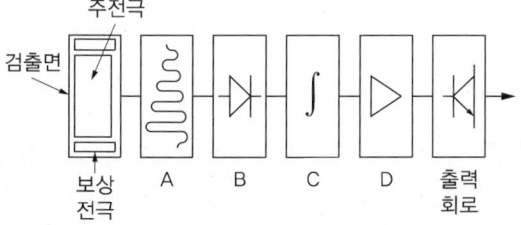

① A - 발진회로
② B - 증폭회로
③ C - 미분회로
④ D - 검파회로

해설

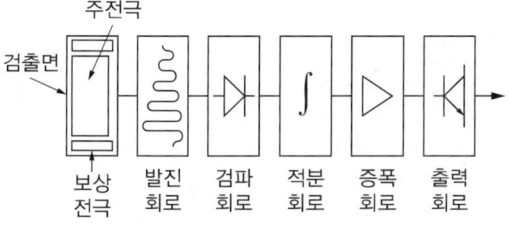

16 다음 보기에서 설명하는 제어동작은?

┌보기├─
- 입력과 출력의 관계속도를 제어한다.
- 제어편차가 검출될 때 편차가 변화하는 속도에 비례하여 조작량을 가감한다.
- 대규모 공장 등의 정밀도보다 적절한 속도가 중요한 곳에 사용한다.
- 응답속도를 개선한 제어이며, P제어와 함께 사용한다.

① 비례제어
② 비례적분제어
③ 미분제어
④ 적분제어

해설
③ 미분제어(Derivative Control)
- 입력과 출력의 관계속도를 제어한다.
- 제어편차가 검출될 때 편차가 변화하는 속도에 비례하여 조작량을 가감한다.
- 대규모 공장 등의 정밀도보다 적절한 속도가 중요한 곳에 사용한다.
- 응답속도를 개선한 제어이며, P제어와 함께 사용(속응성)한다.

① 비례제어(Proportional Control)
- 가장 단순하며 입력과 출력이 단순 함수관계인 제어이다.
- 구성비용이 저렴하나 정밀도가 낮다.
- 상승시간이 짧다.
- 오버슈트를 크게 한다.
- 안정된 상태에서도 잔류편차가 있다.
- 이득(Gain)을 조정한다.
- 제어편차에 비례한 수정 동작을 한다.

④ 적분제어(Integral Control)
- 제어의 정밀도에 주목한 제어이다.
- 제어속도가 느리다.
- Off-set 소멸시키고 잔류편차가 작다.
- 구성이 예민하고 비용이 높다.
- 목적에 따라 정밀도를 개선한 제어이다.

정답 14 ① 15 ① 16 ③

17 감지시스템 관리에 대한 설명으로 옳지 않은 것은?

① 리밋스위치의 롤러가 마모되거나 손상되면 전기신호의 검출이 불량하다.
② 리밋스위치의 결선부가 손상되거나 더러우면 분해하여 수리 후 조립한다.
③ 리밋스위치의 취부나사는 X-ray를 통해서 흔들림을 점검한다.
④ 광전스위치의 렌즈면이 더러운 경우 이물질을 닦아내면 재사용이 가능하다.

해설
리밋스위치의 취부나사는 정기점검 시 육안이나 촉수를 통해 확인하며, 점검 시 풀어진 경우 조여 준다.

18 유압모터를 급정지하고자 할 때, 관성으로 인한 과부하를 방지하는 회로는?

① 직렬회로 ② 브레이크회로
③ 일정출력회로 ④ 일정토크회로

해설
유압모터가 갑자기 회전을 멈추면 유체의 유동에 의한 급격한 압력 상승이 발생하는데, 브레이크 회로는 이러한 충격을 방지하기 위해 릴리프 밸브를 설치한다.

19 유압모터 중 구조가 간단하며 출력토크가 일정하고 정·역회전이 가능하지만, 정밀한 서보기구에는 적합하지 않은 모터는?

① 기어모터
② 베인모터
③ 레디얼 피스톤모터
④ 액시얼 피스톤모터

해설
기어모터 : 두 개의 맞물린 기어에 압축공기를 공급하여 토크를 얻는 방식이다. 높은 동력 전달이 가능하고 높은 출력도 가능하며, 역회전도 가능하다. 광산이나 호이스트 등에 사용한다. 다음 그림은 기어펌프로, 기어의 회전으로 유체의 압력과 속도를 만들어 내면 펌프, 유체의 흐름으로 회전력을 얻어내면 모터라고 이해하면 된다.

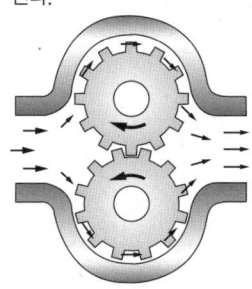

20 입력조건이 ON되면 타이머 출력이 ON되었다가 입력조건이 OFF되는 순간부터 타이머의 경과시간이 증가하여 설정시간에 도달하면 타이머 출력이 OFF되는 프로그램 명령은?

① TON ② TOF
③ CTU ④ CTD

해설
② TOF : Off Delay Timer로, TOF Function을 이용하여 명령어를 구성한다.
① TON : On Delay Timer
③ CTU : Up Counter
④ CTD : Down Counter

제2과목 기계요소설계

21 다음은 어떤 물체를 제3각법으로 투상한 것이다. 이 물체의 등각투상도로 가장 적합한 것은?

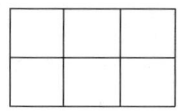

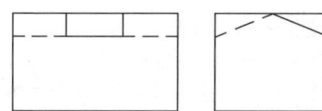

① 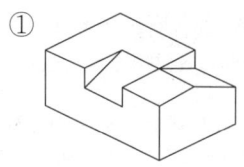 ②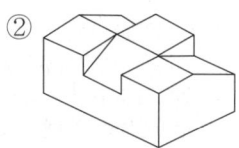

③ 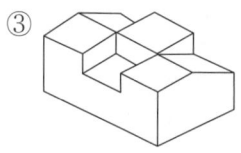 ④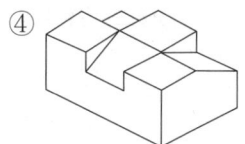

해설

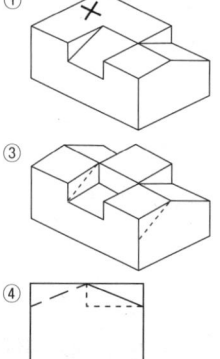

22 도면에 구멍의 치수가 $\phi 50^{+0.05}_{-0.02}$로 기입되어 있다면 치수공차는?

① 0.02 ② 0.03
③ 0.05 ④ 0.07

해설
치수공차 = 위치수 공차 − 아래치수 공차
+0.05 − (−0.02) = 0.07

23 키의 호칭이 다음과 같이 나타날 때 설명으로 잘못된 것은?

> KS B 1311 PS−B 25 × 14 × 90

① 키에 관련한 규격은 KS B 1311에 따른다.
② 평행키로서 나사용 구멍이 있다.
③ 키의 끝부분이 양쪽 둥근형이다.
④ 키의 높이는 14mm이다.

해설
키의 끝부분 형식은 A − 양쪽 둥근형, B(또는 지정 없음) − 양쪽 네모형, C − 한쪽 둥근형으로 표시한다. 문제에서는 PS−B로 표시하였으므로 나사용 구멍이 있는 양쪽 네모형이다.

24 일반적인 보통선반가공에 관한 설명으로 옳지 않은 것은?

① 바이트 절입량의 2배로 공작물의 지름이 작아진다.
② 이송속도가 빠를수록 표면거칠기는 좋아진다.
③ 절삭속도가 증가하면 바이트의 수명은 짧아진다.
④ 이송속도는 공작물의 1회전당 공구의 이동거리이다.

해설
이송속도가 빠를수록 절삭 홈의 간격이 넓어져서 표면거칠기가 나빠진다.

정답 21 ② 22 ④ 23 ③ 24 ②

25 4개의 조가 90° 간격으로 구성 배치되어 있으며, 보통 선반에서 편심가공을 할 때 사용하는 척은?

① 단동척 ② 연동척
③ 유압척 ④ 콜릿척

해설
단동척
- 척 핸들을 사용해서 조(Jaw)의 끝부분과 척의 측면이 만나는 곳에 만들어진 4개의 구멍을 각각 조이면, 4개의 조(Jaw)도 각각 움직여서 공작물을 고정시킨다.
- 편심가공이 가능하다.
- 공작물의 중심을 맞출 때 숙련도가 필요하며 다소 시간이 걸리지만 정밀도가 높은 공작물을 가공할 수 있다.

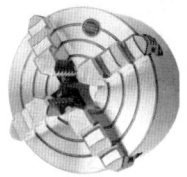

26 기하공차의 종류에서 위치공차에 해당되지 않는 것은?

① 동축도 공차 ② 위치도 공차
③ 평면도 공차 ④ 대칭도 공차

해설
평면도 공차는 모양공차에 해당한다.

27 선반작업에서 구성인선(Built-up Edge)의 발생원인은?

① 절삭 깊이를 작게 할 때
② 절삭속도를 느리게 할 때
③ 바이트의 윗면 경사각이 클 때
④ 윤활성이 좋은 절삭유제를 사용할 때

해설
구성인선(Built-up Edge)
- 빌트업 에지(Built-up Edge)라고 한다. 칩의 일부가 절삭력과 절삭열에 의한 고온·고압으로 날끝에 녹아 붙거나 압착된 것을 말한다.
- 구성인선은 매우 짧은 시간에 발생·성장·분열·탈락의 주기를 반복하기 때문에 탈락할 때마다 가공면에 흠집을 만들고, 진동을 일으켜 가공면을 나쁘게 만든다.
- 구성인선의 발생을 감소시키기 위해서는 깎는 깊이를 작게 하거나 공구의 경사각을 크게 하고, 날끝을 예리하게 하고, 절삭속도를 크게 하고, 윤활유를 사용한다.

28 지름이 300mm인 관 속에 흐르는 유체가 평균 속도 3m/sec로 흐를 때 유량은 약 몇 m³/sec인가?

① 0.021 ② 0.21
③ 2.1 ④ 21.2

해설
유량은 유량을 측정하고자 하는 곳의 단면적을 단위 시간 안에 지나는 양으로 측정하므로
$Q = AV$
$\therefore Q = \dfrac{\pi \times 0.3^2 \text{m}^2}{4} \times 3\text{m/sec} ≒ 0.21\text{m}^3/\text{sec}$
여기서, Q : 유량, A : 단면적, V : 유속

29 다음 그림의 기호가 의미하는 표면의 무늬결의 지시에 대한 설명으로 옳은 것은?

① 표면의 무늬결이 여러 방향이다.
② 표면의 무늬결 방향이 기호가 사용된 투상면에 수직이다.
③ 기호가 적용되는 표면의 중심에 관해 대략적으로 원이다.
④ 기호가 사용되는 투상면에 관해 2개의 경사 방향에 교차한다.

해설

기호	기호의 뜻	설명 그림과 도면 지시 보기
=	커터의 줄무늬 방향이 기호를 지시한 도면의 투상면에 평행 예 셰이핑면	
⊥	커터의 줄무늬 방향이 기호를 지시한 도면의 투상면에 직각 예 셰이핑면(옆으로부터 보는 상태), 선삭, 원통 연삭면	
X	커터의 줄무늬 방향이 기호를 지시한 도면의 투상면에 경사지고 두 방향으로 교차 예 호닝 다듬질면	
M	커터의 줄무늬 방향이 여러 방향으로 교차 또는 무방향 예 래핑 다듬질면, 슈퍼 피니싱면, 가로 이송을 한 정면밀링 또는 엔드밀 절삭면	
C	가공에 의한 커터의 줄무늬가 기호를 지시한 면의 중심에 대하여 대략 동심원 모양 예 끝면 절삭면	
R	커터의 줄무늬가 기호를 지시한 면의 중심에 대하여 대략 레이디얼 모양	

30 체결부품 간략 표시 중 구멍에 끼워맞추기 위한 구멍, 볼트, 리벳의 기호 표시에서 구멍 가까운 면에 카운터 싱크가 있고, 공장에서 드릴가공, 현장에서 끼워맞춤에 해당하는 것은?

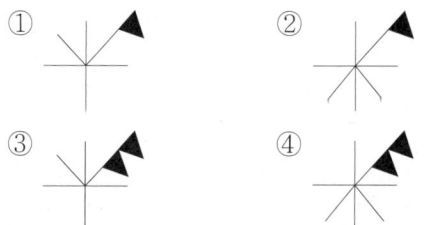

해설

구멍*, 볼트, 리벳	구멍			
	카운터 싱크 없음	가까운 면에 카운터 싱크 있음	먼 면에 카운터 싱크 있음	양쪽 면에 카운터 싱크 있음
공장에서 드릴가공 및 끼워맞춤				
공장에서 드릴가공, 현장에서 끼워맞춤				
현장에서 드릴가공 및 끼워맞춤				

* 구멍과 리벳을 구분하기 위해 구멍이나 체결품의 올바른 표시법이 관련 표준에 따라 주어져야 한다.

보기 : 지름 13mm의 구멍 표시법은 $\phi 13$, 지름 12mm, 길이 50mm의 미터나사의 볼트에 대한 표시방법은 M12×50이며, 지름 12mm, 길이 50mm의 리벳 표시법은 $\phi 12 \times 50$이다.

정답 29 ① 30 ①

31 축의 홈 속에서 자유로이 기울어질 수 있어 키가 자동적으로 축과 보스에 조정되는 장점이 있지만, 키홈의 깊이가 커서 축의 강도가 약해지는 단점이 있는 키는?

① 반달키 ② 원뿔키
③ 묻힘키 ④ 평행키

해설
키의 종류
- 반달키
  - 축에 반달 모양의 키홈을 판 것으로, 키를 끼운 후에 보스를 끼운 형태이다.
  - 축이 약해지는 결점이 있으며, 공작기계 핸들축과 같은 테이퍼 축에 사용된다.
- 미끄럼키(Sliding Key)
  - 페더키(Feather Key)라고도 하며, 키의 기울기가 없다.
  - 기어나 풀리를 축 방향으로 이동할 때 사용하며 축 방향으로 보스의 이동이 가능하다.
- 둥근키(Cone Key)
  - 회전력이 매우 작은 곳에 사용하며, 핀을 구멍에 끼워서 사용한다.
  - 핀키(Pin Key)라고도 하며 핸들과 같이 토크가 작은 것의 고정 및 동력 전달에 사용한다.
- 원뿔키(Cone Key) : 축과 보스에 홈을 내지 않고 원뿔 슬롯을 끼워 박아 축의 임의의 곳을 마찰력으로 고정한다.

32 다음 그림에서 길이 23 부위만 데이텀 A로 지정하고자 한다. 이때 특정한 선을 사용하여 데이텀 부위를 지정할 수 있는데 이 선은?

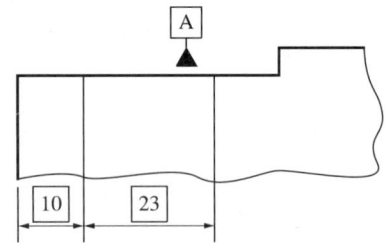

① 가는 1점쇄선 ② 굵은 1점쇄선
③ 가는 2점쇄선 ④ 굵은 2점쇄선

해설
선의 종류

선의 종류	선의 명칭	용도에 따른 명칭
—·—·—	가는 1점 쇄선	중심선, 기준선, 피치선
—·—·—	굵은 1점 쇄선	기준선, 특수 지정선
—··—··—	가는 2점 쇄선	가상(상상)선

33 베어링의 호칭번호가 6026일 때 이 베어링의 안지름은 몇 mm인가?

① 6   ② 60
③ 26   ④ 130

해설
구름베어링의 호칭 : 호칭번호는 제조나 사용 시 혼란을 방지하고 구별하기 쉽도록 다음과 같이 붙인다.

계열번호	안지름 번호	접촉각 기호	보조기호
60	26		

안지름 130mm (×5한 값)

34 양쪽 기울기를 가진 코터에서 저절로 빠지지 않기 위한 자립조건으로 옳은 것은?(단, α는 코터 중심에 대한 기울기 각도이고, ρ는 코터와 로드엔드와의 접촉부 마찰계수에 대응하는 마찰각이다)

① $\alpha \leq \rho$ ② $\alpha \geq \rho$
③ $\alpha \leq 2\rho$ ④ $\alpha \geq 2\rho$

해설
코터의 자립조건에 대한 문제로, 마찰각보다 코터의 기울기 각이 크지 않으면 자립이 가능하다.
코터의 자립조건
- 양쪽 테이퍼 경우 : $\alpha \leq \rho$
- 한쪽 테이퍼 경우 : $\alpha \leq 2\rho$

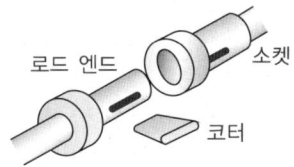

[코터의 활용]

정답 31 ① 32 ② 33 ④ 34 ①

35 작용하중의 방향에 따른 베어링 분류 중에서 축선에 직각으로 작용하는 하중과 축선 방향으로 작용하는 하중이 동시에 작용할 때 사용하는 베어링은?

① 레이디얼 베어링(Radial Bearing)
② 스러스트 베어링(Thrust Bearing)
③ 테이퍼 베어링(Taper Bearing)
④ 칼라 베어링(Collar Bearing)

해설
테이퍼 베어링은 다음 그림과 같이 회전체를 받치는 베어링이 테이퍼가 있어서 축 방향의 힘과 축선 방향(축의 직각 방향)의 힘을 모두 받을 수 있다.

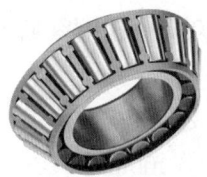

36 리벳의 일반적인 호칭방법 순서로 옳은 것은?

① 표준번호, 종류, 호칭지름(d)×길이(l), 재료
② 표준번호, 재료, 호칭지름(d)×길이(l), 종류
③ 재료, 종류, 호칭지름(d)×길이(l), 표준번호
④ 종류, 재료, 호칭지름(d)×길이(l), 표준번호

37 진직도를 수치화할 수 있는 측정기가 아닌 것은?

① 수준기
② 광선정반
③ 3차원 측정기
④ 레이저 측정기

해설
정반은 평면도를 확인할 수 있는 측정기이다.

38 기계 도면을 용도에 따른 분류와 내용에 따른 분류로 구분할 때, 용도에 따른 분류에 해당하지 않는 것은?

① 부품도
② 제작도
③ 견적도
④ 계획도

해설
도면의 종류
- 사용 용도에 따른 분류 : 주문도, 견적도, 승인도, 계획도, 제작도(공정도, 시공도, 상세도 등), 설명도
- 내용에 따른 분류 : 스케치도(본뜨기, 사진 촬영, 프린트 등), 조립도, 부품도, 구조도, 배치도, 장치도, 실측도
- 표현 형식에 따른 분류 : 외관도, 전개도, 곡면선도, 계통선도(플랜트 공정도, 접속도, 배선도, 배관도, 계장도 등), 입체도

39 다음 그림과 같은 도면에서 가 부분에 들어갈 기하공차 기호는?

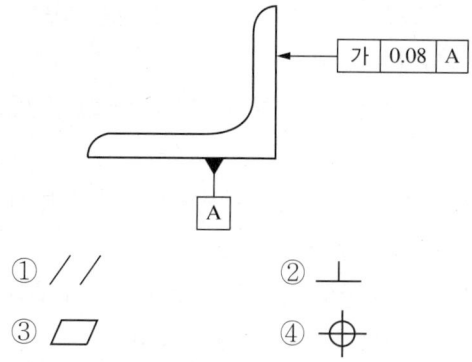

① //
② ⊥
③ ▱
④ ⌖

해설
데이텀 기준으로 필요한 기하공차는 수직도, 직각도 공차이다.
① 평행도 공차
② 직각도 공차
③ 평면도 공차
④ 위치도 공차

40 다음 도면에 대한 설명으로 옳은 것은?

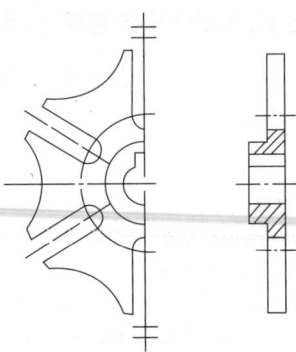

① 부분 확대하여 도시하였다.
② 반복되는 형상을 모두 나타냈다.
③ 대칭되는 도형을 생략하여 도시하였다.
④ 회전도시단면도를 이용하여 키홈을 표현하였다.

해설
도면에서 부분 확대, 반복 부분, 회전된 부분은 보이지 않는다. 정면도의 중심축을 기준으로 대칭되는 부분을 생략한 도면이다.

제3과목 공유압

41 다음 실린더의 종류에 대한 설명으로 옳지 않은 것은?

① 양로드형 실린더 : 양방향 같은 힘을 낼 수 있다.
② 충격실린더 : 빠른 속도(7~10m/s)를 얻을 때 사용한다.
③ 탠덤실린더 : 다단 튜브형 로드를 가져 긴 행정에 사용한다.
④ 쿠션 내장형 실린더 : 스트로크 끝부분의 충격이 완화되어야 할 때 사용한다.

해설
③ 탠덤실린더는 로드 위에 두 개의 실린더를 다는 형태로 두 실린더를 연결해서 두 배의 힘을 낼 수 있도록 사용하는 실린더이다.
① 화살표로 공기가 들어간다고 했을 때 한쪽 로드실린더는 전진 시와 후진 시에 힘이 작용하는 면적이 다른 반면, 양쪽 로드 실린더는 전진 시와 후진 시에 힘이 작용하는 면적이 같다.

42 전자계전기를 사용할 때 주의사항이 아닌 것은?
① 계전기의 설치 높이를 확인한다.
② 정격전압 및 정격전류를 확인한다.
③ 본체 취부 시 확실히 고정하여야 한다.
④ 2개 이상의 계전기를 사용할 때 적당한 간격을 유지해야 한다.

해설
계전기은 유압을 사용하지 않으므로 설치 높이의 영향을 받지 않는다.

43 소형 원심펌프에서 전 양정이 몇 m 이상일 때 체크밸브를 설치하는가?
① 10m   ② 20m
③ 50m   ④ 100m

해설
펌프의 체크밸브는 역류를 방지하기 위하여 설치하며, 높은 곳으로 올라갈수록 동력 대비 위치에너지가 커져서 100m 이상의 양정 시 설치한다.

44 다음과 같은 밸브를 사용하는 목적으로 옳은 것은?

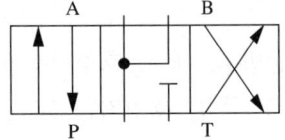

① 중립 위치에서 펌프의 부하를 줄이기 위해 사용된다.
② 중립 위치에서 실린더의 힘을 증대시키기 위해 사용된다.
③ 중립 위치에서 실린더의 후진속도를 제어하기 위해 사용된다.
④ 중립 위치에서 실린더의 전진속도를 빠르게 하기 위해 사용된다.

해설
문제의 밸브는 탱크포트블록형으로 중립 위치에서 전진 행정은 차동회로에 의해 증속이 가능하다.

45 다음 그림의 회로에서 a에만 신호가 들어갔을 때 실린더에 작용하는 결과는?

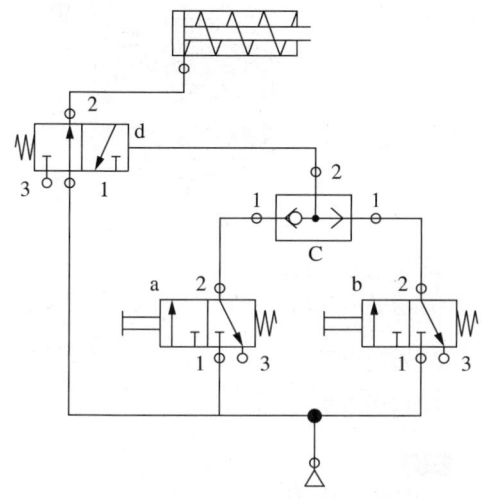

① 중 립 ② 전 진
③ 자동 복귀(후진) ④ 전·후진 반복

해설
문제의 회로는 평상시에는 실린더가 전진해 있다가 a나 b에 신호가 들어가면 스프링의 힘에 의해 후진 복귀하는 회로이다.

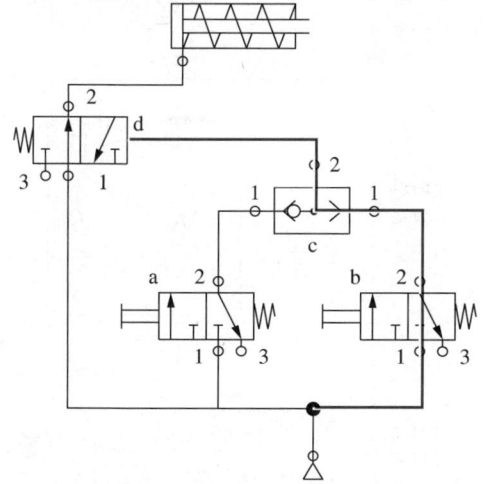

46 두 기어 사이에 있는 기어로 속도비에 관계없이 회전 방향만 변하는 기어는?

① 웜 기어 ② 아이들 기어
③ 구동 기어 ④ 헬리컬 기어

해설
아이들 기어는 유동 치차로, 기어 사이에 들어갔다 나왔다 하며 기어 간 회전 방향을 조정하는 역할을 한다.

47 다음 중 고무벨트의 특징이 아닌 것은?

① 유연하고 밀착성이 좋아 미끄럼이 작다.
② 열과 기름에 약하여 장시간 연속 운전에 손상되기 쉽다.
③ 내습성이 좋아 습기가 많은 곳에 사용하기 적합하다.
④ 다른 벨트에 비해 수명이 길고 연신율이 작아 고정밀도의 큰 동력을 전달한다.

해설
고무벨트는 연신율이 큰 특징이 있다. ④는 금속성 벨트에 대한 설명이다.

48 펌프 흡입관 배관 시 주의사항으로 옳지 않은 것은?

① 흡입관 끝에 스트레이너를 설치한다.
② 관의 길이는 짧고, 곡관의 수는 적게 한다.
③ 배관 유속은 3~5m/s가 적당하다.
④ 흡입관에서 편류나 와류가 발생하지 못하게 한다.

해설
흡입관 유속은 가능한 한 작게 하는 것이 좋다. 소구경의 경우 1~2m/s, 대구경의 경우 1.5~3m/s를 넘지 않도록 하는 것이 좋다.

정답 45 ③ 46 ② 47 ④ 48 ③

49 전동기의 고장현상 중 기동 불능의 원인이 아닌 것은?

① 퓨즈 단락
② 베어링의 손상
③ 서머 릴레이 작동
④ 노 퓨즈 크레이크 작동

해설
베어링이 손상되면 진동이 발생하며 기동 불능은 되지 않는다.

50 유압 실린더의 실린더 전진속도와 후진속도를 일정하게 하는 방법으로 옳은 것은?

① 양로드 실린더를 사용한다.
② 브레이크 회로를 사용한다.
③ 블리드 오프 회로를 사용한다.
④ 카운터 밸런스 회로를 사용한다.

해설
실린더는 전진 시와 후진 시에 속도차가 있는데, 격판의 유압면 면적이 로드의 두께만큼 차이가 나기 때문이다. 따라서 양로드형 실린더를 사용하면 전·후진 속도를 일정하게 할 수 있다.

51 공압시스템의 특징으로 틀린 것은?

① 과부하에 대하여 안전하다.
② 에너지로서 저장성이 있다.
③ 사용에너지를 쉽게 구할 수 있다.
④ 방청과 윤활이 자동으로 이뤄진다.

해설
공압시스템은 윤활성이 없어 윤활이 필요한 경우에는 급유가 필요하다(단점).

52 다음 그림의 유압펌프는?

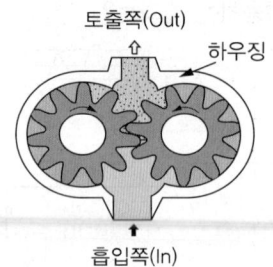

① 원심형 펌프
② 액시얼 펌프
③ 기어펌프
④ 터빈펌프

해설
유압펌프의 간략 형상

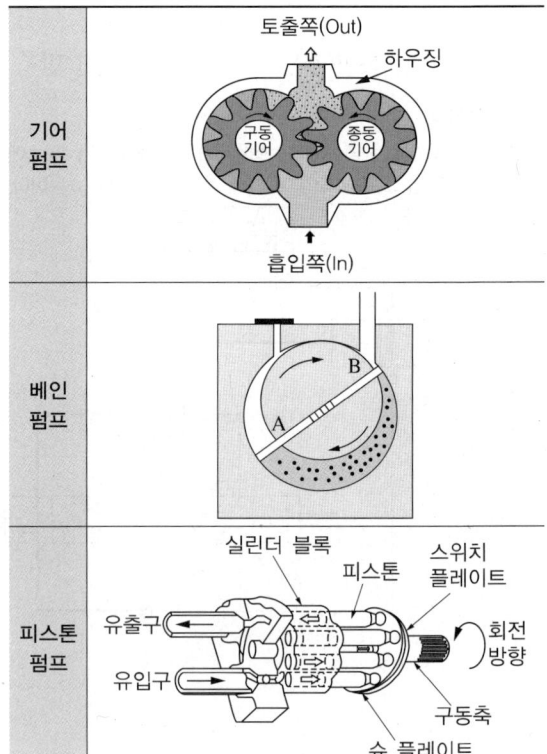

49 ② 50 ① 51 ④ 52 ③

53 펌프의 부식을 촉진시키는 요인으로 옳지 않은 것은?

① 온도가 높을수록 부식되기 쉽다.
② 유속이 빠를수록 부식되기 쉽다.
③ 금속 표면이 거칠수록 부식되기 쉽다.
④ 유체 내의 산소량이 적을수록 부식되기 쉽다.

해설
펌프의 부식작용 요소
- 액의 종류 성분 농도 pH값에 따라 부식이 잘된다.
- 온도가 높을수록 부식되기 쉬우며 pH값이 낮다.
- 유체 내의 산소량이 많을수록 부식되기 쉽다.
- 유속이 빠를수록 부식되기 쉽다.
- 금속 표면이 거칠수록 부식이 잘된다.
- 재료가 응력을 받고 있는 부분은 부식이 생기기 쉽다.
- 금속 표면의 돌기부, 캐비테이션 발생 부위, 충격 흐름을 받는 부위는 부식되기 쉽다.

54 실린더 안을 피스톤이 왕복운동하면서 흡입밸브로부터 실린더 내에 공기를 흡입한 후 압축하여 배출밸브로부터 압축공기를 배출시키는 압축기는?

① 날개형 압축기 ② 왕복형 압축기
③ 격판 압축기   ④ 나사형 압축기

해설
왕복형 압축기(피스톤 압축기) : 왕복형 공기압축기는 가장 널리 사용되는 압축기이다. 실린더 안을 피스톤이 왕복운동하면서 흡입밸브로부터 실린더 내에 공기를 흡입한 후 압축하여 배출밸브로부터 압축공기를 배출시킨다. 사용 압력범위는 10~100kgf/cm²로, 고압으로 압축할 때는 다단식 압축기가 필요하며, 냉각방식에 따라 공랭식과 수랭식이 있다.

55 두 축의 중심을 정확히 일치시키기 어려울 때 사용되며 고무, 강선, 가죽, 스프링 등을 이용하여 충격과 진동을 완화시켜 주는 커플링은?

① 올덤 커플링   ② 고정식 커플링
③ 플랜지 커플링 ④ 플랙시블 커플링

해설
플랙시블 커플링은 비정렬 흡수능력이 뛰어나 과도한 편심이나 편각을 흡수해야 할 때 사용한다.

56 기어 감속기 중 평행축형 감속기가 아닌 것은?

① 웜기어 감속기
② 스퍼기어 감속기
③ 헬리컬 기어 감속기
④ 더블 헬리컬 기어 감속기

해설
웜기어를 사용하는 경우는 두 축이 직각으로 배치된다.

57 공기의 체적과 온도의 관계를 나타낸 것은?

① 보일의 법칙   ② 샤를의 법칙
③ 베르누이 원리 ④ 파스칼의 원리

해설
- 보일의 법칙 : 일정량의 기체가 등온을 유지할 때 압력과 부피는 서로 반비례한다.
- 샤를의 법칙 : 일정한 압력의 기체는 온도가 상승하면 부피도 상승한다.

정답 53 ④ 54 ② 55 ④ 56 ① 57 ②

58 유압시스템에서 펌프 구동 동력이 부족할 때 발생되는 현상은?

① 작동유가 과열된다.
② 토출유량이 많아진다.
③ 실린더 추력이 감소된다.
④ 유압유의 점도가 높아진다.

해설
공유압 시스템의 특징은 신호로 사용하는 유체가 작용력을 발생시키는 유체로 사용된다는 것이다. 따라서 펌프 구동력이 부족하면 출력도 감소한다.

59 물리적인 양을 전기적 신호로 변환하거나 역으로 전기적 신호를 다른 물리적인 양으로 바꾸어 주는 장치는?

① 포지셔너
② 오리피스
③ 트랜스듀서
④ 액추에이터

해설
트랜스듀서(Transducer) : 센서보다 광범위한 용어로, 측정량에 대응하여 처리하기 쉬운 유용한 출력신호를 주는 변환기(Convertor)이다. 즉, 계측 대상의 상태량을 측정 가능한 물리량의 신호로 변환하는 장치이다.

60 벨트풀리와 벨트 사이의 접촉면에 치형의 돌기가 있어 미끄럼을 방지하고, 맞물려 전동할 수 있는 벨트는?

① 평벨트
② V벨트
③ 타이밍 벨트
④ 체인벨트

해설
타이밍 벨트 : 벨트에 홈이나 치형이 있어 정확한 전동을 전달하도록 고안된 벨트이다.

2024년 제2회 과년도 기출복원문제

제1과목 자동제어

01 전달함수가 1이 되는 경우가 아닌 것은?
① 충격함수　② 연속함수
③ $s = 0$　④ $t = 0$

해설
전달함수가 1이 되는 경우는 입력이 단위충격인 경우이다. 라플라스 변환 이후 $F(s) = \int_0^\infty f(t)e^{-st}dt = 0$이 되려면, $s=0$이거나 $t=0$이어야 한다. 이 의미는 입력시간 ≈ 0이거나 복소함수가 0이어야 한다.

02 다음 제어요소 중 입력과 출력이 적분관계를 이루는 시스템은?
① 속도계용 발전기
② 인덕턴스 회로
③ 마찰스프링 시스템
④ 수위계

해설
수위계는 입력의 적분이 출력과 비례관계를 갖는다. 속도계용 발전기, 인덕턴스 회로, 마찰스프링 시스템은 입력과 출력이 입력요소의 미분과 비례관계를 이룬다.

03 다음 중 직류전동기의 속도제어법이 아닌 것은?
① 서상제어　② 극수제어
③ 계자제어　④ 전압제어

해설
직류전동기의 속도제어법
- 분권 및 타여자 : 계자제어법, 전압제어법
- 직권 및 복권 : 계자제어법, 저항제어법, 초퍼제어법

04 과도응답에 대한 설명 중 옳은 것은?
① 응답값이 희망값의 50%가 진행되는 데 필요한 시간은 상승시간이다.
② 응답값이 희망값의 10%에서 90%까지 도달하는 시간은 지연시간이다.
③ 응답이 희망값의 5% 이내로 들어올 때까지의 시간은 정착시간이다.
④ 오버슈트는 응답 중에 생기는 입력과 출력 사이의 최소 편차량이다.

해설
① 응답값이 희망값의 50%가 진행되는 데 필요한 시간은 지연시간이다.
② 응답값이 희망값의 10%에서 90%까지 도달하는 시간은 상승시간이다.
④ 오버슈트는 응답 중에 생기는 입력과 출력 사이의 최대 편차량이다.

정답　1 ②　2 ④　3 ②　4 ③

05 다음 신호흐름선도와 같은 것은?

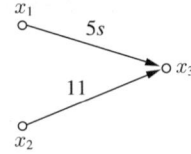

① $x_3 = 5x_1 + 11s$
② $x_2 = 5sx_1 \times 11x_3$
③ $x_3 = 5sx_1 + 11x_2$
④ $x_3 = 5sx_1 - 11x_2$

해설
x_3에 이르는 신호는 x_1이 $5s$만큼 변한 것과 x_2가 11만큼 변한 신호가 모두 오는 것이므로 $x_3 = 5sx_1 + 11x_2$이다.

06 전자 1개의 전기량은 약 몇 쿨롱[C]인가?

① 1.6×10^{-19}
② 9.1×10^{-31}
③ -1.6×10^{-19}
④ -9.1×10^{-31}

해설
전자 1개의 전기량은 $e = -1.602 \times 10^{-19}$C이며 전자 극성이 (−)이므로 -1.6×10^{-19}C
$\left(1쿨롱은 \dfrac{1C}{1.602 \times 10^{-19}C} = 6.24 \times 10^{18}개의 전자가 필요하다\right)$

07 다음 보기에서 설명하는 PLC 프로그램 과정은?

┤보기├
- 실행파일을 생성하는 과정이다.
- 프로그램이 자체 검토를 실행하고 오류가 발생하면 메시지를 발생한다.
- 수정 및 편집을 시행한다.

① 코 딩
② 컴파일
③ 데이터 할당
④ 입출력 어드레스 할당

해설
컴파일(Compiling) : 자체 프로그래밍된 내용을 다른 언어로 변환하는 프로세스로, PLC 프로그래밍에서는 프로그램에서 작성된 내용을 실행파일로 변환하는 과정이다. 이 과정 중 자체 검토를 실행하고, 문제가 있으면 수정을 실시한다.

08 E = 12V라고 할 때 D에 가장 많은 전류량이 흐르는 경우는?

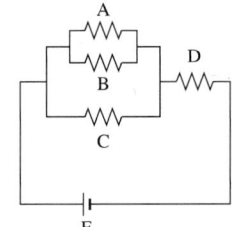

① A = 1Ω, B = 2Ω, C = 3Ω, D = 4Ω
② A = 4Ω, B = 3Ω, C = 2Ω, D = 1Ω
③ A = 2Ω, B = 2Ω, C = 2Ω, D = 2Ω
④ 모두 같다.

해설
A, B, C의 합성저항과 D의 저항을 구분하면 직렬연결임을 알 수 있다. 이에 따라 R_t에서의 전류와 R_D에서의 전류는 같으므로 저항의 총합을 구하여 전류값을 계산한다.

① 저항의 총합은 $\sum R_t = R_D = \dfrac{50}{11}Ω$, 이에 따른 전류값은
$I_t = I_D = \dfrac{11 \times 12}{50} = 2.64$A 이다.

② 저항의 총합은 $\sum R_t = R_D = \dfrac{25}{13}Ω$, 이에 따른 전류값은
$I_t = I_D = \dfrac{13 \times 12}{25} = 6.24$A 이다.

③ 저항의 총합은 $\sum R_t = R_D = \dfrac{8}{3}Ω$, 이에 따른 전류값은
$I_t = I_D = \dfrac{3 \times 12}{8} = 4.5$A 이다.

09
저항은 크기가 작아 색깔을 입혀서 읽는다. 수치를 읽을 때 흑색이 갖는 숫자값은?

① 0
② 1
③ 8
④ 9

해설
저항은 크기가 너무 작아서 숫자를 기재하면 잘 보이지 않으므로, 색깔별로 의미를 정한 후 순서대로 색깔을 입혀 표현한다.

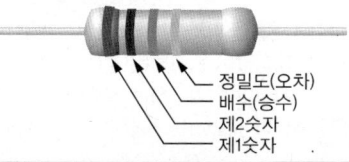
- 정밀도(오차)
- 배수(승수)
- 제2숫자
- 제1숫자

색	수 치	승 수	정밀도(%)	온도계수 $10^{-6}/℃$
흑	0	0	-	±250
갈	1	1	±1	±100
적	2	2	±2	±50
등	3	3	±0.05	±15
황	4	4	-	±25
녹	5	5	±0.5	±20
청	6	6	±0.25	±10
자	7	7	±0.1	±5
회	8	8	-	±1
백	9	9	-	-
금	-	-1	±5	-
은	-	-2	±10	-
무	-	-	±20	-

10
PLC 설치 시 실드 트랜스를 사용하는 것은 어느 곳의 노이즈 대책인가?

① 입력기기
② 출력기기
③ 전원 계통
④ PLC 자체

해설
노이즈(Noise)의 개선전략
PLC와 PC 주변에는 수많은 접점이 발생하며 저항과 의도하지 않은 미약한 전기신호들이 발생할 가능성이 높은데 이를 노이즈라고 한다.
- 입력부의 노이즈
  - 스파크 킬러나 서지 킬러의 저항값을 조절하거나 설치 위치를 조정한다.
  - DC 릴레이에 환류 다이오드(Free Wheeling Diode/Flyback Diode)를 설치한다.
  - 포토커플러는 동적 범위를 늘리고 잡음을 무시하는 데 도움이 된다.
- 전원부의 노이즈
  - 제어부(PLC쪽)의 전원과 전동부(Motor쪽)의 전원을 따로 둔다.
  - 제어선은 차폐(Shield)선을 사용한다.
  - 실드 트랜스나 절연 트랜스를 사용한다.
- 출력부의 노이즈
  - 스파크 킬러를 설치한다.
  - 전압·저항을 조절하거나 누설 전류를 잡아낸다.

11
다음 중 상온의 고유저항이 가장 낮은 금속은?

① 금
② 은
③ 니크롬
④ 니켈

해설
② $1.59\mu\Omega \cdot cm$
① $2.40\mu\Omega \cdot cm$
③ $109.0\mu\Omega \cdot cm$
④ $7.5\mu\Omega \cdot cm$

12 리액턴스의 설명으로 옳지 않은 것은?

① 자체 인덕턴스가 클수록 유도 리액턴스의 값은 커진다.
② 정전용량이 작아질수록 용량 리액턴스의 값은 커진다.
③ 교류전압의 주파수가 커질수록 용량 리액턴스의 값은 작아진다.
④ 교류전압의 주파수가 커질수록 유도 리액턴스의 값은 작아진다.

해설
- 유도 리액턴스는 주파수와 비례하므로 주파수가 커질수록 유도 리액턴스는 커진다.
- 유도 리액턴스 X_L은 전류의 주파수와 도체의 인덕턴스를 곱한 값에 2π를 다시 곱한 값으로, $X_L = 2\pi fL$이다. 이때 단위는 옴[Ω]이다.
- 용량 리액턴스 X_C는 교류 전류의 주파수와 전기 용량에 반비례한다. 용량성 리액턴스 X_C는 전류의 주파수와 전기 용량값의 곱에 2π를 곱한 후 역수를 취한 것이다. 즉, $X_C = \frac{1}{2\pi fC}$이고 단위는 옴[Ω]이다.
$X = X_L - X_C$, 즉 $Z = R + j(X_L - X_C)$

13 다음 중 속도를 전압으로 변환하는 센서는?

① 퍼텐쇼미터   ② 초음파 센서
③ 광트랜지스터   ④ 태코제너레이터

해설
태코미터 : rpm 등 회전수를 지시하는 회전속도계로, 자동차 내부 계기판에 있다.

14 온도에 민감한 저항체라는 의미를 가지고 있으며, 온도 변화에 따라 소자의 전기저항이 크게 변화하는 대표적인 반도체 감온소자는?

① 열전쌍   ② 로드 셀
③ 서미스터   ④ 적외선 센서

해설
서미스터
- 저항체의 저항값이 온도에 따라 변화하는 것을 이용한 센서이다.
- 온도가 상승하면 저항값이 증가하는 정특성(PTC)이다.
- 온도가 상승하면 저항값이 감소하는 부특성(NTC)이다.
- 특정 온도에서 저항이 급변하는 특성저항(CTR)특성이다.

15 10진수 11의 BCD 코드로 옳은 것은?

① 0001 0001   ② 0000 1011
③ 1011 0001   ④ 0010 0001

해설
앞자리 BCD 코드 1 = 0001이므로 11$_{(BCD)}$ = 0001 0001

16 설비의 신뢰성, 보전성을 향상시키기 위한 개선, 특히 고장의 재발 방지, 수명 연장, 보전시간의 단축 및 기타 생산성 향상을 위한 개량 등 광범위한 설비 개선을 포함하는 것으로, 개선을 통해 열화와 고장을 줄이고 보전 불필요의 설비를 목표로 하는 보전활동은?

① 계획보전   ② 예방보전
③ 사후보전   ④ 개량보전

해설
① 계획보전 : 설비의 설계에서 폐기까지 생산성, 품질 등을 극대화시키고, 보전비용을 최소화시키는 것을 목표로 전개하는 보전활동이다.
② 예방보전 : 설비의 건강 상태를 유지하고 고장 나지 않도록 열화를 방지하기 위한 일상보전, 열화를 측정하기 위한 정기검사 또한 설비보전 열화를 조기에 복원시키기 위한 정비 등을 하는 보전활동이다.
③ 사후보전 : 고장 정지 또는 유해한 성능 저하를 가져온 후에 수리하는 보전활동이다.

17 보전의 효과에 대한 설명으로 옳지 않은 것은?

① 유지비가 높아 비경제적이다.
② 수리기간이 정기적이며 단축할 수 있다.
③ 수리를 위한 공장 휴지의 예고를 경영자, 생산 담당자가 알 수 있다.
④ 예기치 않는 기계의 고장, 파손이 생산 도중에 발생되는 것을 방지한다.

해설
보전을 실시하면 사전에 사고의 예방 및 설비의 최적 상태를 유지할 수 있어 보전을 실시하지 않은 상황보다 경제적이다.

18 서보모터의 노이즈 대책이 아닌 것은?

① 접 지   ② 서지 킬러
③ 실드선 처리   ④ 인버터 사용

해설
서보모터의 노이즈 대책은 원하는 전류 외의 전류가 간섭하지 않도록 하는 것이다. 인버터는 직류를 교류로 변환시키는 장치로, 서보모터의 노이즈 대책과는 무관하다.

19 출력 파형이 다음 그림과 같다면 논리기호는?

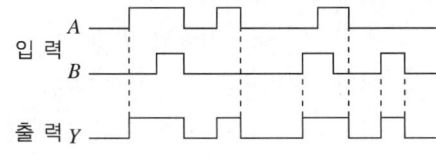

① OR   ② AND
③ NOR   ④ NAND

해설
입력 A나 B에 신호가 들어가면 출력이 나오는 형태이므로, OR 논리로 회로를 구성하였다.

20 100μF 콘덴서의 200V, 60Hz의 교류전압을 가할 때 용량성 리액턴스[Ω]는?

① 30.52   ② 26.53
③ 24.63   ④ 30.42

해설
$$X_C = \frac{1}{2\pi f C} = \frac{1}{2\times\pi\times 60\text{Hz}\times 100\times 10^{-6}\text{F}} = 26.53\Omega$$

제2과목 기계요소설계

21 다음 그림에서 기하공차 기호로 기입할 수 없는 것은?

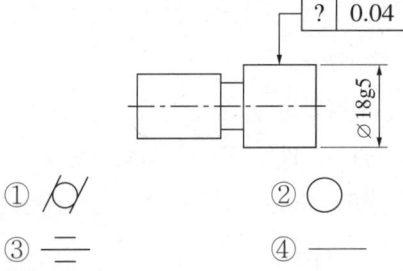

해설
③은 대칭도 공차로서 원통형 물체에서 대칭도는 확인할 수 없다.

22 제3각법으로 그린 투상도에서 우측면도로 옳은 것은?

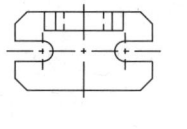

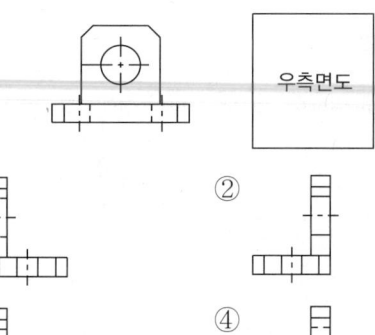

해설
평면도를 보면 판이 우측에 올라와 있는 것을 알 수 있어서 ①과 ③은 제외하고, 정면도에서 볼 수 있는 뒷판의 원 구멍은 우측면도에서 보면 숨은선으로 나타내야 하므로 ②도 제외한다.

23 스퍼기어의 도시방법에 대한 설명으로 옳지 않은 것은?
① 축에 직각인 방향으로 본 투상도를 주투상도로 할 수 있다.
② 잇봉우리원은 굵은 실선으로 그린다.
③ 피치원은 가는 1점쇄선으로 그린다.
④ 축 방향으로 본 투상도에서 이골원은 굵은 실선으로 그린다.

해설
이골원(이뿌리원)은 가는 실선으로 그린다.

24 밀링머신에 포함되는 기계장치가 아닌 것은?
① 니 ② 주 축
③ 컬 럼 ④ 심압대

해설
심압대는 선반에서 회전체의 중심을 잡을 때 사용한다.

25 개스킷, 박판, 형강 등과 같이 절단면이 얇은 경우 이를 나타내는 방법으로 옳은 것은?
① 실제 치수와 관계없이 1개의 가는 1점쇄선으로 나타낸다.
② 실제 치수와 관계없이 1개의 극히 굵은 실선으로 나타낸다.
③ 실제 치수와 관계없이 1개의 굵은 1점쇄선으로 나타낸다.
④ 실제 치수와 관계없이 1개의 극히 굵은 2점쇄선으로 나타낸다.

해설
단면을 표시하는 경우 얇은 판 등을 표시할 때는 매우 굵은 실선을 사용한다.

26 다음 나사의 유효지름 측정방법 중 정밀도가 가장 높은 방법은?
① 삼침법을 이용한 방법
② 피치게이지를 이용한 방법
③ 버니어캘리퍼스를 이용한 방법
④ 나사 마이크로미터를 이용한 방법

해설
삼침법
• 연삭가공한 정밀한 나사의 유효지름 측정에 이용한다.
• 나사측정법 중 정밀도가 높다.
• 동일한 지름을 갖는 3개의 침으로 나사 한쪽에 2개, 반대쪽에 1개를 접촉하고 3침의 외측 치수를 측정하여 공식에 의해 계산한다.

27 헬리컬 기어에서 잇수가 50, 비틀림각이 20°일 경우 상당 평기어 잇수는 약 몇 개인가?

① 40　② 50
③ 60　④ 70

해설
상당 평기어 잇수
$Z_e = \dfrac{Z_s}{\cos^3\beta}$ (β는 비틀림각, Z_s는 헬리컬 기어 잇수)
∴ $Z_e = \dfrac{50}{\cos^3 20°} ≒ 60.26$ → 약 60개

28 자중을 1,000kgf 받고 있는 지름 10mm 사각나사에 회전력을 가하여 밀어 올리려 한다. 마찰계수가 0.3이고, λ가 20°일 때 가해야 하는 최소 토크[kgf·cm]는 얼마인가?

① 약 70kgf·cm
② 약 75kgf·cm
③ 약 700kgf·cm
④ 약 750kgf·cm

해설
$T = \dfrac{d}{2}Q = \dfrac{d}{2}W\dfrac{f+\tan\lambda}{1-f\tan\lambda}$
$= \dfrac{20mm}{2} 1{,}000kgf \dfrac{0.3+\tan 20°}{1-0.3\tan 20°}$
$= 10 \times 1{,}000 \dfrac{0.6640}{0.8908} kgf·mm$
$= 7{,}454 kgf·mm$
$= 745.4 kgf·cm$

29 다음과 같은 제3각법으로 그린 투상도의 입체도로 가장 옳은 것은?(단, 화살표 방향이 정면이다)

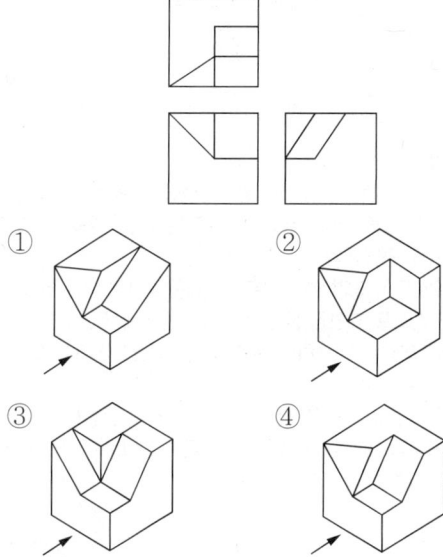

해설
제3각법 투상의 문제는 어떤 요령이나 풀이방법이 있는 것은 아니며, 공간지각 감각이 약한 경우는 여러 문제를 보며 머릿속에서 적응해야 한다. 평면도의 왼쪽 하단 대각 사선을 통해 ③번이 될 수 없고, 상단의 누운 기역자를 통해 ①번이 될 수 없다. 우측면도 중앙의 사선을 통해 ②번도 될 수 없다.

30 먼지, 모래 등이 나사산 사이에 들어가도 나사의 작동에 별로 영향을 주지 않아 주로 전구와 소켓의 결합부 또는 호스의 이음부에 사용되는 나사는?

① 사다리꼴나사
② 톱니나사
③ 유니파이 보통나사
④ 둥근나사

해설
둥근나사(Round Thread) : 너클나사라고도 하며, 나사산과 골이 같은 반지름의 원호로 이은 모양으로 둥글게 되어 있다. 전구나사라고도 하며 먼지, 모래, 녹가루 등이 나사산을 통하여 들어갈 우려가 있을 때 사용한다. 나사의 크기는 1inch 내에 있는 나사산의 수를 기준으로 정한다.

정답 27 ③ 28 ② 29 ④ 30 ④

31 표면거칠기 측정법에 해당되지 않는 것은?

① 다이얼 게이지 이용 측정법
② 표준편과의 비교 측정법
③ 광절단식 표면거칠기 측정법
④ 현미간섭식 표면거칠기 측정법

해설
다이얼 게이지는 진원도, 평면도 등을 측정한다.
② 표준편과의 비교 측정법 : 표준편과 촉감을 통해 비교하여 거칠기를 판단한다.
③ 광절단식 표면거칠기 측정법 : 좁은 틈새로 나온 빛을 투사하여 광선으로 표면을 절단하여, 직각 방향에서 현미경이나 투영기에 의해서 확대하여 관측 또는 사진을 찍어서 요철 상태를 알 수 있다.
④ 현미간섭식 표면거칠기 측정법 : 빛의 간섭현상을 이용하여 공학적으로 계산된 표면거칠기를 측정할 수 있다. 미세한 표면거칠기의 측정이 가능하다.

32 리벳이음의 특징에 대한 설명으로 옳은 것은?

① 용접이음에 비해서 응력에 의한 잔류 변형이 많이 생긴다.
② 리벳 길이 방향으로의 인장하중을 지지하는 데 유리하다.
③ 경합금에서는 용접이음보다 신뢰성이 높다.
④ 철골 구조물, 항공기 동체 등에는 적용하기 어렵다.

해설
리벳은 판재인 모재의 강도가 결합능력에 영향을 주므로 경합금의 경우는 용접의 이음효율이나 신뢰성이 리벳보다 높다.

33 스퍼기어에서 이의 크기를 나타내는 방법이 아닌 것은?

① 모듈로 나타낸다.
② 전위량으로 나타낸다.
③ 지름 피치로 나타낸다.
④ 원주 피치로 나타낸다.

해설
스퍼기어의 이의 크기는 모듈, 지름피치, 원주 피치로 나타낸다. 전위량은 스퍼기어 사용 시 생기는 언더컷 방지를 위하여 전위기어를 사용하고자 할 때 사용하는 값으로, 스퍼기어에는 사용하지 않는다.

34 다음 중 리벳의 도시방법으로 옳은 것은?

① 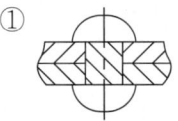 ②

③ 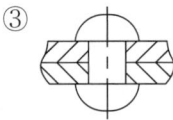 ④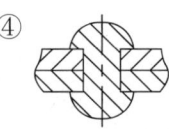

해설
리벳은 단면한 상태로 도시하며 해칭을 하지 않고 외형을 외형선으로 표시하여 식별할 수 있도록 한다.

35 다음 중 무하중 상태로 그리는 스프링이 아닌 것은?

① 접시 스프링   ② 겹판 스프링
③ 벌류트 스프링 ④ 스파이럴 스프링

해설
겹판 스프링은 상용 하중이 작용한 상태로 그린다.

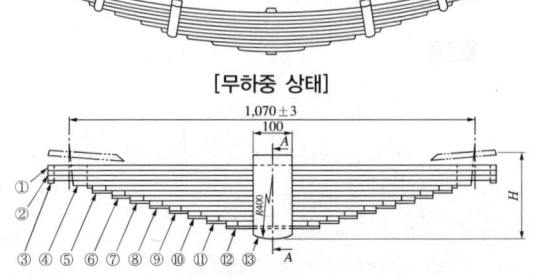

36 전동용 기계요소 중 표준 스퍼기어와 헬리컬 기어 요목표에 모두 기입하는 것은?

① 리 드 ② 비틀림 방향
③ 비틀림 각 ④ 기준 래크 압력각

해설
스퍼기어는 헬리컬 기어와는 달리 이의 비틀림이 없으므로 비틀림 방향, 비틀림 각을 기재할 필요가 없다. 리드는 회전 시 전진 길이이므로 나사에서 기재를 한다. 요목표에는 모듈, 치형, 압력각 등의 요소를 기재한다.

37 다음 중 표면거칠기의 측정법이 아닌 것은?

① NPL식 측정 ② 촉침식 측정
③ 광절단식 측정 ④ 현미간접식 측정

해설
NPL식 각도게이지
- 게이지면이 크고 개수를 적게 한 것이다.
- 블록게이지처럼 홀더 없이 밀착하여 사용 가능하다.
- 각도를 조합하여 사용한다.

38 도면에 나사의 표시가 'M50×2-6H'로 기입되어 있을 경우 이에 대한 설명으로 옳은 것은?

① 감김 방향은 왼나사이다.
② 나사의 피치는 알 수 없다.
③ M50×2의 2는 수량 2개를 의미한다.
④ 6H는 암나사의 등급 표시이다.

해설
M50×2-6H
호칭지름 50mm이며, 피치가 2mm인 미터가는나사를 의미한다. 6H는 나사 등급 표시이며, 대문자이면 암나사, 소문자이면 수나사를 의미한다.
※ '왼' 또는 'L'의 지시가 없으면 미터나사는 오른나사이다.

39 다음 도면과 같은 데이텀 표적 도시기호의 의미에 대한 설명으로 옳은 것은?

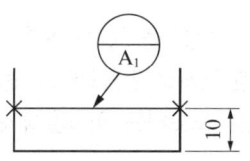

① 점의 데이텀 표적
② 선의 데이텀 표적
③ 면의 데이텀 표적
④ 구형의 데이텀 표적

해설
데이텀 표적기호와 도시

용도		기 호	비 고
데이텀 표적이 점일 때		×	굵은 실선인 X표시를 한다.
데이텀 표적이 선일 때		×—×	2개의 X표시를 가는 실선으로 연결한다.
데이텀 표적이 한정된 영역일 때	원인 경우	⊘	원칙적으로 가는 2점쇄선으로 둘러싸고 해칭한다. 다만, 도시하기 곤란한 경우에는 2점쇄선 대신 가는 실선을 사용해도 좋다.
	직사각형인 경우	▨	

40 다음 중 각도 측정에 사용하지 않는 것은?

① 콤비네이션 세트
② 나이프 에지
③ 광학식 콜리노미터
④ 오토콜리메이터

해설
각도 측정에는 각도게이지, 만능각도기, 사인바, 사인센터, 옵티컬 플랫, 오토콜리메이터 등을 사용한다. 나이프 에지는 측정하려는 면에 대고 반대쪽에서 새어 나오는 빛으로 틈새를 판단하여 면의 진직도나 평면도를 검사하는 데 사용한다.

[정답] 36 ④ 37 ① 38 ④ 39 ② 40 ②

제3과목 공유압

41 회로압이 설정압을 초과하면 유체압에 의하여 파열되어 압유를 탱크로 귀환시키고, 동시에 압력 상승을 막아 기기를 보호하는 역할을 하는 유압기기는?

① 유체퓨즈
② 체크밸브
③ 압력 스위치
④ 릴리프밸브

해설
유체퓨즈 : 전기퓨즈처럼 일정한 압력이 넘으면 파손되어 압력을 강하시켜 유압기기를 보호하는 장치이다.

42 공기압시스템에 부착된 압력게이지의 눈금이 0.5MPa을 나타낼 때 절대압력은 몇 MPa인가?

① 0.3
② 0.4
③ 0.5
④ 0.6

해설
대기압을 1기압으로 나타내면,
1atm = 760mmHg = 10.33mAq = 1.03323kgf/cm² = 1.013bar = 1,013hPa = 0.1013MPa
∴ 0.5MPa + 대기압 ≒ 0.6MPa

43 전진 및 후진 완료 위치에서 가해지는 충격을 방지하기 위한 유압 실린더는?

① 충격 실린더
② 탠덤 실린더
③ 양로드 실린더
④ 쿠션 내장형 실린더

해설
쿠션 내장형 실린더 : 내부에 쿠션이 내장되어 있어 스트로크의 충격을 완화할 때 사용한다.

44 스텝 전동기를 여자 상태로 하여 출력축을 외부에서 회전시키려고 했을 때 이 힘에 대항하여 발생하는 최대 토크는?

① 탈출토크(Pull Out Torque)
② 홀딩토크(Holding Torque)
③ 풀 인 토크(Pull In Torque)
④ 디턴트 토크(Detent Torque)

해설
홀딩토크는 모터가 위치를 유지하고 움직이지 않게 멈추게 하는 토크이다. 모터를 동작하게 하는 토크와 같은 값은 아니며 속도-토크 곡선을 참조하여 정한다.

45 고정 결선에 의한 제어 시스템 구성 순서가 옳게 나열된 것은?

| ㄱ. 시운전 | ㄴ. 기술 선정 |
| ㄷ. 시스템 구성 | ㄹ. 회로도 작성 |

① ㄴ → ㄷ → ㄹ → ㄱ
② ㄴ → ㄹ → ㄷ → ㄱ
③ ㄹ → ㄷ → ㄱ → ㄴ
④ ㄹ → ㄷ → ㄴ → ㄱ

해설
고정 결선은 회로를 구성한 것이 설비처럼 고정하여 계속 사용하는 시스템으로, 어떤 기술을 사용할지 고민 및 결정한 후 그에 의한 회로도를 그려 보고 장치를 구성하여 운전해 보는 단계로 구성한다.

46 펌프의 축 추력을 제거할 수 있는 방법으로 옳은 것은?

① 다단펌프를 사용한다.
② 고양정펌프를 사용한다.
③ 고유량펌프를 사용한다.
④ 양흡입펌프를 사용한다.

해설
축 추력은 펌프 회전차의 전·후면 공간에 작용하는 정압의 불균형에 의해 발생한다. 제거방법은 다음과 같다.
- 임펠러 뒤쪽에 흡입구와 같은 지름의 원통 돌기부를 만들고, 원통 외부에 임펠러를 관통하는 작은 구멍을 뚫어 흡입측과 동일한 압력 유지하여 추력을 제거한다.
- 임펠러 후면에 리브를 붙인다.
- 양흡입 임펠러를 사용한다.
- 다단을 사용하여 축 추력을 상쇄시킨다.
- 유량이 적은 경우 스러스트 베어링을 사용할 수 있다.

47 동점도를 나타내는 단위는?

① cm^2/s
② m/s^2
③ s/cm^2
④ s/m

해설
동점도는 점도를 밀도(g/cm^3)로 나누면 cm^2/s가 된다. 동점도를 계산한 영국학자 Stockes 의 이름을 따서 St.로 사용한다.

48 송풍기의 진동원인이 아닌 것은?

① 축의 굽음
② 임펠러의 마모
③ 모터의 용량 증가
④ 임펠러에 더스트(Dust) 부착

해설
모터의 용량이 증가하면 송풍량에 비해 출력이 넉넉하여 진동이 감소한다.

49 수격현상에서 압력 상승 방지책으로 사용하지 않는 것은?

① 밸브의 제어
② 흡수조의 사용
③ 안전밸브의 사용
④ 체크밸브의 사용

해설
수격현상의 방지 대책
- 관 내 유속을 작게 한다.
- 밸브를 토출측에 가까이 설치한다.
- 밸브를 천천히 개폐한다.
- 밸브 먼저 닫고 펌프를 정지시킨다.
- 수격방지기를 설치한다.
- 펌프 플라이 휠을 설치한다.
- 역압 방지를 위한 체크밸브를 사용한다.

50 공압회로에서 압축공기를 대기 중으로 방출할 경우 배기속도를 줄이고, 배기음을 작게 하기 위하여 사용하는 것은?

① 소음기
② 완충기
③ 진공패드
④ 원터치 피팅

51 유체의 흐름은 층류와 난류가 있다. 배관 내에서 유체 흐름의 형태를 결정짓는 것은?

① 레이놀즈 수
② 베르누이 정리
③ 파스칼의 원리
④ 토리첼리의 정리

해설
레이놀즈 수는 유체의 점성력에 대한 관성력의 힘을 표현한 숫자로, $Re = \dfrac{vd}{\nu}$ 로 나타낸다. 레이놀즈 수가 2,320 이상 나타나면 난류로, 그 이하이면 층류로 구분한다.

52 유압 실린더 피스톤 로드의 추력 방향이 실린더 축심 끝을 기준으로 원주상 일정 각도로 회전할 수 있도록 하기 위한 실린더 설치 형식은?

① 풋 형 ② 램 형
③ 플랜지형 ④ 클레비스형

해설
클레비스형 실린더는 다음 그림과 같은 클레비스를 가지고 있어 원주상 일정 각도로 회전이 가능하다.

53 유압신호를 전기신호로 전환시키는 기기는?

① 압력 스위치 ② 유압 실린더
③ 방향제어밸브 ④ 압력제어밸브

해설
압력 스위치 : 압력을 받으면 이를 이용하여 전기신호가 발생되는 기기로, 전기신호를 이용해 기계 등의 작동신호를 발생시킨다.

54 전동식 구동부를 가진 제어밸브의 특징이 아닌 것은?

① 신호 전달의 지연이 없다.
② 동력원 획득이 용이하다.
③ 큰 조작력을 얻을 수 있다.
④ 공기압 구동부에 비해 구조가 복잡하지 않고 비용이 적게 든다.

해설
공유압신호를 공유압 출력으로 전환시키는 장비에 비해 전동장치를 이용하기 위한 전기신호 등을 발생시킬 수 있도록 하는 전환부가 필요하다.

55 압축기 설치 장소로 적합하지 않은 곳은?

① 습기가 적은 곳
② 지반이 견고한 곳
③ 유해물질이 적은 곳
④ 우수, 염풍, 일광이 있는 곳

해설
압축기 설치 장소
압축기(Compressor)는 전력을 이용한 압축동력을 발생시키는 기기로 물리적·열화학적 안정성이 보장되는 곳에 설치하는 것이 적합하다.
• 저온, 저습 장소에 설치하여 드레인 발생을 억제시킨다.
• 유해물질이 적은 곳에 설치(빗물, 바람, 직사광선 등에 보호)한다.
• 압축기 운전 시 소음, 진동을 고려(방음, 방진벽 설치)한다.
• 수평관로의 배관은 드레인 배출이 용이하게 1/100의 구배를 부과한다.
• 예방정비가 가능하도록 충분한 공간을 확보한다.
• 건축물과는 벽면에 30cm 이상 떨어져 있어야 한다.

56 공기압축기의 흡입 관로에 설치하는 스트레이너(Strainer)의 설치목적으로 옳은 것은?

① 배관의 맥동으로 소음이 발생하는 것을 방지해 준다.
② 빗물이 스며들어 압축기에 들어가지 않도록 차단해 준다.
③ 나뭇잎 등의 이물질이 압축기에 들어가지 않도록 차단해 준다.
④ 공기 중의 수분이 응축되어 압축기에 들어가지 않도록 제거해 준다.

해설
스트레이너(Strainer) : 펌프 흡입구에 여과망을 설치하여 흐름 속의 굵은 불순물을 걸러내는 장치이다.

57 펌프에 캐비테이션(Cavitation)이 발생했을 때 그 영향으로 옳지 않은 것은?

① 소음과 진동이 생긴다.
② 펌프의 성능에는 변화가 없다.
③ 압력이 저하되면 양수가 불가능해진다.
④ 펌프 내부에 침식이 생겨 펌프를 손상시킨다.

해설
공동현상(空洞現像) : 캐비테이션(Cavitation)이라고도 하며, 유로 안에서 그 수온에 상당하는 포화증기압 이하로 될 때 발생한다. 유압·공압기기의 성능이 저하되고, 소음 및 진동이 발생한다. 관로의 흐름이 고속일 경우 압력이 저하되기 때문에 저압부에 기포가 발생한다. 유체가 기체가 되려면 끓는점 이상이 되어서 유체가 기체가 되거나 기체가 직접 흡입되는 경우가 있는데, 작동유체가 끓으려면 열을 받아 실제 온도가 올라가거나 작동유체의 압력이 낮아져서 끓는점이 급격히 낮아지는 것이 원인이다.

58 프로펠러의 양력으로 액체의 흐름을 임펠러에 대해 축 방향으로 평행하게 흡입·토출하는 것으로 대구경, 대용량이며 비교적 낮은 양정(1~5m 정도)이 필요한 곳에 사용되는 펌프는?

① 기어펌프 ② 수격펌프
③ 원심펌프 ④ 축류펌프

해설
축류식 압축기(Axial Flow Compressor) : 많은 양의 기체를 압축하는 데 사용한다. 날개는 회전 날개와 케이싱에 고정된 안내 날개로 구성되어 있는데, 특히 회전 날개와 안내 날개의 한 세트를 1단이라고 한다. 그러나 1단에서의 압력비가 작기 때문에 동일한 압력비를 얻기 위해서는 원심식보다 많은 단 수가 필요하게 되므로 축의 길이가 길어진다. 회전속도가 높으므로 임계속도를 고려한다면 축의 길이는 제한을 받게 되며, 최종단에서 날개의 높이가 낮으므로 1축에서 얻을 수 있는 압력비의 한도는 용도에 따라 다르지만 발전 소용의 경우에는 5~9 정도이다. 그 이상의 고압을 얻기 위해서는 중간 냉각기를 사용하여 다축으로 해야 한다. 축류식 압축기에서는 기체가 축 방향으로 흐르므로 원심식의 압축기에서와 같은 흐름의 난동이나 분리현상은 적으며, 90% 정도의 효율을 얻을 수 있다.

59 압축기로부터 토출되는 고온의 압축공기를 공기건조기 입구의 온도 조건에 알맞게 냉각시켜 수분을 제거하는 장치는?

① 애프터 쿨러 ② 자동배출기
③ 스트레이너 ④ 공기필터

해설
② 수분제거기가 응결시킨 저수조의 수분을 별도의 물 빼기 작업 없이 자동으로 수분을 배출시키는 장치이다.
③ 펌프 흡입구에 여과망을 설치하여 흐름 속의 굵은 불순물을 걸러내는 장치이다.
④ 공기를 필터링하는 장치이다.

60 다음 그림의 중립 위치는 어떤 유로형인가?

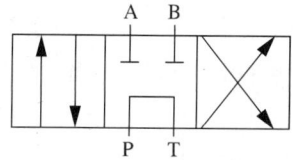

① 오픈 센터형
② 펌프 클로즈드 센터형
③ 탠덤 센터형
④ 탱크 클로즈드 센터형

해설
탠덤 센터형은 중립 시 회귀하는 공유압은 막고, 공급되는 공유압은 탱크로 회귀한다.

2025년 제1회 최근 기출복원문제

제1과목 자동제어

01 다음 중 물체의 위치, 각도, 자세 등의 변위를 제어량으로 하는 제어방식은?

① 서보제어
② 자동조정
③ 추종제어
④ 프로그램 제어

해설
제어의 제어량에 따른 분류
- 서보제어(Servo Control) : 물체의 위치, 각도, 방위, 자세 등의 기계적 변위를 제어량으로 읽어 제어하는 시스템
- 프로세스 제어(Process Control) : 제어량이 상태값인 압력, 온도, 유량, 밀도 등일 때의 제어방식
- 자동조정(Automatic Regulation) : 제어량이 주로 전기적 및 기계적 양(주파수, 전압, 전류, 습도, 회전속도, 힘 등)을 제어하는 것

02 열처리로의 온도제어는 어느 것에 속하는가?

① 비율제어
② 정치제어
③ 추종제어
④ 프로그램 제어

해설
제어목표에 따른 분류
- 정치제어 : 제어량을 일정 목표값에 유지시키는 것이 목적인 제어(예 주파수 제어, 발전기의 조속기, 자동전압조정장치 등)
- 추종제어 : 목표 대상값이 변동하는 경우 목표값에 정확히 추종하도록 하는 제어(예 서보제어, 요격 미사일의 미사일 추격 등)
- 프로그램 제어 : 제어량 변동이 미리 프로그래밍된 제어(예 무인 열차가 출발 후 점점 가속하여 목적지에서 감속 후 정차하는 과정에서의 속도)
- 비율제어 : 목표값이 다른 변수와 비례관계를 가질 때 변수에 따른 비율제어를 실시(예 열처리로의 온도제어)

03 보드선도에서 -3dB점이란 기준 크기의 얼마인가?

① $\frac{1}{2}$
② $\frac{1}{\sqrt{2}}$
③ $\frac{1}{3}$
④ $\frac{1}{\sqrt{3}}$

해설
$dB = 20\log \frac{V_{out}}{V_{in}}$ 형태이며 -3dB은 $20\log \frac{1}{\sqrt{2}}$, 3dB은 $20\log \sqrt{2}$, 10dB은 $20\log \sqrt{10}$

04 1차 지연요소 $G(s) = \frac{1}{1+Ts}$ 인 제어계의 절점 주파수에서의 이득[dB]으로 옳은 것은?

① -3
② -4
③ -5
④ -6

해설
$$db = 20\log A = 20\log \left| \frac{1}{1+Ts} \right| = 20\log \frac{1}{\sqrt{T^2\omega^2+1}}$$
$$= 20\log_{10}\left(\sqrt{T^2\omega^2+1}\right)^{-1} = -10\log_{10}(T^2\omega^2+1)$$
$$= -10\log_{10}2 = -3.0dB \left(\because \text{절점 주파수}(\omega) = \frac{1}{T}\right)$$

※ 출제되는 함수의 종류가 많지 않고, 절점의 값은 특이값이므로, 계산하지 않고 암기하는 것도 좋은 학습방법이 될 수 있다.

1 ① 2 ① 3 ② 4 ①

05 래더 다이어그램(Lader Diagram)으로 표현하기 어려운 제어 기능은?

① 타이머 기능
② 카운터 기능
③ 아날로그 연속 출력제어
④ 인터로크 제어

해설
아날로그 신호는 접점과 코일로 표현되는 래더 다이어그램으로 직접 표현하기 어렵다.

06 D/A 변환기의 변환 방식에 대한 설명으로 옳지 않은 것은?

① 저항 소자를 이용하여 신호를 변환한다.
② 콘덴서를 이용하여 신호를 변환한다.
③ 사다리형 변환기를 이용하여 신호를 변환한다.
④ 샘플링 작업을 통해 신호를 변환한다.

해설
①~③은 디지털 신호를 아날로그 신호로 변환하는 방식에 대한 설명이다. ④는 아날로그 신호를 디지털 신호로 변환하는 방식에 대한 설명이다.

07 PLC의 래더 다이어그램 명령어로서 적당하지 않은 것은?

① 릴레이 래더 명령
② 연산 명령
③ 데이터 처리 명령
④ 어셈블리 명령

해설
PLC 래더 다이어그램은 접점과 코일을 이용한 회로 논리 기반 언어이고, 어셈블리 명령은 CPU에 직접 명령을 내리는 형태로 장비 제조사가 제공해 주어야 한다. 즉, 래더 프로그램은 어셈블리와 호환되지 않는다.

08 다음 PLC 프로그램에 대한 회로로 가장 적합한 것은?

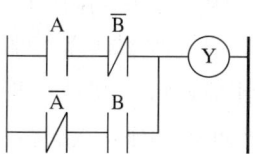

① 일치회로
② Ex-OR 회로
③ OR 회로
④ AND 회로

해설
여러 방법으로 확인 가능하나 진리표를 이용해 보면, 서로 다른 신호일 때만 Y에 출력이 발생한다.

A	B	Y
0	0	0
0	1	1
1	0	1
1	1	0

09 다음은 HMI의 구조를 나타낸 그림이다. (a)에 해당하는 적당한 방법은?

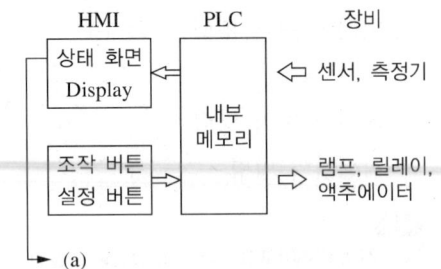

① 스크립트
② 소스코드
③ 그래픽
④ 데이터베이스

[해설]
HMI는 기계장비의 상태를 모니터링 및 조작하는 기능이므로 화면 상에 실물과 가까운 그래픽으로 표현하여 사용자의 이해를 높인다.

10 PLC와 외부장치 간의 통신 또는 데이터 전송방식에 대한 설명으로 옳지 않은 것은?

① RS-232C는 PLC와 PC 또는 다른 장비 간의 직렬통신을 위한 표준 인터페이스이다.
② USB 메모리는 프로그램의 백업 또는 복원을 위해 PLC에 연결하여 사용할 수 있다.
③ Ethernet은 고속통신이 가능하며, 주로 여러 PLC 간 네트워크 통신에 사용된다.
④ 모뎀(Modem)은 PLC 내장 메모리의 크기를 증가시키기 위해 사용하는 장치이다.

[해설]
모뎀은 통신장치로, PLC의 내장 메모리 증가와는 무관하다.
• RS-232C
 - PC와 PLC 간의 직렬통신에 사용한다.
 - 근거리 통신(보통 15m 이내)
• USB 메모리
 - 프로그램 백업/복원 또는 데이터 로그 추출에 사용한다.
 - 휴대성과 간편성을 제공한다.
• Ethernet
 - 고속, 장거리 네트워크 통신에 사용한다.
 - 여러 PLC, HMI, SCADA 등과 연결 가능한 모뎀이다.
 - 전화 회선을 이용한 원격통신에 사용한다.

11 전기신호 전달을 위해 가공, 구성, 결속한 배선품으로 커넥터의 다발을 안정적으로 결속하는 것과 같은 효과가 있는 배선 부품은?

① 조인트 커넥터
② 접속용 와이어
③ 하네스
④ 트랜스 포머

[해설]
하네스(Harness) : 말과 마차를 연결해 주는 마구를 의미하는 용어로, 전기신호 전달을 위해 가공, 구성, 결속한 배선품이다. 커넥터의 다발을 안정적으로 결속하는 것과 같은 효과가 있다.

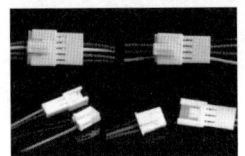

12 볼트나 너트의 머리에 끼워 사용하는 도구로, 일방향성 톱니를 장착하여 한 방향으로만 힘을 받게 할 수 있고, 위치를 조정하는 래칫이 장착된 조립공구는?

① 플라이어
② 와이어 스트리퍼
③ 인덱스 테이블
④ 소켓렌치

[해설]
④ 소켓렌치(Socket Wrench) : 볼트나 너트의 머리에 소켓을 끼워 사용하는 렌치로, 일 방향성 톱니를 장착하여 한 방향으로만 힘을 받게 할 수 있고 위치를 조정하는 래칫이 내장되어 래칫렌치(Ratchet Wrench)라고도 한다.
① 플라이어 : 집기, 절단, 구부리기, 압착 등 다양한 작업을 할 수 있도록 중심부에 힌지를 달고 손잡이와 집게로 구성된 수공구이다.
② 와이어 스트리퍼 : 니퍼의 전선 피복을 벗기는 기능을 특화한 공구이다. 안쪽에 커터, 중앙부에 전선의 종류별로 스트리퍼가 장착되어 있고, 제일 끝에 롱노즈 플라이어를 혼합하여 제품화한 공구이다.
③ 인덱스 테이블 : 회전 테이블을 스테핑 모터에 연결하여 다양한 공정이 순차적으로 수행하도록 하는 조립 부품이다.

13 다음 중 고리형 전류 측정기(Hook Meter) 또는 클램프 미터(Clamp Meter)에 대한 설명으로 옳지 않은 것은?

① 전선을 절단하거나 회로를 분리하지 않아도 전류를 측정할 수 있다.
② 교류전류(AC), 직류전류(DC)를 모두 측정하려면 보조도구가 필요하다.
③ 측정하고자 하는 전선 하나만 고리 안에 넣어야 정확한 측정이 가능하다.
④ 전류의 크기에 따라 측정기의 눈금이 변하는 방식은 변류기 원리(CT)를 따른다.

해설
② 최근 클램프 미터는 홀 효과 센서가 내장되어 있어 DC 전류 측정도 가능하다.
① 클램프 미터는 회로를 절단하지 않고 비접촉방식으로 전류 측정 가능하다.
③ 다중 전선이 고리에 들어가면 자기장이 상쇄되어 정확한 측정이 불가능하다.
④ 대부분의 클램프 미터는 변류기(CT ; Current Transformer) 원리를 이용한다. 변류기는 고전류를 낮은 전류로 변환해 계측기나 보호장치에 전달하는 기기로, 1차 도체의 자속을 이용해 2차 권선에 비례전류를 유도한다.

14 국내에서 실시하는 안전성 검사 인증 테스트 중 내전압 테스트에 사용하는 전압으로 적절한 것은?

① 120~240VAC
② 240~480VAC
③ 1,250~1,500VAC
④ 3,000~4,500VAC

해설
내전압 테스트에는 정상동작전압의 두 배에 1,000V 정도를 더하여 가한다. VAC는 교류전압을 이용하는 것을 표시한다.

15 전기신호의 특성과 응용에 대한 설명 중 가장 옳은 것은?

① 고압교류는 제작이 어렵다.
② 직류는 송전 시 유도성 리액턴스가 발생하므로 고압 송전에 적합하다.
③ 교류는 변압기를 통해 전압의 승압 및 강압이 가능하여 송전 손실을 줄일 수 있다.
④ 직류는 교류보다 고주파 응용에 적합하다.

해설
① 고압직류의 제작이 어렵다.
② 교류에서 유도 리액턴스가 발생한다.
④ 고주파 응용에는 교류가 더 적당하다.

16 직류전원을 인가한 후 RL 직렬회로의 전류 변화에 대한 설명으로 가장 옳은 것은?

① 전류는 인덕터의 역할로 인해 즉시 최댓값에 도달한다.
② 인덕터는 전압을 즉시 차단하여 회로 보호에 사용된다.
③ 인덕터의 영향으로 전류는 지수함수적으로 증가하여 최종적으로 일정한 값에 도달한다.
④ 전원이 제거되면 인덕터는 즉시 전류 흐름을 중단시킨다.

해설
① 인덕터는 즉시 전류가 흐르는 것을 방지한다.
② 인덕터는 전압을 차단하지 않는다. 오히려 자기유도전압을 생성해 회로에 영향을 준다.
④ 인덕터는 전원이 제거되어도 축적된 에너지를 방출하며 전류 급락 쇼크를 방지한다.

정답 13 ② 14 ③ 15 ③ 16 ③

17 PLC 모듈 인터페이스에서 입력모듈 Run 램프에 불이 들어오는 상황에 대한 설명으로 옳은 것은?

① 모터가 회전하고 있다.
② 피스톤이 복귀하고 있다.
③ 센서가 감지신호를 보내고 있다.
④ PLC가 제어프로세싱을 하고 있다.

해설
③ 입력모듈은 CPU에 연산신호를 보내주는 역할을 한다.
①, ② 액추에이터가 움직이는 것으로 출력모드를 통해 신호를 전달한다.
④ 제어프로세싱은 CPU가 수행한다.
※ ①~④ 모두 정답 같지만, 문제에서는 입력모듈의 역할을 묻고 있으므로 입력신호와 구분하여 답하여야 한다.

18 마이크로프로세서를 사용하는 시스템의 장점으로 가장 적절한 것은?

① 고가의 부품을 사용해야 한다.
② 구조가 복잡하여 설계가 어렵다.
③ 고장 시 전체 시스템을 교체해야 한다.
④ 고성능 제품을 작고, 가볍고, 저렴하게 만들 수 있다.

해설
마이크로프로세서는 집적형으로 부품을 간단하게 사용하고, 간단한 설계, 고성능 소형화 등의 장점이 있어 산업제어, 전자제품 등 다양한 분야에 활용된다.

19 다음은 RLC 직렬회로에 대한 설명이다. 인덕턴스 $L = 0.1H$, 커패시턴스 $C = 100\mu F$, 주파수 $f = 50.3Hz$ 이고, 공진 상태이다. 공급전압의 크기가 $V = 50V$, 회로를 흐르는 전류가 $I = 2A$일 때, 저항 R의 값은 얼마인가?

① 20Ω ② 25Ω
③ 30Ω ④ 35Ω

해설
공진 상태에서 임피던스는 $Z = R$이므로,
$V = I \cdot R$
$R = V/I$
$\quad = 50/2$
$\quad = 25\Omega$

20 120V의 전압을 가할 때 500mA의 전류가 흐르는 백열전등의 저항(R)과 전력(P)은 각각 얼마인가?

① $R = 0.24\Omega$, $P = 6W$
② $R = 0.24\Omega$, $P = 1.2W$
③ $R = 240\Omega$, $P = 120W$
④ $R = 240\Omega$, $P = 60W$

해설
옴의 법칙 관계식
$I = \dfrac{V}{R}$
$R = \dfrac{V}{I} = \dfrac{120}{0.5} = 240\Omega$
여기서, I : 전류, V : 전압, R : 저항
전력의 계산
$P = EI\,[W] = I^2 R = \dfrac{E^2}{R}$
$P = EI = 120 \times 0.5 = 60W$

제2과목 기계요소설계

21 펄스열 제어 서보모터에 대한 설명으로 옳은 것은?

① 펄스의 개수를 이용하여 토크 크기를 직접 제어한다.
② 펄스 간격을 이용하여 모터의 속도를 제어할 수 있다.
③ 전압 파형의 크기를 변화시켜 전류를 조절한다.
④ 모터의 전기적 위치를 피드백 센서 없이 제어한다.

해설
펄스열 제어(Pulse Control)방식
- 펄스의 개수(Pulse Count)를 이용하여 위치를 제어하고, 펄스 간격(Pulse Interval)을 이용하여 속도를 제어하는 방식이다.
- 모터의 위치제어는 펄스의 개수, 모터의 속도제어는 펄스의 간격에 의해 결정된다.
- CNC 공작기계, 반도체 장비, 산업용 로봇 등에서 널리 사용된다.
- 전압 크기를 통한 제어나 토크제어방식은 다른 구동방식에서 활용되며, 피드백 없이 제어하는 것은 실제 산업 응용에서는 안정성이 낮아 사용되지 않는다.

22 CNC 공작기계에서 반이송방식의 설명으로 옳은 것은?

① 공구와 공작물이 동시에 이동하여 복잡한 곡면 가공에 적합하다.
② 공작물이 고정되고 공구만 이동하여 고정밀가공을 수행한다.
③ 공구는 고정되고 공작물이 고속으로 이동하며 가공이 이루어진다.
④ 공구와 공작물이 모두 고정된 상태에서 가공이 이루어진다.

해설
반이송방식에는 공구가 고정되고 공작물이 이송되는 방식 또는 공작물이 고정되고 공구가 이송되는 방식이 있다. 특히, 고속 이송이 필요한 작업에서 사용된다.

23 다음은 어떤 물체를 제3각법으로 투상한 것이다. 이 물체의 등각투상도로 가장 적합한 것은?

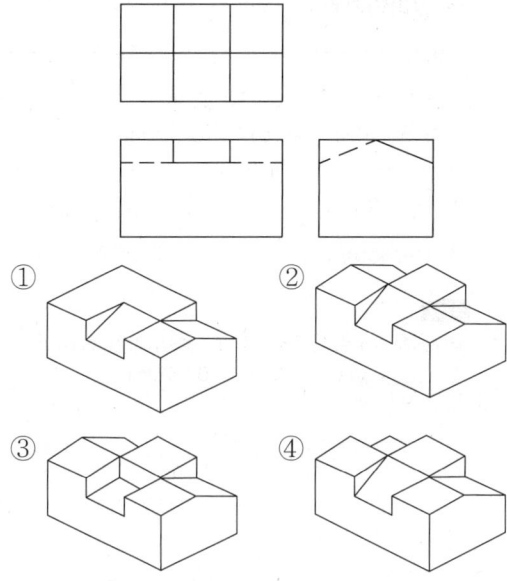

해설

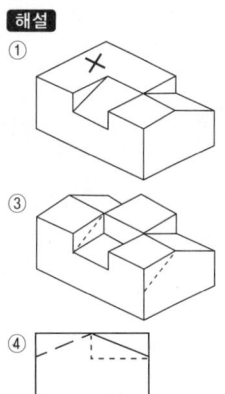

정답 21 ② 22 ③ 23 ②

24 기계 부품의 치수가 50H7/g6로 주어졌다. 다음 보기와 같은 조건일 때, 최대공차(Maximum Interference)는 얼마인가?

┌─ 보기 ─────────────────┐
구멍 H7 공차 : 0~+0.035mm
축 g6 공차 : -0.012~-0.027mm
└────────────────────────┘

① 0.023mm ② 0.027mm
③ 0.035mm ④ 0.062mm

해설
최대공차 = 구멍이 가장 클 때 - 축이 가장 작을 때
= 50.035 - 49.973 = 0.062mm

25 다음 중 인벌류트(Involute) 치형에 대한 설명으로 가장 옳지 않은 것은?

① 접촉각이 일정하고 동력 전달이 원활하다.
② 제작이 용이하고, 일부 언더컷이 발생할 수 있다.
③ 주로 높은 정밀도가 요구되는 정밀기기에 사용된다.
④ 오차가 생겨도 맞물림이 가능해 호환성이 좋다.

해설
③은 사이클로이드 치형의 특징이다.
①, ②, ④는 인벌류트 치형의 특징으로 정밀도보다는 제작성, 호환성이 우수하다.

26 M12×1.25로 호칭된 나사에 대한 설명으로 옳지 않은 것은?

① 오른나사이다.
② 미터 가는 나사이다.
③ 나사의 외경은 12mm이다.
④ M12 나사의 표준 피치는 1.25mm이다.

해설
미터나사의 호칭방식에서 M12×1.25는 외경 12mm, 피치 1.25mm인 가는 나사(Fine Thread)를 의미한다. 왼나사인 경우만 표시를 하고, 오른나사인 경우는 별도의 표시를 하지 않으므로 오른나사이다. 일반적으로 M12의 표준 피치(Standard Pitch)는 1.75mm이고, 이보다 가는 피치이기 때문에 가는 나사로 1.25mm라 표시한 것이다.

27 다음 중 베어링 보조기호에 대한 설명으로 옳은 것은?

① Z기호는 양쪽에 실드가 부착된 베어링을 의미한다.
② NR기호는 외륜에 고정 링이 부착된 베어링을 의미한다.
③ DB기호는 병렬 조합의 베어링을 의미한다.
④ C2기호는 큰 레이디얼 틈새를 가진 베어링을 의미한다.

해설
① Z는 한쪽 실드 부착가 부착된 베어링이다. 양쪽 실드는 ZZ로 표기한다.
③ DB는 뒷면 조합이며, 병렬 조합은 DT이다.
④ C2는 작은 레이디얼 틈새 등급으로, C5가 가장 크다.

28 하중을 가할 때 응력 분포 상태가 불규칙하고 부분적으로 큰 응력이 집중하게 되는 응력집중현상이 일어나는 단면이 아닌 것은?

① 구멍 부분
② 나사 부분
③ 노치 홈 부분
④ 긴 축의 중간 부분

해설
응력집중현상은 정상적인 단면이 아닌 면적이 급하게 좁아진 부분이나 홈이 있는 부분에서 일어난다. 긴 축의 중간 부분은 매우 안정적으로 응력이 분포되는 부분이다.

29 어떤 원형 축에 보기와 같은 하중이 작용하고 있다. 이 축의 최소 지름 d는 몇 mm인가?

─┤보기├─
굽힘 모멘트 : M = 800N·m
비틀림 모멘트 : T = 600N·m
허용응력 : σ_{allow} = 70MPa

① 36mm
② 41mm
③ 46mm
④ 51mm

해설
상당 굽힘 모멘트 계산
$$M_e = \frac{1}{2}(M + \sqrt{M^2 + T^2})$$
$$= \frac{1}{2}(800 + \sqrt{800^2 + 600^2}) = 900\text{N·m}$$

응력조건을 적용하면
$$\sigma = \frac{M_e}{Z} \leq \sigma_{allow}$$

$$\frac{900 \times 10^3}{\frac{\pi d^3}{32}} \leq 70$$

$$\frac{32 \times 900 \times 10^3}{70\pi} \leq d^3$$

$\therefore d \geq 50.8\text{mm}$

30 사각나사에서 하중 W = 2,000N, 마찰계수 f = 0.2, 나사각 λ = 20°일 때, 하중을 들어올리기 위해 필요한 밀어올리는 힘 Q는 약 얼마인가?(단, tan 20° ≒ 0.3640)

① 1,220N
② 1,530N
③ 1,740N
④ 1,890N

해설
$$Q = W \cdot \frac{f + \tan\lambda}{1 - f \cdot \tan\lambda}$$
$$= 2,000 \times \frac{0.2 + \tan(20°)}{1 - 0.2\tan(20°)}$$
$$= 2,000 \times \frac{0.2 + 0.3640}{1 - 0.2 \times 0.3640}$$
$$\fallingdotseq 1,220\text{N}$$

31 허용전단응력 80MPa, 지름 10mm의 리벳이 전단력으로 하중을 받을 때 리벳 하나가 감당할 수 있는 전단하중은 얼마인가?

① 3.14kN
② 6.28kN
③ 7.85kN
④ 10.2kN

해설
• 리벳의 단면적
$$A = \frac{\pi d^2}{4} = \frac{3.14 \times (10^2)}{4} = 78.5\text{mm}^2$$

• 전단하중
$$F = A \times \tau = 78.5 \times 80 = 6,280\text{N} = 6.28\text{kN}$$

32 다음 중 각 측정원리에 대한 설명으로 옳지 않은 것은?

① 아베의 원리는 측정 대상과 기준이 동일 직선상에 있을 때 가장 정밀한 측정이 가능하다는 원리이다.
② 테일러의 원리는 한계 게이지를 사용할 때 최소 허용치로 만든 게이지를 이용해 치수를 검사하는 원리를 제공한다.
③ 헤르츠의 원리는 접촉면의 재질에 따라 탄성변형이 발생하므로, 접촉압력에 따른 오차를 고려해야 함을 의미한다.
④ 테일러의 원리는 구멍과 축의 관계를 고려하여 각각의 최대 허용 상태를 만족시키는 검사가 이루어져야 한다는 원리이다.

해설
테일러의 원리는 통과 게이지는 최대 허용치로, 정지 게이지는 최소 허용치로 제작된 게이지로 검사해야 한다는 원리이다.

33 서로 다른 공작기계에서 수행되지만, 모두 평면가공을 주목적으로 하는 가공방식의 조합으로 옳은 것은?

① 셰이퍼(Shaper) – 연삭기(Grinding Machine)
② 선반(Lathe) – 보링(Boring)
③ 밀링(Milling) – 슬로터(Slotter)
④ 드릴링(Drilling) – 호닝(Honing)

해설
- 셰이퍼는 왕복운동을 통해 평면을 절삭한다.
- 연삭기는 연삭숫돌로 평면 또는 곡면을 정밀하게 다듬는다.
- 선반과 보링은 원통가공을 한다.
- 밀링은 평면과 원형면 가공이 모두 가능하고, 슬로터는 주로 홈 가공을 한다.
- 드릴링은 주로 구멍가공을 하고, 호닝은 내면가공(주로 원통)을 한다.

34 다음 중 마찰을 이용한 체결방식이 아닌 것은?

① 테이퍼 핀 체결
② 테이퍼 키 체결
③ 스플라인 체결
④ 테이퍼 슬리브 체결

해설
스플라인은 형상결합방식으로 회전력 전달 시 치형끼리의 맞물림으로 이루어진다. ①, ②, ④는 테이퍼(경사면)에 의한 마찰력을 이용하여 체결하는 방식이다.

35 그림 (A)처럼 3각 투상되는 물체를 그림 (B)처럼 투상하는 투상도의 명칭은?

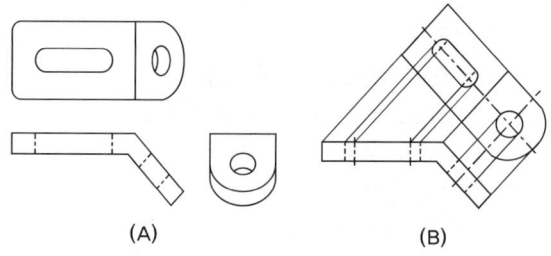

(A)　　　　　　(B)

① 보조투상도　　② 국부투상도
③ 회전투상도　　④ 부분투상도

해설
① 보조투상도 : 경사면이 있는 제품의 실제 모양을 투상할 때 보이는 전체 또는 일부분만을 나타내는 것이다.
② 국부투상도 : 요점투상도라고도 하며 제품의 구멍, 홈 등과 같이 특정한 부분의 모양을 나타내는 것으로 충분한 경우에 제도한다. 관계를 표시하기 위해 중심선, 치수보조선 등을 연결한다.
③ 회전투상도 : 각도를 가지고 있는 실제 모양을 회전해서 실제 모양을 나타내며, 잘못 볼 우려가 있는 경우 작도에 사용한 가는 실선을 남겨 표시한다.
④ 부분투상도 : 모양의 특징 또는 일부를 도시하는 것으로 충분한 경우, 부분 투상을 도시한 경우, 대칭인 경우 등 모양을 전체 도시하지 않고 표현한 투상도이다.

36 다음 중 수준기의 곡률 반경(R)과 길이(L)로부터 수평각 ρ(초각)를 계산할 수 있는 식은?

① $\rho = 206,265 \times L \div R$
② $\rho = 206,265 \times R \div L$
③ $\rho = L \div (206,265 \times R)$
④ $\rho = R \div (206,265 \times L)$

해설
수준기의 곡률 반경
수준기의 곡률 반경과 눈금 길이를 이용하여 곡률에 따른 수평각을 구한다.
$\rho = 206,265 \times L \div R$
여기서, 206,265 : 라디안과 초각을 변환하는 상수

37 다음 중 수기가공 시 작업 안전수칙으로 옳은 것은?

① 드라이버의 날끝은 뾰족한 것이어야 하며, 이가 빠지거나 동그랗게 된 것은 사용하지 않는다.
② 정을 잡은 손은 힘을 주고, 처음에는 가볍게 때리다가 점차 힘을 가하도록 한다.
③ 스패너는 가급적 손잡이가 짧은 것을 사용하는 것이 좋으며, 스패너의 자루에 파이프 등을 연결하여 사용하는 것이 좋다.
④ 톱날은 틀에 끼워 두세 번 사용한 후 다시 조정을 하고 절단한다.

해설
① 드라이버의 날끝은 수평이어야 한다.
② 정을 잡은 손은 가볍게 쥐어야 한다.
③ 스패너의 손잡이는 가급적 긴 것을 사용하고, 스패너 자루를 연결해서 사용하는 행위는 위험하다.

38 테이블의 이동거리가 새들 전후 300mm, 좌우 850mm, 상하 450mm인 니형(knee Type) 밀링머신의 호칭번호?

① 1호   ② 2호
③ 3호   ④ 4호

해설

호칭번호 이동거리	0	1	2	3	4	5
테이블 좌우	450	550	700	850	1050	1250
새들 전후	150	200	250	300	350	400
테이블 상하	300	400	450	450	450	500

39 분할 핀의 호칭지름은 어느 것으로 나타내는가?

① 판 구멍의 지름
② 분할 핀의 한쪽의 지름
③ 분할 핀의 가장 긴 길이
④ 분할 핀 머리 부분의 지름

해설

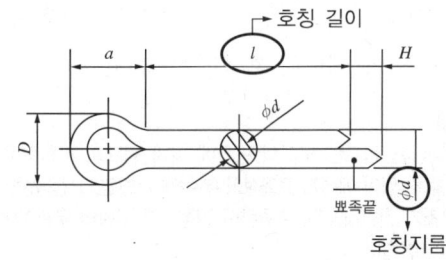

40 다음 나사산의 각도측정방법으로 틀린 것은?

① 공구 현미경에 의한 방법
② 나사 마이크로미터에 의한 방법
③ 투영기에 의한 방법
④ 만능 측정 현미경에 의한 방법

해설
나사 마이크로미터는 간단히 외경 및 유효지름 측정이 가능하나 나사산은 직접 측정할 수 없다.

제3과목 공유압

41 다음 중 고정용량형 펌프와 가변용량형 펌프에 대한 설명으로 옳은 것은?

① 고정용량형 펌프는 펌프량이 유량에 따라 자동 조절되는 방식이며, 효율이 높다.
② 가변용량형 펌프는 유량이 일정하여 대형 유압장치에 적합하게 설계된다.
③ 고정용량형 펌프는 구조가 복잡하지만, 일정한 토출량을 제공할 수 있다.
④ 가변용량형 펌프는 부하에 따라 유량을 조절할 수 있어 에너지 효율성이 높다.

해설
가변용량형 펌프는 부하의 변화에 따라 펌프의 토출량을 자동 조절할 수 있어 에너지 효율성이 우수하다. 반면, 고정용량형 펌프는 구조가 간단하지만, 토출량이 일정하고 부하와 무관하여 효율 조절이 어렵다.

42 서비스 유닛의 각 구성요소에 대한 설명으로 옳지 않은 것은?

① 공기필터 : 수분과 이물질을 제거하여 공기의 품질을 높인다.
② 압력조정기 : 공압시스템의 온도를 일정하게 유지한다.
③ 윤활기 : 공기 흐름에 윤활유를 혼입시켜 작동기 윤활을 지원한다.
④ 공기필터 : 드레인 밸브와 함께 작동하여 수분 제거 성능을 높일 수 있다.

해설
압력조정기는 공기압의 압력을 조절하는 장치로, 온도를 조절하는 기능은 없다. 온도 조절은 히터 등 별도의 장비가 담당한다.

43 진공발생기를 공압시스템에 적용할 때 고려해야 할 요소로 옳지 않은 것은?

① 사용 공기의 공급압력이 높을수록 진공도가 증가하는 경향이 있다.
② 진공압력이 너무 높으면 시스템 내 부품의 흡착력이 약해질 수 있다.
③ 진공발생기에는 일반적으로 벤투리 노즐이 내장되어 있어 유속 조절이 가능하다.
④ 에너지를 절약하기 위해 전기모터식 진공펌프를 사용하는 것이 기본이다.

해설
④는 전기모터식 펌프에 대한 설명으로 진공 발생기의 일반적 특징이 아니다.
진공발생기는 일반적으로 공압에너지를 이용한 벤투리식 방식이 많이 사용된다. 진공도가 너무 높으면 오히려 흡착 패드가 제대로 떨어지지 않는 문제가 생길 수 있다.

정답 40 ② 41 ④ 42 ② 43 ④

44 다음 중 유압펌프의 작동유 점도와 관련된 설명으로 현장 유지보수 시 가장 유의해야 할 사항은?

① 고온 상태에서 점도가 낮아지면 누유가 줄어든다.
② 점도가 낮으면 오일의 냉각 성능이 향상된다.
③ 점도가 낮으면 작은 틈새로도 내부 누설이 커져 유량이 감소할 수 있다.
④ 점도가 높을수록 모터에 걸리는 부하가 작아진다.

해설
점도가 낮을수록 오일은 더 쉽게 흐르지만, 내부 누설 증가로 인해 펌프의 유량이 감소하고 전체 시스템 효율이 저하될 수 있다.

45 다음 그림에 나타난 공유압 변환기의 기호에 대한 설명으로 옳은 것은?

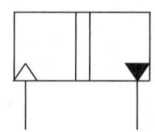

① 공기의 압력을 유압으로 변환하는 장치로, 공압신호로 유압 실린더를 제어한다.
② 유압을 전기에너지로 변환하는 장치로, 센서 역할을 한다.
③ 유압을 공압으로 변환하는 장치로, 유압펌프가 반드시 필요하다.
④ 전기신호를 공압으로 변환하는 장치로, 솔레노이드 밸브가 내장된다.

해설
공유압 변환기는 서로 다른 에너지(공압 ↔ 유압)를 기계적 작동이나 피스톤 방식으로 바꾸어 주는 장치이다. 공기의 압력을 이용해 유압으로 바꾸는 형태로, 자동화 설비에서 많이 사용된다.

46 다음 그림에 표시된 밸브 중에서 두 개의 입력 포트 중 더 높은 압력이 출력 포트로 전달되도록 하는 밸브는?

① 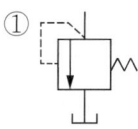   ②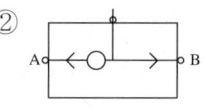

③ 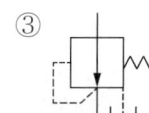   ④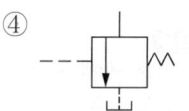

해설
셔틀밸브는 A와 B 두 포트 중 높은 압력이 있는 쪽의 유체를 선택하여 출력 포트에 전달하는 기능을 한다. 이중 제어회로나 백업회로에서 자주 사용된다.
② 셔틀밸브
① 릴리프 밸브
③ 감압밸브
④ 무부하 밸브

47 내경이 80mm인 배관에서 초당 0.01m³의 물이 흐른다. 이 배관이 내경 40mm인 배관 2개로 갈라지는 구조로 되어 있다. 갈라진 후 각각의 배관에서의 유속은 얼마인가?(단, 유량은 배관에서 균등하게 나뉘며, 비압축성 유체로 가정한다)

① 1.99m/s   ② 3.98m/s
③ 7.96m/s   ④ 15.92m/s

해설
• 전체 유량
 $Q = 0.01\text{m}^3/\text{s}$
• 분기 하나당 유량
 $\dfrac{Q}{2} = 0.005\text{m}^3/\text{s}$

$\therefore V = \dfrac{Q}{A} = \dfrac{0.005}{\dfrac{\pi(0.04)^2}{4}} = \dfrac{0.005}{0.001257} ≒ 3.98\text{m/s}$

[정답] 44 ③   45 ①   46 ②   47 ②

48 다음 중 유압 실린더의 주요 구성요소에 해당하지 않는 것은?

① 로드(Rod)
② 피스톤(Piston)
③ 실링(Sealing)
④ 플로 컨트롤 밸브(Flow Control Valve)

해설
④ 플로 컨트롤 밸브(Flow Control Valve) : 유압시스템의 유속제어에 사용되며, 실린더 외부에 위치하는 제어요소로 실린더 자체의 구성요소는 아니다.
① 로드(Rod) : 피스톤에 연결되어 왕복운동을 외부로 전달하는 부품이다.
② 피스톤(Piston) : 유체의 압력에 의해 왕복운동을 수행하는 핵심 부품이다.
③ 실링(Sealing) : 유체 누유를 방지하고 실린더 내부의 압력을 유지하는 부품이다.

49 다음 중 유압 실린더의 예방정비작업으로 가장 적절한 것은?

① 실린더 외관 도장을 6개월마다 재도장한다.
② 로드 표면의 윤활 상태와 마모 여부를 주기적으로 점검한다.
③ 작동유의 점도를 유지하기 위해 열교환기 설정 온도를 매일 변경한다.
④ 실린더를 완전 분해하여 피스톤을 교체한다.

해설
예방정비는 과도한 해체 없이 정기적으로 핵심 부위의 상태를 점검하는 것에 초점이 맞춰져 있다. 로드 표면의 윤활 상태와 마모는 실린더 수명과 직접적으로 관련되므로, 예방 유지보수의 핵심이다.

50 다음 중 전기-공압 변환장치로 사용되는 솔레노이드 밸브에 대한 설명으로 옳지 않은 것은?

① 전자석의 흡인력으로 밸브를 개폐한다.
② 전기신호가 제거되면 스프링의 힘으로 원위치 된다.
③ 입력된 전기신호의 크기에 따라 밸브의 개방량이 비례하여 조절된다.
④ 일반적으로 ON/OFF 제어방식으로 작동한다.

해설
솔레노이드 밸브는 대부분 ON/OFF 방식의 제어를 수행하며, 전기신호의 유무에 따라 밸브가 열리거나 닫힌다. 일반적인 솔레노이드 밸브에서는 전기신호의 크기(예 전압, 전류)가 개방량에 비례하여 조절되는 비례제어는 작동되기 어렵다.

51 다음 중 공압 시간지연밸브(Time Delay Valve)의 기본 구성요소에 해당하지 않는 것은?

① 스로틀 밸브(Throttle Valve)
② 체크밸브(Check Valve)
③ 타이머 릴레이(Timer Relay)
④ 에어 저장 체임버(Air Reservoir)

해설
공압 시간지연밸브는 공기의 흐름과 압력 특성을 이용한 시간제어 장치로, 주요 구성요소는 스로틀 밸브, 체크밸브, 에어 저장 체임버이다. 타이머 릴레이는 전기식 시간지연장치에 해당한다.

52 다음 밸브의 작동조건 및 적용 예에 대한 설명으로 가장 적절한 것은?

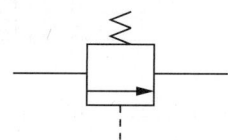

① 설정된 유량에 도달하면 작동하여 압력 손실을 최소화한다.
② 압력이 설정값보다 낮을 때 밸브를 열어 유체가 흐르도록 한다.
③ 두 개의 유압 실린더가 있을 때 후순위 실린더가 먼저 작동하도록 하려면 이 밸브를 전단 실린더에 설치한다.
④ 유압회로에서 순차적인 동작제어를 위해 사용되며, 설정압력 도달 시 유로를 개방한다.

해설
④ 시퀀스 밸브는 설정압력에 도달하면 유로를 열어 다음 장치로 유체를 보내며, 순차제어용으로 사용된다.
① 시퀀스 밸브는 유량(Flow)이 아닌 압력(Pressure)에 따라 작동하는 압력제어밸브이다.
② 설정압력에 도달해야 밸브가 열려 유체가 흐른다. 압력이 낮을 때는 닫혀 있다.
③ 우선 작동되어야 하는 실린더에 설치되어야 순차 동작이 가능하다. 후순위 실린더가 먼저 작동하도록 할 수 없다.

53 다음 중 유압유에서 소포제가 제대로 기능하지 못할 때 발생할 수 있는 현상이 아닌 것은?

① 유압 실린더의 왕복속도가 불균형하다.
② 오일탱크 내부에 거품이 발생하거나 오일이 넘친다.
③ 오일의 온도 상승에 따른 윤활 성능이 저하된다.
④ 유압유의 내산성이 강화되며 고온 작동성이 향상된다.

해설
④는 오일의 기유(Base Oil)와 다른 첨가제(산화방지제 등)의 역할이다.

54 다음 회로의 동작 순서가 될 수 없는 것은?

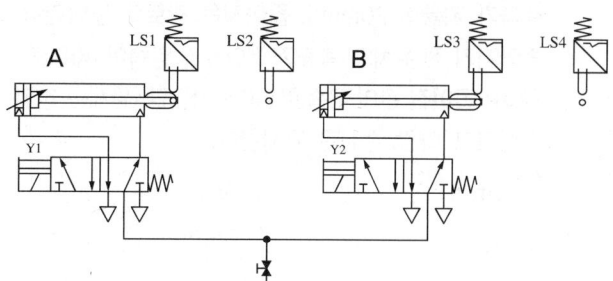

① A실린더 전진 → B실린더 전진 → A실린더 후진 → B실린더 후진
② B실린더 전진 → A실린더 전진 → B실린더 후진 → A실린더 후진
③ A실린더 전진 → A실린더 후진 → B실린더 전진 → B실린더 후진
④ A실린더 전진 → B실린더 후진 → A실린더 후진 → B실린더 전진

해설
이 회로도의 초기 상태를 묻는 간단한 문제이다. A와 B 모두 후진 상태에 있다.

55 밸브의 고착현상을 사전에 예방하기 위한 방법으로 가장 적절하지 않은 것은?

① 작동유의 필터링을 철저히 하여 이물질 유입을 차단한다.
② 고온에서도 안정적인 점도를 유지하는 유압유를 사용한다.
③ 밸브를 장시간 동일한 위치에서 사용해 밸브 고정을 유지한다.
④ 일정 주기마다 밸브를 작동시켜 내부 운동을 유도한다.

해설
밸브를 장시간 동일한 위치에서 사용하면 내부 슬라이드 표면에 윤활막이 마르고, 오일 내 부유물이나 산화물질이 고착될 위험이 커진다. 따라서 정기적인 작동과 유지보수가 필수적이다.

정답 52 ④ 53 ④ 54 ④ 55 ③

56 유압회로에서 지름이 40mm인 유압관에서 유체가 흐르다가 지름이 20mm로 좁아지는 관로로 들어간다. 좁아지기 전 유체의 속도가 1.0m/s, 압력이 400kPa일 때, 좁아진 관의 유속은 얼마인가?(단, 유체는 비압축성이고 마찰 손실은 무시한다)

① 2m/s ② 3m/s
③ 4m/s ④ 5m/s

해설
연속의 법칙
$$Q = A_1 V_1 = A_2 V_2$$
$$= \frac{\pi \times 0.04^2}{4} \times 1 = \frac{\pi \times 0.02^2}{4} \times V_2$$
$$\therefore V_2 = 4\text{m/s}$$

57 다음 그림의 공유압 요소에 대한 설명으로 옳지 않은 것은?

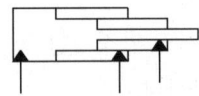

① 단동형이다.
② 유압에 의해 작동된다.
③ 텔레스코프형 실린더이다.
④ 큰 힘을 작동하기에는 부적합하다.

해설
2단 복동형 텔레스코프형 실린더로, 긴 거리를 작동하는 데 유용하다. 마지막 단의 압력 전달을 하는 단면적이 좁아지므로 큰 힘을 작동하기에는 부적합하다.

58 다음 공유압 요소에 대한 설명으로 옳은 것은?

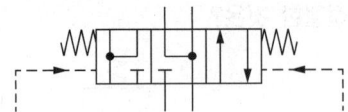

① 양방향 공압으로 작동한다.
② 스프링 복귀형 밸브이다.
③ 5port 3way 밸브이다.
④ 중립 상태에 모든 회로는 막혀 있다.

해설
양방향 유압으로 작동하고 유압 제거 시 스프링에 의해 중립 상태로 복귀하는 밸브이다. 중립 상태에서는 액추에이터로 가는 유압은 막혀 있고, 회귀하는 유압은 흘러가도록 열려 있다. 이 밸브는 각 실당 구멍이 4개이므로 4/3way 밸브이다.

59 공압시스템에서 레귤레이터(Pressure Regulator)의 주된 역할로 옳은 것은?

① 압축공기의 수분과 이물질을 제거한다.
② 압축공기를 저장하여 압력 변동을 줄인다.
③ 공급되는 압축공기의 압력을 일정하게 유지한다.
④ 공기의 온도를 조절하여 응결을 방지한다.

해설
레귤레이터는 공급압력의 변동이나 부하 변화에도 불구하고 설정 압력을 일정하게 유지하는 장치이다.
① 필터의 기능
② 리시버의 기능
④ 애프터쿨러의 기능

60 공압 호스나 배관의 연결 상태를 점검할 때 가장 안전한 방법은?

① 손을 가까이 대어 누설 여부를 직접 감지한다.
② 드라이버나 금속봉으로 접촉시켜 소리를 듣는다.
③ 비눗물을 이용해 기포 발생 여부로 누설을 확인한다.
④ 누설이 발생하더라도 작동 중에는 가까이 접근하지 않는다.

해설
비눗물 점검법은 공압 누설 점검 시 가장 일반적이고 안전한 방법이다.
① 손을 대어 점검하는 방법은 고압 공기에 의해 상해 위험이 있다.
② 드라이버나 금속봉을 사용하면 위험하며 정확하지 않다.
④ 기본적인 원칙이지만, 누설 여부 확인방법은 아니다.

정답 60 ③

2025년 제2회 최근 기출복원문제

제1과목 자동제어

01 다음 중 위치, 각도, 자세와 같은 물리적 변위를 목표로 하여 이를 정확하게 추종하도록 제어하는 시스템은?

① 공정 변수의 안정화를 위한 제어시스템
② 기준신호에 따라 물리적 위치를 제어하는 시스템
③ 전압이나 전류와 같은 전기량을 일정하게 유지하는 제어시스템
④ 미리 설정된 순서에 따라 동작을 수행하는 제어시스템

해설
위치, 각도, 자세 등과 같은 물리적 변위를 목표로 하는 제어는 서보제어(Servo Control)이다. 이는 기준신호(목표 위치 등)를 지속적으로 추종하며 오차를 최소화하는 방식이다.
① 프로세스 제어
③ 자동조정
④ 프로그램 제어

02 필터의 주파수 응답에서 출력이 입력의 약 70.7%로 줄어드는 지점을 의미하는 dB값은 얼마인가?

① $-1dB$ ② $-2dB$
③ $-3dB$ ④ $-6dB$

해설
$\dfrac{V_{out}}{V_{in}} = \dfrac{1}{\sqrt{2}} \approx 0.707$

$20\log 10(V_{out}/V_{in})$
$= 20\log\left(\dfrac{1}{\sqrt{2}}\right) = -10\log 2 \approx -3dB$

03 다음 중 일정한 시간 흐름에 따라 미리 설정된 온도 변화 곡선에 따라 작동하는 산업용 오븐의 온도제어방식은?

① 정치제어   ② 비율제어
③ 추종제어   ④ 프로그램 제어

해설
④ 프로그램 제어는 시간에 따라 제어값이 미리 설정된 순서나 곡선에 따라 제어되는 방식이다. 산업용 오븐이나 열처리로는 일반적으로 일정한 시간 간격으로 가열, 유지, 냉각 단계를 거치도록 사전에 프로그래밍된 온도 곡선에 따라 제어된다.
① 정치제어는 일정한 목표값을 유지하는 방식이다.
② 비율제어는 다른 변수와의 비례관계를 이용한 제어이다.
③ 추종제어는 변동하는 목표값을 실시간으로 따라가는 제어이다.

04 산업용 장비에 설치된 HMI에서 작업자가 버튼을 눌러 기기를 제어하고, 상태를 직관적으로 파악할 수 있도록 시각적으로 표현하는 주요 구성방식은?

① 명령어 코드
② 데이터 테이블
③ 그래픽 인터페이스
④ 함수 호출 방식

해설
HMI는 작업자가 기계와 상호작용할 수 있도록 도와주는 인터페이스로, 보통 그래픽 요소(아이콘, 버튼, 애니메이션 등)를 사용하여 상태를 표시하거나 제어신호를 입력받는다. 이러한 그래픽 기반 방식은 직관적이며 사용이 간편하다는 장점이 있다.

정답 1 ② 2 ③ 3 ④ 4 ③

05
다음 중 사다리형(R-2R Ladder) 변환기의 특징으로 적절하지 않은 것은?

① 회로 구성이 간단하며 두 종류의 저항값만으로 구성할 수 있다.
② 회로 내 어느 접점에서도 2R 병렬접속이 보여 1노드당 전류가 반감된다.
③ 아날로그 신호를 디지털 신호로 변환하는 구조이다.
④ 저항 소자를 이용하여 아날로그 전압 출력을 생성할 수 있다.

해설
사다리형 변환기는 디지털 신호를 아날로그 전압으로 바꾸는 회로로, D/A 변환기(Digital-to-Analog Converter)에 해당한다. ③은 A/D 변환기(Analog-to-Digital Converter)에 대한 설명이다.

06
다음 그림과 같은 회로에서 R_2에서 강하되는 전압은 얼마인가?

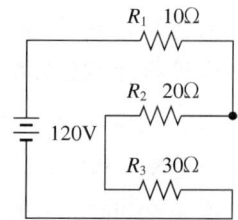

① 10V
② 20V
③ 30V
④ 40V

해설
문제의 회로는 직렬연결이므로, 전류가 동일하고 전압과 저항이 비례하는 관계이다.
$$I = \frac{V}{R} = \frac{V_1}{R_1} = \frac{V_2}{R_2} = \frac{V_3}{R_3}$$
전압의 합이 120V이고, $V_1 : V_2 : V_3 = 10 : 20 : 30$이므로 $V_2 = 40V$

07
다음 래더 다이어그램에 대한 설명으로 옳은 것은?

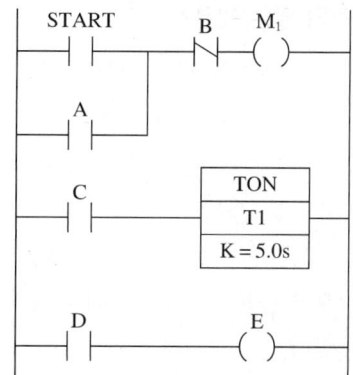

① A, C, D가 M_1이고 B가 T1, E가 램프(Lamp)라면 START 5초 뒤에는 램프가 꺼지지 않는다.
② A, C, D가 M_1이고 E가 램프라면 START 5초 뒤에는 램프가 꺼지지 않는다.
③ A, C가 M_1이고 B, D가 T1, E가 램프라면 START 5초 뒤에 램프가 켜진다.
④ A가 T1이고 C, D가 M_1, E가 램프라면 START 5초 뒤에 램프가 켜진다.

해설
③ 첫째 라인에서 자기유지가 걸리고 B에서 5초 뒤 자기유지가 해제되며 D에 타이머가 걸려 E에서 램프가 들어오는 회로이다.
①, ②, ④ D가 M_1이고 E가 램프라면, START 후 바로 램프가 켜지고 램프를 끄는 수단이 없다.

08 클램프 미터(Clamp Meter)에 대한 설명으로 가장 적절하지 않은 것은?

① 전류 측정을 위해 전선 하나만 클램프 코어 안에 넣는 것이 원칙이다.
② 클램프 미터는 회로 내 전압 강하를 기준으로 전류를 계산한다.
③ AC 전류 측정은 자기유도원리를 활용하며, 일부 제품은 DC 측정을 위해 홀 효과 센서를 사용한다.
④ 변류기 원리를 이용하여 전류를 측정기 내부로 유도 전환하는 구조이다.

해설
② 클램프 미터는 전압 강하가 아닌 자기장의 변화(유도전류)를 감지하여 전류를 측정한다.
① 단일 전선을 클램프에 넣어야 자기장이 올바르게 형성되어 전류 측정이 가능하다.
③ AC는 자기유도, DC는 홀 센서를 통해 측정 가능하다.
④ 클램프 미터의 기본 구조는 변류기(CT) 원리를 응용한다.

09 직렬 RLC 회로에서 공진이 발생할 때에 대한 설명으로 옳지 않은 것은?

① 인덕터와 커패시터의 위상차가 없을 때 공진이 발생한다.
② 공진 주파수에서 회로의 임피던스는 최솟값이 되며, 이는 R과 같다.
③ 공진 주파수보다 높은 영역에서는 전압의 위상이 인덕터에 의해 지연된다.
④ 공진 주파수에서는 인덕터와 커패시터의 임피던스가 같고, 전체 위상은 90°가 된다.

해설
공진이란 인덕터(L)와 커패시터(C)의 리액턴스가 같아지는 상태($X_L = X_C$)를 의미한다. 이때 회로의 위상차는 0°로 되어 전압과 전류가 동위상이 되며, 전체 임피던스는 저항 R만 남는다.

10 어떤 교류회로에서 전압과 전류가 각각 220V, 5A이며, 위상차 $\theta = 30°$일 때 이 회로의 유효전력은 약 얼마인가?

① 550W
② 950W
③ 1,100W
④ 2,200W

해설
유효전력(실제 일을 하는 전력)
$P = EI\cos\theta = 220 \times 5 \times \cos(30°)$
$= 952.63W$
$\fallingdotseq 950W$

11 다음 중 시스템의 주파수 응답(Frequency Response) 특성을 분석할 때 입력신호로 가장 적절한 것은?

① 단위 계단 입력(Step Input)
② 단위 임펄스 입력(Impulse Input)
③ 단위 램프 입력(Ramp Input)
④ 사인파 입력(Sinusoidal Input)

해설
주파수 응답은 시스템에 사인파 입력을 주었을 때의 출력 크기와 위상을 분석하는 것으로, 주파수에 따른 시스템의 동작 특성을 평가하는 데 사용된다. 사인파 입력은 다양한 주파수 성분에 대해 시스템이 어떻게 반응하는지를 정밀하게 파악할 수 있어 주파수 응답 분석의 핵심이다.
① 계단 입력 : 시간 응답 분석에 사용된다.
② 임펄스 입력 : 시간 응답 또는 전달함수 도출 시 사용된다.
③ 램프 입력 : 추종 성능 분석 시 사용된다.

12 다음 중 서보전동기의 제어방식 및 특징에 대한 설명으로 옳지 않은 것은?

① 서보전동기는 위치나 속도 등 기계적 변위를 정밀하게 제어하기 위해 사용된다.
② 서보전동기는 일반적으로 센서 없이 개회로(Open-loop) 제어방식으로 운용된다.
③ 추종제어는 목표값이 시간에 따라 변화하는 경우 이를 따라가도록 제어하는 방식이다.
④ 서보제어 시스템은 폐회로(Closed-loop) 구조를 통해 목표값과 실제값의 오차를 줄인다.

해설
② 서보전동기는 보통 인코더, 리졸버 등의 센서를 사용하는 폐회로(Closed-loop) 제어방식으로 동작하며, 개회로 제어는 스텝모터 등에 적용된다.
① 서보전동기로 위치, 속도, 자세 등의 기계적 변위제어를 시행한다.
③ 추종제어(Tracking Control)는 목표값이 시간에 따라 변할 때 이를 정확히 따라가는 제어방식이다.
④ 서보제어는 센서를 통한 피드백 제어로 오차를 지속적으로 줄이는 폐회로 제어시스템이다.

13 다음 중 전달함수 $G(s) = (s+a)/(s+b)$가 지상보상기(Lead Compensator)일 조건으로 옳은 것은?(단, a와 b의 값은 절댓값이다)

① $a > b$, 극이 영점보다 왼쪽에 위치한다.
② $a = b$, 전달함수는 단위 이득 시스템이다.
③ $a < b$, 영점이 극보다 오른쪽에 위치한다.
④ $a < 0$, $b < 0$이면 항상 지상보상기이다.

해설
지상보상기(Lead Compensator)는 영점이 극보다 오른쪽, 즉 $b > a$인 경우로 고주파에서 위상 리드를 주어 응답속도를 빠르게 하고 안정성을 개선한다.
①은 지연보상기(Lag Compensator)의 조건이다.

14 물체의 표면에 짧은 진동파를 발생시킨 후 내부에서 반사되어 돌아오는 시간을 측정하여 물체의 두께를 계산하는 센서 유형은?

① 적외선 반사식 센서
② 광섬유 간섭센서
③ 정전용량식 센서
④ 초음파센서

해설
초음파센서
- 초음파 : 가청 주파수(20~20,000Hz) 외의 음파이다.
- 음속(공기 중 340m/s, 바닷속 1,480m/s)을 이용하여 거리 감지가 가능하다.
- 파장의 길이 : 수 mm에서 수십 mm
- 온도의 영향을 받는다(초음파센서는 온도가 올라가면 중심 주파수가 내려간다).
- 송수신부를 설치하고 초음파를 발사하여 에코신호를 받아 검체와의 거리를 산출한다.
- 초음파는 높은 영역일수록 그 지향성이 강하다.
- 초음파센서는 압전기 직접효과를 이용한 것이다.
- 검출 대상체의 형태, 색깔, 재질에 무관하게 검출이 가능하다.

15 다음 그림의 프로그램과 같은 결과를 나타내는 것은?

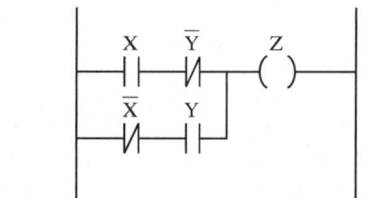

①
X	Y	Z
0	0	0
0	1	0
1	0	0
1	1	1

②
X	Y	Z
0	0	0
0	1	1
1	0	1
1	1	0

③
X	Y	Z
0	0	0
0	1	1
1	0	1
1	1	1

④
X	Y	Z
0	0	1
0	1	0
1	0	0
1	1	1

해설
문제의 프로그램은 서로 다른 신호일 때 출력이 나오는 Ex-OR 회로이다.

정답 12 ② 13 ③ 14 ④ 15 ②

16 다음 중 전기식 서보기구에서 부르동관(Bourdon Tube)을 검출기로 사용하는 계측기는?

① 전류 트랜스듀서
② 압력 트랜스듀서
③ 위치센서
④ 속도센서

해설
부르동관은 압력을 받으면 휘어지는 성질을 이용하여 압력을 기계적인 변위로 변환하는 장치로, 이를 다시 전기적 신호로 바꾸면 압력 트랜스듀서로 사용할 수 있다. 따라서 전기식 서보시스템에서 압력을 검출하기 위한 센서로 부르동관을 활용할 수 있다.
① 전류 트랜스듀서는 전류 변화를 측정하는 장치로, 부르동관과 관련이 없다.
③, ④ 위치센서, 속도센서 등은 주로 퍼텐쇼미터, 인코더, 태코제너레이터 등이 사용된다.

17 어떤 A/D 변환기는 10비트 분해능을 가지며, 입력 아날로그 전압범위는 0~5V이다. 이 변환기에서 인식해야 하는 최소 인식전압은 얼마인가?

① 4.88mV
② 0.5mV
③ 1.0mV
④ 10.24mV

해설
분해능 = $\dfrac{\text{입력전압의 범위}}{2^n} = \dfrac{5V}{2^{10}} \fallingdotseq 4.88mV$

최소 4.88mV 전압을 구분해야 입력범위를 1,024개로 분해할 수 있다.

18 교류회로에서 인덕터(코일)의 리액턴스는 주파수에 따라 어떻게 변화하는가?

① 주파수가 증가하면 인덕턴스 리액턴스는 감소한다.
② 주파수가 감소하면 인덕턴스 리액턴스는 일정하다.
③ 주파수가 증가하면 인덕턴스 리액턴스도 증가한다.
④ 인덕턴스 리액턴스는 주파수와 무관하다.

해설
$X_L = 2\pi f L$
위의 식에서 알 수 있듯이, 주파수가 증가하면 리액턴스도 선형적으로 증가한다. 이는 고주파 회로에서 인덕터가 전류 흐름을 방해하는 이유이기도 하다.

19 기계장치의 작동 중 안전커버가 열릴 경우 즉시 동력을 차단해야 한다. 이때 커버가 닫힌 상태에서 접점이 닫혀 있어 전류가 흐르다가 커버가 열리면 접점이 열려 회로가 차단되는 구조를 원할 때 사용하는 리밋스위치의 접점 유형은?

① A접점
② B접점
③ C접점
④ D접점

해설
- A접점 : 평상시에는 열려 있고, 작동 시 닫히는 접점이다. 커버가 열려야 접점이 된다.
- B접점 : 평상시에는 닫혀 있다가 작동(예 커버 열림)이 발생하면 접점이 열리는 구조이다. 비상 정지나 전원 차단 회로에 적합하다.
- C접점 : A접점과 B접점이 동시에 있는 구조로, 복잡한 회로에 사용된다.
- D접점 : 공식 규격에는 흔하지 않은 접점이다(오답 유도용).

20 다음 논리식은 입력 A, B, C에 대한 출력 X를 나타낸다. 이 회로의 입력이 $A=1$, $B=0$, $C=0$이라면 출력 X의 값은 얼마인가?

$$X = (A \cdot \overline{B}) + C$$

① 0　　② 1
③ A　　④ $\overline{B}$

해설
$X = (1 \cdot 1) + 0 = 1 + 0 = 1$

제2과목　기계요소설계

21 다음 중 펄스열 제어방식을 사용하는 서보모터의 구동방식으로 옳은 것은?
① 모터전류의 크기를 아날로그 전압으로 제어하는 방식
② 목표 위치를 펄스수로, 속도를 펄스주기로 나타내는 방식
③ 블루투스를 이용해 무선으로 제어하는 방식
④ 전류 방향만 바꾸어 간단한 정·역회전을 구현하는 방식

해설
펄스열 제어는 펄스수(Pulse Count)를 이용해 목표 위치를 지정하고, 펄스주기(Pulse Interval)를 이용해 속도를 결정한다. 이 방식은 CNC 공작기계, 산업용 로봇 등에서 사용된다.

22 다음 중 서보모터의 절대위치제어가 필요한 대표적인 예는?
① 단순 회전 팬의 속도 조절
② 컨베이어 벨트의 정·역 회전
③ 엘리베이터 층간 정밀 정지
④ 리밋스위치의 접점 상태 확인

해설
엘리베이터는 지정된 위치에 정밀하게 멈춰야 하므로 절대위치제어방식의 서보모터가 사용된다.

23 정면도가 다음과 같을 때 제3각법의 우측면도로 가능한 것은?

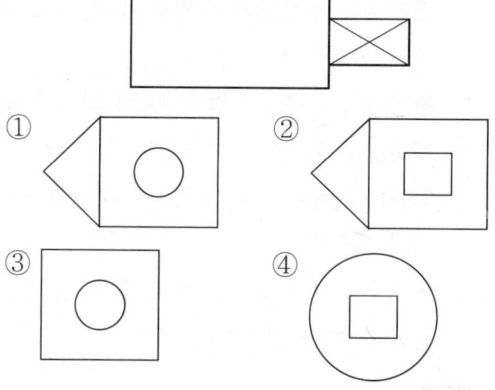

해설
원통 끝에 가는 실선 양쪽 대각선을 그린 것은 해당 면이 평면임을 나타낸다.

정답　20 ②　21 ②　22 ③　23 ③

24 다음 도면에서 잘못 기재된 치수는?

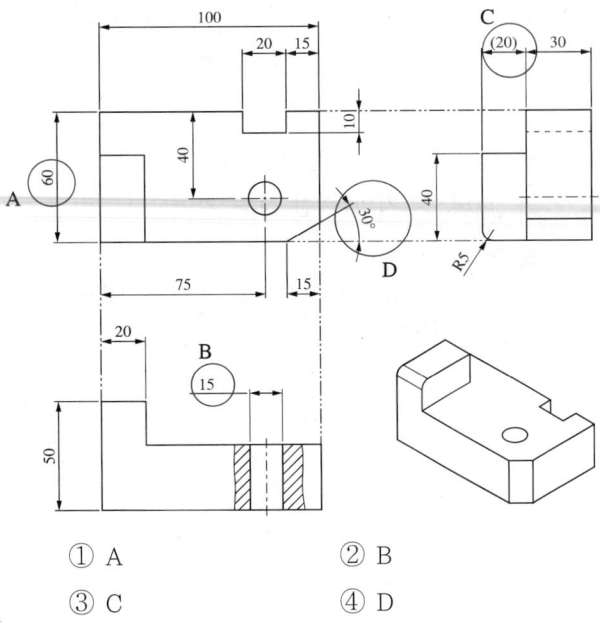

① A
② B
③ C
④ D

해설
원통의 지름은 ⌀15로 표시해야 한다.

25 기계요소 설계 시 회전축과 베어링 내경의 조립에 대해 H7/k6의 끼워맞춤을 적용하고자 한다. 이때 고려해야 할 특성으로 가장 옳은 것은?

① 회전축이 자유롭게 움직일 수 있도록 유격을 주는 설계이다.
② 정밀한 위치제어가 필요하므로 완전한 억지 끼워맞춤을 적용한 설계이다.
③ 약간의 간섭이 있어 고정성은 확보하면서도 분해가 가능한 중간 끼워맞춤이다.
④ 베어링과 회전축 사이에 윤활유 유입을 위한 틈을 확보한 설계이다.

해설
H7/k6는 중간 끼워맞춤으로, 약한 간섭 또는 약한 유격이 발생할 수 있다. 주로 정렬성 및 고정성을 동시에 고려하는 경우에 사용되며, 회전축의 제한적 회전과 분해 가능성을 함께 고려한다.

26 다음 중 미터나사(Metric Thread)에 대한 설명으로 옳은 것은?

① 표준 치수는 inch 단위를 사용한다.
② 유럽, 영국, 미국, 캐나다의 협정으로 정해진 나사 규격이다.
③ 나사산 각이 60°이다.
④ 원통 이음쇠관으로 연결하여 사용한다.

해설
미터나사는 60°의 나사산 각을 가지며, mm 단위를 기준으로 사용한다.
① 관용나사의 특징
② 유니파이 나사의 특징
④ 관용나사의 결합방식

27 다음 중 베어링 형식 NU318C3P2에 대한 설명으로 옳지 않은 것은?

① 이 베어링은 원통 롤러 베어링이며, 축 방향 하중과 반지름 방향 하중을 동시에 지지할 수 있다.
② '318'은 내경이 90mm인 중형 베어링을 의미한다.
③ 'C3'는 표준보다 내부 간격이 넓은 베어링으로, 고속 회전이나 열팽창을 고려한 설계에 사용된다.
④ 'P2'는 가장 높은 정밀도 등급으로 고정밀 장비에 사용된다.

해설
① NU형 원통 롤러 베어링은 반지름 방향 하중만 지지 가능하며, 축 방향 하중은 지지할 수 없다.
② 18×5 = 90mm로 내경을 나타내며 중형에 해당한다.
③ C3는 일반보다 넓은 내부 간격을 뜻하며, 고속 회전이나 열로 인한 팽창을 고려한 경우에 사용한다.
④ P2는 ISO 기준에서 가장 정밀한 등급으로, 고속·고정밀 장비에 적합하다.

정답 24 ② 25 ③ 26 ③ 27 ①

28 지름이 20mm인 원형 막대에 직경 5mm, 깊이 1.5mm인 U자형 홈이 있다. 이 막대에 축 방향 인장하중을 가한 후 홈 부위에서의 응력을 구해야 한다. 응력집중계수 $K_t = 2.4$일 때 전체 막대에 작용하는 공칭응력이 $\sigma = 50$MPa라면, 홈 부위에서의 최대 응력 σ_{max}는 얼마인가?

① 75MPa ② 100MPa
③ 120MPa ④ 135MPa

해설
응력집중이 있는 위치에서는 실제응력이 공칭응력보다 커지며, 이를 계산하기 위해서는 응력집중계수 K_t를 사용하여 계산한다.
$\sigma_{max} = K_t \times \sigma = 2.4 \times 50 = 120$MPa

29 어떤 원형 축에 다음 보기와 같은 하중이 작용하고 있다. 이때 상당 굽힘 모멘트 M_e는 얼마인가?

┌보기├─────────────────
• 축 방향 인장력 : 없음
• 축에 작용하는 굽힘 모멘트 : $M_b = 500$N·m
• 축에 작용하는 비틀림 모멘트 : $T = 300$N·m
└─────────────────────

① 541N·m ② 583N·m
③ 625N·m ④ 700N·m

해설
$M_e = \dfrac{M+T_e}{2} = \dfrac{1}{2}(M+\sqrt{M^2+T^2})$
$= \dfrac{1}{2}(500+\sqrt{500^2+300^2}) = 0.5(500+583.10) = 541.55$

30 길이 1.2 m의 금속봉에 인장력이 작용하여 2.5mm의 변형이 생겼다. 이때 작용한 인장력이 15kN이라 할 때, 이 봉에 저장된 변형에너지는 얼마인가?

① 18.75J ② 21.0J
③ 22.33J ④ 26.46J

해설
$U = \dfrac{1}{2} \times P \times \delta = 0.5 \times 15,000 \times 0.0025 = 18.75$J
• P : 15kN = 15,000N
• δ : 2.5mm = 0.0025m

31 비교측정방식의 장점으로 옳지 않은 것은?

① 측정기기를 고정된 위치에 두고 사용할 수 있어 안정적이다.
② 길이 외에도 형상 측정 등에 강점이 있다.
③ 측정기마다 다른 단위계 사용이 가능하여 다양한 제품에 대응할 수 있다.
④ 빠른 측정이 가능하며, 표준으로 대체가 가능하다.

해설
비교측정방식은 직접 치수를 읽을 수 없어 표준 게이지 등과 비교하여 빠른 측정이 가능하고, 정해진 형상에서만 사용할 수 있다. 다양한 제품 측정에는 측정기의 범위가 넓은 직접 측정이 적합하다.

32 어떤 단일면 마찰 클러치가 전체 면적에 균일한 압력으로 작용하며, 구멍 없이 마찰면 전체가 접촉되어 있다. 클러치의 외경은 200mm, 내경은 100mm 마찰계수는 0.25, 클러치가 누르는 힘(축 방향 힘)은 2,000N이다. 이 클러치가 전달할 수 있는 최대 토크[N·m]는 얼마인가?

① 25　　② 37.5
③ 50　　④ 62.5

해설
- 평균지름
$$d_m = \frac{d_o + d_i}{2} = \frac{200 + 100}{2} = 150\text{mm}$$
- 전달토크
$$T = \mu W \frac{d_m}{2} = 0.25 \times 2,000\text{N} \times \frac{150}{2}\text{mm}$$
$$= 37,500\text{N} \cdot \text{mm}$$
$$= 37.5\text{N} \cdot \text{m}$$

33 다음 마이크로미터의 눈금을 바르게 읽은 것은?

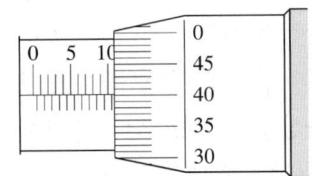

① 9.90mm　　② 10.40mm
③ 10.90mm　　④ 11.40mm

해설
슬리브의 큰 눈금이 10.5mm까지 보이고, 심블의 눈금이 0.40mm로 되어 있으므로
10.5 + 0.40 = 10.90mm

34 정밀가공과 그에 사용되는 공구의 설명으로 옳지 않은 것은?

① 래핑(Lapping)은 연마입자가 포함된 연마재를 이용해 정밀평면가공을 수행한다.
② 호닝(Honing)은 숫돌을 이용하여 원통 내면을 정밀하게 가공한다.
③ 보링(Boring)은 보링커터를 이용하여 드릴보다 작은 직경의 구멍을 만들 때 사용된다.
④ 셰이빙(Shaving)은 커터를 이용하여 기어의 형상을 정밀하게 가공하기 위한 작업이다.

해설
보링은 기존 구멍을 넓히고 정밀하게 가공하는 작업이다. 즉, 드릴보다 큰 직경을 가공하는 데 사용하며, 새 구멍을 만드는 작업은 아니다.

35 축과 회전체를 연결할 때 회전력 전달능력이 가장 크고, 반복 분해·조립이 가능한 체결방법은?

① 원뿔 핀 체결　　② 테이퍼 키 체결
③ 스플라인 체결　　④ 리베팅

해설
③ 스플라인은 축과 회전체에 홈을 내어 결합하는 방식으로, 큰 회전력을 전달하면서도 반복적인 조립과 분해가 가능하다.
① 원뿔 핀은 위치 고정용이다.
② 테이퍼 키는 회전력 전달과 분해 조립이 가능하나, 스플라인에 비해 반복성이 낮다.
④ 리베팅은 회전력과 분해·조립에 모두 약점이 있다.

정답 32 ② 33 ③ 34 ③ 35 ③

36 다음 그림처럼 나타낸 투상도는?

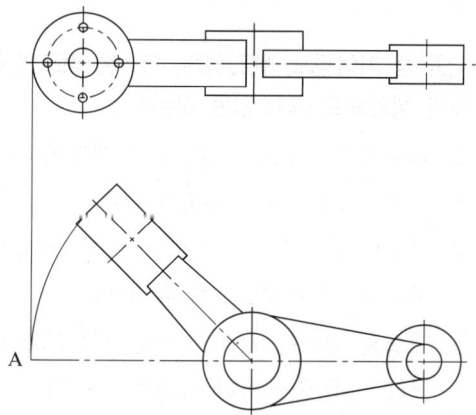

① 보조투상도 ② 국부투상도
③ 회전투상도 ④ 부분투상도

해설
③ 회전투상도 : 각도를 가지고 있는 실제 모양을 회전해서 실제 모양을 나타내며, 잘못 볼 우려가 있는 경우 작도에 사용한 가는 실선을 남겨 표시한다.
① 보조투상도 : 경사면이 있는 제품의 실제 모양을 투상할 때 보이는 전체 또는 일부분만을 나타내는 것이다.
② 국부투상도 : 요점투상도라고도 하며 제품의 구멍, 홈 등과 같이 특정한 부분의 모양을 나타내는 것으로 충분한 경우에 제도하며, 관계를 표시하기 위해 중심선, 치수보조선 등을 연결한다.
④ 부분투상도 : 모양의 특징 또는 일부를 도시하는 것으로 충분한 경우, 부분투상을 도시한 경우, 대칭인 경우 등 모양을 전체 도시하지 않고 표현한 투상도이다.

37 다음 그림과 같은 핀에 작용하는 전단응력은?

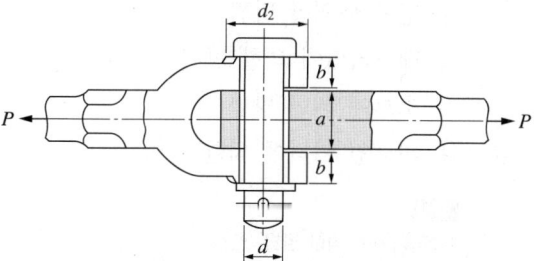

① $\tau = \dfrac{4P}{\pi d^2}$ ② $\tau = \dfrac{\sqrt{3}\,P}{\pi d^2}$
③ $\tau = \dfrac{2P}{\pi d^2}$ ④ $\tau = \dfrac{P}{\pi d^2}$

해설
$\tau = \dfrac{P}{2A} = \dfrac{P}{2 \times \dfrac{\pi d^2}{4}} = \dfrac{2P}{\pi d^2}$

38 다음 중 오토콜리메이터(Autocollimator)에 대한 설명으로 가장 적절한 것은?

① 공작물의 단차를 측정하는 접촉식 기기로 오차를 보정할 수 있다.
② 스크린에 투영된 상을 관찰하여 각도를 비교하는 방식이다.
③ 마이크로미터를 이용해 직각도와 평면도를 측정한다.
④ 광축의 편차를 감지하여 미소한 각도를 측정할 수 있다.

해설
오토콜리메이터는 광학적 반사원리를 이용하여 평면거울에 반사되는 광축의 편차를 관측해 미세 각도를 정밀하게 측정하는 비접촉식 광학장비이다.

정답 36 ③ 37 ③ 38 ④

39 다음 중 창성에 의한 절삭법이 아닌 것은?

① 형판에 의한 방법
② 래크커터에 의한 방법
③ 호브에 의한 방법
④ 피니언 커터에 의한 방법

해설
창성(創成)에 의한 방법
- 상대운동에 의한 기어절삭, 전용 절삭기구를 제작하여 상대운동을 시켜 가공한다.
- 정확한 인벌류트 치형가공이 가능하다.
- 피니언 커터, 래크커터, 호브 등을 이용한다.

40 힌지로 고정된 길이가 L인 봉의 끝에 직각 방향으로 힘 F를 작용시킬 때 힌지에 발생하는 모멘트 M을 구하는 식은?

① $M = F \times L^2$
② $M = F \times L$
③ $M = F \div L$
④ $M = L \div F$

해설
모멘트(Moment) : 회전시키려는 힘으로 회전을 일으키려는 원동력이다. 단위는 N·m, kgf·cm를 사용한다.
$M = F \times L$
여기서, M : 모멘트
F : 외력
L : 중심과 외력의 거리

제3과목 공유압

41 다음 중 기어펌프, 베인펌프, 피스톤 펌프의 특성에 대한 설명으로 옳지 않은 것은?

① 베인펌프는 구조가 간단하여 제작비용이 저렴하며, 소형화가 가능하다.
② 기어펌프는 오일의 점도 변화에 따른 토출량 변화가 적어 정밀도에 유리하다.
③ 피스톤 펌프는 구조가 복잡하고 고가이지만, 고압 사용에 적합하고 효율이 높다.
④ 베인펌프는 사용 중에도 베인의 마모에 따른 유량 변화가 거의 없다.

해설
베인펌프는 베인의 마모에 의해 틈새가 생기기 쉽고, 그로 인해 유량 변화가 발생하기 때문에 마모에 취약하다.

42 다음 중 공기압 시스템의 서비스 유닛(Service Unit) 구성요소로 옳게 짝지어진 것은?

① 공기압축기 - 공기탱크 - 공기정화기
② 공기조정기 - 윤활기 - 배관청소기
③ 공기필터 - 압력조정기 - 윤활기
④ 공기히터 - 드레인 - 집진기

해설
서비스 유닛은 공기필터, 압력조정기, 윤활기로 구성되며, 이는 공압계 내 공급 공기의 품질과 압력을 관리하기 위한 핵심 구성이다.

43 다음 중 벤투리관의 원리를 이용한 진공발생기의 작동 방식에 대한 설명으로 옳은 것은?

① 유체의 흐름이 좁은 관에서 느려지면서 압력이 증가하여 진공을 형성한다.
② 좁은 관에서 유속이 감소하면서 발생하는 마찰로 인해 진공이 형성된다.
③ 유체가 좁은 관을 통과할 때 속도가 빨라지고 정압이 낮아지면서 진공이 형성된다.
④ 진공발생기는 외부 모터의 구동 없이 기체를 압축하여 진공을 생성하는 기계장치이다.

[해설]
벤투리관 원리는 베르누이 정리에 따라 단면적이 좁아질수록 유속이 빨라지고, 정압이 낮아지는 현상을 이용한다. 이때 낮아진 정압 영역에서 외부 공기를 흡입하여 진공을 형성한다.

44 기계의 유압펌프는 작동 초기에는 정상이었지만, 운전 중 점차 유량이 감소하고 속도가 느려지는 현상이 발생하였다. 다음 중 이와 같은 문제의 가장 가능성 높은 원인은?

① 펌프의 회전 방향이 반대로 되어 있다.
② 작동유 점도가 높아 과도한 내부 마찰이 발생하였다.
③ 필터가 막혀 유압회로 흐름이 제한되었다.
④ 냉각장치가 과도하게 작동하여 오일이 경화되었다.

[해설]
작동 중 유량이 점차 감소하는 현상은 주로 필터 막힘 → 유량 저하 → 작동속도 저하로 이어진다. 회전 방향 이상은 초기부터 문제를 발생시킨다.

45 다음 기호의 밸브에 대한 설명으로 옳은 것은?

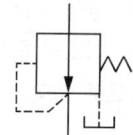

① 유압시스템에서 압력이 과도하게 높아지면 이를 방출하여 시스템을 보호하는 역할을 한다.
② 일정한 방향으로만 유체가 흐를 수 있도록 하여 역류를 방지하는 기능을 수행한다.
③ 공급 압력보다 낮은 압력으로 분지회로에 공급되도록 압력을 제어하는 밸브이다.
④ 두 개의 유로 중 압력이 낮은 쪽으로만 유체가 흐르도록 하여 우선순위를 설정하는 역할을 한다.

[해설]
문제의 기호는 감압밸브로, 2차측 압력을 설정된 저압으로 유지하여 부하에 안정적인 압력을 공급하는 밸브이다.

46 다음 중 유압실린더 작동 불량의 원인으로 가장 적절한 것은?

① 유압펌프의 동력이 부족한 경우
② 로드 실의 누유 및 손상이 발생한 경우
③ 공기압 회로의 잔압이 발생한 경우
④ 냉각수 온도가 과도하게 상승한 경우

[해설]
유압실린더의 작동 불량은 내부 누유, 실링 파손, 오염, 스크래치 등으로 인해 발생한다. 로드 실에 누유 및 손상이 발생하면 실린더 내 유압이 유지되지 않아 작동속도 저하, 미세한 움직임, 위치 불안정 등의 문제를 유발한다.

47 유압시스템에서 릴리프 밸브를 설치하는 주된 목적은 시스템 압력을 일정 수준 이하로 유지하는 데 있다. 다음 중 릴리프 밸브의 동작원리 및 설치 시 고려사항에 대한 설명으로 가장 적절하지 않은 것은?

① 릴리프 밸브는 스프링 힘과 유압력의 균형을 기준으로 작동하며, 설정압력 이상이 되면 유체를 탱크로 우회시켜 과압을 방지한다.
② 릴리프 밸브는 주로 작동유가 흐르는 주요 라인의 하류 측에 설치하여 유량을 직접 제어한다.
③ 릴리프 밸브의 설정압력이 낮을 경우, 작동기가 충분한 힘을 내지 못하고 조기 우회되어 시스템 성능이 저하될 수 있다.
④ 릴리프 밸브는 전동기와 펌프를 보호하고, 과도한 부하로 인한 파손을 방지하는 안전장치로서의 역할도 수행한다.

해설
릴리프 밸브는 일반적으로 압력 라인의 상류 측, 즉 펌프 토출구 근처에 설치되어 압력이 설정값을 초과할 경우 유체를 탱크로 우회시켜 시스템을 보호한다. 하류 측에서 유량을 직접 제어하는 것은 유량제어밸브에 대한 설명이다.

48 다음 중 전기신호를 받아 공기압 신호로 전환하여 공압기기를 제어하는 밸브는?

① 솔레노이드 밸브
② 릴리프 밸브
③ 유량제어밸브
④ 리버스 밸브

해설
솔레노이드 밸브는 전자석의 원리를 이용하여 전기신호가 입력되면 밸브의 스풀을 작동시켜 공기압 회로를 여닫는다. 따라서 전기신호를 공기압 신호로 바꾸는 데 사용된다.

49 다음과 같은 조건의 유압실린더가 있다. 이 실린더가 피스톤 전진 시 발생하는 작동력은 얼마인가?

┌ 조건 ┐
유압 작동 압력 : 12MPa
피스톤 지름 : 80mm
로드 지름 : 40mm

① 약 40kN ② 약 50kN
③ 약 60kN ④ 약 70kN

해설
힘의 작용면적
$A = \dfrac{\pi \times 80^2}{4} = 5,026 \text{mm}^2$
$F = P \times A$
$= 12 \times 5,026$
$= 60,312 \text{N}$
$\fallingdotseq 60 \text{kN}$

50 비례 솔레노이드 밸브의 제어 특성에 관한 설명 중 옳지 않은 것은?

① 입력 전기신호의 크기에 따라 밸브의 개도량이 연속적으로 조절된다.
② 위치센서 등의 피드백을 통해 폐회로제어가 가능하다.
③ 정밀한 유량제어를 위해 PWM 방식의 신호가 사용되기도 한다.
④ ON/OFF 방식의 릴레이 제어와 유사한 구조로 동작한다.

해설
비례 솔레노이드 밸브는 입력 전기신호의 세기에 비례하여 밸브 개도량이 연속적으로 변화하며, 일반적인 솔레노이드 밸브와 달리 단순한 ON/OFF 제어가 아닌 아날로그 제어가 가능하다.

51 공압 시간지연밸브에서 시간 지연의 크기를 조절하는 주된 요소는?

① 체크밸브의 개폐속도
② 파일럿 포트의 면적
③ 스로틀 밸브의 개폐량 조절
④ 저장 체임버의 배기속도

해설
공압 시간지연밸브에서 시간 지연의 시간은 공기 흐름을 얼마나 늦추느냐에 따라 결정되며, 이 흐름을 조절하는 것이 스로틀 밸브이다. 개폐량을 조절하여 압력 상승이 느려져 지연시간이 길어지는 원리이다.

52 다음 중 시퀀스 밸브(Sequence Valve)에 대한 설명으로 옳지 않은 것은?

① 시퀀스 밸브는 설정된 압력에 도달하면 작동하여 다른 액추에이터가 순차적으로 동작하도록 한다.
② 시퀀스 밸브는 주로 복수의 유압실린더를 순서대로 동작시키는 데 사용된다.
③ 시퀀스 밸브는 설정압력에 도달하면 항상 유압의 유량을 차단하는 역할을 한다.
④ 시퀀스 밸브에는 스프링과 피스톤 또는 볼이 내장되어 압력제어가 가능하다.

해설
③ 시퀀스 밸브는 압력이 설정값을 초과하면 유로를 열어 다음 계통으로 유압을 보내는 장치로, 유량을 차단하는 것이 목적이 아니다.
① 시퀀스 밸브의 가장 큰 특징은 일정압력 이상이 되면 유로를 열어 다음 장치로 유압을 전달하는 기능을 한다.
② 예를 들어 A실린더가 먼저 작동하고 B실린더가 그다음 작동하도록 할 때 사용된다.
④ 내부에 스프링과 밸브요소(피스톤 또는 볼)가 있어 설정압력을 제어하는 구조이다.

53 유압장치에 사용되는 작동유에 소포제를 첨가하는 주요 목적 중 가장 적절한 것은?

① 유압유의 점도를 높여 압력 손실을 줄이기 위함이다.
② 유압유의 색상을 변화시켜 오일 식별을 용이하는 것을 목적으로 한다.
③ 유압 작동 중 유입되는 수분을 화학적으로 중화하기 위하는 것을 목적으로 한다.
④ 유압회로에서 기포 발생에 따른 작동 불안정성을 방지하기 위하는 것을 목적으로 한다.

해설
소포제는 작동유에 혼입된 공기로 인해 형성되는 거품(Foam)을 억제하거나 제거하여 작동 안정성을 높이는 첨가제이다. 기포는 유압의 전달효율 저하, 서징(Surging), 작동 지연 등 문제를 유발한다.

54 유압회로에서 방향제어밸브가 전환되지 않고 중간 위치에서 멈춰 있는 현상이 발생하였다. 이 현상의 원인으로 가능성이 가장 높은 경우는?

① 유압펌프의 용량이 과도하여 밸브 내부에 과압이 걸린 경우
② 밸브 내부 슬라이드가 이물질 또는 오일 슬러지에 의해 고착된 경우
③ 실린더의 로드가 휘어져 복귀되지 않아 밸브가 동작하지 않은 경우
④ 리밋스위치의 센싱 오류로 인해 전기신호가 계속 출력되는 경우

해설
밸브 고착(Sticking)은 슬라이드나 스풀 내부에 이물질, 수지화된 오일, 슬러지 등이 축적되어 발생한다. 이는 밸브가 정상적인 위치 전환을 하지 못하게 만들며, 유지보수 시 주요 점검요소이다.

정답 51 ③ 52 ③ 53 ④ 54 ②

55 유압관의 단면적이 일정하고 위치의 변화는 없지만, 유속이 1.0m/s에서 3.0m/s로 증가할 때 압력 변화량은?(단, 유체는 비압축성과 마찰 손실이 없고, 밀도 ρ = 850kg/m³이다)

① 약 2.6kPa 감소한다.
② 약 3.4kPa 증가한다.
③ 약 3.4kPa 감소한다.
④ 변화 없다.

해설
베르누이 방정식
$P_1 + \frac{1}{2}\rho V_1^2 + Z_1 = P_2 + \frac{1}{2}\rho V_2^2 + Z_2$
$Z_1 = Z_2$
$\Delta P = P_1 - P_2 = \frac{1}{2}\rho(V_2^2 - V_1^2)$
$= 0.5 \times 850 \times (9-1) = 0.5 \times 850 \times 8$
$= 3,400\text{Pa} = 3.4\text{kPa}$
$P_1 > P_2$이므로 압력은 약 3.4kPa 감소한다.

56 다음 그림의 공유압 요소에 대한 설명으로 옳지 않은 것은?

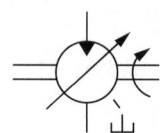

① 양방향으로 유동한다.
② 가변용량형이다.
③ 외부 드레인이 존재한다.
④ 한 방향으로 회전한다.

해설
유압이 한 방향으로만 들어오고 있어서 유동 방향은 한 방향이다.

57 다음 공압기호의 명칭은?

① 컴프레서
② 에어드라이어
③ 어큐뮬레이터
④ 반사경

해설
어큐뮬레이터(축압기)는 유체시스템에서 압력을 저장하거나 맥동(Pulsation)을 줄이는 데 사용되는 장치이다. 유압시스템에서 에너지 저장, 압력 조절, 충격 흡수 등의 역할을 수행하며, 시스템의 효율성과 안정성을 높이는 데 기여한다.

58 다음 중 압력의 변화에 따라 자동으로 작동하며, 일정 압력 이상이 되면 회로를 보호하기 위해 작동하는 밸브는?

① 방향제어밸브
② 릴리프 밸브
③ 솔레노이드 밸브
④ 플로 체크밸브

해설
② 릴리프 밸브 : 설정된 압력 이상이 되면 작동하여 유체를 우회시키며 회로를 보호한다.
① 방향제어밸브 : 유체 흐름의 방향을 변경한다.
③ 솔레노이드 밸브 : 전기 자극으로 작동한다.
④ 플로 체크밸브 : 유량 조절과 역류 방지 기능이 결합된 밸브이다.

59 다음 중 공기압축기의 역할과 가장 밀접하게 관련된 설명은?

① 공압회로 내에서 압력의 과잉 상승을 방지하는 역할을 한다.
② 공기를 압축하여 1공학기압 이상의 압력으로 공급한다.
③ 공기의 수분 및 오염 입자를 제거하여 공정 품질을 향상시킨다.
④ 공압기기의 토출압력을 낮추기 위해 작동한다.

해설
컴프레서(공기압축기)는 대기압보다 높은 압력을 발생시키는 장치로, 공압시스템의 핵심 원동력이다.
① 릴리프 밸브의 역할
③ 필터 또는 드라이어의 역할
④ 레귤레이터의 역할

60 공압회로에서 컴프레서에서 나온 압력 0.7MPa를 그대로 사용할 경우 기기 손상이 우려된다. 이를 방지하기 위해 0.4MPa로 낮춰 일정하게 유지해야 할 때 가장 적합한 장치는?

① 축압기
② 레귤레이터
③ 릴리프 밸브
④ 드라이어

해설
② 레귤레이터 : 감압 및 압력 유지 기능을 수행한다.
① 축압기 : 공기를 저장한다.
③ 릴리프 밸브 : 일정압력 이상일 때 공기를 배출하는 장치이다.
④ 드라이어 : 수분 제거용 장치이다.

참 / 고 / 문 / 헌

- 재료과학과 공학, ASKELAND WRIGHT, 권오양 외, 북스힐, 2016
- 정밀측정공학, 이징구 외, 기전연구사, 2014
- 공차설계, 서정환 외, 대영사, 2013
- 공업수학 기본 개념부터 응용까지, 이준탁, 한빛아카데미, 2015
- Win-Q 생산자동화기능사 필기, 신원장, 시대고시기획, 2017
- 프로그래밍, 이용경 외, 삼양미디어, 2009
- 센서응용, 윤기택 외, 웅보출판사, 2016
- 마이크로프로세서 기초, 김대희 외, 서울교과서, 2011
- 로봇기초, 차동혁 외, 두산동아, 2011
- 만화로 쉽게 배우는 전자회로, Tanaka Kenichi, 이도희 역, 옴사-성안당, 2011
- 만화로 쉽게 배우는 반도체, Michio Shibuya, 강창수 역, 옴사-성안당, 2011
- 만화로 쉽게 배우는 전기, Kazuhiro Fujitaki, 홍희정 역, 옴사-성안당, 2007
- C로 배우는 프로그래밍 기초, 강환수, 강환일, 학술정보, 2003
- NCS 기계가공 직무능력 표준모듈 도면해독(기초), 한국산업인력공단, 2012
- NCS 기계가공 직무능력표준모듈 선반(홈 및 테이퍼), 백효석 외, 한국산업인력공단, 2012
- NCS 기계가공 직무능력 표준모듈 선반(편심 및 나사), 김장곤 외, 한국산업인력공단, 2012
- NCS 기계가공 직무능력 표준모듈 선반(부가장치 사용), 유승욱 외, 한국산업인력공단, 2012
- NCS 기계가공 직무능력 표준모듈 밀링(부가장치 사용), 백운학 외, 한국산업인력공단, 2012
- 기계공작법, 이철구, 서울산업대학교
- 로봇구조일반, 조경래 외, 서울교과서, 2006
- 로봇제어시스템, 성종국 외, 서울교과서, 2007
- 핵심이 보이는 제어공학, 김성중, 한빛아카데미, 2014
- 재료역학, William Riley 외, 시그마프레스, 2008
- 공대생을 위한 일반물리학, 김영유, 성안당, 2009

- 전자회로, 박형근, 한국기술교육대학교 수업자료
- 콘덴서의 용량, 삼화콘덴서, 기술자료
- NCS 학습모듈 유공압장치조립, 지용일 외, 한국산업인력공단, 2015
- NCS 학습모듈 유공압요소설계, 김종대 외, 한국산업인력공단, 2015
- LAN의 특징과 각종 방식, 한아시스템, 기술자료
- 반도체메모리와 PLD, 한빛미디어, 기술자료
- 서보모터의 동작원리와 구조, FAMOTOR, 기술자료
- 유압펌프, 성남기능대학 수업자료
- 센서전자공학, 한국폴리텍대학 수업자료
- 변위센서, 한국폴리텍대학 수업자료
- 나사가공, 대구텍 자료실
- MC80F0308 PWM 제어방법, 손은호, ABOV 기술자료
- 자동화기술을 위한 포토센서, IO-Link 제품 설명서
- PLC 기술교육자료, LS산전 연수원
- PLC 입출력 측의 오동작 및 대책, 이윤희, 임성준, 유상봉, 전력기술, 2001
- TTL과 CMOS의 올바른 이해, 윤덕용(http://cpu.kongju.ac.kr), 2001
- 8비트 마이크로프로세서에서 16비트 데이터의 입출력, 윤덕용(http://cpu.kongju.ac.kr), 2001
- PC Base System 소개와 자동제어 분야의 특징, 한기택, 제어계측, 2000
- PC를 이용한 외부기기 제어, 송동혁, ㈜스마트인스트루먼트 기술자료
- 공작기계, 안광주 외, 원창출판사
- PID 제어원리와 설정방법, 애니엘(주), 2014
- PID란 무엇인가, 한국하니웰 고객지원
- 메카트로닉스 4E/ Bolton, 노태정 외 역, 사이텍미디어, 2009
- SIGNALS $ SYSTEM, 2e, oppenheim, wilsky
- 전기전자공학도를 위한 자동제어, 신윤기, 인터비젼, 2004

- NCS 학습모듈 재료설계 자료분석 02, 문광호 외, 한국직업능력개발원, 2015
- 기어기술자료, KHK-KOHARA GEAR INDUSTRY CO., LTD
- JIS B0401

인터넷 사이트

- http://web.yonsei.ac.kr/hgjung
- e나라 표준인증(www.standard.go.kr)
- http://ubi-handbook.mobilnet.co.kr/
- 솔내시스템(http://www.sollae.co.kr)-RS232 흐름제어
- 대한초경(http://www.daehantool.net/)-공구경과 절삭속도에 따른 회전수표, 나사밑구경표, 원소기호, 선삭가공, 밀링가공, 엔드밀 절삭조건 실가공직경, 테이퍼의 종류
- www.standard.go.kr-KS B 0001, KS D 2301~2353
- www.geartech.co.kr/-기어강좌 2회(김영순)

사진출처

- SEC서울공구, 미스미
  - 플레인 밀링 커터, 각도 커터, 사이드 밀링 커터, 섕크형 밀링 커터, 슬로팅 소, 슬로팅 커터, 엔드밀 라핑, 엔드밀 볼, 엔드밀 스퀘어, 엔드밀 테이퍼, 엔드밀 테이퍼 볼, 인벌류트 기어 커터, 페이스 커터, 호브 커터

Win-Q 자동화설비산업기사 필기

개정7판1쇄 발행	2026년 01월 05일 (인쇄 2025년 08월 29일)
초 판 발 행	2019년 01월 03일 (인쇄 2018년 10월 02일)
발 행 인	박영일
책 임 편 집	이해욱
편 저	신원장
편 집 진 행	윤진영, 최 영
표지디자인	권은경, 길전홍선
편집디자인	정경일, 조준영
발 행 처	(주)시대고시기획
출 판 등 록	제10-1521호
주 소	서울시 마포구 큰우물로 75 [도화동 538 성지 B/D] 9F
전 화	1600-3600
팩 스	02-701-8823
홈 페 이 지	www.sdedu.co.kr
I S B N	979-11-383-9844-2(13550)
정 가	36,000원

※ 저자와의 협의에 의해 인지를 생략합니다.
※ 이 책은 저작권법의 보호를 받는 저작물이므로 동영상 제작 및 무단전재와 배포를 금합니다.
※ 잘못된 책은 구입하신 서점에서 바꾸어 드립니다.

기능사 / 기사·산업기사 / 기능장 / 기술사

단기합격을 위한 완전 학습서
Win-Q 윙크시리즈
WIN QUALIFICATION

Win-Q
승강기기능사
필기+실기

Win-Q
전기기능사
필기

Win-Q
피복아크용접기능사
필기

Win-Q
컴퓨터응용선반·밀링기능사
필기

Win-Q
설비보전기능사
필기+실기

Win-Q
자동화설비기능사
필기

Win-Q
전산응용기계제도기능사
필기

Win-Q
화학분석기능사
필기+실기

자격증 취득에 승리할 수 있도록 **Win-Q시리즈**가 완벽하게 준비하였습니다.

| Win-Q 위험물기능사 필기 | Win-Q 환경기능사 필기+실기 | Win-Q 화훼장식기능사 필기 | Win-Q 원예기능사 필기+실기 |

Win-Q 공조냉동기계산업기사 필기 | Win-Q 화학분석기사 필기 | Win-Q 위험물산업기사 필기 | Win-Q 소방설비기사[전기편] 필기

Win-Q 설비보전산업기사 필기+실기 | Win-Q 가스산업기사 필기 | Win-Q 에너지관리기사 필기 | Win-Q 실내건축산업기사 필기

※ 도서의 이미지 및 구성은 변경될 수 있습니다.

기출분석에 집중하여 합격을 현실로!

무조건 단기에 뽀개기

이런 분들에게 추천해요!

| 이론도, 문제 풀이도 막막해서 **책 한 권으로 해결**하고 싶은 분들 | 노베이스에 혼자 공부하기 어려워 **동영상 강의 도움**이 필요하신 분들 | CBT 시험이 처음이라 시험 전 실전처럼 **온라인 모의고사를** 경험해 보고 싶은 분들 |

무단뽀 한권으로 한번에! 초단기 합격전략!
무단뽀가 곧 합격이다!